- auf www.schuelerlexikon.de alle Inhalte auch online nutzbar
- übergreifende Suchmöglichkeiten in allen Fächern

- mobiles Basiswissen für Handy und Smart...
  ...len Internet-
  ...tzbar

Wissenstests – mit interaktiven Aufgaben für deinen Selbstcheck
Zu allen Kapiteln kannst du dein Wissen testen – als Abschluss der Beschäftigung mit dem Basiswissen oder als Einstiegscheck.

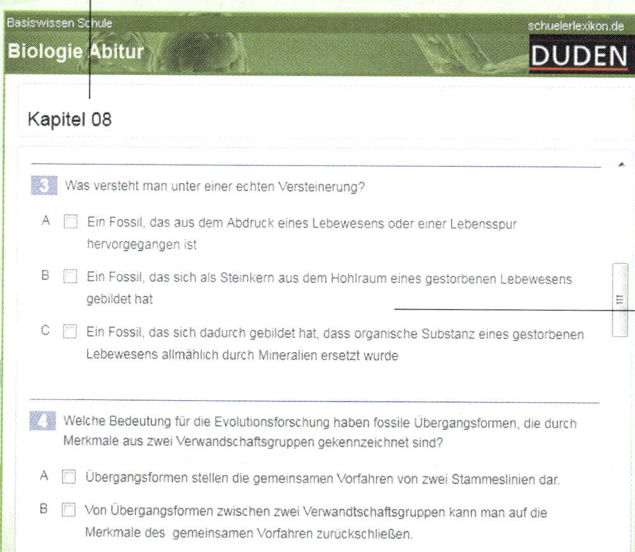

Die richtigen **Antworten** wählst du mit einem Klick aus.

Die übersichtliche **Auswertung** gibt dir eine schnelle Rückmeldung über deine Ergebnisse.

„Buch, DVD-ROM und Internet machen gemeinsam diese Reihe aus … Eine kluge Materialsammlung, die Schüler immer parat haben sollten." (Jury GIGA-Maus)

In der Reihe „Basiswissen Schule" sind erschienen:

5. bis 10. Klasse

Biologie (400 Seiten)
ISBN 978-3-411-71484-1

Chemie (368 Seiten)
ISBN 978-3-411-71474-2

Deutsch (412 Seiten)
ISBN 978-3-411-71593-0

Englisch (336 Seiten)
ISBN 978-3-411-71962-4

Mathematik (400 Seiten)
ISBN 978-3-411-71504-6

Physik (384 Seiten)
ISBN 978-3-411-71464-3

7. Klasse bis Abitur

Geografie (448 Seiten)
ISBN 978-3-411-71613-5

Geschichte (488 Seiten)
ISBN 978-3-411-71583-1

Kunst (448 Seiten)
ISBN 978-3-411-71972-3

Musik (384 Seiten)
ISBN 978-3-411-71982-8

Politik / Wirtschaft
(496 Seiten)
ISBN 978-3-411-04703-1

11. Klasse bis Abitur

Biologie Abitur (496 Seiten)
ISBN 978-3-411-04613-3

Chemie Abitur (496 Seiten)
ISBN 978-3-411-04593-8

Deutsch Abitur (496 Seiten)
ISBN 978-3-411-71603-6

Englisch Abitur (368 Seiten)
ISBN 978-3-411-71952-5

Mathematik Abitur
(496 Seiten)
ISBN 978-3-411-71743-9

Physik Abitur (496 Seiten)
ISBN 978-3-411-71753-8

Detaillierte Informationen zu den einzelnen Bänden unter **www.schuelerlexikon.de**

Duden

Basiswissen Schule

Biologie

Abitur

3., neu bearbeitete Auflage

Duden Schulbuchverlag
Berlin · Mannheim · Zürich

Herausgeber
Prof. Dr. Wilfried Probst
Petra Schuchardt

Autoren
Prof. Dr. habil. Annelore Bilsing
Andreas Börstler
Jörg Dietze
Dr. Karl-Heinz Firtzlaff
Dr. Axel Goldberg
Dr. Eva Klawitter
Prof. Dr. Siegfried Kluge
Dr. Alexander Kohly
Klaus Kreiselmaier
Prof. Dr. Wilfried Probst
Petra Schuchardt
Dr. Peter Seidel
Sybille Weber

Die Autoren der Inhalte der beigefügten DVD-ROM sind im elektronischen Impressum auf der DVD-ROM aufgeführt.

Bibliografische Information der Deutschen Nationalbibliothek
Die Deutsche Nationalbibliothek verzeichnet diese Publikation in der Deutschen Nationalbibliografie; detaillierte bibliografische Daten sind im Internet über http://dnb.d-nb.de abrufbar.

F E D C B
Bibliographisches Institut GmbH, Mecklenburgische Straße 53, 14197 Berlin, und Duden Paetec GmbH, Bouchéstraße 12, 12435 Berlin

Redaktion Birgit Janisch, Dr. Edeltraud Kemnitz
Gestaltungskonzept Britta Scharffenberg
Umschlaggestaltung WohlgemuthPartners, Hamburg
Umschlagabbildung Fotolia, alexjiocbrov
Layout Birgit Janisch, Marion Schneider
Grafik Renate Diener, Johanna Dörsing, Christine Gebreyes, Reinhild Gluszak, Wolfgang Gluszak, Christiane Gottschlich, Martha-Luise Gubig, Gerlinde Keller, Christiane Mitzkus, Walther-Maria Scheid, Sybille Storch
Druck und Bindung Těšínská tiskárna,Česky Těšín
Printed in Czech Republic

ISBN 978-3-411-04613-3

Inhaltsverzeichnis

Die Biologie – Grundlagen, Ziele und Methoden

M

M

1.1 Das „biologische Zeitalter“

- Ziel der Biologie ist es, die Lebewesen im Einzelnen, deren komplexes Zusammenwirken sowie die vielfältigen Lebenserscheinungen zu verstehen.
- Die Kennzeichen des Lebendigen sind Stoff- und Energiewechsel, Wachstum und Entwicklung, Bewegung, Fortpflanzung und Vermehrung, Reizbarkeit und Selbstregulation, Evolution.

1.1.1 Die Biologie bestimmt unser Leben

Biologie (griech. *bios:* Leben; *logos:* Wort, Lehre, Wissenschaft): Wissenschaft vom Leben

Was haben der Schädlingsbefall im Kleingarten, der bakterienübertragende Zeckenbiss, das Waldsterben und die Suche nach einem neuen Antibiotikum gemeinsam? Alle diese Erscheinungen und Vorgänge sind biologischer Natur. Stets sind Lebewesen im Spiel. Ihre Verschiedenartigkeit und ihre unterschiedlichen Lebensäußerungen machen die enorme Vielfalt biologischer Phänomene aus.

Ziel der Wissenschaft **Biologie** ist es, diese Vielfalt auf allen Ebenen zu erforschen, das biologische Wissen zu strukturieren und die in der belebten Natur wirkenden Gesetzmäßigkeiten zu erkunden und zu nutzen.

Die Bedeutung der Mona Lisa in der Kunst kann man vergleichen mit der Bedeutung der Doppelhelix in der modernen Biologie (↗ Abb.).

Ging es dabei lange Zeit vor allem um das Auffinden, Beschreiben und Ordnen von Lebewesen, so steht heute die experimentelle Erforschung von Lebensvorgängen im Vordergrund. Diese Untersuchungen reichen von der molekularen Ebene bis zur Erforschung globaler Stoff- und Energieflüsse. Dabei haben die molekulargenetischen Erkenntnisse, die durch das Modell der DNA symbolisiert werden, in den letzten Jahrzehnten eine besondere Bedeutung erlangt. Technische Anwendungen biologischer Forschungsergebnisse gewinnen zunehmend an wirtschaftlicher Bedeutung. In der Medizin hofft man auf Heilung von bisher unheilbaren Krankheiten, in der Pharmaindustrie setzt man auf neue effektive Verfahren der Medikamentenherstellung, in der Landwirtschaft will man mit züchterisch neuartigen Kulturpflanzen und Nutztieren neue Dimensionen der Agrarproduktion erreichen.

1.1.2 Alle Lebewesen haben gemeinsame Kennzeichen

Leben ist stets an Lebewesen gebunden, die uns in großer Vielfalt begegnen und sich in *morphologischen, anatomischen, physiologischen* und *biochemischen* Merkmalen unterscheiden.

Eine Elementaranalyse beweist, dass in Organismen vor allem jene Elemente vorkommen, die auch in der unbelebten Natur weit verbreitet sind. Die Elemente Kohlenstoff, Sauerstoff, Wasserstoff, Stickstoff, Phosphor, Schwefel, Kalium, Calcium und Magnesium machen einen besonders hohen Anteil aus. Sie sind Baustoffe für organische Verbindungen, die für Lebewesen charakteristisch sind: Proteine, Kohlenhydrate, Lipide, Nucleinsäuren und einige andere (↗ S. 59 ff.).

Die Einteilung der Lebewesen erfolgt in die drei großen Domänen *Archaea, Bacteria* und *Eukarya.* Letztere lassen sich wiederum in vier **Organismenreiche** aufgliedern (↗ S. 360 ff.): die Begründer, die Pflanzen, die Pilze und die Tiere.

Stoff- und **Energiewechsel** sind unabdingbare Voraussetzungen für alle anderen Erscheinungen des Lebens. Sie liefern die stofflichen und energetischen Grundlagen für Wachstum, Entwicklung, Bewegung, Reizverarbeitung und Fortpflanzung. Stoff- und Energiewechsel vollziehen sich in Form vielfältiger biochemischer Reaktionen des Stoffaufbaus, Umbaus und Abbaus. Sie schließen Aufnahme und Verwertung von Nährstoffen, die Energieumwandlung und die Ausscheidung ein (↗ S. 105 ff.).

Wachstum und **Individualentwicklung** drücken sich bereits im Größen- und Gestaltwandel eines Lebewesens aus. Wachstum ist die irreversible Volumenzunahme eines Organismus oder seiner Teile. Bei Vielzellern beginnt es meistens mit der Verschmelzung von Ei- und Samenzelle, es folgen die Embryonalentwicklung, Jugend, Fortpflanzungsfähigkeit, Alter und Tod. Das individuelle Leben der Einzeller endet mit der Zellteilung.

Da viele Einzeller ohne äußere Einwirkung nicht sterben, sondern sich teilen, spricht man auch von „potenzieller Unsterblichkeit“.

M

Nur durch **Fortpflanzung** und **Vermehrung** sichert ein Lebewesen die Erhaltung seiner Art. Grundlage ist die identische Replikation der Erbanlagen. Auf geschlechtlichem oder ungeschlechtlichem Wege können so mehrere bis viele Nachkommen entstehen. Sexuelle Vermehrung führt stets zur Mischung von Erbgut. Durch asexuelle Vermehrung entstehen genetisch einheitliche Nachkommen (Klon, ↗S. 193 ff., S. 251 ff.).

Reizbarkeit und **Selbstregulation** sind eng miteinander verbunden. Durch die Fähigkeit, Reize aufzunehmen, zu verarbeiten und darauf zu reagieren, steht ein Lebewesen in ständiger Beziehung zur Umwelt. Reizbarkeit ist eine entscheidende Voraussetzung für die Selbstregulation biologischer Systeme (↗S. 151 ff.).

Motilität (lat. *motus:* bewegt): Bewegungsfähigkeit von Zellorganellen und Organismen

Bewegung (Motilität) ist mehr als nur die für Tiere charakteristische Fähigkeit zu aktivem Ortswechsel. Auch die Änderung der Blattstellung an einer Pflanze, Krümmungsbewegungen, die Verlagerung von Organellen in einer Zelle oder Protoplasmaströmungen sind Motilitätserscheinungen.

Evolution beinhaltet die Fähigkeit biologischer Systeme zur genetischen Veränderung und Anpassung an Umweltbedingungen. Im Laufe der stammesgeschichtlichen Entwicklung sind die heutigen Organismenarten in großen Zeiträumen aus einer geringen Vielfalt einfach organisierter Formen hervorgegangen (↗S. 181).

Erst das geordnete Zusammenwirken aller dieser Merkmale ergibt ein lebendes System. Da bereits eine einzelne Zelle alle Kennzeichen des Lebendigen auf sich vereint, kann sie als Grundbaustein und einfachste funktionelle Einheit aller Lebewesen aufgefasst werden (↗S. 78 ff.).

1.1.3 Lebensprozesse finden auf verschiedenen Ebenen statt

Eucyt: Zelle der Eukaryoten (mit Kern)

Procyt: Zelle der Prokaryoten (ohne Kern)

Protisten: Begründer (eines der vier Reiche der *Eukarya*, ↗S. 360 ff.)

Die Vielfalt des Lebens wird in unterschiedlichen **Organisationsformen** und auf verschiedenen **Organisationsebenen** offenkundig. Da eine einzelne **Zelle** alle Merkmale des Lebens aufweist, kann sie bereits ein eigenständiges Lebewesen verkörpern. Bei den Einzellern ist dies der Fall. Viele Zellen mit gleichartiger Differenzierung und Spezialisierung bilden **Gewebe.** Solche funktionellen Einheiten wiederum bilden **Organe** und **Organsysteme.** Aus ihnen setzt sich ein funktionsfähiger **Organismus** zusammen. Nach Merkmalen der äußeren Gestalt und des inneren Baues, nach physiologischen, biochemischen und molekularbiologischen Besonderheiten lassen sich Lebewesen in Organisationsformen einteilen. Bei ähnlich organisierten Formen spricht man auch von einem gemeinsamen **Bauplan.** Oft ist dieser gemeinsame Bauplan auch Ausdruck der natürlichen Verwandtschaft. Doch können Anpassungen an bestimmte Umweltbedingungen innerhalb einer Verwandtschaftsgruppe sehr unterschiedliche Organisationsformen bewirken, umgekehrt können ähnliche Umweltbedingungen bei nicht näher verwandten Arten zu Ähnlichkeiten führen.

Ein wichtiger Aspekt des Lebens sind die Wechselwirkungen der Lebewesen mit ihrer Umgebung: Ein Individuum gehört (meist) zu einer Population. Diese steht im Lebensraum mit anderen Lebewesen (Biozönose) und der abiotischen Umwelt (Biotop) in vielfältiger Beziehung. Biozönose und Biotop bilden das Ökosystem (↗S. 449).

Vom Einzeller zum Vielzeller

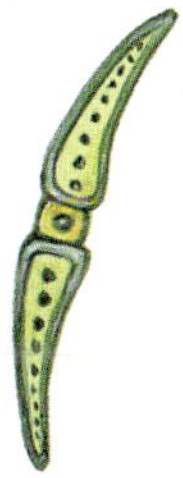
einzellige Alge der Gattung *Closterium*

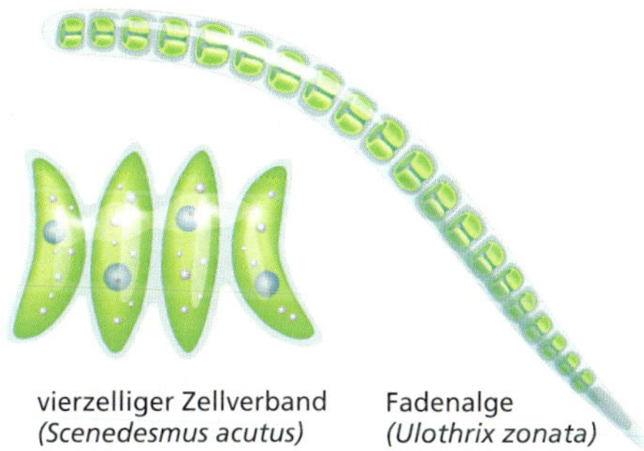
vierzelliger Zellverband *(Scenedesmus acutus)*

Fadenalge *(Ulothrix zonata)*

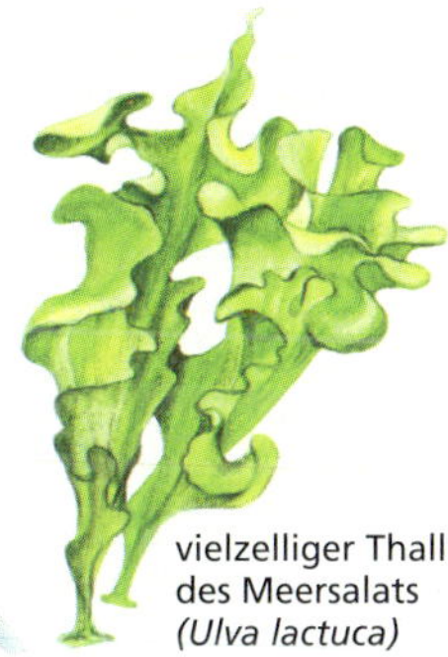
vielzelliger Thallus des Meersalats *(Ulva lactuca)*

Von der Zelle zum Organismus

Knorpelzelle

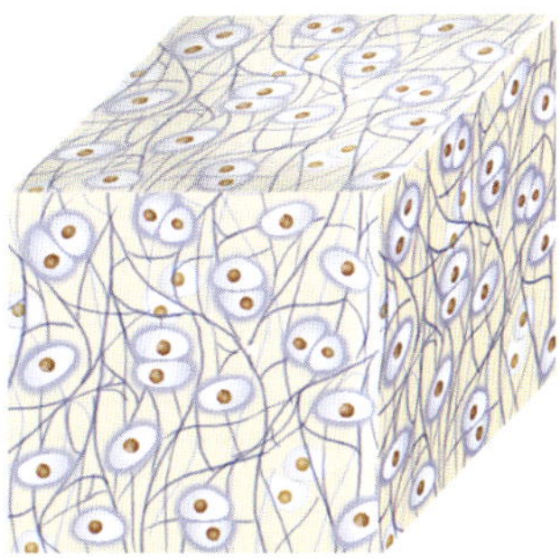
elastisches Knorpelgewebe

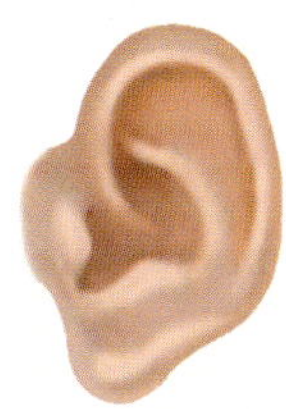
Ohrmuschel als Teil des Gehörorgans

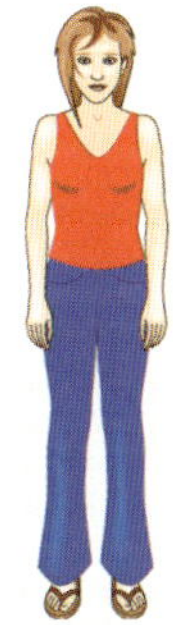
Organismus

Vom Individuum zum Ökosystem

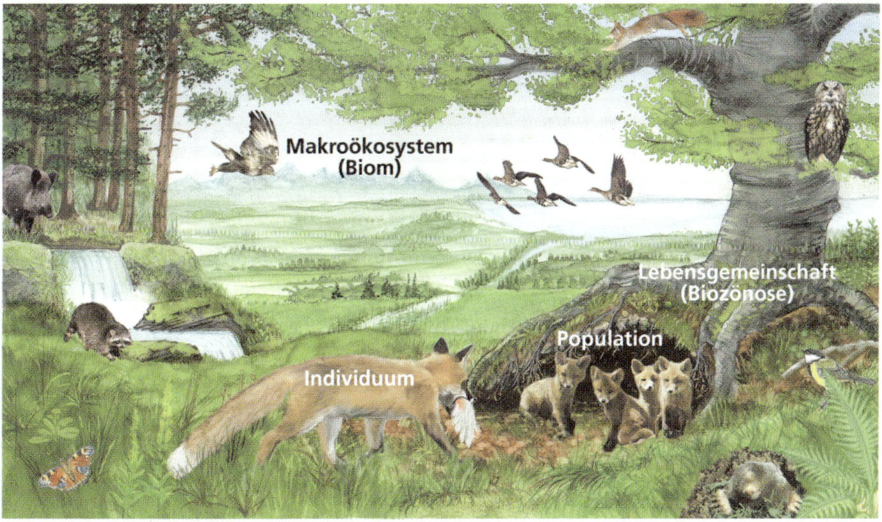

M

1.2 Die Entwicklung der Biologie als Wissenschaft

- Erste Grundlagen der Naturwissenschaften wurden in der griechischen Antike geschaffen.
- Die Renaissance baute auf den Kenntnissen der Antike auf.
- In der Aufklärung setzte sich die naturwissenschaftliche Forschungsmethode durch.
- LINNÉ entwickelte ein Ordnungssystem für die Fülle der Lebewesen.
- CHARLES DARWIN erklärte die Vielfalt des Lebens durch die Abstammungslehre und die Evolutionstheorie.
- Der Zusammenhang von Form und Funktion wurde in der Molekularbiologie bis in die Dimension von Molekülen hergestellt.
- Die globale Biologie beschäftigt sich mit Stoff- und Energieflüssen in der Biosphäre.

DEMOKRIT (ca. 460–370 v. Chr.) entwickelte die Vorstellung, dass Materie aus kleinsten unteilbaren Atomen besteht.

1.2.1 Griechische Naturphilosophen waren die ersten Naturwissenschaftler

Wie kein anderes Lebewesen ist der Mensch in der Lage, sich ein Bild von der Welt zu machen. Dieses Weltbild schließt Erfahrungen aus der Vergangenheit ein und gestattet Vorhersagen für die Zukunft. Menschen wissen, dass sie geboren wurden und dass sie sterben müssen. Staunen und Zweifel lassen den Menschen die Frage nach dem Sinn des Lebens und der Welt stellen. Dieses Streben nach Erkenntnis wird durch Sprache und Schrift vertieft und führte schon in den ersten Hochkulturen in Ägypten, im Zweistromland, in Iran, in Indien und in China zu Denkschulen und Glaubenstraditionen, in denen sich Philosophie, Religion und Mythologie vermischten.

ARISTOTELES (384–322 v. Chr.)

Eine klare Trennung zwischen rational bestimmter Philosophie und Mythologie wurde zum ersten Mal von den griechischen Naturphilosophen im 5. Jh. v. Chr. vorgenommen. Einige ihrer Ideen kommen den Erkenntnissen moderner Naturwissenschaften sehr nahe. Einen Höhepunkt erlebte die griechische Philosophie in ihrer klassischen Periode. **ARISTOTELES** hat in vorher nicht erreichter Vollständigkeit das gesamte Wissen seiner Zeit aufgezeichnet. Seine umfangreichen Tierbeschreibungen geben nicht nur einen systematischen Überblick über das Tierreich, sie enthalten auch anatomische, physiologische und ökologische Angaben (↗ S. 310).

Von seinem Schüler THEOPHRASTOS (um 371–287 v. Chr.) sind botanische Werke überliefert, die ebenfalls sehr präzise physiologische und ökologische Beschreibungen enthalten. Am römischen Hof verbesserten **PEDANIOS DIOSKURIDES** (auch DIOSKORIDES, 40–90 n. Chr.) und CLAUDIUS GALENUS (129 – ca. 199 n. Chr.) die Heilpflanzenkunde, PLINIUS DER ÄLTERE (23–79 n. Chr.) fasste das naturkundliche Wissen seiner Zeit zusammen.

Die nebenstehende Abbildung zeigt den griechischen Philosophen und Naturforscher THEOPHRASTOS.

1.2.2 Renaissance – die Wiedergeburt der Naturwissenschaften in Europa

Während das klassische Altertum durch eine nach außen gerichtete Geisteshaltung gekennzeichnet war, dominierte unter dem Einfluss der christlichen Kirchen im Mittelalter eine ganz nach innen gerichtete Weltanschauung. Nur selten wurde der Versuch unternommen, hergebrachte Lehrmeinungen durch Untersuchung der realen Gegebenheiten zu überprüfen oder zu revidieren. Aus der Beschäftigung mit der praktischen Medizin und dem Gartenbau entwickelten sich Ansätze naturwissenschaftlicher Kenntnisse in den Klöstern. Die Äbtissin **HILDEGARD VON BINGEN** (1098–1179) verfasste zwei naturwissenschaftlich-medizinische Schriften, und der Dominikaner **ALBERTUS MAGNUS** (1200–1280) führte viele eigenständige naturkundliche Beobachtungen durch.

Über islamische Gelehrte gelangte vergessenes Wissen der Antike ins Abendland: **AVICENNA** (980–1037) verfasste ein umfangreiches medizinisches Werk, das von römisch-griechischer Tradition geprägt war. **AL-IDRISI** (1100–1186) schrieb bedeutende Werke zur Geografie sowie zur Pflanzen- und Tierkunde.

Im 14. Jh. begann – von Italien ausgehend – eine kulturelle Bewegung, die später Renaissance, also „Wiedergeburt“, genannt wurde, weil durch sie der freie, schöpferische Geist der Antike wieder erwachte. Dabei spielten die Araber als Vermittler des antiken Wissens eine bedeutende Rolle. LEONARDO DA VINCI (1452–1519), genialer Künstler, Ingenieur und Erfinder, führte exakte vergleichende anatomische Untersuchungen durch. Seine Notizbücher bergen eine Fülle biologischer Darstellungen, die zeigen, dass er seiner Zeit weit voraus war (↗S. 311).

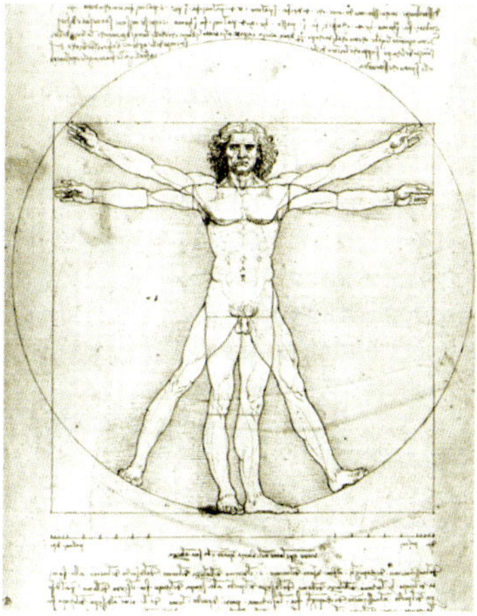

LEONARDO DA VINCIs Proportionsstudie des menschlichen Körpers stammt aus dem Jahr 1492.

Im 16. Jh. entstanden Werke mit realitätsnahen Darstellungen von Pflanzen und Tieren: Kräuterbücher von OTTO BRUNFELS (1488–1534) 1530, HIERONYMUS BOCK (1498–1554) 1539 und **LEONHART FUCHS** (1501–1566) 1543; *Historia animalum* (1551–1558) von CONRAD GESNER (1516–1565). ANDREAS VESALIUS (1514–1564) veröffentlichte 1542 ein Werk über die Anatomie des menschlichen Körpers. Für die rasche Verbreitung sorgte der 1446 von **JOHANNES GUTENBERG** (ca. 1400–1468) erfundene Buchdruck.
Schon im 16. Jh. wurden in Holland die ersten Mikroskope erfunden. **ROBERT HOOKE** (1635–1703) fertigte hervorragende mikroskopische Zeichnungen verschiedenster biologischer Objekte an und veröffentlichte sie in seiner großes Aufsehen erregenden *Micrographia* (1665–1667). **ANTONY VAN LEEUWENHOEK** (1632–1723), ein Leinenhändler aus Delft, eignete sich autodidaktisch den geschickten Umgang mit leistungsfähigen einlinsigen Mikroskopen an. Er beobachtete als Erster Bakterien im Zahnbelag und Samenzellen im menschlichen Sperma (↗S. 27).

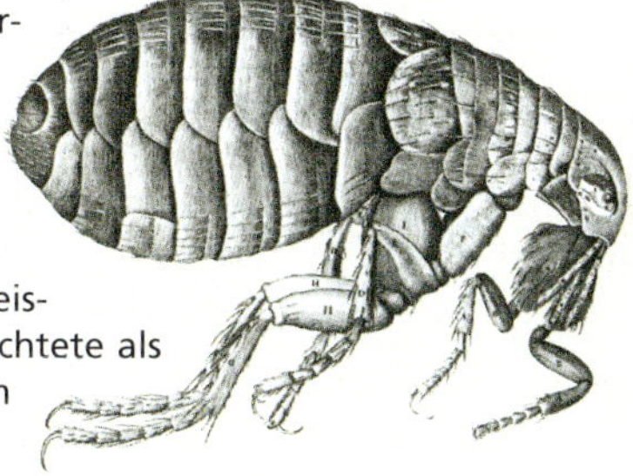

Menschenfloh aus HOOKEs *Micrographia* (↗Abb.) aus dem Jahr 1665, ↗S. 27.

M

1.2.3 Seit der Aufklärung geht man den Phänomenen auf den Grund

WILLIAM HARVEY (1578–1657) entdeckte 1628 den Blutkreislauf im menschlichen Körper.

GALILEO GALILEI (1564–1642), **JOHANNES KEPLER** (1571–1630) und **ISAAC NEWTON** (1643–1727) nutzten die Mathematik, um Gesetzmäßigkeiten der physischen Natur zu erkennen und zu beschreiben. So formte sich eine physikalische Erklärung des Kosmos, die bald auch auf die belebte Natur ausgedehnt wurde. **WILLIAM HARVEY** gelang 1628 die Entdeckung des Blutkreislaufs, indem er GALILEIs Mechanik zur Bestimmung der Herzleistung nutzte. Solche Erfolge der exakten Naturwissenschaften waren Grundlage einer philosophisch-gesellschaftlichen Bewegung, die in England als „enlightment“ begann und sich dann schnell auf das übrige Europa ausbreitete. Mithilfe der Vernunft sollten sich die Menschen *„aus ihrer selbstverschuldeten Unmündigkeit befreien können“* (**IMMANUEL KANT,** 1724–1804). Die Erfolge führten allerdings auch zu Überschätzungen der physikalischen Erklärungsmöglichkeiten. **RENÉ DESCARTES** erklärte die Tiere zu bloßen Automaten bzw. Maschinen, die allein physikalischen Gesetzmäßigkeiten gehorchten.

Diese mechanistische Auffassung der Lebewesen erreichte mit der Veröffentlichung *„L'homme machine“* (Die Maschine Mensch) von **JULIEN OFFRAY DE LA METTRIE** (1709–1751) 1749 einen Höhepunkt. Da sich jedoch schnell zeigte, dass sich viele Phänomene des Lebens einfachen Erklärungsversuchen entzogen, entstand eine Gegenbewegung, die als **Vitalismus** bezeichnet wird. Der Streit zwischen Vitalisten und Mechanisten dauerte das ganze 18. und 19. Jh. an.

Die in der Aufklärung entwickelte naturwissenschaftliche Forschungsmethode, die auf Hypothesenbildung, Experimenten, exakten Messungen und logischen Schlussfolgerungen beruht, war die Voraussetzung für die großen Erkenntnisfortschritte der Naturwissenschaften und ihre technischen Anwendungen.

RENÉ DESCARTES (1596–1650)

Erkenntnisgewinnung in der Biologie

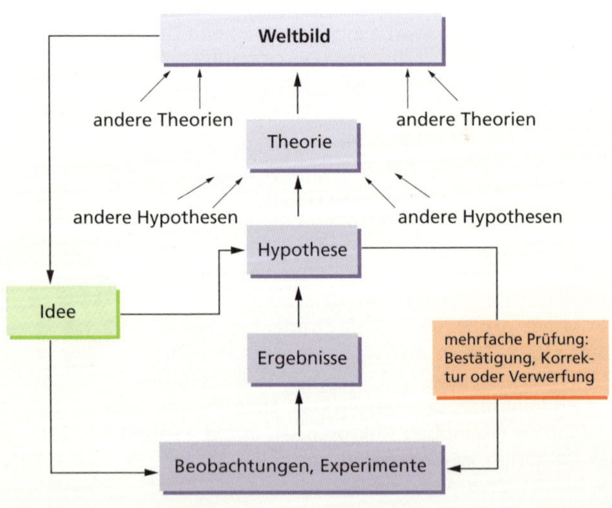

Vitalismus und **Mechanismus** kennzeichnen zwei unterschiedliche Sichtweisen der Biologie im 18. und 19. Jh.

Ursprünglich war die Biologie vor allem eine beschreibende und ordnende Wissenschaft. Die durch Sektion und mikroskopische Untersuchungen verbesserten morphologischen und anatomischen Kenntnisse führten dazu, dass sich im 18. Jh. zunehmend die Frage nach dem Zusammenhang von Form und Funktion stellte.

CASPAR F. WOLFF (1734–1794) widerlegte die **Präformationstheorie,** nach der die Generationen bereits in den Keimzellen vorgebildet sein sollten.

Man konnte mechanisch erklären, wie die Gelenke funktionieren, nicht aber wie sich die Muskeln verkürzen. Man wusste, dass das Blut durch die Herzpumpe im Körper zirkuliert, die Funktionen des Blutes waren jedoch weitgehend unbekannt. Insbesondere ungeklärt war die Frage, was bei der Befruchtung passiert und wie sich aus einem Ei bzw. einer Eizelle ein neues Lebewesen entwickelt.

Erst im 19. Jh. wurden der zelluläre Aufbau der Lebewesen, die Zellteilung und die Zellverschmelzung bei der Befruchtung geklärt. Basierend auf den 1900 wiederentdeckten mendelschen Vererbungsregeln (↗ S. 217 ff), lieferte die von WALTER S. SUTTON (1876–1916) und THEODOR BOVERI (1862–1915) 1903 formulierte Chromosomentheorie der Vererbung eine abschließende Erklärung auf zellulärer Ebene (↗ S. 220).

JOSEPH PRIESTLEY (1733–1804)

Nachdem durch Arbeiten von **ANTOINE LAURENT LAVOISIER** (1743–1794) und **JOSEPH PRIESTLEY** die chemische Zusammensetzung der Luft aufgeklärt worden war, gelang JAN INGENHOUSZ (1730–1799) und NICOLAS THÉODORE DE SAUSSURE (1767–1845) die Aufklärung der Gasaustauschvorgänge bei den Pflanzen und damit auch die grundsätzliche Klärung der Fotosynthese (↗ S. 122 ff.).

FRIEDRICH WÖHLER konnte 1828 den bis dahin als *„organisch"* geltenden und damit nach vitalistischer Auffassung nur in Lebewesen erzeugbaren Harnstoff aus dem *„anorganischen"* Ammoniumcyanat synthetisieren. Dies lieferte den Mechanisten ein wichtiges Argument gegen die von den Vitalisten angenommene besondere *„Lebenskraft"*.

FRIEDRICH WÖHLER (1800–1882)

Erst folgende Entwicklungen in der ersten Hälfte des 20. Jh.s führten dazu, dass vitalistische Erklärungsmodelle aufgegeben wurden:

1. Die **Genetik** lieferte mit der Vorstellung des steuernden „genetischen Programms" eine neue Erklärung für Entwicklungsvorgänge.
2. Die **Evolutionstheorie** konnte mit der Anpassungsselektion die Angepasstheit von Lebewesen an Umweltbedingungen erklären.
3. Biochemische und elektronenoptische Untersuchungen lieferten ein neues, sehr komplexes Bild des Zellplasmas, dem man vorher als „Protoplasma" vitalistische Eigenschaften zugeschrieben hatte.
4. Alle Versuche der Vitalisten, die Existenz einer nicht materiellen Lebenskraft zu beweisen, waren gescheitert.

M

1.2.4 Linné liefert ein Ordnungssystem für die biologische Vielfalt

CARL VON LINNÉ (1707–1778)

Im 17. und 18. Jh. wurde das durch Sammlungen, Beobachtungen und genaue Untersuchungen zusammengetragene biologische Material immer vielfältiger. Die Eroberung erdumspannender Kolonialreiche hatte zur Folge, dass Sammlungen exotischer Tiere und Pflanzen in großer Zahl nach Europa gebracht wurden. Um diese Fülle wissenschaftlich zu bewältigen, war dringend ein geeignetes **Ordnungssystem** erforderlich. Mehrere Versuche zur Entwicklung solcher Systeme wurden unternommen, z. B. von dem Basler GASPARD BAUHIN (1560–1624) oder dem Engländer JOHN RAY (1628–1705).

▶ Titel der ersten deutschen Ausgabe von LINNÉS *Systema naturae*, Nürnberg, 1773 (↗ Abb.)

Am erfolgreichsten gelang dies jedoch dem jungen schwedischen Naturwissenschaftler **CARL VON LINNÉ** mit seinem 1735 zum ersten Mal erschienenen *„Systema naturae"*. In diesem System der Natur werden alle Pflanzen, Tiere und Mineralien in ein hierarchisch gegliedertes System von Arten, Gattungen, Ordnungen und Klassen eingeteilt.

▶ Der Name des Menschen lautet nach der **binären Nomenklatur** *Homo sapiens. Homo* bezeichnet die Gattung, *Homo sapiens* die Art. *Sapiens* ist der die Art kennzeichnende Beiname (Epitheton).

Die erste Auflage umfasste nur 10 Seiten, die 1758 erschienene 10. Auflage 2 500 Seiten! LINNÉ führte sehr konsequent die wissenschaftliche Benennung aller Tier- und Pflanzenarten mit zwei lateinischen Namen ein (**binäre Nomenklatur,** ↗ S. 356 ff.), den ersten für die Gattung, den zweiten – kleingeschrieben als Eigenschaftswort – für die Art.

Mithilfe dieses Systems war es möglich geworden, alle Pflanzen und Tiere eindeutig zu beschreiben und zu ordnen. Dies war eine wichtige Voraussetzung für die Erfassung der biologischen Vielfalt.

▶ Das linnésche Sexualsystem der Pflanzen gliederte die Pflanzenarten zunächst nach der Anzahl der Staubblätter und dann nach der Anzahl der Fruchtblätter bzw. Griffel (↗ Abb.).

Dank seiner in alle Welt reisenden Schüler war die Zahl der beschriebenen Arten schon zu LINNÉs Lebzeiten enorm angestiegen, doch im 19. Jh. wurden in kurzer Zeit noch größere Fortschritte erzielt. Diese systematische Erforschung der **Biodiversität** (↗ S. 475 f.) war eine wichtige Voraussetzung für neue Wissensgebiete der Biologie, die sich im 19. Jh. entwickelten, insbesondere für die Biogeografie, die Ökologie und die Evolutionslehre.

1.2.5 Darwins Evolutionstheorie erklärt die biologische Vielfalt

Im ausgehenden 18. Jh. staunte man über die riesige Artenfülle, die durch Forschungsreisen zusammengetragen worden war. Vergleichende Untersuchungen zeigten konvergente Entwicklungen und Homologien (↗ S. 327 f.) auf. Ebenso wie die ersten gründlicheren Bearbeitungen von Fossilfunden forderten sie Erklärungen, die über die biblische Schöpfungsgeschichte hinausgingen. Der Franzose **GEORGES BARON DE CUVIER** (↗ S. 313) versuchte, die in unterschiedlichen geologischen Schichten gefundenen Fossilien damit zu erklären, dass gewaltige Naturkatastrophen auf einen Schlag Tier- und Pflanzengruppen ausgelöscht hätten. Er vermutete, dass es anschließend jeweils zu Neuschöpfungen kam **(Katastrophentheorie).**

GEORGES CUVIER (1769–1832)

Der Gedanke, dass Arten sich wandeln und allmählich ineinander übergehen könnten, wurde zum ersten Mal ausführlich und klar von **JEAN BAPTISTE DE LAMARCK** (1744–1829) geäußert. Er nahm an, dass erdgeschichtlich jüngere von erdgeschichtlich älteren Arten abstammen **(Deszendenztheorie).** Als Erklärung der allmählichen Veränderungen von Merkmalen und Arten nahm LAMARCK an, dass diese durch Gebrauch oder Nichtgebrauch veränderter Merkmale weitervererbt werden konnten.

CHARLES DARWIN (1809–1882) konnte als junger Naturwissenschaftler in den Jahren 1831–1835 als Naturforscher an einer Weltreise teilnehmen. DARWINs Beobachtungen und die auf der Reise gesammelten Belegstücke ließen in ihm die Überzeugung reifen, dass Arten nicht konstant wären, sondern wandelbar sein müssten. Als Erklärung für diese „Evolution der Lebewesen" entwickelte DARWIN die **Selektionstheorie** (↗ S. 313 f.).

ALFRED RUSSEL WALLACE kam bei zoologischen Forschungen im Malaiischen Archipel zu ähnlichen Schlussfolgerungen. Beide trugen ihre Ergebnisse am 1. Juli 1858 vor der Royal Society in London vor. Den Durchbruch brachte jedoch erst das 1859 veröffentlichte Werk von DARWIN *„Über die Entstehung der Arten durch natürliche Zuchtwahl"*.

ALFRED R. WALLACE (1823–1913)

Wichtigste Aussagen der Selektionstheorie zur Abstammung der Arten sind:

1. Alle Pflanzen und Tierarten produzieren einen hohen Überschuss an Nachkommen, von denen nur ein Bruchteil überlebt bzw. wieder zur Fortpflanzung kommt.
2. Alle Individuen einer Art unterscheiden sich durch kleine erblich festgelegte Unterschiede.
3. Nur diejenigen Arten kommen wieder zur Fortpflanzung, die am besten an ihre Umwelt angepasst sind **(„Anpassungsselektion").**

M

ERNST HAECKEL
(1834–1919)

J. GREGOR MENDEL
(1822–1884)

DARWINs neue Lehre gewann rasch viele Anhänger, sie war aber auch einer heftigen Gegnerschaft ausgesetzt. In England wurde sie vor allem von THOMAS HUNT HUXLEY (1825–1895) und JAMES D. HOOKER (1817–1911) vertreten, in Deutschland z.B. von **ERNST HAECKEL** und ALFRED WEISMANN (1834–1914). Eine Folge der **Evolutionstheorie** war der Versuch, die systematische Ordnung der Lebewesen nun mit ihrer natürlichen Verwandtschaft zu begründen („natürliche" Systeme, ↗ S. 349 ff.).

Die 1865 von dem Augustinermönch **JOHANN GREGOR MENDEL** in Brünn veröffentlichten Vererbungsregeln (↗ S. 217 ff.) wurden zunächst nicht weiter beachtet. Erst im Jahre 1900 entdeckten CARL ERICH CORRENS (1864–1933), ERICH TSCHERMAK (1871–1962) und HUGO M. DE VRIES (1848–1935) unabhängig voneinander diese Regeln erneut. Daraus entstand die von **WILLIAM BATESON** (1861–1926) 1905 **„Genetik"** benannte neue Biowissenschaft (↗ S. 193 ff.). Zunächst wurde vor allem die Bedeutung der Mutationen in der Evolution von Genetikern und Evolutionsforschern unterschiedlich gesehen. Diese Kontroverse wurde durch die **„synthetische Theorie"** beendet, die Erkenntnisse aus der Populationsgenetik, der Ökologie, der Biogeografie, der Paläontologie und der Phylogenetik verarbeitete (↗ S. 332).
Während man bis zur Mitte des 19. Jh.s davon ausging, dass die **„Urzeugung"** – die spontane Entstehung einfachen Lebens – möglich wäre, wurde dies durch sorgfältige Versuche von **LOUIS PASTEUR** (1822–1895) endgültig widerlegt (↗ S. 311, S. 315 ff.).

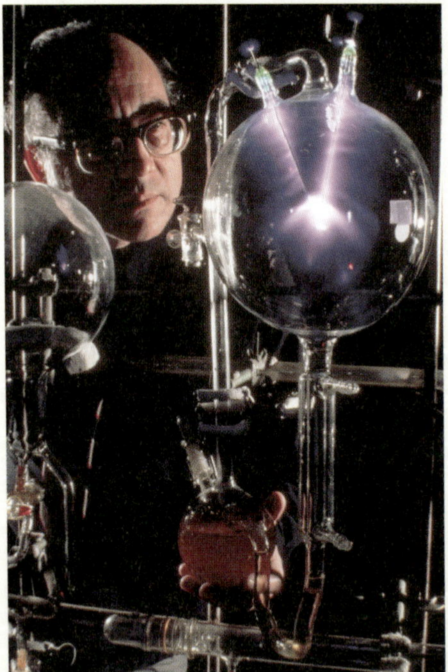

Doch wie war dann das erste Leben auf der Erde entstanden? Die Theoriebildung zu diesem Thema wurde vor allem durch die Versuche von **STANLEY LLOYD MILLER** (1930–2007) angeregt. MILLER simulierte 1953 in einer Experimentalanordnung die vermutete Zusammensetzung der Erd-Uratmosphäre, indem er Wasserstoff mit Methan, Schwefelwasserstoff, Kohlenstoffdioxid und Ammoniak mischte und in dieses Gemisch elektrische Funkenentladungen („Blitze") einschlagen ließ. Die dabei entstandenen Gase wurden in einer wässrigen Phase aufgefangen. Nach mehreren Versuchszyklen konnten Ameisensäure, Essigsäure, Harnstoff und Aminosäuren – einfache Bausteine des Lebens – nachgewiesen werden. Damit war bewiesen, dass unter Bedingungen, wie sie auf der **Urerde** geherrscht haben könnten, Bausteine des Lebens entstehen konnten (↗ S. 315 ff.). Allerdings wird bis heute über den Ablauf und den Ort der Biogenese diskutiert. Auch eine extraterrestrische Lebensentstehung – wie sie zum ersten Mal 1906 von dem schwedischen Physikochemiker **SVANTE AUGUST ARRHENIUS** (1859–1927) vermutet wurde – gilt bis heute für möglich.

1.2.6 Lebensprozesse lassen sich auf molekularer Ebene erklären

Mit den großen Fortschritten der Chemie im 19. Jh. gelang es, immer mehr Naturstoffe zu isolieren und ihre Struktur aufzuklären, schließlich sogar synthetisch nachzubilden. Diese neuen Erkenntnisse waren Voraussetzung dafür, Stoffwechselwege in Organismen chemisch zu verstehen. Sir **HANS ADOLF KREBS** (1900–1981) klärte so entscheidende Stoffwechselzyklen auf wie den Harnstoffzyklus (1932) und – zusammen mit anderen Biochemikern – den Citronensäurezyklus (↗ S. 118 f.).

OTTO HEINRICH WARBURG entwickelte mit dem **„Warburg-Manometer“** eine neue Technik der quantitativen Messung von Gasentwicklungen bei Stoffwechselvorgängen. Damit gelang ihm die weitgehende Aufklärung der biochemischen Vorgänge bei der Zellatmung und der Gärung.
1845 formulierte **JULIUS ROBERT MAYER** (1814–1878) zum ersten Mal, dass Pflanzen Sonnenenergie in chemische Energie umwandeln.

Warburg-Manometer

JEAN B. BOUSSINGAULT (1802–1887) konnte 1864 nachweisen, dass bei der Fotosynthese etwa gleich viel Sauerstoff freigesetzt wie CO_2 verbraucht wird. Der englische Chemiker ROBERT HILL (1899–1991) erreichte 1939 mit isolierten Chlorophyllkörnern grüner Blätter durch Zugabe eines Oxidationsmittels die Spaltung von Wasser und die Abtrennung von Sauerstoff (Hill-Reaktion). Er bewies, dass die CO_2-Reduktion und die O_2-Erzeugung zwei getrennte Teilreaktionen der Fotosynthese sind.

OTTO HEINRICH WARBURG
(1883–1970)

Die weitgehende Aufklärung der Lichtreaktionen bei der Fotosynthese gelang DANIEL I. ARNON (1910–1994) in den 1950er Jahren. Der amerikanische Biochemiker **MELVIN CALVIN** (1911–1997) klärte zwischen 1950 und 1960 den Reaktionszyklus auf, der zur Fixierung des Kohlenstoffdioxidmoleküls als Glucose in der Zelle führt (↗ S. 125).

Während man zunächst Proteine als wahrscheinliche Erbsubstanz annahm, konnte der kanadische Bakteriologe **OSWALD T. AVERY** (1877–1955) 1944 eindeutig nachweisen, dass bei Bakterien die Nucleinsäuren die Träger der Erbinformation sind.
1953 entwarfen **FRANCIS H. CRICK** (1916–2004) und **JAMES D. WATSON** (geb. 1928) das bis heute gültige Strukturmodell der Desoxyribonucleinsäure (**DNA,** ↗ S. 72 f., 194 ff.) auf der Grundlage von röntgenspektroskopischen Bildern von **ROSALIND FRANKLIN.**
HAR GOBIND KHORANA (geb. 1922), MARSHALL W. NIRENBERG (1927–2010) und SEVERO OCHOA (1905–1993) gelang in den Jahren 1961 bis 1966 die endgültige **Aufklärung des genetischen Codes** (↗ S. 197), d. h. der Basentripletts der Nucleinsäuren, die bei der Proteinsynthese für den Einbau einer bestimmten Aminosäure in das zu synthetisierende Protein verantwortlich sind. 1970 entdeckten HOWARD M. TEMIN (1934–1994) und DAVID BALTIMORE (geb. 1938) die Retroviren, die mithilfe der reversen Transkriptase aus einem Ribonucleinsäure-Einzelstrang einen DNA-Doppelstrang synthetisieren können (↗ S. 236).

ROSALIND FRANKLIN
(1920–1958)

M

HAR GOBIND KHORANA (geb. 1922)

1970 gelang HAR GOBIND KHORANA die erste Totalsynthese eines Gens und 1974 entdeckte WERNER ARBER (geb. 1929) die Restriktionsenzyme. Damit waren die Grundlagen für die **Gentechnologie** (Gentechnik, molekulare Biotechnologie) gelegt. 1973 zeigten STANLEY COHEN (geb. 1922) und HERBERT BOYER (geb. 1936), dass DNA-Ketten, die aus Restriktionsfragmenten verschiedener Organismen zusammengesetzt worden waren, über Artengrenzen hinweg in fremde Genome eingebaut werden können. Damit war endgültig bewiesen, dass der genetische Code universell ist und von allen Lebewesen gleichermaßen verstanden wird.

Ein weiterer Meilenstein der molekularen Genetik war 1985 die Entwicklung der Polymerasekettenreaktion durch **K. B. MULLIS** (geb. 1944), mit deren Hilfe DNA-Stränge in vitro vervielfältigt werden können. Auf diese Weise lassen sich von winzigen DNA-Spuren große Mengen derselben DNA produzieren, die dann auf ihre Sequenz untersucht werden kann (↗ S. 240). Die zunehmende Mechanisierung und Automatisierung dieser Verfahren hat dazu geführt, dass in den letzten Jahren eine Vielzahl von Genomen unterschiedlichster Lebewesen aufgeklärt wurde.

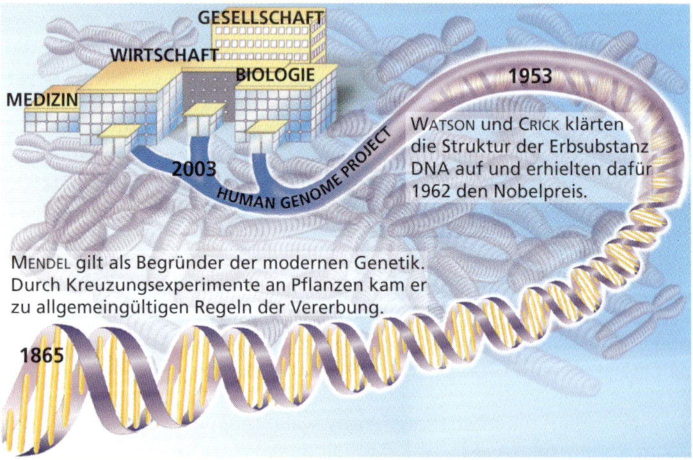

Die Ziele des 1990 in Angriff genommenen **Human Genome Project** waren 2003 mit der vollständigen Sequenzanalyse des menschlichen Genoms erreicht. Bis Ende 2011 sollen über 30 000 Genome sequenziert worden sein. Die moderne Genetik und die Sequenzanalyse von Genomen ist heute wichtige Grundlage für die zukünftige Entwicklung in verschiedensten Wissensbereichen.

Beispiele für erste sequenzierte Genome

1995	*Haemophilus influenzae* (Eubacteria)	2000	*Arabidopsis thaliana* (Acker-Schmalwand)
1996	*Saccharomyces cerevisiae* (Hefepilz)	2001	Mensch (erste Rohversion publiziert)
1997	*Escherichia coli* (Eubacteria)	2002	Labormaus, Reis, Laborratte (Rohversionen)
1998	*Caenorhabditis elegans* (Rundwürmer)	2003	Mensch (vollständige Version)
1999	*Drosophila melanogaster* (Fruchtfliege)	2004	Laborratte, Haushuhn (vollständige Version)

1.2.7 Die Wechselwirkungen der Biosphäre werden erforscht

Während Genetik und Stoffwechselphysiologie zunehmend die molekularen Grundlagen biologischer Vorgänge erforschen, geht es in der Ökologie um die Beziehungen zwischen komplexen Systemen von Individuen bis zur Biosphäre. Für diese Fragestellungen hatte 1935 die Einführung des Begriffs **„Ökosystem"** von A. G. TANSLEY (1871–1955) eine große Bedeutung (↗S. 446 ff.). Angesichts der durch menschliche Aktivitäten bedingten Veränderungen in der Zusammensetzung der Atmosphäre und den Verunreinigungen der Hydrosphäre gewinnt die Erforschung globaler Stoffflüsse und Energieumsätze zunehmend an Bedeutung. Solche Forschungen sind Voraussetzung für Zukunftsprognosen zur Entwicklung der Biosphäre. Wegen der hoch komplizierten Wechselwirkungen, die innerhalb eines Ökosystems herrschen, sind Vorhersagen jedoch sehr schwierig und exakte quantitative Aussagen über Stofftransport und Energieumsatz meist eher Momentaufnahmen, die weitergehende Schlussfolgerungen kaum zulassen.

„Ökologie ist die Lehre vom Haushalt der Natur" (ERNST HAECKEL, 1866).

„Ökologie ist die Wissenschaft von der Struktur und Funktion der Natur" (EUGENE P. ODUM, 1967).

„Ökologie ist die Wissenschaft von den Beziehungen der Organismen untereinander und mit ihrer Umwelt" (WOLFGANG TISCHLER, 1975).

So ist z. B. bis heute sehr umstritten, wie sich der durch menschliche Aktivitäten bedingte Anstieg der CO_2-Konzentration in der Atmosphäre auf die Zukunft der Biosphäre auswirken wird (↗S. 477). Eines jedoch haben die globalökologischen Forschungen ergeben: Innerhalb der Biosphäre gibt es eine Vielzahl von Rückkopplungs- und Regelungsprozessen, die für die relative Konstanz des Lebensmilieus verantwortlich sind. Dies hat den britischen Physiker und Geochemiker **JAMES LOVELOCK** (geb. 1919) 1972 dazu veranlasst, dem Bioplaneten Erde, inklusive aller darauf lebender und nicht lebender Materie, insgesamt die Qualitäten eines eigenständigen Lebewesens zuzuschreiben **(Gaia-Hypothese).**

griech. *Gaia:* die Erde als Muttergottheit

Ein Indiz für die Gaia-Hypothese

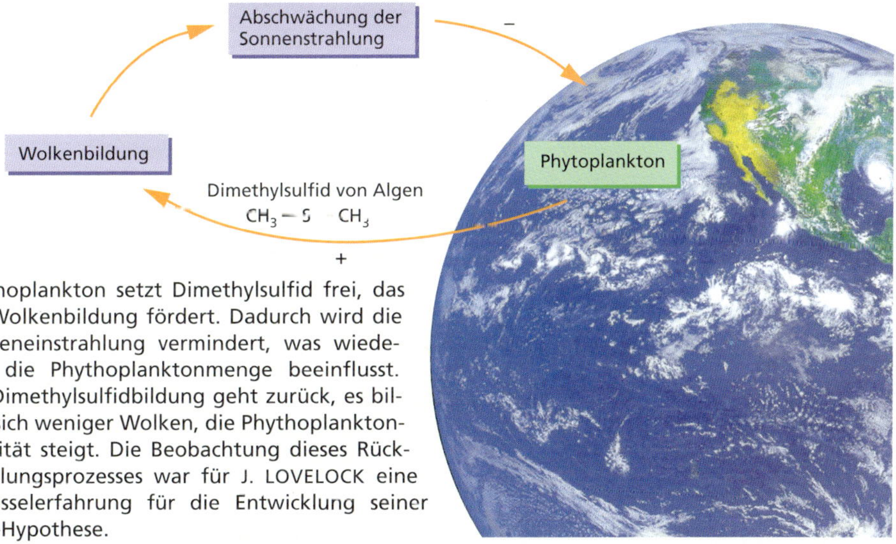

Phythoplankton setzt Dimethylsulfid frei, das die Wolkenbildung fördert. Dadurch wird die Sonneneinstrahlung vermindert, was wiederum die Phythoplanktonmenge beeinflusst. Die Dimethylsulfidbildung geht zurück, es bilden sich weniger Wolken, die Phythoplanktonaktivität steigt. Die Beobachtung dieses Rückkopplungsprozesses war für J. LOVELOCK eine Schlüsselerfahrung für die Entwicklung seiner Gaia-Hypothese.

M

1.3 Biowissenschaften

- Die Biologie ist in zahlreiche Teildisziplinen gegliedert.
- Enge Beziehungen bestehen zu den Naturwissenschaften Chemie und Physik sowie zur Mathematik.
- Verbindungen zu den Geisteswissenschaften ergeben sich über die Neurobiologie, aber auch über ethische Probleme, die aus den Möglichkeiten angewandter Erkenntnisse entstehen.
- In Überlappungsbereichen zwischen der Biologie und Nachbarwissenschaften haben sich zahlreiche Brückendisziplinen wie z. B. Biochemie, Biogeografie und Biophysik etabliert (↗S. 45).

1.3.1 Die Biowissenschaften werden in viele Teildisziplinen unterteilt

In **grünen** Kästen sind die Teilgebiete der Biologie so angeordnet, dass verwandte Disziplinen benachbart stehen. **Braun** sind Disziplinen, die sich mit bestimmten Gruppen von Lebewesen beschäftigen. **Rot** sind Bereiche angewandter Forschung gekennzeichnet, in den **violetten** Ovalen stehen Nachbardisziplinen, mit denen es Überlappungsbereiche gibt.

Eine Liste der für die Biologie relevanten **Nobelpreisträger** von 1900 bis in die Gegenwart aus der Biochemie, Medizin oder anderer benachbarter Disziplinen gibt ebenfalls Auskunft über die Bedeutung der Biologie als Naturwissenschaft.

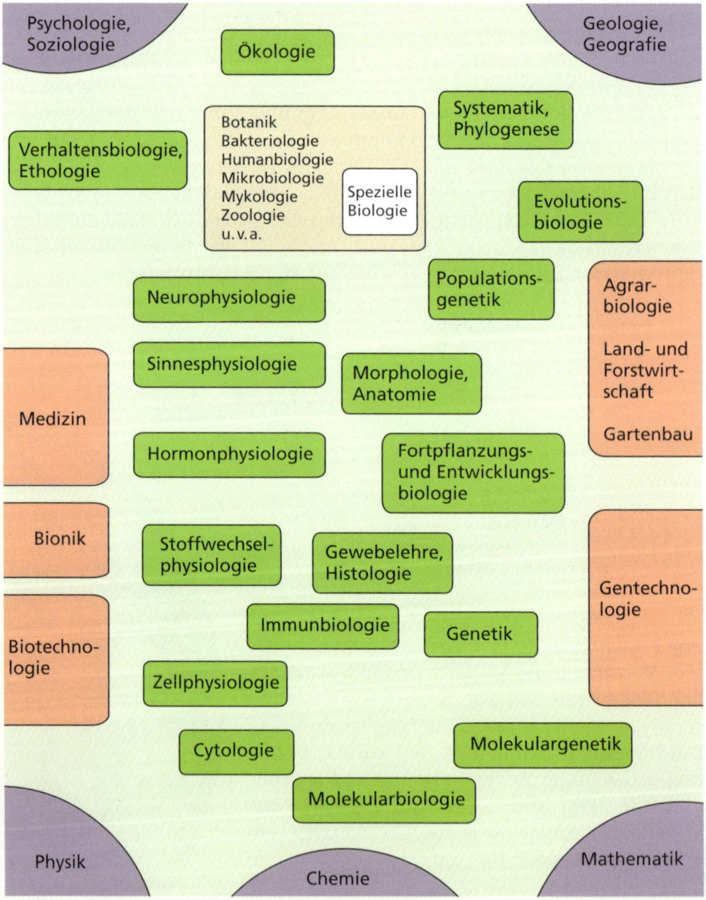

1.3.2 Die Biologie gründet auf speziellen Denk- und Arbeitsweisen

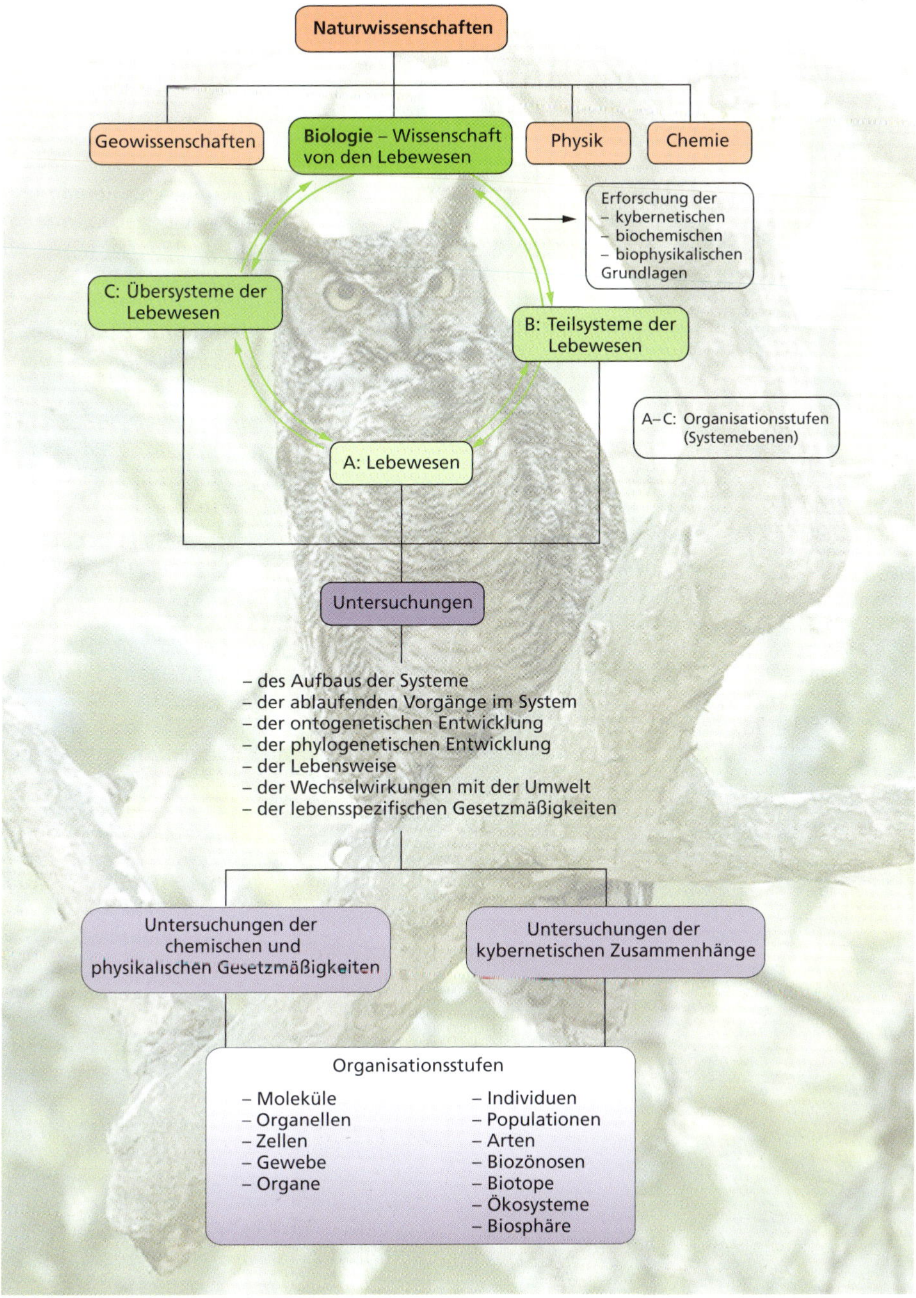

M

Erfahrungswissenschaften gewinnen ihre Erkenntnisse aus Erfahrungen. Die ihnen gegenübergestellten Vernunftwissenschaften beschäftigen sich dagegen mit abstrakten Gedankengängen (z. B. Mathematik, ↗ S. 36).

Die Biologie ist – wie andere Naturwissenschaften – eine **Erfahrungswissenschaft.** Zur Erforschung der Lebewesen und der Lebensvorgänge dienen reproduzierbare **Beobachtungen, Vergleiche** und **Experimente.** Die besondere Komplexität biologischer Systeme und die große Vielfalt biologischer Erscheinungen erfordert jedoch eine Reihe spezieller Forschungs- und Untersuchungsmethoden. So gehört zur Erfassung der Vielfalt das **Ordnen** und **Klassifizieren.**
Außerdem hat die Biologie – anders als Physik und Chemie – auch eine historische Dimension, eine **Naturgeschichte.** Dies hängt damit zusammen, dass komplexe lebende Systeme zu Informationsspeicherung und -weitergabe in der Lage sind und dass sie sich dadurch in Wechselwirkungen mit ihrer Umwelt verändern und anpassen können. Dabei spielen einmalige Ereignisse eine wichtige Rolle. Bei der Aufklärung biologischer Zusammenhänge geht es deshalb außer um die Funktionen **(Wirkursachen, proximate Ursachen)** auch um den evolutionsbiologischen Nutzen **(Zweckursachen, ultimate Ursachen).** Im ersten Fall stellt sich die Frage, wie etwas funktioniert, im zweiten Fall geht es darum, wie diese Funktion zustande kommen konnte.

Lichtmikroskope gehören bis heute zu den wichtigsten Forschungsgeräten der Zellbiologie. Durch immer ausgefeiltere Markierungstechniken und computergesteuerte Bildauswertung werden lichtmikroskopische Verfahren auch in der Zukunft wichtige Forschungsergebnisse der Zellbiologie liefern.

Beobachten als grundlegende Methode

Die exakte Erfassung von Objekten oder Abläufen mithilfe der Sinnesorgane oder mit Instrumenten ist eine wichtige Grundlage biologischer Erkenntnisgewinnung. Die Beobachtungen können durch **Messungen** präzisiert und quantifiziert werden. Die reinen Beobachtungen, die den Beobachtungsgegenstand nicht beeinflussen, können durch eingreifende **Untersuchungen** – wie die Herstellung von Präparaten, Sektionen, Färbungen oder Markierungen – vertieft werden. Genaue Beschreibungen, grafische Darstellungen oder Kartierungen sind die Voraussetzung dafür, dass aus den Beobachtungen allgemeingültige Erkenntnisse gewonnen werden können.

Beobachtungen und Untersuchungen können durch eine Vielzahl von Geräten und Instrumenten erleichtert und vertieft werden, z. B. Messgeräte, chemische Reagenzien, Ton- und Bildaufzeichnungsgeräte. Ähnlich wie für die Fortschritte der Astronomie und Kosmologie Fernrohre und Teleskope bis heute eine entscheidende Bedeutung haben, waren und sind für die Fortschritte der Biologie **Mikroskope** und die mikroskopischen Techniken und Auswertungsverfahren besonders wichtig.

Mikroskope sind eine Voraussetzung für die Erforschung der Zellen und der Zellbausteine

Die holländischen Brillenmacher HANS JANSSEN und sein Sohn ZACHARIAS JANSSEN betrachteten sich selbst als „Erfinder des Mikroskops", aber auch von anderen wurden zu Beginn des 17. Jh.s ähnliche optische Geräte zur Vergrößerung hergestellt.
1665 veröffentlichte **ROBERT HOOKE** (1635–1723) seine Beobachtungen mit einem solchen „Mikroskop". Sein *„Micrographia"* betiteltes, reich bebildertes Werk erregte großes Aufsehen. Da HOOKE als Erster pflanzliche Zellen aus dem Flaschenkork abbildete und als *„cellulae"* bezeichnete, gilt er als der Entdecker der Zellen.

Mikroskop von HOOKE

Der Hobby-Mikroskopiker **ANTONY VAN LEEUWENHOEK** (1862–1723) beschrieb 1675 zum ersten Mal verschiedene Einzeller, auch Bakterien, aus Teichwasser und Speichelproben sowie tierische und menschliche Spermatozoiden. Erst im 19. Jh. wurden die Mikroskope auf wissenschaftlicher Grundlage weiterentwickelt und optimiert. Dieses Jahrhundert brachte deshalb auch große Fortschritte in der Erforschung der Zellen und der Entwicklung der **Zellenlehre (Cytologie)** als eigenständigem Forschungsgebiet. Zum ersten Mal erkannte man, dass alle Lebewesen aus Zellen aufgebaut sind (Zelltheorie von **THEODOR SCHWANN** und **MATTHIAS SCHLEIDEN**, um 1838/39) und dass alle Zellen aus Zellen entstehen (**RUDOLF VIRCHOW**, 1855).

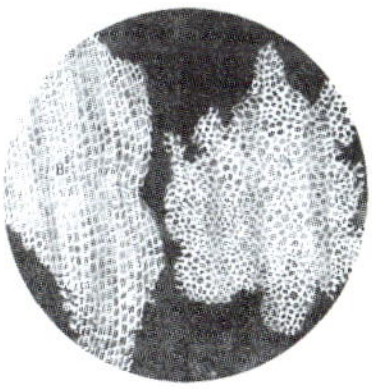

HOOKE beobachtete Zellen aus dem Flaschenkork.

Voraussetzung für diese Entdeckungen waren verbesserte Lichtmikroskope. Sie sind aus mindestens zwei Sammellinsen aufgebaut, einer Objektivlinse und einer Okularlinse.
Das Objektiv liefert ein reelles, vergrößertes Zwischenbild des Objekts, das mit dem Okular wie mit einer Lupe betrachtet, d. h. noch einmal vergrößert werden kann. Die Gesamtvergrößerung entspricht dem Produkt der Einzelvergrößerungen von Objektiv und Okular.
Begrenzend für die Leistungsfähigkeit des Mikroskops ist dabei allerdings nicht die mögliche Vergrößerung, sondern die Wellenlänge des Lichts mit ca. 0,3 bis 0,8 μm. Objekte, die erheblich kleiner sind, können nicht mehr deutlich erkannt werden, die Auflösungsgrenze liegt bei etwa 0,2 μm. Damit können kleinste Bakterien und Archäen gerade noch abgebildet werden, die Größe von Viren liegt unterhalb dieser Grenze.

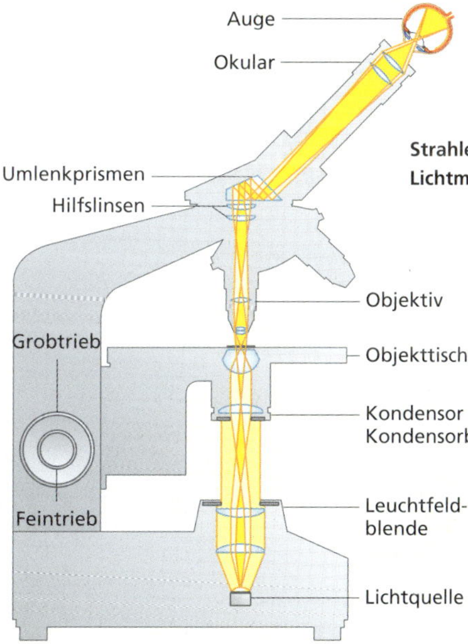

Strahlengang im Lichtmikroskop

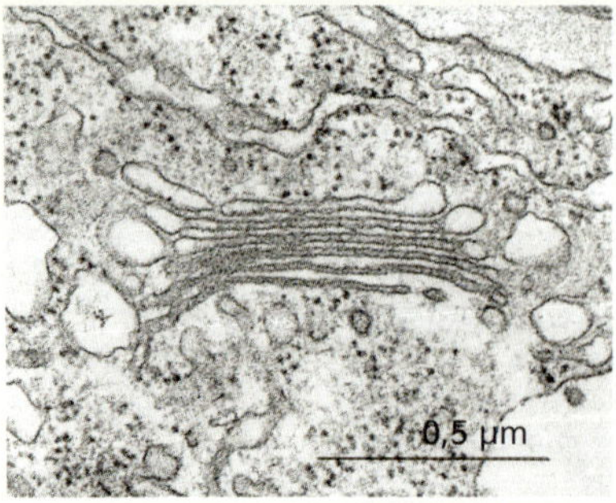

EM-Aufnahme einer Pflanzenzelle mit Dictyosom (Dünnschnitt)

Mit dem 1931 von MAX KNOLL (1897–1969) und Ernst A. F. RUSKA (1906–1988) entwickelten **Elektronenmikroskop (EM)** machte man sich den Wellencharakter von Elektronenstrahlen zunutze. Für die Abbildung werden „Elektronenlinsen", besonders geformte elektrische oder magnetische Felder, verwendet und wie beim Lichtmikroskop angeordnet. Mit dem **Transmissionselektronenmikroskop (TEM)** können noch Strukturen in der Größenordnung von Molekülen bis zu etwa 0,05–0,1 nm aufgelöst werden. Damit gelang ein tiefer Einblick in die inneren Strukturen von Zellen und Zellorganellen.

Die Anfertigung TEM-geeigneter Präparate ist allerdings viel aufwendiger als beim Lichtmikroskop. Es können nur entwässerte Objekte verwendet werden, da im Hochvakuum gearbeitet wird und entweichende Wassermoleküle die Elektronenstrahlen beeinflussen würden. Nach Entwässerung mit Aceton oder wasserfreiem Ethanol werden die Objekte in Epoxidharz oder Kunstharz eingebettet. Die nur ca. 50 nm dicken Schnitte werden mit einem speziellen Ultramikrotom hergestellt. Da alle organischen Objekte im Elektronenstrahl stark erhitzt werden, kommt es zu einem Abdampfen leichtflüchtiger Elemente (z. B. H, O, N). Es bleibt nur ein Grundgerüst aus Kohlenstoff und anderen nicht flüchtigen Elementen zurück. Um den Bildkontrast zu erhöhen, bedient man sich deshalb z. B. der Schrägbedampfung mit Schwermetallen.

Gefrierbruch-Elektronenmikroskopie einer Hefezelle

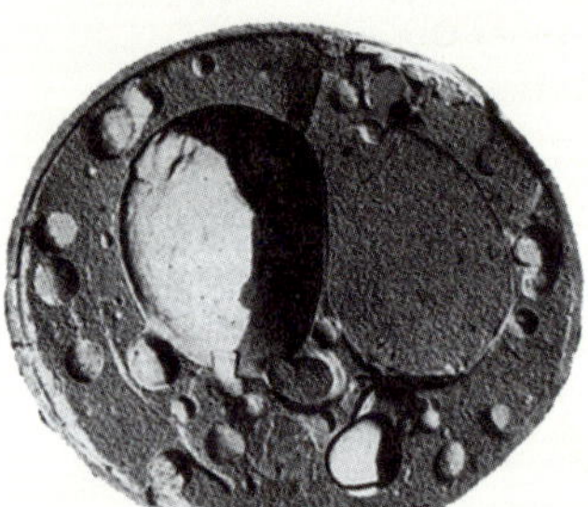

Eine spezielle Technik zur Erzeugung plastischer TEM-Bilder ist die **Gefrierbruch-** oder **Gefrierätztechnik.** Damit die Strukturen der Zelle möglichst gut erhalten bleiben, wird das Präparat bei –196 °C schockgefroren und anschließend mithilfe eines tiefgekühlten Messers im Vakuum aufgebrochen. Es entstehen Bruchkanten, bevorzugt an den Grenzen der unterschiedlichen Zellorganellen (↗Abb. unten). Damit die Probe für die Elektronenmikroskopie verwendet werden kann, wird sie mit einem Schwermetall bedampft. Der entstandene hauchdünne Metallfilm wird im Mikroskop wie ein Oberflächenabdruck dargestellt.

Gefrierbruchverfahren

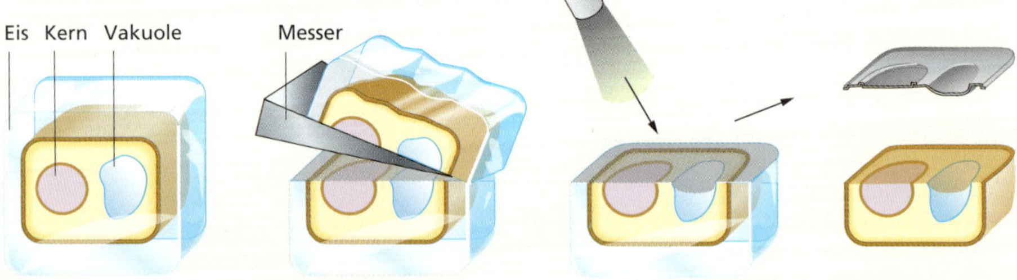

a) Gefrieren –196 °C b) Brechen –100 °C c) Bedampfen –100 °C d) Abheben 20 °C

Mit dem **Rasterelektronenmikroskop (REM)** lassen sich räumliche Bilder von erstaunlicher Tiefenschärfe gewinnen. Dies gelingt, da das zuvor schonend getrocknete und mit einer leitenden Metallschicht bedampfte Präparat im Vakuum mit einem eng gebündelten Elektronenstrahl abgetastet wird.
Die durch diesen Elektronenbeschuss aus den getroffenen Präparatestellen herausgeschleuderten, energiearmen und leicht ablenkbaren Sekundärelektronen werden mit einer elektrischen Spannung von etwa 100 Volt von einer seitlich angebrachten Netzanode (Detektor) abgesaugt und über ein Verstärkersystem auf einen Monitor geleitet. Dabei werden die Sekundärelektronen vom gleichen Zeilengenerator wie der Abtaststrahl gesteuert und zeichnen so wieder ein Zeilenbild des ursprünglichen Objekts auf. Der Bildkontrast wird durch die Anzahl der von den einzelnen Objektpunkten in den Detektor gelangten Sekundärelektronen bestimmt. Diese wiederum sind von der Neigung der Objektpartien zum Detektor abhängig. So kommt ein räumliches Monitorbild von großer Tiefenschärfe zustande, das so aussieht, als wäre es vom Detektor her schräg beleuchtet. Mit dem REM können Auflösungen von bis unter 1 nm erreicht werden (↗ Abb.).

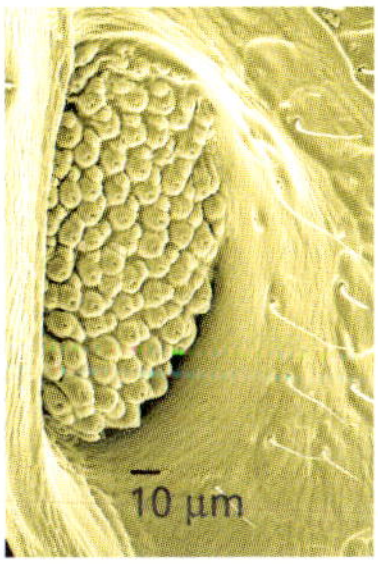

REM-Aufnahme des Infrarotorgans (zur Wahrnehmung von Wärmestrahlung) eines Feuerprachtkäfers

Bei den seit den 1980er Jahren entwickelten **Rastersondenmikroskopen (SPM, *scanning probe microscopy*)** wird das Bild nicht durch eine optische (oder elektronenoptische) Abbildung erzeugt, sondern über eine Sonde, welche die Probenoberfläche Punkt für Punkt abtastet. Dabei gibt es allerdings keinen direkten Kontakt zwischen Sonde und Objektoberfläche, vielmehr dienen Wechselwirkungen zwischen Molekülen von Sonde und Objekt zur Bildgewinnung. Beim **Rasterkraftmikroskop (RKM)** oder **Atomkraftmikroskop** wird die Sonde durch Van-der-Waals-Kräfte (↗ S. 49) ausgelenkt. Dadurch können Strukturen erkannt werden, die im subatomaren Bereich (ca. 10 picometer = 0,01 nm) liegen. Die Erfindung dieser Mikroskope war eine wesentliche Voraussetzung für die Entwicklung der Nanowissenschaften. Mit einem Rasterkraftmikroskop lassen sich z. B. Formveränderungen an einzelnen Biomolekülen beobachten. Das ist am lebenden Objekt möglich, weil RKMs im wässrigen Milieu arbeiten können.

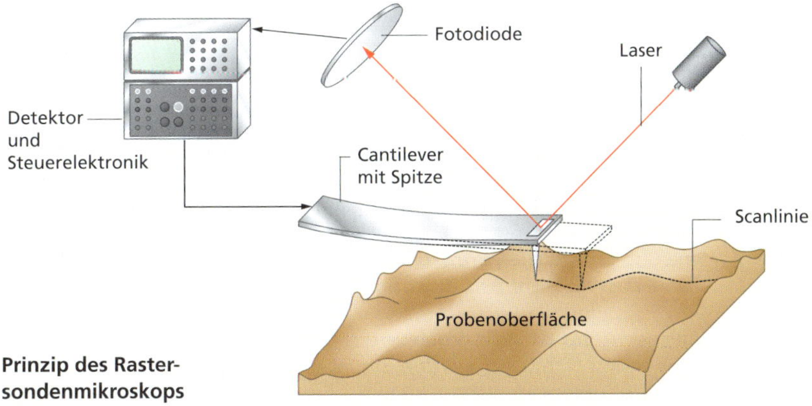

Prinzip des Rastersondenmikroskops

Für die Untersuchung biologischer Objekte spielen außerdem **besondere lichtmikroskopische Verfahren** eine Rolle. Durch Ausblendung des unveränderten Durchlichts erreichen beim **Dunkelfeldmikroskop** nur die am Objekt gebrochenen Lichtstrahlen das Objektiv und dadurch erscheint der Hintergrund dunkel. Mit dem **Phasenkontrastmikroskop** kann man durchsichtige Strukturen mit unterschiedlichen Brechungsindizes sichtbar machen. Das **Polarisationsmikroskop** arbeitet mit polarisiertem Licht, wodurch Strukturen erkannt werden können, welche die Schwingungsebene des polarisierten Lichts drehen. Eine besondere Bedeutung hat die **Fluoreszenzmikroskopie** erreicht. Sie beruht darauf, dass bestimmte Stoffe, sogenannte Fluorochrome, wenn sie mit Licht einer Wellenlänge angeregt werden, wenige Nanosekunden später Licht einer anderen Wellenlänge abstrahlen. Durch spezielle Filter wird im Fluoreszenzmikroskop sichergestellt, dass nur das abgestrahlte Licht beobachtet wird. Einige biologische Strukturen, wie das Chlorophyll, sind selbst fluoreszierend. Viel wichtiger ist aber die Markierung von einzelnen Zellbestandteilen mit Fluoreszenzmarkern. Breite, auch medizinische Anwendung hat die Fluoreszenzmikroskopie in der Immunhistologie erreicht, bei der spezifische Antikörper markiert werden können, indem sie mit Fluoreszenzfarbstoffen gekoppelt werden (↗ Abb.).

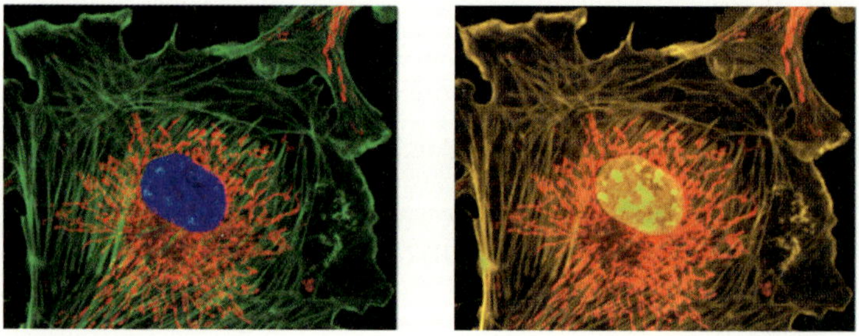

▶ Lichtoptische Bilder einer tierischen Zelle mit unterschiedlicher Mehrfach-Fluoreszenz-Markierung. Dargestellt werden Membranen und Elemente des Cytoskeletts.

Experimente sind Fragen an die Natur

▶ **Experiment**
lat. *experimentum:* Beweis, Prüfung, Probe

Experimente (Versuche) werden häufig als **„Fragen an die Natur"** bezeichnet. Deshalb kommt es darauf an, das Experiment so anzulegen, dass eine bestimmte Fragestellung damit eindeutig beantwortet werden kann. Normalerweise liegt Versuchen eine **Vermutung (Hypothese)** zugrunde, die sich z. B. durch eine Beobachtung ergeben hat. Das Experiment soll diese Vermutung bestätigen oder widerlegen.
Dazu ist es notwendig, eventuelle Störgrößen auszuschalten, z. B. indem alle bekannten Faktoren außer den zu prüfenden konstant gehalten werden. Allerdings ist dies bei biologischen Versuchen oft nicht möglich. Wenn man zahlreiche Wiederholungen des Versuchs durchführt und die Ergebnisse statistisch auswertet, kann man aber trotzdem verlässliche und reproduzierbare Ergebnisse erwarten, da man davon ausgehen kann, dass die nicht berücksichtigten Parameter zufällig streuen.

Entspricht das Versuchsergebnis nicht der Vermutung, kann eine neue Vermutung formuliert werden, die wiederum durch ein geeignetes Experiment überprüft werden kann.

Versuchsprotokoll

Im Versuchsprotokoll wird ein Experiment von der Aufgabenstellung bis zum Ergebnis dokumentiert. Alle benötigten Geräte, Hilfsmittel, Materialien und Stoffe sind zu notieren. Die angewandten Methoden werden genau beschrieben. Eine Skizze kann den Versuchsaufbau gegebenenfalls veranschaulichen. Eine kurze inhaltliche Vorbetrachtung dient dem besseren Verständnis des Versuchs.
Vor Beginn des Versuchs muss festgelegt werden, wie die zu erwartenden Ergebnisse protokolliert werden sollen. Durchführung und Verlauf schreibt man chronologisch und stichpunktartig oder in kurzen Sätzen auf. Dabei kommt es besonders auf die Ergebnisse – entscheidende Beobachtungen oder Messwerte – an, die in Textform, durch Abbildungen und Grafiken sowie Tabellen dargestellt werden. Zum Schluss werden die Ergebnisse, ausgehend von der Vermutung (Hypothese), kritisch gewertet (Diskussion der Ergebnisse).

Gliederung eines Versuchsprotokolls:
- Thema/Hypothese
- Materialien, Geräte und Hilfsmittel
- Versuchsaufbau
- Durchführung
- Sicherheitsmaßnahmen
- Beobachtung
- Ergebnisse
- Auswertung/Deutung/Diskussion
- Entsorgung

Versuchsprotokoll: Nachweis der Temperaturempfindlichkeit unserer Haut

Name: Julia Zauberhaft	**Klasse:** 11 B	**Datum:** 01.11.2011
Hypothese: Die Temperaturwahrnehmung der Haut hängt von der vorausgegangenen Temperaturempfindung ab.		
Versuchsplan: Drei Schüsseln mit Wasser unterschiedlicher Temperatur (10 °C, 25 °C, 35 °C) nebeneinanderstellen. Gleichzeitig für ca. 2 Minuten die eine Hand in die Schale mit 10 °C warmem Wasser und die andere in die mit 35 °C warmem Wasser tauchen. Nach 2 Minuten beide Hände in die Schüssel mit 25 °C warmem Wasser tauchen. Beide Hände noch einige Minuten in der Schale mit 25 °C warmem Wasser lassen.		
Geräte und Materialien: 3 Schüsseln mit Wasser unterschiedlicher Temperatur (10 °C, 35 °C und 25 °C)		
Durchführung und Beobachtung: Die Hand, die im 10 °C warmen Wasser eintaucht, empfindet das Wasser als kühl, die Hand im 35 °C warmen Wasser, empfindet das Wasser als heiß. Beim anschließenden Eintauchen beider Hände in 25 °C warmes Wasser empfindet die Hand, die vorher im 10 °C warmen Wasser war, die Temperatur des Wassers als warm, die andere Hand empfindet das Wasser als kalt. Nach einigen Minuten empfinden beide Hände das Wasser gleich warm.		
Diskussion bzw. Erklärung: Die Hypothese kann bestätigt werden. Der Temperatursinn der Haut reagiert zunächst auf Temperaturunterschiede bzw. Temperaturänderungen. Das hat zur Folge, dass man Wasser derselben Temperatur sowohl als warm als auch als kalt empfinden kann. Das hängt davon ab, ob die in das Wasser eingetauchte Hand vor dem Eintauchen eine höhere oder niedrigere Temperatur als das Wasser hatte. Wenn längere Zeit keine Unterschiede mehr auftreten, stellt sich eine Empfindung ein, die der absoluten Temperatur entspricht.		
Neue Hypothese (die durch ein weiteres Experiment zu prüfen ist): Hohe (warme) Temperaturen und niedrige (kalte) Temperaturen werden von unterschiedlichen Sensoren registriert.		

M

Vergleichen und Ordnen

Beispiele für Ordnungssysteme im Alltag:
Menschen: Geschlecht, Familienstand, Alter, Nationalität, Beruf
Lebensmittel: Herkunft, Zubereitung, Verwendung

Die Vielfalt der biologischen Phänomene kann durch Vergleiche in ein **Ordnungssystem** gebracht werden. Dazu werden verschiedene Objekte, z. B. Enzymmoleküle, Biomembranen, Zellen, Individuen, Arten, im Hinblick auf bestimmte Eigenschaften, die den Vergleichsmaßstab liefern, gegenübergestellt. Abgestufte Ähnlichkeiten erlauben eine Klassifikation, die Aufstellung eines bestimmten Ordnungssystems. Solche Systeme sind wichtige Voraussetzung für die Kommunikation zwischen Wissenschaftlern.
Dadurch, dass neue Phänomene in vorhandene Systeme eingeordnet werden können, erleichtern solche Einteilungen auch die Weiterentwicklung einer Wissenschaft. So war das System der Lebewesen von LINNÉ eine wichtige Voraussetzung für die wissenschaftliche Erfassung der durch Entdeckungsreisen aus allen Erdteilen zusammengetragenen Arten.

Hierarchisches Ordnungssystem der Lebewesen:
Art, Gattung, Familie, Ordnung, Klasse, Stamm, Reich, Domäne
Komponenten eines Ökosystems:
Primärproduzenten, Konsumenten, Destruenten
Klimazonen der Erde:
äquatoriale Zone, tropische Zone, subtropische Zone, Übergangsregion, gemäßigte Zone, polare Zone (↗ S. 449)

Tätigkeiten, die in der Biologie eine Rolle spielen

Wissenschaftliche und praktische Tätigkeiten, die in der Biologie angewandt werden, treten in Aufgabenstellungen häufig auch als Arbeitsanweisungen auf, etwa in der Form „Beschreiben Sie ..., begründen Sie ..., diskutieren Sie ...". Diese Tätigkeitswörter werden, wenn sie eine definierte Bedeutung haben, auch als **„Operatoren"** bezeichnet.

Wissenschaftliche Tätigkeiten in der Biologie	
Beschreiben	Merkmale von Objekten werden zusammenhängend und umfassend wiedergegeben.
Darstellen	Umfassendes und eingehendes Wiedergeben mithilfe von Texten, Diagrammen, Skizzen, Schemata und Tabellen. Die Art der Darstellung muss in der Aufgabenstellung festgelegt sein.
Hypothesen entwerfen	Aufstellen von begründeten Vermutungen, dass hinter einem Versuchsergebnis, einer Beobachtung u. a. eine Gesetzmäßigkeit steht
Definieren	Begriff wird durch wesentliche, gemeinsame Merkmale eindeutig bestimmt und von anderen Begriffen unterschieden, dazu werden häufig ein Oberbegriff und artbildende Merkmale angegeben.
Klassifizieren	Körper, Stoffe und Vorgänge mit gemeinsamen Eigenschaften werden geordnet, zusammengefasst und beschrieben.
Begründen	Ursache und Wirkung werden zueinander in Beziehung gesetzt.

Wissenschaftliche Tätigkeiten in der Biologie	
Erklären	Aufdecken der Ursachen und der zugrunde liegenden Gesetzmäßigkeiten und Zusammenhänge, Frage nach dem WARUM und WOZU beantworten.
Interpretieren	Ein Sachverhalt wird in einem bestimmten Zusammenhang betrachtet, analysiert, ausgelegt und gedeutet.
Beurteilen	Differenzierte Darstellung eines komplexen, meist problematischen Sachverhalts, inklusive Aussagen zur Richtigkeit, Wahrscheinlichkeit, Angemessenheit oder Anwendbarkeit
Diskutieren	Mithilfe von Pro-und-Kontra-Argumenten systematische Antworten entwickeln bzw. sich mithilfe einer Pro-und-Kontra-Argumentation mit einer These auseinandersetzen, einschließlich Bewertung
Modell bilden	Die Modellbildung erfolgt oft schon in der Phase der Hypothesenbildung. Gedankenmodelle werden konstruiert und im Anschluss daran durch die Herstellung eines entsprechenden gegenständlichen Modells umgesetzt. Aus Beobachtungsdaten und Versuchsergebnissen wird also eine Darstellung oder ein Beziehungsgefüge entwickelt, das bestimmte Aspekte der Wirklichkeit so wiedergibt, dass man Zusammenhänge besser verstehen oder sogar Vorhersagen für zukünftige Abläufe machen kann.
Theorie entwickeln	Ein zusammenhängendes Gedankengebäude wird entwickelt, das durch viele Beobachtungen, Versuchsergebnisse und Gesetzmäßigkeiten bestätigt wird und die Theorie erklärt.

„Praktische" Tätigkeiten in der Biologie	
Betrachten/ Beobachten	Mithilfe der Sinnesorgane und mit Instrumenten werden unter bestimmten Gesichtspunkten Objekte und Vorgänge bewusst erfasst. (Viele Biologie-Didaktiker unterscheiden dabei *Betrachten* für ruhende Objekte und *Beobachten* für Vorgänge.)
Untersuchen	Untersuchen ist ein Betrachten oder Beobachten mit Eingriffen in das System (Präparieren, Sezieren, Auseinandernehmen, Mikroskopieren, Screening).
Experimentieren	„Frage an die Natur": Eine biologische Erscheinung oder ein biologischer Prozess werden ausgewählten, kontrollierten, wiederholbaren und veränderbaren Bedingungen unterworfen, um Kausalzusammenhänge nachzuweisen. Grundlage ist das Versuchsprotokoll (↗ S. 31).
Sammeln	Das Sammeln von Organismen und Teilen bzw. deren Inhaltsstoffe spielt bei der Erfassung der Biodiversität auf allen Ebenen eine große Rolle.
Bestimmen	Identifizierung von biologischen Systemen (Strukturen, Organismen, Lebensgemeinschaften ...) aufgrund charakteristischer Merkmale (Vergleichen, Beschreibungen, Abbildungen, Tabellen, Bestimmungsschlüsseln und anderen Wissensquellen)
Kartieren	Erfassung der räumlichen Verteilung von biologischen Systemen (Strukturen, Organismen, Lebensgemeinschaften ...)

Prinzipien, Basiskonzepte, Erschließungsfelder

Die Kennzeichen des Lebendigen (↗ S. 11 f.) sind die Kriterien, nach denen sich Lebewesen von Unbelebtem unterscheiden lassen. Nur wenn diese Kriterien erfüllt sind, handelt es sich um ein lebendes System. Für das Verständnis der Wissenschaft Biologie lassen sich daraus grundlegende Modellvorstellungen und Theorien ableiten, die häufig als **Basiskonzepte,** teilweise auch als **Prinzipien** bezeichnet werden. Basiskonzepte helfen, neue Sachverhalte zu erschließen und in das Wissenssystem einzubauen, weshalb sie auch **Erschließungsfelder** genannt werden.

Basiskonzepte in der Biologie

Struktur und Funktion

Die funktionelle Betrachtung von Strukturen dient der Erklärung von Zusammenhängen auf verschiedenen Systemebenen. Diese Zusammenhänge können häufig auf der Grundlage allgemeiner biologischer Prinzipien dargestellt werden, z. B. dem *Schlüssel-Schloss-Prinzip* oder dem *Prinzip der Oberflächenvergrößerung,* und tragen so beispielsweise zum Verständnis des *Baus von Biomolekülen,* der *Funktion von Enzymen, Organen und Ökosystemen* bei.

Reproduktion

Die Reproduktion als grundlegendes Merkmal des Lebens ist immer mit der Weitergabe der Erbinformation verbunden. Damit besitzen Lebewesen im Gegensatz zur unbelebten Natur die Fähigkeit zur Selbstvervielfältigung. Dieses Basiskonzept hilft, die *identische Replikation der DNA,* die *Vermehrung der Viren,* die *Zellteilungsprozesse (Mitose, Meiose)* sowie unterschiedliche *Fortpflanzungsweisen der Lebewesen* zu verstehen.

Kompartimentierung

Durch die Abgrenzung lebender Systeme von ihrer Umwelt entstehen Räume, in denen unterschiedlichste Prozesse ablaufen. So ist jedes Lebewesen von seiner Umgebung durch Strukturen abgegrenzt, die den Stoffaustausch beeinflussen und Energieverluste minimieren. Diese Reaktionsräume finden sich auf den verschiedenen Ebenen lebender Systeme, z. B. *Zellorganell, Zelle, Organ, Organismus, Ökosystem, Biosphäre.*

Steuerung und Regelung

Durch die Möglichkeit der Steuerung und Regelung halten Organismen und Lebensgemeinschaften bestimmte Zustände aufrecht, auch wenn sich innere oder äußere Faktoren erheblich ändern. Lebende Systeme haben die Fähigkeit, auf diese Veränderungen zu reagieren. Dieses Basiskonzept wird zur Erklärung von *Regulationsvorgängen im Körper* genutzt, z. B. bei der *hormonellen Regulation,* bei der *Steuerung der Gen- und Enzymaktivität (Proteinbiosynthese)* und der *gegenseitigen Beeinflussung von Populationsgrößen.*

Stoff- und Energieumwandlung

Lebewesen sind offene Systeme, die mit ihrer Umwelt in einem ständigen Stoff- und Energieaustausch stehen. Durch *Assimilations- und Dissimilationsprozesse (Fotosynthese, Atmung)* entstehen natürliche *Stoffkreisläufe* in Ökosystemen, in die der Mensch maßgeblich eingreift. Das *Prinzip der Nachhaltigkeit* ist anhaftender (immanenter) Bestandteil dieses Basiskonzepts.

Information und Kommunikation

Lebewesen sind in der Lage, Informationen aufzunehmen, zu verarbeiten, zu speichern und weiterzugeben. Kommunikation ist eine wechselseitige Informationsübertragung. Sie kann sowohl zwischen Organismen und innerhalb eines Organismus als auch auf molekularer und zellulärer Ebene stattfinden.
Dieses Basiskonzept hilft beim Verständnis der *Verschlüsselung der Information* auf der Ebene der *Makromoleküle, neuronaler Vorgänge im Körper (Erregungsleitung),* des *Lernens* und des *Sozialverhaltens.*

Variabilität und Angepasstheit

Lebewesen sind in Bau und Funktion ihrer Organe an ihre Lebensweise und Umwelt angepasst. Angepasstheit wird durch Variabilität (Grundlage dafür sind Mutation, Rekombination und Modifikation) ermöglicht und durch Selektion bewirkt.
Einnischung (ökologische Nische), Artbildung und *Spezialisierung* können mithilfe dieses Konzepts erklärt werden.

Geschichte und Verwandtschaft

Dieses Basiskonzept dient dem Verständnis der stammesgeschichtlichen Entwicklung und der Entstehung der Vielfalt der Organismen. Es steht in engem Zusammenhang mit den Konzepten von „Reproduktion" und „Variabilität und Angepasstheit". Alle biologischen Phänomene lassen sich letztendlich durch Evolutionsprozesse erklären. Alle heute existierenden Arten haben einen gemeinsamen Ursprung. Der Verwandtschaftsgrad ist das Maß für die gemeinsame Stammesgeschichte.
Dieses Basiskonzept trägt dazu bei, die *Systematik der Lebewesen,* die *Entstehung des Lebens,* die *Coevolution* und auch die *Herkunft des Menschen* zu verstehen.

Diesen Basiskonzepten übergeordnet sind:
- **Ebenen lebender Systeme.** Leben spielt sich auf unterschiedlichen Organisationsebenen ab, von Molekülen über Zellen, Gewebe und Organe bis zu Populationen, Ökosystemen und der Biosphäre.
- **Diversität lebender Systeme.** Alle Phänomene des Lebendigen zeichnen sich durch eine große Vielfalt aus. Diese Biodiversität wird vor allem durch die vielfältige Kombinationsmöglichkeit von Einzelelementen (Modularität) erreicht.
- **Evolution lebender Systeme.** Die unumkehrbare Entwicklung der Biosphäre oder des Bioplaneten Erde wird durch Gesetzmäßigkeiten (Naturgesetze) und einmalige Ereignisse (z. B. Meteoriteneinschläge) bestimmt. Eine kausale Erklärung aller Lebensvorgänge muss beide Aspekte einbeziehen.

▶ Die Evolution ist ein entscheidendes Kennzeichen der Biologie gegenüber anderen Naturwissenschaften.

Reflexion zum Menschenbild
Viele Fragen, mit denen sich das Fach Biologie beschäftigt, haben Einfluss auf das Menschenbild. Deshalb sollen Reflexionselemente zum Menschenbild Bestandteile des Biologieunterrichts sein. Dies betrifft z. B. die besondere *Stellung des Menschen im biologischen System und seine Beziehungen zur Umwelt* aus naturwissenschaftlicher, ethischer, wirtschaftlicher und philosophischer Perspektive. Aus biologischen Erkenntnissen ergeben sich Fragen nach der *Vorherbestimmtheit menschlichen Handelns,* nach den *Auswirkungen der Biotechnologie* und der *modernen Medizin* oder nach *Zielsetzungen für die Zukunft.*

M

Induktion und Deduktion

Eine Schlussfolgerung vom Besonderen, also von vielen Einzelfällen, auf eine allgemeine Regel oder Gesetzmäßigkeit wird als **Induktion** bezeichnet. Der umgekehrte Schluss vom Allgemeinen auf das Besondere heißt **Deduktion.** Induktive und deduktive Vorgehensweisen sind im naturwissenschaftlichen Erkenntnisprozess eng miteinander verknüpft.

Weiße Taubnessel *(Lamium album)*

Der Bau zahlreicher Blüten wird untersucht, dabei wird festgestellt, dass mehrere Arten denselben Blütenaufbau haben. Aus dem ähnlichen Bauplan kann man auf eine Zusammengehörigkeit schließen, die man auf eine gemeinsame Abstammung (*Familie Lippenblütengewächse,* ↗ Abb.) zurückführt (Induktion). Findet man bei weiteren Arten denselben Blütenaufbau, kann man daraus folgern, dass es sich bei diesen Arten um Lippenblütengewächse handelt (Deduktion).

Durch Induktion getroffene Verallgemeinerungen müssen allerdings weiteren Prüfungen standhalten, weil sie für sich allein nicht logisch zwingend sind. Bei der Verwandtschaft von Pflanzenarten etwa könnte eine DNA-Analyse eine Bestätigung liefern. Denn Voraussetzung für die Wirksamkeit einer solchen Vorgehensweise ist die durch Induktion allein nicht überprüfbare Annahme, dass es eine vorhandene Naturordnung gibt, die durch Überprüfung vieler Einzelfälle aufgedeckt werden kann (MAX HARTMANN, 1876–1962).
Nach KARL POPPER (1902–1994) werden von einem Wissenschaftler immer nur diejenigen Aspekte der Wirklichkeit erfasst, die er aufgrund seiner eingeschränkten Fragestellung überhaupt beachtet. Erkenntnisse sind deshalb immer von Vorannahmen **(Hypothesen, Theorien)** abhängig. Diese Vorannahmen müssen so formuliert sein, dass Folgerungen aus ihnen durch Beobachtungen oder Experimente überprüfbar und insbesondere auch widerlegbar sind. Denn wissenschaftlicher Fortschritt kommt nur dadurch zustande, dass Ergebnisse den Vorhersagen einer Hypothese oder einer Theorie widersprechen und diese deshalb verworfen oder abgewandelt werden muss, um sie mit den Ergebnissen in Übereinstimmung zu bringen **(hypothetisch deduktives Verfahren).**

Modelle und Theorien

Sinneseindrücke führen zu Wahrnehmungen, aus denen sich Menschen ein Bild der Welt, ein Modell der Wirklichkeit, konstruieren. Dieses Weltbild kann durch neue Erfahrungen verändert und verbessert werden. Darauf beruhen die *Erfahrungswissenschaften.* Aber auch durch logische Überlegungen, durch „Nachdenken", können Menschen neue Erkenntnisse gewinnen. Diese Vorgehensweise ist charakteristisch für die *Vernunftwissenschaften* wie Philosophie und Mathematik.
Innerhalb der Erfahrungswissenschaften unterscheidet man zwischen „inneren Erfahrungen" der Geistes- und Sozialwissenschaften und „äußeren Erfahrungen" der Naturwissenschaften, deren wichtigste Methode Kausalanalysen natürlicher Vorgänge und dazu durchgeführte Beobachtungen und Experimente sind.

Aus der Erfahrung entstandene biologische Modelle bzw. Theorien sind z. B. die Zellenlehre, die Evolutionslehre, das Grundmodell der Molekularbiologie (DNA → RNA → Protein → funktionierender Organismus) oder die Systembiologie (Leben als System aus Prozessen und Wechselwirkungen).

Regeln, Gesetze, Modelle und Theorien in der Biologie

Prinzip

Allgemeine bzw. weitreichende Zusammenhänge, die ggf. zu Regeln, Hypothesen oder Gesetzmäßigkeiten formuliert werden können

- Kausalitätsprinzip: Jeder Ursache ist eindeutig eine Wirkung zuzuordnen, und umgekehrt hat jede Wirkung eine Ursache.

Regel

Zusammenhang, der sich nicht so ohne Weiteres in Zahlen ausdrücken lässt (je ... desto; wenn ... dann) oder der nicht streng für alle möglichen Fälle gilt (Ausnahmen). Das Erkennen von regelhaften Zusammenhängen war eine wesentliche Voraussetzung für die kulturelle Entwicklung der Menschheit.

- Bauernregeln, Wetterregeln, RGT-Regel, bergmannsche Regel (↗ S. 433), mendelsche Regeln (↗ S. 217), Volterra-Regeln (↗ S. 462), Hardy-Weinberg-Regel (↗ S. 331)

Modell

Ein Modell stimmt mit einem Teil der Wirklichkeit überein. Es kann gegenständlich (materiell) oder gedanklich (ideell) sein. Ein Modell kann vorwiegend die morphologischen Gegebenheiten des Originals wiedergeben (Blütenmodell, Augenmodell), es kann aber auch die Funktionen modellieren. Mit Funktionsmodellen kann man experimentieren, und die Ergebnisse dieser Experimente ermöglichen Vorhersagen bzw. Bestätigungen von Hypothesen. Eine besondere Form von Modellen sind Computersimulationen. Durch Einbeziehung weiterer Aspekte der Wirklichkeit können Modelle verfeinert und weiterentwickelt werden.

- Flüssig-Mosaik-Modell der Biomembran von NICOLSON und SINGER (↗ S. 81), Regelkreismodell der Konstanthaltung des Blutzuckerspiegels (↗ S. 188)

Hypothese

Formulierung eines kausalen Zusammenhangs, der durch Beobachtungen oder Experimente bestätigt oder verworfen werden kann

- Ein-Gen-ein-Enzym-Hypothese, Out-of-Africa-Hypothese zur Evolution des modernen Menschen (↗ S. 93)

Gesetz

Gesetze kennen keine Ausnahmen. Sie erlauben genaue Vorhersagen über Zeitpunkt, Verlauf und Wirkung eines Ereignisses. Oft können sie durch mathematische Formeln beschrieben werden.

- Massenwirkungsgesetz, Gesetz des Minimums (JUSTUS VON LIEBIG)

Theorie

System von Gesetzen, Modellen und Regeln, das sich mit einem bestimmten Teil der Realität beschäftigt. Theorien beruhen meist auf einem Modell, mit dem man in der Lage ist zu begründen, warum Gesetze und Regeln in bestimmten Zusammenhängen gültig sind.

- Evolutionstheorie (↗ S. 309 ff.), Endosymbiotentheorie (↗ S. 347), Zelltheorie

M

Von der Naturkunde zur Biotechnik

CARL SPITZWEG: Der Schmetterlingsfänger (1840)

Lange Zeit war die Biologie eine Wissenschaft, die mehr in der freien Natur als im Laboratorium stattfand. Botaniker und Zoologen durchstreiften die unterschiedlichsten Lebensräume und geografischen Regionen. Sie sammelten Pflanzen- und Tierarten zur weiteren Bearbeitung und Klassifizierung. Bis heute sind solche Sammlungen in Naturkundemuseen, Herbarien und botanischen Gärten untergebracht und liefern Material für wissenschaftliche Untersuchungen.

Der Schwerpunkt der Lebenswissenschaften hat sich jedoch in die Laboratorien verlagert. Lichtmikroskope, Elektronenmikroskope und verschiedene Rastersondenmikroskope ermöglichen – in Verbindung mit Markierungstechniken – das Eindringen bis in molekulare Strukturen. Spezielle bildgebende Verfahren erlauben die Darstellung von neuronalen Prozessen im lebenden Organismus.

Weitgehend automatisierte Analyseverfahren ermöglichen in Kombination mit Computerprogrammen die Strukturanalyse von Proteinen und Nucleinsäuren. Auch bei der Aufklärung von komplizierten Wechselwirkungen in Ökosystemen mit vielen variablen Einflussgrößen helfen Computer, die Datenfülle einfacher zu bewältigen. Schließlich können mit immer weiter verbesserten Datenerhebungsverfahren und Computerprogrammen auch Modelle erstellt werden, die zunehmend verlässlichere Zukunftsprognosen ermöglichen.

Das Verständnis komplexer Abläufe in lebenden Systemen kann auch genutzt werden, um diese Systeme in technische Produktionsabläufe einzubauen und sie für menschliche Zwecke zu verändern (Biotechnik).

Schüler experimentieren im Schullabor.

Der Zugang zu biologischem Wissen

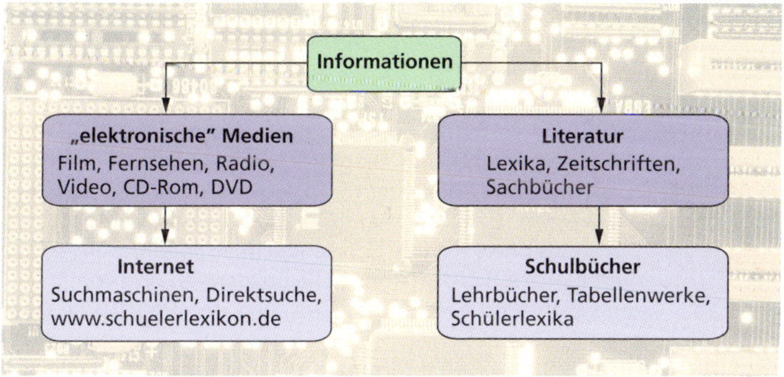

Hinter der Internetadresse *www.schuelerlexikon.de* verbergen sich speziell für Schüler entwickelte Nachschlagewerke, u. a. für das Basiswissen Abitur im Fach Biologie.

Präsentation biologischer Informationen

Naturwissenschaftliche Forschungsergebnisse, aber auch für Unterrichtszwecke zusammengestellte Fachinhalte werden in fachwissenschaftlichen Zeitschriften (z. B. *Herpetofauna* – Zeitschrift für Amphibien- und Reptilienkunde) bzw. allgemeinen naturwissenschaftlichen Zeitschriften (z. B. *Nature, Science, Spektrum der Wissenschaft, bild der wissenschaft*), in Informationsmagazinen (z. B. *Research der Bayer AG*), in populärwissenschaftlichen Zeitschriften (z. B. *GEO, P.M., Natur und Kosmos, National Geographic*), über die Wissenschaftsredaktionen der regionalen und überregionalen Tageszeitungen und Wochenmagazine – oft auch über elektronische Publikationsorgane – veröffentlicht oder in einem Referat oder Vortrag anderen Interessenten mitgeteilt.

Einer **wissenschaftlichen Veröffentlichung** wird üblicherweise eine *Zusammenfassung* vorangestellt, in der Ziele und Ergebnisse knapp dargestellt werden. Sie dient einer ersten Information an mögliche Interessenten, die danach besser beurteilen können, wie die Arbeit einzuordnen und ob sie für ihre Interessen von besonderer Bedeutung ist. In der eigentlichen Arbeit werden nach einer **Einleitung,** die insbesondere die Fragestellungen und Ziele deutlich macht, die **Ergebnisse** vorgestellt und im Kontext zum fachlichen Umfeld **diskutiert.** Ein eigenes Kapitel ist der Darstellung der verwendeten **Materialien und Methoden** gewidmet. Dieser Abschnitt, der heute meist der Arbeit angehängt wird, ist besonders wichtig, um die Ergebnisse für andere Forscher nachvollziehbar und wiederholbar zu machen.

Gliederung einer naturwissenschaftlichen Arbeit:

- Titel
- Autoren
- kurze Zusammenfassung (Abstract)
- Einleitung
- Ergebnisse
- Diskussion
- Material und Methoden
- Literatur bzw. Quellen

Grafische Darstellungen haben für naturwissenschaftliche Veröffentlichungen eine besondere Bedeutung. Diagramme helfen Messergebnisse zu verdeutlichen, Schemata dienen der Veranschaulichung von Wechselwirkungen und zeitlichen Abläufen. Fotos und durch andere bildgebende Verfahren gewonnene Darstellungen ermöglichen (zusätzliche) Beweise. Wichtiger Bestandteil jeder wissenschaftlichen Veröffentlichung ist das **Quellenverzeichnis,** in dem in standardisierter Form auf verwendete oder ergänzende *Literatur* und auf entsprechende *Internetlinks* hingewiesen wird.

Für die Darstellung von Forschungsergebnissen oder für Unterrichtszwecke werden Vorträge heute im Allgemeinen durch eine **Computerpräsentation** unterstützt, die mithilfe eines Projektors (auch „Beamer" genannt) vergrößert an eine Leinwand projiziert werden kann. Die Präsentation wird aus einzelnen Seiten aufgebaut, die in Anlehnung an die traditionellen Overheadfolien auch „Folien" genannt werden. Die Gestaltungsmöglichkeiten reichen von der einfachen Textfolie über Folien mit Grafiken, Tabellen und Diagrammen bis hin zu Folien mit Multimedia-Inhalten. Grafiken können im Programm selbst hergestellt oder importiert werden. Es ist auch möglich, Audio- und Videodateien einzufügen. Die vielseitigen technischen Möglichkeiten dieser Präsentationsform verleiten allerdings dazu, grafische Spielereien und vom Inhalt eher ablenkende Elemente einzufügen *(Der Sieg der Oberfläche über den Inhalt).*

Auch die Gefahr der zu großen Informationsdichte auf einzelnen Folien und ein zu rascher Folienwechsel müssen vermieden werden. Für die Präsentation von Ergebnissen auf **Internetseiten** gilt Ähnliches. Hier ergibt sich die zusätzliche Möglichkeit, über Links andere Informationsquellen zugänglich zu machen.

Die digitalen Tafeln oder interaktiven **Whiteboards**, die ursprünglich aus Amerika kommen, halten seit Ende der 1990er Jahre zunehmend Einzug in unsere Schulen. Mithilfe eines Computers, eines Projektors (Beamer) und einer digitalen Tafel ist die Lehrkraft in der Lage, Informationen auf einem Computerbildschirm der ganzen Klasse nicht nur zu präsentieren, sondern auch interaktiv verfügbar zu machen. Präsentationen, andere Computersoftware oder ein direkter Internetzugang werden durch spezielle elektronische Stifte oder durch die Berührung mit den Fingern von der Tafel aus gesteuert. Handschriftliche Notizen oder Markierungen können auf die Tafel „geschrieben" werden. Diese „Tafelbilder" lassen sich ausgedrucken oder im PC archivieren und stehen somit auch online jederzeit wieder zur Verfügung. Der Inhalt unterschiedlicher digitaler Medien, Webseiten, Animationen, Videos, Audios und Grafiken können an dem Whiteboard gezeigt und auch überschrieben werden. So sind Schülergruppen z. B. in der Lage, interaktiv Aufgaben gemeinsam an der Tafel zu lösen.

▶ Die Startseite des größten deutschen Hilfe-Forums lautet:

www.hilfe-forum.eu/. Man muss sich dort registrieren und die aufgestellten Regeln befolgen, sonst wird man verwarnt und falls nötig ausgeschlossen.

Internetforen (lat. *forum:* Marktplatz; engl. *internet forum, message board* und *webboard),* auch Diskussionsforen sind virtuelle Plätze, die dem Austausch und der Archivierung von Gedanken, Meinungen und Erfahrungen dienen. Ein Internetforum zeichnet sich in der Regel durch ein bestimmtes Oberthema aus, das nach Themen und/oder Unterthemen in einzelne Unterforen unterteilt ist. Diskussionsbeiträge (sogenannte *Postings*) werden gesammelt und können von Interessierten gelesen und beantwortet werden. Mehrere Beiträge zum selben Thema fasst man als *Thread* (Faden) oder *Topic* (Thema) zusammen. Soll ein neues Thema zur Diskussion gestellt werden, muss ein neuer Thread eröffnet werden.

Besonders begehrt sind *Hilfe-Foren,* die dem Benutzer Ratschläge und Tipps zu einem bestimmten, oft sehr speziellen Thema geben. Meist handelt es sich dabei um Hilfestellungen bei Problemen, die bei kaum vorhandenen anderen Informationsquellen die einzige Hilfe darstellen.

Sehr beliebt sind *Benutzerforen*, z. B. für Hardware- oder Softwarehersteller, die auf diese Weise über Programmierfehler oder andere Schwächen ihrer Produkte informiert werden und entsprechend schnell reagieren können. Es gibt auch Foren, in denen z. B. aktuelle politische oder gesellschaftliche Themen diskutiert werden.

Klassische Formen der Präsentation sind **Poster (Wandzeitungen),** die auf wissenschaftlichen Kongressen, aber auch zu Unterrichtszwecken eine wichtige Rolle spielen. Dabei werden Fachinhalte in knapper Form auf Plakaten grafisch ansprechend dargestellt. Bei Unterrichtsvorhaben werden Poster oft als Aufgabe von den Lernenden erstellt, z. B. um ein Thema abschließend in einer **Ausstellung** zu präsentieren.

Lernposter sollten mindestens doppelt so groß wie eine DIN-A4-Seite sein, nach Möglichkeit größer. Mit einem dunklen Filzstift werden die wichtigsten Stichworte zu dem Übungsthema auf dem Poster festgehalten (↗ Abb.). Das entstandene Poster sollte in der Nähe des eigenen Arbeitsplatzes aufgehängt werden, sodass man sich mit einem Blick orientieren bzw. sich an Einzelheiten des entsprechenden Themas erinnern kann.

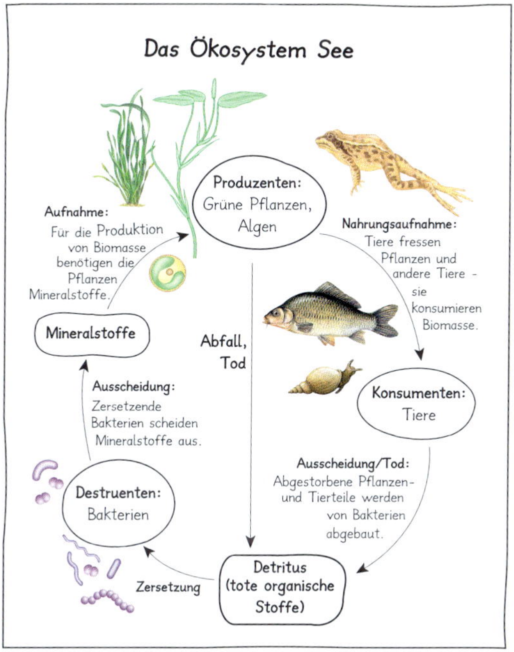

Fotos und Zeichnungen aus Büchern oder Zeitschriften, die zu dem Thema passen, können auf dem Lernposter platziert werden. Bei Platzmangel können Stichworte, Grafiken, Fotos, Skizzen auch zu mehreren Fächern auf einem Poster Platz finden. Die einzelnen Sachgebiete sollten dann aber klar voneinander unterscheidbar sein, z. B. durch unterschiedliche Farbstifte, durch Trennlinien und große Überschriften.

Informationen beschaffen, selektieren, strukturieren, bewerten und in die eigene Arbeit integrieren

Die Informationen über naturwissenschaftliche Forschungsergebnisse kann man aus den unterschiedlichsten Quellen bekommen. Daher spielt es eine Rolle, **mit welchem Ziel die Suche unternommen wird,** ob die Informationen z. B. für ein Rollenspiel, für einen Brief an die Verwaltung oder für ein Referat benötigt werden.
Man sollte mit Informationen immer – unabhängig davon, aus welchen Quellen sie stammen – kritisch umgehen, vor allen Dingen dann, wenn sich der eigentliche Inhalt nicht direkt nachvollziehen lässt.

M

Die Art und Weise des Umgangs mit der Information ist abhängig von der Quelle:

- **Wissenschaftliche Originalarbeiten:** Ziel und Voraussetzungen der Publikation sollten klar, die Fragestellungen eindeutig formuliert sein. Weist der Autor/die Autorin auf wissenschaftliche Vorarbeiten hin? Werden die Ergebnisse in größere Zusammenhänge gestellt? Werden die Quellen exakt genannt? Lassen sich die Schlussfolgerungen aus den Untersuchungsergebnissen ableiten?
- **Übersichtsartikel aus populärwissenschaftlichen Zeitschriften:** Die Kriterien sind ähnlich wie oben. Die Beurteilung ist allerdings schwieriger, denn die zugrunde liegenden Untersuchungen werden oft nur knapp angedeutet und man kann somit nur schlecht beurteilen, ob alle existierenden wichtigen Forschungsergebnisse berücksichtigt wurden.
- **Zeitungsartikel, Internetartikel, Fernseh- und Radiosendungen** können Informationen von sehr unterschiedlicher Qualität enthalten. Oft spielen die Interessen des Autors/der Autorin bei der Auswahl, Darstellung und den Schlussfolgerungen eine wichtige Rolle. Man sollte also stets darauf achten, wer den Artikel veröffentlicht und welche Ambition er damit haben könnte. Soweit Quellen genannt werden, sollte man versuchen, sie zu überprüfen.

Bei den verwendeten Informationen sollte man auf klare Quellenangaben achten, dies gilt ebenso bei den eigenen Arbeiten. Sucht man Informationen, achtet man in der Regel darauf, jede benutzte Quelle zu zitieren und den Fundort zu vermerken.
Eine gewisse Gefahr bei der Informationsbeschaffung ist, dass man bei der Auswahl der Informationen, die man für eine eigene Arbeit verwenden will, eher unbewusst solche Quellen bevorzugt, die der eigenen (vorgefassten) Meinung entsprechen.

Beispiel eines Zitierhinweises mit Nennung von Autor und Erscheinungsjahr

… Schule eignen sich vor allem Untersuchungen mit dem Salicylsäurederivat Acetylsalicylsäure (ASS), die in Aspirin enthalten, somit gut verfügbar und für den Menschen weitgehend ungefährlich ist (Gawlik 2009). Als Versuchspflanze dient hier die Gartenkresse *(Lepidium sativum)*, die leicht und …

Literatur

Beckers, G. J. M.: Ein molekularer Mechanismus des „Primings" in Arabidopsis thaliana. RWTH Aachen 2009; URL: http://darwin.bth.rwth-aachen.de/opus3/volltexte/2010/3020/pdf/Beckers_Gerold.pdf; Stand: 16.12.2010

Conrath, U./Kauss, H.: Sytemisch erworbene Resistenz – Das „Immunsystem" der Pflanze. In: Biologie in unserer Zeit 30, 2000, S. 202–208

Conrath, U., u. a.: Priming: getting ready for battle. In: Mol. Plant Microbe Interact. 19(10), 2006, S. 1062–1071

Gawlik, S.: Haben Pflanzenschutzmittel eine positive Wirkung auf Pflanzen? Eine Fallstudie mit Imidacloprid. Staatsexamensarbeit, RWTH Aachen 2009

M

1.3.3 Andere Naturwissenschaften liefern Grundlagen für biologische Forschung

Biologische Forschungsvorhaben gehen heute im Allgemeinen von der Prämisse aus, dass ein über die reine Beschreibung hinausgehendes Verständnis der Lebensvorgänge nur auf der Basis von Chemie und Physik möglich ist. Diese Form des *Reduktionismus* wäre dann unzureichend, wenn man eine Lebenserscheinung angeben könnte, die sich mit den Gesetzmäßigkeiten der Physik und Chemie grundsätzlich nicht erklären lässt. Solche Beispiele sind bisher nicht bekannt. Allerdings gibt es deutliche Erklärungslücken, etwa im Grenzbereich von Psychologie und Neurobiologie oder bei der Erklärung der komplexen Wechselwirkungen in einer Zelle.
Bis heute kann man selbst die einfachsten Zellen nicht künstlich herstellen. Ein Problem der reduktionistischen Methode ist zweifellos, dass sich lebende Systeme – anders als viele physikalische Systeme – nur über die Wechselwirkungen zahlreicher Variabler erklären lassen, die alle zugleich Ursache und Wirkung sein können.

Der **reduktionistische Forschungsansatz** beinhaltet, dass jeder Lebenserscheinung ein Bedingungskomplex aus Materie, Information und Organisation zugrunde liegt. Gesetzmäßigkeiten der exakten Naturwissenschaften reichen aus, um damit die Lebenserscheinung zu erklären.

> Ziel der **biologischen Systemtheorie** ist es, Gesetzmäßigkeiten lebender Systeme zu erkennen und so die Selbstorganisation zu erklären.

In diesem Zusammenhang spielen die von dem belgischen Physikochemiker ILJA PRIGOGINE (1917–2003) durchgeführten Untersuchungen zum Verhalten von Systemen, die weit von einem thermodynamischen Gleichgewicht entfernt sind, eine wichtige Rolle: In solchen offenen Systemen können sich relativ stabile Strukturen ausbilden (dissipative Strukturen).

Dissipative Strukturen bilden sich durch Selbstorganisation in dynamischen Systemen fern vom thermodynamischen Gleichgewicht aus. Sie treten spontan auf und für ihr Zustandekommen bedarf es ausreichender Energie- und Stoffzufuhr.

Proteine sind Schlüsselmoleküle der Lebensvorgänge (↗S. 59). Über die Aufklärung ihrer exakten räumlichen Konfiguration lassen sich weitgehende Schlüsse über ihre Funktion im Stoffwechsel oder bei der Aufnahme und Verarbeitung von Reizen ziehen. Die Erforschung der chemischen Grundlagen der Lebenserscheinungen ist in den letzten Jahrzehnten durch neue Forschungsmethoden und insbesondere durch die Möglichkeiten der elektronischen Datenverarbeitung sehr weit fortgeschritten. So können heute die räumlichen Strukturen von Proteinmolekülen oder von Nucleinsäuren, die aus Tausenden von Einzelatomen zusammengesetzt sind, relativ exakt dargestellt werden.

Alkoholdehydrogenase, (ADH) als a) Faltungsmodell (engl. *ribbon*) und b) Kalottenmodell

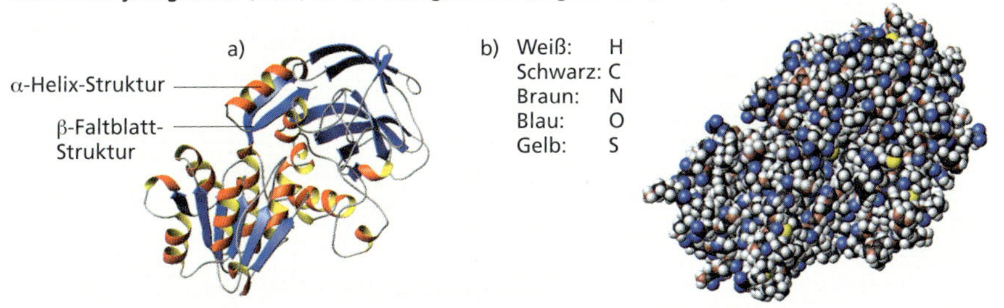

M

1.3.4 Zwischen der Naturwissenschaft Biologie und den Geisteswissenschaften gibt es viele Verbindungen

Die gesamte biologische Vielfalt (**Biodiversität,** ↗S. 475 f.) des Lebens wird auf 5 bis 100 Mio. Arten geschätzt.

Der Physiker und Dichter C. P. SNOW (1905–1980) prägte 1959 den Begriff der „zwei Kulturen". Damit wies er auf die tiefe Kluft hin, die sich zwischen Geisteswissenschaften und Kunst einerseits und den modernen Naturwissenschaften andererseits entwickelt hatte. Geisteswissenschaftler oder „Kultur"-Wissenschaftler werfen den Naturwissenschaften häufig eine reduktionistische Sichtweise vor, die alleine auf eine Beherrschung und Instrumentalisierung der Natur zielt. Umgekehrt gelten Geisteswissenschaftler bei Naturwissenschaftlern oft als fortschrittsfeindlich und weltfremd.

Allerdings ist heute unumstritten, dass die Erkenntnisse der Naturwissenschaften einen starken Einfluss auf Gesellschaft, Kultur und Politik haben. Die Entwicklung, die auch als **„Globalisierung"** gekennzeichnet wird, ist eine Folge von naturwissenschaftlichen Erkenntnissen und ihren technischen Anwendungen. Dabei fehlt es nicht an Versuchen, die beiden Kulturen zusammenzuführen. Der Biologe **EDWARD O. WILSON** (geb. 1929) betont die große Übereinstimmung allen Wissens (*Consilience,* 1998), die seiner Meinung nach von den Sozialwissenschaften zu wenig anerkannt wird. Er sieht in der Neurobiologie die Brücke zu den Geisteswissenschaften, die in der Zukunft zu einer Vereinheitlichung des Wissens und der wissenschaftlichen Grundannahmen führen wird.

Die Ergebnisse moderner Naturwissenschaften, insbesondere auch der **Biowissenschaften,** führen zu neuartigen ethischen Fragen und Problemen. Gentechnik (↗S. 232 ff.) und Reproduktionstechniken (↗S. 271 ff.) sind Gegenstand von Ethikkommissionen und Gesetzgebungsverfahren. Eine eigene **„Bioethik"** beginnt sich zu etablieren. Auch die Erkenntnisse der Ökologie haben zu einer Bewegung geführt, die schon in den 1960er und 70er Jahren den Rahmen der Naturwissenschaften verlassen hat. Die Bewahrung der Biosphäre um des Menschen und um ihrer selbst willen gilt als Menschheitsziel, das nur erreicht werden kann, wenn Ökologie, Ökonomie und Soziologie zusammenwirken. Gefordert wird – insbesondere seit dem UNESCO-Weltgipfel von Rio 1992 – eine Politik, die **nachhaltige Entwicklung** ermöglicht (**Biopolitik,** ↗S. 477 ff.).

1.3.5 Aus Biologie und Nachbardisziplinen sind Brückenwissenschaften entstanden

Nach der wissenschaftlichen Fundierung der Chemie am Ende des 18. Jh.s begann sich sehr schnell die Brückendisziplin **Biochemie** zu entwickeln, die mit den Methoden der Chemie die Zusammensetzung und die Funktion von Lebewesen bzw. Teilen derselben untersucht. Zunächst war die Biochemie im 19. Jh. weitgehend identisch mit Naturstoffchemie und organischer Chemie, später rückten Stoffwechselvorgänge in den Blickpunkt des Interesses. Dabei wurde die Enzymchemie ein zentrales Thema. Erst 1962 wurde ein eigenständiger Diplomstudiengang „Biochemie“ an der Universität Tübingen eingerichtet. Heute hat sich die Biochemie zu einem riesigen Wissensgebiet ausgeweitet, wobei die molekular-evolutionäre Sichtweise eine zunehmend bedeutende Rolle spielt. Dabei hat die Biochemie wesentlich zur Erhellung der Entstehung des Lebens sowie der komplexen Stoffwechselwege in der Zelle beigetragen.
Zunehmend werden biochemische Grundlagen neuronaler Vorgänge erforscht und so eine Verbindung zwischen Neurologie und Psychologie **(„Biopsychologie“)** hergestellt.
Auch die **Biophysik** hat eine lange Geschichte, die bis in die Renaissance zurückreicht. Die systematische Erforschung biophysikalischer Phänomene setzte jedoch erst im 20. Jh. ein. Zunächst spielte die Entdeckung des Effekts ionisierender Strahlen auf biologische Objekte eine wichtige Rolle. Die Röntgenstrukturanalyse war Voraussetzung für die Entschlüsselung der Struktur der Nucleinsäuren und zahlreicher Proteine.
Weitere Anwendungen physikalischer Methoden in der Biologie sind die verschiedenen mikroskopischen Techniken, insbesondere das Elektronenmikroskop, das Rasterelektronenmikroskop, das Rastertunnelelektronenmikroskop und das Rasterkraftmikroskop oder analytische Methoden wie Chromatografie, Zentrifugation oder Elektrophorese. In der modernen Molekularbiologie sind biophysikalische Verfahren besonders wichtig, z. B. effiziente Techniken zur Sequenzierung von DNA (Nobelpreis an P. BERG, W. GILBERT und F. SANGER, 1980).

FREDERICK SANGER (geb. 1918) erhielt 1958 und 1980 den Nobelpreis für Chemie.

PAUL BERG (geb. 1926) erhielt 1980 den **Nobelpreis** für Chemie zusammen mit F. SANGER und W. GILBERT.

■ Gestresste Pflanzen produzieren Ethylen. Durch eine Laserapparatur können sehr geringe Ethylenkonzentrationen in akustische Signale umgewandelt werden: Man kann die Pflanzen „jammern“ hören.

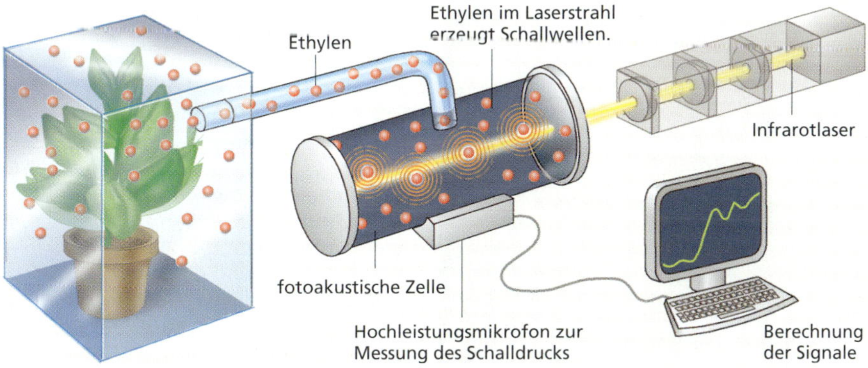

Die **Biomechanik** beschäftigt sich mit den physikalischen Gesetzmäßigkeiten von Bewegungsabläufen (Laufen, Fliegen, Schwimmen usw.), aber auch des Blutkreislaufs, der Flüssigkeitsströmungen in Pflanzen oder verschiedener Sinnesorgane, etwa der Schallrezeption. Die **Bioelektrizität** untersucht physiologische Erscheinungen, die mit elektrischen Vorgängen gekoppelt sind, z. B. in Nerven- und Muskelzellen.

Lange Zeit war die Entdeckung von pharmakologisch aktiven Stoffen an zufällige Beobachtungen und Entdeckungen geknüpft. Durch computergestützte makromolekulare Modellierungsmethoden *(molecular modelling, drug design)* konnte die Effektivität hier enorm gesteigert werden. Schließlich beschäftigt sich die theoretische Biophysik damit, Modellvorstellungen zu biologischen Phänomenen zu entwickeln und die Biologie auf wenige, nicht weiter ableitbare Grundannahmen (Axiome) zurückzuführen.

▶ **Axiom** (griech. *axioma:* Postulat) bezeichnet eine unmittelbar einleuchtende Grundannahme, die weder abgeleitet noch bewiesen werden kann.

Das Wort **Bionik** ist aus der Verbindung von **Bio**logie und Tech**nik** entstanden. Biologische Materialien und Strukturen werden auf ihre Anwendungsmöglichkeiten in der Technik untersucht (z. B. Lotuseffekt, ↗ S. 56). Konstruktionselemente und Funktionsmechanismen natürlicher Strukturen bis zu ganzen Geräten, die auf natürlichen Vorbildern beruhen, werden entwickelt. Auch die Entwicklung von Wasserstofftechnologien nach dem Vorbild der Fotosynthese kann man dem Forschungsbereich Bionik zuordnen, ebenso den Versuch der **„Evolutionsbionik"**, biologische Evolutionsstrategien in der Technik für die Optimierung komplexer Systeme und Verfahren anzuwenden.

Auf die Verbindungen von Psychologie und Neurophysiologie wurde schon hingewiesen. Soweit es sich bei der Medizin um eine Naturwissenschaft handelt, könnte man sie auch Humanbiologie nennen. Auch andere Humanwissenschaften, wie Ethnologie oder Anthropologie, haben enge Verbindungen zur Biologie. Über statistische Methoden, Modellierungen und Quantifizierungen ergeben sich Beziehungen zwischen Biologie und Mathematik.

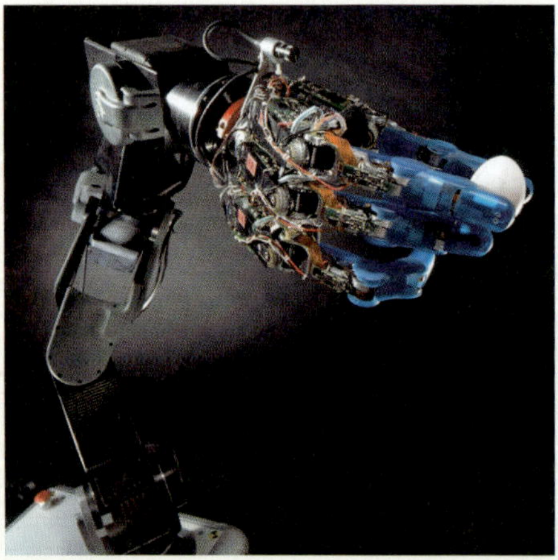

„... Am Ende wird es möglich sein, jedes Teil unseres Körpers und unseres Gehirns auszutauschen und damit alle Defekte und Beschädigungen zu reparieren, die unser Leben so kurz machen. Es versteht sich, dass wir uns dadurch in Maschinen verwandeln. Werden also Maschinen uns ersetzen? Nach meiner Überzeugung wird es dann nicht mehr sinnvoll sein, in dem Gegensatzpaar Mensch–Maschine zu denken. Ich halte es mehr mit HANS P. MORAVEC von der Carnegie-Mellon-Universität in Pittsburgh (Pennsylvania), der in den zukünftigen intelligenten Maschinen in wörtlichem wie in übertragenem Sinn unsere Geisteskinder („mind children") sieht ..." (**MARVIN MINSKY** [geb. 1927] aus: *„Werden Roboter die Erde beherrschen?"*, 1998)

Grundbausteine des Lebens

2

2.1 Kohlenstoff – das Element des Lebens

DIMITRI IWANOWITSCH MENDELEJEW (1834–1907)

- Chemische Elemente sind aus jeweils einer Atomart aufgebaut.
- In der Biologie spielt das Element Kohlenstoff eine herausragende Rolle.
- Der Bau des Kohlenstoffatoms erlaubt Bindungen mit vielen anderen Atomen.
- Kohlenstoffatome können untereinander Einfach-, Doppel- und Dreifachbindungen eingehen.
- Lebewesen bestehen vorwiegend aus Kohlenstoffverbindungen. Diese sind an allen biologischen Prozessen beteiligt.
- Die funktionellen Gruppen der Moleküle der organischen Kohlenstoffverbindungen haben wesentlichen Einfluss auf die Eigenschaften des jeweiligen Stoffs.

2.1.1 Chemische Gesetze bestimmen das Leben

Das **Periodensystem der Elemente** wurde 1869 unabhängig voneinander sowohl vom russischen Chemiker **DIMITRI I. MENDELEJEW** als auch vom deutschen Chemiker LOTHAR MEYER (1830–1895) entwickelt.

Atome bestehen aus einem Atomkern und einer Atomhülle. Im Atomkern befinden sich eine für jede Atomart charakteristische Anzahl positiv geladener Protonen und eine Anzahl von Neutronen. Der Atomkern ist von einer Atomhülle aus negativ geladenen Elektronen umgeben. Ihre Gesamtzahl ist gleich der Zahl der Protonen.

Die Stellung des Elements im Periodensystem wird durch den Bau seiner Atome bestimmt.

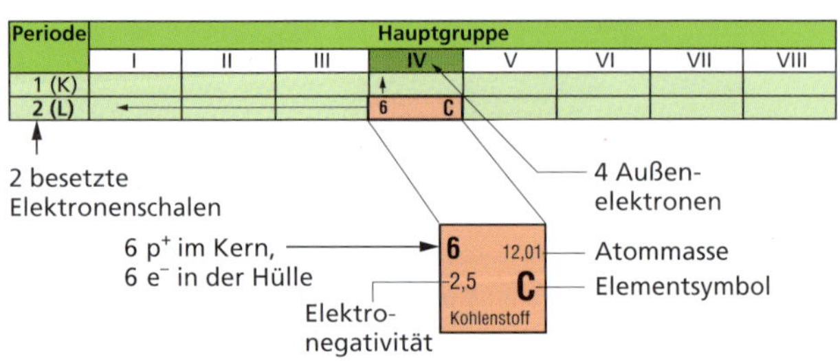

Die Atommasse wird durch die Masse des Kerns bestimmt. Sie setzt sich aus der Summe der Masse der Nucleonen (Protonen und Neutronen) zusammen, wobei die Atome eines Elements zwar immer die gleiche Anzahl von Protonen aufweisen, sich jedoch durch die Zahl der Neutronen unterscheiden können. Atome eines Elements mit unterschiedlicher Anzahl an Neutronen im Atomkern bezeichnet man als **Isotope.**

Da viele Isotope im Laufe der Zeit unter Abgabe von radioaktiver Strahlung zerfallen, kann ihr Anteil in einer Substanz zur geologischen oder archäologischen Altersbestimmung **(Radiokarbonmethode)** genutzt werden (↗ S. 323). In biologischen Versuchen lassen sie sich zur Markierung (Tracer) einsetzen.

Stabile Isotope des Kohlenstoffs: $^{12}_{6}C$ und $^{13}_{6}C$ (6 bzw. 7 Neutronen)

Radioaktives Isotop des Kohlenstoffs: $^{14}_{6}C$ (8 Neutronen)

Bindungsarten

Freie Atome existieren – außer bei Edelgasen – nur bei Extrembedingungen. Ansonsten werden Aggregate aus Atomen, Molekülen oder Ionen gebildet. Nach der Art der Wechselwirkungen zwischen ihnen unterscheidet man verschiedene Bindungsarten.

Normbedingungen:
$T = 273{,}15\ K = 0\ °C$,
$p = 101{,}3\ kPa$

Metallbindungen

Nach dem Elektronengasmodell beruht diese Bindungsart auf elektrostatischen Anziehungskräften zwischen frei beweglichen Elektronen und positiv geladenen Metall-Ionen.

Die Einheit K (Kelvin) wurde nach WILLIAM THOMSON (1824–1907), dem späteren LORD KELVIN OF LARGS, benannt. ANDERS CELSIUS (1701–1744), ein schwedischer Naturwissenschaftler, entwickelte die Celsiusskala.

Ionenbindungen

Sie werden durch die elektrostatischen Kräfte unterschiedlich geladener Ionen hervorgerufen (Kochsalz – NaCl, Kaliumhydroxid – KOH).

Atombindungen (Elektronenpaarbindungen, kovalente Bindung)

Zwischen verschiedenen Atomen werden gemeinsame Elektronenpaare gebildet. Je nach der Elektronegativität (EN) der beteiligten Atome, also der Kraft, mit der die Elektronen angezogen werden, ist die Bindung polar oder unpolar. Bei der unpolaren Atombindung werden gemeinsame Elektronenpaare von beiden beteiligten Atomen gleichberechtigt genutzt, das Molekül ist nach außen neutral (z. B. Wasserstoffmolekül – H_2). Bei der polaren Atombindung wird das Elektronenpaar stärker zu dem elektronegativeren Partner hingezogen, wodurch Ladungsschwerpunkte ausgebildet werden (Kohlenstoffdioxid – CO_2, Wasser – H_2O). Gleichen sich die Partialladungen durch die Raumstruktur der Moleküle nicht aus, liegen Dipolmoleküle vor (Wasser – H_2O).

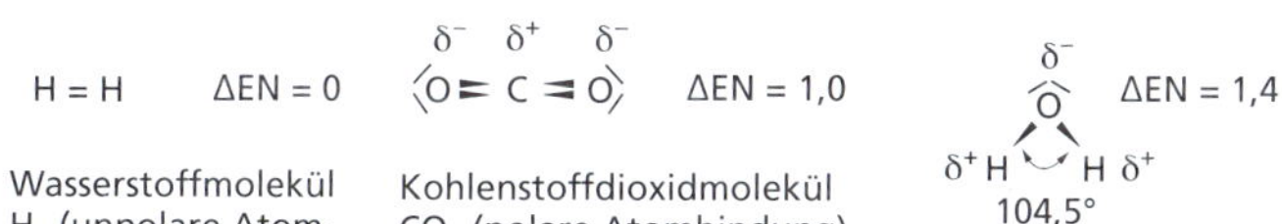

Wasserstoffmolekül H_2 (unpolare Atombindung)

Kohlenstoffdioxidmolekül CO_2 (polare Atombindung)

Wassermolekül H_2O (polare Atombindung/Dipolmolekül)

ΔEN = Differenzen der EN-Werte der beteiligten Atome

Van-der-Waals-Kräfte, benannt nach ihrem Entdecker JOHANNES DIDERIK VAN DER WAALS (1837–1923), stellen schwache Bindungen dar, die im Nahbereich zwischen allen Molekülen wirken.

Van-der-Waals-Kräfte

Diese zwischenmolekularen Kräfte beruhen einerseits auf der kurzzeitigen Umverteilung von Elektronen im Molekül, die durch Annäherung eines Dipols oder unpolarer Moleküle induziert wird (temporärer Dipol). Die wirkenden Kräfte sind verhältnismäßig gering. Stärkere zwischenmolekulare Anziehungskräfte wirken andererseits zwischen permanenten Dipolen bzw. zwischen Dipolen und Ionen.

Wasserstoffbrückenbindungen

Ein gebundenes, partiell positiv geladenes Wasserstoffatom tritt in Wechselwirkung mit einem partiell negativ geladenen Atom eines anderen Moleküls. Diese Bindungen treten u. a. zwischen Wassermolekülen (↗ Abb.) und zwischen Ethanolmolekülen auf.

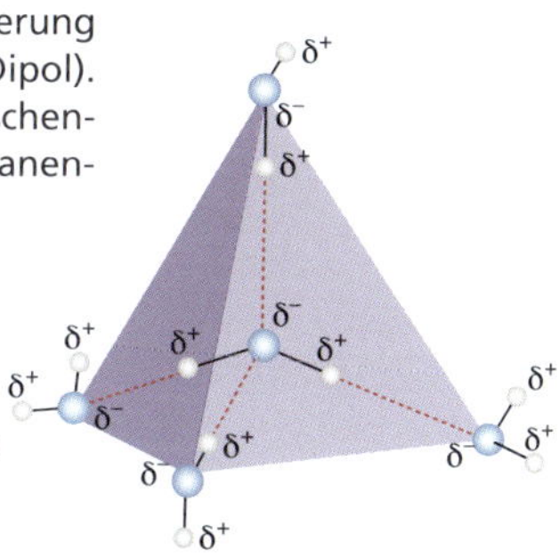

2.1.2 Diamant und Nanoröhrchen – Kohlenstoff ist vielgestaltig

Geschliffener Diamant

Kohlenstoff wurde von **ANTOINE LAURENT LAVOISIER** im Jahre 1775 als Element erkannt. Derzeit sind vier **Modifikationen des Kohlenstoffs** bekannt, zu denen Grafit und Diamant zählen. Unter einer Modifikation versteht man, dass ein Element oder eine Verbindung in unterschiedlichen festen Zustandsformen auftreten kann.

Diamant, die kubische Modifikation des Kohlenstoffs, ist der härteste bekannte natürliche Stoff. Die große Härte rührt von der tetraedrischen Anordnung der Nachbaratome, die ausschließlich durch starke C–C-Einfachbindungen zusammengehalten werden. Dabei ist jedes Kohlenstoffatom mit vier weiteren Kohlenstoffatomen verbunden. Im Kristallgitter von Diamant sind alle Abstände zwischen den Kohlenstoffatomen gleich lang (1,54 Å), was zur Ausbildung eines in alle Richtungen extrem stabilen Gerüsts führt.

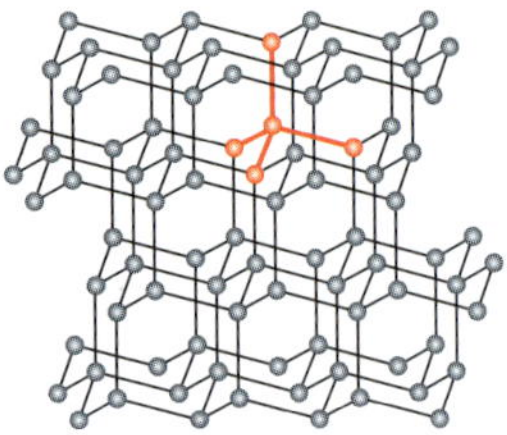

Diamantstruktur

Die Längeneinheit Ångström entspricht: 1 Å = 10^{-10} m bzw. 10 Å = 1 nm (Nanometer). Sie wurde nach **ANDERS JONAS ÅNGSTRÖM** (1814–1874), einem schwedischen Forscher, benannt.

Grafit ist dagegen ein weicher, metallisch glänzender, schwarz abfärbender Stoff, der im Unterschied zu Diamant elektrischen Strom leitet. Er besteht aus übereinandergestapelten Schichten von C-Atomen, die aus allseitig verknüpften Sechsecken bestehen. Eine solche schwer zu isolierende zweidimensionale Kohlenstoffschicht wird **Graphen** genannt. Der Abstand der Schichten zueinander ist mit 3,44 Å bedeutend größer als zwischen den Atomen innerhalb der Schichten (1,42 Å). Dadurch lassen sich die einzelnen Schichten leicht gegeneinander verschieben.

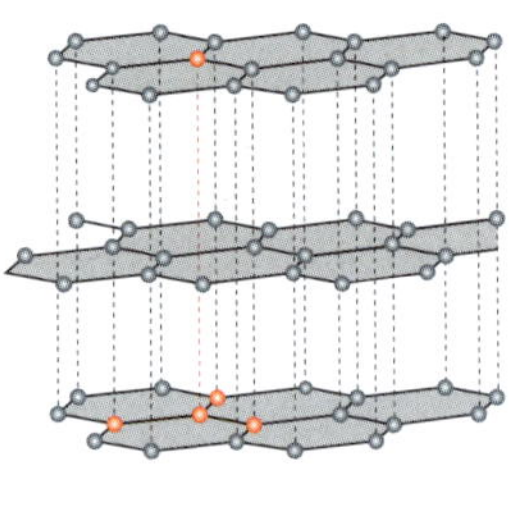

Grafitstruktur

ANDRE K. GEIM und KONSTANTIN NOVOSELOV erhielten 2010 den Nobelpreis für Physik aufgrund ihrer Arbeiten zu Graphen und der Graphenherstellung.

Fullerene wurden erst 1985 von **HAROLD W. KROTO, ROBERT F. CURL** und **RICHARD E. SMALLEY** entdeckt. Dafür erhielten sie 1996 den Nobelpreis für Chemie. Fullerenmoleküle sind kugelförmige Hohlkörper mit genau zwölf Fünfecken und einer variablen Anzahl von Sechsecken. Fullerene sind käfigartige, in sich geschlossene Moleküle.

Fulleren C_{60} (Buckminster-Fulleren) besteht aus 60 C-Atomen.

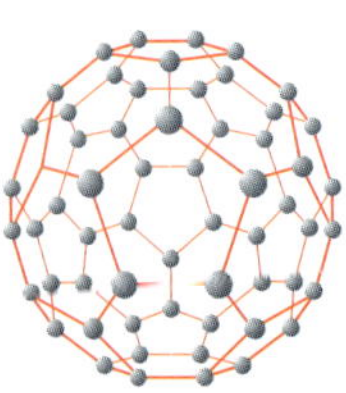

Nanotubes (Nanoröhren) wurden erstmals 1991 als die vierte Modifikation des Kohlenstoffs nachgewiesen. Dabei handelt es sich um zahlreiche miteinander verknüpfte Ringe von jeweils sechs C-Atomen. Diese sind in ein- oder mehrwandigen Röhren mit einem Durchmesser von 0,4 bis 50 nm angeordnet. Zusammen mit einigen anderen Molekülen, z.B. Fullerenen, spielen sie eine wichtige Rolle in der **Nanotechnologie.**

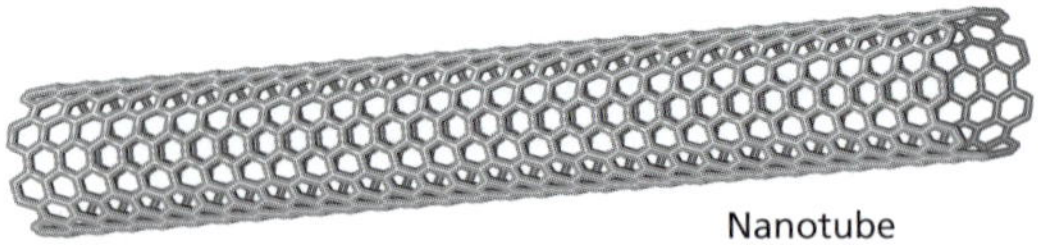

Nanotube

2.1.3 Die Vielfalt der Kohlenstoffverbindungen ermöglicht das Leben

Da man viele dieser Kohlenstoffverbindungen zunächst nur in Organismen fand, bezeichnete man sie als organische Verbindungen. Daraus resultiert der Begriff **organische Chemie.** Aus historischen Gründen werden die Oxide des Kohlenstoffs, die Carbide und die Kohlensäure sowie ihre Salze zu den anorganischen Verbindungen gezählt.

> Die große Vielfalt der **Kohlenstoffverbindungen** ist eine Voraussetzung für das Wirkungsgefüge von Lebewesen.

In vielen Bereichen der Biologie, Chemie und Medizin trifft man auf **Verbindungen des Kohlenstoffs.** Etwa 90 % aller bekannten Verbindungen sind Kohlenstoffverbindungen.

Da jedes Kohlenstoffatom vier Außenelektronen besitzt und somit vierbindig ist, können sich mehrere Kohlenstoffatome über Atombindungen zu Ketten, Ringen und Netzen gruppieren. Außerdem sind die Kohlenstoffatome meist noch mit anderen Atomen verbunden. So wird die Vielfalt der organischen Verbindungen erklärlich.

Organische Materie setzt sich zu ca. 95 % allein aus den vier nichtmetallischen Elementen Kohlenstoff (C), Sauerstoff (O), Wasserstoff (H) und Stickstoff (N) zusammen. Dazu kommen noch in geringen Anteilen die Elemente Phosphor (P) und Schwefel (S). Der Rest besteht aus den metallischen Elementen Calcium (Ca), Kalium (K), Magnesium (Mg) und Eisen (Fe). Daneben sind eine ganze Reihe anderer Elemente, z. B. Iod (I), Kupfer (Cu), Molybdän (Mo), Cobalt (Co) oder Bor (B), als **Spurenelemente** bedeutsam. Von den 92 natürlich vorkommenden Elementen sind nur ca. 25 am Aufbau organischer Materie beteiligt.

Schalenmodell des Kohlenstoffatoms

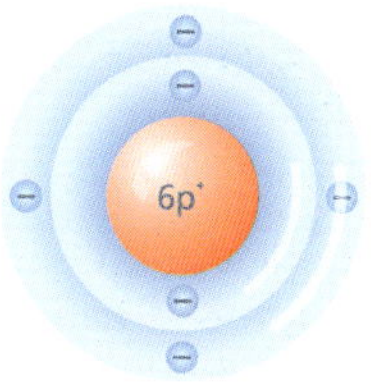

Die einfachsten organischen Kohlenstoffverbindungen sind **Kohlenwasserstoffe.** Die Moleküle der Kohlenwasserstoffe bestehen ausschließlich aus Kohlenstoff- und Wasserstoffatomen. Zwischen ihnen existieren unpolare Atombindungen. Sind alle C-Atome durch Einfachbindungen verknüpft, spricht man von **Alkanen** (1 C-Atom: Methan, 2 C-Atome: Ethan, 3 C-Atome: Propan). **Alkene** haben eine Doppelbindung zwischen zwei C-Atomen (Ethen: $CH_2{=}CH_2$), **Alkine** eine Dreifachbindung (Ethin: $CH{\equiv}CH$). Alkane, Alkene und Alkine bilden homologe Reihen.
Neben unverzweigten Ketten können auch verzweigte Ketten auftreten, die in der Summenformel einer unverzweigten Kette entsprechen.

> Stoffe, die die gleiche Summenformel, aber eine unterschiedliche Struktur aufweisen, bezeichnet man als **Isomere.** Sie haben unterschiedliche Eigenschaften.

Summenformel: C_4H_{10}

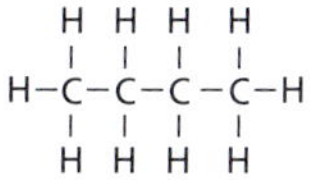

n-Butan

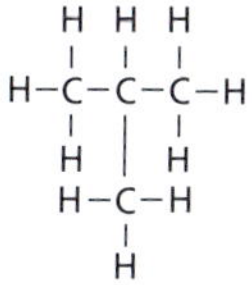

i-Butan

2

Bindungstypen zwischen Kohlenstoffatomen

	Einfach-bindung	Doppel-bindung	Dreifach-bindung
Bindung	– C – C –	– C = C –	– C ≡ C –
Winkel	109,5°	120°	180°
Beispiel (Kugel-Stab-Modell)	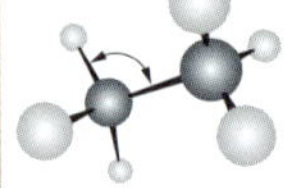 Ethan C_2H_6	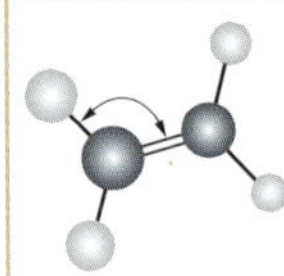 Ethen C_2H_4	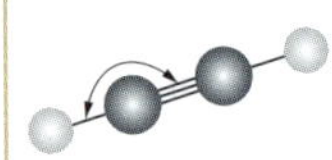 Ethin C_2H_2

Für die chemischen Eigenschaften von organischen Kohlenstoffverbindungen sind bestimmte Atome oder Atomgruppen in den Molekülen von besonderer Bedeutung. Sie werden deshalb auch als „funktionelle Gruppen" bezeichnet. Ihr Einfluss sinkt jedoch mit zunehmender Kettenlänge.

Wichtige funktionelle Gruppen bei organischen Kohlenstoffverbindungen (R – Rest)

Stoff-klasse	Funktionelle Gruppe	Eigenschaften	Beispiel mit vereinfachter Strukturformel	
Ether	R–O–R Ether-gruppe	Niedrigmolekulare Ether sind leicht entflammbar und dienen als Lösemittel für Fette und Harze.	Diethylether wurde früher als Betäubungsmittel verwendet (Siedepunkt 34,51 °C).	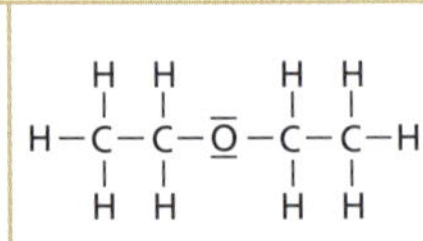 Diethylether
Alkohole	R–O–H Hydroxy-gruppe	Alkohole sind Verbindungen mit einer oder mehreren OH-Gruppen im Molekül.	Ethanol ist die gesundheitsschädliche Droge in alkoholischen Getränken (Siedepunkt 78,3 °C).	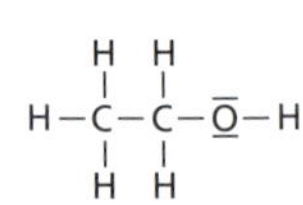 Ethanol
organische Halogen-verbindungen	R–Br Halogen-atom	Zwischenprodukte bei der synthetischen Produktion organischer Verbindungen. Sie werden als Lösemittel verwendet.	Trichlormethan (Chloroform) wurde als Betäubungsmittel verwendet.	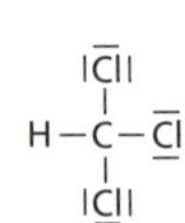 Trichlormethan

Wichtige funktionelle Gruppen bei organischen Kohlenstoffverbindungen (R – Rest)

Stoffklasse	Funktionelle Gruppe	Eigenschaften	Beispiel mit vereinfachter Strukturformel	
Aldehyde	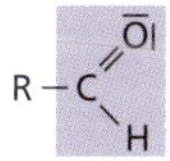 Aldehyd-gruppe	Typisch ist die reduzierende Wirkung. Niedrigmolekulare Aldehyde sind wasserlöslich.	Methanal ist ein stechend riechendes Gas und denaturiert Eiweiß. Es steht unter Verdacht, Krebs zu erregen.	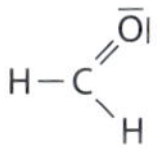 Methanal (Formaldehyd)
Ketone	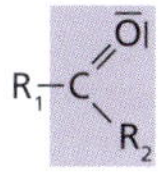 Keto-/ Carbonyl-gruppe	Niedrigmolekulare Ketone sind wasserunlösliche, oft angenehm riechende Flüssigkeiten.	Das Sexualhormon Testosteron ist ein Keton, ebenso der sekundäre Pflanzenstoff Campher.	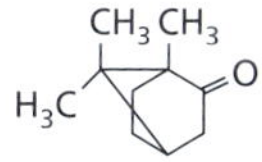 Campher
Carbonsäuren	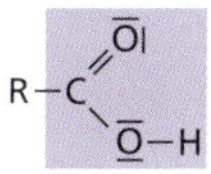 Carboxy-gruppe	Carbonsäuren reagieren mit Wasser zu Säurerest-Ionen und Oxonium-Ionen (H_3O^+). Die Wasserlöslichkeit nimmt mit der Kettenlänge ab.	Die farblose Buttersäure riecht unangenehm. Sie wird z. B. beim bakteriellen Fettabbau (ranzige Butter) frei.	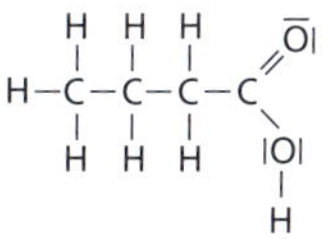 Buttersäure (Butansäure)
Amine	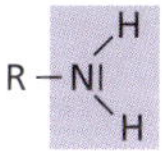 Amino-gruppe	In wässrigen Lösungen reagieren sie basisch.	Amine entstehen beim Abbau von Eiweißen aus Aminosäuren. Viele Neurotransmitter sind Amine (Serotonin).	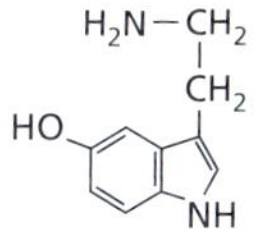 Serotonin
Thiole	 Thiol-gruppe	Sie ähneln in ihrer Struktur der OH-Gruppe, bilden aber keine H-Brücken aus. Sie entstehen bei Fäulnisprozessen von Eiweiß.	Durch Dehydrierung von Cystein entsteht Cystin. Zwei Cysteinmoleküle bilden in einem Protein eine stabile Disulfidbrücke.	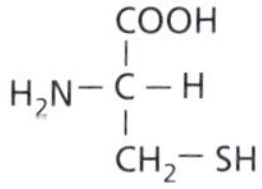 Cystein
organ. Phosphorsäureverbindung	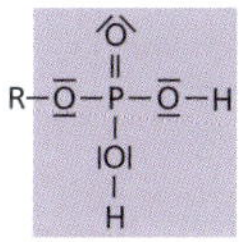 Phosphoryl-gruppe	Durch Hydrolyse entstehen negativ geladene Phosphat-Ionen bzw. wird der Phosphatrest auf andere Gruppen übertragen.	Wird ATP durch Hydrolyse eine Phosphorylgruppe entzogen, entstehen ADP und Phosphat. Dabei wird Energie frei.	Adenosindiphosphat (↗ S. 109)

Strukturisomerie liegt vor, wenn bei gleicher Summenformel:
- die Moleküle unterschiedliche Verzweigungen aufweisen,
- die Stellung von Mehrfachbindungen unterschiedlich ist,
- sich funktionelle Gruppen an unterschiedlichen C-Atomen befinden.

Neben der **Strukturisomerie** hat die **Stereoisomerie** (z. B. Spiegelbildisomerie, *cis-trans*-Isomerie) bei organischen Verbindungen große Bedeutung. Dabei unterscheiden sich die Isomere nur in der räumlichen Anordnung der Atome. Dadurch wird oft eine unterschiedliche Wirkung im Stoffwechsel hervorgerufen.

Wenn an ein Kohlenstoffatom vier unterschiedliche Atomgruppen über Einfachbindungen gebunden sind, kann man zwei Isomere erhalten, die sich zueinander wie Bild und Spiegelbild verhalten. Dies nennt man **Chiralität** oder **Spiegelbildisomerie.** Diese speziellen Isomere werden als *Enantiomere* bezeichnet.

Solche Spiegelbildisomere können durch Drehung entlang der Einfachbindungen nicht ineinander umgewandelt werden. Oft unterscheiden sich die beiden Verbindungen nur in ihrer biochemischen Wirkung. Physikalisch können sie durch ihre optischen Eigenschaften getrennt werden. Sie drehen die Schwingungsebene des linear polarisierten Lichts jeweils nach links bzw. nach rechts. Diese Chiralität wurde 1848 von **LOUIS PASTEUR** (1822–1895) entdeckt, als er das Natriumammoniumsalz der Traubensäure untersuchte.

Chiralität wird auch „Händigkeit" genannt. Die Moleküle verhalten sich wie die linke und die rechte Hand oder Bild und Spiegelbild zueinander (↗ S. 60): lat. L *(laevus):* links; lat. D *(dexter):* rechts.

Struktur eines chiralen Moleküls (D- und L-Variante der Milchsäure)

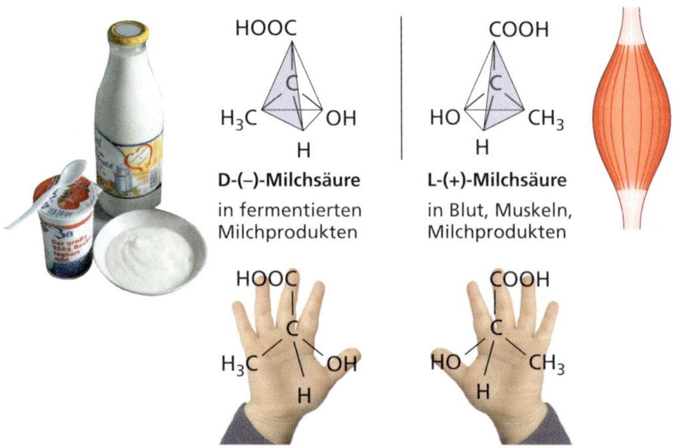

Der menschliche Körper kann nur die „rechtsdrehende" Milchsäure (+) verarbeiten. Ist in Joghurtprodukten sowohl rechts- als auch linksdrehende (–) Milchsäure enthalten, kann unser Organismus nur erstere verstoffwechseln. Aus diesem Grund wird auf dem Etikett solcher Produkte häufig erwähnt, welche Isomere enthalten sind.

Aminosäuren und Zucker in Organismen kommen fast ausschließlich als L-Aminosäuren und als D-Zucker vor. Sie sind optisch aktiv. In Stoffwechselvorgängen können auch nur die entsprechenden Moleküle identifiziert und verarbeitet werden **(molekulare Erkennung).**

2.2 Wasser – das Medium des Lebens

- Die frühe Entwicklung des Lebens auf der Erde fand im Wasser statt. Bis heute ist es Lebensraum für viele Organismen.
- Alle chemischen Reaktionen in Lebewesen laufen im wässrigen Milieu ab.
- Wasser ist ein wichtiges polares Lösemittel.
- Wasser dient für viele Stoffe als Transportmittel.
- Bei vielen biochemischen Reaktionen ist Wasser beteiligt (z. B. bei Kondensation, Hydrolyse).

2.2.1 Das Wassermolekül ist ein Dipol

Wasser hat große Bedeutung für das Leben aufgrund seiner besonderen Eigenschaften: relativ hohe Schmelz- und Siedetemperatur, Dichteanomalie, Volumenzunahme beim Erstarren, hohe Schmelz- und Verdampfungsenthalpie, hohe Dielektrizitätskonstante. Die Eigenschaften resultieren aus dem Bau der Moleküle.

Schon vor etwa 3,5 bis 4 Mrd. Jahren entwickelten sich die ersten Lebewesen im Wasser. Nur hier waren sie in entsprechender Tiefe vor der aggressiven UV-Strahlung geschützt (↗ S. 357).

Die molekulare Natur des Wassers (H_2O) wurde im Jahre 1783 von **A. L. LAVOISIER** (↗ S. 17, 50, 110) erkannt. Es handelt sich hierbei um die Verbindung von einem Sauerstoffatom mit zwei Wasserstoffatomen. In dieser Verbindung hat Sauerstoff die größere Elektronegativität. ΔEN beträgt 1,4. Daher werden die gemeinsamen Elektronenpaare vom Kern des Sauerstoffatoms stärker angezogen, sodass Ladungsschwerpunkte entstehen. Der negative Ladungsschwerpunkt am Sauerstoffatom wird durch die beiden nicht bindenden Elektronenpaare verstärkt. Der Bindungswinkel H–O–H beträgt aus energetischen Gründen 104,5°. Durch die gewinkelte Raumstruktur des Moleküls fallen die Ladungsschwerpunkte nicht zusammen und werden nach außen hin wirksam. Wassermoleküle sind Dipolmoleküle.

Modelle von Wassermolekülen

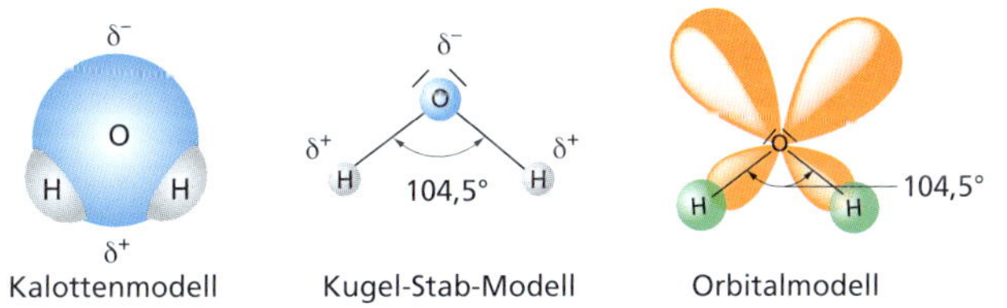

Die möglichen Aufenthaltsräume der Elektronen eines Atoms werden **Orbitale** genannt (Orbitalmodell). Je nach Energiegehalt der Elektronen haben sie unterschiedliche Formen gebildet.

Ein Molekül wird als **Dipol** bezeichnet und besitzt ein **Dipolmoment,** wenn

1. es aus Atomen mit stark unterschiedlicher Elektronegativität gebildet wird und
2. die Schwerpunkte der positiven und der negativen Ladungen nicht zusammenfallen (Ladungsasymmetrie).

Durch den Dipolcharakter der Moleküle bedingt, verbinden sich Wassermoleküle über Wasserstoffbrückenbindungen zu Aggregaten. Durch diese Bindungen lassen sich die vergleichsweise hohe Schmelztemperatur (0 °C) und Siedetemperatur (100 °C) bei Normaldruck erklären. Schwefelwasserstoff (H_2S) mit ähnlich kleinen Molekülen siedet bereits bei −62 °C.

ROBERT BOYLE (1627–1691) beobachtete als Erster die **Anomalie des Wassers.**

Im festen Zustand liegt Wasser aufgrund der Ausbildung der Wasserstoffbrückenbindungen als hexagonales Gitter mit Hohlräumen zwischen den Molekülen vor. Im flüssigen Wasser werden flukturierende tetraedrische Aggregate gebildet. Schmilzt das Eis, bricht die starre Struktur zusammen und die Packungsdichte der Moleküle erhöht sich. Dadurch verringert sich das Volumen einer bestimmten Masse von Wasser. Die Dichte nimmt bis zur Temperatur von 4 °C zu und erreicht dort das Dichtemaximum (Dichteanomalie des Wassers).

Diese Eigenschaften des Wassers haben Konsequenzen für biologische Systeme. Sie bewirken, dass Wasser auf der Erde zu einem großen Teil in flüssiger Form vorliegt. Gewässer frieren immer von oben nach unten zu, da beim Abkühlen das Wasser mit einer Temperatur von 4 °C nach unten sinkt und sich Eis infolge der geringeren Dichte immer an der Oberfläche bildet. Dadurch gefrieren tiefere Gewässer nicht bis zum Grund. Die Volumenausdehnung beim Erstarren spielt eine Rolle bei der Verwitterung von Gestein, da Wasser in Spalten und Hohlräume eindringt und das Gestein beim Gefrieren sprengt.

Die Schmelz- und Verdampfungswärme von Wasser und seine spezifische Wärmekapazität sind viel größer als bei anderen Stoffen. Die Ursache liegt in der Ausbildung von Aggregaten auch im flüssigen Zustand. Sie sind bei der Temperaturregulation unseres Körpers durch Schwitzen von Bedeutung. Auch für die Klimaregulation unseres Planeten sind diese Eigenschaften des Wassers wesentlich: Große Meeresströmungen, z. B. der Golfstrom, beeinflussen das Klima in vielen Ländern.

Beim **Lotuseffekt** perlen Wassertropfen ab und nehmen Partikel auf der Oberfläche mit.

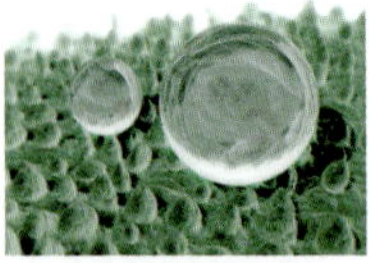

Durch die Polarität der Moleküle und eine große Anzahl von Wasserstoffbrückenbindungen wird der Stoff zusammengehalten (Kohäsion), aber auch die Festheftung an anderen Stoffen wird ermöglicht. Diese Adhäsion kann durch besondere Oberflächenstrukturen vermindert werden **(Lotuseffekt).** Zusätzlich bewirken die Wasserstoffbrückenbindungen auch die Oberflächenspannung und erhalten durch ihre Kohäsion den kontinuierlichen Transport von Wassermolekülen in den Leitungsbahnen der Pflanzen bis zu den obersten Pflanzenteilen, z. B. auch den Baumkronen, aufrecht. Dadurch kann Wasser entgegen der Schwerkraft als Transportmittel wirken.

Der polare Charakter des Wassers spiegelt sich in einer hohen Dielektrizitätskonstante (ca. 81 bei Zimmertemperatur) wider. Das bedeutet, dass sich zwei elektrische Ladungen mit entgegengesetztem Vorzeichen im Wasser mit nur 1/80 der Kraft anziehen, die sie in Luft (oder im Vakuum) aufeinander ausüben. Daraus folgt, dass sich Ionen, z. B. die eines Natriumchloridkristalls, in Wasser erheblich leichter aus der Kristallstruktur lösen als in Luft, weil die Kraft, die das Ion zur Kristalloberfläche zurückzieht, in Wasser nur 1/80 so stark wie in Luft ist. Wasser ist ein außergewöhnlich gutes Lösemittel für polare Stoffe und Stoffe, die aus Ionen aufgebaut sind.

Ethanol (C_2H_5OH) löst sich in Wasser. Dagegen ist z. B. Cetylalkohol ($C_{16}H_{33}OH$) in Wasser nicht löslich.

Zudem treten die Wassermoleküle mit gelösten Stoffen in Wechselwirkung und bilden Hydrathüllen. Dies spielt besonders beim Lösen von Salzen eine Rolle. Aufgrund des Dipolcharakters der Wassermoleküle können sowohl mit positiv als auch mit negativ geladenen Ionen entsprechende Dipol-Ionen-Wechselwirkungen auftreten und Hydrate gebildet werden. Dadurch werden die ionischen Ladungen weitgehend abgeschirmt und partiell neutralisiert. Auch polare Moleküle bzw. Molekülteile wie –OH-Gruppen, $-NH_2$-Gruppen und andere werden von Hydrathüllen umgeben.

Ein Teil des Wassers auf der Erde ist durch Einschläge von Kometen bzw. wasserreichen Asteroiden auf die Früherde gelangt, ein anderer Teil stammt aus dem Erdinneren.

Aufgrund der aufgeführten Eigenschaften bildet Wasser eine Voraussetzung dafür, dass sich auf unserem Planeten Leben entwickeln kann. Alle Lebewesen auf der Erde bestehen zu einem hohen Anteil aus Wasser. Quallen bestehen beispielsweise zu 98 % aus Wasser. Pflanzen enthalten häufig mehr als 85 %, Kakteen auch über 95 % Wasser.

Im Jahr 2004 landeten Sonden auf dem Mars, die u. a. Wasserspuren nachweisen konnten. Dies spricht für die Möglichkeit von Leben auf dem Mars.

Beim Menschen verändert sich der **Wassergehalt** im Laufe des Lebens vom Säugling (90 %) bis zum älteren Menschen (60 %). Ein ca. 70 kg schwerer Mensch besteht aus etwa 30 l Wasser in den Zellen, 15 l befinden sich zwischen den Zellen und 5 l in den Blut- und Lymphgefäßen. Um die Stoffwechselvorgänge aufrechtzuerhalten, liegt die tägliche Wasseraufnahme je nach Arbeits- und Klimabedingungen zwischen 1,5 und 8 l pro Tag. Ein durchschnittlicher Laubbaum von 15 bis 20 m Höhe mit einer Blattfläche von ca. 1 000 m^2 pumpt täglich etwa 80 l Wasser in seine Krone. Für die Produktion von 1 kg Trockenmasse benötigen Acker-Senf 910 l, Mais (eine C_4-Pflanze, ↗ S. 127) 300–400 l Wasser.

Wasser wird auch zur Herstellung von Lebensmitteln gebraucht. Etwa 25 Liter sind nötig, um 1 Liter Bier zu produzieren und 140 Liter werden für 1 Tasse Kaffee benötigt.

Der direkte Wasserverbrauch beträgt derzeit in Deutschland etwa 125 l, in den USA 285 l und in Indien 40 l pro Tag und Person, der indirekte Wasserverbrauch über Nahrungsmittel und Verbrauchsgüter liegt jedoch um ein Vielfaches höher.

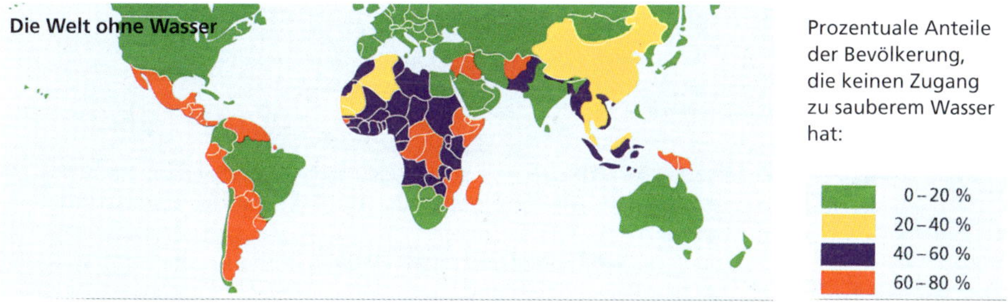

Prozentuale Anteile der Bevölkerung, die keinen Zugang zu sauberem Wasser hat:

2.2.2 Wassermoleküle können sich in Ionen aufspalten

Häufig wird vereinfacht statt von Oxonium-Ionen (H_3O^+) von Wasserstoff-Ionen (H^+) gesprochen.

$H_2O \rightleftharpoons H^+ + OH^-$

Reines Wasser besitzt eine geringe elektrische Leitfähigkeit. Dies ist darauf zurückzuführen, dass Wassermoleküle zu einem geringen Teil miteinander reagieren und Hydroxid-Ionen (OH^-) und Oxonium-Ionen (H_3O^+) bilden.

$$2\,H_2O \rightleftharpoons H_3O^+ + OH^-$$

Diese **Autoprotolyse** spielt in der Natur eine große Rolle. Zwischen der Konzentration der Wassermoleküle und der Konzentration der Hydroxid- und Oxonium-Ionen bildet sich ein Gleichgewicht heraus.
Die Konzentrationen der Hydroxid-Ionen und der Oxonium-Ionen sind in reinem Wasser gleich. Sie betragen jeweils 10^{-7} mol·l^{-1}. Daher hat reines Wasser einen pH-Wert von 7.

Die Bezeichnung *pH* leitet sich ab von *„potentia hydrogenii"*, was so viel wie „Stärke des Wasserstoffs" bedeutet.

Der **pH-Wert** ist der negative dekadische Logarithmus der Oxonium-Ionen-Konzentration einer Lösung:

$$pH = -\lg\,[H_3O^+].$$

Das Produkt der Konzentrationen von Oxonium- und Hydroxid-Ionen einer Lösung ist ebenfalls immer gleich und beträgt 10^{-14} mol·l^{-1}. In neutralen Lösungen ist die Konzentration der Oxonium-Ionen wie im Wasser mit 10^{-7} mol·l^{-1} ebenso hoch wie die der Hydroxid-Ionen (10^{-7} mol·l^{-1}).

Uniteststreifen zur pH-Wert-Bestimmung

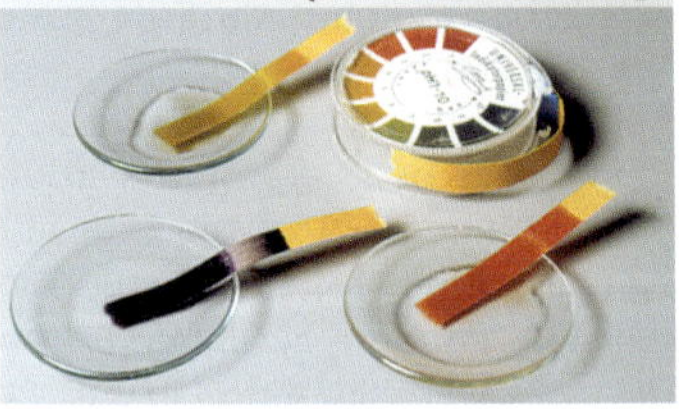

Durch die Zugabe einer Säure wird das Gleichgewicht derart verschoben, dass sich ein Überschuss an Oxonium-Ionen in der Lösung befindet. Je höher die Oxonium-Ionen-Konzentration ist, desto saurer ist die Lösung. Wenn beispielsweise die Oxonium-Ionen-Konzentration bei 10^{-6} mol·l^{-1} liegt, ist die Hydroxid-Ionen-Konzentration entsprechend bei 10^{-8} mol·l^{-1}. Dies entspricht einem pH-Wert von 6.
Analog ändern sich die Konzentrationen bei Zugabe einer Lauge, die dann zusätzliche Hydroxid-Ionen in die Lösung entlässt. Der pH-Wert steigt.

1 mol ist die **Stoffmenge,** die ebenso viele Teilchen ($6{,}022 \cdot 10^{23}$ = Avogadro-Zahl) enthält wie 12 g des Kohlenstoffisotops $^{12}_{6}C$.
Dies ist gleichbedeutend mit der Stoffmenge, die der relativen Molekülmasse (Atommasse) des betreffenden Stoffs in Gramm entspricht.

- Saure Lösungen haben pH-Werte kleiner als 7.
- Neutrale Lösungen haben einen pH-Wert gleich 7.
- Basische Lösungen haben pH-Werte größer als 7.

Der leicht saure pH-Wert der gesunden menschlichen Haut (ca. *pH* 5,5) hemmt die enzymatische Aktivität bestimmter pathogener Keime.
Die vermutete Schädlichkeit alkalischer Seifen für die Hautreinigung hat sich jedoch nicht bestätigt.

2.3 Makromoleküle – der Anfang der Vielfalt

- Die vier Hauptklassen organischer Verbindungen der Zelle sind Proteine, Kohlenhydrate, Lipide und Nucleinsäuren.
- Alle Lebewesen bestehen aus Kohlenstoffverbindungen, die meist Polymerstrukturen bilden, wie Proteine, Polysaccharide oder Nucleinsäuren.
- Proteine unterscheiden sich durch die Art, die Anzahl und die Reihenfolge der am Aufbau beteiligten Aminosäuren. Die durch diese Reihenfolge festgelegte Struktur bestimmt die biologische Funktion der Proteine.
- Kohlenhydrate zählen zu den bedeutenden Betriebs- und Baustoffen der Organismen. Sie entstehen unmittelbar durch die Fotosynthese der grünen Pflanzen.
- Die große Gruppe der Lipide hat als Gemeinsamkeit die schlechte Löslichkeit in Wasser. Lipide enthalten oft langkettige Fettsäurereste und können durch einfache Stoffwechselreaktionen ineinander überführt werden. Einige bestimmen wesentliche Eigenschaften der biologischen Membranen.
- Die Nucleinsäuren gelten als Schlüsselmoleküle des Lebens, sie sind die Träger der genetischen Informationen. Ihre Replikation ist Voraussetzung für die Vermehrung der Zellen.

2.3.1 Proteine sind die vielgestaltigsten Makromoleküle

Fast alle natürlich vorkommenden **Proteine** werden aus nur 20 verschiedenen Aminosäuren zusammengesetzt. Sie besitzen eine räumliche Struktur, die für ihre Funktion in den Lebewesen entscheidend ist. Bei hohem Fieber kann es zu einer *reversiblen* **Denaturierung** (Strukturänderung) der Proteine kommen, die zu einer funktionalen Einschränkung führt. Bei höheren Temperaturen erfolgt eine *irreversible* Denaturierung.

Aminosäuren (AS) besitzen die gleiche Grundstruktur und unterscheiden sich im Aufbau des Restes R. Die proteinogenen Aminosäuren sind α-Aminosäuren. Das bedeutet, die Aminogruppe befindet sich am ersten C-Atom neben der Carboxygruppe. Bei β-Aminosäuren dagegen befindet sich die Aminogruppe am zweiten C-Atom.

LINUS PAULING (1901–1994) entdeckte in den 1950er Jahren einige der grundlegenden Strukturen der Proteine.

Für die Bildung von Proteinen werden 20 Aminosäuren verwendet, die genetisch codiert werden (↗ S. 197, kanonische AS).
Weitere proteinogene AS können durch Umbau aus diesen entstehen.

Aufbau einer Aminosäure:

Aminogruppe – NH_2
Carboxygruppe – COOH
Wasserstoffatom – H
organischer Rest – R

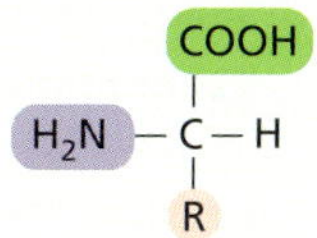

Eine für den Menschen essenzielle, nicht codierte Aminosäure ist das Selenocystein im Enzym Glutathionoxidase (↗ S. 63).

Chiralität

Biogene Aminosäuren sind α-Aminosäuren. Sie besitzen ein asymmetrisches Kohlenstoffatom (α-C-Atom), was dazu führt, dass die vier Ecken des Tetraeders mit unterschiedlichen Substituenten besetzt werden und die Moleküle nicht mehr durch Drehung in Deckung gebracht werden können (↗ S. 54). Unterschieden werden Vertreter der L- und der D-Reihe. Im menschlichen Organismus werden nur L-Aminosäuren in die Proteine eingebaut.
In Projektionsformeln weist bei Aminosäuren der L-Reihe die Aminogruppe stets nach links, wenn die Carboxygruppe nach oben gerichtet ist. Bei der D-Reihe zeigt die Aminogruppe nach rechts. Alle biogenen Aminosäuren mit Ausnahme des Glycins besitzen mindestens ein chirales C-Atom. Die proteinogenen Aminosäuren werden dreibuchstabig oder einbuchstabig abgekürzt, z. B. Alanin = Ala = A.

Die einfachste α-Aminosäure ist das Glycin. Ihr organischer Rest ist ein Wasserstoffatom, daher fehlt ihr ein asymmetrisches Kohlenstoffatom. Sie ist nicht chiral.

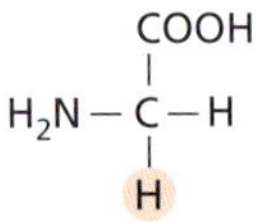

Verbindungen mit funktionellen Gruppen, die unterschiedliche elektrische Ladungen tragen (die gesamte Verbindung ist neutral), bezeichnet man als **Zwitterionen.** Aminosäuren liegen in wässriger Lösung als Zwitterionen vor. Sowohl die Carboxygruppe als auch die Aminogruppe sind ionisierbar, können also in Abhängigkeit vom pH-Wert des umgebenden Mediums als Kation oder als Anion auftreten. Bei einem bestimmten pH-Wert der Lösung existieren gleich viele negativ geladene Carboxygruppen wie positiv geladene Aminogruppen. Bei diesem **isoelektrischen Punkt** wandern Aminosäuren nicht mehr in einem elektrischen Feld. Dieser Effekt wird bei der **Elektrophorese** genutzt.

Der Süßstoff **Aspartam** ist ein Dipeptid aus einem Asparaginsäure- und einem Phenylalaninrest, der kalorienreduzierten „Light"-Getränken zugesetzt wird. Seine Süßkraft ist ca. 200-mal stärker als die des Zuckers.

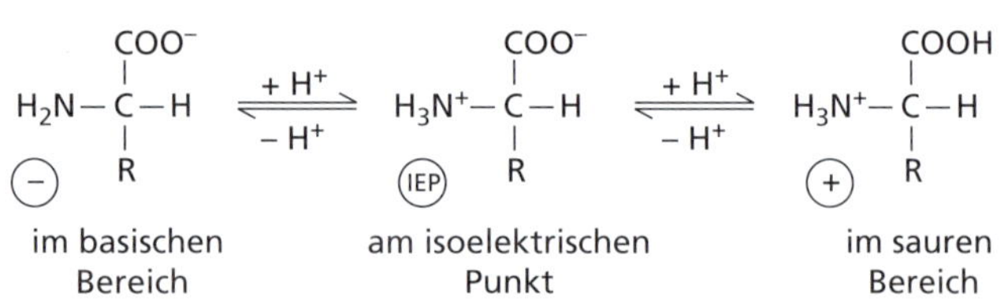

Einteilung

Für die Raumstruktur der Aminosäuren sind ihre organischen Reste oder Seitenketten von großer Bedeutung. Eine mögliche Einteilung der Aminosäuren geht von ihrer biochemischen Wirkung aus.

Gruppe	Merkmal
Aminosäuren mit hydrophober *(unpolarer)* Seitenkette	– Seitenketten, die nur Wasserstoff und Kohlenstoff enthalten – bilden den hydrophoben Kern der Proteinmoleküle
Aminosäuren mit hydrophiler *(polarer)* Seitenkette	– Seitenketten, die O, S und N enthalten – bilden Wasserstoffbrückenbindungen (Tertiärstruktur)
saure Aminosäuren	– tragen eine zusätzliche Carboxygruppe in der Seitenkette
basische Aminosäuren	– tragen eine zusätzliche Aminogruppe in der Seitenkette

Peptidbindung
In den Proteinen sind die vielen aneinandergelagerten Aminosäurereste durch **Peptidbindungen** miteinander verbunden. Dabei reagiert die Aminogruppe der einen Aminosäure mit der Carboxygruppe der anderen Aminosäure unter Abspaltung von Wasser **(Kondensation).**

Die entstehenden Peptidbindungen können durch Kochen mit Laugen oder Säuren wieder gespalten werden. Auch die Verwendung von Enzymen zur Proteinspaltung ist möglich. Diese Reaktion, bei der die Spaltung durch eine Reaktion mit Wasser erfolgt, heißt **Hydrolyse.** Ein Molekül aus zwei Aminosäureresten wird **Dipeptid,** aus drei **Tripeptid** genannt. Eine Kette von 2 bis 9 Aminosäureresten wird als **Oligopeptid** bezeichnet, während ein **Polypeptid** aus 10–100 Aminosäureresten zusammengesetzt ist. Ein Protein wird aus mehr als hundert oder sogar Tausenden Aminosäureresten (bis 220 000) aufgebaut.

Entstehung einer Peptidbindung

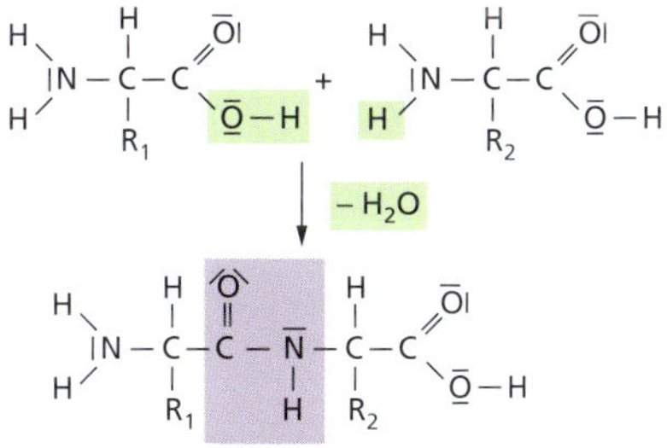

(nicht frei drehbar, unbeweglich)

Verkettung von Aminosäuren durch Peptidbindungen

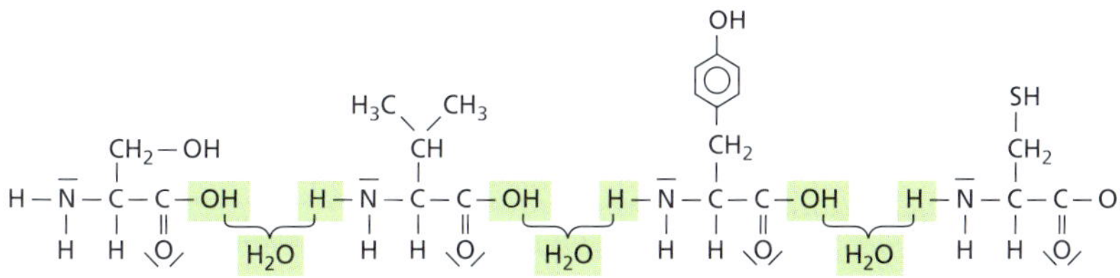

Primärstruktur
Die Art, die genaue Anzahl und die definierte Aufeinanderfolge von Aminosäuren innerhalb einer Kette ist die Primärstruktur eines Proteins oder die **Aminosäuresequenz.** Sie verfügt über ein Ende mit freier Aminogruppe und ein Ende mit freier Carboxygruppe (= N-terminales und C-terminales Ende).
Schon das Vertauschen oder Weglassen einer einzigen Aminosäure kann zu Veränderungen in den Eigenschaften und der biologischen Wirksamkeit des Proteins führen.

Die Erkrankung **Sichelzellenanämie** wird durch einen einzigen Aminosäureaustausch in nur einem Protein ausgelöst.

Sekundärstruktur
Hierunter versteht man die räumlichen Faltungen und Windungen, die für die Gesamtkonformation eines Proteins ausschlaggebend sind. Sie entstehen dadurch, dass neben den Peptidbindungen zusätzliche Bindungen wie Ionenbindungen oder Wasserstoffbrückenbindungen ausgebildet werden. Die Festigkeit der Sekundärstruktur wird durch die große Anzahl an Bindungen erreicht. Da die planare Peptidbindung nicht frei drehbar ist, entsteht eine gewisse Unbeweglichkeit. Daher können nur wenige stabile Konformationen wie die α-Helix und das β-Faltblatt produziert werden.

Struktur von Peptiden und Proteinen

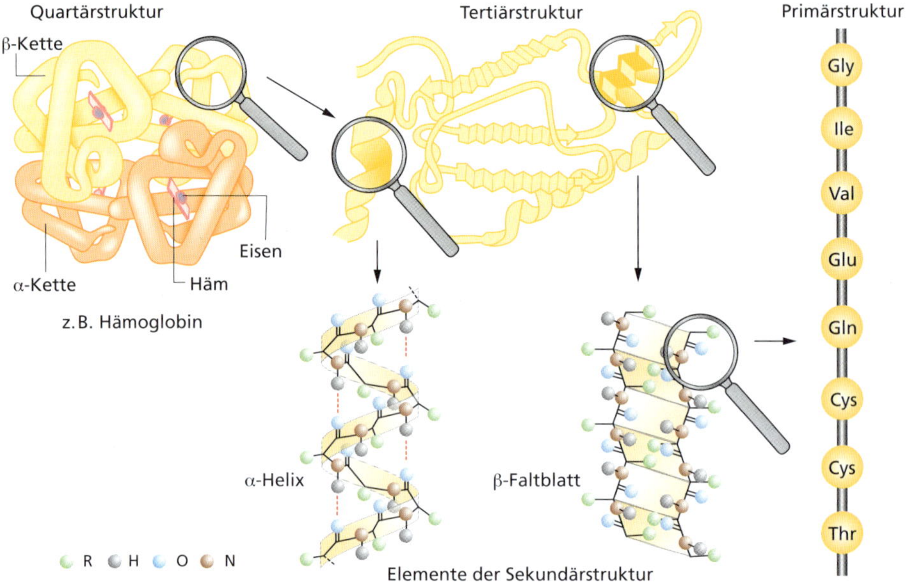

Das Polypeptid **Insulin** besteht aus zwei Polypeptidketten. Eine Kette mit 21 Aminosäuren ist über zwei Disulfidbindungen mit einer Kette aus 30 Aminosäuren verbunden.

Tertiärstruktur

Die Elemente der Sekundärstruktur werden räumlich angeordnet, wobei chemische Bindungen zwischen den organischen Resten für Stabilität sorgen. Große Bedeutung haben dabei hydrophobe Wechselwirkungen. Sie entstehen bei der Faltung, wenn sich Aminosäuren mit hydrophoben organischen Resten in einer Position innerhalb des Proteins versammeln und dadurch das Wasser nach außen drängen. Der Außenbereich kann dann mit Wasser benetzt werden **(Hydratation).**

Wenn sich die Thiolgruppen zweier Cysteinmoleküle nahekommen, werden zwei Wasserstoffatome abgespalten und eine stabile Disulfidbrücke als kovalente Bindung ausgebildet. Eine Vielzahl schwacher Interaktionen gibt dem Molekül schließlich seine funktionale Gestalt.

Im **Hämoglobin** ist der α-Helixanteil das dominierende Strukturelement. Das Hämoglobinmolekül in den roten Blutkörperchen besteht aus vier Polypeptidketten, die je eine Farbstoffgruppe des Häms umgeben. Es handelt sich um ein Chromoprotein.

Quartärstruktur

Viele Proteine bestehen nicht allein aus einer, sondern aus mehreren Polypeptidketten. Dabei kann es sich um gleichartige oder um verschiedene Ketten handeln. Die Quartärstruktur entsteht folglich durch Wechselwirkungen zwischen mehreren Polypeptidketten eines Proteinmoleküls.

Aus der Aminosäuresequenz ergeben sich meist auch die Sekundär-, Tertiär- und Quartärstruktur. In jüngster Zeit zeigte sich, dass die für die Funktion eines Proteins entscheidende Raumstruktur auch veränderbar sein kann.

Proteine, die neben den Aminosäuren noch eiweißfremde Bestandteile wie Kohlenhydrate, Phosphate, Lipide, Nucleinsäuren oder Farbstoffe enthalten, werden entsprechend ihren spezifischen Bestandteilen als Glyko-, Phospho-, Lipo-, Nucleo- oder Chromoproteine bezeichnet.

Proteinogene Aminosäuren (α-Aminosäuren)

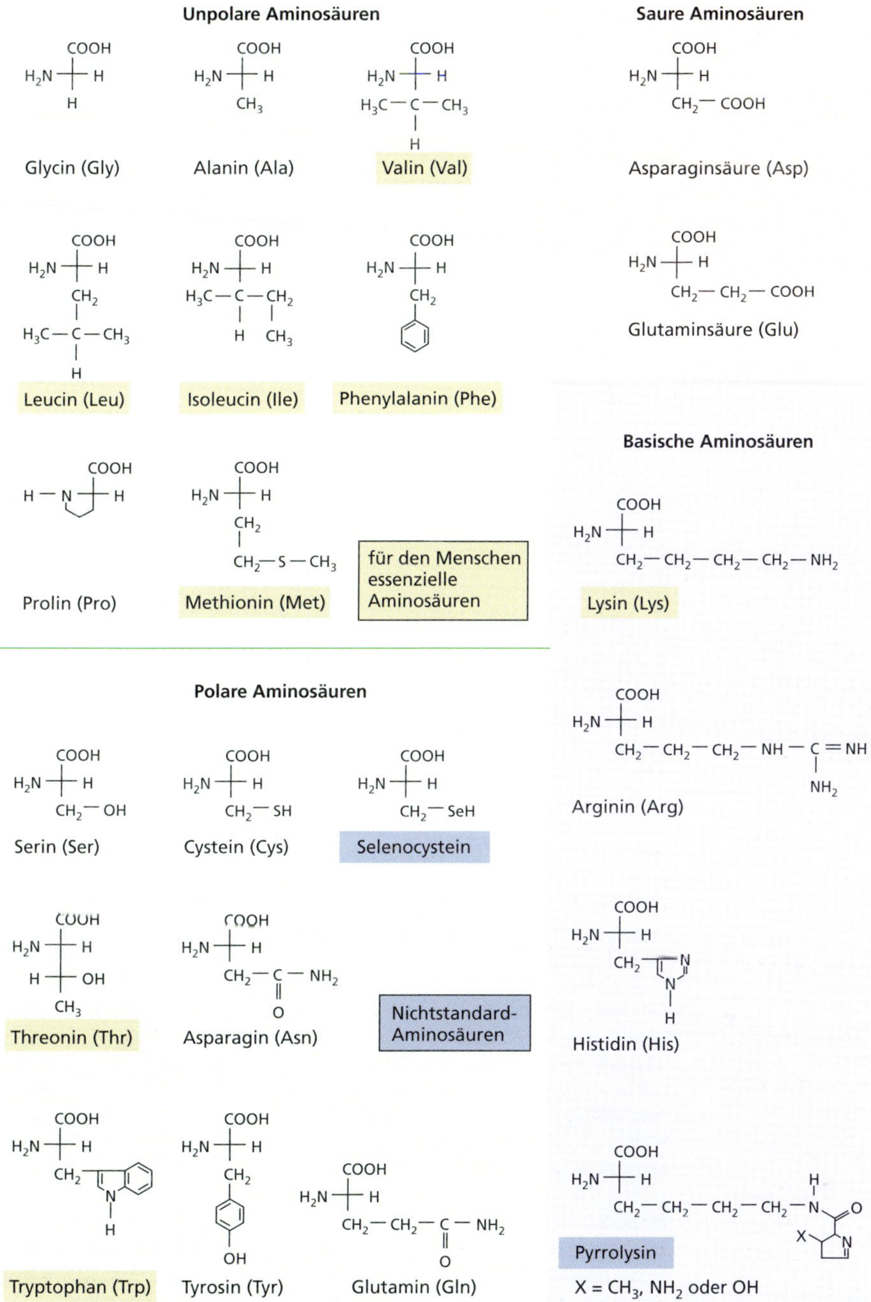

2.3.2 Kohlenhydrate sind Energiespeicher und Baustoffe

Die Vertreter der Einfachzucker (Monosaccharide) werden nach der Anzahl ihrer Kohlenstoffatome im Molekül eingeteilt: Triosen (3 C-Atome), Tetrosen (4 C-Atome), Pentosen (5 C-Atome), Hexosen (6 C-Atome) usw.

Kohlenhydrate, wie Glucose, Stärke, Glykogen, Dextrine und Cellulose, sind aus Kohlenstoff (C), Wasserstoff (H) und Sauerstoff (O) aufgebaut.

Kohlenhydrate sind Aldehyde oder Ketone mit zwei oder mehreren Hydroxygruppen im Molekül. Die Elemente C, H und O treten meist im Verhältnis 1 : 2 : 1 auf, daraus ergibt sich die allgemeine Summenformel: $\mathbf{C_n(H_2O)_n}$.

Nicht alle Substanzen, die der Summenformel entsprechen, gehören zu den Kohlenhydraten, wie beispielsweise Essigsäure ($C_2H_4O_2$) oder Milchsäure ($C_3H_6O_3$). Trotzdem wurde die Bezeichnung Kohlenhydrate beibehalten. Kohlenhydrate werden in Einfachzucker (Monosaccharide), Zweifachzucker (Disaccharide) und Vielfachzucker (Polysaccharide) unterteilt. Monosaccharide und Disaccharide schmecken meist süß und sind die Grundbausteine aller komplexen Kohlenhydrate.

Mono- und Disaccharide stellen eine schnell verfügbare Energiequelle für den Organismus dar. Sie werden in Pflanzen, Algen und Cyanobakterien mithilfe der **Fotosynthese** aufgebaut, wobei zunächst aus Kohlenstoffdioxid (CO_2), Wasser und Licht unter Beteiligung von Chlorophyll der Einfachzucker Glucose ($C_6H_{12}O_6$) hergestellt wird (↗ S. 122 ff.).

$$6\,CO_2 + 12\,H_2O \longrightarrow C_6H_{12}O_6 + 6\,H_2O + 6\,O_2$$

Weitere Funktionen im Organismus sind die Speicherung von Energiereserven in Form von Stärke und Glykogen sowie die Funktion als Strukturelement, z. B. in Form von Cellulose.

Monosaccharide (Einfachzucker)

Zu den **Monosacchariden** zählen u. a. Glucose (↗ Abb.), Fructose und Galactose. Ihre Moleküle lassen sich nicht in einfachere Kohlenhydrate zerlegen. Genauer betrachtet handelt es sich um Aldehyd- oder Ketonderivate geradkettiger Polyalkohole (das sind Alkohole mit mehreren OH-Gruppen). Sie enthalten außer den Hydroxygruppen noch weitere funktionelle Gruppen.

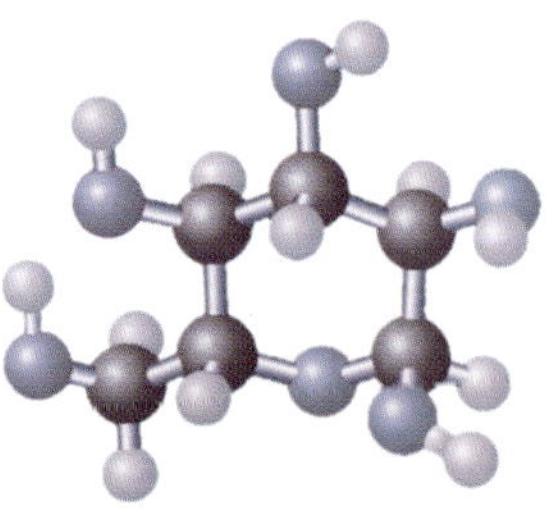

Entsprechend der Lage der Carbonylgruppe (C=O) kann man die Aldehydderivate auch als Aldosen bezeichnen (z. B. Glucose, Ribose, Desoxyribose) und die Ketonderivate als Ketosen (z. B. Fructose, Ribulose). Bei den Aldosen befindet sich die Carbonylgruppe am Anfang der Kohlenstoffkette (C_1-Atom), bei den Ketosen innerhalb der Kohlenstoffkette (in der Regel am C_2-Atom).

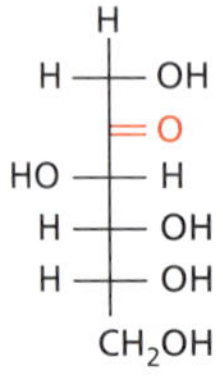

Fructose (Ketose)

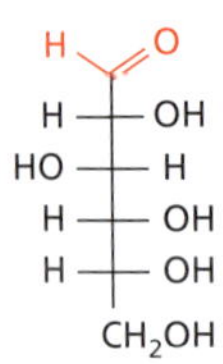

Glucose (Aldose)

Die formal einfachsten Zucker sind **Glycerolaldehyd** und Dihydroxyaceton. Sie entstehen dadurch, dass eine Hydroxygruppe zu einer Carbonylgruppe dehydriert wird:

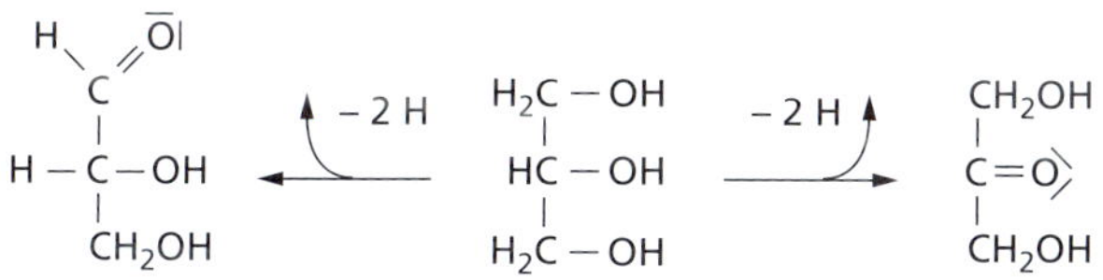

Glycerolaldehyd (Aldotriose) | **Glycerol** (Alkohol) | **Dihydroxyaceton** (Ketotriose)

EMIL HERMANN FISCHER (1853–1919), ein deutscher Chemiker, erforschte u. a. den Aufbau der Kohlenhydrate, Aminosäuren, Proteine und Enzyme und gilt als Mitbegründer der Biochemie.

Spiegelbildisomerie bei Zuckern

Aldosen mit drei oder mehr Kohlenstoffatomen sowie Ketosen mit vier oder mehr Kohlenstoffatomen besitzen ein asymmetrisches Kohlenstoffatom. Je nach Ausrichtung der daran angelagerten Hydroxygruppe (diese kann nach links oder nach rechts ausgerichtet sein) unterscheidet man zwischen der **L-Form** und der **D-Form.**
Ähnlich wie bei den Aminosäuren liegt hier eine Spiegelbildisomerie vor. In der Natur kommt als häufigstes Monosaccharid die D-Glucose vor.

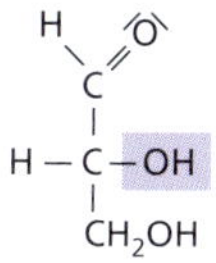

D-Glycerolaldehyd

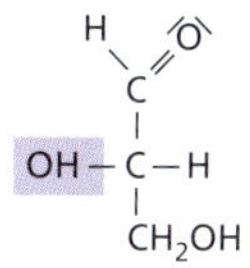

L-Glycerolaldehyd

Ringbildung bei Zuckern

Monosaccharide mit mehr als vier C-Atomen können einen Ring bilden, der aus fünf (Furanring) oder sechs (Pyranring) Atomen besteht. Darin sind vier bzw. fünf Kohlenstoffatome und ein Sauerstoffatom enthalten.
Die Ringbildung beruht auf der Reaktion zwischen einer Hydroxygruppe und der Carbonylgruppe des Monosaccharids. Es können zwei verschiedene Hydroxygruppen an der Reaktion beteiligt sein. Sie führen zur Bildung eines ringförmigen Halbacetals (oder Halbketals).
Monosaccharide aus Fünfer-Ringen nennt man **Furanosen,** während solche aus Sechser-Ringen als **Pyranosen** bezeichnet werden.

Typische Furanosen sind **Ribose** und **Desoxyrlbose,** die als Bestandteile der RNA bzw. der DNA vorkommen. Die Ribulose dagegen ist eine bedeutende Verbindung bei der Fotosynthese. Hinter den Pyranosen verbergen sich Einfachzucker wie Fructose oder Glucose. Die Furanosen und Pyranosen liegen in Wannen- oder Sesselform vor, werden hier aber der Einfachheit halber als planare Strukturformeln dargestellt.

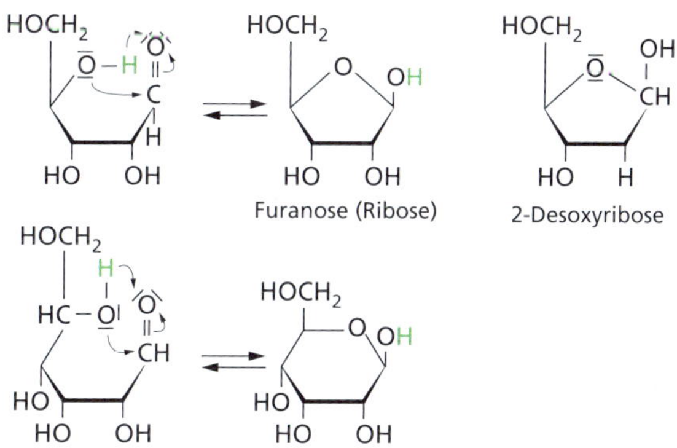

Furanose (Ribose) | 2-Desoxyribose | Pyranose (Glucose)

Berücksichtigt man bei der Strukturformeldarstellung die Bindungswinkel, ergibt sich eine sesselförmige Molekülstruktur.

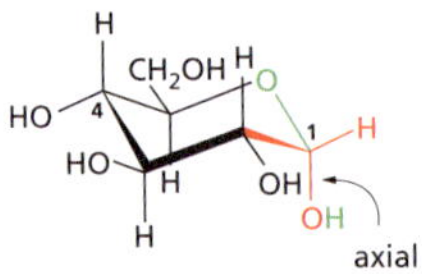

Eine detaillierte Betrachtung der Zucker zeigt, dass zwei unterschiedliche Ringstrukturen vorkommen können, weil beim Ringschluss am C_1-Atom die OH-Gruppe nach unten oder nach oben gerichtet sein kann. Die Formen werden als α- und β-Zucker bezeichnet.
Erfolgt die Orientierung von der Ringebene nach unten, handelt es sich beispielsweise um **α-Glucose;** befindet sich die OH-Gruppe dagegen oberhalb der Ringstruktur, wird das Molekül **β-Glucose** genannt. Die chemischen Unterschiede beider Formen sind nur gering, aber viele Enzyme erkennen die daraus resultierende Form **(molekulare Erkennung).**

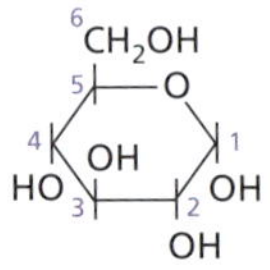

α-D-Glucose

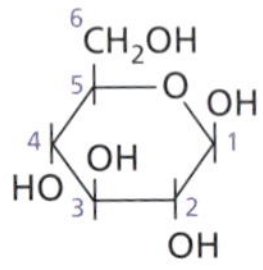

β-D-Glucose

Disaccharide (Zweifachzucker)

Ein **Disaccharid** besteht aus zwei Monosacchariden. Dabei reagieren zwei Hydroxygruppen unter Wasserabspaltung. Die entstehende kovalente Bindung nennt man **glykosidische Bindung.** Disaccharide sind in vielen Nahrungsmitteln enthalten und geben ihnen einen süßen Geschmack.

Mehrere Monosaccharide, die durch glykosidische Bindungen miteinander verbunden sind (3–9 Einfachzucker), werden auch als **Oligosaccharid** bezeichnet.

- Weit verbreitet ist die **Saccharose,** die auch als Rohrzucker bzw. Rübenzucker bekannt ist.
- **Lactose** (Milchzucker) bildet den Kohlenhydratbestandteil der Milch.
- **Maltose** (Malzzucker) entsteht in keimenden Samen und wird bei der Bierherstellung benötigt.

Bei der Verdauung werden Disaccharide durch **enzymatische Hydrolyse** in Monosaccharide gespalten.
Die glykosidische Bindung bei Kohlenhydraten kann mit der Peptidbindung der Proteine verglichen werden, da beide die Bildung komplexer und vielfältiger Moleküle durch die unterschiedliche Verknüpfung weniger Grundbausteine ermöglichen. Anders als die Aminosäuren in Proteinen können Monosaccharide nicht nur linear miteinander verknüpft werden, sondern auch Verzweigungen bilden.

Die bekanntesten Disaccharide und ihre Bindungsformen

Disaccharid	Monosaccharide	Bindung (C-Atome)	Vorkommen
Maltose	Glucose + Glucose	α-(1→4)	keimendes Getreide
Isomaltose	Glucose + Glucose	α-(1→6)	entsteht beim Stärkeabbau
Trehalose	Glucose + Glucose	α-(1→1)	in Algen, Pilzen und Hefen
Cellobiose	Glucose + Glucose	β-(1→4)	Baustein der Cellulose
Lactose	Galactose + Glucose	β-(1→4)	Milchzucker
Saccharose	Glucose + Fructose	α-(1), β-(2)	z. B. Früchte, Zuckerrohr

α-(1→4):
Die Ziffern bezeichnen die Stellung der C-Atome, die an der Bindung beteiligt sind.

- Zwei Moleküle α-D-Glucose werden durch die glykosidische Bindung unter Abspaltung von Wasser zur α-D-Maltose zusammengeführt.

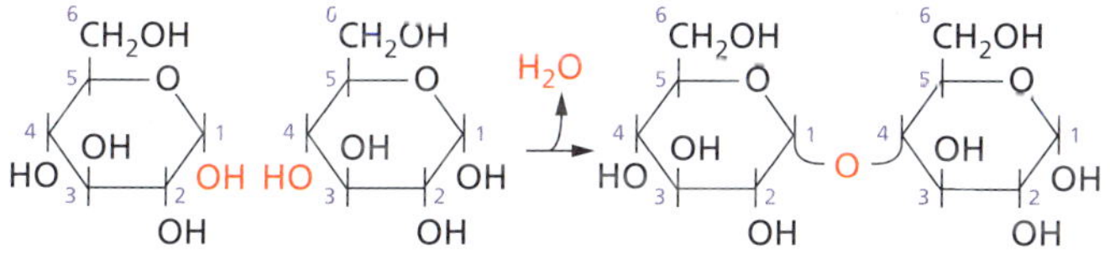

Glucose Glucose Maltose

Polysaccharide (Vielfachzucker)

Im Unterschied zu den bisher besprochenen Mono- und Disacchariden bestehen die **Polysaccharide** aus mehr als zehn einzelnen Zuckerresten, die durch glykosidische Bindungen miteinander verknüpft sind. Die gebildeten Ketten der Polysaccharide können einige Zehntausend Monosaccharide enthalten. Mit der Nahrung werden vor allem Stärke, Cellulose und Glykogen aufgenommen.

Homopolysaccharide enthalten nur eine einzige Sorte Monosaccharide, während Heteropolysaccharide meistens aus zwei unterschiedlichen Monosacchariden bestehen, die sich in ständig wiederholender Folge abwechseln.

Stärke (Amylum) kommt in zwei unterschiedlichen Formen vor, als wasserlösliche α-Amylose und als wasserunlösliches Amylopectin. Die α-Amylose ist ein lineares Polysaccharid, das aus einigen Tausend Glucosemolekülresten (α-[1→4]-Bindungen) zusammengesetzt ist. Aufgrund der Bindungsform ist der Molekülstrang spiralförmig gewunden. Auch das Amylopectin besteht zum großen Teil aus denselben Einheiten wie die Stärke, weist aber nach etwa 25 Glucosemolekülen α-(1→6)-Bindungen auf, wodurch eine verzweigte Struktur entsteht.
Cellulose ist der dominierende Bestandteil der pflanzlichen Zellwände und daher in der Nahrung von Pflanzenfressern in größeren Mengen enthalten. Auch die Cellulose besteht aus Glucoseeinheiten, die aber im Gegensatz zur Stärke durch β-(1→4)-Bindungen miteinander verknüpft sind. Derartige Bindungen können von den meisten Tieren, auch von Menschen, nicht gespalten werden. Dies ist bestimmten Mikroorganismen vorbehalten, die Cellulose abbauende Enzyme herstellen können. Sie finden sich z. B. im Verdauungssystem von Wiederkäuern und helfen, diese Nährstoffe zu verwerten. In der menschlichen Nahrung spielt Cellulose als Ballaststoff eine bedeutende Rolle. Cellulose als Baustoff kommt im Tierreich relativ selten vor, z. B. bei Manteltieren.

Strukturformel der Cellulose (Sesselform)

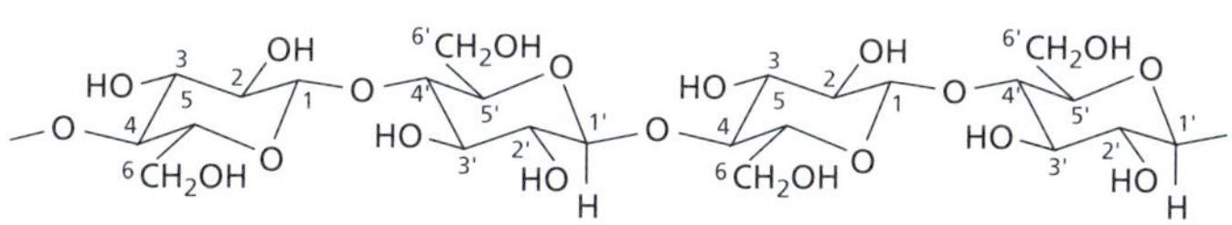

Skorpione gehören zu den Spinnentieren.

Behaarter Riesenskorpion

Chitin ist nach Cellulose das zweithäufigste Polysaccharid. Es ist Hauptbestandteil der Skelette von Insekten, Spinnen, Krebstieren und kommt in den Zellwänden von Pilzen vor. Es besteht v. a. aus dem Aminozucker N-Acetylglucosamin, der ein Acetamid (–$NHCOCH_3$) trägt. Durch glykosidische Bindungen β-(1→4) werden lange unverzweigte Ketten gebildet.

▶ Der Mensch speichert etwa 500 g Glykogen in den Muskeln und in der Leber.

Glykogen bildet das Kohlenhydratdepot der Tiere und wird hauptsächlich in den Zellen der Leber und der Muskulatur gespeichert. Die Verknüpfung der Glucoseeinheiten ist ähnlich der des Amylopectins. Die α-(1→6)-Bindungen treten allerdings nach etwa jedem zehnten Glucosemolekül auf, was zu einer wesentlich dichteren Verzweigung führt.

Glykosaminoglycane als weitere Gruppe von Polysacchariden sind meist schleimig, elastisch und hochviskos. Sie kommen im Extrazellulärraum von Bindegewebe, Haut, Sehnen und Knorpel vor und bilden eine gallertartige Grundsubstanz. Es handelt sich um unverzweigte Ketten, die aus einem Wechsel von Uronsäure und Aminozuckern bestehen. Sie enthalten 50 bis 1 000 Disaccharideinheiten und sind für verschiedene Gewebetypen spezifisch zusammengesetzt.

▶ Mastzellen sind zu den Granulocyten zählende Zellen des Körpergewebes, die bei Immunreaktionen (z. B. bei Allergien) Histamin, Heparin u. a. Hormone ausschütten und damit die Entzündungssymptome (z. B. Schwellung, Rötung, ↗S. 304) fördern.

■ Wichtiger Vertreter ist z. B. die Hyaluronsäure, die Bestandteil der Grundsubstanz von Bindegeweben und des Glaskörpers des Auges ist. Sie ist in der Lage, Wasser bis zum 10 000-Fachen des Eigenvolumens als Gel zu fixieren. Der Glaskörper des Auges enthält vorwiegend Wasser und etwa 1 % Hyaluronsäure. Chondroitinsulfat und Keratansulfat kommen vorwiegend im Knorpel vor, Dermatansulfat in der Haut. Heparin kommt in Mastzellen vor und hilft bei Verletzungen, indem es als Gerinnungshemmer Calcium-Ionen fängt. Heparin hilft auch den Blutegeln, das relativ dickflüssige Blut des Wirts flüssiger zu machen.

2.3.3 Lipide sind nicht wasserlöslich

▶ Bei der Verbrennung von 1 g Fett (Triglyceride) werden 39,6 kJ (9,5 kcal) gewonnen, wogegen die Oxidation von 1 g Protein bzw. 1 g Kohlenhydraten nur 18,6 kJ (4,4 kcal) liefert.

Die sehr heterogene Gruppe der **Lipide** wird umgangssprachlich auch als **Fette** bezeichnet, obwohl unter diesen Begriff eine Vielzahl von Verbindungen gestellt wird. Als Gemeinsamkeit weisen Lipide und Fette eine schlechte Löslichkeit in Wasser auf. Dagegen lassen sie sich leicht mit unpolaren organischen Lösemitteln wie Aceton, Methanol, Ether oder Chloroform aus biologischem Material herauslösen.
Lipide besitzen den höchsten physiologischen „Brennwert"(↗S. 110). Er ist etwa doppelt so hoch wie der von Proteinen oder Zuckern. Die freigesetzte Energie kann in Form von ATP zwischengespeichert werden.
Im menschlichen Körper dienen Fette als Energiespeicher, als Isoliermaterial gegen Kälte (Unterhautfettgewebe), als Schutzpolster (z. B. Bauch, Gesäß) sowie als Membranbaustoffe.
Nach ihrem chemischen Aufbau lassen sich die Lipide in unterschiedliche Gruppen unterteilen:
- Fette (3-fach-Ester des Glycerols mit Fettsäuren [Triacylglycerole]),
- Wachse (Fettsäureester langkettiger Alkohole),
- Phospholipide (Phosphoglyceride und Sphingolipide),
- Sterole und Steroide sowie
- weitere Stoffklassen wie Eicosanoide und Glykolipide.

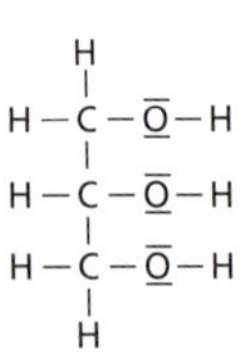

Strukturformel von Glycerol (Glycerin)

Fette sind Stoffe, die durch Veresterung von **Glycerol** mit verschiedenen Fettsäuren (meist Ketten mit 12–20 C-Atomen) entstehen.

Die Bindung zwischen Fettsäureresten und dem Glycerolmolekülrest ist jeweils eine **Esterbindung.** Die Reaktion erfolgt zwischen einer Carboxy- und einer Hydroxygruppe unter Abspaltung von Wasser. An das Glycerolmolekül können maximal drei Fettsäuren gebunden werden (Triglyceride).

Mono- oder Diester des Glycerols werden entsprechend als Mono- oder Diglyceride bezeichnet. In der Regel sind die beiden äußeren Fettsäuren (FS) Palmitinsäure oder Stearinsäure, die mittlere ist häufig eine ungesättigte Fettsäure. Jedoch sind Kombinationen aus allen Fettsäuren denkbar. Einige werden als Designer-Lipide oder künstliche Fette produziert.

Triglycerid

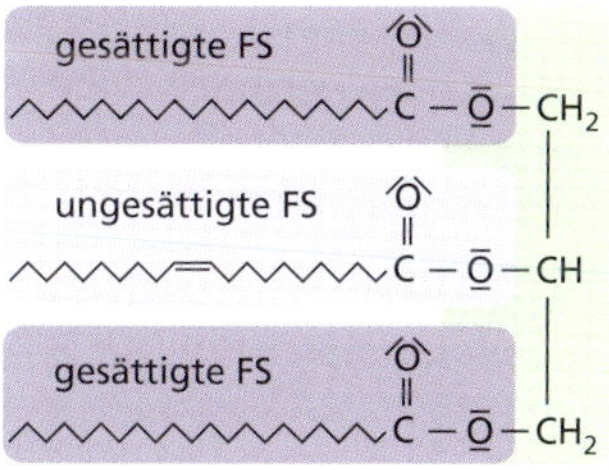

▶ Designer-Lipide sind enzymatisch gewonnene Triglyceride und chemisch hergestellte Produkte mit kürzerkettigen Fettsäureresten. Sie werden z. T. als kalorienreduzierte Fette in Knabbererzeugnissen und Diätprodukten eingesetzt.

Bei den **gesättigten Fettsäuren** ist das Kohlenstoffgerüst vollständig mit Wasserstoffatomen „gesättigt", sie enthalten keine Mehrfachbindungen. Bei den **ungesättigten Fettsäuren** sind eine oder mehrere Mehrfachbindungen zwischen Kohlenstoffatomen möglich. Je mehr Doppelbindungen in den Fettsäureresten der Estermoleküle vorkommen, desto niedriger liegt der Schmelzpunkt. Während **tierische Fette** (z. B. Speck, Talg, Schmalz oder Butter) gewöhnlich einen hohen Anteil gesättigter Fettsäurereste enthalten und bei Zimmertemperatur fest sind, kommen in den flüssigen **Pflanzenfetten** (z. B. Sonnenblumen-, Oliven-, Raps-, Lein- und Nussöl) viele ungesättigte Fettsäurereste vor. Als physiologisch besonders wertvoll gelten ungesättigte Fettsäuren mit einer Doppelbindung am drittletzten C-Atom (Omega-3-Fettsäuren, z. B. Linolensäure).

▶ Ungesättigte Fettsäuren kann der menschliche Körper nicht selber herstellen. Diese lebenswichtigen (= essenziellen) Stoffe müssen mit der pflanzlichen Nahrung aufgenommen werden.

Auswahl verschiedener Fettsäuren

Fettsäuren	Beispiele	Anzahl C-Atome (Position der Doppelbindung)	Schmelzpunkt in °C
gesättigte	Buttersäure	4	−6,0
	Capronsäure	6	−3,9
	Caprylsäure	8	16,3
	Caprinsäure	10	31,3
	Laurinsäure	12	44,2
	Palmitinsäure	16	63,1
	Stearinsäure	18	69,6
	Arachninsäure	20	76,5
	Lignocerinsäure	24	86,0
einfach ungesättigte	Palmitoleinsäure	16 (9)	−0,5
	Ölsäure	18 (9)	13,4
mehrfach ungesättigte	Linolsäure	18 (9, 12)	−5,0
	α-Linolensäure	18 (9, 12, 15)	−11,0
	Arachidonsäure	20 (5, 8, 11, 14)	− 49,5

2

Walrat ist eine helle, wachsähnliche Substanz, die im Kopf von Pottwalen enthalten ist und früher sowohl als Schmiermittel für Präzisionsgeräte als auch als Rohstoff für Kosmetika und Arzneimittel verwendet wurde.

Wachse sind die Ester langkettiger Fettsäuren mit 16–36 C-Atomen. Sie unterscheiden sich von den Fetten außerdem dadurch, dass anstelle des Glycerols höhere einwertige Alkohole treten (z. B. Myricylalkohol). Neben tierischen Wachsen (z. B. Bienenwachs, Walrat) sind auch Pflanzenwachse bekannt, z. B. das Carnauba-Wachs, das für Autopolituren Verwendung findet. Wachse sind ebenso wie Fette neutrale Verbindungen, die unpolare langkettige Kohlenwasserstoffreste enthalten. Im Gegensatz dazu verfügen die Phospholipide und Glykolipide über je eine hydrophile und eine hydophobe (lipophile) Gruppe, was sie befähigt, in wässrigen Lösungen geordnete Strukturen zu bilden.

Carnauba-Wachs stammt aus der brasilianischen Carnauba-Palme *(Copernicia prunifera).*

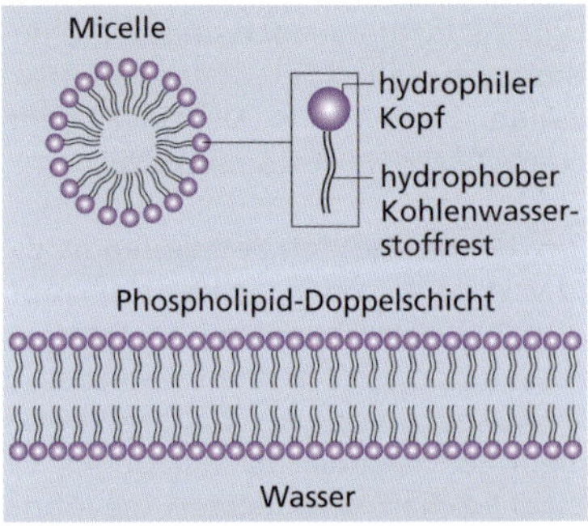

Phospholipide enthalten eine Phosphatgruppe und sind charakteristische Bestandteile zellulärer Membranen (↗S. 80 f). In diesen Substanzen ist Glycerol mit zwei Fettsäuren und Phosphorsäure verestert. Der Phosphorsäurerest besitzt eine negative elektrische Ladung und ist mit einem Alkoholrest (z. B. Ethanolamin, Cholin, Colamin, Serin, Inosit oder Glycerol) verbunden. Aufgrund ihrer besonderen Struktur bilden Phospholipide in wässrigen Lösungen Micellen oder Lamellen aus. Sie entstehen dadurch, dass sich die Phospholipidmoleküle mit ihrem hydrophilen Kopf zu den Wassermolekülen orientieren und mit ihrem lipophilen (oder hydrophoben) Schwanz zum Inneren einer kugelförmigen Micelle ausrichten.
Lamellen, auch als Phospholipid-Doppelschichten bezeichnet, bilden die Grundsubstanz der Zellmembranen und anderer Biomembranen. Die hydrophilen Köpfe treten in Kontakt mit Wassermolekülen im Inneren und Äußeren der Zellen, während die hydrophoben Schwänze auf beiden Schichten vom wässrigen Milieu wegweisen.

Micellen und Lamellen bilden sich selbstständig, wenn Phospholipide in wässrige Lösungen gegeben werden.

Sphingolipide sind komplex aufgebaute Phospholipide, die anstelle des Glycerolrests den Aminoalkohol Sphingosin enthalten. Bei den Sphingomyelinen ist an die Aminogruppe durch Amidbindung ein Fettsäurerest gebunden, die Hydroxygruppe des Aminoalkohols ist mit Phosphorsäure und die wiederum mit dem Alkohol Cholin verestert. Sphingomyeline wurden nach ihrem Vorkommen in den Myelinscheiden der Nerven benannt. Sie kommen besonders häufig im Nervengewebe vor.

Mit Lipiden wird eine übergeordnete **Stoffklasse** bezeichnet. Die Fette sind eine Unterklasse der Lipide. Das im Eigelb enthaltene Lecithin ist ein Phospholipid.

Kalottenmodell des Lecithins aus der Gruppe der Phospholipide

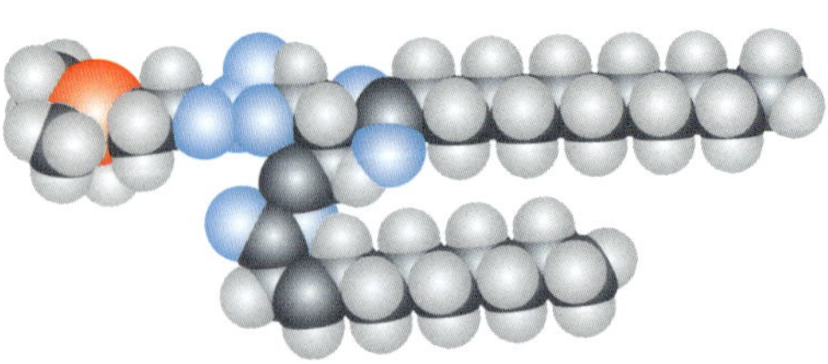

Die Gruppe der **Glykolipide** sind phosphatfreie Lipide, bei denen ein oder mehrere Mono- oder Oligosaccharide glykosidisch an das Lipidmolekül gebunden sind. Bei Membranglykolipiden ragt das Saccharid aus der Zellmembran heraus.

Steroide sind gekennzeichnet durch ein Gerüst aus vier Kohlenstoffringen, an das verschiedene funktionelle Gruppen angelagert sind. Sie werden zur großen Gruppe der Terpene (↗S. 75 f.) gerechnet. Das **Cholesterol** (Cholesterin) ist das Sterol der Wirbeltiere. Es befindet sich in Membranen inmitten von Phospholipiden und erlaubt einerseits eine gewisse Beweglichkeit der Membran, andererseits verhindert es, dass es bei niedrigen Temperaturen zu einer ungewollten Verfestigung der Membranen kommen kann. Dieser Umstand wird bei den „Membranmodellen" (↗S. 80 f.) näher erläutert. Cholesterol ist die Vorstufe für eine ganze Reihe von Verbindungen. Beispielsweise kann durch Belichtung von Cholesterol in der Haut auf fotochemischem Wege die Struktur aufgebrochen werden, die dann in weiteren enzymatischen Schritten zu Vitamin D umgewandelt wird. Auch für die Produktion von Sexualhormonen (Östrogene, Androgene und Gestagene) wird Cholesterol umgewandelt.

▶ Auch Gallensäuren und Sexualhormone werden aus Cholesterol gebildet.

▶ Das Xanthophyll Astaxanthin gibt dem gekochten Hummer die rote Farbe. Lycopin ist der rote Farbstoff der Tomate, der Paprika und anderer Früchte.

Typische pflanzliche Lipide sind die **Carotinoide** (↗S. 122 f.), von denen man bereits mehrere Hundert identifiziert hat. Sie werden auch zur Gruppe der Terpene gestellt. Ihre Farbigkeit beruht auf ihren vielen konjugierten Doppelbindungen. Sie sind aufgrund ihrer langen Kohlenwasserstoffketten nicht in Wasser löslich. Zu den Carotinoiden gehören u. a. die reinen Kohlenwasserstoffe Lycopin und Carotin sowie die sauerstoffhaltigen Xanthophylle.

Lipide aus der Nahrung und ihre Stoffwechselprodukte

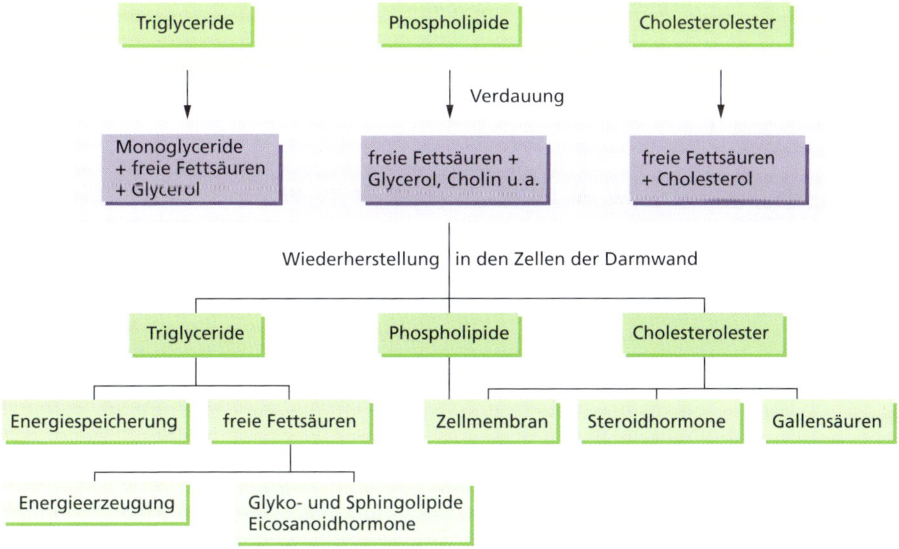

2

2.3.4 Nucleinsäuren sind die Träger der genetischen Information

Nucleinsäuren sind die Träger der Erbinformation aller Organismen. Sie werden jeweils aus nur fünf verschiedenen Grundbausteinen gebildet, den **Nucleotiden.** Diese bestehen aus drei Untereinheiten, wobei eine Phosphatgruppe mit einer Furanose (↗ S. 65) und diese wiederum mit einer stickstoffhaltigen Base verbunden ist.
Zwei Gruppen von stickstoffhaltigen Basen werden unterschieden: die **Pyrimidine** und die **Purine.** Die drei Vertreter der Pyrimidine sind **Cytosin** (C), **Thymin** (T) und **Uracil** (U). Sie bestehen aus einem Sechser-Ring von Kohlenstoff- und Stickstoffatomen, an die spezifische funktionelle Gruppen angelagert sind. Die beiden Purine **Adenin** (A) und **Guanin** (G) sind aus einem Sechser-Ring mit angelagertem Fünfer-Ring aufgebaut, an die ebenfalls funktionelle Gruppen gebunden sind.

Pyrimidine **Purine**

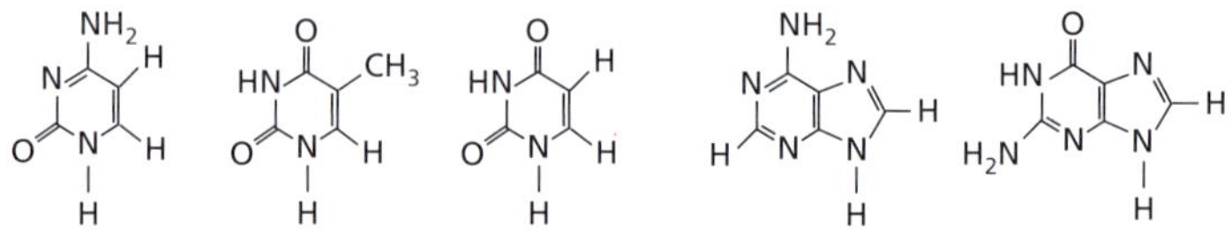

Cytosin (C) Thymin (T) Uracil (U) Adenin (A) Guanin (G)

DNA-Doppelhelix

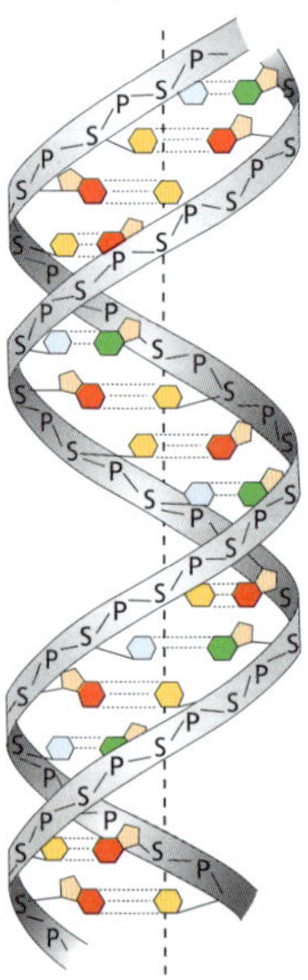

P – Phosphatgruppe
S – Zuckermolekül (engl. *sugar*)

Die Nucleinsäuren werden ihrerseits wieder in **Desoxyribonucleinsäure (DNA)** und **Ribonucleinsäure (RNA)** unterschieden. Bei der DNA ist der Zucker (Furanose) im Nucleotid eine Desoxyribose, die im Unterschied zur Ribose, dem Zucker der RNA, ein Sauerstoffatom weniger besitzt. Die beiden zusammengehörenden Basenpaare der DNA sind **Cytosin–Guanin** und **Thymin–Adenin**.

Die Basenpaare der DNA mit Wasserstoffbrückenbindungen

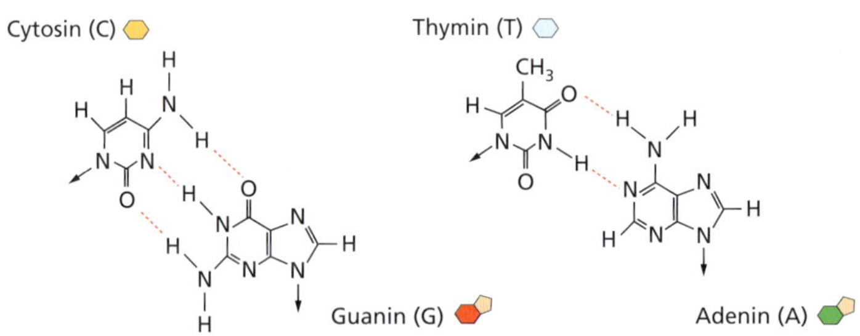

Zwei Bindungen kennzeichnen die Paarung Thymin–Adenin, drei stabilisieren die Paarung Cytosin–Guanin. Die Zuckermoleküle setzen in Richtung der Pfeile an.

Die DNA bildet einen gewundenen Doppelstrang, worin die stickstoffhaltigen Basen ins Innere der Doppelhelix weisen und miteinander über zwei bzw. drei Wasserstoffbrückenbindungen stabilisiert sind.

Die RNA weist einige Unterschiede zur DNA auf:
- Anstelle der Desoxyribose kommt die Ribose vor.
- Die stickstoffhaltige Base ist hier Uracil anstelle von Thymin.
  Die beiden Basenpaare der RNA sind daher **Cytosin–Guanin** und **Uracil– Adenin**.
- Der RNA-Strang ist wesentlich kürzer als der DNA-Strang.
- Häufig besteht die RNA nur aus einem Einzelstrang von Nucleotiden.

Nucleotid der RNA

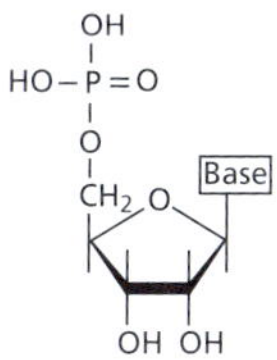

Base:
Cytosin
Guanin
Uracil
Adenin

Ribose

Nucleotid der DNA

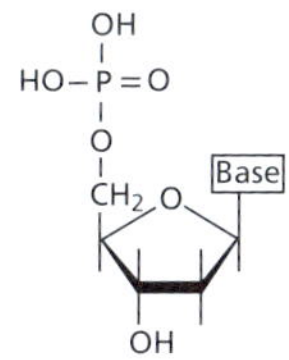

Base:
Cytosin
Guanin
Thymin
Adenin

Desoxyribose

Weitergabe der Erbinformation

Zur fehlerlosen Weitergabe der Erbinformationen wird eine exakte Kopie der DNA-Doppelhelix benötigt. Bei der sogenannten **Replikation** (↗ S. 194 ff.) **der DNA** erfolgt die serielle Verknüpfung der Nucleotide, die als Triphosphate vorliegen müssen, zu Polynucleotiden. Es handelt sich bei der Verknüpfung um Phosphodiesterbindungen, bei denen ein Pyrophosphatrest abgespalten wird, und somit um eine Polykondensation.

semikonservativ: (griech. *semi:* halb; lat. *conservare:* bewahren): zur Hälfte erhalten
Bei der semikonservativen DNA-Replikation setzt sich die replizierte Doppelhelix aus einem alten und einem neu synthetisierten Strang zusammen.

Der Vorgang der Replikation erfolgt semikonservativ, indem die Basenabfolge des entwundenen Doppelstrangs durch das Enzym DNA-Polymerase gelesen wird. Dabei dient die Basensequenz des Einzelstrangs als Vorlage oder Matrize für die Anknüpfung der jeweils komplementären Nucleotide.
Als Startpunkt dient ein kurzes RNA-Stück mit freier OH-Gruppe, der **Primer.** Die Verlängerung der Kette geschieht durch die Verbindung der OH-Gruppe mit dem inneren Phosphoratom des neuen Desoxyribonucleotids. Dieser Vorgang wird fortgesetzt, bis die komplexe Doppelhelix kopiert ist. Fehler, die bei der Replikation entstehen, können durch besondere Mechanismen repariert werden. Soweit dies nicht gelingt, entsteht ein veränderter DNA-Strang (Mutation, ↗ S. 211 ff.).

Wie bei den Proteinen funktioniert die serielle Verknüpfung der Grundbausteine zu Polynucleotiden gerichtet, d. h., das erste Nucleotid verbindet sich über das C_3-Atom des Zuckermoleküls über eine Phosphodiesterbindung mit dem C_5-Atom des Zuckermoleküls des zweiten Nucleotids.

Die Abfolge der Nucleotide in der Nucleinsäure (Nucleotidsequenz) erscheint zunächst regellos, doch gerade die Reihenfolge enthält die genetische Information, wenn auch nicht jede Nucleotidsequenz als Informationsträger fungiert.

2.3.5 Porphyrine und Terpene sind andere bedeutende Biomoleküle

Pyrrolverbindungen

Pyrrol besteht aus einem heterocyclischen Fünfer-Ring mit einem Stickstoffatom und zwei Doppelbindungen.

Die zu den **Farbstoffen** gehörenden **Porphyrine** bestehen aus vier Pyrrolringen, die über Methingruppen (≡C–H) zusammengesetzt sind. Sie bilden ein Porphyringerüst, das im Fall des Häms, dem farbigen Bestandteil des Hämoglobins, Eisen als Zentralatom besitzt, an das Sauerstoff gebunden wird. Diese Verbindung ist auch in den verschiedenen Cytochromen anzutreffen, die für den Elektronentransport in Chloroplasten und Mitochondrien benötigt werden. Auch das Chlorophyllmolekül enthält einen Porphyrinring mit Magnesium als Zentralatom.

Porphyrin-Ringsysteme

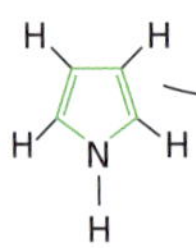

Pyrrol

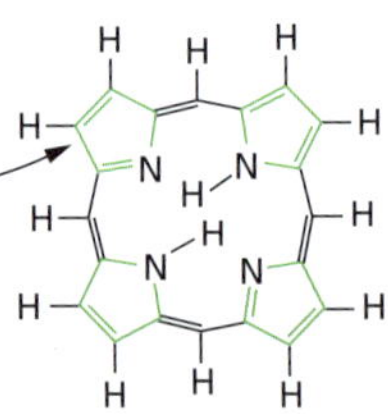

Porphyrin

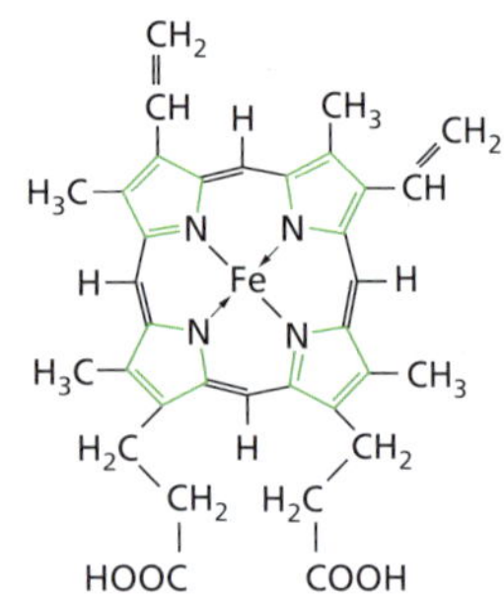

Häm (Porphyringerüst und Eisen-Ion)

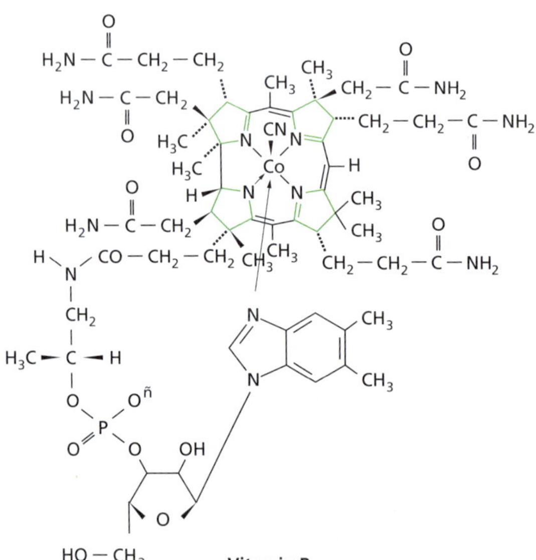

Vitamin B₁₂

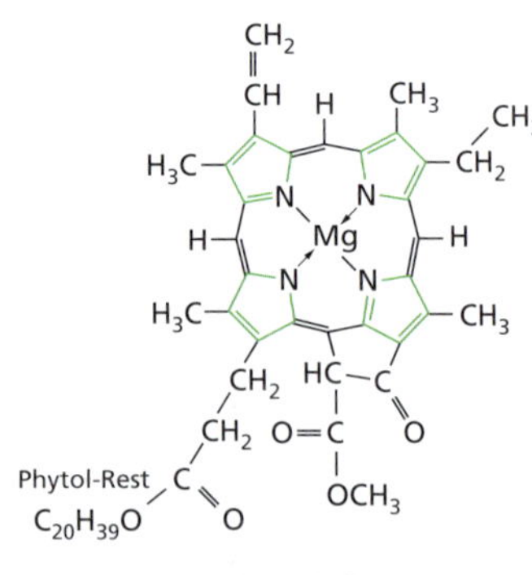

Chlorophyll a

Im Chlorophyllmolekül gruppiert sich um ein zentrales Magnesium-Ion (Mg^{2+}) ein Porphyrinring. Dieser besitzt elf konjugierte Doppelbindungen mit relativ leicht anzuregenden π-Elektronen, die Licht (Photonen) aufnehmen können. Dieser Abschnitt des Moleküls ist somit für die Lichtabsorption und die Farbigkeit verantwortlich, während der Phytolrest das Molekül in der Thylakoidmembran des Chloroplasten verankert.

Über die Färbung des Wassers kann mithilfe von Satelliten die Chlorophyllmenge und somit auch die Phytoplanktonkonzentration berechnet werden.

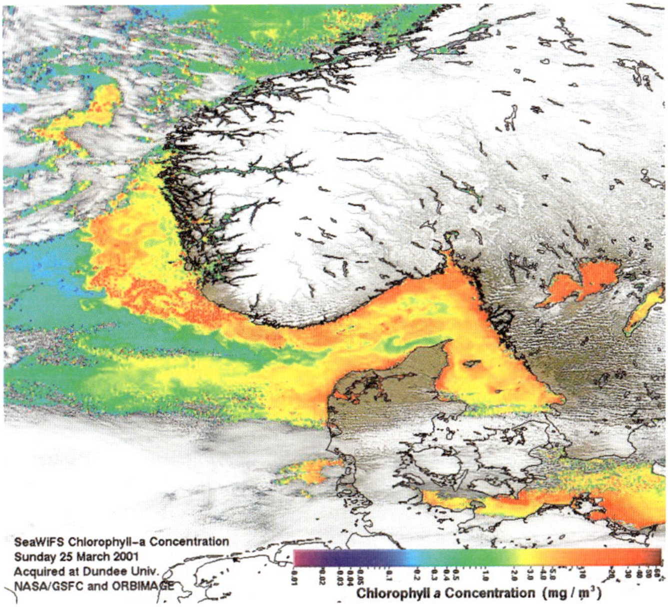

RICHARD WILLSTÄTTER (1872–1942) klärte die Struktur des Chlorophylls auf. Er erhielt dafür 1915 den Nobelpreis für Chemie.

Terpene – Isoprenoide

Zu der sehr umfangreichen Klasse der **Terpene** werden etwa 22 000 Naturstoffe zusammengefasst, die insbesondere durch charakteristische Gerüche gekennzeichnet sind. Dazu zählen die in der Natur weitverbreiteten etherischen Öle der Pflanzen, die sich aus Wurzeln, Rinden, Früchten, Blättern oder Blüten gewinnen lassen. Häufig sind Terpene reine Kohlenwasserstoffe, sie können aber auch funktionelle Gruppen in mannigfaltiger Weise tragen. Die Palette der Terpene reicht von niedrigmolekularen, flüchtigen Stoffen, z. B. Geraniol (↗S. 76), Menthol, bis hin zu kolloidalen Suspensionen, etwa dem Milchsaft tropischer Bäume (Kautschuk [↗Abb.] oder Latex).

Das Isopren ist das Grundgerüst der Terpene.

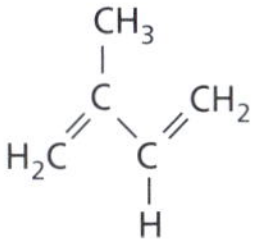

Die Einteilung der **Terpene** erfolgt nach der Anzahl der am Molekülaufbau beteiligten Isopreneinheiten. Terpene haben die Summenformel $(C_5H_8)_n$. Dies wird auch als Isoprenregel bezeichnet.

Das Lösemittel Terpentinöl besteht zum größten Teil aus Pinen. Dieses Monoterpen wird durch Destillation aus dem Harz von Kiefern *(Pinus)* gewonnen.

Terpene sind Lipide, die häufig in Pflanzen vorkommen und oft einen wichtigen Beitrag zum Aroma dieser Pflanzen leisten. Terpene im engeren Sinne enthalten nur C- und H-Atome. Sind noch andere Atome enthalten, z. B. Sauerstoff, spricht man von Terpenoiden.

Die verschiedenen Klassen der Terpene mit typischen Vertretern

Gruppe	Isopreneinheiten	Beispiele
Monoterpene	2	Pinen, Citral, Menthol, Limonen, Campher
Sesquiterpene	3	Nerolidol, Farnesol
Diterpene	4	Phytol, Vitamin A_1
Sesterterpene	5	Ophiobolin A
Triterpene	6	Squalen, Lanosterol
Tetraterpene	8	Carotin (Provitamin A)
Polyterpene	> 8	Kautschuk, Guttapercha

Steroide (Sterole) lassen sich von Triterpenen ableiten. Außer dem Zellmembranbestandteil Cholesterol gehören zu ihnen wichtige tierische Hormone (Steroidhormone, ↗ S. 186 ff.). Aber auch bei Pflanzen kommen Steroide als Hormone (Brassinosteroide) und als Schutzsubstanzen vor, z. B. die Saponine, die als Membrangifte wirken, und die Cardenolide, welche die Na^+/K^+-Pumpe in Nervenzellen hemmen.

Die etherischen Öle und damit die Terpene sind seit Langem in allen Kulturkreisen als antibakterielle Substanzen bekannt. Sie werden als Konservierungsmittel, für Kosmetikprodukte sowie in der Aromen- und Parfümindustrie genutzt.

Monoterpene

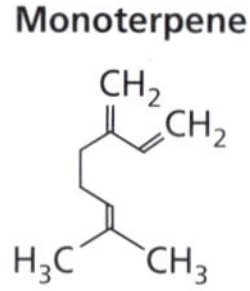

Myrcen

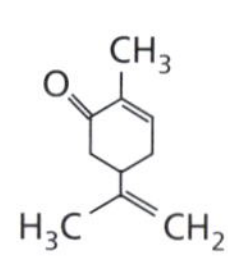

Carvon

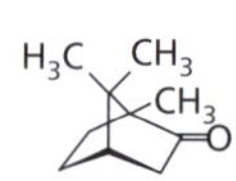

Campher

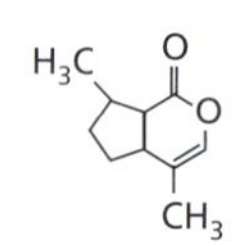

Nepetalacton

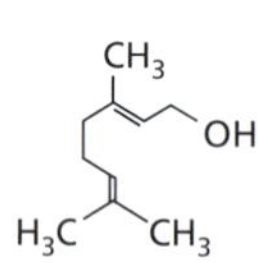

Geraniol

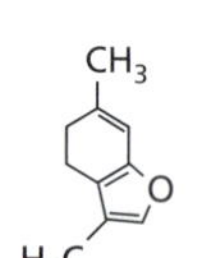

Menthofuran

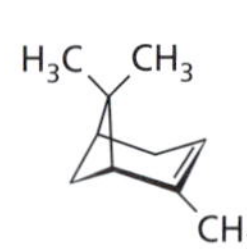

α-Pinen

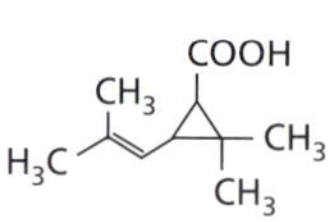

Chrysanthemumsäure

Makromoleküle – der Anfang der Vielfalt

Die vier Hauptklassen organischer Verbindungen der Zelle sind Proteine, Kohlenhydrate, Lipide und Nucleinsäuren.

- Die **Primärstruktur der Proteine** wird meistens durch Art, Anzahl und Reihenfolge der sie aufbauenden Aminosäuren festgelegt. Aminosäuren unterscheiden sich nur im Aufbau des Restes R:

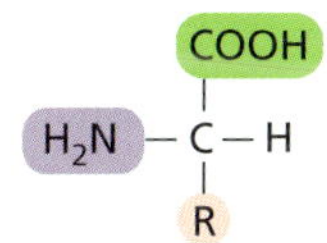

Aminogruppe	$-NH_2$	Carboxygruppe	– COOH
Wasserstoffatom	– H	organischer Rest	– R

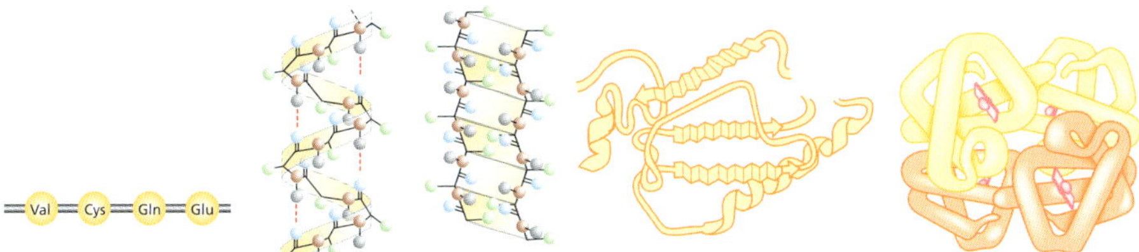

Primärstruktur Sekundärstruktur Tertiärstruktur Quartärstruktur

- **Kohlenhydrate** sind aus Kohlenstoff (C), Wasserstoff (H) und Sauerstoff (O) aufgebaut, ihre Summenformel lautet: $C_n(H_2O)_n$. Kohlenhydrate werden in **Einfachzucker (Monosaccharide), Zweifachzucker (Disaccharide)** und **Vielfachzucker (Polysaccharide)** unterteilt. In Seitenketten der Zuckermoleküle können auch noch Stickstoff- und Schwefelatome eingebaut sein. Autotrophe Lebewesen können Kohlenhydrate aus anorganischen Ausgangsstoffen aufbauen, z. B. durch Fotosynthese. Sie dienen als Betriebsstoffe (Monosaccharide, v. a. Glucose), Speicherstoffe (Polysaccharide, v. a. Stärke und Glykogen) und als Baustoffe (z. B. Cellulose, Chitin).

- Die große Gruppe der **Lipide** hat als Gemeinsamkeit die schlechte Löslichkeit in Wasser. Lipide enthalten oft langkettige Fettsäurereste und können durch einfache Stoffwechselreaktionen ineinander überführt werden. Sie besitzen von den hier beschriebenen vier Hauptklassen den höchsten physiologischen Brennwert. Im Körper dienen sie als Energiespeicher, als Isoliermaterial gegen Kälte, als Schutzpolster sowie als Baustoffe. Die wichtigsten Energiespeicher sind Fette. Sie bestehen aus einem Glycerolrest, der mit verschiedenen Fettsäuren verestert ist.

- Die **Nucleinsäuren** gelten als Schlüsselmoleküle des Lebens, sie sind die Träger der genetischen Informationen aller Organismen. Ihre Replikation ist die Voraussetzung für die Vermehrung der Zellen. Sie sind aus fünf verschiedenen Nucleotiden aufgebaut. Diese Bausteine enthalten drei Untereinheiten: Phosphatrest, Pentose (Zucker mit fünf C-Atomen) und stickstoffhaltige Base. Die Nucleinsäuren werden in **Desoxyribonucleinsäure (DNA)** und **Ribonucleinsäure (RNA)** unterschieden.

DNA-Doppelhelix

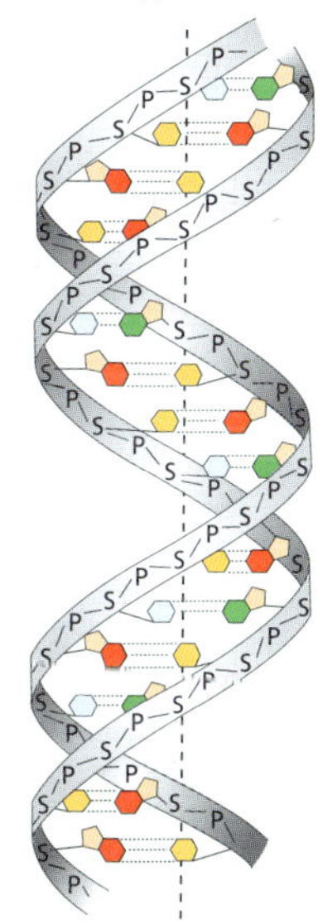

P – Phosphatgruppe
S – Zuckermolekül (engl. *sugar*)

2.4 Zellen und Zellbestandteile

Wissenschaftler, die zur Entdeckung des zellulären Aufbaus der Lebewesen beigetragen haben: ROBERT HOOKE (1635–1703), ANTONY VAN LEEUWENHOEK (1632–1723), MATTHIAS SCHLEIDEN (1804–1881), THEODOR SCHWANN (1810–1882), RUDOLF VIRCHOW (1821–1902)

- Die Zelle ist der Grundbaustein aller Lebewesen.
- Die biologischen Membranen begrenzen das Zellplasma nach außen, unterteilen das Zellinnere und regulieren den Stoffaustausch.
- Das Cytoskelett ist für Formstabilität und Bewegungsvorgänge verantwortlich.
- Die Procyten sind einfacher organisiert als die Eucyten, sie enthalten Ribosomen vom 70-S-Typ, keinen Zellkern und weniger Kompartimente.
- Die wichtigsten Bestandteile eines Eucyten sind Cytoplasma mit Cytoskelett, Zellkern, Mitochondrien, 80-S-Ribosomen, Dictyosomen, Cytosomen, Peroxisomen, endoplasmatisches Retikulum und z. T. Lysosomen, Vakuolen, Plastiden und Geißeln.
- Tieren, Pilzen und vielen Protisten fehlen Plastiden.
- Den Zellen von Tieren und vielen Protisten fehlen Zellwände.

2.4.1 Zellen sind die Grundbausteine der Lebewesen

Zellen sind die Struktur- und Funktionseinheiten fast aller Lebewesen. Alle komplexeren Strukturen wie Gewebe und Organe sind aus Zellen aufgebaut. Die Zellen zeigen alle wesentlichen Funktionen des Lebens, während ihre Bestandteile – Makromoleküle und supramolekulare Organellen – nicht eigenständig lebensfähig sind.

Zur heutigen Kenntnis über Bau und Funktion der Zellen haben Licht- und Elektronenmikroskopie, Zellfraktionierungen (Trennung der Zellbestandteile durch Zentrifugation) und biochemische bzw. molekularbiologische Untersuchungen beigetragen.

Die **Zellenlehre (Cytologie)** ist deshalb eine Schlüsselwissenschaft der Biologie. Es gibt kaum einen Teilbereich, der von ihr nicht berührt wird. Viele der spektakulären Erkenntnisse und der sich daraus ergebenden Möglichkeiten werden öffentlich diskutiert: künstlich hervorgerufene Befruchtungsvorgänge außerhalb des Organismus, gentechnische Veränderungen von Zellen, Manipulation zellulärer Differenzierungsvorgänge oder die Entwicklung von Medikamenten, die gezielt in den Zellstoffwechsel von Krankheitserregern oder ihre Wechselwirkungen mit dem befallenen Organismus eingreifen.

Die Zelle als Grundbaustein im Gewebe eines Laubblatts

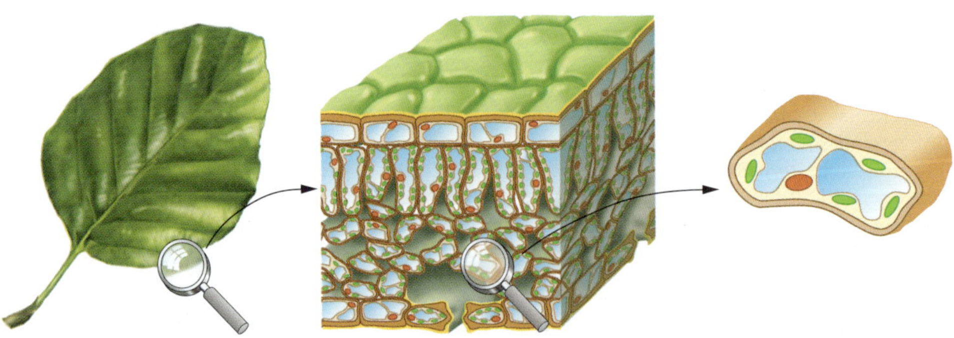

Zellen besitzen bereits alle Kennzeichen des Lebendigen (↗S.11f.). In den Zellen laufen wichtige Prozesse des **Stoff- und Energiewechsels** ab, wie Zellatmung und Fotosynthese. In ihnen werden Stoffe auf- und umgebaut und schließlich auch wieder abgebaut. Zellen **wachsen** und **differenzieren** sich. Das Leben einer Zelle beginnt mit einer Teilung oder einem Befruchtungsvorgang. Mit dem Wachstum findet eine zunehmende Differenzierung statt. Zellen und Zellinhaltsstoffe sind **bewegungsfähig,** können **Umweltreize aufnehmen** und **darauf reagieren** und sie können sich **identisch replizieren** und **vermehren.**
Dabei stellt dieser Grundbaustein aller Lebewesen ein offenes System dar, d.h., jede Einzelzelle ist auf ständigen Stoff- und Energieaustausch mit der Umgebung und den angrenzenden Zellen angewiesen. Unterschreiten diese Austauschvorgänge einen bestimmten Wert, so ist die Zelle nicht mehr lebensfähig.

Die ersten Zellen entstanden vor knapp 4 Mrd. Jahren. Durch Abwandlung des genetischen Programms (Mutation, Rekombination), Konkurrenz und Symbiose kam es zunächst zur **Evolution** der **Prokaryoten** mit kernlosen **Procyten,** später der **Eukaryoten** mit kernhaltigen **Eucyten.**

▶ Die **Geschichte der Mikroskopie** beginnt bereits um 500 v. Chr., als Griechen Brenngläser als Lupen benutzten. Die beiden Holländer HANS und ZACHARIAS JANSSEN entwickelten um 1600 die ersten Mikroskope.

Jahr	Zellforscher	Daten zur Entdeckungsgeschichte der Zelle
1665	ROBERT HOOKE	HOOKE entdeckt die zelluläre Struktur des Flaschenkorks und führt den Begriff *„Cellula"* (Zelle) ein (↗S. 15).
um 1680	ANTONY VAN LEEUWENHOEK	VAN LEEUWENHOEK entdeckt Bakterien, andere Einzeller, Blutkörperchen und Säugerspermien (↗S. 15).
1838/ 1839	THEODOR SCHWANN, MATTHIAS SCHLEIDEN	SCHWANN und SCHLEIDEN sind die Begründer der Zelltheorie, die besagt, dass alle Lebewesen aus Zellen aufgebaut sind.
1855	RUDOLF VIRCHOW	VIRCHOW formuliert den noch heute gültigen Satz: *„Omnis cellula e cellula":* Jede Zelle entstammt einer Zelle.

▶ ANTONY VAN LEEUWENHOEK gelang der exakte Schliff kleinster Kugellinsen, mit denen er bis 270-fache Vergrößerungen erreichte („einlinsiges Mikroskop").

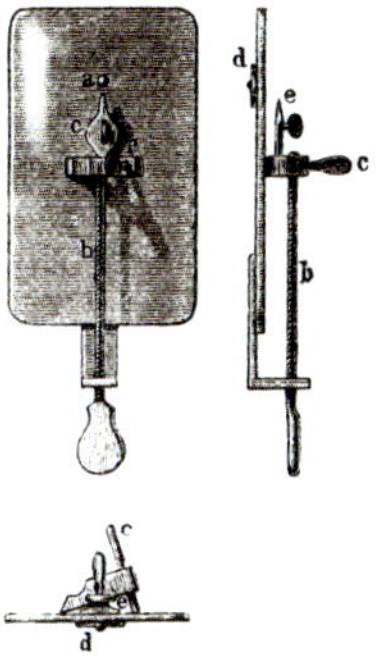

Bis heute gelten grundlegende Aussagen der Zell Lehre aus dem 19. Jh.:
- Alle Lebewesen bestehen aus Zellen.
- Zellen gehen stets aus Zellen hervor.
- Zellen haben einen prinzipiell gleichartigen Aufbau.
- Die Leistungen eines Organismus basieren auf den Leistungen seiner Zellen.

Zellen zeichnen sich durch eine große Vielfalt aus. Man kann grundsätzlich den **Procyten** als Grundbaustein der **Prokaryoten** und den **Eucyten,** den zellulären Baustein der **Eukaryoten,** unterscheiden. Zellen variieren aber auch in Form, Größe, Leistungsfähigkeit und Lebensdauer. Sie sind häufig kugelförmig, kubisch, zylindrisch oder polyedrisch.

Zellformen, Zellgröße und die **Lebensdauer von Zellen** können sehr variieren. Während ein *Coli*-Bakterium eine Länge von ca. 2 bis 4 µm aufweist, kann eine menschliche Eizelle das 50-Fache an Größe erreichen und eine pflanzliche Faserzelle mehrere Zentimeter lang sein.

L. D. FRYE und M. EDIDIN haben 1970 mit einem eindrucksvollen Experiment die Fluidität der Zellmembran nachgewiesen. Sie verschmolzen menschliche Zellen mit Mäusezellen, nachdem sie Proteine der Mäusezellen und Menschenzellen mit unterschiedlichen fluoreszierenden Antikörpern markiert hatten. Nach der Zellverschmelzung mischten sich rot und grün fluoreszierende Antikörper auf der gesamten Membranoberfläche.

Unit membranes einer Mesophyllzelle von *Pinus pinaster:* Unten ist die Plasmamembran dargestellt, darüber beide Hüllmembranen eines Chloroplasten (↗ Abb.).

Die Procyten messen oft weniger als 1 µm, können in seltenen Fällen aber auch bis über 100 µm groß sein. Die durchschnittliche Größe eukaryotischer Zellen liegt zwischen 10 und 100 µm. Blutzellen sind kleiner; manche Zelltypen, wie Pflanzenfaserzellen, Nervenzellen oder Eizellen können um ein Vielfaches größer bzw. länger sein.
Während bei einzelligen Organismen die Zelle noch alle Lebensfunktionen erbringen kann, treten bei kompliziert gebauten Vielzellern tief greifende Spezialisierungen ein. Der menschliche Körper zum Beispiel besteht aus etwa 200 verschiedenen Zelltypen. Was eine Knochenzelle zu leisten vermag, können Blutzellen nicht erbringen und umgekehrt.

Einzeller sind normalerweise potenziell unsterblich. Sie gehen bei der Teilung in den Nachfolgezellen auf. Die spezialisierten Körperzellen der Vielzeller haben dagegen eine begrenzte, allerdings sehr unterschiedliche Lebensdauer.

Die wichtigsten Bauelemente der Zellen und der Zellorganellen sind flächige Membranen und fädige Fibrillen und Filamente.

2.4.2 Membranen grenzen ab und schaffen Räume

Membranen umhüllen Zellen oder Organellen und trennen das Zellinnere in verschiedene Reaktionsräume **(Kompartimente)** auf, in denen jeweils unterschiedliche Stoffwechselprozesse ablaufen können.
Der Membranaufbau bestimmt, welche Stoffe zurückgehalten oder durchgelassen werden. Elektronenmikroskopische, molekularbiologische und biochemische Untersuchungen haben ergeben, dass Membranen aus **Proteinen, Membranlipiden** und **Kohlenhydraten** von beachtlicher chemischer und struktureller Vielfalt bestehen.
Bei den Membranlipiden handelt es sich vorwiegend um **Phospholipide.** Sie setzen sich aus zwei Teilen zusammen, einem Wasser anziehenden hydrophilen (polaren) Kopf (Phosphatgruppe + kurzer organischer Rest) und einem Wasser abweisenden hydrophoben (lipophilen) Schwanz (Fettsäureanteil). Kommt ein solches Lipid mit Wasser in Berührung, ordnen sich die Moleküle in einer monomolekularen Schicht an, wobei die hydrophilen Molekülbereiche in das Wasser eintauchen.
Im wässrigen Milieu der Zellen bilden die Phospholipide eine flüssig-kristalline Doppelschicht, deren lipophile Schwänze nach innen gerichtet sind. Diese Doppelschicht stellt die Grundsubstanz einer Membran dar (↗ S. 69). Sie ist für wichtige Eigenschaften wie Stabilität, Flexibilität, Fluidität und Semipermeabilität verantwortlich.

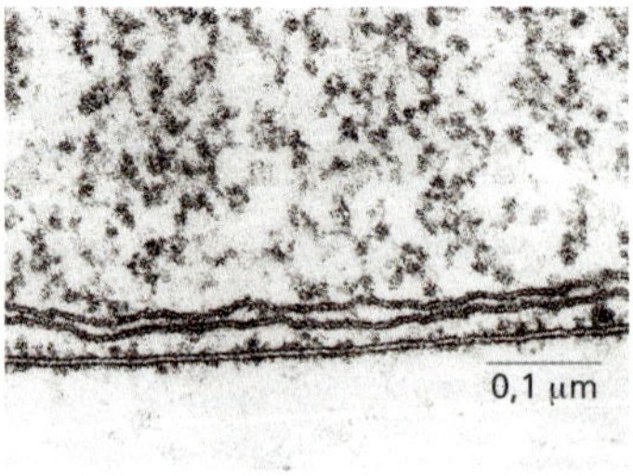

Die **Proteine** sind dieser Lipidschicht aufgelagert (periphere Proteine) oder sie tauchen mehr oder weniger tief in sie ein (integrale Proteine) oder reichen ganz durch sie hindurch (Tunnelproteine).

Manche sind weitgehend in die Lipiddoppelschicht eingebettet, andere ragen weit über die Lipide hinaus und interagieren außerhalb mit anderen Molekülen. Sie erfüllen stets spezielle Funktionen. Viele von ihnen sind spezifisch für einen bestimmten Membrantyp. Damit erklärt sich, dass die verschiedenen Membranen einer Zelle – etwa die Kernhülle und die Zellmembran – unterschiedliche Funktionen erfüllen.

Membranmodelle

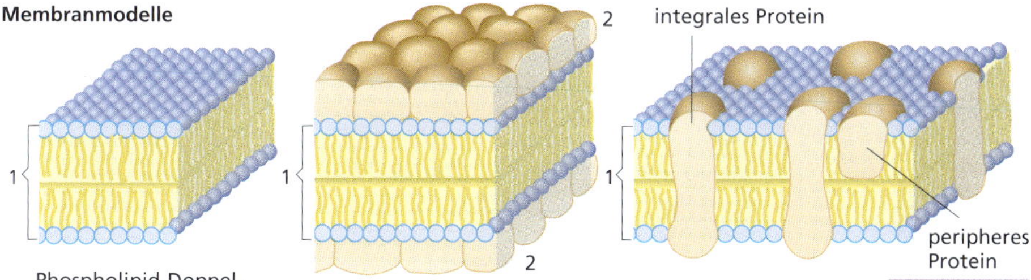

Phospholipid-Doppelschicht-Modell nach GORTER und GRENDEL (1925)

Sandwich-Modell nach DANIELLI und DAVSON (1936)

Flüssig-Mosaik-Modell nach SINGER und NICOLSON (1972)

Besondere Membranproteine sind auch der Grund dafür, dass nur ganz bestimmte Zellen und in ihnen wiederum nur bestimmte Strukturen auf Botenmoleküle wie Hormone oder Transmitter ansprechen. Dabei dienen als zusätzliche „Etiketten" Kohlenhydratketten dienen, die sowohl an Proteine **(Glykoproteine)** als auch an Lipide **(Glykolipide)** gekoppelt sein können.

▶ Weniger flüssige Lipidbereiche können wie Flöße in der flüssigeren Lipidschicht treiben (Lipidfloß-Modell).

Die Feinstruktur der Zellmembran einer tierischen Zelle

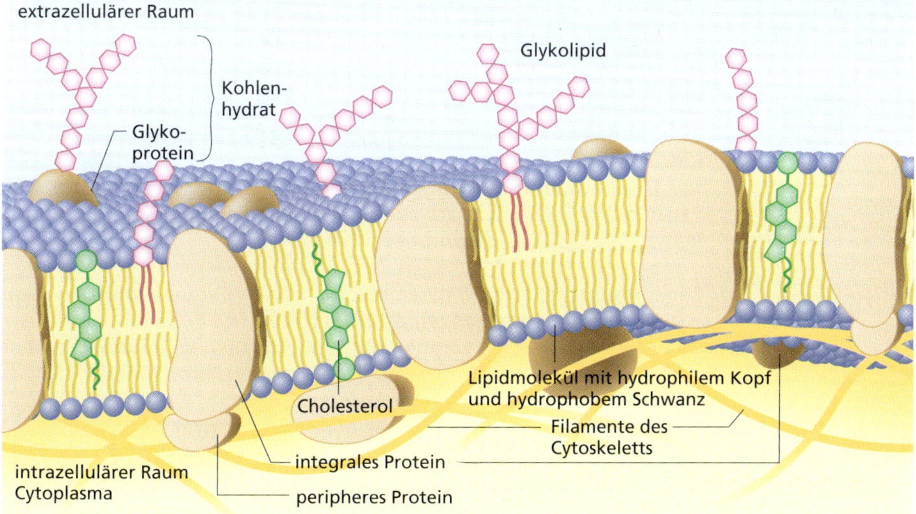

Membranproteine können auf der Membraninnenseite mit dem Cytoskelett, auf der Membranaußenseite mit der extrazellulären Matrix (↗S. 95) verknüpft sein.

Ausschnitt aus Lipidlamelle mit gesättigten (a) und ungesättigten (b) Fettsäuren

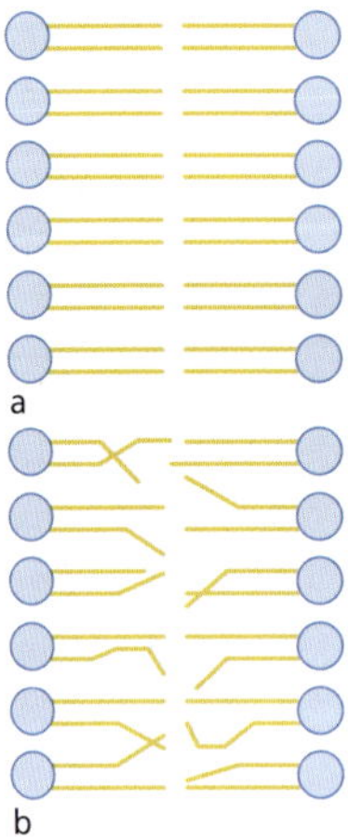

Die schwachen Bindungskräfte zwischen den Kohlenwasserstoffketten der Lipide sorgen für den Zusammenhalt der Lipiddoppelschicht. Ungesättigte Fettsäuren (mit Doppelbindungen zwischen C-Atomen) führen zu abgeknickten Ketten und dadurch zu einer Lockerung des Verbands. Auch die Einlagerung von Cholesterol bewirkt eine erhöhte Fluidität.

Trotz ihrer trennenden Funktion müssen Membranen den **Stoff-, Energie- und Informationsaustausch** ermöglichen und Strukturen für den Zell-Zell-Kontakt bereitstellen. Dies wird durch ihre selektive Durchlässigkeit erreicht. Neben der Größe der Ionen oder Moleküle spielen dabei ihre speziellen Eigenschaften eine Rolle, z. B. ihre Lipidlöslichkeit oder ihre elektrische Ladung.

Fluidität: Kenngröße einer Flüssigkeit; Fließeigenschaft bzw. Verformbarkeit; Kehrwert der sogenannten dynamischen Viskosität oder Zähigkeit, wird in $m \cdot s \cdot kg^{-1}$ angegeben

Dank spezieller Wasserporen **(Aquaporine)** können Wassermoleküle Biomembranen relativ leicht durchdringen. Die meisten Aquaporine sind hochselektiv. Zuckermoleküle, Salz-Ionen und sogar Protonen lassen sie nicht passieren. Auf dieser **Semipermeabilität** beruhen alle osmotischen Vorgänge in einer Zelle. Enthält das Außenmedium mehr gelöste Teilchen als das Innenmedium, ist es **hypertonisch**, so treten mehr Wassermoleküle nach außen. Ist das Innenmedium hypertonisch gegenüber dem Außenmedium, nimmt die Zelle Wasser auf. Zellen, die auf besonders schnellen Wassertransport angewiesen sind – wie z. B. die roten Blutkörperchen oder die Zellen der Nierenkanälchen –, enthalten besonders viele Aquaporine.

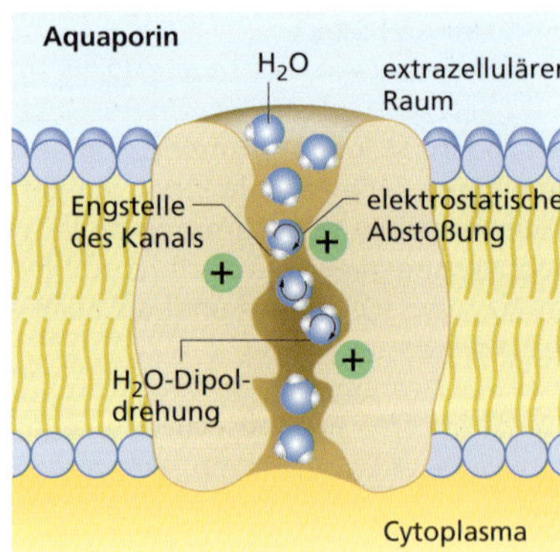

Unter **Osmose** versteht man einen einseitig gerichteten Diffusionsvorgang durch eine semipermeable Membran.

Osmotischer Transport ist ein **passiver Transportmechanismus.** Diese Transportvorgänge benötigen keine Energiezufuhr, da sie infolge eines Konzentrationsgefälles oder eines elektrischen Potenzialgefälles ablaufen. Der Transport gegen ein chemisches oder elektrisches Potenzial hingegen ist nur unter Einsatz von Stoffwechselenergie möglich. Er wird deshalb als **aktiver Transport** bezeichnet.

Beim Transport durch Biomembranen spielen **Protonenpumpen** eine wichtige Rolle. Dabei handelt es sich um integrale Proteinmoleküle, die die Translokation von Protonen durch Membranen vermitteln. Sie können – wie bei der Atmungskette (↗ S. 120) und der Fotosynthese (↗ S. 124) – mit Elektronentransportketten verbunden sein.
Eine Protonenpumpe in der Zellmembran der Belegzellen in der Magenwand sorgt für die starke Ansäuerung des Magensafts (↗ S. 140). Protonenpumpen in den Zellmembranen einiger Archäen und Bakterien werden durch Lichtenergie angetrieben. In anderen Fällen können Protonenpumpen sekundär den aktiven Transport anderer Stoffe, z. B. von Saccharose in Pflanzenzellen, vermitteln.

Transportmechanismen durch Membranen

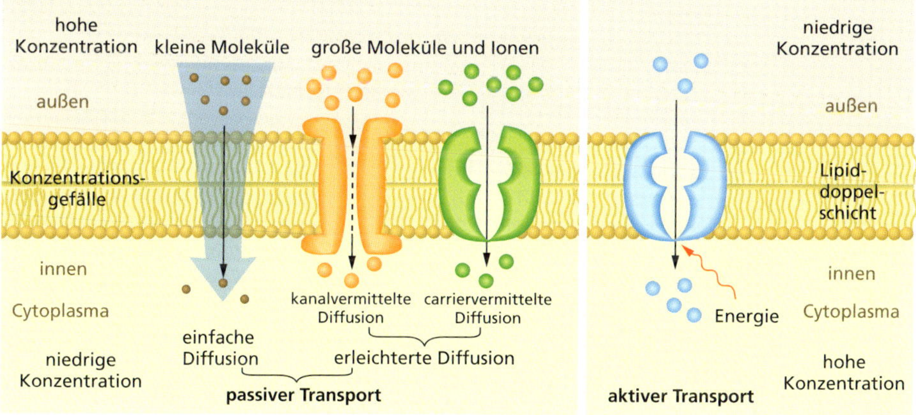

Die Transportvorgänge führen dazu, dass sich die Konzentrationen von Stoffen innerhalb der Zelle oder eines Kompartiments von der Umgebung unterscheiden. Damit ist auch die Ionenverteilung auf den beiden Seiten einer Membran ungleich. Diese Ungleichverteilung verursacht ein elektrisches Potenzial (Membranpotenzial, ↗ S. 152 f.). Dabei ist die cytoplasmatische Seite der Membran im Ruhezustand gegenüber der Außenseite stets negativ. Bei relativ großen Zellen wie Muskel- und Nervenzellen sind diese Membranpotenziale mit Mikroelektroden gut messbar.

▶ Den Vesikeltransport flüssiger Stoffe bezeichnet man als **Pinocytose,** den Transport fester Stoffe als **Phagocytose.**

Zum Stofftransport in die Zelle hinein oder aus ihr heraus muss man auch die Endo- und Exocytosevorgänge rechnen. Durch sie werden größere Partikel oder Tröpfchen aufgenommen oder abgegeben. Grundlage dieser Vorgänge ist das Fließvermögen der biologischen Membranen und die Fähigkeit, beim Aneinanderstoßen zu verschmelzen. Dies ermöglicht einerseits den Einschluss von festen und flüssigen Stoffen und deren Umhüllung durch ein Membranbläschen, andererseits die Wiederverschmelzung und somit Freigabe des Bläscheninhalts.

Die Membranen sind meist viel kurzlebiger als ihre Zelle. Demzufolge müssen die Membranen ständig erneuert werden. Die Proteine der cytoplasmatischen Membranen werden in der Regel am rauen endoplasmatischen Retikulum (ER), die der inneren Mitochondrien- und der Plastidenmembranen – soweit sie kerncodiert sind – an freien Ribosomen gebildet. Die Lipide entstehen am glatten ER.

Endocytose und Exocytose

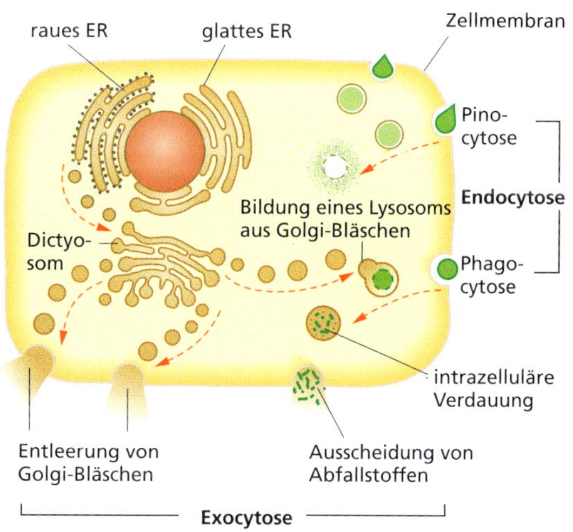

2.4.3 Fädige Strukturen stabilisieren und bewegen

Das zweite wichtige Strukturierungssystem der Zellen sind fädige Proteinstrukturen: **Mikrofilamente** (Aktinfilamente), **Mikrotubuli** und **intermediäre Filamente.** Alle drei stellen Polymere aus kleineren Proteinmolekülen dar (↗ Abb.). Sie bilden ein netzartiges Gerüst, das der Zelle Halt und Struktur verleiht und deshalb auch **Cytoskelett** genannt wird. Im Gegensatz zu einem richtigen Skelett wird dieses Gerüst jedoch ständig verändert, ab- und aufgebaut. Außerdem ist das Cytoskelett in Kombination mit speziellen Motorproteinen für extra- und intrazelluläre Bewegungsvorgänge – z. B. Geißelschläge und Bewegung von Zellorganellen – verantwortlich. Schließlich können über das Cytoskelett mechanische Reize von außen bis in den Zellkern weitergeleitet werden.

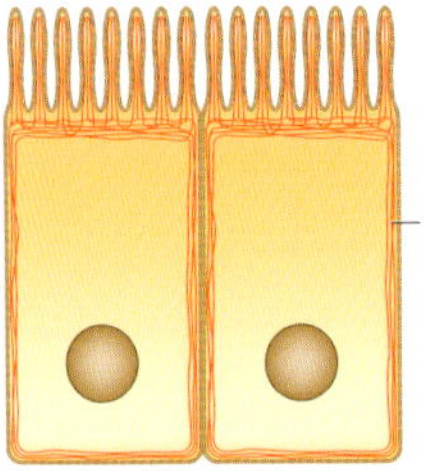

Mikrofilamente:
Insbesondere bei zellwandlosen Tierzellen gibt ein Maschenwerk von Mikrofilamenten unterhalb der Zellmembran der Zelle eine gewisse elastische Formstabilität. Auch andere Zellstrukturen – wie z. B. die Mikrovilli der Darmzellen (↗ S. 141) – werden durch Mikrofilamente stabilisiert. In Verbindung mit dem Motorprotein Myosin sind sie für Bewegungen der ganzen Zelle – besonders bei Muskelzellen (↗ S. 183) – sowie für unterschiedliche Viskositätszustände des Cytoplasmas zuständig. Sie können – besonders auffällig bei Amöben – äußere Gestaltänderungen der Zellen bewirken.

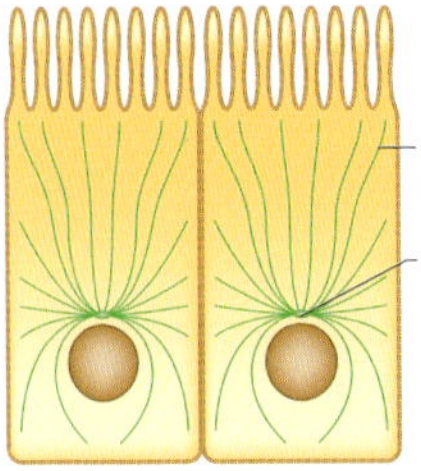

Mikrotubuli:
Sie bewegen die Zellorganelle durch das Cytosol und Chromosomen bei der Mitose. Das **Centriolenpaar** im **Centrosom** (↗ S. 99) ist aus Mikrotubuli aufgebaut. Außerdem sind sie die bewegenden Strukturen von **Cilien** und **Geißeln.** Diese Strukturen eukaryotischer Zellen enthalten alle 9 Doppeltubuli, die zylinderartig um 2 zentrale Mikrotubuli angeordnet sind (20 Mikrotubuli in der Anordnung $9 \cdot 2 + 2$). Die speichenartig zwischen Zentralachse und peripheren Mikrotubuli angeordneten großen Motorproteine (Dynein) sind für die Geißelbewegungen verantwortlich (↗ S. 346).

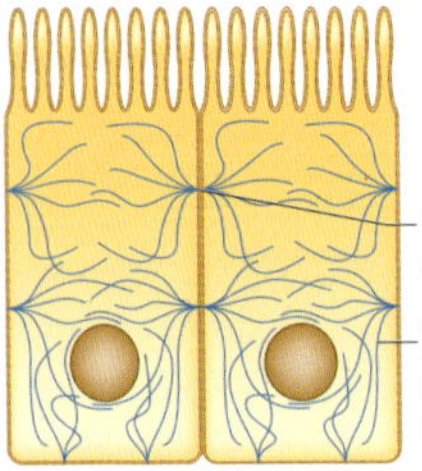

Intermediäre Filamente:
Sie sind aus unterschiedlichen faserartigen Proteinen, oft aus Keratinen aufgebaut und damit deutlich stabiler als die beiden anderen Filamenttypen. Sie stehen mit Zelloberflächenstrukturen, z. B. den Desmosomen, in Verbindung. Oft bleiben sie auch nach dem Absterben von Zellen erhalten, z. B. in den Oberhautzellen. Besonders wichtig sind sie für die Stabilität des Zellkerns und der Nervenfasern sowie für die Zerreiß- und Zugfestigkeit von Epithelien.

Lange Zeit nahm man an, dass die Zellen der Prokaryoten kein Cytoskelett besitzen. Mittlerweile konnten jedoch verwandte Proteinstrukturen auch bei Procyten nachgewiesen werden.

2.4.4 Procyten sind die Zellen der Prokaryoten

Bau einer Bakterienzelle (Procyt)

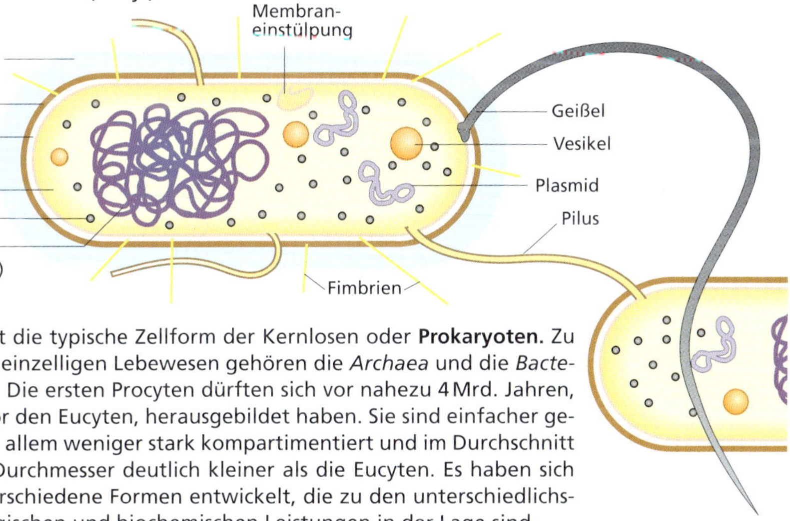

Der **Procyt** ist die typische Zellform der Kernlosen oder **Prokaryoten.** Zu diesen meist einzelligen Lebewesen gehören die *Archaea* und die *Bacteria* (↗ S. 361). Die ersten Procyten dürften sich vor nahezu 4 Mrd. Jahren, also lange vor den Eucyten, herausgebildet haben. Sie sind einfacher gebaut und vor allem weniger stark kompartimentiert und im Durchschnitt mit 1–5 μm Durchmesser deutlich kleiner als die Eucyten. Es haben sich aber viele verschiedene Formen entwickelt, die zu den unterschiedlichsten physiologischen und biochemischen Leistungen in der Lage sind.

Formen der Bakterienzelle

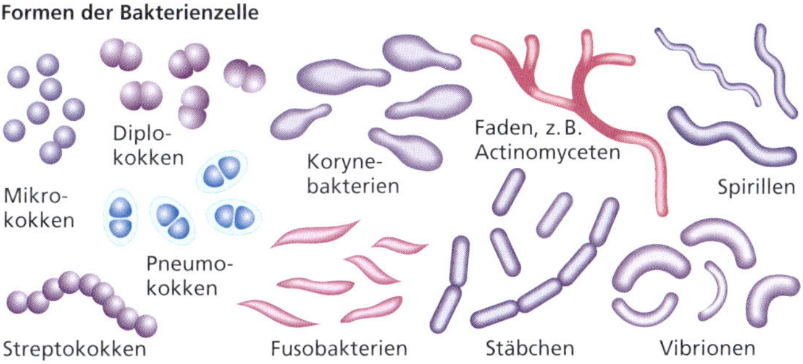

▶ Procyt, Eucyt (griech. *pro:* Vor- bzw. *eu*: echt; *kytos:* Blase, Höhle): Da *kytos* männlich ist, ist „der Procyt", „der Eucyt" korrekt; häufig findet man aber auch die Bezeichnungen „die Procyte", „die Eucyte".

Alle Procyten weisen einige gemeinsame Baumerkmale auf, wobei ihnen besonders das Fehlen typischer Eucytenmerkmale gemeinsam ist: So fehlt ihnen ein membranumgebener Zellkern mit aus DNA und Histonen aufgebauten Chromosomen. Procyten besitzen dafür ein ringförmiges, spiralisiertes und geknäultes DNA-Molekül, das als **Nucleoid** oder „Bakterienchromosom" bezeichnet wird. In entspiralisierter Form erreicht es ein Vielfaches der Zelllänge. Neben dem großen DNA-Molekül, das um die 90 % der Erbinformation eines Procyten trägt, finden sich häufig zahlreiche kleine, zirkuläre, doppelsträngige DNA-Moleküle, die **Plasmide** (↗ S. 242 f.). Sie tragen die genetische Information für spezielle physiologische Leistungen und Erscheinungen. Zahlreiche Antibiotikaresistenzen von Bakterienstämmen sind z. B. plasmidcodiert. Bei zahlreichen Bakterien können Plasmide von einer Zelle auf die andere übertragen werden.

▶ Mit Zelldurchmessern deutlich unter 1 μm sind Mykoplasmen und Mikrokokken die kleinsten Lebewesen. *Nanoarchaeum equitans* ist derzeit mit einer Größe von 400 nm das kleinste bekannte *Archaeum.*

Eine Besonderheit stellen die **Chlorosomen** einiger fotosynthetisch aktiver Bakterien dar, bei denen die Fotopigmente von einer membranartigen Galaktolipidschicht umgeben sind.

Die Kapsel verhindert bei manchen Bakterien die Zerstörung der Zelle durch Makrophagen.

Murein ist ein Heteropolymer aus Aminozuckern, die durch Peptidseitenketten miteinander verknüpft sind.

Den Procyten fehlen die typischen Zellorganellen der Eucyten wie Mitochondrien, Plastiden, Geißeln mit 9·2+2-Aufbau, Golgi-Apparate mit Dictyosomen und Peroxisomen. Auch ein typisches endoplasmatisches Retikulum fehlt. Der Mangel an Kompartimenten kann durch Einstülpungen der Plasmamembran ausgeglichen sein, die teilweise die Aufgabe von Eukaryotenorganellen übernehmen, z.B. die chlorophyllhaltigen Thylakoide der Cyanobakterien.

Die **Ribosomen** der Procyten sind mit 70S etwas kleiner als die der Eucyten (80S; ↗S. 94). Sie erfüllen – wie in der Eukaryotenzelle – die Aufgabe der Proteinsynthese.
Verschiedene **Speicherstoffe** können als Granula oder Tröpfchen in das Cytoplasma eingelagert sein.
Nach außen wird der Procyt durch eine **Zellwand,** oftmals zusätzlich durch eine Schleimhülle oder **Kapsel,** begrenzt. Der Aufbau der Zellwand unterscheidet sich sowohl hinsichtlich der Struktur als auch der chemischen Zusammensetzung deutlich von den Eucyten. Bei Bakterien besteht die Zellwand aus einem netzartig strukturierten, sackförmigen Riesenmolekül, einem **Peptidoglycan** (Murein). Diese Hülle verleiht der Bakterienzelle Form und Stabilität. Dabei kann man zwei Typen unterscheiden. In einem Fall **(gramnegative Bakterien)** liegt der Peptidoglycanwand eine weitere äußere Plasmamembran auf, im anderen Fall **(grampositive Bakterien)** fehlt diese äußere Membran, dafür ist die Peptidoglycanwand dicker (↗Abb.). Der Pharmakologe und Arzt HANS GRAM (1853–1938) hat diese Wandunterschiede 1884 mit einem eigens dafür entwickelten Färbeverfahren sichtbar gemacht, das bis heute zur Identifizierung von Bakterien genutzt wird.

Zellwand grampositiver (links) und gramnegativer (rechts) Bakterien

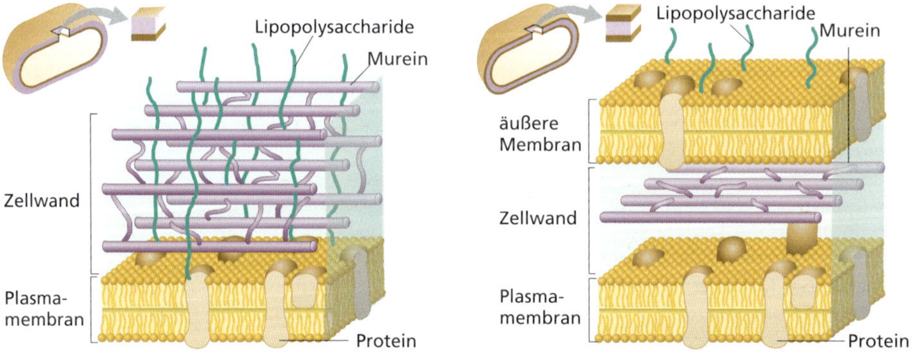

Typische Anhänge der Procyten sind Fimbrien, Pili und Flagellen

Flagellen (Bakteriengeißeln) sind lange, fadenartige Polymere aus dem Protein Flagellin, die der aktiven Fortbewegung dienen. Sie entspringen einem innerhalb der Plasmamembran liegenden Basalapparat und übertreffen die Länge des Procyten meist deutlich.

Protonenpumpen befördern Protonen aus dem Zellinneren nach außen. Ihre Rückdiffusion treibt den Flagellenmotor an, wodurch die hakenförmige Struktur am unteren Ende der Flagelle in Drehung versetzt wird. Der Rest der gewendelten Struktur wird passiv bewegt.

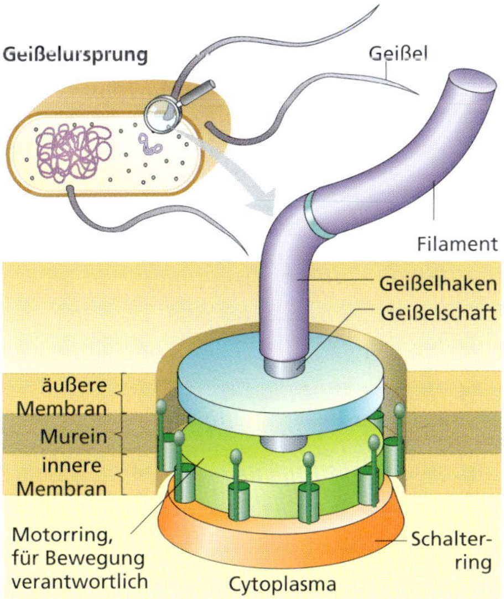

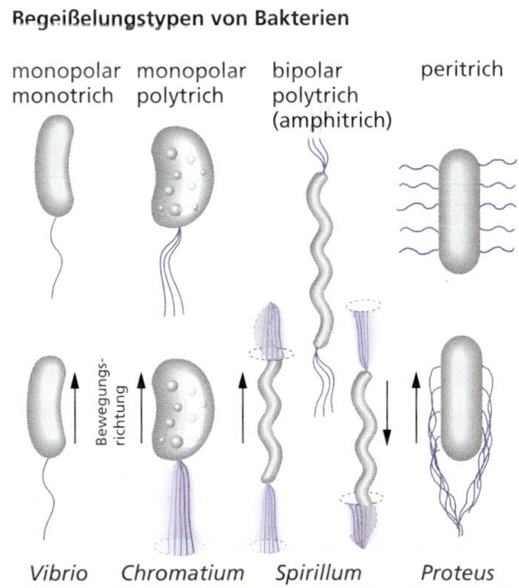

Fimbrien sind meist kurze und in großer Zahl gebildete fädige Oberflächenstrukturen, die v. a. der Anheftung an andere Zellen oder Unterlagen dienen.

▶ **Form, Größe und Begeißelungstyp** der Bakterien können deutlich variieren.

Pili (sing. *Pilus*) sind längere und dickere Fortsätze. Besonders lange **F-Pili** (F von engl. *fertility:* Fruchtbarkeit) oder Sexpili werden vor der **Konjugation** von Bakterienzellen (↗ S. 237) ausgebildet. Die Spenderzelle bildet chemotaktisch einen F-Pilus aus. Nach Kontaktaufnahme mit einer Empfängerzelle wird der Pilus vom Spenderbakterium abgebaut und dadurch verringert sich der Abstand zwischen den beiden Zellen. Ist er gering genug, kann sich außerhalb des Pilus eine **Plasmabrücke** bilden, über die DNA ausgetauscht wird.

Zahlreiche Prokaryoten sind in der Lage, unter starker Wasserabgabe Überdauerungsstadien in Form von **Dauersporen** zu bilden. Solche **Endosporen** bilden sich vor allem unter ungünstigen Umweltbedingungen. Sie können im Zustand latenten Lebens Jahrzehnte überdauern. Aufgrund ihrer geringen Größe können solche Sporen sehr weit verbreitet werden.

▶ Aus einem *Escherichia-coli*-Bakterium können sich in zehn Stunden 2^{20} Bakterien bilden.

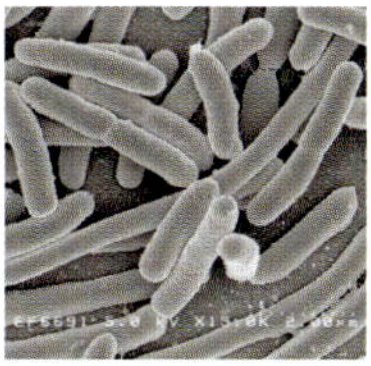

Vor der **Teilung** eines Procyten haftet sich das Nucleoid an die Zellmembran und verdoppelt sich. Anschließend schnürt sich der Procyt so ein, dass zwei neue Tochterzellen mit jeweils einem Nucleoid entstehen. Die Teilungsrate der Procyten ist meist hoch. Zellen von *Escherichia coli* können sich bei günstigen Lebensbedingungen alle 20 Minuten teilen (↗ S. 97 f.).

2.4.5 Eucyten enthalten Kerne und Organellen

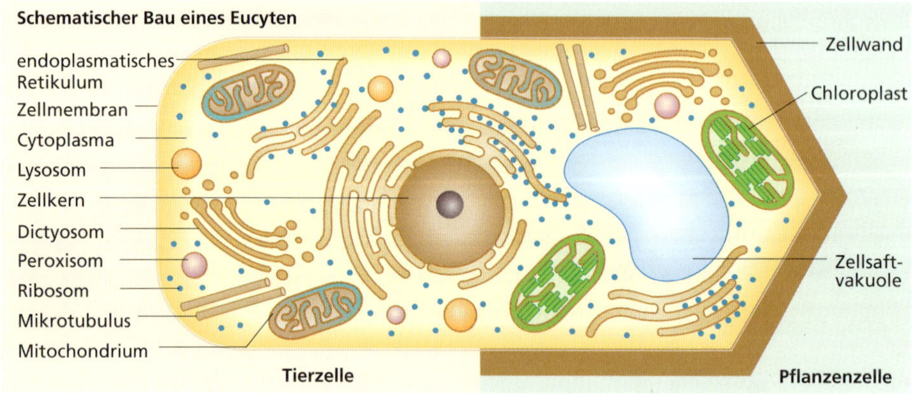

Der zelluläre Baustein aller **Eukaryoten,** gleichgültig ob Ein- oder Vielzeller, Pflanzen, Pilze oder Tiere, ist der **Eucyt**. Gegenüber dem Procyten zeichnet sich dieser Zelltyp in erster Linie durch folgende Baueigenheiten aus:

- Er besitzt einen membranumgebenen Zellkern mit Chromosomen, der sich bei der Zellvermehrung zuerst teilt (Mitose).
- Er weist ein ausgeprägtes Membransystem und eine starke innere Kompartimentierung auf.
- Als Zellorganellen treten stets Mitochondrien, oft auch Geißeln (Undulipodien) und Plastiden auf.
- Er besitzt im Cytoplasma Ribosomen vom 80-S-Typ.

Das **Cytoplasma** füllt den Bereich zwischen Zellkern und Zellaußenmembran und umgibt die Zellorganellen. Diese „Grundsubstanz" besteht zu einem beachtlichen Teil aus Wasser und enthält Proteine, Kohlenhydrate, organische Säuren und Ionen. Für die mehr flüssige oder mehr gelartige Konsistenz ist vor allem das fädige Proteinnetzwerk des Cytoskeletts (↗S. 84 f.) verantwortlich. Viele Stoffwechselreaktionen wie Glykolyse, Pentosephosphatzyklus sowie Purin- und Pyrimidinsynthese finden im Cytoplasma statt. Reservestoffe wie Fette und Glykogen können im Cytoplasma gespeichert werden. Durch Membransysteme wie endoplasmatisches Retikulum (ER), Golgi-Apparat und verschiedene Cytosomen (↗S. 91 ff.) ist es stark kompartimentiert.
Elektronenmikroskopische Untersuchungen zeigten, dass im Cytoplasma zahlreiche Strukturen eingeschlossen sind, die meist durch eine oder sogar zwei Membranen abgegrenzt werden und als **Organellen** („kleine Organe") bezeichnet werden. Doppelmembranen umgeben Mitochondrien und Plastiden, einfache Membranen Peroxisomen und Lysosomen.

Der **Zellkern (Nucleus, Karyon)** ist meist das größte Zellorganell und bereits im Lichtmikroskop gut zu erkennen. Er wird von einer Doppelmembran mit Poren umgeben. Diese Poren haben einen Durchmesser von 40 bis 100 nm und lassen Makromoleküle passieren.

Informationsfluss zwischen Kern und Cytoplasma

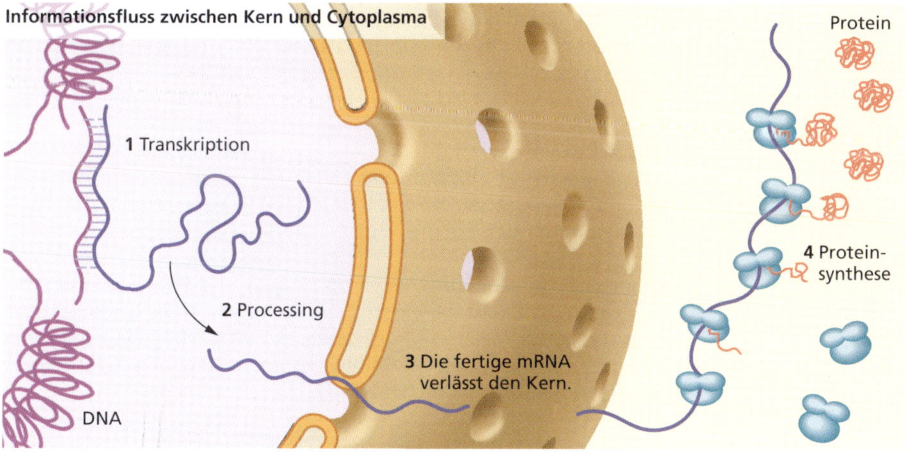

Die Kerndoppelmembran hat direkte Verbindung zum endoplasmatischen Retikulum (ER). Mit geeigneter Färbetechnik lässt sich im Kerninneren, im **Karyoplasma,** ein nucleinsäurehaltiges Netzwerk, das **Chromatin,** nachweisen. Es besteht aus den teilweise entspiralisierten Chromosomen und enthält den größten Teil der Erbinformation einer Zelle sowie mit der DNA assoziierte Proteine (vor allem Histone).
Die Nucleotidsequenz der DNA und die Anzahl der Chromosomen sind artspezifisch. Im Zellkern findet man außerdem meist zwei **Kernkörperchen (Nucleoli).** Sie bestehen vorwiegend aus RNA und wirken bei der Bildung der Ribosomen mit (↗ S. 94). Während der Kernteilung löst sich die Kernmembran auf. Chromosomen und Chromatiden (Chromosomenhälften) werden sichtbar. Nach Trennung der Chromatiden bzw. der homologen Chromosomen und deren Verlagerung in die beiden Zellhälften bildet sich die Kernmembran vom ER aus wieder neu (↗ S. 98 f.).

▶ Oberflächenvergrößerung ist wichtig für alle Strukturen, die in intensivem Stoff- und Energieaustausch mit ihrer Umgebung stehen. In Zellen sind dies neben Mitochondrien und Plastiden vor allem die Membransysteme von Golgi-Apparat und endoplasmatischem Retikulum, in Organen der Tiere und des Menschen innere Oberflächen wie etwa die Darminnenwand oder die Lungenbläschen.

Mitochondrien sind die „Kraftwerke" der Zelle. In ihnen findet die Oxidation organischer Stoffe statt, wobei Energie freigesetzt und in Form von chemischer Energie (als ATP) gespeichert wird. Sie sind also v. a. am Stoffabbau und an der Energiefreisetzung der Zelle beteiligt und ein typisches Zellorganell aller Eukaryoten. Die 1–10 µm langen Mitochondrien besitzen zwei Membranen als Hülle. Durch die Doppelmembran entstehen zwei Kompartimente: der **Intermembranraum** und die **Matrix.**
Die innere Membran ist vielfach gefaltet und eingestülpt. An dieser großen Oberfläche können zahlreiche Stoffwechselvorgänge gleichzeitig ablaufen. Sie ist der Sitz der Enzyme für die Atmungskette und die ATP-Synthese (↗ S. 120).

Mitochondrium

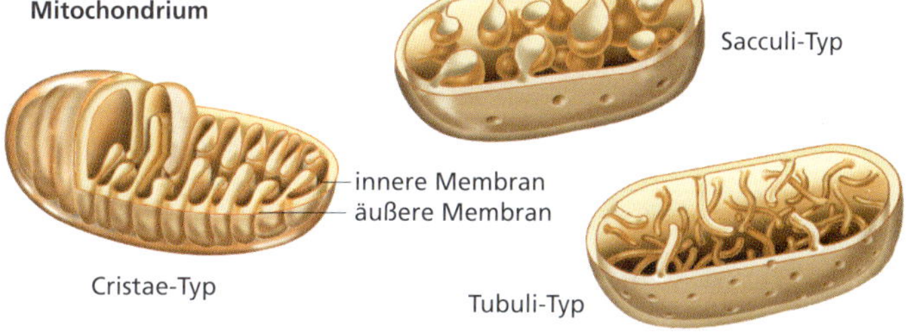

Die Außenmembran gilt als relativ durchlässig. Die Matrix der Mitochondrien enthält zahlreiche Ribosomen, DNA und Enzyme des Kohlenhydrat- und Lipidstoffwechsels. Eine Reihe der Reaktionsschritte der Zellatmung – der Citratzyklus (↗ S. 118 f.) – findet in der Mitochondrienmatrix statt.

Die Anzahl der Mitochondrien in einer Zelle hängt von der Zellgröße und der Zellaktivität ab. Während Zellen der Säugerleber bis zu 1500 Mitochondrien enthalten, sind es in manchen Eizellen etwa 100000 und in einzelligen Amöben um die 50000.

Plastiden sind typische Organellen von Algen und Pflanzen. Auch bei diesen Zellorganellen ist die innere Oberfläche sehr stark vergrößert. Allerdings stehen die inneren Membranen, die als **Thylakoide** bezeichnet werden, bei ausdifferenzierten **Chloroplasten** nicht mehr mit der umhüllenden Innenmembran in Verbindung.

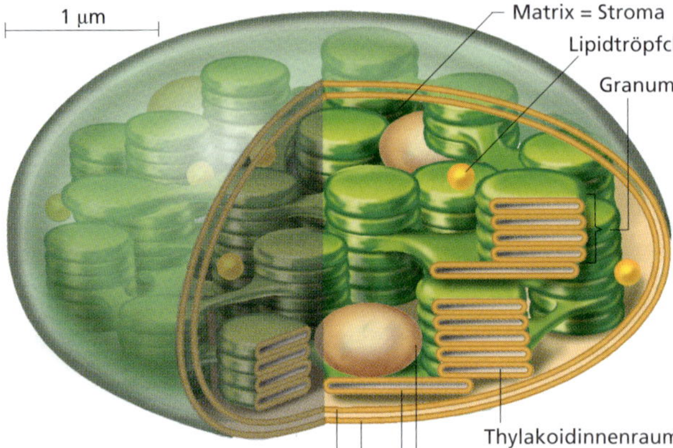

Die frei schwimmende **Schraubenalge** *(Spirogyra)* besitzt nur einen oder zwei große, gestreckte, schraubenförmige Chloroplasten.

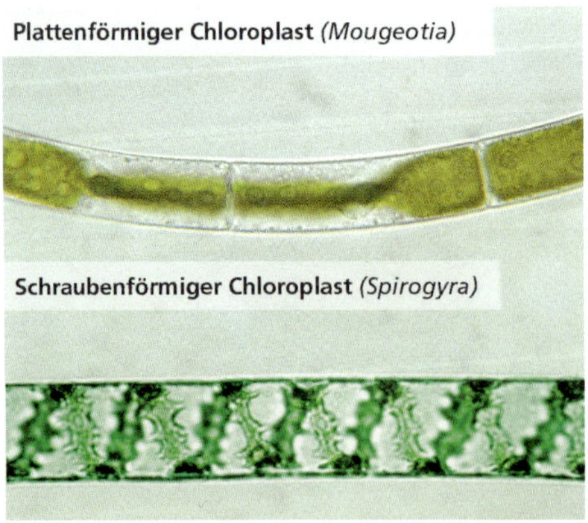

Die grünen **Chloroplasten** ermöglichen ihren Trägern eine **autotrophe Lebensweise.** Mithilfe von Assimilationsfarbstoffen, vor allem des **Chlorophylls** (↗ S. 77), kann in den Chloroplasten ein Teil der Lichtenergie in chemische Energie umgewandelt werden. Die Energie wird in den Chloroplasten zum Aufbau organischer Verbindungen genutzt. Fotosynthetisch aktive Zellen der Pflanzen besitzen durchschnittlich 50 bis 100 Chloroplasten von linsenförmiger Gestalt und etwa 5 µm Durchmesser, die somit auch im Lichtmikroskop gut zu erkennen sind. Besonders in Grünalgen kommen auch anders geformte und teilweise sehr große Chloroplasten (Chromatophoren) vor.

Das **Thylakoidsystem** der Chloroplasten lässt sich in zwei Bereiche gliedern: die **Granathylakoide** und die **Stromathylakoide.** Die Granathylakoide bilden geordnete Stapel von Doppelmembranen. Diese als dunkelgrüne Areale im Chloroplasten erscheinenden Lamellenstapel enthalten reichlich Fotosynthesepigmente und alle für die Lichtreaktion (↗ S. 124) erforderlichen Enzyme. Die Stromathylakoide stellen Verbindungen zwischen den Grana her. Sie bilden keine Stapel aus, sondern durchziehen das Plastideninnere in Form von Membranflächen. Das Thylakoidsystem ist in die Grundsubstanz des Chloroplasten, das **Stroma (Matrix),** eingebettet. Im Stroma befinden sich auch die Enzyme für die lichtunabhängige Reaktion der Fotosynthese. Während der Alterung – etwa im Zuge der Herbstfärbung – degeneriert das Membransystem bei gleichzeitigem Abbau des Chlorophylls.

EM-Aufnahme eines Chloroplasten

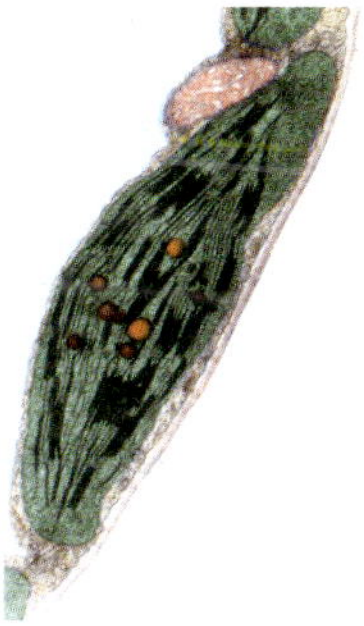

Plastiden vermehren sich durch Teilung. In sich stark teilenden Zellen der Bildungsgewebe kommen pigmentfreie, kleine **Proplastiden** vor, die sich ebenfalls häufig teilen. Entsprechend der Funktion der unterschiedlichen Pflanzengewebe können sich die Plastiden sehr unterschiedlich differenzieren. Farblose Plastiden chlorophyllfreier Gewebe nennt man **Leukoplasten,** in Speichergeweben können sie Öl (Elaioplasten), Proteine (Proteinoplasten) oder Stärke (Amyloplasten) speichern, z. B. in der Kartoffelknolle oder im Weizenkorn. **Chromoplasten** enthalten gelbe oder rote Carotinoide und dienen z. B. der Färbung von Blüten und Früchten (Tomate, Rindengewebe der Möhre).

Mitochondrien und Plastiden sind aus endosymbiotischen Prokaryoten hervorgegangen, und sie verfügen bis heute über eine eigene DNA **(mt-DNA** bzw. **pt-DNA).** Da sie auch Ribosomen des 70-S-Typs enthalten, sind sie in der Lage, einige Enzyme selbst herzustellen. Sie vermehren sich durch einfache Teilung.

Das **Endomembransystem der Zelle** besteht aus **endoplasmatischem Retikulum (ER), Golgi-Apparat (Dictyosomen), Lysosomen** und **Cytosomen *(Microbodies).*** Das ER durchzieht als reich gegliedertes Membransystem das Cytoplasma. Es steht mit verschiedenen Zellorganellen, etwa dem Kern und den Dictyosomen, in enger Verbindung und kompartimentiert das Zellinnere.

CAMILLO GOLGI (1844–1926) entdeckte 1898 das plasmatische Zisternensystem, den Golgi-Apparat, in der Zelle.

Kernmembran und endoplasmatisches Retikulum

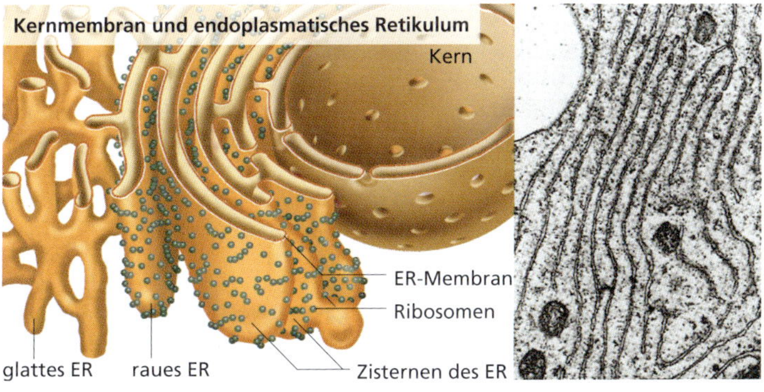

Die Hohlräume zwischen den beiden Membranen werden Zisternen genannt. Sie sind intrazelluläre Speicherorte und Transportkanäle, an deren Ende Vesikel abgeschnürt werden. Die Außenseiten der ER-Membranen können glatt oder mit Ribosomen besetzt sein. Entsprechend unterscheidet man glattes (agranuläres) von rauem (granulärem) ER. Das raue ER ist der Syntheseort zahlreicher Proteine, vor allem der Speicher- und Membranproteine. Das glatte ER wirkt bei sehr unterschiedlichen Stoffwechselvorgängen mit.

Dictyosom mit Vesikelbildung

Golgi-Apparat

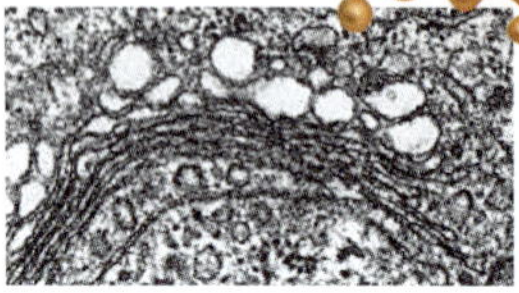

Dictyosomen oder der **Golgi-Apparat** als die Gesamtheit der Dictyosomen sind Membranstapel, die in ihrem Inneren – ihren Zisternen – Polysaccharide und Proteine ansammeln. Nach Vesikelabschnürung in das Cytoplasma können diese Vesikel mit Membranen anderer Zellorganellen oder mit der Zellmembran verschmelzen und dadurch Stoffe transportieren und ausscheiden (Exocytose). In Zellen mit sekretorischer Funktion ist der Golgi-Apparat deshalb besonders stark ausgeprägt. In Pflanzenzellen produzieren Dictyosomen beispielsweise Pectine und Hemicellulosen für die Zellwandbildung, in tierischen Zellen Verdauungsenzyme und Hyaluronsäure als wichtige Substanz des extrazellulären Raumes in tierischen Bindegeweben.

Lysosomen sind von einer einfachen Membran umgeben und enthalten Enzyme. Gebildet werden diese Organellen vom Golgi-Apparat. Aufgabe der Lysosomen in der Zelle ist es, sehr selektiv mit Endocytosevesikeln zu verschmelzen und den Vesikelinhalt hydrolytisch abzubauen. Beim Absterben von Zellen löst sich die Lysosomenmembran auf. Die Enzyme werden frei und autolysieren die Zelle. Bislang sind mehr als 60 verschiedene lysosomale Enzyme nachgewiesen worden. Als wichtiges Enzym gilt die saure Phosphatase. In Pflanzenzellen kommen keine Lysosomen vor, ihre Rolle wird teilweise von der Zentralvakuole übernommen.

Lysosomen der Leberzelle (Ratte)

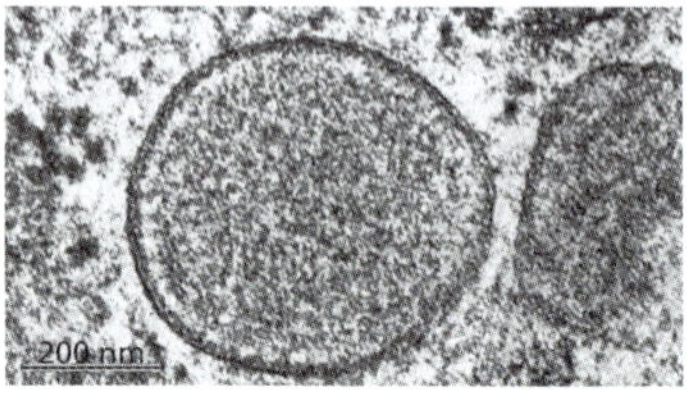

▶ Infolge von Defekten an Lysosomen können beim Menschen Erbkrankheiten auftreten. Mehr als 30 derartiger Krankheiten sind bekannt.

In den 0,5–1,5 µm großen **Peroxisomen** können etwa 60 verschiedene vorwiegend oxidierende Enzyme vorkommen, die z.B. den oxidativen Abbau von Fettsäuren, Alkohol und anderen schädlichen Verbindungen katalysieren. Wegen ihres Sauerstoffverbrauchs nimmt man an, dass sie als „Entgiftungsapparate" entstanden sind, die mit dem Auftreten einer sauerstoffhaltigen Erdatmosphäre erforderlich wurden. Dafür spricht auch, dass sie in allen Eukaryotengruppen vorkommen.

Bei den Oxidationsvorgängen kann das hochgiftige Wasserstoffperoxid (H_2O_2) entstehen. Teilweise wird es durch Peroxidase sofort wieder verbraucht, teilweise durch das reichlich vorhandene Enzym Katalase umgehend in Wasser und Sauerstoff umgewandelt.

Peroxisomen der Leberzelle (Ratte)

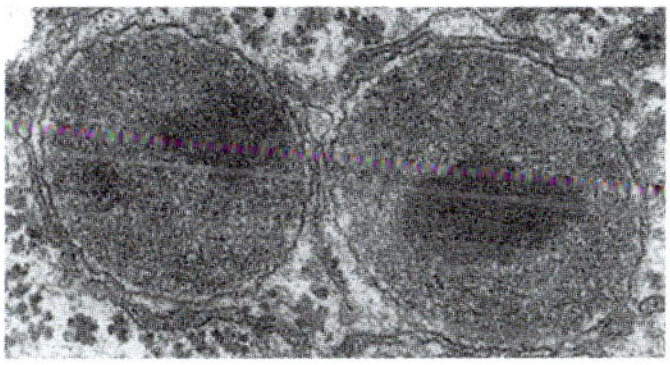

Besonders zahlreich findet man Peroxisomen in stoffwechselaktiven Zellen von Leber und Niere, aber auch in chloroplastenreichen Blattzellen und in lipidreichen Nährgeweben von Samen (Glyoxisomen). Neue Peroxisomen entstehen durch Abschnürung von Vorläufervesikeln vom ER, die dann zu der endgültigen Zellorganelle fusionieren.

Sowohl bei tierischen als auch bei pflanzlichen Zellen treten **Vakuolen** auf. In tierischen Zellen sind es nur kleine, mit Flüssigkeit angefüllte Räume. In älteren Pflanzenzellen erreichen sie ein beachtliches Volumen. In den meisten Pflanzenzellen entsteht aus einzelnen Vakuolen eine mächtige Zentralvakuole. Die einfache Membran, die den Vakuoleninhalt zum Cytoplasma hin abgrenzt, wird als **Tonoplast** bezeichnet. Dieser Tonoplast unterscheidet sich in den Membraneigenschaften deutlich von der äußeren Zellmembran, die bei Pflanzen **Plasmalemma** genannt wird. So sind Plasmalemma und Tonoplast für verschiedene Stoffe unterschiedlich durchlässig. Vakuolen enthalten eine wässrige Lösung und können osmotisch Wasser aufnehmen und abgeben. Der davon abhängige Binnendruck **(Turgor)** einer Pflanzenzelle hat Bedeutung für die Stabilität des Pflanzengewebes (↗ Abb., S. 137, 154).
Vakuolen in pflanzlichen Zellen erfüllen mehrere wichtige Funktionen. Sie können den Lysosomen gleich lytische Enzyme enthalten und so bestimmte Stoffumsetzungen beeinflussen.

Bedeutsam können Vakuolen auch für die **Speicherung** von Stoffen sein, sowohl verschiedene Zucker als auch Proteine und organische Säuren können in den Vakuolen zum Teil beachtliche Konzentrationen erreichen. Sie sind zunächst dem aktuellen Stoffwechselgeschehen entzogen. Bei Bedarf werden diese Reservestoffe wieder mobilisiert, z. B. bei den CAM-Pflanzen (↗ S. 127). Vakuolen dienen aber auch als Deponieraum für überflüssige, oft toxische Sekundärstoffe. Sie ersetzen und ergänzen die ansonsten spärlichen Ausscheidungsmöglichkeiten der Pflanze. Oft enthalten Vakuolen Glykoside, Phenole oder Pigmente (Anthocyane).

Osmotische Verhältnisse zwischen Zellsaft und Außenmedium

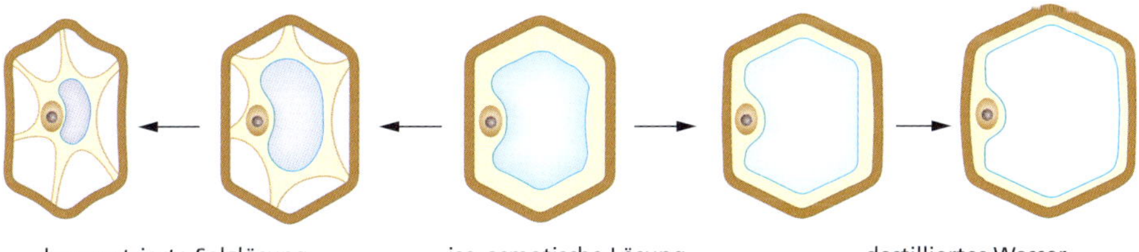

konzentrierte Salzlösung
osmotischer Druck außen > innen

iso-osmotische Lösung
osmotischer Druck außen = innen

destilliertes Wasser
osmotischer Druck außen < innen

Ribosomen sind die Orte der Proteinbiosynthese in der Zelle. Sie stellen Organellen ohne Membranhülle dar. Zwei Ribosomengrundtypen werden unterschieden: der 80-S-Typ im Cytoplasma der Eucyten und der 70-S-Typ der Plastiden, Mitochondrien und der Procyten.

▶ THEODOR SVEDBERG (1884– 1971)

Größen von Ribosomen und ihrer Untereinheiten werden entsprechend ihrer Sedimentationsgeschwindigkeit bei der Ultrazentrifugation nach Svedberg-Einheiten (S) benannt. Der Wert einer Einheit (80-S) ergibt sich nicht aus der Summe der Werte der Untereinheiten. 70-S-Ribosomen setzen sich aus 30-S- und 50-S-Untereinheiten zusammen, 80 S-Ribosomen aus 40-S- und 60-S-Untereinheiten.

Gemeinsam ist beiden Typen, dass das komplette Ribosom aus zwei Untereinheiten aufgebaut ist. Während der Proteinsynthese (Translation, ↗ S. 203 f.) reihen sich 5 bis 40 Ribosomen an der mRNA zu einer Polysomenkette auf.

Funktionsfähige Ribosomen bestehen aus Proteinen und RNA in einem Mengenverhältnis von 1 : 1. Im Zellkern wird die ribosomale RNA synthetisiert und mit Proteinen beladen. Als Vorstufen der Ribosomenuntereinheiten passieren sogenannte Präribosomen die Poren der Kernmembran und gelangen in das Cytoplasma. Dort erhalten sie ihre endgültige Ausprägung. In Procyten hat man um die 10 000 Ribosomen pro Zelle, in stoffwechselaktiven Säugerzellen ein Vielfaches davon gefunden. Die Lebensdauer der Ribosomen ist relativ kurz. Deshalb müssen sie ständig neu gebildet werden. Bis zu 100 Ribosomen pro Sekunde können es in einer Wirbeltierzelle sein.

Ribosomenzyklus

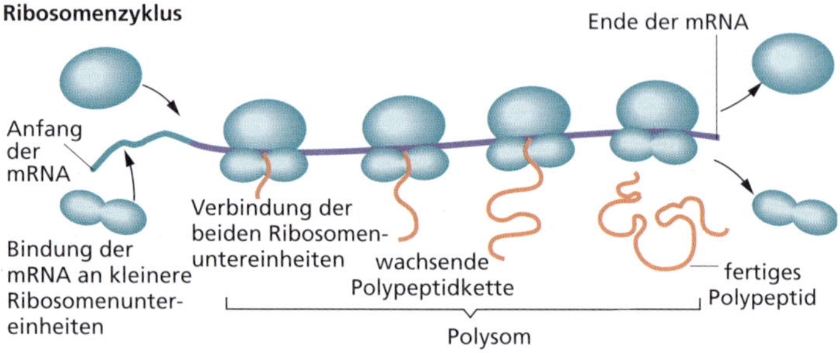

Die 70-S-Ribosomen und die DNA der Plastiden und Mitochondrien bilden einen eigenen Proteinsyntheseapparat. Dies ist eine wesentliche Stütze für die Annahme, dass diese Zellorganellen durch Endosymbiose aus Procyten hervorgegangen sind (↗ S. 347). Die Mehrzahl der für Plastiden und Mitochondrien erforderlichen Proteine wird allerdings an den cytoplasmatischen Ribosomen oder in Kooperation mit ihnen synthetisiert. Deshalb sind diese Organellen außerhalb von Zellen nicht überlebensfähig.

Centrosomen mit zwei senkrecht zueinander stehenden **Centriolen** sind Organisationszentren für Mikrotubuli und spielen eine wichtige Rolle bei der Ausbildung von Basalkörpern der Geißeln und beim Aufbau der Kernteilungsspindel während der Mitose (↗ S. 99) und Meiose (↗ S. 254). Jedes Centriol besteht aus neun Mikrotubulitripletts. Sie fehlen den Eucyten der Bedecktsamer (Angiospermen).

▶ In der **Zellwand** gibt es unverdickte Bereiche, die Tüpfel, durch die die Cytoplasten mit **Plasmodesmen** verbunden sind (↗ S. 95).

Die **Zellwand** umgibt die Pflanzenzellen mit einer festen, formgebenden Hülle. Während des Lebens einer Zelle durchläuft die Wandbildung verschiedene Phasen. Nach erfolgter Kernteilung entsteht zwischen den beiden Tochterzellen von innen heraus (zentrifugal) eine neue Trennschicht. Diese **Mittellamelle** besteht aus Protopectin- und Hemicellulosemolekülen. Während des folgenden Zellstreckungswachstums lagern sich zunächst ungeordnet beidseitig Mikrofibrillen aus Cellulose an.

Schematischer Aufbau der Zellwand einer ausgewachsenen Pflanzenzelle

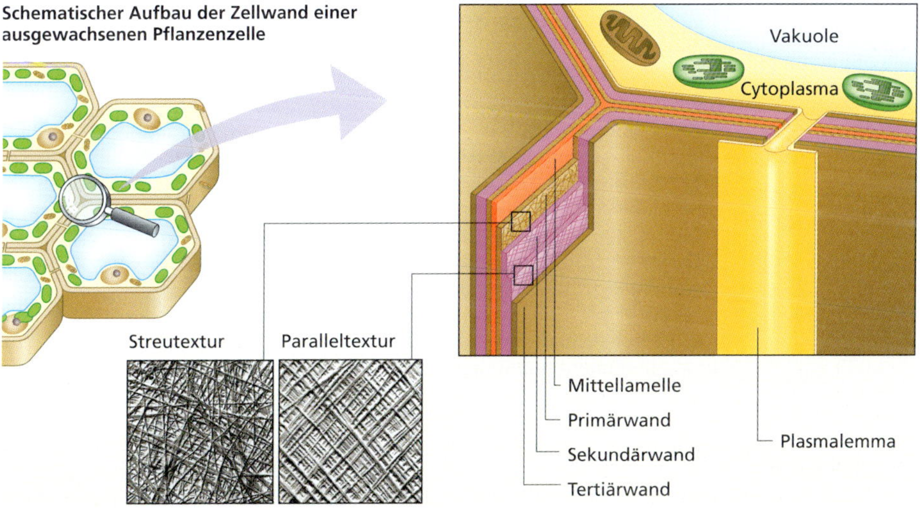

Die **Primärwand** entsteht. Sobald das Streckungswachstum abgeschlossen ist, verstärkt sich die Wand durch schichtweise Auflagerung weiterer parallel ausgerichteter Cellulosefibrillen **(Sekundärwand).** Bei manchen Wänden können schließlich Ein- und Auflagerungen von Wachs, Lignin und Suberin die Wand imprägnieren und ihr zusätzliche Festigkeit und Widerstandsfähigkeit verleihen **(Tertiärwand).**
Während bei Pflanzenzellen Plasmakanäle durch **Plasmodesmen** die Zellen über Tüpfel in den Zellwänden verbinden, werden die verbindenden Strukturen bei Tierzellen als ***Gap Junctions*** bezeichnet. Anders als andere Eucyten bilden Pflanzenzellen selten lange Fortsätze aus.
Auch die Eucyten der Pilze haben feste Zellwände, die aus **Chitin,** einem stickstoffhaltigen Polysaccharid, aufgebaut sind.

Zellverbindungen in tierischen Geweben:
Desmosomen: nietenartige Zellverknüpfungen
Tight Junctions: dichte Verbindungen zwischen Epithelzellen
Gap Junctions: bilden Cytoplasmakanäle zwischen Nachbarzellen

In tierischen Geweben spielt der Raum zwischen den Zellen, die **extrazelluläre Matrix,** eine wichtige Rolle. Dicke Kollagenfasern sind in ein Geflecht aus Proteoglycanen (quellfähigen Makromolekülen aus Polysacchariden, vor allem Hyaluronsäure und Proteine) eingebettet. Fibronectine binden an Membranproteine, sogenannte Integrine, die durch die Zellmembran hindurchreichen und auf der Membraninnenseite, im Cytoplasma, Kontakt zu Mikrofilamenten haben. Durch diese Verbindung können mechanische Reize von der Außenumgebung in die Zellen hinein übertragen werden.

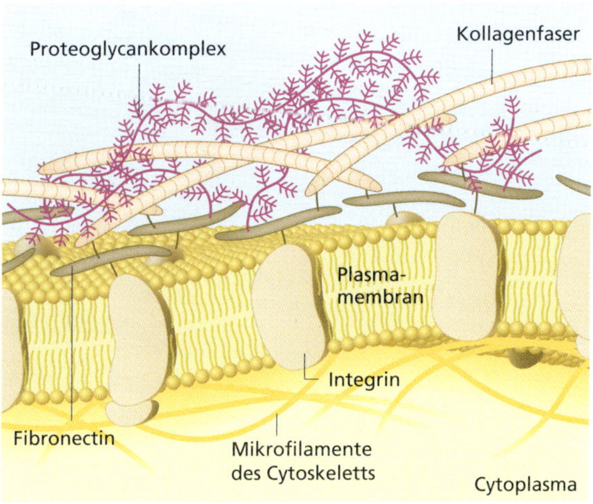

Die Zelle: Grundbaustein der Lebewesen und offenes System

- Die Zelle ist der Grundbaustein aller Lebewesen. Sie besitzt bereits alle Kennzeichen des Lebendigen.

- Die aus Lipiddoppelschichten und Proteinen aufgebauten **Biomembranen** grenzen die Zellen nach außen ab und unterteilen das Zellinnere. Damit bilden sie zum einen relativ abgeschlossene Reaktionsräume, zum anderen ermöglichen sie spezifischen Stofftransport. Als Träger von Enzymen katalysieren sie wichtige Stoffwechselreaktionen wie Fotosynthese oder Zellatmung.

- **Fädige Proteinstrukturen** sind für Bewegungen und Stabilität (Cytoskelett) der Zelle verantwortlich. Mikrofilamente bewirken Veränderung der Zellgestalt, Mikrotubuli bewegen Geißeln und Cilien und ermöglichen interzelluläre Transportvorgange – z. B. der Chromosomen bei der Kernteilung –, intermediäre Filamente sorgen für Stabilität und Reißfestigkeit der Zelle.

- Wichtige granuläre Strukturen sind die **Ribosomen.** Sie sind aus Ribonucleinsäure- und Proteinmolekülen aufgebaut. An ihnen findet die Proteinbiosynthese statt, hier wird der genetische Code in die Funktionsmoleküle der Zelle „übersetzt" (Translation).

Pflanzenzelle (Eucyt)

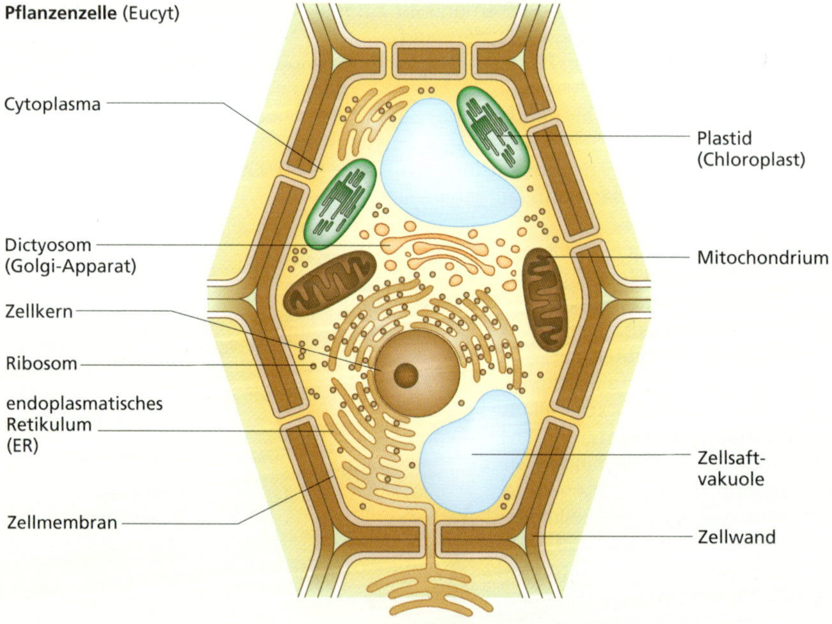

2.5 Von Zellen zu Geweben und Organen

- Zellen entstehen durch Teilung. Bei Eukaryoten teilt sich zunächst der Kern (Mitose), dabei werden die Chromosomen repliziert und danach gleichmäßig auf die beiden Tochterzellen verteilt.
- Bei einzelligen Organismen sind die gebildeten Tochterzellen bereits voll funktionsfähige neue Individuen.
- Bei Vielzellern schließt sich an die Teilung der Zellen in der Regel eine Differenzierung an.
- So entstehen verschiedene Gewebetypen, die sich wiederum zu höheren Funktionseinheiten (Organen) zusammenschließen.

2.5.1 Zellen entstehen durch Teilung aus Zellen

Prokaryoten vermehren sich meist durch **Zweiteilung.** Zunächst kommt es zur DNA-Replikation, d.h., das einzelne an die Plasmamembran gebundene ringförmige Nucleinsäuremolekül wird verdoppelt. Die Zelle wächst und dadurch bedingt rücken die beiden Nucleinsäurestränge auseinander; die Plasmamembran beginnt sich einzuschnüren, es kommt zur Ausbildung einer neuen Zellwand und zwei neue Tochterzellen bilden sich aus. Die genetische Ausstattung dieser entstehenden Zellen ist identisch, die Zweispaltung oder auch „binäre Spaltung" ist abgeschlossen.

Beim Menschen entsteht aus einer befruchteten Eizelle (Zygote) ein Individuum mit ca. 50 Billionen Zellen. Der fundamentale Prozess dieser Zellvermehrung beim Menschen ist – wie bei allen Eukaryoten – die **Mitose.**

Prokaryoten vermehren sich durch Zweiteilung der Zelle

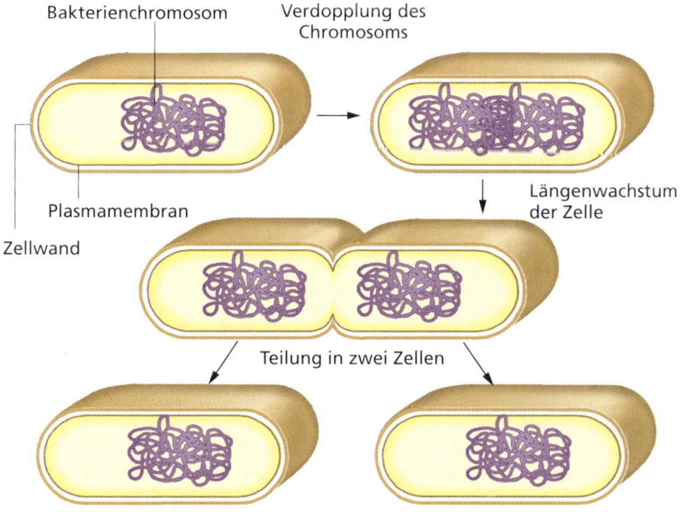

Der Chromosomensatz einer jeden Tochterzelle entspricht dem der Mutterzelle. Das setzt voraus, dass während der Mitose Chromosomenhälften (Chromatiden) und nicht ganze Chromosomen auf die nachfolgenden Zellen übergehen. Mitosen dauern bei unterschiedlichen Lebewesen und Zelltypen verschieden lange. Immer aber laufen sie in fünf Phasen ab: Pro-, Prometa-, Meta-, Ana- und Telophase.

Eine weitere Form der Kernteilung ist die **Meiose.** Durch sie werden aus diploiden Zellen haploide Zellen (↗ S. 253).

Der Mitose folgt die Teilung des Cytoplasmas, die **Cytokinese.** Sie vollzieht sich bei tierischen Zellen als Furchung, bei pflanzlichen Zellen vom Inneren heraus durch Ausbildung einer Zellplatte. Letztlich sind aus einer Mutterzelle zwei Tochterzellen hervorgegangen. Deren Chromosomensatz entspricht demjenigen der Ausgangszelle. Bleibt die gebildete Zelle teilungsbereit, tritt sie in die Interphase ein, bevor sie sich erneut mitotisch teilt.

Dauer von Mitosestadien in Minuten (Die Prometaphase ist als Übergangsphase nicht gesondert ausgewiesen. Sie ist zeitlich der Prophase zugeordnet.)

Objekt	Prophase	Metaphase	Anaphase	Telophase	Gesamt
Staubfadenhaarzellen der *Tradescantia*	105	50	15	30	200
Endospermzellen der Erbse	40	20	12	110	182
Milzzellen der Maus	27	10	12	18	67

Den zyklisch verlaufenden Prozess vom Abschluss einer Mitose mit Tochterzellenbildung bis zum Ende einer folgenden Mitose bezeichnet man als **Zellzyklus.** Er ist für alle sich mitotisch teilenden Zellen typisch und gliedert sich in mehrere Phasen.

Der Phasenwechsel beim **Zellzyklus** wird durch Regulatorproteine gesteuert.

In der G_1-Phase wächst die Zelle heran und entfaltet eine hohe Stoffwechselaktivität. Am G_1-Kontrollpunkt fällt die endgültige Entscheidung über das weitere Schicksal der Zelle. Hat sie diesen Punkt überschritten, tritt sie in die S-Phase ein und steuert unwiderruflich auf eine neue Mitose zu. Während der S-Phase verdoppelt sich die DNA. Dabei entstehen die Chromatiden.

Zellzyklus

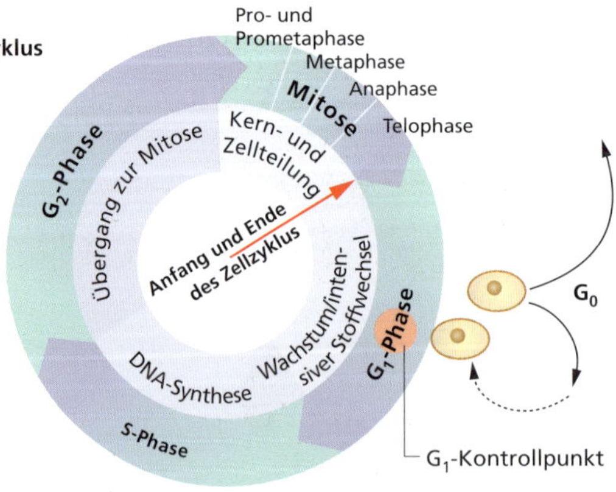

Die G_2-Phase stellt den Übergang zur Mitose dar, die dann in den fünf aufeinanderfolgenden Schritten abläuft.

Die mitotisch entstandenen Tochterzellen können erneut in einen Zellzyklus eintreten oder aber in die G_0-Phase und damit die Differenzierung zu Zellen des Dauergewebes übergehen.

In Ausnahmefällen können Zellen aus der G_0-Phase in den Zellzyklus zurückkehren.

Die **Mitose** läuft in fünf Schritten ab:

Prophase: Durch starke Aufspiralisierung des Chromatins werden die aus zwei Chromatiden bestehenden Chromosomen im Kern sichtbar. Die Centrosomen wandern zu den Zellpolen und der Spindelapparat beginnt sich auszubilden.

Prometaphase: Die Kernmembran löst sich auf. Am Centromer bilden sich auf beiden Chromatiden spezielle Proteinstrukturen, die Kinetochore, und verbinden sich mit Spindelfasern.

Metaphase: Die Centromere liegen nun alle in der Äquatorialebene der Zelle, in der sich auch die durch starke Aufspiralisierung extrem verkürzten Chromosomen in der Mitte zwischen den beiden Spindelpolen anordnen. Die Centromere verlieren ihre Chromatiden verbindende Funktion. Der Chromosomenbestand kann in der Metaphase besonders gut erfasst werden (Karyogramm).

Anaphase: Die Chromosomenhälften (Chromatiden) wandern auf den Zugfasern des Spindelapparats zu den Polen, sodass nachher an jedem Zellpol ein vollständiger Chromosomensatz vorliegt.

Telophase: Die Teilungsspindel verschwindet, die Chromosomenstruktur lockert sich und es bildet sich eine neue Kernhülle.

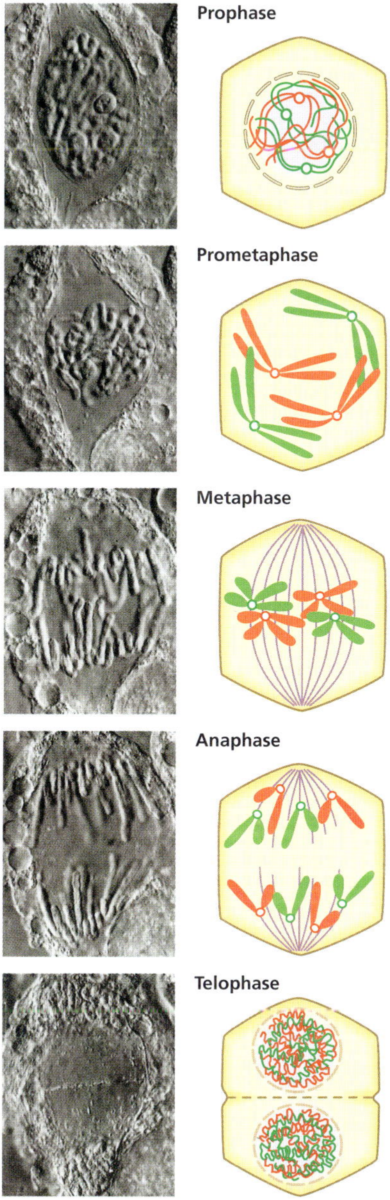

Für die geordnete Trennung und den Transport der Chromosomen sind die **Centrosomen** verantwortlich. Sie verdoppeln sich während der S-Phase des Zellzyklus. Jedes Centrosom enthält jeweils zwei aufeinander senkrecht stehende Körperchen **(Centriolen)** aus zylinderförmig angeordneten Röhrchen (Tubuli). In der Prophase wandern die Centrosomen zu den gegenüberliegenden Zellpolen. Ausgehend von den Centriolen wird der **Spindelapparat** ausgebildet. Man unterscheidet polare Mikrotubuli, die von den Polen ausgehend bis weit über die Äquatorialebene hinausreichen können, und Kinetochor-Mikrotubuli, die von den Kinetochoren ausgehen und bis in die Nähe der Pole ausstrahlen. Die Wanderung der **Chromatiden** zu den Polen kommt durch eine Wechselwirkung zwischen den polaren und den Kinetochor-Mikrotubuli zustande. Dabei werden die Chromosomen von Motorproteinen gezogen. Durch die Ausrichtung der Spindelfasern wird die senkrecht dazu verlaufende Teilungsebene festgelegt.

Im Anschluss an die Kernteilung teilt sich die Zelle **(Cytokinese).** Auf Mitose beruhende Zellteilungen sind die Grundlage für die Bildung vielzelliger Lebewesen aus einer Ursprungszelle und für alle Formen der ungeschlechtlichen Fortpflanzung und Vermehrung.

Zwei Wege zur Vielzelligkeit

2.5.2 Aus Einzellern werden Vielzeller

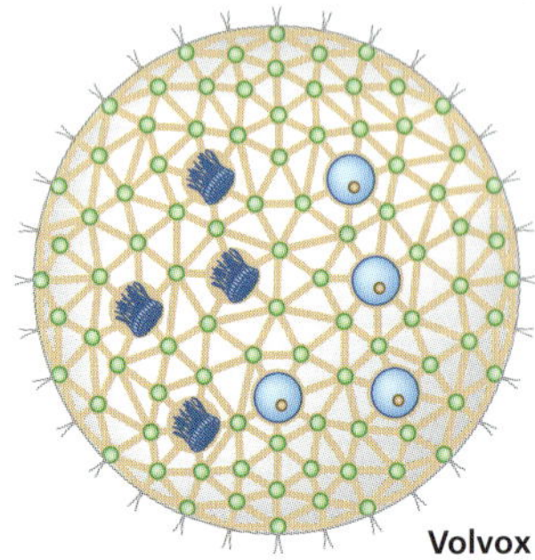
Volvox

Bei **einzelligen Lebewesen** sind unmittelbar nach dem Ablauf einer Mitose und der Zellteilung zwei neue Tochterindividuen entstanden. Lösen sich die beiden Zellen voneinander, bestehen sie als unabhängige Organismen fort. Gehen sie als Mutterzelle später wieder in den Tochterzellen auf, spricht man von potenzieller Unsterblichkeit. Am Beispiel der Algen ist modellhaft nachzuvollziehen, wie in der Evolution aus einzelligen Lebewesen **Vielzeller** wurden. Die Grundlage dafür war und ist das Zusammenbleiben und die spätere Arbeitsteilung mitotisch entstandener Zellen. Auch im Bereich heterotropher Lebewesen lassen sich solche noch relativ einfachen Zelldifferenzierungen finden. Bei den Hohltieren sind im Prinzip ähnliche Vorgänge der Differenzierung und Arbeitsteilung zu beobachten wie bei *Volvox globator* mit ihren 20 000 Zellen (↗ Abb. oben).

2.5.3 Vielzeller haben differenzierte Zellen

Schon bei einfach gebauten Vielzellern gibt es zahlreiche unterschiedlich differenzierte Zelltypen.

Körperwand eines Süßwasserpolypen (Hydra) mit differenzierten Zellen

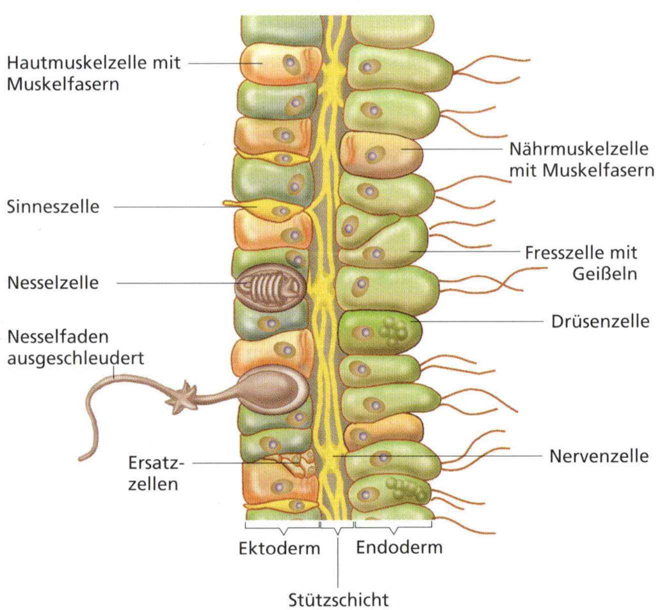

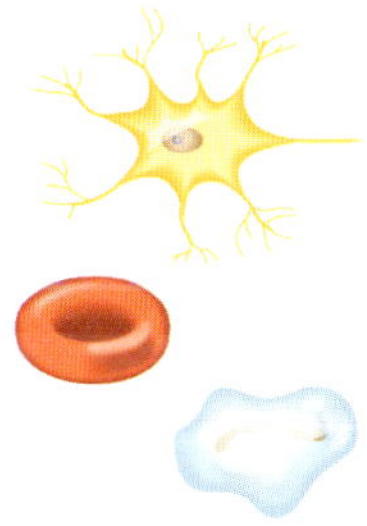

Neu gebildete Zellen werden schon in einem sehr frühen Stadium auf ihre künftige Aufgabe festgelegt. Die fortschreitende Einengung der Entwicklungsmöglichkeiten totipotenter Zellen bezeichnet man als **Determination.** Sie wird bestimmt durch cytoplasmatische Faktoren, die Lage der Zellen und ihre physiologischen Beziehungen zueinander.

Der Determination folgt die **Zelldifferenzierung.** Während der Differenzierungsphase wird die Zelle durch strukturelle und funktionelle Spezialisierung auf ihre künftigen Aufgaben vorbereitet und mit den dafür erforderlichen Strukturen ausgestattet. Dabei bleiben alle Erbanlagen (Gene) erhalten. Die Genexpression wird jedoch verändert. Damit werden zu einer bestimmten Zeit ganz bestimmte Proteine synthetisiert (↗S. 259 ff.).

Während der Differenzierung kann es zu beachtlichen Unterschieden in der Gestalt, der Größe und im inneren Bau der Zellen kommen. Muskel-, Nerven- und Faserzellen können ihre Funktion als lang gestreckte Zellen gut erfüllen. Bei Zellen des Grundgewebes, dem Parenchym, ist eine polyedrische oder nahezu kugelige Gestalt vorteilhaft. Die Anzahl der Mitochondrien wird in jenen Zellen besonders hoch sein, in denen viel Energie benötigt wird, und in sezernierenden Drüsenzellen prägt sich der Golgi-Apparat besonders stark aus.

Bei Säugern unterscheidet man bei totipotenten Stammzellen:
- pluripotente Stammzellen (können alle Organe außer Plazenta bilden)
- multipotente Stammzellen (können alle Zellen eines bestimmten Organs bilden, z. B. Blutstammzellen). In diesem Fall differenziert sich bei Teilung eine Tochterzelle, während die andere multipotent bleibt.

Determination und Differenzierung sind genetisch gesteuerte Vorgänge. Während eine **totipotente Zelle** (Meristemzelle, Stammzelle, embryonale Zelle) noch zu einem jeden beliebigen Zelltyp ausdifferenzieren kann, sind die Zellen des Dauergewebes von festgelegter Struktur und Funktion. Nur in Ausnahmefällen können sie ihre Totipotenz wiedererlangen. Auch in einem erwachsenen Lebewesen sind nicht alle Zellen ausdifferenziert. Stets sorgen teilungsfähige, totipotente Zellen in bestimmten Organen oder Organteilen für Nachschub an Dauerzellen. Zellen des Kambiums und solche in den Apikalmeristemen der Pflanzen oder Stammzellen im Knochenmark der Säuger sind Beispiele dafür.

Aus der Differenzierung hervorgegangene Zellverbände, bestehend aus Zellen gleicher Gestalt und Funktion, werden als **Gewebe** bezeichnet.

Aus den Bildungsgeweben gehen so Dauergewebe hervor, die ihre Funktionen über sehr unterschiedlich lange Zeiträume erfüllen können. Mehrere Gewebetypen bilden zusammen eine Funktionseinheit, die man **Organ** nennt.

Innerhalb eines Organs bilden sich dabei ganz charakteristische Muster von Zelltypen und Geweben heraus. Die Musterbildung ist ein wesentliches Element der Gestaltentwicklung von Organismen.

Moderne Zell- und Gewebekulturtechniken erlauben die Vermehrung von Zellen und Geweben unabhängig vom Organismus lediglich in und auf Nährmedien.

Am Aufbau und an den Funktionen eines Organs beteiligen sich mehrere Gewebetypen.

Die Differenzierung pflanzlicher Zellen:

Um die Funktionen eines höher organisierten Pflanzenkörpers sicherzustellen, entstehen aus teilungsfähigen meristematischen Zellen solche der spezialisierten Dauergewebe. Weit verbreitet sind:
- Abschlussgewebe
- Festigungsgewebe
- Leitgewebe
- Grundgewebe

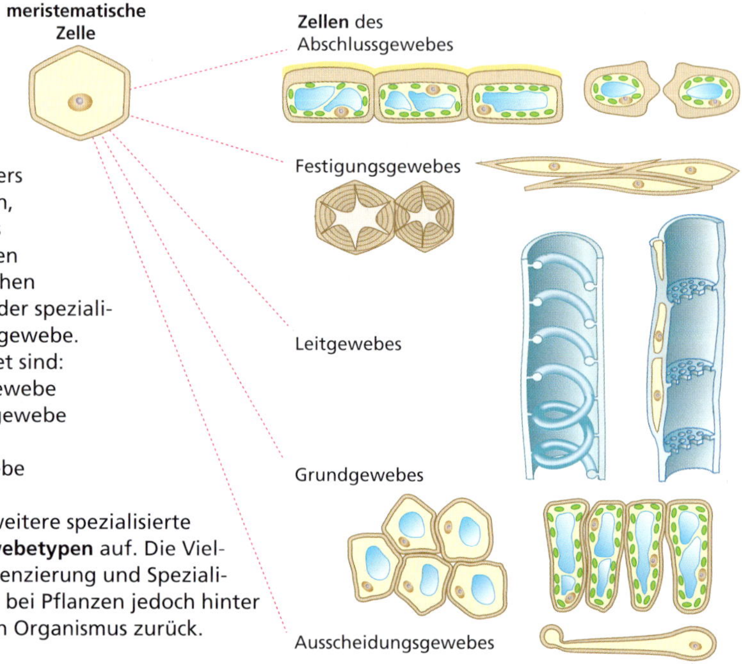

Auch treten weitere spezialisierte **Zell-** und **Gewebetypen** auf. Die Vielfalt der Differenzierung und Spezialisierung bleibt bei Pflanzen jedoch hinter dem tierischen Organismus zurück.

Die Differenzierung tierischer Zellen:

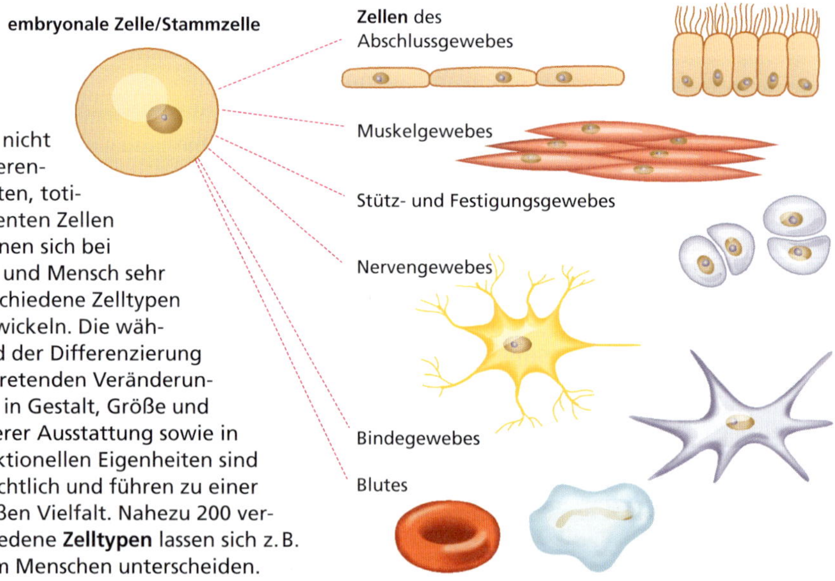

Aus nicht differenzierten, totipotenten Zellen können sich bei Tier und Mensch sehr verschiedene Zelltypen entwickeln. Die während der Differenzierung eintretenden Veränderungen in Gestalt, Größe und innerer Ausstattung sowie in funktionellen Eigenheiten sind beachtlich und führen zu einer großen Vielfalt. Nahezu 200 verschiedene **Zelltypen** lassen sich z. B. beim Menschen unterscheiden.

Am Aufbau und an den Funktionen eines **Organs** beteiligen sich mehrere Gewebetypen.

Organ

Laubblatt (Spitzahorn)

Organ

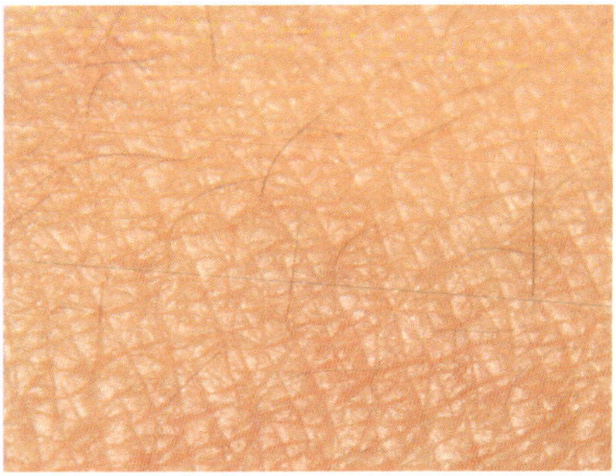

Haut (Mensch)

Blattquerschnitt (schematisch)

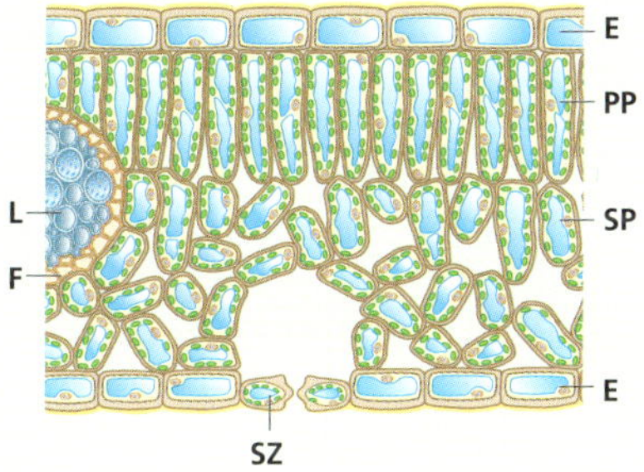

Hautquerschnitt (schematisch)

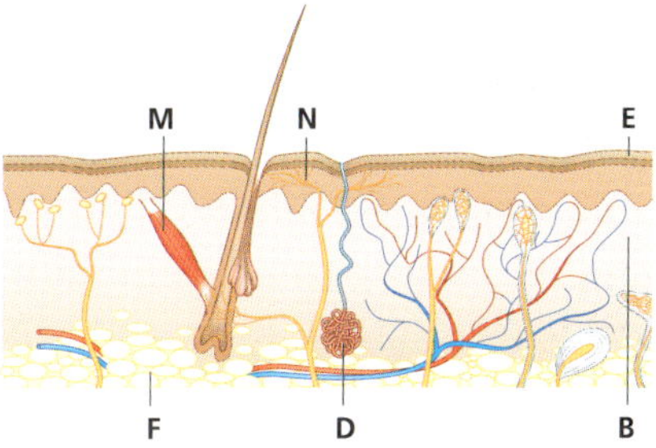

Gewebetypen

- Abschlussgewebe (Epidermis [E])
- Palisadenparenchym (PP) und Schwammparenchym (SP)
- Festigungsgewebe (F)
- Leitgewebe (L)
- weitere Gewebetypen oder/und spezialisierte Zellen (z. B. Schließzellen [SZ])

Gewebetypen

- Abschlussgewebe (Epithel [E])
- Muskelgewebe (M)
- Nervenfaser (N)
- Bindegewebe (B)
- Fettgewebe (F)
- Drüsengewebe (D)
- weitere Gewebetypen oder/und spezialisierte Zellen (z. B. Blutgefäße)

Von Zellen zu Geweben und Organen

- Zellen vermehren sich durch Teilung. Bei Prokaryoten verdoppelt sich zunächst das ringförmige Nucleinsäuremolekül, danach teilt sich die Zelle. Bei Eukaryoten teilt sich zunächst der Kern (Mitose), dabei werden die Chromatiden gleichmäßig auf die beiden Tochterzellen verteilt. Der Mitose folgt die Teilung des Cytoplasmas, die Cytokinese.
Die Kernteilung wird in fünf Phasen unterteilt: Prophase, Prometaphase, Metaphase, Anaphase, Telophase. Dann tritt die Zelle in die sogenannte G_1-Phase ein, in der sie heranwächst und hohe Stoffwechselaktivität entfaltet. Entweder kommt es nun zu einer Differenzierung der Zelle oder zu einem erneuten Eintritt in eine Teilung (G_1-Kontrollpunkt: Übergang in die S-Phase bzw. in die G_0-Phase). Der Eintritt in die G_0-Phase bedeutet Differenzierung.

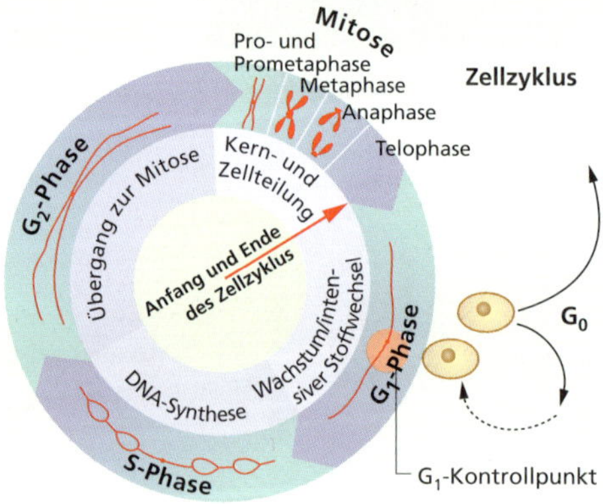

- Verbände gleichartiger Zellen werden Gewebe genannt. Aus verschiedenen Geweben setzen sich die Organe zusammen, die jeweils charakteristische physiologische Funktionen erfüllen und in ihrem Zusammenspiel den Organismus bilden.

- Bei einzelligen Organismen sind die gebildeten Tochterzellen bereits voll funktionsfähige, neue Individuen, bei Vielzellern schließt sich an die Teilung der Zellen die Differenzierung an. Normalerweise verlieren die Zellen bei dieser Differenzierung ihre Totipotenz, d. h., die Spezialisierung geht so weit, dass sich aus einer einzelnen Zelle nicht mehr ein ganzer Organismus regenerieren kann.

- Ein typisches Pflanzenorgan ist das Blatt. Es setzt sich aus Abschlussgewebe (Epidermis), Palisadengewebe, Schwammgewebe, Leitgewebe und Festigungsgewebe zusammen und dient vor allem dem Gasaustausch und der Fotosynthese. Die komplex gebaute Haut der Säugetiere hat Schutz- und Ausscheidungsfunktion und ist Sinnesorgan.

Wissenstest 1 auf **http://wissenstests.schuelerlexikon.de** und auf der DVD

Stoffwechsel und Energieumsatz

3

3.1 Energieumsatz bei Stoffwechselvorgängen

- Unter Stoffwechsel versteht man die chemischen Reaktionen in einem Organismus.
- Man unterscheidet zwischen Energiestoffwechsel und Baustoffwechsel, aufbauendem und abbauendem Stoffwechsel.
- Stoffwechselvorgänge laufen fern vom chemischen Gleichgewicht ab.
- Adenosintriphosphat (ATP) dient als Energieüberträger in der Zelle.
- Enzyme katalysieren Stoffwechselreaktionen.
- Der Energieumsatz kann durch direkte und indirekte Kalorimetrie gemessen werden.

3.1.1 Lebewesen brauchen Energie und Baustoffe

Stoffwechselvorgänge, die der Freisetzung chemischer Energie dienen, bezeichnet man als **Energiestoffwechsel.** Unter **Baustoffwechsel** versteht man die Stoffwechselreaktionen, die zum Auf- und Abbau von Zellstrukturen führen.

Alle chemischen Reaktionen in Organismen bezeichnet man als Stoffwechsel **(Metabolismus).** Beim abbauenden Stoffwechsel werden komplexe organische Verbindungen wie Kohlenhydrate, Proteine und Lipide (↗S. 59 ff.) in einfachere Verbindungen zerlegt. Diesen Vorgang nennt man auch **Katabolismus** oder **Dissimilation.** Dazu gehören die **Zellatmung** und die verschiedenen **Gärungen.** Dabei wird Energie freigesetzt.

Beim aufbauenden Stoffwechsel **(Anabolismus, Assimilation)** werden aus einfachen körperfremden Stoffen komplizierte körpereigene Verbindungen aufgebaut. Ausgangsstoffe sind entweder anorganische Stoffe der Umgebung oder durch Verdauung bereitgestellte Nahrungsbestandteile. Die zum Aufbau erforderliche Energie entstammt entweder der Dissimilation oder aus Quellen außerhalb des Organismus (z. B. aus der Sonne **[Fotosynthese]** oder aus anorganischen chemischen Verbindungen).

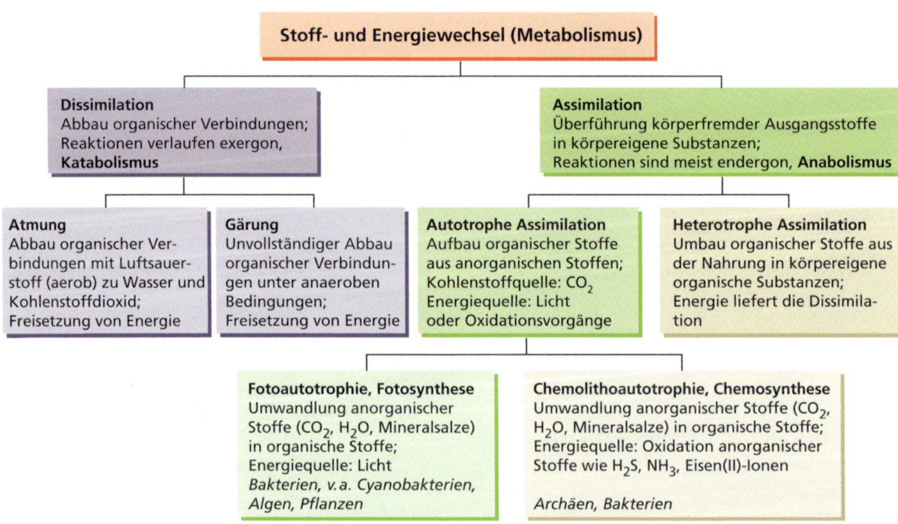

3.1.2 Organismen leben von freier Energie

Thermodynamisches Gleichgewicht und freie Energie

Liegt eine **chemische Reaktion** vom Typ A + B $\rightleftharpoons$ C + D vor, stellt sich nach einer gewissen Zeit ein **Gleichgewicht** zwischen den Ausgangsstoffen A und B und den Endprodukten C und D ein. Seine Lage wird durch die thermodynamische **Gleichgewichtskonstante *K*** angegeben.
Danach ist

$$K = \frac{c(\mathrm{C}) \cdot c(\mathrm{D})}{c(\mathrm{A}) \cdot c(\mathrm{B})},$$

wobei c(A) ... c(D) die Konzentrationen der Stoffe in Mol pro Liter darstellen, die sich im Gleichgewicht eingestellt haben. Je weiter die tatsächlichen Konzentrationen der Stoffe von den Gleichgewichtskonzentrationen entfernt sind, desto „energiereicher" ist das System, d. h., desto mehr Energie wird bei der Reaktion zum chemischen Gleichgewicht hin freigesetzt. Diese nutzbare freie Energie wird **„freie Enthalpie"**, ΔG, genannt. Im Allgemeinen wird sie bei physiologischen Reaktionen für eine Temperatur von 25 °C, für einen Druck von 100 kPa, einen Umsatz von 1 Mol und einen pH-Wert von 7 angegeben: G_0'. Die Maßeinheit ist $\mathrm{kJ \cdot mol^{-1}}$.

Der 1. und der 2. Hauptsatz der Thermodynamik erklären die **energetischen Verhältnisse in biologischen Systemen.**

Die Änderung der freien Enthalpie ist ein Kriterium dafür, ob eine Reaktion spontan verlaufen kann:
1. Eine Reaktion kann nur spontan ablaufen, wenn ΔG negativ ist. Die Reaktion verläuft **exergonisch.**
2. Ein System befindet sich im Gleichgewicht, wenn $\Delta G = 0$ ist.
3. Eine Reaktion kann nicht spontan ablaufen, wenn ΔG positiv ist. Die Zufuhr von Energie ist notwendig, um die Reaktion anzutreiben. Die Reaktion verläuft **endergonisch.**

Fließgleichgewicht

Modell eines Fließgleichgewichts

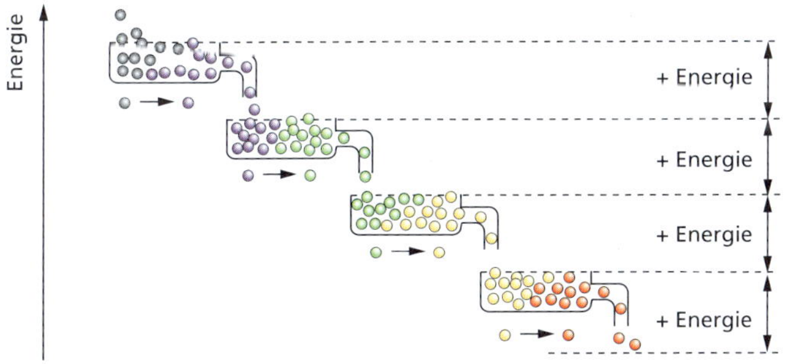

In der Abbildung wird das **Fließgleichgewicht** als hydraulisches Modell dargestellt: Es stellt sich z. B. beim abbauenden Stoffwechsel eines Organismus ein, bei dem ständig energiereiche Ausgangsstoffe (grau) zugeführt und energiearme Endprodukte (rot) abgeführt werden.

Mathematisch lässt sich das chemische Gleichgewicht durch das **Massenwirkungsgesetz** (MWG) beschreiben, das 1867 von den Norwegern CATO MAXIMILIAN GULDBERG (1836–1902) und PETER WAAGE (1833–1900) hergeleitet wurde. **JACOBUS HENRICUS VAN'T HOFF** (1852–1911) gelang es, das MWG thermodynamisch abzuleiten. Er erkannte, dass die Reaktionsgeschwindigkeit temperaturabhängig ist (**RGT-Regel,** ↗ S. 126).

SANTORIO, lat. SANCTORIUS (1561–1636), ein italienischer Arzt, Physiologe und Experimentator, zählt zu den großen Wegbereitern moderner Naturwissenschaften. Der Venezianer lehrte theoretische Medizin an der Universität Padua und konstruierte mechanische Instrumente zur Messung von Stoffwechselreaktionen (z. B. die abgebildete Stoffwechselwaage).

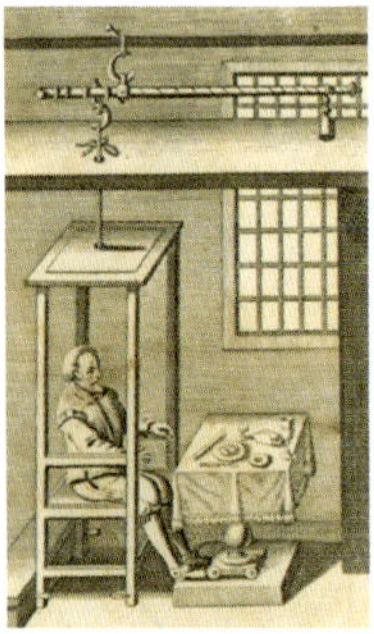

In Organismen wird durch ständigen Stoffaustausch mit der Umwelt verhindert, dass sich ein chemisches Gleichgewicht der einzelnen Reaktionen einstellt. Die Gleichgewichte der verschiedenen Teilreaktionen werden angestrebt, aber nie erreicht. Dadurch ist das Reaktionssystem zu dauernder Arbeitsleistung fähig. Das von der lebenden Zelle aufrechterhaltene Ungleichgewicht wird als Fließgleichgewicht bezeichnet. Eine lebende Zelle stellt damit ein energetisch offenes System dar. Sie steht mit ihrer Umwelt in einem ständigen Austausch von Stoffen und Energie. Theoretische Grundlage solcher Vorgänge ist nicht die klassische **Thermodynamik,** sondern die **Nichtgleichgewichts-Thermodynamik.** Aus ihr lässt sich ableiten, dass Leben nur fern vom thermodynamischen Gleichgewicht existieren kann. Trotz des Ungleichgewichts liegen die verschiedenen Stoffe in annähernd konstanten Konzentrationen vor.

Prinzipiell gelten die Gesetzmäßigkeiten des Fließgleichgewichts für alle biologischen Systeme auf allen Organisationsebenen:
1. auf molekularer Ebene bei biochemischen Reaktionsketten der Stoffwechselwege,
2. auf der Ebene der Organismen bei Stoffaustausch zwischen einzelnen Organen oder zwischen Organismus und Umwelt,
3. auf der Ebene von Ökosystemen zwischen den Organismen.

Die Abbildung stellt modellhaft eine einzelne Reaktion dar, z. B. $A \rightarrow B$. Energie wird freigesetzt, solange das Ungleichgewicht besteht: Die Lampe brennt. Ist das Gleichgewicht erreicht, wird keine Energie mehr freigesetzt, die Lampe erlischt.

Modell zur Darstellung eines Nichtgleichgewichts und eines Gleichgewichts

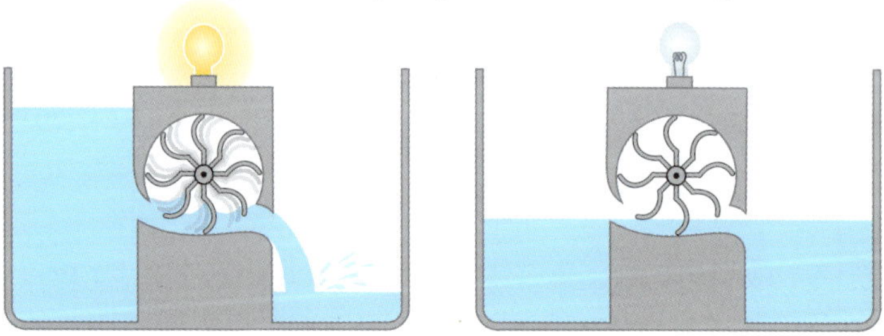

Freie Enthalpie leistet Zellarbeit

1. Mechanische Arbeit, z. B. Kontraktion von Muskelzellen
2. Transportarbeit, z. B. Transport von Molekülen durch Membranen entgegen dem Konzentrationsgefälle
3. Chemische Arbeit, z. B. Bildung von Makromolekülen aus Monomeren

Bei der Zellatmung (↗ S. 116 ff.) wird so lange Energie freigesetzt und als ATP gebunden, solange der Zelle Glucose und Sauerstoff zugeführt werden und solange in den Mitochondrien genügend ADP und Phosphat vorhanden sind.

3.1.3 ATP ist ein universeller Energieüberträger

Adenosintriphosphat – ATP

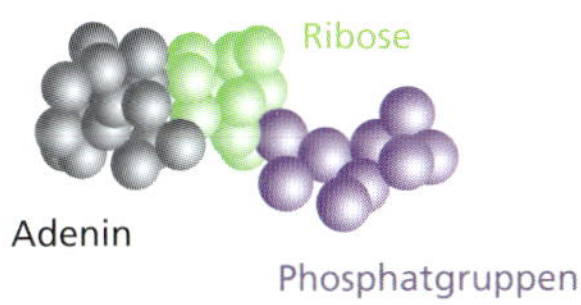

Kalottenmodell

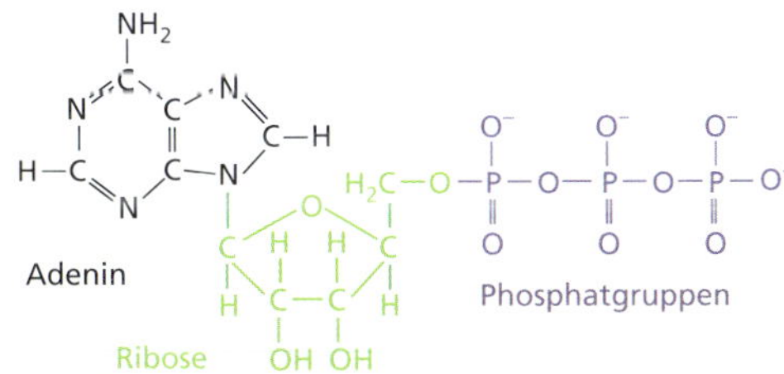

Strukturformel

Hydrolyse von ATP

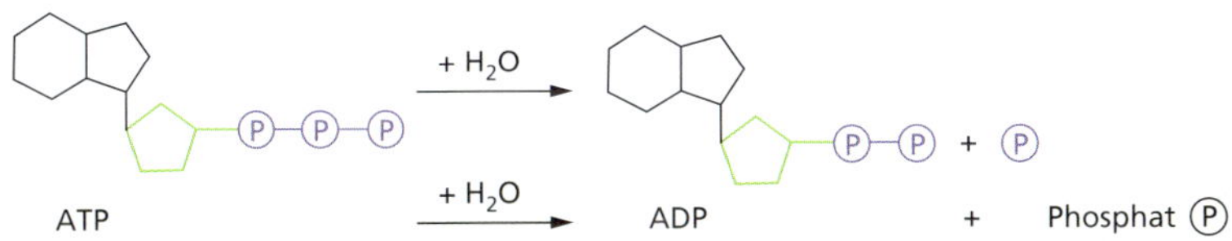

Die aus Stoffwechselvorgängen freigesetzte Energie wird in **ATP (Adenosintriphosphat)** gebunden. ATP besteht aus der stickstoffhaltigen Base **Adenin,** die an **Ribose** (C_5-Zucker) gebunden ist. An der Ribose sind drei anorganische Phosphatgruppen (P) angelagert. Reagiert ATP mit Wasser, wird eine Phosphatgruppe abgespalten. Es entstehen **ADP (Adenosindiphosphat)** und Phosphat. Bei dieser Reaktion wird Energie freigesetzt.

$$ATP + H_2O \longrightarrow ADP + ⓟ \qquad \Delta G_0' = -30{,}5\,kJ \cdot mol^{-1}$$

Der Vorgang ist **exergon.** In der Zelle kann die exergonische ATP-Spaltung mit endergonischen Reaktionen gekoppelt sein.

ATP ist die Abkürzung für **A**denosin**tri**phosphat, ADP für **A**denosin**di**phosphat.

Exergonische ATP-Spaltung ist mit endergonischen Reaktionen bei der **Energieübertragung in der Zelle** gekoppelt.

ATP-Regeneration

- Eine normal arbeitende Muskelzelle setzt ihren gesamten ATP-Vorrat etwa einmal pro Minute um. Das bedeutet, dass pro Sekunde und Zelle 10 Millionen ATP-Moleküle umgesetzt werden. Bei maximaler Arbeit verbraucht die Muskelzelle ihren ATP-Vorrat in wenigen Sekunden.

Die im menschlichen Körper täglich verbrauchte ATP-Menge entspricht etwa dem Körpergewicht. Die Regeneration von ATP erfolgt aus ADP und Phosphat. Der Vorgang verläuft endergonisch. Er wird als **Phosphorylierung** bezeichnet.

$$ADP + ⓟ \longrightarrow ATP + H_2O \qquad \Delta G_0' = 30{,}5\,kJ \cdot mol^{-1}$$

ATP ist der wichtigste Überträger chemischer Energie in der Zelle.

Man spricht von **exergonischen Reaktionen,** wenn Energie freigesetzt wird. ΔG erhält ein negatives Vorzeichen, weil die Energie vom System abgegeben wird. Reaktionen, die eine Energiezufuhr benötigen, bezeichnet man als **endergonisch.** ΔG erhält ein positives Vorzeichen.

3

3.1.4 Der Energieumsatz lässt sich mit Kalorimetern ermitteln

Zur Ermittlung des Energieumsatzes wurde 1780 das erste **Eiskalorimeter** von **ANTOINE LAURENT LAVOISIER** (1743 bis 1794) und PIERRE SIMON DE LAPLACE (1749–1827) konstruiert.

ANTOINE LAURENT LAVOISIER

Stoffwechselrate

Den Energieverbrauch eines Lebewesens kann man messen. Der Gesamtenergieverbrauch in einer bestimmten Zeit wird als **Stoffwechselrate** bezeichnet. Sie wird in **Joule** (J) oder **Kilojoule** (kJ) angegeben. Früher verwendete man die Einheit Kalorie (cal) oder Kilokalorie (kcal); 1 cal entspricht 4,2 J. Stoffwechselraten können durch direkte Messung der abgegebenen Wärme oder indirekt durch Ermittlung des Sauerstoffverbrauchs bestimmt werden.

Alle Energieformen, auch die chemische Energie der Nährstoffe, können in Wärme umgewandelt werden. Sie wird an die Umwelt abgegeben. Mit Kalorimetern kann diese Wärmemenge gemessen werden.
Da zwischen der Oxidation von Glucose und anderen Nährstoffen und dem Sauerstoffverbrauch eine direkte Beziehung besteht, kann man vom Sauerstoffverbrauch auf die Energiemenge schließen.

Physikalische Brennwerte der Nährstoffe		
Kohlenhydrate	**Fette**	**Proteine**
$17\ kJ \cdot g^{-1}$	$39\ kJ \cdot g^{-1}$	$24\ kJ \cdot g^{-1}$

Die **Messung physikalischer Brennwerte** erfolgt in der **kalorimetrischen Bombe.**

Grundumsatz und Leistungsumsatz

Die niedrigste Stoffwechselrate wird gemessen, wenn der Körper entspannt ist und sich in völliger Ruhe befindet, sodass nur die wichtigsten Lebensvorgänge wie Atmung, Herzschlag und Hirntätigkeit Energie beanspruchen. Diese Stoffwechselrate wird als **Ruhestoffwechsel** oder **Grundumsatz** bezeichnet. Der Wert ist für die medizinische Diagnose von Bedeutung. Beim erwachsenen Mann beträgt er etwa 4,2 kJ pro kg Körpergewicht und Stunde. Je nach Gewicht ergibt sich daraus der tägliche Verbrauch.

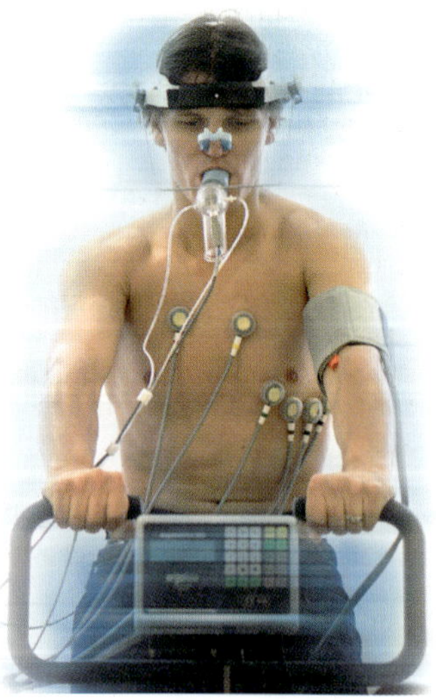

Maximale Stoffwechselraten entstehen bei körperlichen Höchstleistungen, z. B. bei Leistungssportlern. Dieser Wert wird als **Leistungsumsatz** bezeichnet. Der maximal erreichbare Wert liegt beim Menschen in etwa bei 30 000 kJ pro Tag. Damit ist die Aufnahmefähigkeit des Verdauungssystems erschöpft.

Der **Leistungsumsatz** kann durch **indirekte Kalorimetrie** ermittelt werden.

3.2 Enzyme – die Katalysatoren im Organismus

- Enzyme sind Biokatalysatoren, die die Aktivierungsenergie herabsetzen und so die Reaktionsgeschwindigkeit erhöhen.
- Enzyme sind substrat- und wirkungsspezifisch.
- Die Enzymaktivität hängt vom physikalisch-chemischen Milieu der Zelle ab.
- Enzyme können durch Effektormoleküle gehemmt oder aktiviert werden.
- Für Enzyme gibt es ein breites Anwendungsspektrum in Industrie und Medizin.

3.2.1 Enzyme beseitigen Barrieren

Zucker kann man in Kristallform jahrzehntelang aufbewahren, ohne dass an seiner Struktur eine Veränderung stattfindet. Auch bei Zusatz von Wasser wäre die Zuckerlösung noch nach Jahren erkennbar, obwohl eine kaum wahrnehmbare **Hydrolyse** unter Abgabe von Energie stattfindet. Setzt man dieser Lösung aber eine geringe Menge von **Saccharase** zu, wird der Zucker in Sekundenschnelle hydrolysiert.

Katalase ist eines der „schnellsten" Enzyme. Pro Sekunde setzt ein Molekül bis zu 10 Mio. Substratmoleküle um (Wechselzahl).

$$\text{Saccharose} + H_2O \xrightarrow{\text{Saccharase}} \text{Glucose} + \text{Fructose} \qquad \Delta G_0{'} = -29\ \text{kJ} \cdot \text{mol}^{-1}$$

Enzyme sind **Biokatalysatoren.** Wie alle Katalysatoren beschleunigen sie eine chemische Reaktion, ohne dabei selbst verbraucht zu werden. Bei der Hydrolyse von Saccharose werden die Bindungen im Saccharosemolekül und im Wassermolekül aufgebrochen. Dazu ist eine bestimmte **Aktivierungsenergie** notwendig. Saccharase setzt die Aktivierungsenergie für die Hydrolyse von Saccharose herab, indem es eine Verbindung mit der Saccharose eingeht **(Enzym-Substrat-Komplex).**

Energetischer Verlauf einer Enzymreaktion

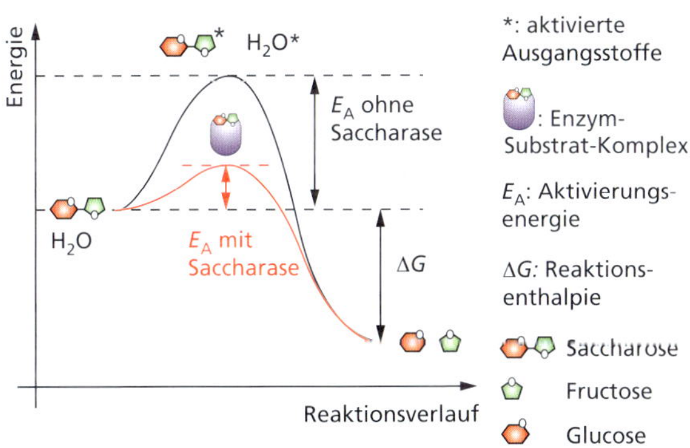

An diesem Komplex findet die Hydrolyse statt. Die Hydrolyse ist eine chemische Reaktion, bei der eine Verbindung durch Einwirkung von Wasser gespalten wird.

$$\text{A–B} + \text{H–OH} \longrightarrow \text{A–H} + \text{B–OH}$$

Dabei trennt sich die Saccharase wieder von den Produkten **Glucose** und **Fructose,** wobei insgesamt nur die Energie freigesetzt wird, die auch ohne Saccharase freigesetzt werden würde.

3.2.2 Enzym und Substrat bilden einen Komplex

Ribozyme sind keine Proteine. Hierbei handelt es sich um RNA-Enzyme bzw. katalytisch wirksame Ribonucleinsäuren.

Fast alle Enzyme sind Proteine. Wie Proteine generell besitzen auch die meisten Enzymproteine Kettenlängen von 100 bis 500 Aminosäureresten. Sie zeigen eine Primär-, Sekundär-, Tertiär- und in seltenen Fällen eine Quartärstruktur (↗S. 61 f.). Enzyme reagieren nicht in Form von Aminosäureketten, sondern in Form von räumlichen Strukturen (Tertiärstruktur). Jedes Enzym besitzt ein **aktives Zentrum.** Das ist die katalytisch wirksame Region des Enzyms. Es umschließt ein **Substrat** nach dem **Schlüssel-Schloss-Prinzip** oder es passt sich an **(Substratspezifität).**

Bau und Wirkung der Enzyme basieren auf dem **Schlüssel-Schloss-Prinzip.**

■ Das Enzym Maltase katalysiert die Reaktion: Maltose $\xrightarrow{+H_2O}$ 2 Glucose.

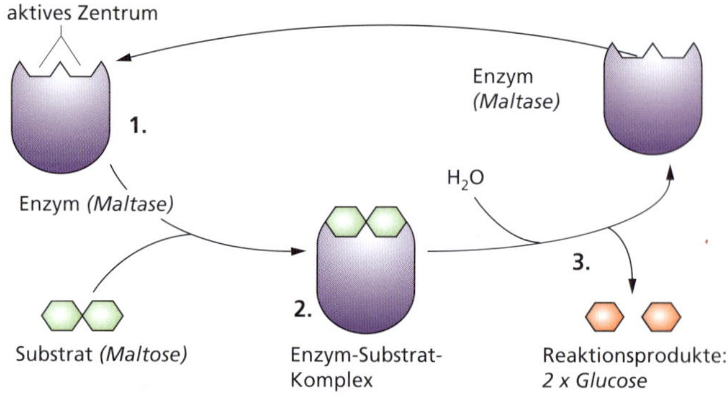

1. Das aktive Zentrum des Enzyms ist unbesetzt.
2. An das aktive Zentrum lagert sich das Substrat an. Das aktive Zentrum verändert seine Gestalt und schmiegt sich eng um das Substrat. Es entsteht eine vorübergehende Enzym-Substrat-Bindung.
3. Unter Wasseraufnahme wird das Substrat in die Reaktionsprodukte umgewandelt. Die Produkte werden freigesetzt und das aktive Zentrum steht für ein weiteres Substratmolekül zur Verfügung.

ALEXANDER FLEMING (1881–1955) entdeckte 1922 das körpereigene Abwehrenzym **Lysozym** im Nasensekret des Menschen. 1945 erhielt FLEMING mit SIR HOWARD W. FLOREY (1898–1968) und ERNST B. CHAIN (1906–1979) den **Nobelpreis** für Medizin und Physiologie für die Entdeckung und Herstellung des Penicillins.

Allgemein kann der Vorgang folgendermaßen beschrieben werden:

Enzym + Substrat ⟶ Enzym-Substrat-Komplex
Enzym-Substrat-Komplex ⟶ Enzym + Produkt(e)

Die Passgenauigkeit zwischen Substrat und Enzym bewirkt seine Substratspezifität. Jedes Enzym katalysiert nur einen bestimmten Reaktionstyp. Diese **Wirkungsspezifität** ist stärker ausgeprägt als die Substratspezifität. Viele Enzyme haben außer den Aminosäureresten noch nicht proteinartige Bestandteile, die in den Ablauf der enzymkatalysierten Reaktion mit eingreifen. Diese **Cofaktoren** können komplexe organische Moleküle – **Coenzyme** – sein, die meist nur vorübergehend und locker, manchmal aber auch fest mit dem Enzym verbunden sind. Es kann sich aber auch um Metall-Ionen wie Fe^{2+} oder Fe^{3+}, Cu^{2+}, Zn^{2+}, Ni^{2+}, K^+ oder Atome wie Molybdän oder Selen handeln.

Coenzyme und Cofaktoren bestimmen den Bau und die Wirkung der Enzyme.

3.2.3 Verschiedene Bedingungen beeinflussen die Enzymaktivität

Einfluss der Temperatur

Jedes Enzym hat Bedingungen, bei denen es optimal reagiert. Einer der wichtigsten Faktoren ist die **Temperatur.** Steigende Temperaturen verändern die Enzymreaktionen positiv, weil sich die Enzym- und Substratmoleküle schneller bewegen und damit häufiger treffen. Jedes Enzym besitzt ein **Temperaturoptimum.** Steigt die Temperatur weiter an, denaturieren die Enzyme wie alle anderen Proteine. Bei vielen Enzymen beginnt die **Denaturierung** bei über 40 °C. Ausnahmen bilden die Enzyme der Bakterien und Archäen, die in der Lage sind, in heißen Quellen zu leben. Sie haben ein Temperaturoptimum von 70 °C und darüber (↗ S. 361 f.).

Als **Denaturierung** bezeichnet man die Überführung biologischer Makromoleküle von der natürlichen, biologisch aktiven Struktur in eine nicht natürliche, meist inaktive Form.

Temperaturoptimum von Enzymen

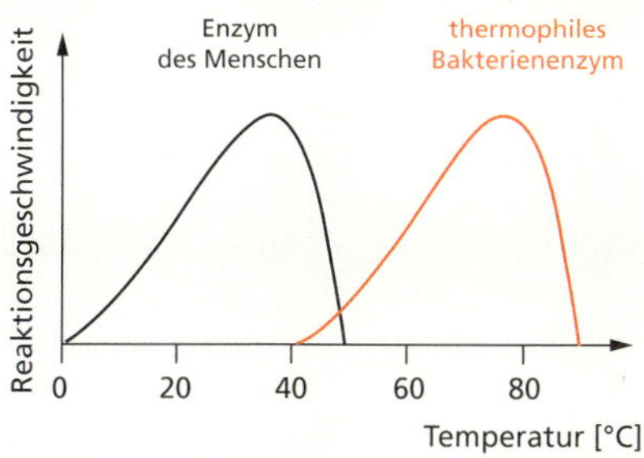

pH-Wert-Optimum von Pepsin und Trypsin

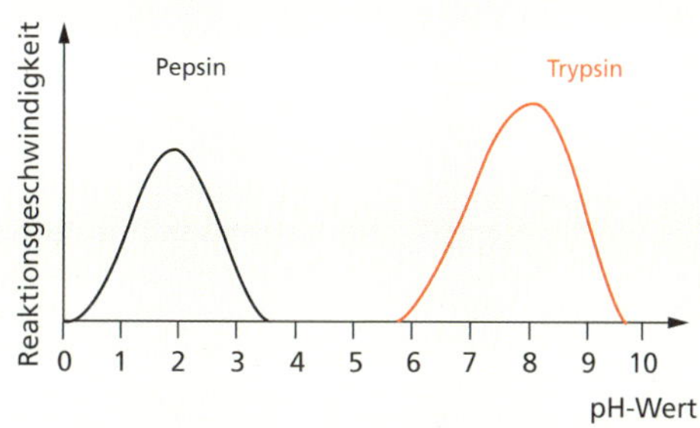

Einfluss des pH-Werts

Jedes Enzym ist bei einem bestimmten **pH-Wert** am aktivsten. Bei den meisten Enzymen liegt das pH-Wert-Optimum zwischen 6 und 8 (neutrales Milieu). Pepsin, das Eiweiß verdauende Enzym des Magens, benötigt ein saures Milieu. Es reagiert bereits bei einem pH-Wert von 2. Das Trypsin dagegen, das im Dünndarm wirkt, benötigt ein alkalisches Milieu.

Konzentration

Jede Enzymreaktion kann durch Erhöhung der Konzentration des Substrats beschleunigt werden. Wenn mehr Moleküle des Substrats zur Verfügung stehen, stoßen sie öfter mit aktiven Zentren zusammen und reagieren. Bei gleichbleibender Menge des Enzyms erhöht sich die Reaktionsgeschwindigkeit aber nicht beliebig. Sind alle Enzymmoleküle besetzt, steigt die Reaktionsgeschwindigkeit nicht weiter an (Sättigung).

Michaelis-Menten-Kinetik

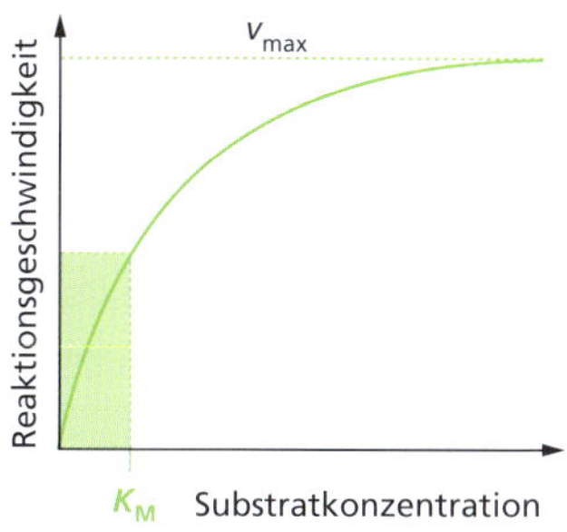

Die **Michaelis-Menten**-Konstante K_M gibt die Substratkonzentration [$mol \cdot l^{-1}$] an, bei der die maximale Reaktionsgeschwindigkeit V_{max} zur Hälfte erreicht ist.

3

Enzymregulation

1878 prägte FRIEDRICH WILHELM KÜHNE (1837–1900) den Begriff Enzym für alle katalytisch aktiven Stoffe, die bisher als Fermente bezeichnet wurden. Ihre Benennung unterliegt festen Regeln.

Enzyme (griech. *en:* in; *zyme:* Sauerteig, Hefe) dürfen nicht ständig aktiv sein, sondern nur, wenn ihre Wirkung gebraucht wird. Hemmung und Aktivierung der Enzymaktivität stellen einen wichtigen Kontrollmechanismus dar.

Stoffe, die die Aktivität von Enzymen hemmen, heißen **Inhibitoren.**

Man unterscheidet **reversible** oder **irreversible Hemmung.** Die reversible Hemmung kann nach einer bestimmten Zeit aufgehoben werden. Bei der irreversiblen Enzymhemmung lässt sich die Bindung zwischen Inhibitor und Enzym nicht wieder lösen.

Die **Benennung der Enzyme** erfolgt nach einer Einteilung in die Reaktionstypen oder die Substrate.

Viele Medikamente sind Inhibitoren für Enzyme. Aspirin®, dessen Hauptwirkstoff die Acetylsalicylsäure (ASS) ist, hemmt die Cyclooxygenasen. Dies sind Enzyme, die sich an der Prostaglandinhemmung beteiligen. Die ASS überträgt nahe des katalytischen Zentrums einen Acetylrest auf einen Aminosäurerest, sodass das Enzymsubstrat (Arachidonsäure) nicht mehr das katalytische Zentrum erreicht.

Wenn sich der Inhibitor wieder vom Enzym ablösen kann, spricht man von einer **reversiblen Hemmung.** Dabei unterscheidet man zwischen kompetitiven Inhibitoren, die am aktiven Zentrum binden, und nicht kompetitiven Hemmstoffen, die an einer anderen Stelle des Enzyms binden und somit die Enzymaktivität kennen.

Wenn das Inhibitormolekül in seiner Struktur dem Substrat ähnelt, liegt eine **kompetitive Hemmung** vor. Es setzt sich anstelle des Substrats in das aktive Zentrum, wird aber nicht umgesetzt. Das aktive Zentrum ist dadurch blockiert (↗ Abb. b).
Da sich der Anteil der wirksamen Enzymmoleküle durch die Blockierung mit Inhibitoren für die Substrate verringert, wird die Reaktionsgeschwindigkeit herabgesetzt. Die kompetitive Hemmung kann durch Erhöhung der Substratkonzentration überwunden werden.

Bei **nicht kompetitiver Hemmung,** die ebenfalls reversibel ist, können Inhibitor und Substrat gleichzeitig vom selben Enzym gebunden werden. Die Bindungszentren sind nicht identisch. Ein nicht kompetitiver Inhibitor verhindert die Substratbindung nicht, erniedrigt aber die Anzahl der Substratmoleküle, die pro Zeiteinheit in das Produkt umgewandelt werden können. Wenn das Inhibitormolekül an das Enzym andockt, ändert sich seine Gestalt. Das aktive Zentrum bindet noch das Substrat, die Umsetzung zum Produkt erfolgt aber weniger effektiv (↗ Abb. c).

Als **irreversibel** wird eine Hemmung bezeichnet, wenn der Inhibitor am aktiven Zentrum fest gebunden bleibt. Das Enzym wurde sozusagen vergiftet und kann nicht mehr katalytisch wirken, es muss neu synthetisiert werden.

Enzymhemmung

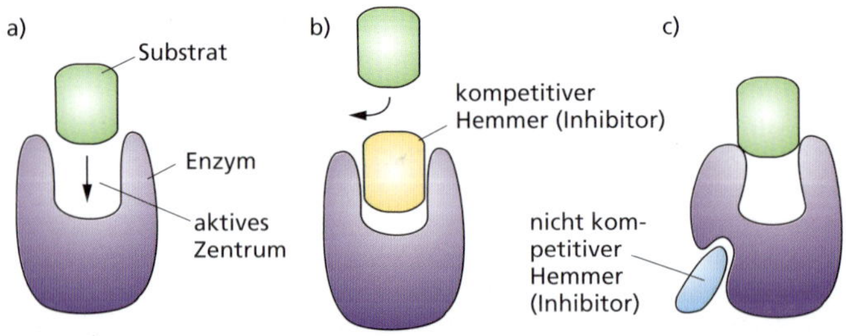

Einige Enzyme besitzen neben dem aktiven noch ein **allosterisches Zentrum.** Während das Substrat immer an das aktive Zentrum bindet, besetzen andere Moleküle, sogenannte Effektoren, das allosterische Zentrum und bewirken eine Änderung der Gestalt des Enzymmoleküls, sodass es in seiner Wirkung aktiviert oder gehemmt ist. Inhibitoren verändern das Enzymmolekül so, dass das Substrat nicht mehr gebunden wird. Andere Moleküle wirken als Aktivator. Sie verändern die Gestalt so, dass das Substrat besser gebunden werden kann.

Enzyme mit allosterischen Zentren sind zusammengesetzte Proteine mit 2 oder mehr stabilen Konformationen. Sie können sich von einer in die andere Konformation umwandeln (allosterischer Effekt).

Wird das allosterische Zentrum durch einen Aktivator besetzt, dann kann sich ein Substrat im aktiven Zentrum anlagern.

Wenn ein Inhibitor ein allosterisches Zentrum besetzt, dann ist das aktive Zentrum gehemmt.

Allosterisch regulierte Enzyme haben große Bedeutung im Stoffwechsel.

Allosterische Enzymregulation

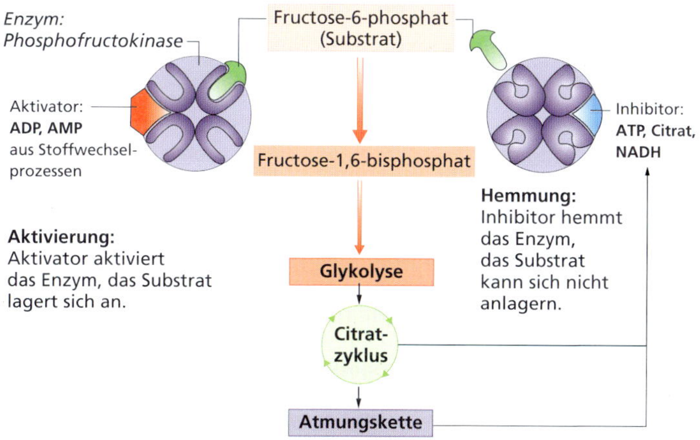

An bestimmten Punkten von Reaktionswegen kontrollieren allosterische Enzyme die Reaktion. Bei der Zellatmung katalysiert die Phosphofructokinase die Umwandlung von Fructose-6-phosphat zu Fructose-1,6-bisphosphat. ATP und Citrat wirken dabei als allosterischer Inhibitor, ADP als Aktivator.

Bedeutung der Enzyme

Jeder Stoffwechselvorgang besteht aus zahlreichen Einzelreaktionen, wobei ein spezifisches Enzym jede einzelne katalysiert. Fehlen wichtige Enzyme im Organismus, kommt es zu schweren Stoffwechselerkrankungen.

Ursache der **Milchunverträglichkeit** bei Erwachsenen ist der Mangel des Enzyms **Lactase.**

- Beispiele für solche Stoffwechselerkrankungen sind **Phenylketonurie** (↗ S. 227) und Milchunverträglichkeit.

Isolierte Enzyme können als Medikament zur Heilung von Krankheiten und zur Diagnostik verwendet werden. Außerdem finden sie ihren biotechnologischen Einsatz in unterschiedlichen Industriezweigen, z. B. in der Pharma-, Lebensmittel-, Textil- und Waschmittelindustrie.

Der **biotechnologische Einsatz von Enzymen** betrifft viele Industriezweige, z. B. Pharma-, Lebensmittel-, Getränke-, Textil- und Waschmittelindustrie.

- Enzyme in Waschmitteln unterstützen die Waschwirkung, indem sie hochmolekulare, in Wasser nicht lösliche organische Verbindungen zu niedermolekularen, teilweise löslichen Verbindungen abbauen.

3

3.3 Abbauender Stoffwechsel

- Zellatmung und Gärungen sind Energie liefernde Stoffwechselprozesse.
- Bei der Glykolyse, die im Cytoplasma abläuft, wird Glucose zu Brenztraubensäure (Pyruvat, C_3-Körper) abgebaut.
- Im Citratzyklus werden diese C_3-Körper zu CO_2 abgebaut, dabei wird $NADH + H^+$ gebildet. Er läuft in den Mitochondrien ab.
- In der Atmungskette (in der inneren Mitochondrienmembran) werden die Wasserstoffatome des $NADH + H^+$ auf Sauerstoff übertragen.

3.3.1 Die Zellatmung setzt Energie frei

Die **Struktur eines Mitochondriums** zeigt immer den gleichen Grundaufbau, Länge und Durchmesser können stark variieren (↗ S. 89 f.).

Zur Aufrechterhaltung der Lebensfunktionen und für die Verrichtung von Arbeit (z. B. Membrantransport, Bewegung von Organellen, Myofibrillen und Mitosespindel, Aufbau von Makromolekülen) benötigen Zellen laufend Energie. Sie wird aus Nährstoffmolekülen der Kohlenhydrate, Lipide und Proteine durch Zellatmung gewonnen. Stellvertretend für alle Stoffe wird die Zellatmung am Glucosemolekül erklärt.

$$C_6H_{12}O_6 + 6\,O_2 + 6\,H_2O \longrightarrow 6\,CO_2 + 12\,H_2O \qquad \Delta G_0' = -2\,870\,\text{kJ} \cdot \text{mol}^{-1}$$

Glucose wird in vielen Reaktionsschritten zu Kohlenstoffdioxid abgebaut. Wasserstoffatome der Nährstoffe werden auf das Coenzym **NAD⁺** (**N**icotinamid-**A**denin-**D**inucleotid) übertragen und zum Sauerstoff transportiert, sodass Wasser entsteht. Die freigesetzte Energie wird in Form von ATP gespeichert (↗ S. 120).

Die Zellatmung verläuft in drei großen Reaktionskomplexen: **Glykolyse, Citratzyklus, Atmungskette.**
Mitochondrien sind die Orte der Zellatmung und damit die Kraftwerke der Zelle (↗ S. 89). Der Citratzyklus läuft in der Matrix ab, die Atmungskette in der inneren Mitochondrienmembran.

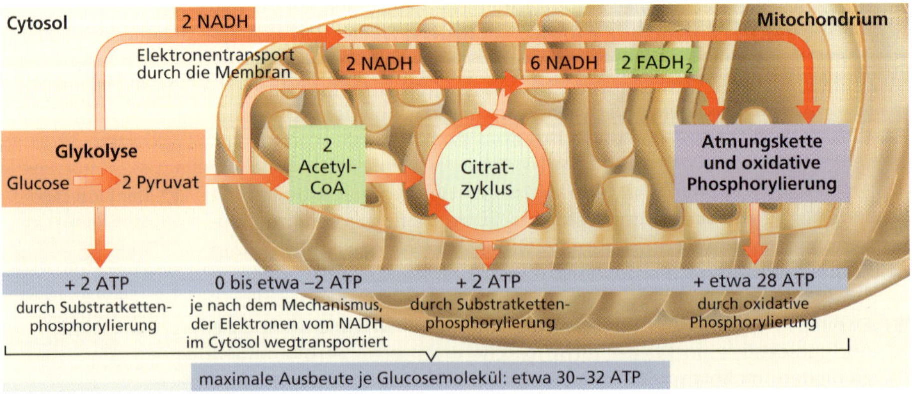

Glykolyse

Während der **Glykolyse** (griech. *glycos:* süß; *lysis:* Auflösung) wird ein Molekül Glucose (C_6-Verbindung) zu zwei Molekülen Pyruvat (C_3-Verbindung) abgebaut. Dieser Abbau findet im Cytoplasma in vielen Reaktionsschritten statt. In der Übersicht sind die 7 wichtigsten Schritte dargestellt.

In der grafischen Darstellung sind die Wasserstoffatome der Übersichtlichkeit wegen weggelassen.

1. Von ATP wird eine Phosphatgruppe auf Glucose **(Phosphorylierung)** übertragen. Es entsteht **Glucose-6-phosphat.**

2. Durch weitere Phosphorylierung wird eine zweite Phosphatgruppe übertragen. Durch Umlagerung entsteht **Fructose-1,6-bisphosphat.**

3. Das entstandene Fructosebisphosphat wird in zwei Moleküle **Glycerolaldehydphosphat** gespalten. Diese Reaktion gab der Glykolyse ihren Namen.

4. Vom Glycerolaldehydphosphat werden Elektronen und Protonen auf das **Coenzym NAD$^+$** übertragen. Es wird zu NADH + H$^+$ reduziert. Dieses Gleichgewicht **NAD$^+$/NADH + H$^+$** wird als **Elektronenschaukel** bezeichnet.

5. Pro Glycerolsäure-1,3-bisphosphat wird eine Phosphatgruppe auf ADP übertragen. Es entstehen zwei Moleküle ATP. Die Energiebilanz ist an dieser Stelle gleich null, weil in (1) und (2) zwei Moleküle in ADP umgewandelt wurden.

6. Ein Molekül Wasser wird aus dem Substrat abgespalten, es entsteht das instabile **Phosphoenolpyruvat (PEP).**

7. Eine weitere Phosphatgruppe wird pro Phosphoenolpyruvat auf ADP übertragen. Energieausbeute der Glykolyse sind diese zwei ATP-Moleküle. Es entsteht **Pyruvat** (Anion der Brenztraubensäure).

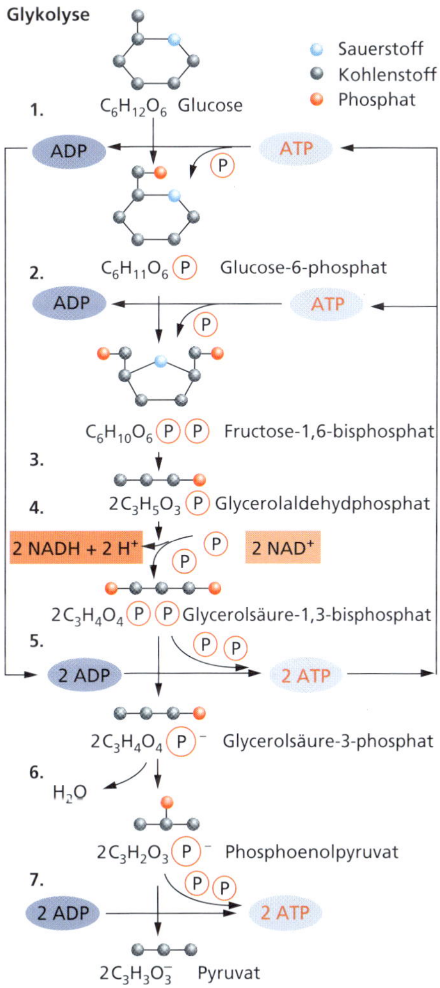

Gesamtgleichung der Glykolyse:

$$C_6H_{12}O_6 \text{ (Glucose)} \xrightarrow[2\,(ADP + P) \rightarrow 2\,ATP]{2\,NAD^+ \rightarrow 2\,(NADH + H^+)} 2\,C_3H_4O_3 \text{ (Pyruvat)}$$

Transport von Pyruvat in die Matrix und seine Umwandlung in Acetyl-CoA

Das **Pyruvat** ist noch sehr energiereich, d. h., dass bei der Glykolyse nur ein geringer Teil der im Glucosemolekül enthaltenen Energie freigesetzt wird. Das Pyruvat gelangt über ein spezielles Transportprotein durch die Mitochondrienmembran. An einem Enzymkomplex der inneren Mitochondrienmembran wird CO_2 vom Pyruvat abgespalten und der Acetylrest verbindet sich mit dem Coenzym A.
Gleichzeitig werden Elektronen und Protonen von NAD^+ aufgenommen, wodurch $NADH+H^+$ entsteht. Der Enzymkomplex **Pyruvatdehydrogenase** katalysiert die gesamte Umwandlung. Das Acetyl-CoA tritt nun in den **Citratzyklus** ein.

Citratzyklus

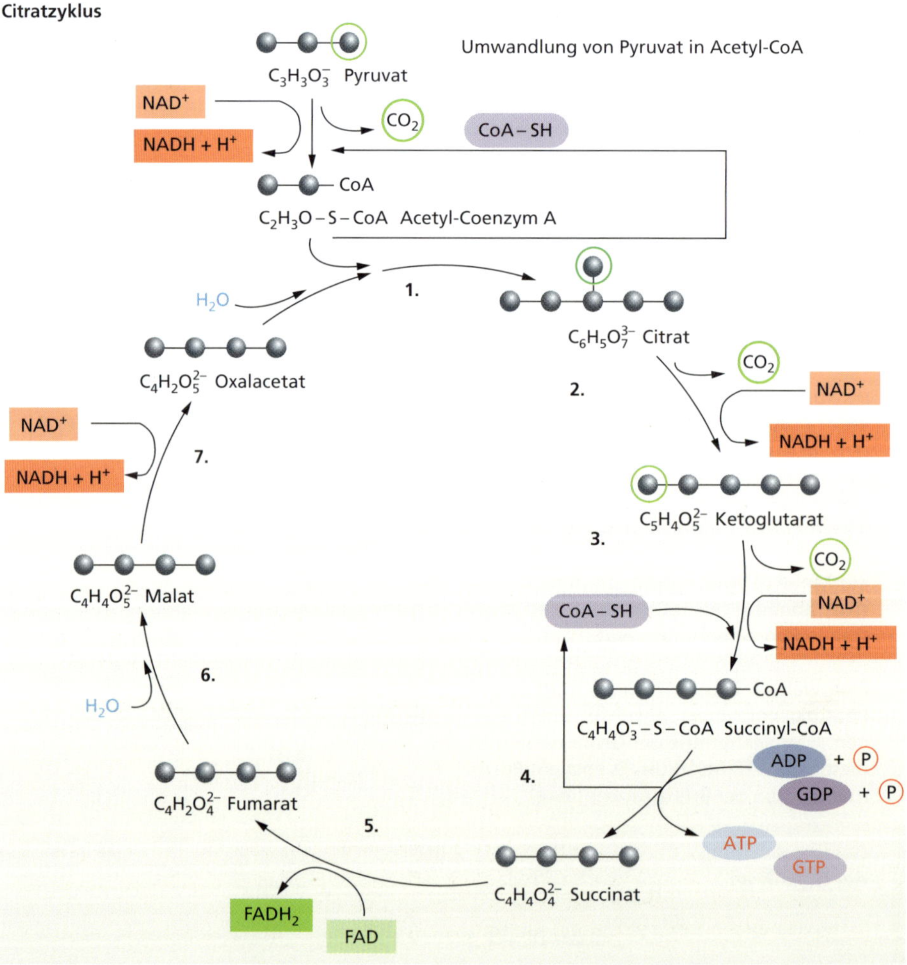

Citratzyklus (Citronensäurezyklus, Krebszyklus, Tricarbonsäurezyklus)

Im **Citratzyklus** liegen die gelösten Substrate in Ionenform vor. Deshalb benennt man die Ionen und nicht die dazugehörenden Säuren (Citrate sind Anionen der Citronensäure).

Reaktionsschritte:

1. In einem ersten Schritt wird **Acetyl-CoA** unter Addition von Wasser auf das **Oxalacetat** übertragen. Auf diese Weise entsteht die C_6-Verbindung Citrat, nach der dieser Zyklus benannt wurde.
2. Aus dem Citrat wird über eine Zwischenverbindung ein CO_2-Molekül abgespalten **(oxidative Decarboxylierung).** Elektronen und Protonen werden auf NAD^+ übertragen, sodass $NADH + H^+$ sowie die C_5-Verbindung **Ketoglutarat** entsteht.
3. CO_2 wird abgespalten. Durch Übertragung von Elektronen und Protonen wird $NADH + H^+$ gebildet. Die C_4-Verbindung lagert sich an das Coenzym A an und wird zu **Succinyl-CoA.** Es ist instabil.
4. Aus Succinyl-CoA wird durch Abspaltung des Coenzyms A **Succinat** gebildet; dabei wird Energie frei. Durch Phosphorylierung entsteht ATP.
5. Durch Übertragung von Wasserstoff wird aus Succinat **Fumarat** gebildet. Der Elektronenakzeptor ist FAD, der zu $FADH_2$ reagiert. Dieser Stoff ähnelt dem NAD^+.
6. Aus Fumarat entsteht durch Wasseraufnahme **Malat.**
7. Malat wird durch Protonen- und Elektronenübertragung an NAD^+ in Oxalacetat überführt. Oxalacetat tritt erneut in den Zyklus ein.

HANS ADOLF KREBS (1900–1981) entdeckte 1937 den nach ihm benannten Krebszyklus oder Citratzyklus.

Einige Jahre vorher, 1932, entdeckten KREBS und sein damaliger Student K. HENSELEIT den Bildungsprozess von Harnstoff im Harnstoffzyklus.

Kreisprozesse wie der Citratzyklus sind typisch für den Stoffwechsel. Auf diese Weise kann Energie und Material eingespart werden. Wenn Oxalacetat nicht ständig regeneriert werden könnte, müsste der Mensch täglich etwa 1 kg davon aufnehmen.

Im Citratzyklus wird nicht nur ein Teil der Energie freigesetzt, er liefert auch Bausteine für viele Biosynthesen.

Bilanz des Citratzyklus (pro Glucosemolekül):

1. Sechs CO_2-Moleküle werden gebildet (wenn man die Decarboxylierung von Pyruvat zu Acetyl-Coenzym A mitrechnet).
2. Zwei Moleküle ATP bzw. GTP werden gebildet.
3. Der größte Teil der chemischen Energie wird auf NAD^+ und FAD übertragen.

$$8\,NAD^+ + 16\,H^+ + 16\,e^- \longrightarrow 8\,NADH + 8\,H^+$$

$$2\,FAD + 4\,H^+ + 4\,e^- \longrightarrow 2\,FADH_2$$

Die beiden Coenzyme NAD^+ und FAD übertragen mit dem Wasserstoff den größten Teil der Energie zur Atmungskette.

4. Im Citratzyklus werden sechs Moleküle H_2O aufgenommen, zwei davon stammen aus der Bildung von ATP bzw. GTP.

Bei der Übertragung von Elektronen setzen Donatoren Elektronen frei und Akzeptoren nehmen sie auf.

Atmungskette

▶ Im **Fett- und Eiweißstoffwechsel** wird Energie freigesetzt.

Die aus der Glykolyse und dem Citratzyklus stammenden Coenzyme NADH + H^+ und $FADH_2$ übertragen ihre Elektronen auf die Enzymkomplexe der **Atmungskette.**

Komplex I nimmt Elektronen von NADH auf. Das Zentralion wird reduziert:

$2\ Fe^{3+} + 2\ e^- \longrightarrow 2\ Fe^{2+}$

Die Elektronen werden von dem mobilen Ubichinon übernommen und auf **Komplex III** übertragen. Über **Komplex II** werden die Elektronen von $FADH_2$ eingeschleust. Auf diese Weise gelangen die Elektronen von Enzymkomplex zu Enzymkomplex bis ans Ende der Kette. Hier erfolgt eine Reaktion der Sauerstoffmoleküle mit den Elektronen:

$\frac{1}{2}\ O_2 + 2\ e^- \longrightarrow O^{2-}$

Die entstehenden Sauerstoff-Ionen reagieren mit den Protonen zu Wasser:

$2\ H^+ + O^{2-} \longrightarrow H_2O$

Elektronentransportkette, Chemiosmose und ATP-Synthese

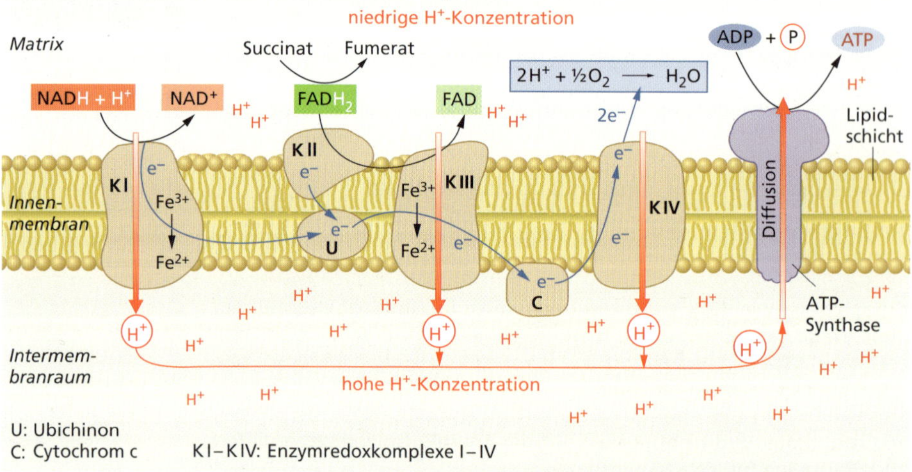

Die in der **Elektronentransportkette** frei werdende Energie wird dazu genutzt, Protonen aus der Matrix in den Intermembranraum zu transportieren. Hierdurch entsteht an der Mitochondrieninnenmembran ein H^+-Gradient. Die Protonen diffundieren – ihrem Konzentrationsgefälle folgend – durch einen Protonenkanal in den ATP-Synthasekomplexen der Membran in den Matrixraum zurück. Durch diese Passage bewirken sie, dass auf der Matrixseite der ATP-Synthase aus ADP und Phosphat **ATP** gebildet wird **(Chemiosmose).**

Pro Glucosemolekül entstehen 4 ATP und 12 Reduktionsäquivalente (10 NADH und 2 $FADH_2$). Ein NADH kann in der Atmungskette 2,5 ATP liefern, ein $FADH_2$ liefert 1,5 ATP. Daraus ergeben sich 4 + 28 ATP. Da die bei der Glykolyse im Cytoplasma gebildeten 2 NADH erst in die Mitochondrien gelangen müssen, kann man sie bei der Energiebilanz nicht voll rechnen. Deshalb ist wohl eher ein Wert zwischen 30 und 32 ATP pro veratmetem Glucosemolekül anzunehmen (↗ S. 116).

3.3.2 Gärungen sind anaerober Nährstoffabbau

Vor allem bei Bakterien kommen viele verschiedene Formen der Gärung vor. Zwei bekannte Formen sind die **alkoholische Gärung** (Ethanolbildung erfolgt überwiegend durch Hefepilze oder Bakterien) und die **Milchsäuregärung** (hauptsächlich durch Milchsäurebakterien). Sie verlaufen unter anaeroben Bedingungen (ohne Sauerstoff).

Beide Formen der Gärung beginnen mit der Glykolyse, dabei werden pro Glucosemolekül zwei ATP gebildet. Nach der Glykolyse wird ein Mechanismus benötigt, der die Regeneration des NAD^+ aus NADH steuert. Ohne diese Regeneration wäre der Vorrat der Zelle an NAD^+ schnell erschöpft. Im Unterschied zur Zellatmung, bei der das in der Glykolyse entstehende NADH seine Elektronen auf die Atmungskette überträgt, werden sie bei der Gärung an Pyruvat abgegeben.

Bei der **alkoholischen Gärung** wird Pyruvat in zwei Reaktionsschritten zu Ethanol umgewandelt. Zunächst wird aus dem Pyruvat CO_2 abgespalten, es entsteht Acetaldehyd, das im zweiten Reaktionsschritt durch NADH zu Ethanol reduziert wird. Dieser Vorgang wird auch zum Bierbrauen oder zur Weinherstellung genutzt.

Bei der **Milchsäuregärung** wird das Pyruvat vom NADH direkt zu Lactat (Anion der Milchsäure) reduziert, wobei kein CO_2 entsteht. Dieser Vorgang wird in der Lebensmittelindustrie zur Herstellung von Käse, Joghurt oder Sauerkraut genutzt. Auch in der Tierernährung spielen durch Milchsäuregärung veränderte Futtermittel eine wichtige Rolle **(Silage)**. Die Herstellung der Nahrungs- und Genussmittel erfolgt in speziellen biotechnologischen Anlagen.

Neben der alkoholischen Gärung und der Milchsäuregärung gibt es auch noch andere **Formen der Gärung,** zu denen Bakterien befähigt sind, z. B. Propionsäuregärung, Ameisensäuregärung, Buttersäure-Butanol-Gärung, Homoacetatgärung.

Mithilfe **biotechnologischer Verfahren zur Milchsäure- und alkoholischen Gärung** ist es heute möglich, durch den gezielten Einsatz von **Bioreaktoren** oder **Fermentern** für eine optimale Produktbildung (z. B. Herstellung von Alkohol) zu sorgen.

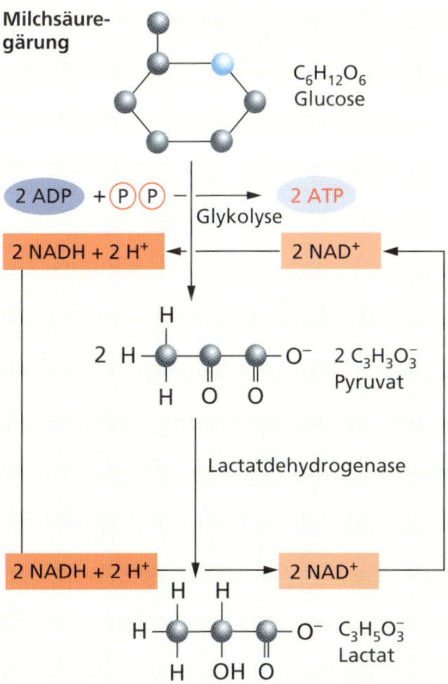

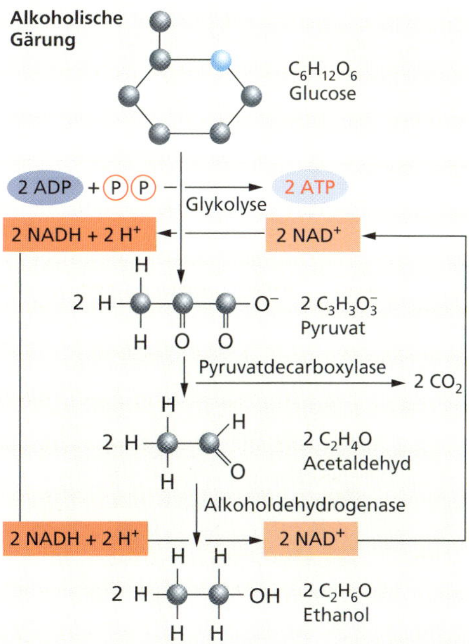

3.4 Aufbauender Stoffwechsel

Bau und Funktion des Laubblatts lassen erkennen, dass es als Fotosyntheseorgan bezeichnet werden kann.

Durch **Isolation der Chloroplasten** konnten einige ihrer Funktionen aufgeklärt werden. Neben Chloroplasten gibt es noch andere **Plastidenformen.**

- Die Bindung der Sonnenenergie durch Fotosynthese ermöglicht das Leben auf der Erde.
- Chloroplasten sind in Eukaryoten die Orte der Fotosynthese.
- Die Fotosynthese kann man in lichtabhängige und lichtunabhängige Teilreaktionen untergliedern.
- Licht, Wasserversorgung, Temperatur und Kohlenstoffdioxidangebot beeinflussen die Fotosyntheseleistung.
- Chemoautolithotrophie (Chemosynthese) ist eine andere Form des aufbauenden Stoffwechsels.
- Durch Assimilation gebildete organische Stoffe können in Lebewesen gespeichert werden.

3.4.1 Die Fotosynthese ist die Grundlage des Lebens

Durch die **Fotosynthese** wird Sonnenenergie genutzt, um aus Kohlenstoffdioxid und Wasser Kohlenhydrate zu synthetisieren. Ein Teil der Prokaryoten und Protisten sowie die Pflanzen sind auf der Basis dieser Assimilation in der Lage, alle körpereigenen Stoffe aus anorganischen Stoffen aufzubauen. Die Bilanzgleichung der Fotosynthese stellt die Umkehrung der Zellatmung dar.

$$6\,CO_2 + 6\,H_2O \underset{\text{Atmung}}{\overset{\text{Fotosynthese}}{\rightleftharpoons}} C_6H_{12}O_6 + 6\,O_2$$

Die Orte der Fotosynthese in den Zellen der Pflanzen und Protisten sind die **Chloroplasten**, die auf **endosymbiontische Prokaryoten** zurückgehen.

Ort der Fotosynthese – Feinbau der Chloroplasten

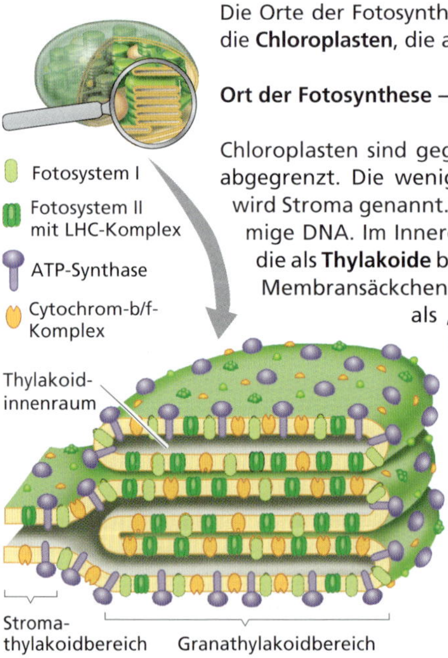

Chloroplasten sind gegen das Cytoplasma durch eine Doppelmembran abgegrenzt. Die wenig strukturierte Grundsubstanz in ihrem Inneren wird Stroma genannt. Sie enthält Ribosomen, Enzyme und eine ringförmige DNA. Im Inneren sind zahlreiche Membrantaschen ausgebildet, die als **Thylakoide** bezeichnet werden. Geldrollenartige Stapel solcher Membransäckchen sind **Granathylakoide**, sie sind im Lichtmikroskop als „Körner" in den Chloroplasten zu erkennen. Einfache Membrantaschen im Bereich des Stromas werden Stromathylakoide genannt. Die Fotosynthese lässt sich in eine lichtabhängige und eine lichtunabhängige Reaktionsfolge untergliedern. Die **Fotosynthesepigmente** liegen auf den Granathylakoiden. Die Thylakoidmembranen mit einer **Elektronentransportkette,** die ATP-Synthase als Enzym und die beiden **Fotosysteme** ermöglichen die lichtabhängigen Reaktionen. Die lichtunabhängige Reaktion (**Calvin-Zyklus,** ↗S. 125) findet im pigmentlosen Stroma statt.

	Chlorophylle	Carotinoide
	grüner Blattfarbstoff	gelbe oder rote Blattfarbstoffe
Bau	– 4 Pyrrolringe bilden Porphyringrundgerüst – Mg als Zentralatom – Phytolrest – Unterscheidung durch Reste in Typen a, b…	– kettenförmige Kohlenwasserstoffe mit vielen konjugierten Doppelbindungen
Funktion	– Chlorophyll a: Moleküle bilden Reaktionszentrum in Fotosystemen. – Andere Chlorophyllmoleküle sind Hilfspigmente im Antennenkomplex.	– Hilfspigmente im Antennenkomplex – Schutz der Chlorophylle

Pflanzen nutzen nur die Wellenlängen des sichtbaren Lichts zur Fotosynthese. Die im Chloroplasten vorkommenden **Farbstoffe (Pigmente)** stellen den Pflanzen die Lichtenergie durch **Absorption** zur weiteren Verwendung zur Verfügung. **Chlorophylle** und **Carotinoide** absorbieren vorwiegend Wellenlängen des blauen und roten Bereichs. So entsteht im mittleren Bereich des sichtbaren Lichts eine „Grünlücke". Für eine optimale Lichtausbeute bilden die verschiedenen Pigmente einen **Fotosystemkomplex,** der sich in den Thylakoidmembranen befindet.

Die Fotosyntheserate lässt sich durch gleichzeitige Bestrahlung mit Licht der Wellenlängen 650 und 700 nm steigern **(Emerson-Effekt).**

Aufbau der Fotosysteme

Fotosysteme bestehen aus einem **Reaktionszentrum** und einem **Antennenkomplex** (**LHC,** *light harvesting complex*). Mehrere Hundert Chlorophyll- und Carotinoidmoleküle bilden einen Antennenkomplex. Dort sind die Pigmentmoleküle so angeordnet, dass die äußeren Pigmente die energiereichsten Photonen absorbieren und nach innen die Größe der aufzunehmenden Energiequanten abnimmt.
So landen schließlich alle Energiequanten beim Reaktionszentrum des Fotosystems I oder II, das aus zwei **Chlorophyll-a**-Molekülen (↗S. 74 f.) besteht. Sie absorbieren die energieärmsten Lichtquanten (680 bzw. 700 nm), wodurch Elektronen angeregt werden. Dadurch erhöht sich die Elektronegativität der beiden Chlorophyllmoleküle und ein Elektron wird an einen primären Akzeptor weitergegeben, bevor es wieder in einen energieärmeren Zustand zurückfallen kann.

Fotosystem

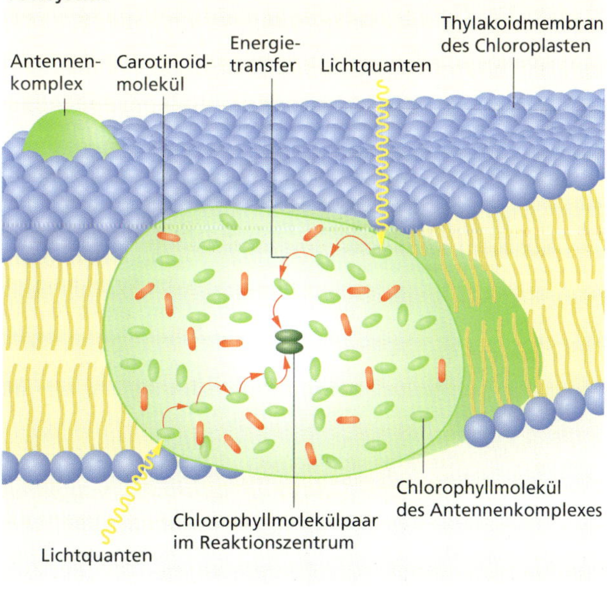

Ablauf der Fotosynthese – lichtabhängige Reaktionen

Lichtabhängige Reaktionen werden auch als **Lichtreaktionen** bezeichnet.

Vom primären Akzeptor werden die Elektronen an mehrere hintereinandergeschaltete Redoxsysteme weitergegeben. Dafür kommen zwei Wege infrage: ein **zyklischer** und ein **nichtzyklischer Elektronentransport.** Die Begriffe beziehen sich darauf, ob die vom Reaktionszentrum abgegebenen Elektronen an ihren Ursprungsort zurückkehren oder nicht.

Lichtangetriebener Elektronentransport bei der Fotosynthese

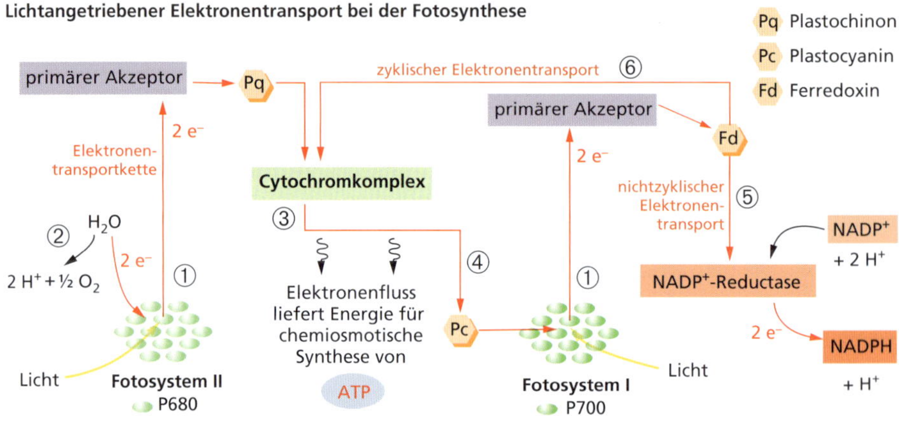

Die Anlagerung von Phosphatgruppen an ADP unter Beteiligung von Lichtenergie (ATP-Bildung) nennt man **Fotophosphorylierung.**

1. Die Absorption eines Lichtquants bewirkt die Anregung des Chlorophyllmoleküls, d.h., ein Elektron geht in einen energiereichen Zustand über. Die Anregung wird dabei von Pigmentmolekül zu Pigmentmolekül weitergegeben, bis im Reaktionszentrum (P680) das energiereiche Elektron vom primären Akzeptor aufgenommen werden kann.
2. Dadurch entsteht ein Chlorophyllmolekül mit einer Elektronenlücke mit hoher Elektronenaffinität, das dem Wassermolekül Elektronen entziehen kann – **Fotolyse des Wassers:**
   $$H_2O \longrightarrow 2H^+ + \tfrac{1}{2}O_2 + 2e^-$$
3. Das vom angeregten P680 abgegebene Elektronenpaar wird über eine Elektronentransportkette (Plastochinon [Pq] – Cytochromkomplex – Plastocyanin [Pc]) zum Fotosystem I (P700) weitergeleitet.
4. Die Elektronentransportkette vom P680 zum P700 liefert die Energie für die chemiosmotische Bildung von ATP, indem parallel zum Elektronentransport Protonen in den Thylakoidinnenraum transportiert werden **(nichtzyklische Fotophosphorylierung).**
5. Das durch Lichtquanten angeregte P700 gibt 2 Elektronen an einen primären Akzeptor ab, von dem die Elektronen weiter über Ferredoxin zu $NADP^+$ fließen und zusammen mit $2H^+$ aus der Fotolyse des Wassers dessen Reduktion zu $NADPH + H^+$ ermöglichen.
6. Pro NADP können 1–2 ATP gebildet werden. Bei höherem ATP-Bedarf kommt es zu einem NADPH-Stau. Dann fließen die Elektronen vom Ferredoxin zum größten Teil nicht zum $NADP^+$, sondern zum Plastochinon und zurück zum P700 des Fotosystems I, was eine zusätzliche ATP-Bildung ermöglicht **(zyklische Fotophosphorylierung).**

Lichtunabhängige Reaktion (Dunkelreaktion, Calvin-Zyklus)

ATP und NADPH + H^+ aus den lichtabhängigen Reaktionen sind die Voraussetzungen, dass diese Reaktionsfolge im pigmentlosen Stroma ablaufen kann.

MELVIN CALVIN (1911–1997), ein amerikanischer Chemiker, entdeckte den Kreisprozess, auch als **Calvin-Zyklus** bekannt.

Calvin-Zyklus

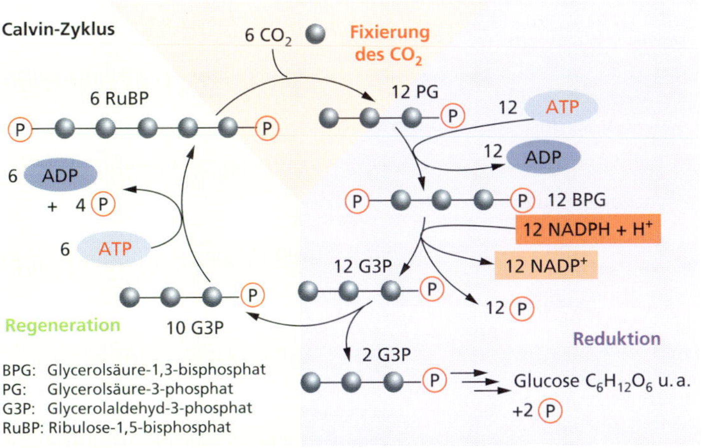

BPG: Glycerolsäure-1,3-bisphosphat
PG: Glycerolsäure-3-phosphat
G3P: Glycerolaldehyd-3-phosphat
RuBP: Ribulose-1,5-bisphosphat

Ablauf der lichtunabhängigen Reaktion

1. **Fixierung von Kohlenstoffdioxid:** Kohlenstoffdioxid wird an Ribulose-1,5-bisphosphat (RuBP) gebunden. Die entstandene instabile Zwischenverbindung zerfällt sofort in zwei Moleküle Glycerolsäure-3-phosphat. Alle Pflanzen, die Glycerolsäure (Verbindung mit drei C-Atomen im Molekül) als erstes stabiles Zwischenprodukt in der lichtunabhängigen Phase bilden, werden als **C_3-Pflanzen** bezeichnet.
2. **Reduktion:** Jedes Molekül Glycerolsäure-3-phosphat wird zu Glycerolaldehyd-3-phosphat (G3P) reduziert. ATP liefert für diesen energieaufwendigen Prozess die Energie und NADPH + H^+ die Elektronen, sowie den erforderlichen Wasserstoff für die Reduktion. Aus jeweils zwei Molekülen Glycerolaldehyd-3-phosphat bildet sich unter Abspaltung der Phosphatgruppen Glucose. Daraus kann sich durch Polykondensation Stärke bilden.
3. **Regeneration des Ribulose-1,5-bisphosphats:** Aus jeweils zehn G3P-Molekülen werden sechs Moleküle RuBP regeneriert. Für jeweils sechs CO_2-Moleküle, die in den Zyklus eingeschleust werden, entsteht ein Glucosemolekül. Dafür werden 18 ATP-Moleküle und 12 NADPH+ H^+-Moleküle verbraucht.

Der Enzymkomplex RubisCO (Ribulosebisphosphatcarboxylase/-oxidase) veranlasst eine Übertragung des CO_2 auf den Zucker Ribulosebisphosphat.

Die Ausgangsstoffe und Reaktionsprodukte der Fotosynthese und ihre Abhängigkeit lassen sich durch **Experimente zur Fotosynthese** nachweisen.

Gesamtgleichungen aller Prozesse der lichtabhängigen und lichtunabhängigen Reaktionen:

Bruttogleichung: $6\,CO_2 + 12\,H_2O \longrightarrow C_6H_{12}O_6 + 6\,O_2 + 6\,H_2O$

Nettogleichung: $6\,CO_2 + 6\,H_2O \longrightarrow C_6H_{12}O_6 + 6\,O_2$

Es wird eine Energiemenge von 2872 kJ umgewandelt, um ein Molekül Glucose zu bilden.

Beeinflussung der Fotosynthese

Landpflanzen leben in einem Dilemma zwischen Verdunsten (offene Spaltöffnungen) und Verhungern (geschlossene Spaltöffnungen).

Die Fotosynthese ist vorrangig von der Energie des Sonnenlichts, der Temperatur und dem Kohlenstoffdioxidgehalt der Luft abhängig, wobei jede Art ihre spezifischen Ansprüche an die Umwelt hat.

Dabei stehen die Landpflanzen vor einer prinzipiellen Schwierigkeit: Der geringe CO_2-Gehalt der Atmosphäre zwingt sie zur Oberflächenvergrößerung, die Gefahr des Austrocknens durch zu hohe Transpirationsraten wird dadurch erhöht. Pflanzen mildern dieses Problem, indem sie den Gasaustausch durch die **Spaltöffnungen** regulieren (↗ S. 137).

Beeinflussung der Fotosyntheseleistung

Bei einer Erhöhung der **Lichtintensität** steigt zunächst die **Fotosyntheseleistung** an. Am **Lichtkompensationspunkt** besteht ein Gleichgewicht zwischen CO_2-Abgabe und CO_2-Aufnahme. Wenn eine weitere Steigerung der Lichtintensität zu keiner weiteren Erhöhung der Fotosyntheseleistung führt, ist die **Lichtsättigung** erreicht.

Abhängigkeit von der Lichtintensität

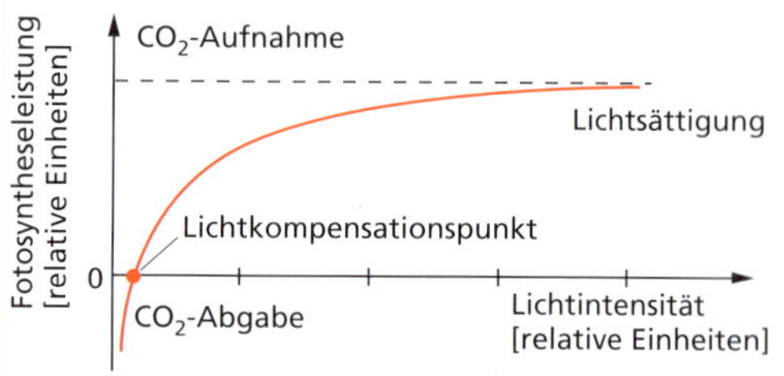

Kohlenstoffdioxid ist in der Natur der begrenzende Faktor für die Fotosyntheseleistung.
Die Erhöhung der **Kohlenstoffdioxidkonzentration** bis ca. 0,1 Vol.-% führt zu einer Steigerung der Fotosyntheseleistung. Eine weitere Zunahme des Kohlenstoffdioxidgehalts bewirkt keine Steigerung der Fotosyntheseleistung mehr **(Kohlenstoffdioxidsättigung).**

Abhängigkeit von der CO_2-Konzentration (bei konstantem pH-Wert)

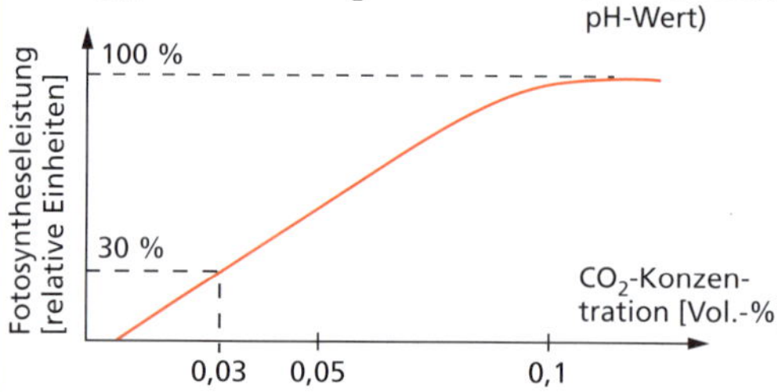

Wie bei allen chemischen Reaktionen steigt die Fotosyntheseleistung bei einer Erhöhung der **Temperatur** von 10 K um das Zwei- bis Dreifache **(RGT-Regel).**

Bei mehr als 40 °C sinkt die Fotosyntheseleistung durch die **Denaturierung** der an den Reaktionen beteiligten Enzyme (↗ S. 113 f.).
Aufgrund der erhöhten Transpiration schließen sich die Spaltöffnungen (↗ S. 137) bei den Pflanzen, was zur verminderten Kohlenstoffdioxidaufnahme führt.

Abhängigkeit von der Temperatur

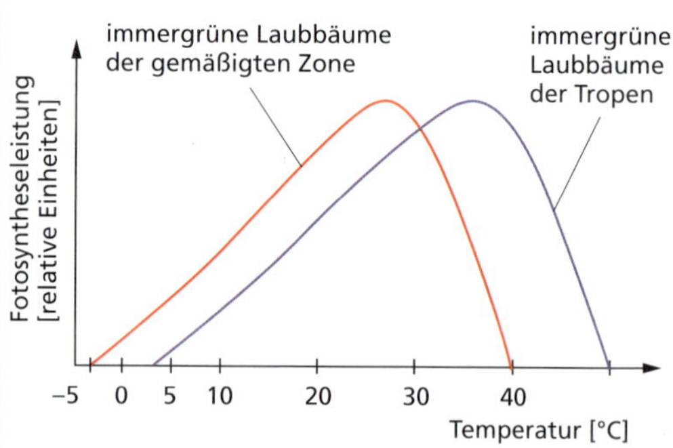

Teilweise sind die Blätter einer Pflanzenart an unterschiedliche Lichtverhältnisse angepasst (Sonnen- und Schattenblätter, z. B. bei der Rotbuche, ↗ Abb. unten). Wenn Pflanzen trockener, heißer und sonniger Standorte ihre Spaltöffnungen geschlossen halten, sinkt die CO_2-Konzentration in den chlorophyllhaltigen Blattzellen ab, die Sauerstoffproduktion läuft aber noch weiter. Dies kann dazu führen, dass statt CO_2 O_2 an Ribulosebisphosphat gebunden wird, was schließlich zur Freisetzung von CO_2 **(Lichtatmung)** führt. Dieser Prozess kann durch besondere physiologische Anpassungen verringert werden: **C_4-Pflanzen** (z. B. Mais, Hirsearten, ↗ S. 432) binden CO_2 sehr wirkungsvoll in den Mesophyllzellen, wo als erstes stabiles Produkt ein C_4-Körper (z. B. Äpfelsäure) entsteht. Von dort erfolgt der Weitertransport der C_4-Verbindung über **Plasmodesmen** in die Gefäßbündelscheidezellen, wo CO_2 abgespalten und dem Calvin-Zyklus zur Verfügung gestellt wird. Pflanzen mit tagesperiodischem (diurnalem) Säurezyklus **(CAM-Pflanzen)** binden das CO_2 nachts als organische Säure. Aus dieser wird es tagsüber bei geschlossenen Spaltöffnungen wieder freigesetzt.

Bei der Fotosynthese der Prokaryoten können neben Wasser auch andere Wasserstoffdonatoren auftreten, z. B. H_2S oder Bernsteinsäure.
Besondere **Fotosynthesespezialisten,** wie C_4- und CAM-Pflanzen, können CO_2 sehr effektiv nutzen und bei der Kohlenhydratproduktion Wasser sparen.

Die Fotosynthese
- ist für die große Mehrzahl der Organismen direkt oder indirekt die Nahrungsgrundlage (Biomasseproduktion);
- liefert für die aeroben Organismen den notwendigen Sauerstoff;
- ist ein wichtiger Prozess im Kohlenstoffkreislauf (jährlicher Verbrauch von über 500 Mrd. Tonnen CO_2);
- stellt langfristige Energieressourcen bereit (Holz, Torf, Kohle, Erdöl);
- hat einen indirekten Einfluss auf die lebensnotwendige Ozonschicht (Schutz vor UV-Strahlung).

Die **Geschichte der Fotosyntheseforschung** begann in der 2. Hälfte des 18. Jh.s mit der Entdeckung von JOSEPH PRIESTLEY (1733 bis 1804), dass von Tieren verbrauchte Luft von grünen Pflanzen wieder aufbereitet werden kann.

Licht- und Schattenblätter

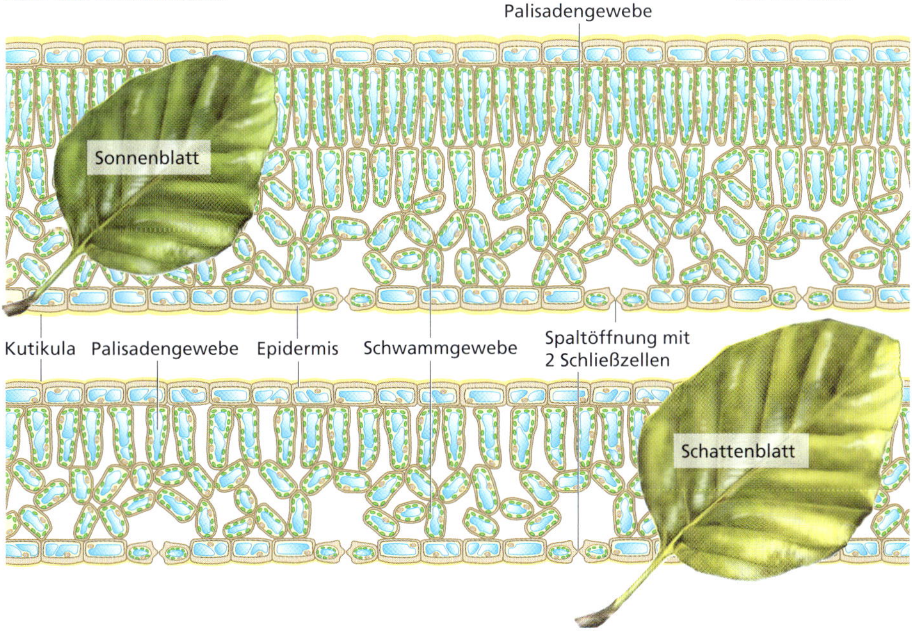

3.4.2 Chemosynthese nutzt Energie chemischer Reaktionen

Im Rahmen des Stickstoffkreislaufs spielen die im Boden lebenden **nitrifizierenden Bakterien** *(Nitrosomonas, Nitrobacter)* bei der Bereitstellung von Nitraten als Hauptstickstoffquelle für höhere Pflanzen eine besondere Rolle.

Einige Prokaryoten können die bei der Oxidation anorganischer Stoffe freigesetzte Energie zur ATP-Bildung nutzen. Die zu oxidierenden Stoffe werden aus der Umwelt aufgenommen und die entstandenen Oxidationsprodukte zum überwiegenden Teil abgegeben oder vorübergehend gespeichert (z. B. Einlagerung von Schwefel bei *Thiothrix*).
Die chemoautotrophen unterscheiden sich von den fotoautotrophen Organismen durch die Art der Energiebereitstellung und des Reduktionsmittels, während der Weg des Kohlenstoffs (Calvin-Zyklus, ↗S. 125) bei den meisten Organismen übereinstimmt oder ähnlich ist.

Zentrale Reaktionsschritte der Chemosynthese (Chemolithoautotrophie)

NAD kann von ATP in NADP umgewandelt werden.

1. Phase:
   - Durch die freigesetzte Energie aus der Oxidation anorganischer Verbindungen wird ATP gebildet.
   - Die bei der Oxidation freigesetzten Elektronen reduzieren zusammen mit Protonen das Coenzym (hier: NAD^+ zu $NADH+H^+$), oder das Reduktionsmittel $NADH+H^+$ kann durch eine Kombination mit der Atmungskette hergestellt werden (z. B. *Thiomargarita*).

2. Phase:
   - Im Calvin-Zyklus wird Kohlenstoffdioxid durch $NADH+H^+$ und der Energie aus ATP zu Kohlenhydraten (Glucose) reduziert.

Die Fotosynthese ist eine Fotolithoautotrophie, die Zellatmung eine Chemoorganoheterotrophie einschließlich der anaeroben Atmung vieler Bakterien.

Bei den Prokaryoten findet sich eine sehr große Vielfalt verschiedener Stoffwechseltypen. Sie lassen sich danach gliedern:
- woher die Energie stammt
  (Licht: *Foto-*; chemische Reaktion: *Chemo-*),
- was der Elektronendonator ist
  (organischer Stoff: *-organo-*; anorganischer Stoff: *-litho-*),
- woher der Kohlenstoff für den Aufbau von Zellsubstanz stammt
  (organischer Stoff: *-hetero-*; anorganischer Stoff: *-auto-*).

Chemolithoautotrophie	Aerobe Formen	Anaerobe Formen
Beispiele für Vertreter	nitrifizierende Bakterien, Eisenbakterien	einige Schwefelbakterien *(Thiobacillus, Thiomargarita)*
Sauerstoff	aus der Atmosphäre	aus Nitrat, Sulfat, Carbonat, Fumarat
Kohlenstoffquelle	CO_2	
Wasserstoffquelle	H_2O, H_2S, NH_3	
primärer Elektronendonator	H_2S, NH_3, H_2O, Fe^{2+}, H_2	CO, H_2
Reduktionsäquivalent	$NADH+H^+$	
Energieäquivalent	ATP	

3.4.3 Heterotrophe Assimilation nutzt organische Nährstoffe

Die Aufnahme von körperfremden organischen Stoffen und ihre Umwandlung in körpereigene Baustoffe oder Speicherstoffe nennt man **heterotrophe Assimilation.** Bei niederen Lebewesen, v.a. bei Prokaryoten und einigen Einzellern, können die organischen Nährstoffe über die Zellmembran aufgenommen und im Zellstoffwechsel in körpereigene Stoffe umgewandelt werden. In vielen Fällen werden makromolekulare Nahrungsstoffe durch Verdauungsenzyme zunächst in kleinere Moleküle zerlegt: Kohlenhydrate werden in Einfachzucker, Proteine in Aminosäuren aufgespalten. Lipide werden in Fettsäuren, Glycerol und eventuell weitere kleinere Moleküle zerteilt. Bei Tieren geschieht dies normalerweise im Darmkanal (↗S. 139 ff.), bei Einzellern in Nahrungsvakuolen und bei Pilzen außerhalb der Pilzhyphen durch nach außen abgegebene Verdauungsenzyme. Die Verdauungsprodukte werden dann in Zellen aufgenommen und zu körpereigenen Makromolekülen aufgebaut.

Im Gegensatz zur autotrophen Assimilation ist die heterotrophe Assimilation auf die Zufuhr von Stoffwechselenergie angewiesen.

Ein wichtiger Ausgangspunkt für viele Biosynthesewege ist der Citratzyklus (↗S. 119). Durch Transaminierungen können nicht nur verschiedene **Aminosäuren,** sondern auch andere Stickstoffverbindungen wie Purine, Pyrimidine und Porphyrine aufgebaut werden. Bei der Biosynthese der Lipide (↗S. 68 f.) spielen folgende Synthesewege eine Rolle:

- Aufbau von Fettsäuren (langkettigen Carbonsäuren),
- Veresterung der Fettsäuren mit Glycerol (Bildung von Triacylglycerolen als Speicherstoffe),
- Bildung von Phospholipiden als Membranbestandteile,
- Bildung von Cholesterol, Steroiden und anderen Isoprenoiden unterschiedlicher Funktionen.

Glykolyse und Citratzyklus als Ausgangspunkt für Biosynthesewege

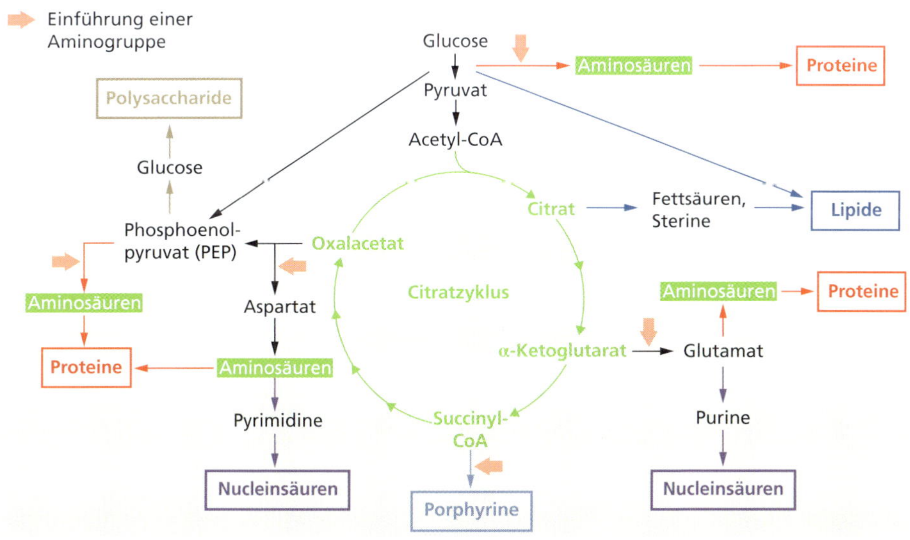

3.4.4 Lebewesen können chemische Energie speichern

▶ Die **Bildung weiterer organischer Stoffe** aus dem primären Fotosyntheseprodukt Glucose erfolgt in komplexen chemischen Reaktionen.

Bei autotrophen Organismen sind die gebildeten Glucosemoleküle aus dem Calvin-Zyklus Ausgangsstoff für die Bildung weiterer organischer Stoffe. Mithilfe von Mineralstoffen werden **Proteine, Kohlenhydrate, Fette** und andere organische Produkte (z. B. Alkaloide, organische Säuren) hergestellt. Heterotrophe Lebewesen nehmen diese organischen Stoffe mit der Nahrung auf und bauen sie im Organismus entsprechend ihrem Bedarf um.

Proteine, Kohlenhydrate und Fette stellen als Nährstoffe die wichtigsten Energieträger für die Organismen dar.

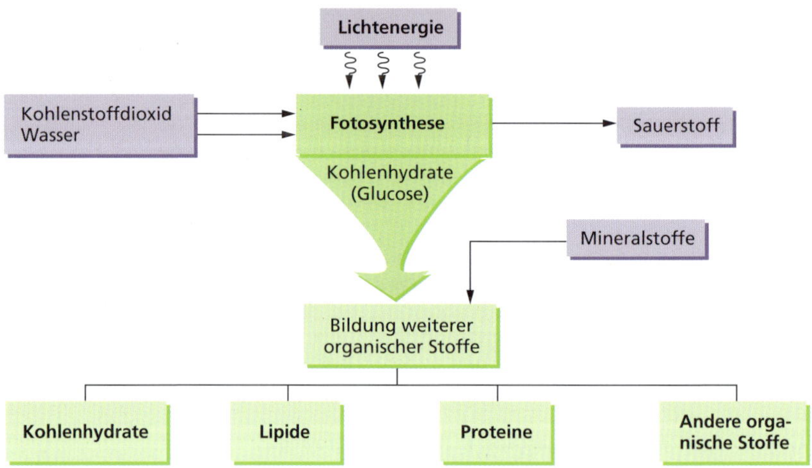

Kohlenhydrate

- **Glucose** und andere Monosaccharide in Früchten
- **Saccharose** und andere Disaccharide in Speicherorganen
- Polysaccharide wie **Stärke** in Speicherorganen und Früchten
- **Cellulose, Pectin** als Zellwandsubstanzen

Wichtige Nahrungsmittel: *Weintrauben, Zuckerrüben, Zuckerrohr, Kartoffeln, Getreide*

Lipide

- Membranlipide
- Fette und fette Öle vor allem in Früchten und Samen

Wichtige Nahrungsmittel: *Erdnüsse, Sonnenblumenkerne, Oliven, Rapssaat, Früchte der Ölpalme, Kokosnüsse*

Proteine

- wichtigster Bestandteil des Cytoplasmas, Speicherung in Früchten, Samen und Speicherorganen

Wichtige Nahrungsmittel: *Erbsen, Bohnen, Linsen, Getreidekörner („Vollkorn")*

Andere organische Stoffe

- **ätherische Öle:** *Minze, Rosmarin, Thymian, Kümmel*
- **Alkaloide:** *Morphin (Schlafmohn), Atropin (Tollkirsche), Nicotin (Tabakpflanze)*
- **organische Säuren:** *Äpfelsäure (Johannis-, Stachelbeeren), Citronensäure*
- **Fruchtester:** *Aromastoffe vieler Früchte*
- **Flavonoide:** *Zitrusfrüchte, Tee, Kakao*

Abbauender Stoffwechsel

- Zellatmung und Gärungen sind Energie liefernde Stoffwechselprozesse. Die Zellatmung verläuft in drei großen Reaktionskomplexen: Glykolyse, Citratzyklus und Atmungskette. Während die Glykolyse im Cytosol abläuft, erfolgt der Citratzyklus in der Mitochondrienmatrix, die Atmungskette in der inneren Mitochondrienmembran. Dabei werden pro Glucosemolekül etwa 30 ATP gebildet. Mitochondrien werden deshalb auch als Kraftwerke der Zelle bezeichnet.

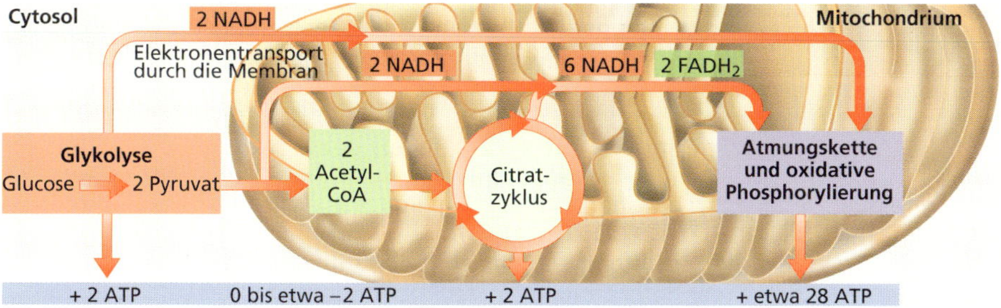

- Wichtige Gärungen sind Milchsäuregärung und alkoholische Gärung (Ethanolgärung), die sich vom Reaktionsverlauf her an die Glykolyse anschließen lassen.

Aufbauender Stoffwechsel

- Durch die Fotosynthese wird Sonnenenergie genutzt, um aus Kohlenstoffdioxid und Wasser Kohlenhydrate zu synthetisieren. Ein Teil der Prokaryoten und Protisten sowie die Pflanzen sind auf der Basis dieser Assimilation in der Lage, alle körpereigenen Stoffe aus anorganischen Stoffen aufzubauen. Die Bilanzgleichung der Fotosynthese stellt die Umkehrung der Zellatmung dar.

$$6\,CO_2 + 6\,H_2O \underset{\text{Atmung}}{\overset{\text{Fotosynthese}}{\rightleftarrows}} C_6H_{12}O_6 + 6\,O_2$$

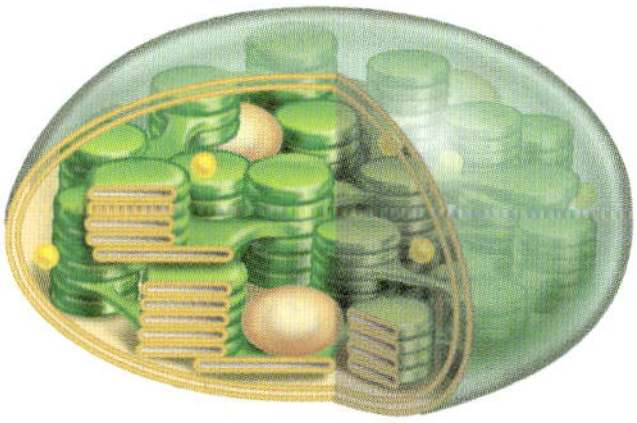

- Orte der Fotosynthese sind die Chloroplasten, die entscheidende Wandlung von Lichtenergie in chemische Energie leisten die Chlorophyllmoleküle. Wichtiges Fotosyntheseorgan sind die Laubblätter der Pflanzen.

- Verschiedene Prokaryoten können auch chemische Reaktionen zur Energieversorgung nutzen (Chemosynthese).

- Als „heterotrophe Assimilation" bezeichnet man den Aufbau körpereigener Stoffe aus organischen (Nähr-)Stoffen.

3.5 Stofftransport bei Pflanzen

- Die Pflanze nimmt Kohlenstoffdioxid, Wasser und Mineralstoffe aus der Umwelt auf und stellt daraus Nährstoffe und Baustoffe her.
- Bei landlebenden Pflanzen wird Wasser durch die Wurzeln aufgenommen und gelangt über das Xylem bis in die Blätter.
- Die Verdunstung wird durch die Spaltöffnungen (Stomata) geregelt.
- Ionenaustausch und aktiver Transport durch Zellmembranen ermöglichen die Aufnahme von Mineralsalzen aus dem Boden.
- Fotosyntheseprodukte werden v.a. als Saccharose durch das Phloem in die Speicher- oder Verbrauchsorgane transportiert.

3.5.1 Pflanzen nutzen Stoffe aus der Luft und aus dem Boden

Wassergehalt pflanzlicher Organe in %:

Kiefernwurzel	74,2
Karotte	88,2
Spargel (essbarer Teil)	88,3
Apfel	84,0
Wassermelone	92,1

Wiegt man eine frisch aus dem Boden entnommene **Pflanze,** so erhält man ihr **Frischgewicht,** nach völliger Trocknung bei 100 °C ihr **Trockengewicht.** Die Differenz ergibt den Wasseranteil. Er ist bei den meisten Pflanzen sehr hoch. Erhitzt man die Trockensubstanz unter Luftzufuhr weiter, entweichen einige Elemente als Verbrennungsgase (H_2O, NO, NO_2, CO_2, SO_2), andere Elemente bleiben in der Asche zurück (Ca, Mg, K, P, B, Zn, Cu, Mo, Ni). C und O werden überwiegend aus der Luft, alle anderen Elemente vorwiegend als Ionen aus der Bodenlösung aufgenommen.

Landlebende Sprosspflanzen nehmen osmotisch Wasser durch die **Wurzelhaare** aus dem Boden auf und geben den größten Teil davon über die **Spaltöffnungen** wieder an die Atmosphäre ab. Dieser Transportprozess wird durch die **Wasserpotenzialdifferenz** zwischen Boden und Luftraum in Gang gehalten. Man bezeichnet ihn als **Transpirationssog.** Transportzellen sind die **Gefäße des Xylems.** Das negative Wasserpotenzial der Atmosphäre beträgt bei 50 % relativer Luftfeuchtigkeit schon über –90 MPa.

JUSTUS FREIHERR VON LIEBIG (1803–1873) ermittelte den **Mineralstoffbedarf von Kulturpflanzen,** der für jede Pflanzenart spezifisch ist. Heute nutzt man seine Erkenntnisse im Einsatz von mineralischem Dünger („Kunstdünger").

Der Transport kann allerdings nur funktionieren, wenn die Wasserfäden in den Tracheiden und Tracheen nicht abreißen und wenn die Leitungsbahnen nicht kollabieren. Dafür sind vor allem vier Sachverhalte verantwortlich (↗ S. 136):

1. die **Kohäsionskraft** zwischen den Wassermolekülen,
2. die **Adhäsionskraft** der Wassermoleküle an die Zellwandkapillaren,
3. die **Oberflächenspannung** am Ende der Wassersäule in den Zellwänden der Blattzellen,
4. die Stabilisierung der Leitungsbahnen durch **Wandversteifungen**.

Allerdings beginnt bereits im zeitigen Frühjahr der Xylemsaft in die Kronen zu steigen, wenn die Bäume noch ohne Blätter sind. Frisch gefällte oder verletzte Bäume können im Frühjahr „bluten". Der aus den Verletzungen austretende **Blutungssaft** schmeckt mehr oder weniger süß. Dies hängt damit zusammen, dass im zeitigen Frühjahr Zucker in die Wasserleitungsbahnen abgeschieden wird. Dadurch wird ein osmotischer Druck aufgebaut, durch den Wasser aus der Bodenlösung nachgezogen werden kann. Eine geringere Rolle spielt dabei auch der durch aktive Transportvorgänge in der Wurzelendodermis aufgebaute **Wurzeldruck.**

Aufnahme-, Transport- und Transpirationsorgane der Pflanze

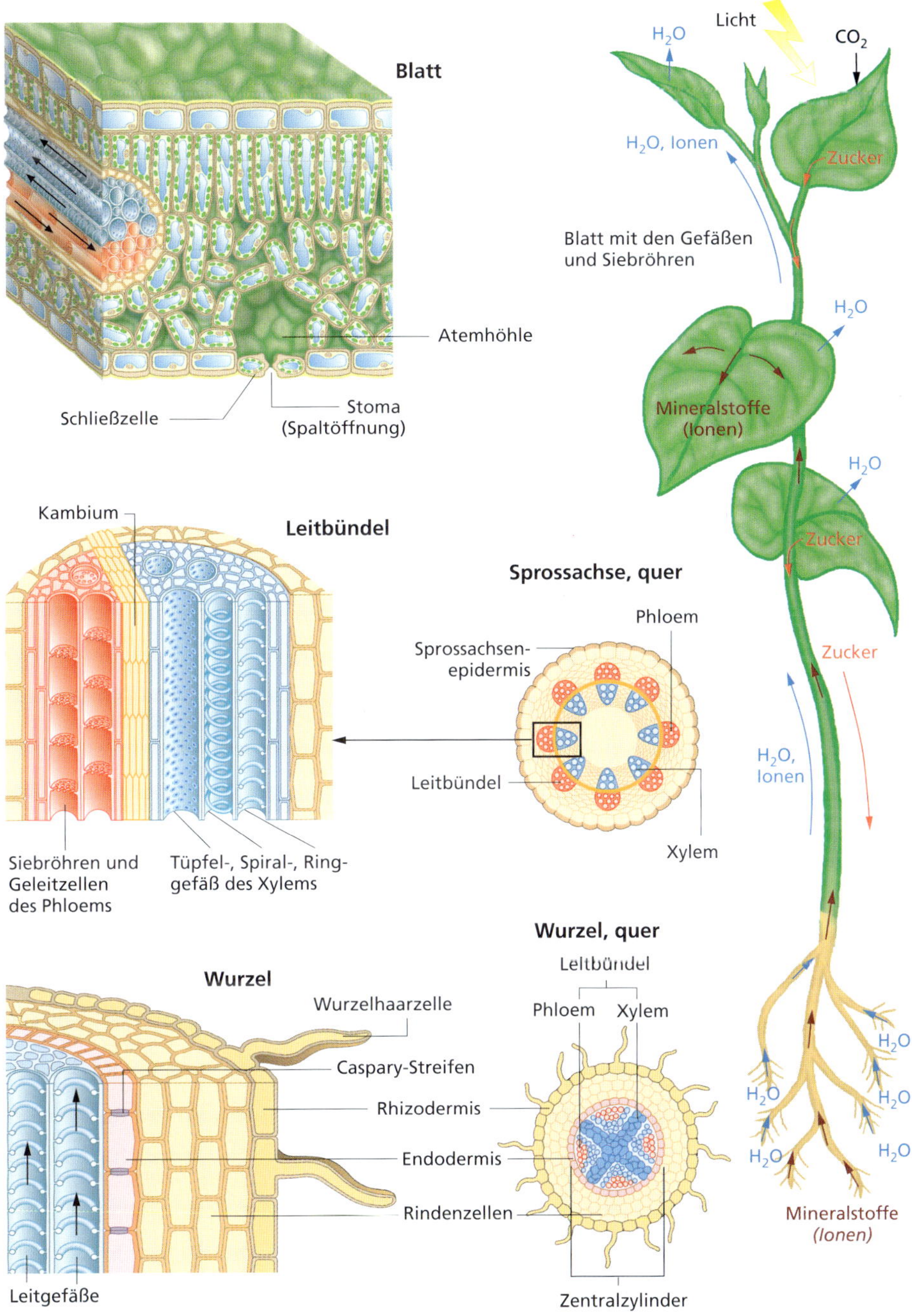

3.5.2 Wurzeln nehmen Wasser und Mineralsalze auf

Die Oberfläche der Wurzelhaare einer Roggenpflanze in einem Bodenvolumen von 56 Litern beträgt 400 m^2.

Die Aufnahme von Wasser mit Mineralsalz-Ionen geschieht an den Wurzelspitzen. Nur hier besitzen die Zellwände der **Rhizodermis** noch keine Wasser abstoßenden Schichten aus Kork und Cutin. Außerdem sind die Rhizodermiszellen zu langen **Wurzelhaaren** ausgewachsen. Durch diese Oberflächenvergrößerung können sie die Bodenlösung besonders effektiv aufnehmen. Wurzelspitzen können darüber hinaus dem Wasser nachwachsen **(positiver Hydrotropismus).**

Die Aufnahme und der laterale Transport von Wasser und Ionen in der Wurzelrinde erfolgen auf zwei verschiedenen Wegen:

a) Wurzelhaarzellen nehmen die Lösung auf. Der Weitertransport erfolgt von Zelle zu Zelle über **Plasmodesmen,** da der osmotische Wert von der Rhizodermis bis zur Endodermis zunimmt. Plasmodesmen sind Kanäle aus Cytoplasma, die über Poren in den Zellwänden die Zellen miteinander verbinden (↗ S. 95). Diese Form des Transports bezeichnet man als **symplastischen Diffusionsweg.**
b) Wasser und Ionen dringen in das Netzwerk der Zellwände (Apoplast) ein, die Bodenlösung wird fließpapierartig aufgesaugt. Diesen Transport bezeichnet man als **apoplastischen Diffusionsweg.**

Das Wurzelsystem einer Maispflanze kann während der Hauptvegetationszeit rund drei Kilometer täglich wachsen.

Wasser und Ionen gelangen bis zur **Endodermis.** Dort blockiert der **Caspary-Streifen** (wachsartige Einlagerung in die Zellwand) den weiteren apoplastischen Transport durch die Zellwände. Nur durch das Cytoplasma der Endodermiszellen kann das Wasser in den Zentralzylinder gelangen. Dabei wird Stoffwechselenergie benötigt. Über die Gefäßzellen des **Xylems,** die im funktionsfähigen Zustand bereits abgestorben sind, gelangen Wasser und Mineralsalze aus der Wurzel in die Sprossachse. Die Triebkraft dafür ist die Verdunstung des Wassers in den Blättern und die dadurch entstehende Saugspannung.
Die Aufnahme von Mineralsalz-Ionen (K^+, Ca^{2+}, Mg^{2+}, NO_3^-, PO_4^{3-} u. a.) ist wesentlich komplizierter und an den ATP-Verbrauch gebunden.

Mineralsalze und Wasser gelangen auf symplastischem und apoplastischem Weg bis zur Endodermis

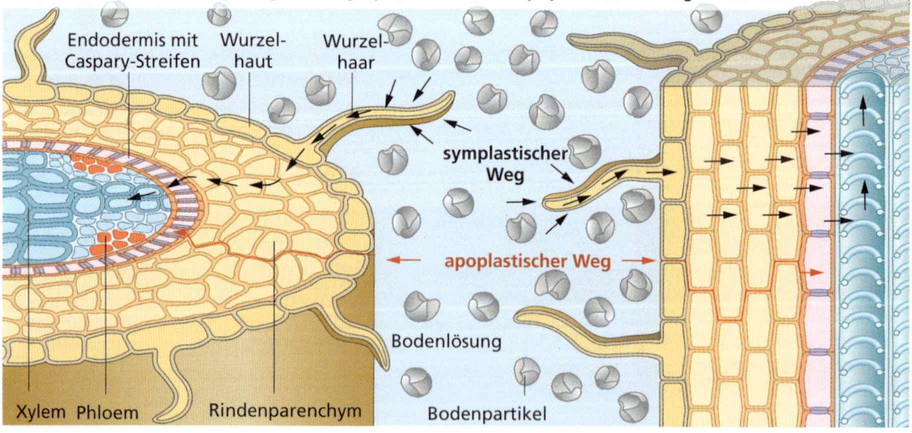

Mineralsalze und Wasser aus dem Boden sowie Kohlenstoffdioxid aus der Luft bilden die Grundlage der Pflanzenernährung.

Die Transporteigenschaften der Wurzelhaarbiomembran werden – wie die anderer Biomembranen – von transmembranen Proteinen bestimmt. Sie fungieren als Kanäle, Translokatoren oder aktive Pumpen.

Kationenaustausch im Boden

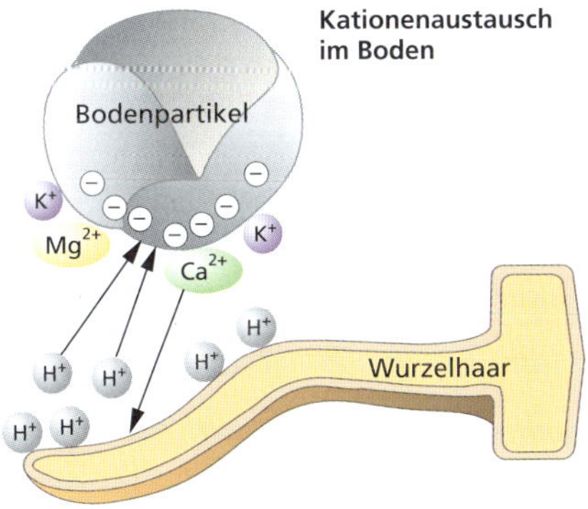

Wichtige Voraussetzung für die Ionenaufnahme durch die Wurzelhaarmembran ist die Abgabe von H^+-Ionen durch eine ATP-verbrauchende **Protonenpumpe**. Diese Protonen dienen einmal dazu, die an Bodenpartikel gebundenen Mineralstoffkationen (z.B. Ca^{2+}, Mg^{2+}, K^+) durch Ionenaustausch zu lösen (↗ Abb.). Zum anderen ermöglicht das durch den Protonengradienten aufgebaute elektrische **Membranpotenzial** einen Einstrom von K^+-Ionen durch spezielle **Transportproteine**.

Schließlich können dem Konzentrationsgefälle folgende durch spezielle Carrierproteine zurückwandernde H^+-Ionen im Cotransport Anionen (z.B. NO_3^-, PO_4^{3-}) mitnehmen.

Alle diese Membranpassagen sind an spezielle Carrierproteine gebunden und deshalb funktionieren sie jeweils nur für ganz bestimmte Ionen oder Moleküle. Dies gilt für die Membran der Wurzelhaarzellen ebenso wie für die Endodermismembran.

Anionen wie Nitrat und Phosphat werden leichter aus dem Boden ausgewaschen als Kationen, da sie nicht an die negativ geladenen Bodenpartikel binden können.

Die **Chemiosmose** an der Wurzel kann experimentell nachgewiesen werden.

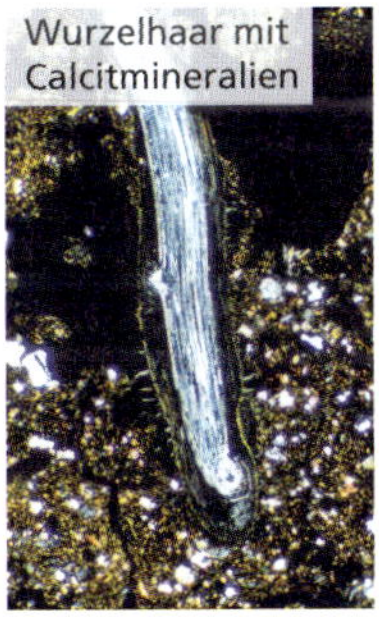

Wurzelhaar mit Calcitmineralien

Chemiosmotisches Modell zur Aufnahme von Ionen durch Membranen

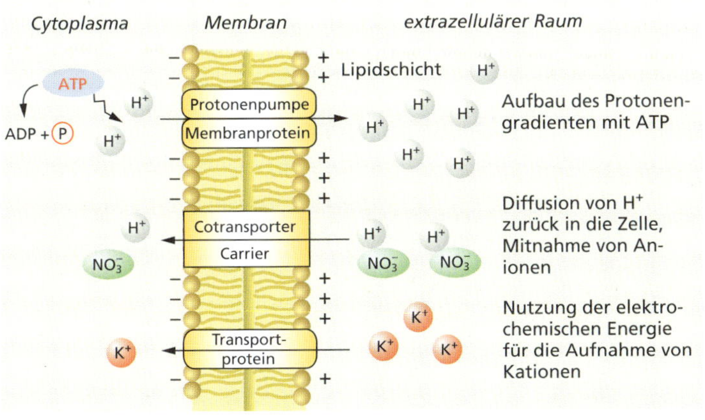

Man unterscheidet isotonische und anisotonische Lösungen (griech. *tonos:* Spannung). Von isotonischen Lösungen spricht man, wenn der osmotische Wert der Lösungen dem Wert des Zellsafts entspricht.
Bei anisotonischen Lösungen handelt es sich um Lösungen mit einem geringeren (hypotonisch) oder höheren (hypertonisch) osmotischen Wert als der Wert der von ihnen umgebenen Zelle.

3.5.3 Wasser- und Ionentransport beruhen auf einem Durchflusssystem

An den Blättern entsteht durch Wasserverdunstung ein Wasserdefizit, das durch Wasser aus den Blattadern und Zellen ausgeglichen werden muss. Es entsteht ein Unterdruck, der **Transpirationssog,** der sich bis an die Grenzfläche von Luft und Wasser an den Zellwänden der Palisaden- und Schwammzellen auswirkt. Dabei wird das Wasser immer weiter in die Kapillaren gezogen. Es entstehen dadurch sehr dünne Wasserfäden in den Zellwänden, die an ihren Enden eine hohe **Oberflächenspannung** aufweisen. Sie ist die treibende Kraft für den Wassertransport im Xylem. Damit dieser Transport funktioniert, dürfen die Wassersäulen in den Tracheen bzw. in den Tracheiden nicht abreißen. Verantwortlich dafür sind die **Kohäsionskraft** und die **Adhäsionskraft** der Wassermoleküle (↗ S. 55 ff.). Je größer der Unterdruck in den Gefäßen ist, desto größer ist die Gefahr, dass durch undichte Stellen Gasblasen eindringen und die Wasserfäden reißen.

▶ Besondere Festigungsgewebe (Kollenchyme, Sklerenchyme) stabilisieren die Sprossachsen krautiger Pflanzen.

Kürbissprossachse (Querschnitt)

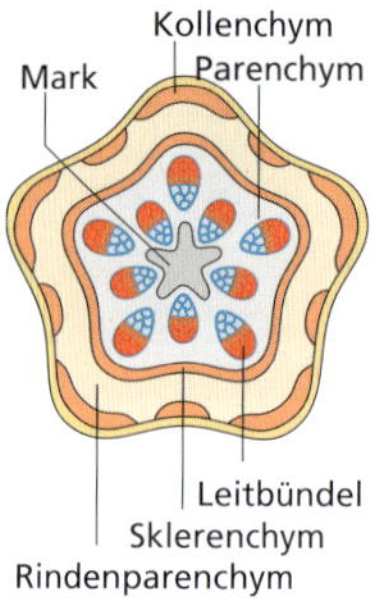

1) Intensität der Wasseraufnahme und Transpiration der Sonnenblume an einem Sommertag

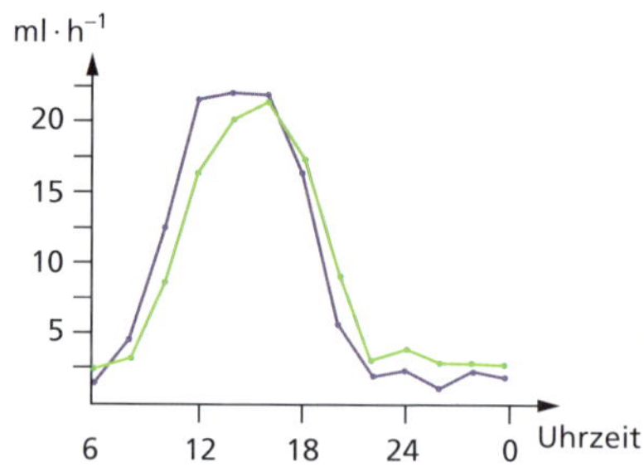

2) Osmotisches Potenzial

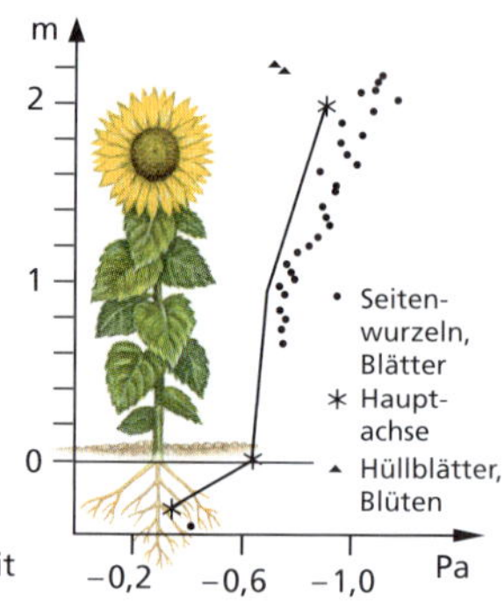

Die Leitungsbahnen des Xylems sind ihrer Funktion gut angepasst. Ihr Protoplast ist abgestorben. Die ligninhaltigen Wände der Wasserleitungsbahnen sind ring-, spiral- und netzförmig versteift, bei vielen Gehölzen sind sie rundum verdickt und die Verbindung zu Nachbargefäßen wird lediglich durch kleine Wandporen, die **Tüpfel,** aufrechterhalten (↗ Abb.). Bedecktsamer haben weitlumigere Gefäße als Nacktsamer. Ihre Querwände sind zum größten Teil aufgelöst. Im Gegensatz zu den dünneren **Tracheiden** mit Querwänden nennt man diese Gefäße **Tracheen.**

▶ Wasserleitungsbahnen des Xylems sind durch Wandversteifungen vor dem Kollabieren bei Unterdruck geschützt.

Gefäße im Xylem (Längsschnitt)

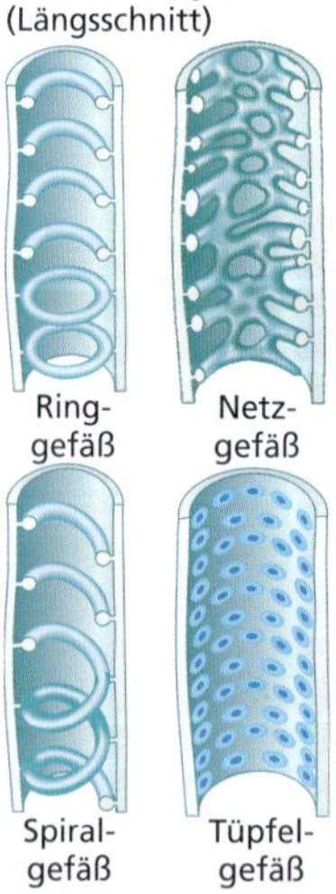

Tracheendurchmesser und Transportgeschwindigkeit

Pflanze	Ø der Tracheen in µm	Geschwindigkeit in m/h
Ahorn	30–110	2,40
Birke	30–130	1,60
Hainbuche	16–18	1,25
Linde	25–90	3,43
Lianen	bis 700	bis zu 150,00

3.5.4 Spaltöffnungen regeln die Wassertranspiration

Über die Gefäße des Xylems in den Blattadern gelangen Wasser und Ionen ins Blatt. Ein Teil des Wassers und die Mineralsalze werden im Palisaden- und Schwammgewebe für die Fotosynthese und die sich anschließenden Stoffwechselvorgänge verbraucht. Der weitaus größte Teil des Wassers gelangt als Wasserdampf in die Interzellularen des Blatts und wird durch die **Spaltöffnungen (Stomata)** verdunstet.
Bei den meisten Landpflanzen liegen die Stomata auf der Unterseite der Blätter, bei manchen auch auf beiden Seiten. Bei den Schwimmblättern von Wasserpflanzen liegen sie auf der Blattoberseite.

Epidermiszellen mit Spaltöffnungen von der Blattunterseite:

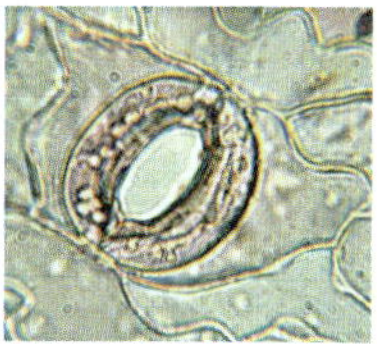

Durchschnittliche Anzahl der Spaltöffnungen einiger Pflanzen je mm² Blattfläche:

Art	Blattoberseite	Blattunterseite
Apfelbaum	0	290
Bohne	40	280
Buschwindröschen	0	67
Iris	65	58
Stieleiche	0	450
Seerose	490	0

Der Randeffekt kommt zustande, da über einer Pore zur Seite hin steilere Diffusionsgradienten bestehen als über einer freien Fläche.

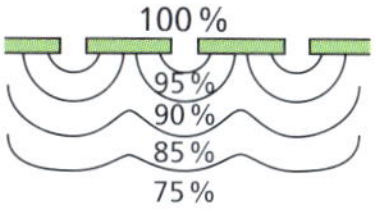

Obwohl die Gesamtfläche der geöffneten Spaltöffnungsporen nur 1–2 % der gesamten Oberfläche ausmachen, erreicht die Transpiration durch den **Randeffekt** über 50 % der Transpiration einer der Blattfläche entsprechenden freien Wasserfläche, was damit zusammenhängt, dass sich die diffundierenden Wassermoleküle gegenseitig weniger behindern.
Prinzipiell können die Spaltöffnungen durch Öffnen oder Schließen des Spalts die Verdunstung regulieren. Dies geschieht durch **Turgorveränderung** in den beiden Schließzellen gegenüber ihren Nachbarzellen. Eine Turgorerhöhung bewirkt die Öffnung, eine Turgorsenkung den Verschluss. Die Turgoränderungen gehen auf Änderungen des osmotischen Potenzials der Schließzellen zurück, das v. a. von der K^+-, der Cl^-- und der Malat-Ionenkonzentration in den Zellen abhängt.
Der Schließzellenturgor wird durch mehrere miteinander in Wechselwirkung stehende Regelkreise kontrolliert. So bewirken gute Wasserversorgung des Blattgewebes, niedriger CO_2-Gehalt der Interzellularen und Belichtung eine Öffnung, niedriges Wasserpotenzial der Blattgewebe, hoher CO_2-Gehalt der Interzellularen und fehlendes Licht einen Spaltenschluss.
Viele Pflanzen haben zudem bestimmte **Verdunstungsschutzeinrichtungen** ausgebildet, die sie vor dem Austrocknen schützen (↗ S. 431).

Öffnen der Spaltöffnungen (Stomata)

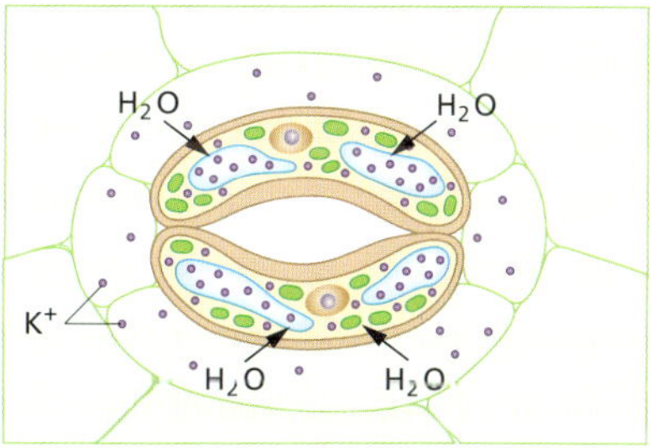

Schließen der Spaltöffnungen (Stomata)

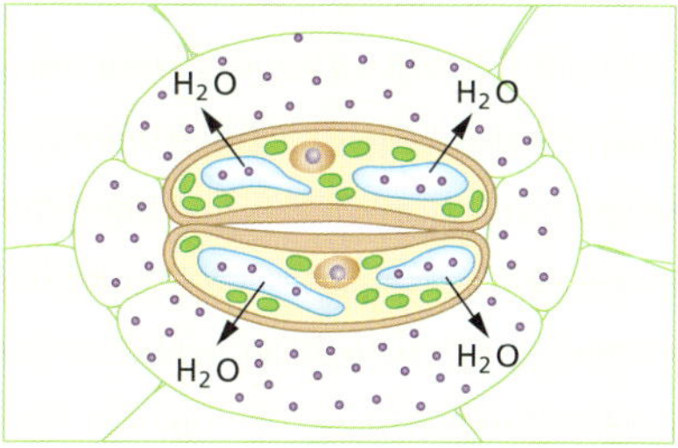

3.5.5 Organische Substanzen werden in Siebzellen transportiert

Siebzellen von Samenpflanzen enthalten keine Zellkerne. Steuerfunktion übernehmen die Kerne der Geleitzellen.

Die durch Fotosynthese hauptsächlich in der Palisaden- und Schwammschicht der Blätter gebildete Glucose wird in **Saccharose** als Transportform umgewandelt. Weiterer Bestandteil des Phloemsafts sind Oligosaccharide, Zuckeralkohole und nicht proteinogene Aminosäuren.

Druckstrom in einer Siebröhre (Längsschnitt)

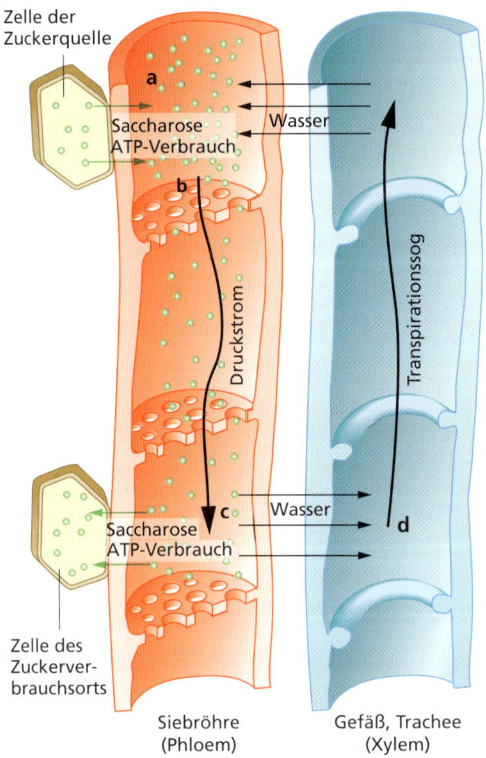

Siebröhre (Querschnitt)

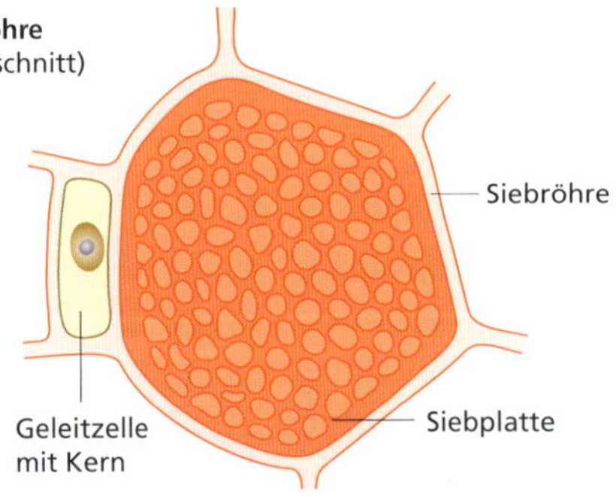

Der Transport der Assimilate vom assimilierenden Gewebe bis zu den Siebröhren ist auf zwei Wegen möglich, entweder von Zelle zu Zelle durch die **Plasmodesmen** oder durch die Zellwände. Der Eintritt in die **Siebröhren** erfolgt unter ATP-Verbrauch aktiv durch **Chemiosmose.** Eine Protonenpumpe erzeugt einen H^+-Gradienten an der Membran. Durch andere Membranproteine (Saccharose-Wasserstoff-Ionen-Symporter) diffundieren H^+-Protonen zurück und nehmen die Saccharose mit.

In den Siebröhren bewegen sich die Assimilate mit dem Wasserstrom. Dieser Assimilatestrom ist in alle Richtungen möglich, von den Fotosyntheseorganen zu den Speicherorganen und den Vegetationspunkten, aber auch von den Speicherorganen zu den Verbrauchsorten. Nach diesem **Druckstrommodell** wird die Richtung des Phloemtransports durch ein osmotisches Gefälle und damit durch einen Turgorgradienten bewirkt:

a) An der Quelle wird die Siebröhre mit Zucker chemiosmotisch beladen. Das Wasserpotenzial erniedrigt sich. Die Siebröhre nimmt osmotisch Wasser aus der Umgebung auf.
b) Durch die Wasseraufnahme erhöht sich der Druck, der die Lösung durch die Siebröhre strömen lässt.
c) Der Druckgradient wird durch Abgabe von Wasser und Zucker am Verbrauchsort erhöht.
d) Das Xylem führt Wasser zurück zur Quelle.

Im Gegensatz zu den Wasserleitungsbahnen handelt es sich bei den Assimilateleitenden **Siebröhren** um lebende Zellen. Die durch zahlreiche Poren siebartigen Querwände erleichtern den Stofftransport über das durchgehende Protoplasma.

3.6 Verdauung, Atmung und Stofftransport bei Tieren

- Verdauung und Resorption von Nährstoffen sind zum Aufbau und Ersatz von Zellstrukturen und zur Energiegewinnung lebensnotwendig.
- Der für die Zellatmung notwendige Sauerstoff wird durch Atmungsorgane aufgenommen und durch ein Kreislaufsystem zu den Verbrauchsorten gebracht.
- Transportmittel für die Nährstoffe, den Sauerstoff, das Kohlenstoffdioxid und andere Stoffwechselendprodukte ist bei vielen Tieren das Blut oder die Hämolymphe.
- Stoffwechselendprodukte werden über Nieren, Lunge und Haut ausgeschieden.

3.6.1 Nährstoffaufnahme setzt Verdauung voraus

Viele Protisten (↗S. 363 ff.) sowie alle Pilze und Tiere sind heterotroph und beziehen ihre Nährstoffe aus lebenden oder toten Organismen.

Verdauung und Nahrungsresorption können bei verschiedenen Tiergruppen sehr unterschiedlich ablaufen.

Ihre Ernährung besteht aus:

1. der **Nahrungsaufnahme:** Sie erfolgt bei Protisten und Pilzen durch die Zellmembran und bei Tieren durch den Fressakt.
2. der **Verdauung:** enzymatischer Abbau der in der Nahrung enthaltenen Makromoleküle in kleine Moleküle (Monomere). Sie findet in Nahrungsvakuolen, z. T. auch an der Oberfläche, in Darmsäcken und Darmkanälen statt.
3. der **Resorption:** Aufnahme der Monomere in die Körperzellen. Bei Tieren mit durchgehendem Verdauungskanal (Mundöffnung bis After) übernehmen spezialisierte Zellen des Verdauungskanals die Resorption der Monomere (Nährstoffe) oder sie erfolgt am gesamten Darm.
4. der **Ausscheidung:** Bei Einzellern wird unverdauliches Material durch die Zellmembran und bei Tieren als Kot aus dem Darmende (After) ausgeschieden.

LAZZARO SPALLANZANI (1729–1799), ein italienischer Forscher, stellte zum Ende des 18. Jh.s zahlreiche Selbstversuche zur Verdauung an.

Beim Menschen geht man davon aus, dass er jährlich ca. 500 kg Nahrungsmittel aufnimmt. Das System, in dem die Nahrung verdaut wird, ist ein acht Meter langer Schlauch, der sich durch Form, Lage und Funktion in verschiedene Abschnitte untergliedern lässt. Während der Passage werden die **Nährstoffe Proteine, Kohlenhydrate und Fette** zu Aminosäuren, Monosacchariden, Fettsäuren und Glycerol abgebaut und durch die Darmwand in das Blut oder die Lymphe aufgenommen. Manche Stoffe dienen im Zellstoffwechsel als **Energiequelle,** andere als Bausteine zum Neubau von Gewebe für Wachstum oder Ersatz von Strukturen, wieder andere werden gespeichert. Außerdem sind **Vitamine, Mineralstoffe, Ballaststoffe** und **Wasser** als **Ergänzungsstoffe** der Nahrung lebensnotwendig. Die **menschliche Verdauung** beginnt in der Mundhöhle. Die im Speichel enthaltene Amylase baut einen Teil der Stärke (Polysaccharid) zu Maltose (Disaccharid) ab.

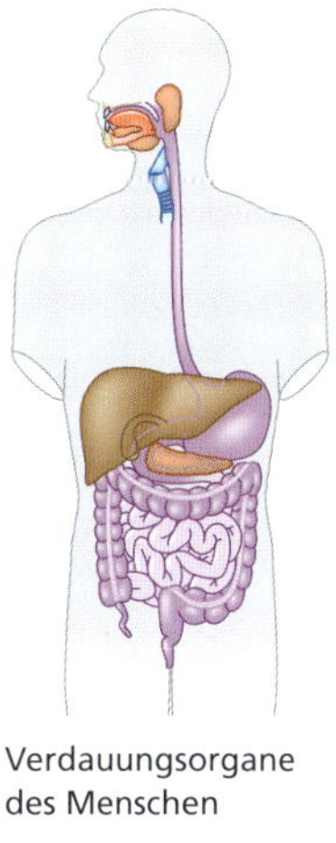

Verdauungsorgane des Menschen

3

Magen und Magendrüsen

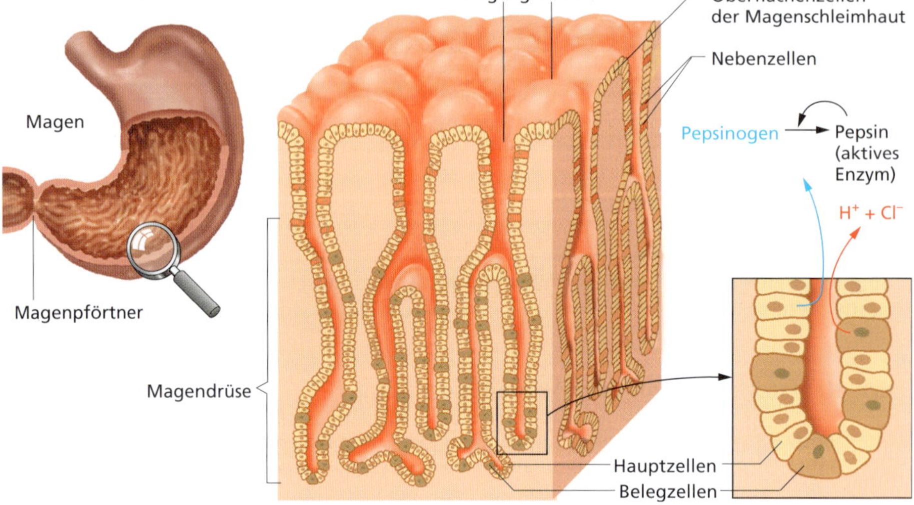

Verletzungen der Magenschleimhaut können zu Magengeschwüren führen. Dies wird u. a. durch das Bakterium ***Helicobacter pylori*** verursacht. Bis 2006 konnten 128 weitere säureresistente Bakterienarten im Magen nachgewiesen werden.

Der **Magen** des Menschen fasst 1,5–2 Liter Nahrung. Er hat die Funktion eines Vorratsbehälters, der die Nahrung durch kräftige Muskelkontraktionen vermischt und portionsweise in den Darm drückt. Von den Belegzellen der Magengruben werden Protonen und aus dem Blut stammende Chlorid-Ionen getrennt abgegeben, was zur Bildung einer etwa 0,5 %igen Salzsäure im Magensaft führt, die einen pH-Wert von 1,5 zur Folge hat. Die Salzsäure wirkt keimtötend, außerdem aktiviert sie das Eiweiß verdauende Enzym **Pepsin** im Magensaft.
Die Hauptzellen bilden **Pepsinogen,** eine Vorstufe des Pepsins. Die Salzsäure wandelt Pepsinogen in Pepsin um, indem sie ein kurzkettiges Peptidmolekül abspaltet. Außerdem aktiviert das neu gebildete Pepsin die Umwandlung von Pepsinogen in Pepsin.
Da die Magenwand ebenfalls Proteine enthält, besteht die Gefahr der Selbstverdauung. Dem wirkt der von den Nebenzellen gebildete Magenschleim entgegen. Er kleidet die Mageninnenwand aus.

Als **Essstörung** bezeichnet man ausschließlich das gestörte, individuelle Essverhalten. Essstörungen kommen i. Allg. nur dort vor, wo es Überfluss und Missbrauch von Nahrung gibt. Der **Body-Mass-Index** (BMI) ist eine geeignete Methode, um das tatsächliche Übergewicht festzustellen.

Der 3–5 m lange **Dünndarm** beginnt mit dem 25 cm langen **Zwölffingerdarm**. In den Zwölffingerdarm münden der Gallengang und der Gang der **Bauchspeicheldrüse.** Durch den **Gallengang** gelangt Gallensaft, der in der Leber gebildet wird. Die **Leber** ist ein wichtiges Stoffwechselorgan und die größte Drüse des Körpers.
Im Dünndarm finden die Verdauungsprozesse von Proteinen, Fetten und Kohlenhydraten statt. Daran beteiligt sind Enzyme der Bauchspeicheldrüse, der Darmwand und der Gallensaft der Leber.
Gallensaft enthält **Gallensäure.** Durch sie werden Fette in Fetttröpfchen emulgiert. Lipasen spalten die Fette in Fettsäuren und Glycerol. Alle ankommenden Kohlenhydrate werden durch die in der Bauchspeicheldrüse gebildete α-Amylase in **Disaccharide** zerlegt. Im **Bürstensaum** der Dünndarmzotten entstandene Disaccharasen spalten sie weiter in **Monosaccharide** (↗ S. 64).

Dünndarm, Zotten, Epithelzellen

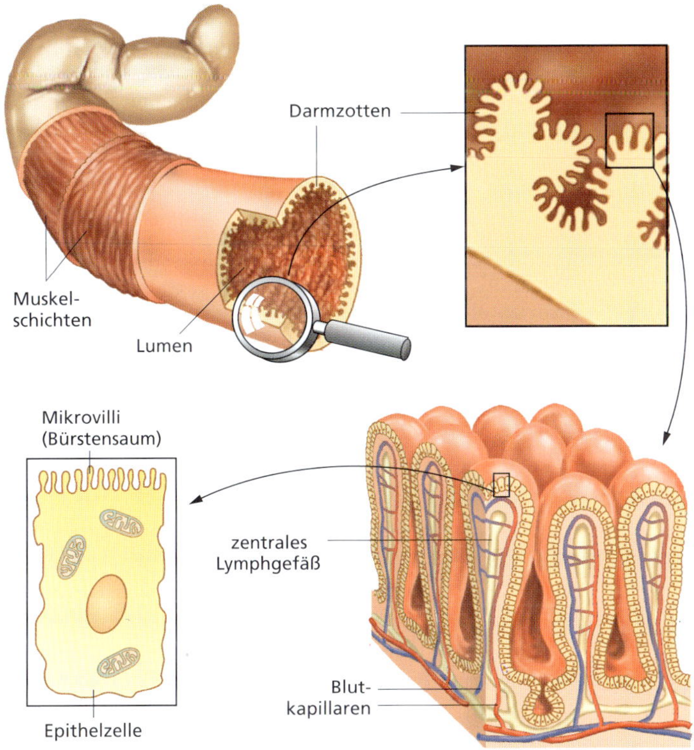

Im Dickdarm wird Wasser resorbiert. Darmbakterien zersetzen bestimmte Bestandteile des Darminhalts (z. B. Cellulose) und bilden Vitamine der B-Gruppe.

Die **Proteinverdauung** schließt ab, was im Magen begonnen wurde. An der Spaltung sind die Enzyme Carboxypeptidase, Chymotrypsin und Trypsin beteiligt, die als Zymogene (Procarboxypeptidase, Chymotrypsinogen, Trypsinogen) aus der Bauchspeicheldrüse stammen. Zerlegt werden die Polypeptide in kleinere Polypeptide oder Aminosäuren. Unterstützt werden diese Vorgänge durch **Dipeptidasen** aus dem Bürstensaum.

Zymogene sind inaktive Vorstufen von Proteasen des Magen-Darm-Trakts.

Während ein großer Teil der Nährstoffspaltung bereits im Zwölffingerdarm abgeschlossen wird, dient der **Dünndarm** hauptsächlich der **Resorption.** Schleimhautfalten, fingerförmige Darmzotten und Bürstensaum bewirken eine enorme Vergrößerung der Oberfläche im Dünndarm.

Resorption von Glucose durch passiven Cotransport

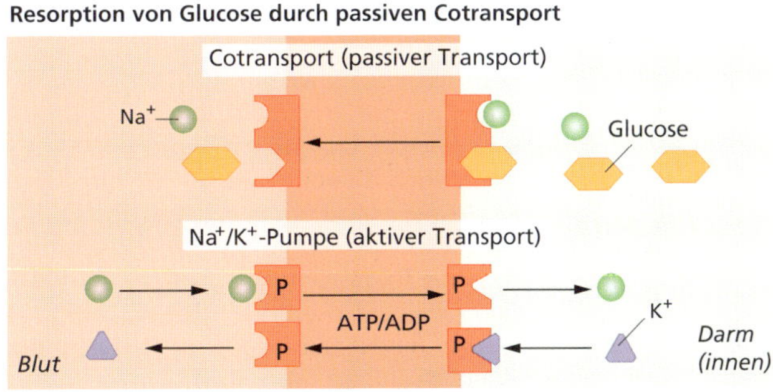

Fructose wird passiv dem Konzentrationsgefälle folgend aufgenommen. Glucose, Aminosäuren und Vitamine gelangen über die Dünndarmzotten durch aktive (ATP-verbrauchende) Transportvorgänge ins Blut. Bei der Glucose ist hierfür ein **Na^+-abhängiger Carriertransport** verantwortlich. Die Na^+-Ionen werden unter ATP-Verbrauch in das Darmlumen gepumpt, bei ihrer passiven Rückdiffusion nehmen sie im **Cotransport** Glucosemoleküle mit.

In den Darmepithelzellen werden Glycerol, Fettsäuren und andere Lipidbestandteile zu neuen Lipiden zusammengesetzt. Sie bilden Kügelchen, die von **Phospholipiden** und verschiedenen **Proteinen** umhüllt sind und vor allem **Triacylglyceride** (eigentliche Fette) und **Cholesterol** (alter Name Cholesterin) enthalten. Diese Kügelchen werden durch Exocytose in die aus den Darmzotten ableitenden Lymphgefäße abgegeben und gelangen schließlich über den Milchbrustgang – ein Sammellymphgefäß – ins Blut. Sie stellen eine Verpackungsform der Lipide dar, die einen Transport in der wässrigen Lösung der Lymphe und des Blutplasmas erlaubt. Denn durch ihre Proteinphospholipidhülle sind diese Kügelchen, die auch **Chylomikronen** genannt werden, wasserlöslich.

Resorption von Fettsäuren und Glycerol

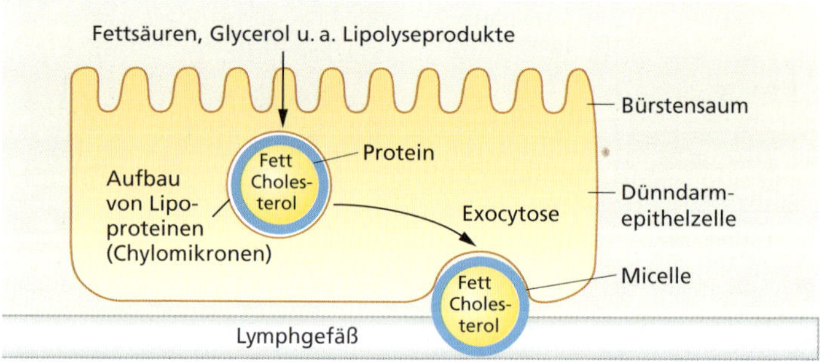

Enthält die Nahrung mehr Fettsäuren als unmittelbar benötigt, so werden sie in der Leber zu Fetten aufgebaut und zu sehr Triacylglycerid-reichen **Lipoproteinen sehr geringer Dichte** (*very low density lipoproteins,* VLDL) zusammengepackt. Diese Lipoproteine werden im Blut von der Leber zum Fettgewebe transportiert und das Fett wird in die Fettzellen eingebaut.

Mithilfe eines Herzkatheters kann eine künstliche Gefäßbrücke (Stent) in verengte Stellen der Herzkranzgefäße eingefügt werden. Dadurch kann einem Herzinfarkt vorgebeugt werden.

Dadurch, dass aus den VLDLs Fette ausgelagert werden, werden sie zu **LDL**s *(low density proteins).* LDLs erhalten sehr viel Cholesterol und Cholesterolester. Durch bestimmte LDL-Rezeptoren werden diese cholesterolhaltigen Lipoproteine von Zellen aufgenommen und das enthaltene Cholesterol wird in die Zellen eingebaut.
Überschüssiges Cholesterol im Blut kann zu Ablagerungen (arteriosklerotische Plaques) in den Blutgefäßen führen, die zu deren Verengung und schließlich zur Verstopfung beitragen. Besonders gefährdet sind hierbei die Herzkranzgefäße (Ursache des **Herzinfarkts**), aber auch die Halsschlagadern.

Ein weiterer Lipoproteintyp, die **Lipoproteine hoher Dichte** (**HDL**, *high density lipoproteins*), werden in Leber und Darmepithel in Form kleiner, proteinreicher Partikel synthetisiert, die relativ wenig Cholesterol enthalten. Nach Freisetzung in den Blutstrom sammeln diese neu gebildeten HDLs Cholesterolester und Cholesterol von anderen Lipoproteinen im Blutkreislauf auf. Dadurch werden die HDL-Lipoproteine rundlich und etwas größer. In diesem cholesterolreichen Zustand kehren sie zur Leber zurück, wo das Cholesterol abgeladen und zur Bildung von Gallensäure verwendet wird. Ein hoher HDL-Wert im Blut vermindert die Gefahr der Arteriosklerose.

▶ Im **Dickdarm** wird Wasser resorbiert. Darmbakterien zersetzen bestimmte Bestandteile des Darminhalts (z. B. Cellulose) und bilden Vitamine der B-Gruppe.

Verdauungsvorgänge beim Menschen im Überblick

Abschnitte	pH-Wert	Drüsen	Enzyme/Sekrete	Funktion/Enzymatische Spaltung
Mundhöhle	Vorgänge: Zerkleinern der Nahrung durch Zähne; Gleitfähigmachen der Nahrung durch Einspeicheln; Beginn der Kohlenhydratverdauung			
	6,8	Mundspeicheldrüsen	Mundspeichel mit Amylase (1,5 l/Tag)	Spaltung der Kohlenhydrate in Disaccharide
Magen	Vorgänge: Bildung von Magensaft (1,5–2 l/Tag); Durchmischung des Nahrungsbreis; Beginn der Eiweißverdauung			
	1,5	Hauptzellen	Pepsinogen (Vorstufe des Pepsins)	Spaltung der Proteine in Polypeptide durch Pepsin
		Nebenzellen	Schleim	Schutz der Magenwand
		Belegzellen	Protonen zur Bildung von Salzsäure	Salzsäure notwendig zur Bildung von Pepsin aus Pepsinogen
Zwölffingerdarm mit Anhangsorganen	In diesen Abschnitt münden Zugänge der Galle (Gallensaft: 0,7 l/Tag) und der Bauchspeicheldrüse (Bauchspeicheldrüsensekret: 1,5 l/Tag).			
	8,5	Bauchspeicheldrüse	– Proteasen – Amylasen – Lipasen	– Spaltung der Polypeptide – Spaltung der Kohlenhydrate – Spaltung der Lipide
		Hepatocysten der Leber	Gallensaft (0,7 l/Tag)	emulgiert Lipide in kleine, für Lipasen angreifbare Fetttröpfchen
Dünndarm	Vorgänge: Bildung von Darmsaft (3 l/Tag); Transport des Nahrungsbreis, Verdauung der Nährstoffe; Resorption der Nährstoffbausteine (Aminosäuren, Monosaccharide, Fettsäuren, Glycerol) und Vitamine durch Darmzotten in Blut und Lymphe			
	8,3	Zellen des Bürstensaums	– Disaccharidasen – Dipeptidasen – Schleim	– Spaltung der Disaccharide – Spaltung der Dipeptide – Schutz der Darmwand
Dickdarm mit Mastdarm	Vorgänge: Wasserrückresorption (5–6 l/Tag); teilweise Zersetzung von Ballaststoffen durch Bakterien; Kotspeicherung im Mastdarm			
	6–7	Schleimdrüsen	Schleim	Schutz der Darmwand

3.6.2 Kompakte Tierkörper brauchen Atmungsorgane

Die **Regulation der Atmung** erfolgt über das Atemkontrollzentrum im Hirnstamm (↗ S. 174).

Über die **äußere Atmung** wird das Blut bzw. die Körperflüssigkeit, über die **innere Atmung** werden die Zellen kontinuierlich mit Sauerstoff versorgt. Dieser stammt entweder aus der Luft (enthält 21 Vol.-% O_2) oder aus dem Wasser. Der Bereich, an dem Sauerstoff aus der Umgebung in den Organismus diffundiert und Kohlenstoffdioxid diesen verlässt, wird als **respiratorische Oberfläche** bezeichnet.
Bei Einzellern, Schwämmen, Nesseltieren und Plattwürmern diffundieren die Atemgase praktisch durch jede Zellmembran. Bei allen anderen Tieren ist die Hauptmasse des Körpers von der respiratorischen Oberfläche getrennt. Ihr feuchtes Epithel ist auf verschiedene Weise auf den Gasaustausch spezialisiert.

Regenwürmer atmen durch die Haut, Insekten durch Tracheen und Fische durch Kiemen. Bei den Lurchen, Reptilien, Vögeln und Säugern ist die respiratorische Oberfläche der Lungen unterschiedlich entwickelt.

Sauerstoff kann über **Zellmembranen, Haut, Tracheen, Kiemen und Lungen** aus der Umgebung aufgenommen werden.

Bei der äußeren Atmung des Menschen gelangt die Luft durch Nase, Rachen, Kehlkopf (Stimmorgan) und Trachea (Luftröhre) in die Bronchien. Jede **Bronchie** verzweigt sich etwa 20-mal in immer kleiner werdende **Bronchiolen**, die schließlich in den **Lungenbläschen** enden. **Trachea** und **Bronchien** sind mit Schleimhaut und Flimmerepithel ausgekleidet.
Die Lungenbläschen sind von Blutkapillaren umgeben. Ihr feuchtes Epithel dient als respiratorische Oberfläche. Darunter versteht man die einzellschichtige Haut der Lungenbläschen, durch die der Gasaustausch stattfindet. Meistens atmen wir unbewusst. Die Regulation erfolgt immer über das Atemkontrollzentrum im Hinterhirn (Brücke) und im Nachhirn (↗ S. 163). Zur Gesunderhaltung seiner Atmungsorgane kann jeder selbst beitragen. So werden mindestens 25 % aller Krebsfälle mit Todesfolge auf das **Rauchen** zurückgeführt.

Atmungsorgane

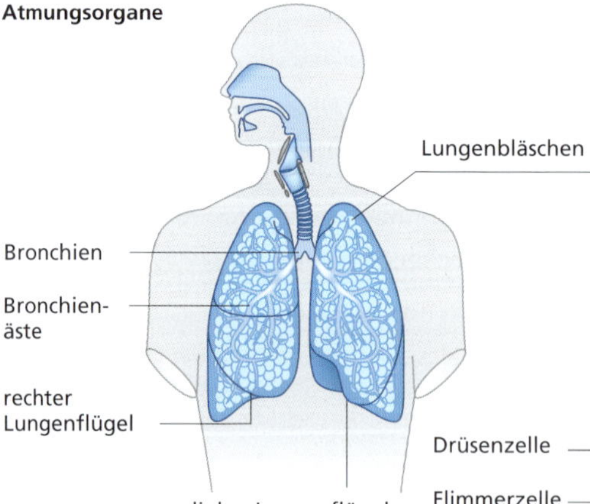

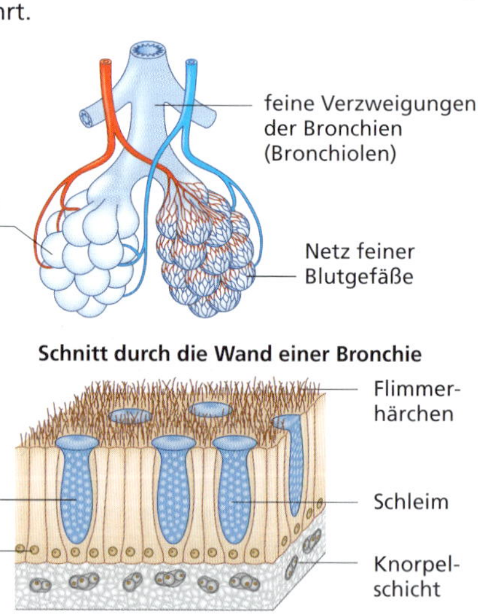

3.6.3 Bei Tieren sorgt ein Kreislaufsystem für raschen Transport

Der Austausch von Sauerstoff, Kohlenstoffdioxid, Nährstoffen und Stoffwechselschlacken zwischen den Zellen und der Umwelt findet über feuchte Epithelien statt. Der weitere Transport durch Diffusion ist nur im Mikrometerbereich effizient (Einzeller). Bei größeren Tieren übernehmen besondere Kreislaufsysteme den Transport der Stoffe, Transportmittel ist das Blut. Da das Blut zirkuliert, besteht bei Verletzungen des Blutkreislaufsystems die Gefahr des Verblutens. Das verhindert die **Blutgerinnung.**

Herz-Kreislauf-Erkrankungen sind die häufigste Todesursache in den Industrienationen.

Der Herzzyklus wird vom Sinusknoten gesteuert.

Den Antrieb für den Transport übernimmt ein Hohlmuskel, das **Herz.** Seine Kontraktionen bewirken den Blutkreislauf.
Während das Herz der Fische lediglich aus einem Vorhof und einer muskulösen Hauptkammer besteht, wird das Herz der Säugetiere durch die Herzscheidewand in eine linke und eine rechte Hälfte geteilt. Jede Hälfte besteht aus einer **Vorkammer,** in die die Venen führen, und einer **Herzkammer,** aus der die Arterien entspringen. Vorkammern und Herzkammern sind durch **Segelklappen**, Herzkammern und Arterien durch **Taschenklappen** verbunden. **Herzkranzgefäße** versorgen den Herzmuskel.

Säugetierherz

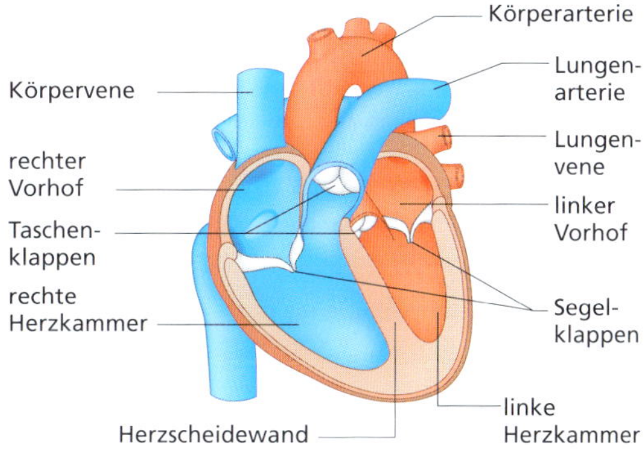

Im **Blutkreislauf** zirkuliert das Blut durch regelmäßige Herzschläge. Die linke Herzkammer pumpt das sauerstoffreiche Blut in die **Körperarterie (Aorta).** Von hier aus wird es in alle Organe verteilt. Durch Aufteilung der **Arterien** bildet sich ein dichtes Netzwerk von **Kapillaren** in den Organen. In Richtung der **Venen** vereinigen sich die Kapillaren wieder zu größeren Gefäßen. Das Blut wird über die **Körpervene** (**untere** und **obere Hohlvene**) zum Herzen in die rechte Vorkammer und dann in die rechte Herzkammer transportiert. Von dort wird das sauerstoffarme und CO_2-beladene Blut über die **Lungenarterie** in die Lunge gepumpt. In der Lunge findet der Gasaustausch statt. Das sauerstoffreiche Blut gelangt über die **Lungenvene** in die linke Herzvorkammer und von dort in die Herzkammer.

Blutkreislauf

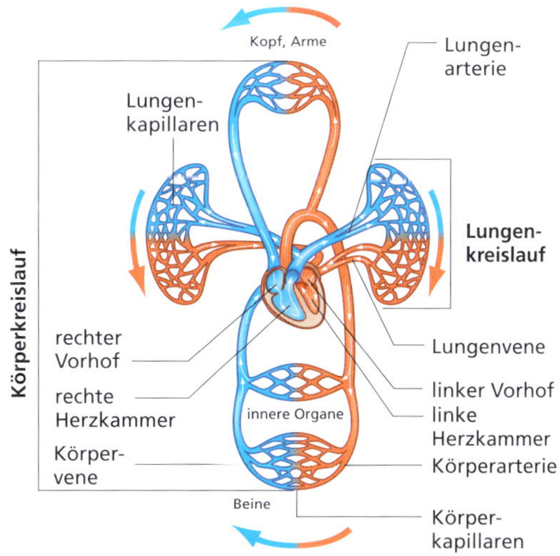

3

Gasaustausch in Lunge und Gewebe

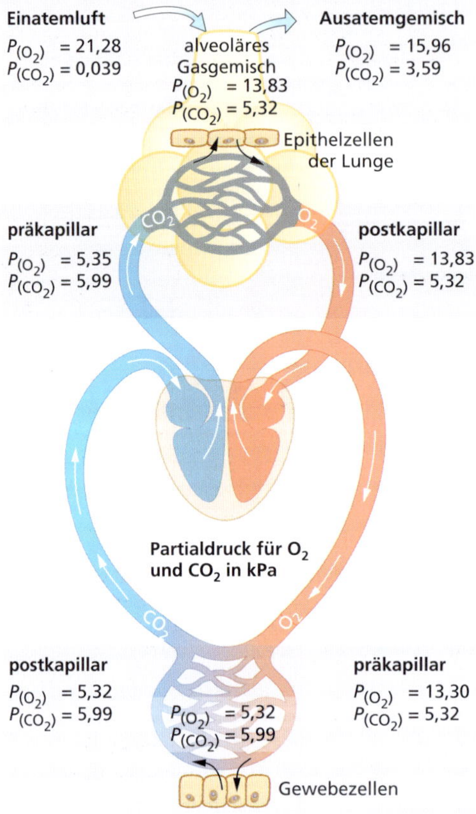

In der **Lunge** nimmt das Blut Sauerstoff auf und gibt Kohlenstoffdioxid ab. Beides sind Diffusionsvorgänge. Die Gase diffundieren entlang eines Konzentrationsgradienten. Beim Einatmen gelangt Sauerstoff in die Lungenbläschen, während das Blut einen großen Teil des Sauerstoffs in den Zellen abgeladen hat. Sauerstoff diffundiert aus den Lungenbläschen ins Blut. Die Menge der diffundierenden Gase wird durch den **Partialdruck *(P)*** bestimmt. Die eingeatmete Luft besteht zu 21 % aus Sauerstoff und zu knapp 0,04 % aus Kohlenstoffdioxid.

In Meereshöhe hat die Luft insgesamt einen Druck von 101 kPa, dies entspricht einem Partialdruck des Sauerstoffs von 21,28 kPa und des Kohlenstoffdioxids von 0,04 kPa (0,133 kPa = 1 mm Hg). Blut, das die Lunge über die Lungenarterie erreicht, hat $P_{(CO_2)}$ = 5,99 kPa und in den **Lungenalveolen** immer noch 5,32 kPa. Deshalb diffundiert Kohlenstoffdioxid aus dem Blut in die Lungenalveolen.

Umgekehrt ist der Partialdruck des Sauerstoffs im Blut äußerst gering, sodass Sauerstoff von den Alveolen in die Blutkapillaren diffundiert. Ausgeatmete Luft enthält etwa 17 % Sauerstoff und 4 % Kohlenstoffdioxid. Das entspricht $P_{(O_2)}$ = 15,96 kPa und $P_{(CO_2)}$ = 3,59 kPa.

Für den niedrigen Sauerstoffpartialdruck des Bluts ist das **Hämoglobin** verantwortlich, da ein großer Teil des Sauerstoffs im Blut an das Hämoglobinmolekül gebunden wird. Die Blutfarbstoffe verschiedener Tiere haben eine unterschiedliche Sauerstoffbindungskapazität.

Tauchende Säuger können große Sauerstoffmengen speichern. Bergsteiger sind sehr niedrigen, Taucher extrem hohen Druckverhältnissen ausgesetzt.

Die **Partialdruckgradienten** in den Körperkapillaren bewirken die Abgabe von Sauerstoff an die Zellen und die Aufnahme von Kohlenstoffdioxid ins Blut. Ändern sich die äußeren Druckverhältnisse, z. B. beim Bergsteigen in extrem großen Höhen oder beim Tauchen, ist eine Anpassung nur in bestimmten Grenzen möglich.

Organismus	Blutpigment	ml O_2 pro 100 ml Blut
Weinbergschnecke	Hämocyanin	1,15–15,7
Frosch	Hämoglobin	9,8
Taube/Mensch	Hämoglobin	20

Transport von Kohlenstoffdioxid

Der **Transport des Kohlenstoffdioxidmoleküls** ist komplizierter als der des Sauerstoffmoleküls. Auch daran sind die roten Blutzellen **(Erythrocyten)** und das **Hämoglobin** beteiligt. Das bei der **Zellatmung** entstehende CO_2 gelangt aus den Zellen ins Blut. 7 % der Menge werden in gelöster Form im Blutplasma transportiert. Das übrige CO_2 diffundiert aus den Körperzellen in die Erythrocyten. Ein Großteil des CO_2 reagiert in den Erythrocyten mit Wasser und bildet Kohlensäure.

$$H_2O + CO_2 \longrightarrow H_2CO_3$$

Kohlensäure dissoziiert in Protonen und Hydrogencarbonat-Ionen.

$$H_2CO_3 \longrightarrow H^+ + HCO_3^-$$

Die meisten Hydrogencarbonat-Ionen diffundieren zurück ins Blutplasma und werden so zur Lunge transportiert. Das Hämoglobin bindet die Protonen. Dadurch bleibt der pH-Wert nahezu konstant und schwankt nur in geringen Grenzen: $pH = 7{,}4 \pm 0{,}5$.
Die Protonen werden zur Lunge transportiert. In den Lungenkapillaren gibt das Hämoglobin die Protonen zur Bildung von Kohlensäure ins Blutplasma ab. Es entsteht Kohlenstoffdioxid, was ausgeatmet wird. Außerdem wird Wasser gebildet. Das Hämoglobin wird in der Lunge wieder mit Sauerstoff beladen.
Kohlenstoffmonooxid ist ein gefährliches Atemgift, weil es die Kontaktstellen des Hämoglobins zu Sauerstoff dauerhaft blockiert.

JOSEPH LOUIS GAY-LUSSAC (1778–1850) und J. B. BIOT (1774–1862) unternahmen 1804 einen Ballonaufstieg bis in etwa 7 000 m Höhe. Erste Messungen über Temperaturabnahme, Luftzusammensetzung und Erdmagnetfeld in größerer Höhe wurden durchgeführt.

Das bei der Glykolyse in den Erythrocyten gebildete Bisphosphoglycerat senkt die O_2-Affinität des Hämoglobins. Damit kann bei veminderter O_2-Aufnahme (z. B. in großen Höhen) mehr O_2 abgegeben werden.

Gasaustausch und Transport der Atemgase

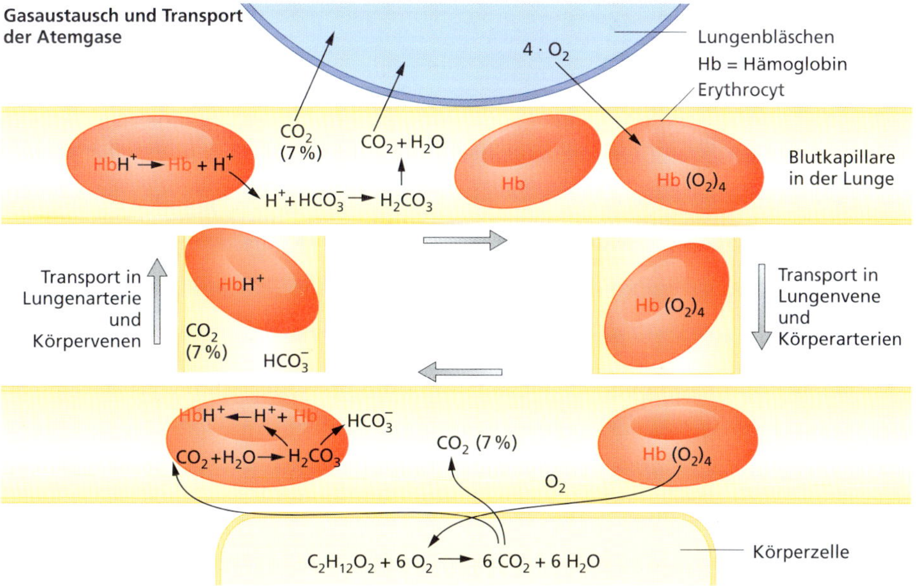

3.6.4 Ausscheidungsorgane entsorgen Schadstoffe

Durch die **Lunge** wird überschüssiges Kohlenstoffdioxid aus dem Körper ausgeschieden. Weitere Organe mit **Ausscheidungsfunktion** sind Haut, Nieren und Darm. Die **Haut** scheidet Salze, Harnstoff und Wasser aus, die Nieren entfernen Wasser, Salze und Harnstoff als Harn. Besonders wichtig ist dabei die Entfernung überschüssigen Stickstoffs aus dem Eiweißabbau. Über den Mastdarm (Enddarm) werden durch den After nicht verdaubare Nahrungsreste abgegeben. Die **Leber** baut das Hämoglobin zu gelben Bilirubinen ab. Diese „Gallenfarbstoffe" werden zum größten Teil über die Gallenflüssigkeit in den **Darm** geleitet. Der Rest gelangt in den Blutkreislauf und wird über die Nieren ausgeschieden.

Bilirubine sind für die Braunfärbung des Stuhls und die Gelbfärbung des Urins verantwortlich.

Bau und Funktion der menschlichen Niere

Die paarigen **Nieren** liegen beiderseits der Wirbelsäule in den Lendengruben im hinteren Oberbauch, sind 10 cm lang, 5 cm breit, 4 cm dick und wiegen 120–300 g. Sie regulieren den Flüssigkeitshaushalt, sind wesentlich an der Einstellung des Säure-Base-Haushalts beteiligt und kontrollieren den Gehalt von Salzen. Ihre Funktion ist an die Durchblutung gekoppelt. Das gesamte Blut durchfließt 15-mal in der Stunde die beiden bohnenförmigen Nieren. Durch die Bildung von **Harn** befreien sie das Blut von Schlacken und Giften. Über die beiden 3 mm dicken **Harnleiter** fließt der Harn in die **Harnblase** und wird über die **Harnröhre** ausgeschieden. Die **Nierenarterie** versorgt die Niere mit Sauerstoff und Nährstoffen. In der Rinde wird das Blut von Schlacken befreit und fließt über die **Nierenvene** und die untere Hohlvene zum Herzen zurück.

Mangelhaft arbeitende Nieren führen zu schweren Erkrankungen. Der Tod kann nur durch **Dialyse** oder **Nierentransplantation** verhindert werden.

Das Harnsystem

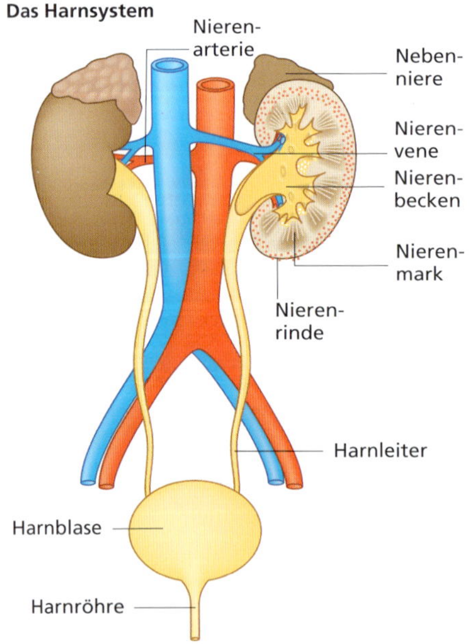

Bau der Niere

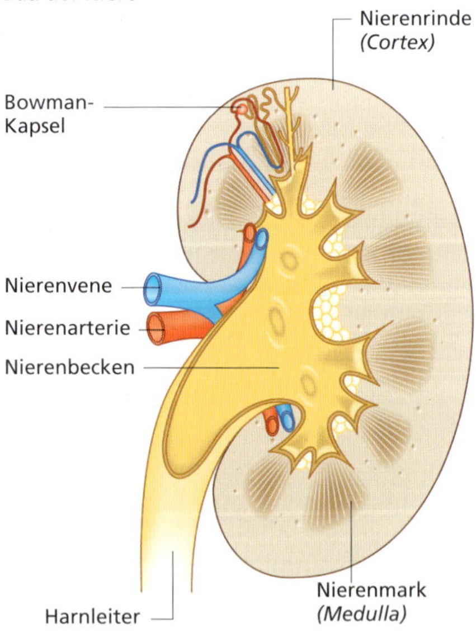

Bildung von Harn im Nephron

Der Harn entsteht durch drei Prozesse:

1 **Primärharnbildung durch Druckfiltration:**
Der Blutdruck presst durch ein Blutkapillarknäuel (Glomerulus) Flüssigkeit in die Bowman-Kapsel. Das Blutplasma wird durch die Kapillarwände und durch die Wand der Bowman-Kapsel gedrückt. Während Blutzellen und Proteine in den Kapillaren verbleiben, wird das übrige Blutplasma herausgepresst. Auf dem Weg zum Sammelrohr ändert sich die stoffliche Zusammensetzung des Ultrafiltrats (Primärharn). Es entstehen 170 l Primärharn pro Tag.

2. **Rückresorption lebenswichtiger Stoffe:**
Glucose und bestimmte Salz-Ionen gelangen durch aktiven Transport oder einfache Diffusion zurück ins Blut.

3. **Rückresorption von Wasser:**
Etwa 99 % des Wassers aus dem Primärharn werden osmotisch rückresorbiert. Dadurch erhöht sich die Konzentration des Endharns. An die Vorgänge der Rückresorption ist auch die hormonelle Steuerung des **Säure-Base-Haushalts** gebunden.

Die menschliche Niere enthält etwa 1 Million Nephrone. Aneinandergereiht würden diese Exkretionskanälchen einer Niere eine Länge von 80 km ergeben.

Die kleinsten Funktionseinheiten der Niere sind zahllose Exkretionskanälchen, die **Nephrone.** Man unterscheidet oberflächliche Nephrone, die überwiegend in der **Rindenschicht (Cortex)** vorkommen, und tiefer gehende Nephrone, die mit ihrem langen Kanal bis in die **Markschicht (Medulla)** hineinreichen. Mehrere Nephrone münden in Sammelrohren, die ins **Nierenbecken** führen. Jedes einzelne Nephron besteht aus einem von einer **Bowman-Kapsel** umgebenen **Glomerulus,** einem proximalen Tubulus, der **Henle-Schleife** und einem distalen Tubulus. Nephrone, Sammelrohre und die beteiligten Blutgefäße produzieren gemeinsam aus dem Ultrafiltrat **(Primärharn)** den Urin (**Endharn** oder **Sekundärharn**).

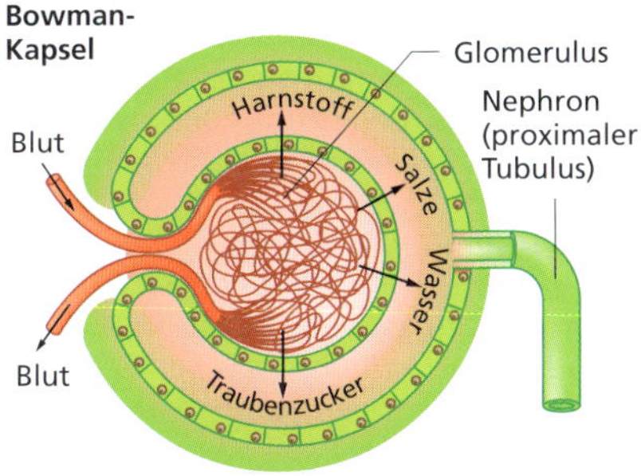

Harnbildung

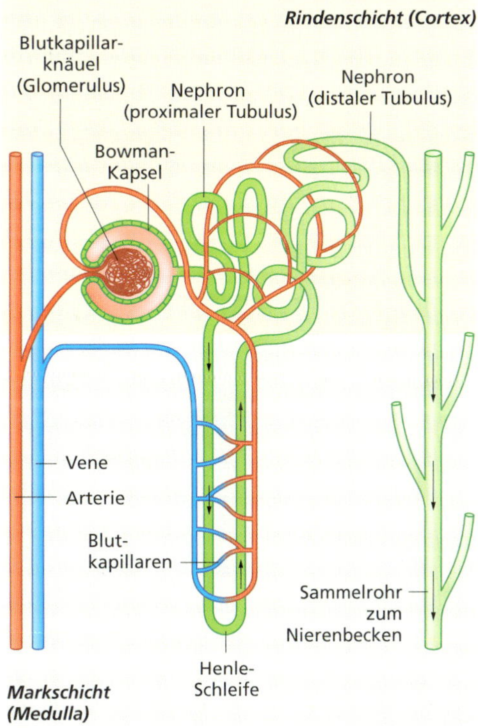

Verdauung, Atmung und Stofftransport bei Tieren

- Tiere, Pilze und viele Protisten sind **heterotroph,** d.h., sie beziehen ihre Nährstoffe aus dem organischen Material lebender oder toter Organismen.
Nahrungsaufnahme: bei Protisten durch Phagocytose direkt in die Zelle, bei Tieren durch den Fressakt
Verdauung: enzymatischer Abbau, bei Protisten meist in Nahrungsvakuolen, bei Pilzen an der Oberfläche, bei Tieren im Darmlumen; Makromoleküle wie Polysaccharide, Proteine und Lipide werden in kleinere Bausteine zerlegt, z.B. Monosaccharide, Aminosäuren, Fettsäuren, Glycerol
Resorption: bei Protisten durch die Membran der Nahrungsvakuole, bei Pilzen durch die Zellmembran, bei Tieren durch die Zellmembran der Darmepithelzellen
Ausscheidung: Abgabe unverdaulicher Reste, bei Protisten durch Exocytose, bei Tieren als Kot aus dem Darmende

- Für den Energie liefernden Abbau von Nährstoffen wird Sauerstoff benötigt, der bei kompakten, größeren Lebewesen – den meisten Tieren – nicht durch Diffusion alleine zu den Verbrauchsorten gebracht werden kann. Zur Aufnahme dienen besondere **Atmungsorgane mit respiratorischen Oberflächen** wie **Kiemen** (Wasser ↔ Körperflüssigkeit) sowie **Lungen** (Luft ↔ Körperflüssigkeit) und **Tracheen** (Luft ↔ Gewebe).

- Ein **Kreislaufsystem** transportiert zum einen die Atemgase O_2 und CO_2, zum anderen Nährstoffe, Stoffwechselendprodukte und zur Ausscheidung bestimmte Stoffe. Die meisten Tiere besitzen ein **Blutkreislaufsystem,** das durch eine oder mehrere muskulöse Pumpen **(Herzen)** in Gang gehalten wird. Bei den Insekten reicht das Tracheensystem direkt bis an die Gewebe, die O_2 verbrauchen und CO_2 produzieren.

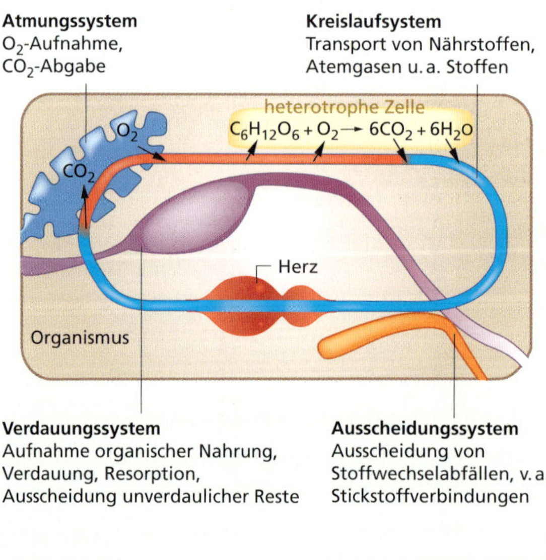

- Abfallstoffe des Stoffwechsels und mit der Nahrung aufgenommene Giftstoffe werden bei Tieren durch ein spezielles **Ausscheidungssystem** – **Nieren** und nierenähnliche Organe – aus dem Blut herausgefiltert und nach außen abgegeben, z.B. als Harn (Urin). Für die meisten Tiere ist besonders die Ausscheidung überschüssiger Stickstoffverbindungen wichtig (Harnstoff, Harnsäure, Ammoniak).

Wissenstest 2 auf **http://wissenstests.schuelerlexikon.de** und auf der DVD

4 Steuerung, Regelung, Informationsverarbeitung

4.1 Erregung und Erregungsleitung

- Alle lebenden Zellen bilden an der Zellmembran chemische Gradienten aus, die zu elektrischen Gradienten führen.
- Die chemischen und elektrischen Gradienten sind die Grundlage für die Ruhe-, Aktions-, Rezeptor- und Synapsenpotenziale.
- Die Änderungen der Potenziale sind Voraussetzung für Erregung und Erregungsleitung.
- Die Membranstruktur sowie passive und aktive Transportvorgänge bedingen die verschiedenen Biopotenziale.
- Im Tierreich haben sich spezialisierte Zellen (Sinnes-, Nerven- und Muskelzellen) für Reizaufnahme, Erregungsleitung und Reaktion entwickelt.
- Synapsen sind entscheidende Schaltstellen zwischen den Nervenzellen und zwischen Nerven-, Muskel- und bestimmten Drüsenzellen. Sie koordinieren die Vielzahl der eintreffenden Erregungen durch Bahnung (Förderung) oder/und Hemmung.

4.1.1 Erregungen sind an Membranpotenziale gebunden

Aktive Transportmechanismen setzen Stoffwechselenergie um. Die Energiebereitstellung erfolgt meist über die energiereiche Verbindung Adenosintriphosphat (ATP), die in Adenosindiphosphat (ADP) und Phosphat (P) umgewandelt wird:

ATP ⟶ ADP + Ⓟ + Energie

An jeder lebenden Zelle kann man eine unterschiedliche Verteilung der elektrischen Ladung über die Zellmembran nachweisen. Die Innenseite der Membran ist negativer geladen als die Außenseite, dadurch entsteht ein elektrischer Spannungsgradient.
Dieses **Membranpotenzial** ist auf Unterschiede in der Ionenzusammensetzung (chemischer Gradient) der intra- und extrazellulären Flüssigkeit und auf die **selektive Permeabilität** (ausgewählte Durchlässigkeit und Leitfähigkeit) der Membran zurückzuführen. Sie wird durch passive Mechanismen (Struktur der Membran) und durch aktive Mechanismen (Transport gegen das Konzentrationsgefälle unter Einsatz von Stoffwechselenergie) erreicht.

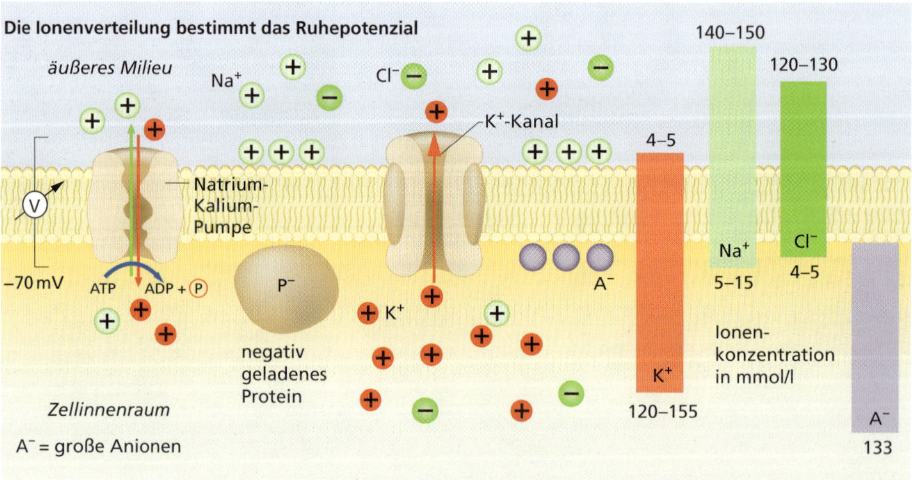

Im Ruhezustand der Zelle wird das Membranpotenzial als **Ruhepotenzial (RP)** bezeichnet. An erregten Zellen verändert sich das Membranpotenzial zum **Aktionspotenzial (AP).** In Rezeptorzellen wird bei Reizung das **Rezeptorpotenzial** und in Synapsen bei Erregungsübertragung das **Synapsenpotenzial** aufgebaut. Alle diese **Biopotenziale** können mit Mikroelektroden abgeleitet und gemessen werden.
Die Mikroelektrode wird in das Cytoplasma oder in die Vakuole eingestochen und eine Bezugselektrode befindet sich außerhalb der Zelle. Das Ruhepotenzial hat bei tierischen Zellen einen Wert von –50 mV bis –100 mV, bei Algen- und Pflanzenzellen beträgt es –80 mV bis –200 mV. Im Ruhezustand besteht eine hohe **K^+-Ionenleitfähigkeit** der Membran und eine niedrige Na^+-Ionenleitfähigkeit (tierische Zellen) bzw. eine niedrige H^+-Ionenleitfähigkeit (pflanzliche Zellen).

Die **Ruhepotenziale** der verschiedenen Zellen bei Algen, Pflanzen und Tieren unterscheiden sich zum Teil erheblich.

4

4.1.2 Umweltreize können Algen- und Pflanzenzellen erregen

Bei Algen- und Pflanzenzellen sind Membranpotenziale an den Zell- und Organellengrenzen zu messen.

- Riesenzellen, wie sie bei Algen (z. B. *Nitella, Chara, Acetabularia*) vorkommen, und auffällig reagierende Pflanzen (Mimose) werden bevorzugt für elektrophysiologische Untersuchungen verwendet.

Das Membranpotenzial wird überwiegend durch aktiven Transport von Ionen mithilfe **elektrogener Pumpen** erzeugt. Bei Algen und Pflanzen transportiert die **Protonenpumpe** Protonen (H^+-Ionen) aktiv aus der Zelle. Damit werden positive Ladungen von innen nach außen verschoben.

Elektrogene Pumpen sind Transportproteine, die zwischen zwei Membranseiten eine elektrische Spannung aufbauen bzw. erhalten, sie setzen dabei Stoffwechselenergie um.

Mechanische Reize, Lichtreize, Turgordruck u. a. können bei Pflanzen Veränderungen des Membranpotenzials auslösen. Es entsteht das **Aktionspotenzial,** das durch De- und Repolarisation der Membran gekennzeichnet ist.

- Aktionspotenziale wurden z. B. bei der Mimose gemessen. Diese pflanzen sich über die Siebröhren (↗ S. 138) fort und führen in den Motorzellen der Blattgelenke über Turgorveränderungen zu typischen Klappbewegungen der doppelt gefiederten Blätter.

Die Fortleitung des Aktionspotenzials (Erregungsleitung, Signaltransfer) erfolgt als:
- **elektrische Erregungsleitung,** bevorzugt durch lang gestreckte Zellen mit einer Geschwindigkeit von 0,7 bis 5 $cm \cdot s^{-1}$;
- **chemische Erregungsleitung** über Erregungssubstanzen (Turgorine) von Zelle zu Zelle und durch lang gestreckte Zellen mit einer Geschwindigkeit von 0,15 bis 2 $cm \cdot s^{-1}$. Die höchste Geschwindigkeit wurde mit 6–20 $cm \cdot s^{-1}$ bei der Venusfliegenfalle *(Dionaea)* gemessen. Turgorine sind Glykoside von der Gallussäure und anderen Hydrobenzoesäuren.

Reaktionen von Pflanzen auf Reize der Umwelt sind häufig auf Potenzialänderungen zurückzuführen.

Auch **Spaltöffnungsbewegungen** (↗S. 137) sind auf Erregungsprozesse als Auslöser von Turgordruckänderungen in den Schließzellen zurückzuführen. Solche ungerichteten Bewegungen nennt man **Nastien.**

Reaktionsform	Reizart	Reaktionsort	Beispiele/Pflanzen
Seismonastie, Thigmonastie	Erschütterungsreiz, Berührungsreiz (mechanische Reize)	Blattgelenke, Staubblätter, Öffnungsklappe der Fangblasen	Mimose, Venusfliegenfalle, Flockenblume, Wasserschlauch, Erbse
Chemonastie	chemischer Reiz	Tentakel	Sonnentau
Thermonastie	Temperaturänderung	Blütenblätter	Tulpe, Gänseblümchen
Fotonastie	Helligkeitsänderung	Blattgelenke Blütenköpfchen	Mimose, Sauerklee, Löwenzahn

Andere Reaktionen der Pflanzen sind Krümmungsbewegungen aufgrund von Wachstumsänderungen. Dazu gehören **tropistische (gerichtete) Krümmungsbewegungen.** Bewegungen zum Reiz hin bezeichnet man als **positiven Tropismus,** Bewegungen vom Reiz weg als **negativen Tropismus. Taxien** sind auf den Reiz ausgerichtete freie Ortsbewegungen (z. B. positive Fototaxie des Augengeißlers *Euglena*).

Autonome (auch endogene bzw. durch innere Ursachen bedingte) **Bewegungen** werden hauptsächlich durch physiologische Prozesse (physiologische oder innere Uhr) gesteuert **(endogene Rhythmik).** Hierzu gehören z. B. „Suchbewegungen" von Ranken.

4.1.3 Tiere haben für Erregung spezialisierte Zellen

Bei Tieren haben sich für Erregung und Erregungsleitung spezielle Zell- und Gewebetypen entwickelt.

> **Sinneszellen (Rezeptorzellen)** sind für die Reizaufnahme spezialisierte Nerven- oder Epithelzellen.

▶ Der **Feinbau der Neurone** weist eine große Vielfalt auf. Dendriten und Neuriten sichern vielfältige Verbindungen zwischen den Neuronen untereinander und zu anderen Zellen. Das menschliche Gehirn z. B. soll zwischen 30 und 100 Mrd. Neuronen enthalten.

Primäre Sinneszellen (↗Abb. S. 155) sind reizaufnehmende Zellen, deren Zellkörper unmittelbar in den erregungsleitenden Neuriten übergeht. Sie kommen vor allem in den Sinnesorganen wirbelloser Tiere vor.

Sekundäre Sinneszellen (↗Abb. S. 155) sind modifizierte Epithelzellen, die von Endigungen sensibler Neuriten umschlossen werden. Dieser Sinneszelltyp wurde bisher nur bei Wirbeltieren nachgewiesen.

Freie Nervenendigungen (↗Abb. S. 155) werden durch feinste Verzweigungen der sensiblen Neuriten gebildet. Sie sind vor allem bei Wirbeltieren als Rezeptoren des Tast- und Temperatursinns verbreitet.

Nervenzellen (Neuronen) sind für die Informationsübertragung und Informationsverarbeitung spezialisierte Zellen.

Während Stoffwechselvorgänge im **Zellkörper (Soma)** speziell in den Mitochondrien ablaufen, dienen die Fortsätze der Erregungsleitung. Über **Dendriten** werden Erregungen zugeführt, **Neuriten (Axone)** sichern die Erregungsweiterleitung.

Neuronen, die die Erregung von den Sinnesorganen zum Rückenmark und Gehirn leiten, sind **sensible** oder **afferente Neuronen.** Solche Neuronen, die die Erregung vom Gehirn und Rückenmark an die Muskeln leiten, sind **motorische** oder **efferente Neuronen.** Die seitlichen Verzweigungen des Neuriten werden als **Kollaterale** bezeichnet.

Verbindungen zwischen den Nervenzellen untereinander und zu anderen Zellen (z. B. Muskelzellen) werden über **Synapsen,** bläschenförmige Erweiterungen an den Enden der Neuriten, hergestellt. In den Synapsen findet die Erregungsübertragung zwischen zwei Zellen statt.

Aufbau eines Neurons

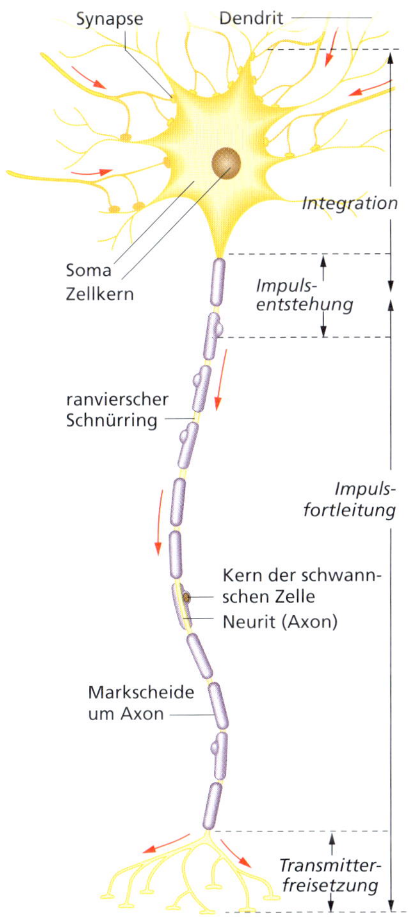

Viele Neuriten sind von einer **Markscheide** (lipid- und eiweißreiche Myelinhülle) umgeben, die aus den **schwannschen Zellen** gebildet wird. Benannt wurden diese Zellen nach ihrem Entdecker THEODOR SCHWANN. Die Markscheide wirkt wie die Isolation eines Kabels und wird in Abständen von etwa 1 bis 2 mm durch die **ranvierschen Schnürringe** unterbrochen. Sie spielen bei der Erregungsleitung eine wesentliche Rolle.
LOUIS RANVIER (1835–1922) war als Histologe in Paris an der Entdeckung der kontinuierlich auftretenden Einschnürungen der Markscheide beteiligt, daher die Bezeichnung ranvierscher Schnürring.

Rezeptortypen

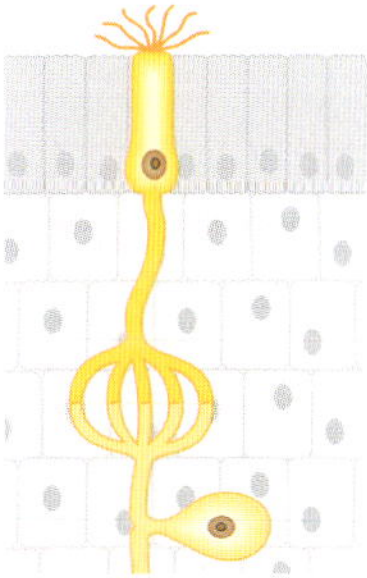

Primäre Sinneszelle

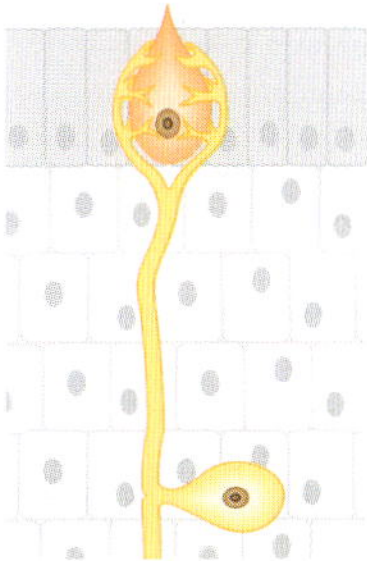

Sekundäre Sinneszelle

Freie Nervenendigungen

THEODOR SCHWANN (1810–1882) untersuchte tierische Zellen. Er entdeckte u. a. Zellen, die die Markscheide ausbilden.

Auch die Muskelzellen können über die Synapsen erregt werden. Sie enthalten zahlreiche parallel angeordnete Mikrofilamente, die sich bei Erregung der Zelle kontrahieren (↗ S. 182 ff.), wobei viel Stoffwechselenergie umgesetzt wird. Durch koordinierte Erregung werden die Erregungsmuster der Motoneuronen so in geordnete Bewegungsabläufe umgewandelt. Die Erregung von Drüsenzellen bewirkt die Ausschüttung von Sekreten nach außen (z. B. Speicheldrüsen) oder in die Blutbahn (Hormondrüsen). Auf diese Weise kommt es auch zu einer Koordination von Nervensystem und Hormonsystem (↗ S. 186 ff.).

Werden diese speziellen, besonders erregbaren Zellen gereizt, so verändert sich ihr **Ruhepotenzial.** In den Nerven- und Muskelzellen entsteht das **Aktionspotenzial** und in den Rezeptorzellen das **Rezeptorpotenzial.**

Das **Aktionspotenzial** (AP) ist durch eine sehr schnelle **Depolarisation** der Membran gekennzeichnet, bei der ein Ladungsüberschuss von +30 mV auf der Membraninnenseite gemessen werden kann. Im Anschluss kommt es zu einer raschen **Repolarisation.**

Während der Depolarisation erhöht sich die Na^+-Ionenpermeabilität der Membran um das 10-Fache.

Diese Potenzialänderungen werden durch die spannungsabhängigen Ionenkanäle (↗ S. 152 f., elektrogene Pumpen) möglich. Bei **Depolarisation** der Membran über einen bestimmten Wert (Schwellenwert) öffnen sich die Na^+-Ionenkanäle. Na^+-Ionen können die Membran passieren, wodurch die positive Ladung der Membranaußenseite geringer wird. Das führt zur Öffnung weiterer Na^+-Ionenkanäle und zur explosionsartigen Veränderung der Spannungsverhältnisse an der Membran. Die Außenseite ist jetzt negativer geladen als die Innenseite.

refraktär (lat. *refractarius:* widersetzlich): unerregbar, nicht beeinflussbar

Bei der dann folgenden **Repolarisation** schließen sich die Na^+-Ionenkanäle, und die K^+-Ionenkanäle öffnen sich. K^+-Ionen werden aus der Zelle transportiert, bis das Ruhepotenzial wieder erreicht ist.
Während der **Repolarisationsphase** sind die Nerven- und Muskelzellen nicht wieder erregbar, sie befinden sich in der **Refraktärphase.**

Verlauf des Aktionspotenzials

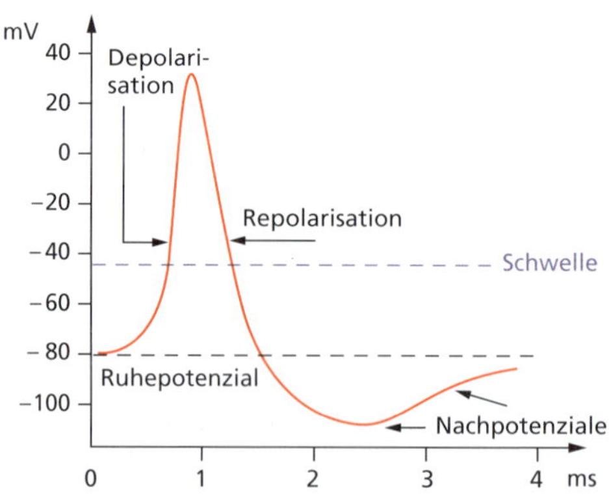

Depolarisation (lat. *de:* weg): schnelle Änderung des Membranpotenzials zum positiven Spannungsbereich
Repolarisation (lat. *re:* zurück): Rückkehr des Membranpotenzials zum negativen Spannungsbereich (Ruhepotenzial)

Die Zeitdauer des Aktionspotenzials variiert in den erregbaren Zellen. Sie ist an Axonen am kürzesten (1–2 ms) und an Herzmuskelzellen am längsten (bis 200 ms).

Zeitverlauf der Aktionspotenziale

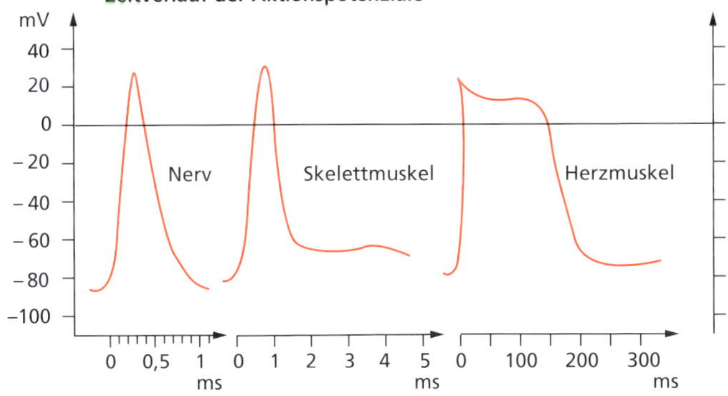

Aktionspotenziale (AP) folgen der **Alles-oder-nichts-Regel,** d. h., ist das Schwellenpotenzial überschritten, haben sie – unabhängig von der Reizstärke – dieselbe Größe. Die Information über die Reizstärke wird durch die Frequenz der aufeinanderfolgenden AP codiert.

Frequenz der AP: Anzahl der AP pro Zeiteinheit

Während Nerven und Muskeln durch Depolarisation benachbarter Zellen und im Experiment durch elektrische Reizung erregt werden, nehmen Rezeptorzellen die Reize der Umwelt (z. B. optischer Reiz, akustischer Reiz, mechanischer Reiz, chemischer Reiz) auf, reagieren mit Potenzialänderungen (Rezeptorpotenzial) und bewirken das Aktionspotenzial in den anschließenden erregungsleitenden Nervenfasern.

Das **Rezeptorpotenzial** ist von der **Reizstärke** abhängig. Je stärker der Reiz, desto höher ist die Amplitude der De- bzw. Hyperpolarisation in den Rezeptorzellen (↗ S. 156, 161 f.).

Das **Rezeptorpotenzial** entsteht in spezialisierten Rezeptorzellen. Es ist von der Reizstärke abhängig und löst in erregungsleitenden Strukturen ein AP aus.

Die meisten Rezeptoren reagieren mit einer **Depolarisation**, d. h. mit einer erhöhten Na^+-Ionenpermeabilität der gereizten Membran, die in der gesamten Zelle noch verstärkt wird. Bei adäquaten Reizen genügt schon eine geringe Reizstärke, um diese Reaktion auszulösen.
Lichtsinneszellen reagieren bei Belichtung mit **Hyperpolarisation**, d. h., die Na^+-Ionenpermeabilität verringert sich bei Reizung. Diese ersten Umwandlungen des Reizes in einen zelleigenen Prozess (Membranpotenzialänderungen) bezeichnet man als **Transduktion.**
Das Rezeptorpotenzial löst an den erregungsleitenden Nervenfasern, die mit der Rezeptorzelle in Verbindung stehen, ein Aktionspotenzial aus. Diesen Vorgang bezeichnet man als **Transformation** des Rezeptorpotenzials. Die Frequenz der Aktionspotenziale ist von der Amplitude des Rezeptorpotenzials abhängig.

Hyperpolarisation (griech. *hyper:* über hinaus): Verstärkung des negativen Spannungsbereichs über den Wert des Ruhepotenzials hinaus

4.1.4 Der Bau der Nervenzelle bestimmt ihre Leitungsgeschwindigkeit

Die **Erregungsleitung** erfolgt kontinuierlich oder saltatorisch.

Für die Informationsspeicherung und -verarbeitung müssen die Aktionspotenziale weitergeleitet werden. Grundlage dafür bietet eine spezifische Eigenschaft der Zellmembranen. Diese bewirkt, dass Potenzialänderungen an einer Stelle der Membran Potenzialänderungen an benachbarten Stellen auslösen. An lang gestreckten Neuriten kommt es so zu einer **kontinuierlichen Erregungsleitung.** Sie ist charakteristisch für marklose Nervenfasern.

saltatorisch (lat. *saltare:* springen): sprunghaft, z. B. bei krankhaften Bewegungen

Bei Isolierung des Neuriten durch die Markscheide (markhaltige Neuriten) können die AP nur an den ranvierschen Schnürringen entstehen, da sich nur dort die spannungsabhängigen Ionenkanäle befinden und Kontakt zwischen Außenmedium und Zellinnerem besteht. Das AP „springt" also von Schnürring zu Schnürring. Diese Art der Erregungsleitung wird deshalb auch als **saltatorische Erregungsleitung** bezeichnet.

Die saltatorische Erregungsleitung ist schneller und sicherer, sie verbraucht auch weniger Energie, da Ionenpumpen nur an ranvierschen Schnürringen arbeiten.

HERMANN L. F. VON HELMHOLTZ (1821–1894) hat als Erster die Leitungsgeschwindigkeit des AP an Frosch-Neuriten gemessen.

Kontinuierliche und saltatorische Erregungsleitung

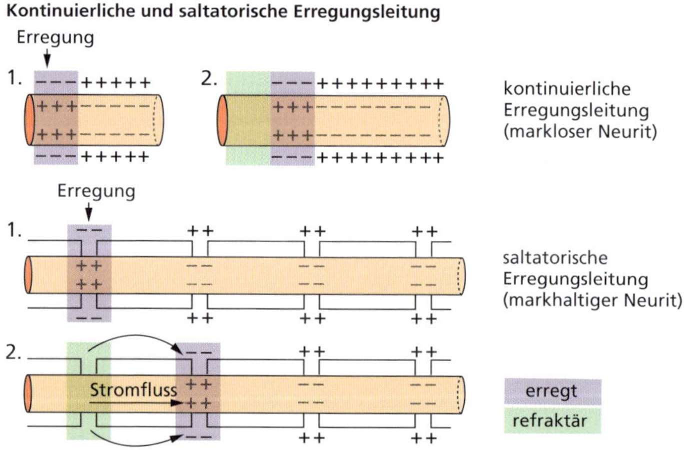

Die Erregungsleitungsgeschwindigkeit ist außerdem vom Faserdurchmesser, von der Temperatur und vom Stoffwechsel abhängig. Je größer der Faserdurchmesser, desto größer die Leitungsgeschwindigkeit.

Marklose Neuriten haben eine Leitungsgeschwindigkeit von ca. $1\,m \cdot s^{-1}$. Maximale Geschwindigkeit von $25\,m \cdot s^{-1}$ erreichen die 0,7 mm dicken marklosen Neuriten von Tintenfischen. Markhaltige Neuriten leiten mit Geschwindigkeiten bis $120\,m \cdot s^{-1}$ bei einem Durchmesser von $15\,\mu m$.

4.1.5 Erregungsübertragung zwischen Zellen erfolgt über Synapsen

Die Erregungsübertragung von Nervenzelle zu Nervenzelle oder von Nervenzelle zu Muskelzelle erfolgt über spezialisierte Verbindungsstellen, sogenannte Synapsen.
Die **Synapsen** bestehen aus dem **Endknöpfchen,** einer Verdickung an den Endverzweigungen des Neuriten (präsynaptischer Anteil), und winzigen Bezirken der angrenzenden Zelle (postsynaptischer Anteil). Zwischen beiden Membranen **(prä- und postsynaptische Membran)** liegt der **synaptische Spalt.** Besonders große Verbindungsflächen haben die **motorischen Endplatten,** die sich zwischen motorischer Nervenzelle und Muskelzelle befinden. Je nach Art der Erregungsübertragung unterscheidet man **elektrische** und **chemische Synapsen.**

▶ **Transmittersubstanzen** sichern die Funktion chemischer Synapsen.

▶ Ein Neuron des Gehirns hat bis zu 50 000 Synapsen.

In elektrischen Synapsen findet eine direkte Übertragung der AP von der prä- zur postsynaptischen Membran statt. In chemischen Synapsen führt ein AP, das mit einer bestimmten Frequenz den präsynaptischen Anteil erreicht, dort zu einer frequenzabhängigen Abgabe von **Neurotransmittersubstanz** (Überträgersubstanz) aus den synaptischen Bläschen (Vesikeln). Diese Substanz gelangt über den synaptischen Spalt an die postsynaptische Membran, verbindet sich dort mit **Rezeptormolekülen** nach dem Schlüssel-Schloss-Prinzip und ermöglicht die Auslösung der postsynaptischen Potenziale, kurz **Synapsenpotenziale.**

▶ Man kennt mehr als 100 verschiedene Neurotransmittersubstanzen, die direkt oder indirekt auf Rezeptoren in der postsynaptischen Membran wirken können.

Schematische Darstellung des Aufbaus einer chemischen Synapse

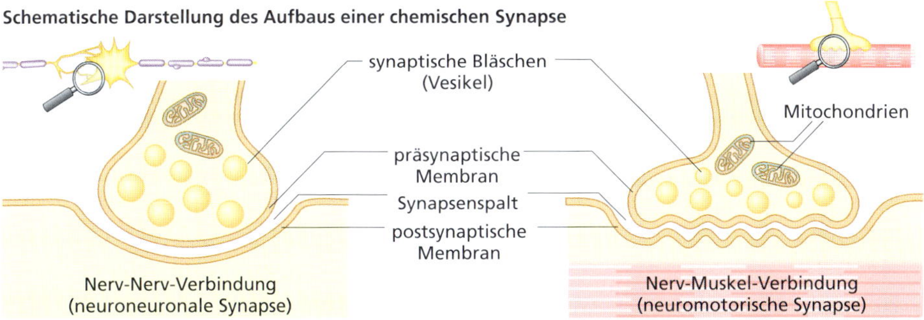

Wichtige Neurotransmittersubstanzen und ihre Wirkung (Auswahl)		
Neurotransmitter	Wirkungsort	Wirkung
Acetylcholin	Skelettmuskel, motorische Nervenzellen, vegetatives NS	erregend (exzitatorisch), erregend (exzitatorisch), erregend oder hemmend
Noradrenalin	meist in sympathischen Teilen des ZNS	erregend (Herzmuskel) oder hemmend (Darmmuskel)
Serotonin	Hirnstamm, Hypothalamus	meist hemmend (inhibitorisch)
Substanz P (Neuropeptid)	afferente Fasern des ZNS	erregend

Funktion der chemischen Synapsen

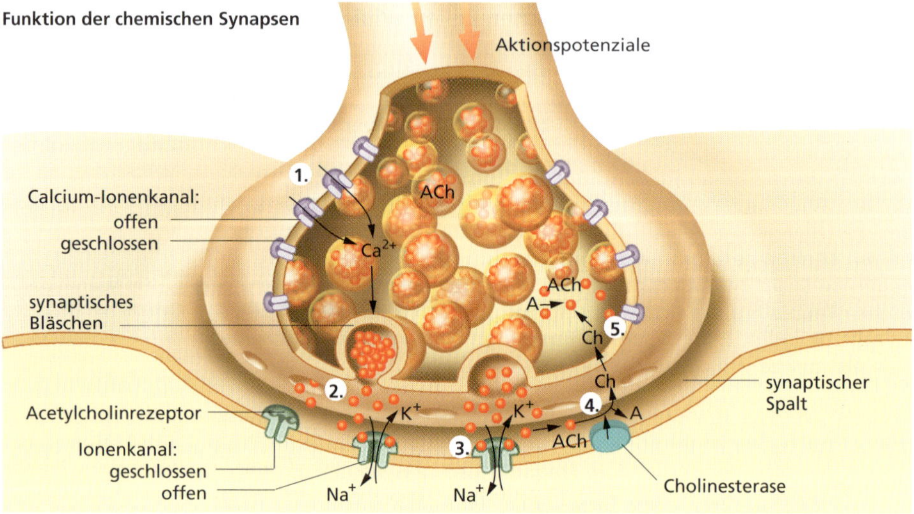

1. Durch ankommende AP werden Ca^{2+}-Ionenkanäle geöffnet.
2. Ca^{2+}-Ionen bewirken die Wanderung Acetylcholin(ACh)-haltiger Vesikel zur präsynaptischen Membran und die Entleerung des Vesikelinhalts in den synaptischen Spalt.
3. Zwei ACh verbinden sich mit einem Natriumkanal in der postsynaptischen Membran und öffnen ihn dadurch. Na^+-Ionen strömen ein und depolarisieren die Membran.
4. Das Enzym Cholinesterase spaltet ACh in Acetat (A) und Cholin (Ch).
5. Ch wird von der präsynaptischen Membran wieder aufgenommen und danach mithilfe von Acetyl-Coenzym A zur Resynthese von Acetylcholin verwendet.

▶ Bahnungs- und Hemmungsprozesse sind maßgeblich auf Synapsenfunktionen zurückzuführen.

Postsynaptische Potenziale können erregen oder hemmen. Beim **exzitatorischen postsynaptischen Potenzial** (EPSP) wird die Na^+-Ionenpermeabilität erhöht, die Membran wird depolarisiert. Beim **inhibitorischen postsynaptischen Potenzial** (IPSP) sinkt die Na^+-Permeabilität, die Membran wird hyperpolarisiert. EPSP und IPSP haben jeweils eine kleine Amplitude und nur durch räumliche oder zeitliche Summation kann am Axonhügel ein Aktionspotenzial aufgebaut und die Erregung weitergeleitet werden. Synapsengifte können mit Rezeptoren reagieren und diese entweder blockieren oder anhaltend öffnen.

▶ Die Gifte der Pfeilgiftfrösche (*Batrachotoxine*, ↗ Abb.) bewirken eine dauerhafte Öffnung der synaptischen Na^+-Kanäle und dadurch anhaltende Krämpfe.

Synapsenpotenziale [mV]

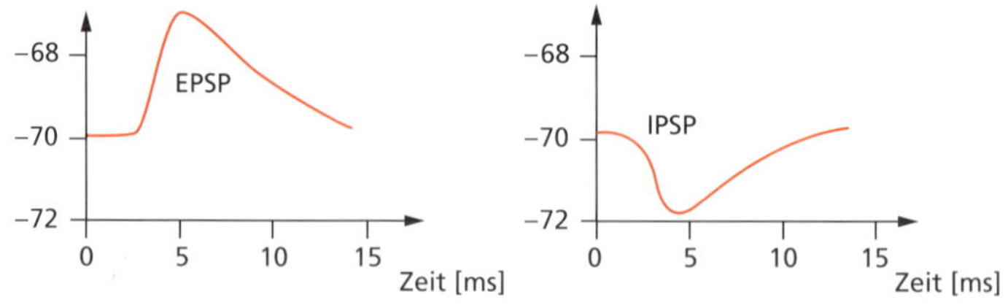

4.1.6 Erregungsübertragung ermöglicht Reaktion auf Umweltreize

Mit den reizaufnehmenden, erregungsleitenden, erregungsübertragenden und reagierenden Zellen und Zellstrukturen haben Tiere und Menschen die Möglichkeit, Reize der Umwelt wahrzunehmen, d.h. Informationen aufzunehmen, sie zu verarbeiten und zu speichern und in Abhängigkeit von Erfahrungen und Randbedingungen sinnvoll zu reagieren.

In den afferenten und efferenten Nervenbahnen sind die Neuronen sehr unterschiedlich verbunden, sodass die Erregung
- sich entweder ausbreiten kann (divergentes Schaltprinzip),
- zusammengeführt wird (konvergentes Schaltprinzip),
- parallel verläuft (Parallelschaltprinzip) oder
- im Kreis verläuft (Kreisschaltung).

Durch die synaptische Verarbeitung der Erregung und kollaterale (seitliche) Verbindungen der Neuriten wird auf die **Reiz-Reaktions-Beziehung** fördernder oder hemmender Einfluss ausgeübt. So sind Beute jagende Tiere in der Lage, schnell zu reagieren und sich gleichzeitig gegen Feinde zu sichern.

Neuronale Schaltprinzipien ermöglichen eine Vielfalt von Reaktionen auf Umwelteinflüsse.

Eine sich bewegende Maus löst bei der Katze die Verarbeitung optischer und akustischer Informationen, Vergleich mit Erfahrungen zum Beutefang und schließlich Sprung und Biss aus. Ein sich gleichzeitig annähernder Hund führt zu anderen Informationsverarbeitungsprozessen und Entscheidungen zwischen Beutefang und Abwehr. Welches Verhalten überwiegt, hängt von der **Reizstärke,** der **Erfahrung** und der **Motivation** ab.

Schematische Darstellung der Reiz-Reaktions-Beziehung

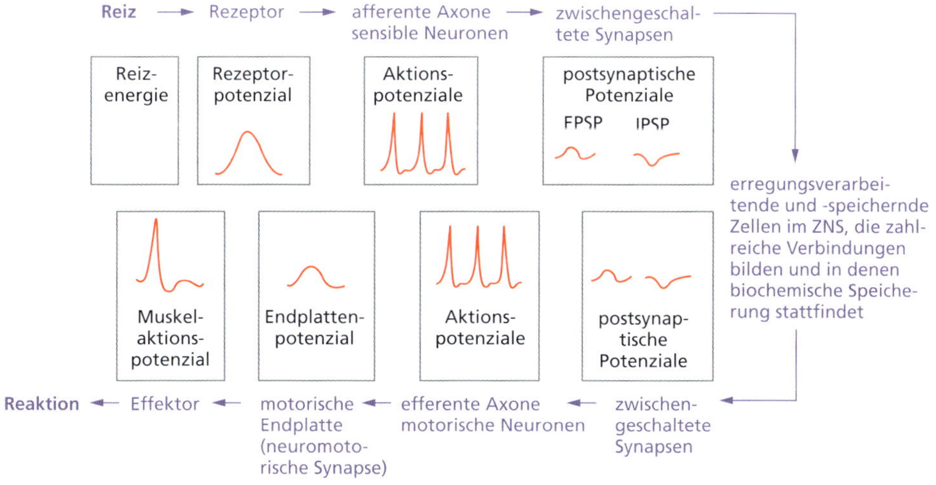

4.2 Sinnesorgane

Mithilfe der **Sinne** und **Sinnesorgane** können sich Organismen in ihrer Umwelt orientieren.

- Auf die Lebewesen wirken mechanische, chemische, optische, elektrische, magnetische sowie thermische Reize ein.
- Organismen besitzen die Fähigkeit, diese Reize aus ihrer Umgebung wahrzunehmen und darauf zu reagieren.
- Die Informationsaufnahme erfolgt über die Sinnesorgane (Auge, Ohr, Haut u. a.), welche die spezifischen Rezeptoren enthalten.
- Bei den Rezeptoren werden nach Art der aufgenommenen Reizenergie Mechano-, Chemo-, Thermo-, Fotorezeptoren u. a. unterschieden.
- Die Reizenergieaufnahme führt zur Ausbildung eines Rezeptorpotenzials. Dieses Rezeptorpotenzial löst das Aktionspotenzial aus, die Reizstärke wird über die Frequenz der Aktionspotenziale codiert.

Geschmacksregionen der Zunge

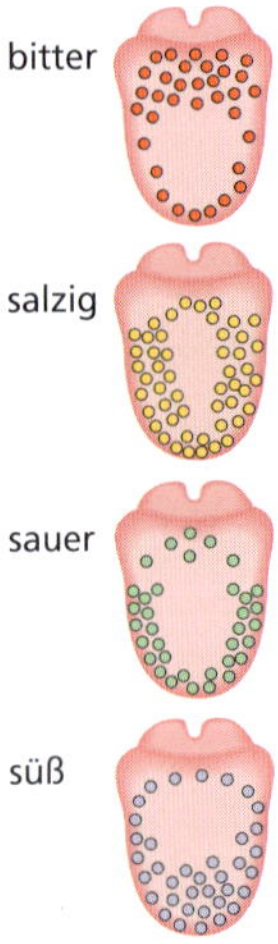

4.2.1 Sinnesorgane sind die Tore zur Umwelt

Organismen besitzen die Fähigkeit, Veränderungen aus ihrer Umgebung wahrzunehmen und darauf zu reagieren. Treten die Phänomene der Umwelt mit den **Sinnesorganen** in Wechselwirkung, dann sind es **Sinnesreize.** Diese werden von den unterschiedlichen Rezeptortypen in elektrochemische Signale umgewandelt und als **sensorische Erregung** in Form von Aktionspotenzialen über sensible afferente Nervenbahnen in das ZNS übertragen. Das Sinnesorgan vermittelt bestimmte **Sinneseindrücke,** die in ihrer Intensität (Quantität) unterschiedlich sein können. Die Summe dieser Sinneseindrücke wird als **Sinnesempfindung** bezeichnet. Das Gehirn interpretiert die sensorische Erregung unter Einbeziehung von gespeicherten Informationen, eine **Wahrnehmung** entsteht.

Lange nahm man an, dass der Mensch vier Geschmacksqualitäten (süß, sauer, bitter und salzig) unterscheiden kann. Weitere Geschmacksqualitäten (Fett, Glutamat, metallig) werden diskutiert. Die Geschmacksrezeptoren verteilen sich nicht ganz gleichmäßig auf Zungenspitze, Zungenrand, Zungengrund und Gaumen. Sie überlappen teilweise. Der Geschmack wird durch Temperatur, Struktur und Konsistenz beeinflusst.

Vom Phänomen zur Wahrnehmung

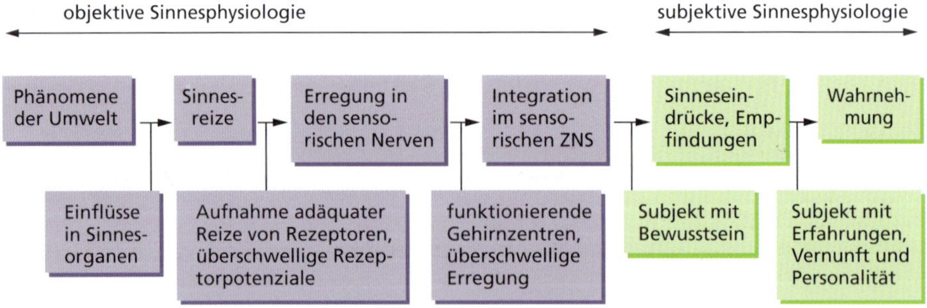

Sinnesorgane sind zur Aufnahme von Sinnesreizen fähige, mit sensiblen Nerven in Verbindung stehende Einrichtungen im Körper von Vielzellern. Sie bestehen aus zahlreichen Rezeptoren, die von Schutz- und Hilfseinrichtungen umgeben sind.
Rezeptoren sind modifizierte Nerven- oder Epithelzellen, die nach der Art der aufgenommenen Reizenergie unterschieden werden.

Reizarten	Energieform	Ort der Reizaufnahme	Sinne	Empfindungen
Licht (optische Reize)	elektromagnetische Energie	Fotorezeptoren in der Netzhaut *(Retina)* des Auges	Lichtsinn (Gesichtssinn)	hell und dunkel, Farben, Bewegungen, räumliches Sehen, Entfernungs- und Bildsehen
elektrische Felder		Fische: Elektrorezeptoren in der Schwanzregion Schnabeltier: Schnabel	elektrischer Sinn	Veränderungen der elektrischen Feldstärke
Magnetfelder		Bienen: Magnetit im Hinterleib Zugvögel: Cryptochrome in Netzhaut	Magnetsinn	Richtung des Felds und Veränderungen der magnetischen Feldstärke
mechanische Reize	mechanische Energie	Rezeptoren im Innenohr	Schallsinn (Gehörsinn)	Töne und Lautstärken, Geräusche
		Lagerezeptoren im Vorhof und Bewegungsrezeptoren in den Bogengängen im Innenohr	Gleichgewichtssinn	Körperlage im Raum, Haltung und Bewegung
		Rezeptoren und freie Nervenendigungen in der Haut und inneren Organen	Druck- und Berührungssinn	Druck- und Berührungsempfindungen
chemische Reize	chemische Energie	Chemorezeptoren im Riechfeld der Nasenschleimhaut	Geruchssinn	Geruchsqualitäten (z. B. faulig, blumig, brenzlig)
		Chemorezeptoren in den Geschmacksknospen der Zunge und des Gaumens	Geschmackssinn	Geschmacksqualitäten (z. B. süß, sauer, bitter, salzig)
Temperaturveränderungen	thermische Energie	Thermorezeptoren der äußeren Haut und Schleimhaut	Temperatursinn	Temperaturunterschiede, Wärme- und Kälteempfindung
alle Reizarten	alle Energieformen	freie Nervenendigungen	Schmerzsinn	Schmerzen

4

4.2.2 Der Lichtsinn reagiert auf elektromagnetische Wellen

Die **Komplexaugen (Facettenaugen)** sind bei Insekten und Krebsen verbreitet. In vielen Fällen sind sie auch zum Farbensehen in der Lage.

Das Licht besteht aus Lichtquanten (Photonen), die man sich als kurze „Wellenzüge" vorstellen kann. Das für das menschliche Auge sichtbare Licht ist nur ein kleiner Teil des **elektromagnetischen Spektrums,** der **Wellenlängenbereich** von 390 bis 780 nm. Andere Tiere können im längerund kürzerwelligen Bereich dieses Spektrums elektromagnetische Wellen wahrnehmen. Die Lichtsinnesorgane vermitteln optische Sinneseindrücke, mit deren Hilfe sich Organismen in ihrer Umgebung orientieren.

Ausschnitt aus dem Spektrum elektromagnetischer Wellen

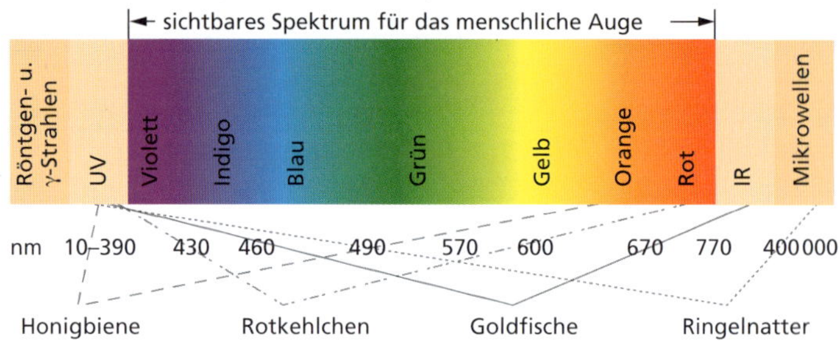

Der **Aufbau des Wirbeltierauges** ist trotz artspezifischer Anpassungen als Lichtsinnesorgan sehr einheitlich.

> Der **Lichtsinn** ist die Fähigkeit bzw. das Vermögen, elektromagnetische Wellen wahrzunehmen.

Alle **Wirbeltieraugen** können akkommodieren und erzeugen bei einem bestimmten Abstand von Linse und **Netzhaut** *(Retina)* ein scharfes Bild. Die **Akkommodation** kann durch die Regulierung dieses Abstands bzw. durch die Veränderung des Krümmungsradius der Linse erfolgen.
Die Brechkraft des Auges kommt durch den optischen Apparat zustande, der aus **Hornhaut, Kammerwasser, bikonvexer Linse** und **Glaskörper** besteht.

Durch **Auge und Sehvorgang** vermittelte Eindrücke, die den gespeicherten Informationen widersprechen, führen zu **optischen Täuschungen.**
Räumliches Sehen und **Entfernungssehen** sind Leistungen beider Augen.

Bau des menschlichen Auges

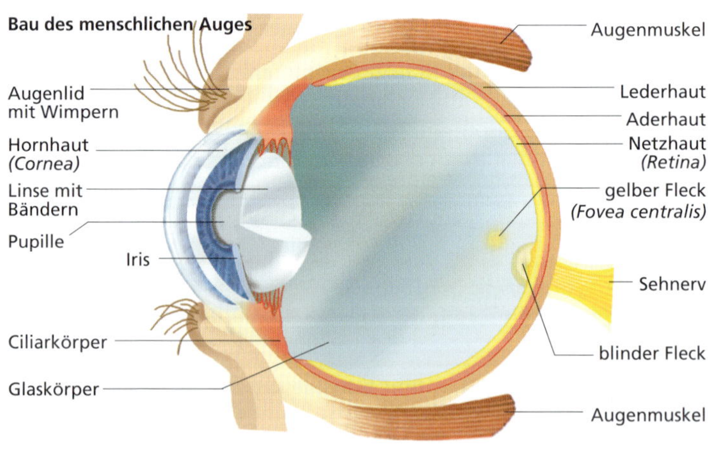

Die *Fovea centralis* ist eine Einsenkung im Zentrum des gelben Flecks. Dort ist der Bereich des schärfsten Sehens der Netzhaut von Säugetieren.

Die meisten Organismen werden ständig mit wechselnden Lichtverhältnissen konfrontiert. Die Augen höher entwickelter Tiere können diese Helligkeitsunterschiede durch verschiedene Mechanismen der **Adaptation** ausgleichen. Im Verlauf der Evolution wurden bei tag-, dämmerungs- und nachtaktiven Wirbeltieren unterschiedliche Netzhauttypen ausgebildet.

Viele nachtaktive Tiere besitzen eine reflektierende Zellschicht *(Tapetum lucidum)* vor der Pigmentschicht, die Teile des einfallenden Lichts noch einmal auf die Retina reflektieren („Katzenauge").

Einige ausschließlich tagaktive Eidechsen besitzen in der **Netzhaut** *(Retina)* nur die weniger lichtempfindlichen **Zapfen,** die für das Tages- und Farbensehen zuständig sind. Einige nachtaktive Tiere (Mausmaki, ↗Foto, Fledermäuse, Maulwürfe) weisen in der *Retina* nur die sehr lichtempfindlichen **Stäbchen** auf, die für das Dämmerungssehen verantwortlich sind. Die übrigen Wirbeltiere haben eine gemischte Retina aus Zapfen und Stäbchen.

In den **Fotorezeptoren** werden die Lichtquanten durch einen **Sehfarbstoff** absorbiert. Dadurch ändert sich dessen chemische Struktur. Obwohl die Rezeptoren dem Lichteinfall abgewandt sind, kommt es aufgrund der geringen Dicke der *Retina* nur zu einer geringen Lichtabschwächung. Durch die dichte Packung der Rezeptoren wird eine hohe Sehschärfe erreicht und die kaskadenartige Signalverstärkung bewirkt eine hohe Empfindlichkeit.

Alle Sehfarbstoffe bestehen aus einem Protein- **(Opsin)** und einem Pigmentanteil (z. B. 11-*cis*-Retinal). Das **Retinal** bildet sich aus Carotin.

Die etwa 130 Mio. Rezeptoren im menschlichen Auge geben ihre elektrischen Signale an etwa 1 Mio. Bipolarzellen (Ganglienzellen) weiter. Dazwischen geschaltet sind **Horizontalzellen** und **amakrine Zellen,** die Querverbindungen zwischen den Rezeptoren und den nachgeschalteten Zellen herstellen.
Im Sehnerv jedes Auges verlaufen die Axone der Ganglienzellen, die die empfangenen Signale als AP ans Gehirn weiterleiten. Nur etwa 20 % der in der Sehrinde eintreffenden Signale stammen aus den Fotorezeptoren der *Retina,* der restliche Anteil entfällt auf Informationen aus anderen Hirnteilen und Erfahrungen.

Schematischer Aufbau der Retina

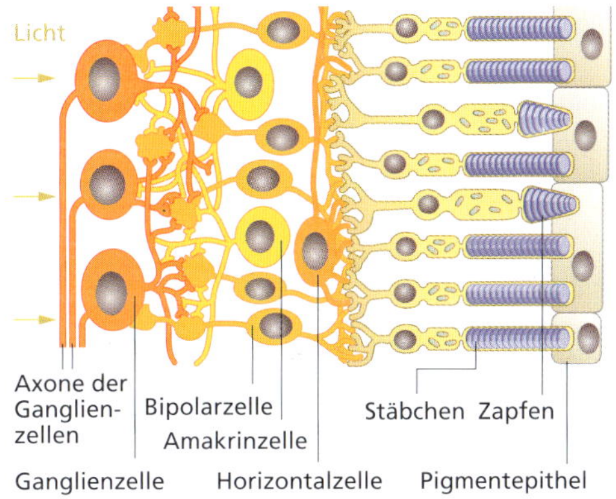

Fotorezeptoren

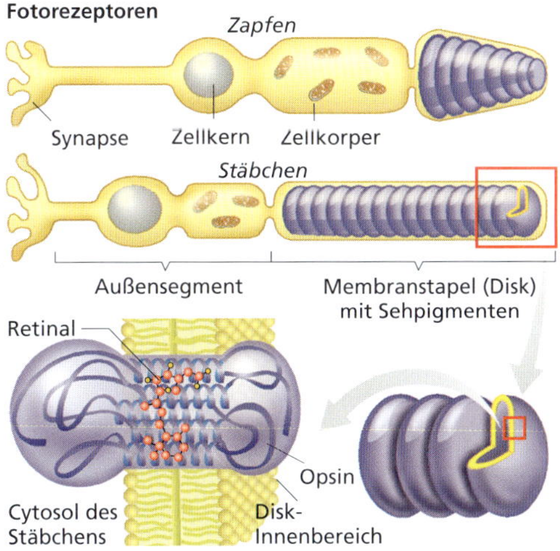

4.2.3 Der Schallsinn nimmt Druckschwankungen wahr

Ein **Vergleich der akustischen Sinnesorgane der Tiere** zeigt, dass sie auf Schwingungen von Masseteilchen **(Schall)** reagieren.

Der Schallsinn ist ein Fernsinn. Eine Schallquelle verdichtet (erhöhter Druck) oder verdünnt (verringerter Druck) das umgebende Medium. Diese Druckschwankungen breiten sich in der Luft unter Normbedingungen (T = 273,15 K = 0 °C, p = 101,3 kPa) mit einer Schallgeschwindigkeit von 330 $m \cdot s^{-1}$ aus.

> Druckschwankungen, die sich wellenförmig ausbreiten, bezeichnet man als **Schall.**

Die Frequenz einer Schallschwingung bezeichnet man als **Tonhöhe,** ihre Amplitude als **Tonstärke** oder Lautstärke.

Die **Schallwellen** erreichen das menschliche Hörorgan über die **Ohrmuschel** und den Gehörgang. Sie führen zu Schwingungen des **Trommelfells.** Die Schwingungen werden durch die Hebelkonstruktion der **Gehörknöchelchen** und das Flächenverhältnis Trommelfell zu **ovalem Fenster** in kräftigere Schwingungen übersetzt und auf das ovale Fenster übertragen. Das ovale Fenster versetzt die **Perilymphe** im **Vorhofgang** der **Schnecke** in Schwingungen. Diese führt zur Auslenkung des Endolymphschlauchs im **Schneckengang,** dadurch wird die **Basilarmembran** nach unten gedrückt. Der Basilarmembran ist das **cortische Organ** aufgelagert, das die **Hörsinneszellen** enthält. Die Abscherung der Sinneshaare bewirkt eine Änderung der Membranpermeabilität der Haarzellen, die zur Ausbildung von Rezeptorpotenzialen führt, d. h., dort erfolgt die Umwandlung der Schallwellen in Erregung.

Lärm führt zur Funktionsbeeinträchtigung im Innenohr.

Für jede Schallfrequenz (Tonhöhe) entsteht die Ausbuchtung der Basilarmembran an einem anderen Ort und führt zur Erregung der Haarsinneszellen an dieser Stelle.

Aufbau des menschlichen Ohrs

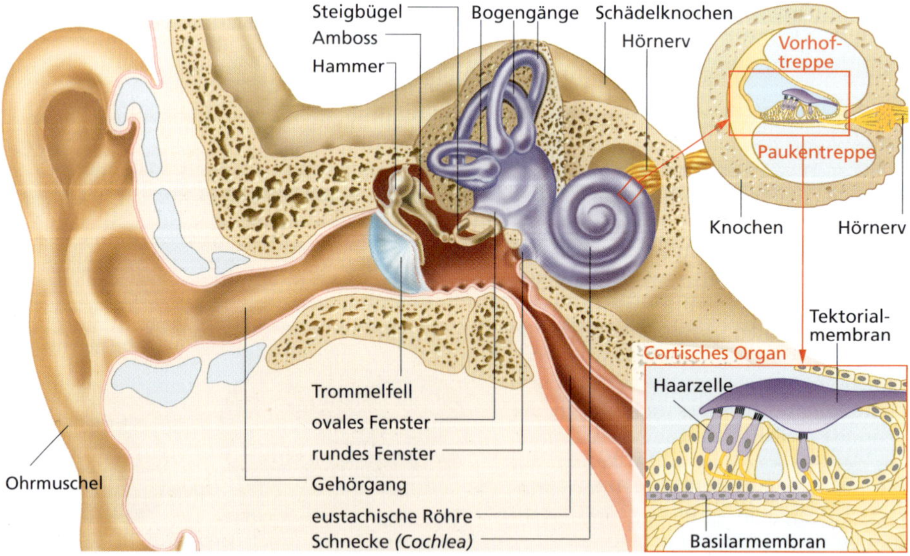

4.2.4 Der Gleichgewichtssinn reagiert auf Lage und Bewegung

Zum **Gleichgewichtssinn** gehören **Lage- und Bewegungssinn.** Das Gleichgewichtsorgan und das Hörorgan liegen beim Menschen im **Innenohr.** Das Innenohr besteht aus der Schnecke *(Cochlea),* außerdem aus den drei Bogengängen und dem oberen sowie unteren Bläschen (*Utriculus* und *Sacculus*). Diese Teile gehören zum Lage- und Bewegungssinn (Gleichgewichtssinn).

Dadurch, dass der *Utriculus* horizontal und der *Sacculus* vertikal angeordnet ist, kann zwischen horizontaler und vertikaler Beschleunigung unterschieden werden.

Die statischen Sinnesorgane tragen Sinneszellen mit haarförmigen Zellmembranausstülpungen *(Cilien),* deren Lage zueinander die Richtungsspezifität der Wahrnehmung bestimmt. Die Cilien ragen in eine gallertige Masse hinein, in die Calcitkristalle eingelagert sind. Je nachdem, in welche Richtung eine Beschleunigungskraft wirkt, werden die Sinneshärchen in unterschiedlicher Richtung abgebogen. Damit können lineare Beschleunigungen und die Richtung der Schwerkraft wahrgenommen werden.
Die **Bogengänge** stehen in den drei Raumebenen senkrecht aufeinander. Jede schnelle Drehbewegung beeinflusst die Endolymphe in mindestens einem Bogengang pro Kopfseite. Diese durch Trägheit verursachte relative Bewegung der Endolymphe führt zum Abbiegen der Gallertzunge *(Cupula)* und somit zur Abscherung der Sinneshärchen.

Jede Sinneszelle trägt einen Schopf aus 60–80 Härchen *(Stereocilien)* und einem Kinocilium.

Die Gleichgewichtsorgane erfüllen zwei Funktionen. Sie melden dem ZNS:
- die Richtung der Schwerkraft,
- beschleunigte oder verzögerte lineare Bewegungen und Drehbewegungen in alle Richtungen des Raumes.

Gleichgewichtsorgane im Innenohr

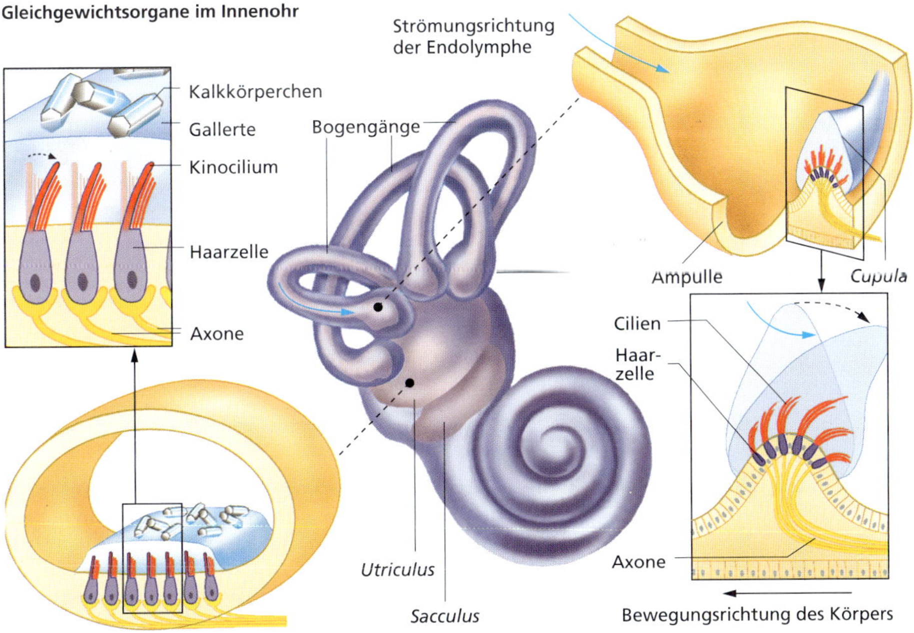

4.2.5 Die Haut ist das größte Sinnesorgan

Die Grubenottern, zu denen die Klapperschlangen gehören, haben hinter ihren Augen paarige, in zwei Gruben liegende **Infrarotrezeptoren,** die sehr empfindlich auf Wärmestrahlung reagieren. Die Wärmestrahlung einer Maus kann auf 1 m Entfernung wahrgenommen werden.

Die **Haut** ist ein wichtiges Sinnesorgan. Mit ihr nimmt man Druck, Berührungen, Vibrationen, Temperaturen und Schmerzen wahr.
Der **Tastsinn** fasst die Leistung von verschiedenen Rezeptortypen in der Leder- und Unterhaut zusammen. Diese Rezeptoren werden durch mechanische Deformation der Haut und Haare erregt. Vater-Pacini-Körperchen vermitteln Vibrationsempfindungen über die Messung der Deformationsbeschleunigung. Berührungsrezeptoren (Meissner-Körperchen und Haarwurzelrezeptoren) reagieren auf leichte Berührung durch Messen der Geschwindigkeit der Deformation. Merkel-Zellen (Tastscheiben) sind Druckrezeptoren, sie reagieren auf die Intensität und die Reizwirkungsdauer von Druck.
Der Ferntastsinn ermöglicht das Wahrnehmen von Objekten aufgrund von Luft- und Wasserbewegungen. Berührungsreize lösen u.a. Ausweich-, Abwehr- oder Fluchtbewegungen aus.

Die Dichte der **Tastrezeptoren** beim Menschen verschiedener Körperpartien ist unterschiedlich. Der Abstand für eine getrennte Wahrnehmung zweier Berührungsreize beträgt: Fingerspitze 2 mm, Zungenspitze 1 mm, Handrücken 31–32 mm und Rücken 60–70 mm.

Hautrezeptoren beim Menschen

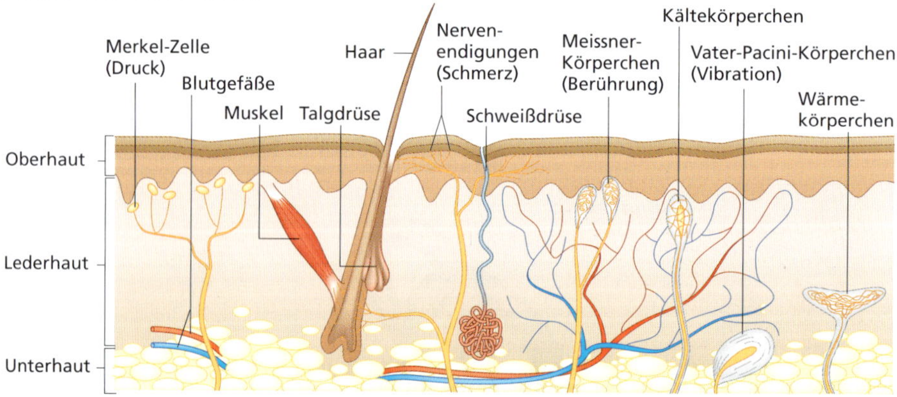

Ein **Temperatursinn** wird bei allen Tieren vermutet. Er ermöglicht die Wahrnehmung von Temperaturreizen und ist damit Voraussetzung für die **Thermoregulation.** Man unterscheidet die Qualitäten warm und kalt. Beim Menschen liegen die Kälterezeptoren dichter und näher an der Oberfläche als die Wärmerezeptoren.

Die Schmerzpunkte liegen etwa um den Faktor 10 dichter als Druck- und Temperaturpunkte.

Der **Schmerzsinn** vermittelt unangenehme Sinnesempfindungen. Er informiert über schädigende Einflüsse im Körperinneren oder von außen. Schmerzreize werden von spezifischen Schmerzrezeptoren in der Haut und in vielen Organen wahrgenommen. An der Wahrnehmung von Schmerzen sind sensorische, emotionale und vegetative Komponenten beteiligt.

4.2.6 Geruchs- und Geschmackssinne reagieren auf chemische Stoffe

Geruchs- und Geschmackssinn werden als **chemischer Sinn** zusammengefasst, da beide Sinne an chemische Substanzen als Reizauslöser gekoppelt sind. Die Teilchen verbinden sich mit einem spezifischen Membranprotein des Rezeptors und verändern die Membrandurchlässigkeit für Ionen. Die Depolarisation der Rezeptormembran führt zur Potenzialentstehung.

Kennzeichen (Mensch)	Geschmackssinn	Geruchssinn
Rezeptorlage	sekundäre Rezeptoren auf der Zunge	primäre Rezeptoren im Nasen-Rachen-Raum
adäquater Reiz	Moleküle, Ionen	Moleküle
Zahl der Qualitäten	6 (mit Glutamat und Fett)	zahlreich, schwer abgrenzbar
absolute Empfindlichkeit	10^{16} und mehr Moleküle/ml Lösung	10^7 Moleküle/ml Luft
biologische Bedeutung	Nahsinn, Nahrungskontrolle	Nah- und Fernsinn, Futtersuche, Hygiene, Fortpflanzung, Kommunikation, Nahrungskontrolle

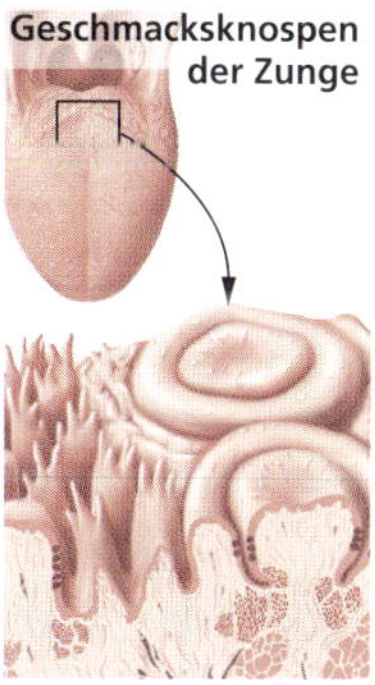

Die Riechschleimhaut in der Nase von Hunden nimmt eine Fläche von 85 cm^2 ein und enthält $2{,}3 \cdot 10^8$ Rezeptoren. Auf einer Fläche von 2,5 bis 5 cm^2 weist der Mensch $3 \cdot 10^7$ Rezeptoren auf.

4.2.7 Elektrischen Sinn und Magnetsinn hat nicht jeder

Viele Unterwasserorganismen verschiedener Wirbeltierklassen haben die Fähigkeit entwickelt, **elektrische Felder** eines Körpers wahrzunehmen. Die **elektrischen Signale** dienen dem Erkennen und Orten von Objekten sowie der Kommunikation.

Elektrischer Sinn und **Magnetsinn** dienen der Orientierung.

- Nilhechte und Messerfische haben elektrische Organe in der Schwanzregion, mit denen sie ein elektrisches Feld aufbauen. Gegenstände mit elektrischer Leitfähigkeit (z. B. andere Lebewesen) verändern das elektrische Feld. Diese Veränderungen können von den zahlreichen besonderen Elektrorezeptoren in der Haut wahrgenommen werden.

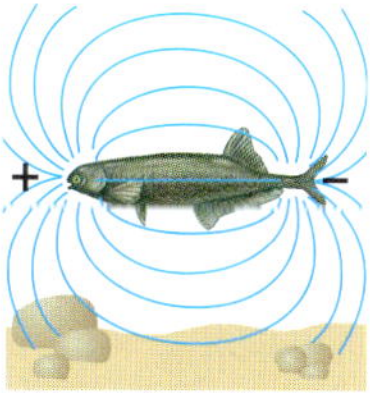

Die Erde hat ein **Magnetfeld.** An den magnetischen Polen der Erde wirkt die magnetische Kraft senkrecht, am Äquator parallel zur Erdoberfläche. Für die Orientierung der Tiere im Magnetfeld spielen die Stärke und die Richtung des Felds eine Rolle.
Wichtiger Bestandteil des Magnetsinns, der bei den unterschiedlichsten Lebewesen von Bakterien bis zu den Walen vorkommt, sind **Magnetitkristalle** (Fe_3O_4).

Manche Zugvögel können das Magnetfeld durch besondere Proteine (Cryptochrome) in Netzhautrezeptoren wahrnehmen.

- Bei Delfinen liegen Magnetitkristalle im Siebbein des Schädels. Sie können damit noch Unterschiede des magnetischen Flusses bis zu 10^{-11} Tesla wahrnehmen (1 Tesla = $1\,V \cdot s \cdot m^{-2}$).

4.3 Informationsverarbeitung und -speicherung

- Wirbellose Tiere besitzen radiärsymmetrische oder bilateralsymmetrische Nervensysteme (NS).
- Bei den Wirbeltieren besteht das Zentralnervensystem (ZNS) aus Gehirn und Rückenmark, die bilateralsymmetrisch (zweiseitig) angelegt sind.
- Das NS komplex gebauter Tiere wird unterteilt in das zentrale NS (ZNS) und das periphere NS (PNS).
- Das PNS hat einen efferenten und einen afferenten Anteil.
- Den autonom (unwillkürlich) arbeitenden Teil des NS nennt man vegetatives NS (VNS).

4.3.1 Nervensysteme von Wirbellosen (Invertebraten)

Nervensysteme wirbelloser Tiere sind sehr unterschiedlich aufgebaut.

Bei den wirbellosen Tieren sind unterschiedliche Typen von **Nervensystemen (NS)** ausgebildet. Mit der Evolution der zweiseitigen (bilateralen) Symmetrie findet eine fortschreitende Zentralisation der Nervensysteme und Cephalisation (Kopfbildung) statt. Ein bilateralsymmetrisches NS besteht häufig aus einem **peripheren (PNS)** und einem **zentralen (ZNS) Nervensystem.**
Das ZNS setzt sich aus dem Gehirn im Kopfteil und zwei oder mehrere von ihm ausgehenden Marksträngen zusammen. Markstränge sind Bündel von Nervenfasern, die längs im Körper verlaufen.

Die marine Schnecke *Aplysia* (Seehase) besitzt mit einem einfachen Nervensystem – ca. 20000 relativ große Neuronen – die Fähigkeit zu lernen.

Das Nervensystem ist ein aus Neuronen (↗ S. 155) aufgebautes, koordinierendes Organsystem. Es erfüllt drei Aufgaben:

1. die Aufnahme der unterschiedlichen Reizarten (↗ S. 162 f.) mithilfe der Rezeptoren,
2. die **Informationsweiterleitung, -speicherung** und **-verarbeitung** auf allen Ebenen des Nervensystems sowie
3. die Beantwortung der Informationen mit entsprechenden Verhaltensweisen bzw. die Steuerung innerer Organe.

Radiärsymmetrisches Nervensystem		Bilateralsymmetrisches Nervensystem	
Nesseltiere	**Stachelhäuter**	**Plattwürmer**	**Gliederfüßer**
Bsp.: Süßwasserpolyp 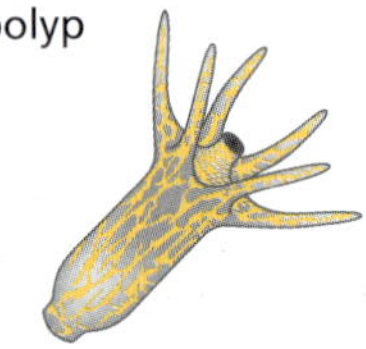 Nervennetz, das gering oder gar nicht zentral gesteuert wird	Bsp.: Seestern  Von einem zentralen Nervenring ziehen radiäre Nervenstränge in die Arme.	Bsp.: Strudelwurm 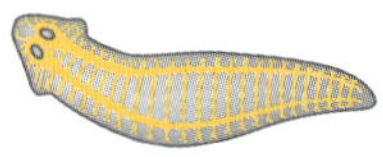 Das NS besteht aus einem kleinen Gehirn und zwei oder mehreren Marksträngen (Strickleiternervensystem).	Bsp.: Insekt  Das NS besteht aus einem Gehirn und zwei zum Bauchmark verbundenen Nervensträngen.

4.3.2 Nervensystem der Wirbeltiere (Vertebraten)

Das **Nervensystem** (NS) der Wirbeltiere besteht aus Neuronen und Gliazellen. Die Gliazellen isolieren, schützen und unterstützen die Neuronenfunktion. Das Nervensystem der Wirbeltiere kann unterteilt werden:

1. in das **zentrale Nervensystem** (ZNS), in dem Informationen verarbeitet werden, sowie
2. in das **periphere Nervensystem** (PNS), das Informationen von den Rezeptoren in das ZNS und zu Muskel- und Drüsenzellen sendet.

Es gibt funktionell unterschiedliche Gliazellen: **Astrocyten** kleiden Blutkapillaren im Gehirn aus, **Oligodendrocyten** umschließen und isolieren Neuronen als Markscheide im ZNS, Schwann-Zellen im PNS.

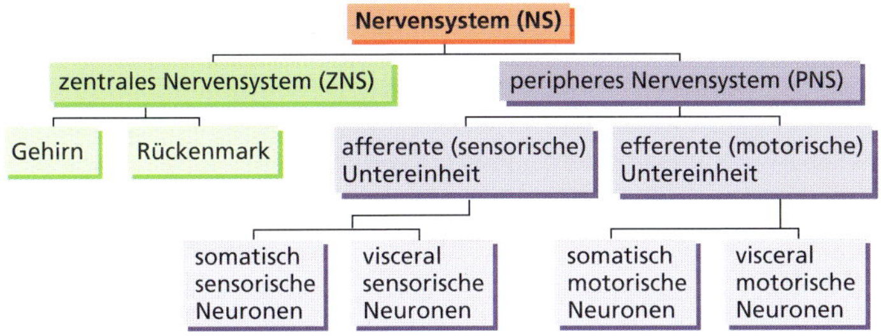

Der afferente Teil des PNS überträgt Information an das ZNS. Der efferente Teil gliedert sich in das somatische NS, das die Skelettmuskulatur steuert, und das viscerale NS, das für die glatte Muskulatur (↗ S. 182), den Herzmuskel und die Organe des Verdauungs-, Hormon- und Ausscheidungssystems verantwortlich ist. Dieser Teil ist nicht willentlich beeinflussbar. Zusammen mit sensorischen und zentralnervösen Anteilen des NS, die unbewusst und unwillkürlich arbeiten, wird dieser Teil des NS als **vegetatives** oder **autonomes Nervensystem** bezeichnet.

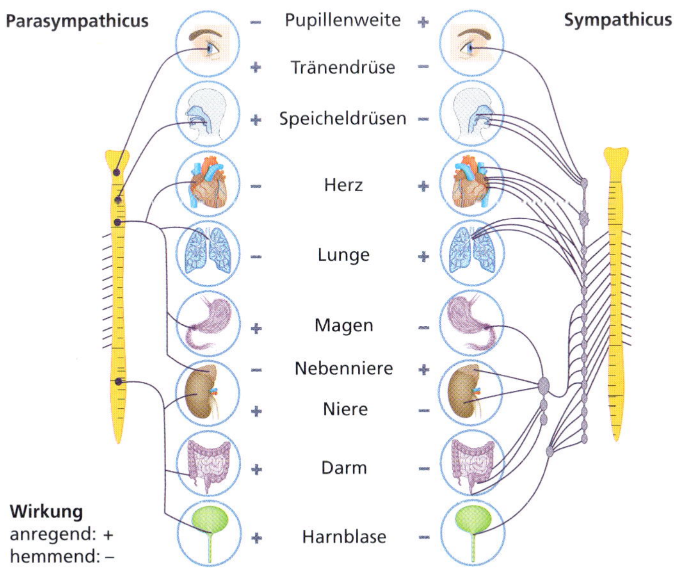

Das **vegetative Nervensystem** (VNS) besteht aus den zwei Gegenspielern **Parasympathicus** und **Sympathicus.** Es regelt die lebensnotwendigen Körperfunktionen (z. B. Atmung, Stoffwechsel, Blutdruck) so, dass sie den Bedürfnissen des Körpers optimal entsprechen. Diese Regelung funktioniert unwillkürlich (ohne Bewusstsein). Deshalb spricht man auch vom **autonomen NS.**

Das ZNS der Wirbeltiere besteht aus Gehirn und **Rückenmark,** die bilateralsymmetrisch angelegt sind.

Das periphere Nervensystem (PNS) des Menschen besteht aus 43 paarig angelegten Nerven. Die zwölf Hirnnerven entspringen dem Hirnstamm und beeinflussen die Organe des Kopfes und des Oberkörpers. Die restlichen 31 paarigen Nerven treten aus der Wirbelsäule aus und innervieren die Körperabschnitte in absteigender Folge. Die meisten Hirnnerven enthalten sensorische und motorische Fasern. Der Sehnerv und der Geruchsnerv setzen sich nur aus sensorischen Fasern zusammen. Das ZNS ist die integrierende Verbindungsstelle zwischen der sensorischen und motorischen Untereinheit des PNS.

Das Nachhirn geht ohne Begrenzung in das **Rückenmark** über. Das Rückenmark verläuft im Wirbelkanal der Wirbelsäule und endet mit einer kegelförmigen Spitze in Höhe des 2. Lendenwirbels.

Das **Rückenmark** besteht außen aus **Nervenfasern** (weiße Substanz) und innen, schmetterlingsförmig angeordnet, aus **Nervenzellkörpern** (graue Substanz). Es leitet Impulse weiter und vermittelt unbedingte Reflexe.

Pro Tag werden im menschlichen Gehirn ca. 650 ml Liquor produziert und resorbiert.

Im ZNS liegen mehrere flüssigkeitsgefüllte Hohlräume. Der Zentralkanal durchzieht das Rückenmark und weitet sich im Gehirn zu Kammern (Ventrikel).
Die Flüssigkeit *(Liquor cerebrospinalis)* umgibt das Gehirn, absorbiert mechanische Stöße und transportiert Nährstoffe, Hormone und weiße Blutzellen in verschiedene Areale des Gehirns.

Rückenmark

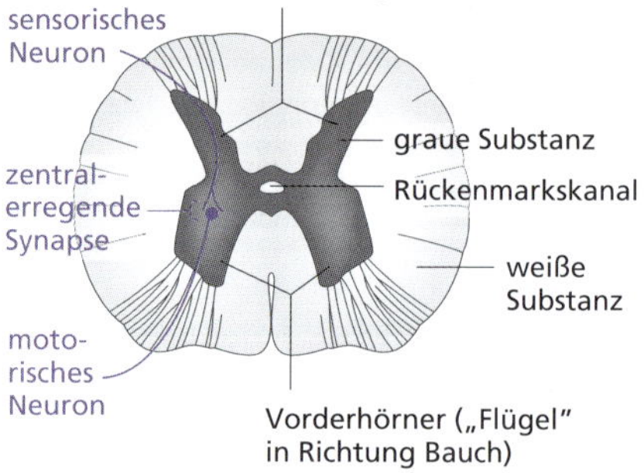

Alle Wirbeltiergehirne entwickelten sich aus drei blasenartigen Ausstülpungen am vorderen Ende des Rückenmarks: Vorder-, Mittel- und Rautenhirn. Die evolutionären Veränderungen des Wirbeltiergehirns zeigen sich in der relativen Größenzunahme des Gehirns, der Differenzierung der Gehirnfunktionen und der Komplexität des Vorderhirns.

Art	Oberfläche des Gehirns in mm^2	Gehirngewicht in g	Anteil am Körpergewicht
Elefant	301 343	4 924	0,08 %
Mensch	112 471	1 590	2,25 %
Rind	49 849	540	0,07 %
Schimpanse	39 572	375	0,80 %

Gehirn sowie Lappen und Rindenfelder

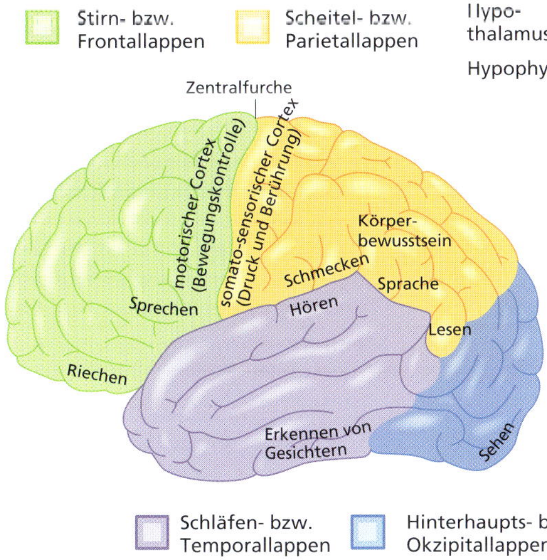

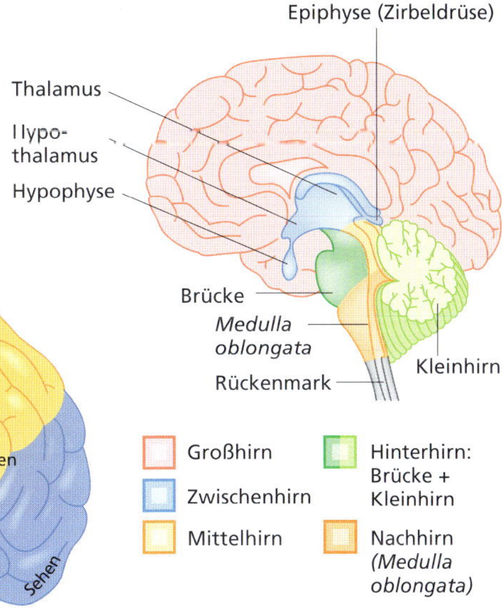

Das **menschliche Gehirn** liegt in der knöchernen Schädelkapsel. Seine untere Seite ist relativ flach und ruht auf der knöchernen Schädelbasis, die gewölbte Oberfläche grenzt an das Schädeldach. Es wird von drei schützenden Hirnhäuten umgeben.

Das **menschliche Gehirn** enthält etwa 300 Mrd. Neuronen.

Das **Gehirn der Wirbeltiere** gliedert sich in fünf Abschnitte. Jeder Abschnitt erfüllt bestimmte Aufgaben. Das **Kleinhirn** und das **Großhirn** bestehen aus Hirnrinde (graue Substanz) und Hirnmark (weiße Substanz). Die Oberfläche beider Hirnabschnitte ist durch Furchen und Windungen stark vergrößert. Das Großhirn ist in somato-sensorische und motorische Rindenfelder unterteilt. Die motorischen Rindenfelder steuern alle bewussten Verhaltensweisen, wie z. B. Sprechen und Schreiben. Die beiden Hirnhälften (Hemisphären) des Großhirns haben unterschiedliche Funktionen. Die linke Hemisphäre ist für die Sprache und für analytische Fähigkeiten verantwortlich, räumliche Wahrnehmung und künstlerische Fähigkeiten sind in der rechten Hemisphäre lokalisiert.

Eine ungesunde Lebensweise (Alkoholismus, Fehlernährung, Stress) kann zu **Erkrankungen des Nervensystems** führen.

- Die Hirnrinde *(Cortex)* des Menschen ist etwa 5 mm dick und macht ca. 80 % der Gesamtmasse des Gehirns aus. Sie enthält ca. 50 Milliarden Neuronen und erreicht durch Einfaltung eine größere Oberfläche. Plazentatiere besitzen einen stark gefalteten *Cortex.*
  Vergleicht man die Oberfläche der Hirnrinde relativ zur Körpergröße verschiedener Tiere, so liegen Tümmler hinter dem Menschen auf Platz 2. Die Oberfläche einer Hemisphäre des menschlichen Großhirns beträgt ca. 0,5 m^2.

Die Gehirnforschung hat gezeigt, dass es gewisse Unterschiede im Bau und in der Funktion von männlichen und weiblichen Gehirnen gibt.

Gehirnabschnitte		Aufbau der Gehirnabschnitte	Funktionen
Vorderhirn	**Großhirn**	– Oberfläche des menschlichen Großhirns zu etwa 66 % in Furchen verborgen – Hirnhälften über Balken miteinander verbunden – *Cortex* in Rindenfelder (sensorische, motorische und Assoziationsregionen) unterteilt – graue Substanz enthält Zellkörper, weiße Substanz enthält Axone	– Zentrum von Gefühlen, Denken, Verhalten, Gedächtnis, bewusstem Handeln, Lernen und Wortsprache – Aufnahme, Verarbeitung und Weiterleitung von Informationen – Assoziationsbahnen verbinden Rindenfelder miteinander. – Projektionsbahnen verbinden Hirnteile und Rückenmark miteinander. – Assoziationsfelder stellen Verbindungen mit Sinnesorganen und anderen Hirnteilen her.
	Zwischenhirn	Epithalamus	– enthält flüssigkeitsproduzierendes Kapillargeflecht und Zirbeldrüse
		Thalamus	– Umschaltstation zwischen Sinnesorgan (Auge, Innenohr, Haut) und grauer Substanz der Hirnrinde
		Hypothalamus	– Steuerzentrale des VNS (u. a. Hunger, Durst, Körpertemperatur, Wasserhaushalt), Biorhythmus (Schlaf-wach-Zustand) – Schaltzentrale zwischen Nerven- und Hormonsystem
Mittelhirn	**Mittelhirn**	– besteht aus drei Stockwerken (Dach, Haube, Fuß)	– Integrations- und Verarbeitungszentrale für sensorische Informationen – Umschaltstation zwischen Sinnesorganen und Muskulatur – Reflexzentrum (Pupillenreflex)
		– große Areale bilden Vierhügelplatte	– Hörnervenfasern verlaufen oder enden an Vierhügelplatte.
Rautenhirn	**Hinterhirn**	Kleinhirn *(Cerebellum)*	– Koordination von Bewegungen und Gleichgewicht (Gelenkstellung, Muskellänge) sowie Befehlsformulierung für Körperaktivitäten
		Brücke *(Pons)*	– Reflexzentrum (Kauen, Husten, Niesen, Schlucken, Speichel- und Tränenfluss)
	Nachhirn	Verlängertes Rückenmark *(Medulla oblongata)* verbindet Rückenmark und Mittelhirn.	– Kreislauf (Herzfrequenz-, Blutdruckregulation) – Atmungszentrum (Rhythmusvorgabe für Ein-, Ausatmen)

4.3.3 Gedächtnis, Sprache, Bewusstsein

Gedächtnis ist **wiederabrufbare Informationsspeicherung.** Gedächtnis ist an neuronale Strukturen und ihre Fähigkeit, Informationen der Umwelt zu verarbeiten und zu speichern, gebunden, d.h., Lernen (Wissenserwerb) und Gedächtnis (Wissensabruf) beeinflussen und bedingen sich.

Gedächtnisleistungen von Tieren und Menschen bieten immer wieder neue Erkenntnisse.

Gedächtnisleistungen wurden bei Planarien, verschiedenen Mollusken (z.B. *Aplysia* und *Octopus*), zahlreichen Insekten und den Wirbeltieren, speziell den Säugetieren, nachgewiesen.

Weitgehend anerkannt sind folgende Merkmale des menschlichen Gedächtnisses:

- Nur etwa ein Prozent der bewusst aufgenommenen Informationen wird langfristig gespeichert.
- Die Menge der zu speichernden Informationen ist begrenzt.
- Einzelinformationen werden nach nervöser Verarbeitung meist generalisiert.
- Die Speicherung der Information erfolgt in mehreren Schritten.
- In jedem der Teilschritte ist ein Vergessen möglich.
- Wiederholte Aufnahme und Verarbeitung der Information erleichtert die Überführung der Information in das **Langzeitgedächtnis.**
- Beim Menschen besteht die zusätzliche Möglichkeit der Abstraktion durch Verbalisierung.

Wenig bekannt sind die neuronalen Prozesse bei der Gedächtnisbildung. Das sensorische Gedächtnis ist auf Erregungsleitung, das primäre Gedächtnis auf kreisende Erregungen, das sekundäre und tertiäre Gedächtnis auf biochemische Prozesse zurückzuführen. **Gedächtnisstörungen** werden als **Amnesie** bezeichnet.

Schritte der Speicherung von Information

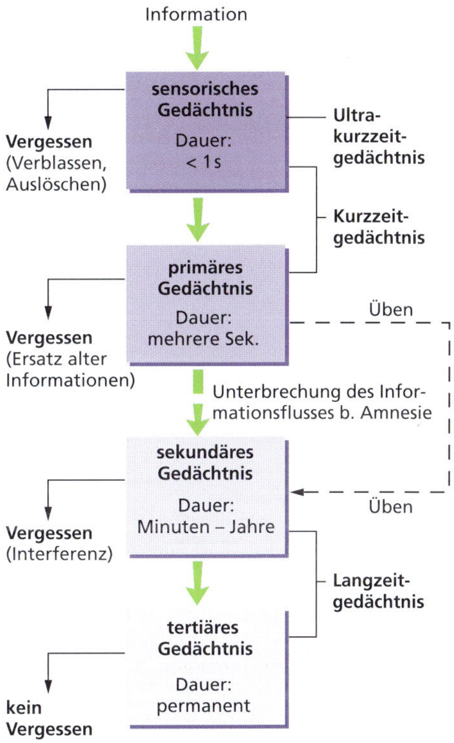

Sprache entwickelte sich als Ergebnis einer weiteren Differenzierung von Gehirnabschnitten, komplexer Interaktionen zwischen mehreren Assoziationsfeldern (↗ S. 173) und anatomischen Veränderungen im Kehlkopfbereich.

Diese notwendigen Entwicklungen sind nach bisheriger Kenntnis nur beim Menschen gegeben, er ist als einzige Art fähig, artikuliert zu sprechen. Viele Tiere haben sprachähnliche Kommunikationsformen. Für das Sprechen sind die Sprachregionen, die sich in der Regel in der linken Hemisphäre des Gehirns befinden, verantwortlich.

Das als $FoxP_2$-Gen bekannte Sprachgen spielt beim Spracherwerb eine große Rolle.

Sprachregionen des Gehirns

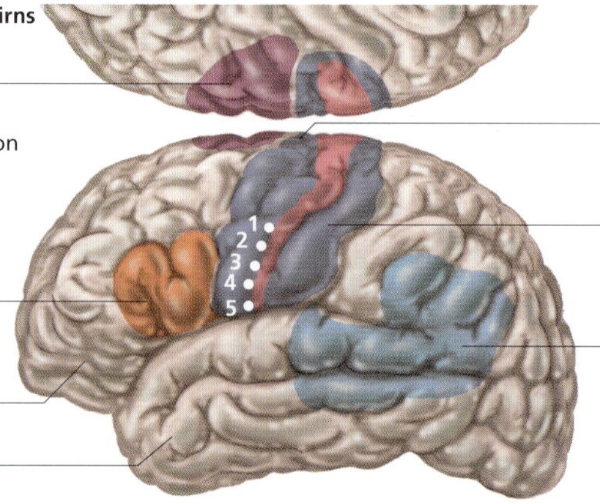

Die **frontale (primäre) Sprachregion (Broca-Areal)** ist wichtig für die Formulierung von Wörtern und Sätzen, sie steht in enger Beziehung zu den motorischen Zentren für Zungen-, Wangen- und Kehlkopfmuskulatur. Die **temporale (sekundäre) Sprachregion (Wernicke-Sprachzentrum)** ermöglicht das Sprachverständnis. Nervenzentren dieser Region haben enge funktionelle Verbindungen zu den Erinnerungsfeldern der akustischen Region im Temporallappen. Die **tertiäre Sprachregion** ist in ihrer Funktion noch weitgehend unbekannt. **Sprachstörungen (Aphasien)** treten nach Verletzungen auf. Die Sprache ist ein wichtiges verbales Kommunikationsmittel, sie ist Voraussetzung für Begriffsbildung oder aber Erarbeitung von Konzepten und steigert damit die Effektivität der Gedächtnisbildung.

▶ PAUL BROCA (1824–1880), ein französischer Anthropologe und Chirurg, entdeckte 1861 das nach ihm benannte Broca-Areal – das motorische Sprachzentrum in der unteren Windung des Stirnlappens.

Bewusstsein ist ein sehr schwer zu definierender Zustand des Organismus, in dem sich Informationsverarbeitungsprozesse mit dem Ergebnis der Wahrnehmung der Umwelt, mit Erinnerungen und Erwartungen, mit emotionalen Zuständen, mit Motivationen, Zielvorstellungen, Folgeabschätzungen und Selbsterkennen vermischen (↗ S. 413 f., 427).

Aus physiologischer Sicht kann man Randbedingungen nennen, unter denen Bewusstsein möglich erscheint. Das sind u. a.:
- Aufmerksamkeit und die Fähigkeit, die Richtung der Aufmerksamkeit gezielt zu wechseln,
- Verallgemeinerungsfähigkeit, Abstraktionsfähigkeit,
- Umgang mit Verallgemeinerungen und Umsetzung in Worte oder andere Symbole und Handlungen,
- Fähigkeit, die Folgen von Handlungen abzuschätzen,
- Selbsterkenntnis,
- Entwicklung und Vorhandensein von Wertvorstellungen und Mitgefühl (ästhetische und ethische Werte).

▶ KARL WERNICKE (1848–1905), ein deutscher Psychiater, gilt als Mitbegründer der Aphasielehre und entdeckte das sensorische Sprachzentrum (Wernicke-Sprachzentrum) im Gehirn.

Wenn man diese Randbedingungen zugrunde legt, besteht kein Zweifel, dass Tiere Bewusstsein haben. Es gibt aber Abstufungen, die offensichtlich von der Komplexität des ZNS abhängen.

4.3.4 Im Schlaf ist die Wahrnehmung der Umwelt reduziert

Im **Schlaf** ist der Kontakt mit der Umwelt reduziert. Dabei wird die Gehirnfunktion nicht ausgeschaltet, sondern anders organisiert. Als Maß für die Schlaftiefe dient die Intensität des Weckreizes und das Auftreten von charakteristischen Veränderungen im **EEG** (Elektroenzephalogramm). Mithilfe des EEG und der Mikroelektrodentechnik können verschiedene **Schlafstadien** unterschieden werden, u. a. Einschlafen, Leichtschlaf, mitteltiefer Schlaf und Tiefschlaf.

Im Verlauf des Schlafs werden die verschiedenen Stadien mehrfach durchlaufen (durchschnittlich 4- bis 5-mal). Während des Tiefschlafs treten in Abständen Wellenlängen auf, die dem Einschlafstadium entsprechen. Gleichzeitig treten Salven schneller Augenbewegungen auf. Diese besonderen Perioden während des Tiefschlafs bezeichnet man als **REM-Schlaf** (*Rapid Eye Movements:* schnelle Augenbewegungen). Der Mensch träumt vorwiegend im REM-Schlaf. Alle übrigen Schlafstadien werden als **NREM** (Non-REM-Schlaf) zusammengefasst.
Im *REM-Schlaf* sind die Schlafneuronen im Hirnstamm aktiv. Dadurch werden Neurotransmitter nicht ausgeschüttet. Rezeptoren, die eigentlich von diesen Transmittern aktiviert werden, können sich erholen. Im *Non-REM-Schlaf* sind die Schlafneuronen im Vorderhirn aktiviert. Die Hirnzellen befinden sich im Ruhezustand, ihre durch freie Radikale geschädigten Membranen werden repariert. Im *Wachzustand* sind alle Schlafneuronen inaktiv. Die im Stoffwechsel entstandenen Radikale können in aktiven Nervenzellen die Zellmembran schädigen.
Sowohl die tägliche Schlafzeit wie auch der Anteil des REM-Schlafs ändern sich im Verlauf des menschlichen Lebens.

Im EEG sehen die folgende Schlafstadien so aus:

Wachsein:

Einschlafen:

Tiefschlaf:

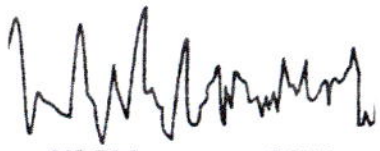

— NREM —+— REM —

Im REM-Schlaf entspricht die Weckschwelle dem Tiefschlaf, das EEG gleicht dem Einschlaf-EEG.

Durch Langstreckenflüge kann die Synchronisation des Schlaf-wach-Rhythmus durcheinandergebracht werden („Jetlag“).

Wach- und Schlafzeiten und der Anteil von NREM- und REM-Schlaf im Verlauf des menschlichen Lebens

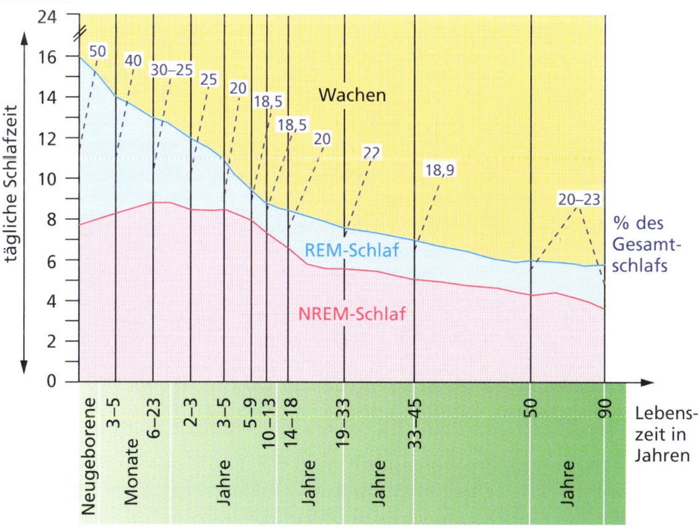

Auch bei Säugetieren hat man solche Stadien nachgewiesen.

Die Schlaflänge scheint bei Tieren von der Körpergröße abhängig zu sein.

Gesamtschlafdauer einiger Säugetiere in Stunden:

Oppossum:	18
Frettchen:	14,4
Katze:	12,5
Hund:	10,1
Mensch:	8
Elefant:	3

4.3.5 Psychoaktive Stoffe beeinflussen die Nervenfunktionen

Rauchen gefährdet die Gesundheit einmal durch den suchtauslösenden Nicotingehalt des Tabaks, zum anderen durch die Teer- und Rußpartikel des Rauchs.

Psychoaktive Stoffe und **Nervengifte** verändern den Stoffwechsel von Nervenzellen, beeinflussen die Synapsenfunktion und können über die Blockierung der Nervenzellfunktion oder die Zerstörung von Nervenzellen zum Tod führen. Psychoaktive Stoffe sind Psychopharmaka, legale und illegale Drogen. Sie können erregend oder hemmend wirken, sie können Euphorie bei gleichzeitiger Überschätzung der eigenen Leistungen und Halluzinationen auslösen und führen häufig zur **Abhängigkeit (Sucht).** Man unterscheidet:

- **psychische Abhängigkeit,** die durch Kontrollverlust bezüglich der Substanzeinnahme gekennzeichnet ist;
- **physische Abhängigkeit,** bei der körperliche Entzugssymptome nach Absetzen auftreten (z. B. Schmerzen, Krämpfe, Übelkeit).

Psychopharmaka helfen, neuronale Erkrankungen zu behandeln. Sie sind fast alle rezeptpflichtig.

Eine **genetisch bedingte Alkoholempfindlichkeit** beruht auf veränderten Stoffwechselenzymen der Leber.

Auch **legale Drogen** wie Nicotin und Alkohol können zur Abhängigkeit führen. **Nicotin** ähnelt chemisch dem Acetylcholin (ACh) und wirkt durch Bindung an den ACh-Rezeptoren der Synapsen. Es wurde nachgewiesen, dass mit höherem Nicotingehalt der Zigaretten die Suchtgefahr steigt. In Deutschland rauchen um die 17 Mio. Menschen, ca. 110000 Menschen sterben pro Jahr an tabakbedingten Krankheiten (ca. 300 Todesfälle/Tag). **Alkohol (Ethanol)** ist neben dem Nicotin eine häufige Ursache für Suchterkrankungen. In Deutschland wird die Anzahl der alkoholabhängigen Menschen auf 1,6 Mio. geschätzt. Alkohol beeinträchtigt die Erregungsverarbeitung und die Speicherung der Informationen im ZNS. Alkohol wird in der Leber entgiftet. Da die Leber aber nur eine bestimmte Entgiftungskapazität hat, sind bleibende Schäden nicht ausgeschlossen.

Zu den **illegalen Drogen** gehören u. a. **Opiate, Kokain, Mescalin, Psilocybin, LSD, Cannabis.** Allen ist gemeinsam, dass psychische und z. T. auch physische Abhängigkeit entsteht. Drogen wirken entweder auf gleiche oder stärkere Weise als die Neurotransmitter (Überträgerstoffe) oder blockieren umgekehrt die Rezeptoren dieser Transmitter, sodass diese nicht mehr wirken. Manche Drogen bewirken auch, dass mehr von einem Transmitter ausgeschüttet wird oder er länger im synaptischen Spalt wirksam bleibt. Als Kompensation erhöht oder reduziert der Organismus die Anzahl seiner Rezeptoren. Zu den illegalen Drogen gehört auch das synthetisch hergestellte **Ecstasy.** Pharmakologisch hat es große Ähnlichkeit mit Amphetaminen und Kokain.

Die **Wirkung von Nervengiften** wird von Tieren und Pflanzen genutzt. Menschen stellen synthetisch Nervengifte für die Produktion von chemischen Waffen her.

Nervengifte sind Substanzen, die durch irreversible Schädigung von Nervenzellen zum Tod führen können. Sie werden von Pflanzen und Tieren gebildet, so z. B. das *Aconitin* des Blauen Eisenhuts, das Gift der Kobra oder die Toxine der Farbfrösche. Sie dienen dem Schutz vor Fressfeinden oder zum Beutefang, werden jedoch von Menschen für eigene Zwecke genutzt.
Synthetisch hergestellte Nervengifte sind z. B. *Sarin, Soman, Tabun* und das *Nervengas VX.* Sie hemmen die Acetylcholinesterase und führen dadurch über die Blockierung von Atmung und Herz zum Tod.

Übersicht über illegale Drogen

Substanz	Herkunft	Wirkung	Folgeschäden
Opiate, z. B. · Opium · Heroin (Diacetylmorphin) · Morphium (Morphin)	Saft der Schlafmohnkapseln *(Papaver)*, synthetische Substanzen	– Reaktion mit Opiatrezeptoren im Gehirn und Rückenmark – Verringerung der Schmerzempfindung – Herabsetzung von Angst und Unruhe – Ausschaltung von Hungergefühl – kurzzeitige Euphorie	– starke psychische und physische Abhängigkeit – Persönlichkeitsverlust, Gehirnschäden – körperlicher Verfall
Kokain	Blätter des Kokastrauchs *(Erythroxylum coca)*	– Hemmung der Wiederaufnahme von Neurotransmittern – Anreicherung von Noradrenalin, Dopamin und Serotonin in den Gehirnzellen – Übererregbarkeit, Selbstüberschätzung, Hemmungslosigkeit – Ausschaltung von Hungergefühl	– Depressionen – Halluzinationen – irreversible Veränderung des Transmitterstoffwechsels – starke psychische Abhängigkeit – Psychoserisiko
Mescalin (Trimethoxyphenylethylamin)	Peyote-Kaktus der mexikanischen Wüste *(Lophophora williamsii)*	– Beeinflussung des biogenen Aminstoffwechsels in Nervenzellen des Gehirns – starke Erregbarkeit mit Gefühlsschwankungen, Sinnestäuschung – Störungen der Wahrnehmung – sehr hohe Risikobereitschaft	– Wahnvorstellungen – Psychosen – psychische Abhängigkeit
Psilocybin	Pilze *(Psilocybe)*	wie bei Mescalin	wie bei Mescalin
Cannabis, Haschisch, Marihuana (9-Tetrahydrocannabinol, THC)	Haschisch (Harz), Marihuana (Blüten und Blätter) des Hanfs *(Cannabis sativa)*	– Erhöhung des Noradrenalin-, Dopamin- und Serotoninumsatzes im Gehirn – wahrscheinlich psychotrope Wirkung, die individuell variiert: • Euphorie, Sinnestäuschung • Halluzinationen, Angstzustände • verändertes Zeit- und Raumgefühl	– Herabsetzung der Konzentrations- und Leistungsfähigkeit – Abhängigkeit kontrovers diskutiert – offensichtlich geringere Folgeschäden als durch Alkohol
Ecstasy, z. B. 3,4-**Methylendioxyamphetamin (MDA)**	synthetische Substanz (Amphetaminabkömmling)	– Schädigung serotonerger Neuronen – Überhitzung, Flüssigkeitsmangel und Herz-Kreislauf-Versagen – Beeinflussung der zentralen Synapsen (limbisches System)	– Halluzinationen – Depressionen – Abhängigkeit – aggressive Persönlichkeitsänderungen – Schlafstörung
LSD (Lysergsäurediethylamid)	Mutterkornpilz *(Claviceps purpurea)*, synthetisch	– Störung des biogenen Aminstoffwechsels – wirkt auf spezielle Serotoninrezeptoren; ähnlich wie Mescalin, weitaus stärkere Wirkung	ähnlich wie Mescalin

4

Erregung und Erregungsleitung

- Im Tierreich haben sich spezialisierte Zelltypen (Sinneszellen bzw. Rezeptoren, Nervenzellen und Muskelzellen) entwickelt, die für Reizaufnahme, Erregungsleitung, Informationsverarbeitung und Bewegung spezialisiert sind.

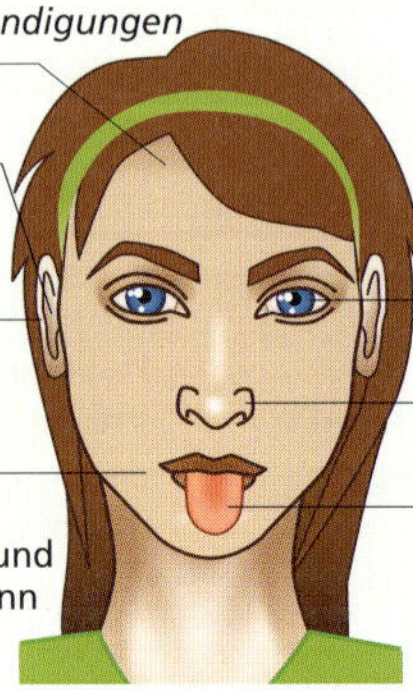

- Die **Reizaufnahme** erfolgt bei höher entwickelten Tieren über Sinnesorgane, die für die verschiedenen Reizqualitäten spezifische Rezeptoren enthalten. Man unterscheidet mechanische, akustische, chemische, optische, elektrische, magnetische und thermische Reize.

- Nervenzellen (Neuronen) sind für die **Erregungsleitung** und **Informationsverarbeitung** spezialisiert.

- In den Muskelzellen werden von den Neuronen stammende Signale in **Bewegungen** umgesetzt.

- Die **Erregungsübertragung** von Neuron zu Neuron oder von Nervenzelle zu Muskelzelle erfolgt über spezialisierte Verbindungsstellen, die **Synapsen.** Während in elektrischen Synapsen Aktionspotenziale direkt übertragen werden, führen Aktionspotenziale, die mit einer bestimmten Frequenz den präsynaptischen Bereich erreichen, in den chemischen Synapsen zu einer frequenzabhängigen Ausschüttung von **Neurotransmittersubstanz** in den synaptischen Spalt. Dieser Neurotransmitter kann die Erregung der Folgezelle fördern oder hemmen.

Erregungsleitung und Übertragung

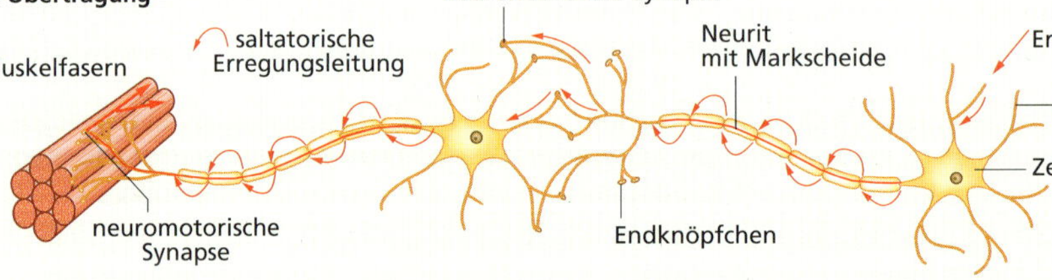

- An der Nervenzellmembran kann ein **Aktionspotenzial** (AP) entstehen. Die Erregungsstärke wird über die Frequenz der in Folge gebildeten APs codiert.

- Die **Erregungsleitung** in den Neuriten erfolgt **kontinuierlich** oder **saltatorisch.**

Wissenstest 3 auf **http://wissenstests.schuelerlexikon.de** und auf der DVD

4.4 Muskel und Bewegung

- Bewegung ist ein Merkmal des Lebendigen.
- Für aktive Bewegung müssen Lebewesen Energie aufbringen.
- Bei Tieren wird diese Energie durch Muskelarbeit erzeugt.
- Bei Wirbeltieren und bei Gliederfüßern arbeiten die Muskeln zum großen Teil gegen ein festes Skelett.
- Die Skelettmuskeln der Wirbeltiere bestehen aus vielkernigen Zellen (Muskelfasern), die mit zahlreichen parallel gelagerten Myofibrillen ausgefüllt sind (quer gestreifte Muskeln).
- Die Arbeitsleistung der Muskeln kommt durch aktive Verkürzung der Myofibrillen zustande, die Dehnung der erschlafften Muskeln ist ein passiver Vorgang.

Die meisten Tiere können sich aktiv fortbewegen **(Lokomotion).** Diese Fähigkeit zur Bewegung ermöglicht ihnen das Suchen nach Nahrung, das Entkommen vor Gefahren und Feinden sowie das Finden des Fortpflanzungspartners. Bei jeder Art der Fortbewegung müssen die Tiere Energie aufbringen, um die Trägheit der Körpermasse, Reibungskräfte und Widerstände des Mediums sowie die Schwerkraft zu überwinden. Das für diesen Energieumsatz nötige ATP wird durch Veratmung energiereicher Stoffe (v.a. Kohlenhydrate, Fette) bereitgestellt.
Der **Energieumsatz** für verschiedene Arten der Fortbewegung ist unterschiedlich:

Für die verschiedenen Arten der Bewegung gibt es bestimmte Anpassungen der Körperform und der Gliedmaßen.

Schwimmen ist im Prinzip energetisch günstig, da durch den Auftrieb im Wasser das Körpergewicht weitgehend kompensiert wird. Dagegen muss beim Laufen mit jedem Schritt ein Bein aus der Ruhelage gegen die Schwerkraft beschleunigt werden. Bei höheren Geschwindigkeiten wirkt sich allerdings der gegenüber der Luft viel größere Widerstand des Wassers nachteilig aus. Größere Tiere bewegen sich effizienter fort, d.h., sie benötigen für die gleiche Distanz weniger Energie pro kg Körpergewicht als kleinere Tiere.

Energetische Kosten der Fortbewegung

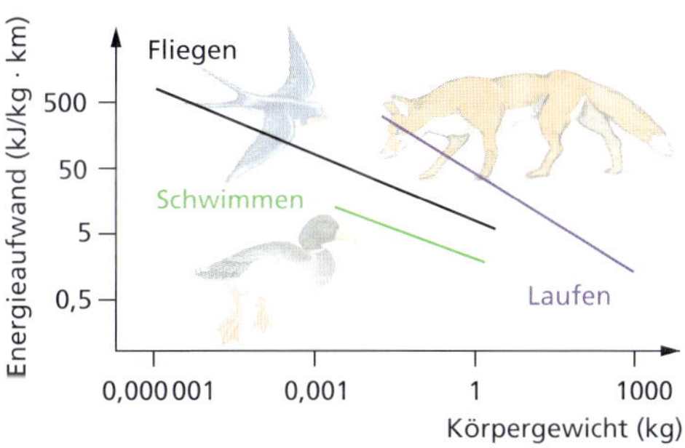

Der Mensch besitzt über 600 **Skelettmuskeln** (↗S. 182 f.), die meistens über Sehnen an den Knochen befestigt sind. Die Skelettmuskulatur **(quer gestreifte Muskelzellen)** ist für die Bewegung der Gliedmaßen und des Rumpfs, aber nicht für die Bewegung der inneren Organe verantwortlich. In der Regel wirken diese Muskeln antagonistisch, d.h., der Antagonist ist der einem anderen mechanisch entgegenwirkende Muskel.

Das **Skelett** erfüllt drei Funktionen: Es schützt und stützt den Körper und ermöglicht die Bewegung.

> Die meisten Bewegungen der Wirbeltiere und der Gliederfüßer beruhen auf Muskelarbeit gegen ein festes Skelett.

4

Die **Gelenkformen** bestimmen die Bewegungsrichtung.

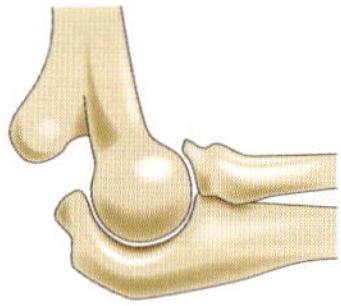

Scharniergelenk

Um den Arm zu beugen (Flexion), muss der Bizeps kontrahieren, wobei das **Scharniergelenk** des Ellenbogens die Drehachse des Hebels bildet. Um den Arm zu strecken (Extension), entspannt der Bizepsmuskel und der auf der gegenüberliegenden Seite ansetzende Trizeps kontrahiert.

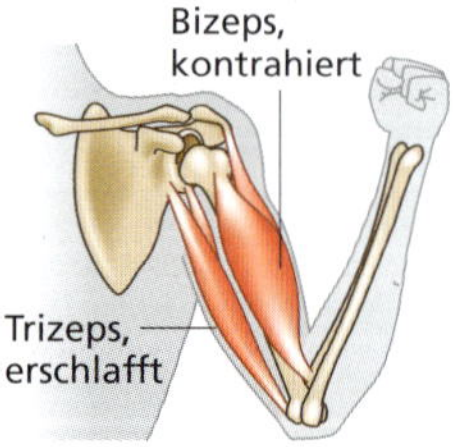

Ein andauernder und fester Verschluss der Muschelschalen wird durch glatte Muskelzellen im Schalenschließmuskel gewährleistet.

Das **Hydroskelett** ist bei den meisten Nesseltieren, Plattwürmern, Ringelwürmern und Fadenwürmern ausgebildet. Bei dieser stammesgeschichtlich ältesten Form eines Muskel-Skelett-Systems arbeitet ein **Hautmuskelschlauch** gegen ein nicht komprimierbares Flüssigkeitspolster.
Das hydrostatische Skelett schützt die inneren Organe vor mechanischen Einflüssen und ermöglicht den Organismen eine kriechende und grabende Fortbewegung.

Beim Regenwurm wirkt die Flüssigkeit im Coelom als Hydroskelett. Diese extrazelluläre Flüssigkeit wird durch Scheidewände zwischen den Segmenten in einzelne Kompartimente getrennt. Der Regenwurm kann durch die Kontraktion der Muskeln des Hautmuskelschlauchs seine Gestalt in jedem Segment verändern.

4.4.1 Muskelzellen sind auf Bewegung spezialisiert

Elektronenmikroskopische Untersuchungen zeigen viele Einzelheiten über den **Aufbau der Muskelfaser.**

Auf zellulärer Ebene funktioniert die Bewegung auf der Basis von kontraktilen **Proteinstrukturen (Myofibrillen).**

Man unterscheidet glatte Muskelzellen, quer gestreifte Muskelzellen und Herzmuskelzellen.

Glatte Muskelzellen sind lang gestreckte, spindelförmige Zellen mit einer durchschnittlichen Länge von 0,05 bis 0,2 mm. Sie haben einen Zellkern und wenig strukturiertes Cytoplasma, das bei Muskelzellen als **Sarkoplasma** bezeichnet wird. Im Sarkoplasma befinden sich kontraktionsfähige, parallel verlaufende fädige Strukturen, die **Myofibrillen.**
Glatte Muskelzellen bilden die Muskulatur der inneren Organe von Wirbeltieren und die „Haltemuskulatur" bei einigen Wirbellosen. Sie entwickeln einen guten **Muskeltonus** (Daueranspannung) ohne größeren Energieverbrauch.

Im Lichtmikroskop kann man helle und dunkle Bänder unterscheiden, die durch teilweise überlappende parallele Lage der Myofibrillen zustande kommen.

Quer gestreifte Muskelzellen bilden bei Wirbeltieren und Arthropoden die Skelettmuskulatur und kommen auch im Schirmrand von Quallen und im Schlundkopf der Gliederwürmer vor. Sie enthalten mehrere Zellkerne. Im Cytoplasma (Sarkoplasma) befinden sich als kontraktile Elemente einige Hundert Myofibrillen. Die kleinste Einheit einer Myofibrille ist ein etwa 2 µm langes **Sarkomer,** das beidseitig von der **Z-Scheibe** begrenzt ist.

Aufbau der quer gestreiften Wirbeltiermuskulatur

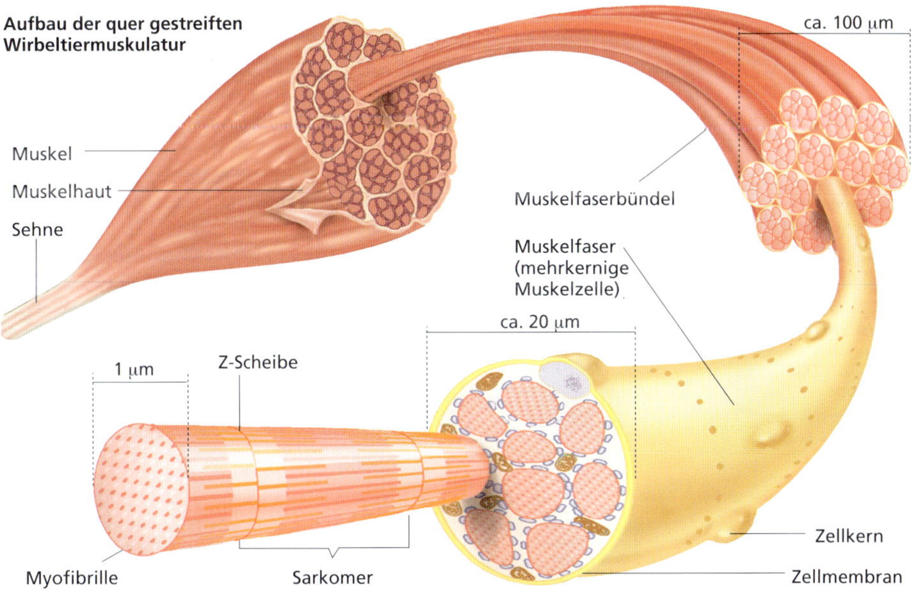

Herzmuskelzellen ähneln in ihrem Aufbau den quer gestreiften Muskelzellen. Sie bilden ein Netzwerk und nur die **Glanzstreifen** deuten den zellulären Aufbau an. Die ständig arbeitenden Herzmuskelzellen haben einen hohen Sarkoplasmaanteil.

Glanzstreifen gliedern die Herzmuskulatur in 0,05–0,12 mm lange Abschnitte.

Die durch ein Aktionspotenzial an der motorischen Endplatte ausgelöste Depolarisation der Muskelfasermembran breitet sich auch über die Transversaltubuli aus. Sie bewirkt, dass Ca^{2+}-Ionen aus dem **sarkoplasmatischen Retikulum** ins Sarkoplasma ausgeschüttet werden.

Jeweils zwei Ca^{2+} lagern sich an ein Troponin an. Dadurch verdreht sich das Tropomyosin etwas, sodass Bindungsstellen am Aktinfilament freigelegt werden. Die Myosinköpfchen binden an diese Stellen und der Köpfchenarm verändert seinen Winkel zum Myosin, ähnlich wie wenn eine gespannte Feder entriegelt wird. Dadurch verschiebt sich das Actinfilament ein Stück zur Sarkomermitte hin und in der Summe verkürzt sich die Muskelfaser.

Aufbau der Muskelfaser

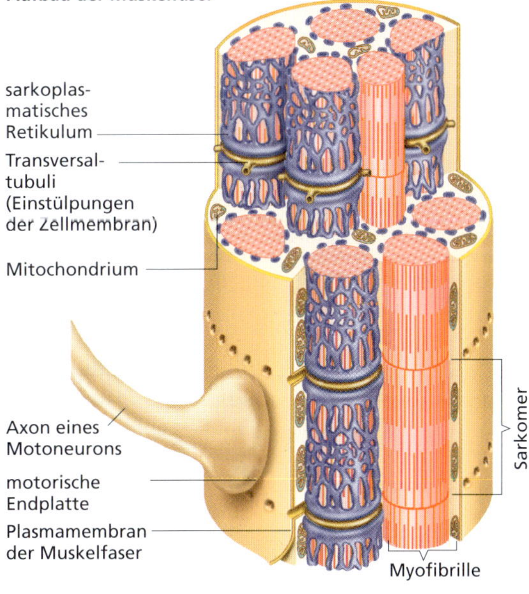

Bei ATP-Mangel kann sich der Actin-Myosin-Komplex nicht mehr trennen und es kommt zu einer Muskelstarre (Ursache für die Leichenstarre).

In Gegenwart von ATP löst sich die über das Tropomyosin zustande gekommene Actin-Myosin-Verbindung schnell wieder und der Vorgang läuft erneut ab, etwa fünfmal pro Sekunde. Dies hält so lange an, solange genügend Ca^{2+}-Ionen im Sarkoplasma vorhanden sind. Kehrt die Muskelfaser in den Ruhezustand zurück, weil keine neuen Aktionspotenziale an der motorischen Endplatte mehr ankommen, werden die Ca^{2+}-Ionen durch Transportproteine wieder in das SR zurückgepumpt und es können keine Actin-Myosin-Komplexe mehr gebildet werden.

Muskeln werden aktiv kontrahiert und können nur passiv gedehnt werden, ausgelöst durch einen anderen Muskel.

Ein einzelnes Aktionspotenzial führt zu einer kurzen Muskelzuckung. Treffen viele APs kurz hintereinander ein, kommt es zu einer Summation der Einzelzuckungen und schließlich zu einer einheitlich anhaltenden Kontraktion. Der Vorgang verbraucht relativ viel ATP, das durch die zahlreichen Mitochondrien in der Muskelfaser bereitgestellt wird.

Gleitfilamentmodell der Muskelbewegung

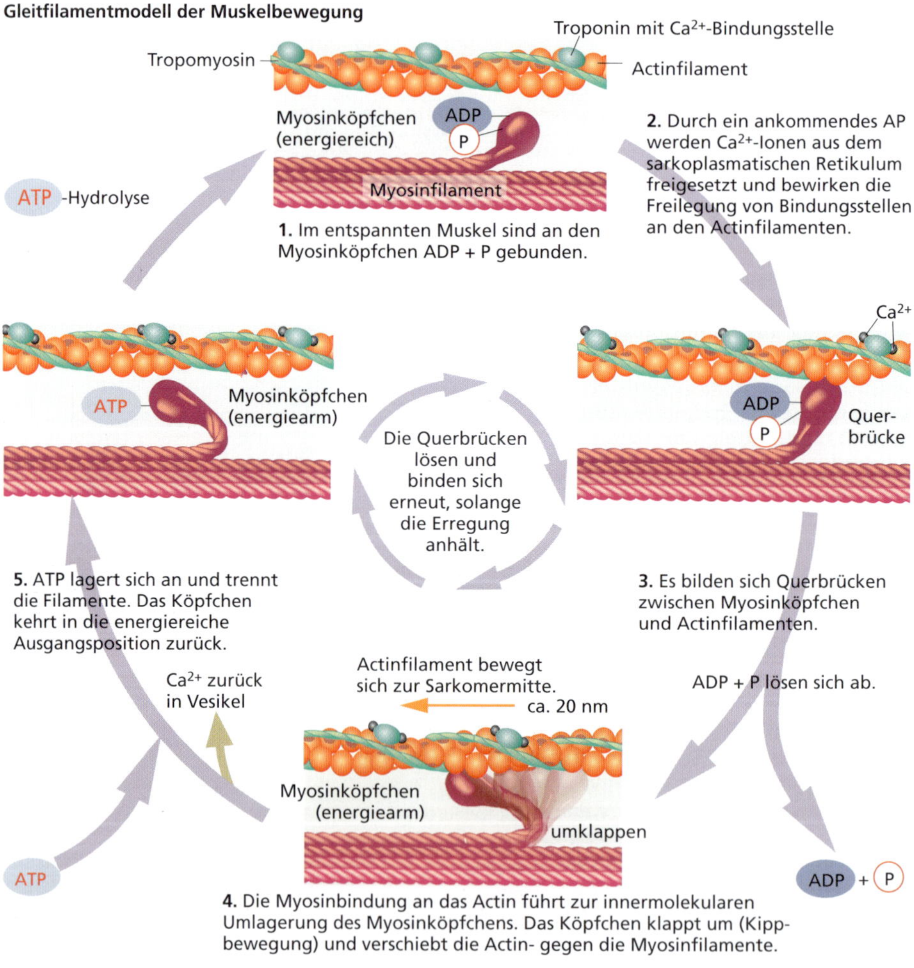

Energiebereitstellung für die Muskelarbeit

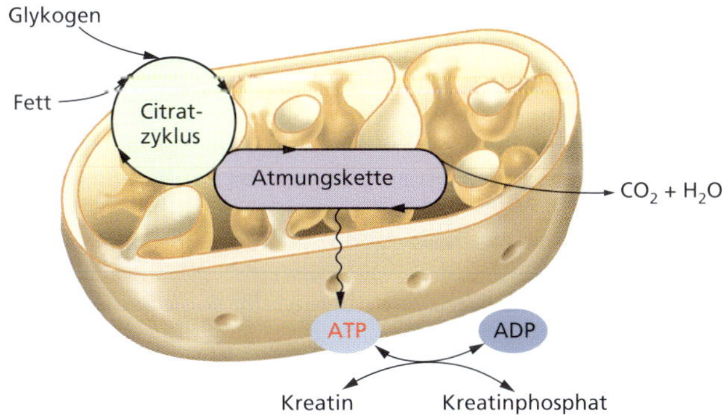

Für den Fall, dass der Muskel schnell über Energie verfügen muss, nutzt er ein „Reservephosphat" im Muskel, das **Kreatinphosphat.** Bei dieser Reaktion wird aus Kreatinphosphat und ADP mithilfe des Enzyms Kreatinkinase ATP und Kreatin gebildet. Wenn der ATP-Verbrauch bei geringerer Muskelaktivität nachlässt, kann sich Kreatinphosphat wieder aus Kreatin regenerieren. Ein 100-m-Läufer kommt mit dem gesamten Vorrat an ATP und Kreatinphosphat etwa 15–20 Sekunden aus, die Reserve reicht also für einen kompletten Lauf.

■ Ein erwachsener Mensch besitzt in den Muskeln ca. 500 g und in der Leber 100 g Glykogen. Im Fettgewebe eines normal gewichtigen erwachsenen Menschen sind ca. 8 kg Fett gespeichert.

4.4.2 Viele Motoneuronen steuern die Muskeln

Die Skelettmuskeln ermöglichen feinste Bewegungen und große Kraftleistungen. Eine abgestufte Muskelkontraktion kann auf zwei Wegen erreicht werden:

Zum einen durch die **Aktionspotenzialfrequenzen** in den **Motoneuronen**. Ein AP führt zu einer etwa 100 ms dauernden Muskelzuckung. Treffen weitere APs ein, bevor sich die Muskelfaser wieder vollständig entspannt hat, so summieren sich die Einzelzuckungen zu einer länger anhaltenden und stärkeren Kontraktion. Ist die Frequenz der eintreffenden APs hoch genug, verschmelzen die Einzelzuckungen der Faser zu einer einheitlichen Kontraktion (Tetanus).

Zum anderen durch die Anzahl der **erregten Muskelfasern**. Muskelfasern werden in der Regel jeweils von einem Motoneuron angeregt, aber ein Motoneuron kann viele Muskelzellen innervieren. Diese Muskelzellen und das zugehörige Motoneuron werden als **motorische Einheit** bezeichnet. Sie können aus Hunderten von Muskelfasern, aber auch nur aus wenigen Fasern bestehen. Je kleiner die motorischen Einheiten, desto feiner abgestuft können die Muskelbewegungen durch das im Gehirn festgelegte Erregungsmuster reguliert werden. Besonders kleine motorische Einheiten findet man z. B. bei den Muskeln, die den Augapfel bewegen.

▶ Eine sequenziell zu erhöhende Muskelspannung wird erreicht, indem eine zunehmende Zahl von Motoneuronen aktiviert wird (Rekrutierung).

▶ Einer Ermüdung der Muskeln, die für die **Körperhaltung** verantwortlich sind, wird vorgebeugt, indem verschiedene motorische Einheiten aktiviert werden.

4.5 Hormone

Hormone: griech. *horman:* antreiben, erregen
Als **Homöostase** (*homöostasis:* gleicher Zustand) bezeichnet man die Aufrechterhaltung des physiologischen Gleichgewichts.

- Hormone sind chemische Signalstoffe, die die Koordination von Körperfunktionen sichern.
- Hormone der Tiere und Menschen beeinflussen den Stoffwechsel und den Energiehaushalt, fördern bzw. hemmen das Wachstum und die Entwicklung und nehmen Einfluss auf die Homöostase und das Verhalten.
- Hormone und die Hormone produzierenden Drüsen und Zellen bilden das endokrine System.
- Im Vergleich mit dem Nervensystem ist die Koordinationswirkung des endokrinen Systems langsamer, lang anhaltender und lokal (räumlich) weniger begrenzt.
- Endokrines System und Nervensystem stehen in funktioneller Verbindung.
- Die Hormonwirkung an den Zielorganen wird durch die Bildung von Hormon-Rezeptor-Komplexen erreicht.
- Hormone werden nach der Ähnlichkeit ihrer chemischen Struktur, nach ihrem Bildungsort oder ihrer Funktion unterschieden.
- Hormone der Pflanzen (Phytohormone) beeinflussen das Wachstum und die Entwicklung der Pflanzen.
- Pheromone sind chemische Signalstoffe, die der Übermittlung von Signalen zwischen Individuen derselben Art dienen. Signalstoffe, die zwischen Individuen verschiedener Arten wirken, werden Allomone genannt.

Pheromon: griech. *pherein:* tragen, überbringen, melden
Allomon: griech. *allos:* anderer

4.5.1 Hormone sind chemische Signale

endokrin = durch innere Drüsen gebildet (und in die Blutbahn abgegeben)

Unter dem Begriff **endokrines System** werden alle Hormone und die sie produzierenden Zellen, Gewebe und Hormondrüsen zusammengefasst. Das endokrine System ist ein wichtiges Koordinationssystem, das den Stoffwechsel, den Energiehaushalt, das Wachstum, die Entwicklung, die Homöostase und das Verhalten beeinflusst.

ERNEST HENRY STARLING (1866 bis 1927), britischer Physiologe, führte 1905 den Begriff „Hormon" ein.

Hormone sind chemische Signalstoffe, die von den Bildungsorten ins Blut oder in die Zwischenzellflüssigkeiten abgegeben werden und in kleinsten Mengen wirken.

Klassifizierung der Hormone

Thyroxin (Hormon der Schilddrüse) wirkt in einer Verdünnung von 1:500 Mio., Adrenalin (Hormon des Nebennierenmarks) in einer Verdünnung von 1:1000 Mio.

Nach ihrem Bildungsort unterscheidet man **Drüsenhormone** und **Gewebshormone.** Hormone werden auch nach ihren Wirkungsschwerpunkten eingeteilt: kinetische Wirkung, morphologische Wirkung, Stoffwechsel- und Verhaltenswirkung. Die Ähnlichkeit ihrer chemischen Struktur führt zur Klassifizierung in **lipophile Steroidhormone** und in von Aminosäuren abgeleitete **hydrophile Hormone (Derivate** einzelner **Aminosäuren, Peptidhormone** und **Proteinhormone).** Ihre Funktion und ihr Bildungsort sind in einer Tabelle (↗ S. 188) zusammengefasst.

Hormone werden an ihrem Zielort an spezifische Rezeptormoleküle gebunden, wodurch ein Signalmechanismus auf zellulärer Ebene ausgelöst wird. Der **zelluläre Wirkungsmechanismus der Hormone** beruht auf zwei Hauptwegen:

- **Lipophile Steroidhormone** wirken im Zellkern und führen zu lang anhaltenden Änderungen der Proteinsynthese.
- **Hydrophile Hormone** haben zeitlich begrenzte Wirkung über *Second-Messenger.*

Second-Messenger = sekundäre Botenmoleküle, niedermolekulare chemische Verbindungen oder Ionen, die als Folge extrazellulärer Signale (z. B. eines Hormons als primärem Boten) in der Zelle freigesetzt werden

4

4.5.2 Nerven- und Hormonsystem wirken zusammen

Bei Tieren und dem Menschen findet die **Kopplung des Nerven- und endokrinen Systems** auf drei Ebenen statt. Es gibt strukturelle, chemische und funktionelle Beziehungen. Beide Systeme sind Koordinationssysteme, die die Leistungen und das Verhalten des Organismus beeinflussen. Während vom Nervensystem schnelle, lokal meist stark begrenzte, nur kurz anhaltende (solange der Nervenimpuls anhält) Wirkungen ausgehen, beeinflusst das endokrine System langsamer, lokal weniger begrenzt und länger anhaltend.

Beziehungen zwischen Hypothalamus und Hypophyse

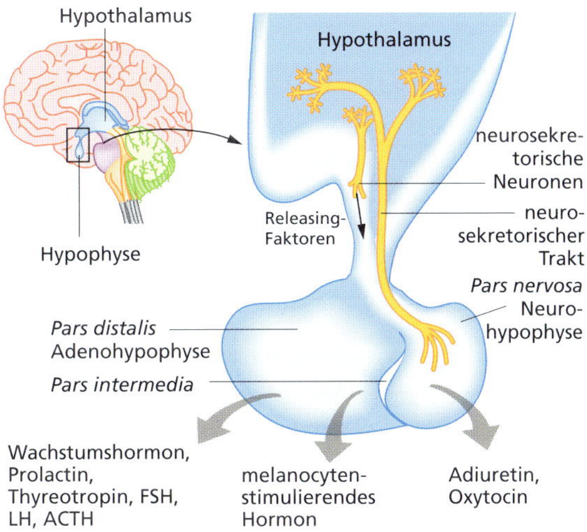

Strukturelle Beziehungen zwischen Nerven- und endokrinem System bestehen durch die anatomisch enge Verbindung.

Außerdem bestehen viele Hormondrüsen aus Nervengewebe (Teile des **Hypothalamus** und der **Neurohypophyse [Hypophysenhinterlappen]** und Teile des Insektengehirns) oder haben sich in der Evolution aus Nervengewebe entwickelt (z. B. Nebennierenmark).

Chemische Beziehungen sind daran zu erkennen, dass Hormone auch als Signalmoleküle im Nervensystem verwendet werden (z. B. Adrenalin).

Funktionelle Beziehungen werden in dem Zusammenwirken neuronaler und hormoneller Kontrollmechanismen in vielen physiologischen Prozessen, z. B. bei der Kontrolle der Schilddrüsenfunktion (↗ S. 189) und bei der Beeinflussung des Verhaltens (↗ S. 402), deutlich. Dabei kommt der Verbindung zwischen Nervensystem und **Adenohypophyse** (Hypophysenvorderlappen) und der Bildung von effektorischen Hormonen und glandotropen Hormonen durch die Adenohypophyse eine entscheidende Bedeutung zu.

Während die **effektorischen Hormone** (z. B. Prolactin) direkt auf die Erfolgsorgane wirken, die Reaktion also selbst auslösen, steuern die **glandotropen Hormone** (z. B. Thyreotropin) die Hormonproduktion der peripheren Körperdrüsen.

Das Hormonsystem (endokrines System) des Menschen besteht aus etwa 50 Hormonen, die in verschiedenen Regelkreisen wirken.

Bei **Stress** ist die Beteiligung des Nervensystems und verschiedener Teile des Hormonsystems sehr gut zu erkennen.

Wichtige endokrine Drüsen und Hormone der Wirbeltiere

Drüse	Hormone	Stoffklasse	Funktion (Beispiel)
Adenohypophyse	– Prolactin – Wachstumshormon – „trope" Hormone (↗S.189)	– Protein – Protein – Glykoproteine	– stimuliert Milchsekretion – fördert Körperwachstum – beeinflussen Tätigkeit anderer Hormondrüsen
Neurohypophyse	– Adiuretin (↗S.187) – Oxytocin (↗S.187)	– Peptid – Peptid	– Salz-, Wasserhaushalt – Milchsekretion, Wehen
Schilddrüse	– Triiodthyronin (T_3) und Thyroxin (T_4) – Calcitonin	– Aminosäurederivate – Peptid	– stimulieren den Stoffwechsel und das Wachstum – senkt Calciumspiegel im Blut
Nebenschilddrüse	– Parathyrin (PTH)	– Peptid	– erhöht Calciumspiegel im Blut
Pankreas	– Insulin – Glucagon	– Protein – Protein	– senkt Glucosespiegel im Blut – hebt Glucosespiegel im Blut
Nebennierenmark	– Adrenalin und Noradrenalin	– Aminosäurederivate	– erhöhen Glucosespiegel im Blut und die Stoffwechselaktivität – verengen Blutgefäße
Nebennierenrinde	– Glucocorticoide – Mineralcorticoide	– Steroide – Steroide (Lipidabkömmlinge)	– heben Glucosespiegel im Blut, Immunreaktion – fördern Reabsorption von Na^+-Ionen und Exkretion von K^+-Ionen durch die Nieren, Salzhaushalt
Hoden	– Androgene (Testosteron)	– Steroide	– fördern Spermienbildung – fördern Entwicklung der männlichen sekundären Geschlechtsmerkmale und erhalten diese
Ovarien (Eierstöcke)	– Östrogene (Östradiol) – Gestagene (Progesteron)	– Steroide – Steroide	– stimulieren Wachstum der Uterusschleimhaut – fördern Entwicklung der weiblichen sekundären Geschlechtsmerkmale und erhalten diese – fördern Differenzierung der Uterusschleimhaut
Zirbeldrüse (Epiphyse)	– Melatonin	– Aminosäurederivat	– beteiligt an biologischen Rhythmen
Thymus	– Thymosin	– Peptid	– stimuliert T-Zellen

Neuronale und hormonelle Kontrolle der Schilddrüsenfunktion und damit des Energiestoffwechsels

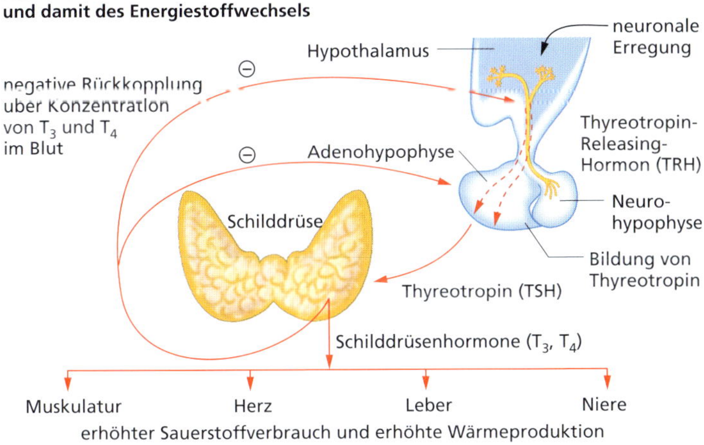

> Die Funktion der Adenohypophyse wird über stimulierende Releasing-Hormone oder hemmende Inhibiting-Hormone reguliert.

Diese Hormone werden im Hypothalamus gebildet und über ein Pfortadersystem zur Adenohypophyse transportiert. Eine anatomische und funktionelle Verbindung von Nerven- und Hormonsystem besteht auch bei Wirbellosen.

Durch die Kopplung der Funktion von Nerven- und Hormonsystem sowie der Hormondrüsen sind **Erkrankungen des endokrinen Systems** schwer zu lokalisieren.

Hormone der Adenohypophyse

Hormon	**Stoffklasse**	**Wirkung/Funktion**
Effektorische Hormone (lösen selbst Reaktion aus)		
Prolactin (PRL)	Protein	– Wachstum der Brustdrüsen – Synthese von Milchproteinen; Milchsekretion
Wachstumshormon (GH = *growth hormon*)	Protein	– Körperwachstum – Förderung des Gesamtstoffwechsels
Glandotrope Hormone (lösen Hormonproduktion in peripheren Hormondrüsen aus)		
follikelstimulierendes Hormon (FSH)	Glykoprotein	– ♀: Stimulierung der Follikelreifung – ♂: Erhöhung der Spermienproduktion
luteinisierendes Hormon (LH)	Glykoprotein	– ♀: Östrogen- und Progesteronproduktion – ♂: Synthese und Sekretion von Testosteron
Thyreotropin (TSH)	Glykoprotein	Thyroxinproduktion und Abgabe der Hormone der Schilddrüse
adrenocorticotropes Hormon (ACTH)	Glykoprotein	Produktion und Abgabe der Hormone der Nebennierenrinde

4.5.3 Die Metamorphose der Insekten ist hormongesteuert

Ecdysis = Abstoßung
adult = erwachsen
juvenil = jugendlich

Die **Hormone der Wirbellosen** beeinflussen die Homöostase, die Fortpflanzung, die Entwicklung und das Wachstum.
Besonders gut untersucht ist das **endokrine System der Insekten.** Für die Häutung und Entwicklung der Tiere sind drei Hormone verantwortlich:
- **Ecdyson** (Steroidhormon) löst die Häutung aus und führt zur Ausbildung der Adultmerkmale (z. B. die Entwicklung der Raupe zum Schmetterling). Es wird in einer paarigen Prothoraxdrüse gebildet.
- **Prothoracotropes Hormon** (PTTH, Peptidhormon) kontrolliert die Synthese von Ecdyson. Es wird in Zellen des Insektengehirns gebildet.
- **Juvenilhormon** (JH, Terpenderivat) wird häufig auch als Neotenin bezeichnet. Es bewirkt die Beibehaltung von Larvenstadien. Ein Paar kleiner Drüsen *(Corpora allata)*, die sich hinter dem Insektengehirn befinden, bilden das JH. Das Verhältnis von Ecdyson und Juvenilhormon bestimmt die Richtung der Entwicklung. Überwiegt JH, so entstehen Larven (Jugendstadien). Ist Ecdyson verstärkt vorhanden, entstehen geschlechtsreife Tiere.

Änderung des Juvenilhormonspiegels während des Lebens eines Insekts

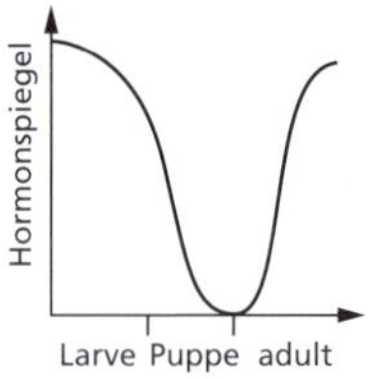

Insektenentwicklung

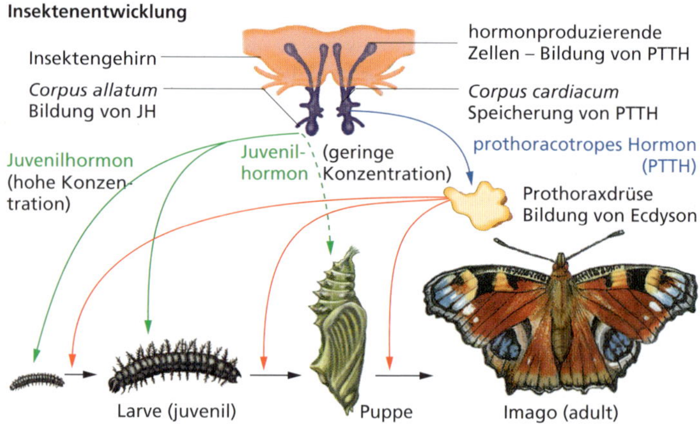

Synthetisch hergestelltes Juvenilhormon kann der Bekämpfung von Schadinsekten dienen, da dadurch das für die Entwicklung notwendige Hormongleichgewicht gestört wird.

4.5.4 Phytohormone sind Pflanzenhormone

Hormone der Pflanzen (Phytohormone) beeinflussen das Wachstum und die Entwicklung. Das betrifft die Teilung, Streckung und Differenzierung von Zellen.

Zum Teil werden auch physiologische Reaktionen der Pflanzen auf externe Reize ausgelöst. Ähnlich wie bei den Hormonen der Tiere wirken Phytohormone schon in geringen Konzentrationen. Phytohormone können im Zellkern die Genexpression (↗ S. 202 ff.) verändern, die Aktivität schon vorhandener Enzyme beeinflussen oder auf die Membraneigenschaften wirken.

Hormon (Auswahl)	Bildungsort	Hauptfunktion
Auxin	Embryo, Apikalmeristeme	stimuliert Streckungswachstum, Differenzierung, hemmt Verzweigung (Apikaldominanz)
Cytokinine	Wurzel	beeinflussen Wurzelwachstum und -differenzierung, Zellteilungswachstum, Keimung und Blütenbildung
Gibberelline	Apikalmeristeme, junge Blätter, Embryo	fördern Samenkeimung und Austreiben der Knospen, Sprossstreckung, Blattwachstum; stimulieren Blüte und Fruchtentwicklung
Abscisinsäure	Blätter, Stängel, grüne Früchte, Samen	hemmt Wachstum, fördert Blattfall, schließt bei Wasserstress Spaltöffnungen (Stomata)
Ethen	reifende Früchte, Blüten, alternde Gewebe	fördert die Reifeprozesse (z. B. Fruchtreife)
Jasmonsäure	bei Verletzungen in grünen Pflanzenteilen	fördert Reifungs- und Alterungsprozesse, dient als Pheromon
Brassinosteroide	in Plastiden aller Gewebe	regulieren Entwicklungsvorgänge

4.5.5 Pheromone sind Signalstoffe zwischen verschiedenen Individuen

Pheromone werden häufig zu den Hormonen gezählt, da sie auch in sehr geringen Mengen wirken und wie die bereits beschriebenen Hormone zu den **chemischen Botenstoffen** gehören.

Pheromone werden mithilfe exokriner Drüsen (Duftorgane, Pheromondrüsen) vom Organismus nach außen abgegeben. Sie dienen der chemischen Informationsübermittlung zwischen Tieren derselben Art, z. B. beim Sexualverhalten bzw. der Partnerfindung, der Orientierung, der Revierabgrenzung oder beim Alarmverhalten.

Signalstoffe bei Pflanzen wirken sogar zwischen verschiedenen Arten **(Allomone).** Pflanzen locken damit z. B. Feinde von Pflanzenparasiten an. Ausgehend von ihrer physiologischen Wirkung unterscheidet man kurzzeitig wirkende **Signalpheromone,** die über chemische Rezeptoren wahrgenommen werden, und **Primerpheromone,** die im Hormon- und Nervensystem des Empfängers längerfristige Umstellungen auslösen können.

- Venusmuscheln und Seesterne regeln über Pheromone die Abgabe von Geschlechtszellen (Signalpheromon).
- Im weiblichen Schweiß enthaltene Pheromone reichen aus, um die Menstruationszyklen in einer Gruppe von Frauen zu synchronisieren (Signalpheromon).
- Die Königinsubstanz der Honigbiene hemmt die Ovarialentwicklung der Arbeiterinnen, ist gleichzeitig Sexuallockstoff für die Drohnen und reguliert das Schwarmverhalten (Primerpheromon).

Um auf die Signale der Weibchen zu reagieren, reichen dem Seidenspinner-Männchen etwa 1 000 *Bombykol*-Moleküle/cm^3 im Luftstrom aus. Unter ständigem Richtungswechsel bewegt sich das Männchen anhand des Duftstoffgradienten zickzackartig auf das Weibchen zu.

Muskel und Bewegung

- Die meisten Tiere können sich aktiv fortbewegen (Lokomotion). Bewegung wird durch Muskelarbeit gesichert. Man unterscheidet glatte, quer gestreifte und Herzmuskulatur.

- Skelettmuskeln (quer gestreifte Muskeln) der Wirbeltiere bestehen aus vielkernigen Zellen (Muskelfasern), die mit zahlreichen parallel gelagerten Myofibrillen ausgefüllt sind. Die Arbeitsleistung der Muskeln kommt durch aktive Verkürzung der Myofibrillen zustande, die Dehnung der erschlafften Muskeln ist ein passiver Vorgang.

Gleitfilamentmodell

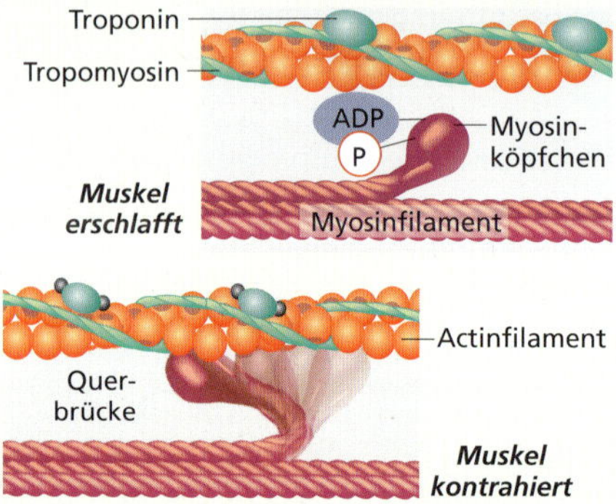

- Die Myofibrillen bestehen aus Myosin- und Actinfilamenten. Im entspannten Muskel ist die Myosinbindungsstelle am Actinfilament durch das regulatorische Protein Tropomyosin räumlich blockiert. Freigesetzte Ca^{2+}-Ionen heben die Blockierung auf, Myosin bindet sich schrittweise an das Actin und damit gleiten die Filamente aneinander vorbei, der Muskel verkürzt sich.

- Die quer gestreiften Muskelzellen (Muskelfasern) kontrahieren nur, wenn sie über die motorischen Endplatten der Neuriten motorischer Nervenzellen (Motoneuronen) erregt werden.

Hormone

- Hormone sind chemische Signalstoffe, die in kleinsten Mengen die Koordination der Körperfunktionen sichern. Von den Bildungsorten werden sie ins Blut oder in die Zwischenzellflüssigkeiten abgegeben und wirken an den Zielorganen durch die Bildung eines Hormon-Rezeptor-Komplexes.

- Unter dem Begriff „endokrines System“ werden alle Hormone und die sie produzierenden Zellen, Gewebe und Drüsen zusammengefasst. Es steht mit dem Nervensystem in Verbindung. Beide Systeme sind Koordinationssysteme, die die Leistungen und das Verhalten des Organismus beeinflussen. Das endokrine System beeinflusst dabei langsamer, lokal weniger begrenzt und länger anhaltend als das Nervensystem.

- Phytohormone beeinflussen Wachstum und Entwicklung der Pflanzen.

- Pheromone sind chemische Signalstoffe, die mithilfe exokriner Drüsen vom Organismus an die Umwelt abgegeben werden. Sie dienen der chemischen Informationsübermittlung zwischen Tieren derselben Art.

Wissenstest 3 auf **http://wissenstests.schuelerlexikon.de** und auf der DVD

Genetik 5

5.1 Molekulare Grundlagen der Vererbung

Der Begriff **DNA** stammt aus dem Englischen und ist die Abkürzung für *desoxyribonucleic acid.*

- Die Desoxyribonucleinsäure (DNA) ist ein Informationen speicherndes, identisch kopierbares Makromolekül.
- Leben ist charakterisiert durch das Zusammenwirken von Information (DNA) und Funktion (Protein).
- Die genetische Information wird durch Transkription und Translation zum Aufbau zelleigener Proteine genutzt.
- Die genetisch fixierte Reaktionsnorm ist die Grundlage der phänotypischen Anpassungsfähigkeit.
- Neue genetische Programme entstehen durch Mutationen und Rekombinationen.

5.1.1 Nucleinsäuren tragen die genetische Information

Die **Geschichte der Genetik** begann mit JOHANN GREGOR MENDEL (1822–1884), der 1865 über die Resultate seiner Kreuzungsexperimente an Erbsen berichtete. WILLIAM BATESON (1861–1926) führte den Begriff „Genetik" ein, der sich aus dem lateinischen Wort *Genesis* („Werden") ableitet (↗ S. 20).

Nucleinsäuren (Kernsäuren) sind Makromoleküle mit relativen Molekülmassen von 10^4 bis 10^6. Innerhalb dieser chemischen Verbindungsklasse unterscheidet man die **Desoxyribonucleinsäuren (DNA)** und die **Ribonucleinsäuren (RNA).**

Im Jahre 1953 entwickelte der amerikanische Biochemiker **JAMES D. WATSON** (geb. 1928) in Zusammenarbeit mit seinem englischen Kollegen **FRANCIS H. C. CRICK** (1916–2004) das Doppelhelixmodell für Desoxyribonucleinsäuren. Diese Modellvorstellung basierte auf Daten der Röntgenstrukturanalyse der DNA, die 1952 von **ROSALIND E. FRANKLIN** (1920–1958) und **MAURICE H. F. WILKINS** (1916–2004) durchgeführt wurde.

Experimentaldaten		Modellvorstellung	
Röntgenbeugungsmuster eines DNA-Faserbündels nach FRANKLIN und WILKINS 1952. Die Kreuzfigur in der Mitte weist auf einen helikalen Aufbau hin.	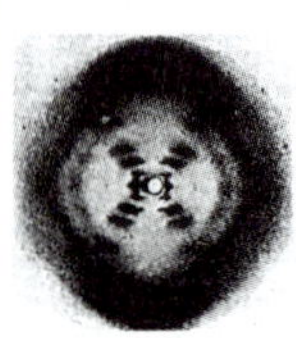	Skizze nach der Veröffentlichung von WATSON und CRICK in der Zeitschrift *Nature* vom 25. April 1953: die DNA-Doppelhelix	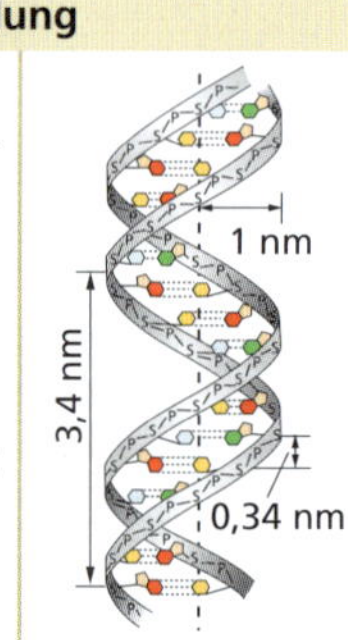

FREDERICK GRIFFITH (1877–1941) konnte bereits 1928 nachweisen, dass von abgetöteten Pneumokokken ein transformierender Stoff auf lebende Pneumokokken übertragen werden kann. Er nahm allerdings an, dass es sich bei dieser „Gensubstanz" um Proteine handle.

Im Jahre 1944 gelang es dem kanadischen Bakteriologen **OSWALD T. AVERY** (1877–1955), bei Transformationsversuchen mit Pneumokokken durch den Einsatz von Proteasen und Nucleasen nachzuweisen, dass die genetische Information in Nucleinsäuren und nicht in Proteinen gespeichert wird. Dieses Ergebnis konnte 1952 durch die nordamerikanischen Molekularbiologen **ALFRED D. HERSHEY** (1908–1997) und **MARTHA CHASE** (1930–2003) in Versuchen mit Bakteriophagen bestätigt werden.

Die Struktur der DNA

Die DNA ist ein Makromolekül, das in seiner Primärstruktur durch die lineare Abfolge der Grundbausteine, der **Nucleotide** (↗ S. 72 f.), gebildet wird. An deren Aufbau sind drei stoffliche Komponenten beteiligt: **Desoxyribose, Phosphorsäure** sowie **Pyrimidin-** bzw. **Purinbasen.** Aufgrund der vier verschiedenen Basen **(Adenin, Guanin, Cytosin** und **Thymin)** können vier unterschiedliche Nucleotide gebildet werden.

Strukturbildung eines Nucleotids (Desoxythymidinmonophosphat, dTMP)

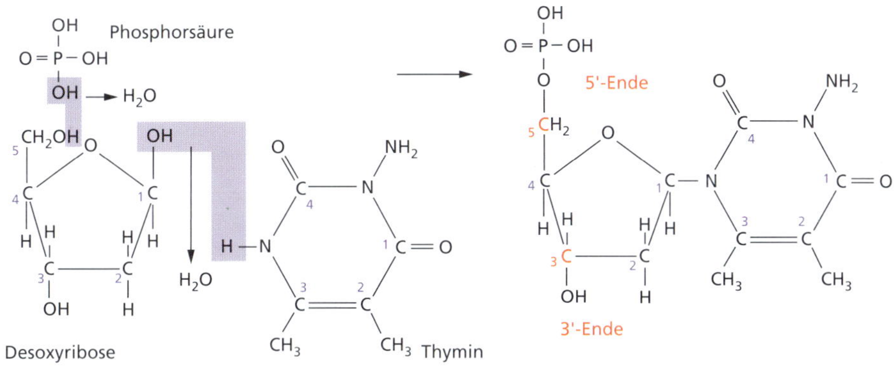

Die Nucleotide werden durch kovalente Phosphorsäurediesterbindungen zwischen dem 3. C-Atom der Desoxyribose des einen Monomers und dem am 5. C-Atom der Desoxyribose gebundenen Phosphatrest des nächsten Nucleotids unter Wasserabspaltung verknüpft. Auf diese Weise kommt es zur Bildung von Polynucleotidketten. Charakteristisch ist dabei für jeden Polynucleotidstrang die lineare Anordnung der vier Pyrimidine bzw. Purine, die **Basensequenz.**

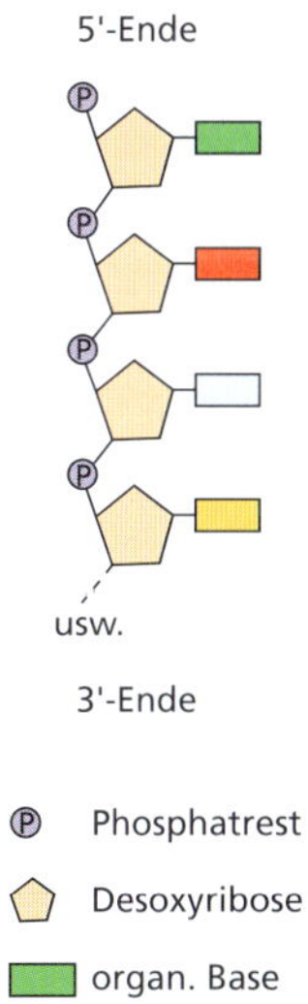

Die Anzahl der möglichen unterschiedlichen Sequenzen einer Polynucleotidkette ergibt sich aus der Potenz 4^n, wobei n der Anzahl der Nucleotide entspricht. Mit dem ungebundenen Phosphatrest auf der einen Seite (5'-Ende) und der nicht veresterten Hydroxygruppe am anderen Kettenende (3'-Ende) bekommt der **Polynucleotidstrang** eine typische Polarität (5'→3').

Das durch kovalente Bindungen stabilisierte Zucker-Phosphat-Rückgrat der Polynucleotidkette garantiert, dass die Sequenz der Nucleotide und damit die genetische Information gut gesichert ist.

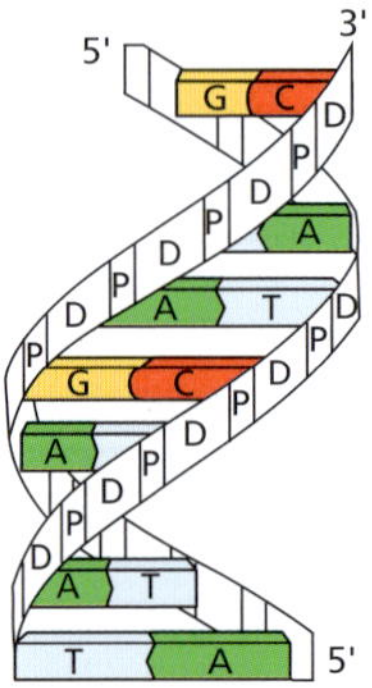

In ihrer **Sekundärstruktur** liegt die DNA als **Doppelhelix** vor, d.h., am Aufbau eines DNA-Moleküls sind zwei Polynucleotidstränge beteiligt. Das Zucker-Phosphat-Rückgrat weist zur Außenseite. Im Inneren werden die Ketten durch die Bildung von Wasserstoffbrückenbindungen zwischen jeweils einer Purin- und einer Pyrimidinbase zusammengehalten. Dabei paaren sich ausschließlich Adenin und Thymin über zwei, Guanin und Cytosin über drei Wasserstoffbrückenbindungen. Diese Spezifität bedingt das *komplementäre* Verhältnis der beiden Stränge. Durch die Basensequenz des einen Strangs wird die des anderen determiniert. Die räumliche Beziehung zwischen den Doppelhelixsträngen kann nur durch die antiparallele Anordnung beider Polynucleotidketten gebildet werden. Die gegenläufige Polarität führt also zur Unterscheidung von 5'→3'-Strang und 3'→5'-Strang. Hinsichtlich der höheren Stufen in der Hierarchie der biochemischen Ordnung (**Tertiär- und Quartärstruktur,** ↗S. 62) unterscheiden sich die DNA-Moleküle des bakteriellen Procyten von denen des Eucyten erheblich.

Die DNA ist aufgrund ihrer Strukturmerkmale ein zur Informationsspeicherung fähiges, identisch kopierbares Makromolekül. Bedingt durch die Primärstruktur **(Sequenz)** ist eine grenzenlose Vielfalt des Polymers möglich und auf der Basis der Sekundärstruktur (Komplementarität) sind Matrizen für die Vervielfachung gegeben.

Tertiärstruktur der DNA eines Eucyten **Quartärstruktur**

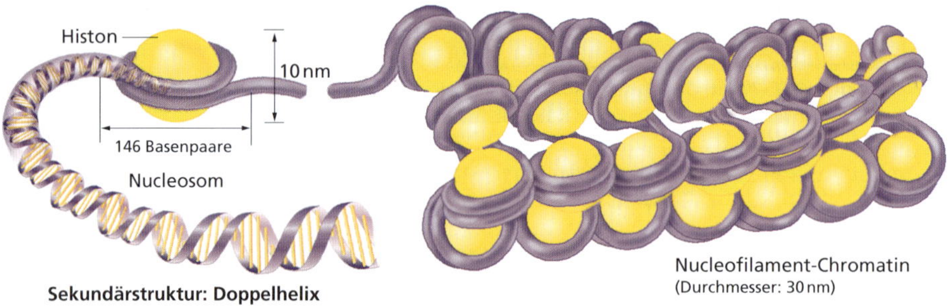

Sekundärstruktur: Doppelhelix

Eigenschaften der DNA	Procyt	Eucyt
Anordnung der Doppelhelix	zirkuläres Molekül	lineare Moleküle
Wechselwirkung mit Proteinen	nicht mit Proteinen assoziiert	um Histone gewunden – Bildung von Nucleosomen
Kettenlänge	ca. 1,36 mm (*E.-coli*-Bakterium)	ca. 1 m (alle Moleküle des haploiden Chromosomensatzes/Säuger)
Anzahl der Basenpaare (bp)	4 363 bp (Plasmid pBR 322) bis $4 \cdot 10^6$ bp (Nucleoid *E. coli*)	10^6 bis zu 10^{10} bp (alle Moleküle des haploiden Chromosomensatzes/Säuger)

Genetischer Code

Der **genetische Code** stellt eine universelle Programmiersprache dar, die mithilfe vier verschiedener chemischer Bausteine die spezifischen Programme – **Gene** – verschlüsselt. Dabei codiert die lineare Abfolge dieser vier chemischen Buchstaben die spezifische Information eines Gens.
Um die insgesamt 20 Aminosäuren *direkt* zu codieren, die am Aufbau körpereigener Proteine beteiligt sind, müssen im Minimum 20 Codierungseinheiten – **Codone** – existieren. Dies ist nur über die Kombination von drei aufeinanderfolgenden Nucleotiden möglich. Die dadurch entstehenden Tripletts bilden insgesamt 64 (4^3) Codone. Aus der Nutzung aller Codone resultiert, dass die meisten proteinogenen Aminosäuren durch mehrere Tripletts codiert werden, der genetische Code ist in diesen Fällen redundant (bzw. „degeneriert“).

Der Begriff **Gen** wurde 1909 von W. L. JOHANNSEN für die von G. MENDEL postulierten konstanten, untereinander frei kombinierbaren Erbeinheiten eingeführt.

5

Besonderheiten in der „Grammatik“ des genetischen Codes:
- Das Codon AUG verschlüsselt die Aminosäure Methionin und definiert als **Startcodon** den Beginn einer genetischen Botschaft.
- Die Codone UAA, UGA und UAG wirken als „Satzende“ und signalisieren das Ende einer genetischen Botschaft – **Stoppcodone.**
- Das Leseraster der codierten Information erfolgt linear in Dreiergruppen.

MARSHALL W. NIRENBERG, ROBERT W. HOLLEY und HAR G. KHORANA bekamen für ihre Erkenntnisse zur Entschlüsselung des genetischen Codes 1968 den Nobelpreis für Medizin.

Von der DNA zum Protein

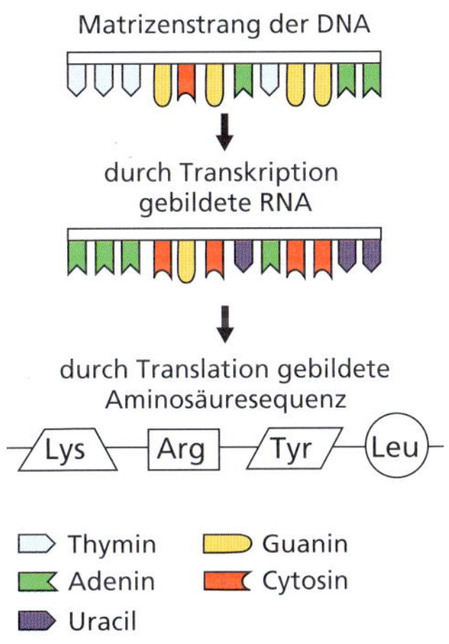

Code-Sonne

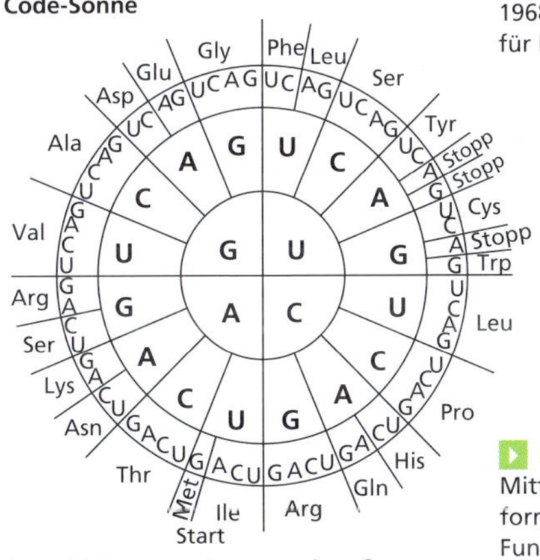

Leserichtung von innen nach außen:
Codone der mRNA (Komplemente der DNA)

Die **RNA** dient als Mittler zwischen Information (DNA) und Funktion (Protein).

Formen der RNA	Funktionen
mRNA (Messenger-RNA)	Übermittlung von Transkripten vom Zellkern zum Ribosom
tRNA (Transfer-RNA)	Transport der proteinogenen Aminosäuren
rRNA (ribosomale RNA)	Aufbau der Ribosomen
snRNA (*small nuclear ribonucleic acid:* nur in Eucyten)	katalytische Beteiligung bei der Prozessierung der prä-mRNA zur tanslationsfähigen mRNA und weitere Regulationsprozesse der Informationsumsetzung

5.1.2 DNA-Replikation ist die Voraussetzung für Vererbung

Mit dem **Meselson-Stahl-Experiment** wiesen M. MESELSON und F. STAHL den semikonservativen Mechanismus der Replikation nach.

Grundlage der Weitergabe der genetischen Informationen ist die **identische Replikation.** An DNA-Einzelstränge wird ein neuer komplementärer Strang in antiparalleler Richtung synthetisiert. Da die beiden entstandenen Tochtermoleküle aus je einem alten und einem neu synthetisierten Strang bestehen, wird der Replikationsverlauf auch als *semikonservativ* bezeichnet.
Es werden zwei Grundtypen unterschieden, die hier dargestellte Replikation nach dem Y-Modell und die **„Rolling-Circle"-Replikation.**

Art	Anzahl der Basenpaare	Art	Anzahl der Basenpaare
Plasmid pBR 322 (aus *Escherichia coli*)	ca. 4363	Acker-Schmalwand	ca. $1 \cdot 10^8$
Bakteriophagen T_2 und T_4	ca. $180 \cdot 10^3$	Südamerikanischer Lungenfisch	ca. $7{,}84 \cdot 10^{10}$
Escherichia coli	ca. $4 \cdot 10^6$		
Hefe	ca. $13{,}5 \cdot 10^6$	Säugetiere	ca. $3 \cdot 10^9$
Fruchtfliege	ca. $180 \cdot 10^6$	Mensch	ca. $3{,}27 \cdot 10^9$
Caenorhabdites elegans (Rundwurm)	ca. $195 \cdot 10^6$	Bei Eukaryoten beziehen sich die Werte auf den haploiden Chromosomensatz.	

Trotz der großen Menge an Basenpaaren dauert die Replikation beispielsweise bei Bakterien lediglich einige Minuten bis hin zu wenigen Stunden bei Eukaryoten.
In Bakterien werden ca. 500–1000 Nucleotide pro Sekunde synthetisiert, wobei hier die Replikation an einem **Replikationsursprung** beginnt. Im Gegensatz dazu wird die geringere Replikationsgeschwindigkeit bei Eukaryoten (30–50 Nucleotide/s) durch den Start an Hunderten bis Tausenden Ursprüngen kompensiert. Elektronenmikroskopisch werden die dabei entstandenen **Replikationsgabeln** als **Replikationsblasen** sichtbar.

Ringförmiges Bakterienchromosom

1: Replikationsursprung
2: Replikationsblase
3: Replikationsgabel

Abschnitt einer chromosomalen DNA

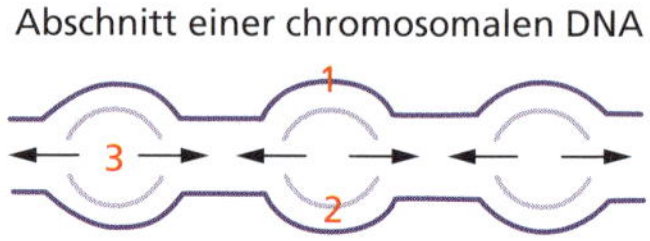

Die DNA-Replikation verläuft in allen Organismen prinzipiell ähnlich. Sie ist in drei Hauptphasen unterteilt:

1. Initiation

Die **Initiation** erfolgt jeweils an den Replikationsursprüngen. Bei *E. coli* entspricht dies einer 245 Basenpaare langen Sequenz mit Bindungsstellen für Initiationsproteine. Der DNA-Doppelstrang wird mithilfe von Helicasen geöffnet und ermöglicht die Anlagerung von Proteinen zur Stabilisierung der Einzelstrangabschnitte und Replikationsenzyme.

2. Elongation

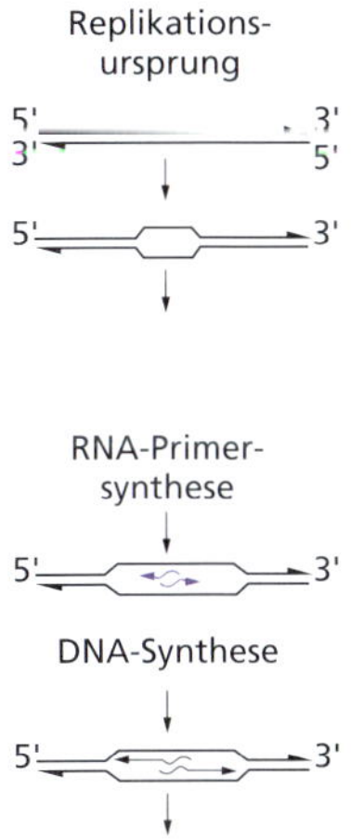

Bevor die **Elongation**, das schrittweise Verlängern der neuen DNA-Sequenz, beginnen kann, müssen noch einige vorbereitende Prozesse ablaufen. Zuerst wird die Doppelhelix durch ein Enzym entspiralisiert. Dieses Entwinden vollzieht sich jedoch nicht durch Rotation des Moleküls, sondern durch Trennen und erneutes Verknüpfen des DNA-Strangs. Sonst wären bei durchschnittlichen Replikationsgeschwindigkeiten mehrere Tausend Umdrehungen pro Minute nötig. Im Anschluss daran wird der DNA-Doppelstrang enzymatisch zur Replikationsgabel geöffnet. Die sofortige Wiederverbindung der Einzelstränge wird durch die Anlagerung von Einzelstrangbindungsproteinen verhindert.
An den freigelegten DNA-Matrizen muss nun zunächst ein 6–30 Nucleotide langer Primer aus Ribonucleotiden angelagert werden. Dies wird durch eine **RNA-Polymerase** vermittelt. Erst danach kann die **DNA-Polymerase** mit der Elongation beginnen. Die DNA-Polymerase katalysiert nun die Verbindung neuer komplementärer DNA-Nucleotide mit dem als Matrize vorliegenden Elternstrang. Diese Reaktion kann nur von 5′ nach 3′ fortschreiten.

Reaktionsmechanismus:
Die Synthese schreitet am neuen Strang in 5′→3′-Richtung fort. Ausgangsstoffe sind die vier **Desoxynucleosidtriphosphate** (dNTP) dATP, dCTP, dGTP und dTTP.

1. Das passende dNTP bindet sich komplementär durch Bildung von Wasserstoffbrückenbindungen an den Elternstrang.
2. Pyrophosphat wird vom dNTP abgespalten. Seine anschließende Hydrolyse in zwei Phosphatreste treibt die Synthese an.
3. Die Verknüpfung des neuen Nucleotids mit dem DNA-Strang erfolgt dann durch Veresterung des übrig gebliebenen Phosphats mit dem 3′-C-Atom der Desoxyribose des vorhergehenden Nucleotids.

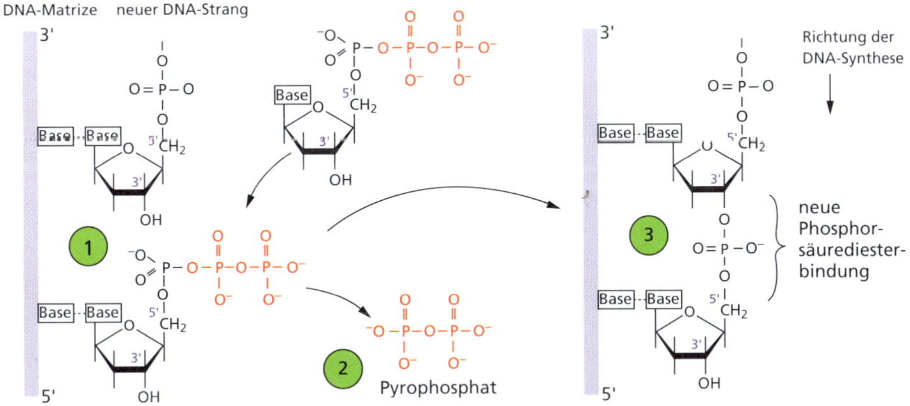

Die Synthese des Primers erfolgt nach dem gleichen Prinzip, allerdings sind hier Nucleosidtriphosphate (NTP) mit Ribose als Zuckeranteil die Ausgangsstoffe.

R. OKAZAKI entdeckte 1967 die nach ihm benannten Fragmente.

Mit voranschreitender Öffnung der Replikationsgabel wird der eine der beiden Elternstränge in Öffnungsrichtung abgelesen. Es ist der **Leitstrang.** Die DNA-Polymerase gleitet an ihm in 3'→5'-Richtung entlang und synthetisiert so kontinuierlich den neuen Strang. Die Synthese am anderen Elternstrang, dem **Folgestrang,** verläuft komplizierter, da er eine umgekehrte Orientierung (antiparallel) aufweist. Die Replikation kann hier erst ablaufen, wenn die Eltern-DNA ein Stück geöffnet ist. Die neue DNA wird hier gegen die Öffnungsrichtung diskontinuierlich in Form von **Okazaki-Fragmenten** gebildet.

Jedes der etwa 1 000–2 000 Basen langen Fragmente benötigt zu seiner Entstehung einen Primer als Anheftungsstelle der DNA-Polymerase. Wenn das Enzym auf den Primer des vorhergehenden Fragments trifft, werden die RNA-Nucleotide gegen DNA-Bausteine ausgetauscht. Die letzte Lücke im neuen DNA-Strang wird dann durch ein Enzym geschlossen.

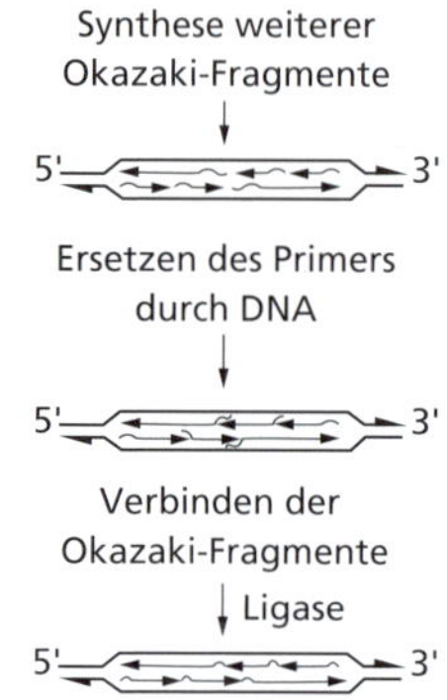

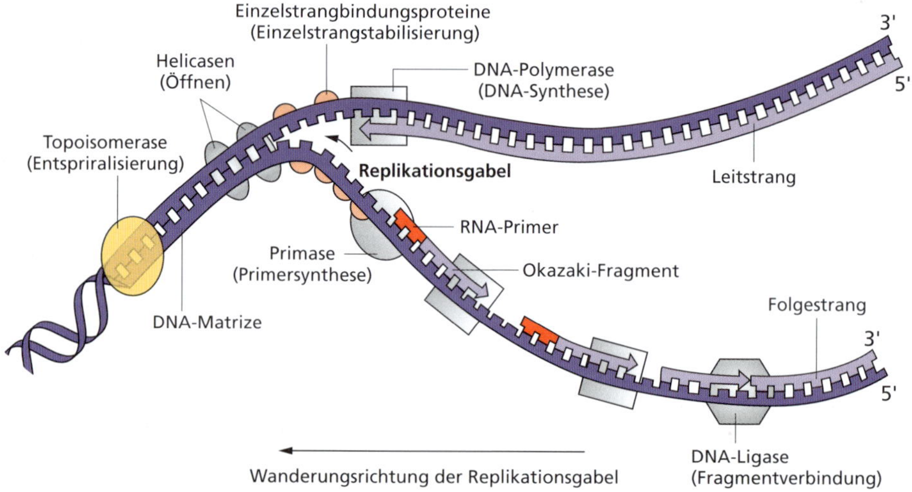

3. Termination

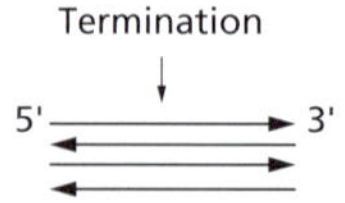

Die Replikation endet an bestimmten Basensequenzen der DNA. Hier treffen zwei Replikationskomplexe aufeinander. Nur einer der beiden repliziert weiter, bis die noch fehlenden Nucleotide ergänzt sind. Anschließend werden die beiden entstandenen Tochter-DNA-Moleküle voneinander getrennt.

Die Fehlerrate der Replikation ist ziemlich gering. Bei Bakterien beträgt sie ca. 10^{-9} bis 10^{-10}. Die hohe Genauigkeit wird durch Kontroll- und Reparaturfunktionen bestimmter Polymerasen und anderer Replikationsenzyme erreicht.

Replikationsfehler werden normalerweise durch die **DNA-Reparatur** beseitigt.

n Aminosäuresequenzen

ionseinheit des genetischen Materials.
Struktur von Proteinen und RNAMole-
se-RNA u. a.). Diese **Strukturgene** wer-
ch **Kontrollgene** reguliert. Die Länge
ann 75 bis über 2300 kb betragen. In
sgehalt eines genetischen Abschnitts
pricht tausend **Basenpaaren** (bp).

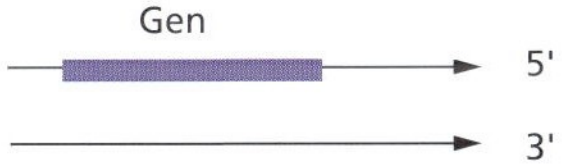

ır auf einem der beiden Polynucleo-
eses codierende Polynucleotid wird
plate strand) bezeichnet. Im Fall des
ı 2,5 % proteincodierende Gene, der
intergene DNA ***(Spacer)***, also DNA-
Genen.

- Die Gesamtmenge des menschlichen Genoms beträgt ca. 3000 Mb (haploid), das sind 3,3 Milliarden Basenpaare. Der Mensch besitzt etwa 20000–25000 Gene.

Die genetisch codierenden Abschnitte der DNA **(Genotyp)** bestimmen die Ausbildung spezifischer Merkmale **(Phänotyp)**, indem sie die Synthese von **Proteinen** in der Zelle bedingen. Als Mittler zwischen diesen beiden Ebenen kommt der RNA eine besondere Rolle zu.

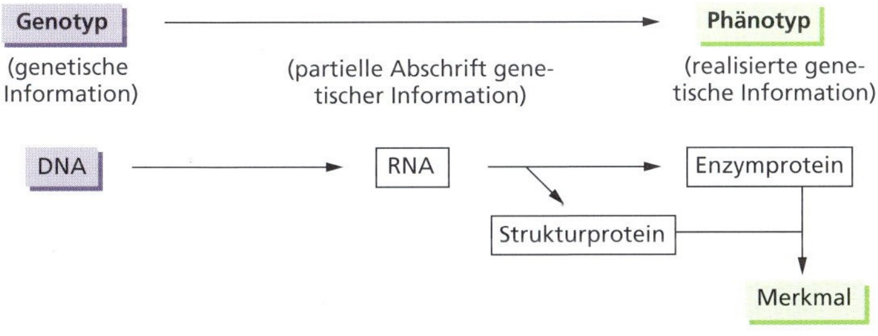

Bei der **Genexpression** wird die in einem Gen enthaltene Information in der Zelle verwirklicht. Dazu muss die genetische Information der DNA zuerst in RNA überführt und anschließend als Protein realisiert werden. Dieses zentrale Dogma der Molekulargenetik postulierte FRANCIS H. C. CRICK schon 1958. Daraus resultiert für die Synthese eines spezifischen Proteins ein zweistufiger Prozess:

FRANCIS H. C. CRICK
(1916–2004)

DNA —Transkription→ RNA —Translation→ Protein

Proteinbiosynthese bei Pro- und Eukaryoten

Die Bedeutung der RNA wurde lange Zeit unterschätzt. Neben der mRNA und der tRNA gibt es eine ganze Menge weiterer RNA-Moleküle. In diesem Zusammenhang wurde der Begriff RNAi **(RNA-Interference)** eingeführt.

Prinzipiell stimmen die beiden Mechanismen Transkription und Translation bei allen Organismen überein. Bedingt durch den unterschiedlichen Grad der Kompartimentierung bei Procyt und Eucyt gibt es aber auch Unterschiede (↗ S. 85 ff.).
Beim bakteriellen Procyten befinden sich DNA und Ribosomen im Cytoplasma, d. h., es existiert keine räumliche Trennung der Prozessebenen Transkription (an der DNA) und Translation (an den Ribosomen). Ein fließender Übergang zwischen den Reaktionsgefügen ist dadurch gewahrt. Noch während die RNA an der DNA transkribiert wird, können Ribosomen das sich bildende RNA-Molekül translatieren.

Beim Eucyten sind Transkription und Translation räumlich und zeitlich voneinander getrennt. Die Transkription findet im Zellkern statt, die Translation im Cytoplasma. Das bedeutet, dass das Transkript (RNA) erst über die Kernporen zu den Ribosomen transferiert werden muss. Im Vorfeld wird die transkribierte RNA einem Processing unterzogen, d. h., die primäre RNA-Nucleotidsequenz wird in vielfältiger Weise modifiziert.

Transkription: lat. *transcriptio:* Umschrift

Durch die **Transkription** werden die Nucleotidsequenzen der Gene der DNA in RNA umgeschrieben. Dabei wird der Matrizenstrang der DNA durch die katalytische Wirkung des Enzyms RNA-Polymerase komplementär durch aktivierte RNA-Nucleotide ergänzt, sodass eine Abschrift des zu exprimierenden Gens entsteht. Die gebildete **mRNA** *(messenger-RNA,* Boten-RNA) verschlüsselt somit in Form ihrer spezifischen Nucleotidsequenz die Syntheseanweisung für die Aminosäuresequenz eines zu bildenden Proteins.

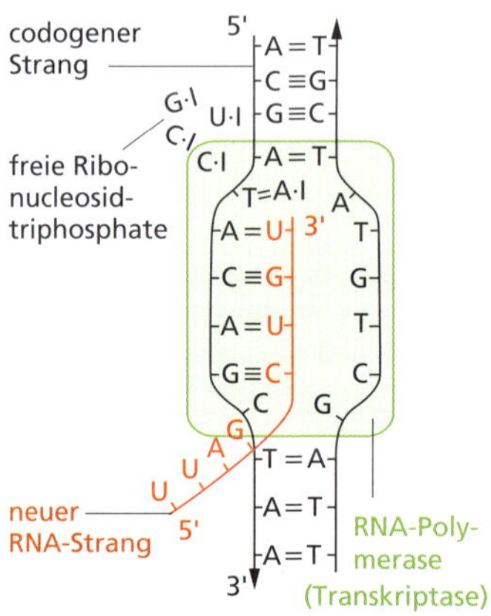

Ablauf der Transkription:

1. Bindung der RNA-Polymerase an die DNA
2. **Initiation:** Bildung eines Promotorbereichs zwischen Polymerase und DNA ⇒ Lösen der Wasserstoffbrückenbindungen zwischen den Basen ⇒ Entstehung eines offenen Promotorkomplexes ⇒ RNA liest nur den Matrizenstrang (codogener Strang)
3. **Elongation:** Start der RNA-Synthese ⇒ komplementäre Anlagerung der ersten Nucleosidtriphosphate und Verknüpfung unter Freisetzung von Pyrophosphat ⇒ RNA-Polymerase wird entlang des codogenen Strangs in 3'→5'-Richtung transportiert
4. **Termination:** Stopp der Transkription durch Terminatorsequenzen ⇒ Ablösen des Transkripts von der DNA ⇒ Lösen der RNA-Polymerase ⇒ Bindung der DNA-Einzelstränge zur Doppelhelix

Produkte der Transkription sind einzelsträngige RNA-Moleküle, die zum codogenen Strang der DNA-Matrize komplementär sind. Alle RNAs werden nach dem Matrizenmuster der DNA synthetisiert. Neben der mRNA sind dies die tRNAs und rRNAs, die für den Ablauf des Translationsprozesses von ausschlaggebender Bedeutung sind.

Prozessierung der mRNA bei Eukaryoten

Die gebildeten Primärtranskripte durchlaufen im Zellkern des Eucyten einen Reifungsprozess zu funktionsfähigen, d.h. translationsfähigen mRNA-Molekülen. Kurz nach, z.T. aber bereits während der Transkription wird die mRNA durch mehrere parallel verlaufende, gekoppelte Reaktionen prozessiert. Unabdingbar ist dabei der Prozess des **„Spleißens"** – das Herausschneiden intervenierender Sequenzen **(Introns)** sowie die Verknüpfung der translationsfähigen Sequenzen **(Exons).** Das **Capping** (Anhängen der 5'-Cap-Struktur) sowie die **Polyadenylierung** (Anhängen der Poly-A-Sequenz) erhöhen zwar die Effizienz der Translation, sind aber nicht zwingend erforderlich. Dabei werden sowohl das 5'-Ende (Capping) als auch das 3'-Ende der mRNA (Polyadenylierung) chemisch verändert.

lat. *processus:* Fortschritt, guter Fortgang

Processing

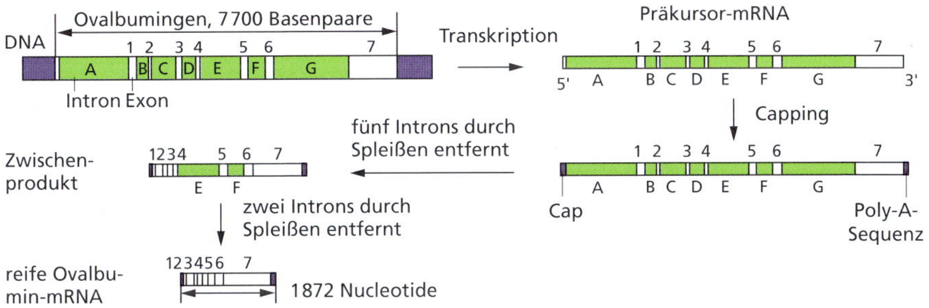

Das Beispiel des Ovalbumingens verdeutlicht den Mosaikcharakter eukaryotischer Gene. Die grün markierten Introns werden durch Spleißen in mehreren Schritten entfernt. Das zur Translation fähige Transkript besteht nur noch aus 1872 der ursprünglich 7700 Nucleotide.

Während der **Translation** werden die proteinogenen Aminosäuren durch Peptidbindung zu unverzweigten Polypeptidketten verknüpft. Die Nucleotidsequenz des mRNA-Moleküls bestimmt die Aminosäuresequenz des Polypeptids. Die Übersetzung der Nucleinsäure-„Sprache" in die Protein-„Sprache" wird durch Translater, die **Ribosomen,** sowie durch spezielle Adapter, die **Transfer-RNAs,** garantiert.

lat. *translatio:* Übersetzung

Ribosom

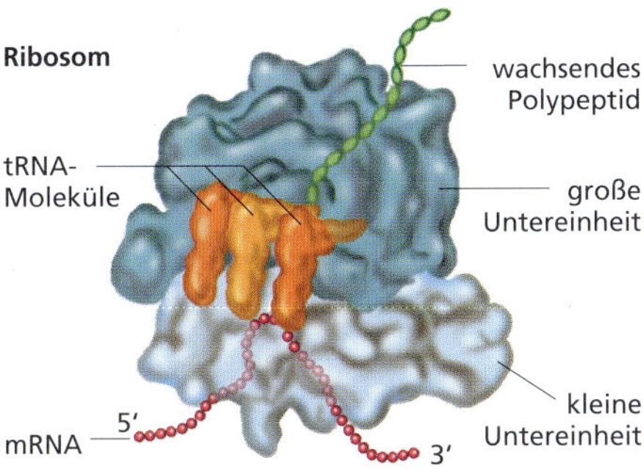

tRNA

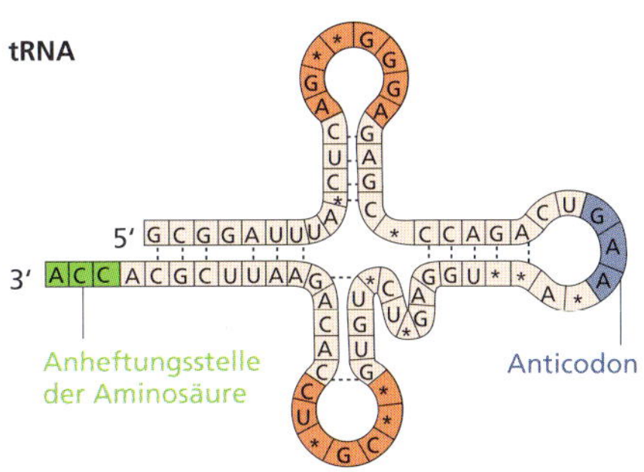

▶ Das **allosterische Dreistellenmodell** entspricht dem derzeitigen Stand der Forschung auf diesem Gebiet.

Jede aminosäurespezifische Transfer-RNA wird im Cytoplasma mit der jeweiligen Aminosäure beladen. Die Kopplung der Aminosäuren an ihre tRNA erfolgt unter katalytischer Wirkung von Aminoacyl-tRNA-Synthetasen. Diese Enzyme besitzen eine außerordentlich hohe Substratspezifität. Das Ribosom sichert mit seiner kleinen Untereinheit das Einfädeln und Binden der mRNA, während über die große Untereinheit die katalytische Aktivität für die Ausbildung der Peptidbindungen gesichert wird. Die eindeutige Zuordnung der tRNAs ist durch das komplementäre Verhältnis von Anticodon und Codon gewahrt.
Die folgende Schilderung des Verlaufs orientiert sich an der bakteriellen **Proteinbiosynthese.** Die Einzelschritte verlaufen bei Eukaryoten nach einem ähnlichen Modus, sind aber komplexer.

Translation nach dem allosterischen Dreistellenmodell

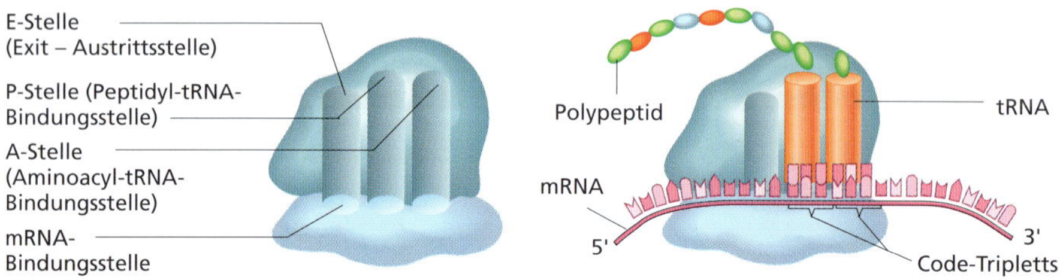

Initiation	Bildung des Initiationskomplexes durch Vereinigung von der ersten tRNA (Met), mRNA, kleiner ribosomaler Untereinheit und abschließend der großen Untereinheit. Die Met-tRNA ist dabei in der P-Stelle lokalisiert.
Elongation	In der Kettenwachstumsphase kommt es zur zyklischen Wiederholung von drei Reaktionsschritten: 1. Aminoacyl-tRNA-Bindung in der A-Stelle durch Codon-Anticodon-Paarung zwischen mRNA und Aminoacyl-tRNA. 2. Peptidyltransfer, d. h., unter Aufbau einer Peptidbindung wird die Aminosäure bzw. bei folgenden Zyklen der Peptidylrest auf den Aminosäurerest in der A-Stelle übertragen. 3. Translokation, die Peptidyl-tRNA rückt mit der mRNA um ein Triplett in die P-Stelle weiter. Die entladene tRNA rückt in die E-Stelle und wird dort abgegeben. Die frei gewordene A-Stelle kann erneut besetzt werden und ein weiterer Elongationszyklus beginnt.
Termination	Wenn nach erfolgter Translokation eines der drei Terminationscodone (UAA, UAG, UGA) in der A-Stelle auftritt, wird die Proteinsynthese abgebrochen. Nach Freisetzung des Polypeptids kommt es auch zur Dissoziation des Translationskomplexes (Ribosoms).

An einem mRNA-Molekül werden gleichzeitig mehrere Polypeptide synthetisiert, da nach Verlassen der Initiationsregion sofort weitere Ribosomen binden. Die Ribosomengruppen werden als **Polysomen** bezeichnet. Schon vor Beendigung der Peptidsynthese beginnen sich die Ketten zur Sekundär- und Tertiärstruktur zu falten. So entstehen Proteinmoleküle mit spezifischer biologischer Funktion.

5.1.4 Die Genaktivität wird reguliert

In der Deutschen Industrie-Norm (DIN) wird **Regulation** als ein Vorgang definiert, bei dem eine zu regelnde Größe fortlaufend erfasst, mit der sogenannten Führungsgröße verglichen und im Sinne einer Angleichung an diese Führungsgröße beeinflusst wird.
Für zelluläre Verhältnisse heißt das, dass durch regulierende Mechanismen eine Kontrolle über die Menge an Genprodukten vorhanden sein muss. Dadurch pegelt sich für jedes Produkt eine eigene Gleichgewichtskonzentration ein, die durch die Synthese- und Abbaugeschwindigkeit beeinflusst wird.

Grundsätzlich können folgende Gentypen unterschieden werden:
1. **Konstitutive Gene:** Gene des Grundstoffwechsels, die für die Aufrechterhaltung der Zellfunktionen ständig gebraucht werden.
2. **Gene für spezielle Aufgaben:** Diese Gene werden nur zu bestimmten Zeitpunkten und unter spezifischen Umständen benötigt.

Ebenen der Genregulation

reversibel/kurzfristig	**irreversibel/langfristig**
Anpassung der Zelle an sich verändernde Umweltbedingungen (bei Pro- und Eukaryoten)	Grundlage der Differenzierung, Ausbildung unterschiedlicher Zelltypen bei mehrzelligen Eukaryoten

Transkriptionskontrolle bei Prokaryoten

Viele Bakterien können ihre Stoffwechselleistungen an wechselnde Umweltbedingungen anpassen, indem sie Gene aktivieren und deaktivieren. Ist ein bestimmtes Stoffwechselprodukt, z.B. Tryptophan, im Medium vorhanden, werden die Enzyme, die für die Synthese verantwortlich sind, nicht mehr produziert. Die entsprechenden Gene werden abgeschaltet. Fehlt das entsprechende Molekül in der Umgebung, werden die Gene wieder aktiviert und die Eigensynthese kann stattfinden.
Ähnlich können sich Bakterien auch an bestimmte Nahrungsangebote anpassen, indem sie die jeweils zum Abbau des Substrats notwendigen Enzyme produzieren oder die Produktion durch Genabschaltung einstellen.

FRANÇOIS JACOB (1920–1984) und JACQUES MONOD (1910–1976) bekamen 1965 gemeinsam mit ANDRÉ LWOFF (1902–1994) den Nobelpreis.

JACQUES MONOD

Das von FRANÇOIS JACOB und JACQUES MONOD 1961 entwickelte **Operonmodell** lieferte eine überzeugende Erklärung für diese Regulationsvorgänge bei Bakterien auf molekulargenetischer Ebene.
Nach diesem Modell sind mehrere Strukturgene für einen bestimmten Stoffwechselweg zusammen mit regulatorischen Elementen in einer funktionellen Einheit, dem Operon, verknüpft. Das **Operon (Promotor, Operator, Strukturgene)** ist funktionell mit einem Regulatorgen assoziiert, welches das Repressorprotein codiert.

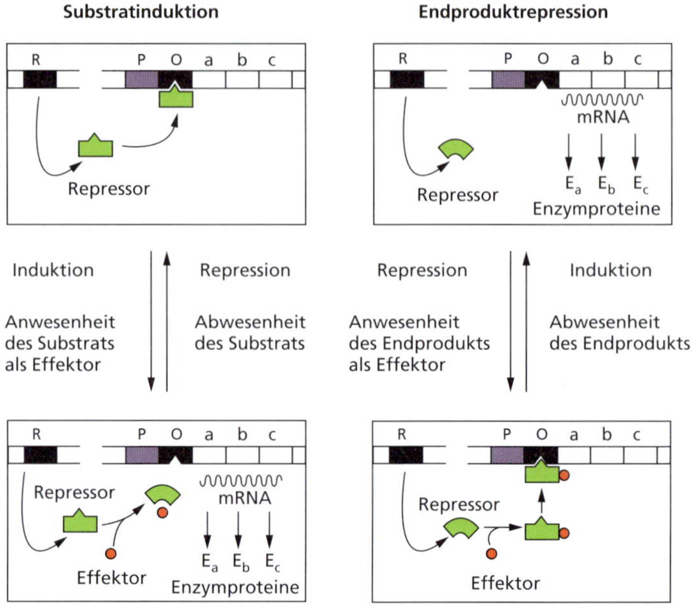

Struktur	Funktion
Promotor P	Sequenz auf der DNA für die Bindung der RNA-Polymerase
Operator O	Sequenz auf der DNA für die Bindung des Repressorproteins: „Schalter"
Strukturgene a, b ...	zu transkribierende DNA-Sequenzen/zu regulierende Einheit
Repressor	Protein, das den Zustand des Operators kontrolliert
Regulatorgen R	DNA-Sequenz, welche die Aminosäuresequenz des Repressors verschlüsselt/kein Bestandteil des Operons
Effektor (Induktor/Corepressor)	beeinflusst durch Bindung an den Repressor dessen Aktivität und damit die Transkriptionsfähigkeit eines Operons

Regulation der Genaktivität bei Eukaryoten

Wie die Prokaryoten sind auch die eukaryotischen Zellen wechselnden Umweltbedingungen ausgesetzt, die die Anpassung durch Umstellungen im Stoffwechsel erfordern. Dies kann entweder durch Induktion oder Hemmung der Enzymaktivität auf der Ebene der Proteine erfolgen oder aber durch Regulierung der Genexpression. Dabei können kurzfristige Änderungen der Genaktivität durch die Bildung regulatorischer Proteine (z. B. Hormone) ausgelöst werden. Darüber hinaus sind auch im Interphasekern große Teile des Chromatins hoch kondensiert und damit nicht transkriptionsfähig.

Hormone sind vom Organismus selbst gebildete Wirkstoffe, die bestimmte Lebensvorgänge steuern (↗ S. 186 ff.). Für Steroidhormone von Insekten ist die direkte Beeinflussung der Transkription nachgewiesen worden, und zwar an den sogenannten **Riesenchromosomen** in den Speicheldrüsen von Zweiflüglern wie Fruchtfliegen oder Zuckmücken (↗ Abb. unten).

Die Riesenchromosomen sind dadurch entstanden, dass sich die Chromatiden während der Interphase mehrfach dupliziert haben, ohne sich anschließend in einer Mitose zu trennen. Bei 10 Replikationsschritten würden die Riesenchromosomen z. B. aus $2^{10} = 1\,024$ Chromatiden bestehen. Solche vielsträngigen (polytänen) Chromosomen sind deshalb auch im Interphasenkern lichtmikroskopisch beobachtbar. In den Speicheldrüsenzellen ermöglichen sie eine hohe mRNA-Produktion und damit auch eine hohe Stoffproduktion.

▶ Bei der **Präparation von Riesenchromosomen** werden diese aus den Speicheldrüsen von *Drosophila*-Larvenstadien isoliert.

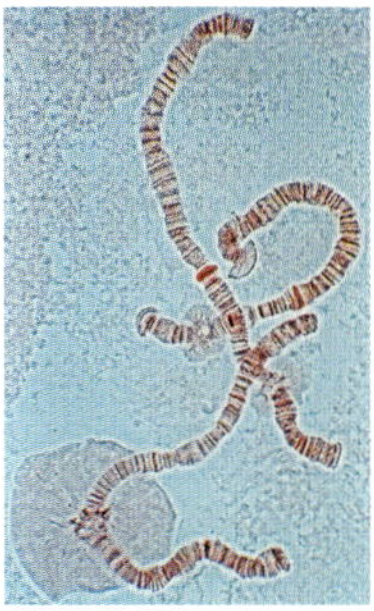

Die Transkriptionsaktivität der Riesenchromosomen kann man an Aufblähungen (sogenannten Puffs) erkennen. Dort weichen die Chromatiden etwas von der streng parallelen Lagerung ab, wodurch die Transkription ermöglicht wird. Das **Puffmuster** eines Chromosoms ändert sich im Laufe der Larvalentwicklung.

■ Bei der **Fruchtfliege *(Drosophila melanogaster)*** konnte man durch radioaktive Markierung des Häutungshormons **Ecdyson** nachweisen, dass dieses Steroidhormon im Cytoplasma an Rezeptormoleküle gebunden wird und dass der Komplex in den Zellkern wandert. Dort bindet er sich an die Chromosomen, und kurze Zeit später kann man die Puffbildung beobachten.

Puffmuster während der Individualentwicklung von *Drosophila melanogaster*

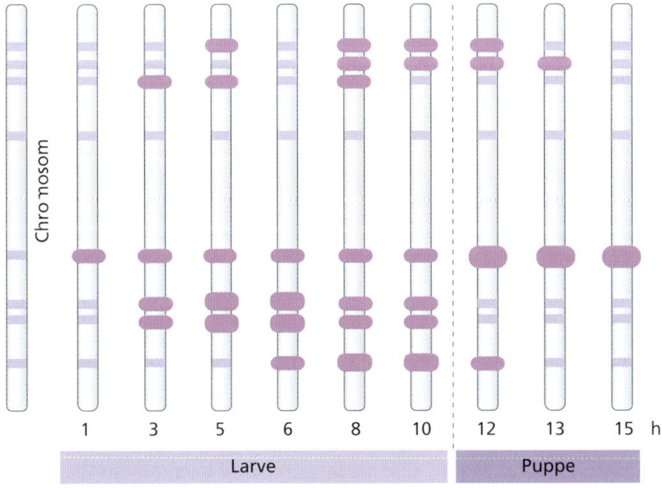

Ausschnitt eines Riesenchromosoms

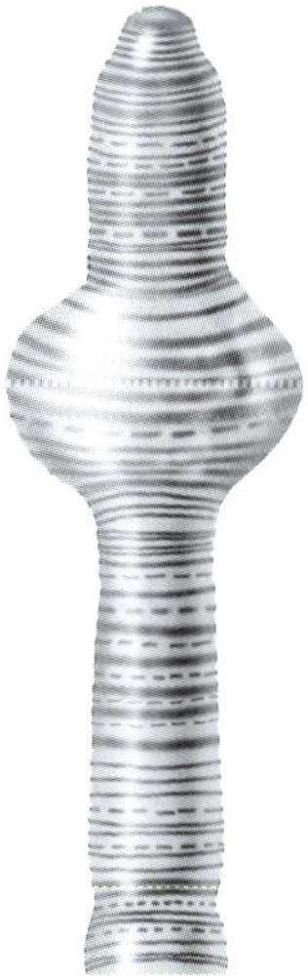

Bei Säugern wurde ein ähnliches Wirkprinzip bei den Östrogenen, weiblichen Sexualhormonen, nachgewiesen (↗ S. 188)

Vom Gen zum Phän – Ebenen der Genregulation

Ebene 1: Zugang zur DNA im Chromatingerüst	DNA-Demethylierung und Histon-Acetylierung (Voraussetzungen für die Transkription)
Ebene 2: Transkriptionskontrolle	Kontrollelemente, die die Effizienz des Promotors steigern: Enhancer reagieren mit Transkriptionsfaktoren. Aktivatoren bewirken durch Verbiegen des DNA-Doppelstrangs den Kontakt mit dem Initiationskomplex.
Ebene 3: Prozessierung der Prä-mRNA	Alternatives RNA-Spleißen (verschiedene mRNAs aus einem Transkript)
Ebene 4: mRNA-Stilllegung mithilfe von siRNA *(si:* engl. *silencing:* zum Schweigen bringen)	Kurze, zunächst doppelsträngige RNA-Moleküle werden in einzelsträngige RNAs aufgespalten und in Proteine eingebaut, die teilweise zu den RNA-Stückchen komplementäre mRNA blockieren oder spalten („zum Schweigen bringen").
Ebene 5: mRNA-Abbau	Je länger ein mRNA-Molekül im Cytoplasma existiert, desto mehr Protein kann es synthetisieren. Für die Geschwindigkeit des Abbaus sind nicht codierende Abschnitte am Anfang und am Ende verantwortlich.
Ebene 6: Translationskontrolle	Proteinfaktoren blockieren oder starten den Beginn der Translation. So werden in Eizellen schon vor der Befruchtung eine Reihe von mRNAs gespeichert, die erst nach der Befruchtung translatiert werden.
Ebene 7: Proteinprozessierung	Modifikation der Polypeptidfaltung durch Chaperone, Zusammenbau zu Quartärstrukturen, Anhängen von Zuckern, Lipiden
Ebene 8: Proteinabbau	Markierung der Proteine mit Ubiquitin, Abbau der markierten Proteine in Proteasomen

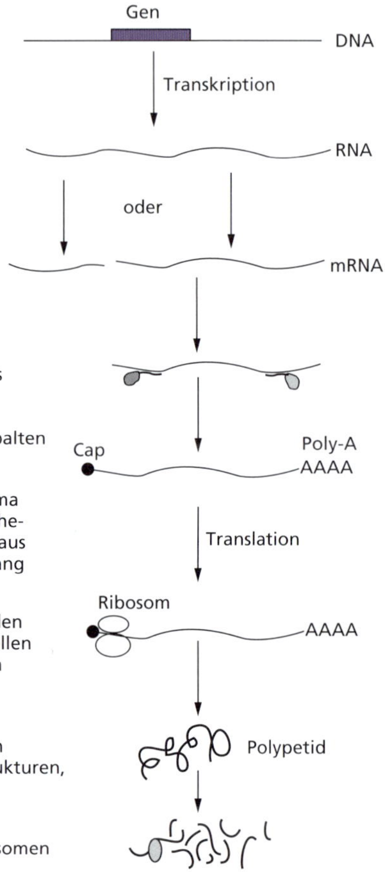

griech. *epi:* nach, um ... herum

Wenn bestimmte Zelleigenschaften an Tochterzellen weitergegeben werden, ohne dass sich dies in der DNA-Sequenz widerspiegelt, spricht man von einem **epigenetischen** Vorgang. Hierzu gehören z. B. die Differenzierungsprozesse während der Keimesentwicklung (↗S. 259 ff.), die dazu führen, dass in bestimmten Zelllinien nur noch bestimmte Gene „angeschaltet" sind.

Epigenetische Mechanismen steuern durch chemische Veränderungen das Verhalten von Genen.

Grundlage sind Veränderungen an den Chromosomen, die nicht die Nucleotidsequenz der DNA, sondern Veränderungen des Chromatins betreffen. So können z. B. die mit der DNA verbundenen Proteine (Histone) verändert werden. Eine weitere häufige Ursache ist die Methylierung von Cytosin. Diese Veränderungen können zwar an Tochterzellen weitergegeben werden, im Gegensatz zu dauerhaften Veränderungen durch Mutationen (↗S. 211 ff.) sind sie jedoch unter bestimmten Bedingungen reversibel. Beispiele sind die Übergänge von normalen differenzierten Zellen zu Krebszellen oder die Verfahren, mit denen man aus differenzierten Zellen wieder pluripotente Stammzellen gewinnen kann.

5.1.5 Trotz gleicher Gene gibt es Unterschiede

Eine **Rotbuche** *(Fagus sylvatica)* bildet im Inneren ihrer Krone Schattenblätter mit großer Blattoberfläche und im äußeren, der Sonne zugewandten Kronenbereich Lichtblätter mit kleiner Oberfläche aus (↗S. 127). Beide Blatttypen verfügen über identische Erbanlagen.

Lichtblatt

Schattenblatt

Licht- und Schattenblatt einer Rotbuche

Wird eine Kultur von **Pantoffeltierchen**, ausgehend von einem einzelnen Individuum, aufgezogen, variieren die erreichten Zellgrößen. Auch hier sind die Genotypen der Tiere gleich.

Größenverteilung von 300 Pantoffeltierchen aus den genetisch identischen Nachkommen eines Tieres

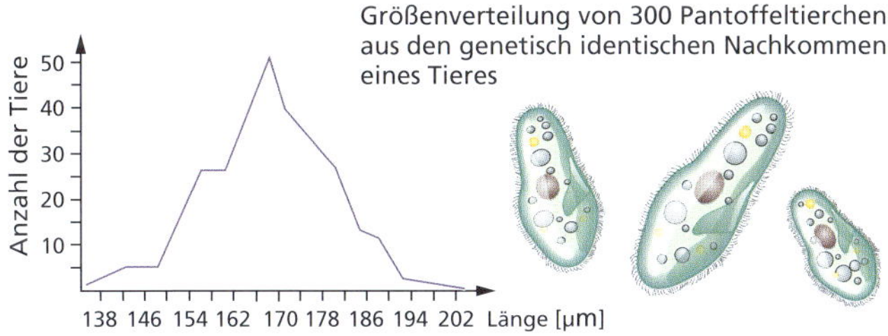

Umwelteinflüsse, wie z. B. Licht, Temperatur, Nahrung oder Wasser, führen zu den veränderten Phänotypen. Die Änderungen werden als **Modifikationen** bezeichnet. In welcher Weise diese *umweltlabilen Merkmale,* wie z. B. Blatttyp oder -größe, variieren, ist genetisch als **Reaktionsnorm** festgelegt. Modifikationen können nicht vererbt werden. Durch sie wird eine bessere Anpassung der Organismen an die momentan vorliegende Umwelt ermöglicht, die nicht vererbt wird. Es werden zwei Formen der Modifikation unterschieden: die fließende und die umschlagende Modifikation.

Die **Nichterblichkeit von Modifikationen** kann durch Klonierung nachgewiesen werden.

Fließende Modifikation

Die Merkmale werden hier um einen Mittelwert herum kontinuierlich abgestuft. Je weiter die einzelnen Varianten abweichen, desto seltener treten sie auf. Die Verteilung entspricht einer Binomialkurve. **Fließende Modifikationen** entstehen in der Regel dann, wenn hemmende und fördernde einzelne Umweltbedingungen während der Merkmalsausbildung gleichzeitig wirken.
Die Massen- und Größenvariabilität von Organismen, Organen oder Zellen sind in der Regel diesem Modifikationstyp zuzuordnen. Zwischen Licht- und Schattenblättern einer Pflanzenart existieren entsprechend der vorherrschenden Lichtintensität fließende Übergänge.

Beispiele für fließende Modifikationen:
- Länge der Nadeln von der Gemeinen Fichte: Die Nadellänge variiert an den Zweigen eines Baums und sogar an einem Zweig.
- Bohnensamengröße: Sie variiert auch bei reinerbigen Eltern.
- Hautpigmentierung beim Menschen: Sie variiert auch bei eineiigen Zwillingen.

Umschlagende Modifikation

Saisondimorphismus beim Landkärtchen:

Frühjahrsform

Sommerform

Bei diesem Modifikationstyp werden an einem Umschlagpunkt des modifizierenden Umweltfaktors alternierende Merkmale ausgeprägt. Die unterschiedliche Ausprägung der Fellfarbe beim Himalaja- und beim Russen-Kaninchen sowie bei der Siamkatze ist ein bekanntes Beispiel für die **umschlagende Modifikation.** Schwarzes Fell wird durch Melaninbildung bei Hauttemperaturen unter 34 °C gebildet.
Beträgt die Hauttemperatur mehr als 34 °C, bleibt das Fell bei der Siamkatze weiß bzw. hellbraun, weil ein Enzym der Melaninsynthese temperaturempfindlich ist und nur unterhalb der Temperaturgrenze arbeitet. Dadurch entsteht die typische Musterung der Tiere: Die „kälteren" Schnauzenspitzen, Nasenspitzen, Ohren, Pfoten und Schwanzspitzen werden schwarz. Im Experiment lässt sich die Modifikation durch Rasur und Kühlung wärmerer Hautpartien beweisen. Das nachwachsende Fell wird dann schwarz.

Art	Umschlagende Modifikation
Chinesische Primel *(Primula sinensis)*	Kronblätter rot bei Temperaturen < 30 °C Kronblätter weiß bei Temperaturen > 30 °C
Wasser-Knöterich *(Polygonum amphibium)*	Wasserpflanze mit kahlen Blättern, bis 3 m Landpflanze mit behaarten Blättern, 0,3–1 m
Landkärtchen *(Araschnia levana)*	helle Frühjahrsform bei Tageslängen < 16 h Licht dunkle Sommerform bei Tageslängen > 16 h Licht
Hermelin *(Mustela erminea)*	braunes Sommerfell bei höheren und weißes Winterfell bei niedrigen Temperaturen

Modifikatorische (phänotypische) Geschlechtsbestimmung

Die **Geschlechtsbestimmung bei Honigbienen** erfolgt genotypisch und modifikativ.

Das Geschlecht wird nicht nur **genotypisch,** wie z. B. bei uns Menschen, bestimmt. Es kann auch in Abhängigkeit verschiedener innerer und äußerer Bedingungen (Umweltfaktoren) festgelegt werden.

So bestimmt beim **Borstenwurm** *(Ophryotrocha puerilis)* die Segmentanzahl das Geschlecht. Junge, kurze Tiere sind männlich (15–20 Segmente). Ältere Tiere mit mehr als 20 Segmenten entwickeln sich dagegen zu Weibchen.
Die Bebrütungstemperatur in einer sensiblen Phase bewirkt, ob aus den Eiern des **Mississippi-Alligators** Männchen oder Weibchen schlüpfen. Bei Temperaturen unter 30 °C entstehen Weibchen. Über 36 °C entwickeln sich ausschließlich Männchen.
Der CO_2-Gehalt des Wassers entscheidet, ob aus den Larven des **Igelwurms** *(Bonellia viridis)* weibliche oder männliche Tiere werden. Im freien CO_2-armen Wasser bilden sich weibliche Tiere. Auf der CO_2-reichen Oberfläche der Weibchen entwickeln sich die Larven zu Männchen. Die Männchen von *Bonellia viridis* parasitieren im Uterus des Weibchens.

Bonellia viridis

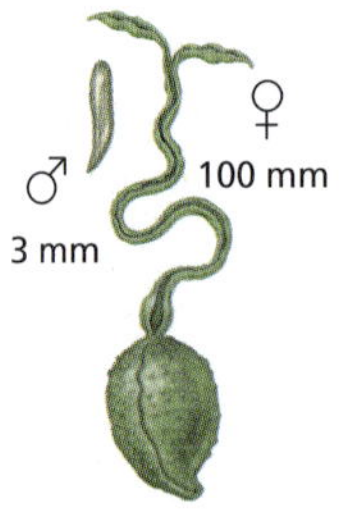

5.1.6 Mutationen können die Gene verändern

Mutationen, Veränderungen der genetischen Information, verursachen unterschiedliche Phänotypen. Die entstandenen Organismen werden **Mutanten** genannt.

Die **Mutationsrate**, die Häufigkeit, mit der Mutationen auftreten, beträgt 10^{-5} bis 10^{-9} Mutationen pro Gen und Generation. Dabei können zwischen verschiedenen Organismengruppen, aber auch zwischen Zelltypen sehr große Unterschiede auftreten.

Körperzellmutationen (somatische Mutationen) werden nicht auf die nächste Generation vererbt, sie setzen sich lediglich in den Abkömmlingen der betroffenen Zelle fort. Die Merkmale der veränderten Zellen können abweichen, wie z.B. dunklere Pigmentierung von Hautzellen, sodass Flecken entstehen. Im Gegensatz dazu wirken sich **Keimzellmutationen** nicht auf den betroffenen Organismus aus. Erst in der nächsten Generation können sie phänotypisch in Erscheinung treten.

Albinismus ist im Tierreich weit verbreitet.

Während die Rotbuche eine verbreitete Baumart unserer Wälder ist, haben in Gärten und Parkanlagen eine Reihe verschiedener gezüchteter Sorten der Rotbuche Einzug gehalten. Sehr häufig findet man die Blut-Buche *(Fagus sylvatica f. purpurea)*, deren Blätter durch den Farbstoff Anthocyan in der Vakuole rötlich gefärbt sind. Andere Zuchtformen besitzen geschlitzte, schmale oder kleine, rundliche Blätter. Die Nachkommen der Buchenformen weisen auch bei einer veränderten Umwelt diese Merkmale wieder auf.

Beispiele für Mutationen

rote bzw. weiße sowie zweiseitig- bzw. radiärsymmetrische Blüten des Garten-Löwenmauls *(Antirrhinum majus)*

Albinismus: Durch Störung der Melaninsynthese sind betroffene Organismen fast nicht pigmentiert.

Mutanten der Fruchtfliege (*Drosophila melanogaster,* ↗ S. 221)

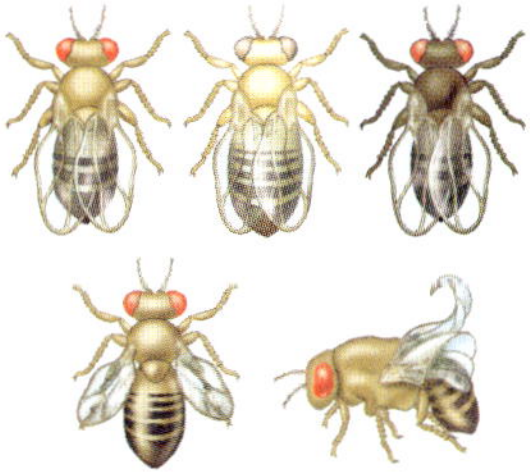

„normale" Blätter der Rotbuche

purpurne Blätter der Rotbuche

geschlitzte, schmale Blätter der Rotbuche

5

Mutationsursachen

anthropogen (griech. *anthropos:* Mensch; *génos:* Abstammung, Familie): durch menschliche Einwirkung verursacht

Fehler bei molekulargenetischen Prozessen wie der Replikation oder der DNA-Reparatur bzw. Fehler bei der Chromosomenverteilung während der Zellkernteilung bewirken häufig Mutationen.

Im Zuge der Replikation können beispielsweise Fehlpaarungen entstehen, weil die Stickstoffbasen in verschiedenen isomeren Strukturen existieren und ständig ineinander umgewandelt werden.
Die selteneren Basen treten mit einer Häufigkeit von 10^{-4} bis 10^{-5} auf. Fast alle fehlerhaften Paarungen werden dann durch die Reparatursysteme beseitigt. Nur wenige bleiben als Mutation übrig.

Im Stoffwechsel können aus Nitrit die mutagenen Nitrosamine entstehen.

Bei menschlichen Eizellen haften vermutlich die homologen Chromosomenpaare während der je nach Lebensalter unterschiedlich viele Jahre dauernden Meiose mit zunehmendem Alter fester aneinander, sodass die Trennung in der Anaphase erschwert ist. Dadurch können spontan **Chromosomenfehlverteilungen** entstehen.

Zahlreiche physikalische oder chemische Faktoren können als Mutagene Veränderungen am Erbgut induzieren.

Mutagen	Natürliche Quellen	„Anthropogene" Quellen
chemisch:		
Aflatoxin	Stoffwechselprodukte von Schimmelpilzen	verschimmelte Lebensmittel oder Rohprodukte (z. B. falsche Lagerung von Nüssen oder Getreide)
Colchicin	Gift der Herbst-Zeitlosen *(Colchicum autumnale)*	gezielte Anwendung in der Forschung
Nitrit	entsteht durch bakterielles Abbau organischer Stoffe (Nitrifizierung)	als Pökelsalz in Fleisch und Wurstwaren, entsteht bei falscher Lagerung von Speisen
Dioxin	Blitzschlag, Vulkanausbrüche und Waldbrände; mikrobieller Abbau von Lignin und Huminsäuren	Nebenprodukt bei der Herstellung und bei Bränden von chlorierten Kohlenwasserstoffen
physikalisch:		
UV-Strahlung	UV-Anteil des Sonnenlichts	Verstärkung durch Ozonloch, Solarien u. a. UV-Lampen
Röntgenstrahlung	natürliche Radioaktivität	medizinische Strahlenquellen
α-, β-, γ-Strahlung	natürliche Radioaktivität, kosmische Strahlung	Emissionen aus Kohle- und Kernkraftwerken, Fallout nach Unfällen, Bergbau nach radioaktiven Erzen, medizinische Strahlungsquellen

Mutationsformen

Mutationen können ganze Chromosomensätze, einzelne Chromosomen oder die DNA selbst verändern. Entsprechend der betroffenen Struktur werden einzelne Mutationsformen unterschieden.

Das Gift der **Herbst-Zeitlosen** kann Genommutationen hervorrufen.

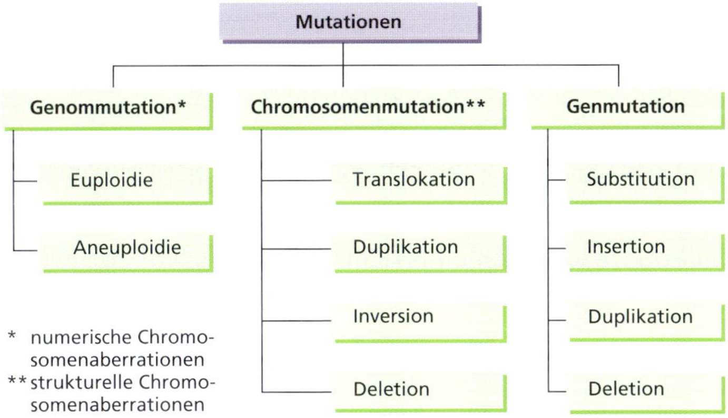

Genommutation

Veränderungen der Anzahl der Chromosomen im Vergleich zum natürlichen Chromosomenbestand werden als **Genom- oder Ploidiemutationen** bezeichnet (↗ S. 350). Man unterscheidet Abweichungen um gesamte Chromosomensätze **(Euploidie)** und Abweichen der Anzahl einzelner Chromosomen **(Aneuploidie).**

Euploidie

Es werden **haploide** (ein **Chromosomensatz**), **diploide** (zwei Chromosomensätze, normal) und **polyploide** (drei und mehr Chromosomensätze) Organismen unterschieden.

In der Natur kommt Polyploidie bei Pflanzen v. a. in gemäßigten und subpolaren Gebieten häufig vor. Offensichtlich haben sie unter den bestehenden klimatischen Bedingungen eine verbesserte Fitness. Auch viele unserer heutigen Kulturpflanzen sind polyploid und dadurch besonders ertragsstark.

Im Tierreich kommt Polyploidie nicht so häufig vor. Jedoch werden dazu zunehmend neue Erkenntnisse gewonnen. Man weiß, dass neben ca. 100 Insektenarten auch einige Fischarten (Kärpflinge), Lurcharten und sogar Säugetiere (Kammratten) polyploid sind. Bei den meisten Tierarten führen jedoch vielfache Chromosomensätze zum Tod. Beispielsweise sind triploide menschliche Embryonen, die durch doppelte Befruchtung entstehen können, nicht lebensfähig.

Haploide Organismen können durch die Entwicklung unbefruchteter Eizellen entstehen und bilden unter Umständen die Grundlage homozygoter Züchtungslinien.

Möglichkeiten meiotischer *Nondisjunctions*

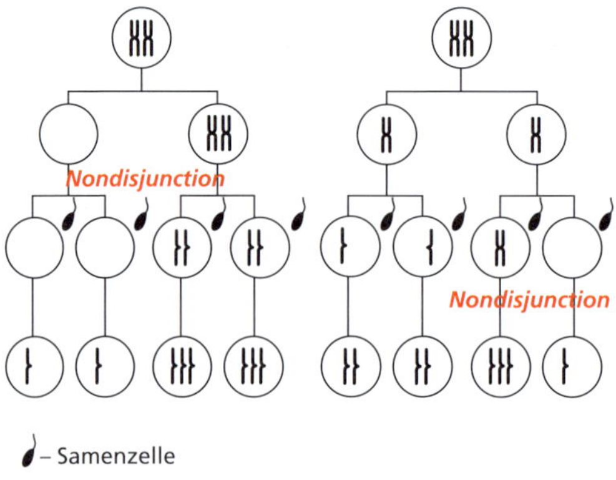

Aneuploidie

Die Nichttrennung ***(Nondisjunction)*** von homologen Chromosomenpaaren oder Schwesterchromatiden während der Meiose und Mitose führt zu Aneuploidien. Trennt sich in der Meiose ein homologes Chromosomenpaar nicht, entstehen entweder *monosome* (ein Chromosom zu wenig) oder *trisome* (ein Chromosom zu viel) befruchtete Eizellen. Findet die Nichttrennung erst in der zweiten Phase der Meiose statt, ist die Hälfte der Meioseprodukte nicht normal. Die phänotypischen Auswirkungen sind in der Regel negativ. Betroffene Organismen sind meist nicht oder nur mit schweren Behinderungen lebensfähig.

Chromosomenmutation

Bei der **Robertson-Translokation** handelt es sich um eine Fusion von zwei Chromosomen mit endständigem Centromer zu einem Chromosom mit mittelständigem Centromer.

Chromosomenmutationen sind Strukturveränderungen an Chromosomen, die über die Grenze eines einzelnen Gens hinausgehen.

In den veränderten Chromosomen kann die Menge **(Deletion, Duplikation)** oder die Lage **(Inversion, Translokation)** des Erbmaterials verändert sein. Lageveränderungen wirken sich meist nur gering auf den Phänotyp aus, lediglich seine Kreuzbarkeit ist erschwert. Mit zunehmender Größe der betroffenen Stücke ähneln Mengenveränderungen den Aneuploidien.

Duplikation

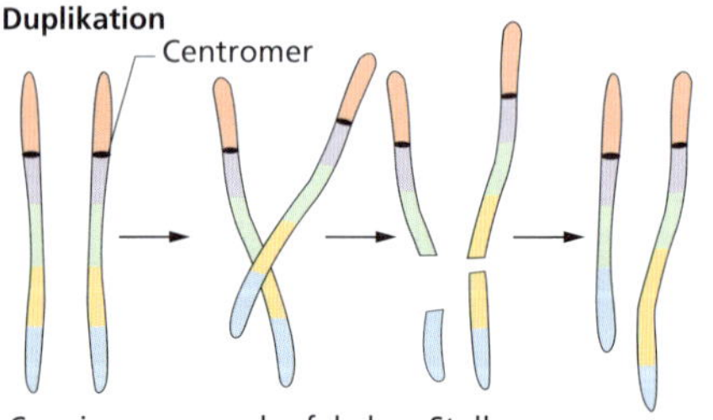

Crossing-over an der falschen Stelle

Deletion

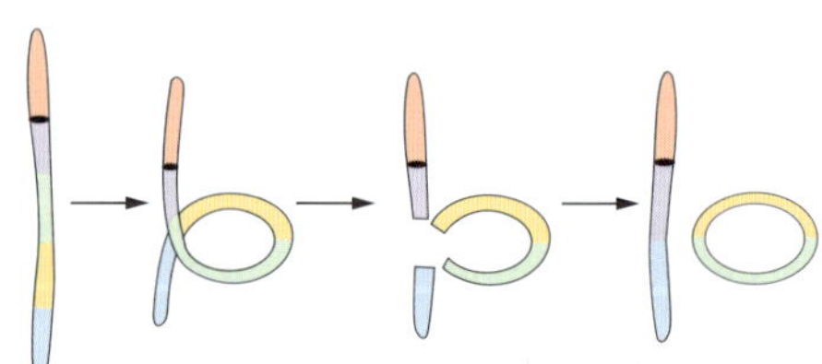

falsche Verknüpfung der Bruchenden und Verlust des centromerfreien Stückes

Translokation

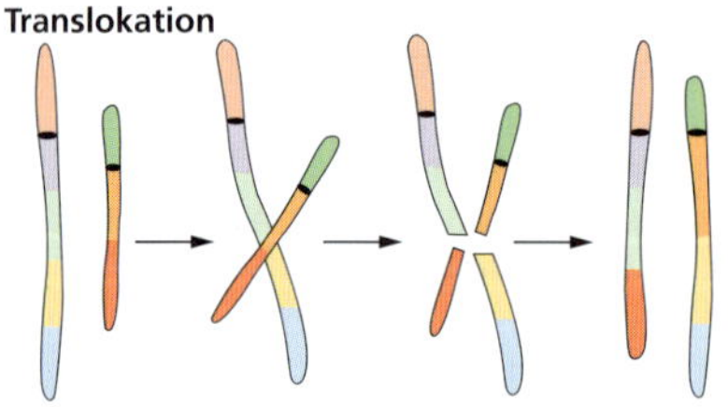

Crossing-over zwischen verschiedenen Chromosomen

Inversion

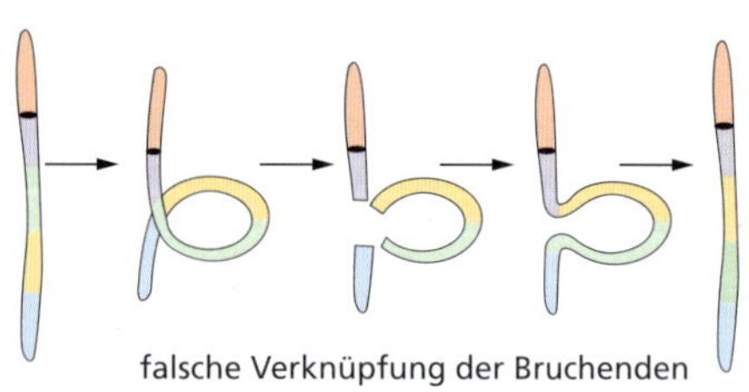

falsche Verknüpfung der Bruchenden

Genmutation

Veränderungen an Genen werden als **Genmutation** bezeichnet. Sie entstehen zufällig an beliebigen Stellen der Gene bzw. Chromosomen und sind somit im Sinne der Evolution ungerichtet. Erst der nach der Mutation entstandene Phänotyp wird in seiner Umwelt durch Selektion bewertet. Es können einzelne Basen oder längere Genabschnitte betroffen sein. Je größer die veränderten Abschnitte sind (etwa ab 50 000 Basen), desto mehr ähneln die zellbiologischen Auswirkungen Chromosomenmutationen. Durch Genmutationen entstehen neue Allele. Grundsätzlich werden **Basensubstitutionsmutationen** und **Leserastermutationen** unterschieden. Häufig weist der mutierte Organismus andere Polypeptidstrukturen auf.

Den **Zufallscharakter von Genmutationen** bewiesen u. a. MAX DELBRÜCK und SALVADOR E. LURIA (1943) durch ihren Fluktuationstest sowie JOSHUA LEDERBERG (1952) durch seine Stempeltechnik.

Bei der **Basensubstitution,** auch Punktmutationen genannt, kommt es zum Austausch von Nucleotiden der DNA. Das während der Translation gebildete Polypeptid besitzt dann entweder eine andere Aminosäure oder hat sich aufgrund der Redundanz des genetischen Codes nicht verändert. Es kann auch kleiner sein, da ein zufällig entstandenes Stopp-Codon zum Translationsabbruch führte (↗ S. 197).
Durch Einfügen **(Insertion),** Verdoppeln **(Duplikation)** oder Entfernen **(Deletion)** von Basen bzw. Genabschnitten verschiebt sich das Leseraster der mRNA am Ribosom. Infolge des Rasterschubs bricht die Translation meist ab, da Stopp-Codone vorzeitig entstehen. Es können auch Polypeptide mit völlig falscher Aminosäuresequenz aufgebaut werden.

geänderte DNA
↓
geänderte mRNA
↓
geändertes Polypeptid
↓ anderes Strukturprotein
↓ anderes Enzym

Entstehung der Genmutation

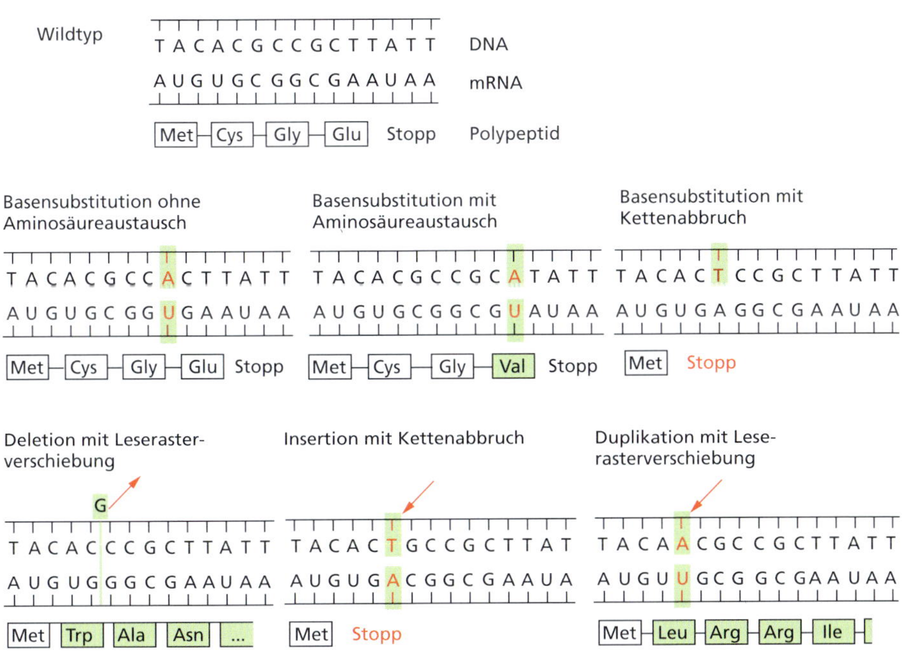

Molekulare Grundlagen der Vererbung

■ Am 25. April 1953 erschien in der Zeitschrift *Nature* eine Veröffentlichung des amerikanischen Biochemikers JAMES D. WATSON und seines englischen Kollegen FRANCIS H. C. CRICK mit dem Titel *„Molecular structure of nucleic acids“*. Damit waren die Grundlagen für die **Molekulargenetik** gelegt, einer Erforschung der Vererbungsphänomene auf molekularem Niveau.

■ Die **Molekulargenetik** befasst sich mit der Analyse der molekularen Prozesse der Speicherung, Vervielfältigung, Reparatur, Mutabilität, Realisierung und Regulierung der genetischen Information. Die Abbildung zeigt den „Fluss“ der genetischen Information auf molekularer Ebene:

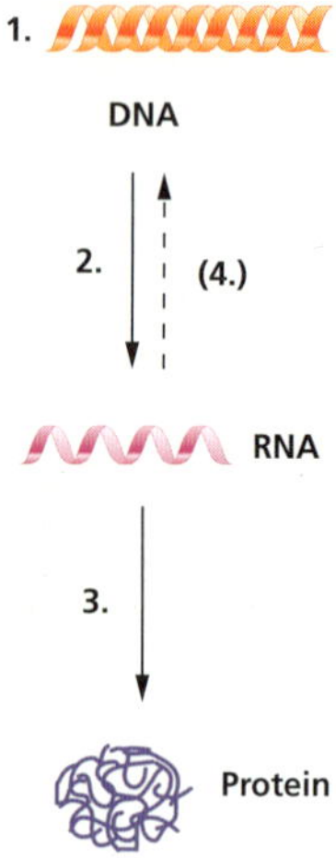

1. Primärer Träger der Erbanlagen ist bei allen Lebewesen das **doppelsträngige DNA-Molekül** (Doppelhelix). Die lineare Abfolge der Grundbausteine dieses Makromoleküls (Nucleotidsequenz) speichert auf der Basis des genetischen Codes die Erbinformation. Die DNA lässt sich aufgrund ihrer komplementären Basenpaarung **identisch replizieren.** Auf diese Weise können bei Zell- bzw. Kernteilungen Informationen vererbt werden.
2. Zur Realisierung der Erbinformation muss diese Erbinformation umgeschrieben **(transkribiert)** und übersetzt **(translatiert)** werden. Bei der Transkription wird ein Abschnitt aus einem Strang der doppelsträngigen DNA durch Synthese einer komplementären einsträngigen RNA ausgewählt. Dadurch werden spezifische Informationsinhalte der DNA abgerufen. Die so gebildete RNA wird **Boten-RNA (Messenger-RNA, mRNA)** genannt.
3. Die **Basensequenz** der mRNA wird an den **Ribosomen** in die **Aminosäuresequenz** eines spezifischen Polypeptids übersetzt **(Translation).** Hierzu wird eine weitere RNA, die **Überträger- oder Transfer-RNA (tRNA)** benötigt. Verschiedene tRNA-Moleküle sind an unterschiedliche Aminosäuren gebunden. Ein Anticodon an den tRNAs sorgt für die richtige Verknüpfung mit dem passenden Codon der mRNA am Ribosom.
4. Der **umgekehrte Informationsfluss** findet bei **Retroviren** statt, deren Erbspeicher RNA in einer Wirtszelle in DNA transkribiert wird, außerdem bei retrovirenähnlichen Elementen in Eukaryoten-Genomen (Retrotransposons).

■ Transkription und Translation können in Anpassung an die Bedingungen in Zellen und Organismus vielfältig **reguliert** werden.

■ Veränderungen an Erbanlagen werden zum Teil repariert, zum Teil bleiben sie als **Mutationen** erhalten und werden vererbt. Veränderungen innerhalb einer genetisch festgelegten Norm werden **Modifikationen** genannt und oft von Umwelteinflüssen bewirkt.

Wissenstest 4 auf **http://wissenstests.schuelerlexikon.de** und auf der DVD

5.2 Vererbungsregeln und ihre Anwendung

- Erst die quantitative Auswertung von Züchtungsexperimenten ermöglichte die Entdeckung von Vererbungsregeln.
- Aus den Vererbungsregeln können grundlegende genetische Aussagen abgeleitet werden.
- Bei den Eukaryoten sind die Chromosomen die Träger der Erbanlagen.
- Bei vielen Lebewesen wird das Geschlecht durch Geschlechtschromosomen festgelegt.
- Erbkrankheiten können auf abweichenden Chromosomenzahlen, auf Veränderungen einzelner Chromosomen oder auf punktuellen Veränderungen einzelner Gene beruhen. Genmutationen können nach den mendelschen Regeln weitergegeben werden.

5.2.1 Ein Erbsenzähler entdeckte die Vererbungsregeln

JOHANN GREGOR MENDEL, ein Augustinermönch aus dem Kloster Brünn, publizierte 1866 die Ergebnisse seiner **Kreuzungsexperimente** an Erbsen *(Pisum sativum),* die er ein Jahr zuvor der Öffentlichkeit in einem Vortrag vorgestellt hatte. Viele Jahre wurden seine Ergebnisse nicht beachtet, obwohl er den so lange vergeblich gesuchten Schlüssel zu den Gesetzmäßigkeiten der Vererbung gefunden hatte. Sein besonderes forschungsmethodisches Vorgehen unterschied ihn von der Arbeitsweise seiner Vorgänger bzw. Zeitgenossen und brachte ihm den Erfolg, der erst nach seinem Tod erkannt wurde.

MENDEL ist bei seinen Kreuzungsversuchen ursprünglich von 15 Merkmalspaaren ausgegangen. Erst die Reduktion auf 7 brachte klare Ergebnisse. Weil die zugehörigen Erbanlagen auf verschiedenen Chromosomen liegen, traten keine Kopplungen auf.

JOHANN GREGOR MENDEL (1822–1884)

Forschungsmethodisches Vorgehen von MENDEL

- MENDEL wählte ein günstiges Forschungsobjekt, die Erbse *(Pisum sativum).* Sie bringt in kurzer Zeit viele Nachkommen hervor und ist ein Selbstbestäuber und Selbstbefruchter.
- MENDEL arbeitete mit reinerbigem Saatgut. Über zwei Jahre prüfte er, ob die äußeren Merkmale der Nachkommen noch denen der Eltern entsprachen.
- MENDEL verglich keine Art-, sondern individuelle Merkmale.
- MENDEL erfasste zwar insgesamt sieben Merkmalspaare, verglich aber nur jeweils eins oder zwei miteinander. Dadurch wurde das Vererbungsgeschehen überschaubar.
- MENDEL erfasste eine Vielzahl von Individuen und wertete die Ergebnisse quantitativ und statistisch aus.

Durchführung der Kreuzungsversuche

1. Pollenentnahme mit einem Tuschepinsel aus der Blüte einer Pflanze, die aus einem gelben Samen hervorgegangen ist
2. Kastration der Blüte einer Pflanze, die aus einem grünen Samen gezüchtet war, durch Entfernung der Staubblätter
3. Übertragung des entnommenen Pollens auf die Narbe der weiblichen Blüte und deren Schutz vor Fremdbestäubung

MENDELS Experimente beruhten auf der Kreuzung von Erbsenpflanzen. In seinen statistischen Auswertungen bezog er sich ausschließlich auf phänotypische Merkmale. Erst nach der Wiederentdeckung der mendelschen Regeln und dem Aufstellen der **Chromosomentheorie der Vererbung** (↗ S. 220) wurde der Zusammenhang zwischen der **Chromosomenverteilung** (Träger der **Gene)** und der Merkmalsausbildung im **Phänotyp** erkannt. Mittlerweile wurden Kreuzungsexperimente mit vielen verschiedenen Arten durchgeführt.

Dominant – rezessiv – intermediär

▶ Die **mendelschen Regeln** beruhen auf statistisch ermittelten Zahlenverhältnissen der **Kreuzungsergebnisse.**

MENDEL hatte bei der Wahl seiner Forschungsobjekte Merkmalspaare betrachtet, bei denen das eine Merkmal dominant und das andere rezessiv war. Das dominante Allel bestimmt die Merkmalsbildung. Vollständige Dominanz und vollständige Rezessivität sind aber Grenzfälle, zwischen denen es fließende Übergänge gibt.
Eine weitere Form des monohybriden Erbgangs wurde von **CARL CORRENS** (1864–1933) beschrieben. Er kreuzte weiß und rot blühende Pflanzen der Wunderblume *(Mirabilis jalapa)* und erhielt rosa blühende Hybride, es liegt eine intermediäre Merkmalsausbildung vor. Bei einer intermediären Merkmalsausbildung sind beide Allele eines Gens gleichwertig an der Ausprägung des Phänotyps beteiligt.
MENDEL führte zur Veranschaulichung seiner Kreuzungsversuche Buchstabensymbole ein und nutzte Kombinationsquadrate.

▶ lat. *parentes:* Eltern;
lat. *filia:* Tochter;
lat. *dominare:* herrschen;
lat. *recedere:* zurücktreten

Bezeichnungen für die Darstellung von Erbgängen in der klassischen Genetik

Gen:	Erbanlage
Allel:	Ausprägung eines Gens auf homologen Chromosomen
Phän:	Merkmal
Genom:	Gesamtheit der Erbanlagen
Genotyp:	Gesamtheit der Erbanlagen eines bestimmten Organismus
Phänom:	Gesamtheit der Merkmale (nur historisch von Bedeutung)
Phänotyp:	Erscheinungsbild eines bestimmten Organismus
P:	Elterngeneration – Parentalgeneration
F_1:	1. Tochtergeneration – Filialgeneration
F_2:	2. Tochtergeneration
×:	Kreuzung von zwei Individuen
Aa:	(zwei Buchstaben) beide Allele des diploiden Chromosomensatzes
A:	(ein Buchstabe) Allel in der haploiden Keimzelle
A:	(großer Buchstabe) **dominantes,** merkmalsbestimmendes **Allel**
a:	(kleiner Buchstabe) **rezessives,** merkmalsunterlegenes **Allel**
ab:	(zwei kleine, unterschiedliche Buchstaben) **intermediäre/ codominante Allele**
AA, aa:	**homozygot:** Allele eines Gens (auf beiden homologen Chromosomen) sind gleich.
Aa, ab:	**heterozygot:** Allele eines Gens (auf beiden homologen Chromosomen) sind verschieden.

▶ Die heutigen Kreuzungsschemata beruhen auf dem von REGINALD CRUNDALL PUNNET (1875–1926) 1911 in seinem Buch *„Mendelism"* dargestellten *„Punnet-Square"*-Schema, welches die Genotypen in der P, F_1- und F_2-Generation wiedergibt.

1. mendelsche Regel: Uniformitätsregel
Kreuzt man reinerbige Eltern (P), die sich in einem Merkmal unterscheiden, so sind alle Nachkommen (F_1) untereinander gleich (uniform).

2. mendelsche Regel: Spaltungsregel
Kreuzt man die Individuen der F_1-Generation untereinander, so erhält man in der F_2-Generation eine Aufspaltung der Merkmale in festen Zahlenverhältnissen; bei dominant-rezessivem Erbgang 3:1, bei intermediärem Erbgang 1:2:1.

Vererbung der Blütenform bzw. der Blütenfarbe beim Garten-Löwenmaul (monohybride Erbgänge)

dominant-rezessiv

P ZZ X zz

Keimzellen Z z

F_1 Zz X Zz

F_2

♀ \ ♂	Z	z
Z	ZZ	Zz
z	Zz	zz

zygomorph : radiär = 3 : 1

intermediär

P rr X ww

Keimzellen r w

F_1 rw X rw

F_2

♀ \ ♂	r	w
r	rr	rw
w	rw	ww

rot : rosa : weiß = 1 : 2 : 1

Monohybrider Erbgang bedeutet, dass nur ein unterschiedliches Merkmalspaar betrachtet wird.

Dihybrider Erbgang bedeutet, dass zwei unterschiedliche Merkmalspaare betrachtet werden.

3. mendelsche Regel: Unabhängigkeits-/Neukombinationsregel
Kreuzt man homozygote Individuen (P), die sich in mehreren Merkmalen voneinander unterscheiden, so wird jedes Merkmal unabhängig von den anderen vererbt.

Entsprechend der 3. mendelschen Regel treten in der F_2-Generation sämtliche Merkmalskombinationen der vorherigen Generationen und zusätzlich noch neue Kombinationen auf. In diesem Beispiel sind die Neukombinationen:
- weiße, zygomorphe Blüten,
- rote, radiäre Blüten,
- rosa, radiäre Blüten.

Die Gültigkeit der 3. mendelschen Regel für di-, tri- und polyhybride Erbgänge ist nur dann gegeben, wenn die Gene der betrachteten Merkmalsanlagen auf verschiedenen Chromosomen liegen.
Befinden sie sich auf einem Chromosom, werden sie gekoppelt vererbt (↗ S. 221).

Die 3. mendelsche Regel findet bei der Kreuzungszüchtung Anwendung.

Dihybrider Erbgang beim Garten-Löwenmaul

P rrZZ X wwzz

Keimzellen rZ wz

F_1 rwZz X rwZz

F_2

♀ \ ♂	rZ	rz	wZ	wz
rZ	rrZZ	rrZz	rwZZ	rwZz
rz	rrZz	rrzz	rwZz	rwzz
wZ	rwZZ	rwZz	wwZZ	wwZz
wz	rwZz	rwzz	wwZz	wwzz

6 : 3 : 3 : 2 : 1 : 1

5.2.2 Die Gene liegen in den Chromosomen

Nachdem MENDELs Versuche die theoretische Basis für das Verständnis von Erbgängen gelegt hatten, galt es, im Organismus nach den materiellen Trägern der Erbanlagen zu suchen. Die Grundlagen dafür hatten die Cytologen durch die mikroskopischen Untersuchungen der Zellen geschaffen (↗ S. 79). Die Bedeutung des Zellkerns wurde durch die Erkenntnisse von **OSKAR HERTWIG** (1849–1922) und **EDUARD STRASBURGER** (1844–1912) in den Jahren 1875 bzw. 1877 hervorgehoben. Sie erkannten, dass die Befruchtung auf der Vereinigung je eines Zellkerns der mütterlichen und väterlichen Keimzellen beruht, und schlossen daraus, dass die Erbanlagen im Kern enthalten sein müssten.
In den 1870er Jahren wurden von verschiedenen Cytologen färbbare Körperchen im Kern beobachtet, die während der Zellteilungen sichtbar sind. Für diese fadenförmigen Gebilde wurde 1888 von **WILHELM VON WALDEYER HARTZ** (1836–1921) die Bezeichnung **Chromosomen** eingeführt (↗ S. 89). Grundlegende Erkenntnisse über die Bedeutung der Chromosomen bei der Vererbung wurden durch die Erforschung der **Mitose** und **Meiose** gewonnen (↗ S. 97 ff., 254). Endgültige Vorstellungen über die chromosomalen Grundlagen der Vererbung wurden erst nach der Wiederentdeckung der mendelschen Regeln (1900) entwickelt. **WALTER STANBOROUGH SUTTON** (1876–1916), **THEODOR BOVERI** (1862–1915) und **CARL CORRENS** zeigten, dass es weitgehende Parallelen zwischen der Gen- bzw. Allelverteilung in den mendelschen Kreuzungsversuchen und der Chromosomenverteilung bei der Mitose, Meiose und der Befruchtung gibt (↗ S. 97 ff., 252 ff.). Sie begründeten damit die Chromosomentheorie der Vererbung.

Die **Chromosomentheorie der Vererbung** besagt, dass die in den mendelschen Regeln erfassten Gene in den Chromosomen des Zellkerns liegen.

Annahmen der Vererbungstheorie		Beobachtungen der Zellforschung
Weitergabe der Erbanlagen als selbstständige, stabile Einheiten an Tochtergeneration	A	Weitergabe der Chromosomen als selbstständige, stabile Einheiten an Tochtergeneration
Paarweises Auftreten der Erbanlagen in den Körperzellen (AA, Aa oder aa)	AaBb	homologe Chromosomenpaare in diploiden Körperzellen
Neukombination der Allele verschiedener Erbanlagen bei Keimzellenbildung	AB Ab aB ab	Trennung und Neukombination der Chromosomen homologer Paare während der Meiose
Pro Erbanlagen nur ein Allel in Keimzelle enthalten	AB	Entstehung haploider Keimzellen mit einem Chromosomensatz durch Meiose

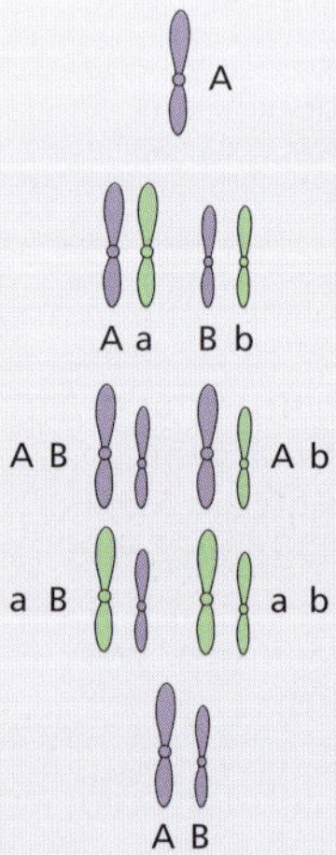

Kopplung von Genen

THOMAS HUNT MORGAN (1866–1944) begann 1908 Kreuzungsexperimente mit der Taufliege *Drosophila melanogaster* durchzuführen. Seine erste wichtige Entdeckung war die geschlechtsgebundene Vererbung der weißen Augenfarbe (1910), die er mit der Lage des dafür verantwortlichen Gens auf dem Geschlechtschromosom erklären konnte. Außerdem erkannte MORGAN durch seine Kreuzungsexperimente, dass es bei *Drosophila* vier **Kopplungsgruppen von Genen** gibt, die den vier Chromosomen der Taufliege entsprechen. Er stellte aber auch fest, dass es zwischen den Genen einer Kopplungsgruppe bei den Nachkommen durchaus Rekombinanten gibt. So kreuzte er die Doppelmutante vg bw (vg = *vestigal* für stummelflügelig; bw = *brown* für braune Augenfarbe) mit dem Wildtyp. In der F_1-Generation erhielt er eine einheitliche Population, die dem Wildtyp entsprach. Bei Rückkreuzungen mit der Mutante traten aber nicht nur Wildtypen und Mutanten, sondern auch 30 % neue Rekombinanten auf, die nur durch einen Genaustausch innerhalb des Chromosoms zu erklären waren.

Drosophila wurde – wegen der Übersichtlichkeit des Erbmaterials (nur vier Chromosomenpaare) und Riesenchromosomen in den Speicheldrüsen – zum Modellorganismus der Genetik.

Legende:
+ = dominante Wildtypallele, hier: rotäugig bzw. normalflügelig
vg = stummelflügelig
bw = braunäugig

Kreuzung und Rückkreuzung zur Feststellung von Rekombinanten *Drosophila melanogoster*

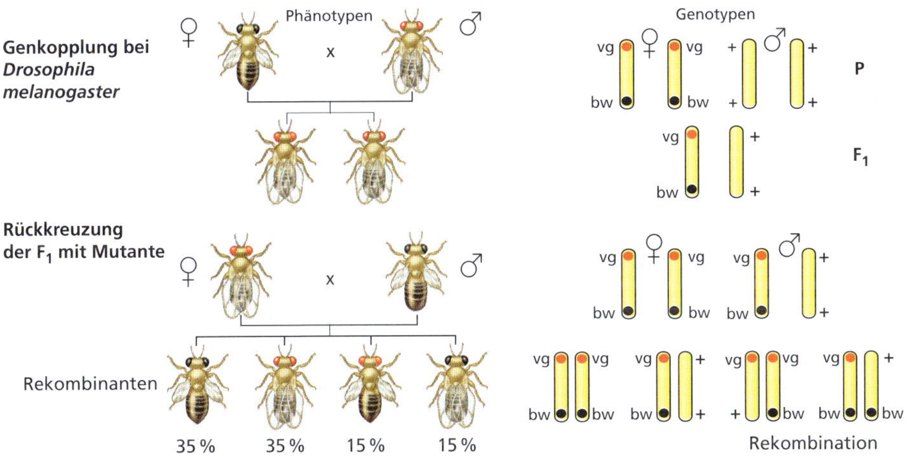

Dieser Chromosomen-Stückaustausch **(Crossing-over)** konnte auch durch cytologische Untersuchungen der Meiosestadien nachgewiesen werden. In der Prophase I lassen sich Überkreuzungen **(Chiasmata)** der Chromatiden erkennen, die in der Folge zu einem überkreuzten neuen Zusammenwachsen der Chromatidenstücke aus den väterlichen und mütterlichen Keimzellen führen (↗ S. 254).

Chiasmata und Crossing-over als Ursache der Rekombination

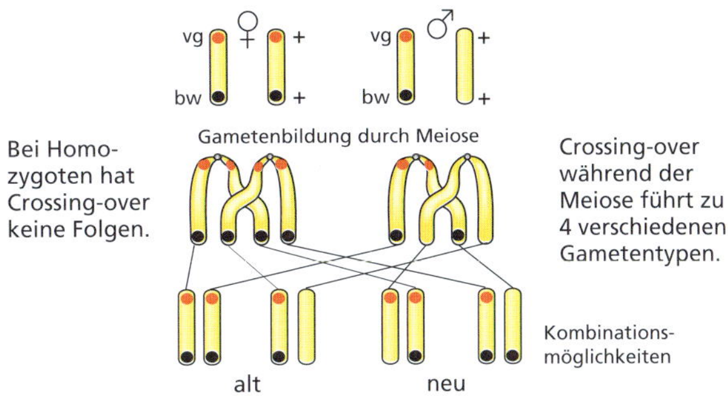

THOMAS HUNT MORGAN (1866–1944)

Die unterschiedliche Häufigkeit der Rekombinanten zwischen den verschiedenen Genen eines Chromosoms lassen sich am besten erklären, wenn man eine lineare Anordnung der Gene auf den Chromosomen annimmt. Zwei Gene werden dann durch Crossing-over umso häufiger getrennt, je weiter entfernt die Gene auf dem Chromosom liegen. Auf der Basis dieser Annahme gelang es MORGAN, **Genkarten** der *Drosophila*-Chromosomen zu erstellen. Dabei bediente er sich der Dreifaktorenkreuzung. Da das mittlere Gen zwei Crossing-over-Vorgänge benötigt, um ausgetauscht zu werden, ist seine Austauschhäufigkeit geringer als die der beiden äußeren Gene.

Für alle Organismen gilt, dass die Zahl der Kopplungsgruppen mit der Zahl ihres einfachen Chromosomensatzes übereinstimmt.

5.2.3 Auch für Menschen gelten die Vererbungsregeln

Die Vererbungsregeln gelten auch beim Menschen. Da die meisten Merkmale **polygen** sind, d.h. von vielen Genen beeinflusst werden, und da umgekehrt auch die meisten Gene viele verschiedene Merkmale beeinflussen **(Polyphänie),** sind die mendelschen Regeln für viele Merkmale nicht ohne Weiteres zu erkennen. Angewachsene oder freie Ohrläppchen, Daumenreflexion (mit Doppelgelenk) oder die Fähigkeit, Phenylthiocarbamid zu schmecken, sind Beispiele für menschliche Merkmale, die weitgehend **monogen** vererbt werden.

Die **genetische Beratung** stützt sich auf die mendelschen Regeln. Dazu werden z.B. **Familienstammbäume** herangezogen.

Beispiele für Merkmale mit mendelscher Vererbung beim Menschen

Beispiel	dominant	rezessiv
Augenfarbe	braun	blau
Ohrläppchen	frei stehend	angewachsen
Daumenreflexion (mit Doppelgelenk)	nach außen biegbar	nicht biegbar
Fähigkeit, Phenylthiocarbamid (PTC) zu schmecken	schmecken	nicht schmecken
Ausscheiden auffällig riechender Thiole (SH-Verbindungen) nach Spargelessen	keine Ausscheidung im Harn	Ausscheidung im Harn
Ausscheiden des roten Farbstoffs Betanin nach dem Genuss Roter Bete	keine Ausscheidung im Harn	Ausscheidung im Harn

Multiple Allelie liegt vor, wenn es mehrere Allele für einen Genort gibt.

Codominante Expression von Allelen – Vererbung der Blutgruppen
Die Bildung der Blutgruppenantigene A, B und 0 wird durch die Allele A_1, A_2, B und 0 gesteuert.
A_1 und A_2 unterscheiden sich nur in der Menge der gebildeten A-Antigene. Je zwei der vier Allele bestimmen die Blutgruppenmerkmale eines Menschen.
Die Allele A_1, A_2 und B sind gegenüber dem Allel 0 bzw. das Allel A_1 ist gegenüber Allel A_2 dominant. A_1 und A_2 verhalten sich **codominant** zu B.

Durch genauere Tests werden weitere Untergruppen unterschieden: A_1, A_2, A_3, B_1 und B_2, wobei z. B. A_1 über A_2 und A_2 über A_3 dominiert.

Bei der Blutgruppe A_1 werden ca. $10 \cdot 10^5$ A-Antigene pro rotes Blutkörperchen gebildet, bei A_2 sind es lediglich $2{,}5 \cdot 10^5$.

Codominanz der Allele liegt vor, wenn zwei Allele im Phänotyp nebeneinander und gleich stark ausgebildet werden.

Die sechs Blutgruppen (Phänotypen) werden demnach durch zehn Allelkombinationen festgelegt.

Blutgruppe/ Phänotyp	A_1	A_2	B	0	A_1B	A_2B
Möglicher Genotyp	A_1A_1, A_1A_2, A_10	A_2A_2, A_20	BB, B0	00	A_1B	A_2B

Häufigkeiten der Blutgruppen (in BRD):
0: 43,6 %
A_1: 34,7 %
A_2: 8,3 %
B: 9,7 %
A_1B: 2,9 %
A_2B: 0,8 %

Bei den in der Praxis üblichen **Blutgruppenbestimmungen** unterscheidet man die **Blutgruppenallele** A_1, A_2, B und 0.

Der **Rhesusfaktor** ist ein weiteres Antigen auf den Erythrocyten. Als Antigen können eine Reihe sehr ähnlicher Proteine wirken, die von verwandten Genen gebildet werden *(D/d, C/c, E/e)*. Der am längsten bekannte und wichtigste Rhesusfaktor hat die Bezeichnung *D (RhD)*. Alle Personen, bei denen das Allel *D* vorliegt, sind Rh^+, in Mitteleuropa trifft dies für 85 % der Bevölkerung zu. Personen mit der Allelkombination *dd* sind rh^-. Hat eine rh^--Mutter ein Rh^+-Kind, bildet sie Antikörper gegen die Rh-Antigene aus. Bei einer zweiten Schwangerschaft kann dies für das Kind lebensgefährlich werden.
Aus den Gesetzmäßigkeiten der **Blutgruppenvererbung** resultieren zwingende Eltern-Kind-Beziehungen, was die Zuordnung und den Ausschluss von Vätern möglich macht (↗ Tab.).

Das Rhesussystem wurde 1940 von KARL LANDSTEINER (1868–1943) und ALEXANDER S. WIENER an Rhesusaffen entdeckt.

Blutgruppenzuordnung von Eltern und Kindern

Mutter	**Kind**	**Mögliche Väter**	**Unmögliche Väter**
0	0	0, A_1, A_2, B	A_1B, A_2B
0	A_2	A_1, A_2B, A_2	0, B, A_1B
B	B	0, A_1, A_2, B, A_1B, A_2B	–
A_1	A_2	0, A_1, A_2, B, A_2B	A_1B
A_1B	A_2B	A_1, A_2, A_2B	0, A_1B, B
A_2	0	0, A_1, A_2, B	A_1B, A_2B
A_2B	B	0, A_1, A_2, B, A_1B, A_2B	–

Genotypische Geschlechtsbestimmung beim Menschen

Bei Vögeln ist das männliche Geschlecht homozygot (ZZ), das weibliche heterozygot (ZW).

Aus angefärbten Metaphasechromosomen lässt sich durch Ordnen nach Größe und Form ein **Karyogramm** – eine **Chromosomenkarte** – erstellen.

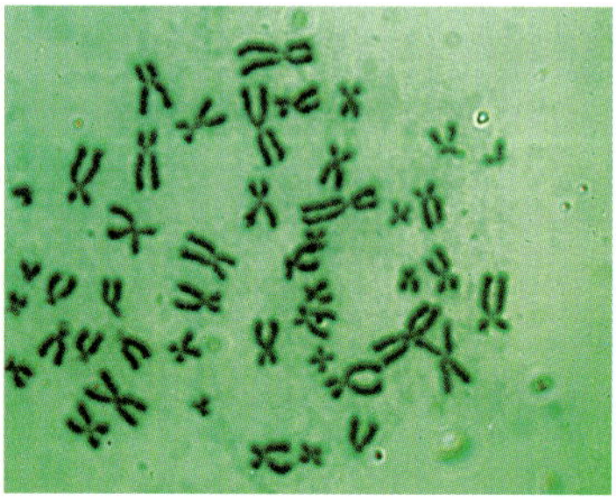

Karyogramm des Menschen

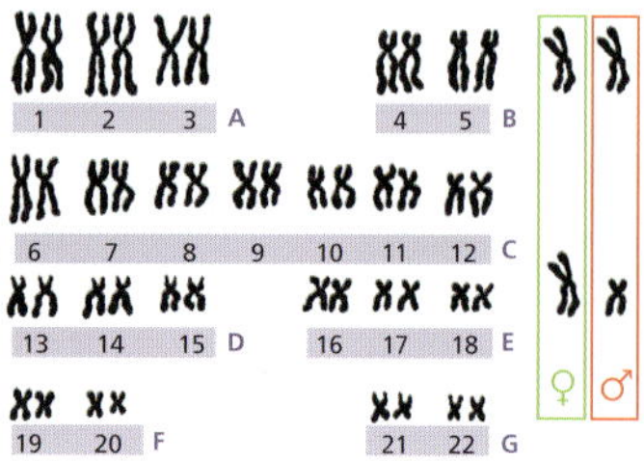

Die homologen Chromosomenpaare werden von 1 bis 22 durchnummeriert und zu sieben Gruppen mit den Kennbuchstaben A bis G zusammengefasst. Es sind die **Autosomen (Körperchromosomen).**

Das Schnabeltier *(Platypus)* hat zehn Gonosomen:

♀: X_1X_1, X_2X_2, X_3X_3, X_4X_4, X_5X_5

♂: X_1Y_1, X_2Y_2, X_3Y_3, X_4Y_4, X_5Y_5

Beim Menschen treten im diploiden Karyotyp außerdem noch zwei **Gonosomen (Geschlechtschromosomen)** auf.
Treten die Gonosomen homolog auf, werden sie mit XX bezeichnet und sorgen für die Ausbildung des weiblichen Geschlechts. Das männliche Geschlecht wird durch zwei unterschiedliche Gonosomen (XY-Chromosomen) ausgebildet. Die Eizellen enthalten 22 Autosomen und ein X-Chromosom als Gonosom.

Die Samenzellen können neben den Autosomen ein X- oder ein Y-Chromosom als Geschlechtschromosom enthalten. Das Geschlecht wird bei der Befruchtung der Eizelle durch die Kombination der Gonosomen bestimmt.

	männlich	**weiblich**
Körperzellen	44 Autosomen + XY	44 Autosomen + XX
Keimzellen	22 Autosomen + X oder Y	22 Autosomen + X

lat. *testis:* Hoden

Das Gen für die Ausbildung des männlichen Geschlechts liegt auf dem Y-Chromosom und wird **SRY-Gen** *(**S**ex-Determining **R**egion on **Y**)* genannt. Es codiert den ***T**estis-**d**eterminierenden **F**aktor* **(TDF).** Der Faktor bewirkt, dass aus undifferenzierten Keimdrüsenanlagen Hoden entwickelt werden. Die Hoden produzieren ihrerseits das männliche Sexualhormon Testosteron und sorgen somit für die männliche Differenzierung. Die weibliche Differenzierung wird gehemmt. Ohne TDF-Wirkung erfolgt eine weibliche Differenzierung, was beim Gonosomenbestand XX der Fall ist.
Verschiedene Mutationen können zu einer veränderten Geschlechtsausprägung führen.

Wird durch eine Translokationsmutation das SRY-Gen auf ein X-Chromosom übertragen, erfolgt auch bei weiblichem Chromosomenbestand XX eine männliche Differenzierung. Die sogenannten **XX-Männer** (Häufigkeit 1:30000) sind normal entwickelt, haben aber eine durchschnittlich weibliche Körpergröße.
Kann das Testosteron nicht wirken, weil die zellulären Rezeptoren mutativ verändert sind, entstehen **XY-Frauen.** Sie zeigen ein normales weibliches Äußeres und Verhalten. Ihre Vagina endet blind, weibliche innere Geschlechtsorgane liegen nicht vor, stattdessen männliche Keimdrüsen in der Bauchhöhle.
Bei einem sechswöchigen Embryo ist die **Keimdrüsenentwicklung** noch undifferenziert.

Wenn ein Mensch aufgrund seiner Gene, seiner Anatomie oder seines Hormonhaushalts nicht eindeutig dem männlichen oder weiblichen Geschlecht zuzuordnen ist, spricht man von Intersexualität oder Sexualdifferenzierungsstörungen.

Keimdrüsen

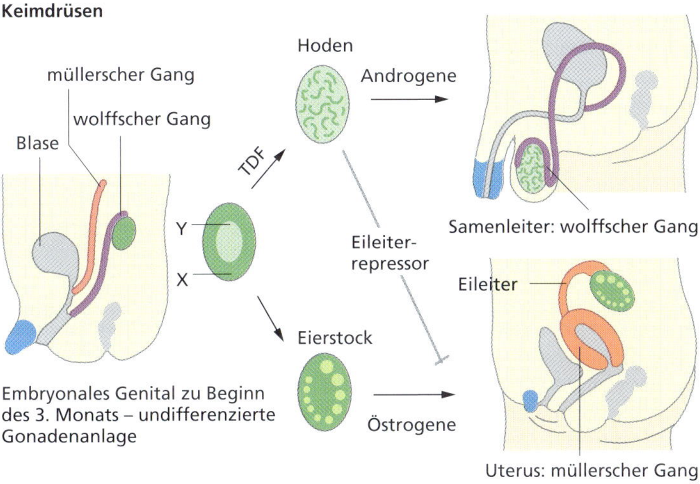

Embryonales Genital zu Beginn des 3. Monats – undifferenzierte Gonadenanlage

Barr-Körperchen und Lyon-Hypothese

Obwohl die Frauen zwei und die Männer nur ein X-Chromosom besitzen, ist hinsichtlich der Konzentration der Genprodukte meistens kein Unterschied festzustellen. Es ergibt sich die Frage, wie diese „Genüberdosis" kompensiert wird.
Im Jahr 1949 entdeckten **MURRAY BARR** (1908–1995) und **E. G. BERTRAM** in Körperzellenkernen weiblicher Katzen ein randständiges, dunkel anfärbbares Körperchen **(Barr-Body)** und fanden heraus, dass es das zweite X-Chromosom der Zellkerne ist. **Barr-Körperchen** existieren auch beim Menschen.
Die kanadische Wissenschaftlerin **MARY LYON** stellte 1961 mit ihrer Hypothese einen Zusammenhang zwischen den Barr-Körperchen und der Genüberdosis auf. Zur Dosiskompensation wird in weiblichen Zellen während der frühen Embryonalentwicklung eines der beiden X-Chromosomen als Barr-Körperchen inaktiviert. Das inaktive Chromosom stammt entweder von der Mutter oder vom Vater. In allen Tochterzellen wird nach der Barr-Körperchen-Bildung immer das gleiche Chromosom inaktiviert.

5.2.4 Erbkrankheiten sind oft auf Mutationen zurückzuführen

Häufig führen Mutationen zum Ausfall oder zur nachteiligen Veränderung von Proteinen und dadurch zu Erbkrankheiten. Man unterscheidet Mutationen, die Gonosomen bzw. Autosomen betreffen.

Gonosomal rezessiv bedingte Erbkrankheiten

Bei Männern führen **X-chromosomale rezessive Erbgänge** aufgrund des einen X-Chromosoms immer zur Ausprägung des Merkmals. Bei Frauen kommt es nur bei Homozygotie, die wesentlich seltener ist, zur Ausprägung des Merkmals.

X-chromosomale rezessive Erbgänge

Legende eines genetischen Stammbaums

Geschlecht

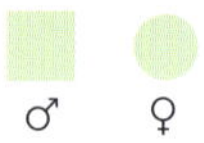

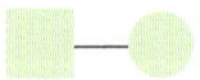

Elternpaar

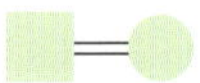

Verwandtenehe

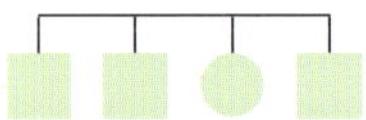

Geschwister

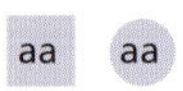

homozygoter Merkmalsträger (autosomal-rezessiv) – erkrankt

heterozygoter Merkmalsträger – Überträger nicht erkrankt

Die **Hämophilie (Bluterkrankheit)** wird X-chromosomal rezessiv vererbt und beruht auf einem Blutgerinnungsdefekt. Die Blutgerinnung erfordert das Zusammenspiel vieler einzelner Gerinnungsfaktoren. Bei Hämophilie A fehlt einer dieser Faktoren, der Faktor VIII (das antihämophile Globin). Verletzungen können zu lebensgefährlichen Blutverlusten führen. Bluter leiden unter Blutergüssen und neigen zu spontanen inneren Blutungen. Bei der Erstellung von Stammbäumen des europäischen Adels wurde die Bluterkrankheit nur bei männlichen Personen festgestellt.
Die **Rot-Grün-Sehschwäche** wird ebenfalls X-chromosomal rezessiv vererbt. Die verschiedenen Farben des Lichts werden in der Netzhaut von unterschiedlichen Zapfen registriert, die auf Rot, Grün oder Blau ansprechen. Die Farbtüchtigkeit für Rot und Grün wird durch zwei X-chromosomale Gene determiniert, die für Blau durch ein Gen auf dem Chromosom 7. Für alle drei Gene sind Veränderungen bekannt, sodass das Grün-, Rot- oder Blausehen gestört sein kann. Am häufigsten ist das Grünsehen (75 %) gestört, wobei Rot und Grün nicht unterschieden werden können. Neben diesen Genen sind noch weitere Gene für das Farbsehen verantwortlich.

Autosomal bedingte Erbkrankheiten

Die meisten Erbkrankheiten sind autosomal-rezessiv. Wie auch der Familienstammbaum zeigt, ist ihr Erbgang relativ schwer zu diagnostizieren, denn Krankheiten kommen innerhalb einer Familie nur gelegentlich zur Ausbildung.
Die Gefahr von Homozygotie ist bei Verwandtenehen besonders hoch.

Autosomal-rezessiver Erbgang

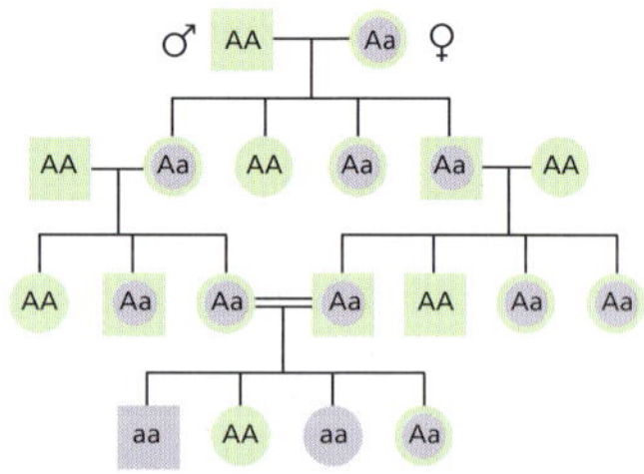

Beim **Albinismus** tritt eine Genmutation u.a. im Chromosom 11 auf, sodass Epidermiszellen nicht das Enzym Tyrosinase synthetisieren können. Das Enzym ist erforderlich, um den Farbstoff Melanin zu bilden. Die Symptome sind eine blasse Haut, nicht pigmentiertes, weißes Haar und schwachblaue oder rötliche Augen, da bei fehlender Pigmentierung die Blutkapillaren der Iris durchscheinen.

Albinismus ist bei allen Säugetieren auf dieselben genetischen Veränderungen zurückzuführen. Auch bei Vögeln und anderen Wirbeltieren kennt man auf verwandten Mutationen basierenden Albinismus.

Die **Phenylketonurie (PKU)** ist ebenfalls ein autosomal-rezessives Erbleiden. Durch eine Genmutation auf dem Chromosom 12 kann das Enzym Phenylalaninhydroxylase nicht gebildet werden, wodurch die Umwandlung von Phenylalanin in Tyrosin blockiert wird. Phenylalanin häuft sich im Blut an und wird durch einen Nebenstoffwechselweg zu Phenylbrenztraubensäure umgewandelt. Beide Stoffe hemmen die kindliche Gehirnentwicklung, sodass unbehandelt eine irreversible geistige Behinderung auftreten würde, die zum Tod führt.
Beim Screening von Neugeborenen wird auf PKU getestet. Wenn man dabei das Erbleiden feststellt, wird eine Therapie angesetzt, die aus einer phenylalaninarmen Diät besteht. Diese ist so abgestimmt, dass die essenzielle Aminosäure für den Aufbau des Organismus gerade in ausreichender Menge vorhanden ist und schädlich hohe Konzentrationen der Abbauprodukte vermieden werden.

Bei der **Sichelzellenanämie** ist das mutierte Gen nicht für ein Enzym, sondern für ein Transporteiweiß verantwortlich. Normales Hämoglobin besteht aus zwei α-Ketten mit je 141 Aminosäuren und zwei β-Ketten mit je 146 Aminosäuren. Bei der Sichelzellenanämie befindet sich an der 6. Position jeder β-Kette anstelle der Glutaminsäure die Aminosäure Valin. Durch die veränderte Aminosäuresequenz wird aus normalem **Hämoglobin A** (HbA) das **Hämoglobin S** (HbS). Die Erythrocyten nehmen bei Sauerstoffmangel, z.B. bei körperlicher Anstrengung oder im Hochgebirge über 3000 m Höhe, eine sichelzellförmige Gestalt an. Die Sichelzellen erhöhen die Viskosität des Blutes, verstopfen die Kapillaren und verursachen so zahlreiche Organschäden (Infarkte verschiedener Organe, schmerzhafte Anschwellungen von Hand- und Fußrücken). Der beschleunigte Abbau der Sichelzellen (Hämolyse) äußert sich u.a. in Blässe, Milz- und Leberschäden sowie Erschöpfungszuständen.
Bezüglich der Krankheit treten drei verschiedene Phänotypen auf: Homozygote Nichtmerkmalsträger (HbA, HbA) sind völlig gesund. Heterozygote Träger (HbA, HbS) leiden meist nur bei Sauerstoffmangel an der Anämie. In ihren roten Blutkörperchen werden zwischen 25 % und 40 % Sichelzellenhämoglobin gefunden. Homozygote Träger des Merkmals (HbS, HbS) sterben meist schon im jugendlichen Alter an den Folgen der Krankheit. Sichelzellenanämie wird **codominant** vererbt. Während in Europa die Sichelzellenanämie ziemlich selten ist, können in den Malariagebieten Afrikas bis zu 45 % der Bevölkerung heterozygote Merkmalsträger sein. Sie haben einen Selektionsvorteil gegenüber der *Malaria tropica* (↗ S. 287 f.), da sie gegen den Erreger *Plasmodium falciparum* besser geschützt sind. Unter der afroamerikanischen Bevölkerung Amerikas sinkt der Heterozygotenanteil aufgrund des fehlenden Vorteils.

Blutausstrich eines heterozygoten Trägers (HbA, HbS)

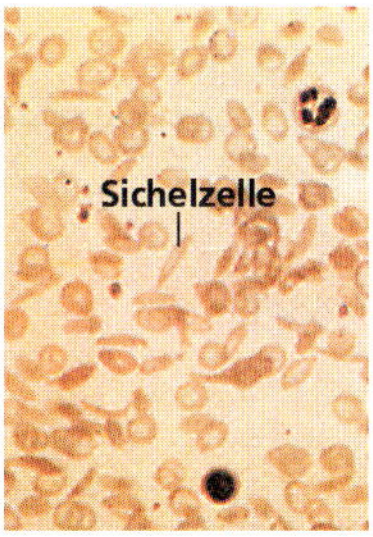

Seltener sind durch autosomal dominante Gene verursachte Erbkrankheiten. Die häufigste Erbkrankheit dieses Typs ist **Chorea Huntington (Veitstanz).** Sie tritt phänotypisch erst spät, meist nach dem 40. Lebensjahr auf und äußert sich im fortgeschrittenen Zustand in unkontrollierten zuckenden Bewegungen, die auf eine allmähliche Degeneration der Neuronen im Streifenkörper *(Corpus striatum)* des Gehirns zurückzuführen sind.
Die Gehirndegeneration führt zu mentalen Veränderungen und später zu Persönlichkeitsveränderungen, die schließlich zum Tod führen. Das Fehlen jeglicher Therapie zum gegenwärtigen Zeitpunkt führt zu schwerwiegenden sozialen Problemen. Die ethische Problematik der genetischen Familienberatung kann auch dadurch nicht gelöst werden, dass es möglich ist, durch Genom-DNA-Untersuchungen das Vorhandensein oder Fehlen eines defekten Allels zu diagnostizieren. Das phänotypisch späte Auftreten der Krankheit erst nach der reproduktiven Lebensphase erklärt, warum das defekte Allel ohne wesentliche Einschränkungen an die Folgegenerationen weitergegeben wird. Neumutationen hat man kaum nachweisen können.

5.2.5 Chromosomenaberrationen führen zu komplexen Veränderungen

Unter einer Chromosomenaberration versteht man eine von dem normalen Genotyp abweichende Anzahl oder Struktur der Chromosomen.

In der Humangenetik wird zwischen den numerischen und strukturellen Chromosomenaberrationen unterschieden. Sie entsprechen dem Wesen nach den **Genom- und Chromosomenmutationen** (↗ S. 213 f.).

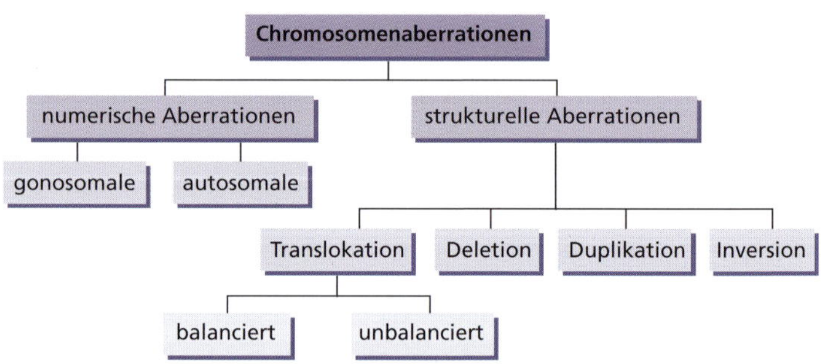

Numerische Chromosomenaberrationen sind Veränderungen der Chromosomenanzahl, die durch Verteilungsfehler der Chromosomen oder Chromatiden während einer der Reifeteilungen durch *Nondisjunction* hervorgerufen werden. Sie können sowohl **gonosomal** (↗ S. 230, Turner-Syndrom [45, X0], Klinefelter-Syndrom [47, XXY]) als auch **autosomal** (z. B. Down-Syndrom [Trisomie 21], Pätau-Syndrom [Trisomie 13], Edwards-Syndrom [Trisomie 18]) auftreten.

Strukturelle Chromosomenaberrationen entstehen durch Umbauten innerhalb eines Chromosoms (intrachromosomal) oder zwischen verschiedenen Chromosomen (interchromosomal). Verlust oder Zugewinn von Chromosomensegmenten innerhalb eines Karyotyps führt zu unbalancierten Genverhältnissen. Strukturumbauten ohne Verlust oder Zugewinn chromosomalen Materials werden als balanciert bezeichnet, sie sind phänotypisch ohne Auswirkungen und können über mehrere Generationen vererbt werden.

Beispiele für numerische Chromosomenanomalien

	Pätau-Syndrom Trisomie 13	**Edwards-Syndrom Trisomie 18**	**Down-Syndrom Trisomie 21**
Häufigkeit (Lebendgeborener)	1:10000 bis 1:20000	1:6000	1:650
Symptome	Lippen-Kiefer-Gaumen-Spalte, Hexadaktylie, Herzfehler, starke geistige Behinderung	langer, schmaler Schädel, zu kleiner Kiefer, übereinandergeschlagene Finger, Herzfehler, stark verlangsamte Entwicklung	kurzer Schädel, flache Naserücken, Hautfalte am inneren Augenwinkel (Epikanthus), vergrößerte Zunge, kurze Finger, Herzfehler, geistige Behinderung
Lebenserwartung (Ø)	Etwa 80 % sterben im 1. Lebensmonat, 5 bis 10% erreichen das 1. Lebenjahr.	Im 1. Lebensjahr sterben ca. 90 %.	Im 1. Lebensjahr sterben ca. 15 %, die Lebenserwartung liegt bei ca. 50 Jahren.

Beispiele für strukturelle Chromosomenanomalien

	Katzenschrei-Syndrom (Cri-du-chat-Syndrom)	**Wolf-Hirschhorn-Syndrom**	**Prader-Willi-Syndrom (PWS) und Angelmann-Syndrom (AS)**
Häufigkeit (Lebendgeborener)	etwa 1:50000	1:3000	PWS: ca. 1:1000 AS: ca. 1:15000
genetische Ursache	Deletion des kurzen Arms eines 5. Chromosoms	Deletion des kurzen Arms eines 4. Chromosoms	Deletion von Abschnitten des langen Arms des Chromosoms 15, beim väterlichen Chromosom: PWS, beim mütterlichen Chromosom: AS
Lebenserwartung (Ø)	katzenähnliches Schreien der Neugeborenen, gestörte Sprachentwicklung, starke körperliche und geistige Behinderung	Lippen-Kiefer-Gaumen-Spalte, breite Nasenwurzel, hohe Stirn, starke körperliche und geistige Behinderung	PWS: Minderwuchs, Muskelschwäche, Fettsucht AS: fehlende Sprachentwicklung, schwere geistige Behinderung

Geschlechtschromosomenaberrationen beim Menschen

Durch ***Nondisjunction*** der Gonosomen können bei der Befruchtung **gonosomale Genommutationen** entstehen.

In den Zellen der Frauen ist meist nur ein X-Chromosom aktiv. Das andere ist inaktiviert und in der Interphase anfärbbar (Barr-Körperchen, Lyon-Hypothese, ↗S. 225). Aus der Zahl der Barr-Körperchen kann man auf gonosomale Anomalien schließen.

Übersicht über die Entstehung häufiger gonosomaler Chromosomenaberrationen

Keimzellen	XX	X	XX	XXX X	XXXX
X	X0 Turner-Frau	XX normale Frau	XXX	XXXX	XXXXX
			Poly-X-Frauen zunehmend krank		
Y	0Y unbekannt	XY normaler Mann	XXY	XXXY	XXXXY
			Klinefelter-Männer zunehmend krank		
YY	0YY unbekannt	XYY	XXYY	XXXYY	XXXXYY
		Diplo-Y-Männer zunehmend krank			

Turner-Syndrom (45, X0, kein Barr-Körperchen, 1:2500 bis 1:3000): Turner-Frauen sind meist durchschnittlich intelligent und weichen bis zur Pubertät äußerlich kaum von anderen Frauen ab. Durch die Rückbildung der Eierstöcke bleibt die Menstruation aus, die Frauen bleiben kinderlos. Das Brustwachstum bleibt gering, die Schambehaarung spärlich. Der Brustkorb ist im Vergleich zum Becken breit. Der Haaransatz ist auffallend tief und die Frauen sind meist kleiner. Selten treten Missbildungen am Herzen oder den Nieren auf.

Klinefelter-Syndrom (47, XXY, mindestens ein Barr-Körperchen, 1:5000 bis 1:10000): Im Kindesalter gibt es kaum Auffälligkeiten. Klinefelter-Männer sind meist überdurchschnittlich groß. Die Gesichts- und Körperbehaarung ist spärlich. Bei einigen tritt eine geringe Brustentwicklung auf. Der Penis wird normal ausgebildet, die Hoden bleiben klein und das Ejakulat ist ohne Spermien, sodass es nicht zur Fortpflanzung kommen kann. In der Regel tritt keine geistige Behinderung auf.

Die angeblich erhöhte Gewaltbereitschaft von XYY-Männern, die in einem amerikanischen Gefängnis beobachtet worden sein soll, konnte bisher nicht bestätigt werden.

Triple-X-Syndrom (47, XXX, zwei Barr-Körperchen, 1:1000): Triple-X-Frauen zeichnen sich durch eine normale körperliche Entwicklung einschließlich Pubertät aus. Die Eierstöcke funktionieren normal, sodass keine außergewöhnlichen Fertilitätsprobleme auftreten. In der Regel tritt keine geistige Behinderung auf.

XYY-Syndrom (47, XYY, 1:840): Betroffene zeigen keine körperlichen Auffälligkeiten. Die Funktion der Hoden und die damit verbundene Fertilität sind normal. Im Kindes- und Jugendalter neigen manche zu Misslaunigkeit, hyperaktivem Verhalten und verringerter Frustrationstoleranz.

Vererbungsregeln und ihre Anwendung

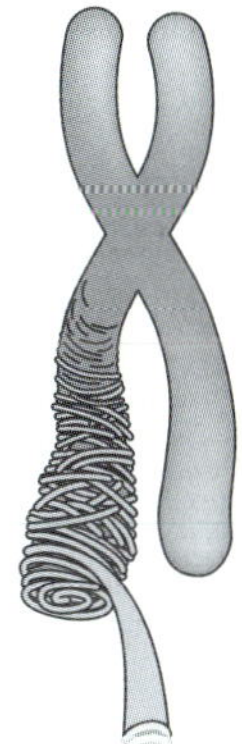

- Das äußere Erscheinungsbild eines Organismus, der **Phänotyp,** entwickelt sich auf der Grundlage seiner Erbanlagen, des **Genotyps.** Bei diesem Prozess wirkt die Umwelt modifizierend. Die homologen Chromosomen diploider Zellen können gleiche **(Homozygotie)** oder unterschiedliche Allele eines Gens **(Heterozygotie)** enthalten. Im Fall der Heterozygotie kann ein **dominantes Allel** den Phänotyp bestimmen, das andere **rezessive Allel** hat keinen Einfluss auf den Phänotyp oder beide Allele tragen zur Merkmalsbildung bei (sie sind **intermediär/codominant).**
Bei Organismen mit genotypischer Geschlechtsbestimmung unterscheidet man zwischen den beiden Geschlechtern gemeinsamen **Autosomen** und **Gonosomen** (Geschlechtschromosomen). Bei einem Geschlecht liegen zwei gleiche, beim anderen zwei ungleiche Gonosomen vor (bei den Säugetieren sind die Männchen, bei den Vögeln in der Regel die Weibchen heterozygot).

- GREGOR MENDEL erkannte 1865 durch seine statistisch ausgewerteten Kreuzungsexperimente an der Erbse, dass die Erbanlagen in den Organismen jeweils doppelt, in den Keimzellen in Einzahl vorliegen. Daraus und aus der freien Kombinierbarkeit ergeben sich die **drei mendelschen Vererbungsregeln (Uniformitätsregel, Spaltungsregel, Unabhängigkeitsregel).**

- Erst nach Wiederentdeckung der Vererbungsregeln (1900) wurde der Zusammenhang zwischen Chromosomenverteilung und Verteilung der Erbanlagen erkannt **(Chromosomentheorie der Vererbung).**

- TH. H. MORGAN erkannte, dass die Unabhängigkeitsregel für Gene eines Chromosoms nicht gilt. Durch seine Kreuzungsversuche mit *Drosophila* wies er nach, dass die Gene, die in linearer Anordnung auf einem Chromosom liegen, gekoppelt vererbt werden, dass diese Kopplung aber umso geringer ist, je weiter sie voneinander entfernt liegen. Ursache dafür sind Chromatidenbrüche und vertauschtes Zusammenwachsen der Bruchstücke während der Prophase I der Meiose **(Crossing-over).** MORGAN nutzte diese Kenntnis zur Aufstellung von **Chromosomenkarten.**

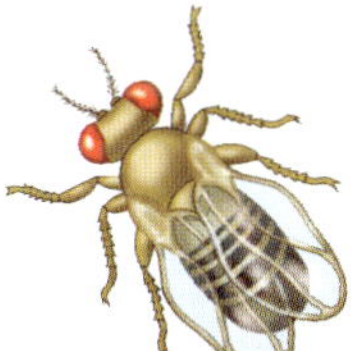

- Die einzelnen **Blutgruppenmerkmale** des Menschen werden entsprechend den mendelschen Regeln vererbt. Die multiplen Allele A, B, 0 und ihre Untergruppen sind zueinander dominant, rezessiv oder codominant. Beim Rhesusfaktor liegt Genkopplung mehrerer Allele vor.

- Genetisch bedingte Krankheiten **(Erbkrankheiten)** können auf Gen-, Chromosomen- oder Genommutationen beruhen. Da sie vererbt werden, können sie familiär gehäuft auftreten. **Genetische Familienberatung** hilft Betroffenen bei Kinderwunsch.

5.3 Gentechnik

- Die Genetik der Mikroorganismen und die Molekulargenetik des 20. Jh.s bilden das Fundament für die angewandte Forschung der Gegenwart.
- Die Gentechnik wird vielfältige Bereiche von Wissenschaft und Wirtschaft, wie Medizin, Pharmazie und Landwirtschaft, revolutionieren.
- Die Wissenschaft von der gezielten Veränderung von Genen wird als Gentechnologie, ihre praktische Anwendung als Gentechnik bezeichnet.

5.3.1 Gentechnik basiert auf gezielter genetischer Veränderung

Der griechische Wortstamm *techne* bedeutet so viel wie Kunstfertigkeit und umschreibt damit treffend die Entwicklung der molekulargenetischen Methodik seit den 1970er Jahren. Streng genommen basiert ein großer Teil der heute angewandten Verfahrenstechniken auf dem Prinzip der bei Bakterien vorkommenden Transformation (↗ S. 237), das bereits in den 1940er Jahren analysiert wurde.
Nach der Wiederentdeckung der mendelschen Regeln um 1900 kam es zu einer raschen Entwicklung der neuen Wissenschaft.

Zur Geschichte der Gentechnik

1910–22	T. H. MORGAN und Mitarbeiter: Kartierung von über 200 Genen der Fruchtfliege *(Drosophila)*
1927	H. J. MULLER: Erzeugung von Mutationen durch Röntgenstrahlen
1928	F. GRIFFITH transformiert avirulente Pneumokokken durch einen Stoff aus toten virulenten Bakterien in virulente Formen.
1942	M. DELBRÜCK und S. E. LURIA begründen die Genetik der Mikroorganismen und Viren als einen der Eckpfeiler der Molekularbiologie.
1944	O. T. AVERY, C. M. MACLEOD und M. J. MCCARTY beweisen durch die Identifizierung des transformierenden Prinzips erstmalig, dass die DNA der eigentliche Erbträger ist.
1944	G. W. BEADLE und E. L. TATUM stellen Ein-Gen-ein-Enzym-(Polypeptid-)Hypothese auf.
1953	J. D. WATSON und F. H. CRICK entwickeln Modellvorstellung zur Struktur der DNA.
1953	F. SANGER gelingt die Aufklärung der Aminosäuresequenz des Insulins.
1961	S. BRENNER, F. JACOB und M. MESELSON entdecken die Messenger-RNA.
1965	R. W. HOLLEY gelingt die erstmalige Sequenzanalyse eines Nucleinsäuremoleküls, einer tRNA.
1966	H. G. KHORANA, M. W. NIRENBERG u. a. entschlüsseln den genetischen Code.
1969	J. R. BECKWITH, L. ERON und J. SHAPIRO: Isolierung eines einzelnen Gens
1970	H. G. KHORANA: erstmalige chemische Totalsynthese eines einzelnen Gens
1971	Erste Gentechnikfirma CETUS in Berkeley/Kalifornien gegründet
1972	PAUL BERG gelingt die In-vitro-Rekombination von DNA unterschiedlicher Organismen.
1974	W. ARBER entdeckt die Restriktionsendonucleasen; H. COHEN und ST. BOYER gelingt die Übertragung genetischer Information vom Frosch auf *E. coli*.
1975	G. J. F. KÖHLER und C. MILSTEIN verschmelzen eine Myelomazelle der Maus (Hautkrebszelle) mit einer Antikörper produzierenden Zelle zu einer Hybridomazelle, die in großer Zahl monoklonale einheitliche Antikörper produzieren kann.
1979	Grundstein der grünen Gentechnik – M. VAN MONTAGU und J. SCHELL schleusen Gene mithilfe von *Agrobacterium tumefaciens* in Pflanzen ein.

Zur Geschichte der Gentechnik	
1982	Insulin – erstes gentechnisch hergestelltes Medikament kommt auf den US-amerikanischen Markt.
1983	K. MULLIS entwickelt die Polymerase-Kettenreaktion (PCR).
1990	Beginn des Humangenomprojekts – Ziel ist die Sequenzierung des gesamten menschlichen Genoms.
1996	Das Schaf Dolly ist das erste aus einer ausdifferenzierten somatischen Zelle geklonte Säugetier.
1996	Erstmaliger Anbau von transgenen Sojabohnen in den USA
2003	Endgültige Fertigstellung des Humangenomprojekts – vollständige Entschlüsselung des menschlichen Genoms

Ausgewählte Aspekte der Viren- und Bakteriengenetik

Die fundamentalen Erkenntnisse der Molekulargenetik als Grundlagendisziplin für die angewandte Forschung der Gentechnik wurden an einfachen Genomen gewonnen.
Bei den **Viren** handelt es sich hierbei um die bisher einfachste bekannte Beziehung eines Genotyps zu seinem Phänotyp. Sie gelten schon seit Langem als geeignetes Modell für die Untersuchung von Genen und haben sich in der jüngeren Vergangenheit als Vektoren in der Gentechnik bewährt.
Schon Ende des 19. Jh.s wusste man von der Existenz dieser potenziellen **Krankheitserreger.** Sie infizieren nicht nur Mensch, Tier und Pflanze, sondern auch Bakterien und Protisten. Bei Viren handelt es sich um Partikel ohne jegliche zelluläre Organisation (↗ S. 281 f.). Sie sind obligate Parasiten in extremster Ausprägung. Um ihr Genom zu verwirklichen bzw. sich reproduzieren zu können, sind sie auf den genetischen Apparat einer Wirtszelle angewiesen, den sie zumindest teilweise oder aber gänzlich unter ihre Kontrolle bringen müssen. Das bedeutet, dass Virusgene und das genetische System des Wirts kompatibel sein müssen. So erklärt sich die außerordentliche Wirtsspezifität der Viren. Aus der Tabelle wird ersichtlich, dass Viren unterschiedlichste Lebensformen parasitieren können. Ihr Genom kann sich aus unterschiedlichen Typen von Nucleinsäuren zusammensetzen.

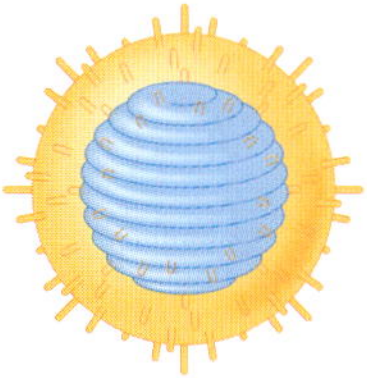

Influenza-Virus

Virustyp	Virusfamilie (Beispiele)	Typische Vertreter	Nucleinsäuretyp
Menschenviren	Pocken-Viren	*Variola*-Viren	DNA-Doppelstrang
	Orthomyxo-Viren	*Influenza*-Viren	RNA-Einzelstrang
	Picorna-Viren	*Polio*-Viren	RNA-Einzelstrang
	Paramyxo-Viren	Masern-, Mumps-Viren	RNA-Einzelstrang
Tierviren	*Rhabdo*-Viren	Tollwut-Virus	RNA-Einzelstrang
Pflanzenviren	*Tobamo*-Viren	Tabak-Mosaik-Virus	RNA-Einzelstrang
Bakteriophagen	*Myo*-Viren	T_4	DNA-Doppelstrang
		λ	DNA-Doppelstrang
		φX174	DNA-Einzelstrang

Formenvielfalt von Viren

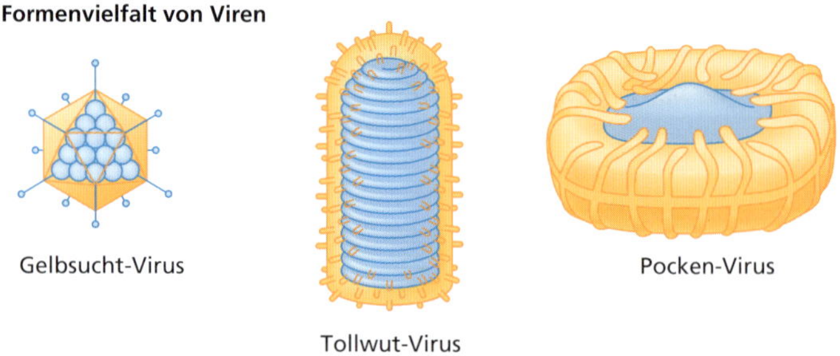

Die Formenvielfalt der Viren geht auf drei Komponenten zurück:
- Nucleinsäure (einzel- oder doppelsträngige DNA oder RNA),
- Proteinkapsel (Capsid),
- Hülle aus Proteinen, Glykoproteinen oder Lipiden (Envelope).

Für die ersten molekulargenetischen Forschungen waren vor allem **Bakteriophagen** von Bedeutung. Heute sind u.a. auch **Retroviren** wichtige Forschungsobjekte.

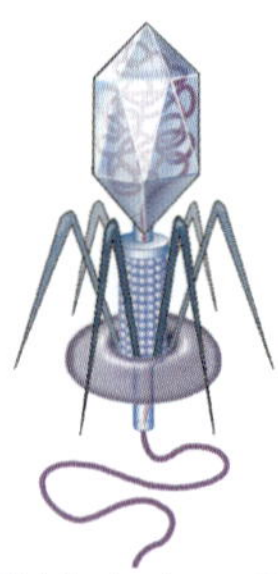
Bakteriophage T_4

Bakteriophagen

Auch das Genom der Phagen widerspiegelt die Mannigfaltigkeit der Erscheinungsformen unter den Viren. Ihre Erbträger, ob RNA oder DNA, können sowohl linear als auch zirkulär angeordnet sein, und auch die Anzahl der Polynucleotidstränge ist variabel. Die Größe der Phagennucleinsäuren schwankt zwischen 1,6 kB und 150 kB. Hinsichtlich ihrer Vermehrungszyklen werden zwei verschiedene Gruppen der Bakteriophagen unterschieden: **temperente** (oder **lysogene**) und **virulente** (oder **lytische**) Phagen. Die auf *E. coli* parasitierenden Phagen T_4 und λ sind die bekanntesten Vertreter dieser beiden Strategien.

■ Nach Injektion der Phagen-DNA wird diese als Prophage an einer spezifischen Stelle in das Bakteriengenom integriert. Bei jeder Teilung der Bakterienzelle wird auch der Prophage verdoppelt. Chemische und/oder physikalische Reize können den Übergang in den **lytischen Zyklus** bewirken.

Lysogener Infektionszyklus des Phagen λ

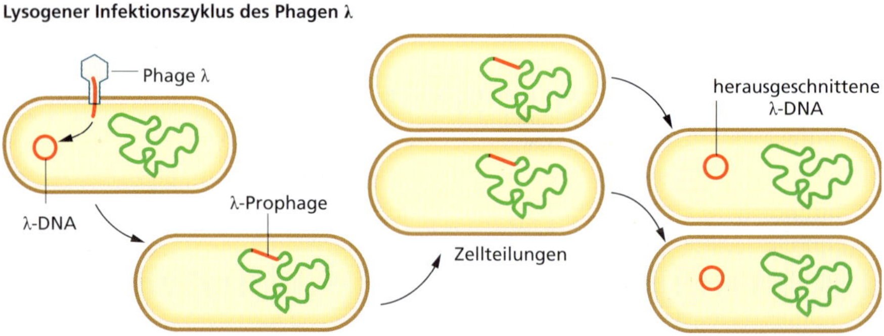

Der lytische Vermehrungszyklus virulenter Phagen am Beispiel T_4

Adsorption	0 min	wirtsspezifische Anheftung der Phagenendplatte an Rezeptorproteinen auf der bakteriellen Zellwand	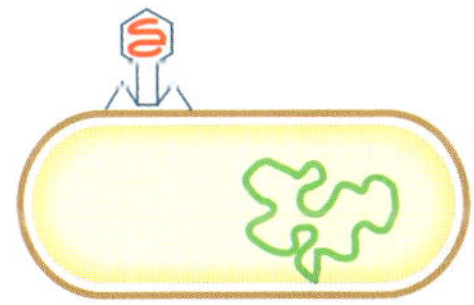
Injektion	0 min	Ausschließlich die DNA des Phagen gelangt in das Plasma der Bakterienzelle.	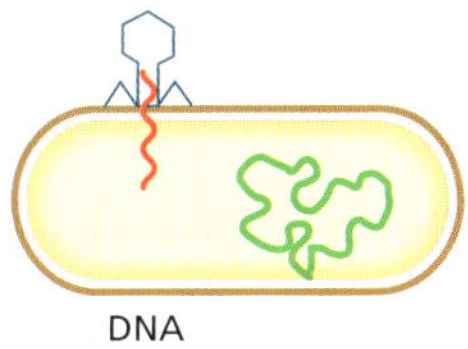
Latenzphase	1 min	Beginn des Abbaus der *E.-coli*-DNA	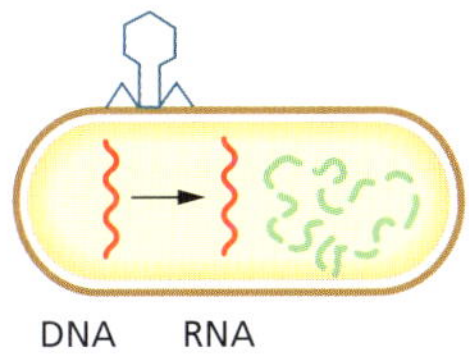
Reifung	 5 min 12 min	Transkription der Phagengene Replikation der Phagen-DNA Synthese der Capsidproteine	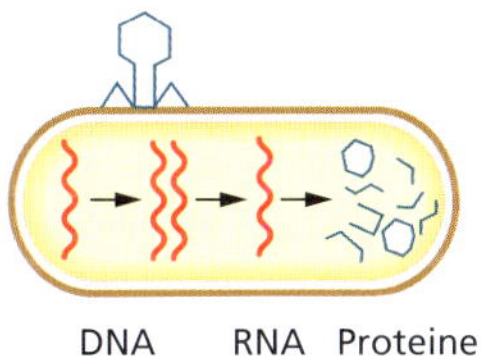
Morphogenese	15 min	Gestaltbildung – Phagen-DNA und Capsid finden sich *(„self assembly")*.	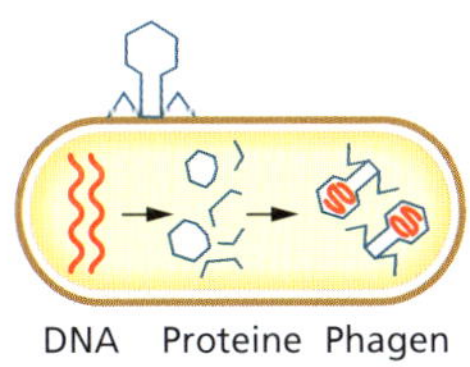
Lysis	22 min	Zerstörung der bakteriellen Zellwand, Platzen der Wirtszelle und Freisetzung der neuen Phagengeneration (200–300)	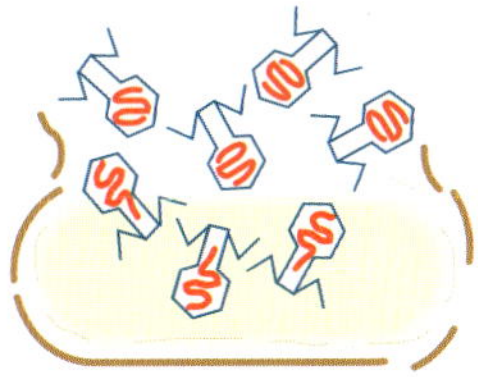

Retroviren widersprechen dem Dogma der Molekularbiologie

Retroviren kehren den Fluss der genetischen Information um. Ihre virale RNA wird in der infizierten Zelle in doppelsträngige DNA umgeschrieben. Das daran beteiligte Enzym ist die RNA-abhängige DNA-Polymerase, auch reverse Transkriptase oder kurz Revertase genannt. Aus dem entstandenen Hybridstrang wird die RNA enzymatisch abgebaut und mithilfe der **DNA-Polymerase** der Einzelstrang komplementär ergänzt. Diese DNA-Kopie wird dann in das Wirtsgenom eingebaut.

Die experimentelle Nutzbarmachung der **reversen Transkriptase** eröffnete der Gentechnik völlig neue Perspektiven. Mithilfe dieser Enzyme wurde es möglich, bereits prozessierte Eucyten-mRNA in cDNA *(complementery DNA)* umzuschreiben und damit als translationsfähige Programmgeber in prokaryotische Produktionsorganismen einzuschleusen (↗ S. 242 f.).

Infektion durch einen Retrovirus

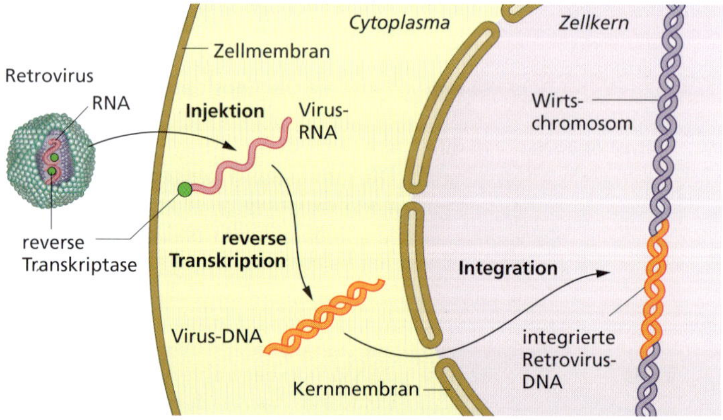

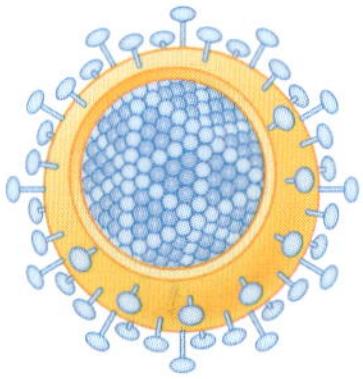

HI-Virus (aufgeschnitten, um das Innere sichtbar zu machen)

Das wohl bekannteste Retrovirus ist der Auslöser für das erworbene Immunschwächesyndrom, Aids. Das **H**uman **I**mmunodeficiency **V**irus, kurz **HIV** genannt, wurde 1983/84 erstmalig isoliert. Das Verständnis über die Infektionszyklen der Retroviren ist Grundlage für die Erforschung von wirksamen Strategien gegen diesen Krankheitserreger (↗ S. 282 f.).

Zwischen Retroviren und beweglichen Genomelementen **(Transposons)** besteht eine erstaunliche Übereinstimmung. Retrotransposons sind DNA-Abschnitte, die sich im Genom über eine RNA-Zwischenstufe an eine andere Position verlagern können. Zum Teil werden diese Retroviren als selbstständig gewordene, mit einer Hülle versehene Transposons gewertet, zum Teil werden Transposons als integrierte Retrovirengenome angesehen, die ihre Virulenz verloren haben.

Transposons sind DNA-Abschnitte, die sich aus dem Genom lösen und an anderer Stelle wieder einbauen können. Wenn dies unter Erhalt der Ausgangs-DNA über eine RNA-Kopie geschieht, spricht man von **Retrotransposons.**

Bakterien

Auch **prokaryotische** Organismen verfügen über die Möglichkeit, Erbinformation zu rekombinieren. Dafür gibt es drei Möglichkeiten:

1. Bei der **Transformation** nehmen kapsellose Bakterien nackte DNA auf. Dafür besitzen sie häufig spezielle Membran-Transportproteine, die selektiv Erbinformationen eng verwandter Arten erkennen und ins Zellinnere transportieren. Das fremde Gen wird dann durch einen Vorgang, der dem Crossing-over (↗S. 254) entspricht, ins Bakterienchromosom eingebaut.
2. Bei dem als **Transduktion** bekannten Mechanismus übertragen Viren **(Bakteriophagen)** Nucleinsäureabschnitte von einer Wirtszelle auf eine andere: Gelegentlich wird ein kleines Fragment der Wirts-DNA statt der oder zusätzlich zu der Viren-DNA in ein **Capsid** eingebaut und später in ein anderes Bakterium injiziert. Danach kann die injizierte Bakterien-DNA in das Bakteriengenom eingebaut werden.
3. **Konjugation** ist der direkte Transfer genetischen Materials zwischen zwei Bakterienzellen, die vorübergehend über Cytoplasmabrücken miteinander in Verbindung stehen. Eine Bakterienzelle fungiert als Spender, die andere als Empfänger. Es können kurze DNA-Ringe (Plasmide), aber auch Teile des großen Ringgenoms oder sogar das ganze Ringgenom übertragen werden. Genübertragung ist auch zwischen verschiedenen Bakterienarten möglich **(horizontaler Genaustausch).**

Verschiedene Formen des Genaustausches bei Prokaryoten fasst man als **Parasexualität** zusammen.

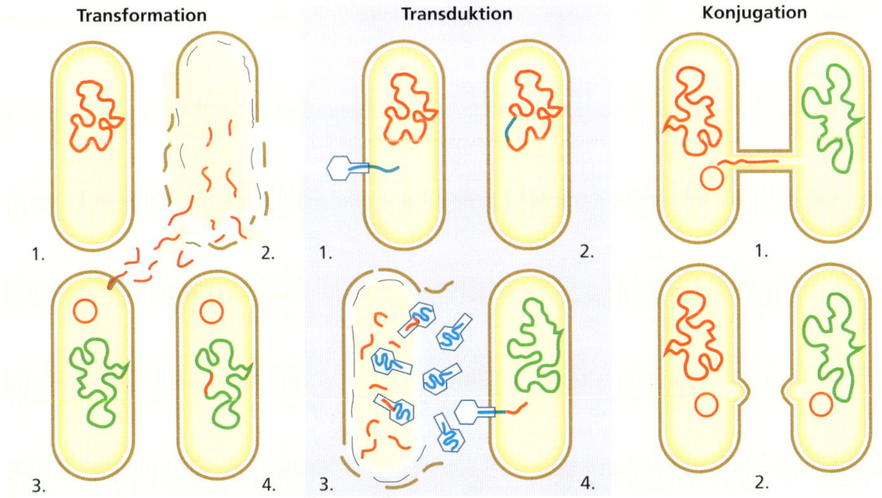

5.3.2 Verschiedene Methoden sind Voraussetzungen für Gentechnik

Seit den 1970er Jahren wurden eine Vielzahl von genetisch-molekularbiologischen Verfahren entwickelt, die Voraussetzungen für die Gentechnik schufen.

Bei allen wichtigen Verfahren der Gentechnik werden Erbmoleküle entweder getrennt oder zusammengefügt. Da auf molekularer Ebene aber keine mechanischen Werkzeuge funktionieren, nutzen die Genetiker hier bakterielle Enzyme. **Restriktionsenzyme (Restriktionsendonucleasen)** zerschneiden und **Ligasen** verbinden DNA-Moleküle.

Restriktionsendonucleasen
Die Enzyme erkennen bestimmte DNA-Sequenzen, heften sich an das Molekül und hydrolysieren die Verbindung zwischen dem Phosphat und der Desoxyribose des DNA-Strangs. Liegen die Schnittstellen der beiden einzelnen Stränge versetzt, entstehen „klebrige" Enden. Das sind kurze, ungepaarte DNA-Abschnitte.

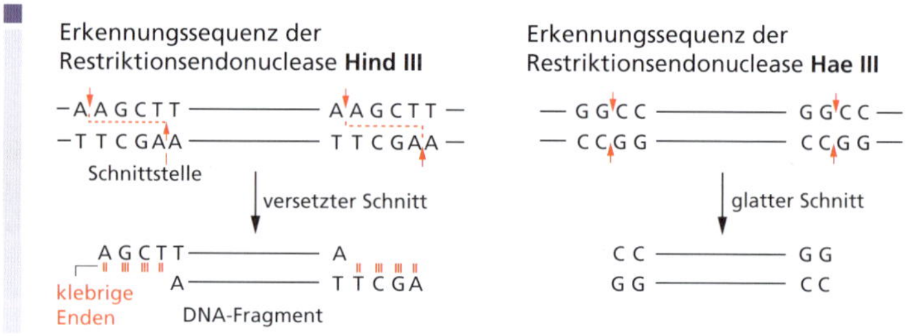

Ligasen
Die „klebrigen" Enden der DNA-Fragmente bewirken, dass sich zu verbindende Stücke durch komplementäre Basenpaarung aneinanderheften. Das Enzym verschließt dann die Stranglücken. Die dazu benötigte Energie wird meist in Form von ATP bereitgestellt. Das Ligieren glatter Schnitte ist prinzipiell auch möglich.

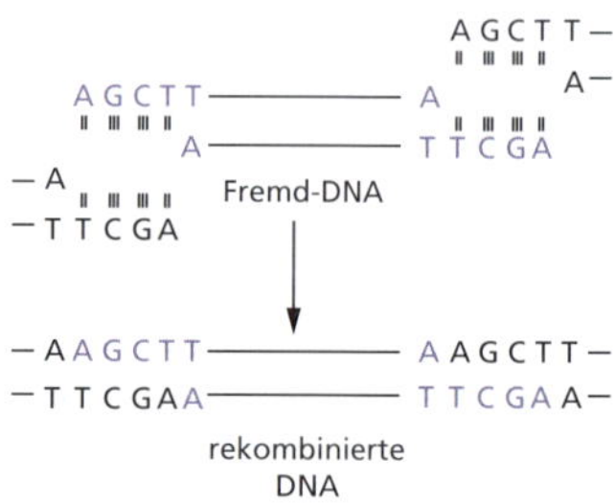

Gelelektrophorese

Die in die Vertiefungen eines Gels (z. B. Agarose-Gel) eingefüllten DNA-Fragmente wandern nach Anlegen einer elektrischen Spannung zur Anode. Die größeren DNA-Stränge wandern langsamer als die kleineren. So erhält man Bandenmuster, die unter analytischen Gesichtspunkten verglichen werden können **(DNA-Fingerprinting).** Die DNA einzelner Banden kann für weitere Untersuchungen entnommen werden.

Hybridisierung

Wenn doppelsträngige DNA auf über 90 °C erhitzt wird, denaturiert das Molekül. Es zerfällt in Einzelstränge. Anschließendes Abkühlen führt zur Renaturierung. Die Stränge verbinden sich wieder. Das Zusammenlagern von unterschiedlichen Nucleinsäuresträngen, die aber z.T. komplementäre Basensequenzen besitzen, wird als **Hybridisierung** bezeichnet. Dabei können sich DNA- oder RNA-Moleküle miteinander verbinden.
Je mehr Basenpaare in den hybridisierten Doppelsträngen komplementär sind, desto mehr Wasserstoffbrückenbindungen werden zwischen den Stickstoffbasen ausgebildet, die wiederum das Hybrid stabilisieren.

Bekannte zur Hybridisierung eingesetzte Sequenzen werden als **Sonden** oder **Marker** bezeichnet. Sie sind in der Regel mit einem Fluoreszenzfarbstoff oder radioaktiv markiert.

DNA-mRNA-Hybridisierung (Ovalbumingen)

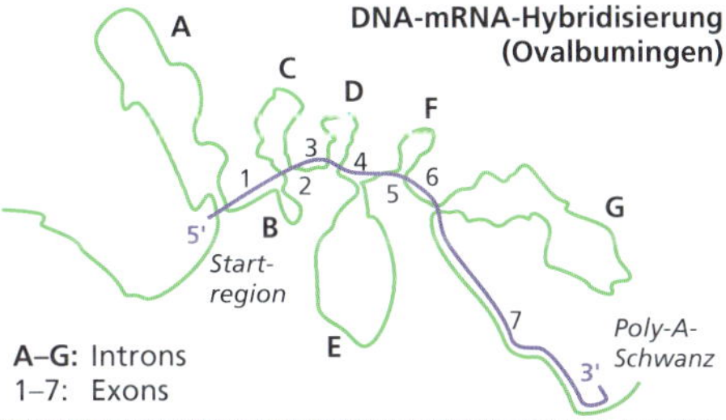

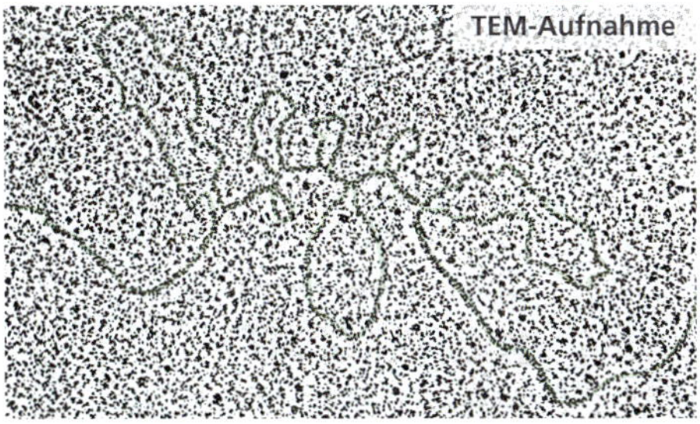

Die Hybridisierungstechnik kann zur Beantwortung einer Reihe von Fragestellungen dienen:

1. Durch Untersuchung der Renaturierungsgeschwindigkeit kann erforscht werden, wie hoch der Anteil von sich wiederholenden DNA-Sequenzen im Genom ist (*Escherichia coli* 0,3 %, Mensch 35 %).
2. Die Lage und Länge des codierenden Bereichs (Exons) eukaryotischer DNA kann durch mRNA-Hybridisierung aufgeklärt werden.
3. Mithilfe von Sonden lassen sich das Vorkommen und die Lage spezifischer Sequenzen auf unterschiedlichen Chromosomen oder in verschiedenen Bakterienstämmen ermitteln.
4. Durch die Blotting-Technik können mithilfe von Sonden gelelektrophoretisch aufgetrennte DNA-Fragmente lokalisiert und identifiziert werden.

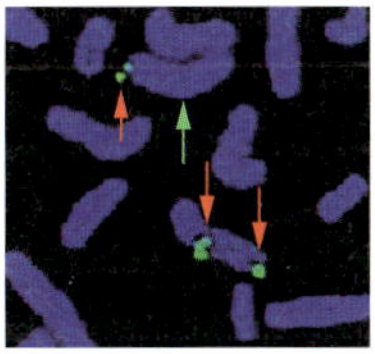

Im Karyogramm des Menschen zeigen zwei verschiedene Marker auf dem Chromosom 7 zwei Genabschnitte (rote Pfeile) an. Aufgrund einer Deletion fehlt eine Markierung auf dem anderen (grüner Pfeil).

Ablauf der Southern Blotting Technik

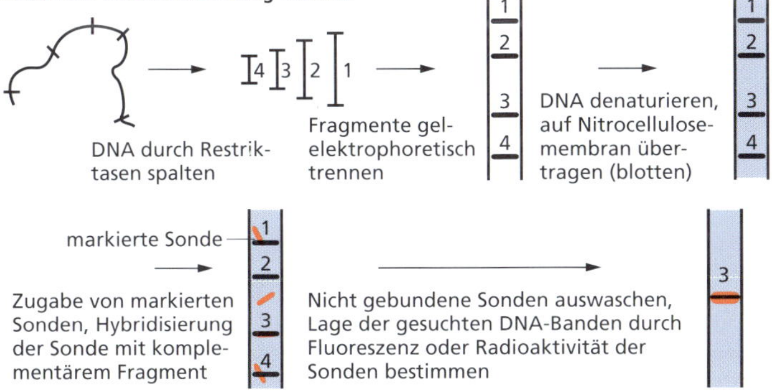

Die **Blotting-Technik** wurde 1975 von E. M. SOUTHERN entwickelt. In Anlehnung an seinen Namen wurden entsprechende Techniken für RNA bzw. Proteine als Northern- bzw. Western-Blotting-Technik bezeichnet.

Polymerase-Kettenreaktion (PCR)

Die Entwicklung der **Polymerase-Kettenreaktion** (engl. *polymerase chain reaction*, PCR) im Jahre 1983 durch KARY B. MULLIS war ein bedeutender Schritt in der gentechnischen Forschung. Diese Methode ermöglichte es, DNA schnell und relativ einfach zu vervielfältigen. Das Verfahren ist mit der identischen Replikation (↗S. 198) vergleichbar. Als Ausgangsstoffe werden die DNA-Probe sowie die DNA-Nucleotide der vier Stickstoffbasen (dATP, dTTP, dGTP, dCTP) und Primer (20–30 Nucleotide lang) benötigt. Die hitzestabile DNA-Polymerase stammte zunächst nur aus dem thermophilen Bakterium *Thermus aquaticus*, heute werden teilweise noch genauer arbeitende Polymerasen aus Archäen vorgezogen.
Bestimmte DNA-Abschnitte können selektiv vermehrt werden, wenn die ausgewählten Primer komplementär zu den Anfängen des betreffenden DNA-Fragments sind.

KARY BANKS MULLIS (geb. 1944) erhielt 1993 für die Entwicklung der **PCR** den Nobelpreis für Chemie. Die PCR als DNA-Klonierungstechnik ist die Grundlage für die Erkennung von Virusinfektionen und Erbkrankheiten sowie die Identifizierung von Personen.

Der dargestellte einzelne Zyklus der PCR, er dauert in der Regel wenige Minuten, wird 30- bis 40-mal in einem Automaten durchlaufen. Die DNA-Menge vermehrt sich um den Faktor 2^{30} bis 2^{40}. Eine noch stärkere Vervielfältigung ist nicht sinnvoll, da auftretende **Replikationsfehler** sich anhäufen. Noch größere DNA-Mengen können dann nur durch die aufwendigere Technik der **Klonierung** (↗S. 271) gewonnen werden.

Will man mithilfe der PCR-Methode eine bestimmte Gensequenz nachweisen, benötigt man dazu zwei Primer. Mit diesen künstlich hergestellten, 15–24 Basenpaaren langen Polynucleotidabschnitten legt man Anfang und Ende des zu kopierenden DNA-Abschnitts fest. Die Primer heften sich bei einem PCR-Nachweis an die nachzuweisende DNA-Sequenz an und starten einen Kopiervorgang. Die gesuchte DNA-Sequenz wird anschließend so oft vervielfältigt, bis eine analytisch messbare Menge vorhanden ist.

Verfahren der Polymerase-Kettenreaktion

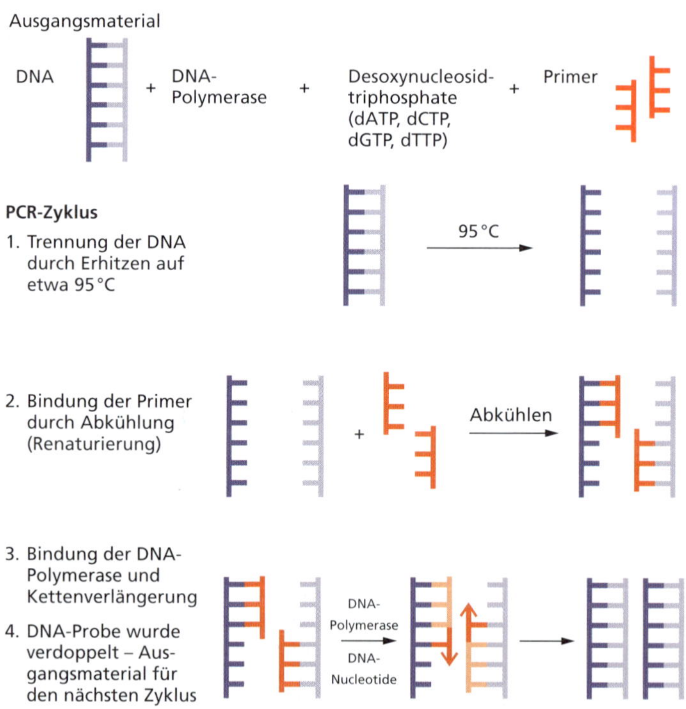

Bei 30 PCR-Zyklen wird jedes DNA-Fragment um den Faktor 2^{30} vervielfältigt, was 1 073 741 824 Kopien bedeutet.

DNA-Sequenzierung

Die Entwicklung von Routineverfahren zur **DNA-Sequenzierung** war einer der größten Fortschritte der genetischen Forschung in den 1970er Jahren. Jetzt war es möglich, mit relativ geringem Aufwand die DNA zu lesen. Heute sind die Verfahren weitestgehend automatisiert.

WALTER GILBERT (geb. 1932) und ALLAN MAXAM entwickelten 1977 die **Dimethylsulfat-/Hydrazin-Methode.**

Am weitesten verbreitet ist die Kettenabbruch- bzw. **Didesoxymethode** nach F. SANGER und A. COULSON.

Voraussetzung für das **Kettenabbruchverfahren** sind einsträngige DNA-Fragmente. Der Ablauf der Sequenzierung ähnelt der Polymerase-Kettenreaktion. Die Einzelstränge dienen der DNA-Polymerase als Matrize zur Synthese eines komplementären zweiten Stranges.

Neben den „normalen", kettenverlängernden **Nucleotiden** enthält die Reaktionsmischung aber auch modifizierte Nucleotide, an denen sich kein neues Nucleotid anheften kann. Bei Bindung dieser veränderten Nucleotide bricht die Kettenreaktion ab. Mit gleicher Wahrscheinlichkeit erfolgt der Kettenabbruch an jedem Nucleotid. Für jedes Didesoxynucleotid (ddN) gibt es eine eigene Reaktionsmischung. Die entstandenen Fragmente werden im Anschluss gelelektrophoretisch, nucleotidgenau getrennt. Das entstandene Bandenmuster entspricht der DNA-Sequenz.

Kettenabbruch durch ein Didesoxynucleotid

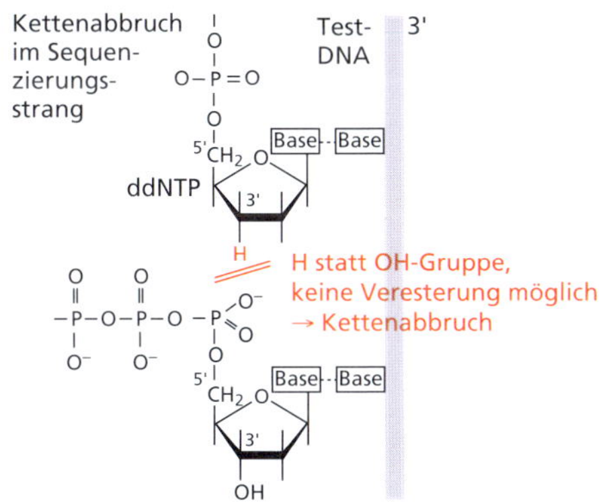

FREDERICK SANGER (geb. 1918) und A. R. COULSON entwickelten ihre Methode 1975.

DNA-Sequenzierung nach dem Kettenabbruchverfahren

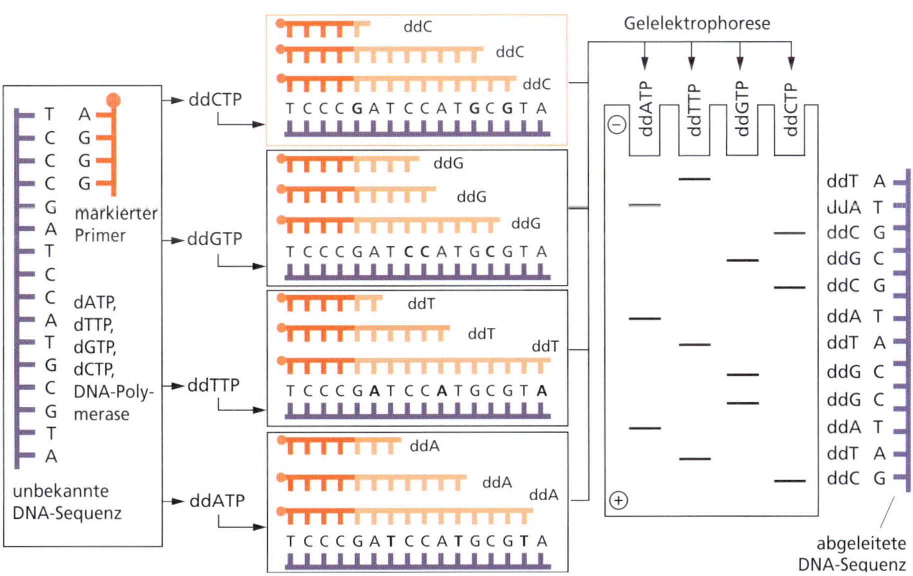

Übertragung von fremden Erbanlagen

Methoden zur gezielten **Übertragung von fremden Erbanlagen** (Genen) in das Genom eines anderen Lebewesens werden als **Gentechnik** bezeichnet. Die so entstandenen **transgenen Organismen** besitzen aufgrund ihrer neu kombinierten Erbanlagen veränderte bzw. neue phänotypische Eigenschaften.
Zuerst muss die fremde Erbinformation als sogenannter Programmgeber gewonnen werden.

Möglichkeiten der Gewinnung von Spender-DNA

Isolation aus dem Genom

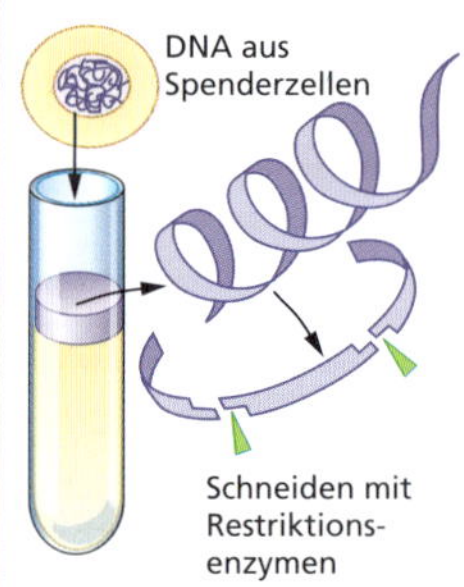

Umkehrtranskription von mRNA

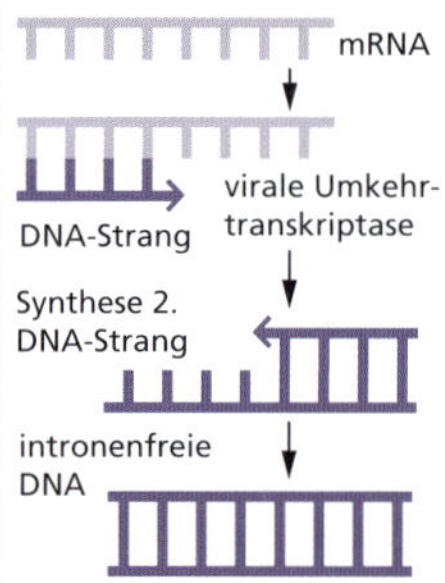

Biochemische Gensynthese

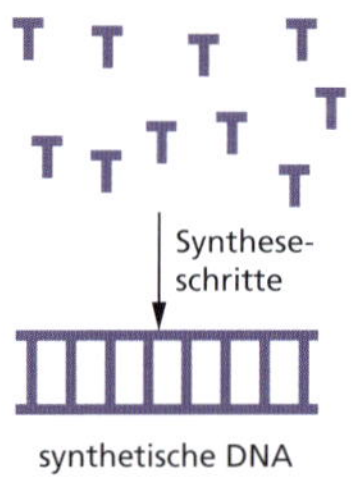

Zur Einschleusung der **Spender-DNA** in die Empfängerzelle werden meist Vektoren genutzt, z.B. **Bakterienplasmide** oder **Viren,** die natürlicherweise DNA in Zellen übertragen können. Dadurch, dass man den zu übertragenden DNA-Abschnitten **Antibiotikaresistenzgene** anfügt, kann man die erfolgreich transformierten Zellen auslesen. Außerdem enthalten die Vektoren noch ein Regulationssystem, das die Transkriptionsaktivität der neuen DNA steuert.

Vektoren

Plasmid pBr322

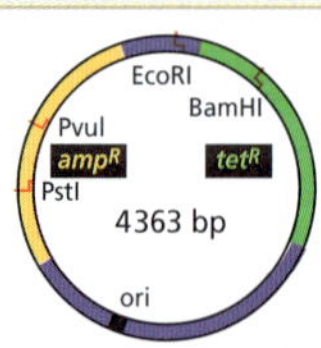

amp^R, tet^R:	Resistenzgene gegen Ampicillin und Tetracyclin
ori:	Replikationsursprung
PvuI, BamHI, PstI, EcoRI:	Schnittstellen für Restriktionsenzyme mit klebrigen Enden zum DNA-Einfügen

***Herpes-simplex*-Virus 1**

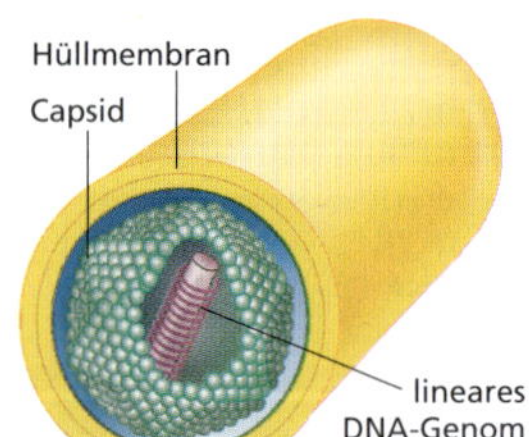

Die Spender-DNA kann in das Genom des Virus integriert werden.

Einfügen der Spender-DNA in den Vektor (Ligation)

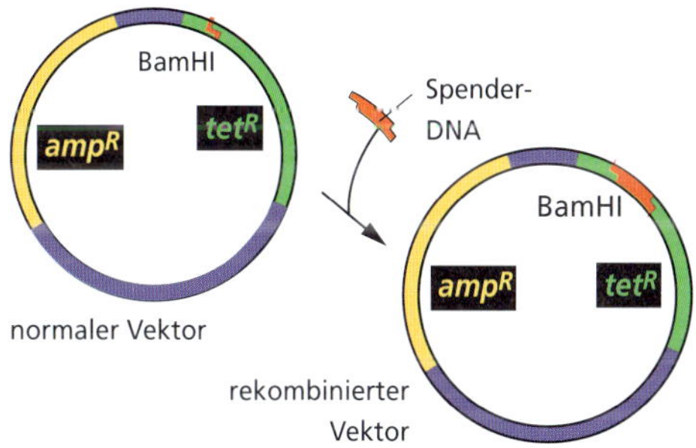

Die **Spender-DNA** wird im nächsten Schritt mit der Vektor-DNA vereinigt. Durch die Bearbeitung beider DNA mit dem gleichen **Restriktionsenzym** (↗S. 238) besitzen sie komplementäre „klebrige" Enden, die Basenpaarungen ermöglichen. Die DNA-Stränge werden mittels **Ligase** (↗S. 200) verknüpft. Wenn noch nicht vorhanden, können zusätzlich noch Regulationseinheiten eingefügt werden.

Die fertiggestellten Vektoren werden anschließend in die Empfängerzellen transformiert. Spender-DNA kann auch direkt, beispielsweise in Lipoidbläschen **(Liposomen)** verpackt, in die Empfängerzellen übertragen werden.

Transformationsmethoden

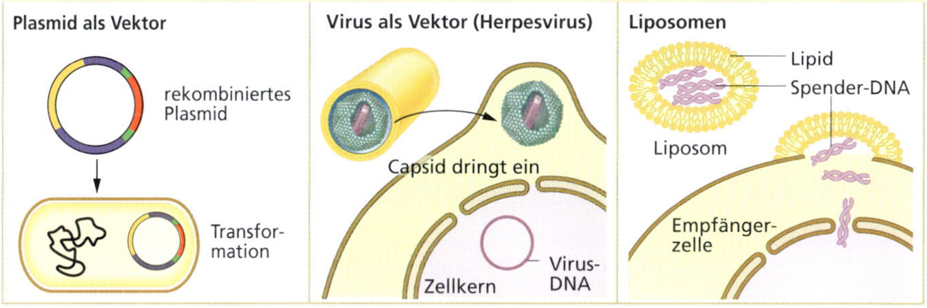

Nach erfolgter Rekombination müssen die Zellen mit der gewünschten DNA selektiert werden, da auch Fehlkombinationen entstehen. Wenn die Spender-DNA in ein Antibiotikaresistenzgen eingefügt ist, verlieren die Zellen ihre Widerstandskraft gegen das betreffende Antibiotikum. Diese Eigenschaft wird zur Selektion genutzt. Mithilfe von Gensonden können die gewünschten Zellen auch ausgewählt werden. Gensonden sind kurze, markierte DNA-Sequenzen, die zur Spender-DNA komplementär sind und sich an sie binden. Durch die Markierung können die gewünschten Zellen erkannt werden. Abschließend werden die selektierten, erfolgreich rekombinierten Zellen vermehrt. Sie können dann eingesetzt werden.

Selektionsmethoden:

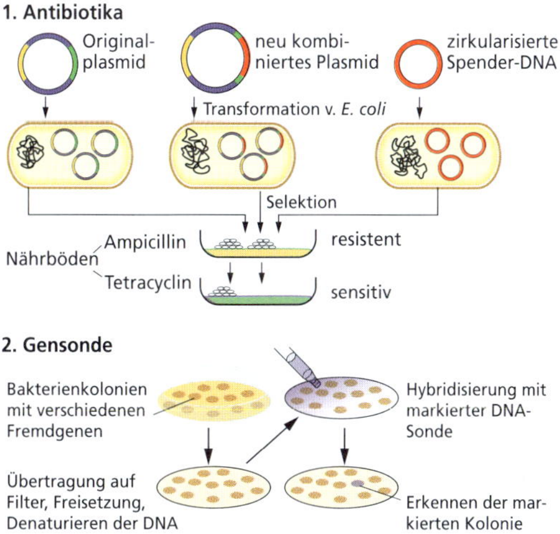

5.3.3 Transgene Organismen können vielseitig genutzt werden

Die Nutzung der Gentechnik in Bereichen der Medizin oder Pharmazie wird in Anlehnung an rot gefärbtes Blut als **Rote Gentechnik** bezeichnet.

Die Einsatzmöglichkeiten transgener Organismen in der Industrie, der Landwirtschaft, dem Umweltschutz, der Forschung und der Medizin werden immer vielfältiger. Sie können u. a. zur Stoffproduktion, wie z. B. für Medikamente oder Enzyme, zur Qualitätsverbesserung und Ertragssicherung von landwirtschaftlichen Erzeugnissen, zur Beseitigung von Umweltverschmutzungen, aber auch zur Diagnostik und Therapie in der Medizin genutzt werden.

Das Fusionsprotein enthält beide Aminosäuresequenzen des Insulins. Es wird von den Bakterien gebildet und in ihrem Plasma gespeichert. Das Protein lässt sich relativ einfach isolieren. Nach chemischer Aufarbeitung entsteht das Insulin als Produkt.

Als erstes Medikament wird das **menschliche Insulin** schon seit 1980 im industriellen Maßstab mit rekombinanten Bakterien hergestellt. Dieses Hormon wird zur Behandlung der Zuckerkrankheit eingesetzt und senkt den Blutzuckerspiegel. Es besteht aus insgesamt 51 Aminosäuren, die eine A- und eine B-Kette bilden. Beide Ketten sind durch Disulfidbrücken miteinander verbunden. In den β-Zellen der Bauchspeicheldrüse wird zuerst ein 110 Aminosäuren langes Prä-Proinsulin synthetisiert, das dann im Golgi-Apparat (↗ S. 91) seine funktionstüchtige Raumstruktur erhält und abgegeben werden kann.
Für die biotechnologische Herstellung wurden *E.-Coli*-Bakterien mit einem Plasmid als Vektor rekombiniert. Das Plasmid enthält neben Regulationseinheiten die Bildungsvorschrift für ein **Fusionsprotein.** Die **Insulinherstellung** verläuft in drei Stufen. In der ersten Anlage werden die Bakterien in Bioreaktoren vermehrt und das Fusionsprotein wird gebildet. Dann wird das Protein aus den abgetöteten Bakterien isoliert. Durch Falten und Abspalten der überschüssigen Aminosäuresequenzen entsteht im dritten Schritt aus dem Fusionsprotein das Insulin.

Prozess der Insulinherstellung

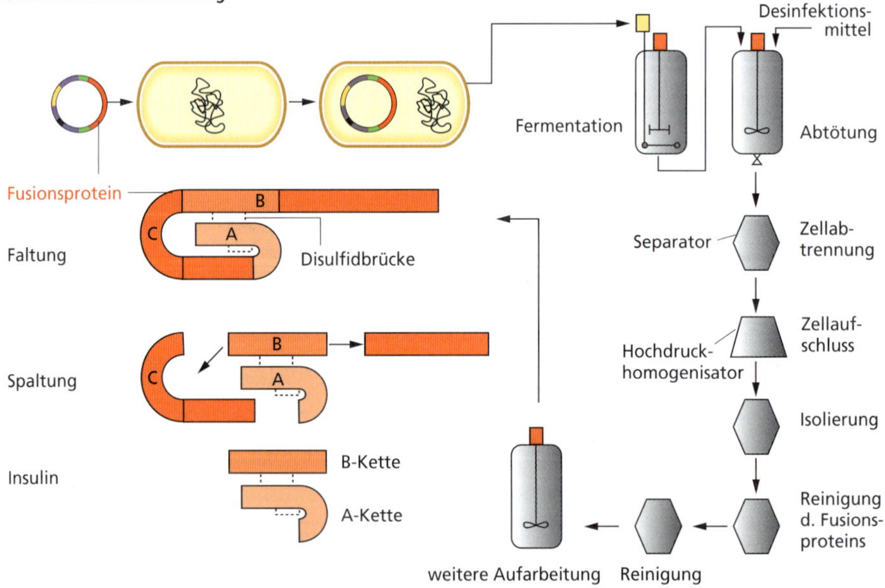

Zur **Übertragung** neuer **Gene** in **Kulturpflanzen** („Grüne Gentechnik") wird u. a. der genetische Parasitismus des Bodenbakteriums *Agrobacterium tumefaciens* bei Pflanzen genutzt. Während der Infektion integriert das Bakterium sein **Ti-Plasmid** in das Genom der Wirtszellen. Entsprechend den genetischen Informationen des Plasmids bilden sich die Pflanzenzellen zu **Krebszellen** um und synthetisieren Opine (verschiedene Derivate der Aminosäure Arginin) als spezielle Nährstoffe für die Bakterien. Gentechnisch veränderte, ungefährliche Ti-Plasmide können mithilfe der Bakterien in das Genom von Pflanzenzellen integriert werden. Aus den neu kombinierten Zellen werden vollständige **transgene Pflanzen** regeneriert.

Genübertragung bei Pflanzen

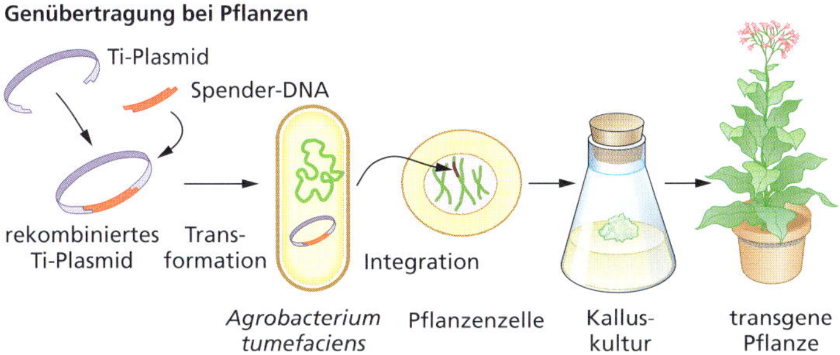

Zur Übertragung von Genen und der Expression ist auch der 35 S-Promotor des Blumenkohl-Mosaikvirus (*Cauliflower Mosaic Virus* – CaMV) als wichtigster Teil eines Vektors geeignet. Er stellt die Genregulation der Pflanzenzellen so um, dass maßgeblich „seine Gene" exprimiert werden. Der Promotor wird dagegen nicht in Bakterien-, Pilz- oder Tierzellen einschließlich der menschlichen Zellen aktiv.

Gentechnik in der Pflanzenzucht

Ziele	Eigenschaft	Pflanzenart
Ertrags-sicherung	Virusresistenz Pilzresistenz Insektenresistenz	Tomate, Gurke Wein, Weizen, Raps Kartoffel, Mais, Baumwolle
Qualitätsver-besserung	Haltbarkeit Vitamin-A-Zusatz einheitliche Stärke (Amylopectin) Lysinzusatz	Tomate Reis Kartoffel, Weizen Soja

Die **Grüne Gentechnik** wird gegenwärtig in der deutschen Öffentlichkeit sehr kontrovers diskutiert. Nach einigen Tausend Jahren „klassischer Pflanzenzüchtung" und konventionellen Ackerbaus, sind Befürworter der Grünen Gentechnik der Überzeugung, dass mit weiterer Zunahme der Weltbevölkerung und Rückgang der verfügbaren Ackerfläche die Ernährung der Menschheit nicht mehr anders gesichert werden kann. Sie erachten diese neuen Techniken als notwendig, da gentechnisch veränderte Pflanzen wesentlich höhere Erträge pro Fläche bei vermindertem Einsatz von Agrochemikalien ermöglichen sollen.

Kritiker der Grünen Gentechnik befürchten, dass die bäuerliche Landwirtschaft von großen Agrochemiekonzernen abhängiger wird, insbesondere, da transgene Pflanzen auch patentiert werden können.

Gegner dieser neuen Landwirtschaft befürchten, dass beispielsweise in den Kulturpflanzen erzeugte artfremde Proteine zu gesundheitlichen Problemen (z. B. Allergien) führen können oder dass von den Pflanzen selbst produzierte Insektizide auch schützenswerte Arten töten.

Als größtes Risiko sehen sie aber eine mögliche Übertragung der neuen Eigenschaften auf nahe verwandte Arten der Kulturpflanzen durch Rekombination. Diese Wildpflanzen könnten dann selektive Vorteile besitzen und so ganze Ökosysteme aus dem Gleichgewicht bringen.

5.3.4 Gentechnik ermöglicht Genomanalysen

Aufbauend auf HUGO ging und geht es in Folgeprojekten v.a. darum, die genetische Disposition bei häufigen Krankheiten zu erforschen, z.B. beim 1000-Genom-Projekt.

Mitte der 1980er Jahre tauchten in den USA die ersten Ideen auf, das menschliche Genom zu entschlüsseln. Man versprach sich davon, das Zusammenspiel der Gene untereinander und mit der Umwelt besser zu verstehen. Die Prophylaxe, Diagnostik und Therapie vieler weitverbreiteter Krankheiten, wie Herz-Kreislauf-Erkrankungen, Krebs, Diabetes oder Infektionskrankheiten, sollten durch Wissen aus der Genomforschung entscheidend verbessert werden. Der offizielle Beginn des Genomprojekts war 1990. Eine internationale Koordinierungsstelle, die **Human-Genome-Organisation** (HUGO), wurde eingerichtet. Deutschland beteiligte sich seit 1996 an diesem internationalen Projekt. Das Unternehmen *Celera Genomics* arbeitete seit 1998 parallel an der Entschlüsselung.
Das für 15 Jahre geplante **Human Genome Project** wurde 2003 abgeschlossen. Die Erfolgsmeldung „Das Genom ist entschlüsselt." war jedoch nicht der Abschluss der Arbeit der Genetiker, sondern eher ihr Beginn. Das Zusammenspiel von Genom, Transkriptom (Gesamt-mRNA-Gehalt), Proteom (Gesamtproteingehalt) und Umwelt ist immer noch weitgehend ungeklärt und scheint nach bisherigen Erkenntnissen noch wesentlich komplexer zu sein als bisher vermutet. Die Erforschung dieses Zusammenspiels hat gerade erst begonnen.

EM-Aufnahme der entknäuelten menschlichen DNA

Eigenschaften des menschlichen Genoms
- Die Größe beträgt ca. 3,3 Mrd. Basenpaare (haploid).
- Es besitzt wahrscheinlich 20000–25000 Gene.
- Etwa 0,1 % der Basenpaare sind zwischen den Menschen variabel.
- Die durchschnittliche Gengröße umfasst 3000 Basenpaare.
- Das Dystrophingen mit 2,4 Mio. Basenpaaren ist das größte Gen.
- Etwa 2,5 % proteincodierende DNA sind vorhanden.
- Das Chromosom 1 hat mit 2968 die meisten Gene.
- Das Y-Chromosom hat mit 231 die wenigsten Gene.

Den aktuellen Stand der Sequenzierung des menschlichen Genoms kann man unter folgender Internetadresse abrufen: *www.ensembl.org/Homo_sapiens/*

Während der **Sequenzierung** unseres Genoms wurde erkannt, dass es statt der bisher angenommenen 60000–100000 Gene nur ca. 25000 Gene besitzt, das sind etwa so viel wie bei einer Maus, doppelt so viel wie bei *Drosophila* oder fünfmal so viel wie bei Hefezellen. Die Anzahl der Gene hat also nicht unbedingt etwas mit der Komplexität und Kompliziertheit eines Organismus zu tun. Wichtig erweist sich neben den „puren" Informationen im Genom auch ihr Informationsmanagement. Wechselwirkungen der DNA mit Histonen oder DNA-Methylierungsprozesse können die Aktivität von Genen regulieren und relativ dauerhaft bestimmen, welche Aufgaben Zellen im Organismus haben. Diese phänotypischen festgelegten Zelleigenschaften sind nicht im Genotyp gespeichert. Sie können auch auf nächste Zellgenerationen weitervererbt werden. Diese Form des Informationsmanagements wird **Epigenetik** genannt (↗ S. 208).

Organisation des menschlichen Genoms

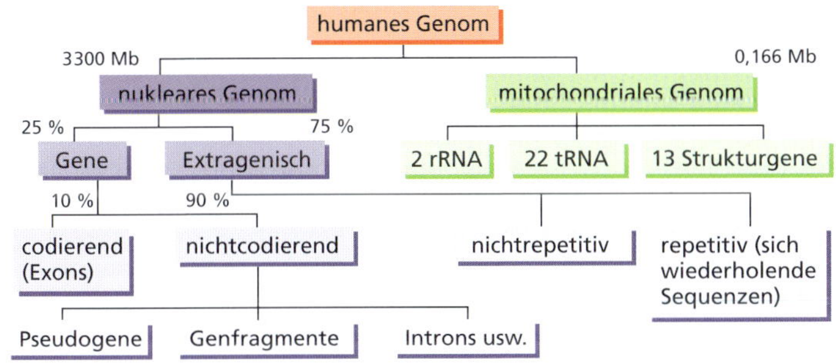

1 Mbp (Megabasenpaare) entspricht 1000 kbp (Kilobasenpaare) = 10^6 bp (Basenpaare)

Die **Sequenzierung eines Genoms** ist heute nicht mehr so schwierig. Durch Automaten können täglich einige Tausend Basen bestimmt werden. Probleme bereitet jedoch die Länge der in den Chromosomen enthaltenen DNA-Moleküle. Je länger die DNA-Stücke sind, desto häufiger kommt es zu Fehlern bei der Analyse. Deshalb nutzte HUGO eine hierarchische Sequenzierungsstrategie. Die chromosomale DNA wird mit Enzymen in immer kleinere, einander überlappende Fragmente zerschnitten. Von jedem einzelnen DNA-Stück wird die Basenreihenfolge bestimmt und anschließend zu einem fortlaufenden „Text“ zusammengesetzt.

Zur Genomanalyse kann auch die Schrotschussmethode angewendet werden.

Das Deutsche Humangenomprojekt (DHGP) beendete seine Aktivitäten im Juni 2004. Insgesamt sind bislang ca. 1 500 Krankheiten identifiziert. Da an fast allen erblichen Krankheiten mehrere Gene beteiligt sind, wird sich die zukünftige Forschung langfristig damit beschäftigen, wie deren Zusammenspiel im Detail erfolgt, und entsprechende Medikamente dafür entwickeln.

Sequenzierungsstrategie der Genomanalyse

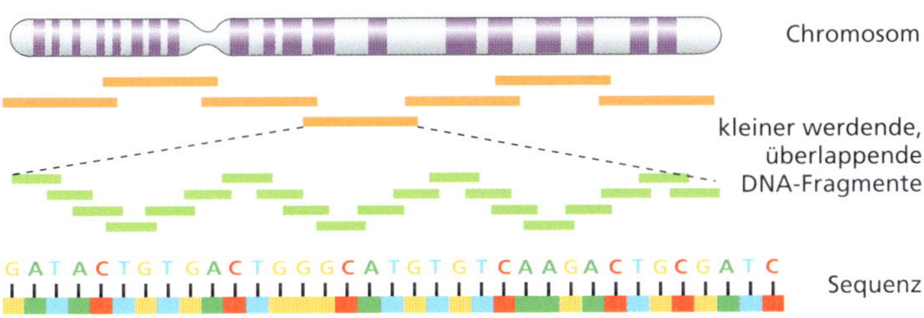

Alle erhaltenen Daten über Basensequenzen und daraus folgende Proteine werden in Datenbanken gespeichert und der Öffentlichkeit, z. B. über das Internet, zugänglich gemacht.

Ausschnitt der Kartierung des X-Chromosoms

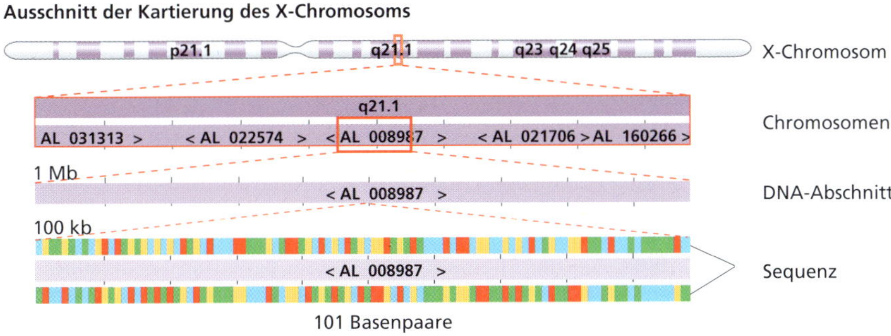

5.3.5 Gentherapie soll helfen, Erbkrankheiten zu heilen

Neben der **Gentherapie** gewinnt die Gendiagnostik immer mehr an Bedeutung.

Lange Zeit waren genetisch bedingte Krankheiten oder genetisch vorhandene Dispositionen für eine Erkrankung nicht direkt heilbar, möglich war lediglich eine Behandlung der Symptome.
Dank der Gentechnik besteht heute prinzipiell die Möglichkeit, mit der Therapie direkt an den Genen anzusetzen. Dabei können zwei Varianten unterschieden werden:
- Die **somatische Gentherapie** verändert das Genom von Körperzellen. Diese Veränderungen werden nicht an die nächste Generation weitergegeben.
- Die **Keimbahntherapie** setzt an den Keimzellen oder ihren Vorläufern an. In diesem Fall werden die genetischen Veränderungen an die Nachkommen weitergegeben. In Deutschland ist die Keimbahntherapie durch das Embryonenschutzgesetz von 1991 bis heute (2011) verboten.

Prinzipiell können bei der Gentherapie verschiedene Vorgehensweisen unterschieden werden:
- Austausch eines krank machenden Gens (wirkungsvoll bei monogen bedingten Krankheiten)
- Hemmung eines im Genom schädlich wirkenden Fremdgens (z. B. von dauerhaft integrierten viralen Genen wie HIV)
- Einführung von zusätzlichen Genen, die für therapeutisch wirksame Proteine codieren (hier besteht die Hoffnung auf Erfolge in der Krebstherapie, indem z. B. Gene für Proteine, die bestimmte Zellen zerstören, eingesetzt werden oder solche, die den normalen Zellzyklus wiederherstellen)

Bis Anfang 2011 haben nur sehr wenige Gentherapien zu wirklich dauerhaften Erfolgen geführt, es wird jedoch intensiv an der Gentherapie verschiedener monogener Erbleiden wie Bluterkrankheit (Hämophilie A und B), Hypercholesterolämie, Mukoviszidose, Adrenoleukodystrophie (ALD) und Muskeldystrophie geforscht. Eines der Probleme ist, dass die übertragenen Gene im Genom häufig nach einiger Zeit inaktiviert werden, sodass die Therapie wiederholt werden muss. Außerdem sind Fälle von Leukämie nach Gentherapien aufgetreten. Die Gründe dafür sind noch nicht hinreichend bekannt, d. h., es wird noch mehr Grundlagenwissen über die Interaktionen der Gene und ihre Auswirkungen auf den Zellstoffwechsel benötigt.

Bei der Ex-vivo-Gentherapie werden Zellen außerhalb des Körpers verändert

Ein Beispiel ist die Behandlung der angeborenen Hypercholesterolämie, die auf dem Fehlen von Cholesterolrezeptoren auf den Leberzellen beruht. Der dadurch entstehende extrem hohe Cholesterolspiegel führt unter Umständen schon vor dem 20. Lebensjahr zu Arteriosklerose und Herzinfarkt. Bei der Therapie werden dem Patienten Leberzellen entnommen und außerhalb des Organismus ***(ex vivo)*** mithilfe von Viren die „gesunden" Gene in Leberzellen eingefügt.

Die transgenen Zellen siedeln sich nach erfolgter Infusion in der Leber an und synthetisieren den Rezeptor. In ersten Versuchen dazu sank der Spiegel allerdings nur gering, und die übertragenen Gene verloren nach einiger Zeit ihre Aktivität.

Wenn Viren als Genvektoren eingesetzt werden, ist nicht auszuschließen, dass auch Teile des Virengenoms übertragen werden und dadurch im Empfänger unerwünschte Nebeneffekte auftreten, z. B. Leukämie.

Gentherapie an der Leber

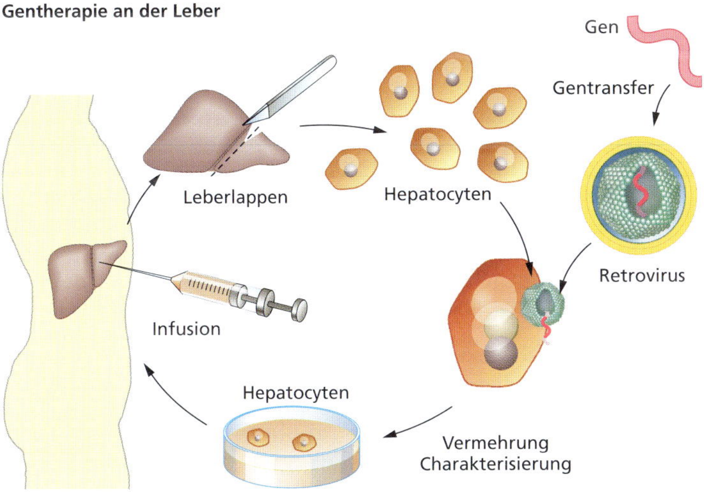

Im Jahr 2009 konnte die erbliche Gehirnkrankheit Adrenoleukodystrophie (ALD), die in der Regel schon im Jugendalter zum Tod führt, bei zwei Patienten gentherapeutisch geheilt werden.
Den Patienten wurden Stammzellen aus dem Knochenmark entnommen. Diese wurden in Kultur mit einem gentechnisch veränderten HI-Virus, welches das gesunde Gen enthielt, behandelt. Anschließend wurden die Knochenmarkstammzellen der Patienten chemotherapeutisch abgetötet und den Patienten wurden Stammzellen aus den Kulturen ihrer eigenen gentherapeutisch veränderten Stammzellen ins Knochenmark übertragen.

Schon 1990 wurde in den USA die erste Gentherapie an einem vierjährigen Mädchen durchgeführt, das an einer angeborenen Immunschwäche litt. Der Erfolg der Behandlungsmethode konnte nicht eindeutig bewiesen werden, da eine parallele konventionelle Enzymbehandlung weiterlaufen musste.

Bei der In-vivo-Gentherapie werden Vektoren direkt in den Körper injiziert

Bei der **In-vivo-Gentherapie** werden gefahrlose Viren eingesetzt, die statt der pathogenen Virengene das wirksame zu übertragende Gen enthalten. Sie sollen gezielt an solche Körperzellen binden, denen das „gesunde" Gen eingepflanzt werden soll.
Hauptschwierigkeit bei dieser Methode ist bis heute, geeignete Vektoren zu finden und diese so zu präparieren, dass sie gezielt den Gentransfer in bestimmte Zellen durchführen. Bereits Ende der 1990er Jahre wurde auf diese Weise versucht, die Gefäßneubildung bei Arteriosklerosepatienten anzuregen. Derzeit (2010) wird u. a. an einer In-vivo-Gentherapie von Leukämiezellen geforscht.
Wegen vieler Nebenwirkungen und Misserfolge ist die Gentherapie jedoch bis heute keine Standardbehandlungsmethode.

5

Gentechnik

■ Erkenntnisse aus der Viren- und Bakteriengenetik bildeten die Grundlage für die Entwicklung der Gentechnik. Dabei kommt einer Reihe spezieller Untersuchungsmethoden besondere Bedeutung zu:
- gezielte Trennung von Nucleinsäuren mithilfe von **Restriktionsendonucleasen**
- **Ligasen** und **Polymerasen** zum manipulierten Zusammenbau von Nucleinsäuren
- Techniken zur Trennung, Markierung, Identifizierung und Isolation spezieller Nucleinsäurefragmente **(Gelelektrophorese, Blotting-Techniken, Gensonden)**
- die **Polymerase-Kettenreaktion** (PCR) zur Vervielfältigung von DNA
- Techniken zur **DNA-DNA-** und **DNA-RNA-Hybridisierung**
- zeitsparende Sequenzierungstechniken zur Genkartierung
- Transkription von mRNA in DNA mithilfe von aus Retroviren gewonnener **reverser Transkriptase**

■ Mit solchen Techniken können nicht nur Verwandtschaftsanalysen **(genetischer Fingerabdruck, Stammbaumforschung)** durchgeführt und Erbkrankheiten verursachende Gene identifiziert werden; sie dienen auch zur gezielten genetischen Veränderung von Lebewesen. Das Prinzip zur Übertragung fremder Erbanlagen in Zellen, die Erzeugung **transgener Organismen,** beschränkt sich im Wesentlichen auf wenige Schritte. Je nach geplantem Verfahren und Ziel gibt es Unterschiede.

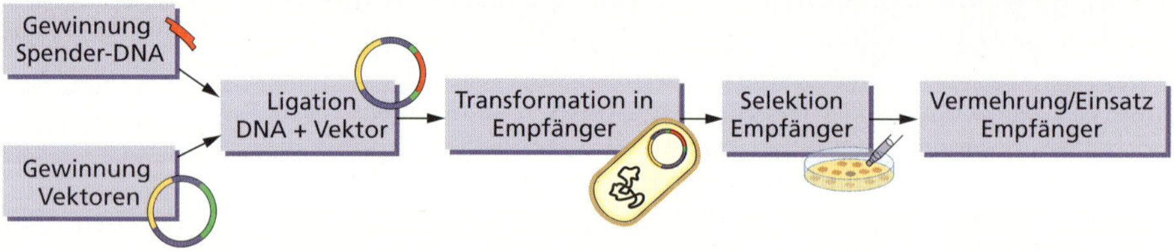

■ Die mögliche Nutzung gentechnisch veränderter Organismen ist sehr vielfältig. Sie können zur Herstellung von Stoffen, wie Medikamenten oder Enzymen, eingesetzt werden. Es werden aber auch transgene Mikroorganismen, Nutztiere und Kulturpflanzen erzeugt, die günstigere Eigenschaften wie höhere Erträge geringere Krankheitsanfälligkeit oder verbesserte Inhaltsstoffe aufweisen.

■ Durch die Kartierung und weitere Analyse des menschlichen Genoms und individueller Genotypen wurden und werden viele Erkenntnisse über Ursachen, Verlauf und Behandlungsmöglichkeiten von Krankheiten gefunden. Es besteht die Aussicht, Erbkrankheiten ursächlich mithilfe der **Gentherapie** heilen zu können.

Wissenstest 4 auf **http://wissenstests.schuelerlexikon.de** und auf der DVD

Fortpflanzung, Wachstum und Entwicklung 6

6

6.1 Fortpflanzung

- Fortpflanzung kann auf ungeschlechtlichem und geschlechtlichem Weg erfolgen.
- Fortpflanzung ist häufig mit Vermehrung verbunden.
- Die ungeschlechtliche Fortpflanzung basiert auf der mitotischen Kernteilung.
- Zur geschlechtlichen Fortpflanzung gehören Kernverschmelzung und meiotische Teilung (Reduktionsteilung).

6.1.1 Fortpflanzung ist oft mit Vermehrung verbunden

Altern, Tod und Individualität sind bei Lebewesen eng verknüpft.

Altern und Tod sind eng verbunden mit individuellem Leben. Unsterblichkeit gibt es nur bei Einzellern, die durch Zellteilung in ihren Tochterzellen aufgehen. Allerdings gibt es auch mehrzellige Tiere, Pilze und Pflanzen, die sich immer wieder durch Abspaltung von Tochterindividuen oder durch Aufspaltung in mehrere Tochterindividuen fortpflanzen und vermehren.

Etwa 500 Sträucher der Proteaceen-Art *Lomatia tasmanica* im tasmanischen Regenwald gehen auf eine Ursprungspflanze zurück, die vor ca. 43 000 Jahren existierte.

Bei **ungeschlechtlicher Fortpflanzung** entstehen erbgleiche Tochterindividuen.

Eine solche Vermehrung bzw. Fortpflanzung eines Lebewesens durch Teilung, Knospung, Ausläufer- und Ablegerbildung, Brutzwiebeln u. Ä. nennt man **ungeschlechtliche Fortpflanzung.** Die Grundlage dieser Vorgänge bildet die mitotische Teilung einzelner Zellen oder eines Zellverbands. Die Tochterindividuen besitzen alle die gleiche genetische Information (↗S. 98). Demgegenüber beruht die **geschlechtliche Fortpflanzung** auf der Kombination des Erbguts zweier genetisch unterschiedlicher Individuen.
Normalerweise verschmelzen zwei **Gameten** mit einfachem Chromosomensatz zu einer diploiden **Zygote.** Ebenso wie die Kernverschmelzung gehört die Reduktionsteilung **(Meiose),** bei der der doppelte Chromosomensatz wieder halbiert wird, zum Lebenszyklus eines sich sexuell fortpflanzenden Lebewesens (↗S. 254).

6.1.2 Ungeschlechtliche Fortpflanzung beruht auf Mitosen

Euglena (griech. *eugĺenos:* mit schönen Augen): Augentierchen

Bei Einzellern kennt man **äquale Zellteilung** (Teilung in gleiche Tochterzellen, z. B. Augengeißler *Euglena*), **inäquale Zellteilung** (Sprossung bei Hefen) und multiple Zellteilung, bei der sich eine Mutterzelle in viele Tochterzellen aufspaltet (z. B. Malariaerreger *Plasmodium*, ↗S. 287). Ähnlich kann man bei Vielzellern Teilung, Brutkörperbildung (Knospung, Ableger, Brutzwiebeln usw.) oder Fragmentierung in zahlreiche Tochterindividuen unterscheiden.
Die sechs wesentlichen Formen sind in der folgenden Tabelle mit entsprechenden Abbildungen zusammengestellt:

Formen ungeschlechtlicher Fortpflanzung

Ergebnis	Einzeller	Mehrzeller
zwei gleich große Tochterorganismen	äquale Teilung 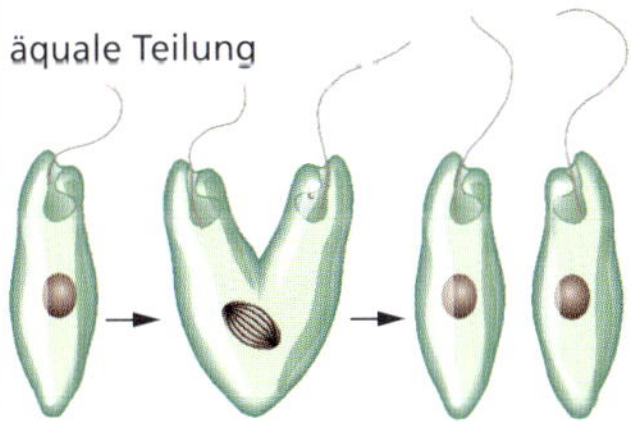	**Zweiteilung (Dividuenbildung)** 
kleinere Tochterorganismen neben dem Mutterorganismus	Zellsprossung 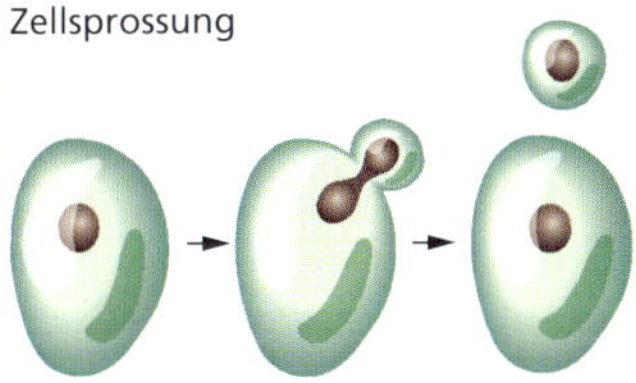	Brutkörperchenbildung 
mehrere Tochterorganismen außer- oder innerhalb des Mutterorganismus	multiple Zellteilung 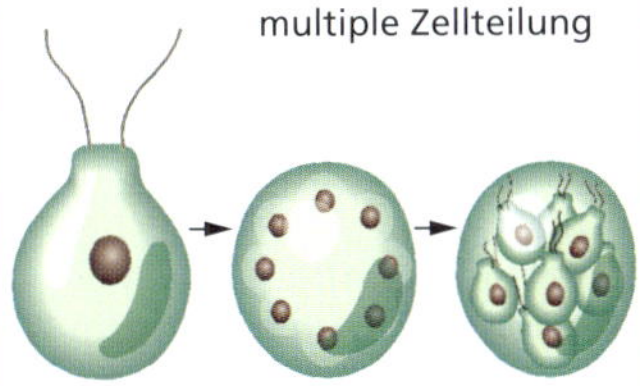	Fragmentierung 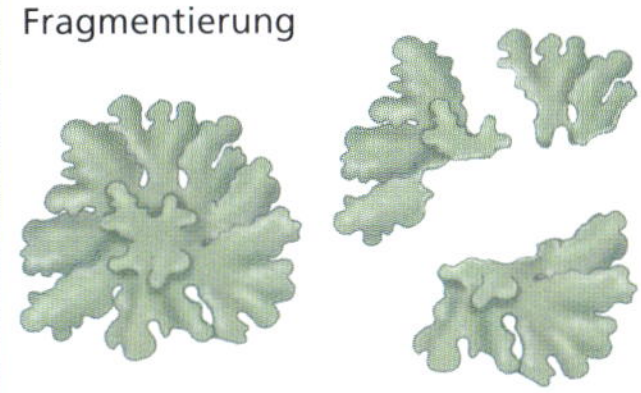

6.1.3 Geschlechtliche Fortpflanzung beinhaltet Befruchtung und Meiose

Nach der **Befruchtung** kann sich die diploide Zygote sofort wieder meiotisch teilen. Aus den Teilungsprodukten entstehen haploide Nachkommen, die dann mitotisch Keimzellen bilden **(Haplonten).** Bei den **Diplonten** – der Mehrzahl der höheren Lebewesen – entwickeln sich aus den Zygoten diploide Nachkommen, bei denen die **Meiose** erst während der Keimzellenbildung stattfindet. Bei vielen Algen und bei Pflanzen entstehen aus den haploiden Sporen (bzw. begeißelten Zoosporen) ohne Befruchtung durch mitotische Teilungen haploide Organismen. Sie bilden mitotisch **Gameten,** die sich über eine Befruchtung zu diploiden Zygoten entwickeln. Daraus entstehen diploide Nachkommen, die über Meiose wieder haploide Sporen bilden **(Haplodiplonten).**

Bei Haplodiplonten gibt es einen obligatorischen Wechsel zwischen einer diploiden und einer haploiden Generation (heterophasischer Generationswechsel, ↗ S. 257).

Die Meiose lässt sich in zwei Kernteilungsprozesse untergliedern: In der ersten meiotischen Teilung wird die Zahl der Chromosomen halbiert (Reduktionsteilung), die zweite meiotische Teilung entspricht weitgehend einer normalen Mitose, nur dass es vorher nicht zu einer Verdopplung der DNA kommt.

Ablauf der Meiose

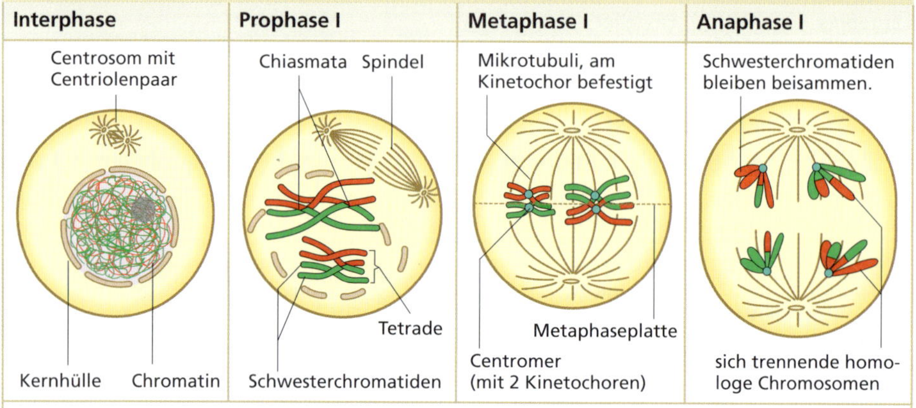

Prophase I
Vier Chromatiden ordnen sich parallel an (Tetraden). Es kommt zu Überkreuzungen (Chiasmata) und vertauschtem Zusammenwachsen von Chromatidenabschnitten (Crossing-over).
Metaphase I
Homologe Chromosomenpaare ordnen sich gegenüberliegend in der Äquatorialplatte an.
Anaphase I
Homologe Chromosomen werden auseinandergezogen und zu den Zellpolen transportiert.
Telophase I
Nun kommt es entweder zu einer Interphase (Entspiralisierung der Chromosomen, Bildung von Kernhüllen) oder es schließt sich sofort die zweite meiotische Teilung an. Sie entspricht einer Mitose (↗ S. 98 f.), nur dass es vorher nicht zur DNA-Verdopplung kommt, da jedes Chromosom schon aus zwei Chromatiden besteht. Nach Trennung der Schwesterchromatiden, dem Aufbau neuer Kernmembranen und der Zellteilung sind nun vier Tochterzellen entstanden, die über je einen haploiden **Ein-Chromatid-Chromosomensatz** verfügen. Aus der Vielzahl der Verteilungsmöglichkeiten der homologen Chromosomen in der Metaphase I und aus den Prozessen des **Crossing-over** resultiert die im Vergleich zur asexuellen Fortpflanzung hohe Variabilität der Tochterindividuen.

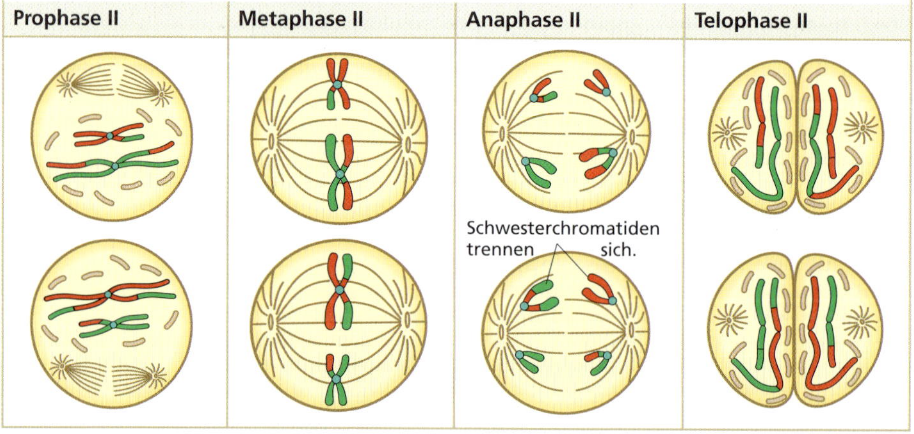

6.2 Niedere Organismen

- Bei Prokaryoten kommen neben der Zellteilung verschiedene Formen des Austauschs von genetischem Material vor, auch zwischen verschiedenen „Arten".
- Viele Algengruppen mit geschlechtlicher Fortpflanzung entwickeln sich über einen Generationswechsel.
- Kennzeichnendes Merkmal bei der geschlechtlichen Fortpflanzung von Pilzen ist die räumliche und zeitliche Trennung von Plasmaverschmelzung und Kernverschmelzung.
- Vegetativ vermehren sich Pilze häufig durch Konidien.

6.2.1 Bei Prokaryoten sind Vermehrung und Genaustausch nicht gekoppelt

Fortpflanzung und Vermehrung der ***Prokaryota*** erfolgen überwiegend durch **Zweiteilung,** seltener durch **multiple Zellteilung.**

Zellteilung einer Bakterienzelle

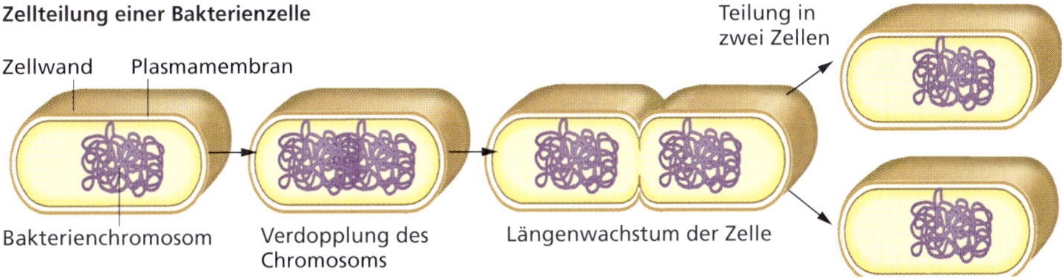

Nachdem die DNA verdoppelt wurde, bleiben die Kopien an benachbarten Stellen der Membran gebunden. Nun wächst die Membran zwischen den Anheftungsstellen, wodurch die DNA-Ringe weiter auseinanderrücken. Wenn die Bakterienzelle durch Wachstum etwa das Doppelte ihrer ursprünglichen Länge erreicht hat, schnürt sich die Plasmamembran nach innen ein und zwischen den Tochterzellen wird eine Zellwand gebildet. Die Zellen können nach der Teilung in mehr oder weniger festen Ketten verbunden bleiben. Zur Überdauerung ungünstiger Lebensbedingungen können manche Bakterien Dauerzellen oder **Sporen** ausbilden. Diese können endogen – in einer Mutterzelle – oder exogen – als Abschnürungen nach außen – gebildet werden.

LOUIS PASTEUR (1822–1895) widerlegte die spontane Entstehung von Bakterien aus unbelebten Stoffen (Urzeugung, ↗ S. 311).

Sporenbildung bei Bakterien

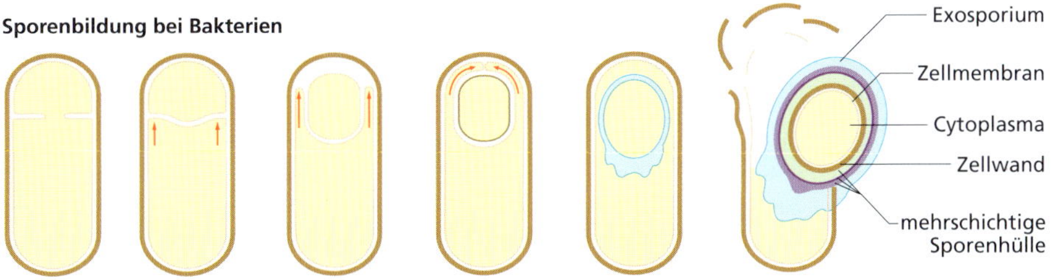

6.2.2 Protisten haben unterschiedliche Fortpflanzungsweisen

Auch bei den eukaryotischen Einzellern ist die **Zweiteilung (Schizotomie)** der am häufigsten realisierte asexuelle Fortpflanzungsprozess. Die nachfolgende Zellteilung kann längs, wie z. B. bei *Euglena*-Arten, oder quer zur Zellachse, wie z. B. bei *Paramecium*-Arten, erfolgen.

Längsteilung von *Euglena*

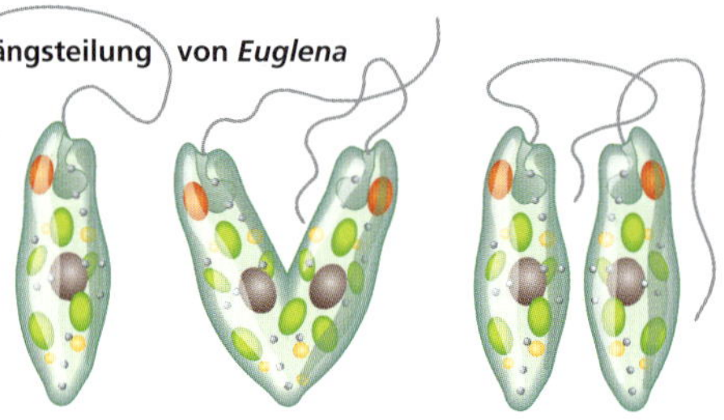

Querteilung von *Paramecium*

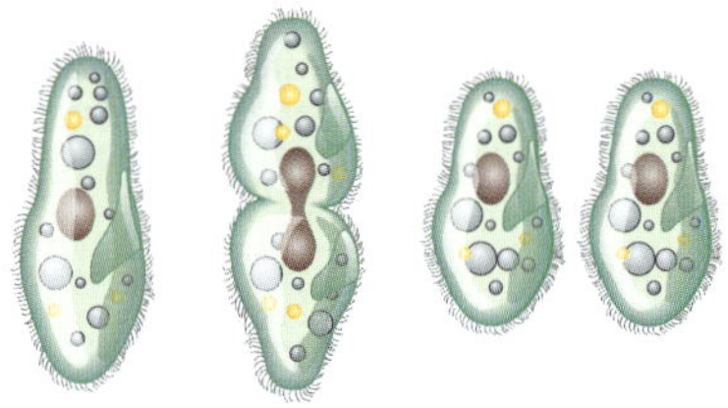

Bei der **multiplen Zellteilung (Schizogonie)** werden nach wiederholten Teilungen in der Mutterzelle entweder bewegliche **Zoosporen** oder unbewegliche **Aplanosporen** gebildet. Diese können sich entweder einzeln oder in Zellverbänden zu ausgewachsenen Organismen entwickeln.

Isogamie

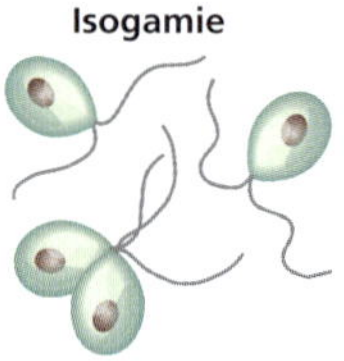

Anisogamie

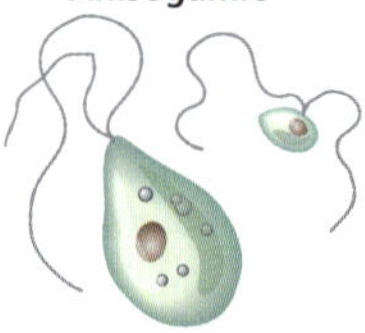

Oogamie

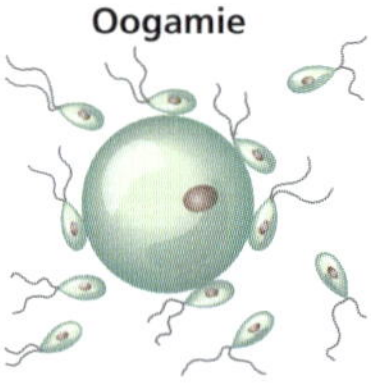

Bei der Grünalge *Volvox* teilen sich einzelne, relativ große Zellen des Mutterorganismus mehrmals längs. Nach Einstülpung dieser Zellen bildet sich ein Hohlnapf, der sich schließlich zu einer oben offenen Hohlkugel formt. Die derart entstandene Tochterkugel wird abgelöst, stülpt sich um und verbleibt zunächst im Inneren der Mutterkugel, bis diese platzt und zugrunde geht.

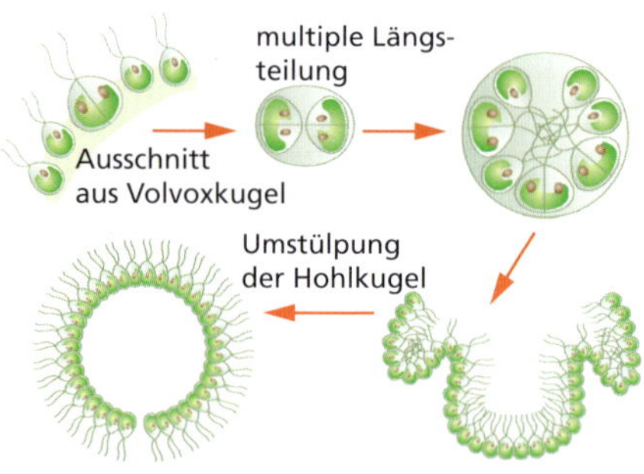

Als weitere ungeschlechtliche Fortpflanzungsform bei den mehrzelligen Algen tritt die **Fragmentation** auf. Diesen Zerfall des Vegetationskörpers *(Thallus)* findet man beispielsweise bei den Braunalgen-Gattungen *Fucus* und *Sargassum*. Viele einzellige und einige mehrzellige Algen (z. B. Alge *Ulothrix*) haben morphologisch identische Keimzellen **(Isogamie).** Sind die Gameten in größere und kleinere differenziert (z. B. einzellige Grünalge *Chlamydomonas*), spricht man von **Anisogamie.** Bei der **Oogamie** ist die weibliche Keimzelle groß und unbegeißelt (Eizelle), die männliche klein und meistens begeißelt (Spermazelle).

Konjugation bei *Paramecium*-Arten ist eine außergewöhnliche Form geschlechtlicher Fortpflanzung.

Eine spezielle Form der sexuellen Fortpflanzung bei eukaryotischen Einzellern ist die **Konjugation** bei **Ciliaten.** Dabei werden von zwei Individuen letztlich jeweils zwei haploide Kerne gebildet, von denen einer über eine Plasmabrücke auf den anderen Organismus übertragen wird. Danach verschmelzen die haploiden Kerne zu je einem diploiden Kern.

Werden die Gameten durch multiple Zellteilung aus einer Zelle gebildet, die nicht von sterilen Zellen umgeben ist, spricht man von einer **Gametocyste.** Entsprechende Sporenbehälter werden **Sporocyste** genannt. Nach der Befruchtung unterliegen die mehrzelligen Algen ganz unterschiedlichen Wachstums- und Differenzierungsprozessen.
Sehr charakteristisch ist die Ausbildung von unverzweigten oder verzweigten Zellfäden. Wenn die Zellen, von einem Initialpunkt ausgehend, flächige oder räumliche Zellverbände bilden, die von der Teilung an verbunden bleiben, spricht man von echten **Geweben (Parenchymen).** Solche Gewebe bilden verschiedene Braunalgen und Grünalgen aus (↗ S. 364)

Entwicklung einer Sporocyste

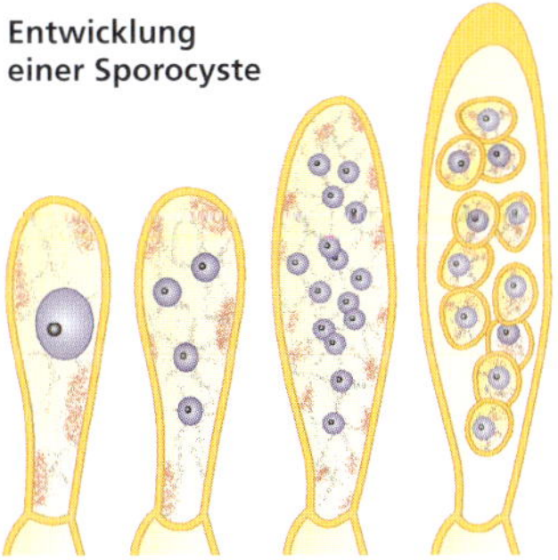

Bei vielen Algen wechselt eine gametenbildende, aus haploiden Individuen bestehende Generation mit einer sporenbildenden diploiden Generation ab. Die Gameten werden mitotisch vom **Gametophyten,** die meist begeißelten Sporen **(Zoosporen)** unter Meiose vom **Sporophyten** gebildet. Die Ausgestaltung dieses Generationswechsels unterscheidet sich bei den einzelnen Algenarten stark. In der Abbildung ist ein Beispiel für einen **isomorphen Generationswechsel** beim Gabelzungentang (Gattung *Dictyota*) dargestellt, bei dem sich beide Generationen morphologisch nicht unterscheiden.

Auch der Lebenszyklus der Pflanzen (Moose, Farnpflanzen, Samenpflanzen) ist durch einen **Generationswechsel** mit **Kernphasenwechsel** gekennzeichnet.

Generationswechsel des Gabelzungentangs *(Dictyota dichotoma)*

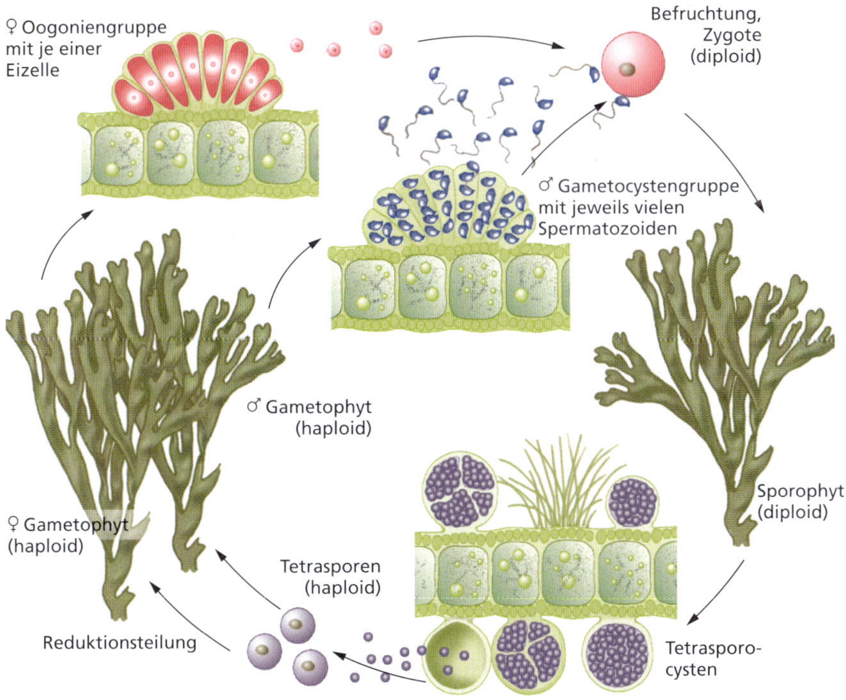

Die Schleimpilze *(Myxomycota)* nehmen eine Sonderstellung innerhalb der Protisten ein, die sich auch in ihrem Entwicklungs- und Fortpflanzungszyklus zeigt.

Entwicklungszyklus eines zellulären Schleimpilzes

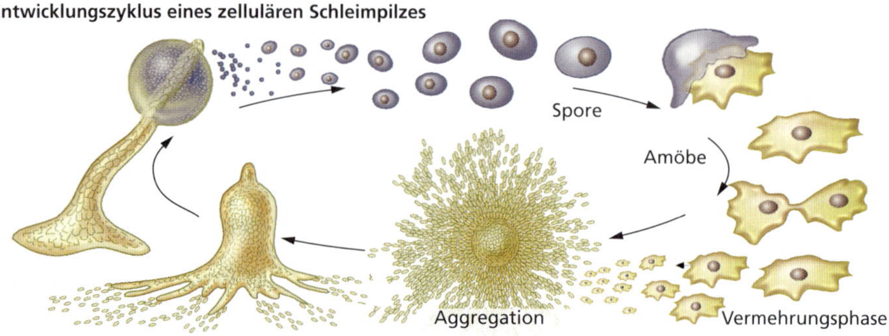

Das Beispiel zeigt das zu den zellulären Schleimpilzen gehörende *Dictyostelium.* Bei ausreichendem Nahrungsangebot leben *Dictyostelien* als amöbenartige haploide Einzeller. Bei Nahrungsknappheit findet, ausgehend von einem Bildungszentrum, eine **Aggregation** statt. Es bildet sich eine Fruchtkörperachse und ein Sporenträger. In seinem Inneren entstehen kugel- oder eiförmige Sporen, die bei manchen Arten feste Cellulosewände ausbilden. Die reife Sporocyste platzt auf, die Sporen werden durch Wind oder Wasser verbreitet und können unter günstigen Bedingungen wieder zu Amöben auskeimen.

6.2.3 Pilze haben oft komplizierte Fortpflanzungssysteme

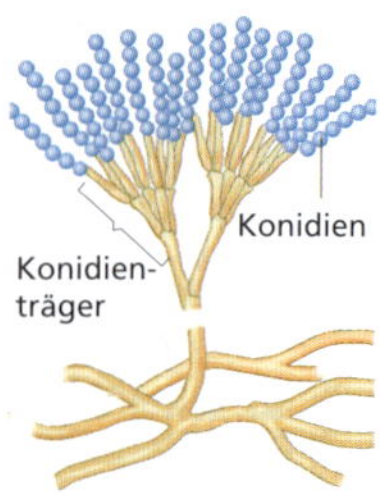

Die meisten **Pilze** bestehen aus einem sich ständig ausbreitenden Fadengeflecht, dem **Mycel.** Die einzellreihigen Fäden werden **Hyphen** genannt. Wenn die alten Mycelteile absterben, können aus einem ursprünglich zusammenhängenden Mycel viele Tochtermycelien entstehen. Außerdem können sich Pilze durch asexuell entstandene Sporen vermehren, die als **Konidien** bezeichnet werden, wenn sie nach außen abgeschnürt sind.

In Anpassung an das Landleben haben die Pilze bis auf die Flagellenpilze *(Chytridiomycota)* keine begeißelten, freien Gameten mehr. Bei den **Jochpilzen** *(Zygomycota)* und den **Schlauchpilzen** *(Ascomycota)* verschmelzen ganze Gametocysten (Cystogamie) zu einer sogenannten **Sammelzygote.**

Ständerpilz

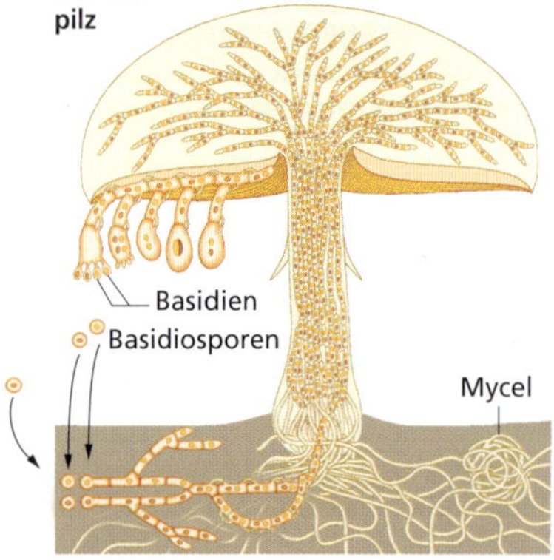

Bei den **Ständerpilzen** ***(Basidiomycota)*** verschmelzen kaum differenzierte Hyphen, also somatische Zellen (Somatogamie). Nach der **Somatogamie** entsteht ein paarkerniges Hyphengeflecht. Von diesem Paarkernmycel entstehen immer wieder Fruchtkörper. Auf Teilen der Fruchtkörperoberfläche oder im Inneren der Fruchtkörper werden unter Meiose **Basidiosporen** gebildet.

6.3 Steuerung der Entwicklung bei Pflanzen und Tieren

- Pflanzen zeigen ein lebenslanges Wachstum an Spross- und Wurzelspitzen.
- Bei der Entwicklung der Tiere spielen Zellumlagerungen, Zelltod und Zellerneuerung eine wichtige Rolle.
- Alle Entwicklungsschritte werden dadurch möglich, dass einem zeitlich-räumlichen Muster folgend immer nur ganz bestimmte Gene exprimiert werden.
- Als Genschalter wirken nicht codierende DNA-Abschnitte *(Enhancer),* die von Transkriptionsfaktoren bedient werden.
- Für die Bildung von Transkriptionsfaktoren sind hierarchisch geordnete Entwicklungsgene (Kontrollgene) verantwortlich.
- Die Entwicklung der richtigen Struktur an einem bestimmten Ort hängt von der richtigen Kombination von Transkriptionsfaktoren und Genschaltern ab.

Morphogenese (griech. *morphé:* Gestalt; *genesis:* Entstehung): Entwicklung eines Organismus

Man unterscheidet bei **Stammzellen: Totipotenz** (lat. *totus:* ganz; *potens:* fähig): zur Bildung aller – auch extraembryonaler – Gewebe fähig, **Pluripotenz:** zur Bildung aller embryonalen Gewebe fähig, **Multipotenz:** zur Bildung verschiedener, aber nicht aller Gewebe fähig.

6.3.1 Zygoten differenzieren sich zu vielzelligen Lebewesen

Durch mitotische Zellteilungen entstehen aus befruchteten Eizellen (Zygoten) vielzellige Lebewesen. Dabei differenzieren sich die Zellen zu verschiedenen Zelltypen und bilden unterschiedliche Gewebe und Organe. Dieses geordnete Zusammenspiel der sich differenzierenden Zellen, das schließlich zu der typischen Pflanzen- oder Tiergestalt führt, wird **Morphogenese** genannt. Die genetische Ausstattung der Zellen verändert sich dabei aber nicht, Differenzierung und Gestaltbildung kommen nur durch **unterschiedliche Genexpression** zustande. Diese **Totipotenz** der Körperzellen, die auf der grundsätzlich gleichen genetischen Ausstattung beruht, wurde schon früh experimentell nachgewiesen (1950 für Rindenzellen der Möhre und in den 1950er Jahren mehrfach für Amphibien).

Die wichtigsten Schritte der Keimesentwicklung bei Tieren und Pflanzen

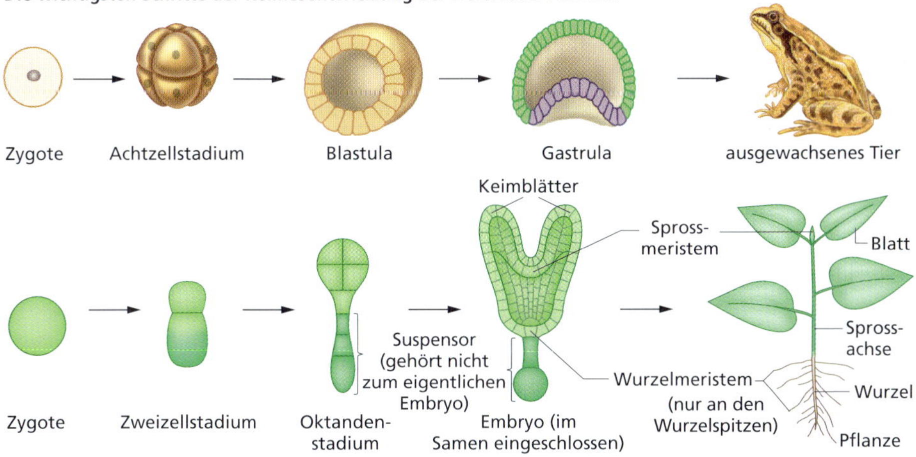

Der Entwicklungsprozess verläuft bei Tieren und Pflanzen unterschiedlich:
- Pflanzen zeigen ein kontinuierliches Wachstum an den Spitzen von Wurzeln und Sprossachsen, für das embryonale Gewebe, sogenannte **Apikalmeristeme,** verantwortlich sind. Dabei werden immer wieder dieselben „Module", nämlich Blätter, Wurzelabschnitte und Sprossachsenabschnitte, gebildet.
- Bei Tieren wird normalerweise eine endliche Körpergröße erreicht, die meisten Körperzellen werden jedoch in unterschiedlichen Abständen erneuert, wofür sogenannte **Stammzellen** verantwortlich sind. Bei der Entwicklung spielen programmierter Zelltod (Apoptose) und Zellumlagerungen eine wichtige Rolle.

Die Bedeutung der exakten Regulation der Genaktivitäten wird vor allem bei Fehlentwicklungen deutlich. Liegen solchen Missbildungen genetische Veränderungen (Mutationen) zugrunde, können damit die genetischen Regulationsprozesse aufgeklärt werden, ganz ähnlich wie Mutationen auch dazu dienten, Vererbungsregeln aufzuklären oder Stoffwechselwege zu erforschen.

6.3.2 Pflanzen entwickeln sich aus Meristemen

Im Gegensatz zu Tieren wachsen Pflanzen, so lange sie leben, und sie produzieren in dieser Zeit fortlaufend undifferenzierte **Meristeme** (Bildungsgewebe). Dadurch verfügen sie über eine große **Entwicklungsplastizität.** In vielen Fällen ist eine völlige Regeneration aus kleinen Teilen des Pflanzenkörpers (Rhizomstückchen, Blattabschnitte, Wurzelstücke) möglich. Pflanzenzellen bleiben am Ort ihrer Bildung, sie bewegen sich nicht relativ zueinander. Schließlich legen Pflanzen – im Gegensatz zu Tieren – die zukünftigen Keimzellen nicht in einem sehr frühen Entwicklungsstadium an (keine frühe Trennung von Keimbahn und Körperzellen).

Adventive Regeneration ist eine spezielle Form der asexuellen Fortpflanzung. Beispielsweise entwickeln sich beim Brutblatt *(Kalanchoe daigremontiana)* Tochterpflänzchen aus Restmeristemen am Blattrand.

Die Entwicklung einer Pflanze lässt sich in drei Phasen einteilen:
- embryonale Phase,
- Wachstums- und Reifephase,
- reproduktive Phase und Seneszenz.

Bei einjährigen Pflanzen kann dieser Lebenslauf innerhalb weniger Monate oder sogar Wochen ablaufen. Bei Bäumen wird die dritte Phase oft erst nach Jahren oder sogar Jahrzehnten erreicht und kann dann nahezu unbegrenzt anhalten.

Entwicklung des Embryos

Nach der Befruchtung streckt sich die Zygote zunächst auf die etwa dreifache Länge, dann teilt sie sich inäqual. Aus der kleineren Zelle wird der **Embryo (Keimling),** die größere bildet den **Suspensor,** der den Embryo mit dem Nährgewebe der Samenanlage verbindet. Nur die oberste Suspensorzelle, die **Hypophyse,** wird später dem Embryo zugeschlagen und Teil der Keimwurzel. Die Keimlingsstrukturen werden bei den meisten Blütenpflanzen durch eine Folge von Zellteilungen festgelegt. Während sich die untere Zelle mehrfach quer teilt, bildet die obere Zelle durch eine Folge von vertikalen und horizontalen Teilungen ein **Oktandenstadium.**

Durch weitere regelmäßige Teilungen kommt es zu einer radialen Differenzierung, durch die schon die späteren Strukturen **Epidermis, Grundgewebe** und **Leitgewebe** festgelegt werden, sodass am Ende der Embryonalentwicklung, im sogenannten **Herzstadium,** die Keimlingsstrukturen weitgehend festgelegt sind. An den beiden Endpunkten liegen die **primären Meristeme,** die als selbstregulierende Stammzellensysteme alle postembryonalen Strukturen der Pflanzen hervorbringen. Dazwischen liegen die **Keimwurzel,** das **Hypokotyl** (Sprossachse zwischen Wurzel und Keimblättern) und die **Keimblätter.**

Pflanzenmeristem

Phytohormone und Entwicklungsgene

Schon lange ist bekannt, dass pflanzliche Entwicklungs- und Differenzierungsvorgänge von **Phytohormonen** gesteuert werden. Bereits bei der oben geschilderten Differenzierung der Embryonalgewebe spielt das Phytohormon **Auxin** eine Rolle. Doch wie kommt es zur Bildung dieser Phytohormone?
Um die Phytohormonproduktion in Gang zu bringen, müssen zunächst die Enzyme produziert werden, die für die Hormonsynthese notwendig sind. Gleichzeitig müssen auch Gene aktiviert werden, deren Produkte für die Empfindlichkeit einer Zelle gegenüber einem Hormon zuständig sind, z.B. die Rezeptormoleküle in der Zellmembran und die Proteine für eine mögliche Signalkette im Cytoplasma.
Für die Steuerung der Translation und die anschließende Aktivierung oder Hemmung der Translationsprodukte können ebenfalls spezielle Genprodukte notwendig sein.

Ein wichtiger pflanzlicher Modellorganismus für die Suche nach Entwicklungsgenen ist die **Acker-Schmalwand** *(Arabidopsis thaliana).* Man fand heraus, dass 1500 ihrer rund 26000 Gene für Transkriptionsfaktoren codieren. Mehr als die Hälfte der bekannten **Genfamilien** für Transkriptionsfaktoren kommen bei allen Eukaryoten vor, sind also auch bei Tieren und Pflanzen gemeinsam zu finden. Doch ein erheblicher Anteil der Entwicklungsgene ist pflanzenspezifisch. Sie haben sich erst nach der stammesgeschichtlichen Trennung der Pflanzen- und Tiervorfahren entwickelt. So wird z.B. ein bestimmtes die Entwicklung des pflanzlichen Embryos kontrollierendes Gen (AtML1) nach der Zygotenteilung nur in der apikalen Zelle exprimiert. Und nur die inneren Zellen in der Apikalregion des 16-Zell-Stadiums des jungen Embryos exprimieren das Kontrollgen „Wuschel“, das später für die Entwicklung des primären Sprossmeristems wichtig ist.

Acker-Schmalwand *(Arabidosis thaliana),* die wichtigste Versuchspflanze der Pflanzenphysiologie.

Organidentitätsgene steuern die Ausbildung der Blütenorgane
Als Blütenorgane werden die wirtelig angeordneten Teile einer Blüte bezeichnet, die von außen (bzw. unten) nach innen (bzw. oben) als **Kelchblätter, Kronblätter, Staubblätter** und **Fruchtblätter** (meist verwachsen zum **Stempel**) bezeichnet werden.
Schon J. W. VON GOETHE war vor mehr als 200 Jahren aufgefallen, dass es bei der Blütenbildung mitunter zu „Verwechslungen“ zwischen den Blütenwirteln kommen kann, dass z.B. aus Staubblättern Kronblätter werden und „gefüllte“ Blüten entstehen.

Die Entwicklung zu einer Blüte beginnt am Vegetationspunkt einer Sprossachse. Das Meristem an der Sprossspitze bildet – induziert durch äußere oder innere Faktoren – keine Laubblattanlagen mehr, sondern Anlagen von Blütenorganen. Bei der Ausbildung der verschiedenen Blütenwirtel werden **Organidentitätsgene** wirksam:

- Gen A wird in den beiden äußeren Wirteln exprimiert, die zu Kelch- und Kronblättern werden.
- Gen B wird in den Wirteln zwei und drei exprimiert, die Kronblätter und Staubblätter bilden.
- Gen C wird in den beiden inneren Wirteln exprimiert, aus denen Staubblätter und Fruchtblätter hervorgehen.

Organidentitätsgene sind ein Beispiel für kombinatorische Genregulation
Die Wirkungsweise der Organidentitätsgene kann man sich so vorstellen, dass die Gene A, B und C jeweils nur für eine Untereinheit eines aus zwei Untereinheiten zusammengesetzten Transkriptionsfaktors codieren: A–A, A–B, B–C, C–C.

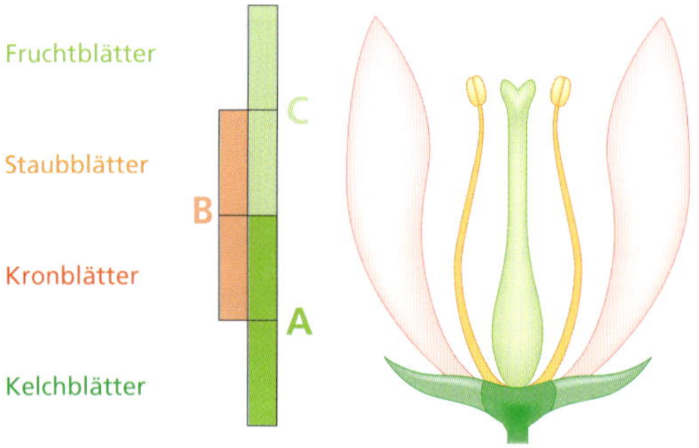

Es handelt sich hier um einen Fall von kombinatorischer Genregulation. Die Zusammensetzung des Dimers entscheidet darüber, welche anderen Gene von dem Transkriptionsfaktor aktiviert werden. Besteht im Beispiel ein Dimer nur aus den beiden Untereinheiten A, werden Kelchblätter produziert, besteht es aus A und B, bilden sich Kronblätter aus, besteht es aus B und C, werden Staubblätter gebildet, und besteht es aus zwei C, entstehen Fruchtblätter.

Wenn nun durch eine Mutation der Promotor, der normalerweise Gen C aktiviert, an Gen A gekoppelt wird, bilden sich keine Staub- und Fruchtblätter, sondern nur Kelch- und Kronblätter aus.
Auch die Organidentitätsgene A, B und C werden von einem übergeordneten Gen namens *„leafy"* (engl.: belaubt) reguliert. Wird dieses Gen gar nicht oder zu gering exprimiert, wird die Bildung von Blütenorganen unterdrückt. Stattdessen werden nur Laubblätter gebildet.

6.3.3 Genschalter steuern die Entwicklung der Tiere

Enhancer (engl. *enhance:* verstärken): wird auch als Transkriptionsverstärker bezeichnet

Die nicht codierenden Abschnitte zwischen den Genen sind bei Eukaryoten und insbesondere bei vielzelligen Tieren viel größer als bei Prokaryoten und Mikroben wie z.B. Hefen. Beim Menschen machen sie mehr als 90 % aus. Diese Regionen sind aber nicht nutzlos, sie dienen der Genregulation. Während die Gene, die für allgemeine und ständig benötigte Zellfunktionen wichtige Proteine – z.B. Enzyme des Kohlenhydratabbaus – codieren, auf relativ einfache Weise reguliert werden, gibt es für Entwicklungsgene sehr komplexe Kontrollregionen. An diese *Enhancer* können viele verschiedene Transkriptionsfaktoren binden, die sowohl aktivierend als auch hemmend wirken können.

Verschiedene und verschieden wirkende Transkriptionsfaktoren können um eine Bindungsstelle an einem *Enhancer* konkurrieren. Der Faktor, der stärker bindet oder in höherer Konzentration vorliegt, kann sich jeweils durchsetzen. Bilden solche Transkriptionsfaktoren in einem sich entwickelnden Organismus ein Konzentrationsgefälle aus, kann dies dazu führen, dass an unterschiedlichen Stellen des Organismus unterschiedliche Gene aktiviert werden. Eine solche Substanz, die bei verschiedenen Konzentrationen unterschiedliche Wirkung hat, wird **Morphogen** genannt.

Entwicklung am Beispiel von *Drosophila*

Viele grundlegende Erkenntnisse zur genetisch gesteuerten Keimesentwicklung von Tieren wurden an dem klassischen Modellorganismus Fruchtfliege *(Drosophila)* gewonnen.

Fruchtfliege *Drosophila melanogaster*

Larve der Fruchtfliege

Stadien der Embryonalentwicklung:

Im frisch abgelegten Ei liegt der befruchtete Kern in der vorderen Hälfte.

Der Kern teilt sich innerhalb einer Stunde etwa zehnmal, ohne dass sich das Plasma teilt. Die Kerne ordnen sich in der Peripherie an und teilen sich noch dreimal.

Nach ca. 3 Stunden werden um die nun etwa 6000 Kerne Zellwände eingezogen. Sie bilden die Keimhaut (Blastoderm) um den unstrukturierten Dotter (Blastula-Stadium).

Nach 4,5 Stunden beginnen die Zelldifferenzierung und die Bildung der drei Keimblätter (Ektoderm und Entoderm, dazwischen das Mesoderm). Auf der Bauchseite entsteht eine Längsfurche (Gastrulation) und Zellen wandern in das Keimesinnere ein.

Der Embryo streckt sich, das Nervensystem wird angelegt (Neurulation). Die Organanlagen und die Segmentanlagen werden gebildet.

Von der Made zur Fliege

Nach der Organbildung durch Umgruppierung der Zellen schlüpft die beinlose Larve (Made) aus dem Ei. Sie wächst und häutet sich zweimal, nach der dritten Häutung verpuppt sie sich. In der Puppe wandelt sich die Larve zur fertigen Fliege (Imago), bei der sich alle Segmente voneinander unterscheiden. Die charakteristischen Körperanhänge – Mundwerkzeuge, Beine, Flügel, Schwingkölbchen – werden ausgebildet. Ausgangspunkte für diese Entwicklungen sind Zellgruppen des Ektoderms, die sich weiter teilen und differenzieren, die Imaginalscheiben. Bei der Differenzierung der Anhangsorgane laufen vergleichbare Prozesse ab wie bei den ersten Schritten der Ei- und Embryodifferenzierung.

Alle Entwicklungsschritte werden dadurch möglich, dass von den Genen, die in allen Körperzellen vorhanden sind, einem genauen zeitlich-räumlichen Muster folgend, immer nur ganz bestimmte Gene exprimiert werden.

Maternaleffektgene bestimmen die Polarität der Eizelle

Im Cytoplasma der befruchteten Eizelle sind bestimmte Stoffe – sowohl mRNAs als auch Proteine – nicht gleichmäßig verteilt. Es sind die Produkte besonderer **Maternaleffektgene**, die schon in den die unbefruchteten Eizellen umgebenden Ovarialzellen der Mutter transkribiert werden. Die Ovarialzellen sind für die Ernährung der sich entwickelnden Eizellen verantwortlich.

Die Produkte der Maternaleffektgene werden so in die Eizellen transferiert, dass zwei Gradienten entstehen, die oben und unten (dorsoventrale Achse) und hinten und vorne (Kopf-Schwanz-Achse, Anterior-posterior-Achse) im Ei festlegen.
Maternaleffektgene werden auch Eipolaritätsgene genannt. Sie üben ihre Wirkung ganz unabhängig vom Genotyp des Vaters schon vor der Befruchtung aus.

Wirkung der Maternaleffektgene auf das Ei

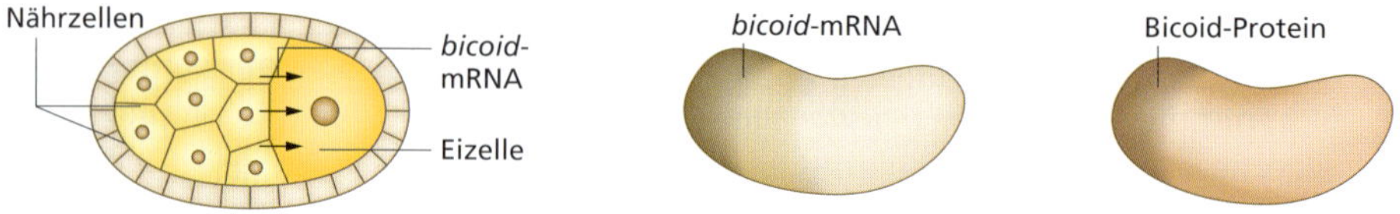

Die mRNA des *bicoid*-Gens diffundiert von Nährzellen in die unbefruchtete Eizelle.

Der mRNA-Gradient in einer ausgereiften, unbefruchteten Eizelle

Bicoid-Protein im frühen Embryo

Die Segmentierungsgene beginnen ihre Aktivität im Blastula-Stadium

Die Zellen des Blastoderms sehen zunächst alle gleich aus, ihre Kerne unterscheiden sich jedoch hinsichtlich der Genexpression. Dafür verantwortlich sind zunächst die durch die Maternaleffektgene aufgebauten Gradienten. Durch ihre Produkte werden die Segmentierungsgene in Gang gesetzt. Dies geschieht in drei Stufen:
- **Lückengene** (Gap-Gene) führen zur Differenzierung breiter Banden entlang der Körperlängsachse.
- **Paarregelgene** unterteilen die Banden weiter in Abschnitte, die jeweils zwei Segmenten entsprechen.
- **Segmentpolaritätsgene** legen die Grenzen der Segmente fest und bestimmen deren Ausrichtung (vorne–hinten).

Prinzipiell kann man sich die Wirkung der Segmentierungsgene über die Ausbildung von Gradientenmustern (wie in der Abbildung auf S. 265 dargestellt) erklären:

Die maternalen Gene des Eies regulieren als Erstes die nachfolgend wirkenden Lückengene des Embryos, z. B. indem sie die Expression zweier Gene anregen und diejenige eines anderen Gens hemmen. Durch diese Gene entsteht nun ein Konzentrationsmuster, wie es in Diagramm 2 abgebildet ist.
Infolge weiterer Förderung bzw. Hemmung der Paarregelgene kommt es zu einer Konzentrationsverteilung der Transkriptionsfaktoren E und D, wie sie Diagramm 3 zeigt. Erneute Förderung bzw. Hemmung führt, wie gezeigt, zu der in Diagramm 4 dargestellten Verteilung und schließlich zu einem molekularen Vormuster, das schon an die spätere Metamerie erinnert. Die entstehenden Konzentrationsgradienten wirken also wie ein *On-off*-Schalter auf die jeweiligen Segmentierungsgene.
Bei *Drosophila* entstehen auf diese Weise 14 Streifen, die den späteren 14 Segmenten entsprechen.

Wirkung der Segmentierungsgene über die Ausbildung von Gradientenmustern

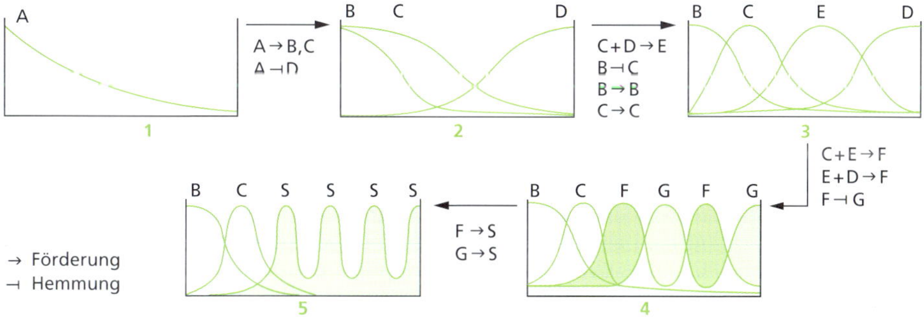

Homöotische Gene sind für die Differenzierung der Segmente verantwortlich

Wenn die schon vorher angelegten Segmente sichtbar werden, zeigen sich bereits gewisse Unterschiede zwischen den verschiedenen Segmenten. Für diese Differenzierung sind die **homöotischen Gene** verantwortlich. Diese Gene treten in zwei **Genclustern** auf, in denen sie dieselbe räumliche Anordnung haben wie die Segmente, für die sie codieren. Im ersten Cluster, das nach einer *Drosophila*-Mutante Antennapedia-Cluster genannt wird, liegen die für die vorderen Körpersegmente verantwortlichen Gene, im hinteren Cluster, dem Bithorax-Cluster, liegen ein Gen für das letzte Thorakalsegment und je ein Gen für die vorderen und die hinteren Abdominalsegmente.

homöotisch: griech. *homoiosis:* Ähnlichkeit, Angleichung

Die Homöobox ist allen homöotischen Genen gemeinsam

Man nimmt an, dass diese Gene stammesgeschichtlich durch Duplikation eines Ursprungsgens bei einem unsegmentierten frühen Vorfahr entstanden sind. Dafür spricht unter anderem, dass alle diese Gene einen 180 Nucleotide langen übereinstimmenden Bereich enthalten, die **Homöobox.** Sie codiert für einen 60 Aminosäuren langen Proteinabschnitt, der **Homöodomäne** genannt wird. Die Homöodomäne ist allen Proteinen gemeinsam, die von Homöobox-haltigen Genen gebildet werden und sie ermöglicht die Bindung an DNA.
Dabei erkennt jedes Genprodukt eines homöotischen Gens eine bestimmte DNA-Sequenz in seinem Zielgen und wirkt dort als Transkriptionsfaktor. Für die spezifische Erkennung sind Bereiche des Transkriptionsfaktors außerhalb der Homöodomäne verantwortlich. Auf diese Weise werden von den homöotischen Genen Genkaskaden in Gang gesetzt, die z. B. die Ausbildung ganz bestimmter Segmentanhänge wie Antennen, Beine oder Ähnlichem bewirken.

Mutationen an Homöoboxgenen können die Umwandlung einer Körperstruktur in eine andere bewirken, z. B. Antennen in Beine bei *Drosophila* – homöotische Transformation.

Maternaleffektgene (Eipolaritätsgene)
→ Lückengene (Gap-Gene)
→ Paarregelgene
→ Segmentpolaritätsgene
→ homöotische Gene
→ andere embryonale Gene

Genkaskade zur *Drosophila*-Entwicklung

Homöotische Gene, die eine Homöobox enthalten, kommen in allen bisher untersuchten vielzelligen Tieren vor. Während sie bei *Drosophila* einen Cluster (Gengruppe) aus zwei Genkomplexen, dem Antennapedia-Komplex und dem Bithorax-Komplex, bilden, sind die Cluster bei Mäusen und Menschen vervierfacht und werden dort als **Hox-Gene** bezeichnet.

Entwicklungsgene bei Wirbeltieren

Auch bei der Entwicklung der Wirbeltierkeime gehen molekulare Vormuster den gestaltbildenden Prozessen voraus. Da hier jedoch von Anfang an mit den Kernteilungen auch Zellteilungen verbunden sind, breiten sich die Signalmoleküle nicht einfach durch Diffusion aus, sondern es sind zusätzlich Signalübertragungsmechanismen durch die Zellmembranen notwendig. Insgesamt sind die Zusammenhänge zwischen Gestaltbildung und molekularen Vormustern deutlich komplexer als bei *Drosophila.*

Die Wirkung der Hox-Gene bei der Maus

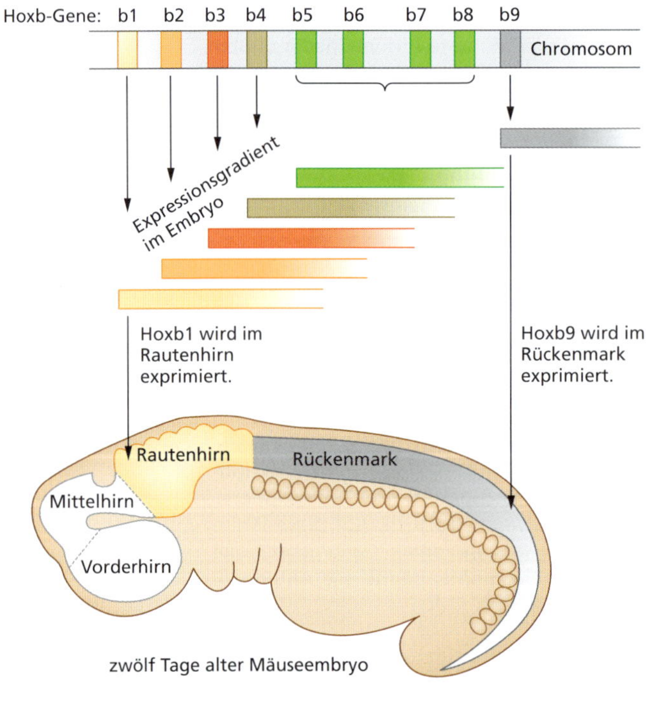

Bei den Säugetieren kommen vier **Homöobox-Gengruppen** (Hox-Gene) vor, die auf unterschiedlichen Chromosomen liegen. Die lineare Anordnung dieser Gene auf dem Chromosom entspricht auch hier – wie bei *Drosophila* – der zeitlichen und räumlichen Abfolge ihrer **Expression.**

Den Hox-Genen vergleichbare Entwicklungsgene sind die **Pax-Gene,** die eine **Pa**ired-Bo**x** enthalten und die etwas später als die Hox-Gene aktiv werden. Sie sind für die Entwicklung verschiedener Gewebe und Organe wichtig, wobei sie komplexe Entwicklungsprogramme steuern können. Solche Gene werden deshalb auch als **Masterkontrollgene** bezeichnet. Besonderes Aufsehen erregte die Entdeckung, dass das **Pax-6-Gen** bei ganz verschiedenen Tiergruppen wie Insekten, Mollusken und Wirbeltieren über eine genetische Kaskade ein **Augenentwicklungsprogramm** in Gang setzen kann, das jeweils zur Ausbildung des passenden Augentyps führt.

Das Pax-6-Gen hat bei einem frühen Vorfahr als Masterkontrollgen die Bildung eines prototypischen Lichtsinnesorgans in Gang gesetzt und diese Funktion dann über alle Stadien der Evolution beibehalten, sodass heute ein Pax-6-Gen von *Drosophila* die Augenbildung bei der Maus anregen kann und umgekehrt. Daraus kann gefolgert werden, dass das Pax-6-Gen bereits bei den Vorfahren aller *Bilateria* (Tiere mit einer Symmetrieebene, das sind alle Tiere außer Hohltieren und Schwämmen, ↗ S. 377 ff.) vorhanden war.

Mit dem Namen „Box" werden sehr konservative Genabschnitte bezeichnet, die sich im Laufe der Evolution nicht verändert haben. Entsprechend ist auch ein Teil der Aminosäuresequenz in allen von solchen Genen produzierten Proteinen gleich. Diese „Proteindomäne" ist für die Bindung dieser als Transkriptionsfaktoren wirkenden Proteine an die DNA ausschlaggebend.

Ein Gen hat oft viele Schalter

Im Laufe der Entwicklung eines Tieres können immer wieder dieselben Gene aktiviert werden, indem sie in ganz verschiedenen Körperteilen durch unterschiedliche Transkriptionsfaktoren eingeschaltet werden. Ein Beispiel sind die Entwicklungsgene für das Wirbeltierskelett, die für die Knorpel- und Knochenentwicklung wichtige BM-Proteine (BMP, engl. *bone morphogenetic protein*) codieren.
Das BMP5-Gen z. B. kann von jeweils unterschiedlichen Schaltern in den Rippen, den Gliedmaßen, im Ohr, den Wirbeln usw. eingeschaltet werden. An all diesen Körperstellen wird dann dasselbe Protein gebildet. Die Entwicklung der jeweils richtigen Struktur an einem bestimmten Ort hängt von der richtigen Kombination von Transkriptionsfaktoren und Genschaltern ab. Diese verschiedenen Schalter, die während der Entwicklung in unterschiedlichen Körperteilen aktiv sind, sind typisch für Entwicklungsgene.

Für die weitere Entwicklung sind induktive Wechselwirkungen zwischen Geweben wichtig. Dabei sezernieren Gewebe bestimmte Transkriptionsfaktoren, die als **Induktoren** bezeichnet werden. Sie setzen in benachbarten Geweben spezifische Entwicklungen in Gang.

2011 ist es japanischen Forschern gelungen, eine Kultur aus einheitlichen pluripotenten Stammzellen der Maus zur Bildung eines kompletten Augenbechers mit geschichteter Netzhaut anzuregen.

- Die Bildung des Wirbeltierauges ist eine Induktion dieser Art.
  Das Augenbläschen stülpt sich vom Vorderhirn aus, bis es Kontakt mit den Zellen der Körperoberfläche bekommt (1). Das Gewebe des Augenbläschens sendet einen Induktor aus, der im darüberliegenden Gewebe die Bildung der Linsenplatte stimuliert (1). Die Linsenplatte wölbt sich nach innen und sendet ihrerseits einen Induktor aus, der die Bildung des Augenbechers stimuliert (2). Die Linse schnürt sich vom Oberflächengewebe ab und induziert die Bildung der Hornhaut (3).

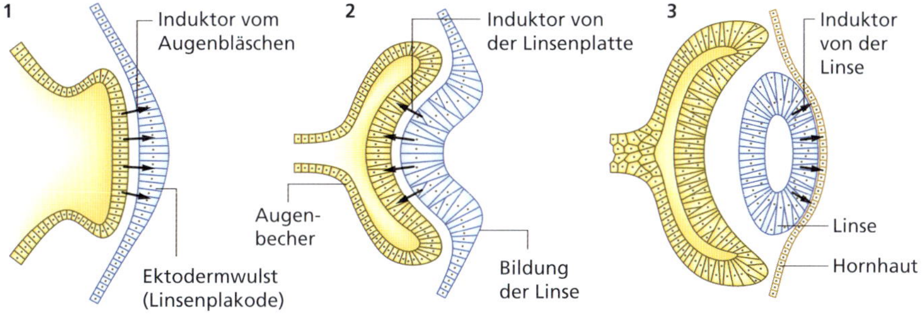

Körperaufteilung und Organanlage finden sehr früh statt

Solche Prozesse wechselseitiger Induktion funktionieren nur über kurze Entfernungen. Begrenzend wirken die Lebensdauer der Induktormoleküle, ihre Diffusionskonstante und die Transportprozesse durch die Zellmembranen. Auch bei sehr großen Tieren erfolgt die wesentliche Körperaufteilung und Organanlage bereits im frühen Embryonalstadium, wenn der Embryo erst wenige Millimeter groß ist. Die weitere Entwicklung besteht dann im Wesentlichen in einer Zellvermehrung sowie in Wachstum und Differenzierung der Zellen. Die Proportionen können sich dabei allerdings noch stark ändern.

Die Keimesentwicklung der Tiere gliedert sich in **Furchung** (Teilung der Zygote), **Keimblattbildung, Organbildung** und **Gewebedifferenzierung.**

Dotterverteilung im tierischen Ei mit entsprechenden Furchungstypen

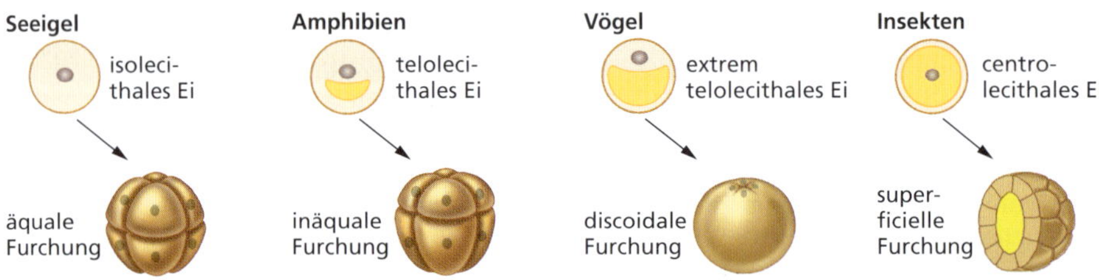

Als Keimblätter bezeichnet man zunächst einzellschichtige Körperschichten, von außen nach innen **Ektoderm, Mesoderm** und **Entoderm.** Aus ihnen entwickeln sich jeweils bestimmte Gewebe und Organe, aus dem Ektoderm z.B. Haut und Hautanhangsorgane, aus dem Entoderm der Darm mit Anhangsorganen und die Lungen sowie aus dem Mesoderm Innenskelett, Muskeln und Blutgefäße.

Keimesentwicklung bei Amphibien

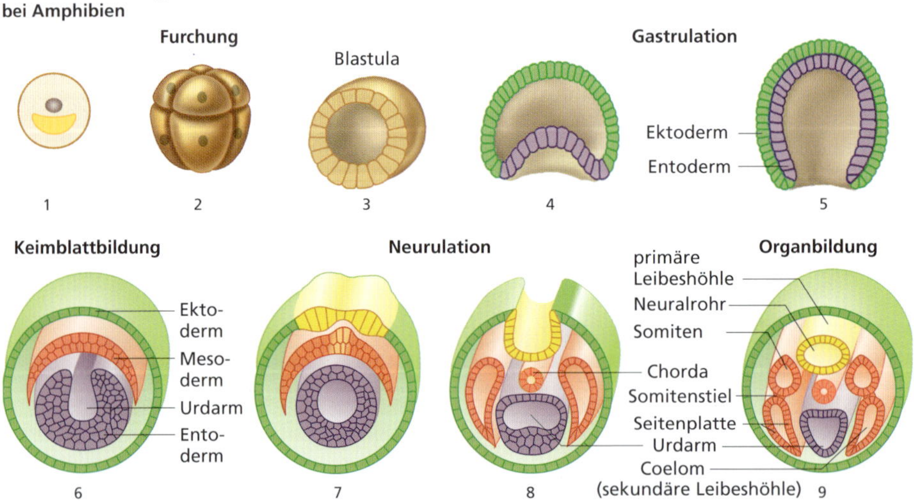

6.3.4 Die Keimesentwicklung des Menschen endet mit der Geburt

Dieser Ablauf gilt auch für die **Keimesentwicklung des Menschen,** die nach der Befruchtung der nur 0,2 mm großen Eizelle beginnt.

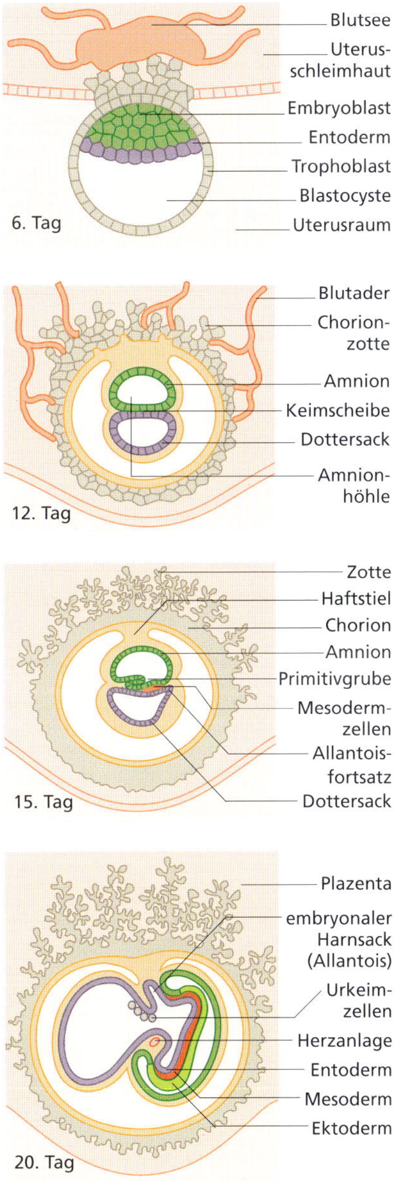

Während des Transports durch den Eileiter furcht sich die Zygote total äqual und entwickelt sich zur **Blastocyste.** Dies ist ein spezielles Entwicklungsstadium der Säugetiere und entspricht nicht dem Blastula-Stadium. Sie besteht aus einer äußeren, einschichtigen Zelllage, dem **Trophoblasten,** einer **Blastocystenhöhle** und dem in sie hineinragenden **Embryoblasten.** In diesem Stadium (etwa 6. Tag) nistet sich der Embryo in die Gebärmutterschleimhaut ein.
Vom Embryoblasten differenzieren sich dann durch Abspaltung basale Zellen zum **Entoderm** und verteilen sich auf der Innenseite des **Trophoblasten.** Im Trophoblasten werden zottenartige Ausstülpungen gebildet, das **Chorion** (Zottenhaut). Die Chorionzotten eröffnen im Uterusgewebe Blutgefäße, womit ein intensiver Stoffaustausch zwischen Mutter und Embryo eingeleitet wird. Bis zum 12. Tag entsteht im Embryoblasten die **Amnionhöhle,** ihr basaler Teil wird zur **Keimscheibe.** Aus ihm alleine entwickelt sich der Embryo, alle übrigen Gewebe bilden nur Hilfsorgane. Unterhalb der Keimscheibe entsteht der **Dottersack,** sodass der Embryo zwischen zwei Bläschen, der Amnionhöhle und dem Dottersack, liegt.
Zwischen dem Hinterende des Embryos und der Trophoblastenhülle bleibt ein zusammenhängender Strang, der **Haftstiel,** der sich später zur Nabelschnur entwickelt. In diesen stülpt sich aus dem Urdarm die Allantois aus, die in der Folge an der Plazentabildung beteiligt ist.

In der dritten Woche entwickelt sich der Keim außerordentlich schnell. Die vom **Ektoderm** gebildete Einstülpung wächst zu einer verdickten Zellplatte aus. Aus ihr entstehen die Chordaanlagen. Nun organisieren sich die von der Primitivrinne zwischen Ektoderm und Entoderm abgegebenen Zellen zu einer geschlossenen Zelllage, dem **Mesoderm.** Dieser Vorgang wird bei den Säugetieren – abweichend zur üblichen Benennung – als Gastrulation bezeichnet. Aus dem Mesoderm bilden sich etwa ab dem 20. Tag zu beiden Seiten der **Chorda** würfelförmige Gebilde aus, die **Somiten.** Sie sind die Reste eines ursprünglich segmentalen Aufbaus des Wirbeltierkörpers.

Originalgrößen

5. Woche (36. Tag)

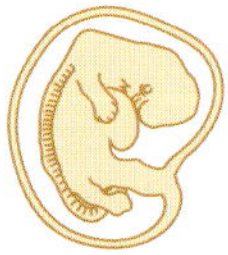

6. Woche (41. Tag)

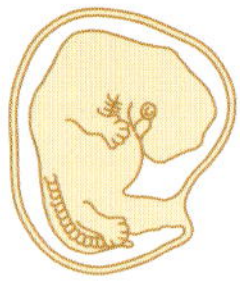

7. Woche (48. Tag)

Ebenfalls in der 3. Woche verdichtet sich das über der Chorda liegende Ektoderm zur Neuralplatte, die später zum **Neuralrohr** gefaltet wird. Weiterhin entsteht ein einfaches Kreislaufsystem, in dem ein ungekammertes, schlauchförmiges **Herz** zu schlagen beginnt. Während der Embryo am Beginn der 4. Woche noch gestreckt ist, wird er durch das Wachstum der Somiten gebogen. Das Amnion umwächst den Haftstiel. Dabei entstehen der Nabelstrang und die flüssigkeitsgefüllte Fruchtblase. Gleichzeitig bilden sich die Anlagen für die Sinnesorgane, die Leber, die Lunge und die Extremitäten. Ab der 5. Woche wächst vor allem der Kopf des **Embryos** und es beginnen sich die Anlagen der Extremitäten zu differenzieren. Die 6. Woche ist durch weiterhin starkes Wachstum des Kopfes gekennzeichnet. Außerdem werden allmählich die Fingerstrahlen sichtbar. In der 7. Woche beginnt sich das **Gehirn** in seine fünf Abschnitte zu gliedern. Des Weiteren kommt es zu einer deutlichen Verlängerung der Extremitäten. Gegen Ende der 8. Woche werden die Ohrmuscheln gebildet. Die Zeit zwischen der 9. und 12. Schwangerschaftswoche ist durch starkes Körperwachstum, Vervollkommnung und zunehmende Tätigkeit der Organe, Ausformung des Gesichts sowie **erste Bewegungen** gekennzeichnet.

Als Ernährungsorgan bildet sich die scheibenförmige **Plazenta** mit einem Durchmesser von ca. 20 cm. Sie besteht aus dem embryonalen Teil, der Zottenhaut, und dem mütterlichen Teil, der Uterusschleimhaut. Mit der 12. Schwangerschaftswoche ist die Embryonalzeit abgeschlossen, es beginnt die Entwicklung des **Fetus.**

Bildung von Organanlagen und Extremtiäten 4.–8. Woche

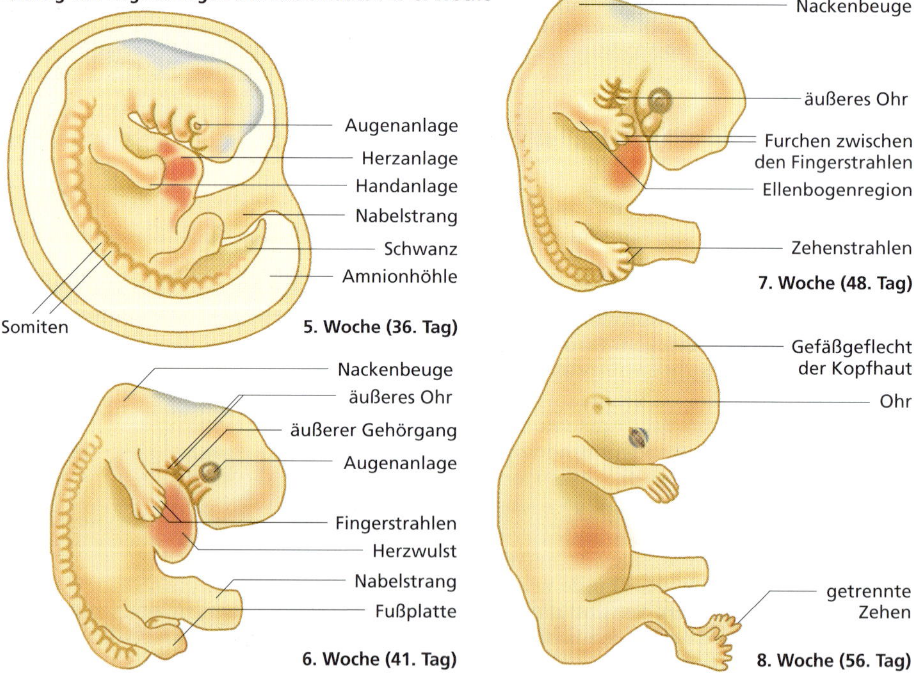

6.4 Reproduktionstechnologie

- Die Reproduktionstechnologie beschäftigt sich mit den Möglichkeiten technischer Eingriffe in den Fortpflanzungsvorgang.
- Bei Pflanzen und Tieren dienen Reproduktionstechniken der künstlichen Produktion vieler erbgleicher, eventuell gentechnisch veränderter Individuen.
- In der Humanmedizin werden Reproduktionstechniken v. a. eingesetzt, um kinderlosen Paaren ihren Kinderwunsch zu erfüllen.

6.4.1 Pflanzen lassen sich aus isolierten Zellen regenerieren

Eine Möglichkeit, große Stückzahlen erbgleicher Pflanzen zu gewinnen, ist die Anlage steriler **Kalluskulturen**. Dabei werden möglichst unspezialisierte Pflanzenzellen auf einen Nährboden gegeben, der lebhafte Zellteilung initiiert, ohne Differenzierung zuzulassen. Es entsteht ein undifferenzierter Zellhaufen – ein Kallus. Dieser Kallus wird in eine Suspensionskultur gegeben, deren Phytohormone ebenfalls Zellteilung induzieren. Durch Schütteln erhält man eine Ein-Zell-Suspension. Nach entsprechender Zellvermehrung wird wieder ausplatiert. Aus jeder Zelle wächst ein Kallus, aus dem sich durch entsprechende Hormonbehandlung neue erbgleiche Pflanzen differenzieren. So kann man aus einer Pflanze, welche die vom Züchter gewünschten Eigenschaften trägt, Millionen genetisch gleichartiger Pflanzen erzeugen (klonieren).
Es ist auch möglich, Pollen oder Eizellen zum Wachstum in Sterilkultur anzuregen. Dadurch erhält der Züchter haploide Pflanzen, bei denen alle Allele im Phänotyp repräsentiert sind. Nach künstlicher Verdopplung der Erbinformation erhält er reinerbige Linien, die er dann gezielt miteinander kombinieren kann. Außerdem können isolierte Pflanzenzellen in Sterilkulturen gentechnisch verändert werden (transgene Pflanzen, ↗ S. 245).

▶ Orchideen werden heute fast ausschließlich über Kalluskulturen gezüchtet und vermehrt, z. B. die vielen Zuchtformen der Gattung *Phalaenopsis*.

Entwicklung einer Tabakpflanze aus einer isolierten Zelle

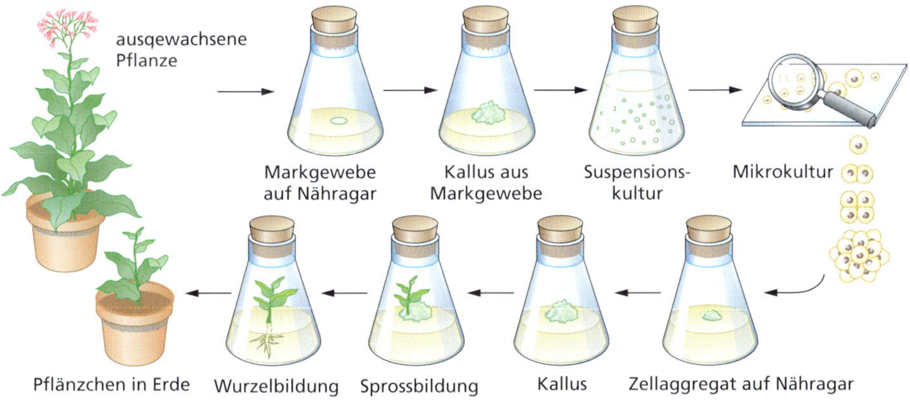

6.4.2 Auch Tiere lassen sich klonen

Durch Kerntransfusion klonierte Tiere sind genetisch nicht vollständig identisch mit dem Tier, das den Kern gespendet hat, sie enthalten auch noch die Mitochondriengene des Tieres, von dem die Eizelle stammt.

Auch in der Tierzucht will man mit dem **Klonen** genetisch identische Organismen schaffen. Dies kann mittels Embryoteilung, Blastomer-Isolierung oder Kerntransfer realisiert werden. Das walisische **Bergschaf Dolly** (* 5. Juli 1996; † 14. Februar 2003) war das erste aus einer ausdifferenzierten somatischen Zelle geklonte Säugetier.
Der Vorteil dieser Technik ist, dass alle Nachkommen mit der Spenderin des Zellkerns genetisch identisch sind.

Klonen durch Kerntransfer

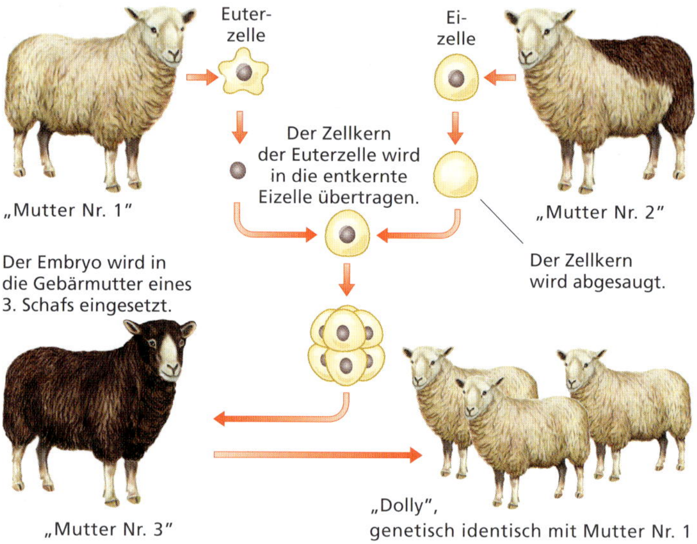

In den USA gibt es bereits ein kommerzielles Angebot für das Klonen von Haustieren mittels Kerntransfer (aus den früher eingefrorenen Zellen eines verstorbenen Tieres).

Eine vergleichbare Reproduktionstechnik ist auch Voraussetzung für die Erzeugung **transgener Tiere**.
Dazu werden einem weiblichen Tier mehrere Eizellen entnommen und im Reagenzglas befruchtet. Noch vor der Vereinigung der männlichen und weiblichen Kerne werden mit einer sehr dünnen Nadel einige Tausend Kopien der zu transferierenden DNA in die Eizelle injiziert. Nach der Kernverschmelzung werden die so behandelten Zygoten in den Uterus von Ammentieren implantiert. Nur ein kleiner Teil dieser eingepflanzten Zygoten entwickelt sich zu gesunden Nachkommen und nur ein kleiner Teil dieser Nachkommen enthält das Transgen.
Mithilfe von PCR und Gensonden lässt sich feststellen, in welchen Nachkommen das Transgen tatsächlich stabil in das Genom eingefügt ist. Gezielte Kreuzungen führen dann zu reinen Linien transgener Tiere.

Unter **Pharming** (engl. *pharmaceutical engineering:* pharmazeutische Entwicklung; *farming:* Landwirtschaft) oder Biopharming versteht man die landwirtschaftliche Produktion von Medikamenten, insbesondere rekombinanten Proteinen, in transgenen Tieren und Pflanzen.

Transgene Nutztiere spielen für die Nahrungsmittelproduktion bisher noch keine Rolle. Bei der Herstellung von Medikamenten wird der Einsatz von transgenen Tieren aber in größerem Maßstab erprobt **(Pharming).** Auf diese Weise wird z. B. bereits der Blutgerinnungshemmer *Antithrombin III* mithilfe von transgenen Ziegen produziert.

6.4.3 Die Reproduktionstechnologie hat auch medizinische Bedeutung

Anfänglich sollte mit der **Reproduktionsbiologie** die Produktion landwirtschaftlicher Nutztiere und ihre Züchtung verbessert werden. Außerdem wurde sie eingesetzt, um ungewollt kinderlosen Paaren den Kinderwunsch zu ermöglichen. Mit den Fortschritten in der Gentechnologie und der Zellkultur eröffneten sich Möglichkeiten zur Produktion wertvoller medizinischer Wirkstoffe und Spenderorgane durch **transgene Nutztiere.**

Die **Intracytoplasmatische Spermieninjektion (ICSI)** wird angewandt, wenn Spermien sich selbst nicht ausreichend bewegen können. Die Spermien werden dabei direkt in die Eizelle injiziert.

Prinzipiell kann man zwischen **In-vivo-Technik** und **In-vitro-Techniken** unterscheiden. Im ersten Fall werden die Embryonen durch Spendersamen innerhalb und im zweiten Fall außerhalb des weiblichen Organismus erzeugt. In den meisten Fällen wird die Einleitung einer Schwangerschaft bzw. Trächtigkeit mittels **Embryotransfer** realisiert. Nach hormoneller Auslösung einer Superovulation können die Eizellen im Muttertier oder – nach Absaugen – im Nährmedium **(In-vitro-Fertilisation)** befruchtet werden. In diesem Zustand können die Embryonen auf Erbkrankheiten untersucht werden **(Präimplantationsdiagnostik, PID).** Nach den ersten Teilungen der Zygote werden ein oder mehrere Embryonen in die Gebärmutter eines Empfängerorganismus implantiert, der zuvor ebenfalls hormonell auf die Einnistung vorbereitet wurde.

Einmal wäre es auf diesem Weg möglich, transgene Menschen zu erzeugen oder auch Menschen zu klonen. Über die Ablehnung dieses **reproduktiven Klonens** aus ethischen Gründen besteht breiter Konsens. Ob überzählige Embryonen zur Gewinnung embryonaler Stammzellen für medizinische Anwendungen und Forschungszwecke genutzt werden dürfen **(therapeutisches Klonen),** wird jedoch kontrovers diskutiert.

Bis jetzt (2011) ist therapeutisches Klonen in Deutschland durch das Embryonenschutzgesetz verboten.

Embryonale Stammzellen sind totipotent, d.h., aus ihnen können noch alle Gewebe und Organe gebildet werden. Es gelingt jedoch zunehmend, auch aus adulten Stammzellen (z.B. Knochenmarkzellen, Hautzellen) verschiedene Gewebe zu regenerieren.

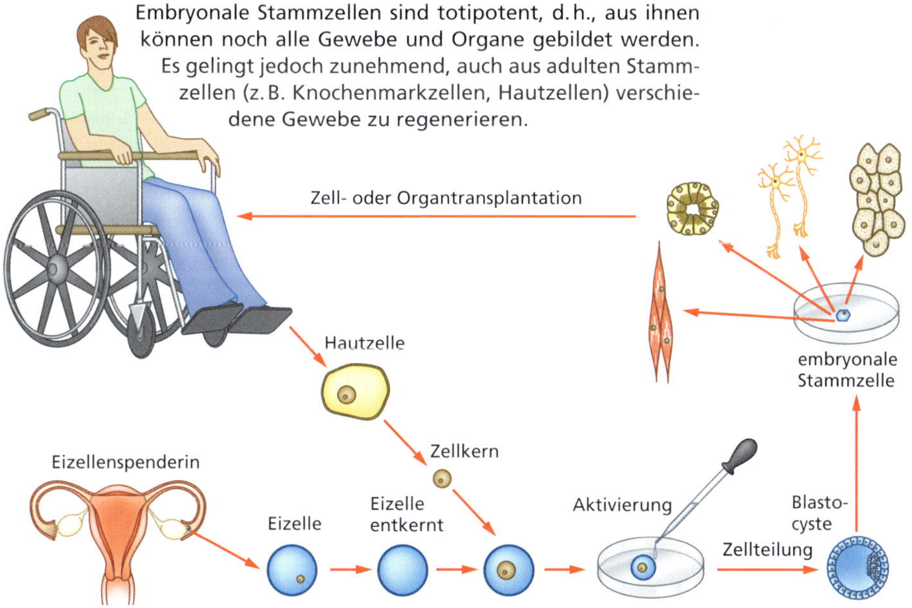

Fortpflanzung, Wachstum und Entwicklung

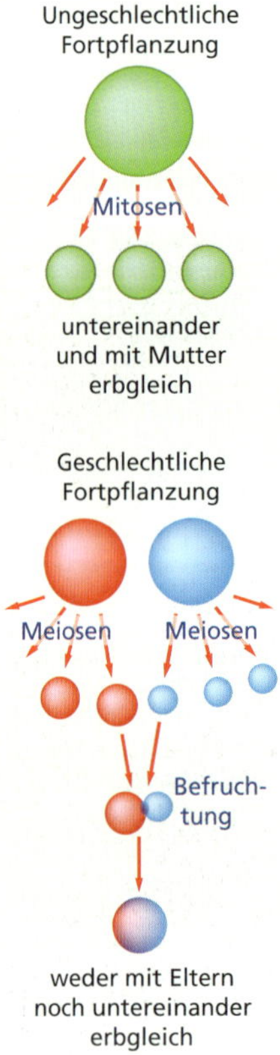

- Fortpflanzung ist häufig mit Vermehrung verbunden. Sie kann auf ungeschlechtlichem oder geschlechtlichem Weg erfolgen.

- Je nach Lage der Reduktionsteilung (Meiose) im Entwicklungszyklus kann man **Haplonten** mit zygotischer Meiose und **Diplonten** mit Meiose bei der Keimzellenbildung unterscheiden. Zum Teil treten – wie bei einigen Algen und bei den Pflanzen – eine diploide Generation im Wechsel mit einer haploiden Generation auf **(Generationswechsel mit Kernphasenwechsel).**

- Aus befruchteten Eizellen entstehen durch mitotische Teilungen vielzellige Pflanzen oder Tiere. Dabei **differenzieren** sich die Zellen zu verschiedenen Zelltypen, die zwar noch alle Gene enthalten, bei denen aber nur noch ein Teil der genetischen Information abgerufen werden kann (Verlust der Totipotenz).

- Während Pflanzen ein kontinuierliches Zellteilungswachstum an Spross- und Wurzelspitzen zeigen, erreichen die meisten Tiere eine endliche Körpergröße. Die unterschiedlichen Körperzellen können durch noch nicht voll differenzierte Stammzellen erneuert werden. Für die Keimesentwicklung ist ein Zusammenspiel von hierarchisch organisierten **Transkriptionsfaktoren** und **Genschaltern** verantwortlich. Dadurch wird gewährleistet, dass an der richtigen Körperstelle die passenden Gene aktiviert werden.

- Bei der menschlichen Keimesentwicklung beginnt die Teilung der Zygote schon im Eileiter. Der Bläschenkeim nistet sich am 6.Tag nach der Befruchtung in die Uterusschleimhaut ein. Weitere Entwicklungsschritte sind Entwicklung der Amnionhöhle und der Keimscheibe (12. Tag), Bildung des mittleren Keimblatts (Mesoderm, 3. Woche), Einkrümmung und beginnende Organentwicklung (4. Woche). Mit der 12. Schwangerschaftswoche ist die Embryonalphase abgeschlossen und bis zur Geburt am Ende des 9. Monats spricht man von der Fetalzeit.

Embryonalentwicklung des Menschen

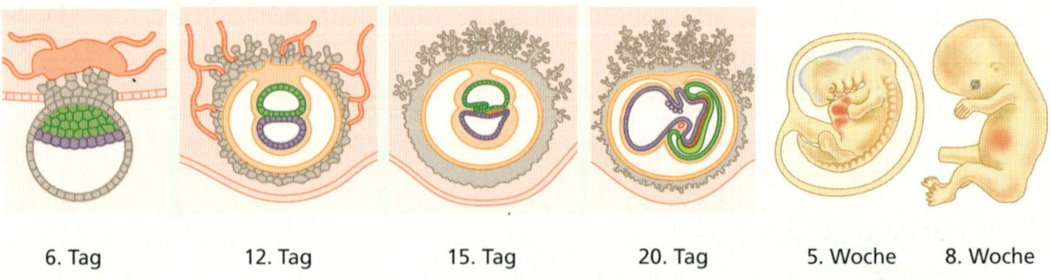

Wissenstest 5 auf **http://wissenstests.schuelerlexikon.de** und auf der DVD

Infektionskrankheiten und Immunantwort

7

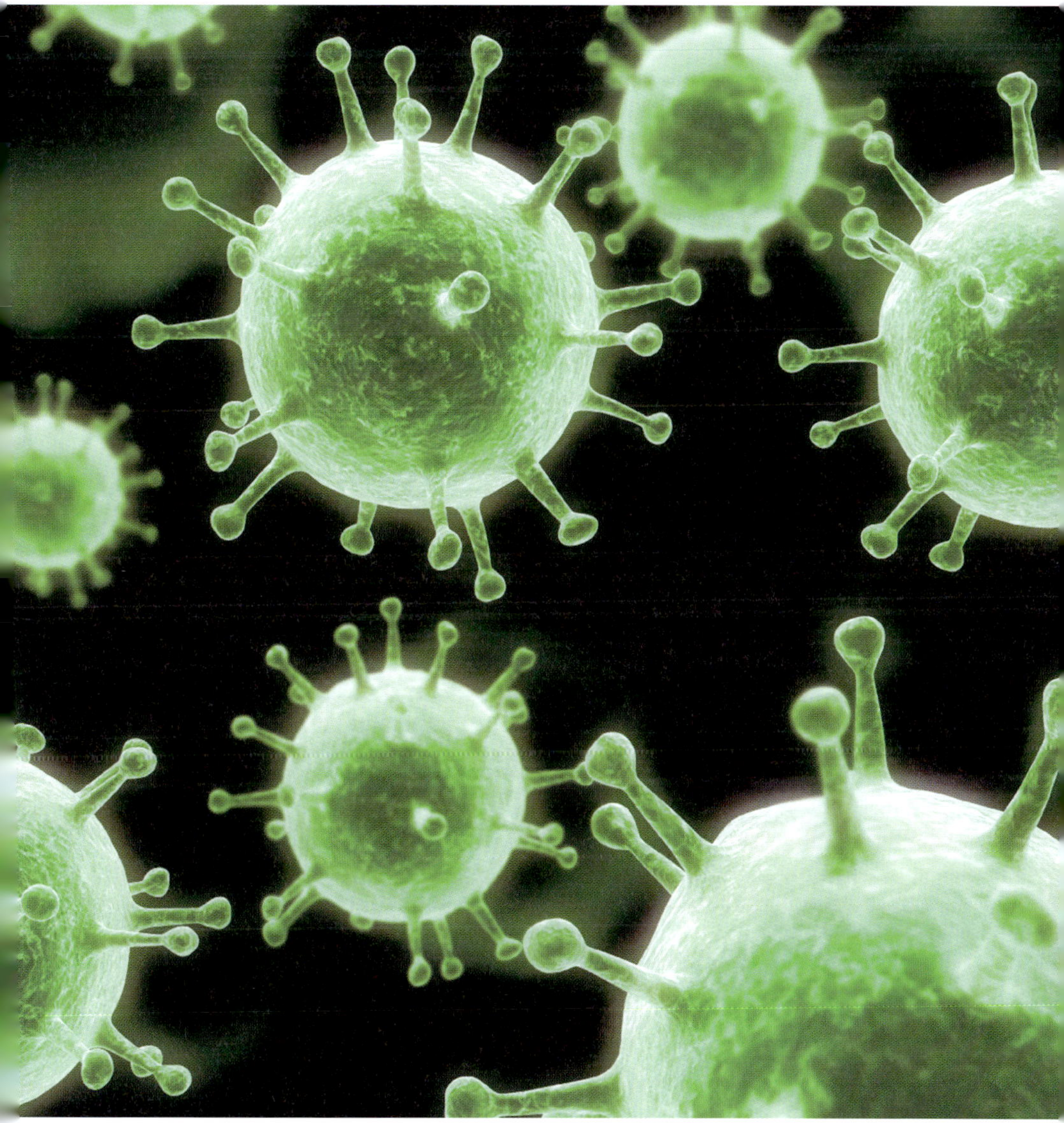

7.1 Gesundheit und Krankheit

- Der Übergang zwischen Gesundheit und Krankheit ist fließend.
- Gesundheit entsteht im Gleichgewicht zwischen Körper, Geist und Umwelt. Krankheit wird als Störung dieses Gleichgewichts betrachtet.
- Gesundheit und Krankheit werden subjektiv wahrgenommen.
- Innere und äußere Faktoren lösen im Komplex Krankheiten aus.
- Heilung umfasst die Beseitigung bzw. Verringerung der gesundheitlichen Beeinträchtigungen.

Im Laufe der Geschichte wurde immer wieder versucht, das Wechselspiel zwischen **Gesundheit** und **Krankheit** zu erklären. Dazu wurden im Zusammenspiel von medizinischem Wissen und Weltanschauung verschiedenste Gesundheits- bzw. Krankheitsmodelle entwickelt.

Gesundheit

Salutogenese (lat. *salus:* Unverletztheit, Heil, Glück; griech. *genese:* Entstehung): Gesamtheit gesundheitserhaltender Faktoren

AARON ANTONOVSKY (1923 bis 1994) lebte in den USA und studierte Soziologie sowie Medizinsoziologie.

Die **Weltgesundheitsorganisation (WHO)** hat 1946 in der Präambel ihrer Satzung Gesundheit *„als Zustand des vollen körperlichen, geistigen und sozialen Wohlbefindens und nicht nur des Freiseins von Krankheit und Gebrechen"* definiert.

Die erste und am weitesten entwickelte Theorie zur Gesundheit ist die 1979 begründete **Salutogenese** von A. ANTONOVSKY. Sie beschäftigt sich mit allen Kompetenzen und Kräften, die helfen gesund zu bleiben, und beschreibt Wege, wie Gesundheit entsteht. Bei diesem Modell wird davon ausgegangen, dass der Mensch sich auf einem Kontinuum zwischen gesund und krank befindet. Seine Position wird durch Wechselwirkungen zwischen belastenden (Stressoren – psychosozial, physisch, biochemisch) und schützenden Faktoren (Widerstandressourcen – psychosozial, genetisch, konstitutionell) im Kontext seiner Lebenserfahrungen bestimmt.

Gesundheitsmodelle verschiedener Kulturkreise

Antike griechische Medizin	Traditionelle indische Medizin	Traditionelle chinesische Medizin (TCM)
Nach HIPPOKRATES besteht die Welt aus den vier Elementen Feuer, Luft, Wasser und Erde. Ihre Eigenschaften gehen in Form von Körpersäften (Blut, gelbe und schwarze Galle, Schleim) auf alles Lebendige über. Das Gleichgewicht zwischen den Säften, das durch eine entsprechende Lebensführung erreicht wird, hält die Menschen gesund.	Feuer, Luft, Wasser, Erde und Raum stellen Grundbausteine der Welt dar. Drei Kräfte *(Doshas)* regulieren das Zusammenspiel der Elemente im Körper. Die Erkenntnis des von den *Doshas* bestimmten eigenen Typs und die damit verbundene Lebensweise stellen die Voraussetzung für Gesundheit dar.	Die Ordnung in der Welt wird durch die beiden gegensätzlichen Prinzipien Yin und Yang bestimmt. Dem Wechselspiel beider entspringt die Lebensenergie Qi, die von Yin nach Yang fließen sollte. Das ungestörte Fließen von Qi, als Zustand zwischen Yin und Yang, wird als Gesundheit bezeichnet.

In der Praxis erlangte die Salutogenese Bedeutung, weil sie im Vergleich zu anderen Gesundheitsmodellen stärker die Zusammenhänge zwischen gesundheitlichen Schutzfaktoren betrachtet und betont, dass nur aus genauer Kenntnis der Lebensgeschichte heraus Ressourcen gefunden werden können, die zur Genesung beitragen. Die Überbetonung subjektiver Faktoren, die zu geringe Einbeziehung der Wechselbeziehungen zwischen psychischer und physischer Gesundheit sowie die schwer mögliche Prüfung des Modells aufgrund seiner Komplexität werden kritisch betrachtet.

IGNAZ PHILIPP SEMMELWEIS (1818–1865) gilt als Vorkämpfer für die Antisepsis (Maßnahmen zur Verhinderung von Wundinfektion). Durch antiseptische Anweisungen bekämpfte er erfolgreich das Kindbettfieber, was ihm den Namen „Retter der Mütter" einbrachte.

Krankheit

Der Gesundheitszustand eines Menschen hängt von **individuellen inneren und äußeren Faktoren** ab. Ein einzelner Faktor kann schon zum Krankwerden führen. In der Regel summieren sich aber viele schädigende Einflüsse und ergeben ein multifaktorielles Krankheitsbild.

Beispielsweise kommt es zu **Zahnkaries,** wenn wenig widerstandsfähiges Zahnmaterial (genetische Disposition), mangelnde Mundhygiene, zuckerreiche Ernährung und Karieserreger als Faktoren zusammentreffen.

Krankheitsursachen

Innere Faktoren	Äußere Faktoren
– Alterungsprozess – embryonale Fehlbildungen – ererbte Anfälligkeiten/Anlagen – Erbkrankheiten (↗S. 226)	– Umweltbedingungen – Krankheitserreger – Ernährungszustand – soziale Verhältnisse – sozialer Stress
⇒ sind wenig beeinflussbar	⇒ sind gut beeinflussbar

Das **subjektive Empfinden** jedes Einzelnen bestimmt, ob man sich bei ersten Warnsignalen eher krank oder gesund fühlt, wie Unwohlsein, Fieber oder Schmerzen. Ärzten obliegt nun die schwierige Aufgabe, diese subjektiven Empfindungen mit objektiv diagnostizierbaren Krankheiten zu verknüpfen. Eine vollständige Heilung von Krankheiten tritt meist nur ein, wenn neben den belastenden Symptomen auch Auslöser der Krankheit beseitigt werden. Die Wiederherstellung des gesunden Zustands ist allerdings nicht immer möglich. Die Schwere der Schädigung von Organen, innere Faktoren, wie genetische Disposition oder Alter, aber auch nicht vernichtbare Krankheitserreger lassen in manchen Fällen nur eine teilweise Genesung zu. Durch Medikamente, technische Hilfsmittel, Transplantationen und medizinische Betreuung kann die Lebensqualität der Betroffenen verbessert werden.

Krankheiten liegt fast immer nicht nur eine Ursache zugrunde. Zusätzliche Risikofaktoren wie Bewegungsmangel, Rauchen, Stress, Übergewicht usw. erhöhen die Wahrscheinlichkeit einer Erkrankung um ein Vielfaches. Können diese Faktoren durch präventive Maßnahmen ausgeschlossen werden, verringert sich das Erkrankungsrisiko erheblich.

7.2 Infektionskrankheiten des Menschen

- Infektionskrankheiten werden durch Krankheitserreger verursacht.
- Lange Zeit waren die Erreger von Infektionskrankheiten nicht bekannt und somit war eine gezielte Therapie nicht möglich. Nachdem im 19. Jh. die ersten Krankheitserreger entdeckt worden waren, formulierten HENLE und KOCH die Kriterien, die gegeben sein müssen, wenn es sich um eine Infektionskrankheit handelt.
- Der Ansteckung folgt nach einer Inkubationszeit die Erkrankung. Typische Symptome werden diagnostiziert. Heilung erfolgt durch Therapie oder spontan. Immunität kann Folge einer überstandenen Krankheit sein.
- Außer infektiösen Lebewesen können auch bestimmte subzelluläre Partikel Krankheiten hervorrufen.
- Viele Krankheitserreger sind artspezifisch, andere können auch zwischen verschiedenen Arten übertragen werden. Meistens werden ganz bestimmte Organe, Gewebe oder Zellen befallen.

7.2.1 Infektionskrankheiten werden durch Krankheitserreger verursacht

Infektionskrankheiten werden durch Krankheitserreger verursacht. Als sicher bewiesen gilt solch eine Krankheit, wenn die **Henle-Koch-Postulate** zutreffen. Sie erlangen vor allem Bedeutung bei bisher unbekannten Erregern, die noch identifiziert werden müssen.

ROBERT KOCH (1843–1910) formulierte 1890 die nach ihm und F. G. J. HENLE (1809–1885) benannten Postulate.

Henle-Koch-Postulate:
- Der Erreger muss unter Bedingungen, die dem natürlichen Krankheitsverlauf entsprechen, nachgewiesen werden.
- Der Erreger muss in Reinkulturen gezüchtet werden können.
- Reinkulturen des isolierten Erregers müssen die gleiche Krankheit erzeugen.

Die **„Ansteckung“ (Infektion)** kann auf direktem Weg, von Mensch zu Mensch, oder auf indirektem Weg, über infizierte Tiere oder verunreinigte Medien, erfolgen. Die Erreger gelangen durch Verletzungen der Haut bzw. durch die Körperöffnungen über die Schleimhäute in den Organismus und beginnen sich zu vermehren.

Übertragungsmöglichkeiten von Krankheitserregern	
direkt	indirekt
– durch Schmierinfektion – durch Tröpfcheninfektion – beim Geschlechtsverkehr – über die Plazenta, während der Geburt oder durch Muttermilch	– durch Lebensmittel und Trinkwasser – durch kontaminierte Gegenstände und Flüssigkeiten – durch Tiere (z. B. Insektenstiche) – durch Bluttransfusionen

Durch geeignete Verhaltensweisen und Maßnahmen kann man das Infektionsrisiko verringern. Zu solchen Hygienemaßnahmen gehört das Händewaschen nach dem Toilettengang und vor dem Essen, die Desinfektion und das Verbinden von offenen Wunden oder das Vermeiden möglicherweise infizierter Speisen und Getränke sowie die Benutzung von Kondomen beim Geschlechtsverkehr.

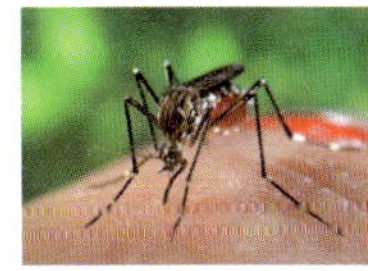

Stechmücke als Überträger

Der Zeitraum zwischen der Infektion und dem Ausbruch der Krankheit wird als **Inkubationszeit** bezeichnet. Sie kann je nach Erregerart von wenigen Stunden oder einigen Tagen bis zu mehreren Jahren dauern.

Inkubationszeiten verschiedener Krankheiten

Krankheit	Inkubationszeit
Nahrungsmittelvergiftungen (Salmonellose)	12–48 Stunden
Influenza (Grippe)	1–3 Tage
Keuchhusten	1–3 Wochen
Tollwut	1–6 Monate
Kala-Azar-Krankheit	3–6 Monate, max. 2 Jahre

Die Kala-Azar-Krankheit wird durch Geißeltierchen der Gattung *Leishmania* hervorgerufen.

Das Zusammenwirken zwischen sich vermehrenden Krankheitskeimen und **spezifischer Immunabwehr** führt zu den **Krankheitssymptomen.** Zunächst treten unspezifische Krankheitserscheinungen wie Fieber oder Hautausschläge auf, denen dann erregertypische Symptome folgen. Wenn eine Infektionskrankheit überstanden wurde, kommt es in der Regel zur Ausbildung von Immunität gegen die Erreger (↗S. 291 ff.).

Die Symptome einer bakteriellen Krankheit beruhen meist auf der **Wirkung bakterieller Toxine.**

Verlauf einer Infektionskrankheit

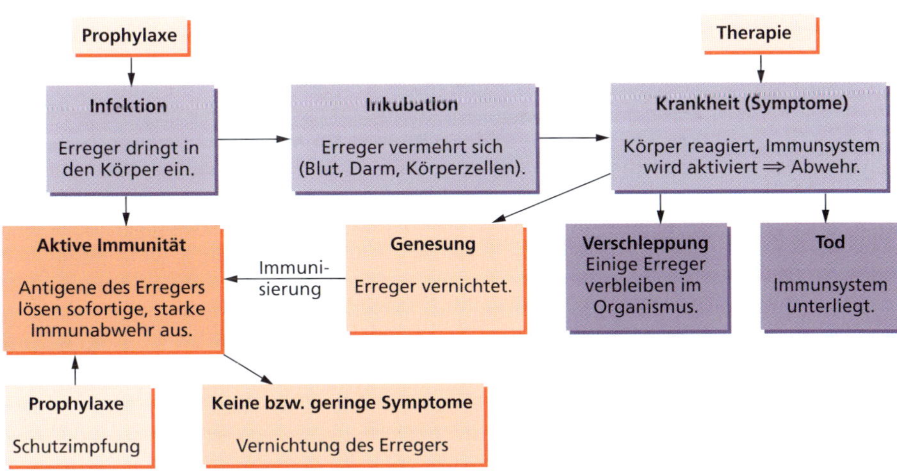

7.2.2 Prionen – Moleküle können anstecken

STANLEY B. PRUSINER (geb. 1942), Biochemiker, Virologe, Neurologe, beschäftigte sich jahrelang mit Krankheiten wie BSE und Creutzfeldt-Jakob und erhielt 1997 den Nobelpreis für Medizin für die Entdeckung der Prionen.

Fehlgestaltete Formen eines körpereigenen Membranproteins können die Ursache ansteckender Krankheiten sein. Solche molekularen Krankheitserreger wurden 1982 von STANLEY B. PRUSINER entdeckt und – abgeleitet von *proteinaceous infectious particle* – Prion, Plural **Prionen**, genannt.
Im Gegensatz zu Viren enthalten Prionen keine Nucleinsäuren. Sie bestehen nur aus einem Proteinmolekül, das in einer nicht pathogenen Form als Bestandteil von Zellmembranen vorkommt und als Prion-Protein Pr^{Pc} (c für *cellular*) bezeichnet wird. Diese normalen Prionen besitzen eine Konformation mit vier α-Helices.

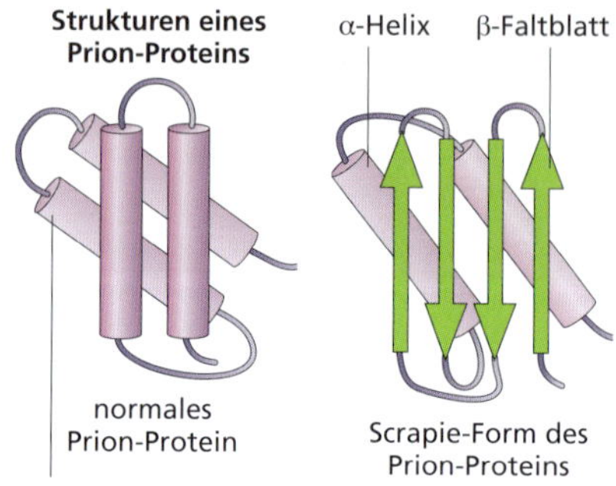

Bei den pathogenen Prionen sind zwei dieser vier α-Helices in β-Faltblattstrukturen umgewandelt (↗ Abb.). Dadurch erhalten diese Proteine eine große Stabiltät, die sie unempfindlich gegenüber Hitze, Strahlung, verschiedenen Chemikalien und abbauenden Enzyme macht. Diese Prionen werden PrP^{res} (res für *proteaseresistent*) oder Pr^{Psc} (sc für die Krankheit *Scrapie*) genannt. Wie die nicht krank machenden Pr^{Pc} rufen sie im Körper keine Immunreaktion hervor.

Die veränderten Pr^{Psc} können die Ursache für Erkrankungen des Nervensystems bei Säugetieren und Menschen sein, z. B. für die auch als „Rinderwahnsinn" bezeichnete **BSE** *(**b**ovine **s**pongiforme **E**nzephalopathie)* bei Rindern, Scrapie bei Ziegen und Schafen und die **Creutzfeldt-Jakob-Krankheit** beim Menschen. Alle drei Beispiele sind degenerative Erkrankungen des Zentralnervensystems.

Der weltweit erste BSE-Fall, die „Kuh 133", erkrankte im Dezember 1984 in Südengland und starb 6 Wochen später an einer spongiformen Enzephalopathie (schwammartige Gehirnveränderung).

Die Prionenveränderung kann vermutlich spontan durch Genmutationen an den Prion-Protein-Genen entstehen, sie ist jedoch auch ansteckend. Es kann als gesichert gelten, dass pathogene Prionen mit der Nahrung aufgenommen werden und dass diese Pr^{Psc} normale Pr^{Pc} in die krank machende Form umwandeln können. Auf diese Weise wurde die Creutzfeldt-Jakob-Krankheit von BSE-kranken Rindern auf Menschen übertragen, was sich dadurch bemerkbar machte, dass plötzlich auch junge Menschen von dieser bisher nur als Altersleiden bekannten Krankheit befallen wurden. Die Rinder steckten sich über Tiermehl in ihrem Futter an, das aus Schlachtabfällen von Rindern und Schafen gewonnen wurde.

Die **Creutzfeldt-Jakob-Erkrankung** (vCJD) wurde erstmals 1920 von den beiden Ärzten HANS-GERHARD CREUTZFELDT und ALFONS JAKOB beschrieben.

Wie gelangen Prionen von der Nahrung ins Gehirn?
Prionen werden regelmäßig aus dem Darm in die Lymphe aufgenommen und in die Lymphknoten transportiert. Dort dienen sie dazu, die Zellen des spezifischen Immunsystems gegen Nahrungsproteine tolerant zu machen. So gelangen einige pathogene Prionen unbeschadet aus dem Darm in die Lymphknoten und dringen über die dort einlaufenden Nervenenden in das ZNS ein.

7.2.3 Viren können Zellen umprogrammieren

Obwohl die Zelle die kleinste Grundeinheit eines jeden Lebewesens darstellt und Leben an diese Einheit gebunden ist, gibt es makromolekulare Partikel, die unter bestimmten Bedingungen Merkmale des Lebens aufweisen: die **Viren** (↗S. 233 f.). Sie stellen keine eigenständigen Lebewesen dar, zeigen aber Merkmale des Lebens, sobald sie in eine **Wirtszelle** eingedrungen sind. Die Vermehrung, die Weitergabe genetischer Information und die Bildung bestimmter Stoffwechselprodukte sind solche Lebensmerkmale.

Viren bestehen aus einem Genom aus RNA oder DNA, das von einer Proteinhülle (Capsid) umgeben ist. Manche der über 2000 bekannten Viren besitzen weitere Hüllen, die sich von den Membranen der Wirtszellen ableiten. Sie enthalten jedoch auch viruseigene Proteine und Glykoproteine. Viren sind meist an bestimmte Typen von Wirtszellen gebunden. Sie kommen bei allen Gruppen von Lebewesen, von den Bakterien bis zum Menschen, vor. Viren, die Bakterien befallen, werden als **Bakteriophagen** (↗S. 234 f.) bezeichnet.

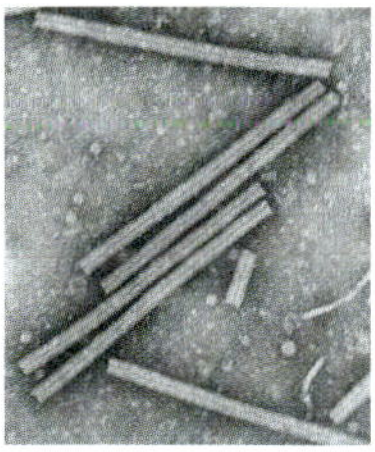

Tabak-Mosaik-Virus (150 000-fach vergrößert)

Tabak-Mosaik-Virus

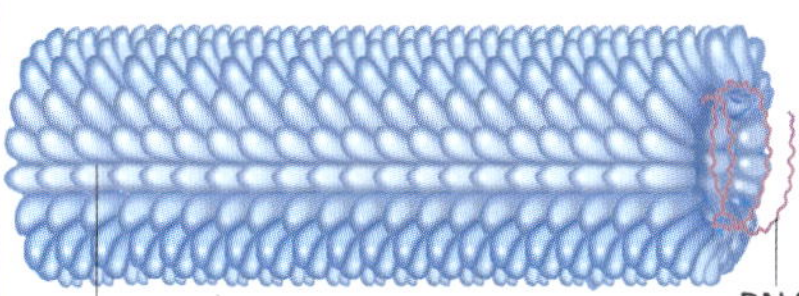

Das Tabak-Mosaik-Virus hat ein helicales, stäbchenförmiges Capsid.

Adeno-Virus

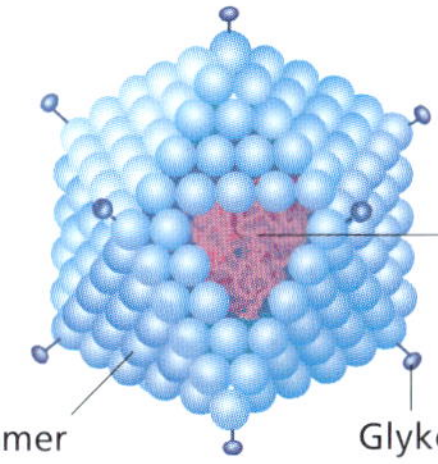

Adeno-Viren haben polyedrische Capside mit Glykoproteinstiften an den Scheitelpunkten.

Influenza-Virus

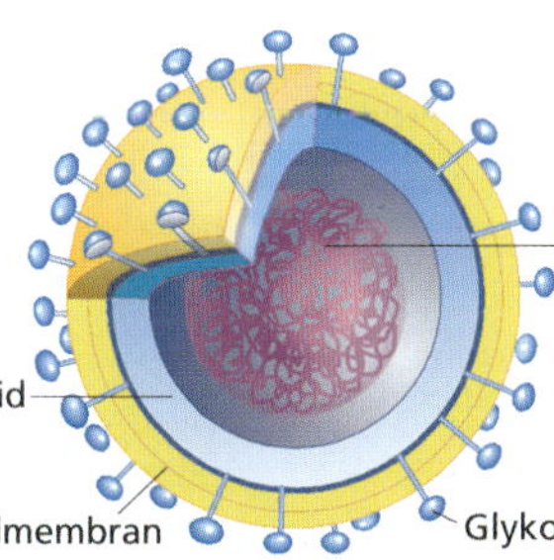

Influenza-Viren bestehen aus acht von helicalen Capsiden umschlossenen RNA-Molekülen, die von einer Hüllmembran umgeben sind.

HI-Virus

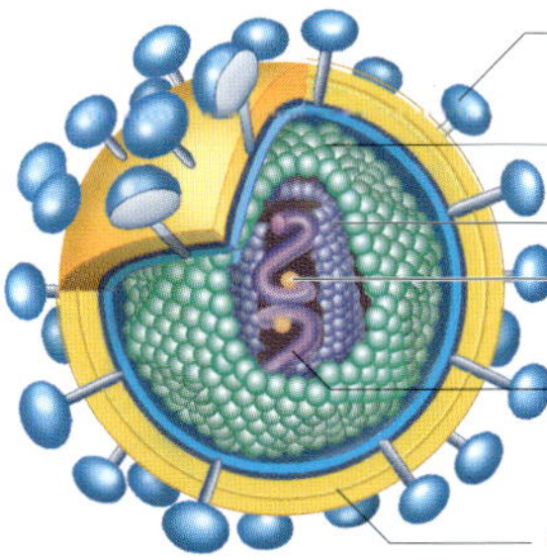

Das HI-Virus enthält in der glykoproteinhaltigen Hülle ein Capsid mit zwei identischen RNA-Molekülen und dem Enzym „reverse Transkriptase“.

Humanes Immundefizienz-Virus (HIV)

Erreger

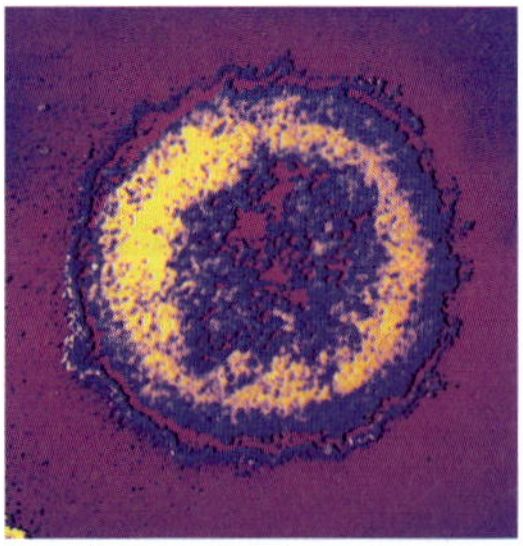

Das HIV wurde 1984 annähernd gleichzeitig von dem Franzosen **LUC MONTAGNIER** (geb. 1932) und dem US-Amerikaner **ROBERT CHARLES GALLO** (geb. 1937) entdeckt.
Auf der Oberfläche des von einer Lipidhülle umgebenen Virus befindet sich das Glykoproteid gp120. Es ist für die Wirtszellbindung zuständig. Im Inneren von einer Proteinmatrix und dem Capsid umgeben, befinden sich zwei RNA-Moleküle (9749 Nucleotide) und zwei Enzymmoleküle zur Umkehrtranskription.

Vermehrung

Das Virus koppelt sich mit seinem gp120 an Rezeptoren der Wirtszellen (T-Helferzellen, Makrophagen) an. Dabei sind drei verschiedene Haupt- und Corezeptoren für die erfolgreiche Virusbindung wichtig. Menschen, denen ein spezifischer Corezeptor (CCR5) fehlt, besitzen eine hohe Resistenz gegenüber HIV. Der **lytische Vermehrungszyklus** beginnt.

Vermehrungszyklus HIV

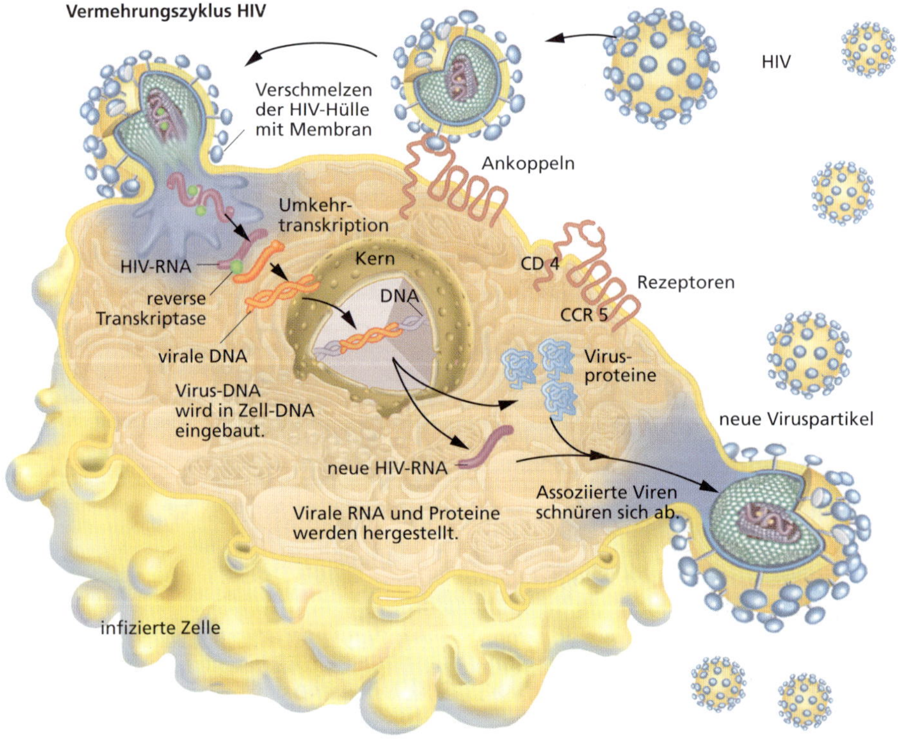

Krankheitsverlauf

Die Infektionsphase mit HIV verläuft meist unbemerkt. Es treten höchstens grippeähnliche Symptome auf. Je nach Intensität der Immunreaktion können erst wenige Wochen danach Antikörper gegen das Virus nachgewiesen werden **(HIV-Test)**. Die Krankheit kann schon vorher auf andere übertragen werden. In der sich anschließenden asymptomatischen Latenzzeit (wenige bis mehr als 10 Jahre) vermehrt sich das Virus vor allem in den Lymphorganen weiter. Die Virusträger fühlen sich gesund. Im Verlauf der Krankheit werden Zellen des Immunsystems befallen, die Zahl der T-Helferzellen nimmt ab, die Viruszahl wird größer. Es kommt zur Entwicklung des Vollbilds von **Aids** *(acquired immune deficiency syndrome).* Das Immunsystem bricht zusammen. In der Folge häufen sich Infektionserkrankungen (opportunistische Infektionen) und bestimmte, bei nicht HIV-Patienten seltene Krebserkrankungen. Diese führen meist früher oder später zum Tod.

Epidemiologie

Die **Infektion** erfolgt durch virushaltige Körperflüssigkeiten wie Blut, Vaginalsekret und Sperma. HIV wird nicht durch Schweiß, Tränenflüssigkeit oder Speichel übertragen, obwohl der Erreger in diesen Flüssigkeiten in geringen Mengen nachweisbar ist. Ungeschützter Geschlechtsverkehr und verunreinigte Spritzen bzw. Kanülen bei Drogenkonsum stehen im Mittelpunkt der Infektionsausbreitung. Kinder können von ihren Müttern über die Plazenta, während der Geburt oder durch Muttermilch infiziert werden. Wesentlich seltener dagegen sind heute Ansteckungen durch Ausübung von Erster Hilfe, bei Verletzungen medizinischen Personals oder durch Bluttransfusionen. Durch Insektenstiche wird HIV nicht übertragen.

▶ Durch die spanischen Eroberer übertragen, starben in Amerika mehr als drei Millionen Inka und Azteken an **Pocken** (Variola-Virus).

Behandlung

Da noch keine endgültige Heilung möglich ist, wird versucht, die HI-Virusvermehrung so früh wie möglich einzuschränken. Dies erfolgt meist in einer Kombinationstherapie mit drei Medikamenten. Durch die verschiedenen Wirkstoffe werden die Umkehrtranskription und die Virusreifung in der Zelle gehemmt.

▶ Das **Herpes-simplex-Virus,** ein DNA-Virus, verursacht eine vergleichsweise harmlose Virusinfektion. Häufig sind Bläschenbildungen an den Lippen zu beobachten.

Prophylaxe

Durch Benutzung von Kondomen bzw. Schutzhandschuhen kann der Kontakt mit virushaltigen infektiösen Körperflüssigkeiten vermieden und die Gefahr einer Infektion verringert werden. Eine Impfung gibt es nicht.

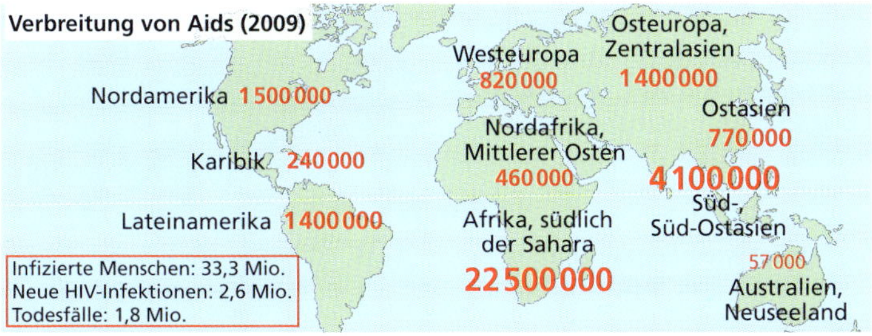

▶ Im Internet werden jährlich die neuesten Informationen zum Thema Aids veröffentlicht.

7.2.4 Bakterien können zerstören und vergiften

Pesterreger *(Yersinia pestis)*

Erreger

Yersinia pestis wurde 1894 von ALEXANDRE J. E. YERSIN (1863–1943, ↗ Abb.), einem Schweizer Tropenmediziner, entdeckt. Es ist ein unbegeißeltes, gramnegatives Stäbchenbakterium mit einer Größe von ca. 0,8 · 1,3 µm.

Epidemiologie

Wird der Impfschutz nicht aufgefrischt, kann der Tetanus-Erreger *(Clostridium tetani)* tödlich sein.

Bei der **Pest** handelt es sich primär um eine Erkrankung von Nagetieren, wie z. B. Ratten. In weiten Teilen Asiens, Afrikas und Amerikas ist der Erreger heute in Nagetierpopulationen beheimatet. Auf den Menschen wird die Pest entweder durch direkten Kontakt oder durch Stiche des Rattenflohs (↗ Abb.) übertragen. *Yersinia pestis* muss dabei durch kleinste Verletzungen in den Körper gelangen.

In der Vergangenheit forderten Pestepidemien unzählige Opfer. Während der großen Pest in Europa (1347–52) starben beispielsweise zwischen 25 und 43 Millionen Menschen, ca. ein Viertel der Gesamtbevölkerung. Heute tritt die Pest nur noch vereinzelt auf, da erfolgreiche Behandlungsmethoden und Hygienemaßnahmen die Verbreitung des Erregers eindämmen.

Die **Bakterienruhr** wird durch den Erreger *Shigella dysenteriae* hervorgerufen.

Krankheitsverlauf

„Die Pest" (↗ Abb), italienische Darstellung des 15. Jahrhunderts

Nach einer Inkubationszeit von 2 bis 5 Tagen entwickeln sich Lymphknotenentzündungen, da sich *Yersinia pestis* darin vermehrt. Die charakteristischen **Bubonen** (Bubonen- oder **Beulenpest**) entstehen. Von den Bubonen aus kann der Erreger in die Blutbahn gelangen und viele innere Organe befallen. Dringt das Pestbakterium in die Lunge ein, entwickelt sich nach ein bis zwei Tagen eine **Lungenpest.** Sie kann auch direkt über die Luft übertragen werden und verläuft bei zögerlicher Behandlung meist tödlich.

Behandlung

Sie erfolgt wie bei vielen Bakterieninfektionen mit Antibiotika, z. B. Penicillin.

Salmonellen *(Salmonella enterica ssp. enterica)*

Erreger
Nach neueren molekulargenetischen Studien geht man davon aus, das die Gattung *Salmonella* aus nur einer Art (früher ca. 40 Arten) mit sieben Unterarten besteht. Als Krankheitserreger ist die Unterart *Salmonella enterica ssp. enterica* für den Menschen von Bedeutung. Allein bei dieser Subspezies werden ca. 2000 Stämme unterschieden, die traditionell z.T. mit eigenen Artennamen benannt werden. *Salmonella enterica* ist ein gramnegatives, fakultativ anaerobes Stäbchenbakterium mit einer Länge von 2,0–5,0 µm.
Salmonellen sind meist beweglich.

Übertragungswege von Salmonellen

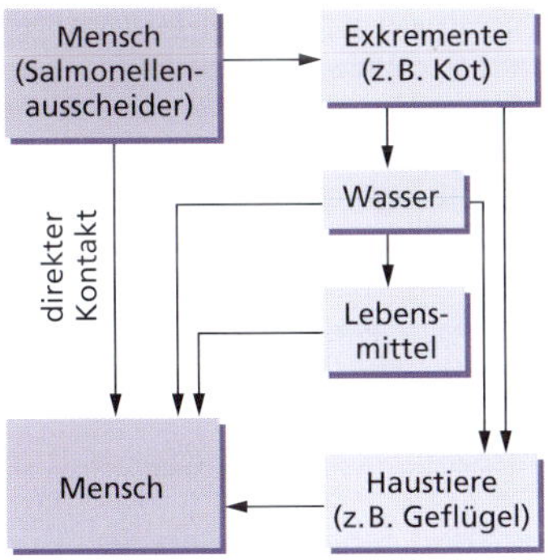

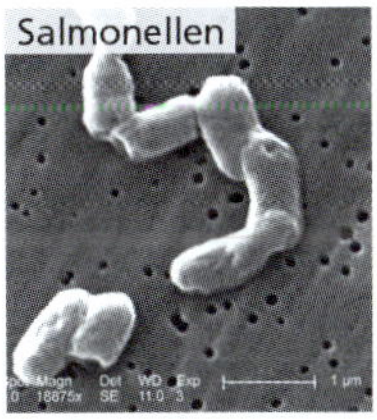

Man unterscheidet typhusartige Salmonellenerkrankungen von Nahrungsmittelvergiftungen, die durch die giftigen Ausscheidungen der Salmonellen verursacht werden.

Eine seltene Form der Nahrungsmittelvergiftung, der **Botulismus**, wird durch *Clostridium botulinum* verursacht.

Prophylaxe
Den ziemlich häufigen, durch Salmonellen verursachten Nahrungsmittelvergiftungen kann nur durch effektive Lebensmittelhygiene vorgebeugt werden. Bei der Lagerung darf die Kühlkette nicht unterbrochen werden. Die Mindesthaltbarkeit muss beachtet werden. Garzeiten dürfen nicht unterschritten werden.
Zum Schutz vor Salmonelleninfektionen sind prophylaktische Impfungen möglich.

Erkrankung	Typhus, Paratyphus	Nahrungsmittelvergiftung
Übertragung	Aufnahme von Wasser oder Lebensmitteln mit Krankheitserregern; Schmierinfektion	Aufnahme von Wasser oder Lebensmitteln, die mit giftigen Stoffwechselprodukten von Bakterien belastet sind
Infektionsdosis	10^2 bis 10^3 Bakterien	$>10^6$ Bakterien
Inkubationszeit	1–3 Wochen	½–2 Tage
Krankheit	Ausbreitung der Erreger im ganzen Organismus, hohes Fieber, Durchfälle, Darmblutungen, Herz-Kreislauf-Versagen	akuter Brechdurchfall, durch bakterielles Toxin verursacht, Herz-Kreislauf-Probleme aufgrund des starken Wasserverlusts
Behandlung	Antibiotika	Stabilisierung von Herz, Kreislauf, Wasserhaushalt

7

7.2.5 Pilze befallen vor allem Haut und Schleimhäute

Hefepilze *(Candida albicans)*

Candida albicans

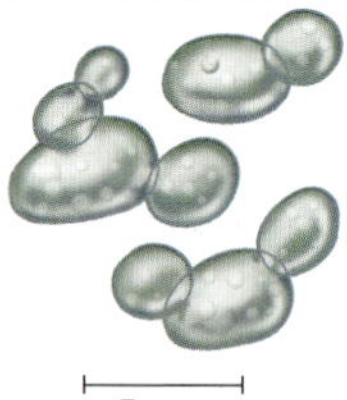

Ein **Kommensale** (lat. *commensalis:* Tischgenosse) ist ein Organismus, der sich von einem anderen ernährt, ohne diesem dabei deutlichen Schaden zuzufügen.

Erreger
Von Hefepilzen der Gattung *Candida* sind ca. 80 Arten bekannt. Einige von ihnen dienen als Futterhefe. Sie leben in der Regel saprophytisch und siedeln sich als Kommensalen auf den Schleimhäuten von Tier und Mensch an. Während viele Hefearten kaum ein Pilzmycel ausbilden, kommen bei *Candida* verschiedene Wuchsformen einschließlich der Mycelbildung vor. *Candida albicans* vermehrt sich ausschließlich vegetativ durch Sprossung.

Krankheitsverlauf
Bei geschwächtem Immunsystem treten einige *Candida*-Arten als Krankheitserreger auf. Mindestens 90 % aller Infektionen werden durch die Art *Candida albicans* verursacht und als **Soor** oder **Candidose** bezeichnet. Die Krankheit entsteht endogen durch zu starke Vermehrung der Pilze auf den Schleimhäuten der Mundhöhle oder der Geschlechtsorgane. Wird die natürliche Bakterienflora der Schleimhäute aufgrund einer intensiven Antibiotikatherapie vernichtet, kann sich *Candida* auch sehr gut ausbreiten. Auf den Schleimhäuten entsteht ein weißer, bröckliger Belag. Im Fall seltener Komplikationen kann *Candida albicans* auch innere Organe befallen. Der Hefepilz befällt auch Haut und Nägel.

Behandlung
Die Schleimhäute werden mit pilzhemmenden Medikamenten behandelt.

Dermatophyten

Erreger
Hautpilze sind Organismen, die Gewebe infizieren, die viel Keratin enthalten, wie Haut, Haare oder Nägel. Sie gehören drei verschiedenen Gattungen an.

Krankheitsverlauf
Übertragen werden die Pilze durch direkten Kontakt von Mensch zu Mensch bzw. von Tier zu Mensch. Es besteht aber auch die Möglichkeit, sich indirekt in Duschen, Schwimmbädern und Garderoben anzustecken. Die Krankheit bildet sich primär immer an den Infektionsstellen aus.

Gegen Pilzerkrankungen werden Antimykotika eingesetzt. Ein häufiges Wirkungsprinzip ist die Schädigung der Pilzzellmembran, wie bei dem gegen Nagelpilz wirkenden Amorolfin.

Behandlung
In der Regel werden die befallenen Hautpartien mit pilzhemmenden Mitteln behandelt.

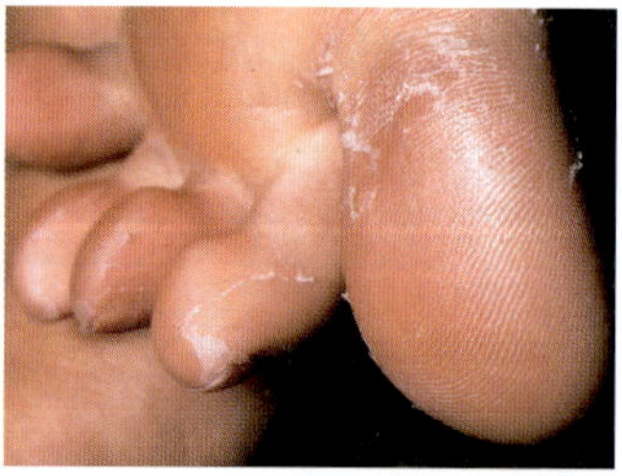

Prophylaxe
Regelmäßige Desinfektion von Fußböden bzw. das Tragen von Schuhen in öffentlichen Bädern mindern die Infektionsgefahr.

7.2.6 Malaria wird von einem Protisten verursacht

Malariaerreger *(Plasmodium*-Arten)

Erreger

Die Malariaerkrankungen werden durch Sporentierchen der Gattung ***Plasmodium*** verursacht. Plasmodien leben als intrazelluläre Parasiten in den Zellen ihrer Wirte. Ihr Generationswechsel umfasst geschlechtliche, aber auch ungeschlechtliche Vermehrungsphasen und einen obligaten Wirtswechsel.

Die **Amöbenruhr** wird durch den einzelligen Erreger *Entamoeba histolytica* hervorgerufen.

Generationswechsel

Durch den Stich einer ***Anopheles*-Mücke** gelangen Sporozoiten, eine Plasmodienform, in den Organismus. Sie dringen in Leberzellen ein und vermehren sich dort erstmalig ungeschlechtlich. Die entstandenen Merozoiten infizieren rote Blutkörperchen (Erythrocyten) und vervielfältigen sich dort ebenfalls. Nach Zerstörung der Erythrocyten werden sie freigesetzt und beginnen erneut mit ihrer ungeschlechtlichen Vermehrung. Die Vermehrungszyklen können 48 Stunden *(P. vivax, P. ovale, P. falciparum)* oder 72 Stunden *(P. malariae)* dauern. Parallel dazu bilden sich aus den Merozoiten auch weibliche und männliche haploide Gamonten („Keimzelltiere") heraus. Bei einem weiteren Mückenstich werden die Gamonten mit dem Blut von der Mücke aufgenommen. In ihrem Darm kommt es zur Befruchtung. Die entstandenen Zygoten siedeln sich in der Darmwand der Mücke an und vermehren sich erneut asexuell. Durch die Hämolymphe der Mücke gelangen die Plasmodien in die Speicheldrüsen der Mücke. Sie können jetzt auf einen neuen Wirt übertragen werden.

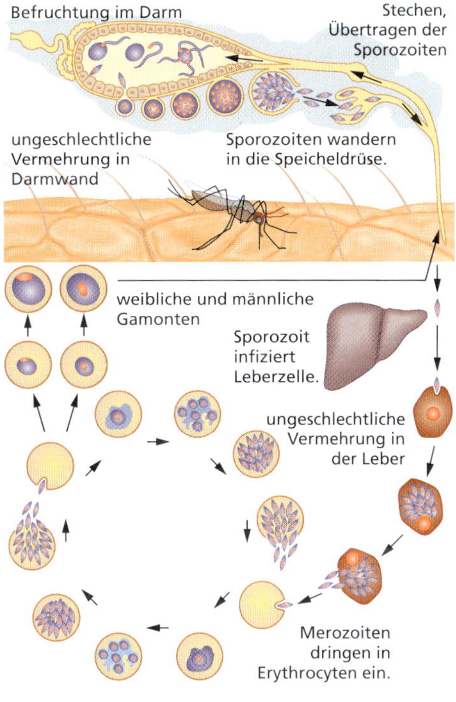

Krankheitsverlauf

Die Inkubationszeiten variieren je nach Erreger zwischen 7 und 35 Tagen. Die Krankheit zeigt sich, wenn in den roten Blutkörperchen die erste Generation von Merozoiten entstanden ist. Die Vermehrungszyklen der Erreger synchronisieren sich, wodurch neue Merozoitengenerationen in regelmäßigen Zeitabständen freigesetzt werden. Sie betragen 48 Stunden bei der *Malaria tertiana*, 72 Stunden bei der *Malaria quartana* und meist weniger als 48 Stunden bei der *Malaria tropica.* Die Malariaanfälle, verbunden mit sehr hohem Fieber und Schüttelfrost, werden durch die Merozoitenfreisetzung verursacht.
Der Erythrocytenzerfall und die damit verbundene Immunreaktion, aber auch der Befall innerer Organe kann vor allem bei der „bösartigen" *Malaria tropica* schnell zum Tod führen.

Erreger und ihre Malariaformen:
P. vivax: *Malaria tertiana*
P. ovale: *Malaria tertiana*
P. malariae: *Malaria quartana*
P. falciparum: *Malaria tropica*

Epidemiologie

Die Malaria ist eine der gefährlichsten Infektionskrankheiten. Jährlich sterben rund 1 Mio. an der Krankheit, 300 bis 500 Millionen Menschen infizieren sich neu.

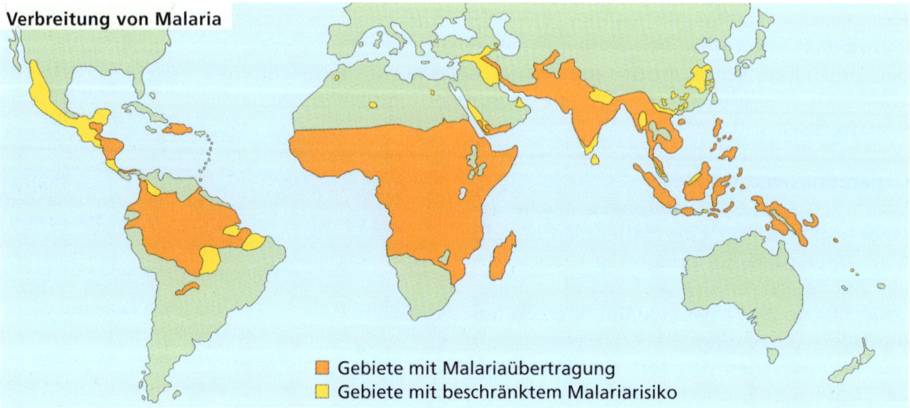

Die Schleimhäute des Urogenitaltrakts werden von ***Trichomonas vaginalis*** besiedelt, einer sehr häufigen Geißeltierchenart.

Durch die Tsetsefliege werden in Afrika **Trypanosomen** übertragen, welche die Schlafkrankheit verursachen.

Etwa 60 Arten der kosmopolitischen Mückengattung *Anopheles* können die Malaria übertragen. Plasmodien vermehren sich in den Mücken aber nur bei wochenlang anhaltenden hohen Durchschnittstemperaturen (20–30 °C) und großer Luftfeuchtigkeit, wodurch die Gebiete mit Infektionsrisiko normalerweise auf die Tropen beschränkt bleiben. In anderen Gebieten können Malariafälle allerdings nicht ganz ausgeschlossen werden. So kam es beispielsweise während eines extrem heißen Sommers 1945 in Südwestdeutschland zu einer kleinen Malariaepidemie. Im Normalfall werden die meisten Malariafälle in Deutschland aus tropischen Urlaubsländern importiert. Die Entwicklung der Malariaerreger in den roten Blutkörperchen wird durch veränderte Hämoglobinformen, wie sie bei Sichelzellenanämie oder Thalassämie auftreten, behindert. Auch der Mangel an Vitamin H_1 (p-Aminobenzoesäure), häufig bei Milchdiäten oder Säuglingen, hemmt die Entwicklung der Plasmodien.

Behandlung

Es werden vor allem Medikamente eingesetzt, welche die Merozoitenentstehung in den Erythrocyten verhindern. Der klassische Wirkstoff zur **Malariabekämpfung** ist Chinin. In Leberzellen verbliebene Erreger müssen gesondert durch andere Wirkstoffe bekämpft werden. Zunehmend wird leider beobachtet, dass Plasmodien gegen bestimmte Medikamente restistent sind.

Ein sehr wirksames Malariamedikament, das Artemisinin, wird aus dem Einjährigen Beifuß *(Artemisia annua)*, einer aus China stammenden Heilpflanze, gewonnen.

Prophylaxe

In malariagefährdeten Regionen steht vor allem die Mückenbekämpfung als prophylaktische Maßnahme im Mittelpunkt. Reisende in diese Gebiete können vorbeugen, wenn sie vor Beginn und einige Zeit während des Aufenthalts Medikamente einnehmen, die die Erregervermehrung hemmen. Eine Schutzimpfung gegen Malaria gibt es gegenwärtig noch nicht.

7.2.7 Parasitische Tiere können Krankheiten verursachen und übertragen

Madenwurm *(Enterobius vermicularis)*

Erreger, Epidemiologie

Madenwürmer gehören zu den am weitesten verbreiteten Darmparasiten der gemäßigten Zonen. Weltweit sind über 250 Mio. Menschen, vor allem Kinder, befallen. In der Regel wird die Erkrankung durch den Nachweis lebender Würmer im Kot diagnostiziert (♀: 8–13 mm, ♂: 2–5 mm lang). Sie leben auf der Schleimhaut des Dickdarms. Zur Eiablage wandern die Weibchen meist nachts aus dem Darm heraus und legen um den After herum etwa 10 000 Eier ab. Fünf bis sechs Wochen nach dem Schlüpfen sind die Würmer geschlechtsreif. Die Ansteckung erfolgt auf oralem Weg. Die Eier werden aus der Analgegend bzw. von Gegenständen in den Mund übertragen.

Verschiedene **Bandwurmarten** können den Menschen befallen. Durch den **Pärchenegel** *(Schistosoma)* wird die Bilharziose verursacht.

Krankheitsverlauf, Behandlung

Die im Darm lebenden Madenwürmer sind relativ harmlos, können aber bei Massenbefall in den Wurmfortsatz oder den weiblichen Genitaltrakt einwandern und dort Entzündungen hervorrufen. Ein starker Juckreiz um den After herum kann zu nervösen Störungen und infolge des Kratzens zu Entzündungen führen. Die Madenwürmer werden durch geeignete Mittel abgetötet. Erneute Infektionen während der Behandlung müssen durch strenge Hygienemaßnahmen verhindert werden.

Der beinahe schmerzlose Biss eines **Blutegels** befördert verschiedene Stoffe in den menschlichen Körper, die entzündungshemmend, antibakteriell und gerinnungshemmend wirken.

Milben als Erreger der Krätze

Erreger, Epidemiologie

Die zu den Spinnentieren gehörende Milbenart ***Sarcoptes scabiei*** **(Krätzmilbe)** tritt in Europa immer wieder, vor allem in eng zusammenlebenden Gruppen wie Familien oder Schulklassen, auf. Die 0,2–0,5 mm großen Tiere werden in der Regel direkt von Mensch zu Mensch übertragen, seltener durch Kleidung, Bettwäsche oder Haustiere (häufig andere Arten).

Die Milben dringen in die Haut ein und beginnen darin gewundene 4–5 mm, maximal 10 mm lange Gänge anzulegen. Darin werden die Eier abgelegt, aus denen nach einigen Tagen die Larven schlüpfen. Nach mehreren Häutungen entstehen innerhalb von zwei bis drei Wochen geschlechtsreife Tiere. Der Entwicklungszyklus beginnt von Neuem. Die Lebensdauer der Weibchen beträgt vier bis sechs Wochen.

Der **Holzbock** *(Ixodes ricinus)* ist eine in Wiesen und Wäldern häufige Zeckenart. Sie überträgt den Erreger der Zeckenborreliose, das Bakterium *Borrelia burgdorferi*, und den Erreger der Frühsommer-Meningoenzephalitis (FSME), ein Virus.

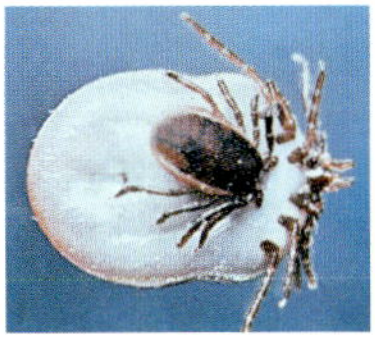

Krankheitsverlauf, Behandlung

Die Milbengänge sind vor allem an Fingerseiten, Handgelenken, Fußknöcheln oder in der Genitalregion zu finden. Sie sehen wie Bleistiftstriche aus. Etwa vier bis fünf Wochen nach Infektionsbeginn entsteht, durch Milbenantigene ausgelöst, ein stark juckender Hautausschlag. Durch Kratzen wird die Haut zusätzlich geschädigt.

Die Behandlung mit Salbe erfolgt direkt auf der Haut. Die Milben werden abgetötet. Kleidung oder Bettwäsche, die mit Erkrankten in Kontakt gekommen ist, muss über 50 °C heiß gewaschen werden.

Gesundheit, Krankheit und Krankheitserreger

- Gesundheit resultiert aus dem Gleichgewicht zwischen physischen und psychischen Prozessen im menschlichen Organismus in einer ständig sich ändernden Umwelt. Sie ist ein Zustand des vollen körperlichen, geistigen und sozialen Wohlbefindens. Ist dieses Gleichgewicht gestört, weil Regelung bzw. Anpassung nicht ausreichend funktionieren, führt dies zur Erkrankung.

- Eine wichtige Krankheitsursache sind **Infektionen** mit Krankheitserregern. Sie dringen in den Organismus ein (Infektion), vermehren sich, breiten sich aus **(Inkubation)** und greifen störend in das Wirkungsgefüge des Organismus ein.

- Typische Reaktionen des Organismus zeigen den Ausbruch der Krankheit an. Diese **Krankheitssymptome** sind eine Folge der Aktivitäten der Krankheitserreger und der Abwehrreaktionen des infizierten Organismus.

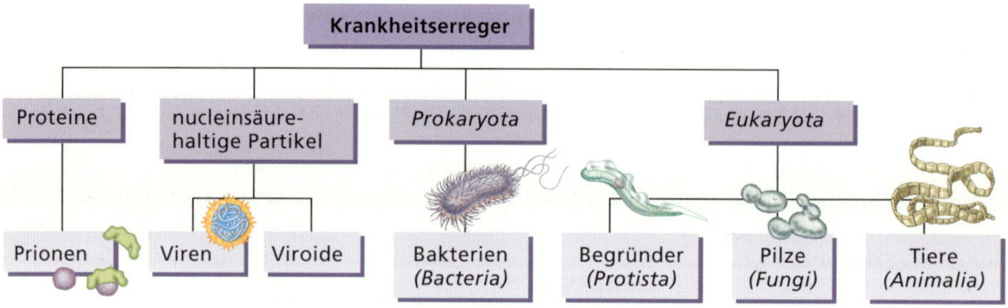

- Viele Krankheitserreger sind artspezifisch, andere können auch zwischen verschiedenen Arten übertragen werden. Meistens werden ganz bestimmte Organe, Gewebe oder Zellen befallen. Bestimmten Tieren kommt eine besondere Bedeutung als **Überträger** von Krankheitserregern zu. Oft sind dies Tiere, die mit den Menschen in engem Kontakt leben (Haustiere, Ratten, Fliegen), oder auch Parasiten, die sich von menschlichem Blut ernähren (Stechmücken, Zecken).

Durch Hygienemaßnahmen – z. B. Händewaschen, Desinfektion, Vermeidung möglicherweise keimhaltiger Speisen und Getränke oder der Verwendung von Kondomen – kann das Infektionsrisiko verringert werden.

Übertragungsmöglichkeiten von Krankheitserregern

direkt	indirekt
– durch Schmierinfektion – durch Tröpfcheninfektion – beim Geschlechtsverkehr – über die Plazenta, während der Geburt oder durch Muttermilch	– durch Lebensmittel und Trinkwasser – durch kontaminierte Gegenstände und Flüssigkeiten – durch Tiere (z. B. Insektenstiche) – durch Bluttransfusionen

Wissenstest 6 auf **http://wissenstests.schuelerlexikon.de** und auf der DVD

7.3 Immunreaktion

- Unspezifische Abwehrmechanismen bilden erste Barrieren gegen Infektionen.
- Spezifische Immunität beruht auf zellulären und humoralen Faktoren.
- Die Erkennung von Selbst und Fremd ist Voraussetzung für die Abwehr.
- Der Körper legt während seiner Individualentwicklung ein immunologisches Gedächtnis an.

Gegenstand der Immunbiologie sind die biologischen und chemischen **Abwehrmechanismen** eines Organismus als Selbstschutz gegen die pathogene Wirkung von Fremdsubstanzen. Diese Antisomatogene („gegen den Körper bildend"), kurz **Antigene** genannt, werden durch ihre körperfremde Struktur zum Auslöser für die immunologischen Reaktionen. Das Abwehrsystem des Körpers ist harmonisch aufeinander abgestimmt und reagiert graduell unterschiedlich, je nach Stärke der Bedrohung des Organismus. Grundsätzlich kann man die Infektabwehr in einen unspezifischen, die **Resistenz,** und einen spezifischen Bereich, die **Immunität,** einteilen.

immun
(lat. *immunis:* frei von, gefeit gegen, unempfindlich): unempfänglich für Krankheiten

7

Unspezifische Immunreaktion		**Spezifische Immunreaktion**
passive Resistenz	aktive Resistenz	Immunität
erblich bedingte allgemeine Unempfindlichkeit durch die körperliche Konstitution	unspezifische Abwehr im Körperinneren durch Proteine und phagocytierende Abwehrzellen	im Laufe des Lebens erworbener hochspezifischer Abwehrmechanismus

7.3.1 Die unspezifische Immunabwehr bildet Barrieren gegen Krankheitserreger

Dieses von Geburt an vorhandene Abwehrsystem sichert den Körper unspezifisch gegenüber pathogenen Erregern. Trotz der Erblichkeit kann die Resistenz durch Umwelteinflüsse, wie z. B. jahreszeitlich wechselnde Faktoren, und Ernährung beeinflusst werden.

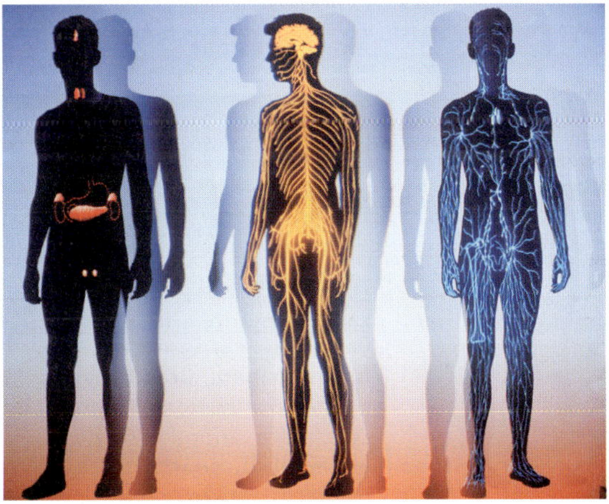

Hormonsystem Nervensystem Immun- u. Blutsystem

Passive Resistenz – allgemeine Abwehr

Unsere körperliche Konstitution verhindert durch mechanische, chemische und mikrobielle Mechanismen das Eindringen bzw. Wirksamwerden von körperfremden Strukturen.

Mechanische Barrieren

- Die **Haut** weist mit ihrer verhornten toten Außenschicht, die ständig aus der Keimschicht regeneriert wird, das Wasser ab.
- **Tränenflüssigkeit** spült die Augen und Lider zeigen Wischeffekt.
- **Schleimhäute** binden durch die Sekretion des adhäsiven Schleims die Fremdpartikel und immobilisieren sie damit.
- **Flimmerepithelien** in den Atemwegen schützen die Lunge.

Chemische Barrieren

- Niedrige pH-Werte auf der Haut (3–5), im Scheidengewölbe (4–4,5) und im Magen (1–2) bedingen die Hemmung bzw. Abtötung von Mikroorganismen – Säuresterilisation.
- Lysozym in der Tränen- und Speichelflüssigkeit hat bakterizide Wirkung.

Mikrobielle Barrieren

- Sowohl in der Mundhöhle und im Darm als auch auf der Haut wird die Vermehrung von Krankheitserregern durch die Konkurrenz apathogener Bakterien gehemmt.

Körperperipherie mit möglichen Infektionspforten

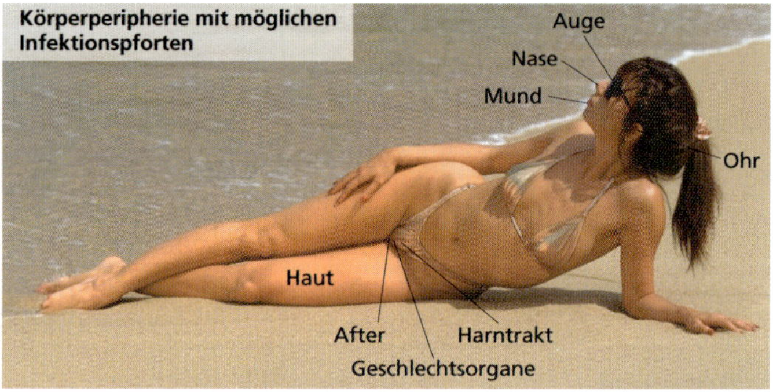

Aktive Resistenz

Auf der REM-Aufnahme (↗ Abb.) sind zwei **Makrophagen** zu sehen, die Bakterienzellen angreifen.

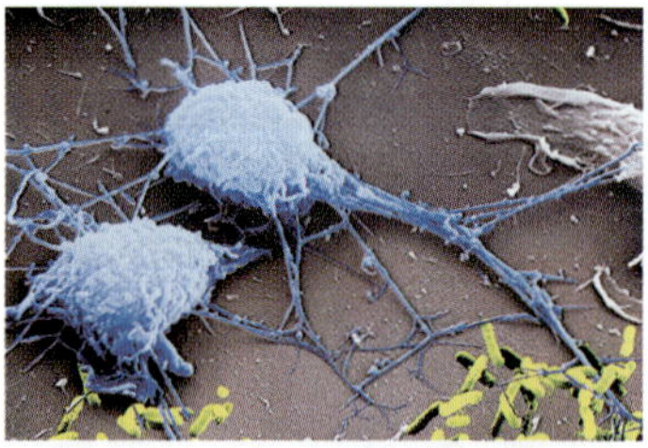

Wenn Antigene aufgrund von Verletzungen der Haut diese konstitutionelle Barriere überwunden haben, werden sie durch eine zweite Abwehrreihe erfasst und in ihrer Vermehrung behindert. Dabei handelt es sich um Mechanismen, die an spezifische Zelltypen **(Leukocyten)** gebunden sind.

Makrophagen, Granulocyten, Mastzellen und natürliche **Killerzellen** können mittels Rezeptoren ein breites Spektrum von Erregern erkennen. Durch ihre amorphe Zellgestalt ist es diesen unspezifischen Abwehrzellen möglich, zwischen den humoralen Systemen (Blut und Lymphe) zu wechseln. Sie können somit über die Interzellularräume auch den gesamten Organismus kontrollieren.

Makrophagen und Granulocyten werden als **Fresszellen** bezeichnet. Sie besitzen aufgrund ihrer amöboiden Eigenschaften die Fähigkeit der Phagocytose (↗S. 83). Pathogene Mikroorganismen und Fremdpartikel werden durch Endocytose aufgenommen und anschließend intrazellulär verdaut. Auf diese Weise werden auch gealterte Erythrocyten in Milz und Leber durch Makrophagen eliminiert. Außerdem stellen sie das Bindeglied zur spezifischen Immunreaktion dar.
Nach der Zerlegung und Bearbeitung phagocytierter Antigene werden charakteristische Fragmente, sogenannte antigene Determinanten **(Epitope),** auf der Membranoberfläche präsentiert. Diese haben Signalcharakter für die spezifischen Immunzellen.

Von den Makrophagen werden auch Wirkstoffe mit einem außerordentlich breiten Wirkungsspektrum sezerniert, wie z. B. **Interleukin 1.** Es gehört zu den Faktoren, die das Temperaturzentrum im Hypothalamus beeinflussen können und damit Fieber auslösen. Dadurch kann es einerseits zur thermischen Hemmung von Erregern kommen und andererseits können Immunzellen in ihrer Aktivität gefördert werden.

Leukocyten (griech. *leukos:* weiß): weiße Blutkörperchen

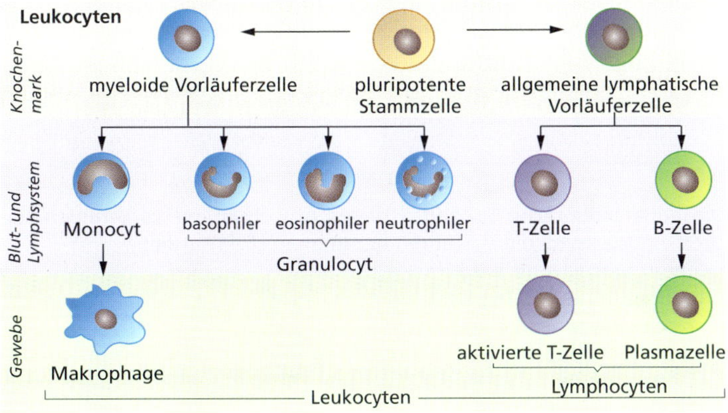

Humorale Resistenzfaktoren

Das folgende Schema gibt einen Überblick über weitere unspezifische Abwehrstoffe.

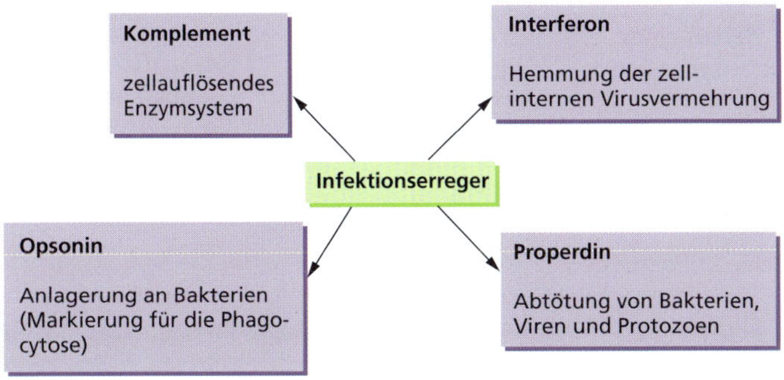

7.3.2 Die spezifische Immunreaktion entwickelt sich im Kontakt mit Erregern

Aufgrund der optimalen Lebensbedingungen innerhalb homoithermer Organismen und der damit verbundenen Vermehrungsrate pathogener Keime sind die unspezifischen Barrieren des Körpers schnell überfordert. In solchen Fällen mobilisiert das Abwehrsystem seine stärkste Waffe, die **spezifische Immunabwehr.** Die hohe Spezifität dieser Immunantwort bedingt jedoch, dass sie erst dann in Gang gesetzt werden kann, wenn der Körper Kontakt mit dem betreffenden Antigen hat. Es handelt sich also um eine erworbene Fähigkeit, weshalb man auch von einer adaptiven Immunantwort spricht. Hier werden gleich zwei Abwehrreihen aufgefahren. Beide Systeme laufen nebeneinander im Körper ab, ergänzen sich aber nachhaltig in ihrer Wirkung gegenüber pathogenen Keimen.

humoral (lat. *humor, umor:* Flüssigkeit): bezogen auf Körperflüssigkeit, Pflanzensaft

Humorale Immunantwort	Zelluläre Immunantwort
↓	↓
Produktion von Antikörpern in der Blut- bzw. Lymphflüssigkeit (gegen freie Antigene in den Körperflüssigkeiten)	Bildung von Killerzellen (gegen Erreger, die bereits in körpereigene Zellen eingedrungen sind)
↓	↓
realisiert vor allem über B-Lymphocyten	realisiert vor allem über T-Lymphocyten

Bei der Immunpräzipitation werden mithilfe von Antikörpern ein bestimmtes Protein und seine Interaktionspartner aus einem Proteingemisch heraus ausgefällt (präzipitiert). Die ausgefällten Proteine können mit einem Western Blot (↗S. 239) nachgewiesen bzw. identifiziert werden.

Die außerordentliche Spezifität dieses Abwehrbollwerks veranschaulichen eindrucksvoll die Verfahren der **Immunpräzipitation:**

- Einem Versuchstier wird im Verlauf mehrerer Wochen eine spezifische Bakterienart injiziert.
- Nach Gewinnung einer Blutprobe wird durch Zentrifugation das Serum extrahiert und anschließend 1 : 1 000 verdünnt.
- Mischen des Serums mit den Bakterienkulturen 1–3 (↗Tab.):

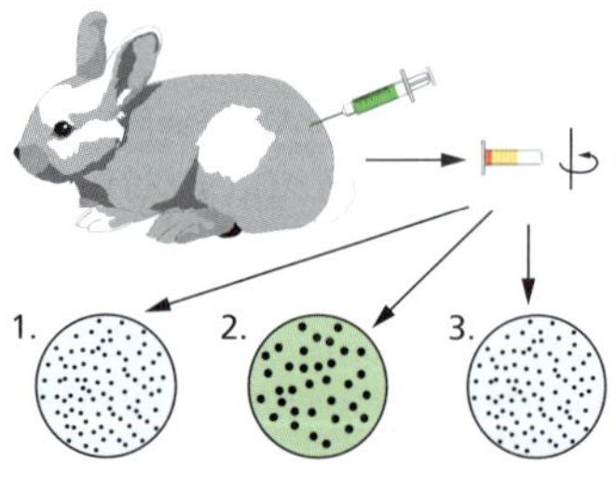

1. Serum eines unbehandelten Kaninchens mit der spezifischen Bakterienkultur ⇒ keine Reaktion	2. Serum des behandelten Kaninchens mit der spezifischen Bakterienkultur ⇒ Präzipitation: Antigenausfällung	3. Serum des behandelten Kaninchens mit einer anderen verwandten Bakterienkultur ⇒ keine Reaktion

Schlussfolgerungen:
- Die **Immunantwort** reagiert mit höchster **Antigenspezifität.**
- Sie erfolgt auf molekularer, also azellulärer Ebene.
- Die Abwehr wird aktiv erworben.

Das Immunsystem des Menschen im Überblick	
Primäre lymphatische Organe	
rotes Knochenmark *(bone marrow)*	– Ausgangspunkt der Blutbildung – Ausdifferenzierung und Determination der B-Lymphocyten
Thymus	– Klonierung und immunspezifische Prägung der Vorläuferzellen zu immunologisch kompetenten T-Lymphocyten
Sekundäre lymphatische Organe	
Lymphknoten	– Aufnahme und Filtration der Lymphe – Anreicherung von Lymphocyten und Fresszellen – Anregung der Vermehrung der passenden Lymphocyten durch mit der Lymphe eintreffende Antigene
Mandeln (Tonsillen)	– Ansammlung von Lymphknötchen im hinteren Rachenraum am Eingang zu Luft- und Speiseröhre – können früh auf Krankheitserreger reagieren, die über Mund und Nase eindringen
Milz	– Klonierung von Lymphocyten bei Infektionen – Blutspeicher

An der spezifischen Immunantwort beteiligte Zelltypen und deren Abstammung:

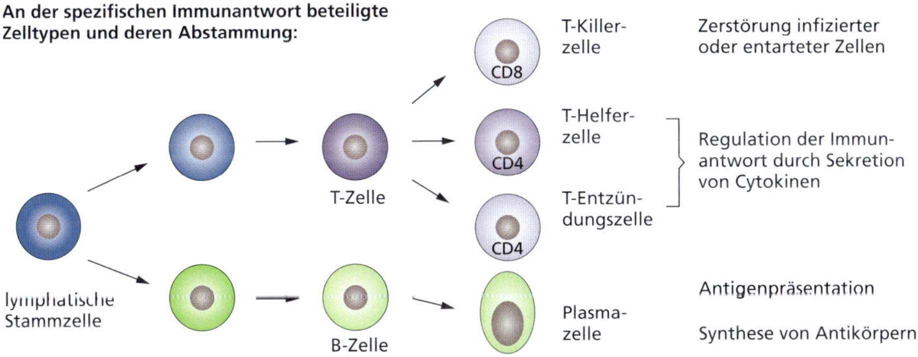

Die **Lymphocyten** und ihre Untergruppen lassen sich durch ihre membrangebundenen Oberflächenmarker systematisieren. So besitzen alle **T-Helferzellen** das Molekül CD4, alle T-Killerzellen das Molekül CD8. Auf den B- und T-Lymphocyten sind spezielle **Immunglobuline (Ig)** als Rezeptoren für die Antigenbindung lokalisiert. Die mobilen Zellen des Immunsystems entwickeln sich aus pluripotenten Stammzellen im Knochenmark.

Unter dem Einfluss von Wachstums- und Differenzierungsvorgängen entstehen Vorstufen der späteren Differenzierungslinien, die koloniebildenden Einheiten. Die **T-Lymphocyten** verlassen als undeterminierte Vorläuferzellen das Knochenmark und werden zur vollständigen Ausdifferenzierung in den Thymus transportiert.

CD steht für *cluster of differentiation.*

Infektion und Phagocytose

In den Körper gelangte Antigene, die nicht sofort in ihre Wirtszellen eindringen, können in den sekundären lymphatischen Organen von Makrophagen bzw. B-Lymphocyten kontaktiert und anschließend durch Phagocytose aufgenommen werden.

Prozessierung und Präsentation

Im Inneren der Zellen werden die Antigene prozessiert, d. h. abgebaut und bearbeitet. Die entstandenen kurzkettigen Peptide werden an MHC-Moleküle gebunden und an die Zelloberfläche transferiert, wo die Antigenfragmente – sie werden auch als **Epitope** oder **antigene Determinanten** bezeichnet – den T-Lymphocyten präsentiert werden.

Erkennung und Aktivierung

Unter 100 000 dieser T-Zelltypen, die in Blut und Lymphe kursieren, besitzt nur einer den für das Epitop kompatiblen T-Zell-Rezeptor. Die Anlagerung erfolgt über das Schlüssel-Schloss-Prinzip. Durch CD4- bzw. CD8-Corezeptoren der T-Lymphocyten wird diese Bindung stabilisiert.

Differenzierung

T-Lymphocyten mit CD4-Rezeptoren entwickeln sich zu T-Helferzellen. Beim Vorhandensein von CD8-Rezeptoren kommt es zur Entwicklung von T-Killerzellen. Zur Aktivierung der Lymphocyten ist der Kontakt mit mehreren Oberflächenmarkern zur antigenpräsentierenden Zelle notwendig. Für die interzelluläre Kommunikation sind Cytokine verantwortlich. Cytokine sind Proteine oder Glykoproteine, die als Botenstoffe wirksam werden.

Klonselektion

Die bis zu diesem Zeitpunkt ruhende T-Zelle beginnt sich zu teilen, sodass innerhalb kürzester Zeit ein **Klon** erbgleicher Zellen mit absoluter Antigenspezifität entsteht. Gleichzeitig wird die Synthese von Botenstoffen (Cytokine) wie **Interleukin 2** angeregt.

Humorale Immunantwort

Wenn B-Lymphocyten durch Antigene aktiviert werden, können sie sich stark vermehren und zu Antikörper produzierenden Plasmazellen differenzieren.

Memory, das immunologische Gedächtnis

B- und T- Zellen können nach ihrer ersten Stimulierung durch Kontakt mit antigenpräsentierenden Makrophagen ihre Weiterentwicklung unterbrechen und zu langlebigen **Gedächtniszellen** werden.

Antigen-Antikörper-Reaktion (AAR)

Die während der Immunisierung gebildeten spezifischen Antikörper lagern sich über komplementäre Molekülstrukturen der beiden Reaktionspartner durch nicht kovalente Bindungen mit den Antigenen zu Antigen-Antikörper-Komplexen zusammen.

Lyse infizierter Körperzellen

Durch Pathogene infizierte Körperzellen präsentieren auf ihrer Zelloberfläche an MHC-Moleküle gebundene antigene Determinanten. T-Killerzellen binden sich mittels ihrer spezifischen Rezeptoren an diese markierten Zielzellen. Das in T-Killerzellen produzierte Perforin wird nach Kontakt mit der infizierten Körperzelle freigesetzt. Die Perforinmoleküle verursachen eine Durchlöcherung der Zellmembran. Das Cytoplasma fließt aus, die Zelle stirbt ab und löst sich auf.

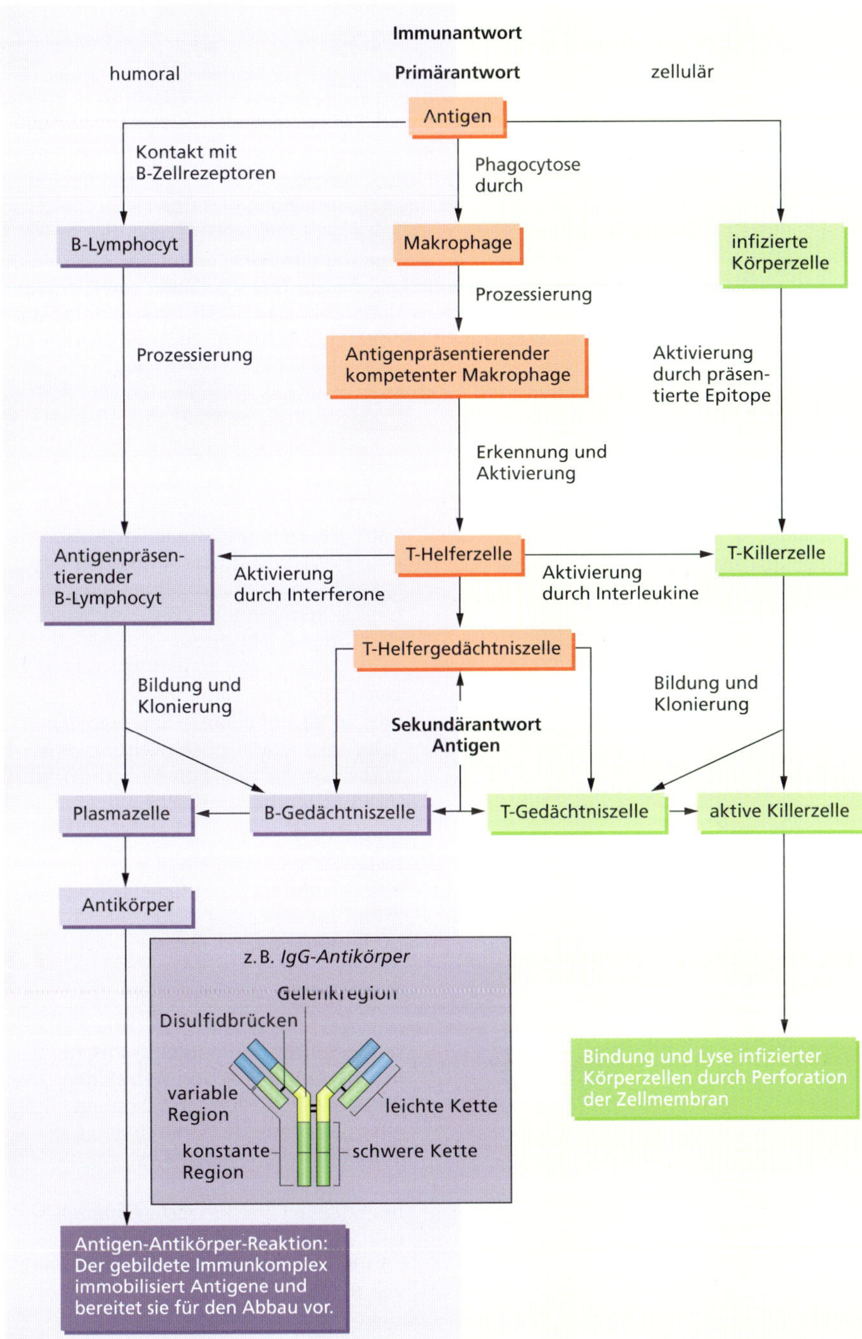
Immunantwort
humoral
Primärantwort
zellulär
Antigen
Kontakt mit B-Zellrezeptoren
Phagocytose durch
B-Lymphocyt
Makrophage
infizierte Körperzelle
Prozessierung
Prozessierung
Antigenpräsentierender kompetenter Makrophage
Aktivierung durch präsentierte Epitope
Erkennung und Aktivierung
Antigenpräsentierender B-Lymphocyt
T-Helferzelle
T-Killerzelle
Aktivierung durch Interferone
Aktivierung durch Interleukine
T-Helfergedächtniszelle
Bildung und Klonierung
Bildung und Klonierung
Sekundärantwort Antigen
Plasmazelle
B-Gedächtniszelle
T-Gedächtniszelle
aktive Killerzelle
Antikörper
z. B. IgG-Antikörper
Gelenkregion
Disulfidbrücken
variable Region
leichte Kette
konstante Region
schwere Kette
Bindung und Lyse infizierter Körperzellen durch Perforation der Zellmembran
Antigen-Antikörper-Reaktion: Der gebildete Immunkomplex immobilisiert Antigene und bereitet sie für den Abbau vor.

Antikörper

Epitop (griech. *epi:* auf; *topos:* Ort): Als Antigen wirken bestimmte Moleküle bzw. Atomgruppen an der Oberfläche dieser Moleküle, die als Epitop bezeichnet werden. Der spezifische Antikörper erkennt nur diesen Bereich des Antigens und interagiert daher mit dem Epitop.

Antikörper sind quartär strukturierte Proteinmoleküle aus mindestens vier **Polypeptidketten,** die über **Disulfidbrücken** verknüpft sind. Die typische **Y-Struktur** entsteht durch zwei identische leichte und zwei identische schwere Ketten, die jeweils über eine konstante und variable Region verfügen. Das heißt, die Aminosäuresequenz der konstanten Region ist innerhalb einer Antikörperklasse übereinstimmend und in der Variablen abhängig vom prozessierten Antigen. Die variablen Enden des Antikörpermoleküls fungieren als **Antigenbindungsstelle**. Bei der Kalkulation der möglichen Antikörpervielfalt, die ein Mensch bilden kann, ergeben sich 10^9 bis 10^{11} verschiedene Varianten. Da auf der DNA aber lediglich rund 1 000 Antikörpergene zur Verfügung stehen, muss es weitere Differenzierungsmechanismen geben. Dies sind vor allem somatische DNA-Rekombinationen in den sich entwickelnden Lymphocyten und Aufbau der Antikörper aus verschiedenen Abschnitten, die von unterschiedlichen Genen codiert werden.

Die multigene Proteinfamilie der Antikörper:		
Immunglobulin G (Ig G) Monomer	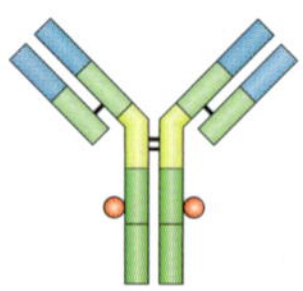	häufigstes Immunglobulin im Blutserum (70–75 %), wichtigster Antikörper der Sekundärreaktion, plazentagängig – passive Immunität des Fetus, aktiviert das Komplementsystem
Immunglobulin A (Ig A) Dimer	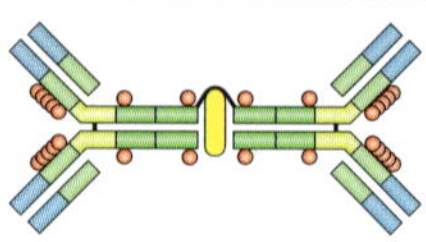	zweithäufigstes Immunglobulin (15–20 %), vor allem in Sekreten wie Speichel und Milch nachweisbar, verhindert die Anheftung von Bakterien und Viren an Epitheloberflächen
Immunglobulin M (Ig M) Pentamer	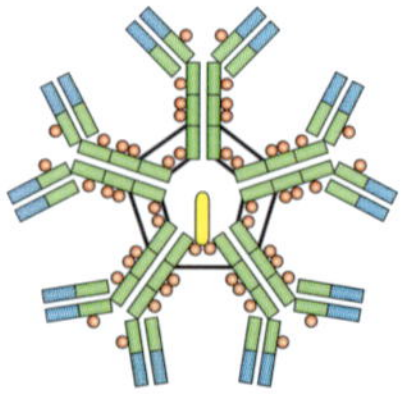	ungefähr 5–10 % aller Immunglobuline treten in der Frühphase der Immunantwort in pentamerer Form auf, aufgrund der Größe nicht plazentagängig
Immunglobulin E (Ig E) Monomer	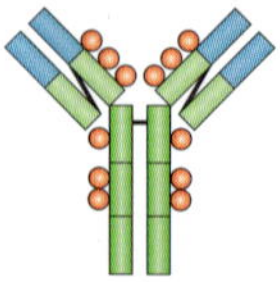	nur in Spuren vorhanden, wahrscheinlich an der Abwehr von vielzelligen Parasiten (z. B. Würmern) beteiligt, allergieauslösende Wirkung durch die Stimulation von Mastzellen
Immunglobulin D (Ig D) Monomer	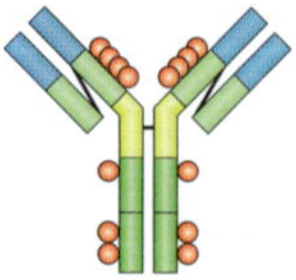	biologische Funktion nicht hinlänglich geklärt, Konzentration kleiner als 1 %, häufig immobilisiert auf der Membran von B-Lymphocyten

Krebs und Immunsystem

Als **„Krebs"** bezeichnet man Krankheiten, die mit einer starken Vermehrung von Zellen verbunden sind. Krebszellen entziehen sich den normalen Regulationsmechanismen des Zellzyklus. Dies bedeutet, dass Zellvermehrung, -differenzierung und -sterben nicht mehr normal ablaufen. In menschlichen Zellen sind zahlreiche Gene für diese Regulationsmechanismen verantwortlich. Um aus gesunden Zellen eines Gewebes Krebszellen werden zu lassen, sind deshalb mehrere genetische Veränderungen notwendig:
- Prädisposition durch vererbte genetische Veränderungen,
- Einflüsse der Umwelt (radioaktive Strahlen, UV-Strahlen, bestimmte chemische Stoffe usw.),
- Onkoviren (sie tragen zur Krebsentwicklung bei, indem sie ihr genetisches Material in die DNA infizierter Zellen integrieren).

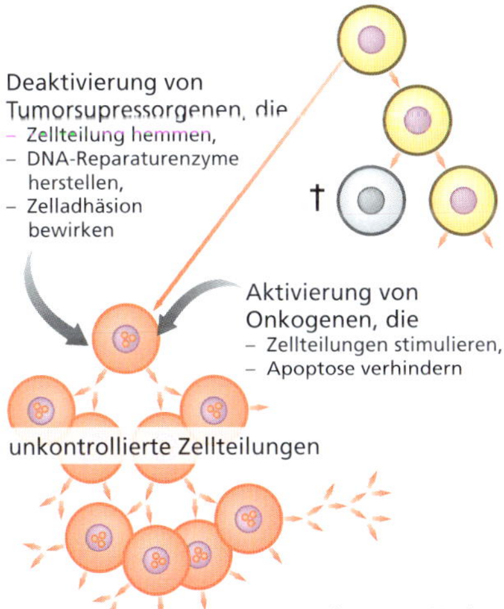

Ursachen von Krebs

Die **erbliche Disposition für Krebs** kann man sich so erklären, dass einige krebsfördernde Gene (**Onkogene** oder **veränderte Tumorsuppressorgene**) durch Mutation bereits bei der Geburt vorhanden sind. Das Risiko für eine umweltbedingte Krebsauslösung ist dann größer, weil weniger zusätzliche genetische Veränderungen hinzukommen müssen.

Tumorzellen sind zwar körpereigene Zellen und solche Zellen werden normalerweise vom Immunsystem nicht erkannt. Da sie jedoch gegenüber normalen Zellen deutliche Veränderungen aufzeigen, gibt es eine gewisse Wirksamkeit des eigenen Immunsystems gegenüber Krebszellen. Die Unterschiede der Krebszellen gegenüber normalen Zellen kann man sich für eine Immuntherapie zunutze machen. Wenn es gelingt, spezielle Antikörper zu produzieren, die sich spezifisch an bestimmte Krebszellen anlagern, so können diese Krebszellen vom Immunsystem, insbesondere von den **Makrophagen,** erkannt und vernichtet werden (↗ Abb).

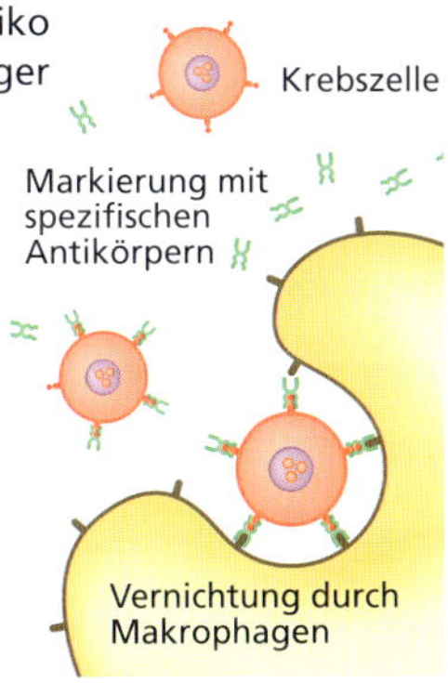

Bei der *Immuntherapie mit dendritischen Lymphocyten,* einer besonderen Form der Phagocyten mit langen Zellfortsätzen, wird dem Krebspatienten Blut entnommen und die dendritischen Lymphzellen aus dem Patientenblut werden im Labor vermehrt und mit körpereigenen Tumorzellen „stimuliert". Diese so für den Tumor sensibilisierten Abwehrzellen werden dem Patienten dann wieder eingeimpft. Eine weitere immuntherapeutische Methode versucht, durch radioaktive oder giftige Substanzen veränderte spezifische Antikörper einzusetzen, die die Tumorzellen direkt vernichten.

Auch wenn man sich theoretisch recht gut eine Immuntherapie gegen Krebs vorstellen kann, so treten in der klinischen Praxis derzeit noch zahlreiche Probleme und Nebenwirkungen auf.

EDWARD JENNER
(1749–1823)

LOUIS PASTEUR
(1822–1895, ↗S. 20, 255)

7.3.3 Impfungen aktivieren das Immunsystem

Als der englische Arzt **EDWARD JENNER** (1749–1823) Ende des 18. Jh.s die ersten **Impfungen** gegen Pocken durchführte, waren weder die Ursachen für übertragbare Infektionskrankheiten bekannt, noch hatte man Kenntnis von einem Immunsystem. Seine Arbeiten basierten einzig und allein auf jahrzehntelanger Beobachtung und Erfahrung. Nachdem Ende des 19. Jh.s **ROBERT KOCH** (1843–1910) Mikroorganismen als pathogene Verursacher von Krankheiten nachgewiesen hatte und es **LOUIS PASTEUR** (1822–1895) vor 125 Jahren gelungen war, die erste Tollwutimpfung mit abgeschwächten Erregern zu entwickeln, war der Weg für die wissenschaftliche Erforschung des Immunsystems und die gezielte **Synthese von Impfstoffen** geebnet. Heute gelten viele „Geißeln der Menschheit" als ausgerottet oder sind beherrschbar geworden.
Dies darf allerdings nicht darüber hinwegtäuschen, dass die Zahl der zu lösenden immunologischen Problemfälle nach wie vor enorm hoch ist. Impfstoffe gegen Aids sowie langfristig wirkende Mittel gegen Malaria seien stellvertretend genannt. Eine große pharmakologische Herausforderung stellen auch die stark veränderlichen *Influenza*-Viren dar. Impfstoffe werden jedes Jahr erneuert und müssen wie im Fall der Schweinegrippe (A–H1N1) extrem schnell und in großen Mengen entwickelt werden, sodass auch die Testphasen deutlich verkürzt sind. Die Bedrohung durch Krankheitserreger gewinnt durch die wachsende Mobilität der Menschen und die rasante Geschwindigkeit des Ortswechsels globale Dimensionen.

Aktive Immunisierung

Die **aktive Immunisierung** beruht auf der Erkenntnis, dass der menschliche Organismus nach dem Überstehen einer spezifischen Infektionskrankheit gegenüber dem pathogenen Erreger eine Immunität erworben hat und somit eine Wiedererkrankung ausgeschlossen ist. Das heißt, die aktive Immunisierung basiert auf der Reaktion des eigenen Immunsystems und kann künstlich durch eine Impfung ausgelöst werden.
Verwendete Impfstoffe zeichnen sich dadurch aus, dass das infektiöse Agens unter kompletter Beibehaltung seiner Antigenität so modifiziert wurde, dass es nicht mehr in der Lage ist, die entsprechende Krankheit hervorzurufen. Eine geimpfte Person, die auf den tatsächlichen Krankheitserreger trifft, zeigt dieselbe schnelle und intensive Abwehrreaktion wie eine Person, die diese Krankheit bereits hatte. In beiden Fällen beruht der Effekt auf dem **immunologischen Gedächtnis.**
Die aktive Immunisierung gegen Krankheiten wie Cholera, Typhus, Fleck- und Gelbfieber wird nicht routinemäßig realisiert, sondern empfiehlt sich für Personen, die in gefährdete Gebiete reisen. Zu beachten ist dabei, dass der entsprechende Impfschutz nur dann gewährleistet ist, wenn die notwendige Karenzzeit eingehalten wurde.

Mögliche Impfstoffe:
- niedrige Dosis eines Produkts des infektiösen Agens
- ein chemisch modifiziertes derartiges Produkt
- abgetötete Erreger mit intakter Oberfläche
- Verwendung abgeschwächter (avirulenter) Stämme

Passive Immunisierung

Bei der **passiven Immunisierung** bildet nicht das eigene Immunsystem die Abwehrstoffe, vielmehr werden die Antikörper geimpft, die andere Menschen oder Tiere gebildet haben. Dadurch stehen die Antikörper sofort zur Verfügung und müssen nicht erst vom Immunsystem gebildet werden. Dies ist vor allem dann wichtig, wenn eine Infektion möglicherweise schon stattgefunden hat (Beispiel: Tetanusimpfung nach Verletzung). Allerdings hält die Wirkung nur wenige Wochen an, außerdem besteht das Risiko, dass der Körper allergisch auf das fremde Eiweiß reagiert.
Durch In-vitro-Verschmelzung von Antikörper produzierenden B-Zellen mit Knochenmarkskrebszellen (Myelomzellen) konnte man Zelllinien gewinnen, die unbegrenzt Antikörper einer bestimmten Spezifität produzieren (Hybridomtechnik). Solche **monoklonalen Antikörper (MAK)** werden nicht nur zu therapeutischen und diagnostischen Zwecken, sondern auch zur Markierung von Zellen und Molekülen eingesetzt.

▶ Die Technik zur Herstellung monoklonaler Antikörper wurde 1975 von CÉSAR MILSTEIN (1927–2002), GEORGES KÖHLER (1946–1995) und NIELS JERNE (1911 bis 1994) publiziert. Sie erhielten dafür 1984 den Nobelpreis.

Die **„Ständige Impfkommission“ (STIKO)** des Robert-Koch-Instituts veröffentlicht unter der Rubrik Infektionsschutz, Stichwort „Impfen“, den aktuellen **Impfkalender** für Säuglinge, Kinder, Jugendliche und Erwachsene (↗ Tab.). Dieser enthält Impfempfehlungen, die sich an den aktuellen Erfordernissen orientieren, und detaillierte Informationen u. a. zum empfohlenen Impfalter und zu den Mindestabständen zwischen den Impfungen:

▶ Der aktuelle Stand kann über die Bundeszentrale für gesundheitliche Aufklärung (BZgA) ständig eingesehen werden.

Informationen aus dem Impfkalender der STIKO (Stand 2010)

	Alter in Monaten					Alter in Jahren		
Impftermine:	**2**	**3**	**4**	**11–14**	**15–23**	**5–6**	**9–11**	**12–17**
Impfungen gegen:	G = Grundimmunisierung					A = Auffrischungsimpfung		
Tetanus (T)	G1	G2	G3	G4		A1	A2	
Diphtherie (D/d)	Kombinationsimpfung	Kombinationsimpfung	Kombinationsimpfung	Kombinationsimpfung		A1	A2	
Keuchhusten (aP)						A1	A2	
Hib *(Haemophilus influenza Typ B)*								
Kinderlähmung (IPV)							A	
Hepatitis B (HB)							G	
Pneumokokken	G1	G2	G3	G4				
Meningokokken				G (ab 12. Monat)				
Masern, Mumps, Röteln				G1	G2			
Varizellen (Windpocken)				G1	G2			G1–2 (ohne frühere Windpockenerkrankung/-impfung)
Gebärmutterhalskrebs (HPV)								G1–G3
Grippe *(Influenza)*	Jährlich bei Kindern und Jugendlichen mit chronischen Erkrankungen							

7.3.4 Das Immunsystem kann sich gegen den eigenen Körper richten

auto…:
griech. *autos:* selbst, eigen, unmittelbar

Häufig spricht man auch von **Autoaggressionskrankheiten,** autoallergischen oder auch von **Autoantikörperkrankheiten.** Hierbei wird das Krankheitsbild durch Antikörper hervorgerufen, die eine Immunantwort gegen das körpereigene Gewebe auslösen.
Diese Autoantikörper sind demnach gegen körpereigene Antigene gerichtet. Dies lässt sich als das Ergebnis eines Zusammenbruchs der Toleranz gegenüber körpereigenen Stoffen auffassen. Das heißt, die immunologische Störung basiert auf Fehlern bei der Erkennung bzw. Unterscheidung von Selbst und Fremd, sodass körpereigene Strukturen attackiert und zerstört werden.

7

Beispiele für Autoimmunerkrankungen:	
Skelettmuskelschwäche *(Myasthenia gravis)*	Störung der Erregungsübertragung durch die kompetitive Hemmung von Acetylcholinrezeptoren durch Autoantikörper – Unterbrechung der Erregungsleitung
Diabetes mellitus Typ I	Insulin produzierende β-Inselzellen der Bauchspeicheldrüse werden angegriffen – dadurch wird die Fähigkeit zur Insulinsynthese vollständig verloren.
Rheumatoide *Polyarthritis*	Deformierung von Knochen- und Knorpelgewebe – Entzündungsreaktionen der Gelenke
Hashimotosche Krankheit (chronische *Thyreoiditis*)	Vergrößerung der Schilddrüse durch Infiltration von Antikörpern, die gegen Schilddrüsenproteine gerichtet sind
Lupus erythematodes	Antikörperbildung gegen native DNA und andere Zellkernabbauprodukte, die beim normalen Abbau von abgestorbenen Zellen freigesetzt werden

Als **Ursache für Autoimmunkrankheiten** werden sowohl genetische Veranlagungen vermutet als auch exogene Einflüsse für möglich gehalten. Eine derartige Vorstellung über die Entstehung von Autoimmunkrankheiten vermittelt die nebenstehende Abbildung. Hierbei trägt ein Fremdantigen ein Epitop, das auch auf körpereigenen Strukturen vorkommt.

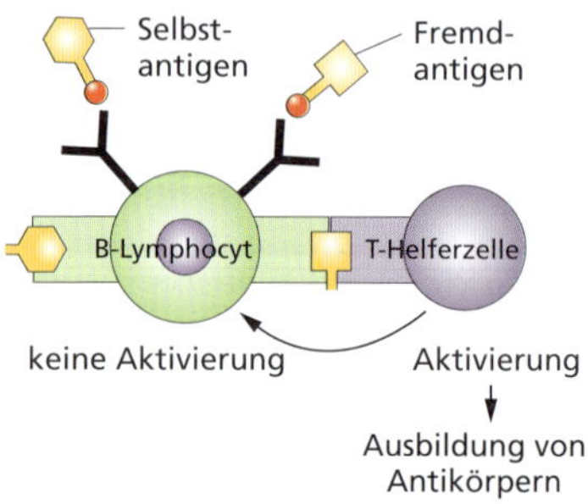

Während bei der Präsentation des Selbstantigens durch B-Lymphocyten keine selbstreaktiven T-Helferzellen existieren, wird bei Präsentation des prozessierten Fremdantigens durch die in der Immunantwort ausgebildeten T-Helferzellen die B-Zelle aktiviert, sodass es zur Produktion der auf das Epitop spezifizierten Antikörper kommt. Diese sind damit auch gegen das Selbstantigen, also körpereigene Strukturen, gerichtet.

7.3.5 Allergien entstehen durch eine Überreaktion des Immunsystems

Der Begriff **Allergie** wurde 1906 von dem österreichischen Kinderarzt CLEMENS VON PIRQUET (1874–1929) geprägt und umschreibt eine Überempfindlichkeit im Sinne einer abnormen Reaktivität des Immunsystems gegenüber einem nichtinfektiösen Antigen. Derartige körperfremde Substanzen werden in diesem Zusammenhang als **Allergene** bezeichnet.

Allergen: griech. *allos:* anders, *ergon:* Werk, Handlung

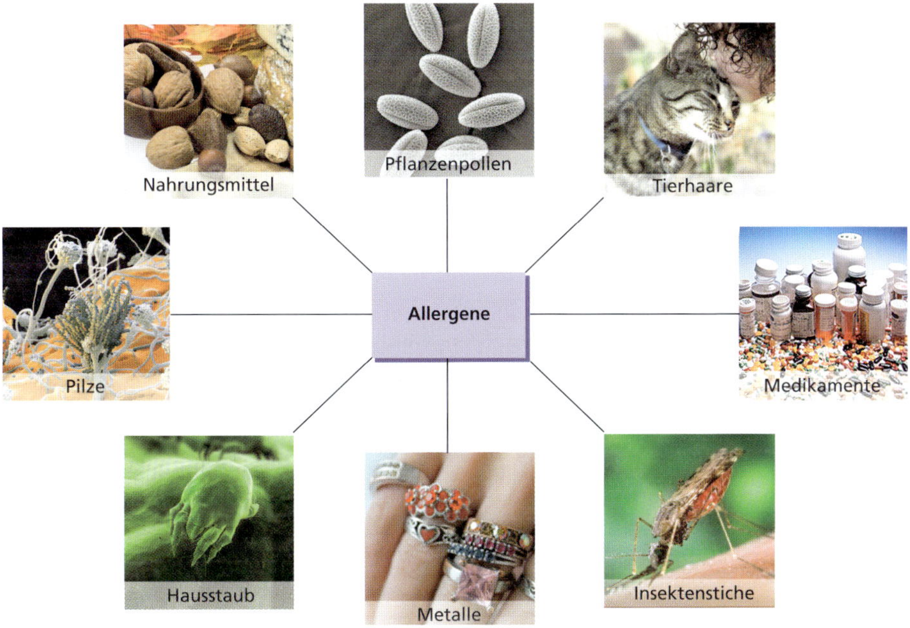

Die meisten Allergene, wie z. B. die abgebildeten Pollen, kommen als suspendierte Staubpartikel vor und werden schon in geringsten Dosierungen wirksam. Während man früher glaubte, dass nur tierische und pflanzliche Allergene im menschlichen Organismus zu Antigenen werden und Antikörperreaktionen hervorrufen, weiß man heute, dass potenziell jede Substanz durch Bindung an Körpereiweiß zum Antigen werden kann. Daher kann man unterscheiden zwischen:
- **Vollallergen:** tierisches oder pflanzliches Eiweiß,
- **Allergen:** Haptene in Verbindung mit körpereigenem Eiweiß.

Die Bezeichnung „Tierhaar-Allergie" ist nicht ganz korrekt, denn die allergische Reaktion beruht auf Proteinen aus Speichel, Hautschuppen, Schweiß usw., die an den Haaren haften.

Die Krankheitsbezeichnung Allergie umfasst außerordentlich verschiedene Symptomenkomplexe. Die Palette reicht u. a. von periodisch auftretendem Schnupfen über Kreislaufkollaps, Magenkrämpfe, Migräne, tiefrote Hautflecken, brennende Augen, starken Juckreiz bis zu platzender entzündeter Haut. Häufige lokale allergische Erscheinungen sind **Heuschnupfen** *(Rhinitis),* **Bronchialasthma** und das **Nesselfieber** *(Urticaria).* Die allergischen Erscheinungen beruhen auf unterschiedlichen immunologischen Mechanismen.

Haptene sind niedermolekulare Stoffe (z. B. Nickel-Ionen), die allein keine Bildung von Antikörpern induzieren können.

Risikoberufsgruppe (Atemwegsallergie)	Allergen
Angestellte im Zoo, Gärtner, Biologen	Rückstände von Insekten (Blattläuse, Schaben)
Bäcker	Weizenmehl
Drucker	*Gummi arabicum*
Arbeitskräfte in der Landwirtschaft	Soja und Luzerne im Kraftfutter, Tierhaare
Arbeitskräfte in der Textilindustrie	Naturseide, Wolle

Allergien vom Typ I – Soforttyp

Beim größten Teil aller Allergien ist die zeitliche Nähe zwischen dem Kontakt mit einem spezifischen Stoff und der immunologischen Reaktion auffällig. Derartige Phänomene werden vor allem vom körpereigenen Gewebshormon **Histamin** ausgelöst. Dieses kann außerordentlich schnell und in großen Mengen von den **Mastzellen** der Schleimhäute freigesetzt werden, mit denen das Allergen in Berührung kommt.

Nach dem ersten Antigenkontakt kommt es zur Heranreifung von B-Lymphocyten zu Plasmazellen, welche die **antigenspezifischen Antikörper** der IgE-Klasse synthetisieren. Diese Antikörper docken an den Rezeptoren der Mastzellen des Blutes an. Der Organismus wird damit für dieses spezifische Antigen sensibilisiert.
Beim Zweitkontakt mit der betreffenden Substanz kommt es zu einer Vernetzungsreaktion zwischen IgE-Antikörpern und Antigenen auf der Oberfläche der Mastzellen. Daraufhin kommt es zur exocytotischen Freisetzung – **Degranulation** – der in den Granula der Mastzellen gespeicherten Mediatoren (z. B. Histamin). Diese bewirken die typischen Allergiesymptome.

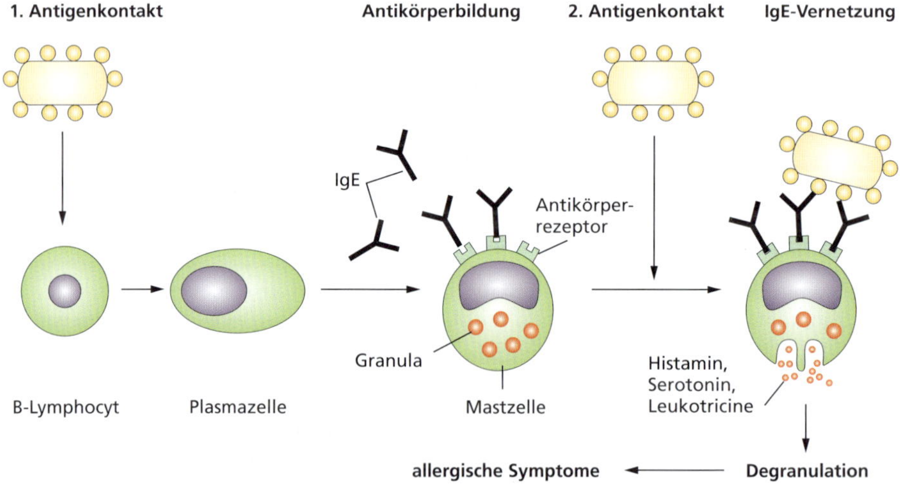

Weitere Allergieformen sind:

- Allergie-Typ II: cytotoxische Überempfindlichkeit gegen körperzellgebundene Antigene
- Allergie-Typ III: Immunkomplexbildung aus löslichen Antigenen und Antikörpern
- Allergie-Typ IV: verzögerte Entzündungsreaktion (bis 48 Stunden) durch sensibilisierte Lymphocyten (z. B. Kontaktekzeme)

Die schwerste Form einer akuten allergischen Reaktion ist der **anaphylaktische Schock.** Durch die explosive Degranulation von Mastzellen erfolgt eine massive Ausschüttung von Mediatoren, wodurch es zu einer abrupten Erweiterung peripherer Blutgefäße kommt. Daraus folgt ein enormer Abfall des Blutdrucks sowie eine Verengung der Bronchialmuskulatur. Weitere Symptome sind Erbrechen, intensive Hautrötungen und Ödeme im Nasen-Rachen-Raum. Es kann unter Umständen innerhalb weniger Minuten zu einem tödlich verlaufenden Kreislaufkollaps kommen.

Prophylaxe und Therapie einer Allergie

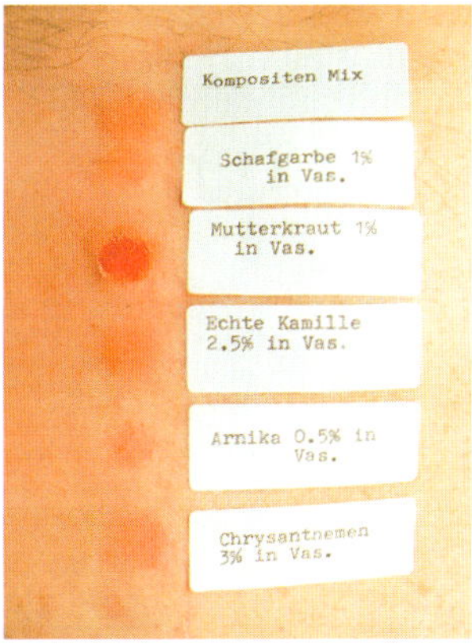

Um eine Allergie therapieren zu können, muss das Allergen bekannt sein. Die Identifikation des Auslösers erfolgt in klassischen **Hauttests.** Bei Vorliegen eines Verdachts genügt der sogenannte **Eliminationstest,** d. h., das verdächtige Allergen wird konsequent gemieden. Bei der Diagnose über den **Epicutantest** (Expositionstest) wird ein begrenzter Hautbezirk des Patienten mit den infrage kommenden Allergenen in Kontakt gebracht, die positive Reaktion zeigt sich durch Rötung bzw. Quaddelbildung. Bei Meidung bzw. Ausschaltung des Allergens können die Beschwerden schon nachhaltig gemildert werden (z. B. Tierhaare, Hausstaub). Allerdings kommt diese Vorbeugung nicht für alle Allergiker in Betracht.
Bei **Pollenallergien** helfen Pollenflugvorhersagen, um Kontakte zu vermeiden, bevor sie die IgE-Antikörper auf sensibilisierten **Mastzellen** erreichen können.

Eine weitere Möglichkeit ist die Behandlung mit Medikamenten, die durch Reaktion mit den β-adrenergenen Rezeptoren der Mastzellen eine Histaminausschüttung verhindern. Andere Medikamente umgeben die Mastzellen wie ein Schutzschild, sodass ein Andocken der Allergene vermieden wird. Starke Allergiker führen ständig eine Adrenalinspritze mit sich, um im Extremfall die Wirkung der Mediatoren zu neutralisieren. Allergien werden mittlerweile als eine der großen Volkskrankheiten bezeichnet. In Deutschland leidet heute jeder Vierte an einer Allergie.

7.4 Pflanzliche Abwehrsysteme

Pflanzen sind über spezielle Abwehrsysteme in der Lage, potenzielle Feinde abzuwehren. Solche Abwehrsysteme sind u.a. mechanische Schutzmechanismen, giftige Inhaltsstoffe und Signalstoffe für Parasiten bzw. Fressfeinde von Pflanzenfressern.

7.4.1 Pflanzen können sich mechanisch und chemisch wehren

Obwohl Pflanzen – als standortgebundene Organismen – bei Gefahr nicht flüchten können, sind sie potenziellen Angreifern nicht schutzlos ausgeliefert. Die nachfolgende Abbildung vermittelt einen Eindruck über die vielfältigen Schutzanpassungen.

Abwehrsysteme der Pflanzen

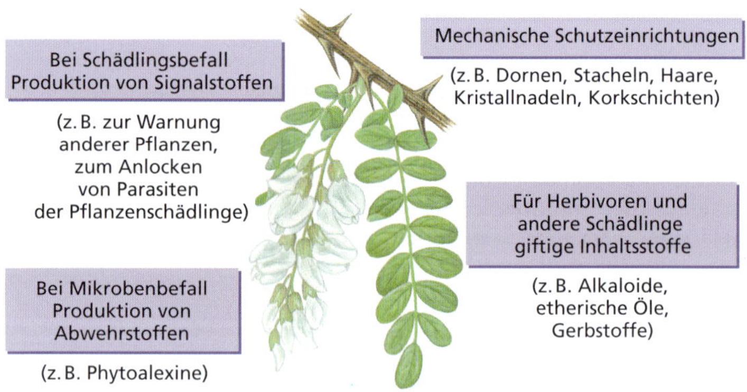

Der Schutz vor Fressfeinden erfolgt über mehrere Abwehrreihen. **Mechanische Schutzvorrichtungen** (z.B. Dornen, Stacheln, Drüsenhaare, Oxalatnadeln, Korkschichten) können sowohl herbivore Wirbeltiere als auch Insekten und deren Larven abwehren. Darüber hinaus können sehr unterschiedliche **biochemische Wirkmechanismen** bei der Abwehr zur Anwendung kommen.

■ Beispiele:
- Anreicherung von toxisch wirkenden Metaboliten (sekundäre Pflanzenstoffe)
- Bildung von Proteinase-Hemmstoffen (stört Verdauung der Herbivoren)
- Bildung Insektenhormon-ähnlicher Substanzen (führt bei Insektenlarven zu Entwicklungsstörungen)
- Bildung von Signalstoffen, welche die Bildung von Abwehrstoffen anregen, auch bei anderen Pflanzen
- Bildung von Signalstoffen, welche die Feinde von Pflanzenschädlingen anlocken

Sekundäre Pflanzenstoffe wie **Alkaloide** und **Terpene** als Nebenprodukte von Stoffwechselprozessen werden von vielen Pflanzen in der Vakuole oder in besonderen Exkretbehältern akkumuliert. Eine Vielzahl dieser Substanzen besitzt Giftcharakter und stellt eine erfolgreiche Abwehrstrategie gegenüber Herbivoren dar. Neben der toxischen Wirkung spielt die artspezifische Ungenießbarkeit eine zentrale Rolle.

cis-3-Hexenal ist einer der Blattduftstoffe, der bei der Schädigung von Blattgewebe freigesetzt wird (bekannt z. B. als Geruch beim Rasenmähen). Er wirkt antibakteriell.

- Bei der Großen Brennnessel *(Urtica dioica)* ergänzen sich mechanische und biochemische Abwehr durch die Ausbildung der Brennhaare nachhaltig. Dabei handelt es sich um Drüsenzellen, bei denen die Zellwand verkalkt ist und an der Zellspitze verkieselt wird. Bei Berührung bricht die köpfchenförmige, spröde Spitze ab, sodass es zur Entstehung einer Injektionskanüle kommt, die in die Haut eindringt. Der unter Druck stehende Zellsaft wird dabei in das Gewebe gespritzt. Pharmakologisch hochwirksame Verbindungen – Acetylcholin, Natriumformiat und Histamin – verursachen die schmerzhaften Hautreizungen.

Die Kommunikation über gasförmige Signalstoffe sowie die direkte Wirkung solcher Stoffe auf die Regulation der Genexpression stellen weitere Schlüsselstrategien bei der Schädlingsabwehr der Pflanzen dar.

Viroide sind ringförmige, nackte RNA-Moleküle, die bisher nur bei Pflanzen als Krankheitserreger nachgewiesen wurden (z. B. Spindelknollensucht der Kartoffel).

- Beispiele für gasförmige Signalstoffe:
  - Ethylen
  - Metylsalicylsäure
  - Methyljasmonat
  - Jasmon
  - Hexenal

Allgemein sind Pflanzen in der Lage, durch die Synthese von **Phytoalexinen** auf Infektionen durch Mikroorganismen zu reagieren. Bisher wurden etwa 100 dieser antimikrobiell wirkenden Verbindungen isoliert, die unterschiedlichsten Naturstoffgruppen angehören können.

7.4.2 Der Pflanzenschutz nutzt die Abwehrsysteme der Pflanzen

Die Erforschung der Grundlagen pflanzlicher Abwehrstrategien eröffnet völlig neue Wege für den **Pflanzenschutz:** Richtig eingesetzt könnten Signalstoffe der Pflanzen herkömmlichen Pflanzenschutz auf Pestizidbasis weitgehend überflüssig machen. Feldversuche mit Tomatenpflanzen zeigten dabei erste Erfolge. So konnte durch Besprühen der Laubblätter mit Jasmonsäure eine Freisetzung von Substanzen induziert werden, die Parasiten von **Pflanzenschädlingen** anlocken. Insektenlarven, die diese Pflanzen befielen, wurden häufiger von Parasiten vernichtet als Raupen auf Kontrollpflanzen.

Das Immunsystem

- Das Immunsystem sichert den Körper gegenüber Krankheitserregern und gefährlichen Fremdsubstanzen. Solche körperfremden Stoffe werden durch ihre Struktur zum Auslöser für Abwehrreaktionen des Körpers. Dabei kann man zwischen unspezifischer **Resistenz** und spezifischer **Immunität** unterscheiden.

Unspezifische Immunreaktion		**Spezifische Immunreaktion**
passive Resistenz	aktive Resistenz	Immunität
erblich bedingte allgemeine Unempfindlichkeit durch die körperliche Konstitution	unspezifische Abwehr im Körperinneren durch Proteine und phagocytierende Abwehrzellen	im Laufe des Lebens erworbener hochspezifischer Abwehrmechanismus

- Gegen das Eindringen von Fremdstoffen und Krankheitserregern wirken Haut und Schleimhäute nicht nur mechanisch, sondern auch chemisch über einen niedrigen pH-Wert und bestimmte Bakterizide **(Lysozyme).** Eine weitere Barriere stellt der sehr saure Mageninhalt (*pH* 1–2) dar. Abwehrzellen wie **Makrophagen** und **Granulocyten** in Blut, Lymphe und Körperflüssigkeit können Keime durch Endocytose aufnehmen und intrazellulär verdauen, gleichzeitig geben sie Stoffe (z. B. Interleukine) ab, die die Abwehrreaktionen des Körpers verstärken.

- Die **spezifische Immunabwehr** ist ein lernfähiges Abwehrsystem. Es kann erst in Gang gesetzt werden, wenn ein Kontakt mit dem zu bekämpfenden Fremdstoff, dem **Antigen,** stattgefunden hat.
Das immunologische Gedächtnis bewirkt, dass die Abwehrreaktionen bei einem zweiten Kontakt wesentlich schneller in Gang kommen.
Dabei laufen zwei Abwehrsysteme parallel:

Humorale Immunantwort	**Zelluläre Immunantwort**
↓	↓
Produktion von Antikörpern in der Blut- bzw. Lymphflüssigkeit (gegen freie Antigene in den Körperflüssigkeiten)	Bildung von Killerzellen (gegen Erreger, die bereits in körpereigene Zellen eingedrungen sind)

- Das **immunologische Gedächtnis** macht man sich bei Schutzimpfungen gegen Infektionskrankheiten zunutze: Bei der **aktiven Immunisierung** impft man mit abgeschwächten oder unwirksamen Keimen und stimuliert dadurch das für einen bestimmten Erreger wirksame körpereigene Abwehrsystem aus Antikörpern und Killerzellen. Bei der **passiven Schutzimpfung** impft man antkörperhaltiges Serum, das aus einem anderen Organismus gewonnen wurde, der vorher gezielt zur Produktion der Antikörper angeregt wurde.

Wissenstest 6 auf **http://wissenstests.schuelerlexikon.de** und auf der DVD

8 Evolution und biologische Vielfalt

8.1 Zur Geschichte des Evolutionsgedankens

- Unterschiedliche Schöpfungsmythen sind charakteristisch für fast alle bekannten Kulturkreise.
- Schon in der Antike befassten sich Philosophen mit der Herkunft und Verwandtschaft der Lebewesen.
- Die Aufklärung bereitete im 18. Jh. den Boden für eine naturwissenschaftliche Erklärung der Entstehung der Arten. CHARLES DARWIN und ALFRED RUSSEL WALLACE veröffentlichten 1858 eine wissenschaftlich fundierte Evolutionstheorie. Diese auch als „Darwinismus" bezeichnete Theorie wurde bis heute mehrfach modifiziert und ergänzt, aber nicht grundlegend geändert.

griech. *Genesis:* Entstehung, Ursprung

8.1.1 Die Evolutionstheorie hatte geistige Vorläufer

„Der Sündenfall" von „TIZIAN" eigentlich TIZIANO VECELLIO (ca. 1490–1576)

Schöpfungsmythen

In allen Kulturkreisen haben sich die Menschen die Frage nach ihrer eigenen Herkunft, der Herkunft der Lebewesen und der unbelebten Natur gestellt und darauf sehr unterschiedliche Antworten gefunden. Ein bis heute von vielen Menschen als absolute Wahrheit anerkannter Mythos ist in der biblischen Schöpfungsgeschichte niedergelegt. Bis ins 19. Jh. hinein galt die **biblische Genesis** auch vielen Naturwissenschaftlern und Biologen als gesicherte Grundlage, stimmte sie doch mit der Alltagserfahrung überein, dass Eltern einer Tier- oder Pflanzenart immer wieder Nachkommen derselben Art hervorbringen.

Antike Naturphilosophen

Demgegenüber haben sich schon in der Antike griechische Naturphilosophen um eine „natürliche" Erklärung der Schöpfung bemüht. ANAXIMANDER VON MILET (610–547 v. Chr.), Schüler des THALES VON MILET (624–546 v. Chr.), vertrat die Ansicht, dass alle Lebewesen einschließlich des Menschen in stufenweiser Entwicklung aus dem Feuchten hervorgegangen seien, das ursprünglich die Erde umgab. Auch **ARISTOTELES** (364–322 v. Chr., ↗ S. 14) ordnete die Natur als „Stufenpyramide" an. Diese Anordnung, die mit dem Unbeseelten beginnt und mit dem Menschen an der Spitze der Pyramide endet, sieht ARISTOTELES allerdings statisch und nicht als einen Evolutionsprozess.

Illustration zu JOHANN KASPAR LAVATERs (1741–1801) „Physiognomie" aus einer französischen Ausgabe von 1841

Rückbesinnung auf die Antike und neue Experimente

Durch die gesellschaftlichen Veränderungen im späten Mittelalter, die insbesondere auf das erstarkende Bürgertum zurückzuführen waren, entwickelte sich mit der verstärkten Rückbesinnung auf antike Quellen die **Renaissance.** Nicht länger gab man sich mit religiösen Dogmen als Erklärungen für Naturphänomene zufrieden, sondern versuchte, durch experimentelle Herangehensweise Antworten auf unerklärbare Fragen zu bekommen. **LEONARDO DA VINCI** (1452–1519) verkörpert als universaler Geist besonders gut die Hochrenaissance. Wie kaum ein anderer bemühte er sich erfolgreich um die Verbindung von Kunst und Wissenschaft, Naturbeobachtung und Anwendung von Naturgesetzen. So entwarf er Pläne für die unterschiedlichsten Apparate und Maschinen einschließlich Flugmaschinen und zeichnete detaillierte, auf Leichensezierung beruhende Bilder der menschlichen Anatomie (↗ S. 15).

LEONARDO DA VINCIs *„Studie der menschlichen Proportionen“* nach VITRUVIUS POLLIO (ca. 80–20 v. Chr.)

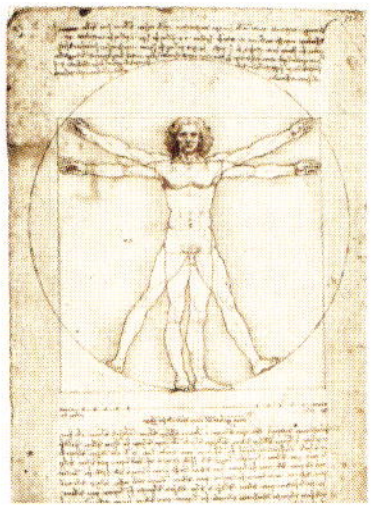

Auch die Frage, ob Lebewesen spontan aus Totem entstehen könnten, die Frage nach der **Urzeugung,** wurde von verschiedenen Forschern der damaligen Zeit experimentell angegangen.
Der flämische Universalgelehrte, Arzt und Alchemist JOHANN BAPTIST VON HELMONT (1577–1644) führte hierzu ein Experiment durch: Er vermischte schmutzige Lumpen und Weizenkörner in einem Behälter, und als sich nach kurzer Zeit Mäuse einstellten, vermutete er, dass er eine Rezeptur zur Urzeugung dieser Tiere gefunden hätte. Solche Rezepturen wurden für verschiedene Tiere, z. B. auch für Fliegen und Regenwürmer, entwickelt. Dabei wurden eigene Versuche mit Überlieferungen, Gerüchten und Glaubensvorstellungen in teilweise abenteuerlicher Weise vermischt, wie es die „Rezeptur“ zur Herstellung eines künstlichen Menschen, eines ***Homunculus,*** zeigt, die der berühmte Arzt, Philosoph und Mystiker **THEOPHRASTUS BOMBASTUS VON HOHENHEIM,** auch genannt **PARACELSUS** (1493–1541, ↗ Porträt), aufgeschrieben hat:

Homunculus (Menschlein: Verkleinerungsform von lat. *homo:* Mensch): künstlich erzeugter Mensch

„Der Samen eines Mannes soll in einem verschlossenen Kürbis in sich durch Fäulnis vierzig Tage putrifizieren oder so lange, bis es lebendig wird und sich regt. Nach dieser Zeit wird es ein wenig einem Menschen ähnlich sein, jedoch durchsichtig und ohne Körper. Wenn dies nun täglich mit dem Arcanum des menschlichen Blutes gar weislich gespeist und ernährt und bis zur vierzigsten Woche immer in der gleichen Wärme eines Pferdebauches gehalten wird, so entsteht ein richtig lebendiges Kind mit allen Gliedmaßen daraus, wie ein Kind, das vom Leibe geboren, doch viel kleiner. Dies nennen wir einen Homunculus, und es soll hernach mit großem Fleiß und Sorgfalt aufgezogen werden, bis es zu seinen Tagen und zu Verstand kommt. Das ist wohl eines der größten Geheimnisse, die Gott sterblichen und irrenden Menschen offenbart hat.“

8

GALILEO GALILEI
(1564–1642)

CLAUDIUS PTOLEMÄUS (ca. 100–170) entwickelte das geozentrische Weltbild mit der Erde als Mittelpunkt, das bis ins Mittelalter die Wissenschaft beherrschte und erst allmählich vom heliozentrischen Weltbild abgelöst wurde.

Mechanismus und Vitalismus

Größte Erfolge verzeichnete die naturwissenschaftliche Methode zunächst auf dem Gebiet der Mechanik einschließlich der „Himmelsmechanik“, der Astronomie. Dafür stehen Namen wie **NIKOLAUS KOPERNIKUS, GALILEO GALILEI** oder **JOHANNES KEPLER** (1571–1630).
Mit **ISAAC NEWTON** (1643–1727) erlangte die physikalisch-mechanische Erklärung der Welt einen gewissen Höhepunkt. Seine „Grundgesetze der Mechanik“ galten Generationen als Grundlage für eine mechanische Erklärung der Welt, die auch auf Lebewesen anwendbar schien.
Die Entdeckung des Blutkreislaufs durch **WILLIAM HARVEY** (1578–1657, ↗S. 16) war Voraussetzung für weitergehende mechanistische Erklärungsversuche der Lebewesen, wie sie z. B. von dem italienischen Mathematiker und Naturforscher GIOVANNI ALFONSO BORELLI (1608–1679) vertreten wurden (1680/81: *„Die Bewegung der Tiere“*). Andererseits gab es physiologische Prozesse, die sich nur schwer mechanistisch bzw. chemisch-physikalisch erklären ließen, wie z. B. die Blutgerinnung, aber auch geistige Prozesse wie Einsicht und Bewusstsein. Von anderen Philosophen und Naturwissenschaftlern wurde deshalb eine Lebenskraft *(„vis vitalis“)* postuliert.

Vitalistische Vorstellungen wurden über einen langen Zeitraum vertreten, so z. B. von dem Schweizer Arzt und Alchemisten **THEOPHRASTUS BOMBASTUS VON HOHENHEIM** (1493–1541, **„PARACELSUS“**), von dem Arzt und Chemiker GEORG ERNST STAHL (1660–1734) und dem Zoologen und Naturphilosophen HANS ADOLF EDUARD DRIESCH (1867–1941).

NIKOLAUS KOPERNIKUS (1473–1543) postulierte aufgrund mathematischer Berechnungen, dass nicht die Erde, sondern die Sonne im Zentrum der Planetenbahnen stehe und dass alle Planeten einschließlich der Erde um die Sonne kreisen (heliozentrisches Weltbild). Er widersprach damit dem von der Kirche vertretenen geozentrischen Weltbild.

Heliozentrisches Weltbild des NIKOLAUS KOPERNIKUS

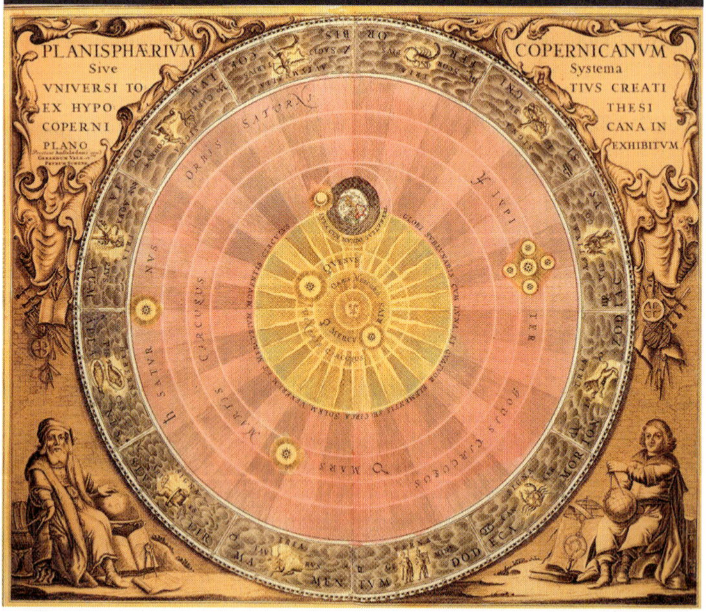

Wegbereiter einer wissenschaftlichen Evolutionstheorie

Bis zum Beginn des 19. Jh.s vertraten fast alle Naturwissenschaftler die **Lehre von der Konstanz der Arten,** doch bereiteten die wachsenden Kenntnisse, v. a. über die Vielfalt der Lebewesen, die Grundlagen für neue Fragestellungen. Insbesondere das System **CARL VON LINNÉs** (1707–1778) erleichterte die systematische Erfassung der Tier- und Pflanzenarten, die in großer Zahl vor allem auch aus den Kolonien der Neuen Welt, Südostasiens und Afrikas auf zahlreichen Entdeckungsreisen zusammengetragen wurden (↗S. 18). LINNÉ selbst hielt allerdings an der Konstanz der Arten fest, aber andere stellten schon zu seinen Lebzeiten Überlegungen zur Evolution der Lebewesen an, so auch der Großvater von CHARLES DARWIN, der Arzt und Naturforscher ERASMUS DARWIN (1731–1802).

GEORGES BARON DE CUVIER (1769–1832)

Der Zoologe **GEORGES BARON DE CUVIER** (↗S. 19) lieferte nicht nur ausgezeichnete Beschreibungen rezenter Arten, er gilt auch als ein Begründer der wissenschaftlichen Paläontologie. Weil er Fossilien in ganz unterschiedlichen und, wie er vermutete, unterschiedlich alten Sedimentgesteinen fand, kam er zu der Annahme regelmäßig wiederkehrender Naturkatastrophen, nach denen es jeweils zu einer Neuschöpfung der Lebewesen kam **(„Katastrophentheorie").**

Demgegenüber lehnte **JEAN BAPTISTE DE LAMARCK** die biblische Schöpfungsgeschichte als Erklärung für die Vielfalt der Arten ab. Er entwickelte eine Evolutionslehre, nach der die Anpassung der Tiere (und Pflanzen) an sich ändernde Umweltbedingungen über Vererbung erworbener Eigenschaften zum Artenwandel und zur Artenaufspaltung führt.

JEAN B. DE LAMARCK (1744–1829)

Die darwinsche Evolutionstheorie

CHARLES ROBERT DARWIN (1809–1882) und **ALFRED RUSSEL WALLACE** begründeten die bis heute gültige Evolutionstheorie (↗S. 19 f.). Beide Forscher veröffentlichten 1858 gemeinsam ihre unabhängig voneinander gewonnenen Erkenntnisse *„Über die Entstehung der Arten durch natürliche Zuchtwahl":*

1. Die Lebewesen vermehren sich stärker, als dies zur Erhaltung ihrer Art nötig wäre **(Überproduktion von Nachkommen).**
2. Die Individuen einer Art variieren in ihren Merkmalen **(Variabilität).**
3. Die an die bestehenden Umweltverhältnisse am besten angepassten Individuen haben die größten Chancen zum Überleben und zur Fortpflanzung **(natürliche Auslese oder Selektion).**
4. Die Merkmale der sich Fortpflanzenden werden an deren Nachkommen weitergegeben **(Vererbung).**
5. Diese Faktoren haben in der Vergangenheit genauso gewirkt wie in der Gegenwart **(Aktualitätsprinzip).**

Ein Jahr nach dieser Erstveröffentlichung, die wenig Beachtung fand, 1859, veröffentlichte DARWIN sein epochales Werk *„On the Origin of Species by Means of Natural Selection, or the Preservation of Favoured Races in the Struggle for Life"* (↗S. 19).

Der zweite Teil dieses Titels ist missverständlich und hatte erhebliche politische Auswirkungen im sogenannten **„Sozialdarwinismus",** einer der Grundlagen der nationalistischen und faschistischen Ideologien.

ALFRED R. WALLACE (1823–1913)

„Papa, warum sind die Palmen so hoch?" – „Damit die Giraffen ihre Blätter fressen können!"

„Wären die Palmen klein, hätten die Giraffen kein Futter!"

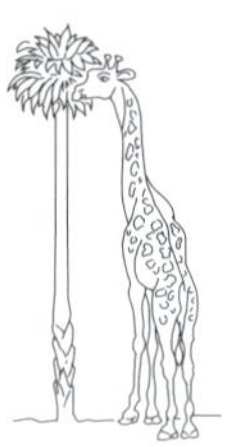

„Papa, warum sind die Giraffen so groß?" – „Damit sie auf die Palmen hinauflangen können!"

„Hätten die Giraffen keine langen Hälse, könnten sie die Palmen nicht fressen!" (nach EMMANUEL POIRÉ um 1900)

Vergleich der Theorien von Lamarck und Darwin

Für **LAMARCK** ist die Veränderung der Umwelt der Ausgangspunkt. Die Organismen passen sich aktiv an die Umweltveränderungen an und vererben diese erworbenen Eigenschaften an ihre Nachkommen.

Für **DARWIN** ist der Ausgangspunkt die genetisch begründete Variabilität der Lebewesen einer Art. Durch die **natürliche Auslese** werden die Individuen die meisten Nachkommen erzeugen, die am besten an bestimmte Umweltbedingungen angepasst sind. Das Angepasstwerden ist also für die Lebewesen ein passiver Vorgang.

SALVADOR EDWARD LURIA (1912–1991) und **MAX DELBRÜCK** (1906–1982) führten 1943 bei Bakterien einen sogenannten Fluktuationstest durch, um zu widerlegen, dass sich Bakterien aktiv an bestimmte Umweltfaktoren anpassen können. Sie beimpften viele Kulturen mit der gleichen Keimzahl von Bakterien und beimpften dann nach einer bestimmten Zeit mit diesen Kulturen Agarplatten, die mit Bakteriophagen beimpft waren. Dabei kam es zu sehr unterschiedlichen Ergebnissen, die Impfungen aus einer Kultur brachten jedoch immer dasselbe Ergebnis. Dies kann nur so interpretiert werden, dass die zur Resistenz führenden Mutationen in den verschiedenen Kulturen zu unterschiedlichen Zeiten stattfanden und deshalb ganz unterschiedliche Keimzahlen Träger der Mutationen waren.
Gerade von Bakterien kennt man allerdings schon lange die Möglichkeit des lateralen oder **horizontalen Gentransfers** (↗ S. 338), für Eukaryoten werden solche Möglichkeiten vermehrt festgestellt. Streng genommen handelt es sich dabei um eine Art Eigenschaftserwerb, diese Eigenschaften werden natürlich auch an die Nachkommen vererbt.

Obwohl der Streit um die darwinsche Evolutionstheorie seit der Veröffentlichung 1859 nicht abriss, kann man doch sagen, dass es in den biologischen Wissenschaften kaum eine Theorie gab, die ihre prinzipielle Gültigkeit über so lange Zeit behalten hat. Durch neue Erkenntnisse, insbesondere der Populationsgenetik und der Molekulargenetik, aber auch der Ökologie wurde die darwinsche Abstammungslehre zur **Synthetischen Theorie der Evolution** ausgebaut (↗ S. 332).

Neue Erkenntnisse über lateralen Gentransfer, insbesondere auch im Zusammenhang mit Symbiose und Parasitismus (↗ S. 338), lassen vermuten, dass man über die Ursachen der genetischen Vielfalt und das Wechselspiel von Umwelt und Genom neue Erkenntnisse gewinnen wird, die auch in Zukunft eine „Evolution der Evolutionstheorie" erwarten lassen (↗ S. 335).
Insbesondere kann man davon ausgehen, dass die Steuerungs- und Regelungsmechanismen innerhalb des Genoms bisher unterschätzt wurden. Erst allmählich erkennt man den modularen Aufbau des Genoms, seine hierarchische Gliederung und die Bedeutung von Genschaltern und Transkriptionsfaktoren. Auch diese Erkenntnisse werden jedoch die Grundfesten der darwinschen Evolutionstheorie nicht ersetzen, sondern nur um viele neue Bausteine erweitern (↗ S. 335 f.).

8.1.2 Leben ist aus unbelebter Materie entstanden

Zwar kann bis heute nicht vollständig beantwortet werden, was Leben eigentlich ist, doch gilt als sicher, dass Lebendiges aus Nichtlebendigem entstanden ist. Es ist unstrittig, dass Leben an materielle Träger gebunden ist.

Für die Lebensfunktionen (↗ S. 11 f.) dürfte neben bestimmten Makromolekülen auch die Abgrenzung und Kompartimentierung durch Membranen eine wichtige Voraussetzung gewesen sein. Leben ist aus Nichtleben entstanden. Was Leben ist, kann noch nicht hinreichend beantwortet werden.

Durch die Evolution des Kosmos, beginnend mit dem **Urknall**, werden die Voraussetzungen für die **Entstehung des Lebens** geschaffen.

Phasen der Entstehung des Lebens		
1. Phase	Entstehung komplizierter Kohlenstoffverbindungen (Monomere) aus einfachen Verbindungen	chemische Evolution
2. Phase	Entstehung von Biopolymeren aus Monomeren	
3. Phase	Wechselwirkungen zwischen den Biopolymeren (Nucleinsäuren und Proteinen) und die Abgrenzung von der Umwelt durch Membranen führen zur Bildung von Protocyten. Protocyten sind Strukturen, die einzelne Lebensmerkmale realisieren.	Übergang vom Nichtleben zum Leben (Biogenese)
4. Phase	Entstehung einfacher Einzeller (Prokaryoten)	biologische Evolution
5. Phase	Entstehung der Eukaryoten und der Vielzeller	

Die **chemische Evolution** umfasst chemische Reaktionen, in deren Folge Stoffe entstanden sind, die Voraussetzung für die Entstehung des Lebens waren.

Modellvorstellungen zur Entstehung des Lebens müssen die Schritte von anorganischen Substanzen bis zu lebenden Strukturen erklären können. Da sich die **Biogenese** in sehr langen Zeiträumen abgespielt hat, ist eine experimentelle Überprüfung von Hypothesen oft nicht möglich.

STANLEY LLOYD MILLER mischte in seinem Simulationsexperiment Methan, Ammoniak, Wasserstoff und Wasser und erhielt unter elektrischen Entladungen ein Gemisch von in Wasser gelösten organischen Substanzen, wie z. B. Aminosäuren (↗ S. 20, 59 ff.).

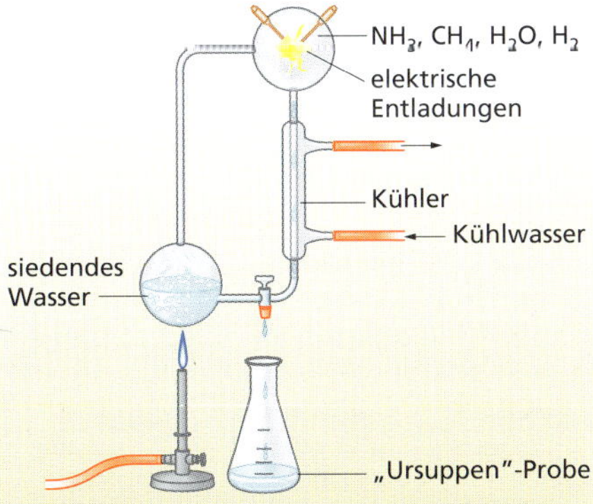

Simulationsexperiment von MILLER (1953)

STANLEY LLOYD MILLER (1930–2007) führte 1953 ein Simulationsexperiment zur Lebensentstehung unter Urerdebedingungen durch.

ALEXANDER IWANOWITSCH OPARIN (1894–1980) vertrat bereits 1924 die Auffassung, dass der biologischen Evolution eine chemische Evolution vorausgegangen sein musste.

Durch verschiedene experimentelle Ansätze, die von simulierten Urerdebedingungen ausgingen (↗S. 20), konnten Aminosäuren und andere organische Verbindungen erzeugt werden. Voraussetzung für die Entstehung von Lebewesen waren jedoch höhere Konzentrationen organischer Verbindungen und die Bildung von Biopolymeren. Man nahm an, dass sich eine solche für die Lebensentstehung günstige „Ursuppe" in kleineren abgeschlossenen oder zeitweilig isolierten Tümpeln, etwa entsprechend den heutigen Gezeitentümpeln, bilden konnte. Aber auch die Adhäsion entsprechender Moleküle an den Oberflächen bestimmter Mineralien wie Tone und Pyrit könnten Voraussetzung für die Biogenese fördernden Prozesse und Reaktionen gewesen sein. Diese enge Nachbarschaft von Biomolekülen könnte einmal die Bildung von Biopolymeren fördern, zum anderen könnten sich zwischen solchen eng benachbarten Molekülen und ihrer Umgebung aber auch stoffwechselähnliche Reaktionsketten und -netze herausbilden.

Pyritkristalle

Die Entdeckung vulkanischer Thermalquellen in der Tiefsee eröffnete den Vorstellungen zur Lebensentstehung neue Perspektiven. Die besonderen Bedingungen in und an solchen schwefelhaltigen heißen Quellen ermöglichen bis heute sehr spezielle Lebensgemeinschaften und manche dieser untermeerischen Vulkanquellen könnten durchaus geeignete Bedingungen für eine Biogenese geliefert haben. Neben den zunächst vor allem beachteten, sehr heißen sogenannten **Schwarzen Rauchern** *(Black Smoker)* gibt es auch kältere untermeerische Vulkanquellen von kaum mehr als 100 °C, die zudem feine karbonathaltige Röhrensysteme ausbilden. Sie werden **Weiße Raucher** *(White Smoker)* genannt. Solche Röhren könnten ein präzelluläres Leben ermöglicht haben. In den feinen Röhren ist das Wasser alkalisch und reduzierend, während die frühen Ozeane der Erde sauer waren. Der Protonengradient ist noch heute wichtigster Energielieferant an Zellmembranen und könnte deshalb auch an solchen feinen Röhrenstrukturen eine katalytische Rolle bei der Lebensentstehung gespielt haben.
Mittlerweile sind einige Bakterien und Archäen der Hydrothermalquellen sehr gut untersucht. Wegen ihres anaeroben Stoffwechsels und besonderen Formen der Chemosynthese werden sie von einigen Forschern für früheste Formen des Lebens gehalten.

Von der chemischen zur biologischen Evolution

anorganische Moleküle	H_2, H_2O, CO_2, N_2, NH_3, H_2S, $H_2PO_4^-$ (aus Atmosphäre, Hydrosphäre, Lithosphäre)		
Biomonomere	Basen, Nucleoside, Nucleotide	Aminosäuren	Fettsäuren, Glycerol
Biopolymere	Polynucleotide	Proteinoide, Polypeptide	Lipide
Molekülkooperation	genetischer Apparat		Membranen
Leben	**Protobiont**		

Die „RNA-Welt"

Um das Lebensmerkmal der Vererbung und die Proteinentstehung erklären zu können, überlegte u.a. **FRANCIS HARRY CRICK** (1916–2004, ↗S. 194 f.) 1987, ob in der Entstehungsphase des Lebens nicht eine einzige Verbindung informationstragende und enzymatische Funktionen ausgeübt haben könnte. Diese Verbindung stellt die RNA dar, denn sie kann Informationen speichern und hat auch enzymatische Fähigkeiten. Letztere wurden von **THOMAS R. CECH** (geb. 1947) und **SIDNEY ALTMAN** (geb. 1939), die dafür 1989 den Nobelpreis bekamen, nachgewiesen. Diese mögliche Vorstufe zur Entstehung des Lebens wird als **RNA-Welt** bezeichnet.

Ribozyme sind besonders geformte RNA-Moleküle, die wie Enzyme chemische Reaktionen katalysieren, z. B. die Proteinbiosynthese am Ribosom.

Gestützt wird diese Hypothese dadurch, dass Belege aus dieser Zeit noch heute in den Zellen zu finden sind. Viele Coenzyme, z. B. Coenzym A oder NAD, sind Nucleotide. Eine wichtige Teilreaktion der Proteinbiosynthese, die Translation, erfolgt an den Ribosomen unter Mitwirkung der RNA. Die **tRNA** veranschaulicht eindrucksvoll die Wechselwirkung von Nucleinsäuren und Aminosäuren bei der **Proteinbiosynthese** (↗S. 202 f.). Die gebildeten Proteine erwiesen sich im Verlauf der Evolution vermutlich als die besseren und anpassungsfähigeren Katalysatoren, sodass es zwischen den Nucleinsäuren und Proteinen zu einer Funktionsteilung kam.

Das Hyperzyklusmodell

Wenn die Nucleinsäure N die Bildung eines Proteins P begünstigt, das seinerseits die Replikation der Nucleinsäure katalysiert, setzt sich dieses von MANFRED EIGEN und PETER SCHUSTER als Hyperzyklus bezeichnete System gegenüber anderen konkurrierenden Systemen durch. Mehrere Hyperzyklen können auch miteinander kooperieren.
An den RNA-Molekülen können auch Mutationen stattfinden. Durch Zugabe bestimmter Substanzen kann z. B. ein Selektionsdruck in eine bestimmte Richtung ausgeübt werden.

Ausbildung eines Hyperzyklus

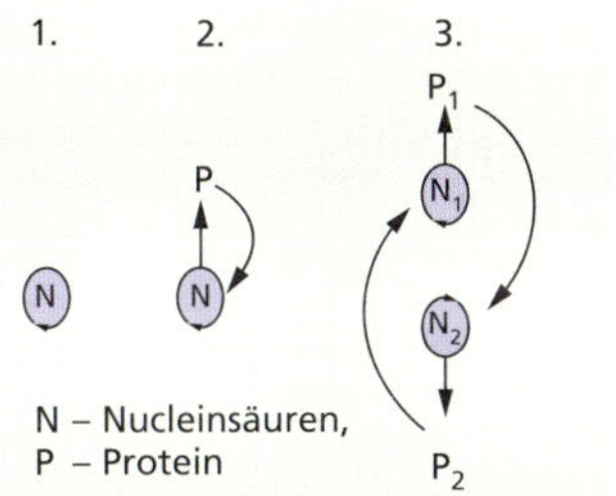

Kooperation mehrerer Hyperzyklen

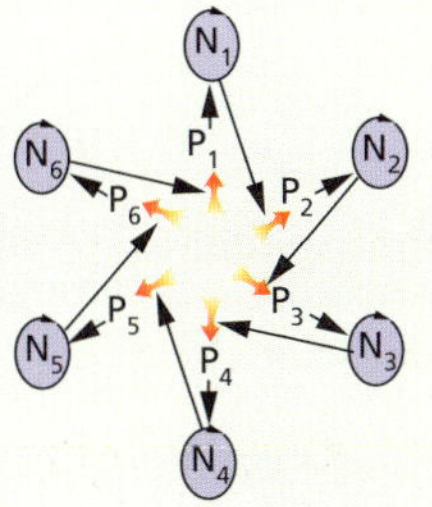

(Aminosäuren und Nucleotide in der Umgebung des Zyklus vorhanden)

Die Hyperzyklen zeigen bereits Lebensmerkmale wie:
- Selbstvermehrung und Vererbung,
- Stoffwechsel,
- Mutation und damit die Fähigkeit zur Evolution.

Ein solcher Anfang des Lebens würde nach EIGEN auch die Universalität des genetischen Codes erklären (↗S. 197).

MANFRED EIGEN (geb. 1927)

Wird ein Hyperzyklus von einer Membran eingeschlossen, liegt eine einfache Lebensform, ein **Protobiont** (Vorläufer von Zellen), vor. Durch den Mutations-Selektions-Mechanismus entstanden allmählich Procyten (Prokaryotenzellen) und viel später erst Eucyten.
Im Jahr 2009 konnten GERALD F. JOYCE (geb. 1956) und Mitarbeiter ein sich selbst katalysierendes System von zwei RNA-Enzymen entwickeln. Dabei katalysiert Ribozym A die Verdopplung von Ribozym B und umgekehrt. In einer an Ribonucleotiden reichen Umgebung können so verschiedene Ribozympaare konkurrieren und evolvieren – ohne Beteiligung von DNA und Proteinen. Allmählich könnten die Ribozyme dann durch stabilere und wirkungsvollere Proteinenzyme ersetzt worden sein.

Extraterrestrische Entstehung des Lebens

SVANTE A. ARRHENIUS, ein berühmter Chemiker, vertrat die Auffassung von der extraterrestrischen Lebensentstehung.

Bereits 1908 wies der Chemiker **SVANTE AUGUST ARRHENIUS** (1859–1927, ↗S. 20) erstmalig darauf hin, dass irdisches Leben durch eine *„Invasion aus dem All"* entstanden sein könnte. Nachdem in einigen Meteoriten organische Bestandteile, hauptsächlich Aminosäuren, nachgewiesen worden sind, erhielten solche Vorstellungen neuen Auftrieb. Der britische Astrophysiker und Kosmologe FRED HOYLE (1915–2001) vertrat die Auffassung, dass die ersten Protobionten nicht auf der Erde, sondern auf meteorähnlichen bzw. kometenartigen Körpern entstanden sind, die in einer sehr frühen Phase der Entwicklung des Sonnensystems in großer Zahl existierten. Er vermutete, dass die Erde von diesen Meteoriten in einer sehr frühen Entwicklungsphase mit Lebenskeimen „geimpft" wurde. Auch **FRANCIS H. CRICK** spekulierte über eine extraterrestrische Entstehung des Lebens. Im Jahre 2004 wurde von der Europäischen Weltraumorganisation zur Erforschung möglicher Lebensspuren die Sonde *Rosetta* zum Kometen 67 P/*Churyumov-Gerasimenko* auf den Weg gebracht, die im August 2014 ihr Ziel erreichen soll.

Modelle zur Entstehung von Protobionten

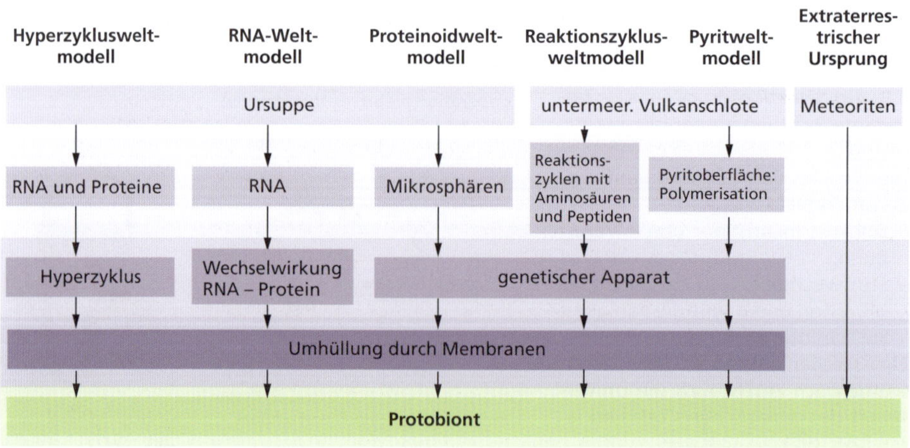

8.2 Indizien für die Evolution der Organismen

- Biochemische und genetische Übereinstimmungen weisen auf den gemeinsamen Ursprung aller Lebewesen hin.
- Fossilien geben Auskunft über Lebewesen früherer Erdepochen.
- Übergangsformen weisen auf die Beziehungen großer Verwandtschaftsgruppen hin.
- Übereinstimmungen in der Ontogenie sind ein Indiz für gemeinsame Abstammung.
- Die unterschiedlichen Ausprägungen homologer Merkmale lassen sich ebenso wie rudimentäre Organe und Atavismen nur durch Evolution erklären.

8.2.1 Molekularbiologie und Biochemie sprechen für einen gemeinsamen Ursprung der Lebewesen

Typisch für alle Lebewesen ist die Fähigkeit zur identischen Replikation, also zur Vermehrung mit Vererbung. Die Träger der Erbinformation sind bei allen Lebewesen **Nucleinsäuren.** Der **genetische Code** (↗S. 203), mit dem Nucleinsäuremoleküle die Bildung von Proteinen steuern, ist universell, das heißt, er wird von den *Archaea* bis zu den Säugetieren und von den Cyanobakterien bis zu den Sonnenblumen verstanden. Replikation, Transkription und Translation zeigen ebenfalls eine grundsätzliche Übereinstimmung. Dies gilt auch für die makromolekularen Grundstrukturen und sogar für die Bausteine der Makromoleküle: Die Bioproteine sind fast alle aus 20 L-Aminosäuren aufgebaut, die Kohlenhydrate aus D-Zuckern.

Die allgemeine Verständlichkeit der Gensprache rechtfertigt die Annahme, dass sie nur ein Mal erfunden wurde. Daraus kann man folgern, dass alle Lebewesen von einem gemeinsamen Vorfahren abstammen.

Auch der Stoffwechsel aller Lebewesen zeigt trotz unzähliger Variationen gemeinsame Grundlagen, z.B. die Bildung von Phosphatestern zur Energieübertragung.

Aber auch komplexere Stoffwechselwege zeigen große Übereinstimmung bei Prokaryoten und den verschiedensten Eukaryoten. Dies gilt z.B. für die abbauenden, Energie freisetzenden Stoffwechselwege Glykolyse, Citratzyklus und Atmungskette.

Proteinverwandtschaften

Das Cytochrom c, das einen Schritt der Atmungskette katalysiert, ist ein Protein, das bei Archäen, Bakterien und den verschiedensten Eukaryoten vorkommt. Allerdings variiert seine Aminosäuresequenz bei verschiedenen Lebewesen beträchtlich. Sequenzvergleiche zeigen, dass die Unterschiede umso geringer sind, je näher sich die entsprechenden Organismen im System stehen, umso größer, je weiter sie im System voneinander entfernt sind. Beispielsweise besteht die Polypeptidkette des Cytochroms c bei allen untersuchten Tieren aus 104, bei allen untersuchten Pflanzen aus 112 Aminosäureresten. Dies lässt sich sehr gut mit einer genetischen Verwandtschaft erklären: Je länger die Abstammungslinien getrennt verlaufen, umso mehr verändernde Mutationen können zu einer Veränderung in der Aminosäuresequenz geführt haben.

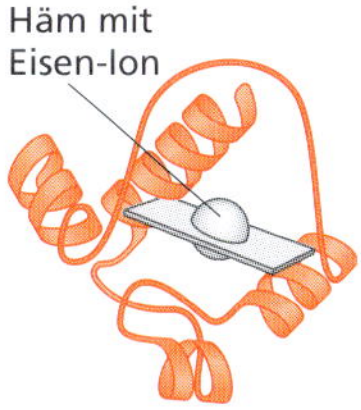

Cytochrom c ist ein essenzielles Protein für die Redoxreaktionen aerober Organismen.

Die exakte Sequenzierung eines Polypeptids ist auch heute noch relativ aufwendig. Deshalb hat man verschiedene Näherungsverfahren zur Ermittlung von Proteinverwandtschaften entwickelt.
Die **serologische Methode** arbeitet nach dem Schlüssel-Schloss-Prinzip, wobei die Oberflächenstrukturen von Proteinen verglichen werden. Ein Antikörper, der gegen Protein A gebildet wurde, wird mit einem Protein B nur dann reagieren, wenn beide ähnliche antigene Molekülstrukturen an ihren Oberflächen tragen.

Eine weitere Möglichkeit, die auf den unterschiedlichen elektrischen Ladungen von Proteinen beruht, ist die Unterscheidung durch **Gelelektrophorese** (↗ Abb.). Dabei trennt man unterschiedlich geladene und unterschiedlich große Makromoleküle, indem man sie durch ein Gel wandern lässt, an das eine elektrische Spannung angelegt wird.

Nucleinsäureverwandtschaften

Der Ähnlichkeit der Proteine der verschiedenen Arten liegt eine entsprechende Ähnlichkeit der zugehörigen Gene bzw. ihrer Nucleotidsequenzen zugrunde. Um solche Ähnlichkeiten zu ermitteln, gibt es außer der vollständigen Sequenzierung noch andere Möglichkeiten:

Restriktions-Fragment-Längenpolymorphismus (RFLP, *restriction fragment length polymorphism*): Diese Vergleichsmethode von Nucleotidsequenzen wurde durch die Entdeckung von Restriktionsendonucleasen durch WERNER ARBER (geb. 1929) im Jahre 1962 möglich. Mithilfe dieser Endonucleasen können DNA-Moleküle in Abschnitte definierter Länge zerschnitten werden, da diese Enzyme spezifische Sequenzabschnitte erkennen können. Je ähnlicher die zugrunde liegende DNA, desto ähnlicher sind diese Schnittstücke. Man vergleicht die Bandenmuster, die man bei Gelelektrophorese erhält.

▶ Die Gelelektrophorese wird zur Auftrennung von Protein- bzw. Polynucleotidgemischen genutzt.

Gelelektrophorese

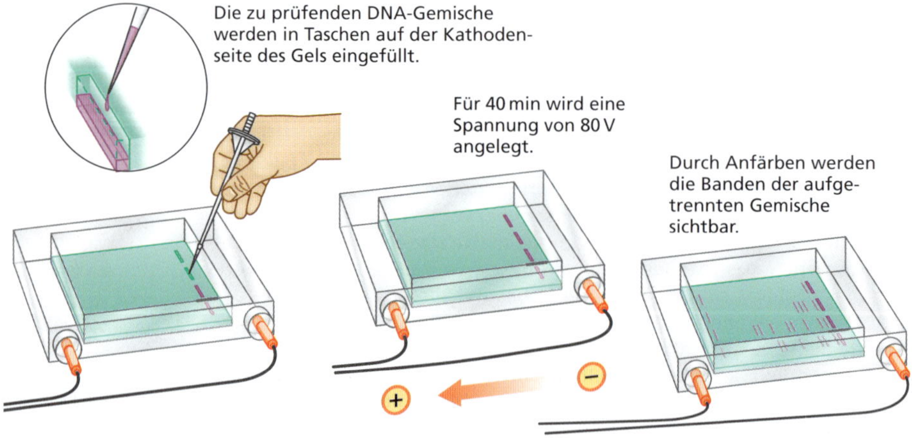

DNA-DNA-Hybridisierung: Bei dieser Methode vereinigt (hybridisiert) man komplementäre Einzelstränge *(single-copy-DNA)* von zwei verschiedenen Organismen. Nun wird festgestellt, wie sich die Schmelztemperatur der Hybrid-DNA gegenüber der reinen DNA eines Organismus verändert. Eine Verringerung der Schmelztemperatur um 1 °C entspricht in etwa einem Unterschied von 1 %, d. h. dem Austausch eines Nucleotids von 100 Nucleotiden. Es zeigt sich, dass die DNA systematisch nahestehender Arten sich stärker ähnelt als die systematisch entfernter stehender Arten.

Die Methode der DNA-DNA-Hybridisierung wurde 1966 von R. J. BRITTEN und D. E. KOHNE entwickelt.

Da jede Position eines Nucleotids als ein unabhängiges Einzelmerkmal gewertet werden kann, erhält man bei der Sequenzierung nur eines Gens oder definierten DNA-Abschnitts bereits 1 000 und mehr Merkmale als Resultat. Jedes Nucleotid lässt sich einem bestimmten Ort auf dem Gen zuordnen, was wichtig für Homologieüberlegungen ist. Man kann für den Vergleich auch systematisch entferntere Lebewesen nutzen, da homologe Gene direkt erkennbar sind und – wie moderne Forschungen zeigen – oft in weiten Bereichen unterschiedlichster Verwandtschaftsgruppen vorkommen.

Bei dem Verfahren wählt man aus dem Gesamtgenom einen DNA-Abschnitt aus, dessen Homologie bei den verschiedenen zu untersuchenden Gruppen eindeutig feststeht. Dabei sind für Untersuchungen der großen verwandtschaftlichen Zusammenhänge sehr konservative Gene, z. B. Gene, die für die RNA der Ribosomen verantwortlich sind, aber auch Genomabschnitte aus den Mitochondrien (Tiere) oder Chloroplasten (Pflanzen) besonders geeignet.

Arbeitsschritte der Stammbaumrekonstruktion durch Markergen-Sequenzvergleich

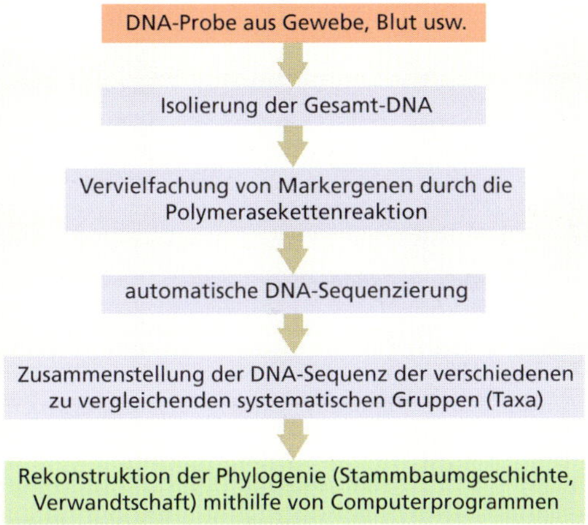

Die **Analyse von Nucleotidsequenzen** zeigt sehr klar eine abgestufte Ähnlichkeit der Arten, die sich gut mit ihrer unterschiedlich engen Verwandtschaft erklären lässt. Für die molekulare Evolutionsforschung und für die Rekonstruktion von Stammbäumen ist sie deshalb besonders gut geeignet.

Markergene sind molekulare Marker. Diese Gene sind eindeutig identifizierbar, ihr Ort im Genom ist bekannt. Man kann Markergene auch gentechnisch einbauen, z. B. um damit einen erfolgreichen Gentransfer nachzuweisen.

Vergleich gesamter Genome

Größe der Genome: In der Grafik (↗ S. 322) ist erkennbar, dass die minimale Genomgröße von den Prokaryoten über Pilze, Einzeller, Pflanzen und niedere Tiere bis zu den Wirbeltieren zunimmt, also im Wesentlichen parallel zu der Organisationshöhe verläuft. Höher differenzierte Organismen sind nach der Evolutionstheorie später entstanden als einfach organisierte. Höhere Differenzierung setzt auch differenziertere Genome voraus. Sie könnten z. B. durch Genverdopplung und anschließende Differenzierung der Gene entstanden sein.

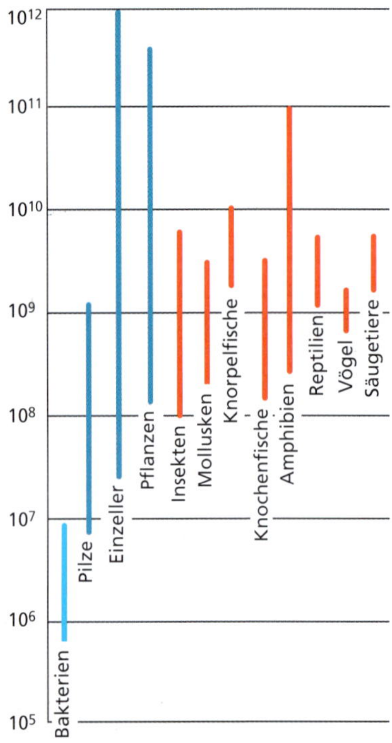

Größen (Anzahl der Nucleotide) der haploiden Genome verschiedener Organismengruppen (logarithmische Y-Achse)

Genomvergleich: Bis zum Jahr 2010 wurden bereits weit über 1000 Genome vollständig sequenziert und ihre Anzahl nimmt rasch zu. Es sind bereits Stammbäume für das gesamte Organismenreich erstellt worden, die auf einem Vergleich solcher Gesamtgenome beruhen. Die Tatsache, dass dies ohne Widersprüche möglich ist, ist ein sehr klarer Beweis für die Richtigkeit der Abstammungslehre.

Durch Genverdopplung oder Verdopplung größerer Genomabschnitte sind im Laufe der Evolution aus einem Ursprungsgen **Genfamilien** entstanden, deren einzelne Gene sich durch Mutationen verändert haben. In einem Genom können viele solche **paraloge Gene** enthalten sein, die unterschiedliche Funktionen haben. Demgegenüber bezeichnet man Gene zweier oder mehrerer Arten als **ortholog,** wenn sie auf dasselbe Gen im letzten gemeinsamen Vorfahr zurückzuführen sind. Für die Untersuchung von Verwandtschaftsverhältnissen eignen sich orthologe Gene. Bei vielen Prokaryoten und eingeschränkt auch bei Eukaryoten kommt es zum fortpflanzungsunabhängigen Gentransfer zwischen verschiedenen Arten **(horizontaler Gentranfer).** Durch solchen Transfer übertragene Gene können genetische Stammbaumanalysen erschweren.

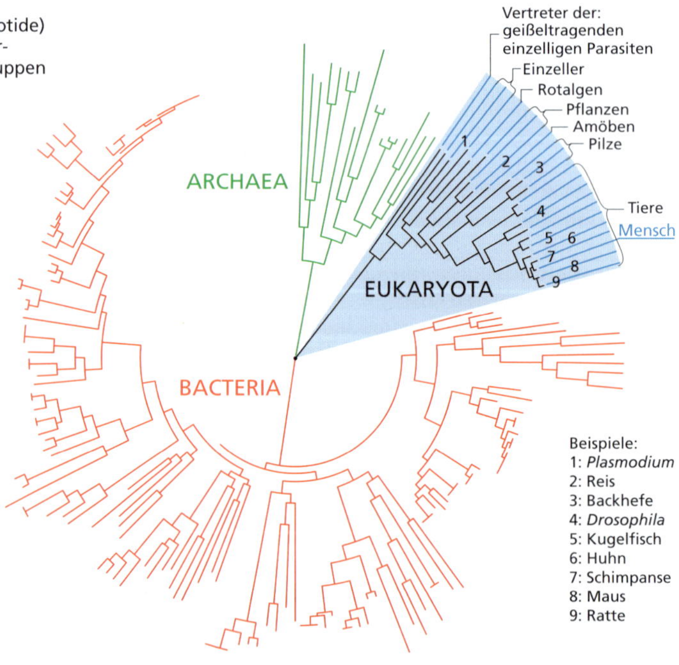

Für den in der Abbildung dargestellten Stammbaum für 191 verschiedene Arten wurden 31 orthologe Gene verwendet, für die nach genauer Analyse horizontaler Gentransfer ausgeschlossen werden konnte.

8.2.2 Fossilien sind Zeugnisse der Stammesgeschichte

Fossilien sind Reste oder Spuren von Organismen früherer Erdzeitalter.

▶ lat. *fossilis:* ausgegraben

Fossilien sind Belege für die Stammesgeschichte der Organismen, denn:
- sie dokumentieren das Aussehen der Organismen in früheren Erdzeitaltern;
- sie verdeutlichen durch den Vergleich mit heutigen Lebewesen den Formenwandel und die Verwandtschaftsbeziehungen der Organismen;
- sie ermöglichen durch die Bestimmung ihres Alters Aussagen über den zeitlichen Ablauf der Evolution.

▶ **Radiometrische Verfahren der Altersbestimmung** beruhen auf dem Prinzip, dass in geologischen Sedimenten natürlich auftretende radioaktive Isotope vorhanden sind. Deren Restkonzentrationen werden gemessen und aus Kenntnis der Halbwertszeit des radioaktiven Zerfalls kann auf das Alter der Probe geschlossen werden. Wichtige Methoden sind: Radiokarbonmethode (bis 70 000 J.), Uran-Thorium-Methode (bis 500 000 J.), Kalium-Argon-Methode (bis mehrere Mrd. J.).

Entstehung von Fossilien

Tote Organismen müssen schnell von Sedimenten eingeschlossen werden, um den Sauerstoffzutritt und damit die Zersetzung zu verhindern. Nach der Art ihrer Entstehung werden mehrere Typen von Fossilien unterschieden:

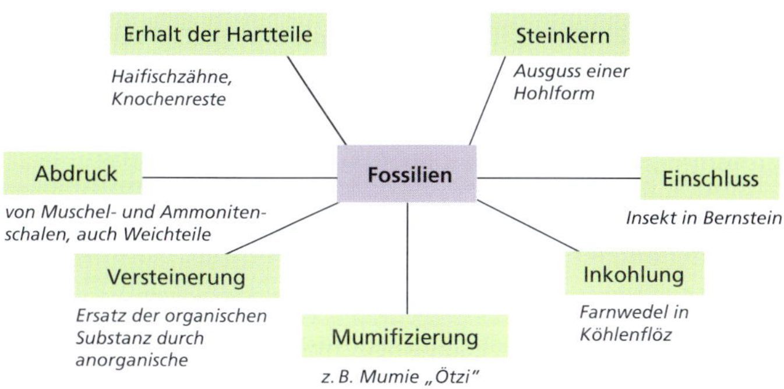

Eine echte **Versteinerung** entsteht, wenn organische Substanz von Lebewesen durch Mineralien ersetzt (substituiert) wird. Beispiele sind die versteinerten Knochen des „Tambacher Liebespaares" (*Seymouria sanjuanensis,* Reptilien, ↗ Abb. li.) und versteinertes Holz (z. B. in Namibia, ↗ Abb. re.).

▶ **Leitfossilien** sind Fossilien, mit denen sich das relative Alter der sie umschließenden Gesteine ermitteln lässt. Sie erfüllen folgende Kriterien:
1. leicht erkennbar,
2. häufig,
3. auf eine kurze Zeitepoche beschränkt,
4. geografisch weit verbreitet.

Versteinerte Knochen

Versteinerter Baumstamm

In der erdgeschichtlichen Periode, die vor 360 Mio. Jahren begann und vor 290 Mio. Jahren endete, bedeckte eine reiche Sumpfvegetation einen Großteil der Erde. Aus diesen Farn-, Bärlapp- und Schachtelhalmgewächsen entstanden **Steinkohlenlager** (z. B. im Rheinland, im Saarland und in Polen). Aus diesem Grund gab man der Formation den Namen **Karbon.**

Steinkerne, z. B. von Ammoniten oder einem Seeigel, entstehen dadurch, dass sich die Hohlräume innerhalb der Schalen nach der Zersetzung des Weichkörpers mit Sediment füllen und erhärten. Die Steinkerne zeigen die inneren Abdrücke der Schalen.

Seeigel (Steinkern)

Wurden Organismen in ein Sediment eingebettet und der Körper zersetzt, kann sein **Abdruck** erhalten bleiben, wie z. B. der eines Muschelschaler-Krebses oder der Federn des *Archaeopteryx.* Wird ein Abdruck erzeugt und dieser durch ein Sediment ausgefüllt, entsteht ein Abguss, z. B. von Saurierfährten.

Muschelschaler (Abdruck)

Häufig bleiben von den Organismen nur die **Hartteile,** wie Knochen, Schalen, Gehäuse, Panzer oder Zähne, über erdgeschichtliche Epochen hinweg erhalten. Beispiele hierfür sind Mammutzähne, zahlreiche Schneckengehäuse, aber auch Kalkfelsen. Die Kreidefelsen auf Rügen bestehen aus über 65 Mio. Jahre alten fossilen Kugelschwämmchen, die Kalkfelsen im Altmühltal bei Dollnstein aus Schwammnadeln. Unter bestimmten Bedingungen, wie hoher Druck, hohe Temperatur und Luftabschluss, entstanden durch allmähliche Umwandlung organischer Verbindungen in Kohlenstoff **(Inkohlung)** aus Pflanzenresten Kohlelagerstätten. Da die Pflanzenstrukturen weitgehend erhalten blieben, kann man an diesen Fossilien Zellstrukturen untersuchen. So ist der anatomische Bau der Steinkohlenpflanzen aus dem Karbon weitgehend bekannt.

Werden die Fossilien dem Alter nach geordnet, erhält man einen Überblick über die Organismen in den verschiedenen **Erdzeitaltern.**

Einschlüsse (Inklusien) entstehen, wenn Organismen in Harz, Salz oder Eis eingebettet wurden und gut erhalten geblieben sind. Zu ihnen zählen beispielsweise ein im sibirischen Dauerfrostboden eingeschlossenes Mammut, der etwa 5 000 Jahre im Eis eingeschlossene Ötzi und vor etwa 45 Mio. Jahren in Bernstein (Nadelholzharz) eingeschlossene Insekten und Würmer. In Gegenden mit extremer Trockenheit können tote Organismen durch Austrocknung konserviert werden. Diese Fossilien werden als **Mumien** bezeichnet. Ein Beispiel ist der Ritter Kahlbutz aus Kampehl in Brandenburg. In jüngeren Fossilien, z. B. in den fossilen Knochenresten von Urmenschen oder in den Mammutkadavern der Permafrostböden, finden sich noch DNA-Reste. Aus verschiedenen Proben können daraus – wie im Fall des Neandertalers – relativ vollständige Genome rekonstruiert werden.

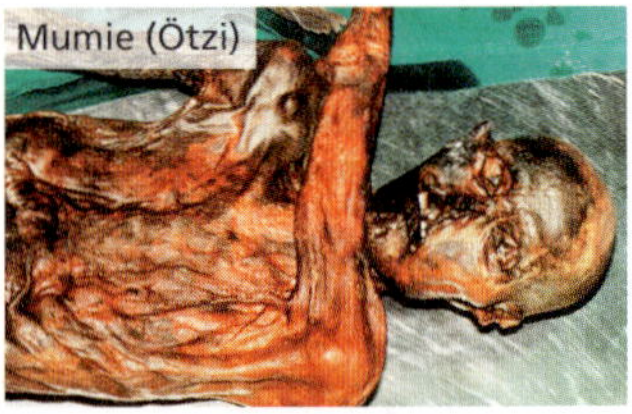
Mumie (Ötzi)

Mikrofossilien sind versteinerte Überreste von mikroskopisch kleinen Strukturen, z. B. Zellen.

Stromatolithen

Als älteste Lebensspuren gelten die in präkambrischen, 3,5 Mrd. Jahre alten **Sedimentgesteinen** Westaustraliens vorkommenden **Stromatolithen.** Diese geschichteten Strukturen enthalten Mikrofossilien, die an **Cyanobakterien** erinnern. Heute gibt es noch an wenigen Stellen der Erde, z. B. in der *Shark Bay* an der westaustralischen Küste, vergleichbare, von Blaugrünen Bakterien gebildete Strukturen (↗ Abb.).

Allgemeine Erkenntnisse aus der Fossilgeschichte der Lebewesen

1. Fossilien zeigen, dass es in den früheren Erdepochen Lebewesen gegeben hat, die es heute nicht mehr gibt, und dass nicht alle Lebewesen von Anfang an vorhanden waren.
2. Je weiter man in der erdgeschichtlichen Vergangenheit zurückgeht, desto mehr weichen Flora und Fauna von den heutigen Verhältnissen ab.
3. Die verschiedenen Organismengruppen treten nacheinander auf und haben sich, auf erreichte Entwicklungsstufen aufbauend, weiterentwickelt, wie z. B. Rundmäuler, Knorpelfische und Knochenfische.
4. Wichtige Evolutionsschritte, wie z. B. der Übergang vom Wasser zum Landleben, wurden erst von den Pflanzen und dann von den Tieren vollzogen.
5. Entwicklungsvorgänge sind nicht umkehrbar (**dollosche Regel** der Irreversibilität der Entwicklung).

Die **dollosche Regel** lässt sich z. B. dadurch belegen, dass zum Wasserleben übergegangene Säuger niemals mehr Kiemen ausgebildet haben, obwohl sie embryonal angelegt werden. Organismen mit reduzierter Zehenzahl (Paarhufer, Unpaarhufer) haben keine Arten mit erhöhter Zehenzahl hervorgebracht (↗ S. 354).

8

8.2.3 Übergangsformen belegen mögliche Verwandtschaften

Fossile Übergangsformen sind Lebewesen, die Merkmale von Organismen in sich vereinen, die zwei unterschiedlichen systematischen Gruppen angehören.

Als Bindeglieder zwischen zwei Organismengruppen zeigen Übergangsformen deren Verwandtschaft an und weisen auf gemeinsame Vorfahren hin. Ein bekanntes Beispiel eines **Brückentieres** ist der **Urvogel *(Archaeopteryx)*.** Er zeigt ein Mosaik von Reptilien- und Vogelmerkmalen.

Urvogel *Archaeopteryx*

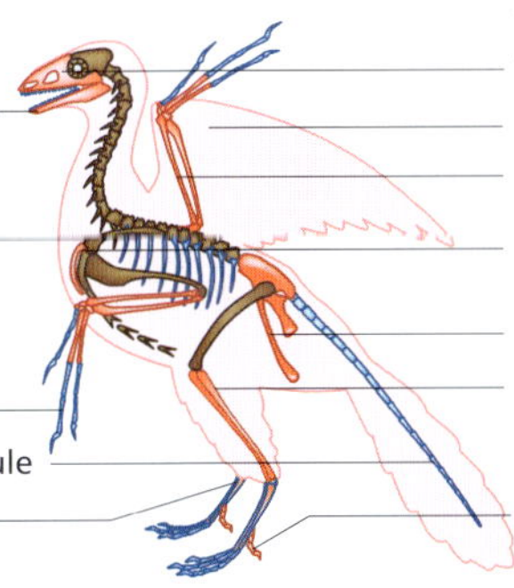

Fossiler *Archaeopterix* aus dem Weißjura von Solnhofen, etwa 150 Mio. Jahre alt

Dabei sind solche Übergangsformen in der Regel nicht identisch mit den wirklichen Vorfahren von zwei Verwandtschaftsgruppen. Auch der *Archaeopteryx* ist als ein Seitenzweig der Entwicklungslinie von den Reptilien zu den Vögeln anzusehen, der in vielen Merkmalen mit den gemeinsamen Vorfahren übereinstimmt.

8

8.2.4 Lebende Fossilien gewähren Einblick in die vergangenen Erdepochen

Neben den bereits ausgestorbenen fossilen **Brückenorganismen** gibt es auch heute noch lebende Arten, die als Übergangsformen angesehen werden können.

Lebende Tier- und Pflanzenarten mit einer großen Zahl urtümlicher Merkmale und isolierter Stellung im System werden als **lebende Fossilien** bezeichnet. Ihre nächsten Verwandten sind längst ausgestorben.

Das zu den **Kloakentieren** zählende Schnabeltier *(Ornithorhynchus anatinus)* vereint Reptilienmerkmale (Kloake, unvollständige Regulation der Körpertemperatur, Eier legend) mit Säugermerkmalen (Milchdrüsen, Haarkleid).

Die heute lebenden Formen können keine wirklichen Vorfahren verschiedener Verwandtschaftsgruppen sein. Da sie aber eine Merkmalskombination zeigen, die solchen Vorfahren nahekommt, werden sie oft als Modell für solche Bindeglieder herangezogen.

Der Begriff „lebende Fossilien" geht auf DARWIN zurück, der ihn auf den Ginkgobaum anwendete.

Der Ginkgobaum, ursprünglicher einziger Vertreter einer im Erdmittelalter artenreichen Gruppe der Nacktsamer, hat sich seit 180 Mio. Jahren kaum verändert.

8.2.5 Die Keimesentwicklung gibt Hinweise auf die Stammesentwicklung

Der Embryologe KARL ERNST VON BAER (1792–1876) formulierte das Gesetz der Embryonenähnlichkeit. Danach erscheinen in der Embryonalentwicklung zunächst die allgemeinen Baumerkmale eines Stamms und erst am Ende die speziellen, arttypischen Strukturen.

Bei einem Vergleich von Wirbeltierembryonen aus verschiedenen Entwicklungsstadien stellte **ERNST HAECKEL** (↗ S. 20) Ähnlichkeiten fest. Er leitete daraus das **„biogenetische Grundgesetz"** ab:
Die Ontogenie **(Keimesentwicklung)** ist eine verkürzte, schnelle Rekapitulation der Phylogenie **(Stammesentwicklung).**

Aus heutiger Sicht muss man sagen, dass kein naturgesetzlicher Zusammenhang zwischen der sich ständig wiederholenden und selbst der Evolution unterliegenden Ontogenese und der einmaligen Phylogenese besteht. Ontogenetische Merkmale unterliegen im Allgemeinen einem geringeren Selektionsdruck.
Aus diesem Grund sind ontogenetische Merkmale sehr konservativ und können zur Klärung von Abstammungsfragen herangezogen werden:

- DARWIN erkannte aufgrund ähnlicher Larvenformen, dass Seepocken zu den Krebsen gehören.
- Die Embryonalentwicklung der Wale weist auf die Abstammung von vierbeinigen, landlebenden Säugetieren hin.
- Das Herz hat in einem frühen Embryonalstadium bei allen Wirbeltieren die Gestalt eines Fischherzens und besteht aus nur einer Vorkammer und nur einer Hauptkammer.

Embryonalentwicklung der Wirbeltiere

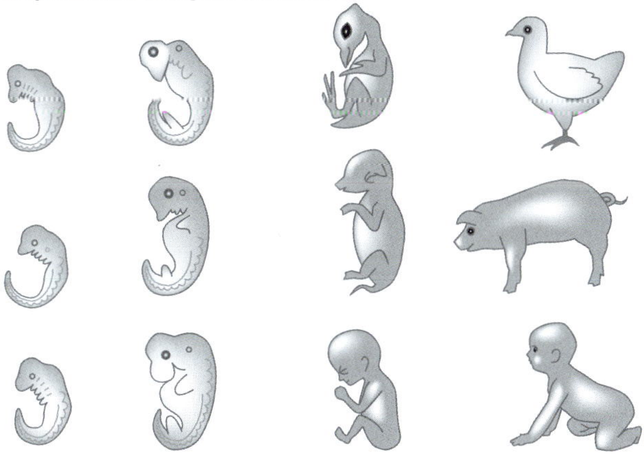

Bei der Embryonalentwicklung der verschiedenen Vertreter eines Tierstamms sind die morphologischen Ähnlichkeiten während der **phylotypischen Periode,** in der sich die typischen Stammesmerkmale ausbilden, am größten. Diese Übereinstimmung findet man auch im Genexpressionsmuster (↗ S. 267).

8.2.6 Homologien und Analogien können durch die Evolution erklärt werden

Ähnlichkeiten aus der vergleichenden Biologie in der Gestalt (Morphologie), im inneren Bau (Anatomie), im Stoffwechsel (Biochemie) oder im Erbgut (Genetik) werden als Belege für die Verwandtschaft und die Evolution der Organismen herangezogen. Doch in der Biologie werden zwei Formen der Ähnlichkeit unterschieden: **Homologie** und **Analogie.** Nur homologe Merkmalsausprägungen können als Argumente für die Verwandtschaft herangezogen werden. Es ist deshalb wichtig zu erkennen, ob es sich um eine homologe oder analoge Merkmalsausprägung handelt.

Analoge Organe sind Organe mit verschiedenem Grundbauplan, die in Anpassung an gleiche Funktionen Ähnlichkeiten aufweisen. Die stammesgeschichtliche Entwicklung ähnlicher Formen aus unterschiedlichen Ausgangsstrukturen in Anpassung an gleiche Funktionen wird als **Konvergenz** bezeichnet.

So ähneln sich z. B. die Grabbeine von Maulwurf und Maulwurfsgrille, die Flügel von Flugsauriern und Fledermäusen, die Strukturen von Sprossdorn, Blattdorn und Stachel, obwohl ihnen verschiedene Baupläne zugrunde liegen. Das Grabbein des Maulwurfs hat z. B. ein knöchernes Innenskelett, das der Maulwurfsgrille dagegen ein Außenskelett aus Chitin. Auch die Körperformen von wasserlebenden Wirbeltieren sind konvergente Entwicklungen.

Der Homologiebegriff wurde bereits 1843 von dem Anatomen RICHARD OWEN (1804–1892) definiert und klar von dem der Analogie abgegrenzt. Bis dahin wurden beide Begriffe synonym verwendet. OWEN sah Homologie als Variation eines Grundbauplans an.

Homologe Organe sind Organe mit gleichem Grundbauplan und gleichem phylogenetischem Ursprung. Sie können in Anpassung an unterschiedliche Funktionen spezifische Veränderungen aufweisen.

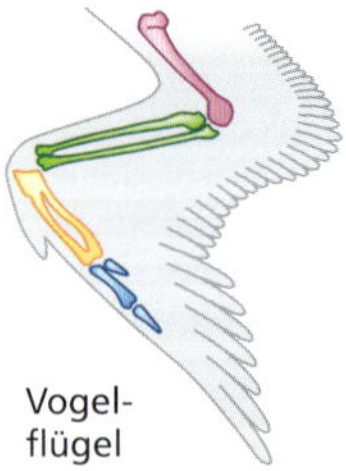
Vogelflügel

Der gleiche Grundaufbau lässt auf eine gemeinsame Abstammung schließen und wird auf das gleiche, für die verschiedenen Formen jedoch leicht abgewandelte genetische Entwicklungsprogramm zurückgeführt.

■ Die Vordergliedmaßen verschiedener Wirbeltiere, z. B. der Arm des Menschen, der Vogelflügel, das Grabbein des Maulwurfs und die Flosse eines Delfins mögen auf den ersten Blick sehr unterschiedlich aussehen. Ihr anatomischer Grundaufbau ist aber vom Oberarmknochen bis zu den Fingerknochen gleich.

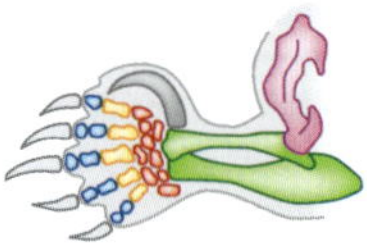
Grabbein des Maulwurfs

Da viele Organe im Verlauf der Evolution einen Funktionswechsel durchlaufen haben, können sie sehr unterschiedlich gestaltet sein. Zum Nachweis von Homologien und damit von Abstammungsverhältnissen hat der Zoologe ADOLF REMANE (1898–1976) drei Homologiekriterien vorgeschlagen.

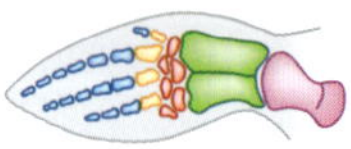
Delfinflosse

Die **Homologiekriterien** sind:
- das Kriterium der Lage,
- das Kriterium der spezifischen Qualität,
- das Kriterium der Verknüpfung durch Zwischenformen oder der Stetigkeit.

Je komplexer die Strukturen oder Merkmale, desto leichter lassen sich diese Kriterien anwenden. Bei einfacheren Strukturen ist auch eine mehrfache parallele Entwicklung möglich.

Das Kriterium der Lage

Zwei Strukturen oder Organe sind homolog, wenn sie gleiche Stellen im Gefügesystem oder Bauplan verschiedener Organismen einnehmen.

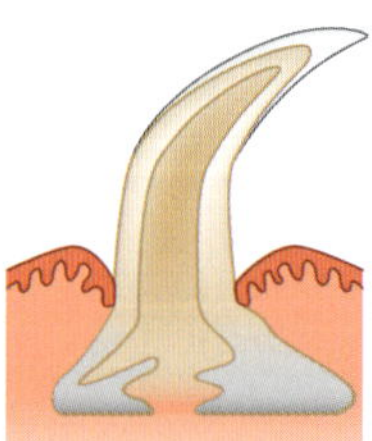
Hautschuppe (Hai)

■ Nach diesem Kriterium sind die Brustflossen eines Delfins, die Flügel eines Vogels und die Grabbeine eines Maulwurfs homolog. Es handelt sich in allen Fällen um Vorderextremitäten, aber sie erfüllen unterschiedliche Funktionen (Schwimmen, Fliegen, Laufen und Graben).

Das Kriterium der spezifischen Qualität

Komplex gebaute Strukturen oder Organe, die während der Stammesgeschichte die Lage im Gefügesystem verschiedener Arten verändert haben, können trotzdem homolog sein, wenn sie in zahlreichen Einzelheiten ihres Baus übereinstimmen. Dies hängt damit zusammen, dass eine unabhängige Entwicklung zweier ähnlicher Strukturen umso unwahrscheinlicher wird, je komplexer ihr Aufbau ist.

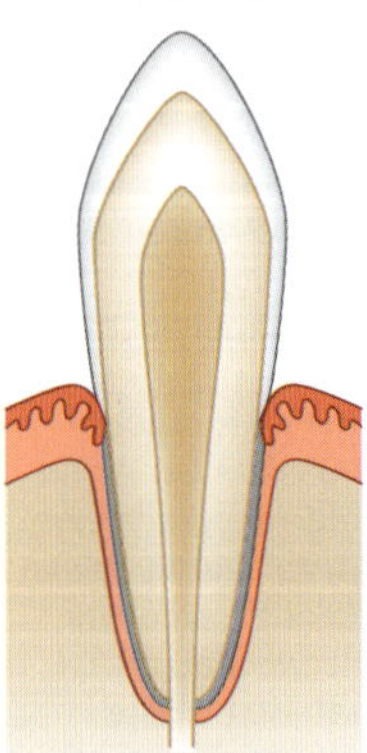
Zahn (Säugetier)

■ Nach diesem Kriterium kann man die Hautschuppen eines Hais mit den Zähnen der Säugetiere (und der übrigen Wirbeltiere) homologisieren. Auch in der Molekularbiologie nutzt man dieses Kriterium, um Proteine mit sehr ähnlicher Aminosäuresequenz – wie z. B. die verschiedenen Opsine – zu homologisieren.

Das Kriterium der Verknüpfung durch Zwischenformen (Stetigkeitskriterium)

Bei verschiedenen Arten können einander sehr unähnliche und verschieden gelagerte Strukturen oder Organe trotzdem homolog sein, wenn sich bei anderen Arten eine Reihe von Zwischenformen finden lassen, die Übergänge zwischen den beiden Extremen erkennen lassen.

- Nach diesem Kriterium ist der Blutkreislauf der Fische dem der Säugetiere homolog, da mit dem Kreislaufsystem der Amphibien und der Reptilien deutliche Übergänge vorhanden sind.

  Teile des primären Kiefergelenks der Knochenfische haben bei den Säugetieren einen Funktionswechsel erfahren und wurden zu den Gehörknöchelchen. Übergänge findet man bei Amphibien und Reptilien.

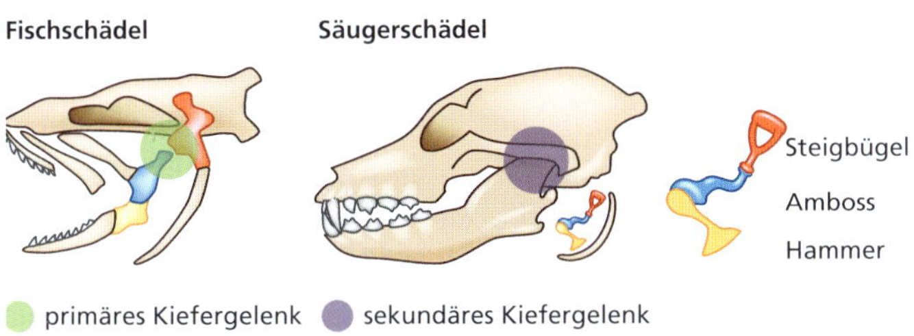

8.2.7 Funktionslose Strukturen lassen sich stammesgeschichtlich erklären

Rudimentäre Organe sind rückgebildete Organe. Sie haben im Verlauf der Evolution ihre ursprüngliche Funktion ganz oder teilweise verloren und sind nur noch als Organreste vorhanden.

Rudiment (lat. *rudimentum:* Anfang, erster Versuch, Probestück): aus einem früheren Abschnitt erhaltener Rest

Rudimentäre Organe stehen oft am Ende von **Regressionsreihen.** Sie lassen sich durch die Reihung aus Strukturen voll funktionsfähiger Organe verwandter Arten ableiten. Von daher sind sie ein weiteres Indiz für Abstammungszusammenhänge.

Bei Bartenwalen kommt es statt einer Ausbildung von Zähnen zur Neubildung von Barten.

Regressionsreihe bei Zahn- und Bartenwalen

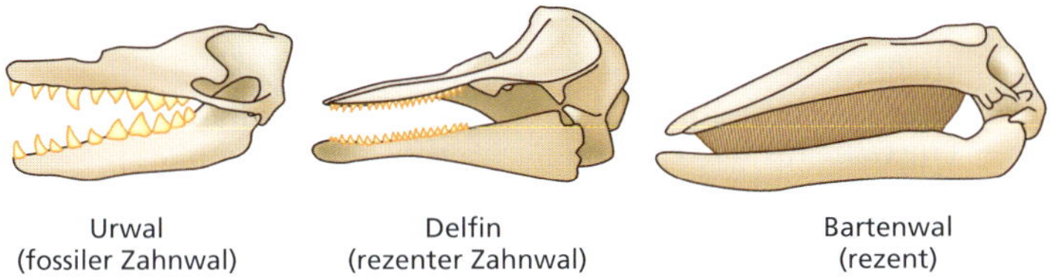

Die **Griffelbeine** (gelb) am Mittelfußknochen der Pferde haben keine erkennbare Funktion und gelten als Rudimente. Ein Vergleich mit den Fußknochen von Tapir und Nashorn belegen die Regression.

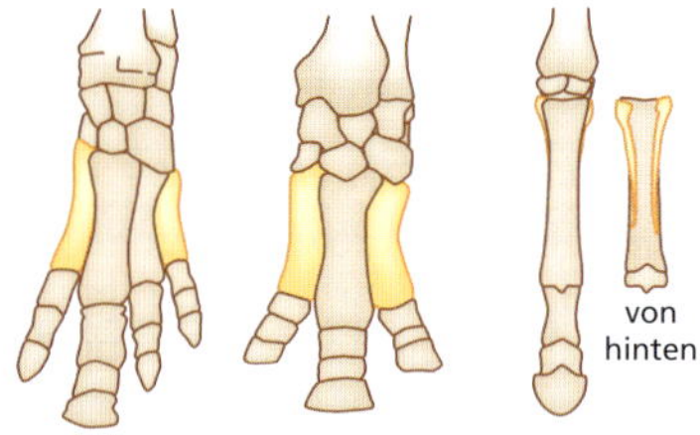

Aufgrund ihrer Lage und der Verknüpfung durch Zwischenformen können die Griffelbeine als homolog zu den zehentragenden Mittelfußknochen angesehen werden. Dies gestattet die Annahme, dass die Pferde Vorfahren mit mehrstrahligen Extremitäten haben.

Weitere Beispiele:

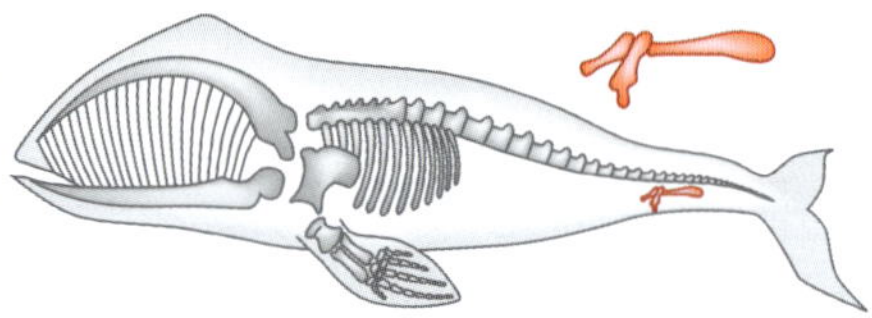

- Reste des Beckengürtels bei Walen
- Nägel an den Flossen bei Seelöwen und Walross
- Gehäusereste bei Nacktschnecken
- Rückgebildete Augen bei Höhlentieren
- Wurmfortsatz des Blinddarms beim Menschen
- Muskeln zur Ohrenbewegung beim Menschen

Die Existenz solcher funktionslos gewordenen Organe ist nur durch die Evolution erklärbar.

Atavismen sind nur gelegentlich bei einzelnen Individuen einer Art ausgebildete Strukturen, die an frühere stammesgeschichtliche Zustände erinnern.

Atavismen gelten als Rückschläge in phylogenetisch frühere Stadien. Sie weisen darauf hin, dass die verantwortlichen Gene noch vorhanden, aber normalerweise unterdrückt sind. Eine Erklärung wären Mutationen an Entwicklungssteuerungsgenen (Masterkontrollgenen, ↗ S. 266).

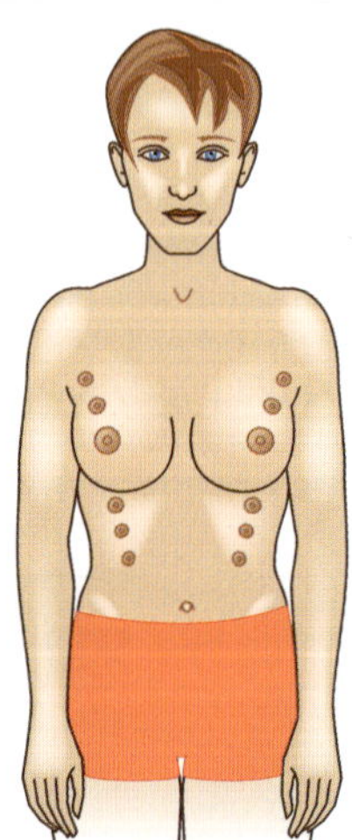

Beispiele:

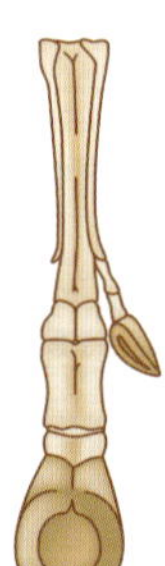

- Verlängertes Griffelbein mit Zehenknochen und Huf bei Pferden
- Schwanzartig verlängertes Steißbein beim Menschen, zwei Leisten zusätzlicher Brustwarzen, starke Behaarung und Halsfistel (offene Kiemenspalte) beim Menschen

Belege für die Evolution der Organismen

- Mit der Veröffentlichung der Evolutionstheorie durch CHARLES ROBERT DARWIN und ALFRED RUSSEL WALLACE waren 1858 die Grundlagen für eine wissenschaftliche Bearbeitung der biologischen Evolution gelegt. Mit seinem umfassenden Werk über *„Die Entstehung der Arten durch natürliche Zuchtwahl"* legte DARWIN schon 1859 die wichtigsten Belege für die prinzipielle Gültigkeit der Evolutionstheorie vor.

- Eng mit der Evolutionslehre verknüpft ist die Frage nach der Entstehung des Lebens (Biogenese). Erst durch die Fortschritte der Biochemie und Molekularbiologie im 20. Jahrhundert konnten hierzu fundierte Hypothesen entwickelt werden, die alle eine vorausgehende chemischen Evolution annehmen.

Von der chemischen zur biologischen Evolution

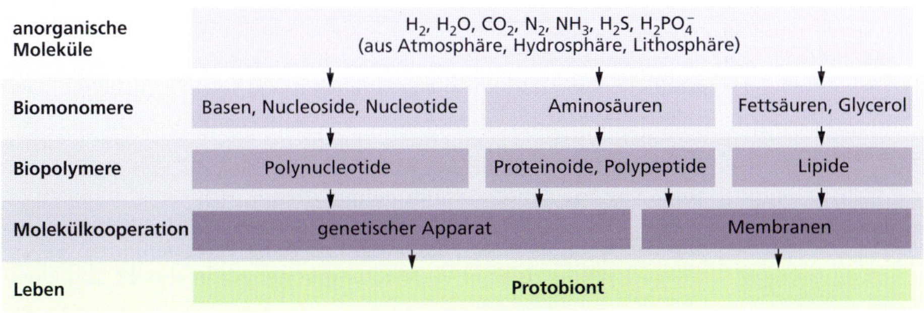

- Für die Tatsache der Evolution der Lebewesen auf der Erde sprechen Indizien aus den unterschiedlichsten Wissensbereichen. Besonders aussagekräftig sind jedoch die Befunde der Molekulargenetik. Die allgemeine Verständlichkeit der Gensprache lässt vermuten, dass sie nur einmal erfunden wurde, dass also alle Lebewesen auf einen gemeinsamen Vorfahr zurückgehen. Der Vergleich des Erbmaterials verschiedener Lebewesen ermöglicht die Aufstellung widerspruchsfreier Stammbäume, die oft auch sehr gut mit Stammbäumen korrelieren, die man aufgrund morphologischer Ähnlichkeiten aufgestellt hat.

- Weitere wichtige Indizien für die Evolutionstheorie lieferten:
  - Fossilien als Belege für Lebewesen früherer Erdzeitalter;
  - Arten, die Übergangsformen zwischen verschiedenen Verwandtschaftsgruppen darstellen;
  - lebende Fossilien;
  - Hinweise aus der Keimesentwicklung;
  - homologe Strukturen und Organe bei verschiedenen Lebewesen;
  - rudimentäre Organe und Atavismen.

auf **http://wissenstests.schuelerlexikon.de** und auf der DVD **Wissenstest 7**

8

8.3 Evolutionsfaktoren und ihre Wirkung

- Die Synthetische Theorie der Evolution ist eine Weiterentwicklung der darwinschen Selektionstheorie.
- Es werden die Evolutionsfaktoren Mutation und Rekombination, Anpassungsselektion, Gendrift (Zufallsselektion), Migration (Genfluss) und Isolation unterschieden.
- Die Isolation ist für die Bildung neuer Arten verantwortlich.
- Die jüngsten Ergebnisse der Genetik und der Evolutionsforschung lassen erkennen, dass die Synthetische Theorie gewisser Ergänzungen bedarf.

8.3.1 Die Synthetische Theorie der Evolution stützt sich auf Populationsgenetik und Ökologie

CHARLES ROBERT DARWIN nahm von 1831 bis 1836 an einer Weltreise mit der ***BEAGLE*** teil. Ziel der Forschungsreise waren vor allem die Küstenregionen und Inseln der Südhalbkugel.

DARWIN hat die Grundlagen für das Verständnis der Evolutionsmechanismen geschaffen. Die grundlegenden Elemente seiner Theorie (Überproduktion von Nachkommen, Variabilität und Selektion) sind bis heute gültige Erklärungen für das Evolutionsgeschehen. Aufbauend auf diesen Grundlagen hat die **Synthetische Theorie** die Erkenntnisse aus verschiedenen Wissensgebieten, wie Paläontologie, Ökologie und Genetik, insbesondere Populationsgenetik, aufgegriffen.
Bei der Erklärung des Evolutionsablaufs betrachtet die Synthetische Theorie den Genpool einer Population und seine Veränderungen. Sie untersucht, wie es zu einer Veränderung in der Zusammensetzung dieses Genpools kommen kann.

> Als Evolutionsfaktoren bezeichnet man die Ursachen, die für die Veränderung des Genpools einer Population verantwortlich sind. Die wichtigsten Faktoren sind Mutation und Rekombination, Anpassungsselektion, Gendrift (Zufallsselektion), Migration (Genfluss) und Isolation.

Neuere Erkenntnisse deuten darauf hin, dass die Synthetische Theorie der Evolution der Ergänzung bedarf, insbesondere was Kooperation, Beziehung von Ontogenie und Phylogenie, Bedeutung des Verhaltens und aktive Umweltgestaltung der Lebewesen betrifft (↗ S. 335 ff.).

Ohne äußere Einwirkungen verändern sich in unendlich großen Populationen die Häufigkeiten der verschiedenen Gene bzw. Allele nicht (Hardy-Weinberg-Regel).

Während Gentheorien vor allem die Selektionswirkung auf einzelne Gene in den Blick nehmen, betonen Genomtheorien der Evolution die Wechselwirkungen zwischen den Genen und Genabschnitten.
Die großen und komplex gebauten Genome der Eukaryoten weisen zahlreiche und umfangreiche Abschnitte auf, die nicht zur Bildung von mRNA führen, z. B. Introns (↗ S. 203 f.), Promotor- und Enhancerbereiche, Pseudogene und repetitive DNA-Abschnitte. Auch wenn die Wechselwirkungen und Regulationsmechanismen im Einzelnen noch wenig erforscht sind, kann man schon heute sagen, dass der Umformung und Neukombination vorhandener Genomanteile eine große Bedeutung in der Evolution zukommt.

Mutation und Rekombination

Als **Mutation** bezeichnet man spontan oder aufgrund bestimmter physikalischer oder chemischer Einwirkungen auftretende Veränderungen im Genotyp. Die Mutationen schaffen einmal neues genetisches Material, das dann der Einwirkung der anderen Evolutionsfaktoren unterliegt, zum anderen verändern sie durch bestimmte Mutationsraten die Häufigkeit bestimmter Allele im Genpool einer Population. Wenn auch die Anzahl günstiger Mutationen äußerst gering ist, so kann ihr Zusammentreffen in einem Individuum durch **genetische Rekombination** wahrscheinlicher werden. Außerdem wird die Vielfalt der Genotypen und damit auch der Phänotypen in einer Population erheblich vergrößert. Der wichtigste Rekombinationsmechanismus bei Eukaryoten ist die Rekombination zwischen homologen DNA-Sequenzen während der **Prophase I der Meiose** (↗S. 254). Bei Prokaryoten und in geringerem Ausmaß wohl auch bei Eukaryoten gibt es auch genetische Austauschprozesse zwischen Individuen einer Generation, z. T. sogar zwischen Individuen verschiedener Arten (**horizontaler** oder **lateraler Gentransfer, Parasexualität bei Bakterien,** ↗S. 237). Darüber hinaus können bestimmte DNA-Abschnitte, sogenannte Transposons, innerhalb des Genoms ihre Position wechseln **(transpositionale Rekombination).**

Mutationen des Birkenspanners

Anpassungsselektion

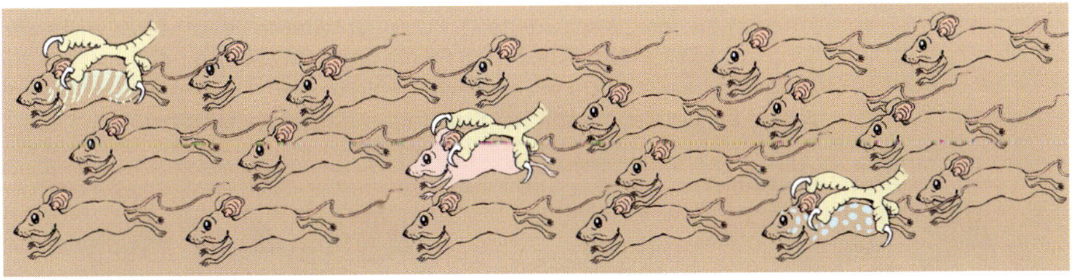

Die **Anpassungsselektion** setzt an den Phänotypen an. Voraussetzung ist die genetisch bedingte Unterschiedlichkeit der Individuen. Ihre große Potenz wird deutlich, wenn man sich vor Augen führt, welche Möglichkeiten der Veränderung in der gezielten Auslese durch den Menschen in der Tier- und Pflanzenzüchtung stecken. Die verschiedenen Rassen der Haustaube oder des Haushundes, die alle von der gleichen Wildform abstammen und trotz ihrer großen Unterschiede immer noch zu dieser Art gehören, sind Beispiele, die schon DARWIN anführte.

Durch disruptive Selektion (Kältezeiten) kam es in Europa zur Ausbildung von Teilpopulationen der Aaskrähe (Rabenkrähe, Nebelkrähe).

Anpassungsselektion kann sich recht unterschiedlich auswirken. Bei konstanter Umwelt werden durch Selektion vor allem die Extreme eliminiert. Die natürliche Auslese wirkt deshalb in erster Linie beschränkend **(stabilisierende Selektion).**

Ändert sich die Umwelt einer Population, so bewirkt die Selektion eine Verschiebung der Phänotypen- und Genotypenhäufigkeiten **(gerichtete Selektion).** Ein Indiz für die Wirksamkeit der gerichteten Selektion sind die großen Übereinstimmungen in Bau und Funktion, die unter dem Selektionsdruck derselben Umwelt oft parallel von Vertretern ganz unterschiedlicher Verwandtschaftsgruppen erworben wurden.

Die **disruptive Selektion** schließlich führt zur Aufgliederung einer Population: Bestimmte Varianten, die in der Stammpopulation keine Chance haben, können in Teilräumen des Populationsareals einen Selektionsvorteil haben. Eine solche Situation kann z. B. durch Arealerweiterungen oder durch Veränderungen der Umweltbedingungen im alten Verbreitungsgebiet der Population auftreten.

Gendrift (Zufallsselektion)

Je kleiner eine Population, desto größer ist der Einfluss zufälliger Ereignisse bei der Verteilung der Gene auf die Tochterpopulation. Natürliche Populationen sind oft Größenschwankungen ausgesetzt. Häufig überwintern z. B. nur wenige Individuen, die dann im nächsten Jahr die neue Population aufbauen. Die Auswahl dieser „Stammväter“ ist meistens mehr von Zufällen als von „Anpassungsselektion“ abhängig. Ein weiterer wichtiger Ansatzpunkt für Zufallsselektion ist die große Menge von Keimzellen, die vor allem im männlichen Geschlecht gebildet wird. Die Auswahl der Keimzellen, die zur Zygotenbildung beitragen, ist weitgehend zufällig.

Migration

Migration (Genfluss) beschreibt die Veränderungen der Genfrequenzen in einer Population, die durch Zuwanderung oder Abwanderung von Individuen bewirkt werden.

Isolation und Artbildung

Während die bisher genannten Evolutionsfaktoren in den meisten Fällen nur zu einer Veränderung innerhalb der Populationen führen, ist die Isolation die Ursache für die Auftrennung der Arten und damit letztlich die Voraussetzung für die Entstehung der Formenvielfalt der Lebewesen.

Es gibt unterschiedliche Isolationsmechanismen:
1. Bei der **geografischen Isolation** kann der Genaustausch zwischen den Teilpopulationen durch Gebirgsbildung, Inselbildung oder Meerestransgressionen (Überfluten größerer Gebiete des Festlands durch das Meer) unterbrochen werden. Gute Beispiele sind die Darwin-Finken auf den Galapagosinseln, die Kleidervögel auf Hawai oder die Aeonien (blattsukkulente Pflanzen) auf den Kanaren.
2. Die **ökologische Isolation** kann durch disruptive Selektion eingeleitet werden. Es entstehen polymorphe Populationen mit Anpassungen an unterschiedliche ökologische Nischen. Bei Parasiten kann z. B. die Artbildung bei ihren Wirten zur Ausbildung einer genetischen Schranke führen.
3. Wird die erfolgreiche Paarung zwischen Individuen einer Population eingeschränkt, spricht man von **fortpflanzungsbiologischer Isolation.** Sie kann z. B. durch Veränderungen von Kontaktstoffen (Pheromonen), Balzverhalten, Paarungszeiten oder durch genetische Unverträglichkeit bewirkt werden.

▶ Bei einer räumlichen Auftrennung (Separation) einer Ausgangspopulation spricht man von **allopatrischer Artbildung.** Erfolgt die Unterbrechung des Genaustauschs innerhalb des Verbreitungsgebiets einer Ausgangsart, nennt man dies **sympatrische Artbildung.**

▶ Bei der Artbildung der Darwin-Finken spielten geografische und ökologische Isolation eine Rolle.

8.3.2 Die Evolutionstheorie wird weiterentwickelt

Neuere Erkenntnisse zeigten, dass auch die Synthetische Theorie einer Ergänzung und Erweiterung bedarf. So dürften der Coevolution und der **Kooperation** eine genauso wichtige Rolle im Evolutionsgeschehen zufallen wie der **Konkurrenz** (↗ S. 338).
Die Möglichkeit der Tiere, aufgrund von Wahrnehmungsapparat und Bewegungsfähigkeit aktiv bestimmte Umwelten auszuwählen, hat Rückwirkungen auf ihre genetische Substanz und damit auf ihre Evolution. In besonders starkem Maße gilt dies für den Menschen (**„Kulturevolution“**, ↗ S. 395).
Die Evolution ist ein dynamischer Prozess. Evolution kommt nicht dadurch zustande, dass sich ein Gleichgewicht zwischen Population und Umwelt einstellt, sondern dadurch, dass ständig wechselnde Bedingungen stetigen Wandel verursachen.

Neutralitätstheorie der Evolution

Etwa ab 1970 bekam man durch die Entwicklung der Gelelektrophorese eine neue diagnostische Möglichkeit zur Unterscheidung ähnlicher Proteine (↗ S. 320). Es zeigte sich dabei eine bisher nicht vermutete Variabilität verschiedener Isoenzyme, die meist zufällig bedingt ist. Offensichtlich breiten sich Mutationen, die vom Filter der Selektion kaum beeinflusst werden, ständig in Populationen aus. Dies veranlasste MOTOO KIMURA (1924–1994) im Jahr 1983, ein v. a. auf Diffusionsgesetzen aufbauendes Modell zur Erklärung der Ausbreitung selektiv neutraler Mutationen in natürlichen Populationen zu entwickeln.

Soziobiologie und eigennützige Gene

Für die Soziobiologie sind nicht die Individuen oder die Populationen, sondern die einzelnen Gene die Einheiten der Evolution. Verhaltensbiologische Phänomene wie Altruismus zwischen Verwandten (↗ S. 418) oder Kindstötung bei Rudelübernahme (↗ S. 422) können auf der Basis „eigennütziger Gene" erklärt werden.
Diese Sichtweise, die auf **RICHARD DAWKINS** (geb. 1941) zurückgeht (1976), kann allerdings zu keinem besseren Verständnis der Entstehung und Weitergabe von Merkmalen führen, die auf Wechselwirkungen zwischen Genen beruhen. Eine solche dynamische Verknüpfung einzelner Gene im Netzwerk des Genoms ist aber Voraussetzung für die Einheit des Organismus und seines Phänotyps.

▸ Das vor dem Feind warnende Murmeltier riskiert für die Gruppe sein Leben. Dies ist ein Beispiel für altruistisches Verhalten zwischen Verwandten.

Kritische Evolutionstheorie und innere Selektion

Die von **W. G. GUTMANN** (1935–1997) und der „Frankfurter Schule" 1987 begründete „Kritische Evolutionstheorie" betont besonders die Bedeutung „innerer Vorgaben", die der Evolution eine Richtung geben. Auch die Keimesentwicklung, die Ontogenie der Organismen, wirkt sich über innere Selektion auf **Evolutionsprozesse** aus. RUPERT RIEDL (1925–2005) vergleicht das Verhältnis zwischen innerer und äußerer Selektion mit dem zwischen Betriebs- und Marktselektion bei Wirtschaftsunternehmen.

Genomtheorien

Im Gegensatz zu den Evolutionstheorien, bei denen das einzelne Gen im Mittelpunkt der Betrachtungen steht, nennt man die Theorien, bei denen die Wechselwirkungen der Gene besonders beachtet werden, auch **Genomtheorien der Evolution.**
Offensichtlich stehen die einzelnen Exons eines Gens für unterschiedliche Proteinabschnitte, die auch als **Domänen** bezeichnet und durch Rekombinationsvorgänge neu kombiniert werden. Dies könnte sich vor allem auf Genschalter und die Wirkung von Trankriptionsfaktoren und weniger auf codierende Gene auswirken (↗ S. 267). Möglicherweise waren die meisten Gene schon zu einem sehr frühen Zeitpunkt der Evolution – eventuell noch vor Entstehung der Eukaryoten – vorhanden. Später wurde die Evolution vor allem durch die neue Kombination dieser lange erprobten Vererbungseinheiten vorangetrieben.

▸ Eine besondere Bedeutung für die Entwicklung von Genomtheorien war 1978 die Entdeckung von WALTER GILBERT, dass die Gene von Eukaryoten gestückelt sind: Sie sind aus vielen einzelnen Abschnitten zusammengesetzt, die durch andere DNA-Abschnitte getrennt werden, die für die Proteinbiosynthese keine Rolle spielen (Exons und Introns, ↗ S. 203).

Allmählicher Übergang oder Sprünge?

Verläuft die Evolution in kontinuierlichen kleinen Schritten – wie dies DARWIN annahm – oder sind große Sprünge entscheidend?

Nach STEPHEN J. GOULD (1941–2002) kennt die Evolution Phasen, in denen sie besonders schnell voranschreitet, die dann von Phasen der Stagnation abgelöst werden. JOSEPH H. REICHHOLF (geb. 1945) versuchte dies mit einem Wechselspiel von Überfluss und Mangel zu erklären. Der Überfluss eines Stoffs, z.B. eines Stoffwechselendprodukts wie Calciumcarbonat, führt demnach zur Evolution völlig neuer Strukturen (z.B. Knochenplatten und Skelett). Mangel führt demgegenüber zur Herausbildung von Vielfalt (adaptive Radiation, ↗S.349ff.).

CHARLES DARWIN (1809–1882), im Jahr vor seinem Tod 1881

Bedeutung der Symbiose

Die enge Kooperation von Lebewesen verschiedener Arten kann als wichtiger Antrieb der Evolution angesehen werden. Der russische Mikrobiologe KONSTANTIN MERESCHKOWSKI (1855–1921) prägte 1909 den Begriff der **Symbiogenese** für die Entstehung neuer Arten durch Symbiose (↗S.338). Seit der zweiten Hälfte des 20. Jahrhunderts tritt vor allem die amerikanische Biologin LYNN MARGULIS (↗S.346) für die stärkere Berücksichtigung der Symbiose als wichtigem Motor der Evolution ein.

8

8.3.3 Einige Vorstellungen stehen im Widerspruch zur Synthetischen Theorie

Vererbung erworbener Eigenschaften (Lamarckismus)

Der entscheidende Unterschied zwischen den Evolutionstheorien von LAMARCK und DARWIN war, dass LAMARCK die Vererbung erworbener Eigenschaften für möglich hielt. DARWIN hatte diese Möglichkeit nicht völlig ausgeschlossen. Sie wurde aber dann von seinen Nachfolgern, insbesondere von AUGUST WEISMANN (1834–1914), dogmatisch abgelegt. Dieses Dogma haben auch die Vertreter der Synthetischen Theorie übernommen. In der UdSSR wurden neolamarckistische Ideen von IWAN W. MITSCHURIN (1855–1935) vertreten und später von TROFIM D. LYSSENKOW (1898–1976) wiederbelebt und von der sozialistischen Partei der Sowjetunion gefördert. Später wurden seine angeblichen Forschungsergebnisse als Betrug entlarvt.

Morphogenetische Felder

Eine weitere, außerhalb der derzeit anerkannten Wissenschaftstheorien liegende Hypothese wird von RUPERT SHELDRAKE (geb. 1942) vertreten. Er behauptet, alle Formen in der Natur – anorganische wie organische – stellen eine Art „Gedächtnis der Natur" dar. Durch „morphogenetische Resonanz" steht jedes Individuum bzw. jede Form mit diesen Feldern in Verbindung. Je mehr Einzelformen, desto stärker wird das morphogenetische Feld. Auch für diese Hypothese gibt es bisher keine Beweise.

▸ *„Die natürliche Auslese spielt gewiss eine bedeutende Rolle. Aber sie ist nicht ... die große schöpferische Kraft, Formprinzipien werden den Lebewesen nicht von außen aufgezwungen, sondern sie sind in ihnen selbst ...",* formuliert R. SHELDRAKE.

Kreationismus

Dieser mit wissenschaftlichen Argumenten untermauerte Schöpfungsglaube, der v.a. in den USA viele Anhänger hat, gründet sich auf die **Schöpfungsgeschichte der Bibel.** Eine Variante ist die *„Intelligent Design*-Bewegung", die lediglich annimmt dass die Entwicklung des Weltalls und damit auch des Lebens auf der Erde einem vorgegebenen Schöpfungsplan folgt.

8.4 Symbiogenese

- Das Zusammenleben und die Wechselwirkungen über Grenzen hinweg sind ein wichtiges Charakteristikum des Lebens und der Lebensvorgänge.
- Die Wechselbeziehungen verschiedener Lebewesen werden durch Konkurrenz, Symbiose, Karpose (Parabiose) und Antibiose beschrieben.
- Symbiosen zwischen Organismen, die zur Neubildung von Arten führten, werden Symbiogenese genannt.
- Die Endosymbiontentheorie beschreibt die Symbiogenese von Prokaryoten, die zur Bildung der Eucyte führte.

8.4.1 Leben heißt Zusammenleben

Symbioseforscher des 19. und beginnenden 20. Jh.s:
A. DE BARY (1831–1888)
S. SCHWENDENER (1829–1919)
P. J. VAN BENEDEN (1846–1910)
A. B. FRANK (1839–1900)
A. F. W. SCHIMPER (1856–1901)
A. S. FAMINZIN (1835–1918)
E. WALLIN (1890–1967)
K. S. MERESCHKOVSKI (1855–1921)

Einmal zeichnet sich Leben durch Individualität und damit durch Grenzen und Grenzziehungen aus. Zum anderen sind alle diese Grenzen – angefangen von den intrazellulären Membranen – „semipermeabel“: Wechselwirkungen über diese Barrieren hinweg sind ein Charakteristikum aller Lebensvorgänge und auch aller Lebewesen.
Dazu gehören auch Wechselwirkungen mit anderen Individuen und anderen Arten. Im Hinblick auf die biologische Evolution wurde dieses wichtige Prinzip bis heute nicht ins rechte Licht gerückt – möglicherweise als Folge des unglücklichen Begriffs vom „Kampf ums Dasein“ und der mit diesem Schlagwort verbundenen populärwissenschaftlichen und biologistischen Interpretationen der Evolutionstheorie.
Dabei wurde die große Bedeutung des „Zusammenlebens“ schon in der zweiten Hälfte des 19. Jh.s von vielen Biologen erkannt und beschrieben. A. F. W. SCHIMPER äußerte bereits 1883 die Vermutung, dass Plastiden Algenendosymbionten in Zellen sein könnten. Die Theorie geriet zunächst in Vergessenheit. Erst in den letzten zwei Jahrzehnten des 20. Jh.s sorgte vor allem die amerikanische Biologin LYNN MARGULIS (geb. 1938) dafür, dass so viele Beweise für diese **„Endosymbiontentheorie“** zusammengetragen wurden, dass sie heute als vollständig gesichert gilt.

Symbiose zwischen Einsiedlerkrebs und Schneckenhaus (↗ Abb.)

Es ist nun unumstritten, dass eukaryotische Zellen das Produkt einer Fusion von Archäen mit verschiedenen Bakterien darstellen. Vermutlich sind auch schon die gramnegativen Bakterien mit zwei Zellmembranen (↗ S. 86) aus einer Symbiose hervorgegangen.
Auch so verbreitete Lebewesen wie Schwämme, Korallen oder herbivore Säugetiere basieren auf zwischenspezifischer Integration. Gerade von Prokaryoten weiß man, dass diese Integration bis zur Vermischung der Genome gehen kann.
Dieser **horizontale Gentransfer** (HGF) – Genübertragung zwischen Individuen einer Generation, auch aus verschiedenen Arten – dürfte jedoch auch für die Evolution der Eukaryoten eine große Bedeutung haben.

8.4.2 Lebewesen konkurrieren und kooperieren

Die Beziehung verschiedener Arten kann man in **Konkurrenz, Karpose** (= Parabiose), **Symbiose** und **Antibiose** einteilen. Nach gängiger Definition kann die Konkurrenzsituation zwischen zwei Arten kein Dauerzustand sein. Entweder wird eine Art verdrängt, oder sie wandelt sich in ihren Ansprüchen, und es kommt zu einem räumlichen **(Allopatrie)** oder ökologischen **(Sympatrie)** Nebeneinander. Wenn allerdings unter natürlichen Bedingungen bestimmte Umweltfaktoren – z.B. klimabedingt – dauernd schwanken, so können auch zwei oder mehr Arten mit nahezu gleichen Ansprüchen in einem Lebensraum erhalten bleiben.

Erdhummel bei der Blütenbestäubung

Unter **Symbiose** versteht man enge Gemeinschaften verschiedener Arten, die für beide Partner von Vorteil sind.

Neben lang andauernden, oft lebenslangen Partnerschaften, wie sie z.B. zwischen Darmbakterien und Rindern oder zwischen Einsiedlerkrebs und Aktinie bekannt sind, werden z.T. auch Gemeinschaften, die nur von kurzer Dauer sind, als Symbiosen bezeichnet. Solche kurzzeitigen Beziehungen bestehen z.B. zwischen blütenbestäubenden Insekten und Blumen. Andere Beziehungen – **Allianz** genannt – kennzeichnen vorübergehende Verbindungen, wie die zwischen Madenhackern und pflanzenfressenden Huftieren oder zwischen großen Rifffischen und Putzerfischen. Wenn eine Symbiose zur Entstehung einer neuen Art beiträgt, spricht man von **Symbiogenese.**

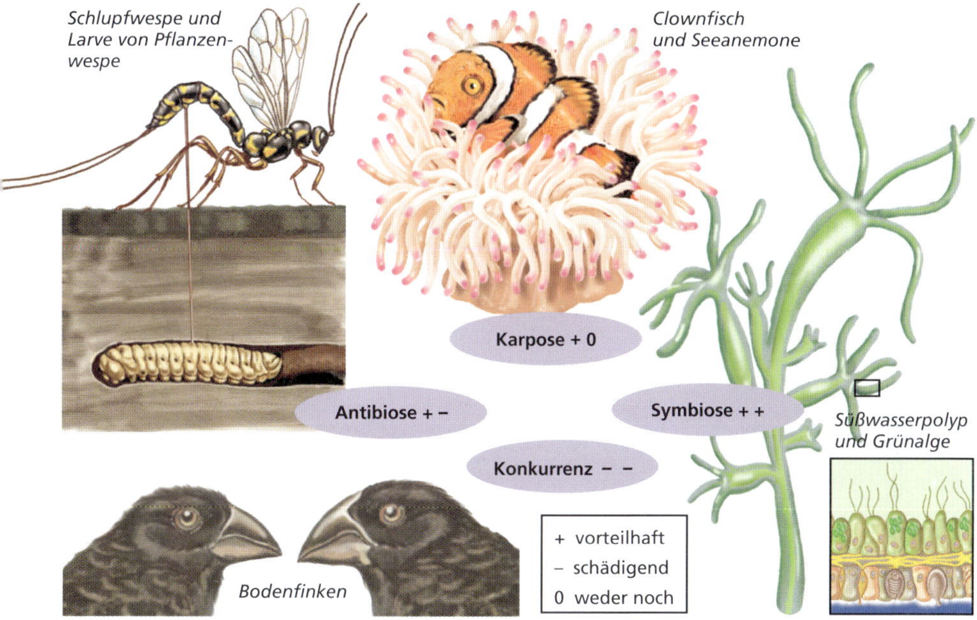

Sehr charakteristisch sind **Stoffwechselsymbiosen** zwischen Tieren und Bakterien und Pilzen. Dies hängt damit zusammen, dass bei Bakterien und Pilzen verschiedene Stoffwechselwege entwickelt sind, die bei Tieren fehlen. Durch die Symbiose können sich die Konsumenten so Nahrungs- und Energiereserven erschließen, die ihnen anderenfalls verschlossen geblieben wären. Gleichzeitig profitieren die endosymbiontischen Mikroben von den Stoffwechselendprodukten ihrer Symbiosepartner und von den relativ geschützten Lebensräumen, die ihnen von diesen geboten werden.

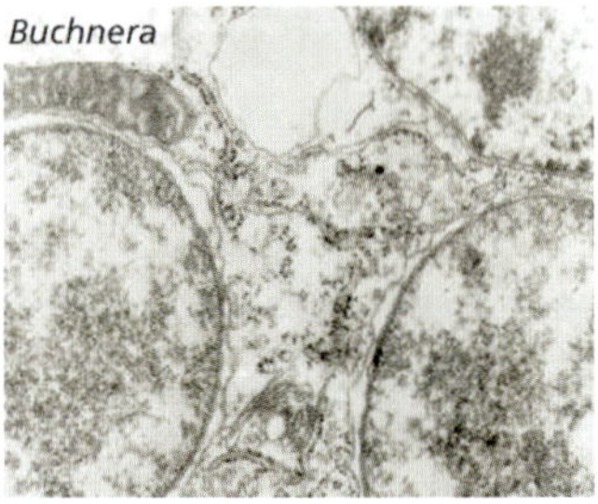

Eine besonders enge Symbiose besteht zwischen Blattläusen und den endocytosymbiontischen Bakterien der Gattung *Buchnera,* die in besonders großen Darmzellen (Bacteriocyten) leben. Diese **Endosymbionten** werden von Generation zu Generation über die Eier weitergegeben. Das enge Zusammenleben mit den Wirten wird dadurch deutlich, dass von *Buchnera* alle für seinen Wirt essenziellen Aminosäuren produziert werden. Die Blattläuse produzieren als stickstoffhaltiges Exkret Glutamin, das die Bakterien als Ausgangsstoff für die Produktion dieser Aminosäuren verwenden. Die Bakterien erhalten sogar ihre Außenmembran vom Wirt, sodass man sagen kann, dass diese Symbiose ein Stadium erreicht hat, das *Buchnera* schon fast als ein Zellorganell erscheinen lässt.

Ähnliche Symbiosen kommen bei holz- bzw. cellulosefressenden Insekten wie Tabakskäfern, Borkenkäfern und Termiten vor. Auch blutsaugende Egel, Zecken und Läuse bessern die Inhaltsstoffe ihrer relativ einseitigen Nahrung durch symbiontische Darmbakterien auf.

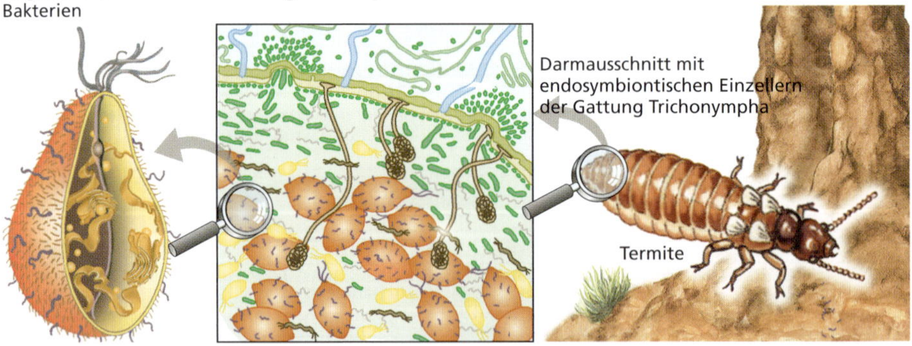

Wurzelknöllchen eines Schmetterlingsblütlers

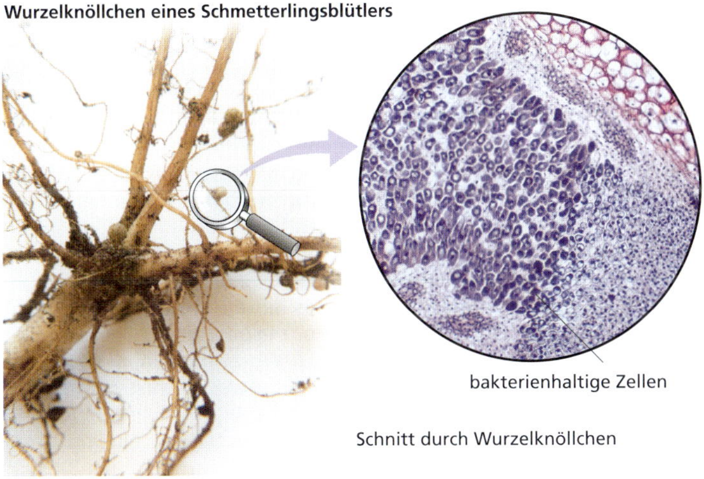

Stickstoffsymbiosen bestehen zwischen Pflanzen und Prokaryoten, die Luftstickstoff assimilieren können.

Ein anderer Stoffwechselsymbiosetyp besteht zwischen höheren Pflanzen und Prokaryoten, die das Luftstickstoffmolekül N_2 assimilieren können. Besonders bekannt sind diese Stickstoffendosymbionten der Gattung *Rhizobium* von den Hülsenfrüchtlern, zu denen die Schmetterlingsblütler gehören (Wurzelknöllchen). Bei anderen höheren Pflanzen wie Erlen oder Sanddorn kommen stickstoffbindende endosymbiontische Actinobakterien der Gattung *Frankia* vor. Blaugrüne Bakterien sind als Symbionten des tropisch-subtropischen Schwimmfarns *Azolla* bekannt und dadurch von erheblicher Bedeutung für die Fruchtbarkeit von Reisfeldern.
Auch einzellige oder wenig zellige **eukaryotische Algen** kommen häufig als **Symbiosepartner** anderer Lebewesen vor, z. B. als Partner von Pilzen in dem Doppelorganismus **Flechte** (↗ S. 375).
Auch bei **niederen Tieren** spielen **Algensymbionten** eine bedeutende Rolle, so in den Polypen der Korallen, in marinen Würmern und Schnecken, in verschiedenen Muscheln und Schwämmen. In all diesen Fällen werden die heterotrophen Tiere durch die Algensymbionten teilweise autotroph. Bei einigen Strudelwürmern kann dies bis zum Verlust des eigenen Darmkanals gehen **(„Pflanzentiere")**.

Flechten sind Doppelorganismen aus Algen oder Cyanobakterien und Pilzen.

Algen kommen häufig als **Endosymbionten** in wirbellosen Tieren vor.

Strudelwurm *(Convoluta roscoffensis)* mit endosymbiontischen Algen der Gattung ***Tetraselmis***

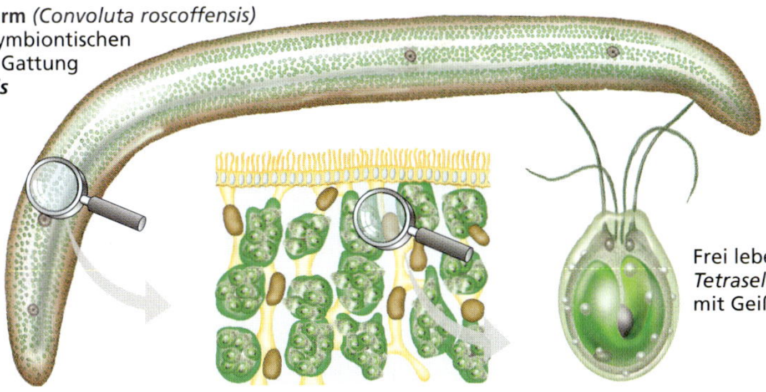

Frei lebende *Tetraselmis convolutae* mit Geißeln

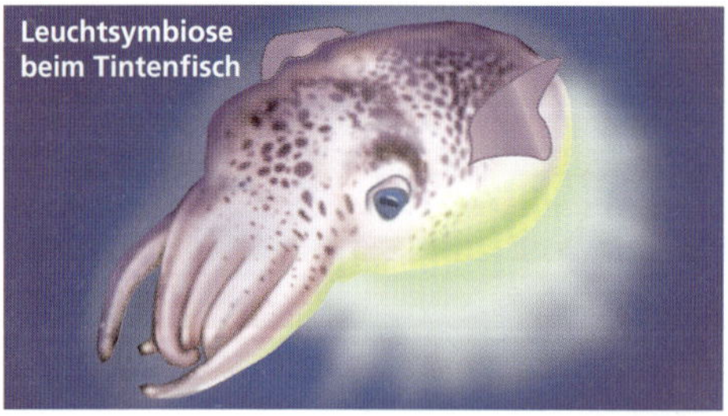

Auch **Leuchtsymbiosen** sind typische Symbiosen zwischen Prokaryoten und Tieren. Meerestiere, wie Manteltiere, Tintenfische und Knochenfische, nehmen die im Seewasser weit verbreiteten Leuchtbakterien in besonderen Organen als Symbionten auf und betreiben mit diesen Bakterienkolonien besondere Leuchtorgane. Solche Leuchtsymbiosen haben besondere Bedeutung in der lichtlosen Tiefsee.

Myrmecophyten sind Pflanzen, die enge Gemeinschaften mit **Ameisen** bilden.

Bemerkenswerte symbiontische Gemeinschaften zwischen Tieren und Pflanzen finden sich bei den **Ameisenpflanzen** oder **Myrmecophyten.** Sie stellen Hohlräume in Blättern, Stielen oder Wurzeln bereit, die vor allem von Ameisen, aber auch von anderen Kleintieren bewohnt werden. Aus Südostasien kennt man mehr als 150 Arten solcher Myrmecophyten. Für die Pflanzen sind die sie besiedelnden Ameisen vor allem ein Schutz gegen Fressfeinde.

Die epiphytische Pflanzengattung *Hydnophytum* (Familie Rötegewächse) bildet hohlraumhaltige Knollen aus, die Ameisen als Wohnraum dienen.

Die Wirksamkeit dieses Pflanzenschutzes wurde für das Symbiosepaar der *Crematogaster*-Ameise und der Ameisenpflanze *Macaranga* (Wolfsmilchgewächse) genauer untersucht. Die Pflanze stellt den Ameisen fett- und eiweißreiche Futterkörperchen zur Verfügung. Die Ameisen revanchieren sich dafür, dass sie ständig die Oberfläche ihres Wirtsbaums absuchen und diesen dabei vor allem von allem Fremdmaterial reinigen. Sie entfernen Insekteneier und pflanzenfressende Raupen, Käfer und andere Gliedertiere. Auch pilzliche Krankheitserreger werden von den Ameisen beseitigt. Es wurde festgestellt, dass *Macaranga* mehr als 80 % seiner Blattfläche verliert, wenn man die symbiontischen Ameisenkolonien entfernt.

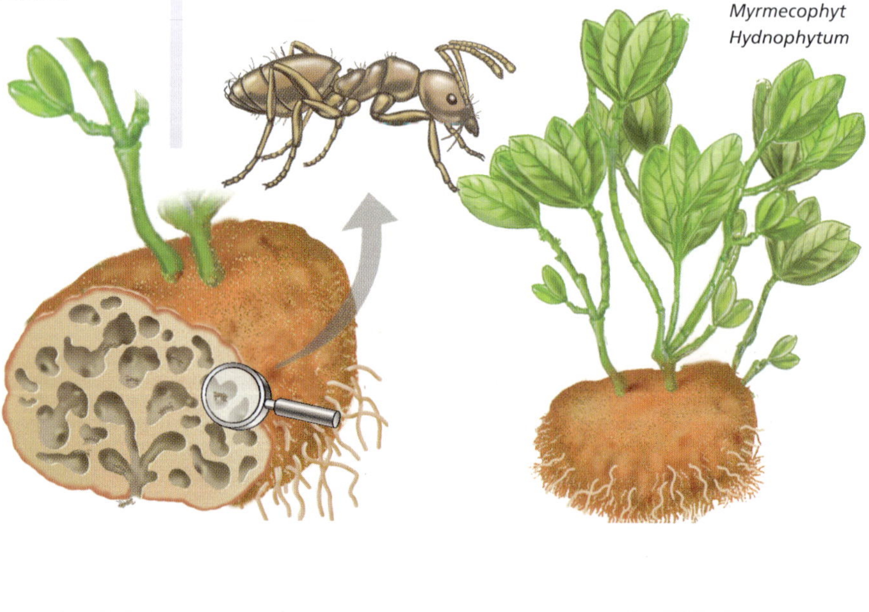

Die Beziehung zwischen Blütenbestäubern und zu bestäubenden Pflanzen ist in der Regel weniger eng. Es gibt jedoch auch hier Beispiele einer engen Gemeinschaft zweier Arten, die für beide lebensnotwendig ist.

- Dies gilt etwa für die komplizierten Wechselwirkungen von Feige und **Feigengallwespe** oder von Yucca und **Yuccamotte.**

Feige und Feigengallwespe

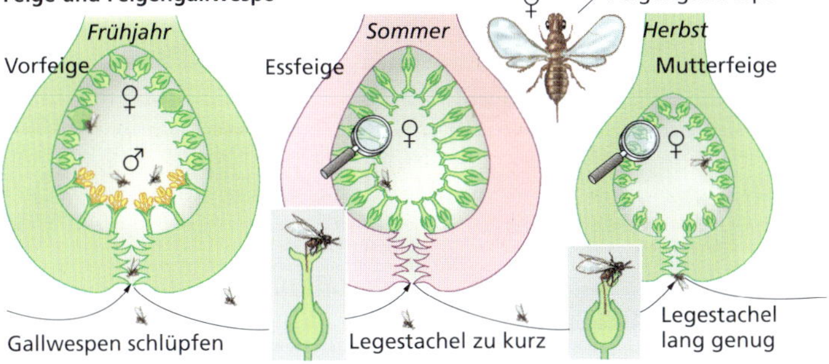

Im Gegensatz zur Symbiose kennzeichnet die Antibiose eine Beziehung, die für einen der beiden Partner vorteilhaft, für den anderen aber schädigend ist. Einmal gilt dies für die Beutegreifer-Beute-Beziehung oder für die Beziehung von Pflanzen und Pflanzenfressern. Als **Parasitismus** bezeichnet man, wenn ein Organismus einen Wirt ausnutzt, ohne dessen unmittelbaren Tod zu bewirken. Häufig ist der Wirtsorganismus gleichzeitig der Lebensraum des Parasiten und der **Parasit** lebt in dem **Wirt.** Besonders typisch für viele Parasiten ist die Erscheinung, dass sie auf mehreren Wirtsarten parasitieren, die sie im Laufe ihres Lebenszyklus sukzessiv besiedeln. Häufig ist dieser Wirtswechsel mit einem Generationswechsel des Parasiten verbunden (↗ S. 344 f.).

- Verschiedene Beispiele für Parasiten:

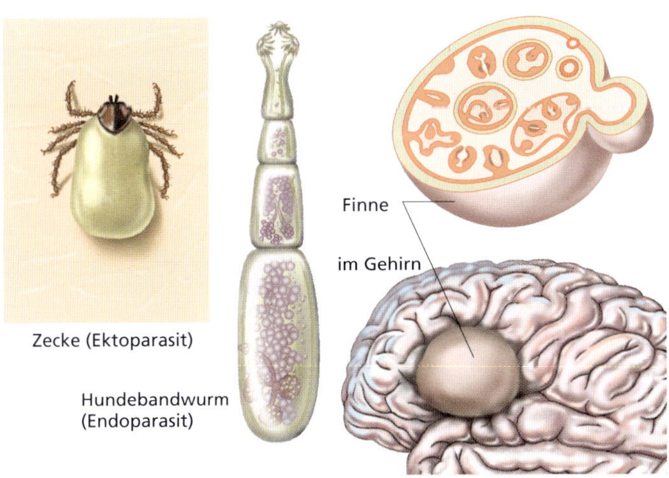

Rostpilze sind **Pflanzenparasiten.**

8

Der Getreiderost *(Puccinia graminis)* entwickelt sich einmal auf Gräsern und Getreidearten, zum anderen auf der Berberitze. Dort wächst das haploide Stadium des **Rostpilzes,** auf der Getreidepflanze das Zweikernstadium. In überwinternden zweikernigen Dauersporen kommt es zur Kernverschmelzung und anschließend zur Meiose (↗S. 254) und zur Basidienbildung. Die Basidiosporen infizieren erneut Berberitzen.

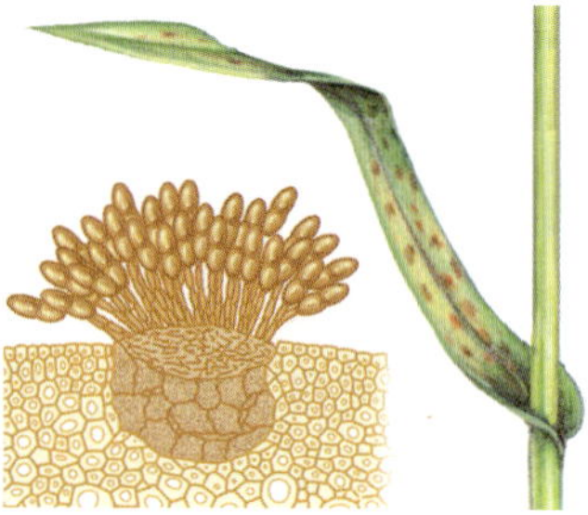

Der in Vögeln parasitierende Saugwurm *Leucochloridium macrostomum* lebt als Sporocyste im Zwischenwirt Bernsteinschnecke. Die Sporocyste treibt einen Ausläufer in den Fühler der Schnecke, die pulsierenden Bewegungen locken Vögel an und fördern so deren Infektion. Die Sporocyste bildet lange Röhren, die in die Schneckenfühler eingeschoben werden. Sie sind im reifen Zustand mit vielen Cercarien gefüllt, die den Vogel infizieren können.

Zahlreiche Parasiten mit komplizierten Lebenszyklen kennt man vom Stamm der Plattwürmer *(Plathelminthes).* Typisch für die **Saugwürmer** *(Trematoda),* eine Klasse der Plattwürmer, ist eine endoparasitische Lebensweise im Darm-, Leber- oder Lungenbindegewebe und im Blutgefäßsystem von Wirbeltieren. Sie haben einen relativ komplizierten Generationswechsel, der gleichzeitig mit einem Wirtswechsel verbunden ist. Aus den befruchteten Eiern der Tiere, die im Hauptwirt leben, schlüpfen in der Regel Wimpernlarven *(Miracidien),* die im ersten Zwischenwirt zur Sporocyste werden. In der Sporocyste entstehen sogenannte Redien, die im zweiten Zwischenwirt zu Cercarien heranwachsen. Aus ihnen entwickeln sich, nachdem sie von Wirtstieren aufgenommen wurden, die adulten Geschlechtstiere.

- Bekanntes Beispiel ist der **Kleine Leberegel** aus den Gallengängen von Schafen mit den Zwischenwirten Heideschnecke bzw. Zebraschnecke und Ameise oder der Große Leberegel mit dem Zwischenwirt Schlammschnecke.

Entwicklungszyklus des Kleinen Leberegels

Auch die große Zahl der Beziehungen, die für einen Partner mehr oder weniger vorteilhaft, für den anderen jedoch nicht schädigend sind **(Karposen),** spielen in der Evolution des Lebens eine wichtige Rolle. Hier kann z.B. der zeitweilige Aufenthalt in Körperhöhlen von anderen Tieren genannt werden. Die als Muschelwächter bezeichneten Kurzschwanzkrebse leben in der Mantelhöhle von Muscheln. Clownfische leben in enger Gemeinschaft mit Aktinien und sind immun gegen deren Nesselgifte.

Alle diese Formen des Miteinanders verschiedener Arten sind für die erfolgreiche Produktion von Nachkommen und damit für die Evolution im darwinschen Sinne von großer Bedeutung.

In vielen Fällen kann das Miteinanderleben die Artbildung ermöglichen. Deutlich wird dies bei den besonders artenreichen Doppelorganismen der **Flechten** und der **Korallen.**

Muschelwächter in Mördermuschel

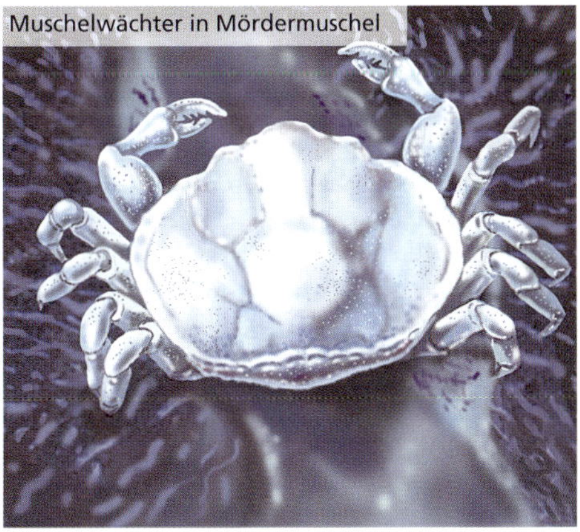

Clownfisch in Seeanemone

8.4.3 Eukaryoten entstanden durch Endosymbiose

LYNN MARGULIS (geb. 1938) verhalf der Endosymbiontentheorie in der zweiten Hälfte des 20. Jahrhunderts zum Durchbruch.

Wie sind Zellen mit Zellkern – Eukaryoten – entstanden? Es ist heute weitgehend anerkannt, dass dies durch die Verschmelzung **(= Endosymbiose)** verschiedener Prokaryoten geschah. Die schon im 19. Jh. formulierte These, dass Chloroplasten und Mitochondrien ursprünglich prokaryotische Symbionten gewesen sind, wurde erst zur anerkannten Theorie, als man in den 1960er und 70er Jahren den eigenen DNA-Gehalt dieser Zellorganellen nachweisen konnte. Unter Prokaryoten sind Symbiosen besonders weit verbreitet. Dies hängt auch damit zusammen, dass die winzigen Bakterienzellen permanent Gene aufnehmen und abgeben können. Nur so gelingt es ihnen, rasch auf Umweltänderungen zu reagieren – z. B. durch Resistenzbildung gegen Antibiotika.

Schon sehr früh in der Geschichte des Lebens, vermutlich vor mehr als 3 Mrd. Jahren, entwickelte sich aus kernlosen Prokaryoten auf bisher noch ungeklärte Weise – in sehr warmer Umgebung möglicherweise – ein kernhaltiger Einzeller. Die Kernproteine (Histone) können dabei zur Stabilisierung der Nucleinsäuren bei hohen Außentemperaturen entstanden sein, wie man dies heute z. B. von dem Prokaryoten *Thermoplasma* kennt. Dies geschah zu einer Zeit, in der die Atmosphäre noch sauerstofffrei war. Eine weitere Besonderheit dieses **Ureukaryoten** war die Fähigkeit, über die Zelloberfläche Nahrungspartikel in Nahrungsvakuolen aufzunehmen, eine Fähigkeit, die bei anderen Prokaryoten fast vollständig fehlt.

Aufgrund der Aktivität Blaugrüner Bakterien, die in der Lage sind, aus Kohlenstoffdioxid und Wasser unter Ausnutzung des Sonnenlichts Kohlenhydrate und Sauerstoff zu produzieren, wurde die Atmosphäre der Erde vor 2,5 Mrd. Jahren allmählich sauerstoffhaltig. Zu diesem Zeitpunkt verschluckten Urkaryoten ein aerobes Purpurbakterium, das jedoch nicht verdaut wurde, sondern als „Mitochondrium" ein Zellorganell bildete und in Zukunft für die Atmung der Zelle verantwortlich wurde. Etwas später, vermutlich zwischen 2 und 1,5 Mrd. Jahren, wurde durch „Verschlucken" einer Cyanobakterienzelle ein weiteres Zellorganell in die Eukaryotenzelle aufgenommen, ein Chloroplast.

Eukaryoten-Geißel *(Undulipodium)*

Querschnitt

Längsschnitt durch drei nebeneinander entspringende Geißeln an der Geißelbasis

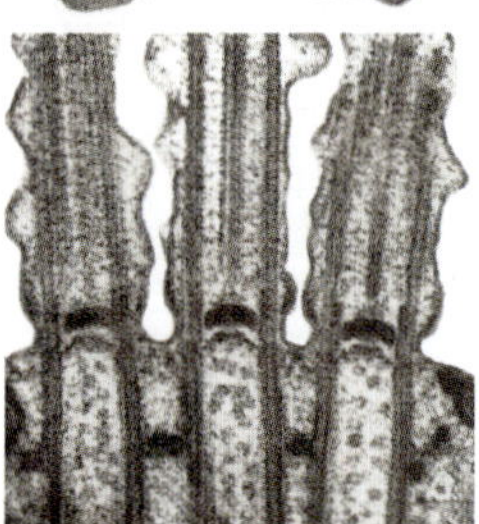

Auch die typische **Geißel** der Eukaryoten mit ihrer Stuktur aus neun **Doppelfilamenten** und zwei Zentralfilamenten („9 · 2 + 2-Struktur": **Undulipodium**) hat sich vermutlich durch Endosymbiose eines beweglichen, den heutigen Spirochaeten ähnlichen Bakteriums entwickelt. Noch heute sind solche Spirochaeten weit verbreitet, z. B. in unserem Speichel, im Verdauungstrakt, in den verschiedensten Tierdärmen und in anderen Innenhöhlen von Lebewesen. Nicht selten bilden sie reversible Gemeinschaften, indem sie sich an größere Organismen anheften und diese vorantreiben.

Endosymbiontentheorie

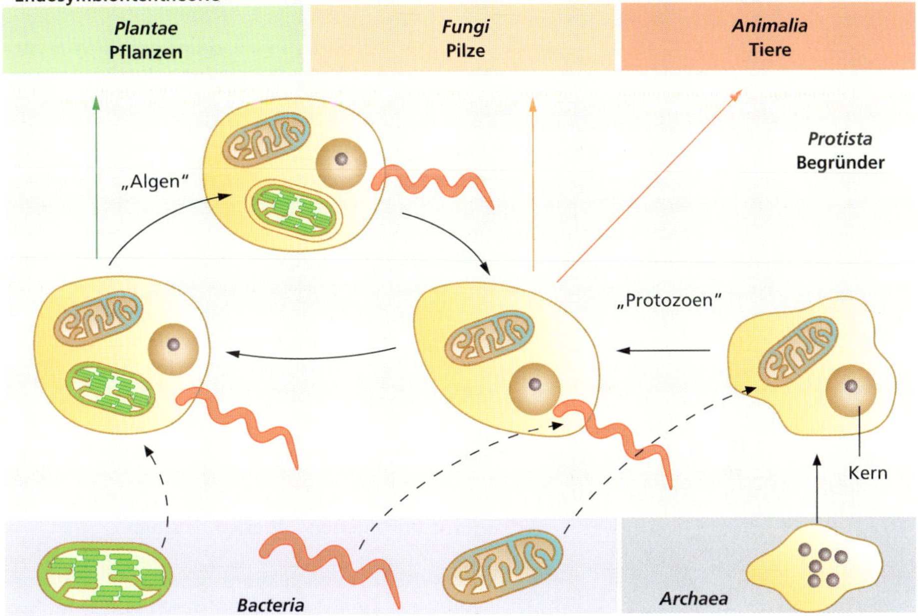

Die Einzeller *Mixotricha paradoxa* und *Trichonympha* entwickeln sogar Hakenstrukturen, an die sich frei lebende Spirochaeten anheften können. Auch innere Filamentstrukturen von Eukaryotenzellen, wie sie z.B. bei der Zellteilung auftreten (Spindelapparat, ↗S. 84 f., 99), gehen wahrscheinlich auf endosymbiontische, spirochaetenartige, Bakterien zurück.

Mixotricha paradoxa

Neben dem Einschluss fotoautotropher Bakterienzellen kam es vor allem bei Algen auch zur Endosymbiose anderer, bereits eukaryotischer Zellen. Dies erklärt z.B. die **Drei- und Mehrfachmembranhüllen** mancher **Algenchromatophoren.**

Algenchromatophor mit zwei Doppelmembranhüllen
(Ausschnitt)

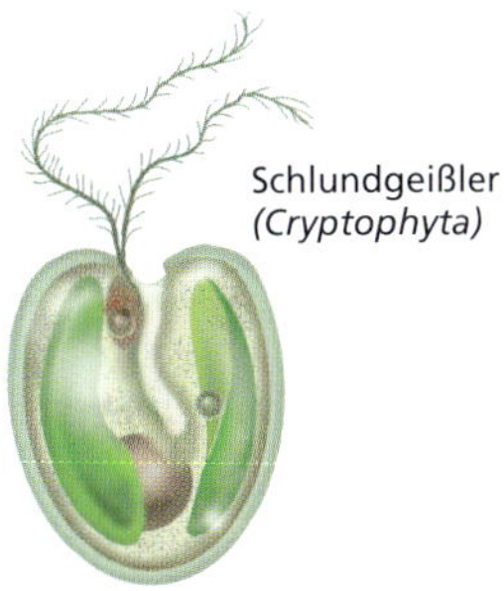

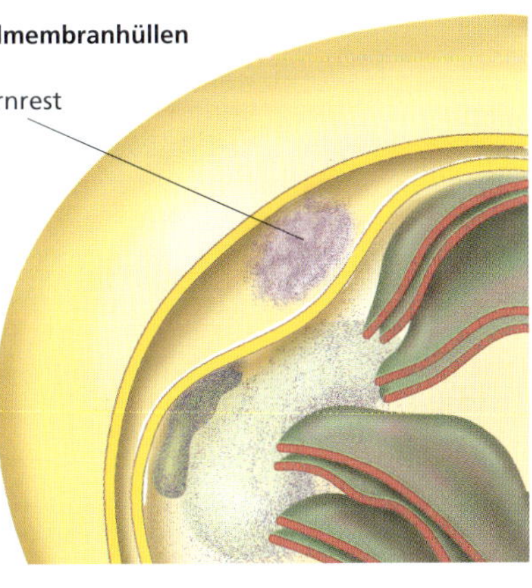

Triebfedern der Evolution

- Die grundlegenden Ursachen der Evolution, wie sie von DARWIN und WALLACE angenommen wurden – Überproduktion von Nachkommen, genetisch verursachte Variabilität und Selektion –, sind bis heute gültig. Aufbauend auf dieser Grundlage hat die **Synthetische Theorie** der Evolution Erkenntnisse aus Paläontologie, Ökologie und Genetik, insbesondere der Populationsgenetik, eingearbeitet. Als Evolutionsfaktoren werden die Ursachen bezeichnet, die für die Veränderung des Genpools einer Population verantwortlich sind.

Übersicht über **Evolutionsfaktoren:**
Durch **Mutation** und **Rekombination** werden eine Vielzahl von unterschiedlichen Geno- und Phänotypen geschaffen, die dann den Einwirkungen anderer Evolutionsfaktoren ausgesetzt sind.

Die **Anpassungsselektion** bewirkt, dass Individuen mit einer besseren Eignung mehr Nachkommen haben als andere. Dadurch werden ihre Gene in Folgegenerationen häufiger.

Gendrift (Zufallsselektion) bewirkt die Veränderung von Genhäufigkeiten durch zufällige Auswahl (z. B. durch Naturkatastrophen, Neubesiedlung eines Gebiets).

Migration (Genfluss) beschreibt die Veränderungen der Genfrequenzen in einer Population durch Zuwanderung oder Abwanderung.

Unter **Isolation** versteht man die Trennung einer Population in Teilpopulationen, zwischen denen der Genaustausch eingeschränkt oder ganz unterbunden wird. Isolation ist die Voraussetzung für **Artbildung.**

- Neuere Erkenntnisse deuten darauf hin, dass die Synthetische Theorie einer Ergänzung bedarf, insbesondere was Kooperation, Beziehungen von Ontogenie und Phylogenie, Bedeutung des Verhaltens und aktive Umweltgestaltung der Lebewesen betrifft.
Dabei kommt dem Miteinander der Lebewesen eine besondere Bedeutung zu. So sind die Eukaryoten aus der Endosymbiose verschiedener Bakterien und Archäen hervorgegangen **(Symbiogenese).** Auch die große Artenvielfalt von Gruppen wie Korallen oder Flechten geht darauf zurück, dass es sich bei diesen Lebewesen um Doppelorganismen handelt.

Wissenstest 7 auf **http://wissenstests.schuelerlexikon.de** und auf der DVD

8.5 Stammesgeschichte und Vielfalt der Lebewesen

- Evolutionsprozesse auf dem Niveau der Populationen werden Mikroevolution genannt, als Makroevolution bezeichnet man die Stammesgeschichte höherer taxonomischer Einheiten.
- Isolationsprozesse, aber auch Genomverschmelzungen sind die Ursachen für die Neubildung von Arten.
- Beim Ablauf der Makroevolution kann man Allogenese (adaptive Radiation), Arogenese (Erreichen einer neuen adaptiven Zone) und Stasigenese unterscheiden.
- Für die Aufklärung der Verwandtschaft verschiedener Arten (Stammbaumforschung) ist der Besitz gemeinsamer abgeleiteter Merkmale von besonderer Bedeutung.

8.5.1 Genetische Veränderungen prägen den Evolutionsverlauf in Populationen

Evolutionsprozesse, die sich auf dem Niveau der Populationen abspielen und die letztlich zur **Artbildung** führen, werden auch **Mikroevolution** genannt. Arten sind – nach der Definition der biologischen Art (↗S. 356) – geschlossene genetische Systeme. Sie umfassen alle Populationen oder Individuen, die einer Fortpflanzungsgemeinschaft angehören. Aufgrund dieser genetischen Übereinstimmung, dieses gemeinsamen Genpools, besitzen die Individuen einer Art morphologische, physiologische, ökologische und andere von allen anderen Fortpflanzungsgemeinschaften unterscheidbare Merkmale. Diese Unterschiede beruhen auf **reproduktiver Isolation:**

Liegt dieser Unterbrechung eine räumliche Trennung zugrunde **(geografische Isolation)**, so spricht man auch von **allopatrischer Artbildung.** Findet die Unterbrechung des Genflusses innerhalb eines Areals einer Population statt, z. B. aufgrund von ökologischer oder fortpflanzungsbiologischer Isolation, so spricht man von **sympatrischer Artbildung.** In der Abbildung ist der Ablauf der Mikroevolution innerhalb einer Populationsgruppe schematisch als Genflussdiagramm dargestellt. Die Einzelsymbole in den vier Zeitebenen stehen für die Individuen. Ihre unterschiedliche Farbe und Form stehen für die unterschiedliche physiologische, morphologische und genetische Konstitution der Einzelindividuen. Räumliche oder ökologische Isolation führt zur Aufspaltung, getrennte Tochterpopulationen können jedoch eine Zeit lang auch wieder verschmelzen, wenn sie sich noch nicht sehr weit auseinanderentwickelt haben.

Auf den **Galapagosinseln** lässt sich geografische Isolation als Evolutionsfaktor gut nachweisen.

Unter **disruptiver Selektion** versteht man die aufspaltende Selektion in Richtung auf zwei unterschiedliche ökologische Nischen.

Mikroevolution

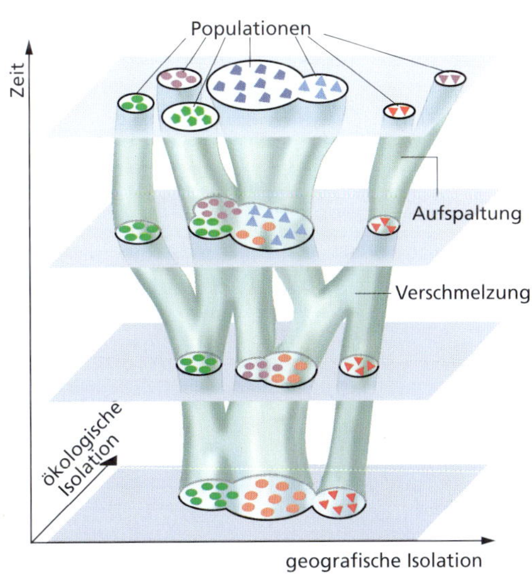

Allopolyploidie

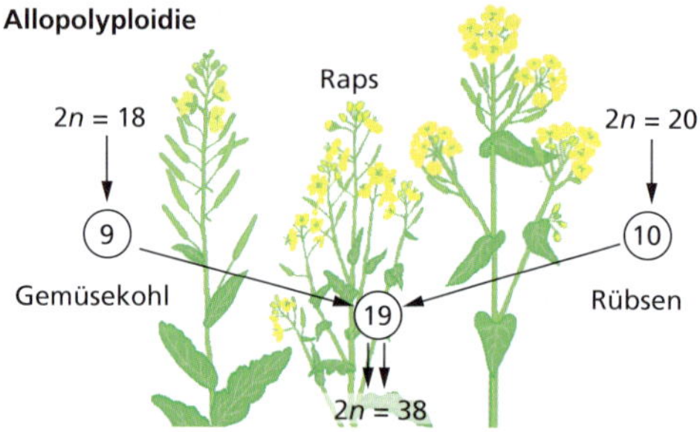

Insbesondere bei Pflanzen kann es durch Verschmelzung von Genomteilen oder ganzen Genomen **(Allopolyploidie)** spontan zur Neubildung von Arten kommen. Im häufigsten Fall werden Bastarde durch unregelmäßige Meiose fertil.

Ein Beispiel ist die Entstehung von Raps durch Allopolyploidie (Keimzellenbildung ohne Meiose) aus den Stammarten Rübsen und Gemüse-Kohl.

Aber auch in anderen Fällen und über größere systematische Distanz kann es durch enge Kooperation verschiedener Individuen zur Bildung neuer Einheiten kommen (Endosymbiontentheorie, ↗ S. 347).
Als **Makroevolution** bezeichnet man die Herausbildung höherer taxonomischer Einheiten und die stammesgeschichtliche Entwicklung ganzer Organismengruppen. Im Bereich dieser Makroevolution, also oberhalb der Artbildung, kann man vor allem drei Typen des Evolutionsablaufs unterscheiden:

1. Die Entstehung zahlreicher nahestehender Formen, die voneinander etwa denselben evolutiven Abstand haben. Diese Aufspaltung gleichen Maßstabs erfolgt innerhalb eines Anpassungsbereichs, einer adaptiven Zone. Sie wird deshalb auch **adaptive Radiation** oder **Allogenese** genannt. Andere Namen, die denselben Vorgang bezeichnen, sind **Allomorphose, Cladogenese** und **Idioadaptation.** Dies kann z. B. im Anschluss an die Kolonisation eines neuen Lebensraums stattfinden: Eine Ursprungsart gelangt mehr oder weniger zufällig auf eine noch unbesiedelte Insel. Die Abwesenheit von Konkurrenzarten bietet die Möglichkeit zur Entstehung neuer ökologischer Nischen. Die zweite Voraussetzung, die zu einer adaptiven Radiation führen kann, ist die Entwicklung einer neuen Funktionsstruktur oder einer neuen Verhaltensweise, die eine neue, schwellenüberschreitende Lebensweise ermöglicht:

Gute Beispiele für die adaptive Radiation auf Inseln sind die Darwin-Finken der Galapagosinseln, die Kleidervögel der Hawai-Inseln und die *Aeonium*-Arten (Dichtblattgewächse) auf den Kanaren.

Adaptive Radiation

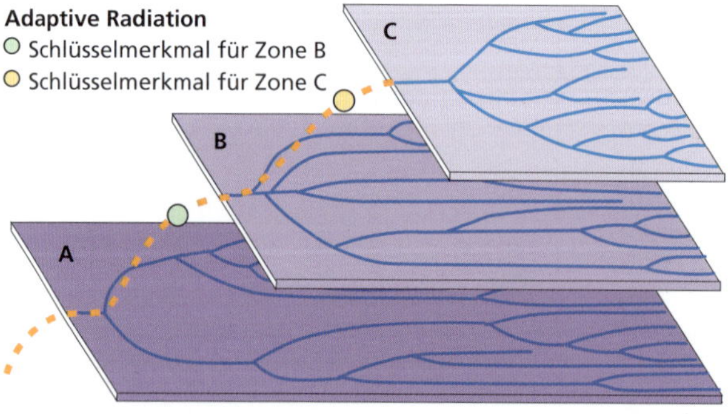

Das Schema zeigt drei aufeinanderfolgende Radiationen innerhalb einer monophyletischen Gesamtgruppe. Die orange Linie stellt jeweils den durch eine „Neuerfindung" (Schlüsselmerkmal) ermöglichten Übergang in eine neue adaptive Zone dar. Da sich die Arten verschiedener adaptiver Zonen nicht vollständig verdrängen, spricht man von „Überschichtung".

2. Während die Allogenese den Normalfall des Evolutionsablaufs darstellt, kommt es in seltenen Ausnahmefällen dazu, dass evolutive Veränderungen einer kleinen Gruppe von Arten oder nur einer Art den Übertritt aus einer adaptiven Zone in eine andere gestatten. Dieser Übertritt erfolgt gewöhnlich relativ schnell, wobei viele Gruppen in den interzonalen Räumen untergehen können, ohne die neue adaptive Zone zu erreichen. Sobald jedoch einer Gruppe dieser Sprung gelungen ist, tritt eine neue adaptive Aufspaltung ein. Diese seltenere Ablaufform der Evolution wird auch **Arogenese** genannt. Sie führt zu Schlüsselmerkmalen, die insgesamt einen bestimmten „Bauplan" bewirken.

■ Beispiele wären die Entwicklung von Kieferbögen aus Kiemenbögen bei den frühen Fischen, die Entwicklung von Samen aus Megasporen bei frühen Landpflanzen, die Entwicklung von Eihüllen bei Landtetrapoden oder der Federn bei Vorfahren der Vögel.

3. Als dritte Form des Evolutionsablaufs kann man die lange andauernde Evolution einer wenig aufspaltenden Linie unterscheiden, die nicht zu einer neuen adaptiven Zone führt **(Stasigenese).** Beispiele für solche Ablaufformen der Evolution findet man vor allem in Lebensräumen mit sehr gleichbleibenden konstanten Bedingungen wie etwa in der Tiefsee oder in heißen vulkanischen Quellen, in denen Erdurzeitbedingungen bis heute erhalten blieben. Stasigenese kann zur Erhaltung sehr isoliert stehender Arten führen, die viele Merkmale längst ausgestorbener Organismengruppen tragen, sogenannte **„lebende Fossilien".**

■ Beispiele sind die Zungenmuschel *Lingula,* die Tintenschnecke *Nautilus,* der Schwertschwanz *Limulus,* die Stummelfüßer *(Onychophora),* der Ginkgobaum oder die Brückenechse (↗ S. 326 f.).

Stummelfüßer *(Onychophora)* als Beispiel für lebende Fossilien

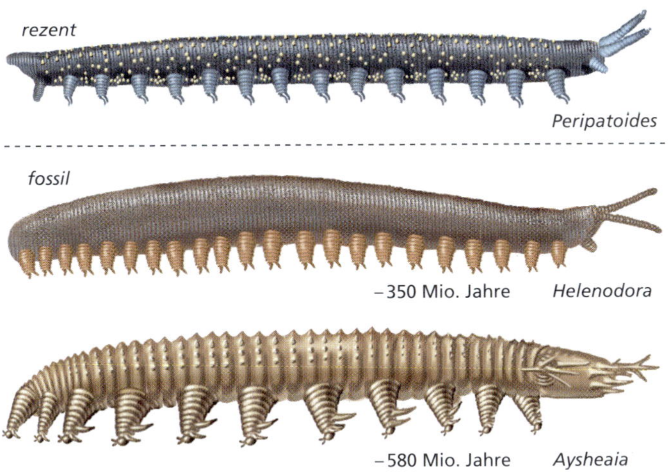

Evolution der Samenanlage aus einem Sporangium

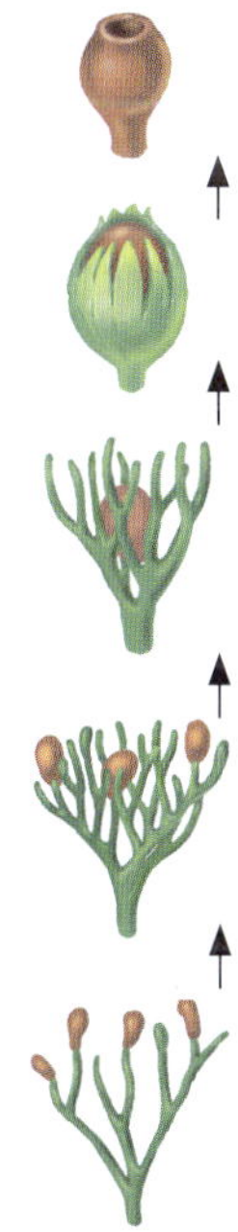

Evolution des Wirbeltierkiefers

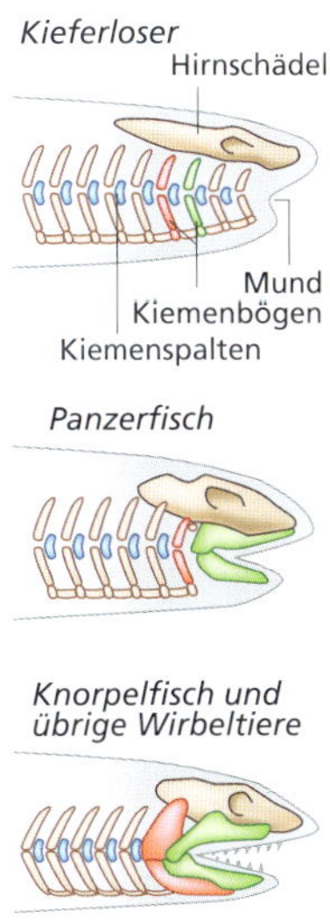

Unter **Orthoevolution** versteht man die gerichtete Veränderung eines Merkmals oder einer Population im Laufe der Stammesgeschichte, hier am Beispiel von Pferdeextremitäten.

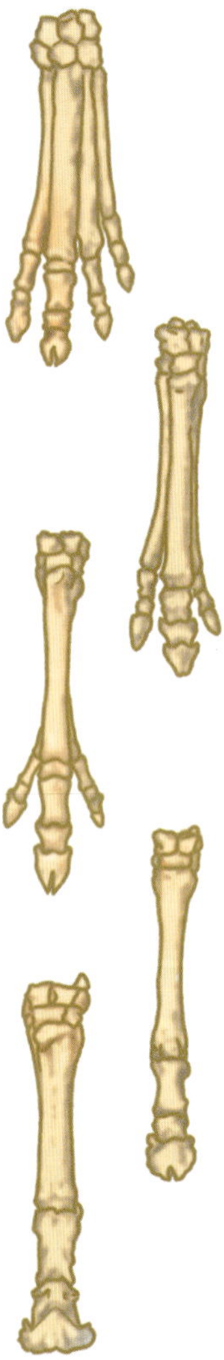

Viele Stammeslinien folgten Jahrmillionen hindurch immer unverändert denselben Entwicklungstendenzen: So verlief z. B. die paläontologisch ausgezeichnet untersuchte Entwicklung der Unpaarhufer ausgesprochen **orthoevolutiv.** Das gilt sowohl für die Herausbildung eines einzehigen Fußes als auch für die stetige Größenzunahme. Gibt es für so einen gerichteten Prozess der Evolution eine kausale Erklärungsmöglichkeit, oder ist sie Ausdruck einer kosmologischen **„Finalität"?**
Eine Erklärungsmöglichkeit wäre, dass gleichartige Umwelteinflüsse sehr lange auf eine Population einwirkten. Außerdem ist jede Art das Ergebnis einer langen stammesgeschichtlichen Entwicklung. Jede Anpassung bedeutet ein Hinauswerfen nicht angepasster Gene und damit eine Einschränkung des genetisch verankerten Formenpotenzials. Je weiter eine Spezialisation fortschreitet, desto mehr wird die mögliche Bandbreite evolutiver Entwicklungen eingeschränkt. Es besteht also eine positive Rückkopplung zwischen Anpassung und weiterer Spezialisation in dieselbe Richtung. Eine weitere Förderung gerichteter Evolutionsprozesse dürfte dadurch zustande kommen, dass mit zunehmendem stammesgeschichtlichem Alter Merkmale immer polygener werden, d. h., dass immer mehr Gene für die Ausbildung eines Merkmals verantwortlich sind. Die Chance für eine evolutive Änderung in eine ganz andere Richtung wird deshalb umso geringer, je älter ein Merkmal ist.

8.5.2 Die Stammbaumforschung untersucht die Verwandtschaft der Lebewesen

Die abgestufte Ähnlichkeit der Lebewesen lässt sich mit der Evolutionstheorie als **genealogische Verwandtschaft** erklären. Das Ziel der Systematiker ist es, ein der natürlichen genetischen Verwandtschaft entsprechendes System der Lebewesen aufzustellen.
Mit den Methoden der modernen Molekularbiologie und insbesondere der Molekulargenetik scheint dieses Ziel heute näher denn je zu sein, ist es doch möglich, das vollständige Genom selbst so komplizierter Lebewesen wie des Menschen zu entschlüsseln. Der Vergleich von ganzen Genomen oder von ausgewählten Nucleotidsequenzen müsste – so könnte man meinen – zu einer objektiven Klärung aller stammesgeschichtlichen Fragen verhelfen.

Stammbaum nach HAECKEL

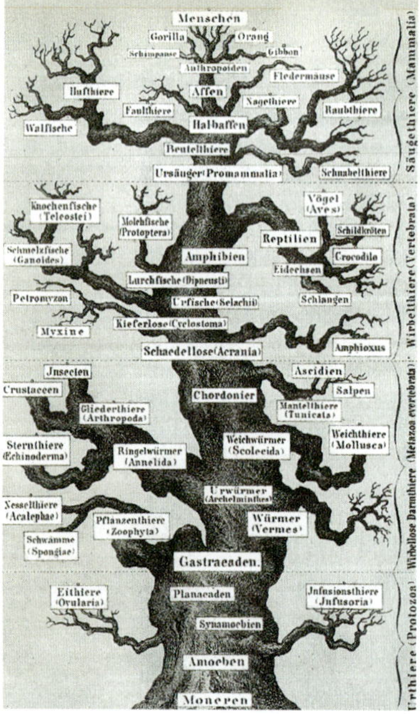

In der Tat haben molekulargenetische Untersuchungen zu wichtigen neuen Erkenntnissen in der Aufhellung von Verwandtschaftsbeziehungen geführt. So konnten z. B. die **Verwandtschaftsbeziehungen im Pflanzenreich** im letzten Jahrzehnt des 20. Jh.s aufgrund solcher Untersuchungen erheblich umgestellt werden (↗ S. 369 f.). Aus mehreren Gründen sind jedoch auch Genomvergleiche und Nucleotidsequenzen kein absoluter Maßstab für genealogische Verwandtschaften:
- Entscheidende Ursache für die Aufspaltung einer Art in zwei Tochterarten kann ein sehr rascher, aber auch ein sehr lange andauernder Vorgang sein, z. B. dann, wenn der **Genfluss** zwischen **Teilpopulationen** immer wieder unterbrochen und neu aufgenommen wird.
- Die Zahl der Abweichungen in einer Nucleotidsequenz oder einer Aminosäuresequenz eines Proteins kann grob der absoluten Zeit, die seit der Aufspaltung aus einer Stammart verstrichen ist, zugeordnet werden. Dies gilt jedoch nur für näher verwandte systematische Gruppen und auch nur für nicht zu große erdgeschichtliche Zeiträume.
- Innerhalb großer Populationen kann die genetische Variabilität sehr groß sein, ohne dass es zu einer Unterbrechung des Genflusses gekommen ist, die eine Aufspaltung in mehrere Arten erlauben würde.

Um herauszufinden, welches Paar von drei Arten oder drei anderen gleichrangigen **Taxa** näher miteinander verwandt ist, bedient sich der Systematiker des Merkmalsvergleichs.

Bei diesem Merkmalsvergleich muss unterschieden werden zwischen:
- Merkmalsausprägungen, die in einer monophyletischen Gruppe ursprünglich vorhanden sind und innerhalb der Gruppe abgewandelt werden können **(plesiomorphe Merkmale),** und
- abgeleiteten Merkmalsausprägungen **(apomorphe Merkmale).**

Nur wenn zwei der drei Arten oder höheren Taxa ein gemeinsames abgeleitetes Merkmal mehr besitzen, sind sie näher miteinander verwandt als jede der beiden Arten mit der dritten Art. Gemeinsames Auftreten ursprünglicher Merkmale sagt nichts über die Verwandtschaft aus und kann daher bei der Aufstellung eines natürlichen Systems nicht als Kriterium herangezogen werden.

Fünfstrahlige Vorderextremität bei Mensch und Dachs

Gemeinsames ursprüngliches Merkmal: keine nähere Verwandtschaft

Zweistrahlige Vorderextremität bei Elch und Gemse

Gemeinsames abgeleitetes Merkmal: nähere Verwandtschaft

Will man nach diesen Kriterien für eine Gruppe von Arten ein natürliches System aufstellen, so kann eine Reihe von Schwierigkeiten auftreten:

1. Wie kann man erkennen, welche Merkmale verschiedener Arten als abgeleitet von ein und demselben ursprünglichen Merkmal gelten können **(Homologieproblem)?** Homologiekriterien sind nach ADOLF REMANE (1898–1976): Gleichheit der Lage (innerhalb eines Bauplans), Vorhandensein von Zwischenformen und Kriterium der speziellen Qualität der Strukturen (↗ S. 327 f.).
2. Wie erkennt man, welches das abgeleitete und welches das ursprüngliche Merkmal ist? Hier können Fossilfunde, aber auch Vergleiche mit Arten aus benachbarten Verwandtschaftsgruppen weiterhelfen.
3. Kann die Merkmalsphylogenie nur in eine Richtung fortschreiten oder ist eine Rückkehr zum Ausgangspunkt möglich? Dies hängt von der Komplexität des untersuchten Merkmals ab. Je komplizierter und polygener ein Merkmal ist, desto unwahrscheinlicher ist eine „Umkehr" der Evolution **(dollosche Regel).**
4. Können bestimmte abgeleitete Merkmale nur durch einmalige Transformation eines primitiven Merkmals entstanden sein oder ist eine mehrmalige Entstehung aus bestimmten Ursprungsbedingungen möglich? Dieses **Parallelismusproblem** ist die häufigste Ursache für die falsche systematische Einordnung einer Gruppe.
5. Kann ein scheinbar vom selben Ursprung abgeleitetes Merkmal auch durch Transformation eines anderen Ausgangsmerkmals entstanden sein? Dieses **Konvergenzproblem** korrespondiert zu 1.

▶ **Homologe Merkmale** gehen auf ein gemeinsames Ursprungsmerkmal zurück.

▶ Die **dollosche Regel** besagt, dass die Merkmalsphylogenie nicht umkehrbar ist.

▶ **Parallelismus** nennt man die mehrfache Entstehung von ähnlichen Merkmalen aus einem Ursprungsmerkmal.

Um Aussagen über die Verwandtschaft von verschiedenen Taxa zu machen, reichen unter Umständen rezente Formen aus. Um den zeitlichen Ablauf rekonstruieren zu können, ist man jedoch in der Regel auf Fossilfunde angewiesen. Allerdings kann man – wie oben schon erwähnt – auch aus molekularbiologischen Unterschieden (Aminosäure- bzw. Nucleotidsequenzen) auf die Zeit rückschließen, die seit der Aufspaltung der Stammeslinien vergangen ist.

So klaffte z. B. lange Zeit eine Lücke zwischen der von Paläontologen entwickelten zeitlichen Abfolge der menschlichen Evolution und der durch biochemische Daten gewonnenen Datierungen. Diese Lücke hat sich zugunsten der **molekularbiologischen Chronometrie** verkleinert (↗ S. 388 f.).

▶ Unter **Konvergenz** versteht man die Entwicklung ähnlicher Merkmale aus unterschiedlichen Ursprungsmerkmalen.

Überblick über die erdgeschichtliche Entwicklung

Zeitalter	**Periode**	**Vor Mio. Jahren**	**Bedeutende Ereignisse in der Geschichte des Lebens auf der Erde**
Erd-neuzeit	Quartär	2,6 bis Gegen-wart	Wechsel von Kalt- und Warmzeiten; Auftreten und Entwicklung des Menschen; Beginn der Einflussnahme des Menschen auf die Natur
	Neogen	23–2,6	Bedecktsamer; weitere Entwicklung der Säugetiere; Vormenschen
	Paläogen	65–23	sprunghafte Entwicklung und Ausbreitung der Säugetiere; Entwicklung der Affen und Menschenaffen; Ausbreitung von Gräsern; Entfaltung der Vögel
Erd-mittel-zeit	Kreide	145–65	letzte Saurier; erste Affen; erste Bedecktsamer (Samen- bzw. Blütenpflanzen); erste Vögel
	Jura	200–145	Vorherrschaft der Saurier; Urvögel, Nacktsamer (Nadelgehölze, Palmfarne, Ginkgoverwandte)
	Trias	251–200	erste Säugetiere; Vielfalt von Reptilien; Samen- bzw. Blütenpflanzen (Nacktsamer vorherrschend)
Erd-altzeit	Perm	299–251	Vielfalt von Reptilien und Insekten; Samen- bzw. Blütenpflanzen werden zahlreicher, Farnpflanzen gehen zurück
	Karbon	359–299	erste Reptilien; zahlreiche Amphibien; ausgedehnte Feuchtwälder aus Farnpflanzen (Bärlappe, Schachtelhalme, Echte Farne), erste Samen- bzw. Blütenpflanzen
	Devon	416–359	erste Amphibien, erste Insekten; Vielfalt von Fischen; Quastenflosser; Farnpflanzen (vor allem Urfarne)
	Silur	444–416	erste Landpflanzen (Moose, Urfarne), Ausbreitung der Fische
	Ordovi-zium	488–444	erste Fische; Meeres- und Süßwasseralgen
	Kam-brium	542–488	Wirbellose im Meer (Schwämme, Hohltiere, Würmer, Gliederfüßer, Stachelhäuter), Algen, Trilobiten
Erd-frühzeit und Erdurzeit	Präkam-brium	570 2400 3500 3800 4600	Entfaltung der Vielzeller (Ediacra-Fauna) Sauerstoffgehalt der Atmosphäre mehr als 1 % des heutigen Wertes älteste Fossilien von Bakterien erste Spuren von Leben Entstehung der Erde

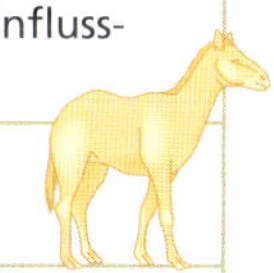

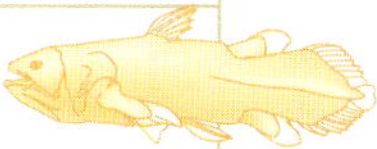

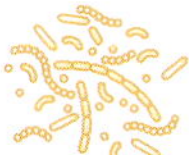

Zahlen gerundet nach *International Stratigraphic Chart 2009* (International Commission on Stratigraphy)

8.6 Gliederung der Vielfalt (Systematik)

- Ziel der biologischen Systematik ist die Ordnung der Lebewesen nach ihrer stammesgeschichtlichen Verwandtschaft.
- Die Art ist die grundlegende Einheit der Systematik.
- Im Gegensatz zur Art lassen sich höhere systematische Kategorien nicht eindeutig definieren.
- Die Lebewesen werden in drei Domänen eingeteilt: *Archaea, Bacteria* und *Eukarya*.
- Die Domäne Eukarya wird in vier Reiche unterteilt: *Protista* (Begründer), *Plantae* (Pflanzen), *Fungi* (Pilze) und *Animalia* (Tiere).

8.6.1 Die Art ist die Grundeinheit des Systems

Seit den Anfängen der Kultur teilt der Mensch Naturobjekte in verschiedene Gruppen ein. Bei Pflanzen unterschied man z. B. in solche, die essbar sind, und andere, die als Brennstoff genutzt werden konnten, weiter in Giftpflanzen, Heilpflanzen und Drogen. Eine solche Untergliederung der Vielfalt führte jedoch auch schon zu der Erkenntnis, dass die Unterschiede zwischen verschiedenen Individuen mehr oder weniger groß, manchmal aber fast nicht zu erkennen sind.
Auf diese Weise entstand der **morphologische Artbegriff:** Individuen, die einander zum Verwechseln ähnlich sehen, wurden mit einem Namen benannt.
Durch die weitergehende wissenschaftliche Beschäftigung mit Pflanzen und Tieren wurde immer deutlicher, dass die morphologische Definition der Art nicht ausreicht. So lassen sich männliche und weibliche Vertreter einer Art aufgrund ihrer Gestalt nicht immer als zusammengehörig erkennen, noch deutlicher wird dies bei verschiedenen Altersstufen, z. B. eines Grasfrosches oder einer Rotbuche (↗ Abb.).

Hier sind weitere biologische Untersuchungen zum Entwicklungsgang oder zur Fortpflanzungsweise notwendig. Solche Untersuchungen führten zur Entwicklung des **biologischen Artbegriffs:** Arten sind Gruppen von Individuen (Populationen), die sich miteinander sexuell fortpflanzen können und die von anderen Populationen reproduktiv isoliert sind. Sie bilden einen **Genpool.**

Rotbuche

Grasfrosch

Dieser Artbegriff setzt allerdings zweigeschlechtliche Fortpflanzung voraus. Bei Lebewesen, die sich ungeschlechtlich vermehren – z. B. durch Zweiteilung, wie viele Bakterien –, aber auch bei höheren Pflanzen, die sich selbst befruchten oder auch ohne Befruchtung Samen ansetzen, wird die Artabgrenzung schwierig.

Stammbaum der Prokaryoten und Eukaryoten

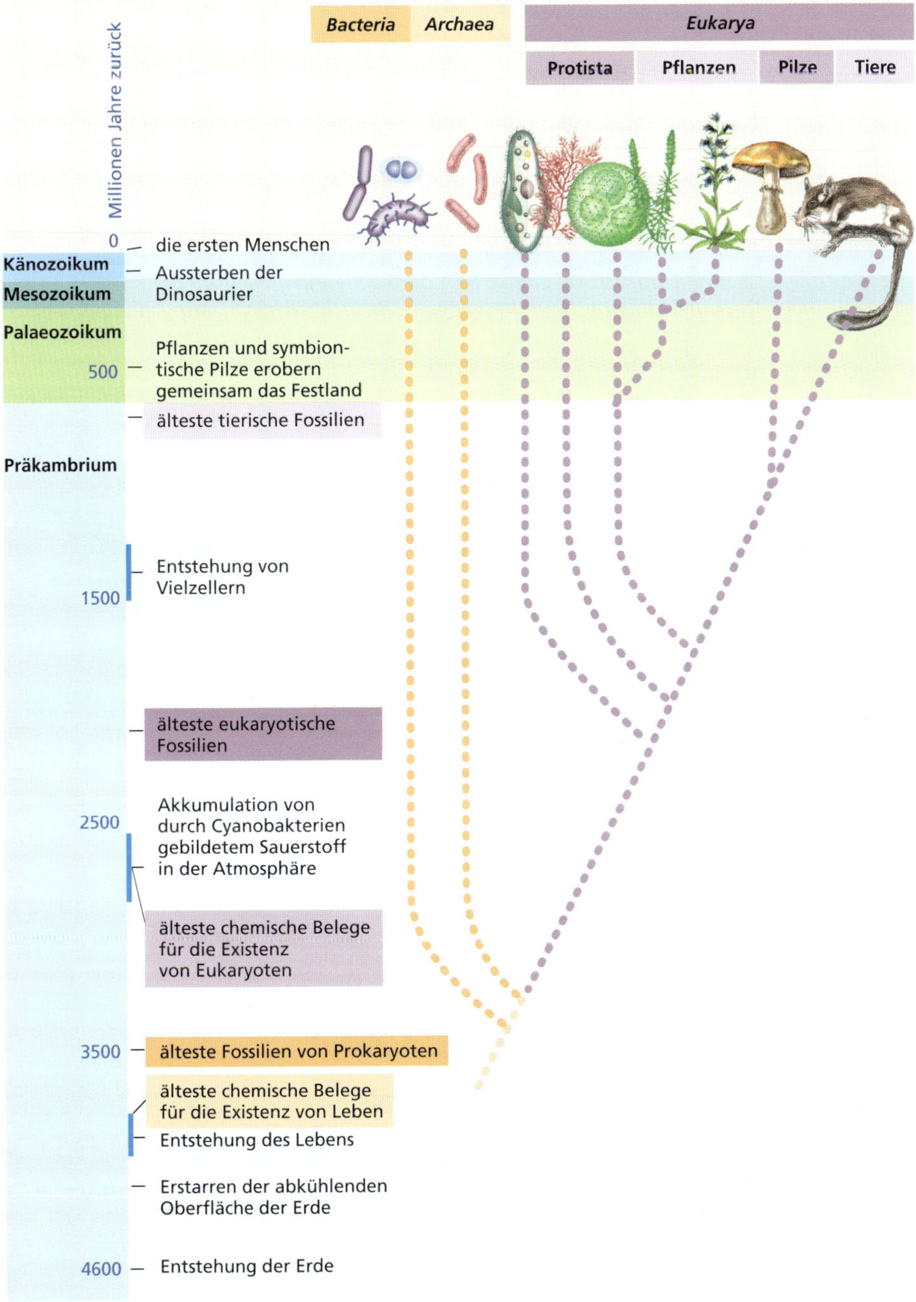

CARL VON LINNÉ (1707–1778) begründete die wissenschaftliche Benennung von Lebewesen.

CARL VON LINNÉ führte 1735 die heute noch übliche wissenschaftliche Benennung von Pflanzen- und Tierarten ein: Jeder Artname setzt sich aus dem Gattungsnamen (z. B. *Quercus* für die Gattung Eiche) und dem Beinamen (z. B. *robur* für Stiel-Eiche) zusammen, analog den Vor- und Familiennamen der Menschen. *Quercus robur L.* ist also der wissenschaftliche Artname der Stiel-Eiche, *Galanthus nivalis L.* der des Schneeglöckchens und *Parus major L.* der der Kohlmeise (binäre Nomenklatur, ↗S. 17). Der erste dieser lateinischen oder latinisierten Namen wird großgeschrieben, der zweite klein. Das *L.* steht als Abkürzung für LINNÉ und bezeichnet den Autor, der als erster die **wissenschaftliche Artbeschreibung** verfasst hat. Die Regeln, die bei der Artbeschreibung eingehalten werden müssen, sind in internationalen Codes festgelegt.
Die abgestufte Ähnlichkeit der Lebewesen, die es in den meisten Fällen leicht macht, Inividuengruppen als Arten zu erkennen und abzugrenzen, setzt sich „nach oben" fort: Es gibt ähnliche Artengruppen, die als Gattungen, ähnliche Gattungsgruppen, die als Familien zusammengefasst werden. Diese abgestufte Ähnlichkeit der Lebewesen rechtfertigt die Eingruppierung aller Lebewesen in ein **hierarchisches System.**

Prinzip des hierarchischen Systems

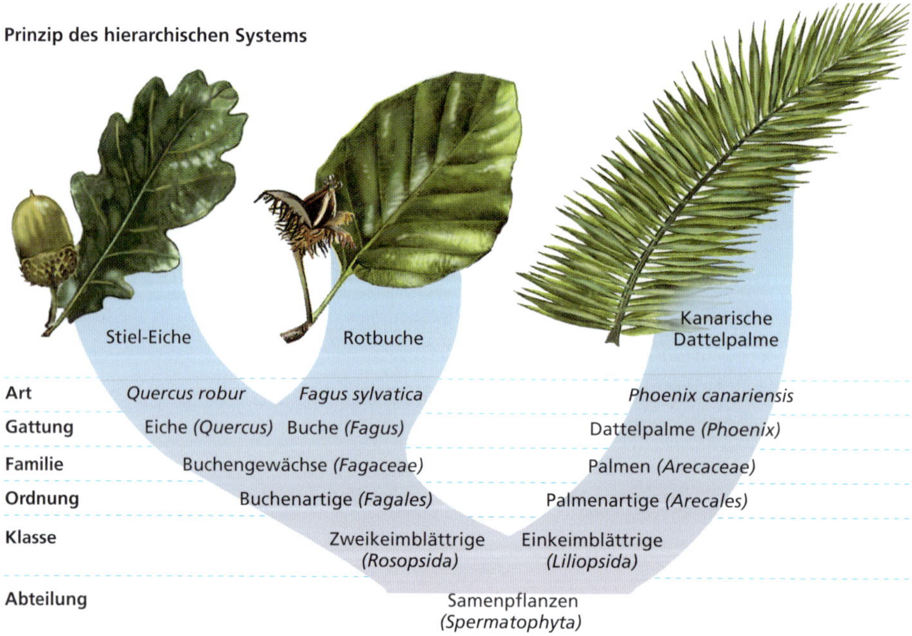

Taxonomie nennt man die Wissenschaft von der richtigen Benennung der Lebewesen.

Im Unterschied zur Art lassen sich jedoch die höheren **taxonomischen Kategorien** nicht objektiv definieren. Was ein Systematiker für eine Gattung hält, dem mag ein anderer schon den Rang einer Familie zugestehen. Weitgehend einig ist man sich allerdings darüber, dass die taxonomischen Kategorien die **stammesgeschichtliche Verwandtschaft** der enthaltenen Arten zum Ausdruck bringen sollen: Arten einer Gattung gehen auf eine Ursprungsart zurück, Gattungen einer Familie auf eine Ursprungsgattung, Familien einer Ordnung auf eine Ursprungsfamilie.

Man könnte dies auch so ausdrücken: Was in einer früheren erdgeschichtlichen Epoche eine Art war, ist später zu einer Gattung, dann zu einer Familie, einer Ordnung, einer Klasse usw. geworden. Die auf diesen Grundlagen beruhende systematische Einteilung wird auch **Kladistik** genannt. Die Vielfalt der Lebewesen wird traditionell in zwei Reiche, das Pflanzenreich und das Tierreich, eingeteilt. In unserer makroskopischen Welt fällt es im Allgemeinen auch nicht schwer, ein Lebewesen als „Pflanze" oder „Tier" zu erkennen. Es gibt allerdings Fälle, die auch schon LINNÉ Schwierigkeiten bereiteten.

Die **Systematik** nennt man die Wissenschaft von der Ordnung der Lebewesen. Die **phylogenetische Systematik** bemüht sich um eine Ordnung entsprechend der stammesgeschichtlichen Verwandtschaft.

Zu diesen gehören u.a. die fest sitzenden **Seeanemonen** oder die auch als **„Blumentiere"** bezeichneten Steinkorallen.

Seeanemone

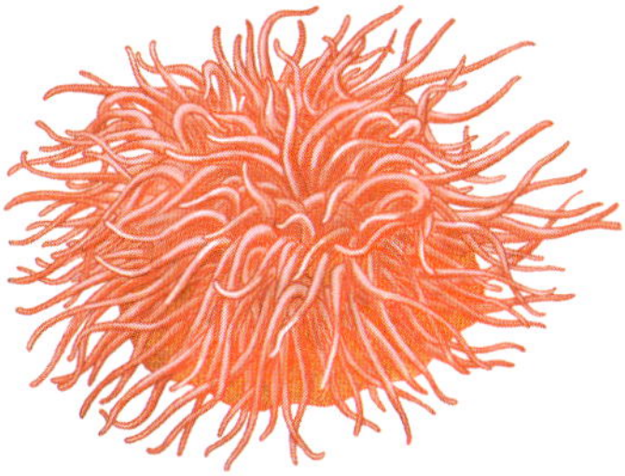

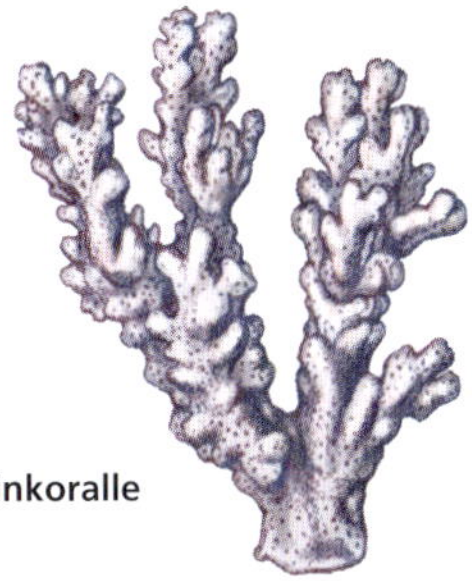

Steinkoralle

Noch schwieriger wird die Unterscheidung bei Mikroorganismen. Lange Zeit behielt man die Einteilung jedoch bei. Bakterien und Pilze wurden dem Pflanzenreich zugerechnet, bei Einzellern rechnete man die Formen mit Chlorophyll dem Pflanzenreich, die anderen als „Protozoen" dem Tierreich zu.

Formen wie die **Augengeißler** (Gattung **Euglena**) oder die **Panzergeißler** (Dinoflagellaten, ***Ceratium***) wurden sowohl in das zoologische wie in das botanische System eingeordnet, obwohl sie zur Fotosynthese in der Lage sind. Beim Augengeißler *Euglena* können durch schnelle Teilungsfolge und ungleiche Verteilung chloroplastenfreie Individuen entstehen. So könnte der Übergang von der Pflanze zum Tier innerhalb einer Art stattfinden.

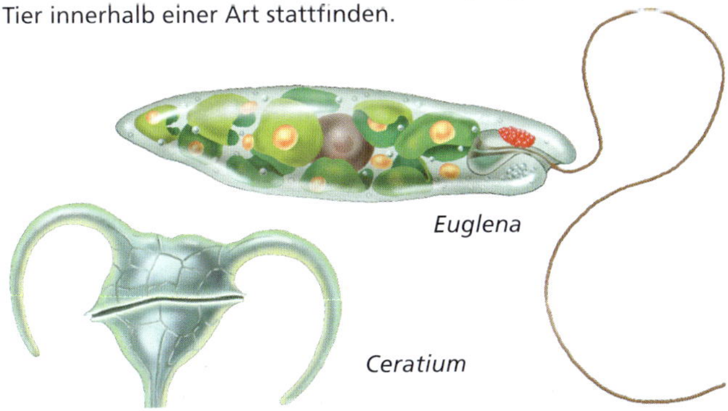

Euglena

Ceratium

Heute weiß man, dass der grundlegendste Unterschied zwischen den Lebewesen in der Organisation der einzelnen Zelle liegt. Bei den ***Prokaryota,*** den „Kernlosen", sind die Zellen wesentlich einfacher gebaut als bei den ***Eukaryota,*** den „Kernhaltigen" (↗S. 85 ff.). Innerhalb der *Prokaryota* kann man aufgrund der unterschiedlichen genetischen Struktur, insbesondere der ribosomalen RNA (↗S. 94), die ursprünglichen ***Archaea*** und die ***Bacteria*** unterscheiden, die jeweils als Domänen gewertet werden. Die dritte Domäne bilden die **Eukarya.**

Eigenschaften	***Bacteria***	***Archaea***	***Eukarya***
Membranhüllen um Organelle	–	–	+
Membran-phospholipide	Esterbindung mit Glycerol, meist unverzweigte Kohlenwasserstoffe	Etherbindung mit Glycerol, verzweigte Kohlenwasserstoffe	Esterbindung mit Glycerol, unverzweigte Kohlenwasserstoffe
Zellwände	mit Peptidoglykanen (Murein)	keine Peptidoglykane, z. T. fehlend	keine Peptidoglykane, Cellulose, Chitin – oder fehlend
Ribosomen	70 S	70 S	80 S
RNA-Polymerase	1 Typ aus vier Polypeptiden	1 Typ mit komplexerer Struktur	3 Typen
Startcodon bei Translation	für modifiziertes Methionin	für unmodifiziertes Methionin	für unmodifiziertes Methionin
ringförmiges Chromosom	+	+	–
mit DNA verbundene Histone	–	teilweise +	+
Leben über 100 °C	wenige +	teilweise +	–

Drei Domänen und vier Reiche

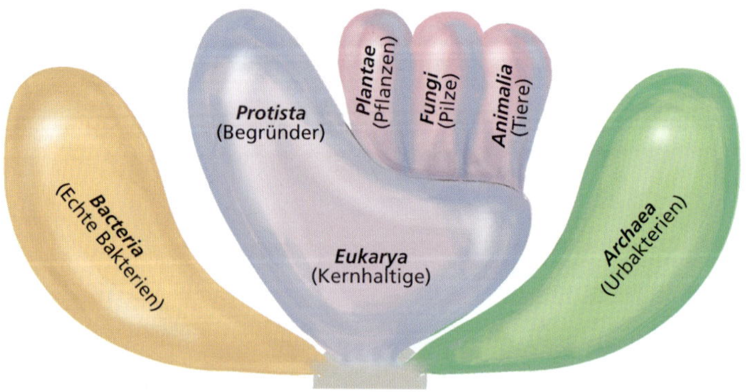

Zur **Einteilung der Lebewesen** in Domänen und Reiche gibt es auch noch andere Vorschläge.

8.6.2 Domäne *Archaea* – Erinnerungen an die Urerde?

Unter den Archäen finden sich zahlreiche Lebensformen, die an Bedingungen der Urbiosphäre angepasst erscheinen und heute an Spezialstandorten mit **extremen Lebensbedingungen** vorkommen, z.B. in heißen Quellen, an untermeerischen Vulkanschloten oder in nahezu gesättigten Salzlösungen.

Nach ihrer genetischen Verwandtschaft kann man die *Archaea* in ***Crenarchaeota*** und ***Euryarchaeota*** einteilen.

Die Zellen von *Pyrodictium occultum* sind scheiben- bis schüsselförmig und haben einen Durchmesser bis zu 2,5 µm. Ihr Wachstumsoptimum erreichen sie bei 100 °C, sie halten aber auch noch Temperaturen bis 110 °C aus. *Pyrodictium* ist anaerob und reduziert Schwefel zu Schwefelwasserstoff. Aus der thermophilen Archäe *Pyrococcus furiosus* wird eine hitzebeständige DNA-Polymerase gewonnen, die in der Biotechnologe für die DNA-Vervielfachung (PCR, ↗ S. 240) eingesetzt wird. *Thermoplasma acidophilum* wurde aus schwelenden Kohlenhalden und heißen Quellen isoliert. Diese zellwandlosen Archäen haben ein Wachstumsoptimum bei etwa 60 °C und einem pH-Wert zwischen 1 und 2. *Halobacterium halobium* lebt an sehr salzhaltigen Orten wie im Toten Meer, im Großen Salzsee in den Vereinigten Staaten oder in Meerwasserentsalzungsanlagen. Die Archäe benötigt für das Wachstum mindestens 12 % Natriumchlorid. Ihr Temperaturoptimum liegt zwischen 40 und 45 °C. Mithilfe des Farbstoffs Bacteriorhodopsin können die purpuroten Halobakterien (eigentlich Halo-Archäen) einen Wasserstoffgradienten an ihrer Zellmembran aufbauen, welcher der ATP-Gewinnung dient.

Solfateren = schwefelhaltige heiße Quellen mit Temperaturen von 100 bis 250 °C

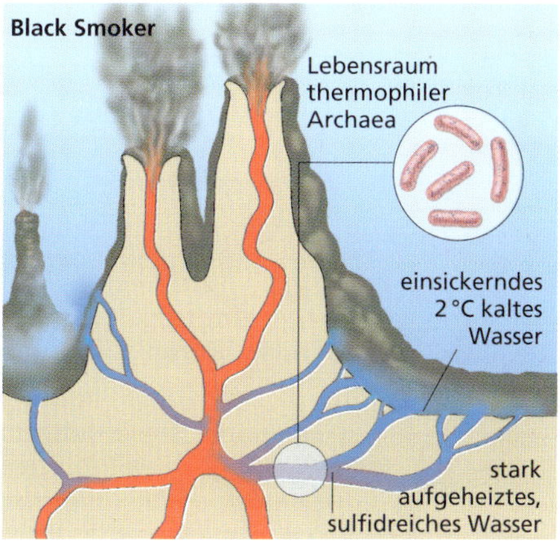

Methanogene *Archaea*

Die methanogenen *Archaea* reduzieren Kohlenstoffdioxid mithilfe von Wasserstoff zu Methan, eine Reaktion, die unter stark reduzierenden Bedingungen Energie liefert. Diese Anaerobier sind sehr empfindlich gegen Sauerstoff. Sie leben in Sümpfen und in den Sedimenten stehender Gewässer (Faulschlamm). Praktische Bedeutung haben Methanogene in der Abwasseraufbereitung und für die Gewinnung von Biogas aus organischen Abfällen. Im Pansen der Wiederkäuer und im Darm von Termiten und anderen Tieren, die sich vorwiegend von Cellulose ernähren, spielen Methanogene eine wichtige Rolle.
In den durch Klimaerwärmung langsam tauenden Permafrostböden könnten durch methanogene Archäen große Methanmengen freigesetzt werden.

Es gibt auch Bakterienriesen bis zu einen Millimeter Durchmesser.

8.6.3 Domäne *Bacteria* – Allgegenwärtige Alleskönner

Die ***Bacteria*** umfassen die Mehrzahl der heute bekannten **Prokaryoten.** Die Vielfalt bakterieller Stoffwechselwege ist für die Energieflüsse und Stoffkreisläufe in der Biosphäre von besonderem Wert. Als Destruenten bauen sie komplizierte organische Stoffe zu einfachen anorganischen Bestandteilen ab. Als Produzenten (Autotrophe) können sie nicht nur CO_2 zu organischen Kohlenstoffverbindungen aufbauen, es gelingt ihnen auch, die Elemente Stickstoff, Phosphor und Schwefel aus anorganischen Verbindungen in Körpersubstanz zu überführen. Zur Energiegewinnung dient nicht nur das Sonnenlicht, viele Bakterien können sich auch die bei chemischen Reaktionen frei werdende Energie nutzbar machen, z. B. bei der Oxidation von zweiwertigen zu dreiwertigem Eisen (Eisenbakterien).

Formen der Bakterienzelle

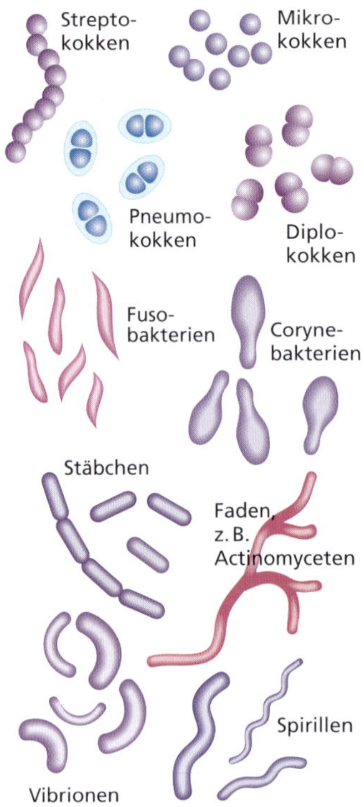

Die Zelle der *Bacteria* ist meist nicht viel größer als 5 µm. Charakteristische Formen sind Kugeln, Stäbchen, gekrümmte Stäbchen, spiralförmige Längsstrukturen usw. Es kommen aber auch fädige und kompliziertere räumliche Strukturen vor, und die Zellen können sich zu größeren Zellaggregaten zusammenschließen. Dabei kommt es auch zur Differenzierung in verschiedene Zellformen (↗ S. 85).

Auf der Urerde entstanden **Bakterienpigmente** vermutlich zunächst als Lichtschutz. Sekundär „lernten" die Bakterien, die absorbierte Lichtenergie zum Aufbau chemischer Energieäquivalente zu nutzen. So entstanden Bakterien, die Elektronen von organischen Verbindungen oder vom Schwefelwasserstoff auf $NADP^+$ übertragen konnten. Das entstehende Reduktionsäquivalent NADPH wurde dann verwendet, um Kohlenstoffdioxid zu Zuckern und Polysacchariden zu reduzieren. Etwas später entwickelten sich die **Cyanobakterien (Blaugrüne Bakterien),** die in der Lage waren, als Wasserstoffdonator bei der Fotosynthese das Wassermolekül zu nutzen. Im Gegensatz zu den anderen fotoautotrophen Bakterien benötigen die Cyanobakterien dazu zwei Fotosysteme. Man vermutet, dass sie durch horizontalen Gentransfer (↗ S. 237) ein zweites Fotosystem in ihren Zellen ausbilden konnten. Viele der Cyanobakterien lebten gemeinsam mit anderen Bakterien in geschichteten Kolonien, die man als **Stromatolithen** bezeichnet und die heute noch an wenigen Orten – z. B. an der Westküste Australiens – vorkommen.
Zunächst wurde der bei der Wasserspaltung freigesetzte Sauerstoff zur Oxidation von Molekülen der Erdkruste, insbesondere von Eisenverbindungen, verwendet. Danach reicherte sich O_2 in der Atmosphäre an. Dies bedeutete für viele sauerstoffempfindliche Prokaryoten das Aussterben. Aber in Anpassung an den Sauerstoffgehalt der Atmosphäre konnten einige Prokaryoten die **Zellatmung** entwickeln – eine sehr effektive Form der Energiefreisetzung aus Kohlenhydraten.

Bakteriengeißeln werden durch einen molekularen Motor bewegt (↗ S. 87).

Das Blaugrüne Bakterium *Nostoc commune* lebt auf mageren, offenen Böden. *Nostoc* ist zur Assimilation von Luftstickstoff (N_2) in der Lage und kann – wie andere Cyanobakterien – sehr lange Trockenzeiten überdauern.

Nach der genetischen Verwandtschaft lassen sich etwa 10–12 **verschiedene Bakteriengruppen** unterscheiden, z. B.:

- **Proteobacteria** mit fotoautotrophen Purpurbakterien, chemoautotrophen Bakterien und den Luftstickstoff assimilierenden Rhizobien (↗ S. 341), Darmbakterium *Escherichia coli;*

- **grampositive Bakterien** mit den als „Actinomyceten" bezeichneten fädigen Formen, die bei der Antibiotikagewinnung eine Rolle spielen (z. B. *Streptomyces*), die Luftstickstoffassimilanten *Frankia*, und den Mycoplasmen, winzigen Krankheitserregern, die mit 0,1 – 0,25 µm Durchmesser die kleinsten bekannten Zellen bilden;

- **Spirochaeten** sind schraubenförmige Bakterien, die bis 250 µm lang werden können, dabei aber sehr dünn bleiben (*Triponema pallidum:* Erreger der Syphilis, *Borrelia burgdorferi:* Erreger der Borreliose);

- **Chlamydien** sind obligate intrazelluläre Tierparasiten. Sie erhalten ATP von der Wirtszelle;

- **Cyanobakterien** (**Blaugrüne Bakterien,** auch **Blau„algen"** genannt) sind fotoautotrophe Bakterien, deren Fotosyntheseapparat dem der autotrophen Eukaryoten sehr stark ähnelt (Chlorophyll a und b, zwei Fotosysteme, O_2 als Nebenprodukt). Cyanobakterien können in Süß- und Salzwasser zum Teil giftige „Algenblüten" hervorrufen. Einige Gattungen wie *Spirulina* werden in Kulturen zur Biomasseproduktion genutzt.

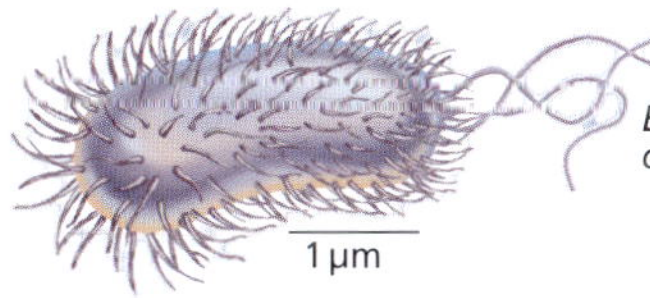

Escherichia coli

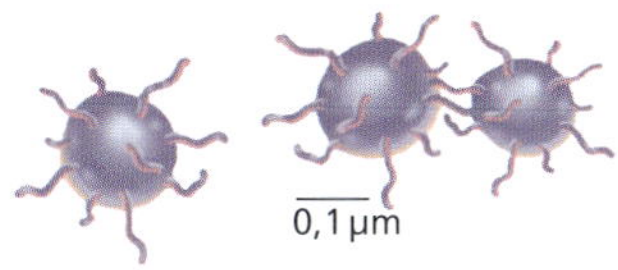

Mycoplasma pneumoniae

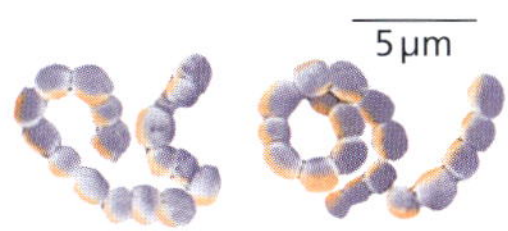

Streptomyces aurea

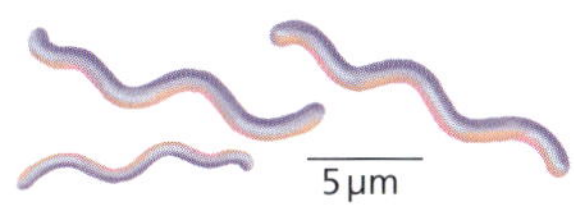

Borrelia burgdorferi

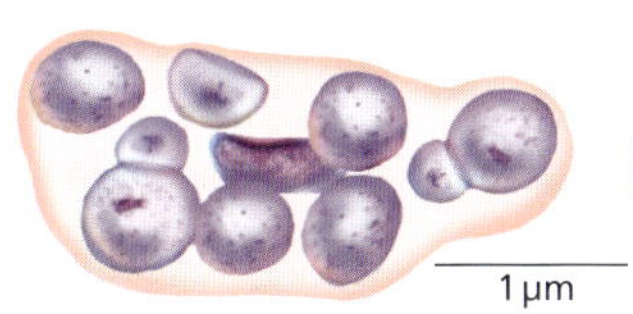

Chlamydien in Tierzelle

Anabaena spiroides

8.6.4 Domäne *Eukarya* – Neue Qualitäten durch Symbiose

Die kernhaltigen, organellenreichen Zellen der *Eukarya* sind durch Endosymbiosen aus Prokaryoten hervorgegangen (↗ S. 346 ff.). Innerhalb dieser Domäne unterscheidet man die Reiche ***Protista, Plantae, Fungi*** und ***Animalia.*** Dabei sind die Protisten („Begründer") eine sehr heterogene Gruppe.
Aufgrund neuerer Studien zur Ultrastruktur und insbesondere vergleichender molekulargenetischer Untersuchungen haben Systematiker eine neue Gliederung dieser Gruppe vorgeschlagen, die gleichzeitig eine Gesamtgliederung der *Eukarya* beinhaltet.

Dieser Vorschlag unterscheidet fünf „Supergruppen". In einer dieser Supergruppen, in den ***Unikonta*** („Eingeißelige"), finden sich sowohl die Pilze als auch die Tiere, außerdem Schleimpilze, Amöben und einige Flagellaten. Die Gruppe der Pflanzen ist in den ***Archaeplastida*** („Urplastidenhaltige") enthalten, in denen neben den Rotalgen auch die meisten früher zu den Grünalgen zählenden Verwandtschaftsgruppen untergebracht sind. Die drei anderen Supergruppen sind Einzeller. Nur in einer von ihnen, bei den ***Chromalveolata*** („Farbblasenhaltige"), kommen mit den **Braunalgen** auch große, vielzellige Organismen vor. Die Erforschung der Verwandtschaftsverhältnisse der Eukaryotengruppen ist noch nicht abgeschlossen.

***Eukarya*-System**

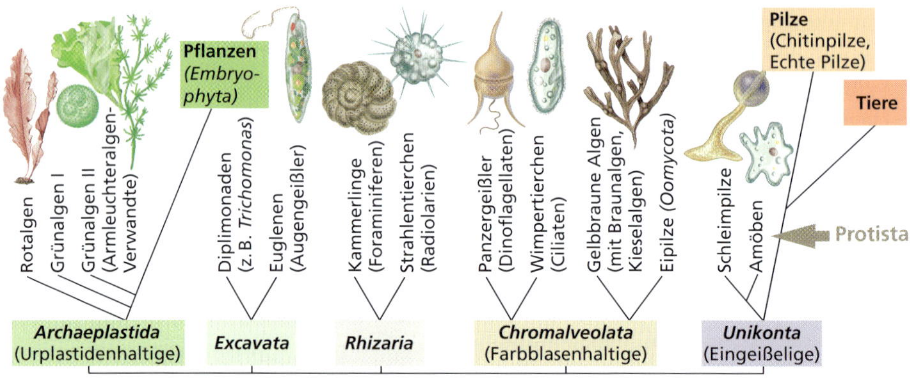

Früher wurden die Protisten nach ihrer Lebensweise in einzellige **„Urtiere" *(Protozoa)*** mit tierähnlicher Ernährungsweise, in pilzähnliche fädige, aber Heterotrophe **(Schleimpilze, Algenpilze)** und in Autotrophe **(Algen, *Phycophyta*)** eingeteilt. Die Protozoen ordnete man dem Tierreich, die anderen dem Pflanzen- bzw. dem Pilzreich zu.

Gruppen vorwiegend mehrzelliger Algen

Grüne Algen

Rote Algen

Gelbbraune Algen *(Heterokontobionta, Chromobionta)*

8.6.5 Reich *Plantae* – Festgewachsene Sonnenkraftwerke

Am Beginn der **Entwicklung von Algen zu Landpflanzen** vor mehr als 420 Millionen Jahren standen vermutlich krustige Formen, die in feuchten Übergangszonen vorkamen und ähnlich organisiert waren wie bestimmte Lebermoose. Bei der weiteren Anpassung an das Landleben musste vor allem folgende Strukturen erworben werden:

1. **Leitgewebe für Wasser- und Assimilatetransport** und damit verbunden die Arbeitsteilung zwischen wasseraufnehmenden Organen (Wurzeln mit Wurzelhaaren) und den der Assimilation dienenden Organen (beblätterte Sprosse);
2. **Festigungsgewebe** für die Stabilisierung der **Luftsprosse,** vor allem zur Erhöhung ihrer Biegungsstabilität. Wichtiges biochemisches Merkmal in diesem Zusammenhang: Bildung des Lignins und seine Einlagerung in die Zellwände;
3. **Schutzeinrichtung** gegen übermäßigen Wasserverlust bzw. Regulationseinrichtungen für die **Transpiration** und den **Gasaustausch** (geschlossene Außenhaut mit möglichst dicht schließendem Überzug aus Kutin sowie mit Spaltöffnungen, die die Durchlässigkeit regulieren);
4. **Behälter für Keimzellen und Sporen,** die gut gegen Austrocknung geschützt sind, mit Schutzhüllen aus unfruchtbaren Zellen sowie besonders austrocknungsresistente Sporenhüllen;
5. **Embryonen** (= vor Austrocknung durch besondere Strukturen geschützte junge Sporophyten);
6. **Pilzwurzel** *(Mykorrhiza):* Symbiose mit Pilzen, wodurch die Aufnahme von Mineralstoffen und Wasser aus dem Boden erleichtert wird.

Schildalgen (*Coleochaete*, Abt. Grüne Algen) gelten als die Vorläufer der Landpflanzen.

Grünalge *Parka* aus dem Silur vor 416 bis 444 Mio. Jahren

Heute lebende Grünalge – Schildalge *(Coleochaete orbicularis)*

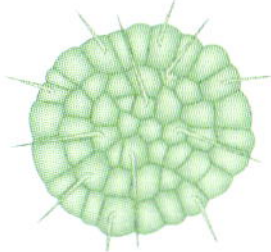

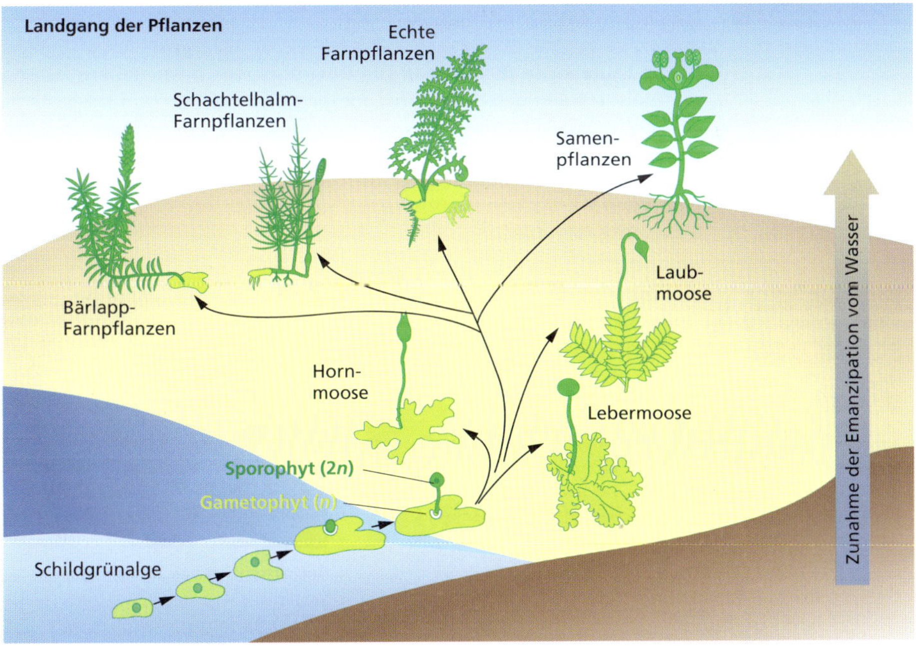

Die ursprünglichsten Landpflanzen: Moose

Die Moose **(Abteilung Moospflanzen – *Bryophyta*)** sind die am einfachsten organisierten Landpflanzen. Die drei Gruppen sind – vermutlich parallel oder mit einer kurzen gemeinsamen Entwicklung – schon sehr früh aus Algenvorfahren entstanden.

Klasse Hornmoose *(Anthocerotopsida):* Ihr Gametophyt besteht aus am Boden kriechenden Lappen, aus der Zygote entwickelt sich ein aufrechter Sporophyt aus Stiel und Sporenkapsel. Die lange, schotenförmige Kapsel wird von einer sterilen Gewebesäule *(Columella)* durchzogen. An Sporophyt und Gametophyt können Spaltöffnungen auftreten.

Beblättertes Lebermoos *(Plagiochila asplenoides)*

Klasse Lebermoose *(Marchantiopsida):* Lebermoose können unbeblätterte, thallose und beblätterte, sprossähnliche Wuchsformen hervorbringen. Die zweizeilig stehenden Blättchen sind nur eine Zellschicht dick. Sie besitzen keine Mittelrippe und sind oft abgerundet oder mehrzipfelig.
Der Sporophyt besteht nur aus einer Sporenkapsel, ihr durchsichtiger Stiel wird vom Gametophyten gebildet. Leitgewebe fehlen ebenso wie Spaltöffnungen.

Thalloses Lebermoos
Brunnenlebermoos
(Marchantia polymorpha)

Klasse Laubmoose *(Bryopsida):* Die Gametophyten bestehen aus Achsen mit meist spiralig gestellten, oft zugespitzten Blättchen und einer mehrzellschichtigen Mittelrippe. Sowohl im Sporophyten als auch im Gametophyten treten einfache Leitgewebe auf. Am Sporophyten können Spaltöffnungen ausgebildet sein. Man unterscheidet die Unterklassen Torfmoose *(Sphagnidae)*, Klaffmoose *(Andreaeidae)* und – als artenreichste Gruppe – Birnmoose *(Bryidae).*

Gipfelfrüchtiges Birnmoos
Gewöhnliches Haarmützenmoos
(Polytrichum commune)

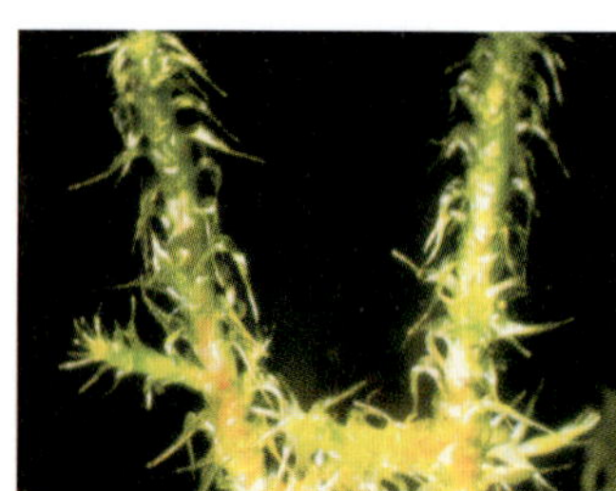

Seitenfrüchtiges Birnmoos
Sparriges Kranzmoos
(Rhytidiadelphus squarrosus)

Abteilung Farnpflanzen *(Pteridophyta)*

Die **Urfarnpflanzen (Klasse *Psilophytopsida*)** entstanden vor ca. 420 Mio. Jahren im Silur. Ihre Vegetationskörper waren wenig differenziert, ohne echte Blätter und Wurzeln und häufig gabelig verzweigt. Leitgewebe waren von sehr einfachem Bau und meistens zentral angeordnet. Die Sporangien wurden endständig an Haupt- oder Seitentrieben gebildet. Die Klasse ist schon im Laufe des Devons erloschen.
Die Vegetationskörper aller folgenden Klassen der Farnpflanzen sind in Sprossachse, Blätter und Wurzeln gegliedert. Bei den Sporen konnte es teilweise zu einer Differenzierung in Mega- und Mikrosporen kommen **(Heterosporie).**

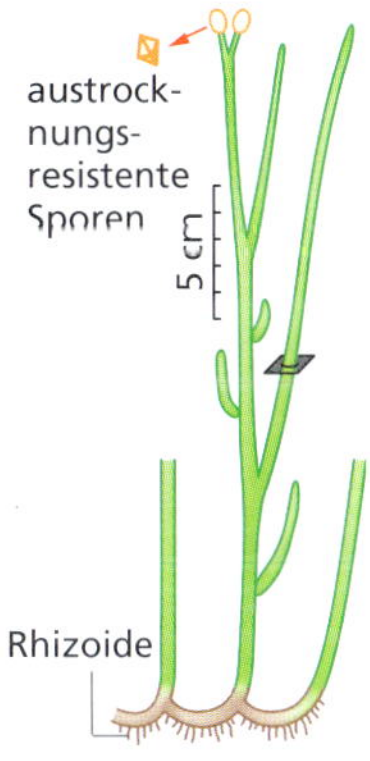

Urfarn *Rhynia*

Klasse Bärlapp-Farnpflanzen *(Lycopodiopsida)*: Die Sprosse tragen meist ziemlich kleine, wenig differenzierte Blätter (Mikrophylle). Sporangien werden einzeln oder zu wenigen auf der Blattoberseite gebildet. Die Sporophylle können zu Sporophyllständen zusammengefasst sein. Im Karbon gab es baumförmige Arten (Schuppenbäume und Siegelbäume).

Klasse Schachtelhalm-Farnpflanzen *(Equisetopsida)*: Die Sprossachsen sind an den Knoten wirtelig verzweigt. Die kleinen, wirtelig stehenden Blätter umfassen die Sprossachse. Die Sporangien sitzen an der Unterseite von schildförmigen Sporophyllen, die zu einem zapfenartigen Sporophyllstand zusammengefasst sind. Einzige rezente Gattung ist *Equisetum* (Schachtelhalm). Im Karbon gab es auch baumförmige Schachtelhalme.

Klasse Echte Farnpflanzen *(Polypodiopsida, Filicopsida)*: Die Blattorgane sind meist sehr groß und stark unterteilt (Wedel, Makrophylle) mit einem sehr lange anhaltenden Spitzenwachstum (typisch bischoffsstabartige Einkrümmung junger Wedel). Die Sporangien werden meist in großer Zahl am Rand oder auf der Unterseite normaler oder umgeformter Wedel gebildet. Bis heute gibt es Baumfarne.

Klassen der Farnpflanzen

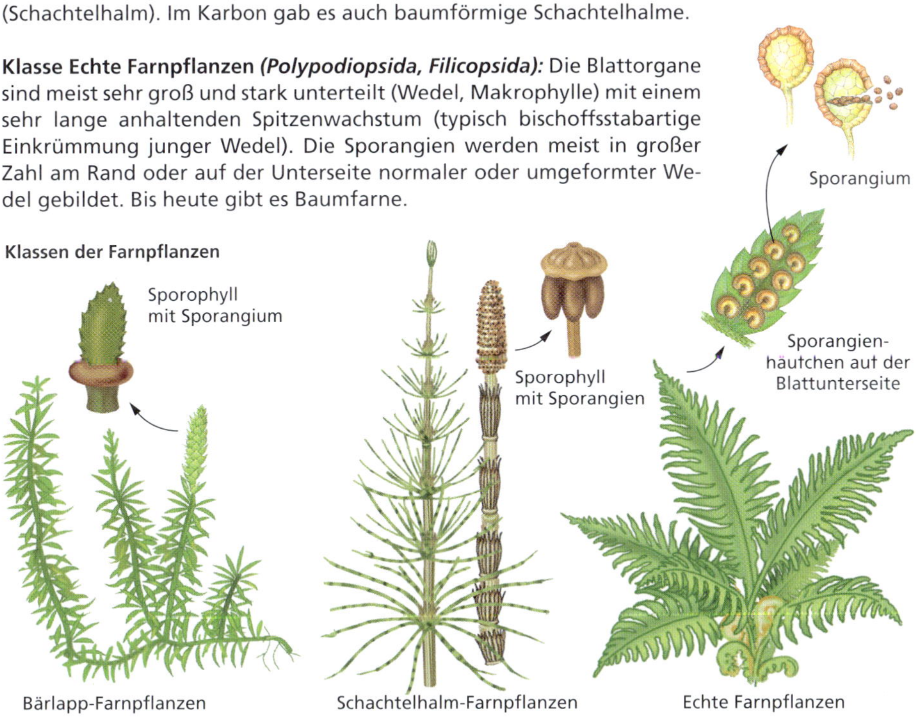

Abteilung Samenpflanzen *(Spermatophyta)*

Megasporen: Sporen, aus denen weibliche Gametophyten entstehen

Mikrosporen: Sporen, aus denen männliche Gametophyten entstehen

Sporophylle: Blattorgane mit Sporangien

Die Samenpflanzen prägen mit mehr als einer viertel Million beschriebener Arten die Vegetation der Erde und haben eine Vielzahl verschiedener Lebensformen ausgebildet – von den winzigen, oft nur Millimeter großen Wasserlinsen bis zu weit über 100 m hohen Baumriesen. (*Eukalyptus*-Arten und Mammutbäume).
Das hervorragende Kennzeichen der Samenpflanzen ist der besondere Schutz der Fortpflanzungsorgane und die „Brutpflege“, die durch die Hüllen und das Nährgewebe des **Samens** dem jungen Embryo zuteil wird. Schon im Devon – vor mehr als 350 Millionen Jahren – haben sich die ersten Samenpflanzen aus Sporenpflanzen entwickelt (↗ Abb. S. 351).
Auch für die Samenpflanzen ist – wie für Farnpflanzen und Moospflanzen – ein **Generationswechsel** (↗ S. 257) charakteristisch. Allerdings bleibt der Gametophyt sehr klein. Im weiblichen Geschlecht bleibt er zeitlebens in die Megasporenwand und sogar in das Megasporangium eingeschlossen. Die Megaspore ist so bei ihrer Keimung noch mit dem Sporophyten verbunden und dieser ernährt den Gametophyten bis zur Befruchtung und bis zur Embryobildung. Samen sind meistens besonders widerstandsfähig gegen Klimaextreme. Vor der Keimung machen sie in der Regel ein Ruhestadium durch.

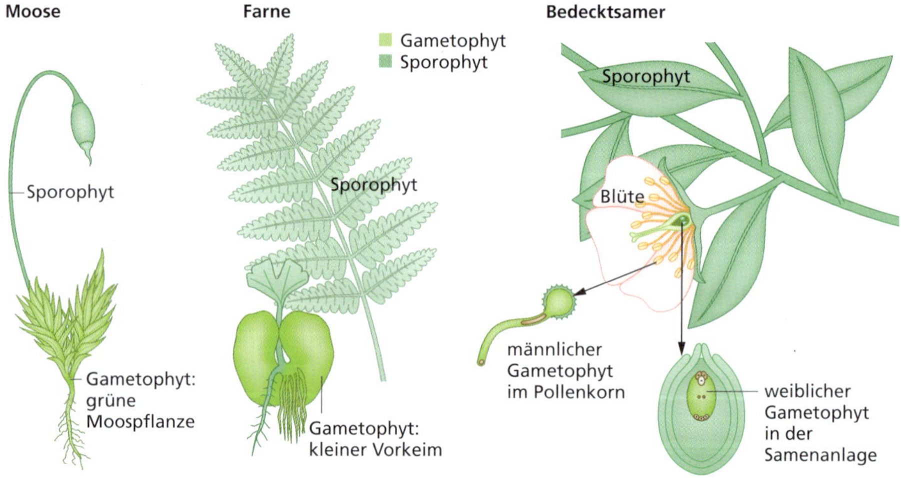

Die Mikrosporen werden bei den Samenpflanzen traditionell **Pollen** oder **Pollenkörner** genannt. Schon im Pollenkorn beginnt die Bildung des Mikroprothalliums. Es bilden sich wenige Prothalliumzellen, eine Pollenschlauchzelle und teilweise auch eine Stielzelle. Aus einer fertilen Zelle entstehen mindestens zwei Gameten. Bei primitiven Nacktsamern sind sie noch begeißelt. Das Pollenkorn keimt mit einem **Pollenschlauch.** Werden keine begeißelten Gameten gebildet, so wächst dieser Schlauch bis zur Eizelle einer weiblichen **Samenanlage** und transportiert die Spermazellen bis dort hin **(Pollenschlauchbefruchtung).**

Die Samenanlagen bzw. die Mikrosporangien stehen bei Samenpflanzen häufig auf sogenannten Sporophyllen und diese sind wiederum in den allermeisten Fällen zu Sporophyllständen zusammengefasst. Sporophyllstände mit begrenztem Wachstum werden als **„Blüten"** bezeichnet. Erste Vorläufer der Samenpflanzen waren die im Devon lebenden Vornacktsamer *(Progymnospermae)*, die als unmittelbares Bindeglied zwischen den noch älteren Urfarnen und den Samenpflanzen gelten.
Aus diesen Vorläufern haben sich die verschiedenen Gruppen der **Nacktsamer *(Gymnospermae)*** entwickelt. Diese Samenpflanzen tragen die Samenanlagen offen auf Samenschuppen oder am Ende von Kurzsprossen (daher der Name „Nackt"samer oder „Gymno"spermen [griech. *gymnos:* nackt]).

Sporophyllstände mit begrenztem Wachstum werden als **Blüten** bezeichnet.

Verschiedene Blüten

Bis heute überdauert haben die **Palmblättrigen Nacktsamer *(Cycadeen)***, die **Ginkgo-Nacktsamer** und die mit 800 rezenten Arten größte Gruppe der **Nadelblatt-Nacktsamer (Nadelgehölze, Coniferen).** Eine Pflanzengruppe mit sehr isoliert stehenden Gattungen sind die ebenfalls nacktsamigen **Mantelsamer.** Demgegenüber sind die Samenanlagen bei den **Bedecktsamern** (***Angiospermen*** [griech. *angeion:* Behälter]) in die Fruchtblätter eingeschlossen.

Erst in jüngster Zeit wurden neue Nadelgehölzarten entdeckt, die als lebende Fossilien (↗S. 326) gelten können. In den australischen Blue Mountains, ca. 200 km westlich von Sydney im *Wollemi National Park*, fand z. B. der Parkwächter David Noble 1994 eine ihm unbekannte Baumart, das Araucariengewächs ***Wollemia nobilis.*** 5 Jahre später, 1999, wurde in Nord-Vietnam das Zypressengewächs ***Xanthocyparis vietnamensis*** gefunden.

Die Wüstenpflanze *Welwitschia mirabilis,* ein Mantelsamer, aus der Namibiawüste Südafrikas, besteht eigentlich nur aus zwei immer weiter wachsenden Blättern.

Welwitschia mirabilis

Wollemia nobilis

Die ersten **Bedecktsamer** sind vermutlich vor mindestens 150 Millionen Jahren im ausgehenden Jura entstanden. Schon im Laufe der Kreidezeit haben sie die Nacktsamer überflügelt. Die Bedecktsamer sind mit rund 250 000 bekannten Arten die artenreichste Pflanzengruppe. Während ihre systematische Stellung innerhalb der Samenpflanzen und ihre Herkunft nicht geklärt sind, ist die Systematik der Bedecktsamer selbst durch die Angiosperm Phylogeny Group (APG) sehr weit vorangekommen.
Das entscheidende Merkmal der Bedecktsamer ist, dass die Samenanlagen in einem oder mehreren **Fruchtblättern** eingeschlossen sind. Oft sind die Fruchtblätter einer Blüte zu einem **Stempel** verwachsen, der gegliedert ist in **Fruchtknoten, Griffel** und **Narbe.**

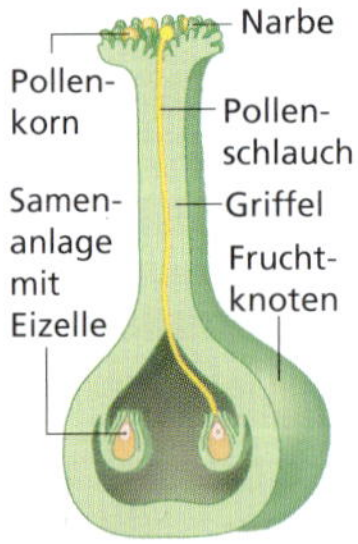

Die Befruchtung setzt **Bestäubung** voraus. Hierzu muss ein Pollenkorn auf die Narbe gelangen. Es keimt dort und der Pollenschlauch wächst bis zur Samenanlage und dringt bis zur Eizelle vor (↗ Abb.). Aus dem Fruchtknoten, teilweise auch aus weiteren Blütenteilen, entwickelt sich bis zur Samenreife eine **Frucht.** Man kann vermuten, dass diese Verbesserung dazu geführt hat, dass die Bedecktsamer schon im Laufe der Kreidezeit zur beherrschenden Pflanzengruppe der Erde wurden. Die Samenanlagen sind durch den Einschluss in die Fruchtblätter nicht nur besser geschützt, mit der Frucht ist ein neues, sehr plastisches Organ entstanden. Im Laufe der weiteren Evolution entwickelten sich daraus sehr vielfältige und effektive Verbreitungshilfen für die Samen.

Eine Frucht ist eine Blüte im Zustand der Samenreife.

Normalerweise bilden sich – wie etwa bei der Bohne – die Früchte aus den Fruchtblättern. In manchen Fällen, vor allem bei unterständigen Fruchtknoten, werden aber auch andere Blütenteile in die Fruchtbildung einbezogen, z. B. beim Apfel, dessen Fruchtfleisch zum großen Teil aus der Blütenachse gebildet wird. Bei der Ananasfrucht werden sogar ganze Sprossabschnitte zur Fruchtbildung mit verwendet.

Fruchttypen

Neben holzigen Gewächsen kommen bei Bedecktsamern in großer Zahl auch krautige Lebensformen vor. Das **Stoffleitungssystem** (↗ S. 132 ff.) ist stark differenziert. Im wasserleitenden **Xylem** sind neben **Tracheiden** weitlumige **Tracheen** (Leitungsbahnen mit aufgelösten Querwänden) ausgebildet, die im funktionsfähigen Zustand keinen lebenden Protoplasten mehr enthalten. Die lebenden Siebröhrenzellen des **Phloems** sind für den Assimilatetransport zuständig. Sie sind kernlos und besitzen besondere Geleitzellen. Seitenzweige entstehen immer in der Achsel von Tragblättern, die allerdings sehr brüchig sein können.

Mit der großen Formenvielfalt der Angiospermen geht auch eine große Vielfalt der Stoffwechselwege des sogenannten **Sekundärstoffwechsels** und damit eine große Zahl von unterschiedlichen Inhaltsstoffen parallel. Diese **sekundären Pflanzenstoffe** dienen nicht nur dem Schutz vor Fraßfeinden, sondern auch der innerartlichen und zwischenartlichen Kommunikation (↗ S. 306 f.).

Die Gliederung der Bedecktsamer

Ursprüngliche Bedecktsamer
Zu den ursprünglichsten Bedecktsamern gehören neben den Magnoliengewächsen die Seerosengewächse, die Pfeffergewächse, die Osterluzeigewächse und die Lorbeergewächse. Obwohl sie zwei Keimblätter ausbilden, sind sie mit den Einkeimblättrigen Bedecktsamern näher verwandt als mit den anderen Zweikeimblättrigen.
Aufgrund molekulargenetischer Daten wird eine in Neukaledonien beheimatete Pflanze, *Amborella trichopoda,* als dem Ursprung der Bedecktsamer am nächsten verwandte Art angesehen.

Weiße Seerose *(Nymphaea alba),* Seerosengewächs

Zweikeimblättrige Bedecktsamer
Zu den Zweikeimblättrigen Bedecktsamern gehört die größte Zahl der rezenten Arten. Die Keimlinge besitzen im Gegensatz zu den Einkeimblättrigen Bedecktsamern von Anfang an zwei Keimblätter.
Wichtige mitteleuropäische Familien sind die Hahnenfußgewächse, die Nelkengewächse, die Kohlgewächse („Kreuzblütler"), die Rosengewächse, die Bohnengewächse („Schmetterlingsblütler"), die Taubnesselgewächse („Lippenblütler"), die Selleriegewächse („Doldenblütler") und die Asterngewächse („Korbblütler").
Zu den Nachtschattengewächsen gehören neben Kulturpflanzen wie Kartoffel und Tomate auch Pflanzen mit giftigen Alkaloiden wie Tabak und Tollkirsche. Die Alkaloide der Engelstrompeten wirken als Rauschdrogen.

Engelstrompete *(Brugmansia),* Nachtschattengewächs

Einkeimblättrige Bedecktsamer
Im Samen wird nur ein Keimblatt angelegt, woraus sich der Name entwickelt hat, der sich aus griech. *monos:* einzig und *kotyledon:* Keimblatt zusammensetzt (Monokotyledonen). Zu den Einkeimblättrigen Bedecktsamern gehören die Lilienverwandten mit den Orchideengewächsen, die Grasgewächse, die Sauergrasgewächse und die Binsengewächse sowie die tropisch-subtropischen Palmengewächse und die Aronstabgewächse.
Zu den Grasgewächsen gehören mit den Getreidearten die wichtigsten Nahrungsmittellieferanten.

Guadalupe-Palme *(Brahea edulis),* Palmengewächs

8.6.6 Reich *Fungi* – Fädig und auf organische Nährstoffe angewiesen

Pilze *(Fungi)* bestehen aus Zellfäden mit Chitinwänden **(Hyphen),** die meist ein ausgedehntes Geflecht (**Mycel,** griech. *mykes:* Pilz) bilden. Sie sind auf organische Nährstoffe angewiesen **(heterotroph).** Durch Enzyme, die von den Hyphen an ihre Umgebung abgeben werden, wird die Nahrung bis auf Molekülgröße abgebaut. Die gelösten Stoffe werden dann absorbiert. In den Fruchtkörpern (korrekter wäre Sporenkörper, da es sich nicht um Früchte im botanischen Sinne handelt) lagern sich die Hyphen zu dichten **Flechtgeweben** zusammen. Typische Fortpflanzungseinheiten sind einzellige oder mehrzellige **Sporen** mit verstärkter Wand. Die meisten Pilze leben auf dem Land, etwa 2 % im Süßwasser oder im Meer.

8

Beimpft man z. B. eine Agarplatte mit *Sordaria,* so kann sie schon innerhalb von 60 Stunden vollständig überwachsen sein.

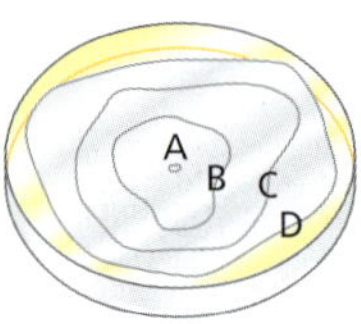

A: 24. 08. 12:00
B: 25. 08. 12:00
C: 25. 08. 21:00
D: 26. 08. 08:00

Das Mycel der Pilze eignet sich hervorragend zur Besiedlung der obersten Bodenschichten und anderer fester Substrate. So wachsen Mycelien durch die Laubstreu des Waldbodens, durch die oberste humusreiche Schicht einer Wiese oder durch andere organische Materialien. Wenn sich im Substrat wenige Hindernisse und Unregelmäßigkeiten befinden, breitet sich das Mycel kreisförmig aus. Zu einem bestimmten Zeitpunkt werden Fruchtkörper gebildet und diese stehen dann in einem Kreisring, dem sogenannten „Hexenring". In Jahrzehnten kann sich ein Pilzmycel sehr weit ausbreiten. Wenn jedoch im Laufe der Zeit die Verbindungen zwischen Mycelteilen getrennt werden, kann man nicht mehr von einem einheitlichen Lebewesen sprechen.

Das Reich *Fungi* wird in mehrere Abteilungen untergliedert: Die fünf wichtigsten sind die **Geißelpilze *(Chytridiomycota),*** die **Jochpilze *(Zygomycota),*** die **Endomykorrhizapilze *(Glomeromycota),*** die **Schlauchpilze *(Ascomycota)*** und die **Ständerpilze *(Basidiomycota).***

Ständerpilze und Schlauchpilze haben Hyphen mit Querwänden. Die anderen Gruppen bilden in der Regel nur Querwände in den Hyphen aus, wenn sie Reproduktionsorgane bilden.

Geißelpilze *(Chytridiomycota)* sind die einzigen „Chitinpilze“ mit begeißelten Stadien. Sie leben vorwiegend im Wasser und ernähren sich von organischen Abfällen, aber auch parasitisch. Ihre Zuordnung zum Reich der Pilze beruht auf der Zellwandsubstanz Chitin, auf molekulargenetischen Befunden und der Enzymausstattung.

▶ Ein parasitischer Geißelpilz – *Batrachochytrium dendrobatidis* – trägt möglicherweise zum weltweiten Rückgang der Amphibien bei.

Jochpilze *(Zygomycota)* finden sich häufig auf organischen Abfällen, Exkrementen und alten Lebensmitteln. Namensgebend ist die brückenartige Verbindung zwischen zwei Hyphen bei der Syngamie. Ein charakteristischer Vertreter ist der Pillenwerfer oder Hutschleuderer *(Pilobolus),* der auf Pferdedung wächst und seine Sporenkapseln mehrere Meter weit in Richtung des Lichts abschleudern kann.

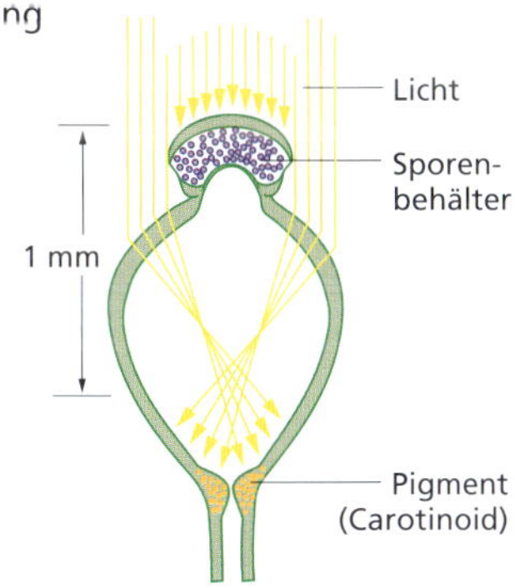

Pilobolus

Endomykorrhizapilze *(Glomeromycota)* wurden früher zu den Jochpilzen gerechnet. Sie leben fast alle in Symbiose mit Pflanzen, mit denen sie eine Endomykorrhiza ausbilden (↗ S. 375, 448).

Schlauchpilze *(Ascomycota)* sind eine vielgestaltige Gruppe, zu der sowohl meist einzellige Hefepilze als auch Arten mit großen Fruchtkörpern wie Morcheln und Trüffeln gehören. Verbindendes Merkmal sind die Sporocysten, bei dieser Pilzegruppe auch Schläuche oder Asci (sing. **Ascus**) genannt, in denen sich unter Meiose die acht Ascosporen bilden. Sehr charakteristisch für Schlauchpilze ist, dass sie neben sexuell erzeugten **Meiosporen** auch asexuell erzeugte Sporen in großer Zahl bilden können, die man **Konidien** nennt. Besonders auffällig ist diese Sporenbildung bei **Schimmelpilzen.**

Echter Mehltau auf Weintrauben

Geweihartige Holzkeule

Morchel

Schimmelpilz (EM-Foto)

Ständerpilze *(Basidiomycota)* sind durch eine lange Lebensphase mit einem zweikernigen Mycel **(Dikaryon)** charakterisiert. Aus der Meiospore keimt ein haploides Mycel, das sich aber schnell mit einem anderen haploiden Mycel zu einem dikaryotischen Mycel zusammenschließen kann. Häufig wird die Verschmelzung genetisch identischer Myzelien durch Unverträglichkleitsfaktoren verhindert. Dabei kommen bipolare Systeme (+ und – Myzelien) und tetrapolare Systeme (A1/A2, B1/B2) vor.

Lebenszyklus eines Ständerpilzes

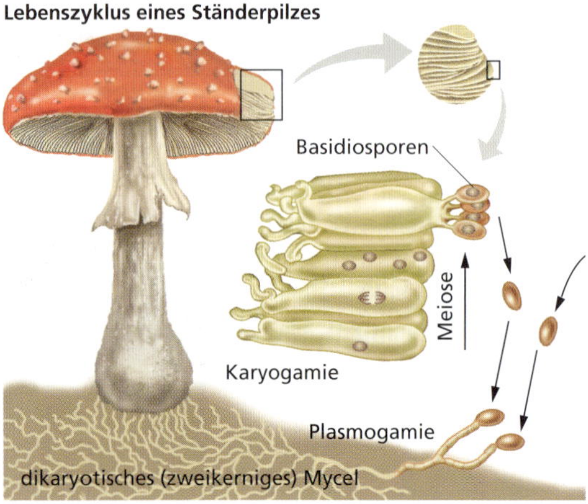

Diese Vereinigung wird **Plasmogamie** genannt, weil sich lediglich das Cytoplasma der beiden Zellen, nicht aber ihre Kerne vereinigen. Die Kerne teilen sich bei jeder Zellteilung parallel, sodass ein zweikerniges Mycel (Dikaryon) entsteht. Häufig wird einer der beiden Zellkerne bei der Teilung über eine Schnalle an die Tochterzelle weitergegeben. Abhängig von bestimmten Außenfaktoren, aber möglicherweise auch bestimmt durch eine endogene Rhythmik entstehen aus dem Dikaryon regelmäßig sogenannte Fruchtkörper oder Basidiokarpien. Das sind makroskopisch sichtbare Gebilde aus dicht gelagerten Hyphen. Im Allgemeinen werden diese „Fruchtkörper" als „Pilze" bezeichnet. Häufig haben sie die typische Pilzgestalt aus Stiel, Hut und Blättern auf der Hutunterseite. Aber es kommen auch völlig andere Fruchtkörpertypen vor (↗ Abb. unten). Auf einem Teil der Fruchtkörperoberfläche – bei den „Blätterpilzen" unten auf den Blättern – entwickeln sich die Sporocysten, die hier **Basidien** genannt werden. In der jungen Sporocyste findet Kernverschmelzung (Karyogamie) statt. Anschließend erfolgt sofort eine Meiose. Die vier haploiden Kerne wandern in Ausstülpungen der Basidie ein und bilden vier Basidiosporen (nur selten kommen zwei oder mehr als vier Sporen vor).

Fruchtkörpertypen der Ständerpilze

Zu den *Basidiomycota* gehören die pflanzenparasitischen **Brandpilze** und **Rostpilze** sowie die saprovoren Zitterlinge, Tränenpilze und Ohrlappenpilze. Porlinge, Rindenpilze und Korallenpilze haben sehr unterschiedlich gestaltete Fruchtkörper. Zu den **Blätterpilzen** ***(Agaricomycetes)*** zählen typische Speisepilze wie Champignons (Egerlinge), Steinpilz und Marone, aber auch gefährliche Giftpilze wie Grüner Knollenblätterpilz oder Orangefuchsiger Hautkopf. Auch die **Bauchpilze** mit Stäublingen, Bovisten und Erdsternen, bei denen die Sporen im Inneren von mehr oder weniger kugeligen Fruchtkörpern gebildet werden, zählt man heute in die Verwandtschaft der Blätterpilze. Bei der Stinkmorchel öffnet sich dieser kugelförmige Fruchtkörper vor der Sporenreife und bildet einen Stiel mit einer mit klebrig stinkender Sporenmasse überzogenen Kappe aus. Die Sporen werden von Fliegen verbreitet.

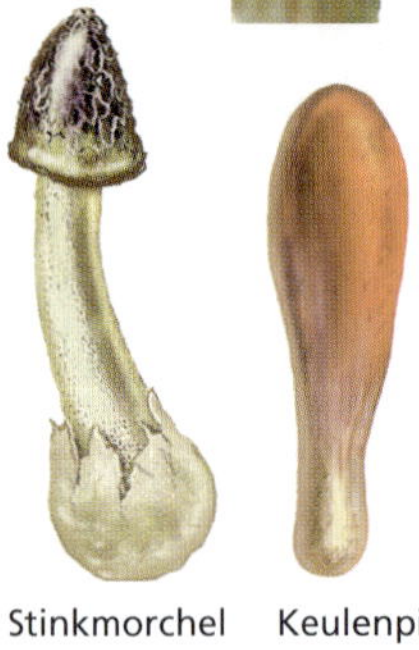

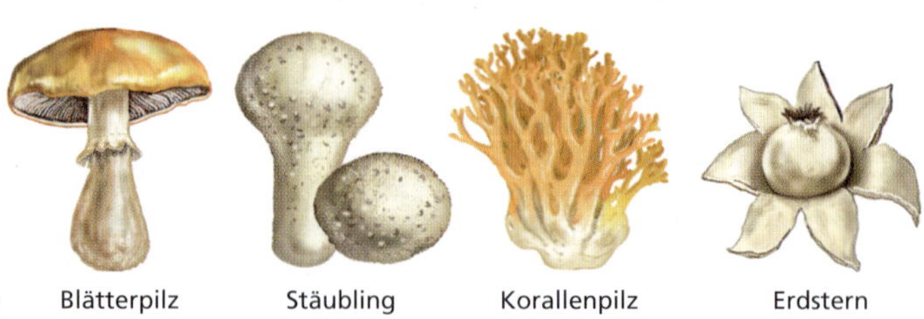

Hefen

Hefen sind vorwiegend einzellige Pilze, die feuchte oder flüssige Lebensräume besiedeln, vor allem auch Pflanzensäfte und Tiergewebe. Sie reproduzieren sich durch Zellteilung bzw. das Abschnüren einer Knospe von der Mutterzelle (↗ Abb.). Sie kommen sowohl bei den Schlauchpilzen als auch bei den Ständerpilzen vor, ebenso bei einer Pilzgruppe, die keine sexuelle Fortpflanzung mehr zeigt ***(Fungi imperfecti).*** Hefen können teilweise als „Hauspilze" des Menschen gelten, z. B. in der Bäckerei (Hefeteig) und für die Bereitung alkoholischer Getränke (Bierhefe *Saccharomyces cerevisiae*). Einige Arten sind die Erreger menschlicher Pilzkrankheiten, z. B. *Candida albicans* (Mundsoor und tiefe Mykosen, ↗ S. 287).

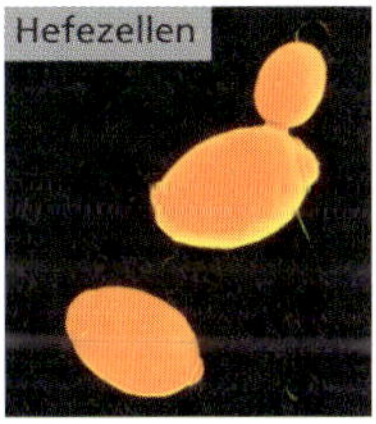

Flechten

Flechten sind symbiotische Assoziationen aus fotosynthetisch aktiven Mikroorganismen, vor allem Grünalgen oder Blaugrüne Bakterien, und Pilzarten. Die Pilzkomponente besteht meistens aus einem Schlauchpilz, seltener auch aus einer Ständerpilzart. Die beiden Partner bilden eine neue morphologische, physiologische und ökologische Einheit, sodass man sie lange für eigenständige Organismen hielt und ihnen auch eigene Gattungs- und Artnamen gab. Während sich die Pilze der meisten Flechten sexuell reproduzieren können, vermehren sich die Algen unabhängig vom Pilz durch asexuelle Zellteilung. Es gibt aber auch vegetative Vermehrungseinheiten, in denen Pilzhyphen und Algenzellen enthalten sind (Soredien, Isidien).

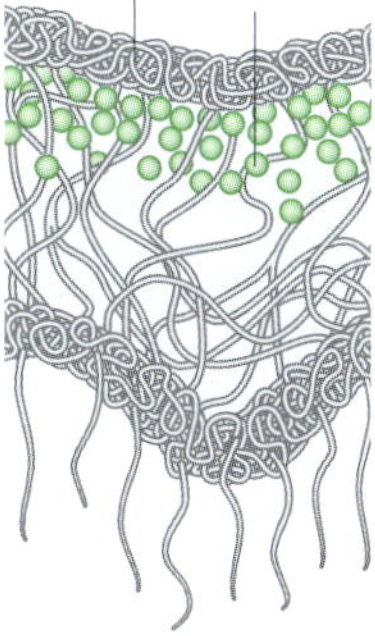

Mykorrhiza (Pilzwurzel)

Eine weitere für die Biosphäre besonders bedeutende Symbiose mit Pilzen stellt die Mykorrhiza oder Pilzwurzel dar, eine Verbindung zwischen Pflanzen und Pilzen. Für die erfolgreiche Behauptung von Gefäßpflanzen in terrestrischen Lebensräumen dürften Mykorrhizen eine entscheidende Bedeutung haben. Man nimmt an, dass über 90 % aller Gefäßpflanzenarten mit Pilzen eine solche Verbindung eingehen können. Während die Pilze von den Pflanzen vor allem Kohlenhydrate erhalten, erleichtern die Pilze ihren Symbiosepartnern den Zugang zu Phosphor- und Stickstoffverbindungen und sie verbessern die Wasseraufnahme durch die große Oberfläche ihrer Hyphen. Manche Pflanzen wie der Fichtenspargel können alle Nährstoffe von den Pilzen beziehen, von denen diese wiederum einen Teil von assimilierenden grünen Pflanzen erhalten. Tierfangende Mykorrhizapilze liefern Stickstoff- und Phosphorverbindungen von Tieren an Pflanzen. Die Gruppe der *Glomeromycota* bildet Mykorrhizen, bei denen Hyphen in die Pflanzenzellen eindringen und sich dort bäumchenförmig verzweigen.

Baumwurzelspitzen, von Pilzmycel umsponnen

8.6.7 Reich *Animalia* – Hungrig und beweglich

Eine mögliche Entstehung der Tiere

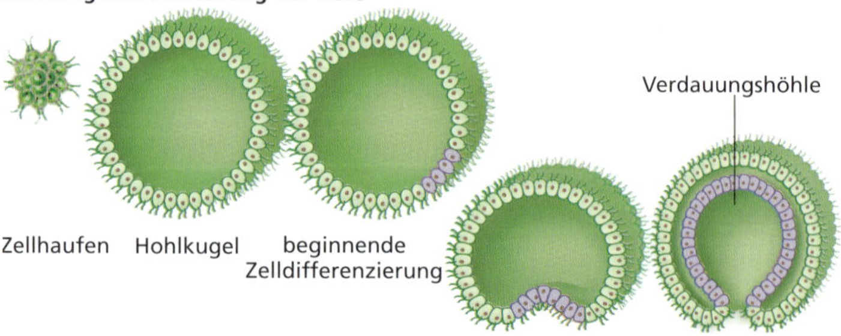

Einfachste Vielzeller und Schwämme *(Spongia, Parazoa)*

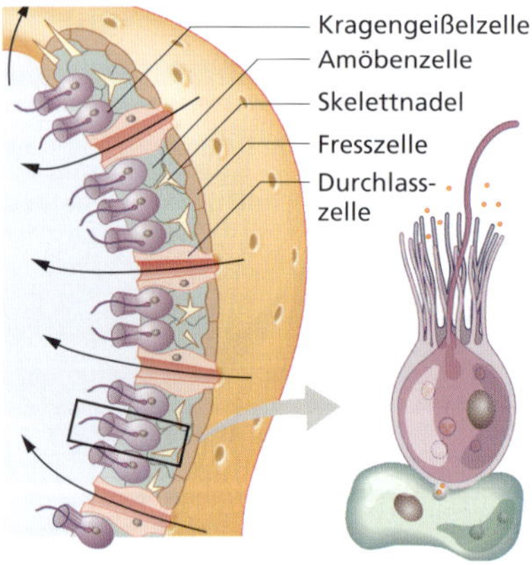

Die ersten vielzelligen Tiere entstanden vermutlich aus Einzellerkolonien, die den heutigen Kragengeißlern entsprachen, durch Zelldifferenzierung. **Schwämme** sind sessile Tiere, die in großer Artenzahl verschiedene Lebensräume des Meeres besiedeln. Nur wenige Arten kommen im Süßwasser vor. Nach den für die Körperstabilität wichtigen Skelettnadeln unterscheidet man Kalkschwämme *(Calcispongiae)* und Kieselschwämme *(Silicospongiae).*

Die Schwämme unterscheiden sich dadurch deutlich von allen anderen Tierstämmen, dass sie keine echten Gewebe – Zellkomplexe einheitlicher Funktion wie Muskel- oder Nervengewebe – bilden. Sie werden deshalb auch als ***Parazoa*** von den übrigen ***Eumetazoa*** abgetrennt.

Gruppe Hohltiere *(Coelenterata, Radiata)*

Die Echten Vielzeller spalten sich in zwei Hauptgruppen auf, die sich vor allem in ihrer Körpersymmetrie unterscheiden: Durch den Körper der Hohltiere lassen sich mehrere bis zahlreiche Symmetrieebenen legen. Die Tiere besitzen weder Kopf noch Schwanz, lediglich ein Mundende (orale Seite) und eine dem Mund abgewandte Seite (aborale Seite). Der Körper der Hohltiere besteht aus zwei Zellschichten. Die innere Zellschicht wird **Entoderm** oder **inneres Keimblatt** und die äußere Zellschicht **Ektoderm** oder **äußeres Keimblatt** genannt (↗ S. 268). Zu den Hohltieren zählen die mit giftigen Nesselzellen bewehrten **Nesseltiere *(Cnidaria)*** und die **Rippenquallen *(Acnidaria).*** Den Stamm der Nesseltiere untergliedert man in drei Klassen: die *Hydrozoa,* zu denen z. B. der Süßwasserpolyp, aber auch die koloniebildenden Staatsquallen gehören, die *Scyphozoa,* zu denen z. B. die in Nord- und Ostsee häufig vorkommende Ohrenqualle gehört, und die *Anthozoa* mit den riffbildenden Steinkorallen, den Gorgonien, den Seenelken und den Seeanemonen.

Typisch für viele Nesseltiere ist ein **Generationswechsel** zwischen sich ungeschlechtlich fortpflanzender **Polypengeneration** und sich geschlechtlich fortpflanzender **Medusengeneration (Metagenesis).**

Gruppe Bilateria

Alle übrigen Tiere haben ursprünglich nur eine Symmetrieebene (bilaterale Symmetrie). Sie haben eine Rücken- und eine Bauchseite und ein Vorne und ein Hinten. Typisch für diese Tiere ist weiterhin, dass sich zwischen Entoderm und Ektoderm ein drittes Keimblatt schiebt, das **Mesoderm.**

Das **Coelom** ist eine vom mittleren Keimblatt (Mesoderm) umschlossene Körperhöhle. Es wird auch **sekundäre Leibeshöhle** genannt. Als **primäre Leibeshöhle** bezeichnet man demgegenüber den Hohlraum zwischen Ektoderm und Entoderm. Das **Pseudocoel** der Fadenwürmer ist eine Mischform.

Coelomformen bzw. Mesoderm (rot)

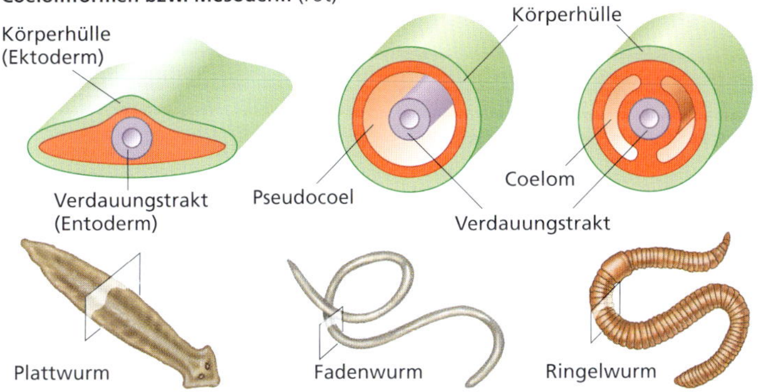

8

Auch innerhalb der *Bilateria* lassen sich wieder zwei getrennte Entwicklungslinien erkennen. Sie unterscheiden sich vor allem in ihrer frühen Embryonalentwicklung: Während der Gastrulation bildet sich der Urdarm als blind endende Tasche des Embryos aus, welche eine einzige Öffnung nach außen besitzt (**Urmund** oder **Plastoporus**). Bei den **Protostomiern** bildet sich aus diesem länglichen Urmund an einem Ende der spätere Mund, am anderen Ende der spätere After. Im Gegensatz dazu entsteht der Mund bei den **Deuterostomiern** aus einer sekundär am anderen Ende des Urdarms neu entstandenen Öffnung. Auch die Bildung des dritten Keimblatts unterscheidet sich bei beiden Gruppen. Bei den Protostomiern wandern aus den Urdarmzellen Zellhaufen aus. In diesen mesodermalen Zellhaufen bilden sich flüssigkeitsgefüllte Spalten, die sich zur Leibeshöhle erweitern (Schizocoel). Bei den Deuterostomiern entsteht das Mesoderm durch Abspaltung (Divertikelbildung) des Urdarms (Plastocoel).

griech. *stoma:* Mund, Rachen, Öffnung

Coelombildung

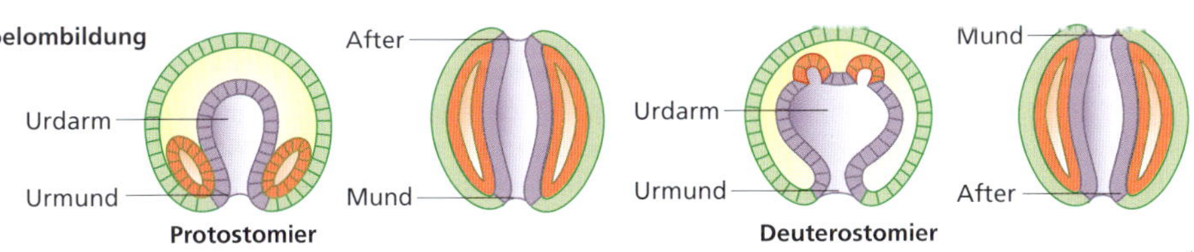

Nach molekulargenetischen Daten lassen sich die Protostomier in zwei monophyletische Gruppen teilen. Zu den ***Lophotrochozoa*** **(Weichhäutern)** rechnet man neben den Ringelwürmern *(Annelida)* auch die Mollusken (beide bilden ***Trochophora*-Larven**) und Stämme mit einem armförmigen Tentakelträger **(Lophophor)**, z. B. die Moostierchen *(Bryozoa)* sowie die Plattwürmer *(Plathelminthes),* die Rädertierchen *(Rotatoria)* und die Schnurwürmer *(Nemertini).*

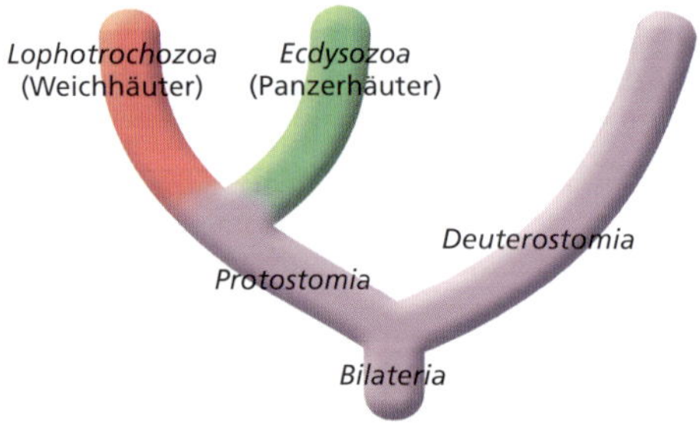

Zur zweiten Gruppe der Protostomier gehören die Nematoden (Fadenwürmer) und die Arthropoden, für die ein Außenskelett charakteristisch ist, das durch **Häutungen** (Ecdysis) erneuert wird. Die Gruppe wird deshalb ***Ecdysozoa* (Panzerhäuter)** genannt.
Zu den **Deuterostomiern** gehören die **Stachelhäuter** *(Echinodermata)* und die **Chordatiere** *(Chordata).*

Auswahl wichtiger Tierstämme der Protostomier (Urmünder)

I. *Lophotrochozoa* (Weichhäuter)

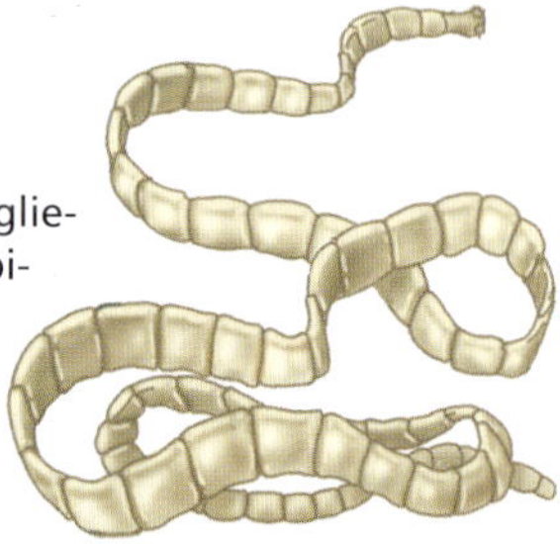

Stamm Plattwürmer *(Plathelminthes)*
Plattwürmer haben eine einfache Körpergliederung. Auf die äußere Körperhülle aus Epidermis, Ring- und Längsmuskeln folgt ein aus dem Mesoderm hervorgegangenes schwammiges Parenchym, das das Körperinnere zwischen Hautmuskelschlauch und dem meist reich verzweigten, blind endenden Darm **(Gastrovaskularsystem)** ausfüllt. Die Geschlechtsorgane können sehr kompliziert gebaut sein. Weitere Körperorgane fehlen. Außer den frei lebenden Strudelwürmern zählen hierzu die parasitischen Saugwürmer *(Trematoda)* und Bandwürmer (*Cestoda,* ↗ Abb.).

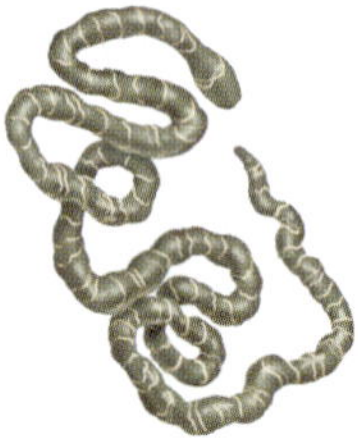

Stamm Schnurwürmer *(Nemertini)*
Die überwiegend marinen Schnurwürmer sind meist sehr dünn. Einzelne Arten können aber bis zu 30 m lang werden. Sie fangen ihre Beute mit einem weit herausstülpbaren Rüssel. Im Gegensatz zu den Plattwürmern besitzen sie einen Darm mit Mund und After sowie ein geschlossenes Kreislaufsystem. Bei einigen Arten kommen rote, hämoglobinhaltige Blutzellen vor.

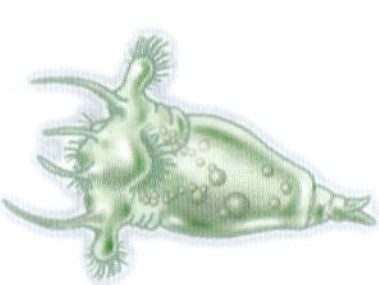

Stamm Rädertierchen *(Rotatoria)*
Die mikroskopisch kleinen Rädertierchen sind oft Bestandteil von Heuaufgüssen. Viele sind nicht größer als einzellige Wimpertierchen. Zwei rundlich gestaltete Wimpernfelder vor der Mundöffnung (Räderorgan) dienen dem Einstrudeln von Nahrungspartikeln.

Stamm Moostierchen *(Bryozoa)*
Bryozoen sind sehr kleine, meist sessile Tiere mit Tentakelkrone *(Lophophor).* Sie bilden Kolonien, die krustige Überzüge auf Steinen oder Molluskenschalen und Krebspanzern bilden können, einige erinnern auch an Algen oder Lebermoose (↗ Abb.).

Stamm Ringelwürmer *(Annelida)*

Obwohl die Anneliden eine oberflächliche Ähnlichkeit mit anderen wurmförmigen Tiergruppen haben, unterscheiden sie sich von diesen sehr stark durch ihre **Körpersegmentierung (Metamerie).** Die einzelnen Segmente sind ursprünglich gleichartig gebaut, können aber sekundär unterschiedlich gestaltet sein. Der Hautmuskelschlauch der Ringelwürmer besteht von innen nach außen aus Längsmuskeln, Ringmuskeln und einem **Integument.** Bei der Bewegung ist der Binnendruck der Körperflüssigkeit der Antagonist der Hautmuskeln (Hydroskelett). Zu den Ringelwürmern gehören die marinen **Vielborster** *(Polychaeta),* die **Wenigborster** *(Oligochaeta)* mit dem **Regenwurm** (↗Abb.) und die **Egel** *(Hirudinea).* Ringelwürmer haben ein entsprechend den Segmenten gekammertes Coelom, ein geschlossenes Kreislaufsystem mit einem dorsal gelegenen Gefäßstamm, ein auf der Bauchseite gelegenes Nervensystem **(Strickleiternervensystem)** und paarige Exkretionsorgane in jedem Segment **(Nephridien).**

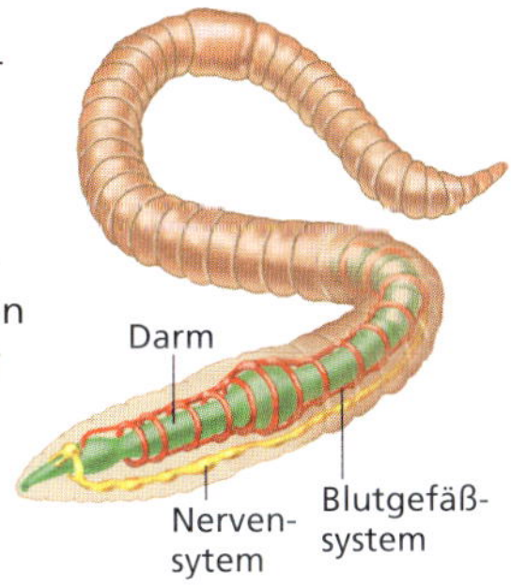

Stamm Weichtiere *(Mollusca)*

Der Körper der Mollusken ist in **Kopf, Fuß** und **Eingeweidesack** gegliedert. Das **offene Kreislaufsystem** wird von einem Herzen angetrieben. Wichtiges Darmanhangsorgan ist eine große Mitteldarmdrüse.
Der Stamm gliedert sich in acht verschiedene Klassen, darunter die **Käferschnecken** mit einer Schale aus acht gegeneinander beweglichen Platten, die **Schnecken** mit einer meist spiralig gewundenen Schale, die **Muscheln** (↗Abb.) mit zwei Schalenklappen, die durch ein Schloss miteinander verbunden sind, und die schnell beweglichen **Tintenfische** (korrekter eigentlich Tintenschnecken) mit hoch entwickelten Augen und einem leistungsstarken Zentralnervensystem. Wegen ihres in 8 oder 10 Arme aufgeteilten Fußes werden sie auch Kopffüßer *(Cephalopoda)* genannt. Das lebende Fossil *Nautilus* trägt ein spiralförmiges Kalkgehäuse wie seine Verwandten, die ausgestorbenen Ammoniten, wichtige Meeresbewohner des Erdmittelalters.

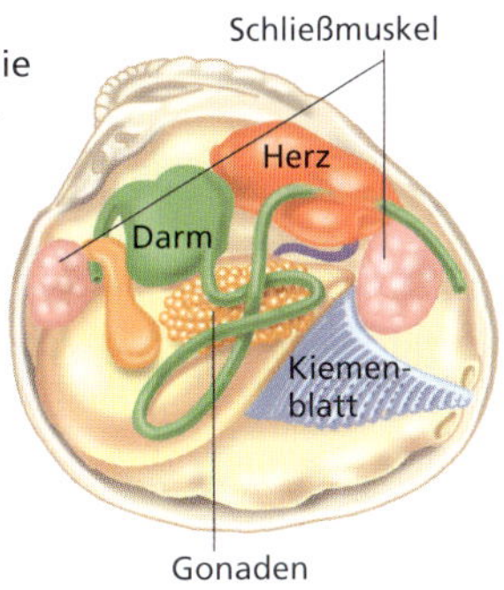

II. *Ecdysozoa* (Panzerhäuter)

Stamm Fadenwürmer *(Nematoda)*

Fadenwürmer sind häufige Bewohner feuchter Lebensräume (nasse Böden, Pflanzengewebe, Körperflüssigkeiten). Der Spulwurm *Ascaris lumbricoides* ist ein Parasit des menschlichen Darms.

Stamm Gliederfüßer *(Arthropoda)*

Gemessen an der Arten- und Individuenzahl sind die Gliederfüßer der erfolgreichste Stamm in der Biosphäre (etwa eine Million beschriebene Arten, etwa 10^{18} Individuen). Wie die Anneliden haben auch die Arthropoden einen segmentierten Körper, der jedoch im Gegensatz zu den Anneliden ein hartes Exoskelett und gegliederte, ebenfalls von einem harten Skelett umgebene Extremitäten aufweist. Diese „modulare" Bauweise erlaubt eine große Flexibilität des Grundbauplans und eine sehr unterschiedliche Körpergestaltung.

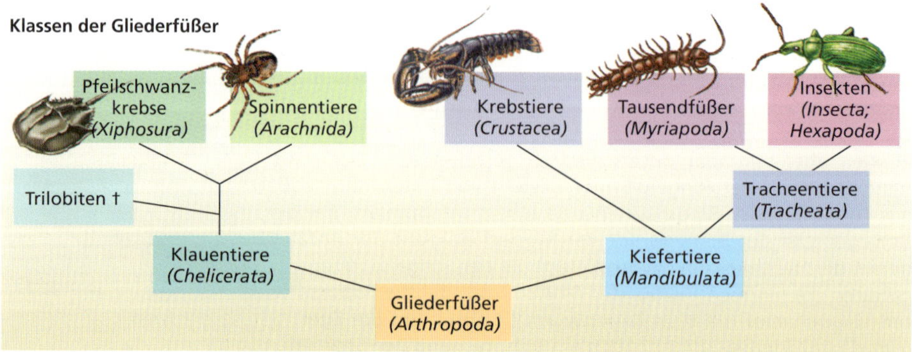

Das Exoskelett besteht aus dem stickstoffhaltigen Polysaccharid Chitin und einem vernetzten Protein (Sklerotin). Bei den Krebsen kommt es zu einer zusätzlichen Härtung durch Kalkeinlagerung. Das Außenskelett ist durch Gelenke gegliedert, sodass eine gute Beweglichkeit des Körpers und der Extremitäten gewährleistet ist.

Allerdings kommen durch dieses Skelett auch erhebliche Probleme zustande. So kann ein Gliederfüßer nur wachsen, wenn er sich häutet: Er muss sich durch einen komplizierten hormonell gesteuerten Prozess aus seiner alten Hülle herausschälen, nachdem er darunter eine neue, noch weiche abgesondert hat.

Neben dem Energieaufwand ist – zumindest für die landbewohnenden Arthropoden – das große Gewicht des Außenskeletts ein großer Nachteil und es setzt der erreichbaren Körpergröße enge Grenzen. Arthropoden besitzen ein offenes Kreislaufsystem mit einem Rückenherzen.

Das Nervensystem ist – wie bei den Anneliden – als Bauchmark ausgebildet. Oberschlundganglion und Unterschlundganglion sind stark vergrößert und können als „Gehirn" betrachtet werden.

Trilobit *Paradoxides (Hydrocephalus) carens* aus dem Kambrium

Zu den frühesten, heute ausgestorbenen Arthropoden zählen die **Trilobiten.** Mit ihnen verhältnismäßig nahe verwandt sind die **Spinnentiere** (Klasse ***Arachnida***) mit den Echten Spinnen, den Skorpionen, den Pseudoskorpionen, den Weberknechten und den Milben. Die Klasse *Xiphosura* mit dem lebenden Fossil Pfeilschwanzkrebs *(Limulus polyphemus)* steht zwischen Trilobiten und Spinnentieren.

Während für die Mundwerkzeuge der Spinnen die sogenannten Cheliceren (Klauen) charakteristisch sind, besitzen die folgenden Klassen ungegliederte kieferartige Mandibeln. Die meisten **Krebse** (Klasse ***Crustacea***) leben im Meer. Aber auch im Süßwasser kommen viele Arten vor und einige haben den Schritt ans Land geschafft, besonders erfolgreich die Gruppe der Asseln *(Isopoda).* Krebse sind äußerst vielgestaltig. Auffällige und große Vertreter gehören zu den Zehnfußkrebsen *(Decapoda)*, u.a. auch Garnelen, Hummer und Flusskrebse. Wichtige Planktonorganismen wie Wasserflöhe und Hüpferlinge (Ruderfußkrebse und Blattfußkrebse) kommen im Meer und im Süßwasser vor.

Flusskrebs

Die Klassen der **Tausendfüßer** ***(Myriapoda)*** und der **Insekten** ***(Hexapoda)*** zeichnen sich durch besondere Atmungsorgane, die **Tracheen,** aus. Es handelt sich dabei um ein fein verästeltes Kanalsystem, das durch Poren (Stigmen) mit der Außenluft in Verbindung steht. Die Luftkanäle umspinnen die einzelnen Organe und sorgen dafür, dass Sauerstoff direkt an die Orte des Verbrauchs transportiert werden kann.

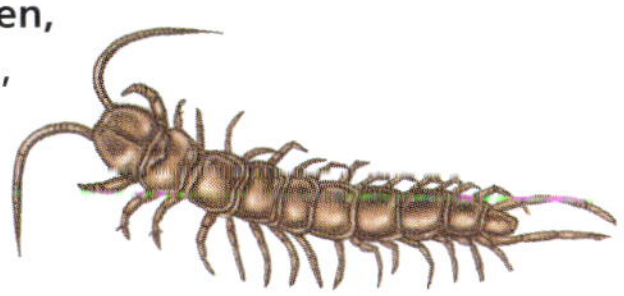

Während die Tausendfüßer einen langen, wurmförmigen, in viele gleichartige Segmente geteilten Körper haben, weist der Körper der Insekten eine charakteristische Dreigliederung in Kopf, Brustabschnitt und Hinterleib auf. Die drei Beinpaare der Insekten, die deshalb auch ***Hexapoda*** („Sechsfüßer") genannt werden, sitzen am Brustabschnitt. Die meisten Insekten besitzen zudem zwei Flügelpaare, die ebenfalls vom Brustabschnitt gebildet werden. Wie die anderen Arthropoden haben die Insekten ein offenes Kreislaufsystem mit einem lang gestreckten Herzen und einem bauchwärts gelegenen Nervensystem. Als Exkretionssystem dienen schlauchartige Darmanhänge, die **Malpighi-Gefäße.**

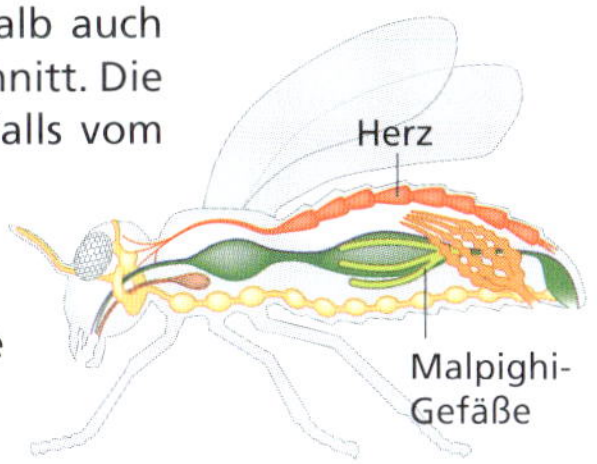

Legende:
- Nervensystem
- Gonaden
- Verdauungssystem

Viele Insekten machen während ihrer Entwicklung eine Metamorphose durch. Bei der **unvollständigen Metamorphose,** wie sie z. B. für Schaben, Libellen und Heuschrecken charakteristisch ist, ähneln die Larven dem adulten Tier (Imago). Mit jeder Häutung wird die Larve dem Imago ähnlicher. Bei den Insekten mit **vollständiger Metamorphose** liegt zwischen Larve und Imago ein Puppenstadium, in der Regel eine Ruhephase, die vor allem dem Umbau des Larvenkörpers in den Imaginalkörper dient (z. B. Schmetterlinge, Käfer, Hautflügler, Zweiflügler).

Auswahl wichtiger Tierstämme der Deuterostomier (Neumünder)

Stamm Stachelhäuter ***(Echinodermata)***

Zu den Stachelhäutern gehören meist radiärsymmetrisch gebaute Tierarten mit einer stachligen, harten, kalkhaltigen Außenschicht. Es handelt sich durchweg um Meeresbewohner.

Ein besonderes Merkmal ist das **Ambulacralsystem,** ein Wassergefäßsystem aus Coelomkanälen. Die sogenannten Ambulacralfüßchen dienen nicht nur der Fortbewegung und der Nahrungsaufnahme, sondern auch der Haftung am Untergrund und dem Gasaustausch.

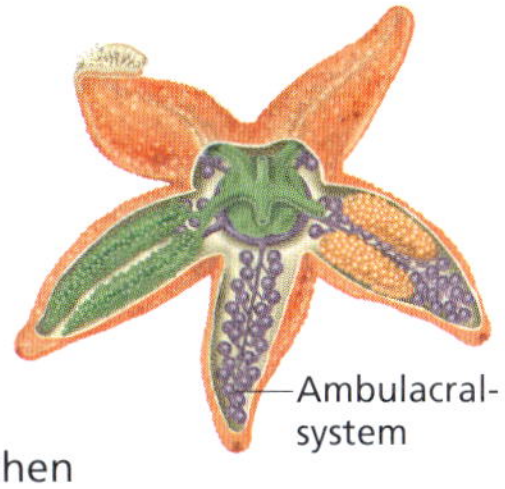

Die **Seesterne** haben meist fünf Arme, auf deren Unterseite die Ambulacralfüßchen in einer Rinne angeordnet sind. Durch ein Wechselspiel von Hydraulik und Muskulatur ist jedes Füßchen wurmartig beweglich und zudem kann sich sein vorderer Saugnapf anheften oder lösen. Seesterne ernähren sich räuberisch vor allem von Mollusken. Zur Verdauung können sie ihren Magen ausstülpen. Weitere Klassen sind die langarmigen **Schlangensterne,** die kompakten **Seeigel** und die **Seegurken.**

Seelilien waren im Erdmittelalter weit verbreitet.

Die **Seelilien** sind von kelchförmiger Gestalt. An dem Kelch sitzen Arme mit fiederartigen Seitenästen, mit denen die Tiere Plankton filtrieren. Während die eigentlichen Seelilien mit einem langen Stiel am Substrat festgewachsen sind, sind die häufigeren **Haarsterne** frei beweglich.

Chorda dorsalis lat. *chorda:* Darmsaite; *dorsum:* Rücken, auch Achsenstab genannt

Stamm Chordatiere *(Chordata)*

Charakteristisches Merkmal des Stamms ist die ***Chorda dorsalis,*** die auch als „Rückensaite“ bezeichnet wird – ein lang gestreckter, flexibler, knorpeliger Stab zwischen dem Darmkanal und dem röhrigen Nervensystem **(Neuralrohr).**

Die *Chorda* besteht aus großen, mit Flüssigkeit gefüllten Zellen. Sie ist stabil, aber auch biegsam und dient als Widerlager der segmental angeordneten Muskelpakete. Das Neuralrohr entwickelt sich aus dem Ektoderm durch Einsenkung.

Ein weiteres typisches Merkmal ist der **Kiemendarm.** Der vordere Abschnitt des Darmrohrs ist durch paarige Kiemenspalten mit der Außenwelt verbunden. Durch diese Spalten kann das in den Mund eingesogene Wasser wieder ausströmen, ohne den gesamten Verdauungskanal passieren zu müssen. Dadurch lassen sich Nahrungspartikel aus dem Wasser filtern. In der weiteren Entwicklung der Chordatiere wurde diese Filterfunktion dann für den Gasaustausch (Kiemendarm) verwendet.

Typisch für die Chordatiere ist weiterhin ein hinter dem After gelegener muskulöser Körperabschnitt, der als Schwanz bezeichnet wird.

Bauplan eines Chordaten

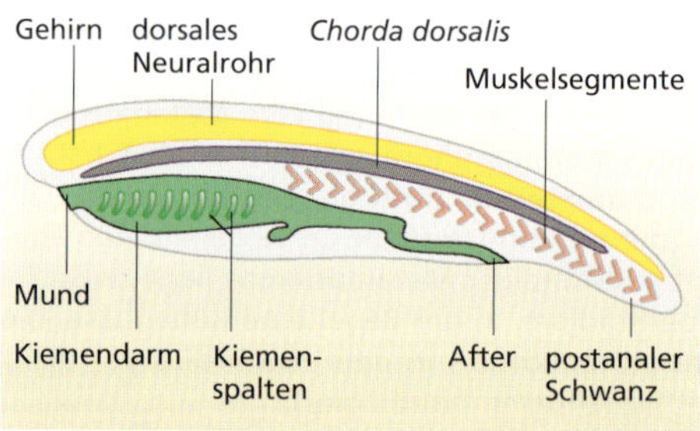

Die Chordatiere gliedern sich in drei Unterstämme: die **Schädellosen** oder ***Acrania,*** zu denen das Lanzettfischchen zählt, die im ausgewachsenen Stadium sessilen **Manteltiere *(Tunicata)*** und schließlich die **Wirbeltiere *(Vertebrata),*** die mit großer Arten- und Individuenzahl fast alle Lebensräume der Biosphäre besiedeln.

Wirbeltiere haben neben den Chordatenmerkmalen weitere abgeleitete Merkmale entwickelt. So besitzen sie im Gegensatz zu Tunicaten und Acraniern einen **Kopf,** weshalb sie auch als **Schädeltiere** *(Craniota)* bezeichnet werden. In diesem vorderen Körperabschnitt sind Nervenzellen, Sinnesorgane und Mundwerkzeuge konzentriert.

Evolution des Wirbeltierkiefers

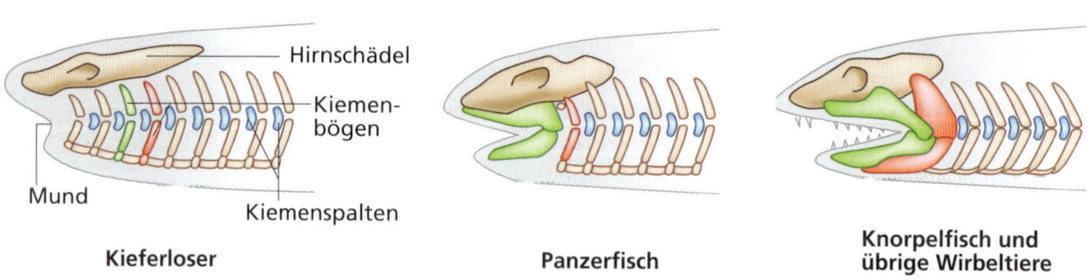

Der Schädel und die Wirbelsäule als **Innenskelett** ersetzen das ursprüngliche Hydroskelett der *Chorda dorsalis.* Dieses **Skelett** kann aus festen kalkhaltigen Knochen oder aus flexibleren Knorpeln bestehen.
Der große Erfolg, den die Wirbeltiere in ihrer frühen Evolution erfahren haben, kam vermutlich durch ihre Fähigkeit zum schnellen Schwimmen zustande. Dadurch waren sie besser als die Vertreter anderer Tierstämme – vielleicht mit Ausnahme der Cephalopoden – in der Lage, den dreidimensionalen Wasserkörper der Ozeane zu besiedeln.

Im Allgemeinen unterscheidet man sieben Wirbeltierklassen: die **Kieferlosen,** die **Knorpelfische,** die **Knochenfische,** die **Amphibien,** die **Reptilien,** die **Vögel** und die **Säugetiere.**

Die Landwirbeltiere **(Tetrapoden)** sind im Devon aus den Fleischflossern, einer Untergruppe der Knochenfische, hervorgegangen. Wie aus dem Kladogramm zu erkennen ist, sind die Reptilien eine paraphyletische Gruppe, aus der auch die Säuger und die Vögel hervorgegangen sind. Dabei haben sich die Säuger schon sehr früh von der Stammgruppe abgespalten, während die Vögel eigentlich die letzten überlebenden Dinosaurier sind. Weil Reptilien, Vögel und Säuger Eihüllen (Amnion) besitzen, die ihre Entwicklung vom Wasser unabhängig machen, werden sie als **Amniota** bezeichnet. Zu den **Anamnia** dagegen gehören die Wirbeltiergruppen (Amphibien, Knochen- und Knorpelfische, Kieferlose), deren Embryonen nicht von einer Embryonalhülle umgeben sind.

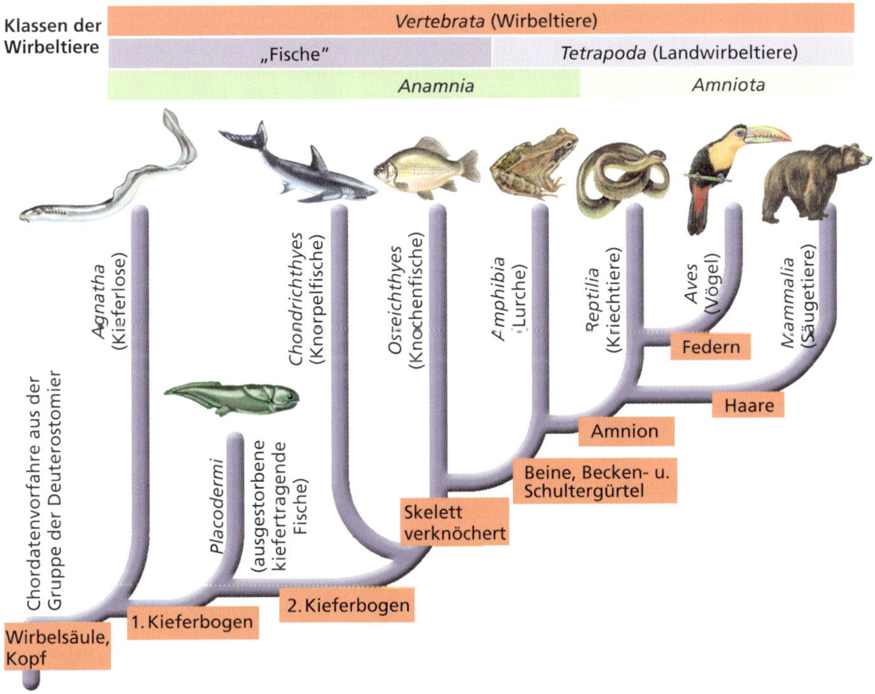

Gliederung der Vielfalt

▶ Die kernlosen Archäen und Bakterien waren weit über eine Milliarde Jahre die einzigen Lebewesen. Erst vor knapp 2 Mrd. Jahren entstanden durch Endosymbiose die ersten *Eukarya*.

■ Die stammesgeschichtliche Verwandtschaft aller Lebewesen ist die Grundlage für ihre systematische Gliederung. Es werden drei Domänen unterschieden: ***Archaea, Bacteria, Eukarya.***
Die Reiche ***Plantae*** (Pflanzen), ***Fungi*** (Pilze) und ***Animalia*** (Tiere) sind monophyletische Gruppen.
Die **Protisten** (Begründer) sind eine stammesgeschichtlich heterogene Gruppe, die derzeit in mindestens fünf Verwandtschaftsgruppen unterteilt wird: Pflanzen gehören zusammen mit den Grünalgen und Rotalgen in eine Gruppe, Pilze und Tiere werden – zusammen mit anderen Protisten – einer weiteren Großgruppe zugeordnet. Drei weitere Verwandtschaftsgruppen bestehen nur aus Protisten, in einer davon sind mit den Braunalgen ebenfalls große vielzellige Organismen entstanden.

■ **Pflanzen** haben sich vor ca. 450 Mio. Jahren aus krustigen Grünalgen entwickelt. Sie zeichnen sich durch einen heterophasischen Generationswechsel aus. Bei den ursprünglichen Moosen ist der Gametophyt die dominierende Generation, bei den Farnpflanzen der Sporophyt. Bei den Samenpflanzen bleibt der Gametophyt als wenig zelliges Relikt in der Samenanlage und im Samen eingeschlossen. Bei den Nacktsamern liegen die Samenanlagen und Samen frei, bei den vor etwa 150 Mio. Jahren entstandenen und heute die Vegetation beherrschenden Bedecktsamern sind sie in die Fruchtblätter eingeschlossen.

■ Die **Pilze** sind fädig organisierte Lebewesen mit Zellwänden aus Chitin (deshalb auch „Chitinpilze"). Sie spielen eine wichtige Rolle als Destruenten, können aber auch parasitisch leben. Makroskopisch sichtbare Fruchtkörper bilden die Schlauchpilze (z. B. Morcheln, Becherlinge, Trüffeln) und die Ständerpilze (Champignons, Steinpilze).

■ Die ersten **Tiere** waren radiärsymmetrische organisiert wie die heutigen Schwämme und die Hohltiere. Sie sind seit knapp 600 Mio. Jahren nachgewiesen. Schon wenig später entstanden die ersten Bilaterier, deren Körper nur eine Symmetrieebene aufweist. Zu den Protostomiern (Urmünder) zählen Plattwürmer, Ringelwürmer, Mollusken, Fadenwürmer und Gliederfüßer, zu den Deuterostomiern (Neumünder) Stachelhäuter und Chordatiere.

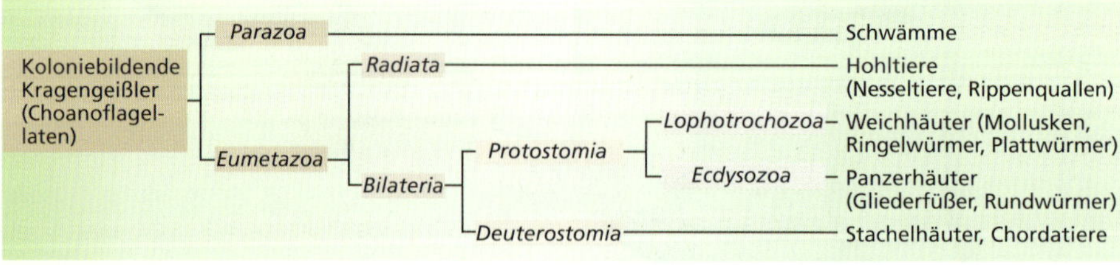

Wissenstest 7 auf **http://wissenstests.schuelerlexikon.de** und auf der DVD

8.7 Evolution des Menschen

- Zu den heute lebenden Primaten gehört eine große Zahl sehr unterschiedlicher Formen und Funktionstypen.
- Anhand der Stammesgeschichte der Primaten lässt sich der Ursprung des Menschen verfolgen, der einen sehr jungen Zweig am Stammbaum der Wirbeltiere besetzt.
- Prädispositionen, Evolutionstrends und Schlüsselereignisse geben Aufschluss über die Evolution zum modernen Menschen.
- Die Paläoanthropologie beschäftigt sich mit der Fossilgeschichte bzw. biologischen Evolution des Menschen.
- Für den Ursprung des modernen Menschen gibt es zwei Hypothesen: die „Out-of-Africa-Hypothese" und die „Multiregionale Hypothese". DNA-Untersuchungen, neue Funde und daraus resultierende Erkenntnisse haben jedoch das Out-of-Africa-Modell im Wesentlichen bestätigt.
- Anstelle des Begriffs „Menschenrassen" sollte man von geografischen Gruppen sprechen.
- Die geistige und kulturelle Evolution des Menschen ist ein neues Phänomen in der Geschichte des Lebens.

8.7.1 Der Mensch gehört zu den Primaten

Gorilla

Mausmaki

Was stellen wir uns unter einem Primaten vor? Woran können wir ein Mitglied dieser Säugetierordnung erkennen, auch wenn nur wenige fossile unvollständige Bruchstücke dieser Lebewesen existieren? Die morphologische Vielfalt unter den heute lebenden Vertretern ist enorm: Sie reicht von dem kleinen, ca. 30 g leichten Zwergmausmaki auf Madagaskar bis hin zum ca. 200 kg schweren Gorillamännchen auf dem afrikanischen Kontinent. Die meisten Primaten sind Baumbewohner der tropischen/subtropischen Wälder. Neben dem Menschen sind aber auch die Paviane und Dscheladas als Savannenbewohner zum Bodenleben übergegangen. Weitere Ausnahme bezüglich des tropischen/subtropischen Klimas bilden z. B. auch:

- die japanischen Rotgesichtsmakaken, die in ihrem Lebensraum sehr strengen Wintern ausgesetzt sind;
- die nepalesischen Languren und Rhesusaffen, die zum Teil auch in den höher gelegenen und somit kühleren Bergregionen leben;
- der Mensch, der sich nahezu in allen Regionen und Klimazonen der Erdhalbkugel aufhält.

Die Stellung des Menschen im natürlichen System

Grauer Mausmaki

Der schwedische Naturforscher **CARL VON LINNÉ** vereinigte bereits im Jahr 1735 in seinem *„Systema naturae"* den Menschen erstmals aufgrund morphologischer Merkmale mit Affen und Halbaffen zur Säugetierordnung der *Herrentiere* oder **Primaten,** auch *„Menschengestaltige"* genannt.
Als aber **CHARLES DARWIN** 1859 behauptete, dass der Mensch und die Affen gemeinsame Vorfahren haben, und dies in seinem Werk *„Entstehung der Arten"* mit einem einzigen Satz veröffentlichte, breitete sich Entsetzen und Empörung unter den gläubigen Christen aus. Erst im Jahr 1871, also zwölf Jahre später, behandelte er das heikle Thema in der *„Abstammung des Menschen"* ausführlicher.
Die Zugehörigkeit des Menschen zu den Primaten ist heute unumstritten, allerdings wird seine genaue systematische Stellung auch heute noch sehr kontrovers diskutiert.

Die **Verbreitung der nicht menschlichen Primaten** reicht von den Halbaffen Madagaskars bis hin zum Orang-Utan in Sumatra und Borneo. Durch die fortschreitende Zerstörung des Lebensraums, z. B. des tropischen Regenwalds, nimmt die Zahl der bedrohten Arten dramatisch zu. CITES und IUCN *(www.cites.org/* bzw. *www.iucn.org/)* geben darüber Auskunft.

Die Ordnung der **Primaten** umfasst je nach Gewichtung anatomischer und biochemischer Merkmale 10–12 Familien, ca. 60 Gattungen und etwa 190–200 Arten.
Lemuren, Loris und Galagos werden wegen des feuchten Bereichs um die Nasenlöcher auch als **Feuchtnasenaffen** *(Strepsirhini)* zusammengefasst, die übrigen Vertreter zählen zu der Großgruppe der **Trockennasenaffen** *(Haplorhini).* Mit ihrem trockenen Nasenspiegel ist auch ein etwas schlechterer Geruchssinn verknüpft. Mit Ausnahme der Koboldmakis wurde diese Gruppe früher auch als „Echte Affen" den „Halbaffen" gegenübergestellt. Es hat sich jedoch herausgestellt, dass die Koboldmakis mit den Echten Affen näher verwandt sind als mit den übrigen Halbaffen. Man unterscheidet fünf natürliche Verwandtschaftsgruppen:

1. die **Lemuren** Madagaskars (Überfamilie *Lemuroidea*) mit den Lemuren im engeren Sinne, dem Fingertier, den Indris und Sifakas, den Wieselmakis und den Maus- und Katzenmakis;
2. die **Loris** und **Galagos,** auf dem afrikanischen Kontinent und in Süd- bzw. Südostasien beheimatet (Überfamilie *Lorisoidea*);
3. die **Koboldmakis** Südostasiens (Überfamilie *Tarsioidea*);
4. die **Neuweltaffen** oder **Breitnasenaffen** aus Mittel- und Südamerika (Überfamilie *Ceboidea*) mit den Greifschwanz- oder Klammeraffen (z. B. Kapuzineraffen) und den Krallenaffen;
5. die in Afrika, Süd- und Südostasien verbreiteten **Altweltaffen** oder **Schmalnasenaffen** mit den Überfamilien Hundsaffen *(Cercopithecoidea)* und Menschenaffen *(Hominoidea).* Zu den **Hundsaffen** gehören Meerkatzen, Makaken, Paviane, Mangaben, asiatische Languren und afrikanische Stummelaffen, zu den **Menschenaffen** die Kleinen Menschenaffen (Gibbon und Siamang), die asiatischen Menschenaffen (Orang-Utan) und die afrikanischen Menschenaffen (Gorilla, Schimpanse, Bonobo, Mensch).

Orang-Utans

Morphologische und anatomische Merkmale belegen die systematische Zugehörigkeit des Menschen zu den Primaten.

Evolution der Menschenaffen

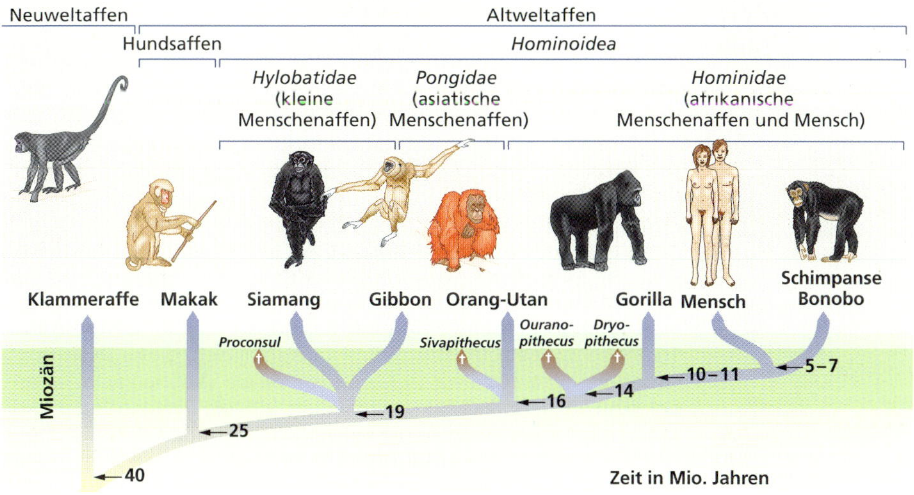

Die Bezeichnungen **Breitnasen-** und **Schmalnasenaffen** kommen aufgrund unterschiedlicher Ausprägungen der Nasenregion zustande: Während die Nasenlöcher der Neuweltaffen weit auseinanderstehen und nach außen gerichtet sind, liegen sie bei den Altweltaffen viel enger zusammen und weisen eher nach vorn (↗ Abb. rechts).

Nasenspiegel

Die dem Menschen nächstverwandten heutigen Primaten sind die Menschenaffen Afrikas, während die entferntesten die Lemuren Madagaskars sind. Der **Ursprung der Primaten** reicht bis in die Oberkreide zurück, also etwa 70 bis 80 Mio. Jahre vor der heutigen Zeit. Es gibt Belege dafür, dass sich die ersten „äffischen Formen" aus der vielfältigen Gruppe der kreidezeitlichen Insektenfresser entwickelten. Als **Fossilien** tauchen Überreste von Primaten aber erst im frühen Tertiär auf.
Die Spaltung in die beiden großen, geografisch voneinander getrennten Gruppen (**Neu-** und **Altweltaffen**) muss schon im frühen oder mittleren Eozän stattgefunden haben, da Fossilien unwesentlich jüngeren Datums bereits einer der beiden Gruppen zuzuordnen sind. Es ist nicht eindeutig geklärt, auf welchem Kontinent der Alten Welt die „Echten Affen" entstanden. Der *Proconsul,* der im frühen Miozän lebte, gilt als letzter gemeinsamer Vorfahr der modernen Kleinen und Großen Menschenaffen. Während *Sivapithecus* ein möglicher Vorfahr des Orang-Utans gewesen sein könnte, kämen entweder *Dryopithecus* oder *Ouranopithecus* als Urahn für die afrikanischen Menschenaffen und den Menschen infrage (↗ Abb. oben).

Lange ging man von drei großen Menschenaffenarten – Orang-Utan, Gorilla und Schimpanse – aus. Zunächst wurde der Bonobo vom Schimpansen als eigene Art abgetrennt, später trennte man auch Orang-Utan und Gorilla jeweils in zwei Arten auf: Borneo-Orang-Utan und Sumatra-Orang-Utan sowie Westlichen Gorilla und Östlichen Gorilla.

8

8.7.2 Fossilien helfen, die Evolution des Menschen zu rekonstruieren

Für die Erforschung der menschlichen Stammesgeschichte werden in erster Linie drei unterschiedliche Untersuchungsmethoden herangezogen:
- Gefundene Fossilreste werden mithilfe der **Paläoanthropologie** untersucht und eingeordnet, wenn möglich mit absoluter **Altersdatierung der Fossilien** anhand stratigrafischer oder physikalischer Zeitbestimmungsmethoden.
- Homologe DNA-Sequenzen und Proteine von Menschenaffen und Menschen werden molekularbiologisch untersucht. Die **molekulare Uhr,** ein paläogenetisches Datierungsverfahren, berechnet den für das Zustandekommen einer Mutation in einer molekularen Struktur verstrichenen Zeitraum. Auf dieser Grundlage wird der Zeitpunkt der Trennung der betreffenden Stammlinien ermittelt; dieses Datierungsverfahren ist sehr kritisch zu beurteilen, da ein unabhängiger Taktgeber fehlt. Andere Forschungsdisziplinen, z. B. die Paläontologie, müssen hinzugezogen werden, um die molekulare Uhr zu eichen.
- Lebensweisen und Verhalten können aus der genauen Analyse von Werkzeug- und Knochenfunden, auch Tierknochen, abgeleitet werden. Als weitere Informationsquellen dienen ethnologische Feldstudien an rezenten Jäger- und Sammlerpopulationen und auch die vergleichende Erforschung des Sozialverhaltens unterschiedlicher nicht menschlicher Primaten.

Die **Paläoanthropologie** ist die Wissenschaft, die sich mit den ausgestorbenen Vorfahren des heutigen Menschen beschäftigt.

Die **Soziobiologie** ist die Wissenschaft, die das Sozialverhalten von Mensch und Tier mithilfe der Individualselektion und des genetischen Eigennutzes von Verhalten untersucht.

Die **Buschmänner** oder **San** waren vor langer Zeit Herren von Savanne und Berglandschaften des gesamten südlichen Afrikas, wurden aber von den Weißen und den sesshaften Bantu-Völkern in die letzten unbesiedelten Gebiete der Kalahari verdrängt. Ihre traditionelle Lebensweise als einst stolze, mit der Natur in völligem Einklang lebende Jäger und Sammler gerät durch ihre Verbannung in ein unfruchtbares Stück Wildnis an der Grenze zu Botswana allmählich in Vergessenheit.

Buschmänner in der Kalahari

Für die gesamte Stammesgeschichte der Primaten gilt, dass jeder neue Fossilfund ein sehr großer Zufall ist und ein kleines Puzzlestück in einem Riesenpuzzle, von dem die meisten Stücke fehlen. Da es noch so viele fossile Lücken gibt, sind alle Hypothesen mit einem Fragezeichen versehen. Ein einziger neuer Fund kann sie schon widerlegen. Die Geschichte des Menschen wird an ca. 3 000 Funden festgemacht. Das heißt, dass ein Fossil einer Zeitspanne von jeweils etwa 2 500 Jahren entspricht. Da aufgrund der wenigen Funde nicht genau belegt werden kann, wer aus wem entstanden ist, wird im „Stammbusch" (↗ S. 396) des Menschen auf mögliche Abstammungslinien verzichtet.

Altruismus, Kooperation, Verwandtschafts- und Geschlechtsbeziehungen sind Phänomene, die das Gruppenleben beeinflussen und sich auf die **Sozialstruktur der Primaten** unterschiedlich auswirken.

Die *Dryopithecinen,* von denen 25 bis 9 Mio. Jahre alte Fossilfunde existieren, zeigen eine Mischung von Tieraffen- und Menschenaffenmerkmalen und sind daher aller Wahrscheinlichkeit nach die Stammgruppe an der Gabelung Menschenaffen und Hominiden des **Hominidenstammbaums.** Als Vormenschen gelten die Formen, die noch nicht alle Merkmale der echten Menschen aufweisen und auch noch keine aufwendigen Werkzeuge herstellten bzw. benutzten (mit Ausnahme von einfachen Knochen- oder Holzwerkzeugen). Bereits vor ca. 7 Mio. Jahren gab es mit *Sahelanthropus tchadensis* die ersten Hominiden (Menschenartige), die vermutlich zeitweise aufrecht gehen konnten.

Die **Hypothesen zum Ursprung der menschlichen Bipedie** sind vielfältig und werden sehr kontrovers diskutiert.

Ardipithecus ramidus hat ein relativ weit vorn positioniertes Hinterhauptsloch, was auf einen aufrechten Gang schließen lässt. Er war aber auch ein guter Kletterer und lebte vor ca. 4,5 Mio. Jahren im nördlichen Äthiopien (Ostafrika).
Australopithecus afarensis ging aufrecht, was durch ein gut erhaltenes, 3,18 Mio. Jahre altes weibliches Skelett (Lucy) und durch in vulkanischer Asche erhaltene Fußspuren sehr gut belegt werden kann. Er lebte vor ca. 3,6 bis 2,8 Mio. Jahren, sein Gehirnvolumen betrug 310 bis 485 cm^3 und er lebte in Äthiopien, Tansania und vermutlich auch in Kenia. Weitere *Australopithecinen* wie *A. anamensis, A. africanus, A. bahrelghazali, A. garhi, A. boisei, A. aethiopicus* und *A. robustus* gingen ebenfalls aufrecht, ihr Gehirn war vergleichbar mit dem eines heutigen Schimpansen (um die 400 bis 500 cm^3), ihre Eckzähne waren kaum größer als die übrigen Zähne und sie lebten vor ca. 4 bis etwa 1,3 Mio. Jahren in Afrika. Der im März 2001 am Westufer des Turkana-Sees über 3,5 bis 3,2 Mio. Jahre alte gemachte *Kenyanthropus-platyops*-Fund weist sowohl Ähnlichkeiten mit *A. anamensis* und *A. afarensis* als auch mit dem 1,5 Mio. Jahre jüngeren *Homo rudolfensis* auf und wurde deshalb einer neu geschaffenen Gattung zugeordnet. Die ersten Vertreter der Gattung *Homo* werden auch als Frühmenschen bezeichnet. Der älteste derzeit bekannte Vertreter ist der *Homo rudolfensis* mit einem Alter von 2,4 bis 1,8 Mio. Jahre aus Kenia.
Etwa 2 bis 1,7 Mio. Jahre alt ist der *Homo habilis.* Sein Gehirnvolumen beträgt 510 bis 650 cm^3, außerdem hat er bereits scharfkantige, selbst hergestellte Steinwerkzeuge zum Zerlegen von Tieren benutzt. Lange Zeit nahm man an, dass diese Repräsentanten im Gegensatz zu den pflanzenessenden *Australopithecinen* eine neue ökologische Nische besetzten: Sie ernährten sich u. a. von Fleisch. Nach aktuellen, 3,4 Mio. Jahre alten Knochenfunden aus dem Jahr 2010 ist diese Einschätzung bereits wieder überholt.

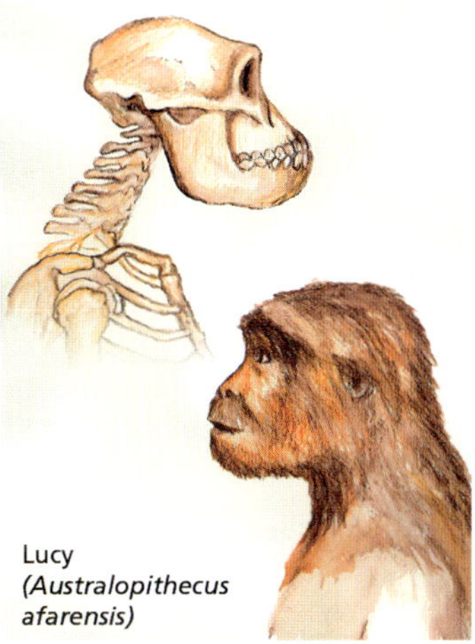
Lucy (*Australopithecus afarensis*)

Teilweise werden die kräftiger gebauten *Australopithecinen* in eine eigene Gattung „*Paranthropus*" gestellt (z. B. *P. robustus*)

ERNST HAECKEL fand für das zu seiner Zeit gesuchte **„missing link"** (das fossile Übergangsglied, das Menschen- und Affenmerkmale in sich vereinigt und somit einen Beweis für die Abstammung des Menschen von tierischen Vorfahren liefert) den wissenschaftlichen Namen ***Pithecanthropus,*** zu Deutsch „Affenmensch".

Ein internationales Forscherteam hat im Jahr 2010 in der Afar-Region 3,4 Mio. Jahre alte Knochen entdeckt, die Schlag- und Schnittspuren von Steinwerkzeugen trugen. Diese Funde sind die derzeit ältesten Nachweise für Werkzeuggebrauch durch *A. afarensis.*

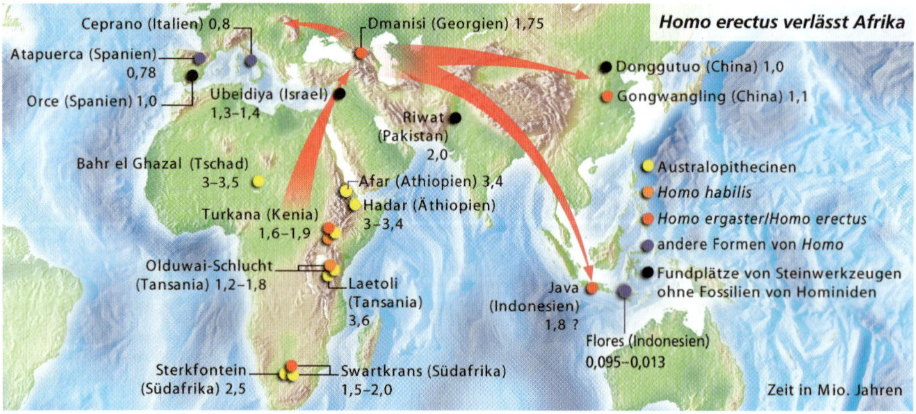

Schädelfunde aus dem Dorf Dmanisi (Georgien, an den Südausläufern des Kleinen Kaukasus gelegen) aus den Jahren 1991 bis 2001 weisen sowohl Ähnlichkeiten mit *Homo habilis* als auch mit *Homo erectus* auf.

Der vermutlich erste Mensch, der Afrika verließ, war der *Homo ergaster.* In Äthiopien, Tansania und Südafrika weisen die Funde ein Alter von 2 Mio. Jahren auf, jüngste Funde aus Dmanisi, Vorderasien, sind erst 1,75 Mio. Jahre alt. Sein Hirnvolumen betrug zwischen 900 und 1 000 cm^3. Ob der *Homo erectus* (aufrechter Mensch), der ein deutlich höheres Hirnvolumen (900 bis 1 300 cm^3) besaß, nur in China und auf Java oder auch in Europa und Afrika vertreten war, ist strittig. Viele Paläoanthropologen ordnen die afrikanischen Funde dem *Homo ergaster* zu. Er war bereits in der Lage, unterschiedlich geformte Werkzeuge aus Feuerstein herzustellen und das Feuer für seine Zwecke zu nutzen. Er lebte vor ca. 1,8 Mio. bis 0,4 Mio. Jahren in China und ist auf Java vermutlich erst vor 40 000 Jahren ausgestorben.

Biologische und kulturelle Evolution des Menschen

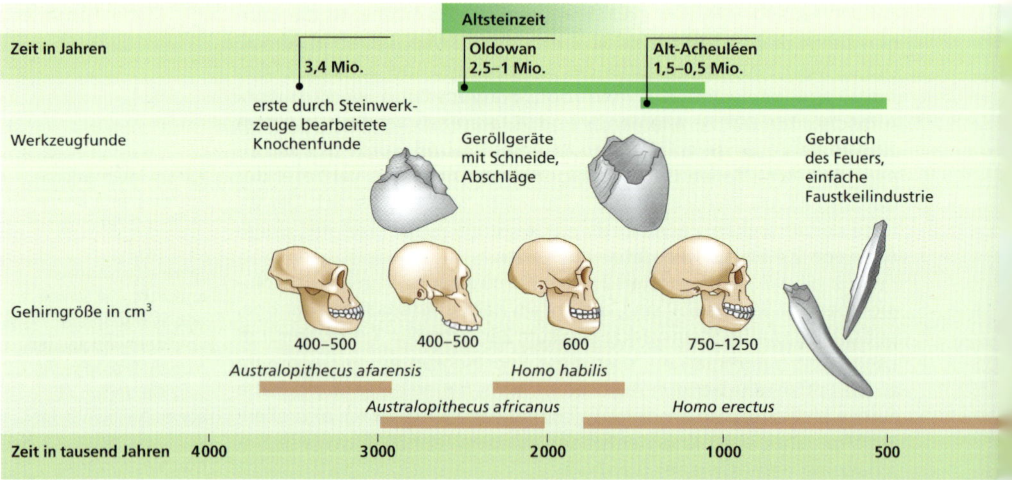

Homo sapiens entstand aus *Homo erectus.* Als frühester Vorfahre, aus dem sich später auch der Neandertaler entwickelte, gilt *Homo heidelbergensis,* von dem ein 600 000 Jahre alter Unterkiefer in Mauer bei Heidelberg gefunden wurde.

Der Neandertaler, *Homo neanderthalensis* (zum Teil auch als *Homo sapiens neanderthalensis* bezeichnet), hatte seine Blütezeit vor 200 000 bis 30 000 Jahren, er wurde ca. 160 cm groß und wog in etwa um die 80 kg. Erstaunlich war sein Hirnvolumen, das mit 1 200 bis 1 750 cm^3 das Hirnvolumen eines modernen Menschen übertreffen konnte.

Die ältesten Fossilien des modernen *Homo sapiens* sind ca. 195 000 Jahre alt und wurden in Äthiopien, im Nordosten Afrikas, gefunden. Vor ca. 40 000 Jahren wanderte eine Teilpopulation nach Europa aus. Die ältesten europäischen modernen Menschen sind die sogenannten Cro-Magnon-Menschen, die nach ihrem Fundort in Frankreich benannt wurden. Dieser Jetztmensch unterschied sich anatomisch von seinen Vorgängern in folgenden Merkmalen:

▶ Die Kenntnisse über den **Stammbaum des Menschen** stützen sich derzeit auf ca. 3 000 Funde. Neue Funde können dazu führen, dass die angenommenen Verzweigungen umgezeichnet werden müssen.

- grazilerer Körperbau,
- Unterkiefer mit vorstehendem Kinn,
- hochgewölbter Hirnschädel,
- kleinere Zähne.

Die *Cro-Magnon-Menschen* waren nun bereits in der Lage, filigranere Steinwerkzeuge herzustellen, die ersten Kunstwerke wurden geschaffen, wie die **Höhlenmalereien von Lascaux** (↗ Abb. rechts). Die Löwenfrau aus dem Elfenbein eines Mammuts, aus der Höhle Hohlenstein bei Asselfingen im Alb-Donau-Kreis, wird mit ihren 30 000 Jahren als ältestes plastisches Kunstwerk der Menschheit angesehen.

▶ Die ersten **Höhlenmalereien** wurden vom modernen Jetztmenschen vor ca. 30 000 Jahren angefertigt.

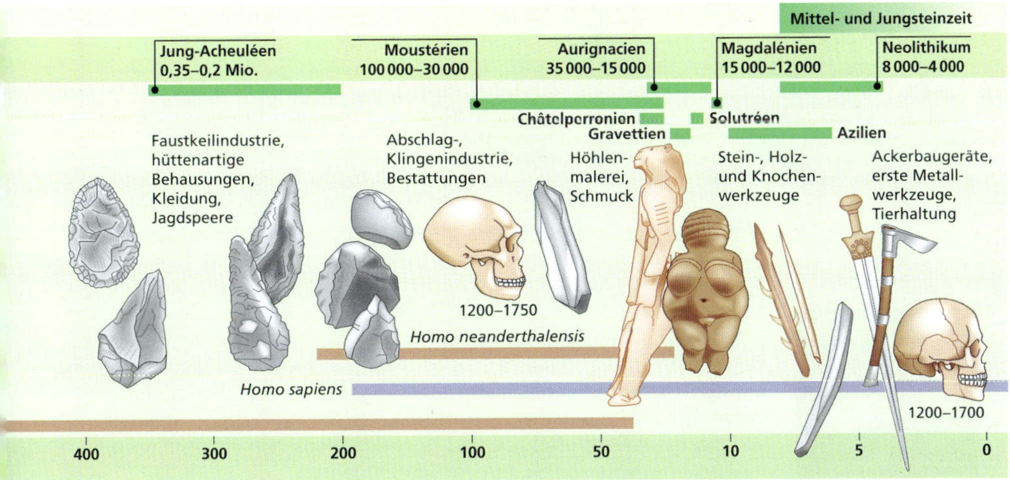

Rekonstruktion der Fossilgeschichte des Menschen

Die **Entwicklungsgeschichte der Hominiden** begann vor ca. 7 Mio. Jahren. Die einzige Art der Gattung *Homo*, die sich letztendlich durchsetzte, war der *Homo sapiens.*

Noch zu Beginn der 1980er Jahre schien der Stammbaum des Menschen sehr übersichtlich. Aufgrund der wenigen Knochenfunde beschrieben die Forscher eine sehr geradlinige Evolution: Aus Affen entwickelten sich Menschenaffen, aus diesen die Gattung *Homo,* angeführt vom *Homo habilis,* fortgesetzt vom jüngeren *Homo erectus,* aus dem die beiden Unterarten des modernen Menschen *Homo sapiens* und *Homo sapiens neanderthalensis* hervorgingen. Dieser Stammbaum ist heute aufgrund zahlreicher neuer Funde überholt. An seine Stelle ist ein stark verzweigter Stammbusch getreten, der sich immer noch weiter verästelt. In den Böden Afrikas schlummern sicherlich noch zahlreiche Fossilien, die darauf warten, gefunden zu werden, damit sie ihre Geschichte erzählen können.

Die Analysetechniken zur DNA-Sequenzierung werden immer einfacher, exakter und schneller und dadurch werden auch kleinste Spuren in immer älteren Fossilien von Urmenschen analysiert.

Auch molekulare Analysen der Erbgutreste in fossilen Knochen und der Vergleich mit der DNA heutiger Menschen haben zur Neurekonstruktion der menschlichen Evolution beigetragen. Durch diese „molekularen Uhren" wurden folgende „neue" Erkenntnisse gewonnen:
- Der letzte gemeinsame Vorfahr von Schimpanse und Mensch hat vor ca. 5 bis 7 Mio. Jahren gelebt.
- Die heutigen Menschen sind eng miteinander verwandt und stammen von einer „Ur-Eva" ab, die vor ca. 150 000 bis 200 000 Jahren in Afrika lebte. Von diesen Afrikanern verließ eine kleine Gruppe später den Kontinent und wurde zu den Ahnen der heutigen Amerikaner, Australier, Asiaten und Europäer (Out-of-Africa-Hypothese, ↗ S. 393).

- Der Neandertaler (↗ Abb.) hat sich vor ca. 80 000 Jahren im Nahen Osten mit dort ebenfalls lebenden Vertretern der Art *Homo sapiens* vermischt. Zwar ist diese Parallelart des *Homo sapiens* vor etwa 27 000 Jahren ausgestorben – aber ein kleiner Teil von ihr lebt in unserem Erbgut bis heute weiter.
- In einer Epoche vor etwa 48 000–30 000 Jahren lebte im Altai-Gebirge, im südlichen Sibirien, eine Population von Individuen der Gattung *Homo,* die einer noch unbekannten Spezies angehörte. Von dieser Art wurde bisher nur ein Fingerknochen und ein Backenzahn (↗ Abb.) in der sibirischen Denisova-Höhle gefunden. Die Sequenzierung der DNA aus den Zellkernen der Knochen bestätigte die Eigenständigkeit dieser Denisova-Population. Die Vorfahren dieser neu entdeckten Spezies haben sich vermutlich vor 800 000 Jahren zusammen mit den Vorfahren des Neandertalers von den Urmenschen abgetrennt, deren Entwicklung später zum *Homo sapiens* führte. Die Aufspaltung von Neandertaler-Vorfahren und Denisova-Menschen erfolgte nach molekulargenetischen Befunden vor 640 000 Jahren.

Denisova Backenzahn

8.7.3 Gibt es Menschenrassen?

Ursprung des modernen Menschen

Wenngleich die Methoden und Ergebnisse auf dem Forschungsfeld der **Paläoanthropologie** und **Paläogenetik** in den letzten Jahren einen enormen Zuwachs verzeichnen, so führte dieses Wissen nicht zur Lösung bestehender Fragen, sondern warf neue Fragen auf: Die Frage nach der Herkunft des modernen Menschen kann aufgrund der Lückenhaftigkeit von Fossilfunden nicht eindeutig beantwortet werden. Es scheint sicher, dass die Evolution der Hominiden in Afrika begann. Für die weitere Entwicklung zum modernen Menschen werden derzeit zwei Hypothesen sehr kontrovers diskutiert:

- Die **„Out-of-Africa-Hypothese" („Arche-Noah-Hypothese")** geht davon aus, dass sich der moderne Mensch in Afrika entwickelt hat, dass also alle modernen Menschen von einem frühen *Homo sapiens* aus Afrika abstammen und sich von dort aus vor ca. 100 000 Jahren in kleinen Gründerpopulationen über die Erde ausgebreitet haben.
- Nach der **„Multiregionalen Hypothese"** hat sich der moderne Mensch getrennt in verschiedenen Regionen der Erde entwickelt. Alle stammen jedoch von einem ca. 1 Million Jahre alten Vorfahren ab. Zum Teil geht die Theorie sogar so weit, anzunehmen, dass alle modernen Menschen aus fossilen Populationen des *Homo erectus* oder *Homo ergaster* an verschiedenen Stellen unseres Planeten hervorgegangen sind.

DNA Untersuchungen und neue Funde sprechen sehr für das **Out-of-Africa-Modell.** Das auf dem Vergleich von Mitochondrien-DNA beruhende sogenannte **Eva-Prinzip** untermauert ebenfalls diese Vorstellung.

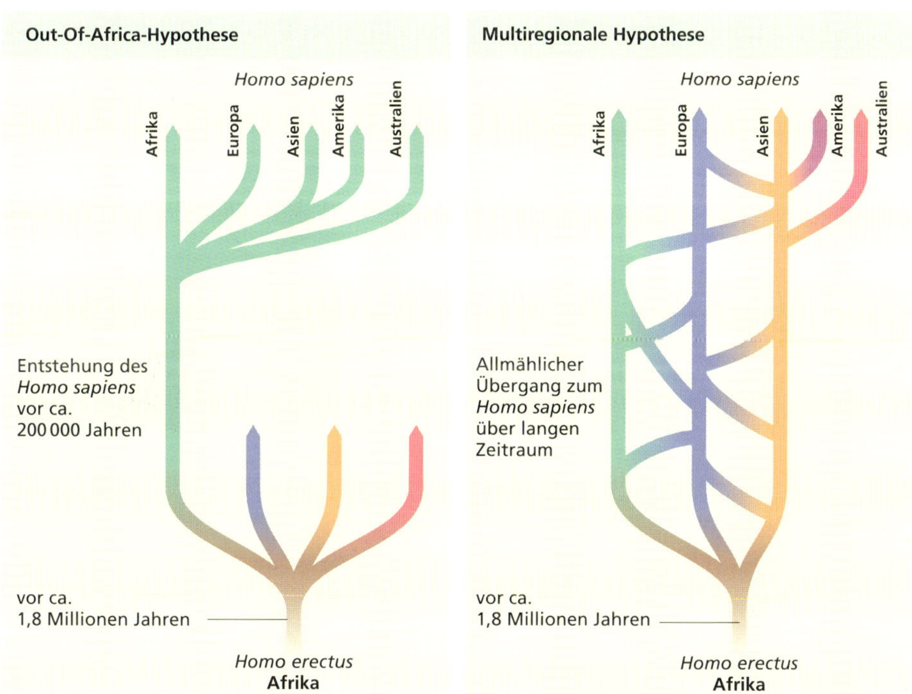

Alle heute lebenden Menschen gehören zu einer Art und die meisten Systematiker rechnen sie auch zu einer Unterart ***Homo sapiens sapiens.*** Andere Unterarten sind ausgestorben.

> Als **Rasse** bezeichnet man **Populationen** einer **Art,** die sich in ihrem Genbestand, in ihrem Aussehen, in ihren physiologischen Eigenschaften und Ansprüchen an die Umwelt von anderen Populationen dieser Art unterscheiden.

▶ Der Genetiker LUCA CAVALLI-SFORZA (geb. 1922) hält die traditionelle Aufteilung in „Rassen" für weitgehend willkürlich, da sich auf genetischer Ebene keine klaren Abgrenzungen zwischen Menschenpopulationen aus verschiedenen Erdteilen ziehen lassen.

Beim Menschen hat man lange Zeit nur äußerlich sichtbare Merkmale, wie z. B. Hautfarbe, Haarstruktur, Augenform, Nasenbreite und Gesichtsform, zwecks Einteilung in verschiedene Rassen herangezogen, ohne die biologische Bedeutung zu berücksichtigen. Später versuchte man sich in einer Rasseneinteilung nach Blutgruppenmerkmalen. Anhand dieser Merkmale gliederten Wissenschaftler die Menschheit in eine Anzahl von sieben Rassen: Afrikaner, Kaukasier, Amerindianer, Südasiaten, Nordasiaten, Insulaner, Australide. Andere dagegen sprachen sich für eine Einteilung in drei Großrassen aus : Europide, Mongolide, Negride.
Durch die Analyse des menschlichen Genoms konnten genetische Unterschiede und Gemeinsamkeiten zwischen menschlichen Populationen neu bewertet werden. Die komplexe Vielfalt der Gene zwischen und innerhalb von Populationen veranlasst immer mehr Humangenetiker aufgrund unzureichender genetischer Grundlagen zu der Auffassung, von einer Einteilung der Menschen in unterschiedliche Rassen abzusehen.
Wenn überhaupt, sollte man von **geografischen Gruppen** bzw. typologischen Kategorien sprechen. Die **Populationsdifferenzierung** in Menschengruppen bzw. typologische Kategorien wird als Ergebnis der Einwanderungen von Afrika aus („Out-of-Africa-Hypothese") gesehen.
Chromosomenzahl, Schwangerschaftsdauer, viele Verhaltensweisen, Bau und Funktion von Sinnesorganen, Gehirn, Skelett und Muskulatur sind bei den Menschen dieser verschiedenen geografischen Gruppen identisch. Die Merkmale jedoch, die innerhalb dieser Gruppen variieren, wie z. B. Hautfarbe, Haarstruktur oder Augenform, wurden vermutlich eher durch Klimabedingungen und Umweltfaktoren selektiert. Alle Unterschiede in der „Zivilisationshöhe" haben gesellschaftliche Ursachen und entbehren jeglicher biologischen Grundlage. Somit berechtigen die Unterschiede zwischen den Menschen verschiedener Gruppen in keiner Weise zu einer Bewertung im Sinne von „hoch- oder minderwertigen Rassen" mit ihren antihumanen Folgen. Sie sind deshalb konsequent abzulehnen und scharf zu verurteilen. Außerdem ist eine immer stärkere Durchmischung der verschiedenen Menschengruppen und ihrer Kulturen zu beobachten, sodass eine geografische Zuordnung der Menschen immer schwieriger wird.

8.7.4 Die Kulturevolution bestimmt die Entwicklung der Menschheit

Folgende biologische Merkmale des Menschen waren der Motor für seine kulturelle Evolution:

- Aus der Bipedie resultierten weitere anatomische Veränderungen: Umwandlungen der Wirbelsäule, des Beckens und des Fußes und das Entstehen der Greifhand mit opponierbarem Daumen, die es ermöglicht, Werkzeuge herzustellen und zu gebrauchen.
- Vergrößerung des Gehirns als Folge einer verlängerten Wachstumsperiode von Schädel und Inhalt (nur das Gehirn der Primaten wächst auch nach der Geburt weiter, beim Menschen länger als bei anderen Primaten); dieses stark entwickelte Großhirn ist die Voraussetzung für lebenslanges Lernen und die Entwicklung von Kreativität.
- Die Verlängerung der menschlichen Entwicklung erfordert einen längeren Zeitraum elterlicher Fürsorge: Kinder schöpfen aus dem Vorrat an Erfahrungen und Kenntnissen der älteren Generationen!
- Überlieferung von angesammeltem Wissen über mehrere Generationen mit dem unverzichtbaren Hilfsmittel der menschlichen Sprache in Wort und Schrift. Voraussetzung für die Sprachentwicklung war die Ausbildung eines differenzierten Kehlkopfs.

▶ Viele rezente Arten können sich durch die vom Menschen verursachten Umweltänderungen nicht schnell genug anpassen; die **Aussterberate** lag im 20. Jh. 50-mal höher als der Durchschnitt in den vergangenen 100 000 Jahren.

▶ Durch die Übernahme von Wertvorstellungen, Techniken oder aber auch Verhaltensweisen entstehen **Traditionen.**

Man kann die **kulturelle Evolution** in folgende Stadien einteilen:

1. Jäger- und Sammler-Nomaden der afrikanischen Savanne vor zwei Millionen Jahren: Werkzeuge wurden hergestellt, gemeinschaftliche Aktivitäten organisiert und eine Arbeitsteilung fand statt.
2. Die Entwicklung der Landwirtschaft in Afrika, Eurasien und Amerika vor ca. 10 000 bis 15 000 Jahren brachte dauerhafte Ansiedlungen und die ersten Städte wurden gegründet.
3. Die industrielle Revolution begann im 18. Jh. als Folge der Aufklärung. Entscheidend war die Erfindung von Wärmekraftmaschinen (Dampfmaschine, Elektromotor, Benzinmotor usw.).
4. Die informationstechnologische Revolution begann in der zweiten Hälfte des 20. Jh.s. Diese durch eine immer vollständigere Vernetzung des Wissens und der Informationsquellen gekennzeichnete Entwicklung ist noch in vollem Gange.

Die Fähigkeit, Computer zu konstruieren, ist nicht in unseren Genen verankert, sondern das angesammelte Ergebnis von vielen Generationen menschlicher Erfahrung, die durch Bücher, Lehrer und Eltern weitergegeben wurde.

▶ Die **menschliche Sprache** ist in ihrer Komplexität und Differenzierungsmöglichkeit einzigartig.

Die Erweiterung unseres Gehirns machte uns zu einer Organismenart, die in der Lage ist,

- sich über ihre körperlichen Einschränkungen hinwegzusetzen;
- zielgerichtet für die Weitergabe und Erweiterung ihres Wissens zu sorgen;
- die biologische Evolution abzukürzen bzw. in ihrer Geschwindigkeit um mehrere Größenordnungen zu übertreffen;
- die Umwelt mithilfe z. B. von Technik und Medizin nach ihren Bedürfnissen zu modifizieren.

▶ Die negativen Folgen der **kulturellen Evolution des Menschen** sind u. a. Überbevölkerung, chemische Umweltverschmutzung und die Zerstörung von Lebensräumen.

Der lange Weg zum modernen Menschen

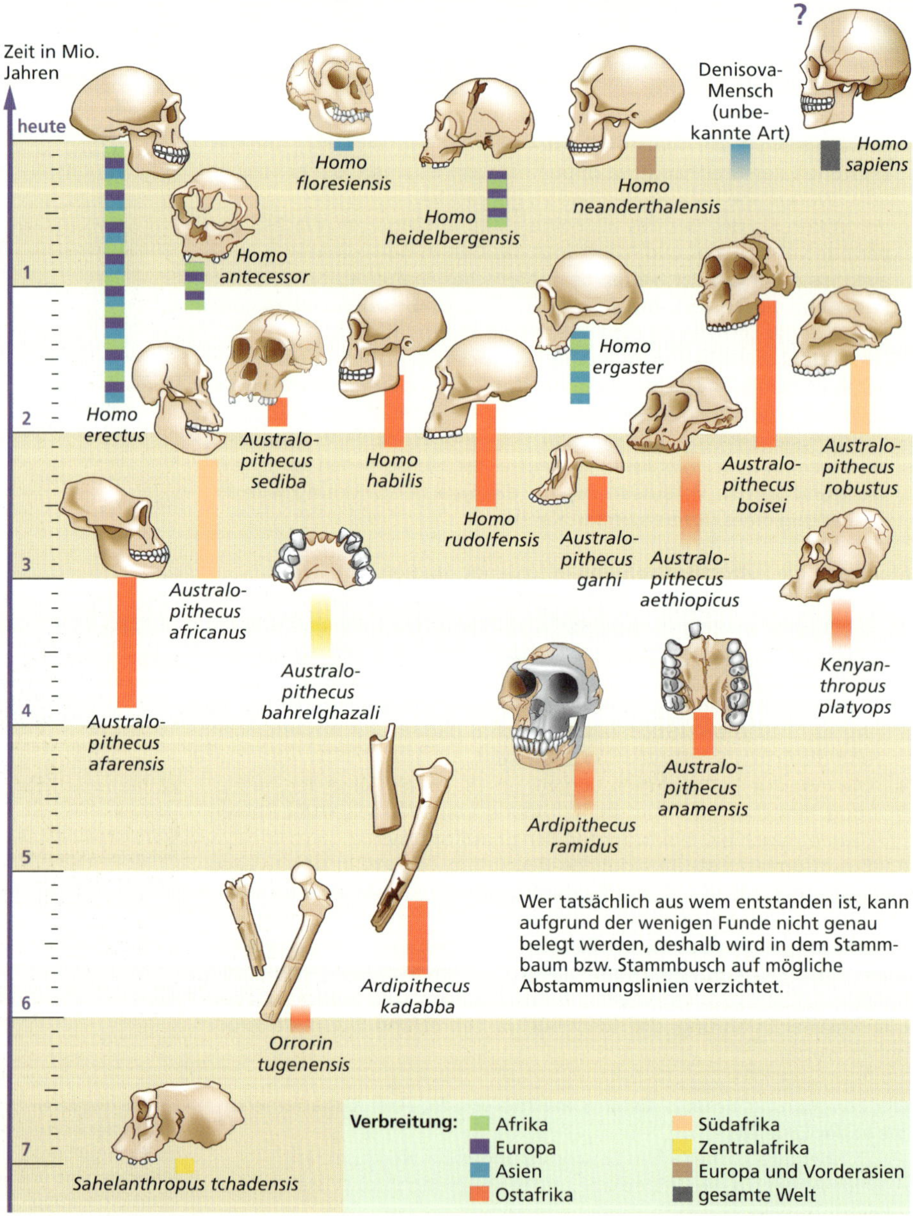

Wer tatsächlich aus wem entstanden ist, kann aufgrund der wenigen Funde nicht genau belegt werden, deshalb wird in dem Stammbaum bzw. Stammbusch auf mögliche Abstammungslinien verzichtet.

Verhaltensbiologie

9

9.1 Ziele und Methoden der Verhaltensbiologie

- Die Verhaltensbiologie ist durch ihre Bezüge zu anderen Teildisziplinen der Biologie (z. B. Ökologie, Evolutions- und Neurobiologie) sowie zur Psychologie und zu den Geisteswissenschaften sehr integrativ.
- Die vier entscheidenden Fragen der Verhaltensbiologie sind die Fragen nach Anpassungswert, Ontogenese, Mechanismus eines Verhaltensphänomens und stammesgeschichtlicher Entwicklung.
- Zu den Methoden der Verhaltensbiologie gehören das Beobachten (ohne zu interpretieren), das Benennen von Verhaltensweisen, das Beschreiben, Messen, Auswerten und Analysieren.
- Mit dem quantitativen Registrieren von Verhaltensweisen (wer, wann und wie lange wird beobachtet) können Hypothesen getestet werden.
- Jede Verhaltensweise hat proximate und ultimate Ursachen.
- Das Verhalten eines Individuums entwickelt sich unter dem Einfluss von Erbanlagen (Genen) und Umweltbedingungen.

9.1.1 Die Verhaltensbiologie ist sehr vielschichtig

Die **Verhaltensbiologie** oder **Ethologie** hat starke Bezüge zur Ökologie, zur Evolutionsbiologie, zur Neurobiologie und Endokrinologie sowie zur Molekular- bzw. Populationsgenetik. Als besonders integrative Teildisziplin der Biologie kommt ihr nicht nur eine große wissenschaftliche, sondern auch eine gesellschaftliche Bedeutung zu. Über die Psychologie schlägt sie eine Brücke zu den Geisteswissenschaften.

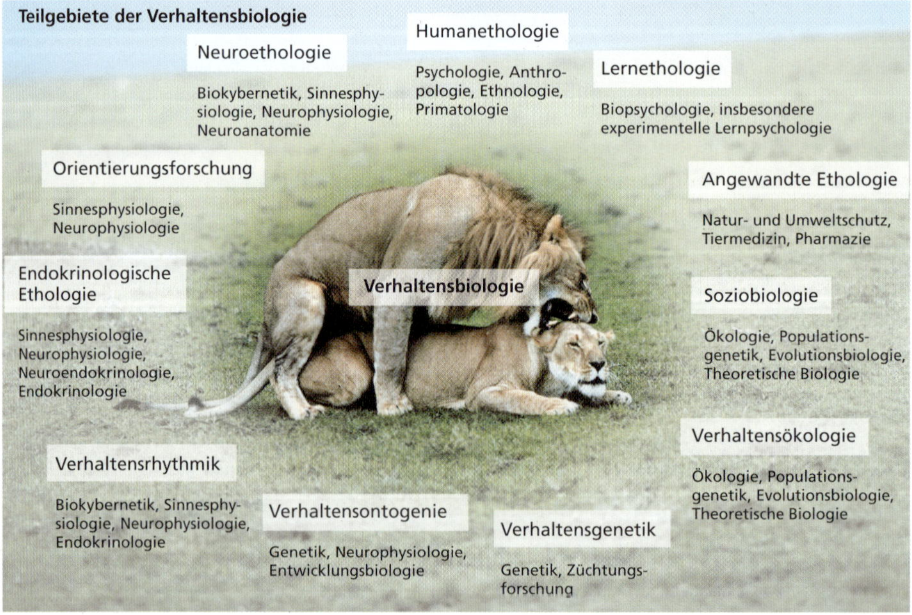

Einige Vertreter der unterschiedlichen Richtungen aus der Verhaltensforschung	
Name	**Schwerpunkt/Disziplin**
ALFRED E. BREHM (1829–1884)	Naive Tierbeobachtung, Tierpsychologie
CHARLES R. DARWIN (1809–1882)	Evolutionstheorie, Selektionstheorie, Verhaltensevolution, menschliches Verhalten
IWAN P. PAWLOW (1849–1936)	Reflextheorie (1. Lerntheorie der Verhaltensbiologie): früher Behaviorismus
OTTO KÖHLER (1889–1974)	Mitbegründer der Deutschen Gesellschaft für Tierpsychologie
BURRHUS F. SKINNER (1904–1990)	Behaviorismus
ERICH V. HOLST (1908–1962) KARL V. FRISCH (1886–1982)	Verhaltensphysiologie Neuroethologie
KONRAD LORENZ (1903–1989) NIKOLAAS TINBERGEN (1907–1988)	Klassische Ethologie Vergleichende Verhaltensforschung
JANE GOODALL (geb. 1934) DIAN FOSSEY (1932–1985) BIRUTÉ GALDIKAS (geb. 1946)	Vergleichende Verhaltensforschung an Primaten (Freilanduntersuchungen, Langzeitstudien)
IRENÄUS EIBL-EIBESFELDT (geb. 1928) HANS HASS (geb. 1919) BERNHARD HASSENSTEIN (geb. 1922)	Vergleichende Verhaltensforschung am Menschen; Humanethologie Verhaltensbiologie, Biokybernetik
WILLIAM D. HAMILTON (1936–2000) EDWARD O. WILSON (geb. 1929) WOLFGANG WICKLER (geb. 1931) RICHARD DAWKINS (geb. 1941) JOHN M. SMITH (1920–2004)	Soziobiologie, Verhaltensökologie (Ökoethologie)
DONALD R. GRIFFIN (1915–2003)	Kognitive Biologie

Themen, die eine Reichweite von den genetischen Grundlagen des Verhaltens bis hin zur Auswilderung bedrohter Tierarten aufweisen, verdeutlichen die Bandbreite sowie den Aktualitätsbezug der Verhaltensbiologie. Der Anwendungsbezug ist in den letzten Jahren stärker geworden, so spielen z. B. eine artgemäße Tierhaltung oder auch die Weiterentwicklung von *„Tiermodellen"* für die medizinische Forschung eine immer größere Rolle.

Als **KONRAD LORENZ, NIKOLAAS TINBERGEN** und **KARL VON FRISCH** im Jahr 1973 den Nobelpreis für ihre wissenschaftlichen Erkenntnisse bekamen, hatte sich die Verhaltensbiologie als eigenständige wissenschaftliche Teildisziplin etabliert. Die Forschung ging unaufhaltsam weiter, und die Kritiker (nicht selten ehemalige Schüler) der klassischen Ethologie modifizierten bereits die Hypothesen und Konzepte ihrer Gründerväter oder distanzierten sich sogar ganz und gar von deren Aussagen.

Die zentralen Begriffe der „klassischen Ethologen", wie z. B. Trieb, Erbkoordination, Schlüsselreiz, Instinkt oder psychohydraulisches Modell, werden in der soziobiologischen Forschung nicht verwendet.

KONRAD LORENZ hielt Arterhaltung und Gruppenselektion für wichtige ultimate Ursachen von Verhaltensweisen.

9.1.2 Die Verhaltensbiologie untersucht das individuelle Verhalten

Steinzeitliche Jagdszene

Schon in der Steinzeit war das Wissen über die Verhaltensweisen der Tiere für das Überleben des Menschen von existenzieller Bedeutung. Das Kennen der Gewohnheiten, Bevorzugungen und Aversionen der Tiere, die sich im Umfeld des Menschen aufhielten, war notwendig, um als Jäger erfolgreich Beute zu machen, und es verminderte gleichzeitig das Risiko, selbst zur Beute zu werden. Durch die Beobachtung tierischen Verhaltens steigerten unsere Vorfahren also ihren **Fortpflanzungserfolg (reproduktive Fitness).** Als objektive Wissenschaft hat sich die Verhaltensbiologie jedoch erst im 20. Jh. entwickelt.

Verhalten ist, was ein lebendes Tier tut und wie es dies tut. Dazu zählen u. a. Bewegungen, Lautäußerungen, Körperhaltungen, ein aktives Abgeben von Duftstoffen oder aber eine Veränderung der Form und Farbe des Körpers.

Der Gesang eines Goldammermännchens ist für das geschulte menschliche Ohr ein im Frühjahr immer wiederzuerkennendes musikalisches „Tschitschi tschitschi tschitschi bäh", bei dem die letzte Note nach unten gezogen wird.

JANE GOODALL (↗ Foto), **DIAN FOSSEY** und **BIRUTÉ GALDIKAS** lieferten mit ihren Langzeit-Freilandstudien interessante neue Erkenntnisse über das Leben der Menschenaffen (Schimpansen, Gorillas und Orang-Utans).

Der Vogelkundler (Ornithologe) jedoch wird dem Laien erklären, dass der Gesang für die Ohren des Vogels ganz und gar keine „Musik" darstellt, sondern dass die Vögel aus funktionalen Gründen singen, um etwa ihren Artgenossen mitzuteilen, wo ihr Aufenthaltsort ist, um Geschlechtspartner anzulocken oder um ein Revier zur Aufzucht und Ernährung ihrer Jungen abzugrenzen und zu verteidigen. Vögel singen also, um zu überleben und um ihre Gene an die nächste Generation weiterzugeben.
Der Gesang der Vögel lässt sich sehr gut mithilfe moderner Methoden, z. B. unter Verwendung von **Sonagrammen** (Lautspektrogramm, Klangspektrogramm), untersuchen. Mithilfe dieser grafischen Aufzeichnung von Lautfolgen können Rufe und Gesänge genau dokumentiert und beschrieben werden. Auf diese Weise finden die Verhaltensforscher immer mehr über die Entwicklung, die Funktionen und die Konsequenzen des Vogelgesangs heraus. Außerdem ist der Vogelgesang ein geeignetes Modellsystem für tierisches Verhalten, weil mit ihm ein wichtiges Prinzip verdeutlicht werden kann:

Verhalten wird sowohl von genetischen Faktoren als auch von Umweltfaktoren beeinflusst (↗ S. 402, 407).

NIKOLAAS TINBERGEN hat ursprünglich vier Fragen der Verhaltensforschung bezüglich des Auftretens von Verhaltensphänomenen formuliert:

1. Frage nach **Mechanismus** und **Form des Auftretens**
2. Frage nach den Ursachen in der Entwicklung **(Ontogenese)**
3. Frage nach der **biologischen Funktion**
4. Frage nach der **Stammesgeschichte**

NIKOLAAS TINBERGEN (1907–1988)

Schon bei der Formulierung der Frage denkt man sich also mögliche Antworten (Hypothesen) aus. Diese Hypothesen beziehen sich auf Zusammenhänge zwischen dem beobachteten Verhalten und den Bedingungen sowie zwischen einem Verhaltensphänomen und seinen Folgen:

Bedingungen ⟶ **Verhalten** ⟶ **Folgen**

(Wenn ... dann ...)

(Wenn ... dann ...)

In der Verhaltensbiologie zielen die Fragen auf zwei ganz verschiedene Aspekte ab: Entweder geht es um die **Mechanismen,** die der zu erklärenden Verhaltensweise zugrunde liegen, oder aber es geht um die **Funktion,** die die Verhaltensweise erfüllt. Das Verhalten der Individuen kommt einerseits durch die **inneren** und **äußeren Faktoren (proximate Ebene)** zustande und beeinflusst andererseits aufgrund seiner Funktionen die **reproduktive Fitness (ultimate Ebene).**
Um Verhalten umfassend zu analysieren, müssen sowohl auf der proximaten als auch auf der ultimaten Ebene Forschungen durchgeführt werden.

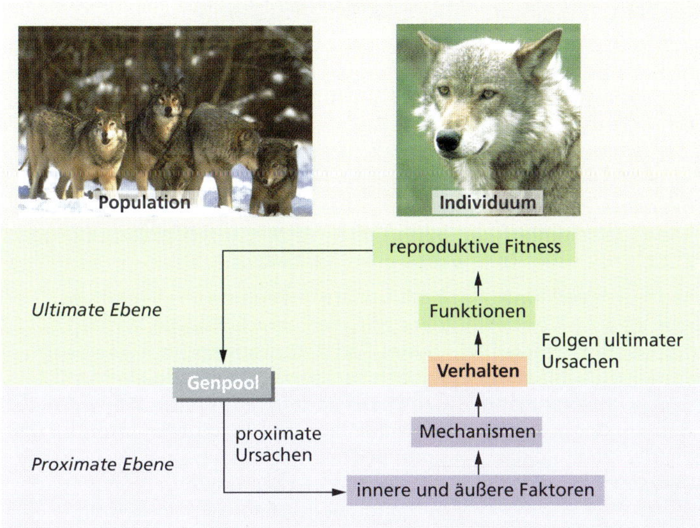

Proximate Ursachen von Verhalten	Ultimate Ursachen von Verhalten
Wirkursache (direkt, unmittelbar)	**Zweckursache (indirekt, mittelbar)**
Frage: – nach den Mechanismen der Verhaltensentwicklung (Ontogenese): *Wie wird das Verhalten ausgelöst und gesteuert?* – nach den Mechanismen der Verhaltenssteuerung: *Inwieweit sind z. B. Gene oder Hormone an der Verhaltenssteuerung beteiligt?*	**Frage:** – nach der biologischen Funktion: *Wozu dient die Verhaltensweise?* – nach dem Anpassungswert: *Welchen reproduktiven Nutzen hat das Individuum von seinem Verhalten?*
Teildisziplinen der Verhaltensbiologie: – Verhaltensphysiologie – Mechanismusforschung – Verhaltensontogenese	**Teildisziplinen** der Verhaltensbiologie: – Evolutionsbiologie – Verhaltensökologie – Soziobiologie

Mechanismus der Verhaltenssteuerung: Die Tageslänge nimmt im Frühjahr zu, dadurch steigt die Konzentration einzelner Hormone im Blut männlicher Singvögel. Dieser physiologische Prozess bewirkt das artspezifische Singen männlicher Vögel an speziellen Plätzen und zu bestimmten Zeiten.	**Funktion des Verhaltens:** Vögel singen nicht, um ihren Artgenossen oder anderen Individuen eine Freude zu machen. Mit ihrem Gesang teilen sie ihren Artgenossen mit, wo ihr Aufenthaltsort ist. Sie locken damit fortpflanzungswillige Weibchen an bzw. grenzen ihr Revier gegenüber männlichen Rivalen ab.
Mechanismus der Verhaltensentwicklung: Sowohl vorhandene Gene als auch Umweltfaktoren sind notwendig, damit Entwicklungsprozesse biologisch sinnvoll ablaufen können. So sind z. B. beim Buchfinkenmännchen die Grundstrukturen des Gesangs durch Gene vorgegeben, die Vielfältigkeit des arttypischen Gesangs jedoch wird erst erlernt.	**Evolutionäre Bedeutung des Verhaltens:** Gene, die die Entwicklung von Verhaltensmustern oder aber des Körperbaus steuern, werden von den Vorfahren an die nachfolgenden Generationen vererbt. Die Vorfahren haben also das Verhaltensmuster des Gesangs der heute lebenden Singvögel vererbt. Das Vogelmännchen erhöht mit seinem Verhalten seinen Reproduktionserfolg.

9.1.3 Verhalten lässt sich katalogisieren

Grundlegende **Methoden der Verhaltensbiologie** sind:
- Beobachten und Beschreiben von Verhalten,
- konkrete Fragen formulieren (↗ S. 401, 404),
- Messen, Auswerten und Analysieren,
- quantitative Verhaltensregistrierung,
- Beschreiben von komplexen Verhaltensweisen (z. B. soziale Strukturen und Organisationsformen).

Bevor man darüber nachdenkt, warum ein Tier bzw. eine Tierart eine bestimmte Verhaltensweise ausübt, muss man wissen, was die Tierart insgesamt an **Verhaltensrepertoire** aufweist. Verhaltensweisen müssen als wiederkehrende Abläufe erkannt, definiert und möglichst interpretationsfrei benannt werden. Es muss ein **Verhaltenskatalog (Ethogramm)** erarbeitet werden, der das beobachtete Verhalten in konkrete, mehr oder weniger feine Kategorien unterteilt. Das Ethogramm kann je nach Fragestellung von der einfachen Muskelbewegung bis hin zu komplexen Verhaltensabfolgen alles beinhalten. Es ist die erste notwendige Voraussetzung für das Beantworten konkreter Fragen in der Verhaltensbiologie. Art und Anzahl der dort aufgeführten Verhaltenselemente richten sich also immer nach den zu beantwortenden Fragen:

Wann am Tag sind Meerschweinchen aktiv?
- Die Unterscheidung in „aktiv" und „inaktiv" reicht aus, man muss jedoch klar definieren, was sich hinter diesen Begriffen verbirgt.

Wann am Tag singen Nachtigallen?
- Die Unterscheidung in Singen und Nichtsingen ist ausreichend.

Wie kommt ein Fuchs zu seiner Nahrung?
- Hier ist ein ausführlicher Katalog erforderlich:
  Beute- und Beerenstandorte des Fuchses ausmachen, Verhalten des Fuchses bei der Nahrungssuche analysieren: Wie beschafft er sich die Früchte bzw. wie bearbeitet er sie? Wie fängt er Mäuse, Hasen oder andere Tiere? Wie sucht er Futterplätze auf?

Ziel ist es, Zusammenhänge zu erkennen und daraus „Wenn-dann-Sätze" zu formulieren (↗ S. 401). Indem man **Verhaltensweisen** definiert, bildet man konkrete Kategorien von Verhaltensabläufen.
Verhaltensweisen, die man zählt oder misst, müssen klar definiert sein, damit auch andere die Untersuchung nachvollziehen können. Ist eine Fragestellung zu einem bestimmten Verhaltensphänomen überprüfbar formuliert, kann gezielt beobachtet, gemessen, ausgewertet und analysiert werden. Zwecks Analyse der Ursachen werden einzelne Umweltfaktoren verändert, um die Reaktion des Tieres beobachten zu können. Experimente unter kontrollierten Bedingungen sind im Freiland zwar möglich, können aber häufig sinnvoll durch Laboruntersuchungen ergänzt werden. Es ist dabei unbedingt zu berücksichtigen, dass sich Tiere in einer künstlichen Umgebung anders verhalten als in ihrem natürlichen Habitat im Freiland.

Bekannt wurde **ALFRED EDMUND BREHM** (1829–1884) durch sein Monumentalwerk *„Brehms Tierleben"*. Die Tiere in ihrer natürlichen Umgebung aufzusuchen, ihre Verhaltensweisen zu studieren und die Einbettung der Tiere in größere Naturzusammenhänge verstehen zu wollen war bahnbrechend zu dieser Zeit.

Am 25. 5. 1828 steht ein auffällig sonderbar gekleideter junger Mann in Nürnberg auf dem Unschlittplatz, mit einem Zettel in der Hand, der ihn als **KASPAR HAUSER** ausweist. Er ist tagblind, verstört und wurde scheinbar völlig isoliert in der Dunkelheit gefangen gehalten (**Kaspar-Hauser-Experiment** ↗ S. 404).

Die qualitativen Methoden des Beschreibens und Katalogisierens von Verhalten werden durch quantitative Untersuchungsmöglichkeiten sinnvoll ergänzt. Die ermittelten quantitativen Verhaltensdaten dienen dazu, eine formulierte Hypothese zu testen. Dabei muss klar sein:

> WAS registriere ich WIE, WO und WANN bei WEM?

Für die Auswertung der Daten muss überlegt werden, welche statistischen Verfahren angewendet werden müssen. Die konkrete Nullhypothese (Verhalten widerspricht der Erwartung) und die konträre Alternativhypothese (Verhalten entspricht der Erwartung) sollte formuliert sein, bevor man mit dem Sammeln der Daten beginnt.
Abhängig von der Fragestellung müssen die im Ethogramm definierten Verhaltensweisen als **Zustände (Aktivitäten), Ereignisse (Episoden), Zeitanteile** oder **Häufigkeiten** registriert werden.

Bezeichnung	Untersuchungsmethode
Kaspar-Hauser-Experiment	Tier wird isoliert aufgezogen, um angeborenes und erlerntes Verhalten zu unterscheiden.
Attrappenversuch	Mithilfe von Attrappen (= Objekten, die bestimmte Eigenschaften eines Tieres imitieren) wird untersucht, welche Eigenschaft einen Schlüsselreiz hat.
Zootier- und Labortierexperimente; Experimente mit zahmen Tieren	Die Versuchsbedingungen sollen kontrollierbar, aber auch möglichst natürlich sein. Im Labor werden durch das gezielte Einsetzen von Apparaturen die Bedingungen detailliert vorgegeben. Dagegen ist das Beobachten von Tieren im Zoo mit möglichst naturnaher, artgerechter Umgebung der Kompromiss zwischen der Beobachtung von zahmen Tieren und Wildtieren im Freiland.
Technische und molekularbiologische Methoden	– Die weltweite Vogelberingung macht es möglich, eine Vielzahl von Aspekten aus dem Leben der Vögel zu erforschen. Die Beringung wird durch nationale Beringungszentralen organisiert, die die Beringer ausbilden und Beringungsprojekte koordinieren. – Tragbare Sender (z. B. Satelliten-**Telemetrie**) garantieren eine Überwachung von Tieren aus großer Entfernung oder in unübersichtlichem Terrain. – Anhand chemischer Nachweismethoden lassen sich in Kot- und Urinproben z. B. Hormone nachweisen. – Anhand von DNA-Spuren des Einzelindividuums, die aus dem Kot, dem Speichel und den Haaren gewonnen werden können, sind verwandtschaftliche Beziehungen nachweisbar.
Freilandbeobachtungen	Diese Beobachtungsmethode ist die aufwendigste, oft aber auch ergiebigste Art und Weise, das Verhalten von Tieren zu studieren. In der Regel sind Langzeitstudien nötig. Die Tiere werden anfangs aus der Ferne beobachtet, gewöhnen sich aber in der Regel mit der Zeit an den Anblick und Geruch des Beobachters **(Habituation).**

9.1.4 Kenntnisse über Verhaltensweisen lassen sich in der Praxis nutzen

Beim menschlichen Umgang mit Tieren gibt es viele Bereiche, in denen die Kenntnis des Verhaltens notwendig ist, wenn es um die Lösung von bestehenden konkreten Problemen geht. Solche Bereiche sind z. B.:
- die **Schädlingsbekämpfung;**
- der **Umgang mit Haus- und Nutztieren:** Auswahl der Nutztiere, Vorbereitung (Dressur) auf die Funktion für den Menschen, Produktion (Reproduktion, Wachstum);
- der **Umgang mit Wildtieren** (jagen, fotografieren, filmen, Zootierhaltung): Erhaltung und kontrollierte Nutzung von Wildtierpopulationen; Erhaltung und Retten bedrohter Arten (sowohl in freier Wildbahn als auch in Gefangenschaft züchten und anschließend auswildern);
- der **Tierschutz** (bei Tierhaltung und Tierproduktion);
- Untersuchungen, die zum besseren **Verständnis menschlichen Verhaltens** führen.

Als der Wolf in grauer Vorzeit domestiziert wurde, spielte bei der Auswahl zum Begleit- und Wachhund des Menschen die soziale Anpassungsfähigkeit des in Rudeln lebenden und bei Störung bellenden Tieres eine große Rolle.

Viele Tiere sind gefährliche Parasiten des Menschen oder schädigen seine begrenzten Ressourcen. Will der Mensch sich dieser Tiere entledigen, muss er ihre Gewohnheiten, ihre Bevorzugungen oder ihre Aversionen – ihr Verhalten – kennen.

Erfolgreiche Schädlingsbekämpfung wurde an der Dasselfliege (*Cochliomyia hominivorax*, ↗ Abb.) ausgeübt:
Die Weibchen haben auf vielen amerikanischen Rinderfarmen großen Schaden verursacht, indem sie ihre Eier in das Fell der Rinder ablegen und die schlüpfenden Maden sich durch die Haut in das Fleisch des Rindes bohren, dadurch werden die Tiere geschädigt und der Wert des aus der Haut hergestellten Leders gemindert. Da die Weibchen sich nur ein einziges Mal paaren, setzte man in dem Habitat der Weibchen massenhaft sterile Männchen aus, die man im Labor züchtete und dann mit Röntgenstrahlen zwar steril, aber nicht begattungsunfähig machte. Die Eier der begatteten Weibchen wurden also nicht befruchtet und die Dasselfliegenplage wurde auf diese Weise erfolgreich eingeschränkt.

Wenn es um **Maßnahmen zum Erhalten und Retten** bedrohter Arten geht, so sind die Maßnahmen am erfolgreichsten, die bei gefährdeten Arten direkt im Freiland ansetzen. Die Ausbürgerung von in Gefangenschaft gezüchteten Tieren dagegen stößt auf vielerlei „hausgemachte" Probleme, die den Erfolg nicht selten verhindern, wie z. B. eine sexuelle Prägung auf den menschlichen Pfleger, die Fremdheit der neuen Umgebung, mangelnde Feinderkennung, fehlende Erfahrung bezüglich Nistplatzwahl oder Nahrungssuche oder aber die zu große Zahmheit Menschen und Raubtieren gegenüber.

Bei Raubvögeln kommt es häufig vor, dass zwei Eier gelegt, aber nur ein Junges aufgezogen wird. Das zuerst geschlüpfte Junge tötet das zweitgeborene Geschwister, indem es das Ei zerstört. Die Eltern dulden dieses Verhalten. Sind die Nahrungsbedingungen günstig, wären die Eltern jedoch in der Lage, beide Jungen aufzuziehen. Die Aggressionen des Jungen sind nur direkt nach dem Schlüpfen sehr stark. Diese Beobachtung machten sich Verhaltensforscher zunutze, um die Aufzuchtrate des Schreiadlers (*Aquila pomarina,* ↗ Abb.) zu verdoppeln, indem man das schwächere Küken aus dem Nest nahm, es anderen Raubvögeln unterschob und später, als man die Attacke des Geschwisterkükens ausschließen konnte, den Eltern wieder ins Nest setzte.

HANS HASS (geb. 1919) und **IRENÄUS EIBL-EIBESFELDT** begründeten Ende der 1960er Jahre die **Humanethologie,** indem sie die Methoden der objektiven Verhaltensbeobachtung auf das menschliche Verhalten anwandten. Anfangs wurden Filmaufnahmen sehr detailliert analysiert. Man betrachtete den Menschen unter bisher nicht üblichen, biologischen Aspekten, die neue Fragen aufwarfen und schließlich zu neuen Antworten führten.

IRENÄUS EIBL-EIBESFELDT (geb. 1928)

IRENÄUS EIBL-EIBESFELDT hat unterschiedliche Kulturen, wie z. B. die Buschleute in der Kalahari, die Yanomani in Venezuela, die Eipo in Neuguinea oder unseren Kulturkreis vergleichend untersucht. Vom Jäger und Sammler über den Pflanzer bis hin zum westlich „zivilisierten Menschen" konnte er trotz unterschiedlicher Lebensbedingungen und Erziehungseinflüsse nachweisen, dass Verhaltensweisen wie Lachen, Grüßen, Flirten oder der Ausdruck der Verachtung bei allen Kulturen in gleicher Weise vorhanden sind.

Die Beispiele sind ein Beleg dafür, dass diese Verhaltensweisen mit hoher Wahrscheinlichkeit genetisch bedingt, also angeboren sind. Auch das Unterstützen von Verwandten als Evolutionsprodukt (ein indirekter Fitnessvorteil wird erreicht, ↗ S. 418) ist bei vielen Tieren belegt und mithilfe DARWINs biologischer Selektionstheorie gut zu erklären. Dieses Verhaltensphänomen der **Vetternwirtschaft (Nepotismus,** ↗ S. 425) könnte auch auf den Menschen angewendet werden, wenngleich auch kulturelle Mechanismen zu solchen Phänomenen führen können. Aber die an Tieren gewonnenen Ergebnisse lassen immer wieder die Frage aufkommen, ob sich für den Menschen nicht vergleichbare Zusammenhänge finden lassen. Dabei konnte festgestellt werden, dass es viele Übereinstimmungen gibt. Inwieweit der „freie Wille" des Menschen dadurch beeinflusst wird, ist schwer zu beurteilen.

Die **Soziobiologie** kann auch menschliche Verhaltensdispositionen erklären, aber soziobiologische Erklärungen eignen sich keineswegs zur Rechtfertigung menschlicher Verhaltensweisen.

9.2 Entwicklung des Verhaltens

- Bei der Individualentwicklung vom Embryo zum Erwachsenen ist das Zusammenspiel der genetischen Ausstattung eines Tieres und seiner Umwelt entscheidend.
- Verhalten, das sich durch Umwelteinflüsse entwickelt, wird als erlernt bezeichnet.
- Viele Tierarten sind in spezifischen Entwicklungsphasen besonders empfänglich für bestimmte Umwelteinflüsse. Der Lernprozess innerhalb dieser sensiblen Phase wirkt sich in der Regel auf das gesamte weitere Leben aus (Prägung).
- Umwelteinflüsse können sich auf jedes Stadium des Entwicklungsprozesses auswirken, sind aber gleich nach der Geburt bzw. nach dem Schlüpfen am massivsten. In der Regel sind die Umstände, unter denen Eltern ihre Jungtiere aufziehen, so, dass der Nachwuchs vor ungünstigen Umwelteinflüssen geschützt wird.
- Jungtiere sind in der Lage, auf Umweltereignisse wie z. B. die Versorgung mit Nahrung durch die Eltern mit charakteristischen Verhaltensweisen angemessen zu reagieren. Im Erwachsenenalter gehen diese Verhaltensweisen verloren.

9.2.1 Verhaltensentwicklung wird von Genen und Umwelt geprägt

Die Gene steuern den Entwicklungsvorgang, sie codieren Proteine, die den Ablauf der Entwicklung kontrollieren. Aber auch bestimmte Umweltbedingungen müssen gegeben sein, damit der Embryo sich entsprechend entwickeln kann. Der Ablauf der Individualentwicklung wird also sowohl von den Genen als auch von der Umwelt, in der sich der Vorgang abspielt, vorgegeben.

Der Phänotyp der befruchteten Eizelle, der Zygote (P_1), wird auf der nächsten Entwicklungsstufe (P_2) sowohl durch die Gene (G_1) als auch durch die Umweltbedingungen (U_1) bestimmt:

$$P_1 + G_1 + U_1 \longrightarrow P_2$$

$$P_2 + G_2 + U_2 \longrightarrow P_3$$

P_1: Phänotyp der befruchteten Eizelle (Zygote)
P_2, P_3: Phänotyp der nächsten Entwicklungsstufe
G_1, G_2: Gene
U_1: biochemische Faktoren in der Umgebung des Embryos
U_2: Umweltbedingungen nach dem Schlüpfen bzw. nach der Geburt (biochem. Bedingungen hinsichtlich des Ernährungszustands; Informationen, die mit Sinnesorganen erfasst werden; Lernen)

In der Verhaltensbiologie sind nur sehr wenige Beispiele bekannt, in denen einzig und allein der Einfluss der Gene auf die Verhaltensmerkmale **(Verhaltensgenetik)** sicher nachgewiesen werden kann.

Ausgangsphänotyp, Gene und **Umweltfaktoren** sind also die Bestandteile einer normalen **Individualentwicklung.** Das nächste Stadium kann sich anschließen, wenn folgende Faktoren gegeben sind: Der Phänotyp des sich entwickelnden Tieres muss die entsprechende Reife haben, die richtigen Gene müssen bereitstehen und die Umweltbedingungen müssen sich innerhalb bestimmter Grenzwerte bewegen.

Bei den Jungtieren vieler Nestflüchter kann man eine scheinbar wahllose Hinwendung zu beweglichen Objekten beobachten.

Wenn man z. B. frisch geschlüpfte Enten- oder Graugansküken von ihrer Mutter trennt, so folgen sie einer einfachen Entenattrappe, einer Person oder sogar einem einfachen Kasten, der sich langsam von ihnen fortbewegt und Geräusche von sich gibt.

Dieser **Lernvorgang,** bei dem sich unter natürlichen Bedingungen die Bindung zur Mutter entwickelt, wird als **Prägung** (↗ S. 416) bezeichnet und findet während einer besonders **sensiblen Phase der Entwicklung** statt, die je nach Tierart und Umständen variieren kann. Diese Art des Lernens ist irreversibel. Sie läuft vorprogrammiert als Teil des normalen Entwicklungsprozesses und unter beliebigen Begleitumständen ab.
Welche Art von **Erfahrungen** bzw. welche **Umwelteinflüsse** im Einzelnen für eine normale Individualentwicklung nötig sind, ist artspezifisch. Bei vielen Säugetieren beeinflussen die unterschiedlichen Umweltfaktoren, Lern- und Sozialisationsprozesse das Verhalten der erwachsenen Tiere, auch pränatale Einflüsse spielen dabei eine Rolle.

9.2.2 Jungtiere besitzen spezifische Verhaltensweisen

Tiere müssen in jeder Lebensphase optimal an ihre Umwelt angepasst sein. **Jungtiere** zeichnen sich daher durch **spezifische Verhaltensweisen** aus, die sie in ihrem späteren Leben nie wieder zeigen und die in der Regel ihren unmittelbaren Bedürfnissen entsprechen.

Silbermöwenküken entfernen sich bei Gefahr von ihrem Nest und verstecken sich duckend, still und bewegungslos in der Vegetation. Die erwachsenen Möwen zeigen ein gänzlich anderes Verhalten: Sie fliegen vom Nistplatz auf und stoßen Alarmrufe aus. Würden die Küken sich wie ihre Eltern verhalten, wären sie eine leichte Beute für Krähen und andere Möwen. Indem sie sich ruhig und bewegungslos verhalten, minimieren sie das Risiko, von einem Raubfeind entdeckt zu werden.

Jungtiere zeichnen sich in der Regel durch ein hohes Maß an Lernfähigkeit aus, es gibt aber auch sogenannte „angeborene" Verhaltensweisen. Der Begriff **angeboren** wurde von den klassischen Ethologen sehr eng definiert: Sowohl KONRAD LORENZ als auch NIKOLAAS TINBERGEN verstanden unter angeborenem Verhalten ein in allen Einzelheiten erblich festgelegtes Verhalten, ohne Beteiligung des einzelnen Individuums. Da sich zeigte, dass es solche Verhaltensweisen kaum gibt, wird die Definition heute weniger stringent formuliert:
Die moderne Verhaltensbiologie definiert angeborenes Verhalten als Verhalten, das sich ohne offensichtlichen Umwelteinfluss entwickelt.

Ziele und Methoden der Verhaltensbiologie

- Verhalten ist, was ein lebendes Tier tut und wie es dies tut. Dazu zählen u. a. Bewegungen, Lautäußerungen, Körperhaltungen, ein aktives Abgeben von Duftstoffen oder eine Veränderung der Form des Körpers. Verhalten wird sowohl von **genetischen Faktoren** als auch von **Umweltfaktoren** beeinflusst. Die vier entscheidenden Fragen der Verhaltensbiologie sind die Fragen nach **Anpassungswert, Ontogenese, Mechanismus eines Verhaltensphänomens** und **stammesgeschichtlicher Entwicklung.**

- In der Verhaltensbiologie geht es entweder um die **Mechanismen,** die der zu erklärenden Verhaltensweise zugrunde liegen, oder um die **Funktion,** die die Verhaltensweise erfüllt. Das Verhalten der Individuen kommt einerseits durch die **inneren** und **äußeren Faktoren (proximate Ebene)** zustande und beeinflusst andererseits aufgrund seiner Funktionen die **reproduktive Fitness (ultimate Ebene).**

- Mit dem quantitativen Registrieren von Verhaltensweisen (was, wie, wie oft, wo, wann und bei wem) können Hypothesen getestet werden. Bevor man darüber nachdenkt, warum ein Tier bzw. eine Tierart eine bestimmte Verhaltensweise ausübt, muss ein **Verhaltenskatalog (Ethogramm)** erarbeitet werden, der das beobachtete Verhalten in konkrete, mehr oder weniger feine Kategorien unterteilt. Das Ethogramm kann je nach Fragestellung von der einfachen Muskelbewegung bis hin zu komplexen Verhaltensabfolgen alles beinhalten. Es ist die erste notwendige Voraussetzung für das Beantworten konkreter Fragen in der Verhaltensbiologie.

Verhaltensentwicklung (Ontogenese)

9.3 Mechanismen des Verhaltens

- Anhand von Signalen sind Tiere und Menschen in der Lage, sich zu orientieren und zu kommunizieren.
- Das Verhalten wird von Innen- und Außenreizen bestimmt und wirkt regulierend auf innere und äußere Bedingungen.
- Die entscheidenden proximaten Faktoren der Verhaltensauslösung sind sehr häufig Hormone, insbesondere das Sozialverhalten wirkt wiederum stark auf den Hormonhaushalt zurück.
- Einfache Lernvorgänge kann man meist als Konditionierungen beschreiben.
- Im Tierreich gibt es eine Vielfalt von komplexen Lernformen, denen einfache Denkprozesse zugrunde liegen.

9.3.1 Bewegungen sind koordiniert

Ein Organismus besitzt die Fähigkeit, Reize aufzunehmen, sie zu verarbeiten und durch eine entsprechende Reaktion beantworten zu können (↗ S. 161). Vielzellige Organismen sind durch das Zusammenspiel von Sinnesorganen, Drüsen, Muskeln und Nerven dazu in der Lage.
Folgende Bewegungsabläufe werden peripher von den Sinnesorganen, Muskeln und Nerven koordiniert:
- das Zusammenspiel und die Bewegung der Körperteile,
- die stabile Haltung und die Fortbewegung des Körpers im Raum,
- Stellungs- und Haltungsreflexe,
- Schutzreflexe (z. B. Pupillen-, Husten-, Lidschlussreflex),
- angeborene und durch Lernen modifizierte Bewegungsprogramme (z. B. schwimmen, laufen, fliegen, Rad fahren, Klavier spielen).

Um bei Säuglingen den Entwicklungsstand des ZNS ärztlich zu untersuchen, überprüft man die **frühkindlichen Reflexe.**

Wird die Handinnenfläche eines Säuglings mit dem Finger berührt, so greift der Säugling danach. Solche Reaktionen, die nur von einem bestimmten Reiz ausgelöst werden und in der Regel immer gleich ablaufen, werden als **Reflexe** bezeichnet.

9.3.2 Einige Verhaltensweisen sind angeboren

Die klassische Verhaltensbiologie ging aufgrund des kaum veränderlichen Bewegungsablaufs und der einfachen neuronalen Verschaltungen davon aus, dass alle Reflexe angeboren sind. Man spricht in diesem Zusammenhang auch von **unbedingten Reflexen,** die durch **unbedingte Reize** ausgelöst werden.

Es hat sich jedoch gezeigt, dass auch einfache Reflexe durch Umwelteinflüsse modifiziert werden können. Beispielsweise schließt sich unser Augenlid, wenn ein Luftstrom das Auge streift. Wird es aber kurz vor dem Luftstrom von einem Lichtstrahl getroffen, dann reicht nach mehreren Durchgängen der Lichtstrahl allein aus, den Lidschluss auszulösen. Das Licht fungiert als Reiz für den Lidschluss.

Ein neutraler Reiz wird also zur selben Zeit mit einem unbedingten Reiz kombiniert und kann nach mehrmaligem Auftreten die gleiche Reaktion auslösen wie der unbedingte Reiz. Der neutrale Reiz wird zum **bedingten Reiz,** der eine bedingte Reaktion, den **bedingten Reflex,** auslöst. Während Reflexe in der Regel durch die ihnen entsprechenden Reize ausgelöst werden, gibt es viele Verhaltensweisen, die auch bei Anwesenheit der zugehörigen auslösenden Reize nicht immer auftreten. Wenn ein Tier satt ist, wird es ein üppiges Nahrungsangebot ignorieren. Daraus folgt, dass neben dem auslösenden Reiz auch der innere Antrieb bzw. die Motivation oder Handlungsbereitschaft vorhanden sein muss, damit bestimmte Verhaltensweisen auftreten. Diese Motivationsstärke wird durch das vorausgegangene Verhalten sowie durch Außen- und Innenreize beeinflusst. Bestimmte Außenreize, die ein spezifisches Verhalten auslösen, sind sogenannte **Schlüsselreize.** Sehr häufig handelt es sich dabei um Merkmalskombinationen, die man mithilfe von Attrappen herausfinden kann. Wirkt dieser Reiz innerhalb einer Art, nennt man ihn Auslöser. Im ZNS und in den **Sinnesorganen** vermutet man einen neurosensorischen Filter, der angeboren oder erworben sein kann und dafür sorgt, dass ein Organismus nur auf bestimmte Reizkonstellationen reagiert: Ist er angeboren, spricht man vom **angeborenen Auslösemechanismus** (AAM), ist er erlernt, nennt er sich **erworbener Auslösemechanismus** (EAM). Wird ein AAM durch Erfahrung verändert, spricht man vom durch Erfahrung ergänzten AAM, kurz EAAM.

▶ Werden bedingte Reflexe nur über den bedingten Reiz allein ausgelöst, gehen sie sehr schnell wieder verloren.

▶ Bei einer Attrappe handelt es sich um die Nachbildung eines Originals, das sich in Größe, Farbe oder anderen Eigenschaften vom Original unterscheidet.

Verhalten tritt auf, wenn äußere Reize, innere Bedingungen und die zentralnervösen Verarbeitungsmechanismen zueinanderpassen.

Beobachtet man eine Erdkröte bei der Nahrungssuche, so zeigt sie immer wieder die gleichen Verhaltensweisen. Sie sitzt zum Teil über einen langen Zeitraum regungslos an derselben Stelle, wechselt ab und zu den Ort, wo sie dann wieder bis zum nächsten Ortswechsel verharrt. Entdeckt sie ein potenzielles Beutetier, z. B. einen Wurm, richtet sie ihren Körper so aus, dass ihr Kopf der Beute zugewandt ist und sie den Wurm beidäugig fixieren kann. Blitzschnell wird die Zunge ausgeklappt und das Tier gefangen.

Das Beutefangverhalten der Erdkröte kann man in drei Abschnitte unterteilen:
1. **Appetenzverhalten** = ungerichtetes Suchen nach bestimmten Schlüsselreizen
2. **Einstellbewegung** = Orientierungsreaktion, sobald das Beutetier wahrgenommen wird
3. **Erbkoordinierte Endhandlung** = plötzliches Schnappen nach dem Wurm führt zum Absinken der zugrunde liegenden Motivation

▶ Beim Menschen ist das **Kindchenschema** (großer Kopf, große Augen, rundliche Körperformen, dicke und kurze Extremitäten) ein Reizmuster, auf das wir mit vorhersagbaren Verhaltensweisen (Zuwendung, beschützen) reagieren.

Dieses Gesamtprogramm nennt man **Instinkthandlung.** Instinkthandlungen sind zum Teil vollständig ererbt, zum Teil aber auch modifizierbar. Für eine ausschließlich genetisch festgelegte Bewegungsabfolge wird der Begriff **Erbkoordination** verwendet.

Umgangssprachlich wird „Instinkt" oft gleichbedeutend mit „Gespür" oder „gutem Riecher" verwendet, z. B. dem „Instinkt" eines Kaufmanns für gute Geschäfte. Dies hat mit dem verhaltensbiologisch definierten Begriff der Instinkthandlung wenig gemein.

Das Modell der Erbkoordination ist aber nur für die Erklärung einfacher Verhaltensweisen praktikabel. Die Realität ist meist wesentlich komplexer: Viele AAMs sind durch Erfahrungen modifizierbar. Schlüsselreize sind oft komplizierter, als es die Attrappenversuche vermuten lassen. Außerdem können sogar erbkoordinierte Endhandlungen durch Lernen verändert werden. Es ist kaum möglich, das Instinktverhalten von bewusstem, erlerntem und umweltbedingtem Verhalten losgelöst zu betrachten.

Analysiert man z. B. den komplexen Vorgang des Nestbaus bei Vögeln, so kommt die grundsätzliche Handlungsbereitschaft sicherlich durch die hormonell gesteuerte Fortpflanzungsbereitschaft zustande. Viele einzelne, voneinander abhängige Prozesse greifen ineinander, die meisten Instinkthandlungen sind zu **Handlungsketten** bzw. **Handlungskomplexen** zusammengefasst (↗ Abb.).

Die erblichen Anteile des tierischen Verhaltens sind das Ergebnis eines langen Anpassungsprozesses einer Art an ihre Umwelt. Individuen, die sich zwecks Weitergabe ihrer Gene so verhalten haben, konnten sich in der Evolution besser durchsetzen als ihre Artgenossen mit ungünstigeren Verhaltensweisen. Dabei sind auch angeborene Verhaltensweisen nicht starr. Sie bilden den Rahmen, innerhalb dessen sich jedes Tier seinen inneren und äußeren Bedingungen anpassen kann. Hat ein Tier Hunger, ist die Handlungsbereitschaft zum Fressen sehr hoch und viele verschiedene Reize dienen als Auslöser. Ist es jedoch satt, so wirken nur besonders attraktive Futterquellen (doppelte Quantifizierung durch Handlungsbereitschaft und Stärke des Auslösers).

In der Nahrungsmittelindustrie macht man sich das Prinzip der doppelten Quantifizierung zunutze: Angebotene Waren müssen appetitlich aussehen und gut riechen. So werden zwei starke Auslöser für die Instinkthandlung Essen angeboten. Die Ware wird also auch gekauft, wenn der Kunde satt und die Handlungsbereitschaft daher eher niedrig ist.

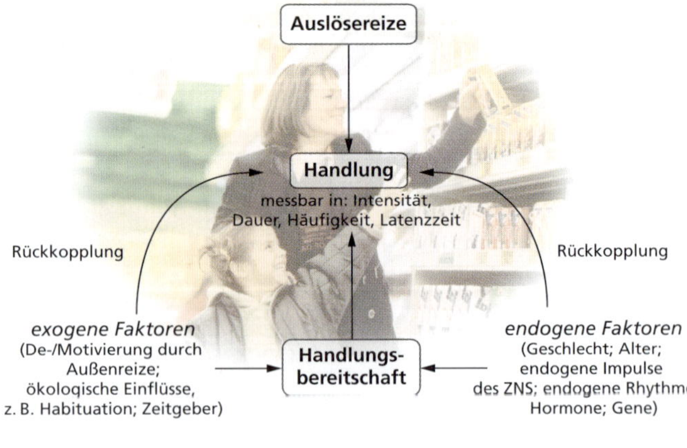

9.3.3 Es gibt eine Vielfalt von Lernformen

Tiere verändern ihre Verhaltensweisen in zukünftigen Situationen aufgrund früher gemachter Erfahrungen. Dieser Prozess wird als **Lernen** bezeichnet.

Um lernen zu können, müssen die Individuen in der Lage sein, Informationen aus der Umwelt aufzunehmen und zu speichern. Diese *gespeicherte Information* – auch als **Gedächtnis** bezeichnet – muss in einer späteren Situation abrufbar sein. Die **Gedächtniskapazität** bedingt die **Lernfähigkeit** eines Tieres. Der **Lernvorgang** entscheidet, ob die Speicherung kurz- oder längerfristig erfolgt. So wird z. B. der Aufenthaltsort eines Beutetieres im Kurzzeitgedächtnis gespeichert, während z. B. die Lage des Nestes für den brütenden Vogel eine dauerhaft wichtige Information darstellt, die im Langzeitgedächtnis abgelegt wird. Alle erlernten Verhaltensweisen, die ein Tier braucht, um in seiner Umwelt überlebensfähig zu sein, werden auch als **notwendiges (obligatorisches) Lernen** bezeichnet (z. B. Fähigkeit, das eigene Nest in einer Brutkolonie wiederzufinden). Von **fakultativem Lernen** spricht man, wenn der Lernvorgang dem Tier zwar Vorteile verschafft, aber nicht unbedingt notwendig für das Überleben ist (z. B. Werkzeuggebrauch bei Affen).

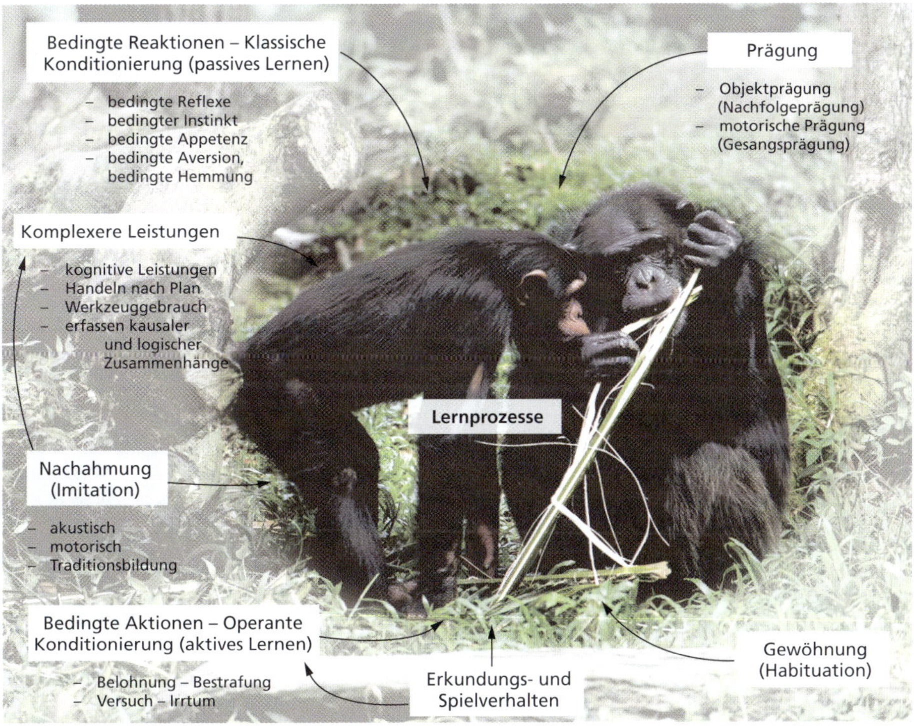

9

Erfahrungsunabhängige zentralnervöse Entwicklungsprozesse können auf den Betrachter wie ein Lernvorgang wirken. Im Experiment kann man aber das Lernen ausschließen. Diese Prozesse werden als **Reifung** von Verhaltensweisen bezeichnet.

Die **Instinkt-Lern-Verschränkung** verdeutlicht die enge Verknüpfung zwischen angeborenen und erlernten Verhaltensweisen. Das genetisch festgelegte Programm (Erbkoordination) wird durch obligatorische Lernvorgänge an die verschiedenartigen Lebens- und Umweltbedingungen angepasst.

Auch Lernvorgänge haben genetische Grundlagen. Diese **Lerndispositionen** können artspezifisch vom Lebensraum, der Ernährungsweise, der Art, sich fort zu bewegen, aber auch von der unterschiedlichen Begabung der einzelnen Tiere einer Art abhängig sein.

Das Sandwespenweibchen *Ammophila pubescens* gräbt Höhlen, um dort gefangene, durch Giftstiche gelähmte Raupen abzulegen. Die Raupen werden mit eigenen gelegten Eiern versehen und die sich daraus entwickelnden Larven fressen die Raupen.
Das Weibchen überprüft regelmäßig, ob dem Nachwuchs die Raupen ausgehen, und sorgt ggf. für Nachschub. Dieses aufwendige Brutpflegeverhalten ist angeboren, wird aber durch obligatorische Lernvorgänge an die Lebensbedingungen angepasst. Die Wespenweibchen müssen nämlich lernen, an welchen Standorten sich die Höhlen mit den Larven befinden und wie sie auf dem Luftweg (fliegend) bzw. über den Landweg (wenn die Raupen zur Höhle transportiert werden) zur Höhle zurückfinden.

Bedingte Reaktionen

Tiere können assoziativ lernen, indem sie unterschiedliche Reizsituationen kombinieren und daraufhin angeborene, unbewusste Handlungen entsprechend verändern. Dabei werden positive Reizkombinationen **(bedingte Appetenz)** vom Tier bevorzugt und entsprechend häufiger aufgesucht als negative Reizkombinationen **(bedingte Aversion).** Verhaltensweisen, die auf diese Weise erlernt werden, nennt man **bedingte Reaktionen.** In der klassischen Verhaltensbiologie wurden diese Vorgänge als **klassische Konditionierung** bezeichnet.
Der russische Physiologe **IWAN P. PAWLOW** (1849–1936) entwickelte zum Ende des 19. Jh.s eine Methode, den Speichelfluss und die Magensaftsekretion von Hunden auf Reize quantitativ zu erfassen.

Der unbedingte Reiz, den PAWLOW den Hunden anbot, war Futter in einer Schüssel. Mit dem Angebot des Futters bot er schließlich stets einen zunächst neutralen Reiz an. Dabei handelte es sich um ein bestimmtes Licht oder er ließ einen Glockenton erklingen. Schon nach kurzer Zeit reichte das Aufleuchten der Lampe oder der Ton allein aus, um Speichelfluss und Magensaftsekretion auszulösen. Der Speichelflussreflex wurde durch die neue Erfahrung verändert, deshalb handelt es sich um eine **bedingte Reaktion.**

Bedingte Aktionen
Neben dem assoziativen Verhalten sind Tiere aber durchaus auch in der Lage, bestimmte Verhaltensweisen neu zu erlernen. Solche bedingten Aktionen werden ausgebildet, wenn ein Tier aktiv Spiel-, Neugier- bzw. Erkundungsverhalten zeigt und durch Versuch und Irrtum die Folgen einer Handlung abzuschätzen lernt. Tiere lernen, dass zufällige Handlungen positive Folgen haben können, und führen diese Handlung dadurch erneut aus. Menschen nutzen diese Erkenntnis dazu, Tiere zu dressieren und somit zu Handlungen zu bewegen, die nicht ihrem natürlichen Verhaltensinventar entsprechen. Man spricht in diesem Zusammenhang auch von **operanter Konditionierung.** Voraussetzung für das Zustandekommen **bedingter Aktionen** ist die Aktivität der Tiere.
Der amerikanische Psychologe **BURRHUS FREDERIC SKINNER** (1904–1990) beschäftigte sich in der ersten Hälfte des 20. Jh.s mit dem Phänomen der bedingten Aktionen. Dafür entwickelte er die **Skinner-Box,** einen Käfig, in dem Tiere zu bedingten Aktionen bewegt werden. Betätigen Ratten bei ihrem Erkundungsverhalten in der Skinner-Box bestimmte Hebel oder Tasten, werden sie mit Futter belohnt. Sie lernen also, den Hebel zu benutzen, wenn sie hungrig sind.

Gewöhnung
Wenn einem Tier ein bestimmter Reiz immer wieder angeboten wird, der weder positive noch negative Auswirkungen hat, reagiert das Tier immer weniger und schließlich gar nicht mehr **(Gewöhnung, Habituation).** Dabei können bedingte Reaktionen verlernt werden **(Extinktion).** Während z. B. frei lebende Tiere zu Beginn einer Verhaltensstudie auf den Beobachter sehr scheu reagieren und bei Annäherung meist fliehen, gewöhnen sie sich mit der Zeit an seine Anwesenheit und „dulden" ihn in ihrer Nähe.

Nachahmung (Imitation) – Traditionsbildung
Beim Lernen durch Beobachten oder bei der **Nachahmung (Imitation)** übernimmt das beobachtende Tier Verhaltensanteile des handelnden Tieres. Auf diesem Weg können sich **Traditionen** bilden, das sind Verhaltensweisen, die von einer bestimmten Gruppe einer Tierart über mehrere Generationen in einer spezifischen, vom Verhalten anderer Gruppen derselben Art abweichenden Weise ausgeübt werden (↗ S. 427).

▶ Tiere vollziehen Nachahmung und Tradition immer objektgebunden. Menschen lernen sowohl am Objekt als auch durch Sprache, die Handlungen anderer nachzuahmen.

In den 1990er Jahren haben VITTORIO GALLESE und GIACOMO RIZZOLATTI von der Universität Parma in Primatenversuchen Nervenzellen im prämotorischen Cortex (Broca-Areal, ↗ S. 176) entdeckt, die ein ungewöhnliches Verhalten zeigen. Sie geraten zwar ebenso wie andere Neuronen in Erregung, wenn der Körper eine bestimmte Tätigkeit ausführt, sind aber auch aktiv, wenn dieselbe Tätigkeit bei einem anderen Individuum beobachtet wird. Dies war eine völlig neue Erkenntnis, da man bisher von einer strikten Arbeitsteilung des Gehirns in sensorische und motorische Areale ausgegangen war. Das Verhalten des anderen Individuums kann demnach gedeutet und verstanden werden. Die Forscher gehen sogar davon aus, dass von diesen **Spiegelneuronen** Sympathie und Einfühlung, Lernen durch Nachahmung und alle weiteren Formen der menschlichen Kommunikation ausgehen.

Während bei der Objektprägung auf einen Auslöser geprägt wird, werden bei der motorischen Prägung motorische Handlungen/ Fertigkeiten bzw. Bewegungen erworben (Verhaltensänderung).

Prägung

KONRAD LORENZ (1903–1989) entdeckte das Phänomen der **Prägung.** Er fand heraus, dass Graugansküken kurze Zeit nach dem Schlüpfen jedem Objekt folgen, das sich bewegt und Laute von sich gibt. Zwei Tage nach dem Schlüpfen jedoch ist die **sensible Phase** der Küken beendet. Wenn in dieser Zeit keine Prägung stattgefunden hat, fliehen die Küken vor allen Objekten, die in der sensiblen Phase eine Nachfolgeprägung ausgelöst hätten.
Werden Verhaltensweisen in einer kurzen, genetisch bestimmten Zeitspanne der frühen Jugendentwicklung durch einen spezifischen Reiz festgelegt, spricht man von Prägung. Der Vorgang ist in der Regel irreversibel. Bleibt der prägende Reiz in der sensiblen Phase aus, kann er später nicht mehr wirken.

9

Man unterscheidet zwei Formen von **Prägung:**
- **Objektprägung** (z.B. Nachfolgeprägung bei Gänsen und Enten oder **sexuelle Prägung** bei Zebrafinken),
- **motorische Prägung** (z.B. Gesangsprägung beim Buchfinken).

Weitere Prägungsarten sind die Ortsprägung beim Wanderverhalten der Lachse und Zugvögel oder die Nahrungsprägung mancher Insekten bei der ersten Nahrungsaufnahme.

Der Ablauf des Verhaltens (nachfolgen, balzen) ist vermutlich angeboren, aber die Prägungsprozesse an sich sind völlig unabhängig voneinander. Eine Gans könnte also einem Menschen folgen und sexuell auf Schwäne geprägt sein, weil die entsprechenden sensiblen Phasen nicht zeitgleich sind. Auch die Reihenfolge der Prägungen ist artspezifisch. Dohlen z.B. werden vor der Nachfolgeprägung sexuell geprägt, bei Gänsen und Enten ist es, wie wir bereits wissen, umgekehrt.

Kognitive Leistungen

Viele Tierarten sind in der Lage, ein Problem gedanklich zu erfassen und einen entsprechenden Lösungsweg zu planen. Wenn sich dieser Prozess losgelöst vom Lernvorgang in deren Vorstellung ereignet, spricht man von kognitivem Lernen (↗ S. 427).

WOLFGANG KÖHLER (1887 bis 1967) beobachtete von 1913 bis 1917 diesbezüglich das Verhalten von Schimpansen in einer Versuchsstation auf Teneriffa.
Bei seinen Versuchen über die Intelligenzleistungen von Menschenaffen stellte er den Schimpansen unterschiedliche Hilfsmittel wie Kisten oder ineinanderzusteckende Stöcke zur Verfügung, deren Gebrauch ihnen ermöglichte, zu einer hoch hängenden Futterquelle zu gelangen. Er konnte beobachten, dass sie nicht nur über Versuch und Irrtum zum Futter gelangten, sondern in der Lage waren, die Aufgabe erfolgreich zu lösen, indem sie unterschiedliche Verhaltensweisen neu kombinierten. Sie wählten aus mehreren Alternativen die erfolgversprechendste aus.

9.4 Angepasstheit des Verhaltens

- Die Ermittlung des Fortpflanzungserfolgs und Kosten-Nutzen-Analysen bieten Erklärungsansätze für ultimate Ursachen des Verhaltens.
- Sozialverhalten wird von ökologischen Faktoren, von der zeitlichen und räumlichen Verteilung der Ressourcen und von der Konkurrenz um diese Ressourcen bestimmt.
- Interagieren Individuen derselben Art miteinander, ist die Komplexität des Verhaltens um ein Vielfaches höher als bei anderen Verhaltensweisen. Beispiele für Verhaltenskategorien des Sozialverhaltens sind Aggression, Territorialität, Balz, Brutpflege, Kooperation und Täuschung.
- Die Soziobiologie erforscht und interpretiert das Sozialverhalten im evolutionsbiologischen Kontext und versucht, auch menschliche Verhaltensweisen entsprechend einzuordnen.

9.4.1 Angepasstes Verhalten steigert den Reproduktionserfolg

Vorausgesetzt, dass jedem natürlichen Verhalten eine biologisch sinnvolle Funktion zuzuordnen ist, interessieren als Erklärungsansatz für Verhalten in erster Linie der evolutionsbiologische Nutzen bzw. der Anpassungswert. Diese **ultimaten Verhaltensursachen** sind Thema der **Soziobiologie,** einem Zweig der Verhaltensbiologie, der sich in der zweiten Hälfte des 20. Jh.s etablierte.
Während die Soziobiologie das Sozialverhalten mithilfe von Individualselektion und genetischem Eigennutz interpretiert, befasst sich die **Verhaltensökologie** mit den Zusammenhängen der tierischen Verhaltensweisen und den ökologischen Bedingungen der Umwelt.
Das gesamte Verhaltensrepertoire eines Tieres verkörpert in diesem Sinn die Strategie, einen möglichst hohen **Reproduktionserfolg** zu erlangen. Die Größe dieses Erfolgs hinsichtlich der **Fortpflanzungsrate** und der Überlebensfähigkeit eines Individuums einschließlich seiner Nachkommen wird als **Fitness** bezeichnet.

EDWARD OSBORNE WILSON (geb. 1929), der den Begriff der **Soziobiologie** prägte, vermutet bei sozialem Verhalten auch beim Menschen einen starken biologischen Einfluss. Demgegenüber ist die Biosoziologie ein Begriff der Soziologie. Sie befasst sich mit den sozial reflexiv formbaren Fähigkeiten des Menschen aus dem Tier-Mensch-Übergangsfeld, z. B. mit der Entstehung des freien Willens.

Wüstenfüchse

Storchenpaar

Als Begründer der Soziobiologie gilt der Engländer **WILLIAM D. HAMILTON** (1936–2000), der sich v. a. mit der Frage beschäftigte, wie die natürliche Selektion das Sozialverhalten von Individuen beeinflusst. Er fand heraus, dass für die Fitnessmaximierung eines einzelnen Individuums nicht nur die eigenen Nachkommen, sondern auch Geschwister, Nichten, Neffen und andere Verwandte, mit denen das Individuum Gene gemeinsam hat, von Bedeutung sind. Die **Gesamtfitness,** auch als **„inklusive Fitness"** bezeichnet, die sich aus der **direkten Fitness** (durch eigene Nachkommen) und der **indirekten Fitness** (durch Verwandte) ergibt, sorgt für den evolutionären Erfolg.

Als **evolutionär stabile Strategie (ESS)** bezeichnet man eine Strategie, die sich unter gegebenen Bedingungen evolutionär behaupten kann.

Die **Hamilton-Regel** liefert als quantitatives Hilfsmittel eine Berechnungsgrundlage, inwieweit die natürliche Selektion ein bestimmtes altruistisches Verhalten begünstigt.

Hamilton-Regel:

$$\frac{B}{C} > \frac{1}{r}$$

Dabei bedeuten:
B = Nutzen
C = Kosten
r = Verwandtschaftsgrad

Untersucht man das Sozialverhalten der Tiere, müssen also die Verwandtschaftsverhältnisse der beteiligten Individuen berücksichtigt werden. Nur so ist gewährleistet, dass die ultimaten Ursachen überhaupt entsprechend erkannt werden.

Uneigennütziges (altruistisches) Verhalten ist vor allem zwischen genetisch verwandten Individuen zu beobachten. Es steigert die Gesamtfitness mithilfe der **Verwandtenselektion** (***kin selection,*** ↗ S. 406, 425).

Das Phänomen der Verwandtenselektion wurde u. a. bei Bienen, Ameisen, Wespen, Termiten, Nacktmullen, Graufischern, Murmeltieren, Zieseln und Krallenaffen untersucht.

Bei den Hausmäusen leben die Schwestern meist zusammen und betreiben die Brutpflege ihrer Jungtiere gemeinsam.

Während ein einzelnes Weibchen in seiner Lebenszeit von sechs Monaten im Durchschnitt 2,8 Würfe mit 13 Jungen großziehen kann, schafft es in Kooperation mit seiner Schwester 3,8 Würfe mit 21 Jungen. Durch die gemeinsame Jungenaufzucht wird also die Gesamtfitness erhöht.

Um das Verhaltensrepertoire eines Tieres zu analysieren, bedient sich die Soziobiologie einer **Kosten-Nutzen-Analyse.** Der Aufwand bzw. die Kosten einer Verhaltensweise werden dabei ins Verhältnis zu ihrem Nutzen für das einzelne Tier gesetzt. Wenn dabei ein möglichst großer Nutzen bei möglichst kleinem Aufwand hinsichtlich Fortpflanzungsrate und Überlebensfähigkeit eines Individuums zu verzeichnen ist, kann sich dieses Verhalten innerhalb einer Art ausbreiten.

Der enorme Erfolg der **Ameisen,** der sie zur häufigsten Tiergruppe gemacht hat, hängt mit ihrer gut abgestimmten und effektiven **Kooperation** in der Kolonie zusammen. Diese Kooperation beruht zum größten Teil auf Signalstoffen (chemische Kommunikation, ↗ S. 191). Auch die **Honigbiene** koordiniert ihr Zusammenleben mithilfe von Pheromonen.

Die Kosten, die ein Individuum für die Eroberung eines Territoriums oder für die Überlebenschancen des eigenen Nachwuchses aufwendet, bezeichnet man auch als **„Investment".**

Reviergröße in Bezug auf Kosten-Nutzen-Bilanz

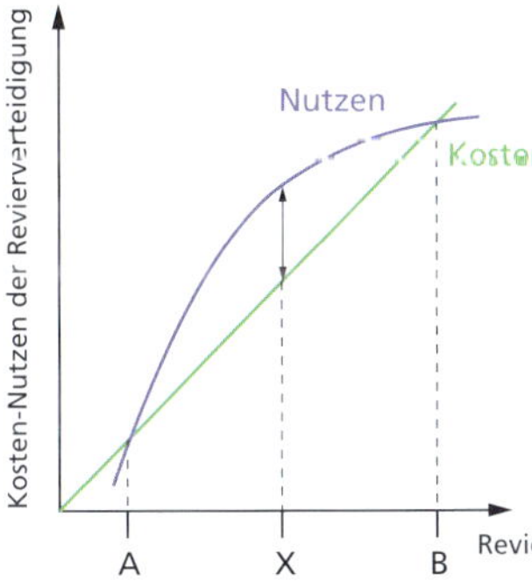

Blaufuß-Tölpel

So übersteigen mit zunehmender Reviergröße die Kosten (für die Verteidigung gegen Eindringlinge) den Nutzen, der z. B. durch zusätzliche **Ressourcen** entsteht.

Das **Sozialverhalten** der Tiere wird von ökologischen Faktoren, von der zeitlichen und räumlichen Verteilung der Ressourcen, z. B. **Nahrungsangebot, Revier** oder **Fortpflanzungspartner,** und von der **Konkurrenz** um diese Ressourcen bestimmt.

9.4.2 Kommunikation ermöglicht gegenseitige Verhaltensbeeinflussung

Ein Verhalten, das bei einem anderen Tier eine Verhaltensänderung auslöst, wird als Signal bezeichnet. Solche Signale können akustisch, optisch, chemisch, mechanisch oder elektrisch sein, wie z. B. das Quaken des Frosches (↗ Abb.) oder die Zurschaustellung des Rad schlagenden Pfaus.

Sowohl das Aussenden und den Empfang von Signalen als auch die Reaktion auf diese Signale bezeichnet man als Kommunikation.

Bei diesem Sender-Empfänger-Modell wird vom Sender eine Nachricht in Form eines Signals codiert, der Empfänger registriert das Signal über seine Sinnesorgane, entschlüsselt (Decodierung) und versteht das Signal (Verarbeitung) und zeigt eine Reaktion auf die Nachricht.
Tiere kommunizieren mithilfe unterschiedlicher Signale. Die Modalität, die für den Informationsaustausch infrage kommen kann, wird von der Lebensweise der entsprechenden Tierart mitbestimmt:

Eine besondere Form optischer Signale ist das aktive Erzeugen von Licht. Dieser Vorgang wird als **Biolumineszenz** bezeichnet und kommt im Tierreich z. B. bei Insekten, Hohltieren, Tintenfischen, Manteltieren (↗ Foto) und Tiefseefischen vor.

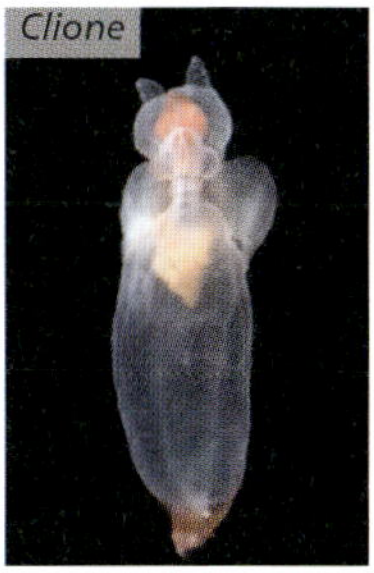

Clione

Bei der **Mimikry** (↗S. 437) werden spezifische Signale nachgeahmt bzw. kopiert, um z. B. Beutegreifer abzuwehren (Signalfälschung).

- akustisch, z. B. Gesang der Vögel, quakender Frosch;
- optisch (Körperform und -färbung, Mimik, Gestik); wirkt über kurze Distanzen, z. B. Verfärbung des Chamäleons;
- chemisch (olfaktorisch: Pheromone, Sexuallockstoffe); wirkt über längeren Zeitraum und größere Distanz, z. B. Duftabgabe bei Ameisen;
- mechanisch (taktil) wirkt über kurze Distanzen, z. B. Schnabelsperren bei Jungvögeln nach Erschütterung des Nestrands;
- elektrisch (Aussenden elektrischer Entladungen) wirkt über kurze Distanzen, z. B. beim Drohen des Nilhechts.

Form	Funktion	Beispiele
Appell	Empfänger wird aufgefordert, bestimmte Verhaltensweisen auszuführen oder zu unterlassen.	Junge Spechte geben in ihrer Bruthöhle laute Bettelrufe von sich, sobald sich ein Elternteil der Höhle nähert. Die Eltern werden aufgefordert, die jungen Spechte zu füttern.
Darstellung	Wissensübermittlung vom Sender zum Empfänger	„Feindalarm" der Meerkatze: Anhand der spezifichen Rufe des Senders wird dem Empfänger übermittelt, um welchen Raubfeind es sich handelt (Leopard, Schlange oder Raubvogel).
Ausdruck	Sender vermittelt Handlungsbereitschaft.	Imponiergehabe (Brusttrommeln) des Gorillamännchens

9.4.3 Soziale Strukturen bieten Vorteile

Häufig zählt man zum Sozialverhalten auch vergleichbares Verhalten zu Angehörigen anderer Arten, wenn beteiligte Individuen miteinander interagieren (Ausnahme: Räuber-Beute-Interaktion). Zwei Dscheladas sitzen auf einem Mähnenspringer.

Sozialverhalten beinhaltet alle Verhaltensweisen, die beim Umgang mit Artgenossen auftreten können. Beispiele für Verhaltenskategorien des Sozialverhaltens sind u. a. Kommunikation, aggressives und submissives Verhalten (agonistisches Verhalten), Revierverhalten, Territorialität, Balz, Brutpflege, Kooperation bzw. altruistisches Verhalten und Täuschung.

Von einer **Gruppe** spricht man, wenn eine mobile Anzahl von Individuen einen geringeren Abstand zueinander einhält als zu anderen Individuen und miteinander auch anders umgeht als mit fremden Artgenossen.
Alters- und Geschlechtszusammensetzung sowie die Anzahl der Mitglieder können sehr unterschiedlich sein.

I. **Familiengruppen** sind Gruppen, in denen Mutter, Vater oder beide Eltern mit ihrem Nachwuchs zusammenbleiben.
Man unterscheidet:
- *Mutterfamilie:* Mutter und Kinder leben zusammen, z. B. Säuger.
- *Vaterfamilie:* Vater und Kinder leben zusammen, z. B. Stichling, viele Fische und Vögel.
- *Elternfamilie*: Vater und Mutter leben mit Kindern zusammen, z. B. Gibbons, Gänse, Schakale, Singvögel.

II. **Fortpflanzungsgruppen (Paarungssysteme,** ↗S. 426) im Tierreich

III. **Verbände** aus weitgehend gleichartigen Individuen:
- Jungtiergruppen, z. B. bei Fischen
- Weibchengruppen, z. B. bei Antilopen
- Junggesellengruppen, z. B. Dscheladas, Geparden

Der in Äthiopien vorkommende Dschelada *(Theropithecus gelada)* lebt in großen Herden mit bis zu 600 Tieren zusammen. Man spricht auch von einer sogenannten 3-Stufen-Gesellschaft: Eine Herde (3. Stufe) setzt sich aus mehreren Bands (2. Stufe) zusammen, deren Größe zwischen 30 und 260 Tieren schwankt. Nahrungsplätze und Wasserstellen werden gemeinsam genutzt, die Tiere bilden eine ökologische Einheit. In der 1. Stufe findet man Ein-Männchen-viel-Weibchen-Gruppen (Harem) zusammenlebend mit Junggesellenclans, die sich an der Peripherie des Harems aufhalten und auch periphere Kontakte zu den Haremsmitgliedern pflegen.

IV. **Saisonal bedingte soziale Organisationsformen:**
Viele Singvogelarten verpaaren sich nur zur Fortpflanzungssaison, die übrige Zeit des Jahres leben sie in anonymen Schwärmen (Winterschwärme).

V. **Gruppenbezeichnung** anhand der gemeinsam ausgeführten Verhaltensweisen: Wandergruppen, Fortpflanzungsgruppen, Jagdgruppen, Spielgruppen, Brutpaare, Überwinterungsgruppen

Die häufig verwendete Klassifikation von Gruppen nach den Ursachen der räumlichen Nähe und der Unterscheidung zwischen Mitgliedern und Nichtmitgliedern (anonyme und offene Aggregation, anonyme, offene Gruppe; anonyme, geschlossene Gruppe; individualisierte, geschlossene Gruppe) wird in der Praxis kaum genutzt, da diese Einteilung eine genaue Analyse voraussetzt.

In einer Population können auch verschiedene Gruppierungen gleichzeitig vorkommen.

Für das Individuum haben soziale Strukturen Vorteile: Es ist besser gegen Raubfeinde geschützt, da eine Gruppe von Tieren Feinde schneller erkennen, abwehren und verwirren kann als ein Einzeltier. Das Individuum investiert daher weniger Zeit für die Flucht und für die Wachsamkeit Raubfeinden gegenüber. Höher entwickelte soziale Strukturen bieten zusätzliche Vorteile durch eine gemeinsame Aufzucht der Nachkommen, außerdem verbessern sie die Möglichkeiten des Lernens durch Nachahmung voneinander. Auch der Räuber profitiert von der Gruppe, da das Finden und Fangen der Beute in der Gruppe aufgrund der gemeinsamen Jagd um ein Vielfaches erfolgreicher sein kann.

Wölfe leben in Rudeln, in denen sie gemeinsam auf die Jagd gehen. Die erlegte Beute wird aufgeteilt, das ranghohe Alphamännchen bekommt den größten, das rangniedrigste den kleinsten Teil. Die rangtiefen Tiere bleiben trotzdem im Rudel, da der Energieaufwand der Rudelmitglieder beim Erlegen eines großen Beutetieres, das sie allein nicht erlegen könnten, um ein Vielfaches geringer ist, als wenn sie alleine jagen würden. Die ranghohen Tiere sind bei der gemeinschaftlichen Jagd aktiver und gehen ein größeres Risiko ein. Aber alle Tiere im Rudel nehmen den gleichen Schutz vor Feinden in Anspruch.

9.4.4 Konflikte bewirken besondere Verhaltensweisen

griech. *agonistis:* der Handelnde, Tätige

Das **Paradigma der Arterhaltung** wurde aufgrund beobachteter **Kindestötungen (Infantiziden)** bei Wechseln des Rudel- oder Gruppenführers von Löwen und Languren außer Kraft gesetzt.

Gegenüber dem agonistischen Verhalten dient das **kooperative Verhalten** von Sozialpartnern der Zusammenarbeit.

Individuen einer Population besetzen dieselbe ökologische Nische, was zwangsläufig zu **Konflikten** führt. Der Zugang zu einer begrenzten Ressource, z. B. Fortpflanzungspartner oder Nahrung, wird durch das **agonistische Verhalten** mindestens zweier miteinander konkurrierender Individuen bestimmt. Sowohl **Droh-** als auch **Demutsverhalten** spielen in diesem Kontext eine Rolle. Mithilfe spezifischer Drohlaute, durch eine entsprechende Drohhaltung oder -mimik messen Gegner ihre Kräfte. Wenn einer der Gegner das Drohen einstellt und zum Demuts- oder Beschwichtigungsverhalten übergeht, kommt dies einer Niederlage gleich. In der Regel ist dieses Verhalten sehr stark ritualisiert, d. h., dass es sich aus symbolischen Handlungsabfolgen zusammensetzt, die den Gegnern nur selten ernsthafte Verletzungen zufügen. Inwieweit diese ritualisierten Zweikämpfe **(Kommentkämpfe)** ausarten, kann vom Angebot der begrenzten Ressource abhängen.

Bei männlichen grauen Zieseln *(Citellus citellus)* kann es vorkommen, dass sie sich im Kampf um eine Fortpflanzungspartnerin tödliche Verletzungen zufügen, da die Weibchen nur für einige Stunden im ganzen Jahr empfängnisbereit und somit als Paarungspartner verfügbar sind. Über die gesamte direkte Fitness eines Zieselmännchens kann unter Umständen an diesem einen Tag entschieden werden.

Agonistisches Verhalten:

Imponieren (aggressionskontrollierend): Individuum zeigt durch Brüllen, Brusttrommeln (z. B. Gorilla), Aufplustern oder Sträuben des Fells (Vergrößerung des Körperumrisses) oder Stolzieren seine physische Überlegenheit, um Angreifer einzuschüchtern bzw. abzuschrecken.

Drohen (aggressionskontrollierend): Individuum demonstriert Kampfbereitschaft, indem es Waffen (Zähne oder Krallen) präsentiert oder Drohlaute artikuliert.

Beschwichtigung (Demutshaltung, aggressionshemmend): Das unterlegene Tier nimmt eine Demutshaltung ein und demonstriert damit seine Niederlage. Der Kampf wird durch das Ausbleiben aggressionsfördernder Reize beendet.
Zum Beispiel legen sich beschwichtigende Dschelada-Weibchen gegenüber dem Männchen mit dem Bauch flach auf den Boden, das Hinterteil erhöht, und schnattern/schmatzen mit den Zähnen.

Kommentkampf/Turnierkampf: Diese Kampfform ist eine Art Wettkampf unter Artgenossen, der stark ritualisiert nach klaren Regeln abläuft. Es werden keine tödlichen Waffen eingesetzt, in der Regel nur unempfindliche Körperpartien angegriffen und dieser Kampf dient einzig und allein dazu, das überlegene Tier zu ermitteln.

Beschädigungskampf: Die beteiligten Individuen benutzen alle ihnen zur Verfügung stehenden Mittel, um den Konkurrenten zu verletzen. Zähne, Geweihe oder Hörner werden so eingesetzt, dass der Gegner verletzt oder in seltenen Fällen sogar getötet wird.

Analysiert man das Verhalten individuell unterscheidbarer Mitglieder einer Gruppe, geht es oft um die Frage, wer wem ausweicht oder wer wen verjagen kann, wenn ein Konflikt um eine begrenzte Ressource ausgetragen wird. Aus solchen Untersuchungen resultiert eine **Rangordnung** bzw. **Dominanzhierarchie.**

Agonistisches Verhalten umfasst kämpferisches und auch unterwürfiges Verhalten von konkurrierenden Tieren, die sich in einer Konfliktsituation befinden.

Wenn man mehrere Hühner, die sich nicht kennen, gemeinsam in ein Gehege sperrt, kommt es unweigerlich zu Auseinandersetzungen, die durch „Hacken" ausgetragen werden. In kürzester Zeit bildet sich eine Hackordnung heraus, die in diesem Fall eine lineare Rangordnung (Dominanzhierarchie) aufweist.

An der Spitze dieser Hierarchie kontrolliert das ranghöchste Tier, das α-Huhn, alle anderen Gruppenmitglieder. Das in der Rangordnung unter ihm stehende β-Huhn dominiert alle anderen Hühner mit Ausnahme des α-Huhns, es folgen γ- und δ-Huhn.

Lineare Rangordnungen sind selten. Auch Dreiecksbeziehungen (α ist dominant über β, β über γ, aber δ dominiert das α-Tier) sind im Tierreich vertreten.
In der Regel sind die Dominanzbeziehungen jedoch weitaus komplexer und das Beobachten in Konfliktsituationen ist notwendig, um die Beziehungen innerhalb einer Gruppe zu charakterisieren.
Meist sind *Körpergröße, physische Kondition* und *Kampfkraft* für die Ranghöhe eines Individuums ausschlaggebend. Das ranghöchste Tier hat bevorzugten Zugang zu begrenzten Ressourcen (z. B. Nahrungsquellen, Fortpflanzungspartner).

Wie bei der Dominanzhierarchie wird ein Revier zunächst durch Kämpfe und Auseinandersetzungen gebildet. Klare Regeln und Grenzen bestehender Reviere tragen dazu bei, Konflikte zu vermeiden.

Ränge können auch „vererbt" werden, z. B. von dominanten Müttern auf ihre Nachkommen **(nepotistische Rangordnung).**

Ein **Revier** oder ein **Territorium** ist ein Bereich, der von einem Individuum mithilfe agonistischen Verhaltens in der Regel gegen Artgenossen verteidigt und besetzt wird. Meist sind Reviere ortsfest, ihre Größe wird durch die Tierart, die Revierfunktion und die Menge der verfügbaren Ressourcen bestimmt.

Die Begriffe „Revier" und „Territorium" sind gleichbedeutend, allerdings wird in der Ornithologie (Vogelkunde) eher der Begriff „Revier" verwendet, während die Säugetierkundler bevorzugt die Bezeichnung „Territorium" benutzen. Territorialität bzw. Revierverhalten tritt bei allen Klassen der Wirbeltiere, bei Insekten und in seltenen Fällen auch bei Krebsen und Spinnen auf:

Man kann **Individualreviere,** die nur von einem Individuum bewohnt werden, und **Gruppenreviere,** in denen mehrere Tiere leben, voneinander unterscheiden. Außerdem besitzen Tiere unterschiedliche Reviere für die Jagd (Nahrungssuche), den Schlaf, die Balz, die Paarung oder die Brut. Diese Reviere müssen nicht unbedingt alle in einem Gebiet liegen.

- Wölfe haben riesige Territorien (mehrere Hundert Quadratkilometer groß), Singammerpaare z. B. bewohnen Reviere mit einer Größe von 3 000 m^2, in denen alle Verhaltensweisen der mehrere Monate anhaltenden Brutsaison ablaufen.
  Tölpel dagegen paaren und nisten in Revieren, die nur einige Quadratmeter groß sind, auf Nahrungssuche gehen sie allerdings außerhalb ihres Reviers. Seelöwenbullen verteidigen kleine Territorien, in denen sie sich paaren. Orang-Utans haben riesige Territorien, die sie für den Nahrungserwerb benötigen.

Neben dem Territorium gibt es auch **Streifgebiete.** Das sind Bereiche, in denen Tiere sich regelmäßig aufhalten, aus denen Artgenossen aber in der Regel nicht vertrieben werden. Meist handelt es sich dabei um neutrale Räume zwischen den Territorien oder dort befindet sich eine kostbare natürliche Ressource, wie z. B. eine Wasserstelle, deren Verteidigung zu aufwendig wäre.

9.4.5 Fortpflanzungsverhalten verbessert den Fortpflanzungserfolg

Das **Fortpflanzungsverhalten** umfasst einen umfangreichen Verhaltenskatalog: **Partnersuche, Kontaktaufnahme** und **Auswahl** geeigneter Fortpflanzungspartner, **Konkurrenz** um die Partner und schließlich der **Elternaufwand** für die Nachkommen sind ausschlaggebend für die **sexuelle Selektion.**

Es setzen sich die Varianten in der Evolution durch, die einen Nutzen für die Weitergabe des eigenen Erbguts darstellen, also den direkten Fortpflanzungserfolg verbessern. Bei sehr vielen Tierarten werden von den Weibchen große, plasmareiche, meist unbewegliche Eizellen produziert.

Die Männchen stellen eine riesige Anzahl an kleinen, plasmaarmen, beweglichen Spermien bereit. Aus dieser Ungleichartigkeit lassen sich konträre Verhaltensstrategien der beiden Geschlechter ableiten.

Bei vielen Tierarten unterscheiden sich männliche und weibliche Individuen äußerlich durch **sekundäre Geschlechtsmerkmale.** Diese physischen Geschlechtsunterschiede werden auch als **Sexualdimorphismus** bezeichnet.

Männliche und weibliche Individuen verfolgen bei der Wahl des Fortpflanzungspartners oft sehr unterschiedliche Interessen. Allen Geschlechtern gleich ist, dass sie Partner bevorzugen, die aufgrund ihrer Fitness (↗S. 417) einen möglichst großen **Fortpflanzungserfolg,** also gesunde, überlebensfähige Jungtiere, garantieren.

Erdkrötenpaar

Schwarzbrauen-Albatrosse

Bei den Tierarten jedoch, die auch **Brutpflege** betreiben, kommen noch andere Parameter bezüglich der Partnerwahl hinzu: Wenn die Mütter die Jungen allein aufziehen, investieren sie ein Vielfaches an Zeit und Energie in ihren Nachwuchs. Die „richtige" Partnerwahl hat für diese Weibchen einen weitaus höheren Stellenwert als für die Männchen, die in erster Linie an einer möglichst weiten Verbreitung ihres Erbguts interessiert sind. Während also die Männchen versuchen, sich mit möglichst vielen Weibchen zu paaren, kommt es den Weibchen eher darauf an, einen geeigneten, „fitten" Partner zu finden, der seine „attraktiven" Gene an die gemeinsamen Nachkommen weitergibt. Investieren beide Elternteile gleichermaßen in die Aufzucht der Jungen, ist die Partnerwahl in der Regel ein sehr aufwendiger Prozess. Es gibt aber auch Fälle, wo die Männchen die Brutpflege übernehmen oder andere Gruppenmitglieder sich an der Aufzucht beteiligen.

Es gibt auch Tierarten, bei denen sich einige Individuen zugunsten anderer Gruppenmitglieder nicht selbst fortpflanzen und diese bei der Aufzucht ihrer Jungen unterstützen. Dieses auf den ersten Blick uneigennützige altruistische Verhalten widerspricht dem egoistischen Streben nach einem maximalen Fortpflanzungserfolg. Da die Tiere dieser Gesellschaften oder Staaten mehr oder weniger eng miteinander verwandt sind, tragen sie durch ihre Unterstützung auf indirekte Weise **(indirekte Fitness)** zur Weitergabe ihrer Gene bei (↗S. 418). Dieses Phänomen bezeichnet man als **Verwandtenselektion** *(kin selection).* Es wurde u.a. bei Bienen, Ameisen, Wespen, Termiten, Nacktmullen, Graufischern, Murmeltieren, Hausmäusen, Zieseln und Krallenaffen untersucht.

Auch unter nicht verwandten Tieren kommt **altruistisches Verhalten** vor. Revanchiert sich der Empfänger der Hilfe zu einem späteren Zeitpunkt, spricht man auch von **reziprokem Altruismus.** Vermutlich dienen alle Verhaltensweisen, die scheinbar altruistisch sind, der eigenen Fitness.

Auch bei der Partnerwahl gibt es erhebliche Unterschiede: Versucht ein Männchen, ein Weibchen für sich zu erobern, sind seine Fähigkeiten einem starken Selektionsdruck ausgesetzt.

9

Man unterscheidet zwei Formen der sexuellen Selektion:
- die **intrasexuelle Selektion,** bei der die Männchen um das Weibchen kämpferisch miteinander konkurrieren (z. B. bei Löwen);
- die **intersexuelle Selektion,** bei der die Weibchen sich ihren Fortpflanzungspartner anhand bestimmter Merkmale selbst auswählen.

Nicht selten wirken beide Selektionstypen zusammen. Stehen nur wenige Weibchen als potenzielle Fortpflanzungspartner zur Verfügung oder ist der Aufwand der elterlichen Investitionen bei der Jungenaufzucht sehr groß, wirkt die sexuelle Selektion sehr stark.

Männchen müssen bei vielen Tierarten durch ihr **Balzverhalten** um das paarungsbereite Weibchen buhlen, indem sie ihre sekundären Geschlechtsmerkmale zum Ausdruck ihrer Fitness präsentieren (↗S. 425). Sie können aber auch mithilfe von Revieren, Nestern oder Nahrung versuchen, die Gunst der Weibchen zu gewinnen.

▶ Wenn Männchen um die Gunst der Weibchen buhlen, kann man oft ein sehr komplexes, artspezifisches Balzritual beobachten.

Auch das **Paarungssystem,** die Art und Dauer des partnerschaftlichen Zusammenlebens, kann im Tierreich und sogar innerhalb derselben Tierart aufgrund begrenzender Faktoren (Nahrungsangebot oder zur Verfügung stehende Fortpflanzungspartner) sehr unterschiedlich sein:
- So wird die Partnerbindung durch eine gemeinsame und aufwendige Aufzucht der Jungen gefestigt, weil beide Partner ein gemeinsames Interesse an der erfolgreichen Aufzucht ihrer Jungen haben. **Monogame Paare** können daher dauerhaft – zumindest aber für eine Fortpflanzungsperiode – sexuelle Beziehungen haben oder sogar eine lebenslange Bindung aufbauen.
- Viele Tiere leben **polygam:** Einige bilden **Harems,** in denen mehrere Weibchen von einem Männchen versorgt, beschützt und begattet werden **(Polygynie).** Bei anderen hat ein Weibchen während der Fortpflanzungssaison sexuellen Kontakt zu mehreren Männchen **(Polyandrie).**
- **Promiskuitiv lebende Tiere** dagegen haben sexuelle Kontakte mit mehreren Partnern (↗S. 420 f.).

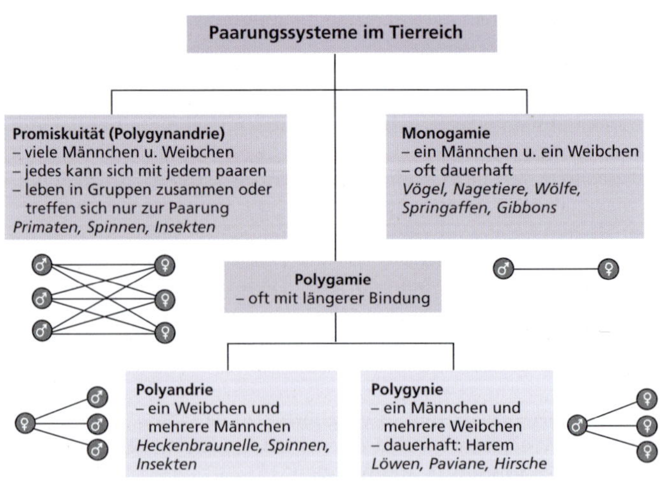

9.4.6 Ist die Sonderstellung des Menschen eine überholte Vorstellung?

Die meisten Anhänger unseres Kulturkreises sehen im Menschen ein Wesen, das sich grundlegend von den Tieren unterscheidet. Aber die angeblich menschenspezifischen geistigen Fähigkeiten, wie z. B. *Vernunft, Bewusstsein, Werkzeuggebrauch, Sprache* und *Kultur,* werden von der heutigen Verhaltensforschung in ihrer Ausschließlichkeit infrage gestellt. Vor allem nicht menschliche Primaten, aber auch andere Tiere weisen vergleichbare Fähigkeiten auf:

- Schimpansen, Gorillas und Orang-Utans sind in der Lage, Kategorien zu bilden, diesen Kategorien Begrifflichkeiten oder Gegenstände zuzuordnen und abstrakt zu denken: Sie stapeln Kisten aufeinander oder stecken Stangen ineinander, um Zugang zu einer Nahrungsquelle zu bekommen.
- Menschenaffen, denen man einen Spiegel vorhält, erkennen ihr Spiegelbild.
- Seeotter benutzen Steine, mit denen sie die harte Schale von Muscheln zertrümmern. Schimpansen stellen sogar ihr Werkzug selbst her, indem sie Äste bearbeiten, um damit Termiten zu angeln.
- Der Gesang der Wale, das umfangreiche Lautrepertoire der Grünen Meerkatze und insbesondere die künstliche Zeichensprache des Bonobos Kanzi sind Beispiele für **Kommunikationssysteme** im Tierreich, die dem Begriff „Sprache" sehr nahekommen.

Das menschliche Sexualverhalten und die Partnerwahl bzw. die Paarungssysteme des Menschen lassen in vielen menschlichen Kulturen einen Zusammenhang zwischen Fortpflanzungserfolg und gesellschaftlicher Stellung erkennen.

Werden Informationen durch Lernen oder Lehren innerhalb einer Population weitergegeben und erfolgreich gespeichert und werden diese Informationen an die nächste Generation weitergegeben, spricht man auch von **Traditionsbildungen.** Traditionen sind Voraussetzung für die Entwicklung von **Kulturen.**

Ein bekanntes Beispiel für Traditionsbildung sind die Kartoffeln und Weizen waschenden Rotgesichtsmakaken *(Macaca fuscata)* von der japanischen Insel Koshima. Sandige Kartoffeln wurden dadurch sauber und schmackhafter (Salzwasser), der Weizen schwamm an der Oberfläche, während der Sand in die Tiefe sank, und war somit leichter aufzunehmen. Ein heranwachsendes Weibchen machte diese Entdeckungen und gab sie an ihre Mutter, nahe weibliche Verwandte und andere Gleichaltrige weiter. Diese wiederum gaben die erlernte Fähigkeit an ihre Kinder weiter.

Will man die Ursachen menschlichen Verhaltens und der menschlichen Kultur verstehen, so bietet das menschliche Gehirn als leistungsfähigerer Informationsspeicher sicher einen Erklärungsansatz. Außerdem ist es dem Menschen gelungen, sich durch die Erfindung von Schrift, Schallplatte, Tonband und vom Computer weitere Informationsspeicher zu schaffen, die ihm eine neue Dimension der Weitergabe von Informationen ermöglichten. Viele Arten zeigen Höchstleistungen. Der Mensch zeichnet sich aber durch seine komplexe **Sprache** und sein Abstraktionsvermögen aus, die die Voraussetzung für die **Kulturevolution** (↗ S. 390 f., 395) bilden.

Mechanismen des Verhaltens

- Dem Zusammenspiel und der Bewegung der Körperteile, der stabilen Haltung und der Fortbewegung des Körpers im Raum dienen Stellungs– und Haltungsreflexe, Schutzreflexe, angeborene und durch Lernen modifizierte Bewegungsprogramme.

- Die Veränderung von Verhaltensweisen aufgrund früherer Erfahrungen wird als Lernen bezeichnet.

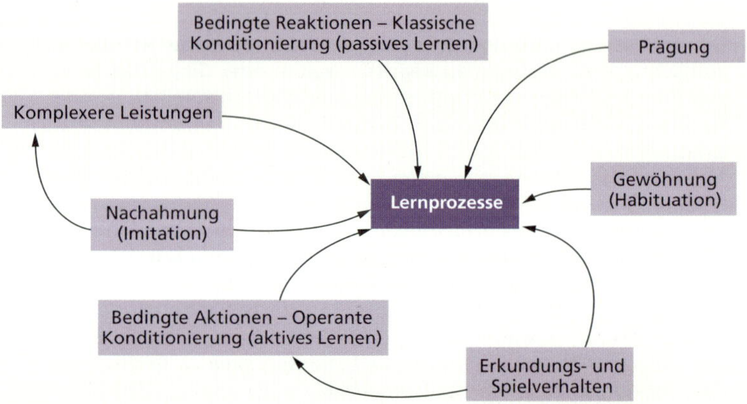

Angepasstheit des Verhaltens

- Das gesamte Verhaltensrepertoire eines Tieres dient einem möglichst hohen **Reproduktionserfolg.** Diese **Gesamtfitness eines Individuums** kann auch durch altruistische Verhaltensweisen gefördert werden (z. B. Verwandtenselektion).

- **Sozialverhalten** beinhaltet alle Verhaltensweisen, die beim Umgang mit Artgenossen auftreten können. Es wird von ökologischen Faktoren, von der zeitlichen und räumlichen Verteilung der Ressourcen, z. B. Nahrungsangebot, Revier oder Fortpflanzungspartner, und von der Konkurrenz um diese Ressourcen bestimmt.

- **Verhaltenskategorien des Sozialverhaltens:**
  - Kommunikation
  - Kooperation, Konkurrenz
  - Agonistisches Verhalten (aggressives und submissives Verhalten, Rangordnung, Revierverhalten)
  - Fortpflanzungsverhalten (Partnersuche, Partnerwahl und Balzverhalten, Brutpflege)

Wissenstest 8 auf **http://wissenstests.schuelerlexikon.de** und auf der DVD

Ökologie 10

10.1 Lebewesen in ihrer Umwelt

- Lebewesen können nur innerhalb eines Toleranzbereichs existieren.
- Organismen besitzen eine physiologische und eine ökologische Potenz.
- Wasser, Licht, Temperatur, chemische und mechanische Einwirkungen sind die wichtigsten abiotischen Umweltfaktoren, denen Lebewesen ausgesetzt sind.
- Die Einflüsse der Organismen aufeinander werden als biotische Umweltfaktoren zusammengefasst.

10.1.1 Umweltfaktoren begrenzen die Lebensfähigkeit

Der Toleranzbereich eines Lebewesens in Bezug auf einen Umweltfaktor umfasst die Werte zwischen dem kleinsten **(Minimum)** und dem größten Wert **(Maximum),** die vom Organismus gerade noch ertragen werden können. Trägt man diese Werte gegen die Intensität der Lebensvorgänge in einem Diagramm auf, erhält man eine Toleranzkurve.
Sie ist weitgehend genetisch bestimmt (Reaktionsnorm einer Art). Aus ihr geht der für das Lebewesen günstigste Wert **(Optimum)** hervor, außerdem kann man einen Bereich eintragen, der von der jeweiligen Art bevorzugt wird **(Präferendum).**

JUSTUS FREIHERR VON LIEBIG (1803–1873), der Begründer der Mineraldüngung, formulierte das Minimumgesetz. Danach wird das Wachstum einer Pflanze von der knappsten Ressource begrenzt, unabhängig davon, in welcher Menge andere Ressourcen vorliegen.

Arten mit einem engen Toleranzbereich nennt man **stenök.** Sie können als **Bioindikatoren** zur Beurteilung von Standorten genutzt werden. Demgegenüber werden Arten mit weitem Toleranzbereich als **euryök** bezeichnet.

ERNST HAECKEL führte im Jahr 1866 den Begriff „Ökologie" für die Wissenschaft vom „Haushalt der Natur" ein.

Aus Toleranzkurven für Organismen in Reinkultur, d. h. ohne die Konkurrenz anderer Lebewesen, ergibt sich die **physiologische Potenz.** Der durch Konkurrenz veränderte Toleranzbereich wird als **ökologische Potenz** bezeichnet. Bei konkurrenzstarken Arten ähneln sich physiologische und ökologische Potenz, bei konkurrenzschwachen Arten weichen beide beträchtlich voneinander ab.

Toleranzkurven

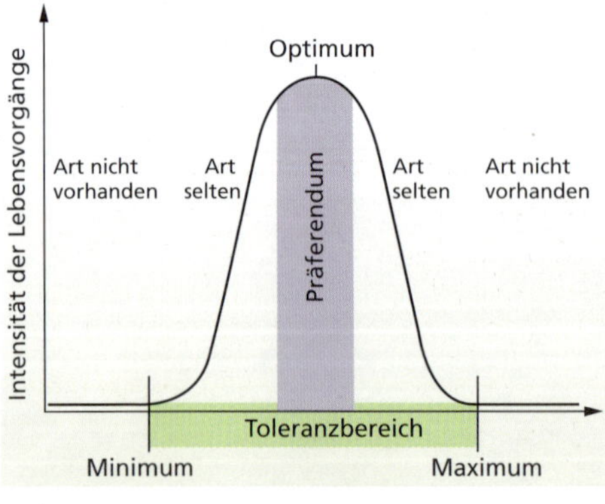

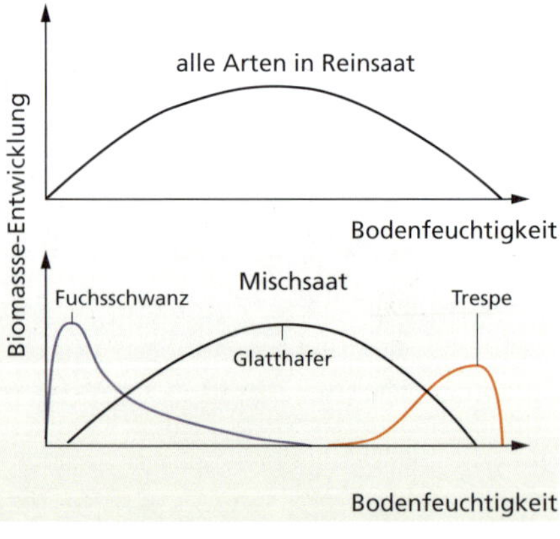

10.1.2 Abiotische Umweltfaktoren sind Einwirkungen der unbelebten Natur

Abiotische Umweltfaktoren umfassen Einwirkungen der unbelebten Natur, wie z. B. Wasser, Licht, Temperatur, chemische und mechanische Einflüsse (Wind, Schnee).

Einfluss des Umweltfaktors Wasser

Wasser hat z. B. als Transport- und Lösemittel eine zentrale Bedeutung für die Organismen (↗ S. 55). Lebewesen zeigen je nach Wassergehalt im Biotop anatomische, morphologische und physiologische Anpassungen. Pflanzen mit mittleren Feuchtigkeitsansprüchen nennt man **Mesophyten.** Die besonderen Eigenschaften von Wasserpflanzen, Feuchtpflanzen und Trockenpflanzen sind in der Tabelle zusammengestellt. Die meisten Pflanzen **(homoiohydre Pflanzen)** sind auf einen mehr oder weniger konstanten Wassergehalt angewiesen. Wechselfeuchte **(poikilohydre)** Pflanzen findet man z. B. bei den Moosen. Sie ertragen periodische Austrocknung.

Alle Landtiere verlieren durch Ausscheidung und Verdunstung ständig Wasser. Je nach besiedeltem Lebensraum werden **Feuchtlufttiere** und **Trockenlufttiere** unterschieden.

▸ Organismen zeigen je nach Biotop verschiedene **Anpassungen an den Umweltfaktor Wasser.**

▸ Wassertiere (auch Meeresvögel) steuern ihren Wasserhaushalt aktiv durch **Osmoregulation.**

Wasserpflanzen (Hydrophyten)	**Feuchtpflanzen (Hygrophyten)**	**Trockenpflanzen (Xerophyten)**
Blattquerschnitt Sumpfschraube 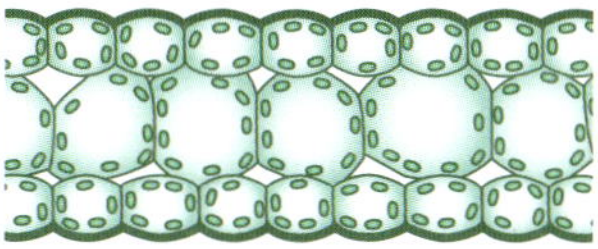	**Blattquerschnitt Ruellie** 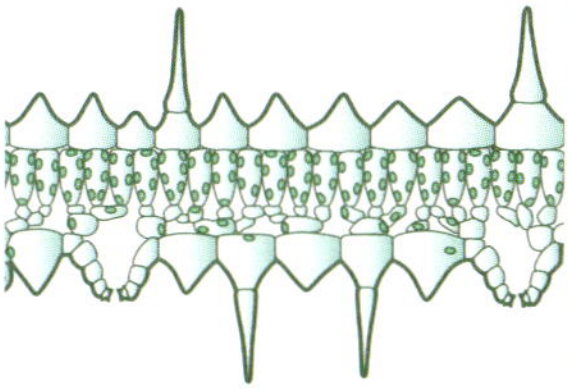	**Blattquerschnitt Oleander** 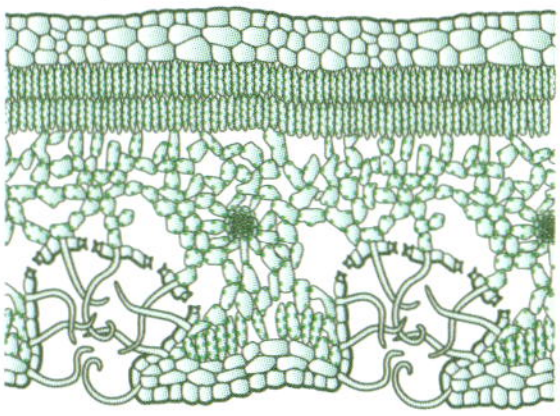
– dünne, oft stark aufgeteilte Blätter – Kutikula fehlend oder schwach ausgebildet – Spaltöffnungen fehlend, bei Schwimmblättern auf der Oberseite – große, luftgefüllte Interzellularen – Wurzelsystem fehlend oder zurückgebildet – teilweise aktive Wasserabscheidung durch Wasserspalten **(Hydathoden)**	– Blätter dünn, großflächig – Epidermis mit dünner Kutikula – dünnes Assimilationsgewebe – Spaltöffnungen über die Epidermisfläche herausgehoben – oft lebende Haare – Wurzelsystem oft flach – teilweise aktive Abscheidung von Wassertropfen **(Guttation)** durch Wasserspalten (Hydathoden)	– Blätter klein, eingerollt oder fehlend – oft mehrschichtige Epidermis mit dicker Außenwand und Kutikula – mehrschichtiges Assimilationsgewebe – eingesenkte Spaltöffnungen – oft mit abgestorbenen Haaren bedeckt – Wurzelsystem ausgedehnt und kräftig

Einfluss des Umweltfaktors Licht/Strahlung

Organismen zeigen je nach Lichteinfluss verschiedene **Anpassungen an den Umweltfaktor Licht.**

Unter **Lichtgenuss** versteht man das Verhältnis von Beleuchtungsintensität am Standort einer Pflanze zu der des gesamten Tageslichts oberhalb der Vegetationsdecke.

Eine ausreichende Lichtintensität ist für die fotosynthetisch aktiven Pflanzen lebensnotwendig. Viele Pflanzen wachsen dem Licht entgegen **(positiver Fototropismus,** ↗ S. 153).

In Anpassung an unterschiedliche Lichtintensitäten können sogar von einer Pflanze unterschiedlich gestaltete und aufgebaute **Sonnenblätter** und **Schattenblätter** gebildet werden (↗ S. 127). **Lichtpflanzen** sind im Gegensatz zu Schattenpflanzen auf eine hohe Lichtintensität angewiesen. **Schattenpflanzen** können ihre höchste Fotosyntheseleistung bereits bei ca. 10 % des vollen Lichtgenusses erreichen. Der **Lichtkompensationspunkt,** bei dem sich CO_2-Assimilation durch Fotosynthese und CO_2-Abgabe durch Atmung die Waage halten, wird je nach Lichtbedarf schon bei ca. 1 % Lichtgenuss überschritten (↗ S. 126).
Die Belichtungsdauer bzw. Tageslänge beeinflusst die Entwicklungsprozesse von Pflanzen **(Fotoperiodizität).**

Fotosyntheseleistung von Licht- und Schattenpflanzen

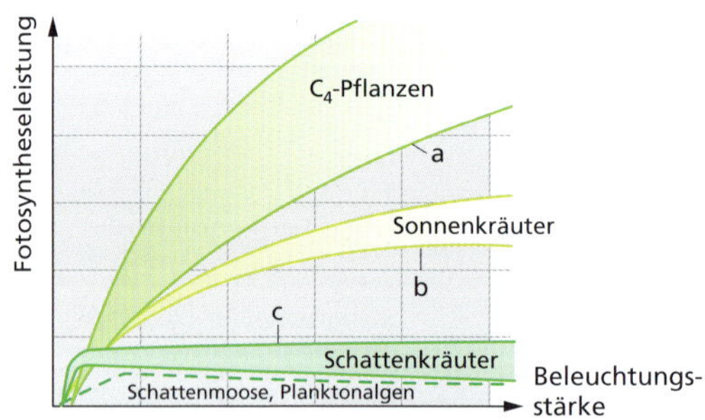

Langtagpflanzen (z. B. Getreide, Salat, Zuckerrübe) blühen, wenn sie über die kritische Tageslänge von zwölf Stunden belichtet werden.
Mais, Hirse, Chrysanthemen als **Kurztagpflanzen** bilden ihre Blüten aus, wenn die Belichtung unter der kritischen Tageslänge liegt. Auf die Blütenbildung von Sonnenblume oder Hirtentäschel hat die Tageslänge keinen Einfluss **(Tagneutrale).**

Der Umweltfaktor Licht beeinflusst auch das Verhalten und die Entwicklung der Tiere. In Abhängigkeit vom Licht werden bei Tieren verschiedene Aktivitätszeiten beschrieben: tag-, nacht- und dämmerungsaktiv. Bei tagaktiven Vögeln setzt z. B. der Gesang artspezifisch bei bestimmten Helligkeitsstufen ein **(Vogeluhr).** Eine kritische Tageslänge nutzen verschiedene Insekten, Säugetiere oder Zugvögel als Startpunkt zum Aufsuchen der Winterquartiere.
In Abhängigkeit von der Tageslänge entwickelt sich das Landkärtchen, eine einheimische Schmetterlingsart (↗ S. 210), zu zwei verschiedenen Farbformen **(Saisondimorphismus).** Für die Steuerung durch den Lichteinfluss ist eine innere hormongesteuerte Rhythmik verantwortlich („innere Uhr", Biorhythmus, ↗ S. 411, 458).

Einfluss des Umweltfaktors Wärme/Temperatur

Organismen können unterschiedlich extreme Temperaturen überleben, z. B. überwintern Lärchen bei Oimekon in Ostsibirien bei bis zu –70 °C. Verschiedene Archäen überstehen Temperaturen bis zu 110 °C.
Die einzelnen Vegetationszonen unterschiedlicher geografischer Breiten und verschiedener Höhenstufen der Gebirge werden sehr stark vom Klima und insbesondere vom **Temperaturfaktor** geprägt. Pflanzen sind stark von der Außentemperatur abhängig. Transpirationskälte und Atmungswärme können die Pflanzentemperaturen in der Regel nur geringfügig nach unten oder oben verändern. Eine größere Rolle spielt die Erwärmung durch Absorption der Sonneneinstrahlung.
Für viele Pflanzen ist der jahreszeitliche Temperaturwechsel von Bedeutung. So benötigen viele Frühblüher eine Kälteperiode, bevor sie austreiben können. Zweijährige Pflanzen wie Möhren oder Wintergetreide bilden erst nach der Überwinterung Blütentriebe. Einige Kiefernarten entlassen ihre Samen erst aus den Zapfen, wenn sie durch Feuer einer hohen Temperatur ausgesetzt waren (**Pyrophyten,** ↗ S. 451).

Anpassungen an den Umweltfaktor Temperatur: Nach der **bergmannschen Regel** sind Tiere eines Verwandtschaftskreises in kälterem Klima größer als in wärmerem Klima, nach der **allenschen Regel** werden die Körperanhänge in kälterem Klima kleiner.

Fische, Lurche, Kriechtiere und wirbellose Tiere sind **wechselwarme (poikilotherme)** Organismen. Ihre Körpertemperatur und damit ihre Aktivität sind stark von der Außentemperatur abhängig **(exotherm).**

Beim **Winterschlaf** wird die Körpertemperatur stark herabgesetzt.

10

Die Körpertemperatur von Vögeln und Säugetieren unterliegt keinen großen Schwankungen, weshalb sie auch als gleichwarm **(homoiotherm)** bezeichnet werden. Die relativ hohe Körpertemperatur wird bei niedrigen Außentemperaturen durch hohen Energieumsatz erreicht. Weil sie ihre Wärme selbst produzieren können, werden sie auch **endotherm** genannt. Gegen großen Wärmeverlust helfen Fell und Federkleid bzw. eine dicke Speckschicht, die gleichzeitig als Energiespeicher dient. Zusätzlich zeigen gleichwarme Tiere verschiedene **Überwinterungsstrategien** (Vogelzug, Winterruhe, Winterschlaf).

Bei der Verbreitung nahe verwandter homoiothermer Tierrassen oder -arten treten klimabedingt morphologische und physiologische Unterschiede auf, die in bestimmten **Klimaregeln** (z. B. bergmannsche Regel, allensche Regel) beschrieben werden. Auch einige Insekten zeigen Ansätze zur **Endothermie,** z. B. Bienen, die durch Muskelzittern oder Eintrag von Wasser die Stocktemperatur nahezu konstant halten, oder Hummeln, die ihre Flugmuskulatur zur Erhöhung der Körpertemperatur nutzen.

Toleranzkurve wechsel- und gleichwarmer Tiere

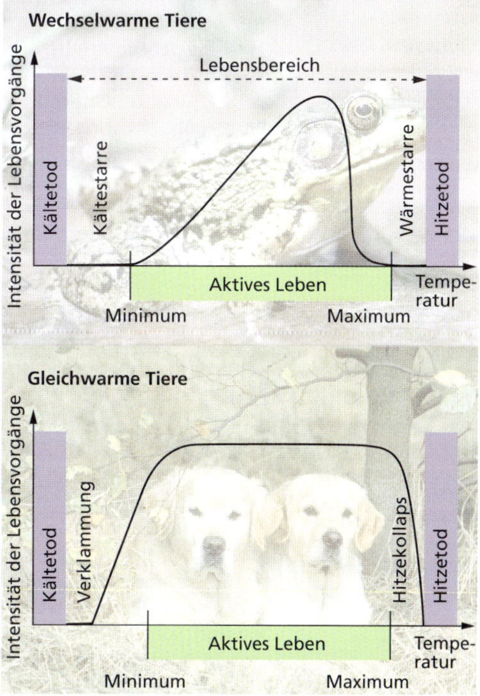

Einfluss von mechanischen Umweltfaktoren

Ein Bodenprofil mit vier Bodenhorizonten:

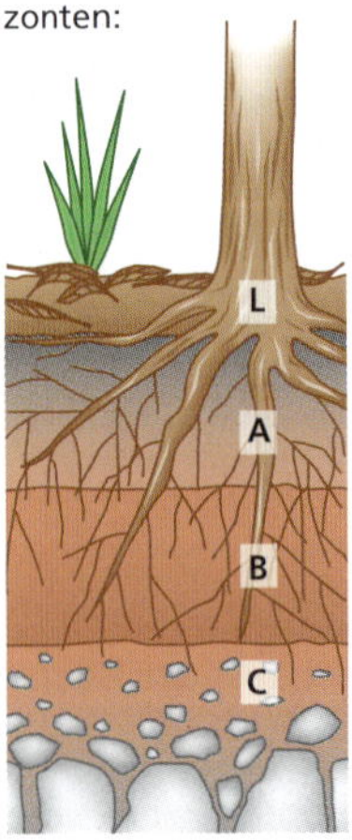

Wind, Schnee, Eis, Wassererosion und Bodenbewegung wirken als **mechanische Umweltfaktoren** auf Lebensgemeinschaften. Diese Einflüsse haben z. B. an Küsten (Wellenschlag, Dünenbildung, Ebbe und Flut) oder in Gebirgen (Windschliff, Lawine, Schnee, Steinschlag, Erdrutsch) einen entscheidenden Einfluss auf die Vegetation. Dabei können mechanische Faktoren auch Einfluss auf andere Faktoren haben. Stürme z. B. wirken direkt oder dadurch, dass sie Sandkörner oder Salzpartikel transportieren, sie erhöhen aber auch die Transpiration oder verblasen die wärmeisolierende Schneeschicht.

Erdrutsch in Sarno (Süditalien)

Einfluss von chemischen Umweltfaktoren und Boden

Chemische Umweltfaktoren wirken vor allem über den Boden, aber auch über Inhaltsstoffe von Wasser und Luft.

„Der Boden ist die unter dem Einfluss von Klima und Lebewesen veränderte oberste Schicht der Erdkruste." (HEINRICH WALTER, 1898–1989, Geobotaniker)

Böden entstehen durch die Verwitterung von Ausgangsgestein und den Abbau organischer Abfallstoffe. Entsprechend kann man vier **Bodenhorizonte** unterscheiden:

1. L-Horizont: Streuschicht, organisches Ausgangsmaterial,
2. A-Horizont: Oberboden,
3. B-Horizont: Unterboden,
4. C-Horizont: Untergrund, Ausgangsgestein.

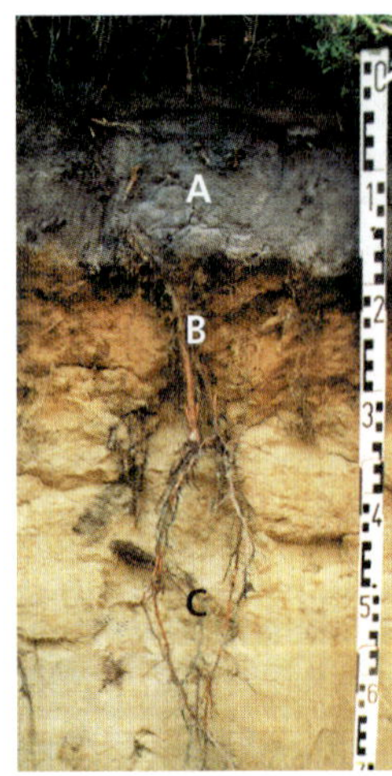

Die wichtigsten Funktionen des Bodens sind:

- Wasserspeicherung,
- Speicherung von Mineralstoffen, die für das Pflanzenwachstum wichtig sind,
- Verhinderung von Erosion,
- Schadstoffabsorption (Filterung).

Für das Recycling von organischen Abfallstoffen sind die **Bodenlebewesen** entscheidend. So gesehen wirken im Boden abiotische und biotische Faktoren eng zusammen.

Für das Pflanzenwachstum besonders wichtig sind der pH-Wert (↗ S. 58) des Bodens (Gehalt an Oxonium-Ionen), der Kalkgehalt und der Gehalt an Nitrat. Für hohe bzw. niedrige Werte dieser Bodeninhaltsstoffe gibt es bestimmte **Zeigerpflanzen (Bioindikatoren).**
Hohe Konzentrationen leicht löslicher Salze (z. B. $NaCl$, KCl, $MgSO_4$) sind für das Pflanzenleben besonders problematisch, da sie die osmotische Wasseraufnahme durch die Wurzeln erschweren oder verhindern. Nur wenige Spezialisten **(Halophyten)** können auf solchen salzhaltigen Böden, z. B. in den Salzwiesen und Mangroven der Meeresküsten, und in anderen Gebieten gedeihen.

10.1.3 Biotische Umweltfaktoren gehen von anderen Lebewesen aus

Biotische Umweltfaktoren sind alle Einwirkungen auf einen Organismus, die von anderen Lebewesen ausgehen. Sie können innerhalb einer Art **(intraspezifisch)** und zwischen verschiedenen Arten **(interspezifisch)** wirksam werden.

Die interspezifischen Wechselwirkungen können neutrale, positive oder negative Einflüsse auf die Populationsdichte haben (↗ S. 458 f.). Die **Prädation (Räuber-Beute-Beziehung)** als häufigste und leicht erkennbare Interaktion ist dadurch gekennzeichnet, dass der Räuber **(Prädator)** seine Beute frisst und sowohl die Beute als auch sich selbst dadurch bestimmten Regulationsmechanismen (↗ S. 462 f.) unterwirft. Je nach Ernährungsweise werden z. B. **Phytophagen** (Herbivoren, Pflanzenfresser), **Zoophagen** (Carnivoren, Fleischfresser), **Omnivoren** (Allesfresser) u. a. unterschieden. Organismen verschiedener Arten können zum gegenseitigen Vorteil in Form von **Symbiosen (Mutualismus)** zusammenleben (↗ S. 339). Wenn ein Partner von der Interaktion profitiert, ohne den anderen zu beeinflussen, spricht man von **Karposen** (z. B. Algen auf dem Panzer von Schildkröten, ↗ S. 345). Hyänen, Geier oder Schakale fressen oft die Reste der Beute von Großraubtieren, was als **Kommensalismus** (Tischgemeinschaft) bezeichnet wird.

Parasiten („Schmarotzer", ↗ S. 343 f.) schädigen ihren Wirt durch Stoffentzug, Zerstörung von Gewebe oder die Abgabe von giftigen Stoffen. Sie können sowohl außerhalb (**Ektoparasiten,** z. B. Läuse, Flöhe, Zecken) als auch innerhalb des Wirtes (**Endoparasiten,** z. B. Bandwürmer) leben. Flöhe nutzen den Wirt nur zeitweilig *(temporär),* z. B. zur Nahrungsaufnahme. Läuse dagegen sind während ihres Lebens ständig *(permanent)* an einen Wirt gebunden. Viele pflanzliche Parasiten haben die Fähigkeit der Fotosynthese. Solche **Halbparasiten** (z. B. Mistel) sind nur auf Wasser und Mineralstoffe vom Wirt angewiesen. **Vollparasiten** (z. B. Hopfenseide) benötigen außer Wasser und Mineralstoffen auch die organischen Stoffe des Wirts.

Mistel am Baum

In jedem Biotop leben Organismen, die einen ähnlichen Anspruch an den Lebensraum haben und so miteinander in **Konkurrenz** um vorherrschende begrenzte Ressourcen (z. B. Nahrung, Geschlechtspartner) stehen. Diese Beziehungen sind ein wichtiger Faktor zur Regulierung der Populationsdichte (↗ S. 462 ff.).

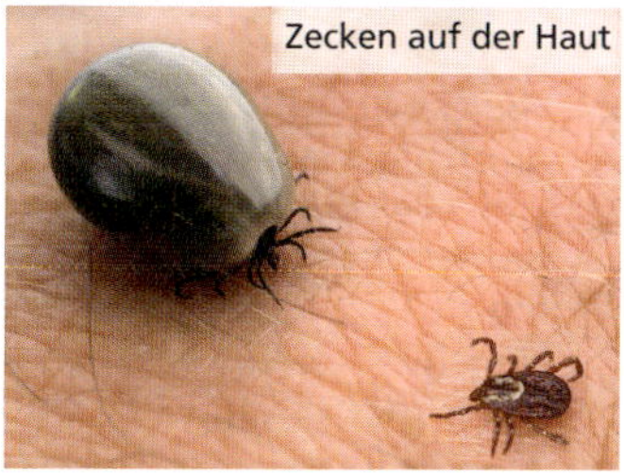
Zecken auf der Haut

▶ Herbivoren können durch Verbiss und Tritt einen starken Einfluss auf die Vegetation ausüben (z. B. Großwildherden Afrikas oder – früher – Bisonherden Nordamerikas).

▶ Ausnahmsweise können auch Pflanzen zu Beutegreifern werden. CHARLES DARWIN hat dieses Phänomen der carnivoren oder fleischfressenden Pflanzen als einer der Ersten genau studiert und darüber 1875 eine umfangreiche Monografie veröffentlicht.

▶ Der Darm der Zecke besteht aus vielen Anhängen und ist sehr dehnbar. Eine vollgesogene Zecke kann bis zu 200-mal so viel wiegen wie vor der Blutmahlzeit (↗ Abb.).

Konkurrenz bei Pantoffeltierchen

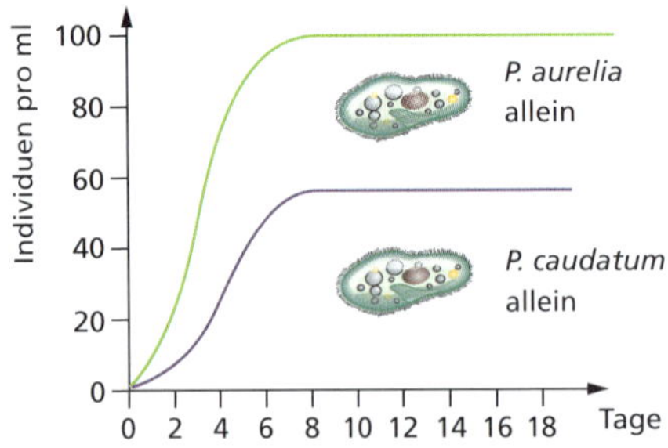

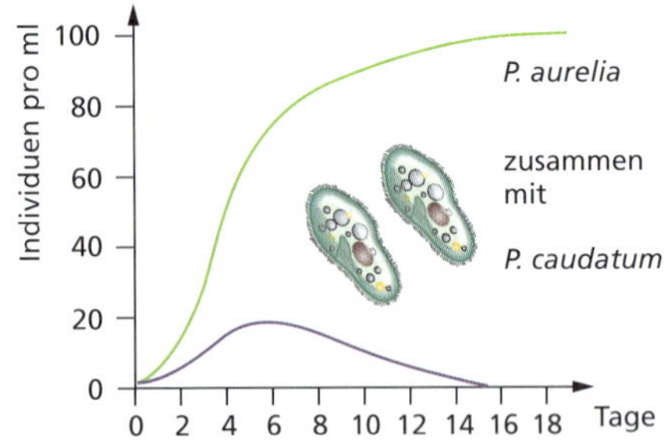

Paramecium-Arten (*P. aurelia* und *P. caudatum*) werden zunächst in getrennten Kulturgefäßen herangezogen. Beide Arten stellen in Reinkultur ähnliche Ansprüche an ihre Umwelt (physiologische Potenz, ↗S. 430). Wenn sie in einem Kulturgefäß zusammen gehalten werden, verdrängt das sich schneller vermehrende *P. aurelia* die konkurrierende Art *P. caudatum.* Infolge der interspezifischen Konkurrenz verändern sich die Toleranzkurven beider Arten (ökologische Potenz, ↗S. 430).
Diesem Phänomen liegt folgende Gesetzmäßigkeit zugrunde:

> Je ähnlicher die Umweltansprüche zweier konkurrierender Arten sind, desto geringer ist die Möglichkeit, dass beide dauerhaft im gleichen Biotop nebeneinander existieren. Die konkurrenzstärkere Art wird die andere verdrängen **(Konkurrenz-Ausschluss-Prinzip).**

Die einfachste Form, diese interspezifische Konkurrenz zu vermeiden, liegt im Abwandern einer Art. Konkurrenten können auch durch Einpassung in neue **ökologische Nischen** (Nutzungsbereiche, ökologische Planstellen) ausweichen, sodass sie weiter im gleichen Biotop vorkommen können. So haben Pflanzen eines Standorts zur **Konkurrenzvermeidung** Wurzelsysteme in verschiedenen Tiefen ausgebildet.

▶ Die Koexistenz zwischen konkurrierenden Arten kann auch durch ständige Umweltveränderungen gefördert werden.

Es besteht eine **Korrelation** zwischen den Körperteilen des Ibis (Wirtsvogel), auf denen sich die Federlinge aufhalten, und ihrer Farbe bzw. Beweglichkeit:
Auf dem Rücken, auf den Flügelspitzen und auf den Flügelaußenseiten kommen die hellen, agilen Vertreter vor. Die dunklen, weniger beweglichen Federlinge halten sich am Hals und an der Flügelbasis auf, die der Ibis schwer erreichen kann (Nischenbildung).

Parasiten des Ibis

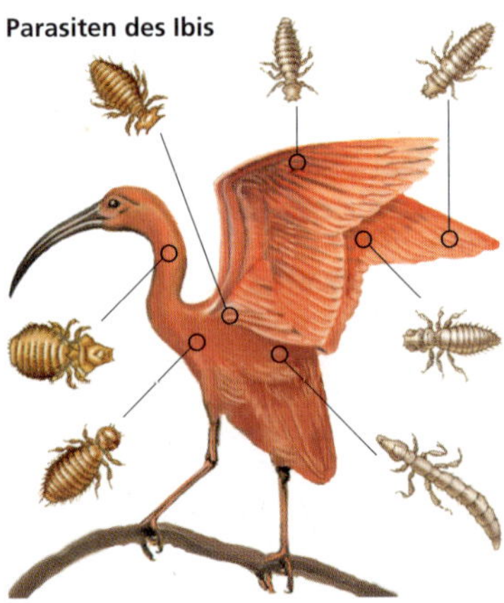

Die gegenseitige Beeinflussung von Pflanzen durch die Abgabe von mehr oder weniger spezifischen Stoffwechselendprodukten (Allelopathie) kann auch unter dem Gesichtspunkt der **Konkurrenzvermeidung** gesehen werden. So entsteht bei der Zersetzung der Blätter des Walnussbaums Juglon. Diese Chinonverbindung verhindert das Auskeimen von anderen konkurrierenden Pflanzenarten. Andere Pflanzenarten produzieren Warnstoffe, wenn sie von pflanzenfressenden Insekten befallen werden. Sie bewirken, dass Nachbarpflanzen – sogar auch andere Arten – Abwehrstoffe gegen diese Fressfeinde bilden (↗ S. 306 f.).
Tiere sind zum Schutz vor Fressfeinden oft mit **Schutztrachten** ausgestattet. Es werden folgende Formen unterschieden:

Batessche Mimikry: Harmlose Arten ahmen gefährliche Arten nach.

Müllersche Mimikry: Mehrere gefährliche Arten bedienen sich der gleichen Warntracht.

Tarntracht

Farbanpassungen an die Umgebung, z. T. sogar Farbwechsel bei einigen Chamäleonarten (↗ Abb.) und Plattfischen

Warntracht

auffällige Färbung giftiger Tiere, z. B. beim Feuersalamander (↗ Abb.) oder bei Pfeilgiftfröschen

Nachahmungstarntracht (Mimese)

Nachahmen von Gegenständen ihres Lebensraums in Farbe, Gestalt oder Haltung, z. B. bei Schnarrheuschrecke (↗ Abb.)

Nachahmungssignaltracht (Mimikry)

Nachahmen von ungenießbaren bzw. wehrhaften Tieren, z. B. bei Schwebfliegen, die Wespen nachahmen (↗ Abb.)

10.2 Aufbau der Biosphäre

Da auch zwischen den lebensfreien Teilen des Planeten Erde und seiner Biosphäre Wechselwirkungen bestehen, wird die Erde insgesamt als **Bioplanet** bezeichnet.

- Die Biosphäre umfasst den untersten Bereich der Atmosphäre, die gesamte Hydrosphäre und die oberste Lithosphäre der Erde.
- Der Biosphäre wird von außen Sonnenenergie zugeführt, davon wird nur ein Bruchteil für den Energiehaushalt der Lebewesen genutzt.
- Die für den Aufbau der Lebewesen erforderlichen stofflichen Bestandteile werden in Stoffkreisläufen recycelt.
- Die Organismen der Biosphäre lassen sich nach ihrer Funktion in Stoffkreisläufen in Produzenten, Konsumenten und Destruenten einteilen, die in Nahrungsketten und Nahrungsnetzen verbunden sind.
- Die Biosphäre gliedert sich in Ökosysteme, die jeweils eine Funktionseinheit aus Lebensgemeinschaft und Lebensraum bilden.
- In der Biosphäre kann man 9 breitenabhängige Ökosystemtypen (Zonobiome) sowie Gebirgsökosysteme und breitenunabhängige Biome unterscheiden.
- Ökosysteme entwickeln und verändern sich.
- Wichtige natürliche Ökosysteme Mitteleuropas sind Wälder und Seen.

10

10.2.1 Der Energiefluss durch die Biosphäre ermöglicht die Stoffkreisläufe

Der Begriff **Biosphäre** wurde 1875 von EDUARD SUESS (1831–1914) geprägt. Eine ausführliche Darstellung gab WLADIMIR I. WERNADSKIJ (1863–1945) in seinem Werk *„Die Biosphäre"* von 1926.

Die **Biosphäre** umfasst den von Organismen ständig bewohnten Raum der Erde. Rechnet man die Keime von Mikroorganismen mit ein, so reicht dieser Bereich bis 60 km in die Atmosphäre und 5 km in die Lithosphäre und umfasst die gesamte Hydrosphäre. Höheres Leben ist jedoch auf einen sehr viel engeren Bereich beschränkt.
Der Begriff „Biosphäre" richtet die Aufmerksamkeit auf den Gesamtzusammenhang aller Systeme in dieser dünnen, belebten Schicht der Erdoberfläche. Dieser Zusammenhang drückt sich in **Stoffkreisläufen** und **Energieflüssen** sowie in den Einflüssen aus, die alle Lebewesen auf die nicht lebende Natur nehmen und die in erdgeschichtlichen Zeiträumen zu einer Entwicklung geführt haben (z. B. Anreicherung der Atmosphäre mit Sauerstoff, Ablagerungen von Carbonaten, Kohlenstoff und Erdöl).
Die Biosphäre ist auf ständige **Energiezufuhr** angewiesen. Für das Leben auf der Erde ist dies in allererster Linie die Strahlungsenergie der Sonne. Fotosynthetisch aktive grüne Pflanzen fixieren Sonnenenergie bei der Synthese von organischen Kohlenstoffverbindungen aus Kohlenstoffdioxid der Luft und Wasser unter Freisetzung von Sauerstoff. Bei der Atmung werden in den Zellen aller Lebewesen organische Moleküle wiederum in Kohlenstoffdioxid und Wasser umgewandelt, wobei Energie für die verschiedenen Lebensprozesse freigesetzt wird.
Auch totes organisches Material wird durch Mikroorganismen wieder in anorganische Bestandteile – insbesondere in Kohlenstoffdioxid und Wasser – zerlegt. Nur ein kleiner Teil der Gesamtmasse wird diesem kurzfristigen Kreislauf entzogen und bildet als fossiles Kohlenstoffvorkommen (Kohle, Erdöl, Erdgas) und als carbonathaltige Sedimente (Kalkstein) einen Kohlenstoffpool, der erst allmählich wieder der Biosphäre zugeführt wird.

Von der auf die Außenseite der Atmosphäre auftreffenden **Sonnenstrahlung** gelangt nur ein Teil auf die Erdoberfläche. In gemäßigten Breiten der Nordhalbkugel sind dies um 40 %, in den wolkenarmen Subtropen können dies bis zu 70 % sein. Ein Großteil der Sonnenstrahlung, die die Erdoberfläche erreicht, fällt auf vegetationslose Flächen oder auf Wasserkörper, wo er entweder absorbiert oder reflektiert wird. Nur ein kleiner Teil trifft tatsächlich auf Blaugrüne Bakterien, Algen oder Pflanzenblätter und davon entfällt wiederum nur ein kleiner Teil auf den Spektralbereich, der in der **Fotosynthese** nutzbar ist.

Von dem sichtbaren Licht, das fotosynthetisch aktive Organismen erreicht, wird ca. 1 % zum Aufbau organischer Substanz genutzt. Trotz des geringen Anteils macht dies pro Jahr insgesamt rund 170 Mrd. Tonnen Trockensubstanz aus.

Die **Effizienz der fotosynthetischen Primärproduktion** ist je nach den Bedingungen sehr unterschiedlich.

Die jährliche **Nettoprimärproduktion** der Biosphäre beträgt $170 \cdot 10^9$ t (Trockensubstanz).

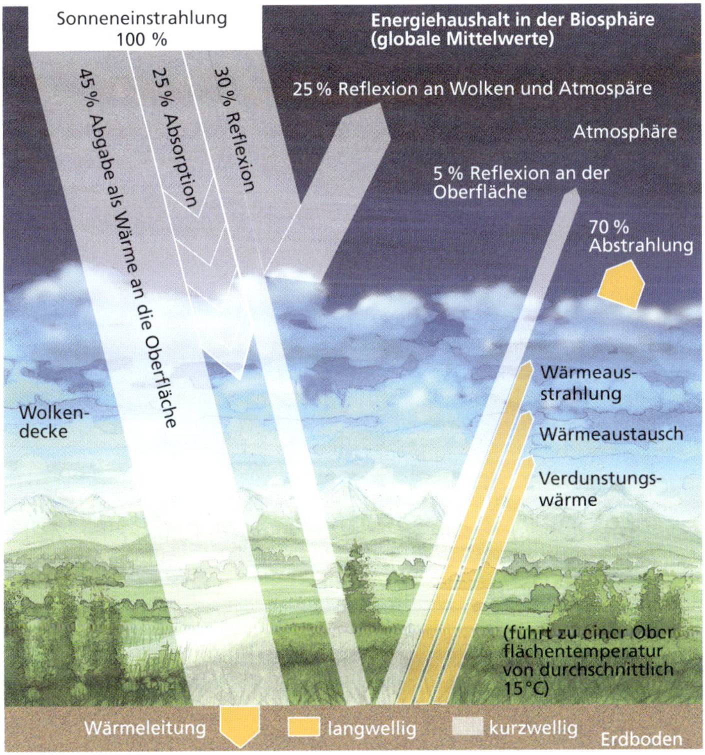

Durch Reflexion der Wärmestrahlung in der unteren Atmosphäre erwärmen sich Bodenoberfläche und untere Luftschichten. Treibhausgase verstärken diese Reflexion und führen dadurch zu einem Temperturanstieg.

Die Gesamtstoffmenge, die bei der Fotosynthese und der Chemolithoautotrophie umgesetzt wird, nennt man **Bruttoprimärproduktion** (BPP). Zieht man von der Bruttoprimärproduktion die Stoffmenge ab, die als Betriebsstoff für die eigene Zellatmung verwendet wird, bleibt die Nettoprimärproduktion (NPP) übrig. Diese **Nettoprimärproduktion** gibt an, wie viel gespeicherte chemische Energie die **Konsumenten** und **Destruenten** eines Ökosystems von den **Primärproduzenten** zur Verfügung gestellt bekommen.

Die **Solarkonstante** ist die pro Zeit- und Flächeneinheit auf die äußere Erdatmosphäre senkrecht treffende Strahlungsenergie der Sonne. Der von der Weltorganisation für Meteorologie festgelegte Mittelwert beträgt $1\,367\ J \cdot s^{-1} \cdot m^{-2} = 1\,367\ W/m^2$. Da die Kugeloberfläche der Erde das Vierfache des Durchmessers beträgt, ist der Wert an der Erdoberfläche im Schnitt $342\ W/m^2$.

In der Abbildung wird dargestellt, wie sich der Energiefluss in einem Ökosystem im Allgemeinen vollzieht. Unter günstigsten Bedingungen kann die von der Sonne eingestrahlte Energie pro Tag 120 000 kJ pro Quadratmeter betragen. Davon können maximal 5 % von fotosynthetisch aktiven Lebewesen absorbiert werden. Daraus ergibt sich das dargestellte Energieflussdiagramm.

Die Nettoproduktion der Primärproduzenten stellt die mögliche Nahrungsenergie für die **Pflanzenfresser** (Phytophagen) dar, jedoch reduziert sich diese auf viererlei Weise:

1. Ein gewisser Teil kann nicht verbraucht werden (Bestandsabfall, totes Holz, Falllaub).
2. Bestimmte Substanzen sind nicht verdaulich und werden als Kot abgegeben.
3. Ein Teil der Nährstoffe wird abgebaut und die Abbauprodukte werden mit der Exkretion (z. B. Urin, Schweiß) abgegeben.
4. Ein erheblicher Teil der mit der Nahrung aufgenommenen Energie wird veratmet.

Energieflussdiagramm eines Ökosystems

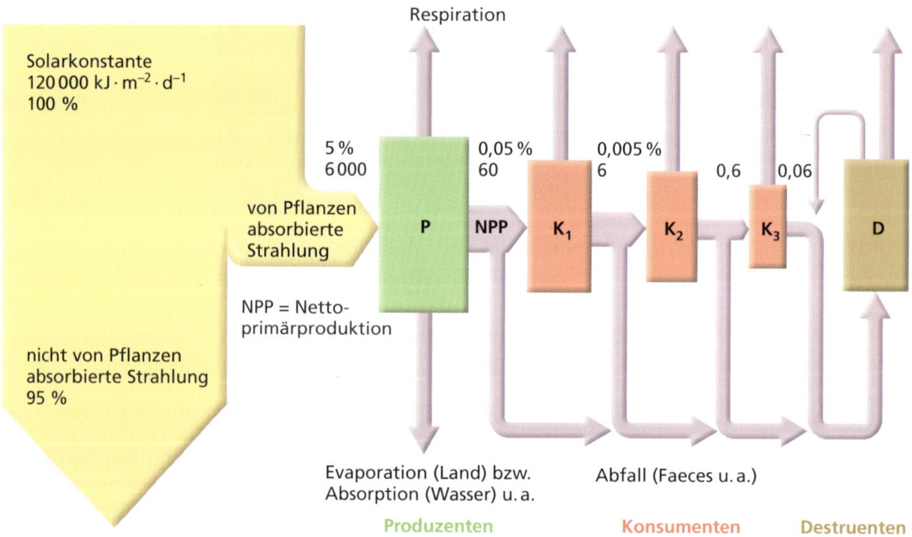

Insgesamt belaufen sich die Verluste an verfügbarer Energie im Schnitt pro Trophiestufe auf 90 %, d. h., 10 % der Energie stehen dann den **Konsumenten 2. Ordnung (Tierfresser)** und jeweils wieder 10 % den Konsumenten der nächsten Stufe zur Verfügung. Daraus lässt sich ableiten, dass **Nahrungsketten** in ihrer Länge begrenzt sind, da die Energieversorgung für Konsumenten höherer Ordnung immer unsicherer wird.
Mit steigender Stufe in der Nahrungskette muss auch die Individuenzahl der jeweiligen Population sinken, dies umso mehr, wenn die Körpergröße der Konsumenten von Stufe zu Stufe steigt.

Der Bestandsabfall wird von **Saprophagen** (Verwerter toter organischer Substanz) verarbeitet. Dabei kommt es einmal zu einer Zerkleinerung und Verdauung der organischen Abfallstoffe durch große Aasfresser und kleine Ringelwürmer, Springschwänze, Milben usw. Zum anderen zerlegen mikrobielle Zersetzer **(Reduzenten)** organische Verbindungen bis in ihre anorganischen, mineralischen Grundbestandteile. Für diese Mineralisation sind vor allem Bakterien, Archäen und Pilze verantwortlich. Aerobe Abbauprozesse bezeichnet man als **Verwesung,** Ergebnis sind z. B. Wasser, Kohlenstoffdioxid und Mineralstoffe. Anaerobe Zersetzungsvorgänge werden als **Fäulnis** bezeichnet. Daraus gehen neben H_2S und NH_3 vor allem kleine organische Verbindungen wie Propionsäure, Milchsäure oder Buttersäure hervor. Im Gegensatz zur vollständigen Mineralisierung wird bei der **Humifizierung** ein Teil der organischen Substanz in Humusstoffe umgewandelt. Humusstoffe im Boden sind wichtige Mineralstoffspeicher.

In einer **Energiepyramide** wird dargestellt, welche Energiemengen auf jeder **Trophiestufe** eines Ökosystems zur Verfügung stehen. Wenn man dies auf einen bestimmten Zeitraum – z. B. auf ein Jahr – bezieht, erhält man einen Überblick über die Produktionskraft eines Ökosystems.

Energienutzung in der Nahrungskette

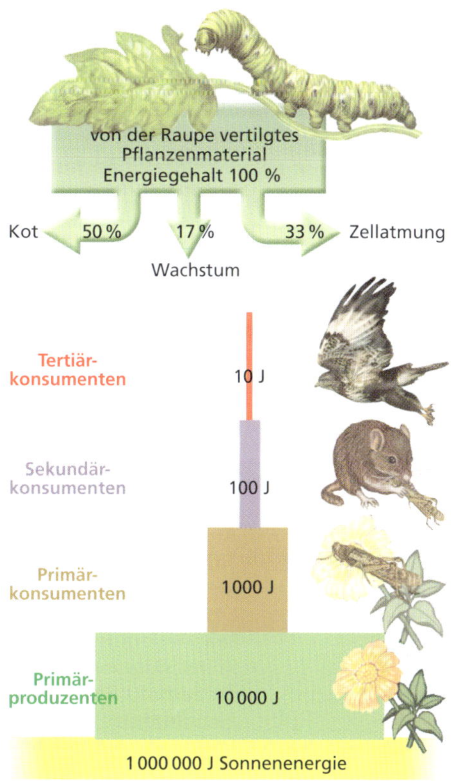

Im Gegensatz zu dem viele Jahrmilliarden anhaltenden Energiefluss von der Sonne sind die stofflichen **Ressourcen** auf der Erde begrenzt. Somit bestand im Laufe der Evolution die unbedingte Notwendigkeit eines stofflichen Recyclings. Im günstigsten Fall werden alle durch die Fotosynthese aufgebauten organischen Substanzen in kurzer Zeit wieder in anorganische Substanzen zurückverwandelt. Ein solcher fast vollständiger Kreislauf ist z. B. in tropischen Regenwäldern gegeben.

Fossile Brennstoffe sind in früheren **Erdzeitaltern** dadurch entstanden, dass organische Abfallstoffe nicht vollständig abgebaut wurden.

In vielen Ökosystemen kommt es zu einer gewissen Depotbildung organischer Abfallstoffe, die erst in erdgeschichtlichen Zeiten dem Stoffkreislauf wieder zugeführt werden. So wurden die meisten der heute genutzten Steinkohlenlager im **Karbon** gebildet, vor 360 bis 300 Mio. Jahren (↗ Abb.). Aber auch die viel jüngere Torfbildung in den Hochmooren stellt einen solchen Prozess dar, der sich in Jahrtausenden messen lässt. Schließlich werden kurzfristiger auch im Humuskörper der Böden organische Stoffe gespeichert.

Kohlenstoffkreislauf

▸ Der Begriff „Reduzenten" ist etwas irreführend, da Reduzenten organische Stoffe oxidieren (z. B. zu CO_2, H_2O, NO_3^-).

Mithilfe der Lichtenergie wird das Kohlenstoffdioxid der Atmosphäre von Blaugrünen Bakterien, Algen und grünen Pflanzen primär zu Glucose reduziert. Nachfolgend entstehen dabei unter Einbau anderer Elemente alle lebenswichtigen organischen Verbindungen. Über die **Nahrungskette** bzw. das **Nahrungsnetz** gelangt der organisch gebundene Kohlenstoff zu allen übrigen Organismen des Ökosystems. Das sind die Konsumenten verschiedener Ordnungen und die Destruenten, die sich in Abfallfresser (Saprophagen) und Reduzenten unterteilen lassen. Bei der Respiration (Zellatmung) wird der Kohlenstoff aus den organischen Verbindungen dann zum überwiegenden Teil wieder in Form von Kohlenstoffdioxid freigesetzt.

▸ Die Gigatonne (Gt) ist eine Masseneinheit. Eine Gigatonne entspricht einer Milliarde Tonnen (10^9) bzw. einer Billion (10^{12}) Kilogramm.

Der gesamte **Kohlenstoffgehalt der Erde** beträgt ca. 100 Mio. Gt. Davon ist der weitaus größte Teil in Sedimenten eingeschlossen, v. a. in Kalkgesteinen. Ein großer Kohlenstoffvorrat von ca. 40 000 Gt ist in den Ozeanen gelöst, weitere ca. 10 000 Gt liegen als Gashydrate in Ozeanen und Dauerfrostböden gebunden vor. Der Vorrat an fossilen Energieträgern wird auf mindestens 5 000 Gt geschätzt. Deutlich geringer sind die in Böden (1 500 Gt) und in der Biomasse (600 Gt) gespeicherten Mengen. In der Atmosphäre beträgt die Kohlenstoffdioxidkonzentration derzeit (2010) 387 ppm, was 846 Gt entspricht. Dieser Wert steigt seit dem Beginn der Industrialisierung durch die Nutzung fossiler Brennstoffe – Kohle, Erdöl, Erdgas – kontinuierlich an (↗ S. 477).
Exakte Voraussagen über die zukünftige Entwicklung sind schwierig, da Klimaänderungen und Änderungen in CO_2-Gehalt zum einen die Nettoprimärproduktion und die Speicherung von Biomasse (CO_2-Abnahme), zum anderen die Abbaurate organischer Stoffe (CO_2-Zunahme) beeinflussen. Auch die Rolle der Ozeane als CO_2-Puffer ist nicht geklärt.

Globaler Kohlenstoffkreislauf pro Jahr und Bestand (in Gt = 10^9 t C)

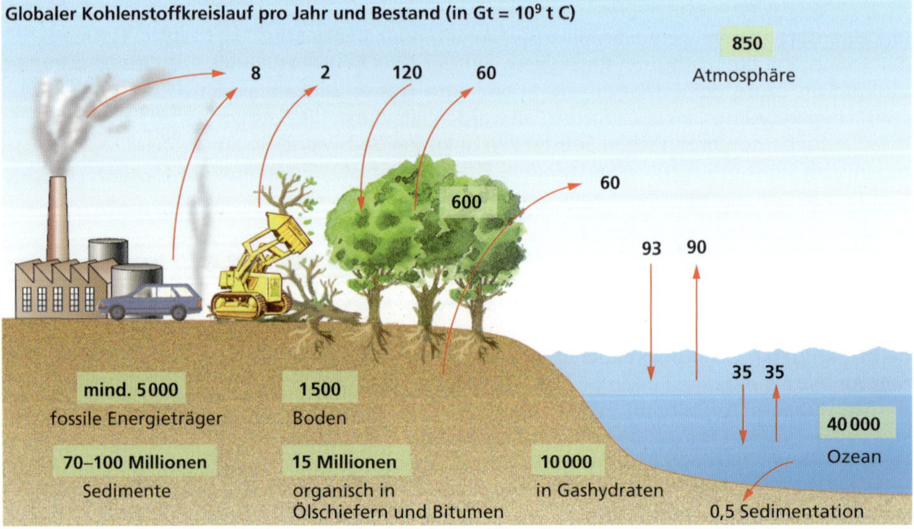

Stickstoffkreislauf

Da **Stickstoff** bei den als Mineralstoffe aufgenommenen Elementen mengenmäßig an erster Stelle steht, stellt er bei Primärproduzenten häufig einen Mangelfaktor dar. Außerdem unterscheidet sich der Stickstoffkreislauf vom Kreislauf anderer Mineralstoffe dadurch, dass ein riesiges Stickstoffreservoir in der Atmosphäre vorhanden ist. Allerdings sind die atmosphärischen N_2-Moleküle nur für einige Prokaryoten zugänglich, die zudem für diese Luftstickstoffassimilation sehr große Energiemengen verbrauchen. Am wirkungsvollsten gelingt die Bindung atmosphärischen Stickstoffs deshalb in Symbiosen von höheren Pflanzen und Bakterien (↗S. 341). Ein Acker mit Lupinen, Klee oder Bohnen (Hülsenfrüchtler) kann mithilfe seiner symbiotischen **Knöllchenbakterien** jährlich bis zu 200 kg Stickstoff/ha binden. In terrestrischen Ökosystemen wird Luftstickstoff sowohl von frei lebenden als auch von symbiotischen Bakterien fixiert. In aquatischen Ökosystemen sind vor allem Cyanobakterien an der Luftstickstofffixierung beteiligt.

Lupinenwurzel mit Knöllchen, in denen N_2-assimilierende Bakterien leben

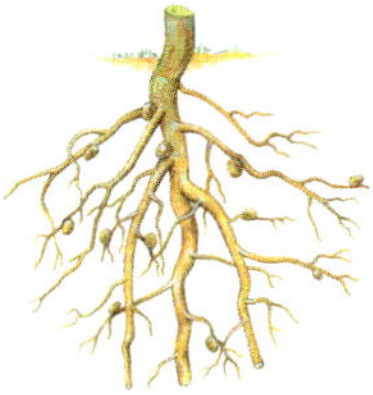

Durch Destruenten wird ein großer Teil des organisch gebundenen Stickstoffs freigesetzt, und zwar in Form von Ammonium (NH_4^+). Nitrifizierende Bakterien nutzen dieses Ammonium und oxidieren es zu Nitrat. Dabei gewinnen sie Energie. Das Nitrat wiederum ist der wichtigste Stickstofflieferant für die grünen Pflanzen. Einige Bakterien nutzen das Nitrat jedoch auch zur Denitrifikation, d. h. zur Bildung von Stickstoffmolekülen. Neben diesem natürlichen Kreislauf spielt heute auch der durch industrielle Stickstofffixierung **(Haber-Bosch-Verfahren)** erzeugte **Mineraldünger** eine erhebliche Rolle beim Stickstoffkreislauf, insbesondere in den intensiv landwirtschaftlich genutzten Regionen. Außerdem wird bei hohen Verbrennungstemperaturen – insbesondere in Verbrennungsmotoren – Luftstickstoff zu Stickstoffoxiden oxidiert, die mit dem Regen in den Boden und in die Gewässer gelangen.

Globaler Stickstoffkreislauf pro Jahr und Bestand (in Mt = 10^6 t N)

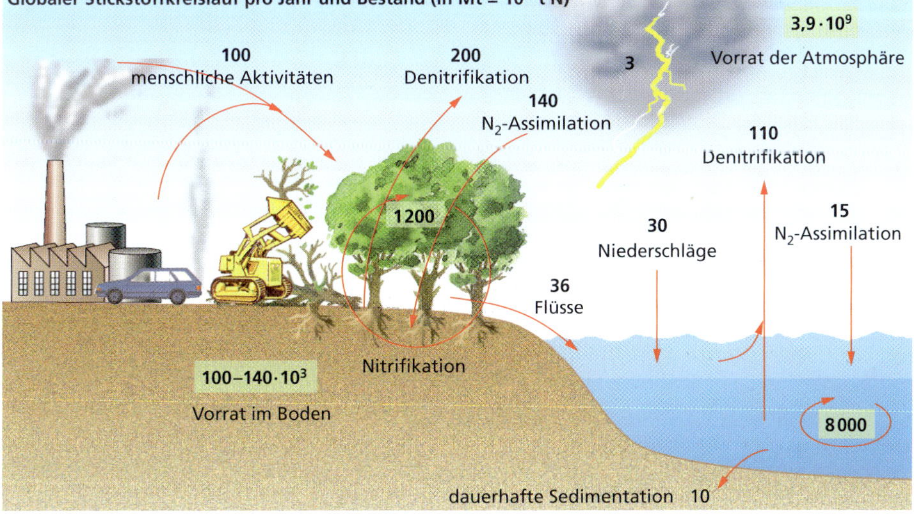

Phosphorkreislauf

Phosphathaltige Wasch- und Reinigungsmittel können in Gewässern zur Algenblüte führen.

Phosphor wird von Organismen zum Aufbau von Nucleinsäuren und Nucleosidphosphaten (ATP, GTP, $NADP^+$ usw.) sowie für die **Phospholipide** der Biomembranen benötigt (↗S. 70, 80 f.). Außerdem ist er ein wichtiger mineralischer Bestandteil von Knochen und Zähnen. Im Gegensatz zum Kohlenstoff-, Schwefel- und Stickstoffkreislauf spielt die Atmosphäre beim Phosphorkreislauf keine Rolle, da es keine nennenswerten phosphorhaltigen Gase gibt. Die einzig biologisch wichtige Form ist das Phosphat, das von Prokaryoten, Algen und Pflanzen resorbiert werden kann. Es gelangt mit den phosphathaltigen Ausscheidungen von Tieren und mit organischen Abfallstoffen, die von Destruenten remineralisiert werden, wieder zurück in den Boden. Humus und Bodenpartikel binden das Phosphat, sodass es in vielen Fällen zu einem relativ engen Kreislauf kommt.
Allerdings kann Phosphat auch in das Grundwasser ausgewaschen werden und so allmählich aus terrestrischen Ökosystemen ins Meer gelangen. Durch geologische Prozesse können phosphathaltige Meeressedimente irgendwann wieder Bestandteile terrestrischer Ökosysteme werden, sodass Phosphor, der den Ökosystemen über die Sedimentation verloren ging, in geologischen Zeiträumen auch wieder freigesetzt werden kann.

10

Anders als Kohlenstoff, Stickstoff und Schwefel bleibt Phosphor während des Kreislaufs meist in den Verbindungszusammenhang „Phosphat" eingebunden.

Über Mineraldünger und Waschmittel greift auch der Mensch in den Phosphorkreislauf ein. Hohe Phosphatgehalte in Gewässern führen zunächst zu einer erhöhten Primärproduktion, insbesondere wird das Algenwachstum gefördert. Der aerobe Abbau führt dann zu einem Sauerstoffdefizit und schließlich zum „Umkippen" des Gewässers, da die unter anaeroben Bedingungen entstandenen Stoffe wie Ammoniak und Schwefelwasserstoff für die meisten höheren Lebewesen giftig sind.

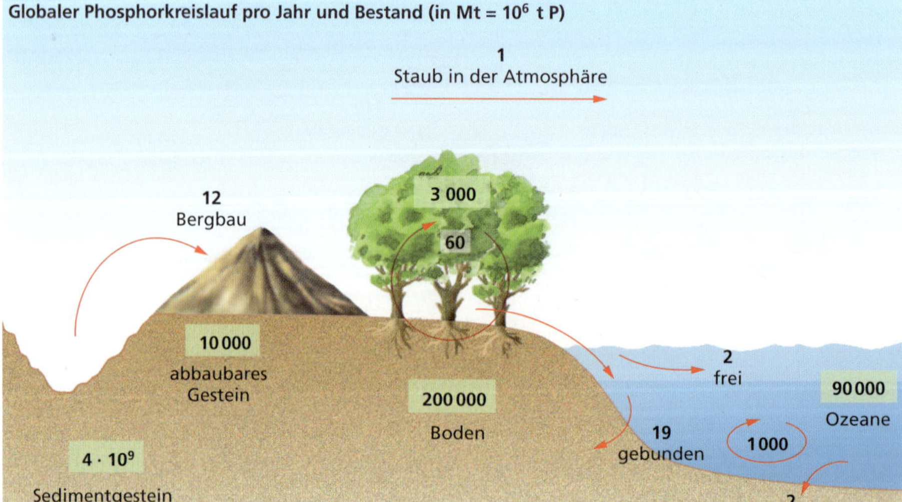

Globaler Phosphorkreislauf pro Jahr und Bestand (in Mt = 10^6 t P)

Schwefelkreislauf

Schwefel ist ein wichtiger Bestandteil einiger essenzieller Aminosäuren (↗ S. 59 ff.). Etwa die Hälfte des Schwefels, der vom Land über Flüsse und Seen ausgetragen wird, stammt aus der Verwitterung von Gesteinen, die andere Hälfte aus der Atmosphäre. Dorthin gelangt er durch drei natürliche Prozesse:

1. durch Aerosole aus der Meeresgischt (Dimethylsulfid, etwa 144 Mio. t/a),
2. durch anaerobe Atmung sulfat- und schwefelreduzierender Bakterien (die Schätzungen des jährlichen Umsatzes schwanken zwischen 30 und 230 Mio. Tonnen),
3. durch vulkanische Aktivität (gering).

Im Vergleich zu Phosphor und Stickstoff ist der interne Kreislauf des Schwefels verhältnismäßig unbedeutend. Ein größerer Teil verläuft über die vorwiegend marine Sedimentation und die spätere Verwitterung der wieder zu Festländern gewordenen marinen Sedimente.

Durch die Verbrennung fossiler Brennstoffe greift der Mensch massiv in den Schwefelkreislauf ein (Kohle enthält bis zu 5 % Schwefel, Öl bis zu 3 %). Die anthropogene Freisetzung von Schwefel in die Atmosphäre liegt etwa in der gleichen Größenordnung wie die natürliche – allerdings sehr stark konzentriert auf die Industrieregionen. Da industrielle Schwefelemissionen vor allem aus **Schwefeldioxid** bestehen, bilden sich in der Luft durch Folgereaktionen Schwefelsäure und schweflige Säure, die den **„sauren Regen"** verstärken. Durch die Filterung von Abgasen ist die Schwefeldioxidemission in den letzten Jahrzehnten stark zurückgegangen.

Für den jährlichen Umsatz des Schwefels ist – wie beim Stickstoff – der Weg über Gase, die durch biogene Reduktionsprozesse entstehen (z. B. H_2S) und in die Atmosphäre gelangen, von Bedeutung.

In Filteranlagen von Kraftwerken kann das Schwefeldioxid als Gips ($CaSO_4$) gebunden werden.

Aus marinen Algen stammendes Dimethylsulfid fördert die Wolkenbildung und beeinflusst damit das Klima (↗ S. 23).

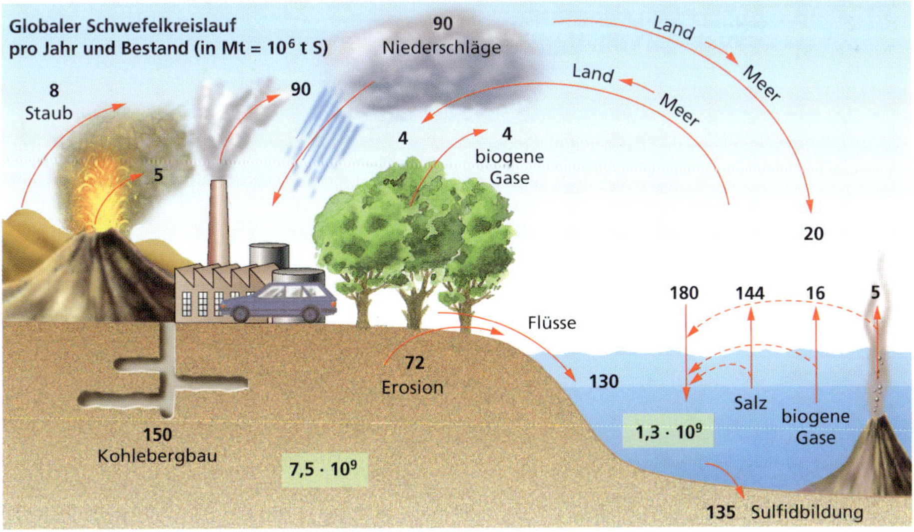

10

10.2.2 Ökosysteme sind die Funktionseinheiten der Biosphäre

Der Begriff **Biogeozönose** wurde 1947 von VLADIMIR N. SUKACHEV (1880–1967) geprägt. Der Begriff **Ökosystem** aus dem Jahr 1935 geht auf ARTHUR G. TANSLEY (1871–1955) zurück.

Der Energiefluss und die Stoffkreisläufe in der Biosphäre spielen sich nicht in einer gleichmäßigen Wechselwirkung aller Organismen ab, vielmehr kann man bestimmte, räumlich benachbarte Organismengruppen abgrenzen, die untereinander besonders zahlreiche Verflechtungen und Wechselwirkungen zeigen. Nach außen besitzen diese Gemeinschaften deutlich weniger Verbindungen. Solche räumlich begrenzten **Lebensgemeinschaften (Biozönose)** werden zusammen mit ihrer **unbelebten Umwelt (Biotop)** als **Biogeozönosen** oder **Ökosysteme** bezeichnet. Dabei legt der erste Begriff den Schwerpunkt auf den räumlichen Bezug, der zweite auf die funktionellen Verknüpfungen.

Ökosystem = Biotop + Biozönose

Eine gegebene Kombination von abiotischen Standortfaktoren führt zu einer Besiedlung dieses Standorts durch eine ganz bestimmte Lebensgemeinschaft. Wie alle Lebensprozesse ist auch dieser Prozess nicht voll deterministisch. Die Entwicklung einer solchen Biozönose an einem definierten Standort ist ein sehr komplexer Vorgang, insbesondere deshalb, weil die besiedelnden Organismen sofort auf die Bodenbildung, den Wasserhaushalt, die Strahlungsintensität, das Mikroklima usw. zurückwirken. Zufallsereignisse können dabei für die weitere Entwicklung des Systems Weichen stellen.

Wie ein Organismus so ist auch jedes Ökosystem ein offenes System, das nur dann in einem Gleichgewichtszustand bleibt, wenn sich zwischen der Umgebung und dem System eine ausgeglichene **Stoff- und Energiebilanz** einstellt. Die Wechselwirkungen innerhalb des Systems sind individuell sehr verschieden, sie lassen sich aber doch in ein gemeinsames Grundschema einordnen.

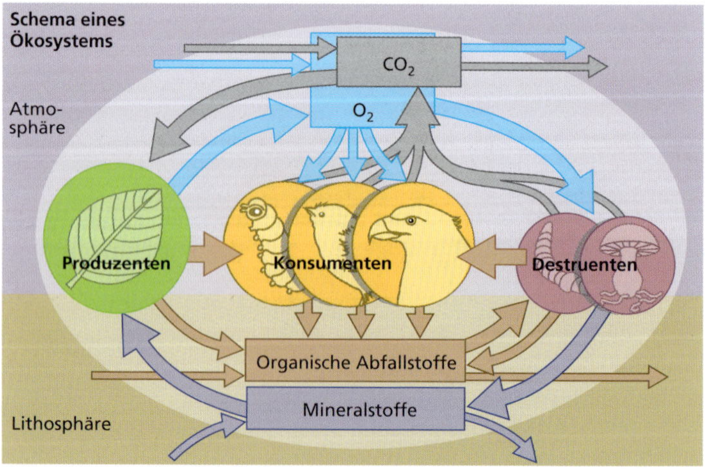

Mengenmäßig überwiegen in allen Ökosystemen die **Primärproduzenten.** Sie alleine können Sonnenenergie binden, weshalb man sie auch als **Energieautotrophe** bezeichnet. In terrestrischen Ökosystemen sind dies vor allem die Pflanzen, in marinen Ökosystemen Mikro- und Makroalgen sowie Cyanobakterien. Sie stellen die Energiequelle für die Konsumenten erster Ordnung, die Pflanzenfresser und Pflanzenparasiten, dar. Der Stoff- und Energiefluss geht dann mit der **Nahrungskette** weiter zu den Fleischfressern und Tierparasiten, den Konsumenten zweiter und höherer Ordnung. Organische Abfallstoffe, wie abgestorbene Pflanzenteile, Kot oder Tierleichen, werden von einer dritten Organismengruppe, den **Destruenten (Zersetzer, Saprobionten),** ausgenutzt. Die Zersetzer kann man unterteilen in **Zerkleinerer**, zu denen etwa Regenwürmer, viele Bodeninsekten und Aasfresser zählen, und **Mineralisierer (Reduzenten)**, vor allem Pilze und Bakterien. Sie wandeln organische Stoffe in anorganische Stoffe um. Anorganische Abbauprodukte stehen den Primärproduzenten wieder als Nährmineralien zur Verfügung.

Der Begriff Saprobiont (griech. *sapros:* faul, verfault) wird oft nahezu synonym mit ähnlichen Begriffen verwendet:
Saprotrophe: Organismen, die sich von toter organischer Substanz ernähren
Saprophage (Saprovoren): Organismen, die tote organische Substanz fressen
Saprophile: Organismen, die in toter organischer Substanz leben

In der Gewässerkunde ist die **Saprobie** (auch: Saprobität) ein Maß für den Gehalt von organischen, unter Sauerstoffverbrauch abbaubaren Substanzen im Wasser.

Prinzip des Stoffkreislaufs

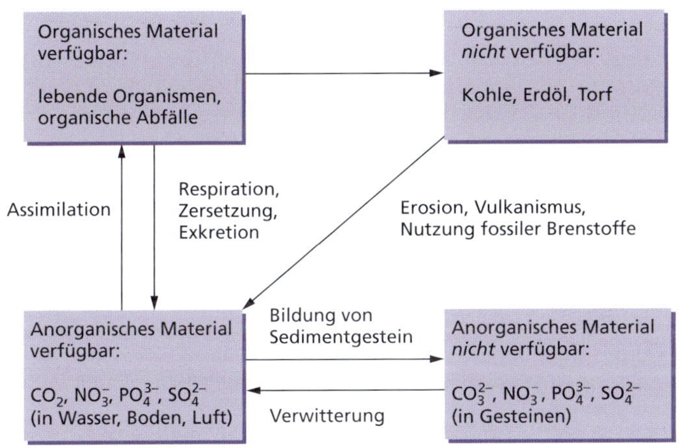

Dieses Einteilungsschema der Organismen eines Ökosystems nach ihren Ernährungsbeziehungen ist sehr schematisch. Viele Arten sind **omnivor** und deshalb sowohl Konsumenten erster und zweiter Ordnung als auch Saprovoren (z. B. der Mensch, Dachs, Bären). Andere Konsumenten leben vor allem von Saprobionten und sind damit an das Detritussystem angeschlossen (↗ S. 441). Alle Konsumenten scheiden auch anorganische Abbauprodukte aus, sind also auch Reduzenten.

Auch die verschiedenen Entwicklungsstadien einer Art können unterschiedliche Plätze in diesem Nahrungsnetz einnehmen:
So leben die Larven der Raupenfliegen *(Tachinidae)* parasitisch von Raupen oder anderen Insektenlarven, während sich die Imagines von Pollen oder Nektar ernähren. Die Weibchen der Bremsen *(Tabanidae)* saugen das Blut von Säugetieren, während die Männchen Nektar fressen.

Man kann versuchen, die komplizierten **Nahrungsbeziehungen** eines Ökosystems in einem **Nahrungsnetz** darzustellen. Auch wenn solche Darstellungen meist lückenhaft sind, kann man für viele Ökosysteme quantitative Aussagen machen, da die Hauptstoffmengen oft über relativ einfache Ketten und Netze laufen. Bedeutungsvoll werden andere weniger benutzte „Nebenstraßen" erst, wenn ein Glied durch irgendwelche Einflüsse plötzlich ausfällt. Von den unbelebten Bestandteilen des Ökosystems sind im Gasraum vor allem Sauerstoff und Kohlenstoffdioxid zu nennen, der mengenmäßig vorherrschende Stickstoff wird nur zu einem geringen Teil umgesetzt. Der Boden enthält die organischen Abfallstoffe, die daraus entstehenden Humus- und die Mineralstoffe. Hinzu kommt als wichtiger Bestandteil des Bodens und der Luft das Wasser.

In vielen Ökosystemen können die Hauptwege des Energieflusses von Jahr zu Jahr stark wechseln. Bei starkem Raupenbefall eines Laubwaldes z. B. geht der Hauptweg über Primär- und Sekundärkonsumenten, in Jahren mit geringem Raupenbefall wird die Hauptstoffmasse über den Bestandsabfall und die Detrituskette weitergegeben (↗ S. 441). Darüber hinaus spielen bei allen Stoff- und Energieflüssen symbiotische Beziehungen eine entscheidende Rolle.

Die *Mykorrhiza* verursacht einen Kurzschluss zwischen organischen Abfallstoffen und Primärproduzenten (↗ Abb.).

Die enge Partnerschaft zwischen Pilzen und Pflanzen, Pilzwurzel oder ***Mykorrhiza*** genannt, besteht vermutlich schon seit der Entstehung der ersten Landpflanzen im Silur. Heute nehmen die Mykorrhizapilze (↗ S. 375) zwischen 10 und 20 % der fotosynthetischen Primärproduktion von Pflanzen direkt auf, das sind bis zu $2 \cdot 10^{10}$ t pro Jahr. Besondere Bedeutung haben sie für den Phosphor- und Stickstoffhaushalt, da sie kurzschlussartige Verbindungen zwischen organischen Abfallstoffen und Primärproduzenten herstellen und so den Export dieser Elemente aus Ökosystemen deutlich verringern. Schließlich können Pilze auch tierische Eiweißquellen für höhere Pflanzen erschließen. Der Zweifarbige Lacktrichterling *(Laccaria bicolor)* „frisst" beispielsweise Springschwänze. Da der Lacktrichterling mit Waldbäumen eine *Mykorrhiza* eingeht, werden die tierischen Stickstoffverbindungen über den Pilz an die Bäume weitergegeben.

Gliederung der Biosphäre

Ein **Ökosystem** kann ein eng begrenzter Waldbestand, ein kleines Moor, ein Dorfteich oder eine Felskuppe sein. Aber auch viel größere Einheiten kann man mit dem Begriff Ökosystem benennen, etwa einen großen See wie den Bodensee oder einen Meeresteil wie die Ostsee oder ein riesiges Waldgebiet wie das Amazonasbecken. Verschiedene Ökosysteme kann man zu Ökosystemtypen zusammenfassen, die als **Biome** bezeichnet werden. So wie es meist keine scharfen geografischen Klimagrenzen gibt, gibt es auch zwischen Biomen Übergänge.

- **Marine Biome** nehmen ca. 75 % der Erdoberfläche ein. Man gliedert sie in **Gezeitenzonen (Eulitoral),** Flachmeerregionen über den Kontinentalschelfen **(neritische Zone),** Hochseebereiche **(ozeanische Zone)** sowie in den Bereich des freien Wassers **(Pelagial)** und der Meeresböden **(Benthal).** Besondere Biome im sublitoralen Bereich stellen die v. a. aus riffbildenden Korallenpolypen aufgebauten **Korallenriffe** dar.
- Von viel geringerer Ausdehnung sind **limnische Biome** (Süßgewässer), die man in stehende und fließende Gewässer unterteilt. Trotzdem sind limnische Ökosysteme für die Biosphäre von großer Bedeutung, da viele Lebewesen an Süßgewässer gebunden sind (↗ S. 454 ff.).
- Die **Landökosysteme** der Erde lassen sich weitgehend nach den großen Vegetationszonen gliedern und diese hängen wiederum stark von den Klimazonen ab. Die Biome, die entsprechend der geografischen Breite aus den Klimabedingungen resultieren, werden auch als **Zonobiome** bezeichnet.
- Für die Ausgestaltung der Ökosysteme ist weiterhin die Höhe über dem Niveau des Meeresspiegels entscheidend, entsprechend nennt man die Ökosysteme der verschiedenen Höhenstufen der Gebirge **Orobiome.**
- Darüber hinaus gibt es spezielle, von der geografischen Breite weitgehend unabhängige Biome (**azonale Biome,** z. B. vom Boden abhängige **Pedobiome**).

I Äquatoriales Zonobiom
II Tropisches Zonobiom
Trockensavannen
Feuchtsavannen
III Suptropisches arides Zonobiom
(Halb-)Wüsten
Gras- u. Strauchsteppen
Dornsavannen u. -steppen
IV Winterfeuchtes Zonobiom (mediterraner Klimatyp)
V Warmtemperiertes Zonobiom (Lorbeerwaldzone)
VI Gemäßigtes Zonobiom (Laub abwerfende Wälder)
VII Aridgemäßigtes Zonobiom (kontinental)
(Halb-)Wüsten
Grassteppen
VIII Kaltgemäßigtes Zonobiom (Taiga)
IX Polares Zonobiom (Tundra)
X Eiswüsten
Orobiome

Gliederung der Landökosysteme in Biome

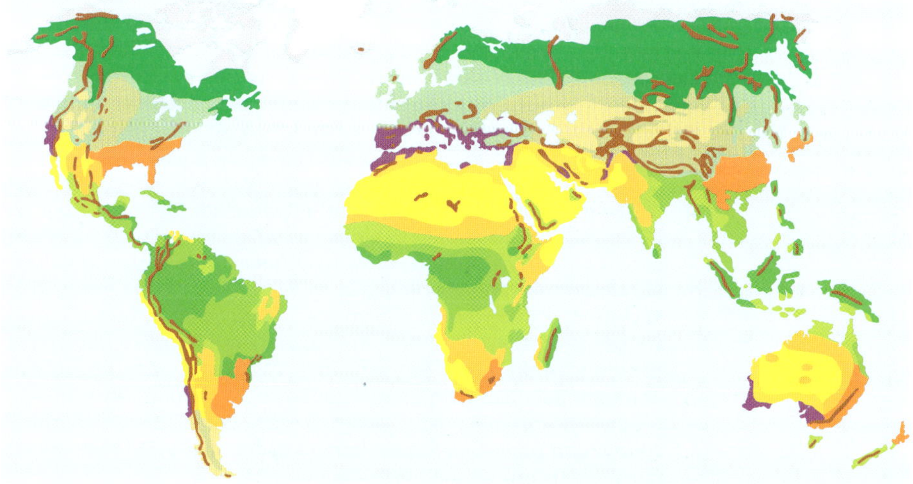

10.2.3 Ökosysteme entwickeln und verändern sich

Beginnt eine Sukzession auf einem Standort, der frei von Lebewesen ist, nennt man sie **Primärsukzession.** Die ersten Arten, die sich an einem solchen Standort ansiedeln, nennt man **Pionierarten.**

Wenn eine bestehende Gemeinschaft durch eine Störung verändert wird und dann eine neue Sukzession auf diesem Standort anfängt, spricht man von **Sekundärsukzession.**

Die Entwicklung eines Ökosystems kann man sich an der Neubesiedlung einer bei Gletscherrückzug freifallenden Fläche deutlich machen: Zunächst kommt es zu einer **Sukzession** von unterschiedlichen Lebensgemeinschaften, die mit Einwandern und Aussterben von Arten verbunden ist. Diese Entwicklung endet in einem ausgeglichenen Endzustand, der auch als **Klimaxzustand** bezeichnet wird. An diesem **„biologischen Gleichgewicht"** verändert sich dann nichts mehr, außer es kommt durch Eingriffe von außen oder durch Katastrophen dazu, dass die Entwicklung nach dem Zusammenbruch des Systems wieder von vorne beginnt. Nach der Klimaxvorstellung sind das aber Ausnahmen.

Sukzession

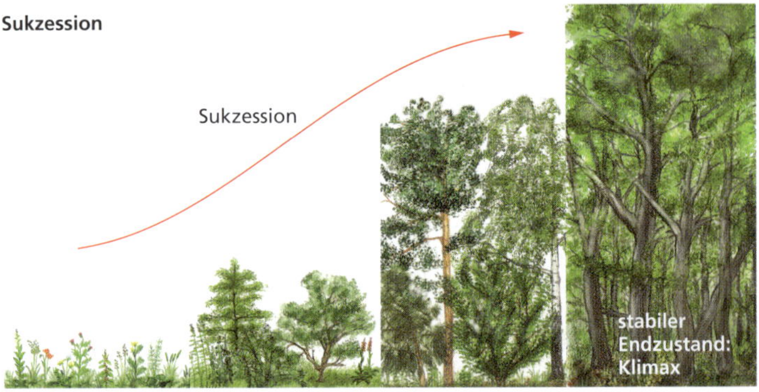

Dem steht die dynamische Auffassung von Biozönosen gegenüber, wie sie z. B. durch die **Mosaik-Zyklus-Theorie** beschrieben wird. Sie sei am Beispiel von Untersuchungen zu **Urwaldökosystemen** erläutert. Es gibt danach keinen Endzustand eines natürlichen Urwalds. Vielmehr entwickeln sich nach dem Zusammenbrechen alter Bäume Lichtungen und dort entstehen, unter heftiger Konkurrenz, zunächst Gesellschaften von Pionierbaumarten, die ihrerseits nach einiger Zeit wieder zusammenbrechen. Dann kommt es wieder zu heftiger Konkurrenz und erst nach einer längeren Sukzession kann sich der ursprüngliche Zustand wieder einstellen. In großen Waldökosystemen laufen diese Prozesse ständig auf kleinen Flächen *(„Patches")* nebeneinander ab, sodass immer viele verschiedene Entwicklungsstadien mosaikartig nebeneinanderliegen.

Ein Beispiel für diese sich im Kreis entwickelnde Dynamik zeigt die Abfolge der Waldstadien in einer flachen Senke, die z. B. durch Biber zu einem See aufgestaut wurde. Zunächst kommt es durch die Massenentwicklung von Blaugrünen Bakterien zu einer erheblichen Stickstoffanreicherung in diesem See. Dies wiederum führt zu einem starken Wachstum der höheren Pflanzen, insbesondere der Ufervegetation, wodurch der See verlandet. Auf dem mineralstoffreichen humosen Boden entwickelt sich zunächst eine üppige Staudenvegetation stickstoffliebender Pflanzen. Dann siedeln sich erste Weichhölzer an, und ganz zum Schluss kommt es zu einer Wiederbesiedlung durch die ursprünglichen Waldbaumarten.

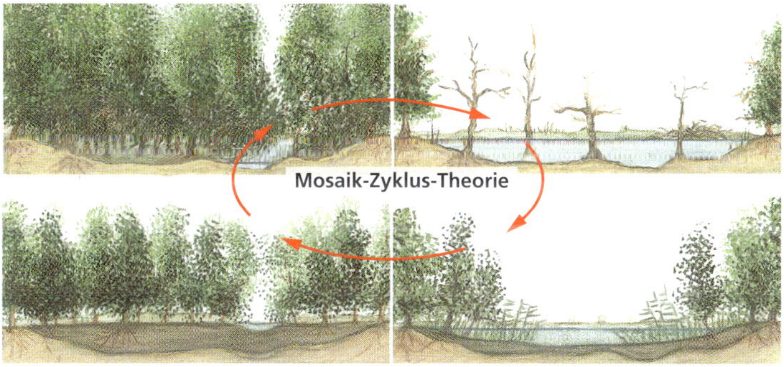

Biber können Fließgewässer durch ihre Bautätigkeit zu Seen aufstauen.

In Wäldern können solche Zyklen Jahrhunderte, vielleicht sogar Jahrtausende dauern, in anderen Vegetationsformen immerhin noch Jahrzehnte. Dabei handelt es sich aber nicht um vollständige Kreisprozesse, eher um eine spiralige Entwicklung. Im Allgemeinen nimmt die Komplexität von Ökosystemen in langen Zeiträumen zu. Die Vielfalt der möglichen Wege des Stoffkreislaufs und des Energieflusses wird dabei immer komplexer. Die ältesten Ökosysteme sind deshalb die kompliziertesten und die Wechselwirkungen innerhalb solcher Systeme sind besonders zahlreich und schwer durchschaubar.

In Mitteleuropa sind nach der letzten Vereisung vor ca. 12 000 Jahren neue **Waldökosysteme** entstanden. Im Vergleich zu den Wäldern des gemäßigten Zonobioms (↗ S. 449) in Nordamerika und Ostasien sind diese Wälder artenarm. Dies kann damit in Zusammenhang gebracht werden, dass die Waldökosysteme in Ostasien und Nordamerika während der Kaltzeiten nach Süden ausweichen konnten, während sie in Europa durch die Barriere der Alpen am Rückzug gehindert und dadurch vernichtet wurden. Hätten sich in Mitteleuropa Urwälder weiterentwickelt, so würde ihre Artenzahl im Laufe der Jahrtausende vermutlich immer weiter ansteigen.

Einige Ökosysteme sind auf regelmäßige Brände angewiesen. **Pyrophyten (Feuerpflanzen)** nennt man Pflanzen, die an das Vorkommen von Feuer nicht nur angepasst, sondern sogar davon abhängig sind, da sich die reifen Früchte sonst nicht öffnen (↗ S. 433). Die wichtigste Baumart in großen Teilen des nordamerikanischen Yellowstone-Nationalparks ist die Dreh-Kiefer. Dreh-Kiefer-Bestände können sich nur nach Waldbränden verjüngen, da sich ihre Zapfen nur bei großer Hitze öffnen und dabei die Samen freigeben, die dann für die Naturverjüngung sorgen.

Unter **Feuerökologie** versteht man die Wissenschaft, die sich mit dem Einfluss von Feuer auf Ökosysteme beschäftigt.

Verholzte Früchte der Myrtenheide *(Melaleuca)*, einem australischen Pyrophyten (↗ Abb.)

10.2.4 Wälder sind typische Ökosysteme Mitteleuropas

Da die Rotbuche *(Fagus sylvatica,* ↗Foto) besonders schattenunempfindliche Jungpflanzen hat, funktioniert die Naturverjüngung von Buchenwäldern besonders gut. Deshalb ist die Buche der wichtigste Waldbaum Mitteleuropas.

Aufgrund seiner klimatischen Lage ist Mitteleuropa ursprünglich ein reines Waldland. Nur salzhaltige Küstenstreifen, einige Dünenlandschaften, Moore, Lawinenbahnen und Schutthalden sowie die höchsten Lagen der Gebirge waren von Natur aus waldfrei. Durch die Aktivitäten des Menschen hat sich diese Landschaft in eine reine Kulturlandschaft verwandelt und selbst die Wälder, die heute in Mitteleuropa anzutreffen sind, sind in mehr oder weniger großem Maße vom Menschen verändert. Der ursprüngliche mitteleuropäische Wald war – abgesehen von den Hochlagen der Gebirge – ein **sommergrüner Laubwald,** vor allem aus Buchen und Eichen und in speziellen Lagen auch mit einigen anderen Laubgehölzen wie Hainbuche, Linde, Ulme, Ahornarten oder Eschen. Auf trockensandigen Böden gedeihen Kiefern, feuchte Niederungen werden von Erlen dominiert.

Die wichtigsten **Primärproduzenten** des Waldes sind die Bäume. Sie bilden die oberste Schicht, die in Mitteleuropa bis etwa 40 m erreichen kann. Je nach Waldtyp folgen dann nach unten weitere **Vegetationsschichten,** z.B. eine **Strauchschicht,** eine **Krautschicht** und eine **Moosschicht.** Für Urwälder dieses Typs ist das Nebeneinander von Bäumen verschiedener Altersklassen charakteristisch. Durch Windbruch, Blitzschlag u.Ä. entstehen in einem Waldgefüge immer wieder kleinere oder größere Lücken, in denen vor allem die **Naturverjüngung** stattfindet.

Sträucher und Hochstauden finden ihre Hauptverbreitung in Lichtungen und an Lichtungsrändern. Eine Besonderheit mitteleuropäischer Wälder stellen die **Frühblüher** dar, Pflanzen, die die lichtreiche Frühlingsperiode im Laubwald für ihre Stoffproduktion nutzen und im Mai nach dem Austrieb der Laubbäume ihre Aktivitäten weitgehend einstellen. Hierzu zählen z.B. Scharbockskraut, Busch-Windröschen, Lerchensporn oder Bingelkraut. Die Produktion organischer Stoffe durch Pflanzen wird von Tieren, den **Konsumenten,** genutzt. Dabei ist der Artenreichtum der Konsumenten größer als der der Primärproduzenten.

Schichtenbau eines Waldes

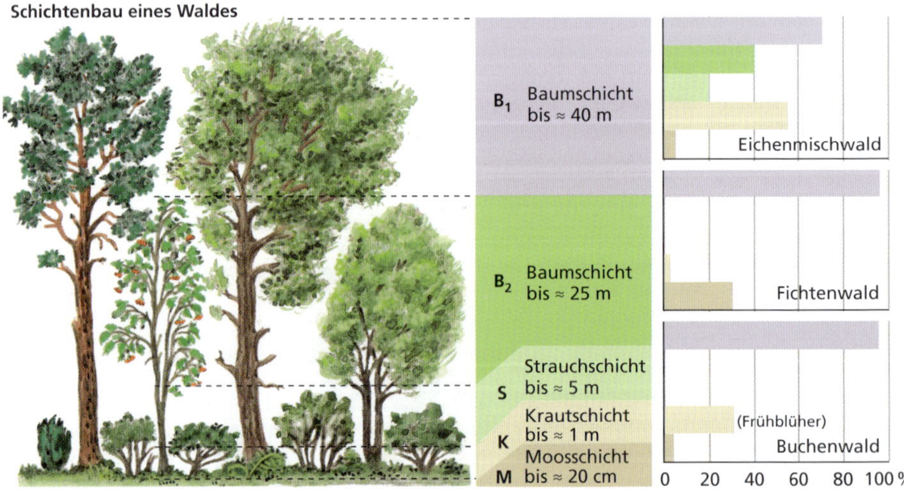

An der Eiche können allein rund tausend verschiedene Insektenarten leben:
- *Laubfresser* – zahlreiche Insekten wie Raupen, Blattwespenlarven, Käfer und ihre Larven, aber auch Säugetiere wie Hirsch und Reh;
- *Holzfresser* – vor allem verschiedene Käferlarven. Sie verfügen über kräftigere Mundwerkzeuge. Bezüglich des Abbaus von Cellulose und Lignin sind sie oft auf darmbewohnende Symbionten, vor allem Pilze, angewiesen;
- *Säftesauger* – vor allem Blattläuse und Blattwanzen. Auch sie enthalten oft Endosymbionten, die ihnen bei der Verdauung und Beschaffung wichtiger Wirkstoffe behilflich sind;
- *Fresser von Früchten und Samen:* Viele Tiere haben sich auf die besonders nährstoffreichen Früchte und Samen der Pflanzen spezialisiert. Dies gilt für Insekten (Haselnussbohrer) ebenso wie für Wirbeltiere (Eichelhäher, Eichhörnchen, Wildschwein).

Da die meisten Konsumenten zweiter Ordnung zahlreiche verschiedene Tierarten fressen, nimmt jeder dieser Konsumenten mehrere Nahrungsketten in sich auf. Gerade in den sommergrünen Wäldern fällt durch den jährlichen Laubfall besonders viel totes organisches Material an, das für den Stoffkreislauf eine wichtige Rolle spielt. Dabei kann dies von Jahr zu Jahr wechseln, wenn z. B. in einem Jahr ein großer Raupenbefall zu verzeichnen ist, so führt dies zu einer geringeren Blattmasse und einem anderen **Energiefluss.**

Verschiedene Wege des Energieflusses im Ökosystem Wald

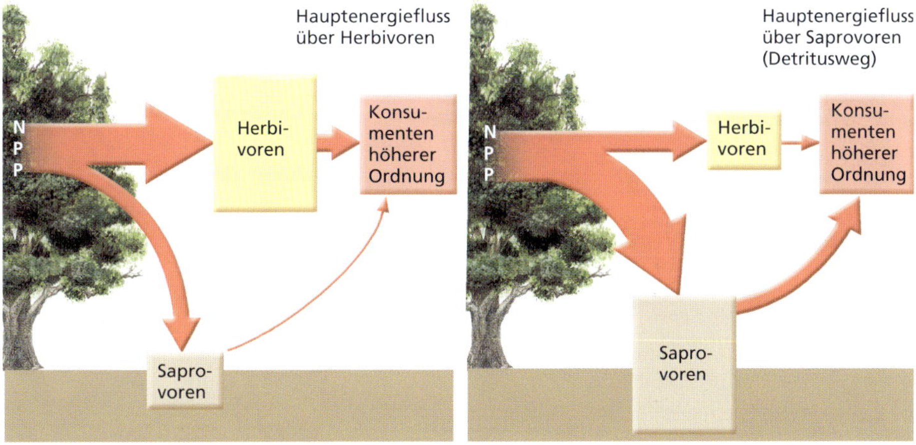

10.2.5 Seen sind gut abgegrenzte Ökosysteme

Typen stehender Gewässer:
- zeitweilig austrocknend: Tümpel
- flach: Weiher
- tief: See
- ablassbar: Teich, Stausee

Gartenteiche können – richtig angelegt – die biologische Vielfalt eines Gartens erheblich bereichern, vor allem wenn sie nicht mit Fischen besetzt werden, können sich in ihnen viele Wasserinsekten und Amphibien entwickeln.

Stehende Gewässer sind in sich territorial abgeschlossen und klar umgrenzt, weshalb sie zu den ersten gut untersuchten Ökosystemen gehörten. Einmal kann man stehende **Gewässer** nach ihrer Größe, Tiefe und Dauerhaftigkeit unterscheiden, zum anderen nach ihrem Mineralstoffgehalt und ihren physikalischen Eigenschaften. **Oligotrophe** (nährmineralarme) Seen sind bis in die Tiefe sauerstoffreich und haben eine im Vergleich zum Abbauvolumen geringe Produktionskraft, sodass das gesamte organische Material remineralisiert wird. Im tiefen Wasser kommt es dabei zu keiner bedeutenden Anreicherung von Nährmineralien und organischen Abfallstoffen. Insbesondere wird ein Großteil der Phosphate an den Seegrund und an eingeschwemmten Tonmineralien adsorbiert. Auch bei der Vollzirkulation im Frühjahr und im Herbst bleibt die Nährsalzzufuhr in den produktiven oberen Wasserschichten der für die Primärproduktion begrenzende Faktor. Oligotrophe Seen kommen z.B. in den Gebirgen – besonders in den Alpen und dem Alpenvorland – vor. Durch ihre große Tiefe haben diese Seen eine hohe Abbaukapazität. Weiterhin traten oligotrophe Seen früher auf mageren Sandböden des norddeutschen Flachlands auf (Heideseen).

Demgegenüber sind die typischen Flachlandseen meist reicher an Nährmineralien (**meso-** bis **eutroph**). Dabei spielen der Untergrund (z.B. Jungmoränen), der Eintrag über die Zuflüsse und die geringere Seetiefe eine Rolle. Die produktive Oberschicht kann über die Hälfte des Seevolumens ausmachen. So reicht die Abbaukapazität nicht aus, in den tieferen Schichten kommt es – vor allem im Sommer – zu starker Sauerstoffzehrung, schließlich zur Faulschlammbildung und zur Entwicklung von Schwefelwasserstoff. Der Bodenschlamm zeigt die durch Eisensulfid hervorgerufene typische blauschwarze Färbung. Die **Wasserzirkulation** im Frühjahr und Herbst führt zu einer kräftigen Düngung der Oberschicht und gleichzeitig zu einer Sauerstoffzufuhr in die tieferen Schichten. Die Folge ist eine anhaltend hohe **Stoffproduktion** und **Sedimentation,** was schließlich zur **Verlandung** führt.

Eutropher und oligotropher See

Moorsee (Moorauge)

Ein dritter Seentyp wird als Braunwassersee **(dystroph)** bezeichnet. Die braune Farbe stammt von sauren Humusstoffen, die aus umgebenden Torfschichten (Hochmoore) oder bodensauren Heiden bzw. Nadelwäldern eingeschwemmt werden. Die besonderen Eigenschaften dieser Seen werden vor allem durch den niedrigen pH-Wert und die hohe Lichtabsorption bestimmt.

In der mitteleuropäischen Kulturlandschaft sind nährmineralarme Gewässer ausgesprochen selten geworden. Durch die Einleitung von **Abwässern,** die Einschwemmung überschüssiger Düngemittel und den Eintrag von Stickstoffverbindungen über die Niederschläge werden den Gewässern große Mineralstoffmengen zugeführt. Die zunehmende **Eutrophierung** aller oligotrophen Seen, ein an sich natürlicher Vorgang, wurde in den letzten Jahrzehnten in Mitteleuropa sehr stark beschleunigt.

Die **Anomalie des Wassers** (↗S. 55 f.) ist für das Ökosystem See von entscheidender Bedeutung: Wasser hat bei +4 °C seine größte Dichte. Kälteres Wasser wird wieder leichter. Im Sommer erwärmt sich der See vor allem durch direkte Strahlungsabsorption. Seen mit vielen Schwebeteilchen erwärmen sich besonders schnell. Mit der Tiefe nimmt die durchgelassene Strahlungsmenge exponentiell ab. Das führt zu einer Temperaturschichtung, die wegen der geringen Wärmeleitfähigkeit des Wassers relativ konstant bleibt. Der Gradient ist umso steiler, je mehr Schwebeteilchen im Wasser vorhanden sind, je eutropher also das Gewässer ist. Durch die Wellenbewegung an der Wasseroberfläche wird eine mehr oder weniger tiefe Schicht gut durchmischt. Sie ist nahezu gleichwarm **(Epilimnion).** Von dem kühleren unbewegten Tiefenwasser **(Hypolimnion)** ist diese Schicht durch eine Sprungzone **(Metalimnion)** getrennt. Häufig liegt diese Sprungschicht in der Zone, in der auch die Strahlungsintensität einen Grenzwert für autotrophes Leben erreicht. In diesem Fall ist nur die erwärmte obere Schicht nährstofferzeugend **(trophogen)** und sauerstoffreich. Im Hypolimnion wird Sauerstoff verbraucht, sodass sich im Laufe des Sommers ein nahezu anaerober, mit organischen Abfällen angereicherter Tiefenbereich entwickeln kann. Erst die herbstliche Abkühlung des Oberflächenwassers leitet in der Regel eine tiefer greifende **Wasserzirkulation** und damit einen Stoffausgleich im See ein.

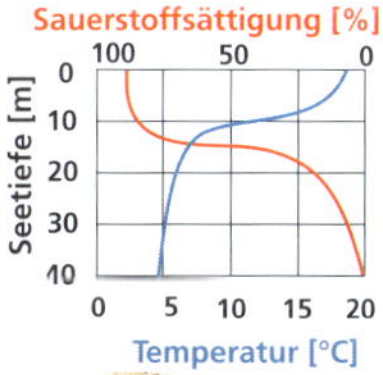

Ein See im Jahresverlauf

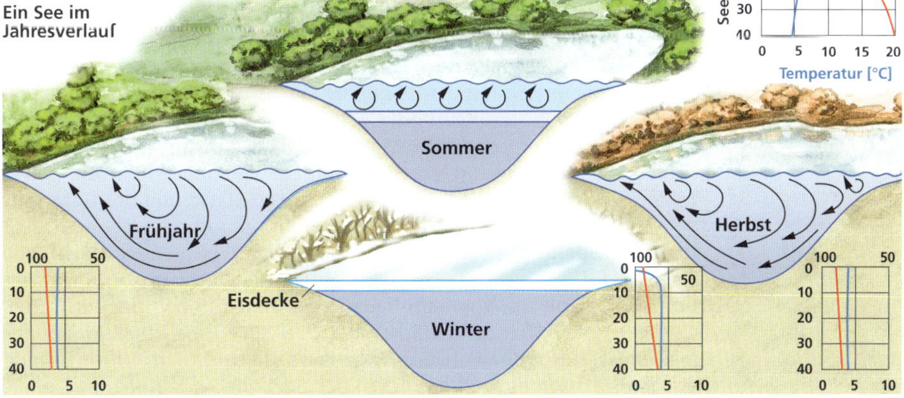

Lebensbereiche des Sees

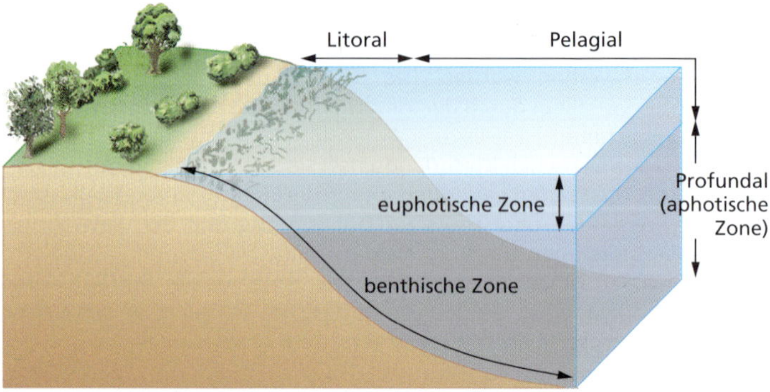

Ein See ist in verschiedene Lebensbereiche gegliedert. Man unterscheidet die **Bodenzone (Benthal)** von der **Freiwasserzone (Pelagial).** Das Benthal wird wiederum in einen **Uferbereich (Litoral)** und einen **Tiefenbereich (Profundal)** gegliedert. Für die verschiedenen Bereiche sind bestimmte Lebensformen charakteristisch.

Plankton nennt man die Gesamtheit der im Freiwasser schwebenden Kleinlebewesen, deren Eigenbewegung gegenüber den Wasserbewegungen unbedeutend ist. Demgegenüber nennt man die frei schwimmenden Tiere – vor allem Fische und einige Insekten –, die auch gegen die Wasserbewegung vorankommen, **Nekton** („Schwimmer").

Libelle

Seerose

Rohrkolben

Für eine größere Zahl von Lebewesen stellt die Wasseroberfläche **(Neuston),** die aufgrund der Kohäsion der Wassermoleküle eine Art Häutchen bildet, einen besonderen Lebensraum dar. Bakterien bilden eine Kahmhaut, Algen können dünne Schichten bilden. Aber auch größere Pflanzen wie Wasserlinsen sind an diese Wasseroberfläche gebunden. Dies gilt auch für Tiere, die daran hängen (Stechmückenlarven, die mit dem Haarkranz ihres Atemrohrs an der Oberfläche hängen), die darauf schwimmen oder laufen (Rückenschwimmer, Wasserläufer), oder für Wasserschnecken, die an der Wasseroberfläche kriechen können. Die Gesamtheit der bodenbewohnenden Lebewesen wird auch **Benthon** genannt.

Neben vielen Tierarten wie Würmern, Schnecken, Muscheln, Wasserasseln und Insektenlarven zählen hierzu auch die Pflanzen, die im typischen Fall in Gürteln unterschiedlicher Lebensformen angeordnet sind. Zu den stets untergetaucht lebenden **Tauchblattpflanzen** zählen Arten wie Hornblatt, Tausendblatt oder Wasserpest. Über ihre dünnen, oft fein verästelten Blätter können sie Mineralstoffe direkt aus dem Wasser aufnehmen. Landseitig folgt ein Gürtel mit **Schwimmblattpflanzen.** Hierzu zählen die Wasserrosen und Teichrosen, deren Blätter mit der Unterseite dem Wasserspiegel aufliegen und die daher nur auf der unbenetzbaren Oberseite Spaltöffnungen besitzen. Aber auch verschiedene Laichkrautarten und der Wasser-Knöterich zählen zu dieser Lebensform. Landseitig folgen dann die **Röhrichtpflanzen,** zu denen neben dem Schilfrohr („Reet") Rohrkolben und Teich-Simsen zählen. Diese Pflanzen können mehrere Meter in den Luftraum ragen und gleichzeitig mit ihren unterirdischen Sprossen (Rhizomen) tief in den Seeboden eindringen.

Die Röhrichtpflanzen besitzen ein ausgeprägtes Durchlüftungsgewebe, durch das ihre im sauerstoffarmen Boden wachsenden Erdsprosse mit Sauerstoff versorgt werden. Zwar sind Röhrichte relativ arm an Pflanzenarten, doch bieten sie vielen Tieren wichtigen Lebensraum. Die starke Bodendurchwurzelung und der Sauerstoffeintrag in den an organischen Abfallstoffen reichen Seeboden führt zu einem sehr wirkungsvollen Abbau organischer Abfallstoffe. Aus diesem Grund können Röhrichtbeete auch zur Klärung von Abwasser eingesetzt werden (Wurzelraumentsorgung, Pflanzenkläranlagen). An den Schilfgürtel schließen landseitig Weidengebüsche und Erlengehölze an, in baumfreien Bereichen auch Sumpfpflanzenbestände wie Seggenrieder und Feuchtwiesen.

Leben an einem Seerosenblatt

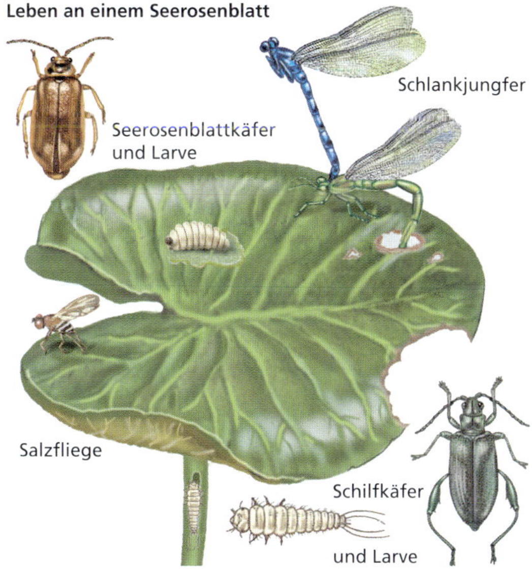

Vegetationsgürtel am See

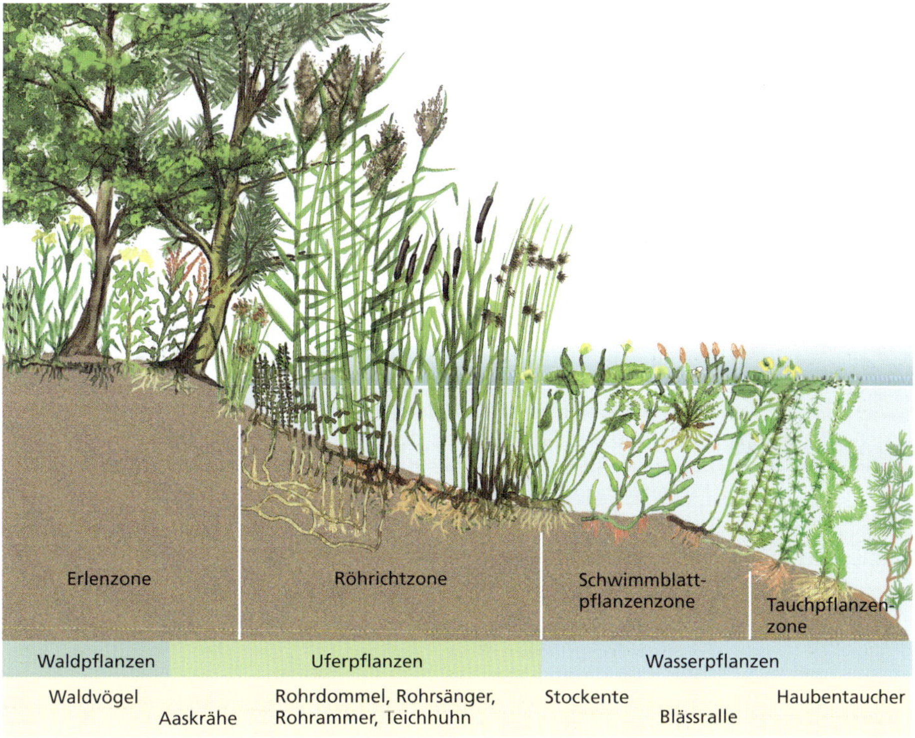

10.3 Populationsökologie

- Die Häufigkeit und Verteilung der Individuen, das Zahlenverhältnis der Geschlechter, die Höhe der Fortpflanzungsrate und die Altersstruktur sind Merkmale einer Population, die für ihre ökologische Wirksamkeit bedeutsam sind.
- In einer bestimmten Phase zeigen Populationen meist exponentielles Wachstum.
- Die Altersstruktur von Populationen lässt sich in Form von Alterspyramiden darstellen.
- Die Populationsdichte wird durch dichteabhängige und dichteunabhängige Faktoren reguliert.

10.3.1 Populationen wachsen und schrumpfen

Populationsgrößen lassen sich durch verschiedene **Schätzmethoden** bestimmen.

Alle Individuen einer Art, die in einem abgegrenzten Gebiet leben, werden als **Population** bezeichnet. Für die ökologische Wirksamkeit einer Population sind folgende Merkmale von Bedeutung:
- Häufigkeit der Individuen (Populationsgröße und -dichte),
- Verteilung der Lebewesen (räumlich und zeitlich),
- Zahlenverhältnis der Geschlechter,
- Zuwachsrate,
- Altersstruktur.

Brutkolonie von Pinguinen (kontinuierliche Verteilung)

Die **Populationsgröße** gibt die Anzahl der Individuen einer Art in einem bestimmten Gebiet an. Daraus ergibt sich die **Populationsdichte (Abundanz).** Sie ist u. a. vom Verhalten (Individual- und Popularverhalten), dem Nahrungsangebot, dem Klima und den Fressfeinden abhängig (↗ S. 419). Entsprechend diesen Bedingungen fasst ein Lebensraum nur eine maximale Individuenzahl **(Umweltkapazität *K*)**, wobei der ungünstigste Faktor begrenzend wirkt (Gesetz des Minimums).
Die Verteilungen der Individuen einer Population können unregelmäßig, regelmäßig oder gehäuft sein. Ein gleichmäßiger Abstand ergibt sich z. B. durch **Revierbildung** (↗ S. 424) oder die Einhaltung einer **Hackdistanz** (Pinguinkolonie, ↗ Abb.), Häufungen kommen oft durch unregelmäßig verteiltes Nahrungsangebot zustande (z. B. Fliegen auf Kuhfladen). Neben der räumlichen Verteilung lassen sich in Abhängigkeit des **Biorhythmus** und der Aktivitätszeit der Tiere auch zeitliche Verteilungsmuster erkennen (z. B. tag- und nachtaktiv, Aufsuchen bestimmter Futterplätze, Schlafplätze).

Parthenogenese (griech. *parthenos:* Mädchen, Jungfrau): Jungfernzeugung, Zygotenbildung ohne Befruchtung

Das **Wachstum einer Population** ist von der Fortpflanzungsweise abhängig. Häufig sind bisexuelle (zweigeschlechtliche) oder unisexuelle (eingeschlechtliche) Populationen. Eingeschlechtliche männliche Populationen kommen z. B. zeitlich begrenzt bei Rothirschen vor. Blattläuse leben während des Sommers in rein weiblichen Populationen, die sich parthenogenetisch fortpflanzen. Beim häufigen Fall bisexueller Populationen kann das Geschlechterverhältnis, wie beim Menschen, ausgeglichen sein, es kommen aber auch höhere Weibchenanteile (Kiefernblattwespe: 75 %) oder Männchenanteile (Kiefernspanner: 63 %) vor.

Individuen einer Population unterscheiden sich. Diese Variabilität hat sowohl genetische als auch von Umwelteinflüssen bestimmte Ursachen (Modifikationen, ↗ S. 209 f.). Wenn sich bei einer genetischen Variante Vorteile gegenüber den anderen Populationsmitgliedern ergeben, so hat sie einen Selektionsvorteil durch höheren Fortpflanzungserfolg (↗ S. 333).

Um das Wachstum einer Population zu beschreiben, sind die Geburts- **(Natalität *b*)** und die Sterberate **(Mortalität *m*)** einer Population von Bedeutung. Die Differenz bestimmt das Populationswachstum und wird in der **Zuwachsrate *(r)*** ausgedrückt: $r = b - m$.
Unter idealen Bedingungen wachsen Populationen exponentiell ($b > m$), als Wachstumsgleichung ausgedrückt:

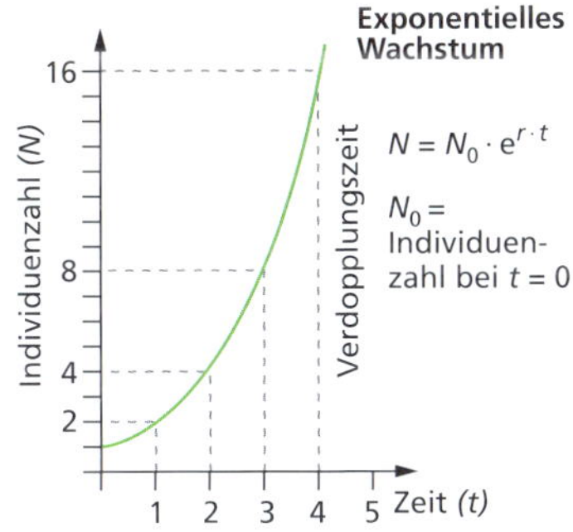

$\frac{dN}{dt} = r \cdot N$. (Die Zunahme der Individuenzahl ist proportional der Individuenzahl und der Zuwachsrate.)

Mit zunehmender Individuenzahl wächst die Mortalitätsrate immer mehr an, bis Mortalität und Natalität sich die Waage halten ($b = m$).
Dieser Wert entspricht der **Umweltkapazität *K*,** dem maximalen Fassungsvermögen der gegebenen Umwelt für eine bestimmte Art. Die Population kann so lange wachsen, solange zwischen der erreichten **Individuenzahl *N*** und der Kapazität eine Differenz besteht.

Dies wird durch folgenden Zusatz zur **Wachstumsformel** ausgedrückt:

$\frac{dN}{dt} = r \cdot N \cdot \left(\frac{K-N}{K}\right)$.

Die Gesamtheit der wachstumshemmenden Faktoren wird **Umweltwiderstand** genannt. Wächst die Population über ihre Kapazitätsgrenze hinaus weiter exponentiell (**Massenvermehrung** bzw. **Gradation**), kommt es nach einer gewissen Zeit zum Zusammenbruch (↗ S. 461). Am häufigsten sind Schwankungen der Individuenzahl, um die Kapazitätsgrenze zu beobachten. Diese Schwankungen werden zusammenfassend als **Massenwechsel (Fluktuation)** bezeichnet. Im Allgemeinen ist das Wachstum einer Population am größten, wenn ihre Individuenzahl *N* die Hälfte der Kapazität *K* erreicht hat.
Die Ermittlung von $\frac{K}{2}$ ist deshalb für die Produktionsbiologie in Land-, Forst- und Fischereiwirtschaft von Bedeutung.

Wachstumskurve mit verschiedenen Begrenzungen

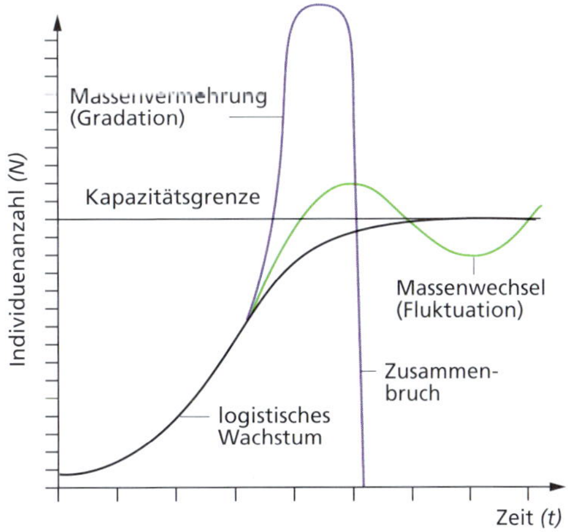

Populationsbiologen unterscheiden zwei durch Übergänge verbundene Strategien zum Populationserhalt:

1. die **Vermehrungsstrategie (*r*-Strategie),** bei der ein sehr großer Überschuss an Nachkommen erzeugt wird (hohe Vermehrungsrate *r*);
2. die **Anpassungsstrategie (*K*-Strategie),** bei der wenige Nachkommen optimal geschützt werden (Individuendichte nahe bei *K*).

Merkmale	*r*-Strategen	*K*-Strategen
Lebensdauer	kurz	lang
Individualentwicklung	schnell	langsam
Vermehrungsrate	hoch	niedrig
Anzahl der Nachkommen	viele	wenige
elterliche Fürsorge	gering, keine	ausgeprägt
Sterberate	hoch	niedrig
Umweltbedingungen	wechselhaft	konstant
Populationsgröße	stark schwankend	konstant, nahe bei *K*
innerartliche Konkurrenz	schwach, unregelmäßig	stark
Beispiele	– Feldmäuse, Hasen – viele Insekten – Kleinkrebse – einjährige Pflanzen – viele Fische	– Wale – Elefanten – Primaten, Mensch – Bäume – Sonderfall: soziale Insekten

10.3.2 Populationen unterscheiden sich im Altersaufbau

Populationen verschiedener Länder unterscheiden sich erheblich in der Form ihrer Alterspyramiden.

Populationen können einen unterschiedlichen Altersaufbau haben, d. h., das Zahlenverhältnis der Individuen verschiedener Altersstufen bzw. Entwicklungsstadien kann unterschiedlich sein.
Dies lässt sich grafisch darstellen (↗Abb.): Im Wachstum einer Population ist die Anzahl der Jungtiere am höchsten. Die Populationsstruktur hat die Form einer **Pyramide.** Die erwartete Altersstruktur der Bevölkerung Deutschlands im Jahre 2025 ist mit einer Urnenform vergleichbar. Hier werden weniger Kinder geboren, als alte Menschen leben (schrumpfende Bevölkerung). Wenn die Populationsgröße ungefähr gleich bleibt, sieht die Altersstruktur dem Bild einer **Glocke** ähnlich.

Alterspyramiden

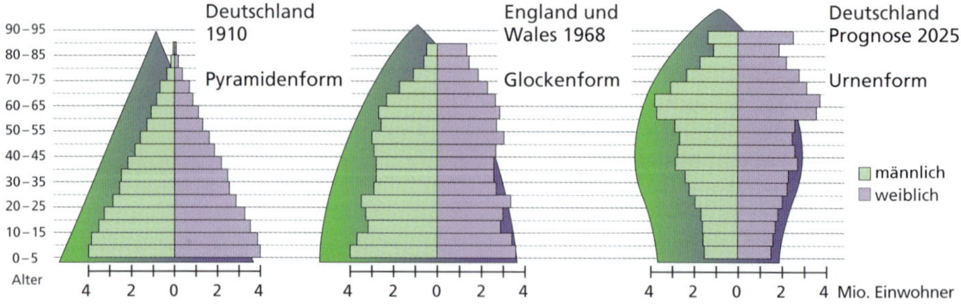

10.3.3 Die Umwelt reguliert die Populationsdichte

Für die Schwankungen von Populationsgrößen ist der Umweltwiderstand (↗ S. 459) verantwortlich, wobei man **dichteabhängige** und **dichteunabhängige Faktoren** unterscheiden kann:

Dichteabhängige Faktoren (innerartliche Konkurrenz):	Verminderung der Populationsdichte durch:
Nahrungs- und Energieangebot	– Abwandern einer Art – Erhöhung der Sterblichkeitsrate (z. B. durch mehr Krankheiten, geringeres Wachstum von Pflanzen bei Lichtmangel) – Verminderung der Geburtenrate (z. B. geringere Fruchtbarkeit)
Platzangebot	– Territorialverhalten (Verteidigung des Reviers gegenüber Artgenossen, mehr Kontakte zu Artgenossen) – Stress (erhöhte Aggressivität, Abnahme der sexuellen Aktivität, Kannibalismus) – hormonelle Regulation

Dichteunabhängige Faktoren:	Verminderung der Populationsdichte durch:
Witterungsbedingungen (Licht, Temperatur, Feuchte, Wind)	– z. B. Vernichtung der Nester bodenbrütender Vögel durch Hochwasser – z. B. Erfrieren von Insekten im Winter
Katastrophen (Erdbeben, Überschwemmungen ...)	– Verdursten durch Dürre – Vernichtung durch Brände

Der **Lärchenwickler,** ein Schmetterling, der in ganz Nord- und Mitteleuropa verbreitet ist, zeigt im Populationswachstum regelmäßige Zyklen. Die Hauptfutterpflanze für die Raupen ist die Lärche, aber das Weibchen legt seine Eier auch an Zirbelkiefern ab. Die Populationsdichte kann sich in acht bis zehn Jahren so stark erhöhen, dass ein großflächiger Kahlfraß entsteht und die Population aus Nahrungsmangel zusammenbricht. Danach baut sich die Population über Jahre hinweg wieder auf und der Zyklus beginnt von vorn.

Lärchenwickler

Einige Populationen (viele Insekten, kleine Nagetiere, einjährige Pflanzen) unterliegen einer **inneren Dynamik,** ohne dass andere Arten einen Einfluss ausüben (innerartliche Konkurrenz). So kann sich unter günstigen Witterungsbedingungen (dichteunabhängiger Faktor) die Nahrungssituation so verbessern, dass es zu einem Anstieg der Populationsdichte um ein Vielfaches über die Kapazitätsgrenze kommt **(Gradation).** Der wachsende Umweltwiderstand bewirkt den Rückgang oder Zusammenbruch der Population.
Massenvermehrungen bei Forstschädlingen (Kiefernspanner, Lärchenwickler, Feldmaus) führen oft zu hohen wirtschaftlichen Schäden **(Kalamität).**

Räuber-Beute-Beziehung

Populationsschwankungen bei Schneeschuhhase und Luchs

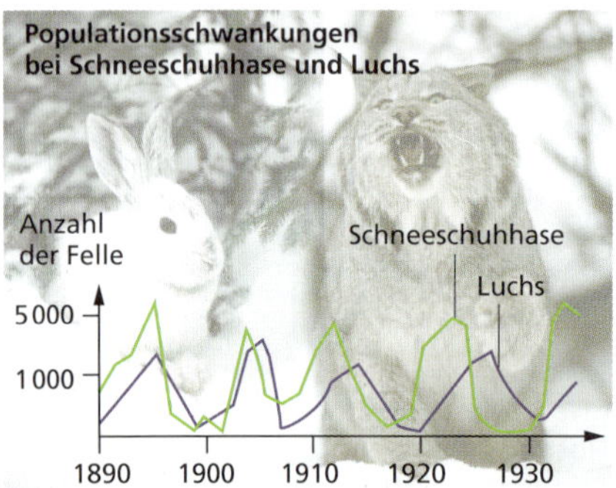

Lotka-Volterra-Regeln

Diagramm zur 1. und 2. Lotka-Volterra-Regel

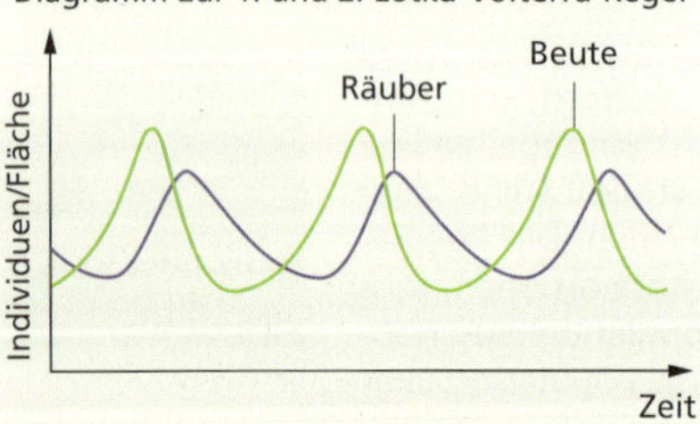

Diagramm zur 3. Lotka-Volterra-Regel

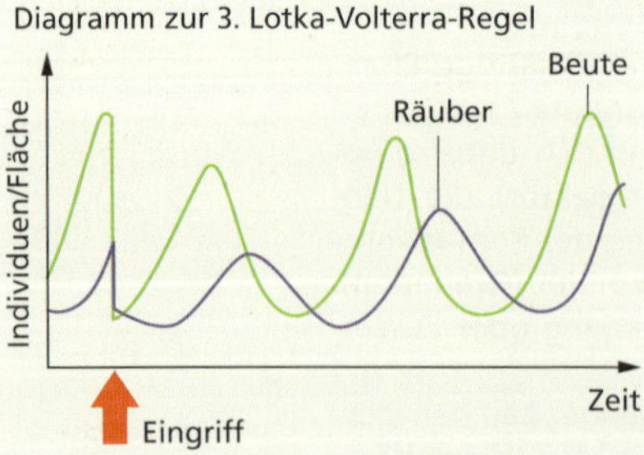

Neben der inneren Dynamik einer Population durch das Zusammenwirken von dichteabhängigen und -unabhängigen Faktoren können sich Populationen auch gegenseitig beeinflussen.
Gut untersucht sind Beziehungen zwischen **Prädatoren (Räuber)** und **Beute.** Wenn in einem Biotop eine große Anzahl von Beute vorkommt, wirkt sich dies fördernd auf die Nahrungssuche und den Fortpflanzungserfolg der Räuber aus. Dadurch steigt die Populationsdichte der Räuber, die dann nicht mehr so viel Beute finden und somit nur eine geringere Anzahl an Nachkommen großziehen können. Dadurch sinkt die Anzahl der Räuber und der Kreislauf beginnt von vorn.

Das wohl bekannteste Beispiel für eine **Räuber-Beute-Beziehung** ist die Abhängigkeit von Luchs und Schneeschuhhase in Kanada. Die abgelieferten Felle der Tiere wurden bei der *Hudson Bay Company* seit 1800 registriert. So konnte man den Bestand der Populationen weit zurückverfolgen. Es zeigte sich, dass in einem Abstand von ca. zehn Jahren viele Felle der Luchse erfasst wurden und es ca. zwei Jahre vor den Luchsen zu einer Häufung der Hasenfelle, der Hauptbeute des Luchses, kam.
In den in der Landwirtschaft üblichen Monokulturen steigt die Populationsdichte von Schädlingen, z. B. Raupen oder Blattläusen, stark an. Vernichtet man durch den Einsatz von Giften die Schädlinge, so trifft man zeitverzögert auch ihre „nützlichen“ Fressfeinde, wie etwa Florfliegen oder Marienkäfer. Nach der Verminderung beider Arten erholen sich die Pflanzenschädlinge schneller (↗ Abb., 3. Regel).

Für diese wechselseitigen Räuber-Beute-Beziehungen wurden von G. F. GAUSE, A. J. LOTKA und VITO VOLTERRA (1860–1940) mathematische Modelle entwickelt **(Lotka-Volterra-Regeln):**

1. Die Populationsdichten von Beute und Fressfeind schwanken periodisch und zeitlich gegeneinander verschoben.
2. Die Dichte jeder Population schwankt um einen Mittelwert, der nicht von den Anfangsbedingungen abhängt.
3. Eine Erhöhung der Beutedichte bewirkt eine Zunahme der Räuber. Nach einer gleich starken Verminderung beider Arten erholt sich die Population der Beute schneller als die des Fressfeindes.

Ökologie

■ Lebewesen können nur innerhalb eines **Toleranzbereichs** existieren. Als primäre Standortfaktoren kommen **Licht/Strahlung, Wärme/Temperatur, Wasser, chemische Faktoren** und **mechanische Faktoren** infrage. Alle anderen Faktoren wie Klima, Relief und Boden setzen sich aus diesen primären abiotischen Standortfaktoren zusammen.
Die Einflüsse der Organismen aufeinander werden als **biotische Umweltfaktoren** zusammengefasst. Dabei unterscheidet man zwischen interspezifischen und intraspezifischen Faktoren.

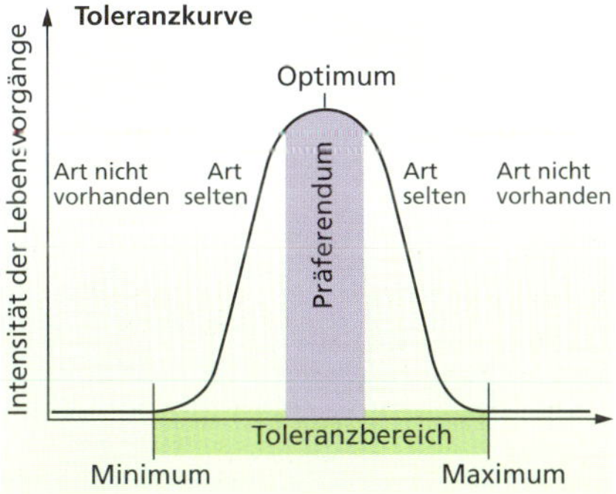

Aufbau der Biosphäre

■ Die von Lebewesen besiedelte Biosphäre umfasst den untersten Bereich der Atmosphäre, die gesamte Hydrosphäre und die oberste Lithosphäre der Erde. Ihr Wirkungsgefüge ist von **Stoffkreisläufen** gekennzeichnet und von **Energieflüssen** bestimmt, die von der eingestrahlten Sonnenenergie ihren Ausgang nehmen und in **Nahrungsketten** verlaufen. Sie gliedert sich in Ökosysteme, die eine Funktionseinheit aus **Lebensgemeinschaft (Biozönose)** und **Lebensraum (Biotop)** bilden.

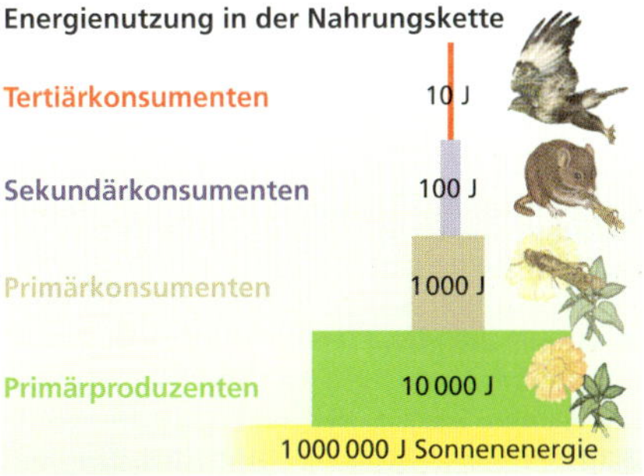

Populationsökologie

■ Die Populationsökologie untersucht den Aufbau und die Dynamik von Populationen, definitionsgemäß von allen Individuen einer Art, die in einem Gebiet leben.
Wichtige Parameter sind:
- Populationsgröße und -dichte,
- räumliche und zeitliche Verteilung der Individuen,
- Zahlenverhältnis der Geschlechter,
- Zuwachsrate (Natalität, Mortalität),
- Altersstruktur.

Die Schwankungen von Räuber- und Beutepopulationen verlaufen oft periodisch (Lotka-Volterra-Regeln).

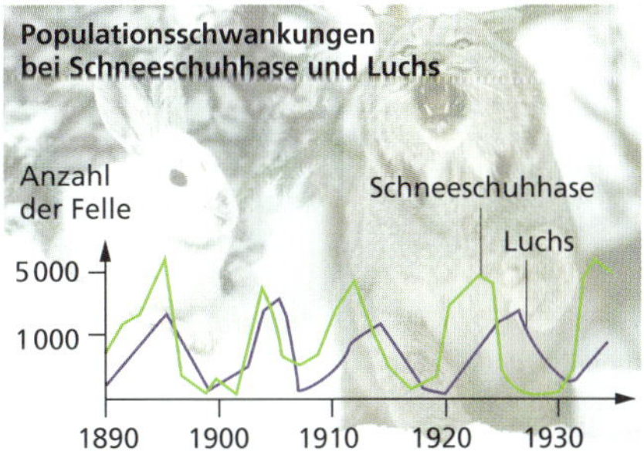

10.4 Mensch und Biosphäre

- Die wachsende Erdbevölkerung und die Ansprüche des Menschen sind die Hauptursachen für anthropogen bedingte Umweltbelastungen.
- Endliche Ressourcen müssen in Zukunft zunehmend durch erneuerbare Rohstoffe und Energiequellen ersetzt werden.
- Die Bewirtschaftung von Land und Meeren darf auch langfristig nicht zur Beeinträchtigung ihrer Produktionskraft führen.
- Luft, Wasser und Boden sind die Grundlagen des Lebens in der Biosphäre. Schadstoffe gefährden ihre Funktionsfähigkeit.
- Vermeidung und Recycling von Abfällen sowie Minimierung von Schadstofffreisetzungen sind wichtige Voraussetzungen für nachhaltige Entwicklungen.

10.4.1 Wie lange kann die Weltbevölkerung wachsen?

Die Erdbevölkerung wächst derzeit pro Jahr um etwa 80 Mio. Pro Sekunde bedeutet dies einen Zuwachs um drei Erdenbürger. Im Jahr 2011 überschreitet die Anzahl der Menschen auf der Erde 7 Milliarden. Siehe dazu auch die „Weltbevölkerungsuhr": *www.weltbevoelkerung.de.*

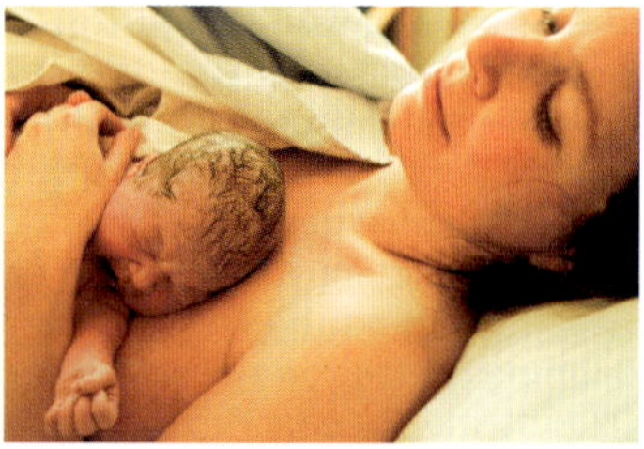

Am 11.07.1987 begrüßte der Generalsekretär der Vereinten Nationen in Zagreb, im damaligen Jugoslawien, symbolisch den 5-milliardsten Erdenbürger. Bereits zwölf Jahre später wurde die 6-Milliarden-Grenze überstiegen. Die Zeiträume, in denen sich die Erdbevölkerung verdoppelt, wurden im Laufe der Geschichte immer kürzer: Bis zum Beginn unserer Zeitrechnung hatte die Verdopplung etwa 1 000 Jahre gedauert. Die letzte Verdopplung dauerte ungefähr 40 Jahre! Allerdings kann man in den letzten Jahrzehnten eine Verlangsamung beobachten. So wuchs die **Weltbevölkerung** zwischen 1950 und 1975 um 64 %, zwischen 1975 und 2000 jedoch nur um 48 %. Setzt sich diese Entwicklung fort, wird die Menschheit gegen Ende dieses Jahrhunderts mit 11 Milliarden ihr Maximum überschritten haben und zahlenmäßig wieder abnehmen.
Da die höchste Bevölkerungszunahme in den strukturell wenig entwickelten Ländern Afrikas, Asiens und Lateinamerikas zu beobachten ist, kann man davon ausgehen, dass eine bessere Ausbildung – insbesondere der Mädchen und Frauen –, eine Verbesserung der Gesundheits- und Sozialsysteme sowie der Einkommensverhältnisse in diesen Ländern zu einer Stabilisierung der Weltbevölkerung beitragen könnten.

1992 fand in Rio de Janeiro eine **Konferenz der Vereinten Nationen für Umwelt und Entwicklung** statt. Eine zweite gab es 2002 in Johannesburg (↗ S. 475).

Für die **nachhaltige Entwicklung der Biosphäre** ist eine solche Stabilisierung der menschlichen Population auf einem nicht zu hohen Niveau unbedingt erforderlich. Auch wenn die obere Grenze der Belastbarkeit kontrovers diskutiert wird, so ist klar: Die Biosphäre ist endlich. Die Ressourcen an Nahrungsmitteln, Rohstoffen und Energiequellen sowie die Kapazität, Abfälle und Schadstoffe aufnehmen zu können, sind begrenzt. Gelingt es der Menschheit nicht, steuernd einzugreifen, wird das Ende des Wachstums mehr oder weniger katastrophal verlaufen.

Schon heute leiden viele Menschen an Unterernährung. Sie haben keinen Zugang zu ausreichendem Trinkwasser und es steht ihnen fast keine medizinische Versorgung zur Verfügung. Mit Sicherheit sind die Möglichkeiten zur Erzeugung von Nahrungs- und Futtermitteln und insbesondere zur gerechten Verteilung der Ressourcen auf der Erde noch nicht ausgeschöpft. Aber gerade in Ländern mit geringem Bildungsniveau und mangelnder Rechtssicherheit sowie mit ungünstigen wirtschaftlichen Beziehungen zu den Industrieländern stehen Verbesserungen fast unüberwindliche Schwierigkeiten entgegen. Wie auf den UNO-Konferenzen in Rio 1992 und Johannesburg 2002 festgestellt wurde, gehört aber zur Sicherung einer nachhaltigen Entwicklung der Erde nicht nur der schonende Umgang mit der Umwelt, sondern auch eine gerechte Verteilung der Güter im Weltmaßstab.

▶ Die Bevölkerungszahl wird vom Verhältnis der Geburten zu den Todesfällen bestimmt. Ist das Verhältnis > 1, wächst die Weltbevölkerung.

Nicht nur die gegenwärtige Bevölkerungszahl, auch die **Altersstruktur** lässt Rückschlüsse auf die künftige Wachstumstendenz einer Population zu. Entspricht die Altersgliederung in einer Region oder in einem Land einer Pyramidenform – was für einen hohen Anteil an jungen, fortpflanzungsfähigen Menschen spricht –, ist mit einem deutlichen Bevölkerungszuwachs zu rechnen. Fehlt der Pyramide eine breite Basis, stagniert die Bevölkerungszahl oder sie nimmt sogar ab. In den Industrienationen nehmen die Bevölkerungszahlen eher ab, in den Ländern der Dritten Welt wachsen sie jährlich um etwa 1–3 %.

▶ Bevölkerungsstruktur von Honduras (2010):

0–14 Jahre:	38 %
15–64 Jahre:	58,4 %
> 64 Jahre:	3,6 %
Wachstumsrate:	1,96 %

Altersstruktur in Industrie- und Entwicklungsländern

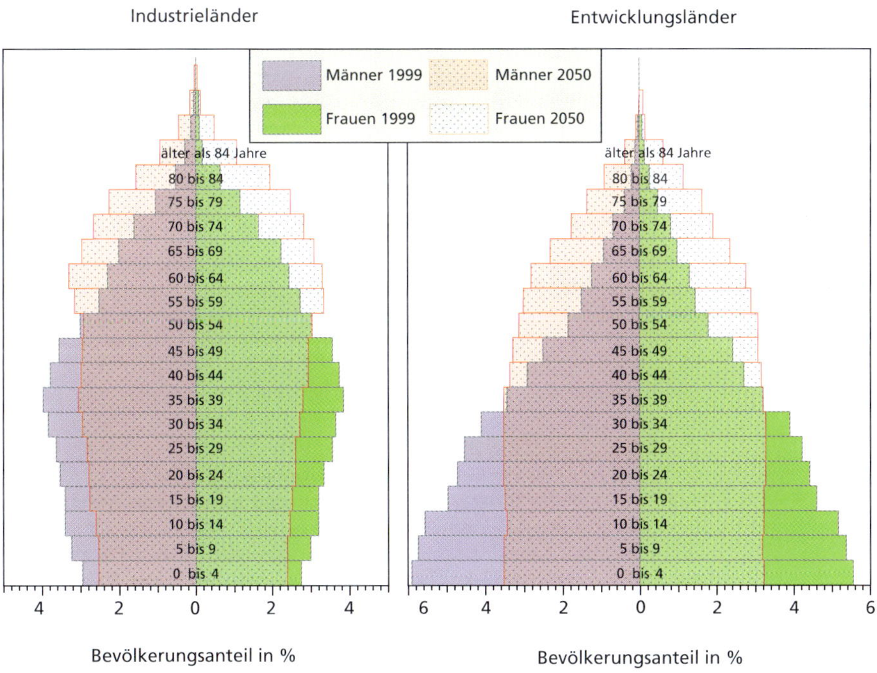

10.4.2 Natürliche Ressourcen sind begrenzt

Nachwachsende Rohstoffe nennt man Substanzen, die von Pflanzen gebildet und als industrielle Rohstoffe im Nichtnahrungsmittelbereich genutzt werden (↗S. 473).

Rohstoffe in Form von Bodenschätzen wie Erz, Kohle, Erdöl und Erdgas sind nicht erneuerbar. Auch wenn die Schätzungen über die Vorräte und ihre Verfügbarkeit unterschiedlich ausfallen, steht fest, dass sie in nicht allzu ferner Zukunft erschöpft sein werden. Zu fordern ist deshalb nicht nur ein sparsamer Umgang mit diesen nicht erneuerbaren Ressourcen, sondern auch eine zunehmende Nutzung nachwachsender Rohstoff- und erneuerbarer Energiequellen. Die Produktion von Rohstoffen aus Pflanzen **(Biomasseproduktion),** die direkte oder indirekte Nutzung der Sonnenenergie – dazu gehört die Nutzung von Wind- und Wasserenergie – sind zukunftsweisende Möglichkeiten. Die prinzipielle Möglichkeit, über Atomspaltung oder Kernfusion praktisch unerschöpfliche Energieressourcen zu öffnen, würde zwar Energieengpässe beseitigen, wäre aber mit sehr großen Risiken verbunden.

In **Tschernobyl** explodierte im Jahr 1986 ein Atommeiler, die Nachwirkungen der frei gewordenen Radioaktivität sind bis heute erkennbar. Nach einem zweiten, durch ein Erdbeben ausgelösten katastrophalen Unfall in Fukushima, Japan, im März 2011 (↗Abb.) fordern immer mehr Menschen einen Ausstieg aus der Atomenergie.

Mit der Erfindung des Ackerbaus und der Viehzucht begann der Mensch vor gut 10 000 Jahren, aktiv in das ökologische Gefüge seiner Umgebung einzugreifen und Ökosysteme zu seinem Nutzen umzugestalten. Seither ist es Ziel der Land- und Forstwirtschaft, einen möglichst hohen Zuwachs an Biomasse zu erzielen, der dann dem Produktionsort weitgehend entzogen wird. Diese großen Mengen geernteter organischer Stoffe werden in den Zentren menschlicher Siedlungen „verbraucht", ihre Reste als „Abfall" zu einem großen Teil über die Gewässer dem Meer zugeleitet.

Erzlaugung ***(Leaching)*** mithilfe von Bakterien dient der besseren Ausnutzung von metallhaltigem Gestein im Bergbau.

Nur zu einem geringen Teil – etwa über den Stallmist, die **Jauchedüngung** oder die **Kompostierung** – gelangen diese Stoffe wieder zurück in die Nutz-Ökosysteme. Dafür wird den Nutz-Ökosystemen in steigendem Maße Mineraldünger aus geologischen Sedimenten und aus industrieller Luftstickstoffbindung **(Haber-Bosch-Verfahren)** zugeführt. Mineralische Dünger, vor allem Nitrate und Phosphate, verweilen nur relativ kurz im Boden, sie werden sehr leicht ausgewaschen und gelangen über das Grundwasser oder die Vorfluter in die Gewässer. Diese Gewässerdüngung hat zu einer starken **Gewässereutrophierung** geführt.
Auch küstennahe Biozönosen sind durch den Eintrag von Mineralstoffen und Schwebeteilchen über die Flüsse gefährdet. Dies gilt z. B. für die auf klares Wasser angewiesenen Korallenriffe. Nährmineralien wie Nitrate und Phosphate können natürlichen Lebensgemeinschaften auch dadurch schaden, dass durch sie wenige, schnell wachsende Arten (auf Wiesen z. B. Löwenzahn, Wiesen-Kerbel) gefördert werden, die alle anderen überwuchern.

Landwirtschaftliche Nutzflächen sind normalerweise gegenüber natürlichen Ökosystemen in ihrer Artenzusammensetzung stark vereinfacht, meistens handelt es sich um Monokulturen aus nur einer Nutzpflanzenart. Solche Systeme sind nicht zur Selbstregulation in der Lage.
Besonders gefährdet sind sie durch das Überhandnehmen spezieller „Unkräuter" sowie bakterieller, pilzlicher oder tierischer „Schädlinge". Dagegen werden **Schädlingsbekämpfungsmittel (Pestizide)** eingesetzt. Usprünglich handelte es sich bei diesen Substanzen um schwer abbaubare Verbindungen, z.B. halogenierte Kohlenwasserstoffe wie **DDT,** Aldrin, Dieldrin und Heptachlor. Sie reichern sich in den **Nahrungsketten** an und können in den Endgliedern – Konsumenten höherer Ordnung – lebensbedrohende Konzentrationen erreichen (↗S.441). Aber auch moderne Pestizide stellen eine Gefahr für natürliche Lebensgemeinschaften dar.

▶ **Pestizide** sind chemische Substanzen zur Bekämpfung von tierischen, pflanzlichen und mikrobiellen Organismen, die Nutztiere, Nutzpflanzen, Lebensmittel oder Materialien schädigen oder zerstören.

Eine weitere Gefahr durch unsachgemäß betriebenen Ackerbau und Viehzucht besteht in der Bodenvernichtung. Insbesondere wenn zu steile Hänge bearbeitet werden, kann dies zu **Wassererosion** führen. Dadurch, dass nach der Ernte unbewachsene Bodenflächen entstehen, kann v.a. in Gebieten mit Trockenzeiten auch **Winderosion** die Böden abtragen. In vielen semiariden Gebieten ist Überweidung eine große Gefahr. Oft geht dies einher mit exzessiver Brennholznutzung. Auf diese Weise können Kulturlandschaften allmählich zu Wüsten werden **(Desertifikation).** Die Abholzung natürlicher Wälder ist ein großes Problem, da diese Waldökosysteme meist sehr empfindlich sind und nur schlecht regenerieren. Gleichzeitig beherbergen sie besonders viele Pflanzen- und Tierarten. Mit den Regenwäldern verschwindet ein großer Teil dieser **Biodiversität.** Viele wertvolle Ressourcen gehen auf diese Weise vermutlich verloren, ehe sie entdeckt und erforscht werden konnten.

Die gezielte Bewirtschaftung der **Weltmeere** steht erst am Anfang. Hier ist der Mensch weitgehend noch Jäger und Sammler, allerdings mit sehr ausgereifter Jagdtechnik, die der Jagdbeute kaum eine Chance lässt. So hat die Intensivierung und Mechanisierung der Fangmethoden an vielen Stellen schon zu einer Bedrohung der Fischbestände und zu einer Gefährdung oder sogar **Ausrottung von Arten** geführt.

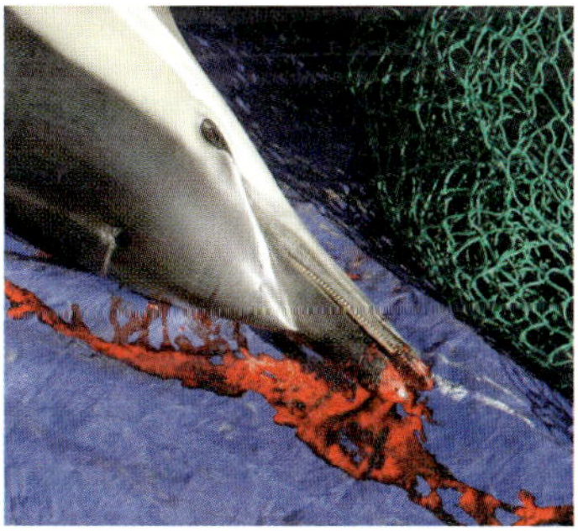

Der Einsatz von **Treibnetzen** ist besonders gefährlich: Ein kilometerlanges, relativ engmaschiges Netz wird über Nacht in den Ozean gehängt und fängt alles, was zufällig vorbeischwimmt, auch solche Tiere, die gar nicht verwertet werden. Dazu gehören junge, noch nicht geschlechtsreife Speisefische, die dann im nächsten Jahr fehlen; außerdem Wale und Delfine, Haie, Schildkröten und Seevögel, die sich beim Tauchen nach Beute im Netz verheddern. Dieser „Beifang" wird nicht genutzt und bleibt tot oder schwer verletzt im Ozean zurück.

▶ 2009 konnte eine europäische Forschergruppe in einer Untersuchung in acht europäischen Ländern feststellen, dass die Biodiversität durch Pestizide verringert wurde. Der Pestizideinsatz hat zudem nachteilige Auswirkungen auf die Wirksamkeit biologischer Schädlingsbekämpfung.

Eine Kombination von Algenkultur, Muschelkultur und Fischaufzucht erlaubt eine optimale Ausnutzung von Ressourcen bei gleichzeitig geringer Umweltbelastung.

Durch gezielte **Aquakulturen** kann man die Nachhaltigkeit der Meereserträge im Prinzip auf hohem Niveau sichern. Doch zeigt die bisherige Praxis solcher Anlagen, dass auch hierbei – ähnlich wie bei der Landwirtschaft – die Probleme der Überdüngung und des Pestizidaustrags auftreten, außerdem können nicht indigene Kulturarten zu Faunenverfälschungen führen.

Lachsfarm

10.4.3 Abfallstoffe belasten Luft, Wasser und Boden

Großstädte und andere Ballungsgebiete beweisen, dass viele Menschen auf engem Raum zusammenleben können. Umweltbelastungen werden aber in solchen Populationszentren besonders deutlich: Die Qualität von Luft, Wasser und Boden kann durch menschliche Aktivitäten erheblich beeinträchtigt werden. Für alle Lebewesen einschließlich des Menschen stellen diese Bausteine der Biosphäre die unabdingbare Existenzgrundlage dar. Wird ihre natürliche Zusammensetzung verändert und werden sie mit Schadstoffen belastet, so hat dies direkte Auswirkungen auf alle Lebewesen und auf die Gesundheit der Bevölkerung.

Luft

Produktion und Verbrauch von Fluorchlorkohlenwasserstoffen wurden 1987 durch das Montrealer Protokoll eingeschränkt. Die deutsche chemische Industrie verzichtet seit 1995 auf die Produktion von FCKWs (1989 betrug die Produktion noch 95 000 Tonnen).

Jeder erwachsene Mensch atmet pro Minute 30 – 40 Liter Luft. Damit nimmt er nicht nur Sauerstoff, Stickstoff und Kohlenstoffdioxid auf, sondern auch alle anderen Inhaltsstoffe der Luft, z. B. die Schadstoffe, die durch Verbrennungsprozesse in den Haushalten, der Industrie und dem Verkehr aus Brennstoffen wie Kohle und Mineralöl freigesetzt werden. Das sind z. B. Schwefeldioxid, Stickstoffoxide, Ammoniak, Kohlenstoffmonooxid, Halogenkohlenwasserstoffe, Ruß und Staub.

Außer direkt über die Atemgase können diese Stoffe auch in anderer Form schädlich wirken: Als **saurer Regen** kehrt ein beachtlicher Teil des Schwefeldioxids und der Stickstoffverbindungen auf die Erdoberfläche zurück. Er fügt dem Wasser, dem Boden und der Vegetation beachtlichen Schaden zu. So werden insbesondere die Waldschäden der zunehmenden Bodenversauerung zugeschrieben. Auch die chemische Korrosion an Gebäuden geht teilweise auf diese Luftschadstoffe zurück.

Stickstoffoxide und **Fluorchlorkohlenwasserstoffe (FCKWs)** sind vor allem an der Zerstörung der **Ozonschicht** in der unteren Stratosphäre beteiligt. Die Ozonkonzentration, die ihren höchsten Wert zwischen 18 und 25 km Höhe hat, ist für den Schutz des Lebens von großer Bedeutung, da sie einen hohen Anteil der UV-Strahlung absorbiert. Das seit 1985 über der Antarktis zu beobachtende, in seiner Ausdehnung schwankende, aber doch eher zunehmende Ozonloch hat Diskussionen um die Auswirkungen der Zerstörung des Ozonmantels intensiviert.

Die festen, flüssigen oder gasförmigen luftverunreinigenden Stoffe, die beim Verlassen einer Fabrikanlage, eines Kraftwerks oder eines Kfz-Motors in die Atmosphäre gelangen, werden als **Emissionen** bezeichnet. Sie werden durch die Luftströmungen mehr oder weniger weit transportiert und verteilt. Als **Immissionen** wirken sie auf die Organismen. Bei bestimmten Wetterlagen (Windstille, Inversionswetterlagen) kann die rasche Verteilung der **Schadstoffe** vermindert werden, sodass im Bereich von Großstädten und Industriegebieten gesundheitsgefährdende Konzentrationen erreicht werden können (Smog).

Immissionen sind Stoffe, die auf die Organismen einwirken. Emissionen sind Stoffe, die freigesetzt werden.

Verschiedene Stoffe bewirken eine Erwärmung der Erdatmosphäre **(Treibhausgase),** indem sie die von der Erdoberfläche abgegebene Wärmestrahlung absorbieren. Für einen natürlichen Treibhauseffekt sind bereits Wasserdampf und Kohlenstoffdioxid verantwortlich. Erhöht wird dieser Effekt durch zusätzliches Kohlenstoffdioxid sowie durch Methan, Lachgas (N_2O), Fluorchlorkohlenwasserstoffe und Schwefelhexafluorid. Höhere Lufttemperaturen führen zu einem verstärkten Abschmelzen der Gletscher und dadurch zu einem Anstieg der Weltmeere.

CO_2, CH_4 und N_2O sind derzeit für etwa 95 % des zusätzlichen Treibhauseffekts verantwortlich.

Wasser

Die gesamte **Hydrosphäre** besteht aus $1{,}4 \cdot 10^9\,km^3$ **Wasser.** Davon entfallen 97,3 % auf die Ozeane und 2,7 % sind auf den Kontinenten verteilt, wobei die Hauptmasse in den riesigen Gletschern der Antarktis gespeichert ist. Der Wasserkreislauf in der Biosphäre sorgt dafür, dass Wasser ständig umverteilt und aufbereitet wird. Der über den Weltmeeren in die Atmosphäre aufsteigende Wasserdampf fällt nur zum Teil als Regen wieder auf sie zurück, der andere Teil gelangt in Form von Niederschlägen in andere Regionen. Damit auf der Erde jährlich etwa 500 000 km^3 Niederschlagswasser fallen können, muss sich das atmosphärische Wasser ungefähr 35- bis 40-mal im Jahr umsetzen.

Die Angaben über den durchschnittlichen jährlichen Gesamtwasserumsatz schwanken zwischen 470 000 und 520 000 km^3. Die Klimaerwärmung führt zu einer Zunahme. Durch einen Überschuss an abschmelzendem Eis ist die Bilanz nicht ausgeglichen. Der jährliche Überschuss soll derzeit 1,5 % betragen.

Zwar benötigt der Mensch täglich nur etwa 2–3 Liter als Trinkwasser. Doch als Brauchwasser im Haushalt, in sanitären Einrichtungen und Industrieanlagen werden in den Industriestaaten mittlerweile pro Kopf weit mehr als 100 Liter Wasser täglich benötigt. Darüber hinaus stecken noch in vielen Gebrauchsgütern und Lebensmitteln erhebliche Wassermengen (↗ S. 57).

Wasser wird mit Schmutz und Schadstoffen häufig so stark angereichert, dass seine natürliche **Selbstreinigungskapazität** nicht mehr ausreicht, um wieder **Trinkwasserqualität** zu erlangen. Die gezielte Reinigung von Abwässern in **Kläranlagen** ist unumgänglich. Dabei wird in einer *mechanischen Reinigungsstufe* grober Abfall zurückgehalten. In der *biologischen Reinigungsstufe* werden organische Abfallstoffe abgebaut und in einer *chemischen Reinigungsstufe* werden vor allem Nitrate und Phosphate, aber in speziellen Anlagen auch andere Schadstoffe entfernt.

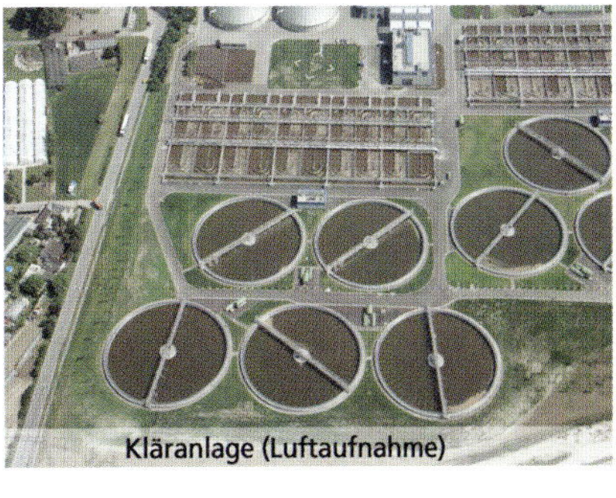
Kläranlage (Luftaufnahme)

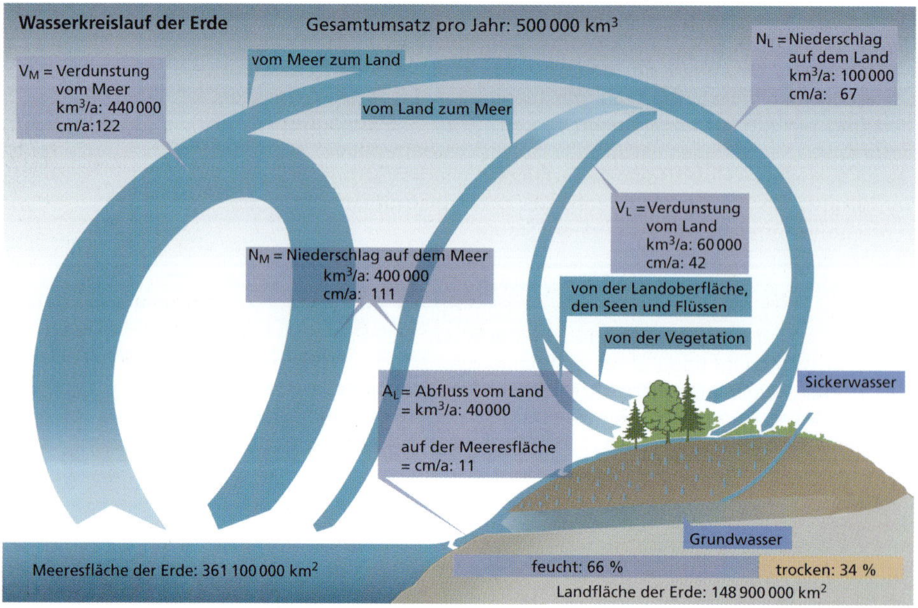

Boden

Unter **Boden** versteht man die oberste, durch Klima und Pflanzen veränderte Schicht der Erdoberfläche (↗S. 334). Nur sie ist in der Lage, Pflanzenwuchs zu tragen. Der Boden liefert damit die Existenzgrundlage aller Ökosysteme. Außerdem ist er wichtiges **Produktionsmittel** in der **Landwirtschaft.** Als **Rohstoffspeicher** ist er ein wichtiger Bestandteil aller Stoffkreisläufe, denn neben seiner Aufgabe als Filter und Puffer sowie als **Wasserspeicher** bietet er den remineralisierenden Mikroorganismen geeigneten Lebensraum. Dadurch beliefert er die Primärproduzenten mit den essenziellen Mineralstoffen.
Boden und Bodenentwicklung sind durch viele menschliche Aktivitäten gefährdet. Die Folgen intensiver, unüberlegter Landbewirtschaftung sind Erosion, Bodenverdichtung, Überdüngung und Schadstoffbelastungen durch Pestizide. In Ballungsgebieten gehen große Anteile der Bodenflächen durch **Versiegelung** verloren.

▶ Herstellung und Vertrieb von DDT sind in der Bundesrepublik Deutschland seit dem 1. Juli 1977 verboten.

Besonders gefährlich für Boden, Wasser und Luft bzw. für die Lebewesen, die auf diese Grundsubstanzen der Biosphäre angewiesen sind, sind schwer abbaubare giftige Substanzen: einmal die Schwermetalle, zum anderen organische Verbindungen, z. B. chlorierte Kohlenwasserstoffe, wie sie etwa für Pestizide verwendet werden. Das 1939 entwickelte Dichlordiphenyltrichlorethan (DDT) ist ein Insektengift, das wesentlich zur Eindämmung der Malaria beigetragen hat. Da es nur sehr langsam abgebaut werden kann (Halbwertszeit mehr als 20 Jahre), kann eine starke Anreicherung in den Nahrungsketten erfolgen (Gefährdung von Konsumenten höherer Ordnung wie Greifvögeln und Fischfressern).

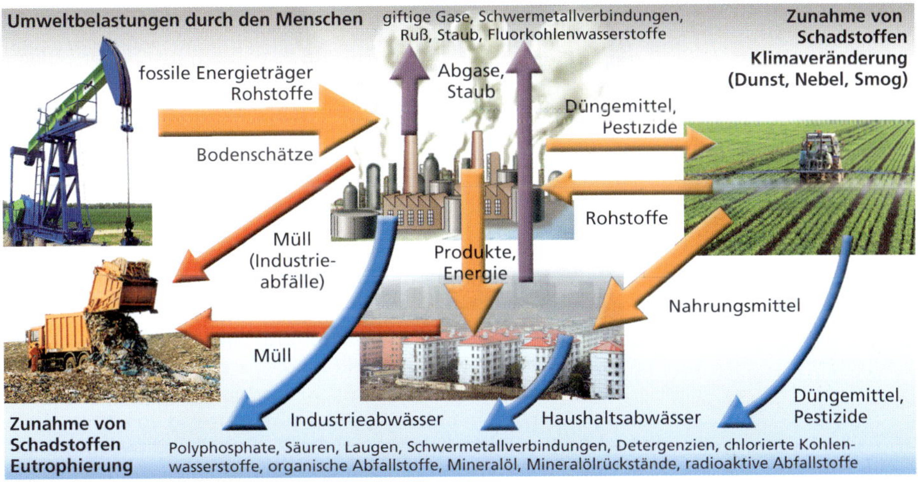

10.4.4 Abfälle können verringert werden

Sowohl für die Lebewesen als auch für die gesamte Biosphäre sind Stoffkreisläufe charakteristisch, d.h. Prozesse, bei denen ein großer Teil der Ausgangsstoffe wieder zurückgewonnen wird. Trotzdem handelt es sich dabei im Einzelfall keineswegs um vollständige Kreisprozesse, bei denen alle Abfallstoffe recycelt werden.

Kreisprozesse im Zellstoffwechsel sind etwa der Citratzyklus (↗S. 118) und der Calvin-Zyklus (↗S. 125). In der menschlichen Niere werden täglich 180 Liter Primärharn produziert, von denen mehr als 99 % Flüssigkeit durch Rückresorption wieder in den Blutkreislauf zurückkehren. Gleichzeitig ist das Harnsystem jedoch ein gutes Beispiel für Abfallproduktion im menschlichen Körper, in diesem Fall vor allem aus dem Proteinstoffwechsel und dem dabei entstehenden Überschuss an stickstofforganischen Verbindungen. Aber nicht nur Lebewesen produzieren organische und anorganische Abfallstoffe. Auch natürliche Ökosysteme zeigen keinen vollständigen Stoffkreislauf: Torf, Erdöl, Erdgas und Kohle sind aus den Abfällen früherer Ökosysteme entstanden. Ebenso gilt dies für die riesigen Kalkmengen in Sedimentgesteinen. Sogar der Sauerstoffgehalt unserer Atmosphäre wurde zunächst als „Abfallgas" der Fotosynthese produziert. Charakteristisch für die Biosphäre ist allerdings, dass diese Abfallstoffe meist im Laufe erdgeschichtlicher Zeiträume wieder in den Stoffkreislauf einbezogen werden. Außerdem sind diese „Abfälle" in biologischen Systemen viel geringer als in modernen menschlichen Gesellschaften.

Das gesamte Abfallaufkommen Deutschlands erreichte im Jahr 2000 mit 406,7 Mio. t ein Maximum. 2008 betrug es nur noch 344,6 Mio. t (Quelle: Statistisches Bundesamt). Pro Einwohner fielen 2008 etwa 450 kg Haushaltsabfälle an, davon konnten ca. 75 % verwertet werden.

▶ Prozentuale Abfallanteile in Deutschland (2008):

Bau- und Abbruchabfälle	52,4 %
Bergematerial aus dem Bergbau	10,3 %
Siedlungsabfälle	12,6 %
Abfälle aus Produktion und Gewerbe	14,7 %
Abfälle aus Abfallbehandlungsanlagen	10,0 %

Dies stellt zwar eine deutliche Verbesserung gegenüber früheren Situationen dar, das Wiederverwerten von Abfällen könnte aber noch weiter ausgebaut werden. Allerdings stehen bei Fragen der Abfallbeseitigung Naturschutz, Schonung der Umwelt, Fragen der Gesundheit und wirtschaftliche Interessen oft im Widerstreit.

Unter Abfallbeseitigung versteht man Deponierung, Kompostierung, Verbrennung und Export.

Sonderabfälle, deren Entsorgung große Schwierigkeiten bereitet, sind für die Umwelt und für die Menschen besonders gefährlich. Zu solchen Stoffen gehören z. B. Schwermetalle wie Quecksilber, Cadmium, Blei und Arsen oder chlorierte Kohlenwasserstoffe, ebenso persistente Kunststoffe wie Polyester, Polyamid oder PVC oder besonders giftige Stoffe wie Dioxine und radioaktive Abfälle aus Atomkraftwerken.

Besonders giftig sind die chlorierten Derivate des Dibenzo-1,4-dioxins **(Dioxine).**

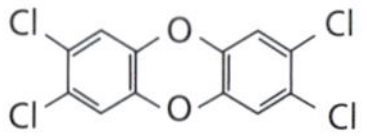

Dioxin (2,3,7,8-Tetrachlordibenzo-1,4-dioxin)

Leitgedanke der heutigen **Abfallwirtschaft** ist eine möglichst kreislaufartige Verbindung von Versorgung und Entsorgung. Diesem Ziel versucht man in Deutschland und in der EU durch verschiedene gesetzgeberische Aktivitäten näherzukommen (Verpackungsverordnung von 1991, Kreislaufwirtschafts- und Abfallgesetz von 1996, Pfand für Einweggetränkeverpackungen 2003/04). Hinsichtlich des Umgangs mit Abfällen sollte man sich an die Rangfolge *„Vermeidung vor Verwertung"* und *„Verwertung vor Beseitigung"* halten.

Zur **Abfallvermeidung** zählen auf der Produktionsseite abfallarme Produktgestaltung und Kreislaufführung von Rohstoffen, auf der Konsumentenseite der Erwerb abfall- und schadstoffarmer Produkte. An die **Wiederverwertung von Abfällen** sollte man erst denken, wenn eine Vermeidung nicht möglich ist. Denn normalerweise ist Recycling nicht ohne weitere Energiezufuhr und auch zusätzlichen Rohstoffverbrauch möglich. Wenn man Kunststoffabfälle z. B. zu Zaunpfählen oder Parkbänken verarbeitet, so bedeutet dies nur eine Verschiebung der Enddeponie, denn diese Produkte sind nicht recycelbar.

Recycling bei der Bierherstellung

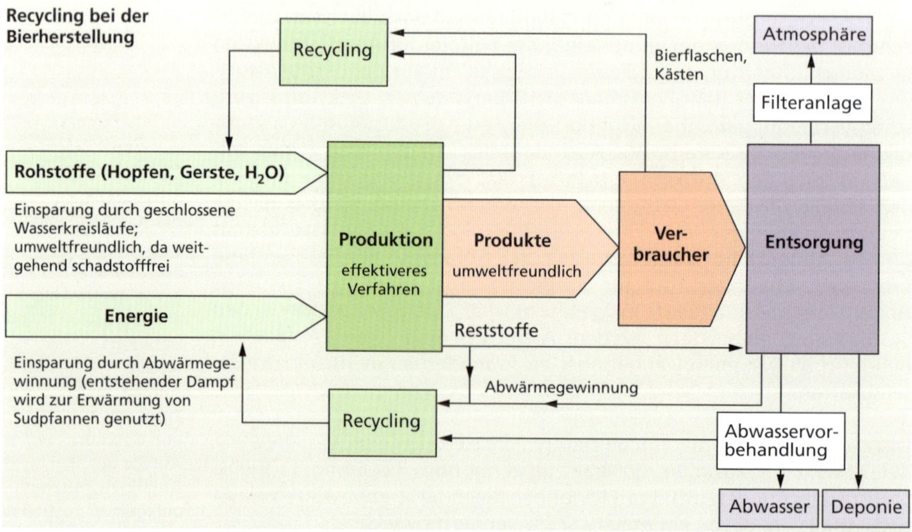

Bis heute spielt das **Deponieren von Abfällen** auch in Deutschland eine wichtige Rolle. Doch gehen von diesen Deponien, obwohl gut angelegt, Gefahren für das Grundwasser und für die Atmosphäre (Klimagase) aus. Es kommt außerdem zu Lärm- und Geruchsbelästigungen, Verwehung von Stäuben, Brand- und Explosionsgefahr und Landschaft wird verbraucht. Bei der **Kompostierung von Abfällen** kann unter aeroben Bedingungen ein Kompost gewonnen werden, der zur Bodenverbesserung eingesetzt werden kann. Wegen der enthaltenen Schadstoffe ist er für die landwirtschaftliche Produktion von Nahrungsmitteln nicht geeignet. Bei der anaeroben **Fermentation** kann außerdem **Biogas** als Energieträger entstehen.

Durch **Müllverbrennung** bei 800–1000 °C wird das Müllvolumen um 90 %, die Masse um 60 % reduziert. Die Abgase können durch Filter weitgehend gereinigt werden. Doch sind die Reste wegen ihrer hohen Schadstoffbelastung (Schwermetalle, Dioxine) Sondermüll und müssen besonders sorgfältig deponiert werden. Nach der Einrichtung von zentralen Müllverbrennungsanlagen kann es zudem dazu kommen, dass Gemeinden nicht mehr an einer Müllvermeidung interessiert sind, da bei zu geringem Müllaufkommen die Anlagen nicht rentabel gefahren werden können.

▶ Verbrennung von Abfällen als „energetisches Recycling" zu bezeichnen ist irreführend.

Als beste Lösung für das Abfallproblem bietet sich auf lange Sicht die zunehmende Verwendung **nachwachsender Rohstoffquellen** an. Weiterhin sollte die Verwendung biologisch leicht abbaubarer Kunststoffe gefördert werden. Dabei könnten auch „neue Mikroorganismen", eventuell mit gentechnisch erzeugten besonderen Abbauleistungen, eingesetzt werden. Die Freisetzung solcher genetisch veränderter Mikroorganismen könnte jedoch ebenfalls Umweltprobleme mit sich bringen. Auch eine gründlichere Nutzung von Rohstoffen durch moderne technische Verfahren kann der Müllreduzierung dienen.

▶ Durch das getrennte Sammeln von Abfällen kann die Wiederverwertung erleichtert werden (z. B. Biotonne, Batterien, Altglas).

Wichtige nachwachsende Rohstoffe

Industriepflanzen

Farbstoffe: Färbereiche, Färberwaid, Färberwau, Krapp, Kreuzdorn, Safran

Fasern: Chinaschilf, Faserlein (Flachs), Hanf, Kapokbaum, Sisalagave

Heil- und Gewürzpflanzen: Baldrian, Fenchel, Johanniskraut, Knoblauch, Pfefferminze, Salbei, Zitronenmelisse

Holz, Lignocellulose: Buche, Kiefer

Stärke: Kartoffeln, Mais, Weizen

Lipide: Mohn, Raps, Lein, Sonnenblume, Ölpalme, Kokospalme

Proteine: Lupine, Soja und andere Hülsenfrüchtler

Zucker: Zuckerrohr, Zuckerrüben

Energiepflanzen

Öl (Kraft- und Brennstoff): Rapsöl, Sonnenblumenöl, Palmöl

Ethanol: Mais, Zuckerrohr

Energie aus Biomasse: Chinaschilf, Getreide, Mais, Ölpflanzen, Schnell wachsende Hölzer

Energie aus Biomasseabfall (Biogas): Deponiegas, Gülle, Klärschlamm

10.5 Natur- und Umweltschutz

- Der Mensch ist als denkendes Wesen dazu in der Lage, die Folgen seiner Handlungen abschätzen zu können. Daraus ergibt sich seine besondere Verantwortung gegenüber der gesamten Biosphäre unseres Planeten.
- Die Vielfalt der Ökosysteme, die Artenvielfalt und die Vielfalt der genetischen Informationen, die in den Arten enthalten sind, werden unter dem Begriff der biologischen Vielfalt oder Biodiversität zusammengefasst.
- Die biologische Vielfalt ist eine wichtige Grundlage für das Wirkungsgefüge der Biosphäre.
- Man kann einen dramatischen Rückgang der Biodiversität beobachten, der auf Aktivitäten des Menschen zurückzuführen ist.
- Zahlreiche unterschiedliche nationale und internationale Schutzmaßnahmen sollen dem Verlust der biologischen Vielfalt entgegenwirken.

10.5.1 Natur und Umwelt müssen planmäßig geschützt werden

Leben ist **das** Merkmal, das unseren Planeten so einzigartig macht, und vielleicht ist die riesige **Vielfalt des Lebens** sein eindrucksvollstes Charakteristikum. Diese Vielfalt und die Variabilität der Lebewesen und der ökologischen Komplexe, in denen sie auftreten, wird auch als **biologische Vielfalt** oder **Biodiversität** bezeichnet.

Die Osterinseln sind ein Beispiel dafür, wie eine menschliche Gesellschaft durch unbedachte Nutzung der natürlichen Ressourcen ihre eigenen Lebensgrundlagen zerstörte und daran zugrunde ging.

Nicht nur aus ethischen und religiösen Gründen wird der belebten Natur ein Eigenwert zuerkannt, der ihren Schutz erfordert. Pflanzen, Tiere und Mikroorganismen werden seit Jahrtausenden vom Menschen als Nahrungs- und Rohstoffquellen genutzt. Aber die Arten und die Lebensräume, in denen sie vorzufinden sind, werden nicht selten vom Menschen negativ beeinflusst oder gar ausgerottet bzw. zerstört.
Der Untergang ganzer Kulturen beweist, dass der Mensch seine Fähigkeiten, Entwicklungen vorauszusehen und in bestimmte Bahnen zu lenken, bisher nicht ausreichend genutzt hat.

Archäobotanische Befunde zeigen, dass die Osterinseln einst dicht mit Palmen und anderen Gehölzen bedeckt waren. Die Rodung durch den Menschen bewirkte umfangreiche Bodenerosionen. Nun waren die Kulturpflanzen Wind und Hitze schutzlos ausgesetzt und vertrockneten. Die Nahrungsquellen versiegten und die Bevölkerung nahm rapide ab.

Mit der Entwicklung der Gentechnik erreicht die Nutzung der Tier- und Pflanzenarten eine neue Qualität. Einerseits bedeuten diese neuen manipulativen Möglichkeiten, dass die in den Pflanzen, Tieren und Mikroorganismen enthaltenen **genetischen Ressourcen** und ihre Erhaltung eine ganz neue Bedeutung erlangt haben. Zum anderen eröffnen sich damit auch neue Natur- und Umweltschutzprobleme, vor allem im Hinblick auf die schwierige Folgenabschätzung (↗ S. 242 ff.).

10.5.2 Der Erhalt der Biodiversität ist primäres Naturschutzziel

Mit dem Begriff der **biologischen Vielfalt (Biodiversität)** verbinden sich drei Ebenen der Vielfalt, die ineinandergreifen:
- Vielfalt an Ökosystemen oder Lebensräumen,
- Artenvielfalt,
- Vielfalt genetischer Informationen, die in den Arten enthalten sind.

Der Rückgang der biologischen Vielfalt ist dramatisch. Der durch den Menschen verursachte Verlust an Arten wird mehr als 10 000-mal so hoch eingeschätzt, als er unter derzeit relativ stabilen natürlichen Bedingungen auf der Erde sein müsste. Dieser Trend hält bisher unvermindert an. Das Bedrohliche an dieser Entwicklung ist, dass der Verlust an Arten unwiederbringlich ist.

Im Anschluss an den Umweltgipfel in Rio 1992 wurde am 29.12.1993 eine internationale Vereinbarung über Biodiversität getroffen *(CBD, Convention on Biological Diversity).*
Biodiversität gilt – spätestens seit dem Weltgipfel in Johannisburg 2002 – als Schlüsselproblem nicht nur für Natur- und Umweltschutz, also der Sicherung der natürlichen Lebensgrundlagen, sondern auch für die globale wirtschaftliche Entwicklung. Besonders folgende in Johannisburg formulierte Ziele sollen auch mithilfe der CBD erreicht werden:
- gerechte Verteilung beim Nutzen genetischer Ressourcen,
- Biosicherheit (insbesondere durch vollständigen Informationsaustausch über transgene Organismen),
- Technologietransfer,
- Bewahrung und rechtliche Sicherung von traditionellem Wissen über Biodiversität,
- Bereitstellung von Finanzmitteln für den Erhalt der Biodiversität,
- Ausarbeitung von speziellen Programmen, die insbesondere dem Schutz der Biodiversität in strukturschwachen Ländern dienen.

Durch nationale und internationale Vereinbarungen hofft man in der nahen Zukunft, über die Bedeutung der Biodiversität exaktere Aussagen machen zu können. Denn auch wenn wir heute schon erstaunlich gut über die Grundlagen des Lebendigen, die wichtigsten Erscheinungsformen, die Wechselwirkungen zwischen Genen und Proteinen und die Stoffkreisläufe in Ökosystemen Bescheid wissen, so sind die meisten Detailfragen zu qualitativen und quantitativen Aspekten der biologischen Vielfalt bisher nicht zu beantworten. Die heutigen Möglichkeiten der Datenerfassung und Bearbeitung sind jedoch eine gute Voraussetzung für zukünftige Fortschritte.

▶ Anlässlich des 10. Jahrestages der CBD formulierte ihr Generalsekretär, HAMDALLAH ZEDAN, *„... dass in der gesellschaftlichen Wahrnehmung der Biodiversität ein großer Wandel stattgefunden hat. Sie wird nun als ein entscheidender Faktor bei den Anstrengungen angesehen, nachhaltige Entwicklung und Beseitigung der Armut zu erreichen".*

Die wesentlichen Belastungen und Gefahren für die Umwelt

1. Änderungen der Flächennutzung
(Landwirtschaft, Forstwirtschaft, Fischerei, Siedlung, Verkehr)

Die Vielfalt wild lebender Populationen ist im mitteleuropäischen Raum heutzutage vor allem durch anthropogene Veränderungen der Landschaft gefährdet.
Lebensraumverluste und Lebensraumreduktionen sowie die Zerschneidung der Landschaft durch Verkehrswege und überbaute Flächen können zu Auslöschung, Isolation, Fragmentierung und Verkleinerung von Populationen führen.

Luftaufnahme von Frankfurt am Main

2. Verbreitung von gebietsfremden Organismen und zukünftig auch von gentechnisch veränderten Organismen

Neubürger (Neobionten) sind Tiere **(Neozoen)**, Pflanzen **(Neophyten)** und Mikroorganismen, die seit 1492, dem Entdeckungsjahr Amerikas, neu in ein Gebiet eingeschleppt wurden. Je nach Region und Begleitumständen können sie einen erheblichen Faktor für den Verlust heimischer Arten darstellen. So verdrängen aus dem Schwarzmeer-Einzugsbereich über den Rhein-Main-Donaukanal, aber auch über den Zoohandel eingeführte Grundeln, wie die Marmorgrundel *(Oxyeleotris marmoratus)*, möglicherweise die seltene einheimische Groppe *(Cottus gobio)*.

Marmorgrundel

3. Eintrag von Stoffen über die Luft und das Wasser und Schadstoffe im Boden

Einträge von biologisch abbaubaren Stoffen können den Sauerstoffhaushalt der Gewässer belasten. Auch durch Nährmineraleintrag kann es über Algenblüten zu starker O_2-Zehrung kommen. Ebenso können Wasser, Luft und Boden durch giftige Immissionen belastet werden, wie z. B. 2010 durch auslaufenden giftigen Bauxitschlamm aus einer Aluminiumhütte in Ungarn. Eine besondere Gefahr stellt die Anreicherung von Giftstoffen in der Nahrungskette dar.

Algenblüte

Klimaänderungen

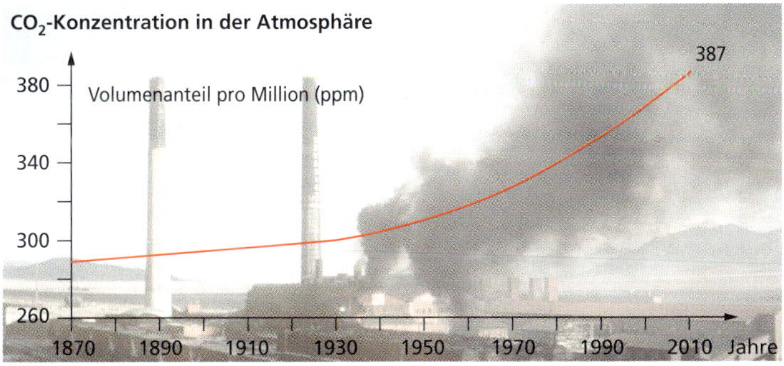

Seit Beginn der Industrialisierung führen menschliche Aktivitäten zur Freisetzung von Spurengasen, die sich in der Atmosphäre anreichern. So stiegen gegenüber der vorindustriellen Zeit weltweit die Konzentrationen von Kohlenstoffdioxid (CO_2) um 41 %. Sogenannte Treibhausgase verweilen Jahrzehnte bis Jahrhunderte in der Atmosphäre. Deshalb muss mit einer Klimaerwärmung gerechnet werden. Das derzeitige politische Ziel ist es, die Erwärmung auf ein Mittel von 2 °C zu begrenzen.
Betrachten wir allerdings die Klimaveränderungen der Erdgeschichte oder auch nur die Temperaturschwankungen der letzten 400 000 Jahre, erkennen wir, dass das Klima sich auch ohne Mensch regelmäßig drastisch änderte, möglicherweise aber nicht innerhalb so kurzer Zeiträume. Außer den Spurengasen der Atmosphäre sind für das Klima z. B. auch Strömungen in der Troposphäre und Meeresströmungen, die Verteilung der Festlandsmassen und die Sonnenaktivität von Bedeutung.

In den letzten hundert Jahren hat sich das Klima der Erde unverhältnismäßig stark verändert. Experten sprechen von einem durch den Menschen beeinflussten **Global-Change-Scenario.** Derzeit steigt der CO_2-Gehalt jährlich um 2 ppm.

10.5.3 Wirksamer Natur- und Umweltschutz benötigt Gesetze

Die Belastung des Naturhaushalts durch den Menschen hat im Laufe der Zeit ein Ausmaß angenommen, das in seinen Wirkungen für jeden von uns sichtbar und spürbar ist. Die Beschleunigung des Bevölkerungszuwachses, der erhöhte Energiebedarf und die Ausweitung der industriellen Produktion gehen mit der Verschmutzung von Gewässern und Luft einher. Tier- und Pflanzenarten sind durch die Vernichtung ihrer Lebensräume zum Tod verurteilt. Nach Angaben der Vereinten Nationen werden zurzeit täglich rund 150 Tier- und Pflanzenarten ausgerottet. Geht man von 10 Millionen Arten aus, wären in 100 Jahren damit bereits 50 % aller Arten ausgestorben, in 200 Jahren alle. Wie aber wollen wir ohne Tiere und Pflanzen leben? Auch wenn diese Extrapolation nicht ganz realistisch ist, ist das „Ende der biologischen Vielfalt" eine reale Gefahr.
Um der dramatischen Verarmung der biologischen Vielfalt Einhalt zu gebieten, bedarf es also dringend einer Reihe von Gegenmaßnahmen. Neben nationalen Natur- und Umweltschutzgesetzen müssen besonders Übereinkommen oder Konventionen auf internationaler Ebene getroffen werden, denn die Grenzen der bedrohten Lebensräume stimmen selten mit den Staatsgrenzen überein.

Die Internetadressen *www.umweltbundesamt.de* (Umweltbundesamt für Mensch und Umwelt) und *http://bmu.de* (Bundesministerium für Umwelt, Naturschutz und Reaktorsicherheit) bieten vielfältige aktuelle Informationen zu der hier behandelten Thematik.

Rote Listen enthalten verschiedene Gefährdungsstufen von ausgestorben bis potenziell gefährdet. Sie sind eine wichtige Hilfe bei der naturschutzgerechten Projektplanung.

In Deutschland ist das Washingtoner Artenschutzübereinkommen (WA) seit 1976 gültig und bis heute sind mehr als 150 Staaten dem WA beigetreten.

Naturschutzmaßnahmen orientieren sich stark an gefährdeten Arten. Ein wichtiges Instrument des Artenschutzes sind die **Roten Listen,** die u.a. der Aufklärung der Öffentlichkeit über die Gefährdung einzelner Arten dienen.

Um eine Übernutzung von Tier- und Pflanzenarten durch den internationalen Handel zu verhindern, ist eine Kontrolle und Überwachung erforderlich. Hierzu wurde 1973 in Washington die *„Convention on International Trade in Endangered Species of Wild Fauna and Flora"* (CITES) verabschiedet. Im deutschen Sprachgebrauch wird sie auch als **Washingtoner Artenschutzübereinkommen** (WA) bezeichnet.
Alle drei Jahre treffen sich die Mitgliedstaaten der Konvention, um den Vertrag bzw. die Anhänge zu aktualisieren, denn das WA enthält u.a. Listen mit Arten, die durch den internationalen Handel gefährdet sind. Als die Konvention in Kraft trat, umfassten diese Listen 375 Arten, heute sind über 40000 Pflanzenarten und über 8000 Tierarten in ihr aufgelistet.
Des Weiteren gibt es eine Anzahl von anderen wichtigen internationalen **Natur- und Artenschutzkonventionen.**

Internationale Natur- und Artenschutzkonventionen

Abkommen	**Inhalt**
1. Internationale Walfangkommission (IWC, 1948)	Internationale Kontrollinstanz für Walfang – kein Artenschutzübereinkommen; nur „wissenschaftl. Walfang"
2. Ramsar-Konvention (1971)	Schutz von Feuchtgebieten internationaler Bedeutung als Lebensräume bedrohter Vogelarten
3. Washingtoner Artenschutzübereinkommen (WA, 1973)	Regulierung des Handels mit gefährdeten frei lebenden Tieren und Pflanzen ⇒ CITES
4. Berner Konvention (1979)	Übereinkommen über die Erhaltung der europäischen wild lebenden Pflanzen und Tiere und ihrer natürlichen Lebensräume
5. Bonner Konvention (1979)	Erhaltung wandernder wild lebender Tiere
6. EU-Vogelschutzrichtlinie (1979)	Erhaltung wild lebender Vogelarten innerhalb der EU
7. Canberra-Konvention (1981)	Erhaltung der Meeresflora und -fauna in der Antarktis
8. Biodiversitätskonvention (Rio de Janeiro, 1992, Johannesburg, 2002)	Globaler Schutz der biologischen Vielfalt (seit 29.12.1993 in Kraft, von 157 Staaten unterzeichnet) ⇒ Agenda 21
9. Fauna-Flora-Habitat-Richtlinie der EU (FFH-RL, 1992)	Erhaltung natürlicher Lebensräume wild lebender Tiere und Pflanzen in der EU
10. EU-Vereinbarung zum WA (1997)	Umsetzungsbestimmungen des WA innerhalb der EU
11. Europäischer Rat in Göteborg (2001)	Beschluss, den Verlust der biologischen Vielfalt bis zum Jahr 2010 zu stoppen (sogenanntes 2010-Ziel)
12. UN-Artenschutzkonferenz in Nagoya (Japan, 2010)	Einigung auf 20 Ziele zur Eindämmung des Artensterbens bis 2020

Die Frage ist, wie sich ein verstärkter Schutz der Umwelt und der biologischen Vielfalt mit einer wirtschaftlichen Entwicklung in den Entwicklungsländern vereinbaren lässt.
Bereits 1992 trafen sich in Rio de Janeiro auf der „Konferenz der Vereinten Nationen für Umwelt und Entwicklung" *(United Nations Conference on Environment and Development, UNCED)* Vertreter aus 178 Ländern, um über eine Lösung zu diskutieren. Der Begriff der **nachhaltigen Entwicklung** *(sustainable development)* wurde geprägt, deren Umsetzung inzwischen als internationales Leitbild bezeichnet werden kann.
Das Ergebnis der Konferenz waren eine Reihe wichtiger Vereinbarungen. Hierzu zählen beispielsweise:
- die **Klimakonvention,** die verlangt, dass Industrienationen ihre Emissionen an Kohlenstoffdioxid und anderen Treibhausgasen reduzieren, und
- die **Biodiversitätskonvention,** ein „Übereinkommen zum Schutz der natürlichen Lebensgrundlagen".

Das Bundesamt für Naturschutz *(www.bfn.de)* bietet umfangreiche Informationen zum Thema Naturschutz (national und international).

Die **Agenda 21** ist das globale Aktionsprogramm für die nachhaltige Entwicklung unserer Erde.

Konkrete Maßnahmen zur Umsetzung der auf dem „Erdgipfel" in Rio gefassten Beschlüsse wurden in einem Aktionsplan für den Weg ins 21. Jh. formuliert, der **Agenda 21.**

Im September 2002 kam in Johannesburg die Staatengemeinschaft erneut zusammen. Der „Weltgipfel für nachhaltige Entwicklung" *(World Summit on Sustainable Development)* hatte eine Bestandsaufnahme dessen zum Ziel, was seit Rio mit Blick auf die nachhaltige Entwicklung unserer Erde erreicht wurde. Der globalen Umweltpolitik sollten neue Impulse gegeben werden.

Der damalige südafrikanische Präsident THABO MBEKI umarmte am 25.08.2002 bei der Willkommenszeremonie zum Weltgipfel für nachhaltige Entwicklung in Johannesburg ein Kind, das an den Darbietungen teilgenommen hat.

Zu den Verhandlungsergebnissen zählten u.a. eine Verständigung zur Reduzierung des Rückgangs der Artenvielfalt bis 2010, eine Verminderung der Vernichtung der Weltfischbestände bis 2015 und eine Erhöhung des Anteils erneuerbarer Energien bei der Energieversorgung.

Gesetzgebung

Das Bestreben, unsere natürliche Umwelt zu erhalten, macht eine entsprechende Gesetzgebung zur Durchsetzung von Natur- und Umweltschutzmaßnahmen unverzichtbar.
In Deutschland wird der Naturschutz durch das **Bundesnaturschutzgesetz (BNatSchG)** geregelt. Es orientiert sich an dem in Artikel 20a des Grundgesetzes niedergelegten Umweltpflegeprinzip.
Im Bundesnaturschutzgesetz werden Naturschutz und Landschaftspflege als übergreifende, das ganze Land betreffende Aufgaben verstanden. Damit soll der ganzheitliche Schutz des Naturhaushalts und der natürlichen Lebensgrundlagen bundesrechtlich verankert werden.

Das **Bundesnaturschutzgesetz** (BNatSchG) räumt als Rahmengesetz den Bundesländern einen weiten Regelungsbereich ein.

Das Gesetz soll den Schutz von einheimischen Tier- und Pflanzenarten sowie ihrer Lebensräume stärken. Besonders hervorzuheben ist die Bestrebung eines bundesweiten Biotopverbunds auf mindestens 10 % der Landesfläche.

Die Überwachung der konkreten Maßnahmen des Naturschutzes innerhalb der Bundesländer liegt bei den jeweiligen Naturschutzbehörden. Es existieren spezielle Fachinstitutionen. Deren Aufgabe ist die wissenschaftliche Beratung von Politik und Verwaltung. Das **Bundesamt für den Naturschutz** (BfN) übernimmt auf Bundesebene die fachliche und wissenschaftliche Beratung des Bundesumweltministeriums. Auf Länderebene übernehmen diese Aufgabe die Landesanstalten und Landesämter für Naturschutz.

Nationale und internationale **Schutzgebiete** sollen Tieren und Pflanzen ausreichend ungestörten Lebensraum bieten.

Neben der Regelung des Naturschutzes spielt auch das **Umweltrecht** eine wesentliche Rolle. Stoffliche Belastungen von Luft, Wasser und Boden sollen vermieden werden. Wichtige Regelwerke sind das Immissionsschutzgesetz, das Wasserhaushaltsgesetz, das Abfallgesetz, das Chemikaliengesetz und das Gentechnikgesetz.

Schutzgebiete

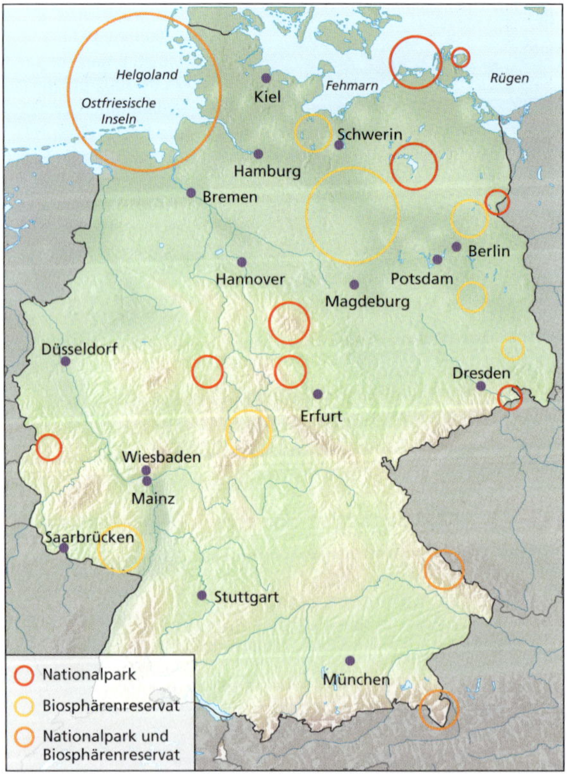

Die Veränderung oder teilweise Zerstörung eines Lebensraums ist häufig der Hauptgrund für den Rückgang der Tier- und Pflanzenarten in diesem Gebiet. Deshalb muss dieser Raum überwacht und die Natur darin ihrem eigenen Rhythmus überlassen werden.

Neben der Landschaftsplanung oder der Eingriffsregelung ist die Ausweisung von **Schutzgebieten** ein wichtiges Instrument des Natur- und Umweltschutzes bzw. des Naturschutzgesetzes. Es gibt verschiedene Schutzkategorien mit unterschiedlicher Zielsetzung, um Flächen für den Naturschutz zu sichern. Am strengsten geschützt sind in Deutschland die **Naturschutzgebiete** (NSG).
Lebensgemeinschaften oder Lebensräume von Tier- und Pflanzenarten sollen wegen ihrer Seltenheit und Schönheit oder wegen ihres wissenschaftlichen Werts geschützt werden. Menschliche Aktivitäten sind in ihnen weitestgehend untersagt.

Nationalparks sind großräumige Schutzgebiete. Sie umfassen mindestens 10 000 ha noch weitgehend naturnaher Landschaft. Die Kerngebiete sind frei von menschlicher Nutzung, in großen Bereichen ist eine forstliche, landwirtschaftliche oder fischereiwirtschaftliche Nutzung allerdings erlaubt.
Einen geringeren Status weisen eine Anzahl weiterer Schutzgebietstypen in Deutschland auf. Zu ihnen gehören z. B. **Landschaftsschutzgebiete** und **Naturparks.**

In Deutschland gibt es 2010:
14 Nationalparks,
16 Biosphärenreservate,
über 90 Naturparks,
über 8 400 Naturschutzgebiete (die ca. 3,6 % der Landesfläche ausmachen).

Internationalen Charakter haben die von der **UNESCO** *(United Nations Educational, Scientific and Cultural Organization)* eingerichteten **Biosphärenreservate.** Sie schützen aufgrund ihrer Naturressourcen wertvolle Kulturlandschaften, die durch menschliche Nutzung entstanden sind und mit der Aufgabe der Nutzung verloren gehen würden.

Biosphärenreservate sind Teil des UNESCO-Programms „Der Mensch und die Biosphäre" (MAB).

Natur- und Umweltschutzorganisationen

So manche Gründung einer heutzutage angesehenen Natur- und Umweltschutzorganisation ist wohl der Trägheit staatlicher Stellen zu verdanken. So gaben Wissenschaftler und Vertreter von Naturschutzverbänden den entscheidenden Anstoß, als 1948 in Frankreich die **Internationale Organisation für Naturschutz (IUCN)** durch die UNESCO und die französische Regierung gegründet wurde.

Als wichtigste Organisationen auf internationaler, nicht Regierungsebene – auch als **NGO** ***(Non-Governmental Organization)*** bezeichnet – gelten zur Zeit der im Jahre 1961 gegründete **World Wildlife Fund (WWF)** und die 1971 entstandene Gruppe **Greenpeace,** die besonders durch ihre spektakulären Aktionen berühmt wurde. Während sich der WWF hauptsächlich auf den Artenschutz konzentriert, umfasst das Tätigkeitsfeld von Greenpeace alle Bereiche des Umweltschutzes.
In Deutschland sind der **Bund für Umwelt und Naturschutz (BUND),** der **Naturschutzbund (NABU),** der **Tierschutzbund** und **Robin Wood** die bekanntesten Organisationen auf nationaler Ebene.

In einer Natur- und Umweltschutzorganisation kann jeder aktiv werden:
www.iucn.org
www.wwf.de
www.greenpeace.de
www.bund.net
www.nabu.de
www.robinwood.de
www.global2000.at
www.pronatura.ch
www.foeeurope.org
www.tierschutzbund.de

Die Zielsetzungen der verschiedenen Organisationen sind nicht identisch, sie decken sich jedoch in dem Bestreben, das Umweltbewusstsein der Bevölkerung zu stärken und die Bereitschaft zu persönlichem und politischem Handeln zu erhöhen. Je mehr Menschen sich aktiv am Natur- und Umweltschutz beteiligen, desto größer sind die Aussichten auf Erfolg.

10

Mensch und Biosphäre

Für die nachhaltige Entwicklung der Biosphäre ist eine Begrenzung des **Bevölkerungswachstums** notwendig. Auch **wirtschaftliches Wachstum** ist nicht unbegrenzt möglich, enge Grenzen sind einem Wachstum gesetzt, das auf Verbrauch endlicher Ressourcen gegründet ist.

- Nicht erneuerbare **Rohstoffe und Energiequellen** wie Erze, Kohle, Erdöl und Erdgas müssen durch erneuerbare Quellen ersetzt oder in vollständige Kreislaufprozesse eingebunden werden.
- Die **Bewirtschaftung von Land und Meeren** muss nachhaltig sein, sodass nicht infolge von Rodung, Erosion, Entwässerung, Versalzung oder Überfischung Ökosysteme irreversibel zerstört und Nutzungen unmöglich werden.
- **Siedlungen und Verkehrswege** dehnen sich ständig weiter aus. Damit nicht immer mehr natürliche Lebensräume zerstört und Lebensgemeinschaften isoliert und zerschnitten werden, bedarf es umweltgerechter Planung und vernetzter Schutzgebiete.
- Der Eintrag von **Abfällen und Schadstoffen** belastet Luft, Wasser und Boden, wirkt sich nachteilig auf die ganze Biosphäre aus und verändert das Klima. Ziel sollte die Vermeidung von Schadstoffabgaben und die Vermeidung oder Wiederaufbereitung von Abfällen sein.
- Durch die zunehmende Globalisierung werden immer mehr **gebietsfremde Organismen** verbreitet, die einheimische Arten verdrängen und Ökosysteme verändern können.

Die **biologische Vielfalt (Biodiversität)** setzt sich aus der Vielfalt der Ökosysteme, der Artenvielfalt und der Vielfalt der genetischen Informationen zusammen, die in den Arten enthalten sind. Um die Erhaltung dieser biologischen Vielfalt bemühen sich internationale Organisationen und Gremien, z. B. um die Begrenzung des Handels mit geschützten Arten durch das **Washingtoner Artenschutzübereinkommen** von 1973 und um den globalen Schutz der biologischen Vielfalt durch die **Biodiversitätskonvention** von Rio de Janeiro 1992, fortgeschrieben auf der Nachfolgekonferenz in Johannisburg 2002 und der **UN-Artenschutzkonferenz** 2010 in Nagoya, Japan. In der EU versucht man, mit einem abgestimmten Netz von **Schutzgebieten** wild lebende Pflanzen- und Tierarten in ihren Lebensräumen zu erhalten **(Natura 2000).**
Ein Mittel, um die Biodiversität zu erhalten, ist die Einrichtung von Schutzgebieten. In Deutschland sind dies:

- **Naturschutzgebiete:** besonders streng geschützte Lebensgemeinschaften oder Lebensräume;
- **Nationalparks:** großräumige Schutzgebiete; sie umfassen mindestens 10000 ha weitgehend naturnaher Landschaft;
- **Landschaftsschutzgebiete und Naturparks:** Schutzgebietstypen mit geringerem Schutzstatus;
- **Naturdenkmale:** kleinräumige Schutzgebiete oder geschützte Einzelobjekte (z. B. Bäume).

Geschützte Gebiete und geschützte Bestandteile der Natur werden mit dem Symbol der Waldohreule gekennzeichnet. Darunter steht die Bezeichnung für den jeweiligen Schutzstatus.

Anhang A

Register

A

A

M

A

Q

R

T

U

A

Bildquellenverzeichnis

Akg-images: 399/1; Archiv der Archenhold-Sternwarte Berlin: 132/1; Presse Foto BASF: 303/8, 9/1; Bayer AG: 340/1, 344/1, 373/3; Bibliographisches Institut GmbH, Mannheim: 11/1c, 17/1, 19/1-2, 20/1, 21/2, 75/2, 76/1-2 und 4, 94/1, 103/1, 110/1, 119/1, 153/1-2, 160/1, 205/1, 211/2, 227/1, 261/2, 277/1, 311/2, 312/2, 313/3, 318/1, 323/2, 324/4, 326/1-2, und 3, 333/2, 339/1, 369/5, 371/1, 371/2, 385/1, 398/1, 400/2, 403/1, 409/1, 413/1, 417/2, 427/1, 435/2, 437/1-2 und 4, 458/1; Bildarchiv Boden-Landwirtschaft-Umwelt/Dr. O. Ehrmann: 135/1; Blickwinkel/J. Kottmann: 263/2; A. Hartl: 476/2; bpk/SBB/Dietmar Katz: 312/3; BSR, Berlin: 471/2; Carl Zeiss/Courtesy of Carl Zeiss: 30/1; CDC/Janice Carr: 285/1, 373/6; CDC/Phil/James Gathany: 279/1, 303/5; CDC Phil/J. Montenieri: 284/2; P. Chambon, Paris: 239/1; CNH Deutschland GmbH: 432/1; CORBIS/Roger Ressmeyer: 20/2; Corel Photos Inc.: 11/1b u. 1f, 25/1, 64/1, 67/1, 292/1, 376/4, 391/1, 401/2 und 3, 417/1, 433/1und 2, 435/1, 437/3, 451/2, 456/2, 462/1 und 3b, 463/3b, 468/1; Cornelsen Experimenta: 316/1; Csaba Szaboky, Bugwood.org: 461/1; Diener/Gluszak/Fotos aus Straßburger Lehrbuch der Botanik 35. Auflage, Spektrum Akademischer Verlag, Heidelberg: 95/1; Diener/Gluszak/ Foto Ullstein: 22/2; DLR: 46/1; Duden Paetec GmbH: 49/1, 50/2,3,4, 56/1, 57/1, 70/2, 79/1, 90/2, 127/1, 130/4, 209/1, 227/2, 284/3, 480/1; Duden Paetec GmbH/Foto B. Mahler, Fotograf, Berlin: 54/1; Elsevier GmbH, Urban & Fischer Verlag München, aus Kleinig/ Sitte Zellbiologie 4. Aufl., 1999 (Abb. 5-10): 99/1-5; F. Jantzen, Bad Arolsen: 58/1; Floramedia: 341/2; Fotolia: 75/3, 361/2, Eric Isselée: 471/3; J. Tromeur: 483/1; B. Grimm, Berlin: 455/1; S. Haddock: 419/3; E. Haeckel, „Anthropogenie oder Entwicklungsgeschichte des Menschen",1874: 352/1; Hauff-Museum Holzmaden: 381/4; Robert Hooke, Micrographia: 15/2, 27/1-2; F. Horn, Rostock: 482/2, 432/3; Museum für Naturkunde, Berlin: 325/1; P. Ibe,, Steckby: 429/1; Informationszentrale Deutsches Mineralwasser (IDM): 11/1a; iStockphoto: 6/3, 37/1, 211/4, 251/1, 263/1, 275/1, 303/3 und 7, 336/1, 376/3, 397/1, 444/1, 464/1; iStockphoto/Snezana: 14/1; iStockphoto/Daniel Bendjy: 151/1; iStockphoto/Günther Blumenstock, 2007: 435/3a; iStockphoto/R. Comeu: 394/1; iStockphoto/Keith Duford: 193/1; iStockphoto/A. Erez: 213/1; iStockphoto/V. Evlakhov: 307/1; iStockphoto/M. Fawver: 435/3b; iStockphoto/Jose Gil: 338/1; iStockphoto/M. Gray: 309/1; iStockphoto/E Llacuna: 103/1; iStockphoto/M. Manzano: 47/1, iStockphoto/J. Monino: 303/1; iStockphoto/L. Repasi: 38/2; iStockphoto/Federico Rostagno: 471/4; iStockphoto/Rachel Sanderoff: 474/1; iStockphoto/Joost van Sluijters: 388/1; iStockphoto/charles taylor: 386/2; iStockphoto/B. Thomas: 105/1; John Foxx Images: 445/1; 2005 Marcus Kaar: 17/2; Dr. G. Kauschka, Berlin: 303/2; Landesbetrieb Straßenbau NRW, Gelsenkirchen: 482/1; Leammli et al.: Metaphase Chromosome Structure: The role of Nonhistone Prot, Cold Spring Harbor NY: 246/1; G. Liesenberg: 56/3, 408/2, 462/2, 476/3; Carl von Linne: 18/1-2; Michael Lüth, Freiburg: 366/1;H. Mahler, Fotograf, Berlin: 130/1 bis 3; Dr. T. Martens, Museum der Natur, Gotha: 323/1, 324/2; mauritius images: 425/2; mauritius images/age: 422/1; mauritius images/Arthur: 406/1; mauritius images/Ducatez: 286/2; mauritius images/Haag + Kropp:110/2; mauritius images/Phototake: 375/1; mauritius images/Photo Researches: 91/2; Medicina Statica, being the Aphorisms of Sanctorius, London,1937: 108/1; Prof, Dr. L. Meyer, Potsdam: 341/1; NASA: 23/1; MODIS/Ocean Color image: 75/1; Nature: 194/1; Naturfotografie Frank Hecker: 405/1, 418/1, 456/4; Neumann Verlag, Leipzig Radebaul: 333/2; Rocky Mountain Laboratories, NIAID, NIH: 87/1; OMV AG, Wien: 471/1; panthermedia/James Steidl: 50/1; panthermedia/William Thielicke: 56/2; panthermedia/M. Heggie: 303/6; panthermedia/F. von Goetz: 476/1; Phil/CDC: 289/1; Photo Disc Inc.: 10/1b, 11/1d, 26/1, 71/1, 76/3, 282/1, 291/1, 303/4, 408/1, 419/1, 462/3a, 463/3a; Photosphere: 39/1, 466/1; Phywe Systeme GmbH & Co. KG, Göttingen: 207/1; picture alliance/abaca: 466/2; picture-alliance/akg-images: 14/2, picture-alliance/Arco Images Gmbh: 211/3; picture-alliance/botanikfoto: 211/5; picture-alliance/dpa: 22/1, 195/1, 324/3, 335/2, 400/3, 401/1, 415/1, 434/1, 467/2, 477/1, 479/1, 481/2; picture-alliance/KPA/HIP/Jewis: 195/2; picture alliance/Foto: Viola Bence/ Max-Planck-Institut: 392/2; picture-alliance/OKAPIA KG: 292/2, 305/1; picture-alliance/OKAPIA KG, Frank Hecker: 373/4; picture-alliance/ZB: 392/1, 406/2; Francisco Welter-Schultes/ Planetposter editions: 441/2; 1994 Rothamsted Experimental Station/Plant Viruses Online: 281/1; Prof. Dr. W. Probst: 21/1 , 90/1, 260/1, 271/1, 344/3, 366/2, 3 und 4, 369/6, 371/3, 373/2 und 5, 432/2, 451/3, 452/1, 456/3, 467/1, 468/2; Prof. J. Baumüller, Stuttgart: 468/2; N. Schlaak, Altenhof: 434/2; H. Schmitz: 29/1; P. Schuchardt: 165/1, 385/2, 386/1, 420/1, 421/1, 421/2; W. Schuchardt, Göttingen: 11/1e, 324/1, 380/1; Dr. Simone Schuffenhauer, Karlsfeld: 239/2; Schulte, P. J., University of Washington: 137/1; Kleinig/Sitte Zellbiologie, 4. Auflage, 1999 , Spektrum Akademischer Verlag, Heidelberg: 28/1-2, 92/2, 93/1, 340/2, 346/1; Spektrum Akademischer Verlag, Heidelberg: 80/1; SV-Bilderdienst/S.M./DIZ-Süddeutcher Verlag-Bilderdienst: 414/1; Tetra Pak GmbH & Co.: 412/1; H. Theuerkauf, Gotha: 224/1; Tierbildarchiv Angermayer, Holzkirchen: 191/1, 402/1, 419/2, 425/1; ullstein - Camera Press Ltd: 195/3; V. Wehser, Burg Stargard: 454/1; Dr. A. Windelband, Potsdam: 400/1; World Wildlife Fund-US: 481/1; 2001 The Yorck Project: 10/1a, 15/1, 38/1, 310/1, 311/1